CAD/CAM/CAE 微视频讲解大系

中文版 AutoCAD 2018 园林景观设计从入门到精通
（实战案例版）

101 集同步微视频讲解 96 个实例案例分析

☑ 疑难问题集 ☑ 应用技巧集 ☑ 典型练习题 ☑ 认证考题 ☑ 常用图块集 ☑ 大型图纸案例及视频

天工在线　编著

中国水利水电出版社
www.waterpub.com.cn
·北　京·

内 容 提 要

《中文版 AutoCAD 2018 园林景观设计从入门到精通（实战案例版）》是一本 AutoCAD 园林景观设计基础教程，也是一本视频教程，它以 AutoCAD 2018 软件为平台，详细讲述了 AutoCAD 软件在园林景观设计中的方法和技巧。全书分 3 篇共 19 章，其中第 1 篇为基础知识篇，详细介绍了园林景观设计基本概念、AutoCAD 2018 入门、基本绘图设置、二维绘制命令的使用、精确绘制图形、编辑命令的使用、文字与表格、尺寸标注、辅助绘图工具的使用。在讲解过程中，每个重要知识点均配有实例讲解，不仅可以让读者更好地理解和掌握知识点的应用，还可以提高读者的动手能力。第 2 篇为园林景观篇，详细介绍了园林建筑、园林小品、园林水景和园林绿化 4 类园林景观基本要素的绘制过程和方法。第 3 篇为综合实例篇，详细介绍了 AutoCAD 在园林景观实际案例中的使用过程，通过具体操作，使读者加深对园林景观设计的理解和认识。具体包括某植物园总平面图、植物园施工图、蓄水池工程图、灌溉系统工程图。

《中文版 AutoCAD 2018 园林景观设计从入门到精通（实战案例版）》一书配备了极为丰富的学习资源，其中配套资源包括：（1）101 集同步微视频讲解，扫描二维码，可以随时随地看视频，超方便；（2）全书实例的源文件和初始文件，可以直接调用和对比学习、查看图形细节，效率更高。附赠资源包括：（1）AutoCAD 疑难问题集、AutoCAD 应用技巧集、AutoCAD 常用图块集、AutoCAD 常用填充图案库、AutoCAD 常用快捷命令速查手册、AutoCAD 常用快捷键速查手册、AutoCAD 常用工具按钮速查手册等；（2）6 套不同园林景观元素的大型图纸设计方案及同步视频讲解，可以拓展视野；（3）AutoCAD 认证考试大纲和认证考试样题库。

《中文版 AutoCAD 2018 园林景观设计从入门到精通（实战案例版）》涵盖 AutoCAD 园林景观设计所有常用知识点，适合园林景观设计自学者、入门与提高的读者使用，也适合初、中级园林设计工程师参考。本书也适用于 AutoCAD 2017、AutoCAD 2016、AutoCAD 2015、AutoCAD 2014 等版本。

图书在版编目（CIP）数据

中文版 AutoCAD 2018 园林景观设计从入门到精通：实战案例版 / 天工在线编著 .
—北京：中国水利水电出版社，2018.7（2023.2 重印）
（CAD/CAM/CAE 微视频讲解大系）
ISBN 978-7-5170-6066-6
Ⅰ. ①中… Ⅱ. ①天… Ⅲ. ①园林设计—景观设计—计算机辅助设计—AutoCAD 软件
Ⅳ. ① TU986.2-39

中国版本图书馆 CIP 数据核字（2017）第 293012 号

丛书名	CAD/CAM/CAE 微视频讲解大系
书名	中文版 AutoCAD 2018 园林景观设计从入门到精通（实战案例版） ZHONGWENBAN AutoCAD 2018 YUANLIN JINGGUAN SHEJI CONG RUMEN DAO JINGTONG
作者	天工在线　编著
出版发行	中国水利水电出版社 （北京市海淀区玉渊潭南路 1 号 D 座 100038） 网址：www.waterpub.com.cn E-mail：zhiboshangshu@163.com 电话：（010）62572966-2205/2266/2201（营销中心）
经售	北京科水图书销售有限公司 电话：（010）68545874、63202643 全国各地新华书店和相关出版物销售网点
排版	北京智博尚书文化传媒有限公司
印刷	北京富博印刷有限公司
规格	203mm×260mm 16 开本 31.25 印张 746 千字 4 插页
版次	2018 年 7 月第 1 版 2023 年 2 月第 2 次印刷
印数	5001—6000 册
定价	79.80 元

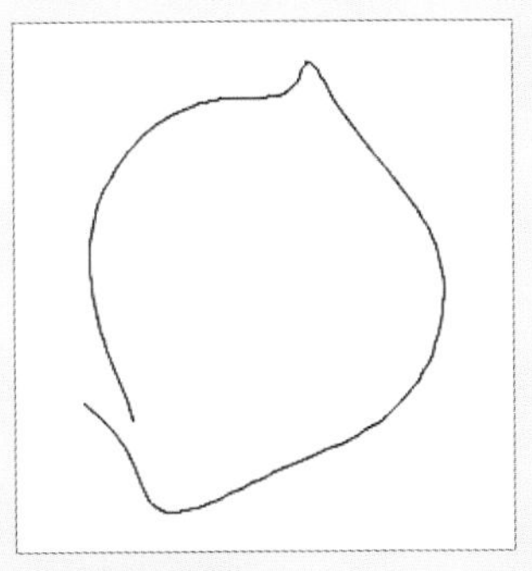
碧桃花瓣

紫荆花

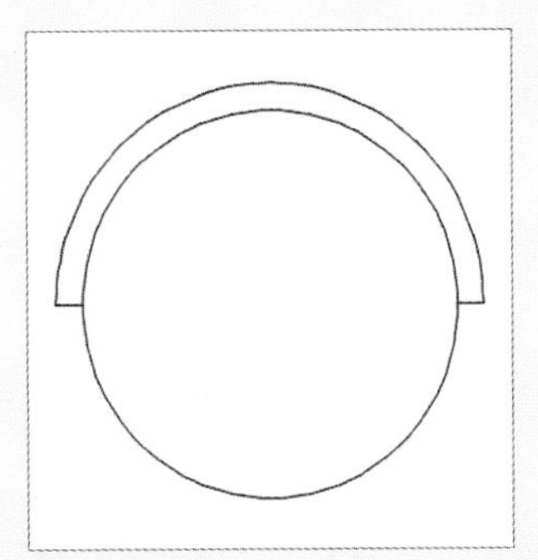
圆凳

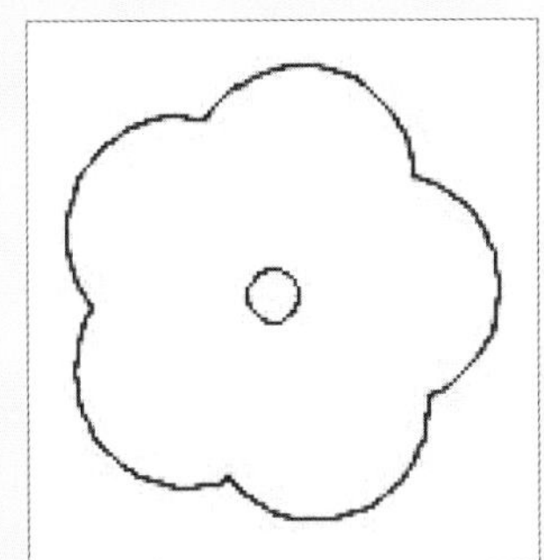
花瓣

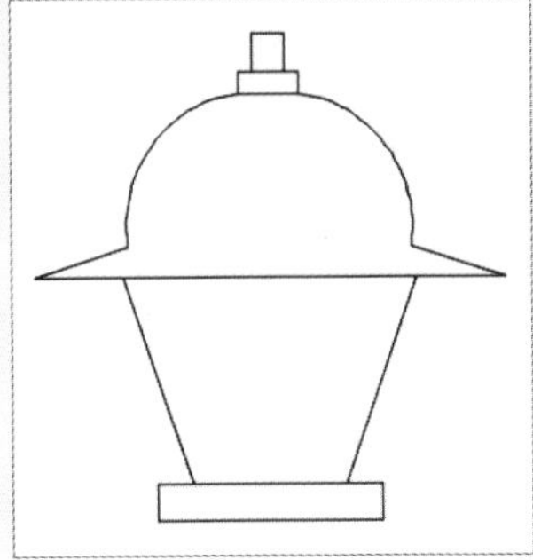
庭院灯灯头

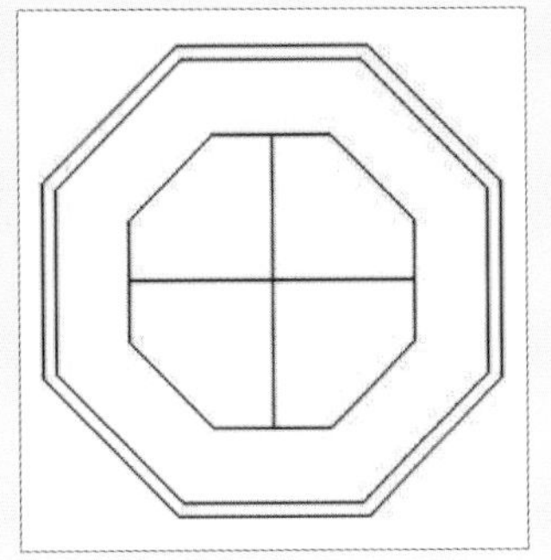
护栏装饰

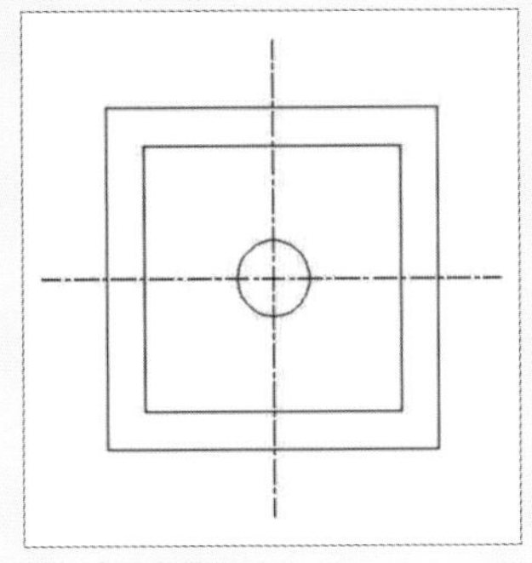
亭基础平面

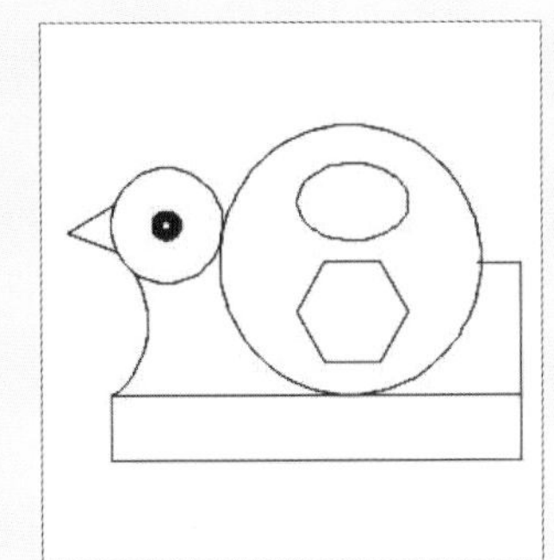
石雕摆饰

五瓣梅

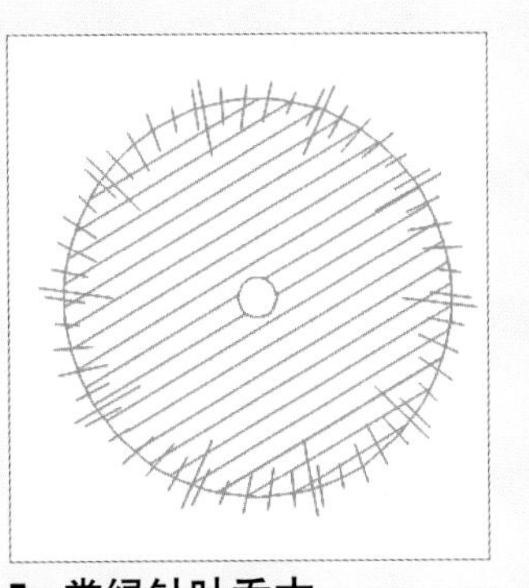
常绿针叶乔木

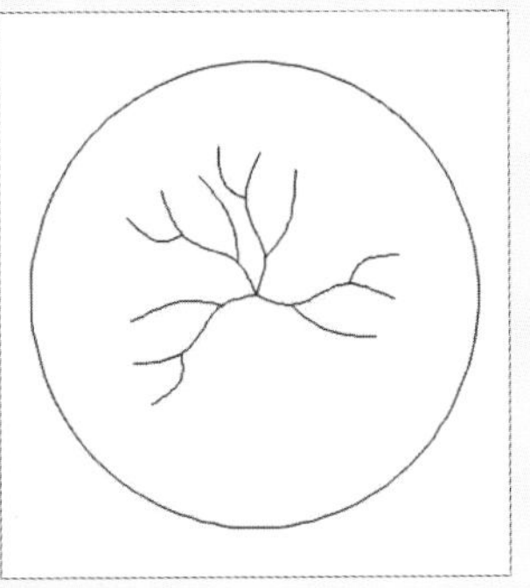
枸杞

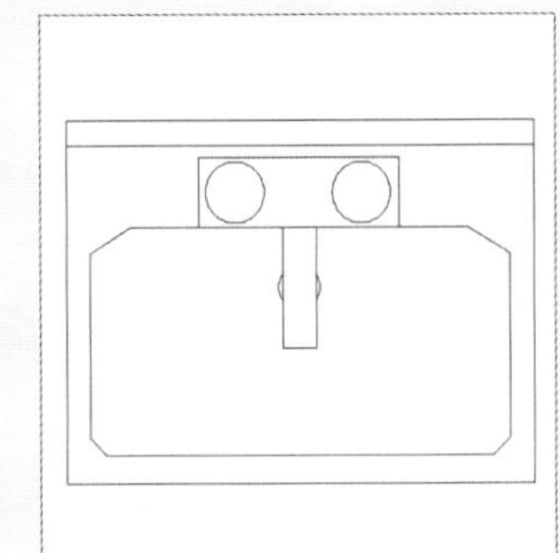
水盆

十字走向交叉口盲道

天目琼花

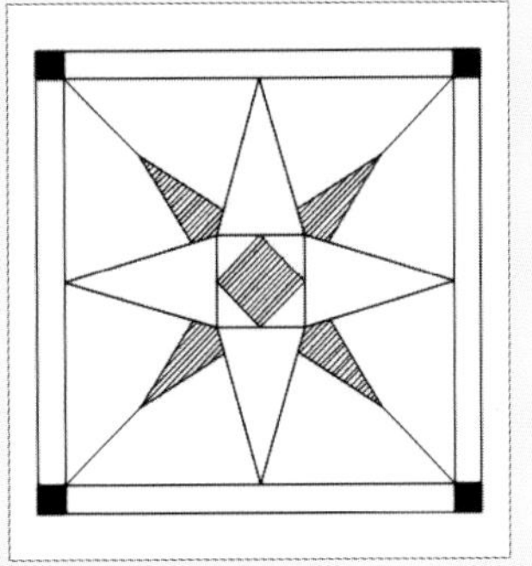
公园地面拼花

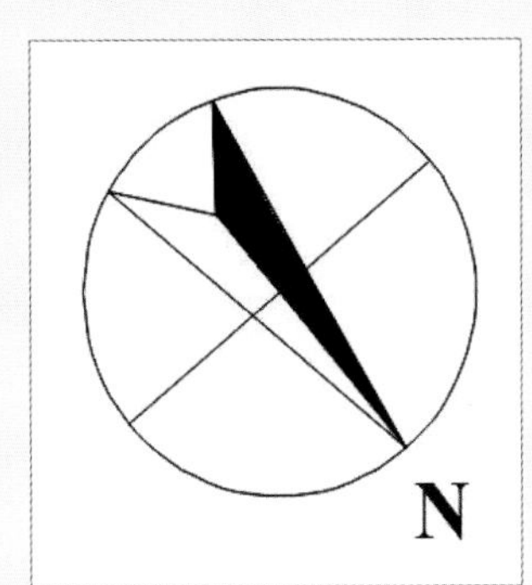

指北针

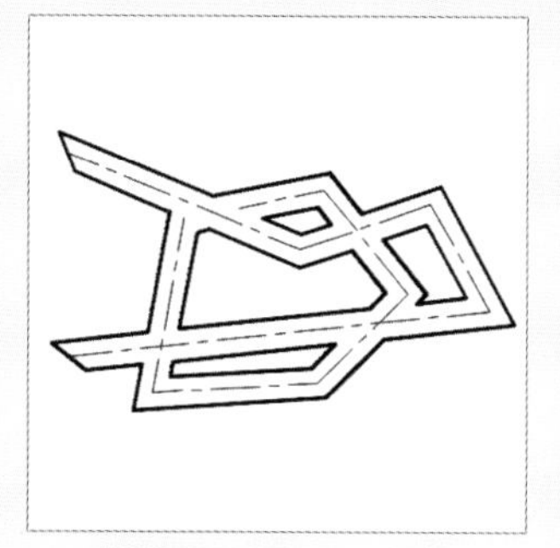
道路网

窗户

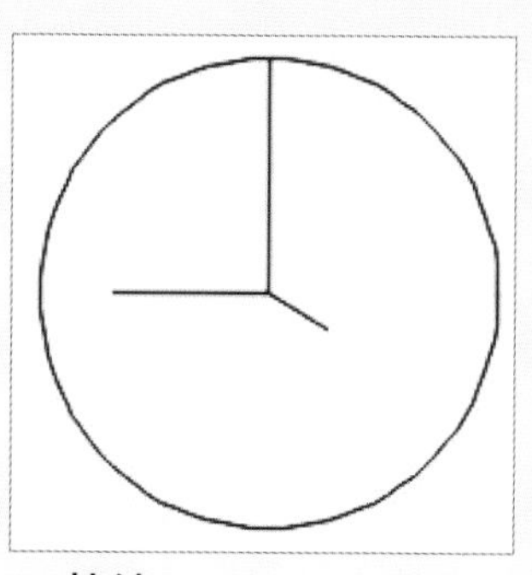
挂钟

内视符号

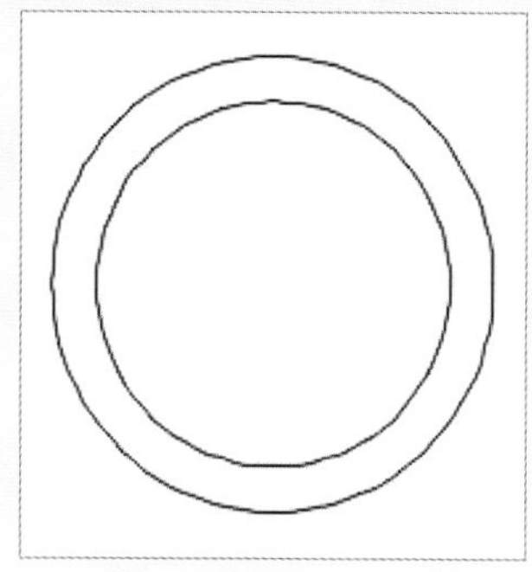
公园圆桌

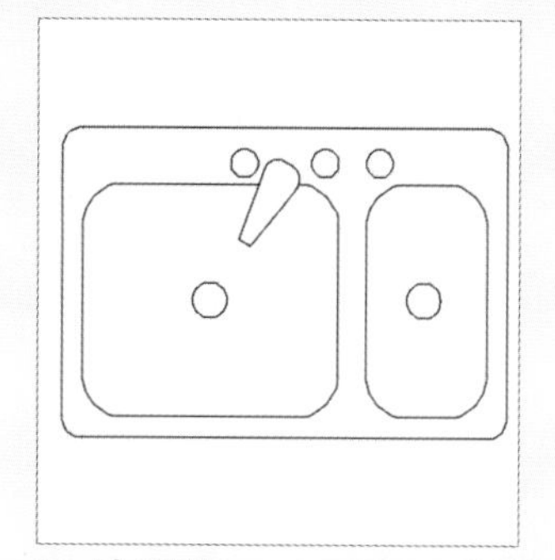
洗手池

洗衣机

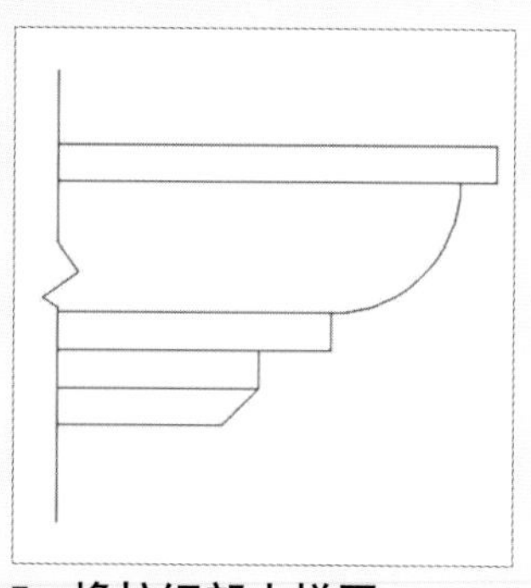
檐柱细部大样图

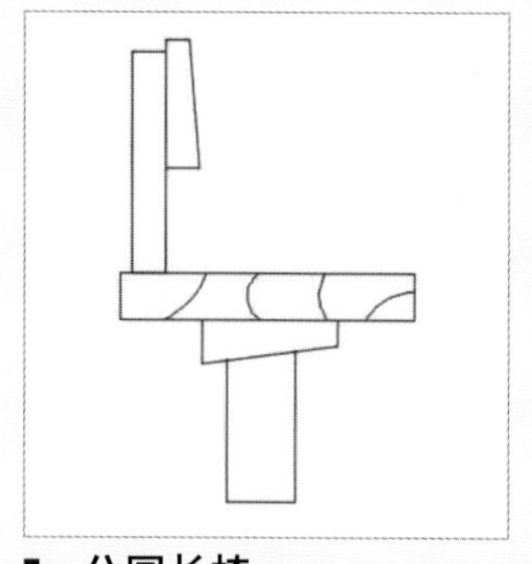
公园长椅

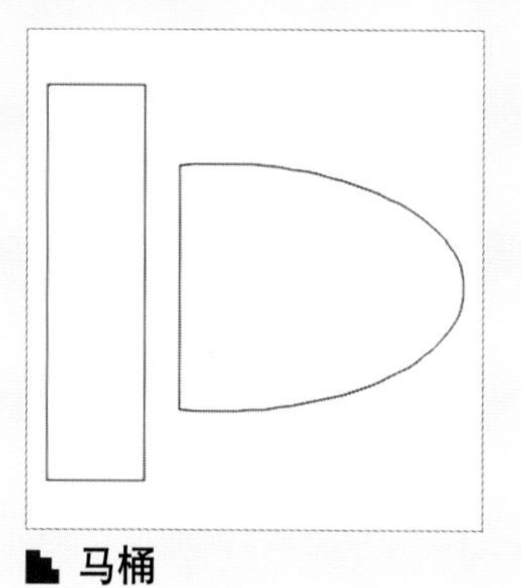
马桶

花朵

紫荆花瓣

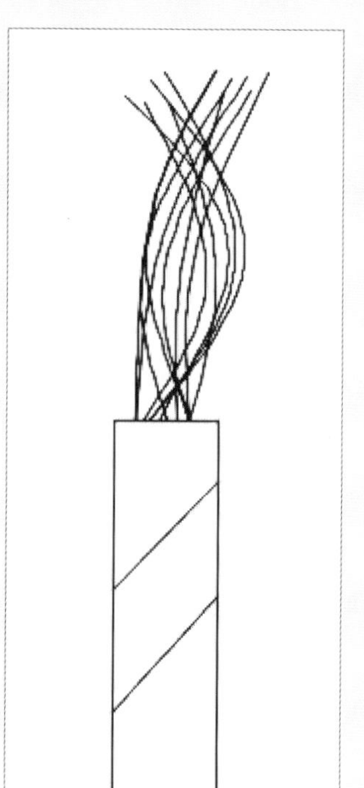
艺术花瓶

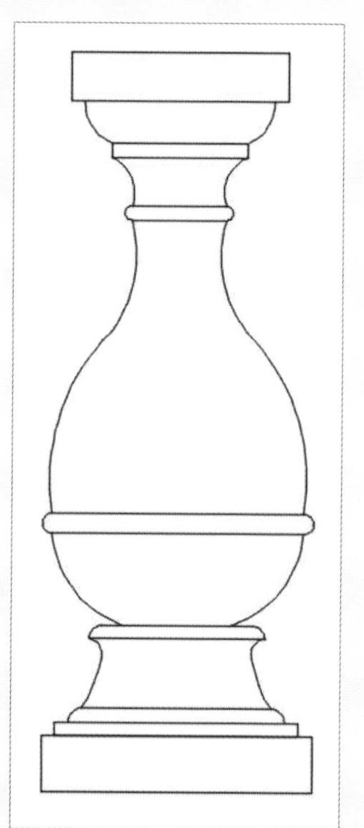
石栏杆

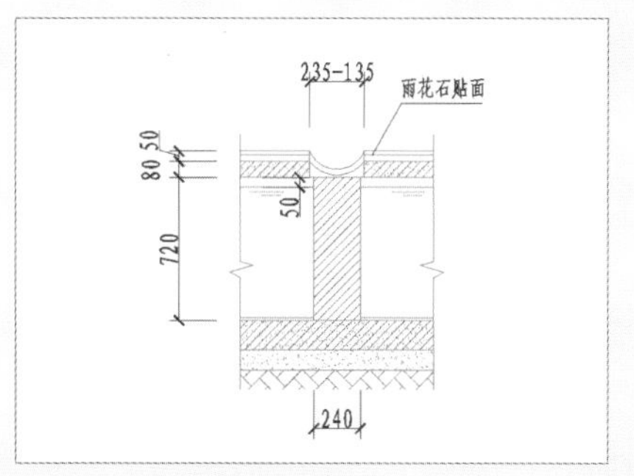

流水槽①详图

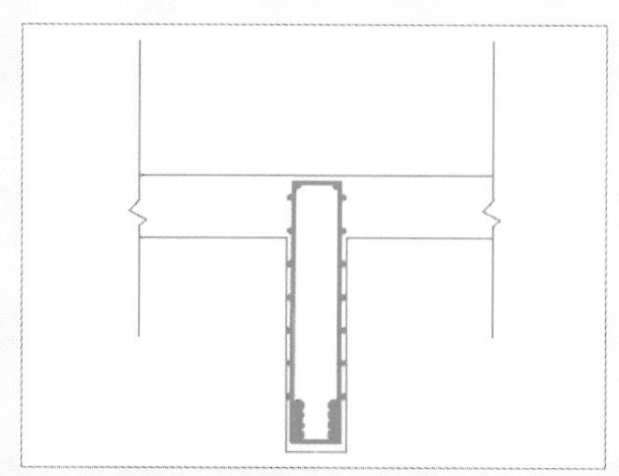

坐凳

桥梁钢筋剖面

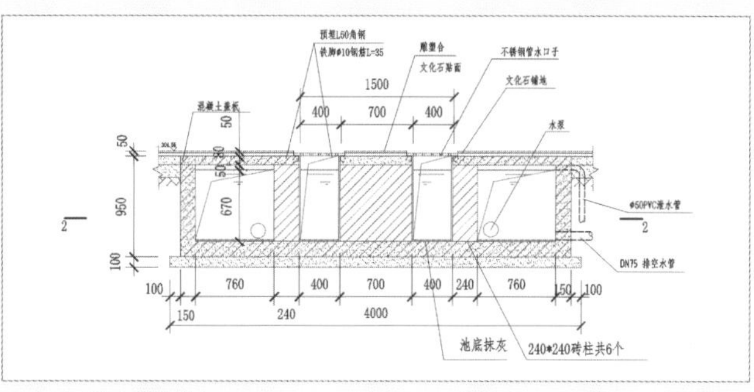

水池剖面图

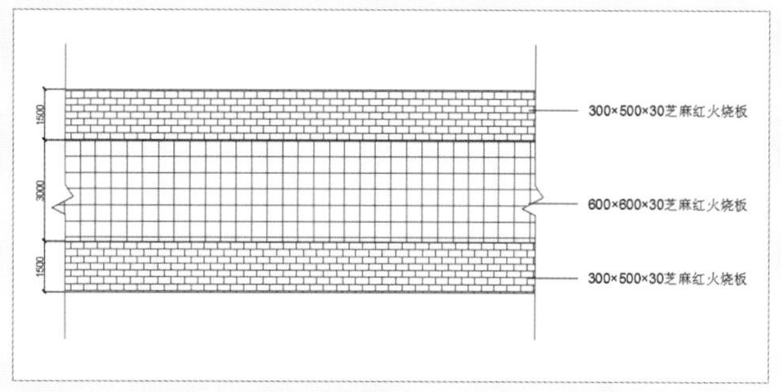

入口广场铺装平面大样图

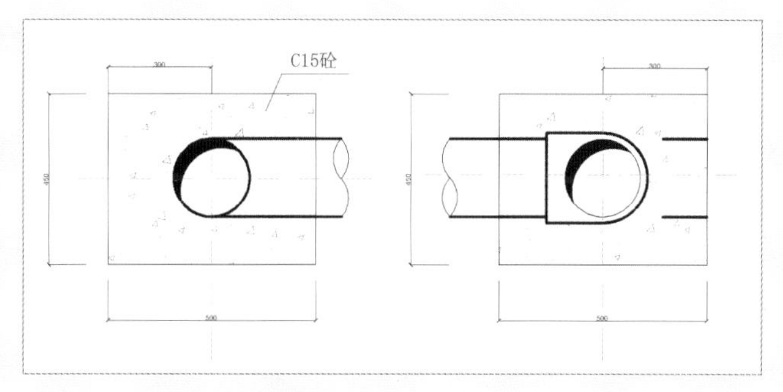

DN150mm弯头镇墩图

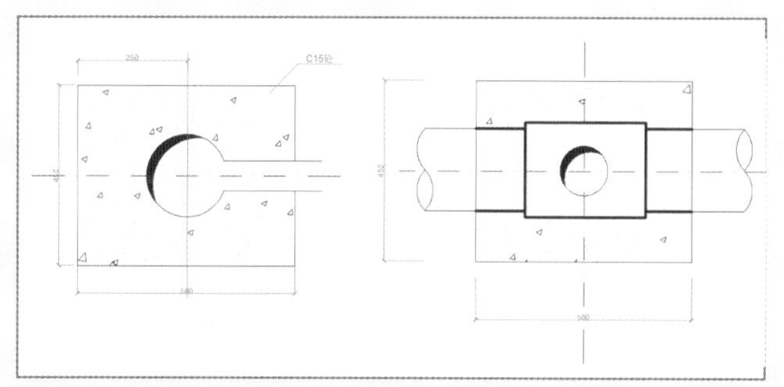

DN150mm等(异)径三通镇墩图

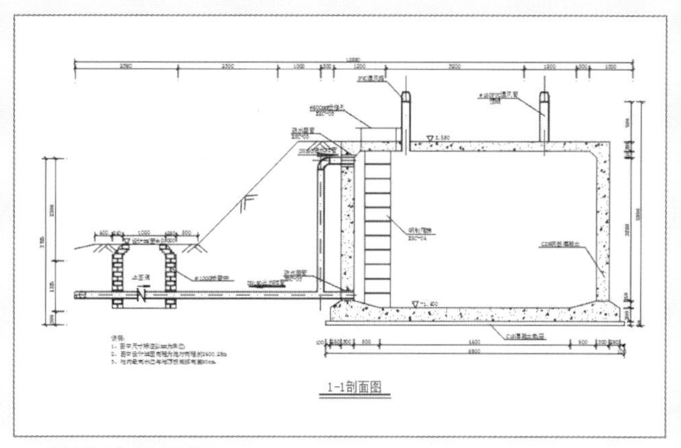

蓄水池剖视图

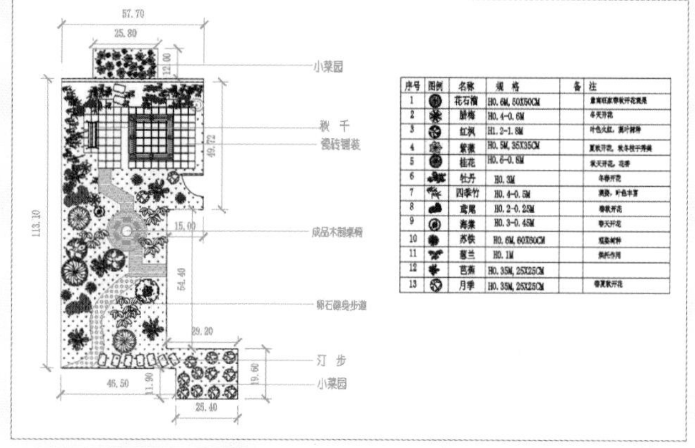

序号	图例	名称	规格	备注
1		花石榴	H0.6M, 50X50CM	
2		腊梅	H0.4-0.6M	
3		红枫	H1.2-1.8M	
4		紫薇	H0.5M, 35X35CM	
5		桂花	H0.6-0.8M	
6		牡丹	H0.3M	
7		四季竹	H0.4-0.5M	
8		鸢尾	H0.2-0.25M	
9		海棠	H0.3-0.45M	
10		苏铁	H0.6M, 60X60CM	
11		蕙兰	H0.1M	
12		芭蕉	H0.35M, 25X25CM	
13		月季	H0.35M, 25X25CM	

屋顶花园平面图

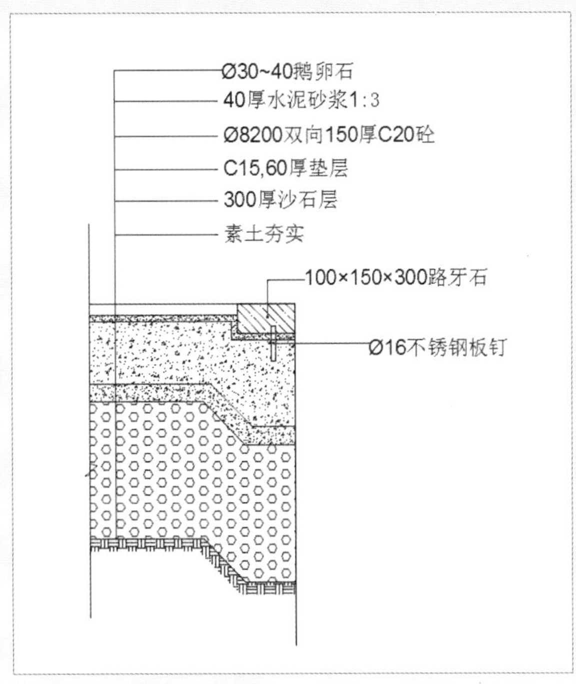

二级道路1-1剖面图

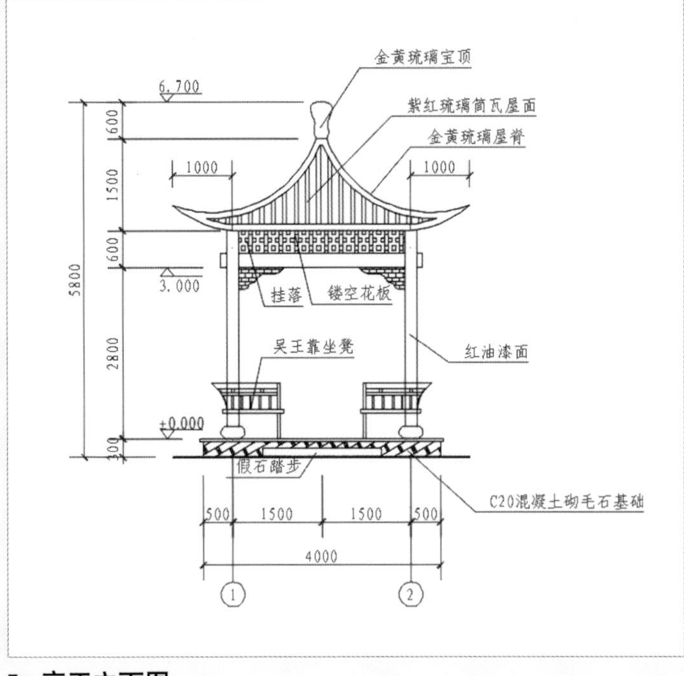

亭正立面图

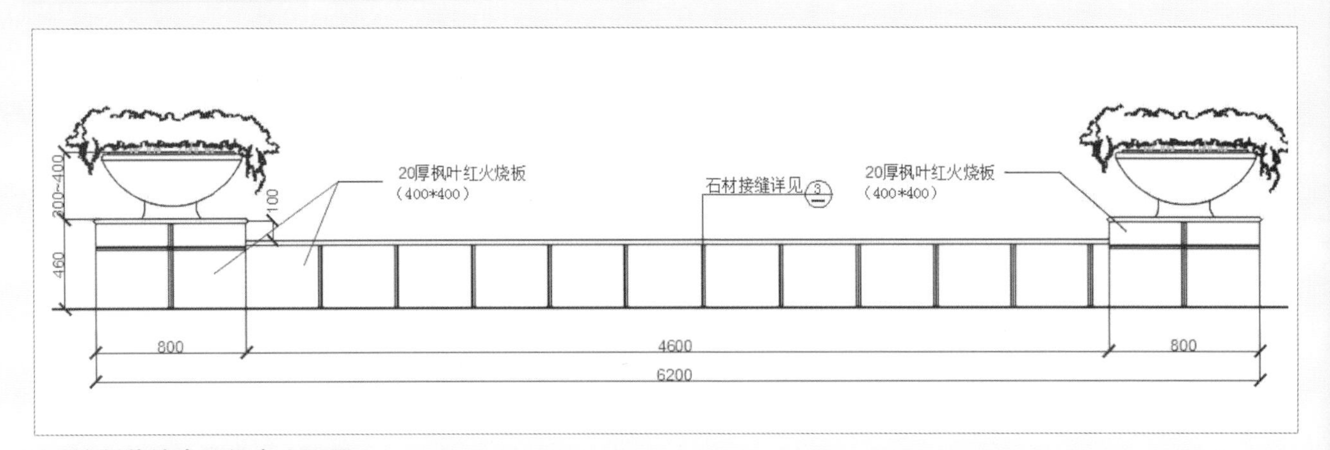

绘制花钵坐凳组合立面图

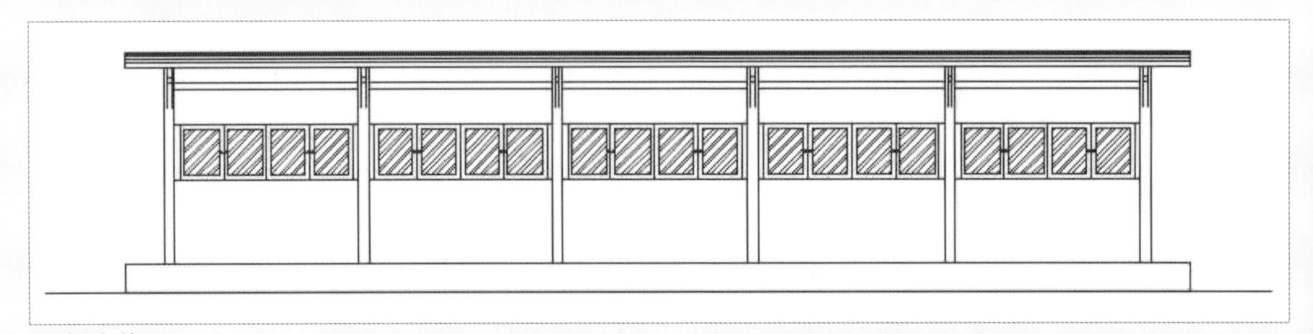

标志牌

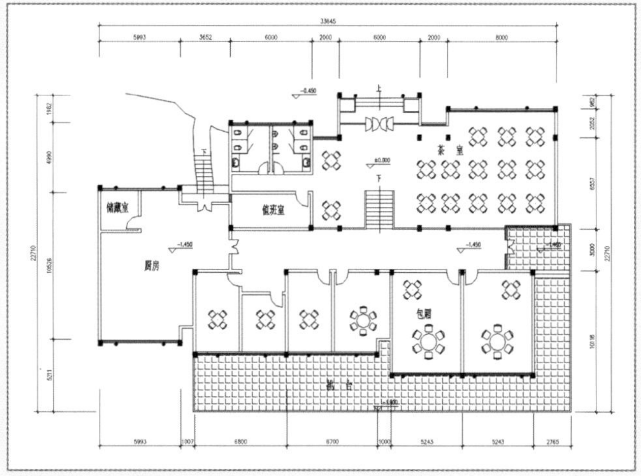

茶室平面图

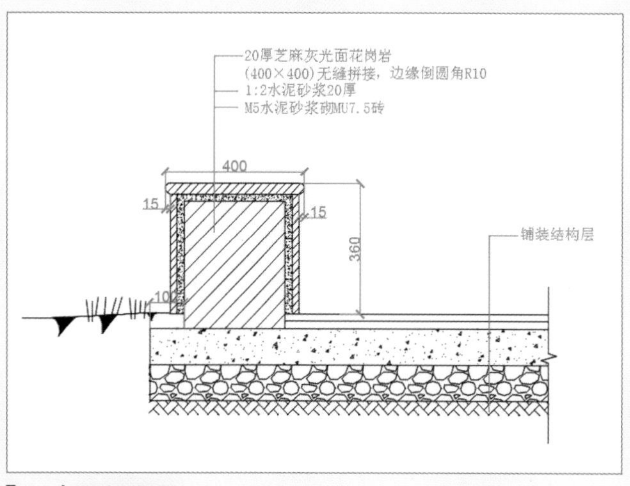

坐凳剖面图

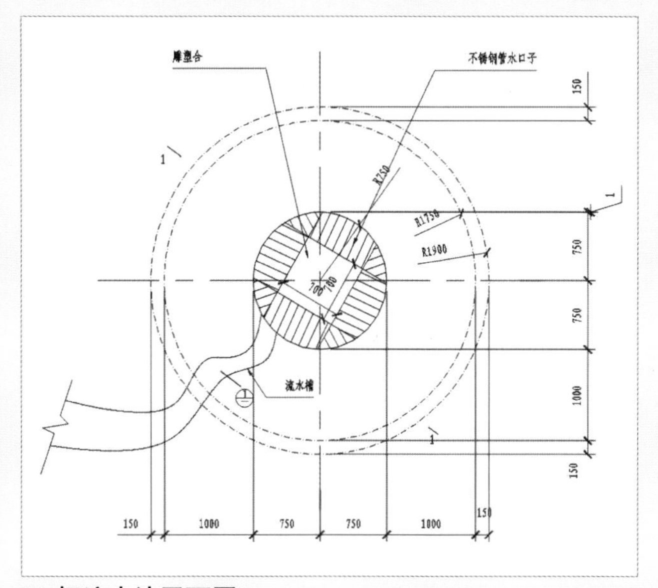

标注水池平面图

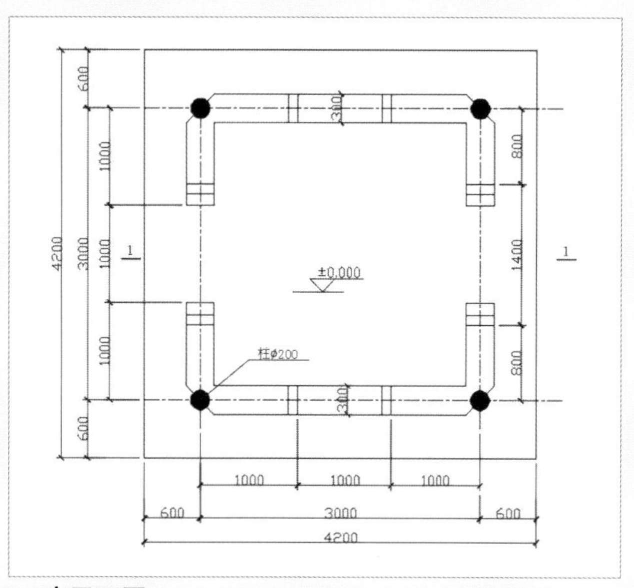

亭平面图

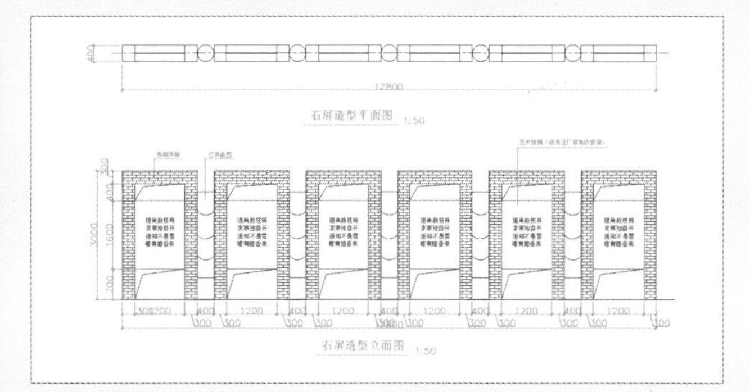

石屏景墙设计

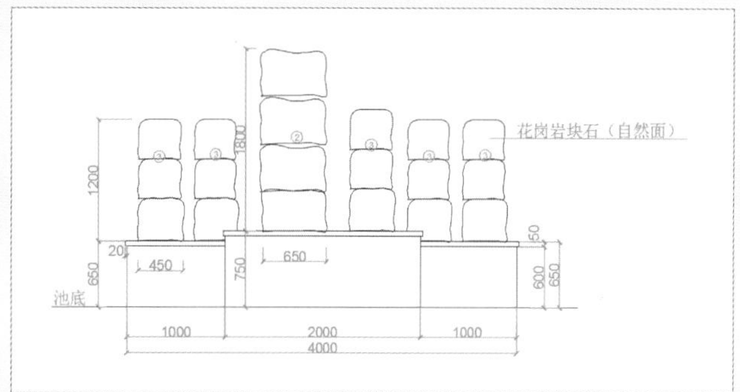

平台正立面图

本书部分案例

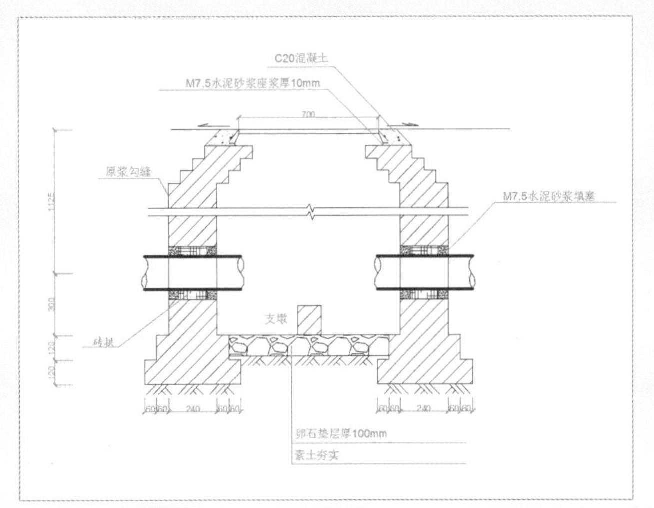

■ 亭1-1剖面图（2）

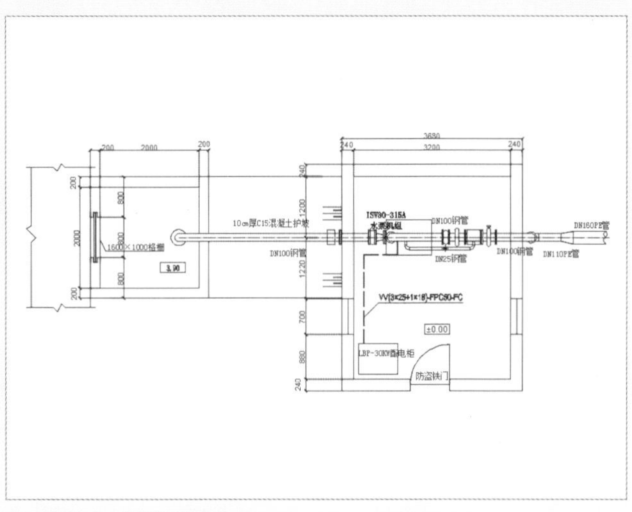

■ 离心泵房平面图

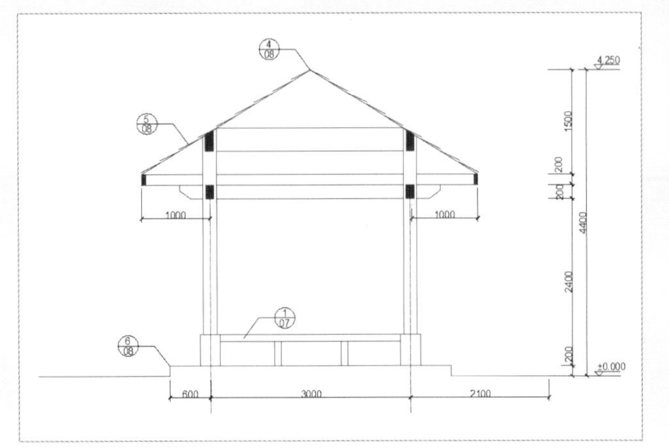

■ 亭1-1剖面图

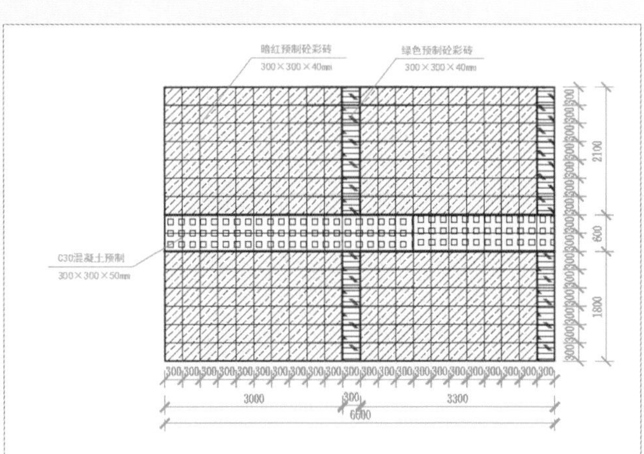

■ 直线段人行道砖铺装

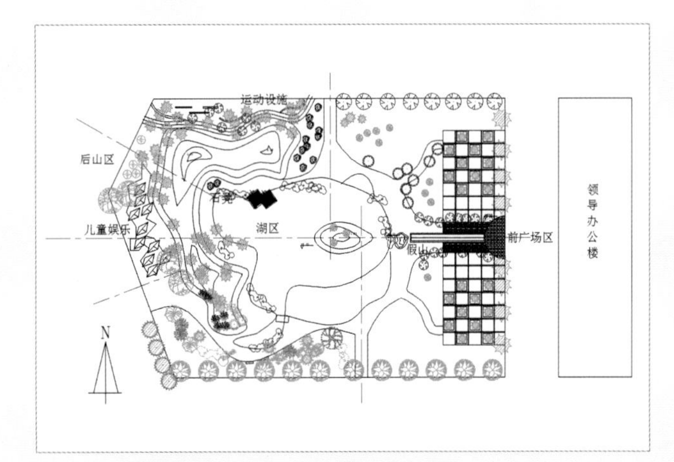

■ 公共事业庭园绿地规划设计平面图

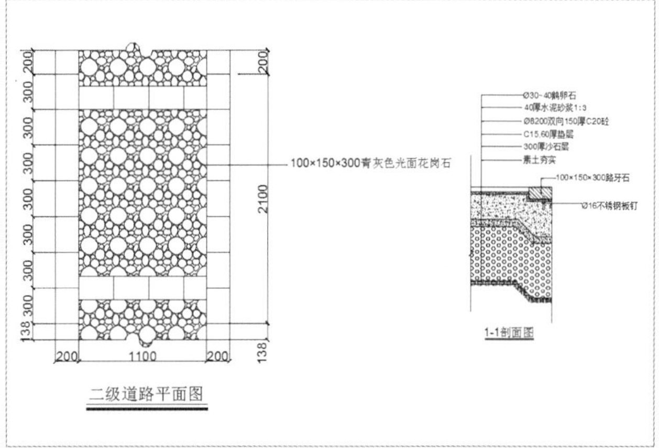

■ 二级道路大样图

前　言

Preface

AutoCAD 是 Autodesk 公司开发的自动计算机辅助设计软件，是集二维绘图、三维设计、参数化设计、协同设计及通用数据库管理和互联网通信功能为一体的计算机辅助绘图软件包。随着计算机的发展，计算机辅助设计（CAD）和计算机辅助制造（CAM）技术得到了飞速发展。AutoCAD 软件作为产品设计的一个十分重要的设计工具，因具有操作简单、功能强大、性能稳定、兼容性好、扩展性强等优点，成为计算机 CAD 系统中应用最为广泛的图形软件之一。AutoCAD 软件采用的 .dwg 文件格式，也成为二维绘图的一种常用技术标准。园林景观设计作为 AutoCAD 一个重要应用方向，在图形设计和绘制方面发挥着重要的作用，更因绘图的便利性和可修改性，使工作效率在很大程度上得到提高。

本书将以目前最新、功能最强的 AutoCAD 2018 版本为基础进行讲解。

本书特点

➘ 内容合理，适合自学

本书定位以初学者为主，并充分考虑到初学者的特点，内容讲解由浅入深，循序渐进，能引领读者快速入门。在知识点上不求面面俱到，但求够用，学好本书，能满足园林景观设计工作中需要的所有常用技术。

➘ 视频讲解，通俗易懂

为了提高学习效率，本书中的大部分实例都录制了教学视频。视频录制时采用模仿实际授课的形式，在各知识点的关键处给出解释、提醒和需注意事项，专业知识和经验的提炼，让你高效学习的同时，更多体会绘图的乐趣。

➘ 内容全面，实例丰富

本书主要介绍了 AutoCAD 2018 在园林景观设计中的使用方法和编辑技巧，具体内容包括园林景观设计基本概念、AutoCAD 2018 入门、基本绘图设置、二维绘制命令的使用、精确绘制图形、编辑命令的使用、文字与表格、尺寸标注、辅助绘图工具的使用。在讲解过程中，每个重要知识点均配有实例讲解，可以让读者更好地理解和掌握知识点的应用，并提高动手能力。第 2 篇详细介绍了园林建筑、园林小品、园林水景和园林绿化 4 类园林景观基本要素的绘制过程和方法。第 3 篇详细介绍了某植物园总平面图、植物园施工图、蓄水池工程图、灌溉系统工程图的绘制方法和技巧。通过具体操作，使读者加深对园林景观设计的理解和认识。

↘ 栏目设置，精彩关键

根据需要并结合实际工作经验，作者在书中穿插了大量的“注意”“说明”“教你一招”等小栏目，给读者以关键提示。为了让读者更多的动手操作，书中还设置了“动手练一练”模块，让读者在快速理解相关知识点后动手练习，达到举一反三的效果。

本书显著特色

↘ 体验好，随时随地学习

二维码扫一扫，随时随地看视频。书中大部分实例都提供了二维码，读者朋友可以通过手机微信扫一扫，随时随地观看相关的教学视频。（若个别手机不能播放，请参考前言中的“本书学习资源列表及获取方式”，下载后在电脑上观看）

↘ 资源多，全方位辅助学习

从配套到拓展，资源库一应俱全。本书提供了几乎所有实例的配套视频和源文件。还提供了应用技巧精选、疑难问题精选、常用图块集、全套工程图纸案例、各种快捷命令速查手册、认证考试练习题等，学习资源一网打尽！

↘ 实例多，用实例学习更高效

案例丰富详尽，边做边学更快捷。跟着大量实例去学习，边学边做，从做中学，可以使学习更深入、更高效。

↘ 入门易，全力为初学者着想

遵循学习规律，入门实战相结合。编写模式采用“基础知识＋中小实例＋综合演练＋模拟认证考试”的形式，有知识，有实例，有习题，内容由浅入深，循序渐进，入门与实战相结合。

↘ 服务快，让你学习无后顾之忧

提供 QQ 群在线服务，随时随地可交流。提供 QQ 群、公众号等多渠道贴心服务。

本书学习资源列表及获取方式

为让读者朋友在最短时间学会并精通 AutoCAD 辅助绘图技术，本书提供了极为丰富的学习配套资源。具体如下：

↘ 配套资源

（1）为方便读者学习，本书所有实例均录制了视频讲解文件，共 101 集（可扫描二维码直接观看或通过下述方法下载后观看）。

（2）用实例学习更专业，本书包含中小实例共 96 个（素材和源文件可通过下述方法下载后参考和使用）。

↘ 拓展学习资源

（1）AutoCAD 应用技巧精选（100 条）

（2）AutoCAD 疑难问题精选（180 问）

（3）AutoCAD 认证考试练习题（256 道）

（4）AutoCAD 常用图块集（600 个）

（5）AutoCAD 常用填充图案集（671 个）

（6）AutoCAD 大型设计图纸视频及源文件（6 套）

（7）AutoCAD 快捷键命令速查手册（1 部）

（8）AutoCAD 快捷键速查手册（1 部）

（9）AutoCAD 常用工具按钮速查手册（1 部）

（10）AutoCAD 2018 工程师认证考试大纲（2 部）

以上资源的获取及联系方式（注意：本书不配带光盘，以上提到的所有资源均需通过下面的方法下载后使用）

（1）读者朋友可以加入下面的微信公众号下载所有资源或咨询本书的任何问题。

（2）登录网站 xue.bookln.cn，输入书名，搜索到本书后下载。

（3）读者可加入 QQ 群 639137900，作者在线提供本书学习疑难解答、授课 PPT 下载等一系列后续服务，让读者无障碍地快速学习本书。

（4）如果在图书写作上有好的建议，可将您的意见或建议发送至邮箱 945694286@qq.com，我们将根据您的意见或建议在后续图书中酌情进行调整，以更方便读者学习。

特别说明（新手必读）：

在学习本书，或按照本书上的实例进行操作之前，请先在电脑中安装 AutoCAD 2018 中文版操作软件，您可以在 Autodesk 官网下载该软件试用版本（或购买正版），也可在当地电脑城、软件经销商处购买安装软件。

关于作者

本书由天工在线组织编写。天工在线是一个 CAD/CAM/CAE 技术研讨、工程开发、培训咨询和图书创作的工程技术人员协作联盟，包含 40 多位专职和众多兼职 CAD/CAM/CAE 工程技术专家。

天工在线负责人由 Autodesk 中国认证考试中心首席专家担任，全面负责 Autodesk 中国官方认证考试大纲制定、题库建设、技术咨询和师资力量培训工作，成员精通 Autodesk 系列软件。其创作的很多教材成为国内具有引导性的旗帜作品，在国内相关专业方向图书创作领域具有举足轻重的地位。

本书具体编写人员有张亭、秦志霞、井晓翠、解江坤、闫国超、吴秋彦、王玮、王艳池、王培合、王义发、王玉秋、张红松、王佩楷、陈晓鸽、张日晶、左昉、禹飞舟、杨肖、吕波、李瑞、贾燕、刘建英、薄亚、方月、刘浪、穆礼渊、张俊生、郑传文、朱玉莲、徐声杰、韩冬梅、闫聪聪、李兵、甘勤涛、孙立明、李亚莉、李谨、李瑞、张秀辉等，对他们的付出表示真诚的感谢。

致谢

本书能够顺利出版，是作者、编辑和所有审校人员共同努力的结果，在此表示深深地感谢。同时，祝福所有读者在通往优秀设计师的道路上一帆风顺。

编者

目录

Contents

第1篇 基础知识篇

第 7 章 简单编辑命令 ………………… 116

视频讲解：16 分钟

第 8 章 高级编辑命令 ………………… 139

视频讲解：29 分钟

第2篇　园林景观篇

第3篇　综合实例篇

AutoCAD 应用技巧集

（本目录对应的内容在赠送的资源包中，需下载后查看，下载方法请查看前言中的相关介绍）

AutoCAD 疑难问题集

（本目录对应的内容在赠送的资源包中，需下载后查看，下载方法请查看前言中的相关介绍）

1

园林设计的目的是要创造出景色如画、环境舒适、健康文明的游憩境域。一方面要满足人们精神文明的需要；另一方面要满足人们良好休息、娱乐的物质文明需要。

第 1 篇　基础知识篇

本篇主要介绍园林景观设计的一些基础知识与AutoCAD 2018的基础知识，包括园林设计基本概念、AutoCAD 2018入门、基本绘图设置、简单二维绘图命令、精确绘制图形、复杂二维绘图命令、简单编辑命令、高级编辑命令、文字与表格尺寸标注、辅助绘图工具等。通过本篇的学习，读者可以打下AutoCAD绘图在园林景观设计方面的应用基础，为后面的具体园林景观设计进行必要的知识准备。

第 1 章　园林设计基本概念

内容简介

园林是指在一定地域内，运用工程技术和艺术手段，通过因地制宜地改造地形、整治水系、栽种植物、营造建筑和布置园路等方法创作而成的优美的游憩境域。

内容要点

- 概述
- 园林设计的原则
- 园林布局
- 园林设计的程序
- 园林设计图的绘制

案例效果

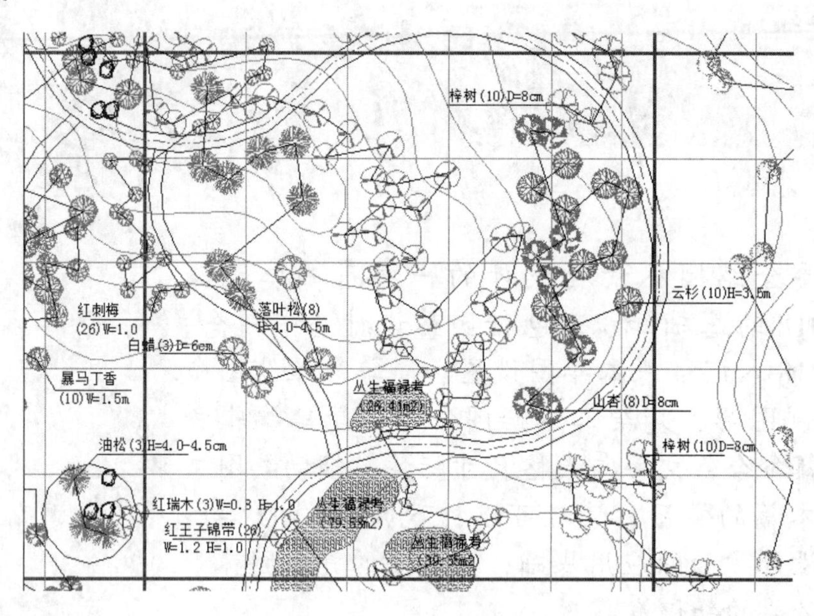

1.1　概　　述

1.1.1　园林设计的意义

园林设计的意义是为人类提供美好的生活环境。从《淮南子》《山海经》记载的“悬圃”“归墟”到西方《圣经》中的伊甸园，从建章太液池到拙政园、颐和园再到近年的各种城市公园和绿地，人类历史实现了从理想自然到现实自然的转化。

1.1.2　当前我国园林设计状况

近年来，随着人们生活水平的不断提高，园林行业受到了更多的关注，园林行业的发展也更为迅速，在科技队伍建设、设计水平、行业发展等各方面都取得了巨大的成就。

在科研进展上，住房和城乡建设部早在20世纪80年代初，就制定了“园林绿化”科研课题，进行系统研究，并逐步落实；风景名胜和大地景观的科研项目也有所进展。另外，经过多年不懈的努力，园林行业的发展也取得了很大的成绩，1992年颁布的《城市园林绿化产业政策实施办法》中，明确了风景园林在社会经济建设中的作用，是国家重点扶持的产业。园林科技队伍建设步伐加快，在各省市都有相关的科研单位和大专院校。

但是，在园林设计中也存在一些不足，如盲目模仿现象、一味追求经济效益等。

面对我国园林行业存在的一些不良现象，应该采取一些具体的措施：尽快制定符合我国园林行业发展形势的法律、法规及各种规章制度；积极拓宽我国园林行业的研究范围，开发出高质量系列产品，用于园林建设；积极贯彻“以人为本”的思想，尽早实行公众参与式的设计，设计出符合人们要求的园林作品；最后，在园林作品设计上，严格制止盲目模仿、抄袭的现象，使园林作品符合自身特点，突出自身特色。

1.1.3　我国园林发展的方向

1. 生态园林的建设

随着环境的恶化和人们环境保护意识的提高，以生态学原理与实践为依据建设生态园林将是园林行业发展的趋势，其理念是“创造多样性的自然生态环境，追求人与自然共生的乐趣，提高人们的自然志向，使人们在观察自然、学习自然的过程中，认识到对生态环境保护的重要性”。

2. 园林城市的建设

现在城市园林化已逐步提高到人类生存的角度，园林城市的建设已成为我国城市发展的阶段性目标。

1.2　园林设计的原则

园林设计的最终目的是要创造出景色如画、环境舒适、健康文明的游憩境域，一方面要满足人们精神文明的需要，另一方面要满足人们良好的休息、娱乐的物质文明需要。在园林设计中，必须遵循“适用、经济、美观”的原则。

“适用”包含两层意思，一层意思是指正确选址，因地制宜，巧于因借；另一层意思是园林的功能要适合于服务对象。在“适用”的前提下要考虑经济问题，在投资尽量少的情况下建设出质量高的园林。最后在“适用”“经济”的前提下，尽可能做到“美观”，满足园林布局、造景的艺术要求。

在园林设计过程中，“适用、经济、美观”三者之间不是孤立的，而是紧密联系不可分割的整体。我们必须在“适用”和“经济”的前提下，尽可能做到“美观”，最终创造出理想的园林设计艺术作品。

具体而言，园林设计应遵循以下基本原则。

1. 主景与配景设计原则

各种艺术创作中，首先确定主题和副题、重点和一般、主角和配角、主景和配景等关系。所以，园林布局，在确定主题思想的前提下，考虑主要的艺术形象，也就是考虑园林主景。主要景物能通过次要景物的配景、陪衬、烘托，得到加强。

为了表现主题，在园林和建筑艺术中主景突出通常采用下列手法。

（1）中轴对称

在布局中，首先确定某方向一轴线，轴线上通常安排主要景物，在主景前方两侧，常常配置一对或若干对次要景物，以陪衬主景，如天安门广场、凡尔赛宫等。

（2）主景升高

主景升高犹如鹤立鸡群，这是常用的艺术手段。主景升高往往与中轴对称方法同步使用。如美国华盛顿纪念性园林、北京人民英雄纪念碑等。

（3）环拱水平视觉四合空间的交汇点

园林中，环拱四合空间主要出现在宽阔的水平面景观或四周由群山环抱的盆地类型园林空间，如杭州西湖中的三潭印月等。自然式园林中四周由土山和树林环抱的林中草地，也是环拱的四合空间。四周配杆林带，在视觉交汇点上布置主景，即可起到主景突出的作用。

（4）构图重心位能

三角形、圆形图案等重心为几何构图中心，往往是处理主景突出的最佳位置，起到最好的信能效应。自然山水园的视觉重心忌居正中。

（5）渐变法

渐变法即园林景物布局，采用渐变的方法，从低到高，逐步升级，由次要景物到主景，级级引入，通过园林景观的序列布置，引人入胜，引出主景。

2. 对比与调和

对比与调和是布局中运用统一与变化的基本规律，物形象的具体表现。采用骤变的景象，以产生唤起兴致的效果。调和的手法，主要通过布局形式、造园材料等方面的统一、协调来表现。

园林设计中，对比手法主要应用于空间对比、疏密对比、虚实对比、藏露对比、高低对比、曲直对比等。主景与配景本身就是“主次对比”的一种对比表现形式。

3. 节奏与韵律

在园林布局中，常使同样的景物重复出现，即节奏与韵律在园林中的应用。韵律可分为连续韵律、渐变韵律、交错韵律、起伏韵律等。

4. 均衡与稳定

在园林布局中均以分为静态、均依靠动势求得均衡，或称之为拟对称的均衡。对称的均衡为静态均衡，一般在主轴两边景物以相等的距离、体量、形态组成均衡即和气态均衡。拟对称均衡是主轴不在中线上，两边的景物在形体、大小、与主轴的距离上都不相等，但两边景物又处于动态的均衡之中。

5. 尺度与比例

任何物体，不论何种形状，必有三个方向，即长、宽、高的度量。比例就是研究三者之间的关系。任何园林景观，都要研究双重的三个关系：一是景物本身的三维空间，二是整体与局部。园林中的尺度，指园林空间中各个组成部分与具有一定自然尺度的物体的比较。功能、审美和环境特点决定园林设计的尺度。尺度分为可变尺度和不可变尺度两种。不可变尺度是按一般人体的常规尺寸确定的尺度。可变尺度如建筑形体、雕像的大小、桥景的幅度等都要依具体情况而定。园林中常应用的是夸张尺度，夸张尺度往往是将景物放大或缩小，以达到造园造景效果的需要。

1.3 园林布局

园林的布局，就是在选定园址（相地）的基础上，根据园林的性质、规模、地形条件等因素进行全园的总布局，通常称之为总体设计。总体设计是一个园林艺术的构思过程，也是园林的内容与形式统一的创作过程。

1.3.1 立意

立意是指园林设计的总意图，即设计思想。要做到“神仪在心，意在笔先”“情因景生，景为情造”。在园林创作过程中，选择园址，或依据现状确定园林主题思想，创造园景的几个方面是不可分割的有机整体。而造园的立意最终要通过具体的园林艺术创造出一定的园林形式，通过精心布局得以实现。

1.3.2 布局

园林布局是指在园林选址、构思的基础上，设计者在孕育园林作品过程中所进行的思维活动。其主要包括选取、提炼题材；酝酿、确定主景、配景；功能分区；景点、游赏线分布；探索采用的园林形式。

园林的形式需要根据园林的性质、当地的文化传统、意识形态等决定。构成园林的五大要素分别为地形、植物、建筑、广场与道路以及园林小品。这在以后的相关章节会详细讲述。园林的布置形式可分为三类：规则式园林、自然式园林和混合式园林。

1. 规则式园林

规则式园林又称整形式、建筑式、图案式或几何式园林。西方园林在18世纪英国风景式园林产生以前，基本上以规则式园林为主，其中以文艺复兴时期意大利台地建筑式园林和17世纪法国勒诺特平面图案式园林为代表。这一类园林，以建筑和建筑式空间布局作为园林风景表现的主要题材。规则式园林的特点如下：

（1）中轴线：全园在平面规划上有明显的中轴线，基本上依中轴线进行对称式布置，园地的划分大都成为几何形体。

（2）地形：在平原地区，由不同标高的水平面及缓倾斜的平面组成；在山地及丘陵地，由阶梯式的大小不同的水平台地、倾斜平面及石级组成。

（3）水体设计：外形轮廓均为几何形；多采用整齐式驳岸，园林水景的类型以及整形水池、壁泉、整形瀑布及运河等为主，其中常以喷泉作为水景的主题。

（4）建筑布局：园林不仅个体建筑采用中轴对称均衡的设计，以至建筑群和大规模建筑组群的布局，也采取中轴对称均衡的手法。以主要建筑群和次要建筑群形式的主轴和副轴控制全园。

（5）道路广场：园林中的空旷地和广场外形轮廓均为几何形。封闭性的草坪、广场空间，以对称建筑群或规则式林带、树墙包围。道路均为直线、折线或几何曲线组成，构成方格形或环状放射形，中轴对称或不对称的几何布局。

（6）种植设计：园内花卉布置用以图案为主题的模纹花坛和花境为主，有时布置成大规模的花坛群，树木配置以行列式和对称式为主，并运用大量的绿篱、绿墙以区分和组织空间。树木整形修剪以模拟建筑体形和动物形态为主，如绿柱、绿塔、绿门、绿亭和用常绿树修剪而成的鸟兽等。

（7）园林小品：常采用盆树、盆花、瓶饰、雕像为主要景物。雕像的基座为规则式，雕像位置多配置于轴线的起点、终点或交点上。

2. 自然式园林

自然式园林又称为风景式、不规则式、山水派园林等。我国园林从周秦时代开始，无论大型的帝皇苑囿还是小型的私家园林，多以自然式山水园林为主，古典园林中以北京颐和园、承德避暑山庄、苏州的拙政园和留园为代表。我国自然式山水园林，从唐代开始影响日本的园林，从 18 世纪后半期传入英国，从而引起了欧洲园林对古典形式主义的革新运动。自然式园林的特点如下。

（1）地形：平原地带，地形为自然起伏的和缓地形与人工堆置的若干自然起伏的土丘相结合，其断面为和缓的曲线。在山地和丘陵地，则利用自然地形地貌，除建筑和广场基地以外不作人工阶梯形的地形改造工作，原有破碎割切的地形地貌也加以人工整理，使其自然。

（2）水体：其轮廓为自然的曲线，岸为各种自然曲线的倾斜坡度，如有的驳岸也是自然山石驳岸，园林水景的类型以溪涧、河流、自然式瀑布、池沼、湖泊等为主。常以瀑布为水景主题。

（3）建筑：园林内个体建筑为对称或不对称均衡的布局，其建筑群和大规模建筑组群多采取不对称均衡的布局。全园不以轴线控制，而以主要导游线构成的连续构图控制全园。

（4）道路广场：园林中的空旷地和广场的轮廓为自然封闭性的空旷草地和广场，以不对称的建筑群、土山、自然式的树丛和林带包围。道路平面和剖面由自然起伏曲折的平面线和竖曲线组成。

（5）种植设计：园林内种植不成行列式，以反映自然界植物群落自然之美，花卉布置以花丛、花群为主，不用模纹花坛。树木配植以孤立树、树丛、树林为主，不用规则修剪的绿篱，以自然的树丛、树群、树带来区划和组织园林空间。树木不作建筑鸟兽等体形模拟，而以模拟自然界苍老的大树为主。

（6）园林其他景物：除建筑、自然山水、植物群落为主景以外其余可采用山石、假石、桩景、盆景、雕刻为主要景物，其中雕像的基座为自然式，雕像位置多配置于透视线集中的焦点。

自然式园林在中国的历史悠长，绝大多数古典园林都是自然式园林。游人如置身于大自然之中，足不出户而游遍名山名水。

3. 混合式园林

所谓混合式园林，主要是指规则式、自然式交错组合，全园没有或形不成控制全园的轴线，只有局部景区、建筑，以中轴对称布局，或全园没有明显的自然山水骨架，形不成自然格局。

在园林规则中，原有地形平坦的可规划成规则式；原有地形起伏不平，丘陵、水面多的可规划成自然式。大面积园林以自然式为宜，小面积园林以规则式较经济。四周环境为规则式宜规划成规则式，四周环境为自然式则宜规划成自然式。

相应地，园林的设计方法也就有三种：轴线法、山水法、综合法。

1.3.3 园林布局的基本原则

1. 构园有法，法无定式

园林设计涉及的范围广泛、内容丰富，所以在设计时要根据园林内容和园林的特点，采用一定的表现形式。形式和内容确定后还要根据园址的原状，通过设计手段创造出具有个性的园林。

2. 功能明确，组景有方

园林布局是园林综合艺术的最终体现，所以园林必须有合理的功能分区。以颐和园为例，有宫廷区、生活区、苑林区三个分区，苑林区又可分为前湖区和后湖区；现代园林的功能分区更为明确，如花港观鱼公园有六个景区。

在合理的功能分区基础上，组织游赏路线，创造构图空间，安排景区、景点，创造意境、情景，是园林布局的核心内容。游赏路线就是园路，园路的职能之一便是组织交通、引导游览路线。

3. 因地制宜，景以境出

因地制宜的原则是造园最重要的原则之一，应在园址现状基础上进行布景设点，最大限度地发挥现有地形地貌的特点，以达到虽由人作、宛自天开的境界。要注意根据不同的基地条件进行布局安排，高方欲就亭台，低凹可开池沼，稍高的地形堆土使其成假山，而在低洼地上再挖深使其变成池湖。颐和园即在原来的“翁山”“翁山泊”上建成，圆明园则在“丹棱沜”上设计建造，避暑山庄则是在原来的山水基础上建造出来的风景式自然山水园。

4. 掇山理水，理及精微

人们常用“挖湖堆山”来概括中国园林创作的特征。

理水，首先要沟通水系，即“疏水之去由，察源之来历”，忌水出无源或死水一潭。

掇山，挖湖后的土方即可用来堆山。在堆山的过程中可根据工程的技术要求，设计成土山、石山、土石混合山等不同类型。

5. 建筑经营，时景为精

园林建筑既有使用价值，又能与环境组成景致，供人们游览和休憩。其设计方法概括起来主要有六个方面：立意、选址、布局、借景、尺度与比例、色彩与质感。中国园林的布局手法有以下几点。

（1）山水为主，建筑配合：建筑有机地与周围结合，创造出别具特色的建筑形象。在五大要素中，山水是骨架，建筑是眉目。

（2）统一中求变化，对称中有异象：对于建筑的布局来讲，就是除了主从关系外，还要在统一中求变化，在对称中求灵活。如佛香阁东西两侧的湖山碑和铜亭的位置对称，但碑体和铜亭的高度、造型、性质、功能等却绝然不同，然而正是这样绝然不同的景物却在园中得到了完美的统一。

（3）对景顾盼，借景有方：在园林中，观景点和在具有透景线的条件下所面对的两景物之间形成对景。一般透景线穿过水面、草坪，或仰视、俯视空间，两景物之间互为对景，如拙政园内的远香堂对雪香云蔚亭，留园的涵碧山房对可亭，退思园的退思草堂对闹红一轲等。借景是《园冶》中的最后一句话，可见借景的重要性，它是丰富园景的重要手法之一，如从颐和园借景园外的玉泉塔，拙政园从绣绮亭和梧竹幽居一带西望北寺塔。

6. 道路系统，顺势通畅

园林中，道路系统的设计是十分重要的内容，道路的设计形式决定了园林的形式，表现了不同的园林内涵。道路既是园林划分不同区域的界线，又是连接园林各不同区域活动内容的纽带。在园林设计过程中，除考虑上述内容外，还要使道路与山体、水系、建筑、花木之间构成有机的整体。

7. 植物造景，四时烂漫

植物造景是园林设计全过程中十分重要的组成部分。在后面的相关章节我们会对种植设计进行简单介绍。植物造景是一门学问，详细的种植设计可以参照苏雪痕老师编写的《植物造景》。

1.4 园林设计的程序

1.4.1 园林设计的前提工作

（1）掌握自然条件、环境状况及历史沿革。

（2）图纸资料，如地形图、局部放大图、现状图、地下管线图等。

（3）现场踏查。

（4）编制总体设计任务文件。

1.4.2 总体设计方案阶段

主要设计图纸内容：位置图、现状图、分区图、总体设计方案图、地形图、道路总体设计图、种植设计图、管线总体设计图、电气规划图和园林建筑布局图等。

鸟瞰图：直接表达公园设计的意图，钢笔画、水彩画、水粉画等均可。

总体设计说明书：总体设计方案除了图纸外，还要求一份文字说明，全面介绍设计者的构思、设计要点等内容。

1.5 园林设计图的绘制

园林设计图包括园林设计总平面图和园林建筑初步设计图。

1.5.1 园林设计总平面图

园林设计总平面图是设计范围内所有造园要素的水平投影图，它能表明在设计范围内的所有内容。

1. 园林设计总平面图的内容

园林设计总平面图是园林设计的最基本图纸，能够反映园林设计的总体思想和设计意图，是绘制其他设计图纸及施工、管理的主要依据。主要包括以下内容。

（1）规划用地区域现状及规划的范围。

（2）对原有地形地貌等自然状况的改造和新的规划设计意图。

（3）竖向设计情况。

（4）景区景点的设置、景区出入口的位置，各种造园素材的种类和位置。

（5）比例尺、指北针、风玫瑰。

2. 园林设计总平面图的绘制

（1）首先要选择合适的比例，常用的比例有1:200、1:500、1:1000等。

（2）绘制图中设计的各种造园要素的水平投影。其中地形用等高线表示，并在等高线的断开处标注设计的高程。设计地形的等高线用实线绘制，原地形的等高线用虚线绘制；道路和广场的轮廓线用中实线绘制；建筑用粗实线绘制其外轮廓线，园林植物用图例表示；水体驳岸用粗线绘制，并用细实线绘制水底的坡度等高线；山石用粗线绘制其外轮廓。

（3）标注定位尺寸和坐标网进行定位，尺寸标注是指以图中某一原有景物为参照物，标注新设计的主要景物和该参照物之间的相对距离；坐标网是以直角坐标的形式进行定位，有建筑坐标网和测量坐标网两种形式，园林上常用建筑坐标网，即以某一点为“零点”并以水平方向为B轴，垂直方向为A轴，按一定距离绘制出方格网。坐标网用细实线绘制。

（4）编制图例图，图中应用的图例，都应在图上的位置编制图例表说明其含义。

（5）绘制指北针、风玫瑰；注写图名、标题栏、比例尺等。

（6）编写设计说明，设计说明是用文字的形式进一步表达设计思想，或作为图纸内容的补充等。

1.5.2 园林建筑初步设计图

园林建筑是指在园林中与园林造景有直接关系的建筑。

1. 园林建筑初步设计图的内容

园林建筑初步设计图需绘制出平、立、剖面图，并标注出各主要控制尺寸，图纸要能反映建筑的形状、大小和周围环境等内容，一般包括建筑总平面图、建筑平面图、建筑立面图、建筑剖面图等图纸。

2. 园林建筑初步设计图的绘制

（1）建筑总平面图：要反映新建建筑的形状、所在位置、朝向及室外道路、地形、绿化等情况，以及该建筑与周围环境的关系和相对位置。绘制时首先要选择合适的比例，其次要绘制图例，建筑总平面图是用建筑总平面图例表达其内容的，其中的新建建筑、保留建筑、拆除建筑等都有对应的图例。接着要标注标高，即新建建筑首层平面的绝对标高、室外地面及周围道路的绝对标高及地形等高线的高程数字。最后要绘制比例尺、指北针、风玫瑰、图名和标题栏等。

（2）建筑平面图：用来表示建筑的平面形状、大小、内部的分隔和使用功能，墙、柱、门窗、楼梯等的位置。绘制时首先要确定比例，绘制定位轴线，接着绘制墙、柱的轮廓线、门窗细部，进行尺寸标注、注写标高；最后绘制指北针、剖切符号、图名、比例等。

（3）建筑立面图：主要用于表示建筑的外部造型和各部分的形状及相互关系等，如门窗的位置和形状，阳台、雨蓬、台阶、花坛、栏杆等的位置和形状。绘制顺序依次为选择比例、绘制外轮廓线、主要部位的轮廓线、细部投影线、尺寸和标高标注、绘制配景、注写比例和图名等。

（4）建筑剖视图：表示房屋的内部结构及各部位标高，剖切位置应选择在建筑的主要部位或构造较特殊的部位。绘制顺序依次为选择比例、主要控制线、主要结构的轮廓线、细部结构、尺寸和标高标注、注写比例和图名等。

1.5.3 园林施工图绘制的具体要求

园林制图是表达园林设计意图最直接的方法，是每个园林设计师必须掌握的技能。AutoCAD 园林制图的依据可参照《风景园林制图标准（GJJ/T 67—2015)》。在园林图纸中，对制图的基本内容都有规定。这些内容包括图纸幅面、标题栏及会签栏、线宽及线型、汉字、字符、数字、符号和标注等。

一套完整的园林施工图一般包括封皮、目录、设计说明、总平面图、施工放线图、竖向设计施工图、植物配置图、照明电气图、喷灌施工图、给排水施工图、园林小品施工详图和铺装剖切段面图等。

1. 文字部分

文字部分应该包括封皮、目录、总说明等。

（1）封皮的内容包括工程名称、建设单位、施工单位、时间、工程项目编号等。

（2）目录的内容包括图纸的名称、图别、图号、图幅、基本内容和张数等。图纸编号以专业为单位，各专业各自编排各专业的图号；对于大、中型项目，应按照以下专业进行图纸编号：园林、建筑、结构、给排水、电气、材料附图等；对于小型项目，可以按照以下专业进行图纸编号：园林、建筑及结构、给排水、电气等。每一专业图纸应该对图号加以统一标示，以方便查找，如建筑结构施工可缩写为“建施（JS)”、给排水施工可缩写为“水施（SS)”、种植施工图可缩写为“绿施（LS)”。

（3）设计说明主要针对整个工程需要说明的问题。如设计依据、施工工艺、材料数量、规格及其他要求。主要包括以下内容。

① 设计依据及设计要求：应注明采用的标准图集及依据的法律规范。

② 设计范围。

③ 标高及标注单位：应说明图纸文件中采用的标注单位，采用的是相对坐标还是绝对坐标，如为相对坐标，须说明采用的依据以及与绝对坐标的关系。

④ 材料选择及要求：对各部分材料的材质要求及建议；一般应说明的材料包括饰面材料、木材、钢材、防水疏水材料、种植土及铺装材料等。

⑤ 施工要求：强调需注意工种配合及对气候有要求的施工部分。

⑥ 经济技术指标：施工区域总的占地面积，绿地、水体、道路、铺地等的面积及占地百分比、绿化率及工程总造价等。

除了总的说明之外，在各个专业图纸之前还应该配备专门的说明，有时施工图纸中还应该配有适当的文字说明。

2. 施工放线

施工放线应该包括施工总平面图，各分区施工放线图等。

（1）施工总平面图。

① 施工总平面图的主要内容：

- 指北针（或风玫瑰图），绘图比例（比例尺），文字说明，景点、建筑物或者构筑物的名称标注，图例表。
- 道路、铺装的位置、尺度、主要点的坐标、标高以及定位尺寸。
- 小品主要控制点坐标及小品的定位、定形尺寸。
- 地形、水体的主要控制点坐标、标高及控制尺寸。
- 植物种植区域轮廓。
- 对无法用标注尺寸准确定位的自由曲线园路、广场、水体等，应给出该部分局部放线详图，用放线网表示，并标注控制点坐标。

② 施工总平面图绘制的要求：

- 布局与比例。图纸应按上北下南的方向绘制，根据场地形状或布局，可向左或右偏转，但不宜超过45°。施工总平面图一般采用1:500、1:1000、1:2000的比例进行绘制。
- 图例。《总图制图标准》（GB/T 50103—2010）中列出了建筑物、构筑物、道路、铁路以及植物等的图例，具体内容见相应的制图标准。如果由于某些原因必须另行设定图例时，应该在总图上绘制专门的图例表进行说明。
- 图线。在绘制总图时应该根据具体内容采用不同的图线，具体内容参照《总图制图标准》。
- 单位。施工总平面图中的坐标、标高、距离宜以米为单位，并应至少取至小数点后两位，不足时以0补齐。详图宜以毫米为单位，如不以毫米为单位，应另加说明。
- 建筑物、构筑物、铁路、道路方位角（或方向角）和铁路、道路转向角的度数，宜注写到秒，特殊情况应另加说明。
- 道路纵坡度、场地平整坡度、排水沟沟底纵坡度宜以百分计，并应取至小数点后一位，不足时以0补齐。
- 坐标网格。坐标分为测量坐标和施工坐标。测量坐标为绝对坐标，测量坐标网应画成交叉十字线，坐标代号宜用“X、Y”表示。施工坐标为相对坐标，相对零点宜选用已有建筑物的交叉点或道路的交叉点。为区别于绝对坐标，施工坐标用大写英文字母A、B表示。
- 施工坐标网格应以细实线绘制，一般画成100m×100m或者50m×50m的方格网。也可根据需要调整，如采用30m×30m的网格，对于面积较小的场地可采用5M×5M或者10m×10m的施工坐标网。
- 坐标标注。坐标宜直接标注在图上，若图面无足够位置，也可列表标注；若坐标数字的位数太多时，可将前面相同的位数省略，其省略位数应在附注中加以说明。

- 建筑物、构筑物、铁路、道路等应标注下列部位的坐标：建筑物、构筑物的定位轴线（或外墙线）或其交点；圆形建筑物、构筑物的中心；挡土墙墙顶外边缘线或转折点。表示建筑物、构筑物位置的坐标，宜注其三个角的坐标，如果建筑物、构筑物与坐标轴线平行，可注对角坐标。

平面图上有测量和施工两种坐标系统时，应在附注中注明两种坐标系统的换算公式。

- 标高标注。施工图中标注的标高应为绝对标高；若标注相对标高，则应注明相对标高与绝对标高的关系。
- 建筑物、构筑物、铁路、道路等应按以下规定标注标高：建筑物室内地坪，标注图中±0.00 处的标高；对不同高度的地坪，分别标注其标高；建筑物室外散水，标注建筑物四周转角或两对角的散水坡脚处的标高；对于构筑物，标注有代表性的标高，并用文字注明标高所指的位置；对于道路，标注路面中心交点及变坡点的标高；对于挡土墙，标注墙顶和墙脚标高，路堤、边坡则标注坡顶和坡脚标高，排水沟则标注沟顶和沟底标高；场地平整则标注其控制位置标高；铺砌场地标注其铺砌面标高。

③ 施工总平面图绘制步骤：

- 绘制设计平面图。
- 根据需要确定坐标原点及坐标网格的精度，绘制测量和施工坐标网。
- 标注尺寸、标高。
- 绘制图框、比例尺、指北针，填写标题、标题栏、会签栏，编写说明及图例表。

④ 施工放线图。

施工放线图的内容主要包括道路、广场铺装、园林建筑小品、放线网格（间距 1 米或 5 米或 10 米不等）、坐标原点、坐标轴、主要点的相对坐标、标高（等高线、铺装等），如图 1-1 所示。

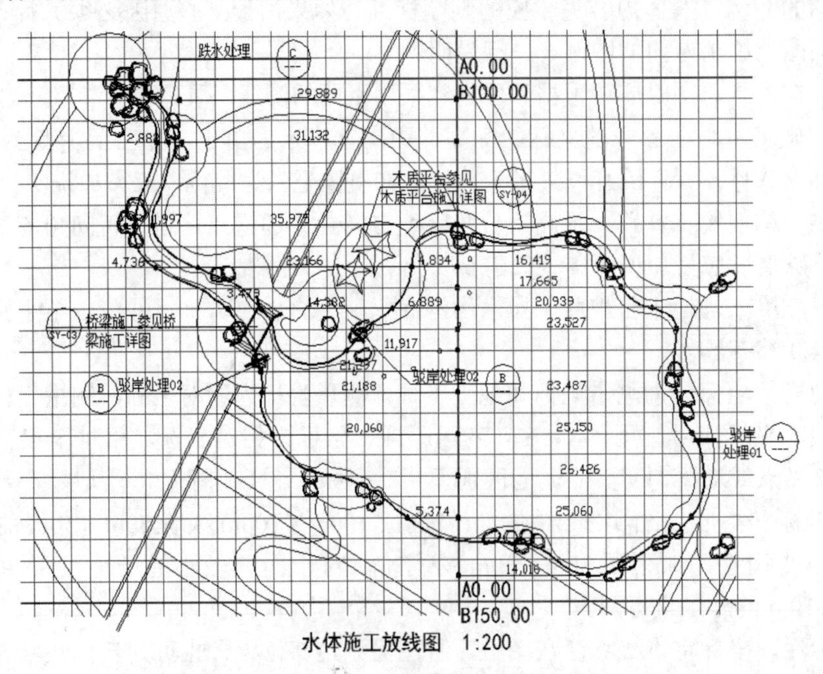

图 1-1　水体施工放线图

3. 土木工程

土方工程应该包括竖向施工图、土方调配图。

（1）竖向设计施工图。竖向设计是指在一块场地中进行垂直于水平方向的布置和处理，也就是地形高程设计。

① 竖向施工图的内容：

- 指北针、图例、比例、文字说明、图名。文字说明中应包括标注单位、绘图比例、高程系统的名称、补充图例等。
- 现状与原地形标高、地形等高线。设计等高线的等高距一般取 0.25~0.5 米，当地形较为复杂时，需要绘制地形等高线放样网格。
- 最高点或者某些特殊点的坐标及该点的标高。如道路的起点、变坡点、转折点和终点等的设计标高（道路在路面中、阴沟在沟顶和沟底）、纵坡度、纵坡距、纵坡向、平曲线要素、竖曲线半径、关键点坐标；建筑物、构筑物室内外设计标高；挡土墙、护坡或土坡等构筑物的坡顶和坡脚的设计标高；水体驳岸、岸顶、岸底标高，池底标高，水面最低、最高及常水位。
- 地形的汇水线和分水线，或用坡向箭头标明设计地面坡向，指明地表排水的方向、排水的坡度等。
- 绘制重点地区、坡度变化复杂的地段的地形断面图，并标注标高、比例尺等。
- 当工程比较简单时，竖向设计施工平面图可与施工放线图合并。

② 竖向施工图的具体要求：

- 计量单位。通常标高的标注单位为米，如果有特殊要求的话应该在设计说明中注明。
- 线型。竖向设计图中比较重要的是地形等高线，设计等高线用细实线绘制，原有地形等高线用细虚线绘制，汇水线和分水线用细单点长划线绘制。
- 坐标网格及其标注。坐标网格采用细实线绘制，网格间距取决于施工的需要以及图形的复杂程度，一般采用与施工放线图相同的坐标网体系。对于局部的不规则等高线，或者单独作出施工放线图，或者在竖向设计图纸中局部缩小网格间距，提高放线精度。竖向设计图的标注方法同施工放线图，针对地形中最高点、建筑物角点或者特殊点进行标注。
- 地表排水方向和排水坡度。利用箭头表示排水方向，并在箭头上标注排水坡度，对于道路或者铺装等区域除了要标注排水方向和排水坡度之外，还要标注坡长，一般排水坡度标注在坡度线的上方，坡长标注在坡度线的下方。

其他方面的绘制要求与施工总平面图相同。

（2）土方调配图。在土方调配图上要注明挖填调配区、调配方向、土方数量和每对挖填之间的平均运距。图中的土方调配，仅考虑场内挖方、填方平衡，如图 1-2 所示（A 为挖方，B 为填方）。

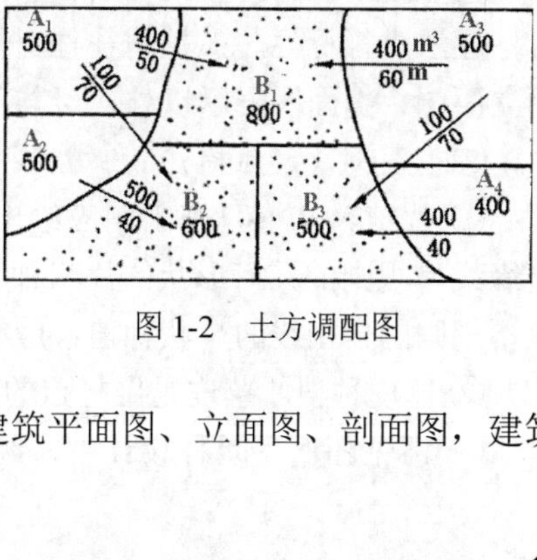

图 1-2　土方调配图

4. 建筑工程

建筑工程应该包括建筑设计说明，建筑构造做法一览表，建筑平面图、立面图、剖面图，建筑施工详图等。

5. 结构工程

结构工程应该包括结构设计说明，基础图、基础详图，梁、柱详图，结构构件详图等。

6. 电气工程

电气工程应该包括电气设计说明，主要设备材料表，电气施工平面图、施工详图、系统图、控制线路图等。大型工程应按强电、弱电、火灾报警及其智能系统分别设置目录。

照明电气施工图的内容主要包括灯具形式、类型、规格、布置位置、配电图（电缆电线型号规格、连接方式，配电箱数量、形式规格等）等。

电位走线只需标明开关与灯位的控制关系，线型宜用细圆弧线（也可适当用中圆弧线），各种强弱电的插座走线不需标明。

要有详细的开关（一联、二联、多联）、电源插座、电话插座、电视插座、空调插座、宽带网插座、配电箱等图标及位置（插座高度未注明的一律距地面 300mm，有特殊要求的要在插座旁注明标高）。

7. 给排水工程

给排水工程应该包括给排水设计说明，给排水系统总平面图、详图，给水、消防、排水、雨水系统图，喷灌系统施工图。

喷灌、给排水施工图内容主要包括给水、排水管的布设，管径、材料等的型号，喷头、检查井、阀门井、排水井、泵房等的布设。

8. 园林绿化工程

园林绿化工程应该包括植物种植设计说明、植物材料表、种植施工图、局部施工放线图、剖面图等。如果采用乔、灌、草多层组合，分层种植设计较为复杂，应该绘制分层种植施工图。

植物配置图的主要内容包括植物种类、规格、配置形式以及其他特殊要求，其主要目的是为苗木购买、苗木栽植提供准确的工程量，如图 1-3 所示。

（1）现状植物的表示

① 行列式栽植。对于行列式的种植形式（如行道树、树阵等）可用尺寸标注出株行距、始末树种植点与参照物的距离。

② 自然式栽植。对于自然式的种植形式（如孤植树），可用坐标标注种植点的位置或采用三角形标注法进行标注。孤植树往往对植物的造型、规格的要求较严格，应在施工图中表达清楚。除利用立面图、剖面图表示以外，可与苗木表相结合，用文字来加以标注。

（2）图例及尺寸标注

① 片植、丛植。施工图应绘出清晰的种植范围边界线，标明植物名称、规格、密度等。对于边缘线呈规则的几何形状的片状种植，可用尺寸标注方法标注，为施工放线提供依据，而对边缘线呈不规则的自由线的片状种植，应绘坐标网格，并结合文字标注。

② 草皮种植。草皮是用打点的方法表示，标注应标明其草坪名、规格及种植面积。

③ 常见图例。园林设计中，经常使用各种标准化的图例来表示特定的建筑景点或常见的园林

植物，如图 1-4 所示。

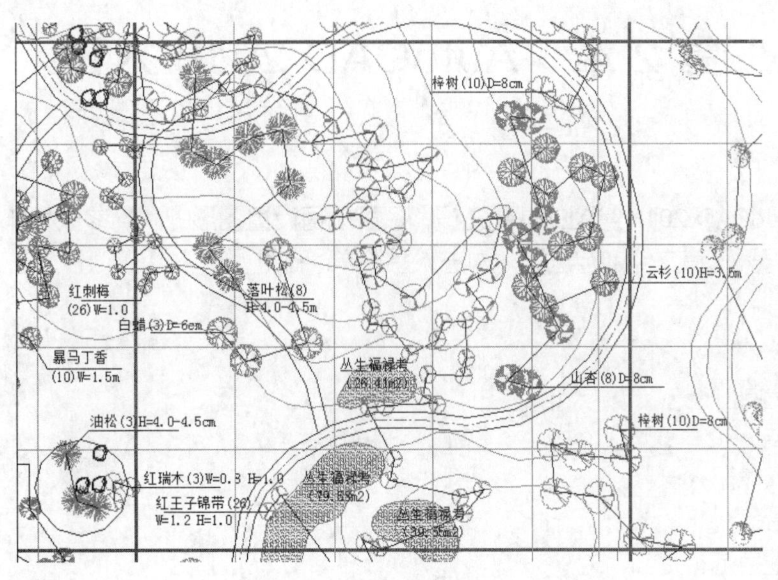

图 1-3　植物配置图

图 例 一 览 表

图　例	名　称	图　例	名　称	图　例	名　称	图　例	名　称
	溶洞		垂丝海棠		龙柏		水杉
	温泉		紫薇		银杏		金叶女贞
	瀑布跌水		含笑		鹅掌秋		鸡爪槭
	山峰		龙爪槐		珊瑚树		芭蕉
	森林		茶梅+茶花		雪松		杜英
	古树名木		桂花		小花月季球		杜鹃
	墓园		红枫		小花月季		花石榴
	文化遗址		四季竹		杜鹃		腊　梅
	民风民俗		白（紫）玉兰		红花继木		牡　丹
	桥		广玉兰		龟甲冬青		鸢　尾
	景点		香樟		长绿草		苏　铁
	规划建筑物		原有建筑物		剑麻		葱　兰

图 1-4　常见图例

第 2 章　AutoCAD 2018 入门

内容简介

本章学习 AutoCAD 2018 绘图的基础知识，了解如何设置图形的系统参数和样板图，熟悉创建新的图形文件、打开已有文件的方法等，为进入系统学习做准备。

内容要点

- 操作环境简介
- 文件管理
- 基本输入操作
- 显示图形
- 模拟认证考试

案例效果

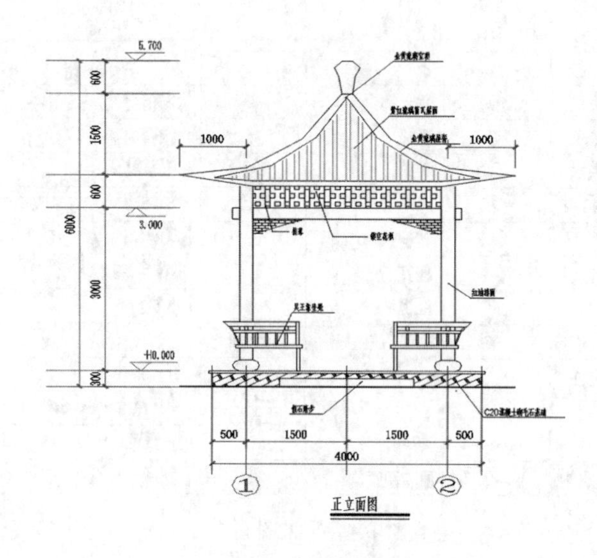

正立面图

2.1　操作环境简介

操作环境是指与本软件相关的操作界面、绘图系统设置等一些最基本的界面和参数。

2.1.1　操作界面

AutoCAD 操作界面是 AutoCAD 显示、编辑图形的区域，一个完整的草图与注释操作界面如图 2-1 所示，包括标题栏、功能区、绘图区、十字光标、导航栏、坐标系图标、命令行窗口、状态栏、布局标签和快速访问工具栏等。

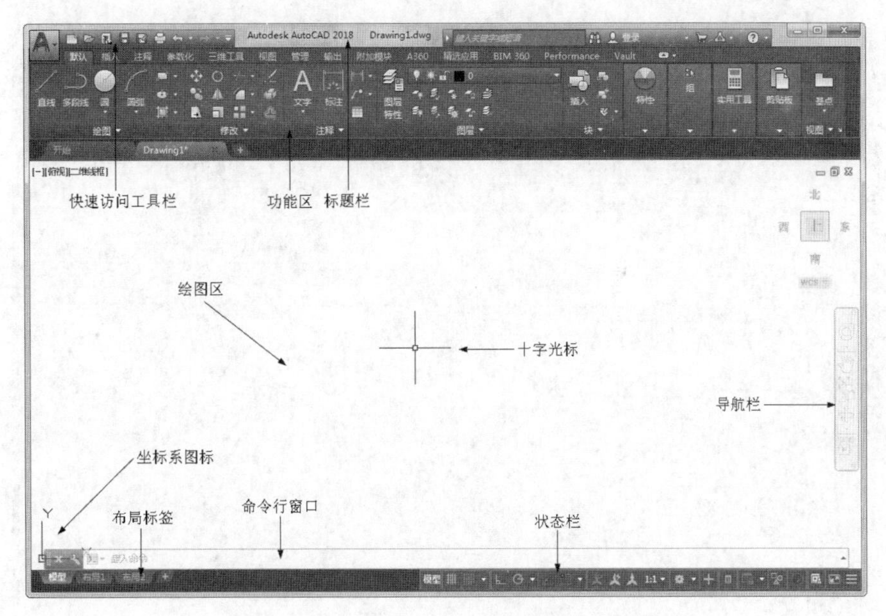

图 2-1 AutoCAD 2018 中文版的操作界面

扫一扫，看视频

轻松动手学——设置“明”界面

安装 AutoCAD 2018 后，默认的界面如图 2-1 所示。

【操作步骤】

（1）在绘图区中单击鼠标右键，在弹出的快捷菜单中选择“选项”命令❶，如图 2-2 所示。

（2）打开“选项”对话框，选择“显示”选项卡，在“窗口元素”选项组的“配色方案”下拉列表框中选择“明”❷，如图 2-3 所示。单击“确定”按钮❸，完成“明”界面设置，如图 2-4 所示。

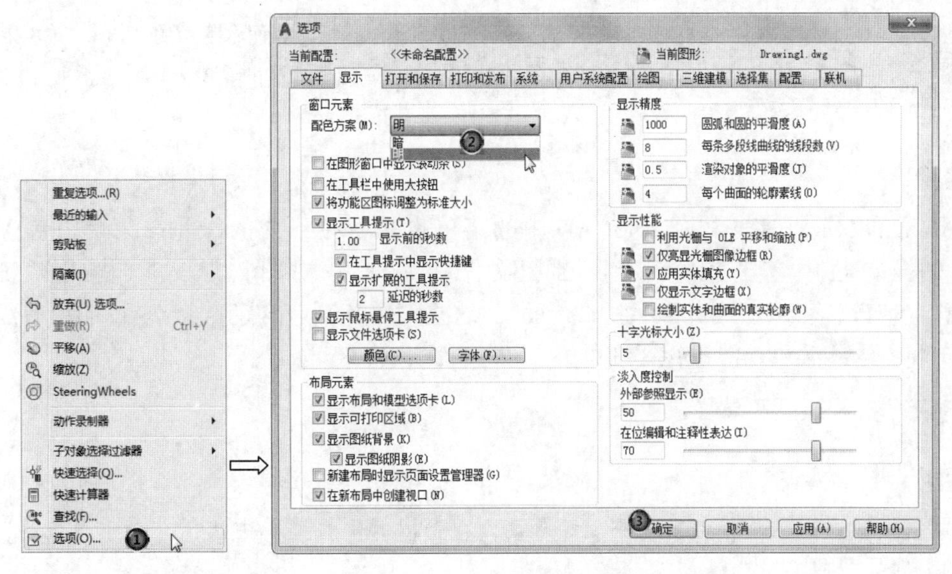

图 2-2 快捷菜单　　图 2-3 “选项”对话框

图 2-4 “明”界面

1. 标题栏

AutoCAD 2018 中文版操作界面的最上端是标题栏。在标题栏中，显示了系统当前正在运行的应用程序和用户正在使用的图形文件。第一次启动 AutoCAD 2018 时，标题栏中将显示 AutoCAD 2018 在启动时创建并打开的图形文件 Drawing1.dwg，如图 2-1 所示。

注意

需要将 AutoCAD 的工作空间切换到“草图与注释”模式下（单击操作界面右下角的“切换工作空间”按钮，在弹出的菜单中选择“草图与注释”命令），才能显示如图 2-1 所示的操作界面。本书中的所有操作均在“草图与注释”模式下进行。

2. 菜单栏

与其他 Windows 程序一样，AutoCAD 中的菜单也是下拉形式的，并在菜单中包含子菜单。AutoCAD 的菜单栏中包含 12 个菜单，即“文件”“编辑”“视图”“插入”“格式”“工具”“绘图”“标注”“修改”“参数”“窗口”和“帮助”。这些菜单几乎包含了 AutoCAD 的所有绘图命令，后面的章节将对这些菜单功能进行详细讲解。

扫一扫，看视频

轻松动手学——设置菜单栏

【操作步骤】

（1）单击快速访问工具栏右侧的下拉按钮❶，在弹出的下拉菜单中选择“显示菜单栏”命令❷，如图 2-5 所示。

（2）调出的菜单栏位于操作界面的上方❸，如图 2-6 所示。

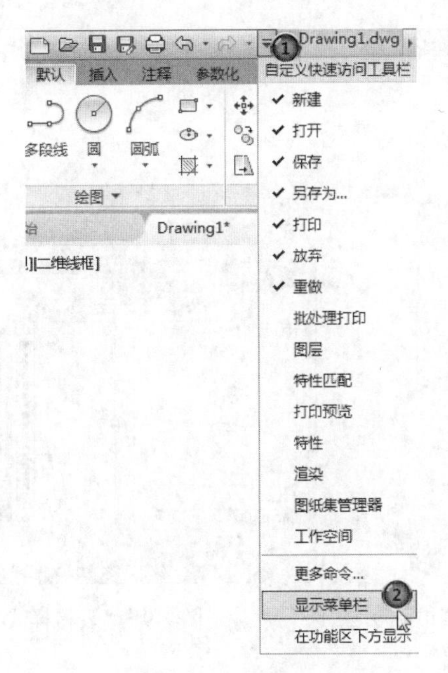

图 2-5　下拉菜单

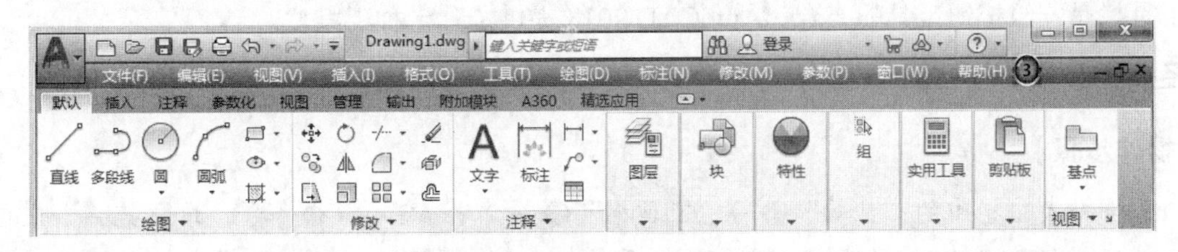

图 2-6　菜单栏显示界面

（3）在图 2-5 所示下拉菜单中选择“隐藏菜单栏”命令，则关闭菜单栏。

一般来讲，AutoCAD 下拉菜单中的命令有以下 3 种。

（1）带有子菜单的命令。这种类型的命令后面带有小三角形。例如，选择菜单栏中的“绘图”→“圆”命令，系统就会进一步显示出“圆”子菜单中所包含的命令，如图 2-7 所示。

（2）打开对话框的命令。这种类型的命令后面带有省略号。例如，选择菜单栏中的“格式”→“表格样式 ...”命令（如图 2-8 所示），系统就会打开“表格样式”对话框，如图 2-9 所示。

（3）直接执行操作的命令。这种类型的命令后面既不带小三角形，也不带省略号，选择该命令将直接进行相应的操作。例如，选择菜单栏中的“视图”→“重画”命令，系统将刷新所有视口。

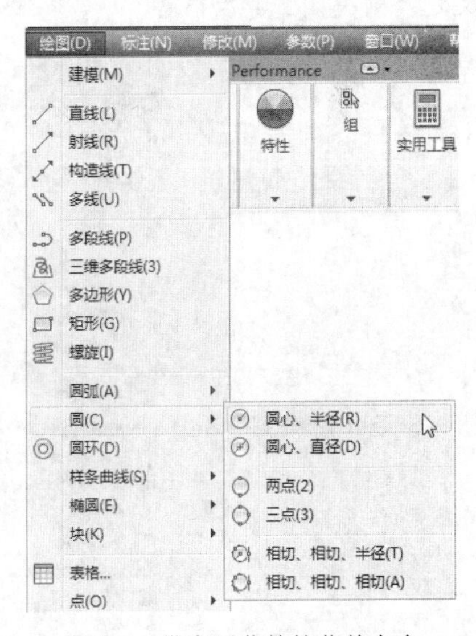

图 2-7　带有子菜单的菜单命令

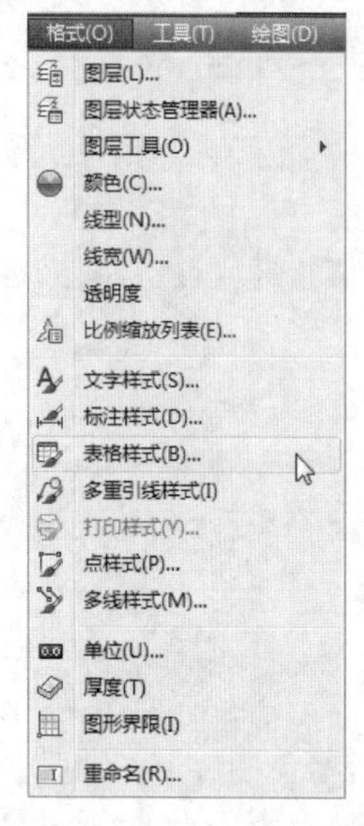

图 2-8　打开对话框的菜单命令

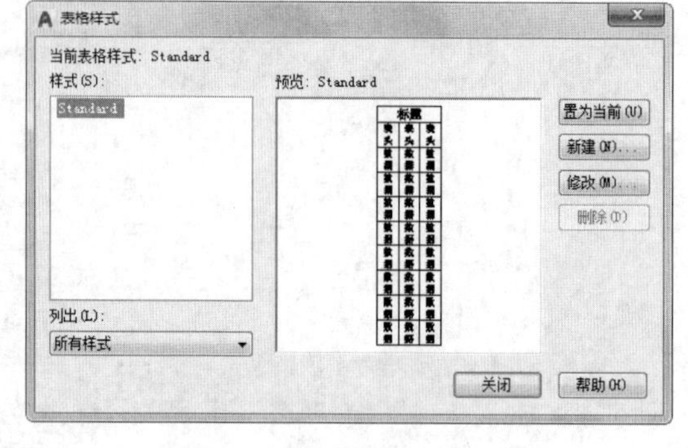

图 2-9　“表格样式”对话框

3. 工具栏

扫一扫，看视频

工具栏是一组按钮工具的集合。AutoCAD 2018 提供了几十种工具栏。

轻松动手学——设置工具栏

【操作步骤】

（1）选择菜单栏中的“工具”❶→“工具栏”❷→“AutoCAD”❸命令，单击某一个未在界面中显示的工具栏的名称❹（如图 2-10 所示），系统将自动在界面中打开该工具栏，如图 2-11 所示；反之，则关闭工具栏。

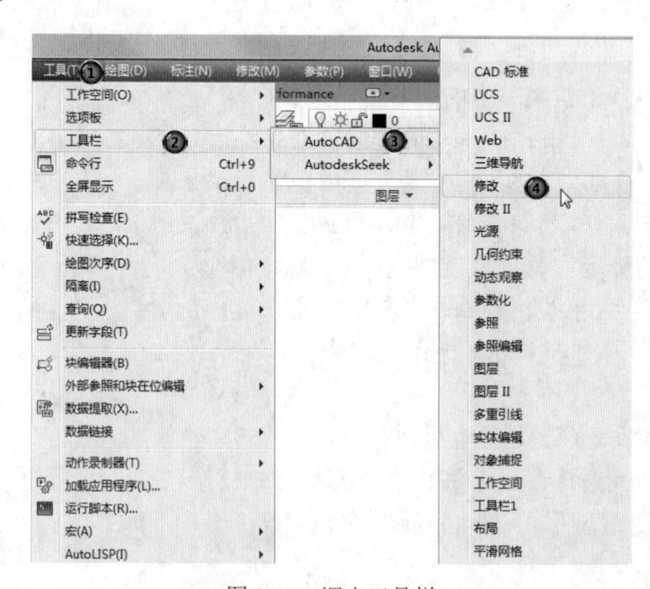

图 2-10　调出工具栏

（2）把光标移动到某个按钮上，稍停片刻即在该按钮的一侧显示相应的功能提示，此时，单击按钮即可启动相应的命令。

（3）工具栏可以在绘图区浮动显示（见图2-11），此时显示该工具栏标题，并可关闭该工具栏；可以拖动浮动工具栏到绘图区边界，使其变为固定工具栏，此时该工具栏标题隐藏。也可以把固定工具栏拖出，使其成为浮动工具栏。

有些工具栏按钮的右下角带有一个小三角形，单击这类按钮会打开相应的下拉菜单；将光标移到某一按钮上并单击，该按钮就变为当前显示的按钮；单击当前显示的按钮，即可执行相应的命令，如图 2-12 所示。

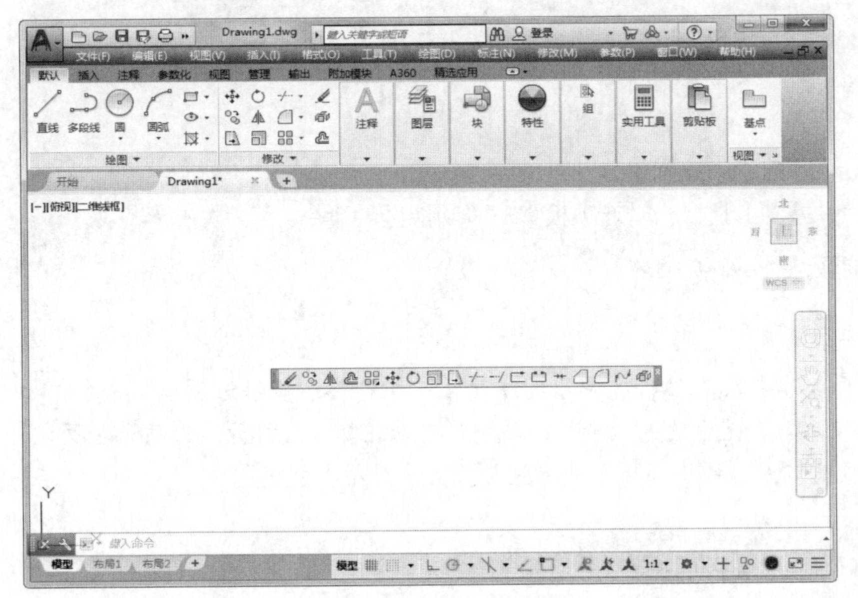

图 2-11　浮动工具栏

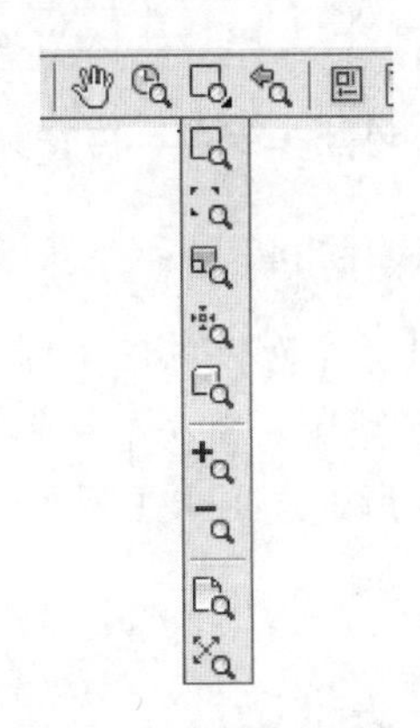

图 2-12　带有下拉菜单的工具栏按钮

4. 快速访问工具栏和交互信息工具栏

（1）快速访问工具栏。该工具栏包括“新建”“打开”“保存”“另存为”“打印”“放弃”“重做”和“工作空间”等几个常用的工具。用户也可以单击此工具栏后面的下拉按钮，在弹出的下拉菜单中选择需要的常用工具。

（2）交互信息工具栏。该工具栏包括“搜索”、Autodesk A360、Autodesk App Store、“保持连接”和“帮助”等几个常用的数据交互访问工具按钮。

5. 功能区

在默认情况下，功能区包括“默认”“插入”“注释”“参数化”“视图”“管理”“输出”“附加模块”、A360 以及“精选应用”等 10 个常用选项卡，如图 2-13 所示，用户可以通过相应的设置，显示所有的选项卡，如图 2-14 所示。每个选项卡都是由若干功能面板组成，集成了大量相关的操作工具，极大方便了用户的使用。单击“精选应用”选项卡后面的按钮，可以控制功能区的展开与收缩。

图 2-13　默认情况下出现的选项卡

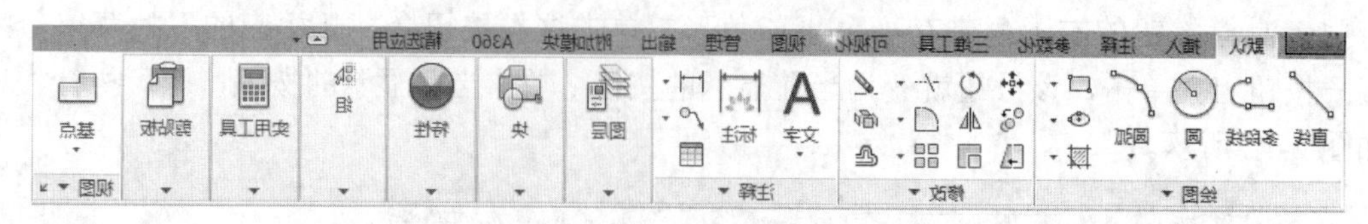

图 2-14　所有的选项卡

【执行方式】

- 命令行：RIBBON（或 RIBBONCLOSE）。
- 菜单栏：选择菜单栏中的“工具”→“选项板”→“功能区”命令。

轻松动手学——设置功能区

扫一扫，看视频

【操作步骤】

（1）在面板中任意位置处单击鼠标右键，在弹出的快捷菜单中选择“显示选项卡”命令，如图 2-15 所示。单击某一个未在功能区显示的选项卡名，系统将自动在功能区打开该选项卡；反之，则关闭所选选项卡（调出面板的方法与调出选项卡的方法类似，这里不再赘述）。

图 2-15　快捷菜单

（2）面板可以在绘图区“浮动”，如图 2-16 所示。将光标放到浮动面板的右上角，将显示“将面板返回到功能区”提示，如图 2-17 所示。单击此处，可使其变为固定面板。也可以把固定面板拖出，使其成为浮动面板。

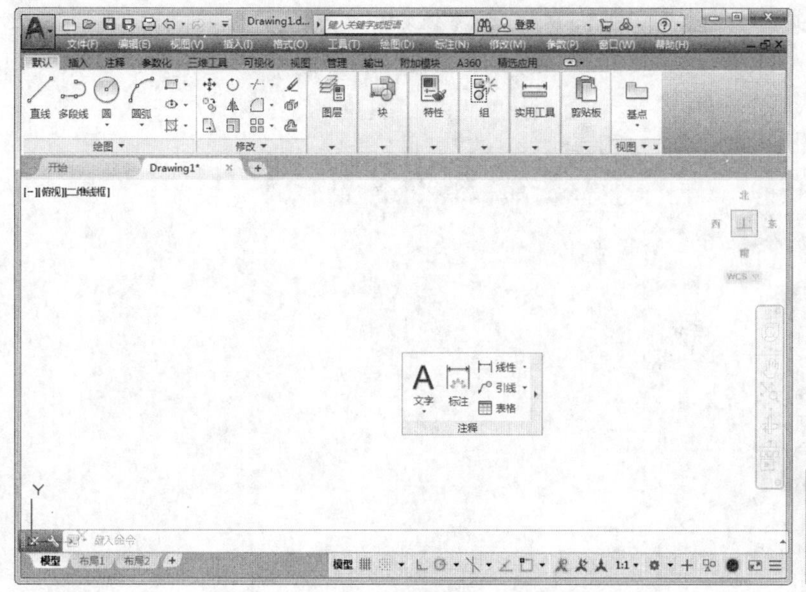

图 2-16　浮动面板

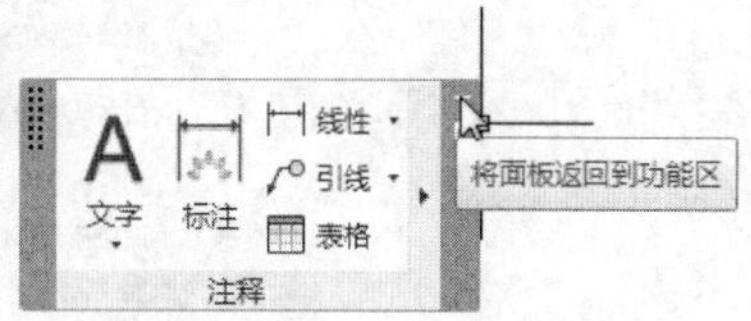

图 2-17　“注释”面板

6. 绘图区

绘图区是指在标题栏下方的大片空白区域，用于绘制图形，用户要完成一幅图形，其主要工作都是在绘图区中完成。

7. 坐标系图标

在绘图区的左下角，有一个箭头指向的图标，称为坐标系图标，表示用户绘图时正使用的坐标系样式。坐标系图标的作用是为点的坐标确定一个参照系。根据工作需要，用户可以选择将其关闭。

【执行方式】

- 命令行：UCSICON。
- 菜单栏：选择菜单栏中的“视图”→“显示”→“UCS 图标”→“开”命令，如图 2-18 所示。

8. 命令行窗口

命令行窗口是输入命令名和显示命令提示的区域。命令行窗口默认布置在绘图区下方，由若干文本行构成。对命令行窗口，有以下几点需要说明。

（1）移动拆分条，可以扩大或缩小命令行窗口。

（2）可以拖动命令行窗口，布置在绘图区的其他位置。默认情况下在图形区的下方。

（3）对当前命令行窗口中输入的内容，可以按 F2 键用文本编辑的方法进行编辑，如图 2-19 所示。AutoCAD 文本窗口和命令行窗口相似，可以显示当前 AutoCAD 进程中命令的输入和执行过程。在执行 AutoCAD 的某些命令时，会自动切换到文本窗口，列出有关信息。

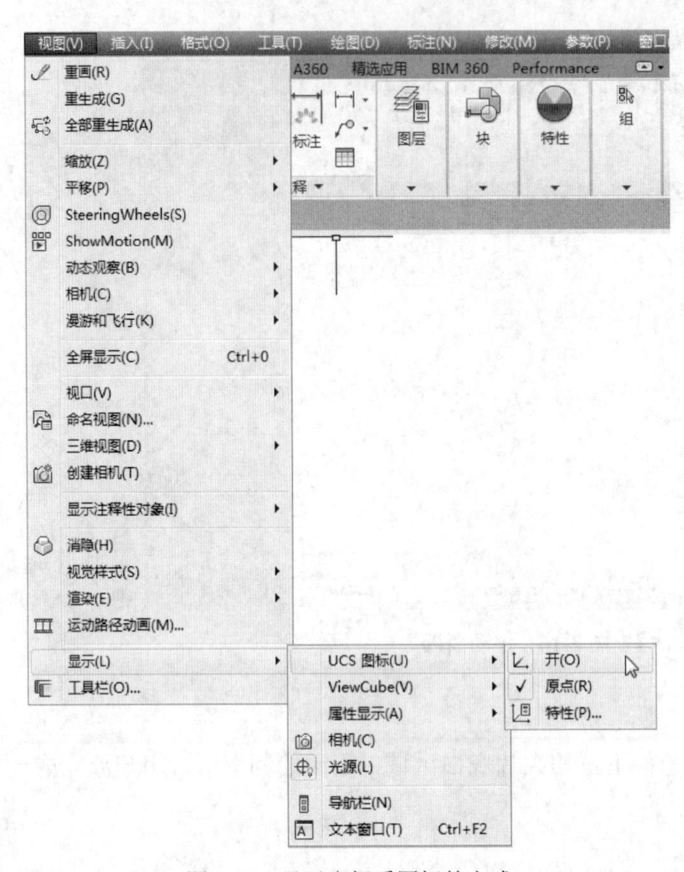

图 2-18　显示坐标系图标的方式

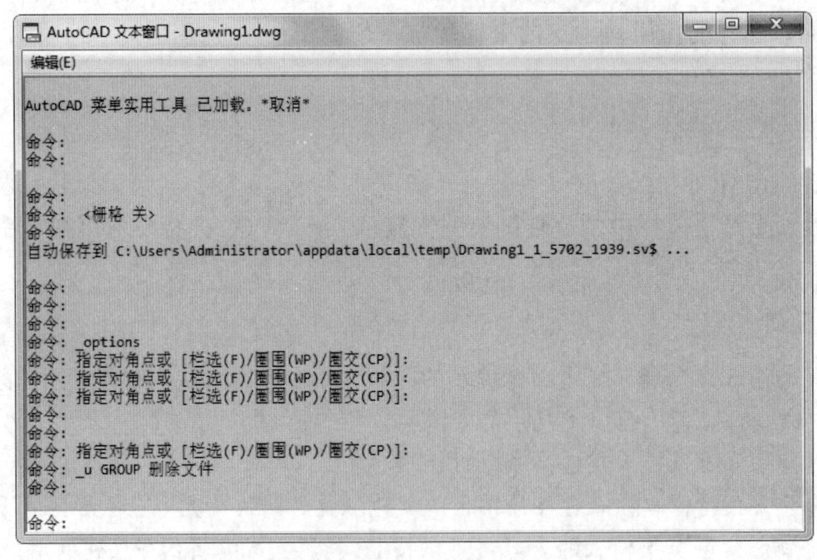

图 2-19　AutoCAD 文本窗口

（4）AutoCAD 通过命令行窗口反馈各种信息，也包括出错信息，因此用户要时刻关注在命令行窗口中出现的信息。

9. 状态栏

状态栏显示在屏幕的底部，依次有“坐标”“模型空间”“栅格”“捕捉模式”“推断约束”“动态输入”“正交模式”“极轴追踪”“等轴测草图”“对象捕捉追踪”“二维对象捕捉”“线宽”“透明度”“选择循环”“三维对象捕捉”“动态UCS”“选择过滤”“小控件”“注释可见性”“自动缩放”“注释比例”“切换工作空间”“注释监视器”“单位”“快捷特性”“锁定用户界面”“隔离对象”“硬件加速”“全屏显示”“自定义”30个功能按钮。单击部分开关按钮，可以实现这些功能的开关。通过部分按钮也可以控制图形或绘图区的状态。

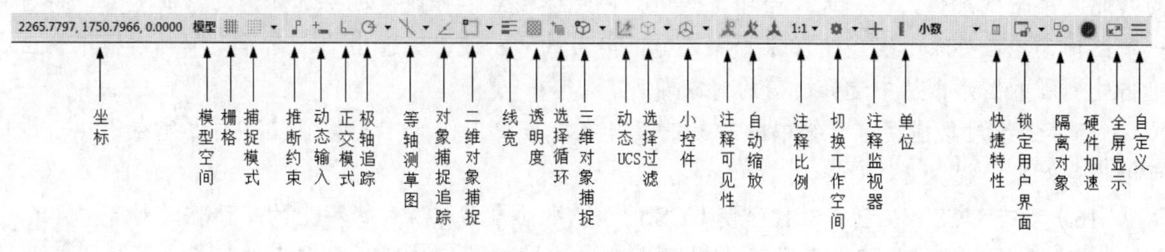

图2-20 状态栏

✍ 技巧

默认情况下，并不会显示所有工具，可以通过单击状态栏上最右侧的“自定义”按钮，自行定义要显示的工具。状态栏上显示的工具可能会发生变化，具体取决于当前的工作空间以及当前显示的是“模型”还是“布局”。

（1）坐标：显示工作区光标放置点的坐标。

（2）模型空间：在模型空间与布局空间之间进行转换。

（3）栅格：栅格是覆盖整个坐标系（UCS）XY平面的直线或点组成的矩形图案。使用栅格类似于在图形下放置一张坐标纸。利用栅格可以对齐对象并直观显示对象之间的距离。

（4）捕捉模式：对象捕捉对于在对象上指定精确位置非常重要。不论何时提示输入点，都可以指定对象捕捉。默认情况下，当光标移到对象的对象捕捉位置时，将显示标记和工具提示。

（5）推断约束：自动在正在创建或编辑的对象与对象捕捉的关联对象或点之间应用约束。

（6）动态输入：在光标附近显示出一个提示框（称之为“工具提示”），其中显示出对应的命令提示和光标的当前坐标值。

（7）正交模式：将光标限制在水平或垂直方向上移动，以便于精确地创建和修改对象。当创建或移动对象时，可以使用“正交”模式将光标限制在相对于用户坐标系（UCS）的水平或垂直方向上。

（8）极轴追踪：使用极轴追踪，光标将按指定角度进行移动。创建或修改对象时，可以使用“极轴追踪”来显示由指定的极轴角度所定义的临时对齐路径。

（9）等轴测草图：通过设定“等轴测捕捉/栅格”，可以很容易地沿3个等轴测平面之一对齐对象。尽管等轴测图形看似三维图形，但它实际上是由二维图形表示的，因此不能期望提取三维距离和面积、从不同视点显示对象或自动消除隐藏线。

（10）对象捕捉追踪：使用对象捕捉追踪，可以沿着基于对象捕捉点的对齐路径进行追踪。已获取的点将显示一个小加号（+），一次最多可以获取7个追踪点。获取点之后，在绘图路径上移动光标，将显示相对于获取点的水平、垂直或极轴对齐路径。例如，可以基于对象端点、中点或者对象的交点，沿着某个路径选择一点。

（11）二维对象捕捉：使用执行对象捕捉设置（也称对象捕捉），可以在对象上的精确位置指定捕捉点。选择多个选项后，将应用选定的捕捉模式，以返回距离靶框中心最近的点。可以按 Tab 键在这些选项之间循环。

（12）线宽：分别显示对象所在图层中设置的不同宽度，而不是统一线宽。

（13）透明度：使用该命令，调整绘图对象显示的明暗程度。

（14）选择循环：当一个对象与其他对象彼此接近或重叠时，准确地选择某一个对象是很困难的。此时单击状态栏上的“选择循环”按钮，将光标移至尽可能接近要选择的对象的地方，将看到一个图标，该图标表示有多个对象可供选择。单击鼠标左键，在弹出的“选择集”对话框中列出了单击处周围的图形，从中选择所需的对象即可。

（15）三维对象捕捉：三维中的对象捕捉与在二维中工作的方式类似，不同之处在于在三维中可以投影对象捕捉。

（16）动态 UCS：在创建对象时使 UCS 的 XY 平面自动与实体模型上的平面临时对齐。

（17）选择过滤：根据对象特性或对象类型对选择集进行过滤。当按下图标后，只选择满足指定条件的对象，其他对象将被排除在选择集之外。

（18）小控件：帮助用户沿三维轴或平面移动、旋转或缩放一组对象。

（19）注释可见性：当图标亮显时表示显示所有比例的注释性对象；当图标变暗时表示仅显示当前比例的注释性对象。

（20）自动缩放：注释比例更改时，自动将比例添加到注释对象。

（21）注释比例：单击右下角的下拉按钮，在弹出的下拉菜单中可以根据需要选择适当的注释比例，如图 2-21 所示。

（22）切换工作空间：进行工作空间的转换。

（23）注释监视器：打开仅用于所有事件或模型文档事件的注释监视器。

（24）单位：指定线性和角度单位的格式和小数位数。

（25）快捷特性：控制快捷特性面板的使用与禁用。

（26）锁定用户界面：按下该按钮，锁定工具栏、面板和可固定窗口的位置和大小。

（27）隔离对象：当选择隔离对象时，在当前视图中显示选定对象，所有其他对象都暂时隐藏；当选择隐藏对象时，在当前视图中暂时隐藏选定对象，所有其他对象都可见。

（28）硬件加速：用于设置图形卡的驱动程序以及硬件加速选项。

（29）全屏显示：单击该按钮，可以清除 Windows 窗口中的标题栏、功能区和选项板等界面元素，使 AutoCAD 的绘图窗口全屏显示，如图 2-22 所示。

（30）自定义：状态栏可以提供重要信息，而无需中断工作流。使用 MODEMACRO 系统变量可将应用程序所能识别的大多数数据显示在状态栏中。使用该系统变量的计算、判断和编辑功能可以完全按照用户的要求构造状态栏。

10. 布局标签

AutoCAD 系统默认设定一个“模型”空间和“布局 1”“布局 2”两个图样空间布局标签，这里有两个概念需要解释。

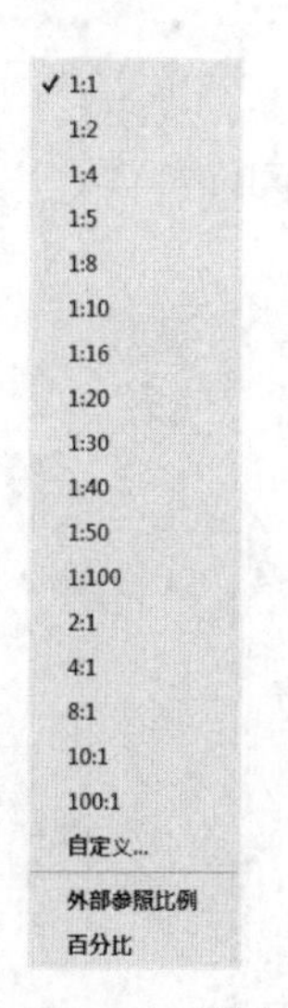

图 2-21　注释比例

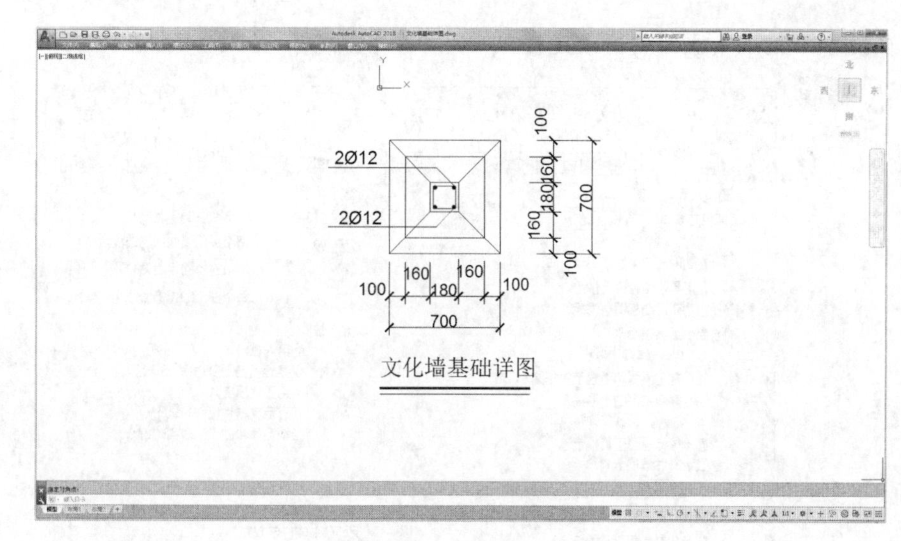

图 2-22　全屏显示

（1）布局。布局是系统为绘图设置的一种环境，包括图样大小、尺寸单位、角度设定、数值精确度等。在系统预设的 3 个标签中，这些环境变量都按默认设置。用户可以根据实际需要改变变量的值，也可设置符合自己要求的新标签。

（2）模型。AutoCAD 的空间分为模型空间和图样空间两种。模型空间是通常绘图的环境，而在图样空间中，用户可以创建浮动视口，以不同视图显示所绘图形，还可以调整浮动视口并决定所包含视图的缩放比例。如果用户选择图样空间，可打印多个视图，也可以打印任意布局的视图。AutoCAD 系统默认打开模型空间，用户可以通过单击操作界面下方的布局标签选择需要的布局。

11. 十字光标

在绘图区中，有一个作用类似光标的十字线，其交点坐标反映了光标在当前坐标系中的位置。在 AutoCAD 中，将该十字线称为十字光标，如图 2-1 所示。

技巧

AutoCAD 通过十字光标坐标值显示当前点的位置。十字光标的方向与当前用户坐标系的 X、Y 轴方向平行，其长度系统预设为绘图区大小的 5%，用户可以根据绘图的实际需要修改大小。

轻松动手学——设置光标大小

扫一扫，看视频

【操作步骤】

（1）选择菜单栏中的“工具”→“选项”命令，打开“选项”对话框。

（2）选择“显示”选项卡，在“十字光标大小”文本框中直接输入数值，或拖动文本框后面的滑块，即可对十字光标的大小进行调整，如图 2-23 所示。

此外，还可以通过设置系统变量 CURSORSIZE 的值修改其大小。命令行提示与操作如下：

```
命令: CURSORSIZE↙
输入 CURSORSIZE 的新值 <5>: 5
```

在提示下输入新值即可修改光标大小，默认值为绘图区大小的 5%。

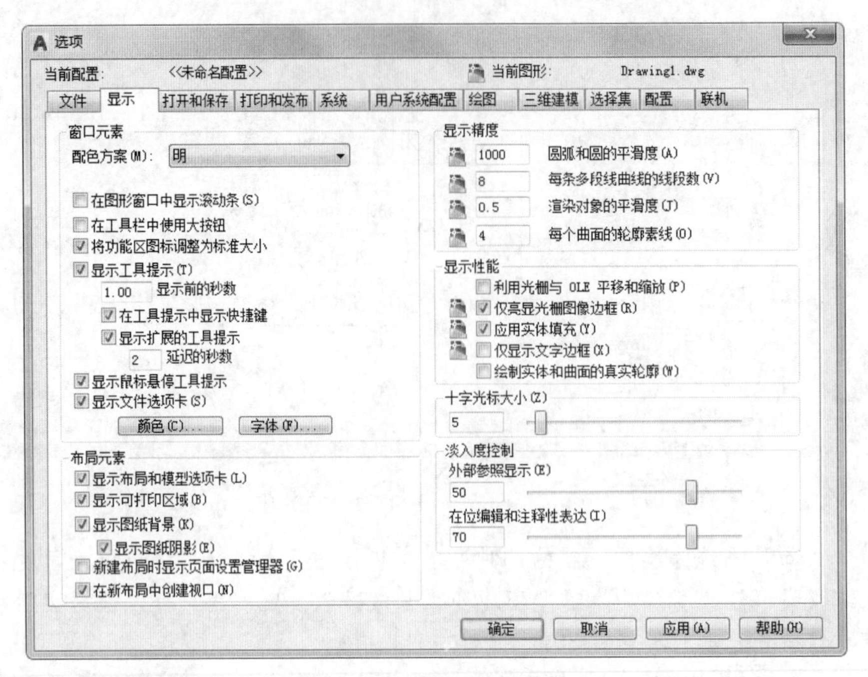

图 2-23 “显示”选项卡

2.1.2 绘图系统

每台计算机所使用的显示器、输入设备和输出设备的类型不同，用户喜好的风格及计算机的目录设置也不同。一般来讲，使用 AutoCAD 2018 的默认配置即可绘图，但为了方便使用自己的定点设备或打印机，以及提高绘图的效率，推荐用户在作图前进行必要的配置。

【执行方式】

- 命令行：PREFERENCES。
- 菜单栏：选择菜单栏中的“工具”→“选项”命令。
- 快捷菜单：在绘图区单击鼠标右键，在弹出的快捷菜单中选择“选项”命令，如图 2-24 所示。

图 2-24 快捷菜单

扫一扫，看视频

轻松动手学——设置绘图区的颜色

【操作步骤】

在默认情况下，AutoCAD 的绘图区是黑色背景、白色线条，这不符合大多数用户的习惯，因此修改绘图区颜色是大多数用户都要进行的操作。

（1）选择菜单栏中的“工具”→“选项”命令，打开“选项”对话框，选择“显示”选项卡，单击选项组中的“颜色”按钮❶，如图 2-25 所示。

✍ 技巧

设置实体显示精度时，精度越高（显示质量越高），计算机计算的时间越长。建议不要将精度设置得太高，将显示质量设定在一个合理的程度即可。

（2）打开“图形窗口颜色”对话框，在“界面元素”选项组中选择要更换颜色的元素，这里选择“统一背景”元素②，然后在“颜色”下拉列表框中选择需要的窗口颜色③（通常按视觉习惯选择白色为窗口颜色），单击“应用并关闭”按钮④，如图2-26所示。此时AutoCAD的绘图区既变换了背景色。

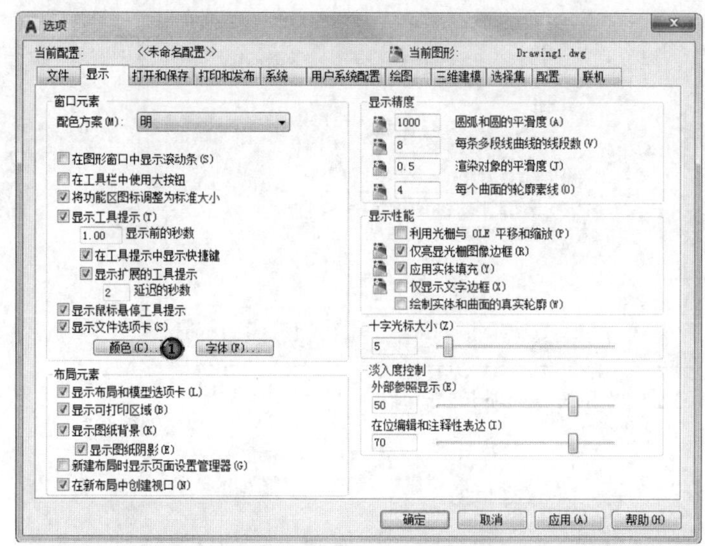

图2-25 “显示”选项卡

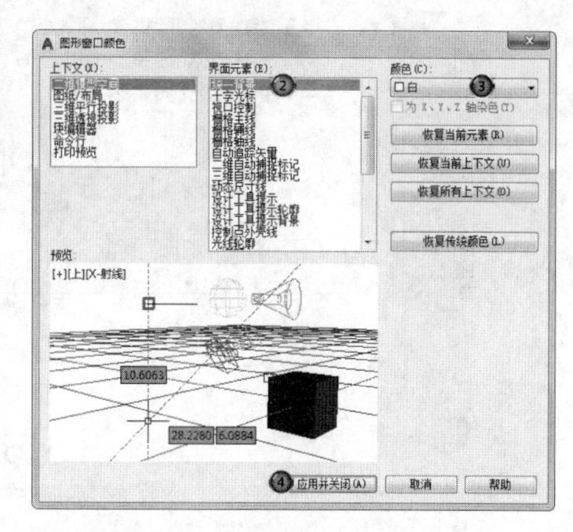

图2-26 “图形窗口颜色”对话框

【选项说明】

在“选项”对话框中，用户可以对绘图系统进行配置。下面就其中主要的两个选项卡加以说明，其他选项卡在后面用到时再具体说明。

（1）“显示”选项卡。“选项”对话框中的第2个选项卡为“显示”选项卡，如图2-25所示。该选项卡用于控制AutoCAD系统的外观，可设定滚动条、“文件”选项卡等显示与否，设置绘图区颜色、十字光标大小、AutoCAD的版面布局设置、各实体的显示精度等。

（2）“系统”选项卡。“选项”对话框中的第5个选项卡为“系统”选项卡，如图2-27所示。该选项卡用来设置AutoCAD系统的相关特性。其中，“常规选项”选项组确定是否选择系统配置的基本选项。

动手练一练——熟悉操作界面

思路点拨

了解操作界面各部分的功能，掌握改变绘图区颜色和十字光标大小的方法，能够熟练地打开、移动、关闭工具栏。

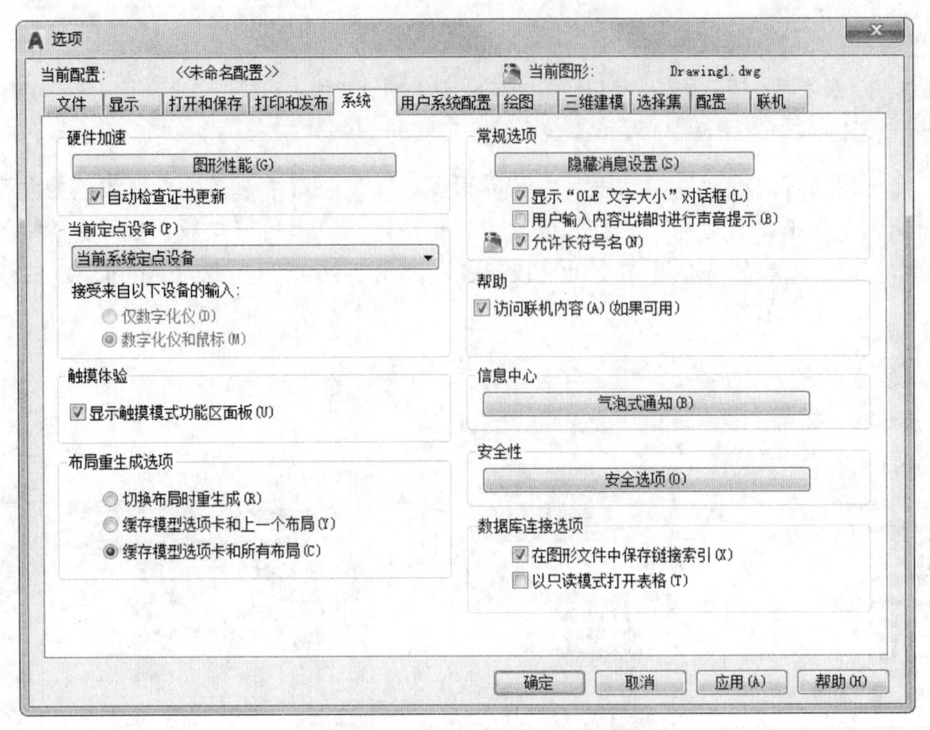

图 2-27 “系统”选项卡

2.2 文 件 管 理

本节介绍有关文件管理的一些基本操作方法，包括新建文件、打开已有文件、保存文件、删除文件等，这些都是应用 AutoCAD 2018 最基础的知识。

2.2.1 新建文件

当启动 AutoCAD 时，系统会自动新建一个名为 Drawing1 的文件。如果想新画一张图，可以再新建文件。

【执行方式】

- 命令行：NEW。
- 菜单栏：选择菜单栏中的“文件”→“新建”命令。
- 主菜单：单击操作界面左上角的程序图标，在弹出的主菜单中选择“新建”命令。
- 工具栏：单击标准工具栏中的“新建”按钮或单击快速访问工具栏中的“新建”按钮。
- 快捷键：Ctrl+N。

【操作步骤】

执行上述操作后，系统打开如图 2-28 所示的“选择样板”对话框。从中选择适当的模板，单击“打开”按钮，即可新建一个图形文件。

图 2-28 “选择样板”对话框

✍ 技巧

AutoCAD 最常用的模板文件有两个：acad.dwt 和 acadiso.dwt。一个是英制的，一个是公制的。

2.2.2 快速新建文件

如果用户不愿意在每次新建文件时都选择样板文件，可以在系统中预先设置默认的样板文件，从而快速创建图形。这是创建新图形最快捷的方法。

【执行方式】

命令行：QNEW。

轻松动手学——快速创建图形设置

扫一扫，看视频

【操作步骤】

要想使用快速创建图形功能，必须首先进行如下设置。

（1）在命令行中输入“FILEDIA”，按 Enter 键，设置系统变量为 1；在命令行中输入“STARTUP”，设置系统变量为 0。

（2）选择菜单栏中的“工具”→“选项”命令，在弹出的“选项”对话框中选择“文件”选项卡，单击“样板设置”前面的“+”图标，在展开的选项列表中选择“快速新建的默认样板文件名”选项，如图 2-29 所示。单击“浏览”按钮，打开“选择文件”对话框，然后选择需要的样板文件即可。

（3）在命令行中进行如下操作：

```
命令：QNEW↙
```

执行上述命令后，系统立即根据所选的图形样板创建新图形，而不显示任何对话框或提示。

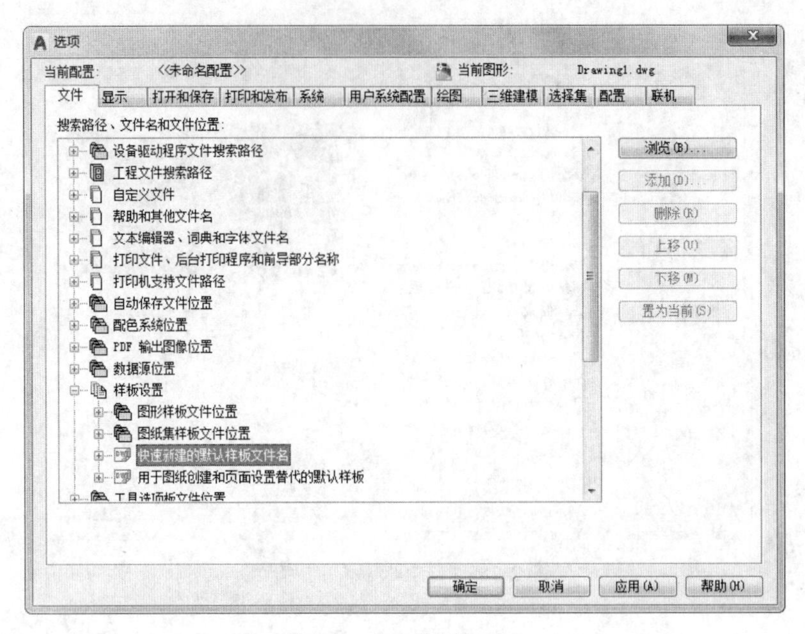

图 2-29 “文件”选项卡

2.2.3 保存文件

画完图或画图过程中都可以保存文件。

【执行方式】

- 命令名：QSAVE（或 SAVE）。
- 菜单栏：选择菜单栏中的“文件”→“保存”命令。
- 主菜单：单击操作界面左上角的程序图标，在弹出的主菜单中选择“保存”命令。
- 工具栏：单击标准工具栏中的“保存”按钮或单击快速访问工具栏中的“保存”按钮。
- 快捷键：Ctrl+S。

执行上述操作后，若文件已命名，则系统自动保存文件；若文件未命名（即为默认名 Drawing 1.dwg），则系统打开“图形另存为”对话框（如图 2-30 所示），在“文件名”文本框中重新命名，在“保存于”下拉列表框中指定保存文件的路径，在“文件类型”下拉列表框中指定保存文件的类型，然后单击“保存”按钮，即可将文件以新的名称保存。

✍ 技巧

为了让使用低版本软件的用户能正常打开文件，也可将文件保存成低版本。
AutoCAD 每年一个版本，还好文件格式不是年年都变，差不多是每 3 年一变。

扫一扫，看视频

轻松动手学——自动保存设置

【操作步骤】

（1）在命令行中输入“SAVEFILEPATH”，按 Enter 键，设置所有自动保存文件的位置，如“D:\HU\”。

图 2-30 “图形另存为”对话框

（2）在命令行中输入“SAVEFILE”，按 Enter 键，设置自动保存文件名。该系统变量存储的文件是只读文件，用户可以从中查询自动保存的文件名。

（3）在命令行中输入“SAVETIME”，按 Enter 键，指定在使用自动保存时多长时间保存一次图形，单位是“分”。

注意

本实例中输入“SAVEFILEPATH”命令后，若设置文件保存位置为“D:\HU\”，则在 D 盘下必须有 HU 文件夹，否则保存无效。

在没有相应的保存文件路径时，命令行提示与操作如下。

```
命令：SAVEFILEPATH
输入 SAVEFILEPATH 的新值，或输入 "." 表示无 <"C:\Documents and Settings\Administrator\local settings\temp\">: d:\hu\（输入文件路径）
SAVEFILEPATH 无法设置为该值
```

2.2.4 另存文件

已保存的图纸也可以另存为新的文件名。

【执行方式】

- 命令行：SAVEAS。
- 菜单栏：选择菜单栏中的“文件”→“另存为”命令。
- 主菜单：单击操作界面左上角的程序图标，在弹出的主菜单中选择“另存为”命令。
- 工具栏：单击快速访问工具栏中的“另存为”按钮。

执行上述操作后，打开“图形另存为”对话框，将文件重命名并保存。

2.2.5 打开文件

可以打开之前保存的文件继续编辑，也可以打开别人保存的文件进行学习或借用图形。在绘图过程中可以随时保存画图的成果。

【执行方式】

- 命令行：OPEN。
- 菜单栏：选择菜单栏中的“文件”→“打开”命令。
- 主菜单：单击操作界面左上角的程序图标，在弹出的主菜单中选择“打开”命令。
- 工具栏：单击标准工具栏中的“打开”按钮或单击快速访问工具栏中的“打开”按钮。
- 快捷键：Ctrl+O。

【操作步骤】

执行上述操作后，打开“选择文件”对话框，如图 2-31 所示。

【选项说明】

在“文件类型”下拉列表框中可选择“.dwg”“.dwt”“.dxf”和“.dws”等文件格式。其中，“.dws”文件是包含标准图层、标注样式、线型和文字样式的样板文件；“.dxf”文件是用文本形式存储的图形文件，能够被其他程序读取，许多第三方应用软件都支持“.dxf”格式。

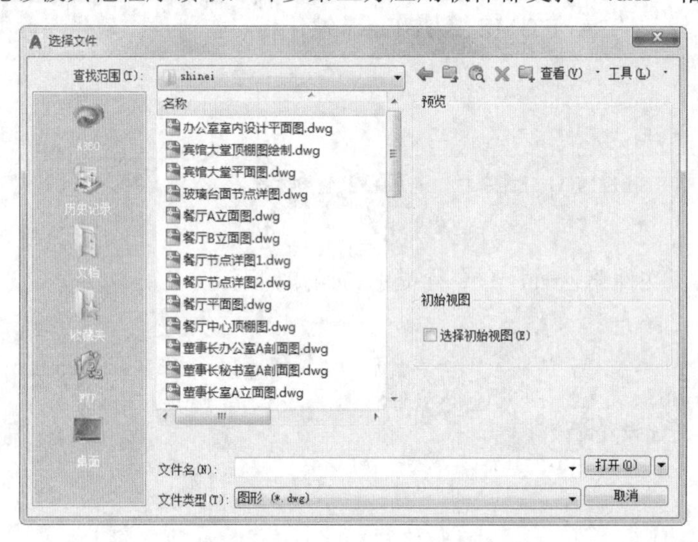

图 2-31 “选择文件”对话框

技巧

高版本 CAD 可以打开低版本 DWG 文件，低版本 CAD 无法打开高版本 DWG 文件。

如果我们只是自己画图的话，可以完全不理会版本，直接取完文件名点保存就可以了。如果我们需要把图纸传给其他人，就需要根据对方使用的 CAD 版本来选择保存的版本了。

2.2.6 退出

绘制完图形后，若不再继续绘制可直接退出软件。

【执行方式】

- 命令行：QUIT（或 EXIT）。
- 菜单栏：选择菜单栏中的“文件”→“退出”命令。
- 主菜单：单击操作界面左上角的程序图标，在弹出的主菜单中选择“关闭”命令。
- 按钮：单击 AutoCAD 操作界面右上角的“关闭”按钮 X 。

执行上述操作后，若用户对图形所做的修改尚未保存，则会打开如图 2-32 所示的系统警告对话框。单击“是”按钮，系统将保存文件，然后退出；单击“否”按钮，系统将不保存文件；若用户对图形所做的修改已经保存，则直接退出。

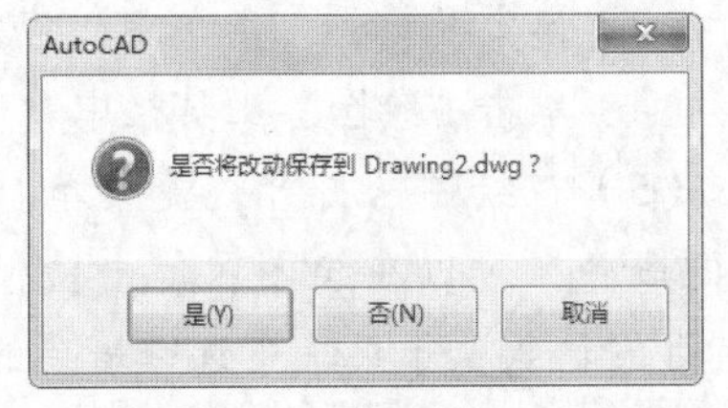

图 2-32　系统警告对话框

动手练一练——管理图形文件

图形文件管理包括文件的新建、打开、保存、退出等。本练习要求读者熟练掌握 .dwg 文件的命名保存、自动保存及打开的方法。

思路点拨

源文件：源文件\第 2 章\管理图形文件 .dwg

（1）启动 AutoCAD 2018，进入操作界面。
（2）打开一幅已经保存过的图形。
（3）进行自动保存设置。
（4）尝试在图形上绘制任意图线。
（5）将图形以新的名称保存。
（6）退出该图形。

2.3　基本输入操作

绘制图形的要点在于快和准，即图形尺寸绘制准确并节省绘图时间。本节主要介绍不同命令的操作方法，读者在后面章节中学习绘图命令时，应尽可能掌握多种方法，从中找出适合自己且快速的方法。

2.3.1　命令输入方式

AutoCAD 交互绘图必须输入必要的指令和参数。有多种 AutoCAD 命令输入方式，下面以绘制直线为例，介绍命令输入方式。

（1）在命令行中输入命令名。命令字符可不区分大小写，如命令“LINE”。执行命令时，在命令行提示中经常会出现命令选项。在命令行输入绘制直线命令“LINE”后，命令行提示与操作如下。

```
命令：LINE↙
指定第一个点：(在绘图区指定一点或输入一个点的坐标)
指定下一点或 [放弃(U)]:
```

命令行中不带括号的提示为默认选项（如上面的“指定下一点或”），因此可以直接输入直线的起点坐标或在绘图区指定一点，如果要选择其他选项，则应该首先输入该选项的标识字符与“放弃”选项的标识字符“U”，然后按系统提示输入数据即可。在命令选项的后面有时还带有尖括号，尖括号内的数值为默认数值。

（2）在命令行输入命令缩写字，如 L（LINE）、C（CIRCLE）、A（ARC）、Z（ZOOM）、R（REDRAW）、M（MOVE）、CO（COPY）、PL（PLINE）、E（ERASE）等。

（3）选择“绘图”菜单中对应的命令，在命令行窗口中可以看到对应的命令说明及命令名。

（4）单击“绘图”工具栏中对应的按钮，在命令行窗口中也可以看到对应的命令说明及命令名。

（5）在绘图区打开快捷菜单。如果在前面刚使用过要输入的命令，可以在绘图区单击鼠标右键，弹出快捷菜单，在“最近的输入”子菜单中选择需要的命令，如图 2-33 所示。“最近的输入”子菜单中存储了最近使用过的命令，如果经常重复使用某个命令，这种方法就比较快捷。

（6）在命令行直接按 Enter 键。如果用户要重复使用上次使用的命令，可以直接在命令行按 Enter 键，系统立即重复执行上次使用的命令。这种方法适用于重复执行某个命令。

图 2-33 绘图区快捷菜单

2.3.2 命令的重复、撤销和重做

在绘图过程中经常会重复使用相同的命令或者用错命令，下面介绍命令的重复、撤销和重做操作。

1. 命令的重复

按 Enter 键，可重复调用上一个命令，无论上一个命令是完成了还是被取消了。

2. 命令的撤销

在命令执行的任何时刻都可以取消或终止命令。

【执行方式】

- 命令行：UNDO。
- 菜单栏：选择菜单栏中的“编辑”→“放弃”命令。
- 工具栏：单击标准工具栏中的“放弃”按钮或单击快速访问工具栏中的“放弃”按钮。
- 快捷键：Esc。

3. 命令的重做

已被撤销的命令要恢复重做，可以恢复撤销的最后一个命令。

【执行方式】

- 命令行：REDO（快捷命令：RE）。
- 菜单栏：选择菜单栏中的“编辑”→“重做”命令。

- 工具栏：单击标准工具栏中的“重做”按钮或单击快速访问工具栏中的“重做”按钮。
- 快捷键：Ctrl+Y。

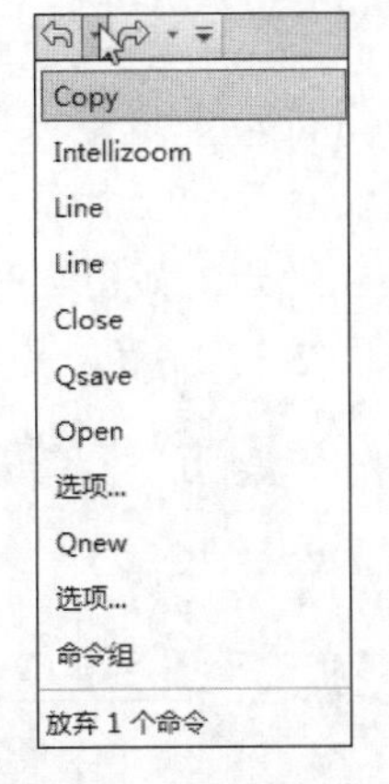

图 2-34　多重放弃选项

AutoCAD 2018 可以一次执行多重放弃和重做操作。单击快速访问工具栏中的“放弃”按钮或“重做”按钮后面的下拉按钮，在弹出的下拉菜单中可以选择要放弃或重做的操作，如图 2-34 所示。

2.3.3　命令执行方式

有的命令有两种执行方式，即通过对话框（或选项板）或命令行输入命令。若指定使用命令行方式，则可以在命令名前加短划线来表示，如“_LAYER”表示用命令行方式执行“图层”命令；如果在命令行中输入“LAYER”，系统会打开“图层特性管理器”选项板。

另外，有些命令同时存在命令行、菜单栏、工具栏和功能区 4 种执行方式，这时如果选择菜单栏、工具栏或功能区方式，命令行也会显示该命令，并在其前面加下划线。例如，通过菜单栏、工具栏或功能区方式执行“直线”命令时，命令行会显示“_line”。

2.3.4　数据输入法

在 AutoCAD 2018 中，点的坐标可以用直角坐标、极坐标、球面坐标和柱面坐标来表示。每一种坐标又分别具有两种输入方式，即绝对坐标和相对坐标。其中，直角坐标和极坐标最为常用，具体输入方法如下。

（1）直角坐标：用点的 X、Y 坐标值表示的坐标。

在命令行中输入点的坐标“15,18”，则表示输入了一个 X、Y 坐标值分别为 15、18 的点。此为绝对坐标输入方式，表示该点的坐标是相对于当前坐标原点的坐标值，如图 2-35（a）所示，如果输入“@10,20”，则为相对坐标输入方式，表示该点的坐标是相对于前一点的坐标值，如图 2-35（b）所示。

（2）极坐标：用长度和角度表示的坐标，只能用来表示二维点的坐标。

① 在绝对坐标输入方式下，表示为“长度 < 角度”，如“25<50”。其中，长度表示该点到坐标原点的距离，角度表示该点到原点的连线与 X 轴正向的夹角，如图 2-35（c）所示。

② 在相对坐标输入方式下，表示为“@ 长度 < 角度”，如“@25<45”。其中，长度为该点到前一点的距离，角度为该点至前一点的连线与 X 轴正向的夹角，如图 2-35（d）所示。

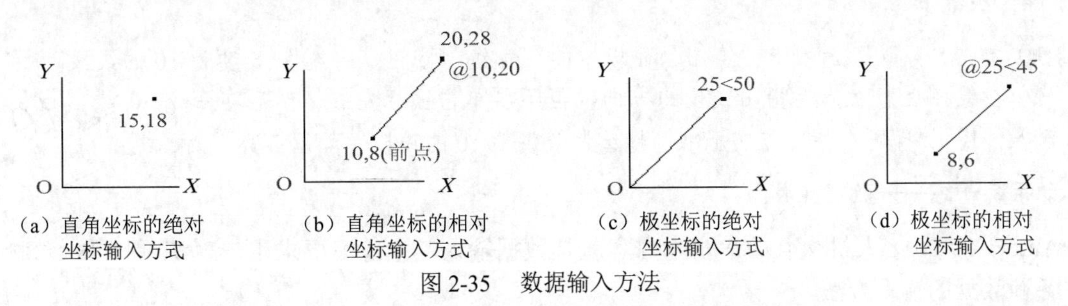

（a）直角坐标的绝对坐标输入方式　（b）直角坐标的相对坐标输入方式　（c）极坐标的绝对坐标输入方式　（d）极坐标的相对坐标输入方式

图 2-35　数据输入方法

（3）动态数据输入。单击状态栏中的“动态输入”按钮，系统打开动态输入功能，可以在绘图区动态地输入某些参数。例如，绘制直线时，在光标附近会动态地显示“指定第一个点 :”，以及后面的坐标框。当前坐标框中显示的是目前光标所在位置，可以输入数据，两个数据之间以逗号隔开，如图 2-36 所示。指定第一点后，系统动态显示直线的角度，同时要求输入线段长度值，如图 2-37 所示。其输入效果与“@ 长度 < 角度”方式相同。

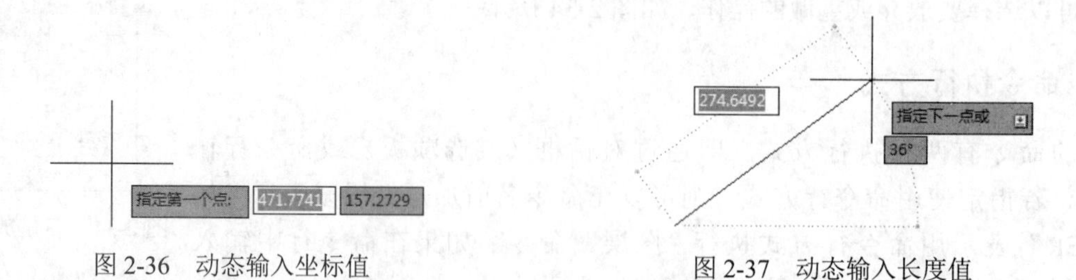

图 2-36　动态输入坐标值　　　　图 2-37　动态输入长度值

（4）点的输入。在绘图过程中，经常需要输入点的位置。AutoCAD 提供了如下几种输入点的方式。

① 用键盘直接在命令行中输入点的坐标。

- 直角坐标有两种输入方式 :“x,y”（点的绝对坐标值，如“100,50”）和“@x,y”（相对于上一点的相对坐标值，如“@ 50,-30”）。
- 极坐标的输入方式 :“长度 < 角度”（其中，长度为点到坐标原点的距离，角度为原点至该点连线与 X 轴的正向夹角，如“20<45”）或“@ 长度 < 角度”（相对于上一点的相对极坐标，如“@ 50<-30”）。

② 用鼠标等定标设备移动光标，在绘图区单击直接取点。

③ 用目标捕捉方式捕捉绘图区已有图形的特殊点（如端点、中点、中心点、插入点、交点、切点、垂足点等）。

④ 直接输入距离。先拖动出直线以确定方向，然后用键盘输入距离，这样有利于准确控制对象的长度。

（5）距离值的输入。在 AutoCAD 命令中，有时需要提供高度、宽度、半径、长度等表示距离的值。AutoCAD 系统提供了两种输入距离值的方式 : 一种是用键盘在命令行中直接输入数值 ; 另一种是在绘图区选择两点，以两点的距离值确定出所需数值。

扫一扫，看视频

轻松动手学——绘制线段

源文件 : 源文件 \ 第 2 章 \ 绘制线段 .dwg

【操作步骤】

（1）单击“默认”选项卡“绘图”面板中的“直线”按钮，绘制长度为 10 的线段。

（2）在绘图区移动光标指明线段的方向，但不要单击鼠标左键，然后在命令行中输入“10”，即可在指定方向上准确地绘制长度为 10 的线段，如图 2-38 所示。

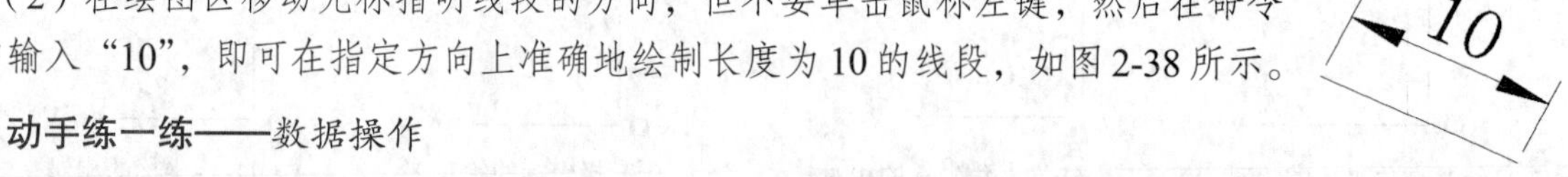

图 2-38　绘制线段

动手练一练——数据操作

AutoCAD 2018 人机交互的最基本内容就是数据输入，本练习要求用户熟练掌握各种数据的输入方法。

思路点拨

（1）在命令行中输入“LINE”。
（2）输入起点在直角坐标模式下的绝对坐标值。
（3）输入下一点在直角坐标模式下的相对坐标值。
（4）输入下一点在极坐标模式下的绝对坐标值。
（5）输入下一点在极坐标模式下的相对坐标值。
（6）单击直接指定下一点的位置。
（7）单击状态栏中的“正交模式”按钮，用光标指定下一点的方向，在命令行输入一个数值。
（8）单击状态栏中的“动态输入”按钮，拖动光标，系统会动态显示角度。拖动到选定角度后，在长度文本框中输入长度值。
（9）按 Enter 键，结束绘制线段的操作。

2.4 显示图形

要恰当地显示图形，常用方法是利用“缩放”和“平移”命令。使用这两个命令可以在绘图区域放大或缩小图像显示，或者改变观察位置。

2.4.1 图形缩放

“缩放”命令将图形放大或缩小显示，以便观察和绘制图形，该命令并不改变图形的实际位置和尺寸，只是变更视图的比例。

【执行方式】

- 命令行：ZOOM。
- 菜单栏：选择菜单栏中的“视图”→“缩放”→“实时”命令。
- 工具栏：单击标准工具栏中的“实时缩放”按钮。
- 功能区：单击“视图”选项卡“导航”面板中的“实时”按钮，如图 2-39 所示。

【操作步骤】

命令：ZOOM
指定窗口的角点，输入比例因子 (nX 或 nXP)，或者 [全部 (A)/ 中心 (C)/ 动态 (D)/ 范围 (E)/ 上一个 (P)/ 比例 (S)/ 窗口 (W)/ 对象 (O)] <实时>:

【选项说明】

（1）输入比例因子：根据输入的比例因子以当前的视图窗口为中心，将视图窗口显示的内容放大或缩小。nX 是指根据当前视图指定比例，nXP 是指定相对于图纸空间单位的比例。

（2）全部 (A)：缩放以显示所有可见对象和视觉辅助工具。

（3）中心 (C)：缩放以显示由中心点和比例值/高度所定义的视图。高度值较小时增加放大比例，高度值较大时减小放大比例。

（4）动态 (D)：使用矩形视图框进行平移和缩放。视图框表示视图，可以更改它的大小，或在图形中移动。移动视图框或调整它的大小，将其中的视图平移或缩放，以充满整个视口。

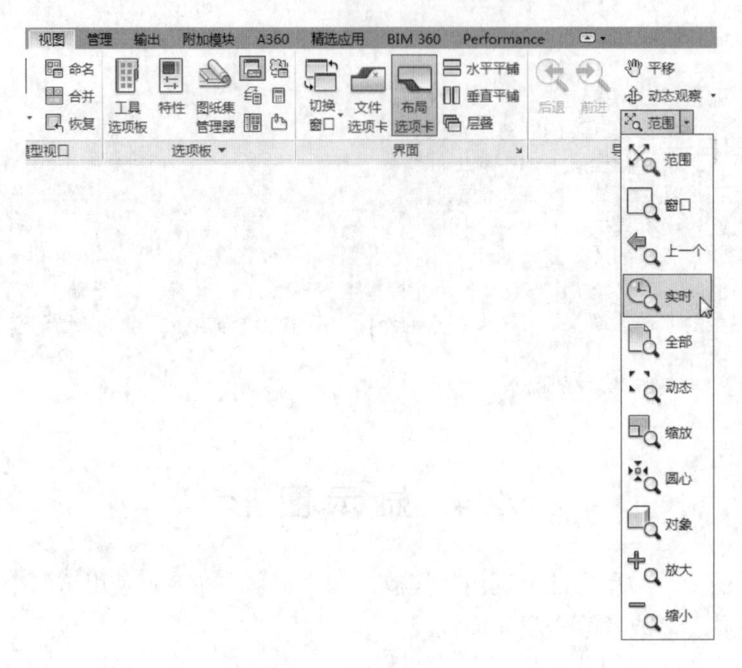

图 2-39　单击“实时”按钮

（5）范围 (E)：缩放以显示所有对象的最大范围。

（6）上一个 (P)：缩放显示上一个视图。

（7）比例 (S)：按比例缩放。

（8）窗口 (W)：缩放显示矩形窗口指定的区域。

（9）对象 (O)：缩放以便尽可能大地显示一个或多个选定的对象并使其位于视图的中心。

（10）实时：交互缩放视图的比例，光标将变为带有加号或减号的放大镜。

☞ **教你一招**

在绘图过程中大家都习惯用滚轮来缩放图纸，有可能会遇到这样的情况，即滚动滚轮，而图纸无法继续放大或缩小，单击状态栏中提示“已无法进一步放大”或“已无法进一步缩小”。这时视图缩放并没有满足我们的要求，还需要继续缩放。为什么会出现这种现象呢？

（1）AutoCAD 在打开显示图纸时，首先读取文件中的图形数据，然后生成用于屏幕显示的数据。生成显示数据的过程在 AutoCAD 中叫做重生成。

（2）当用滚轮放大或缩小图形到一定倍数时，AutoCAD 判断需要重新根据当前视图范围来生成显示数据，因此就会提示无法继续放大或缩小。直接输入“RE”命令，按 Enter 键，即可继续缩放。

（3）如果想显示全图，最好不要用滚轮，直接输入 ZOOM 命令并按 Enter 键，然后输入“E”或“A”，再按 Enter 键即可，AutoCAD 在全图缩放时会根据情况自动重生成。

2.4.2　平移图形

利用“平移”命令，可通过单击和移动光标重新放置图形。

【执行方式】

➘ 命令行：PAN。

- 菜单栏：选择菜单栏中的“视图”→“平移”→“实时”命令。
- 工具栏：单击标准工具栏中的“实时平移”按钮。
- 功能区：单击“视图”选项卡“导航”面板中的“平移”按钮（见图 2-40）。

执行上述操作后，移动手形光标即可平移图形。当移动到图形的边沿时，光标将变成三角形形状。

另外，在 AutoCAD 2018 中，为显示控制命令设置了一个右键快捷菜单，如图 2-41 所示。在该菜单中，用户可以在显示命令执行的过程中透明地进行切换。

图 2-40 “导航”面板

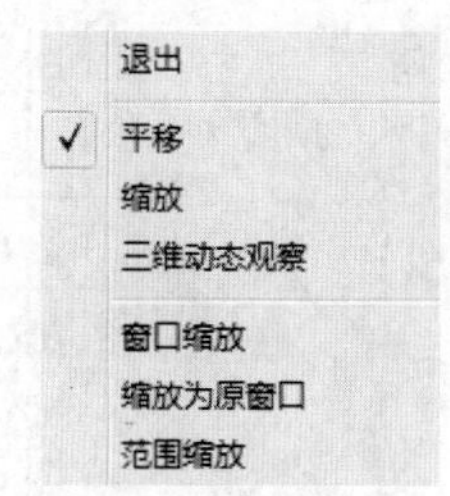

图 2-41 右键快捷菜单

轻松动手学——查看图形细节

调用素材：初始文件 \ 第 2 章 \ 亭立面图 .dwg

本例查看如图 2-42 所示亭立面图的细节。

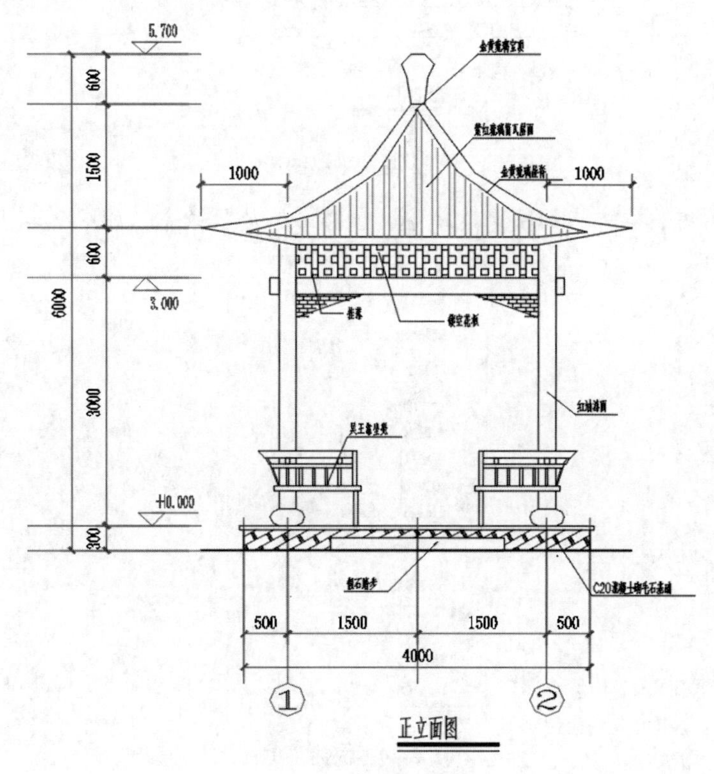

图 2-42 亭立面图

【操作步骤】

（1）打开随书资源包中或通过扫码下载的“初始文件\第2章\亭立面图.dwg”文件，如图2-42所示。

（2）单击“视图”选项卡“导航”面板中的“平移”按钮，将图形向左拖动，如图2-43所示。

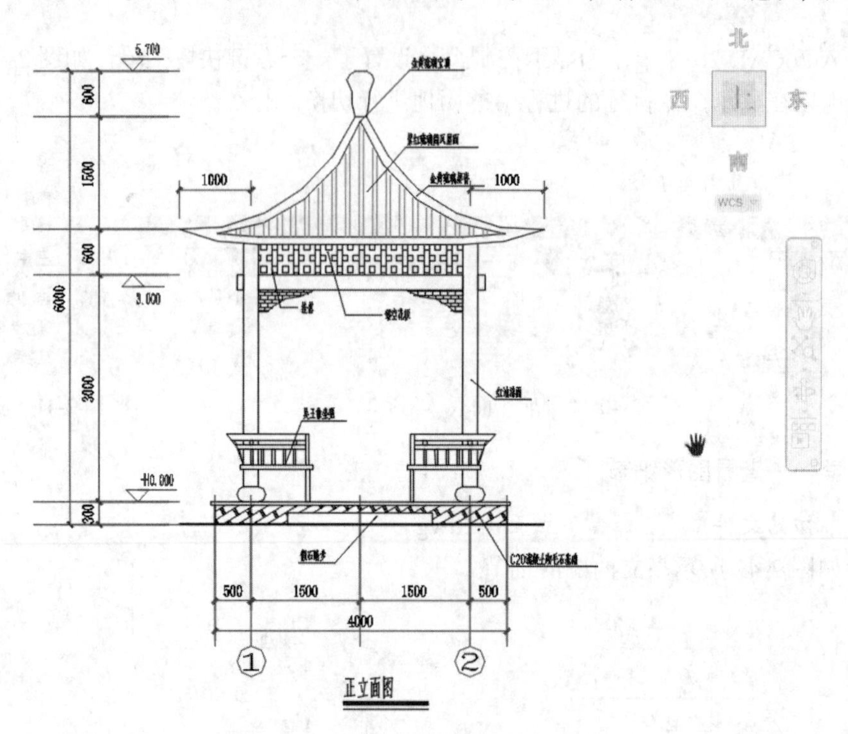

图2-43　平移图形

（3）单击鼠标右键，在弹出的快捷菜单中，选择“缩放”命令，如图2-44所示。

图2-44　快捷菜单

（4）绘图平面出现缩放标记，向上拖动，将图形实时放大。单击“视图”选项卡“导航”面板中的“平移”按钮，将图形移动到中间位置，结果如图 2-45 所示。

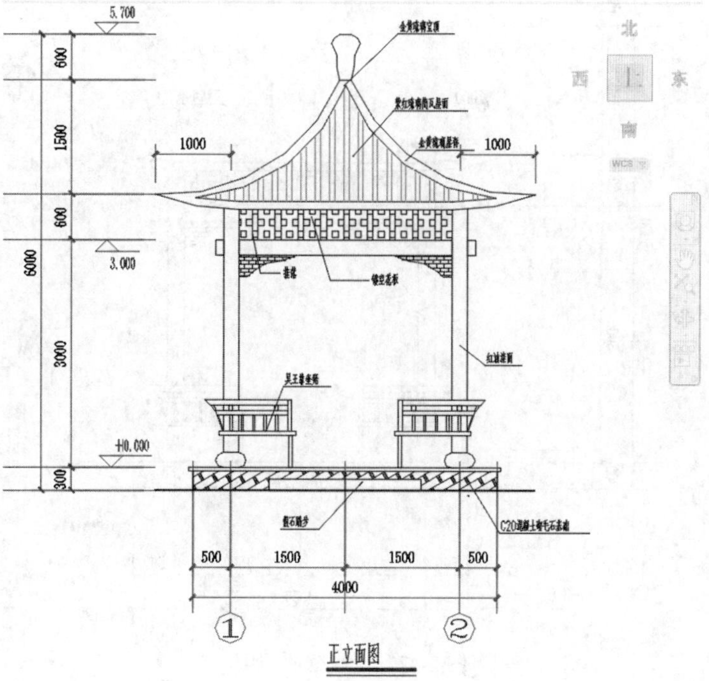

图 2-45　实时放大

（5）单击“视图”选项卡“导航”面板中的“窗口”按钮，用鼠标拖出一个缩放窗口，如图 2-46 所示。单击确认，窗口缩放结果如图 2-47 所示。

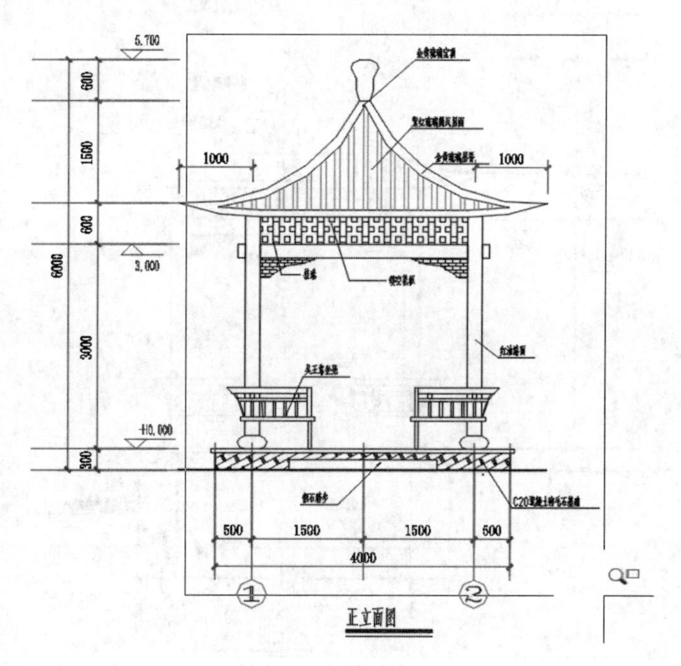

图 2-46　缩放窗口

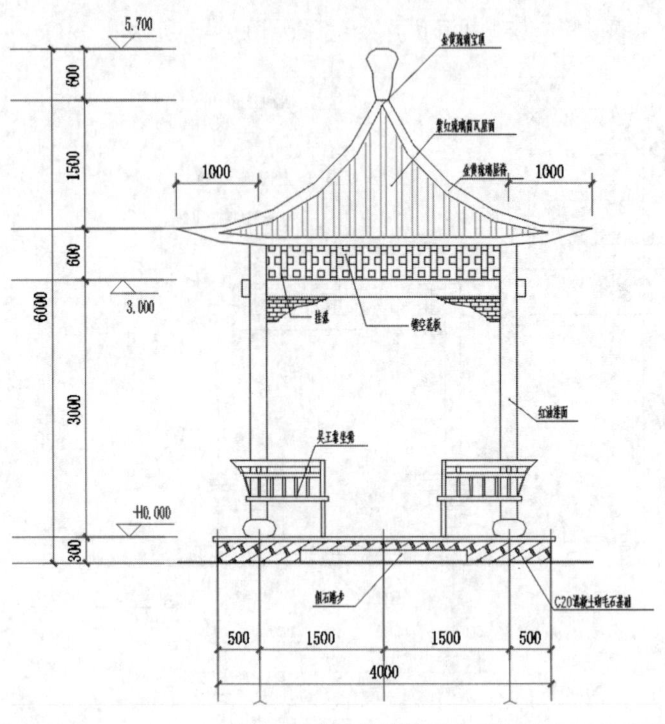

图 2-47　窗口缩放结果

（6）单击“视图”选项卡“导航”面板中的“圆心”按钮，在图形上查看大体位置并指定一个缩放中心点，如图 2-48 所示。在命令行提示下输入“2X”作为缩放比例，缩放结果如图 2-49 所示。

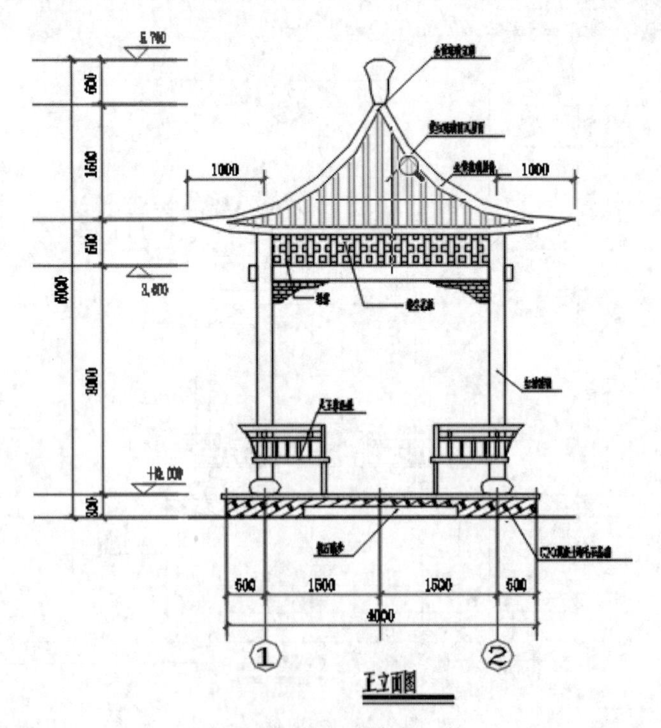

图 2-48　指定缩放中心点

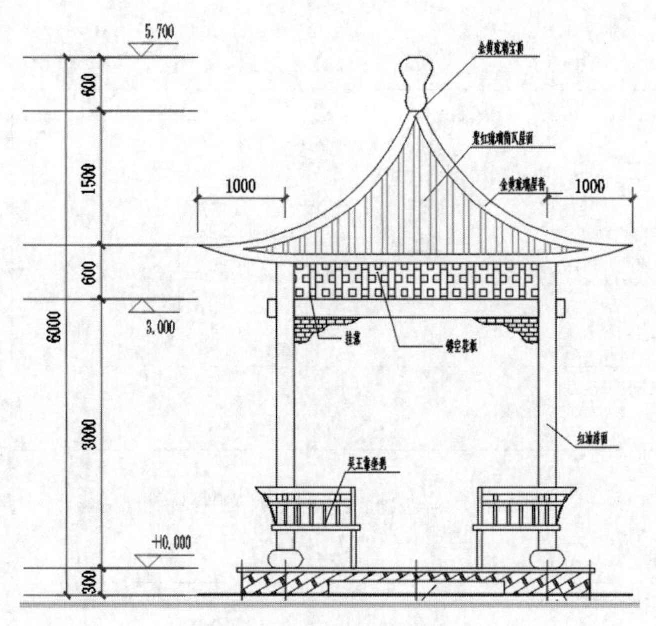

图 2-49　中心缩放结果

（7）单击“视图”选项卡“导航”面板中的“上一个”按钮，系统自动返回上一次缩放的图形窗口，即中心缩放前的图形窗口。

（8）单击“视图”选项卡“导航”面板中的“动态”按钮，图形平面上会出现一个中心有叉号的显示范围框，如图 2-50 所示。

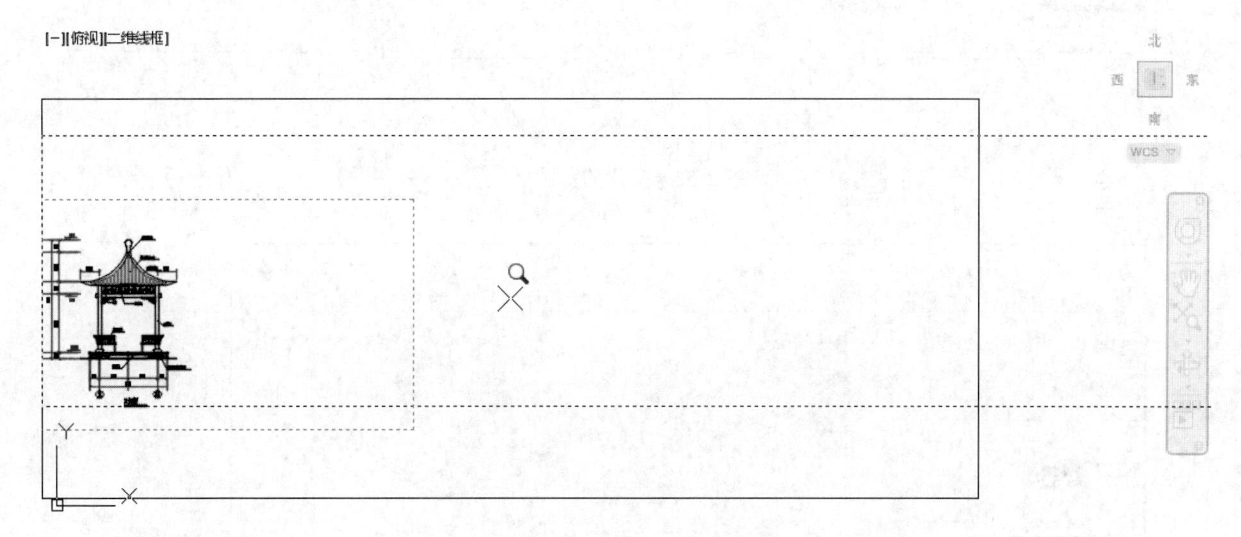

图 2-50　动态缩放范围窗口

（9）单击鼠标左键，会出现右边带箭头的缩放范围显示框，如图 2-51 所示。拖动鼠标，可以看出带箭头的范围框大小在变化，如图 2-52 所示。松开鼠标左键，范围框又变成带叉号的形式，可以再次按住鼠标左键平移显示框，如图 2-53 所示。按 Enter 键，则系统显示动态缩放后的图形，结果如图 2-54 所示。

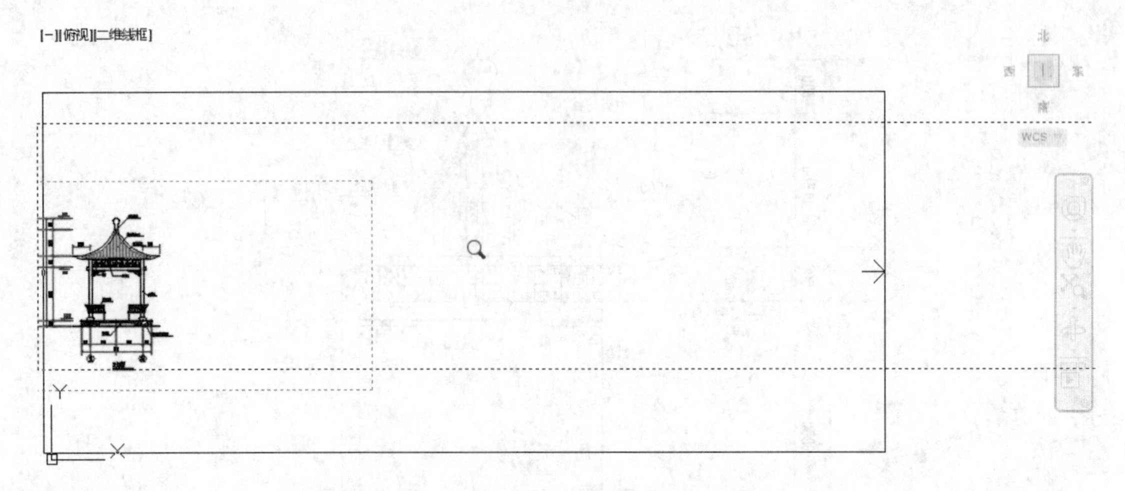

图 2-51　右边带箭头的缩放范围显示框

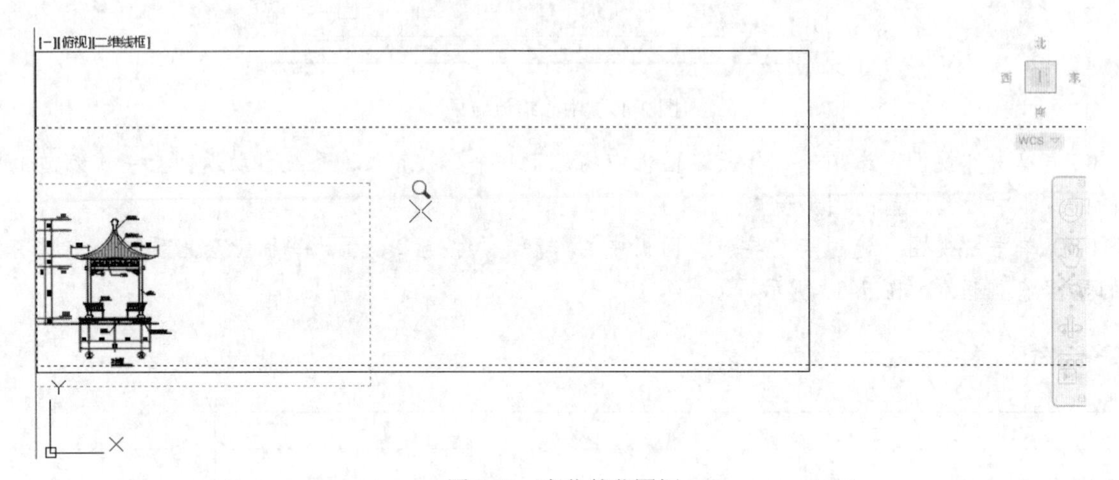

图 2-52　变化的范围框

图 2-53　平移显示框

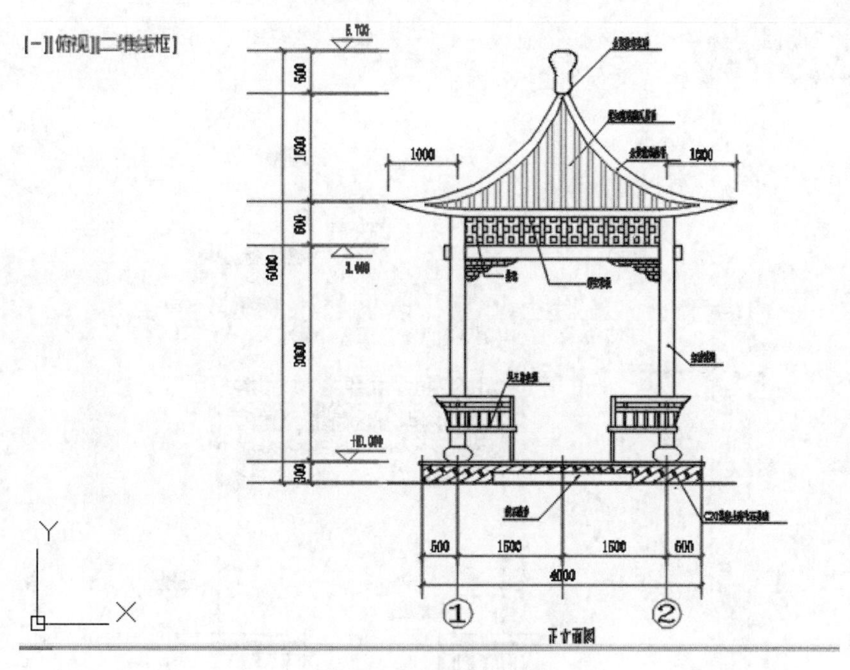

图 2-54 动态缩放结果

（10）单击“视图”选项卡“导航”面板中的“全部”按钮，系统将显示全部图形画面，最终结果如图 2-55 所示。

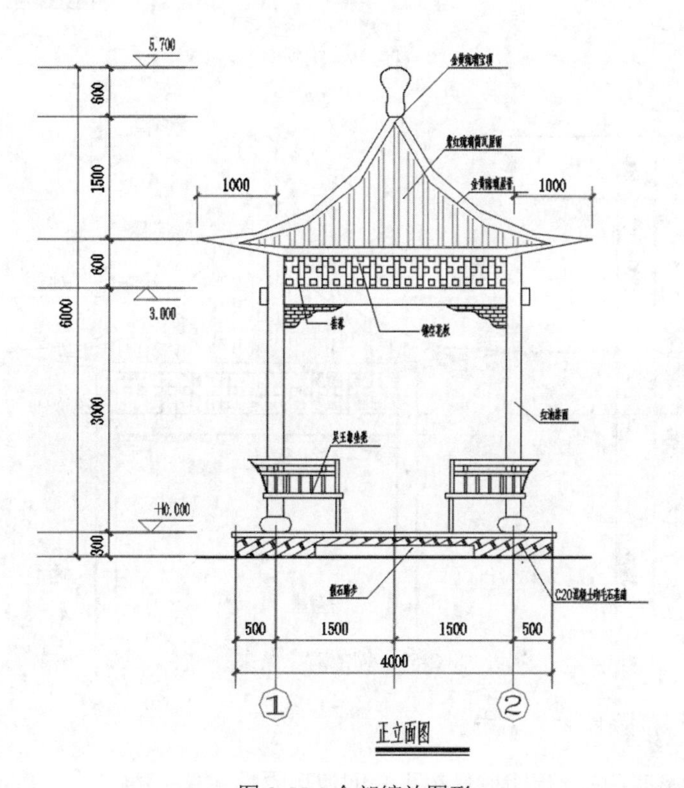

图 2-55 全部缩放图形

（11）单击“视图”选项卡“导航”面板中的“对象”按钮，并框选图 2-56 中虚线所示的范围，系统进行对象缩放，最终结果如图 2-57 所示。

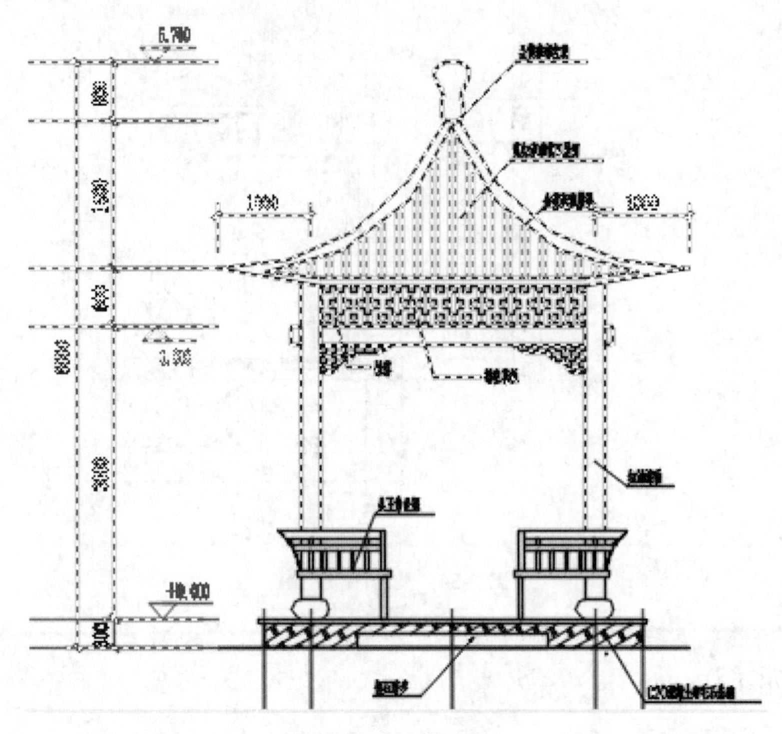

图 2-56　选择对象

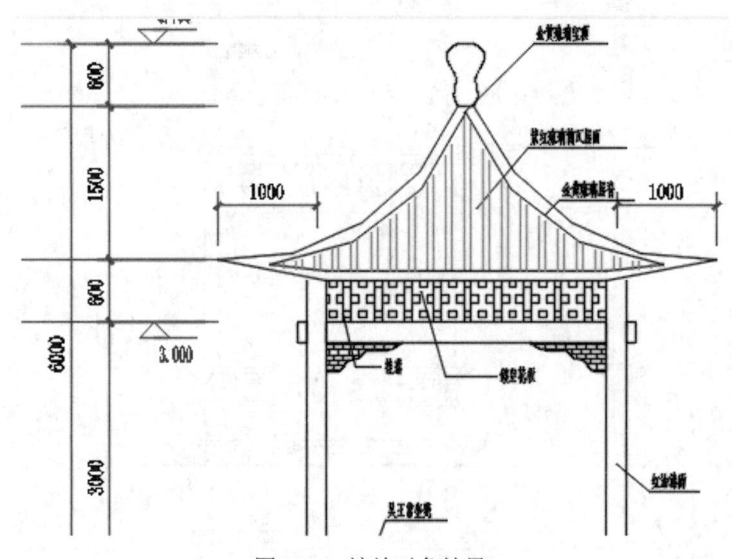

图 2-57　缩放对象结果

动手练一练——查看花池细节

本练习要求用户熟练掌握各种图形显示工具的使用方法。

思路点拨

源文件：源文件 \ 第 2 章 \ 查看花池图细节 .dwg

利用“平移”工具和“缩放”工具移动和缩放图形，如图 2-58 所示。

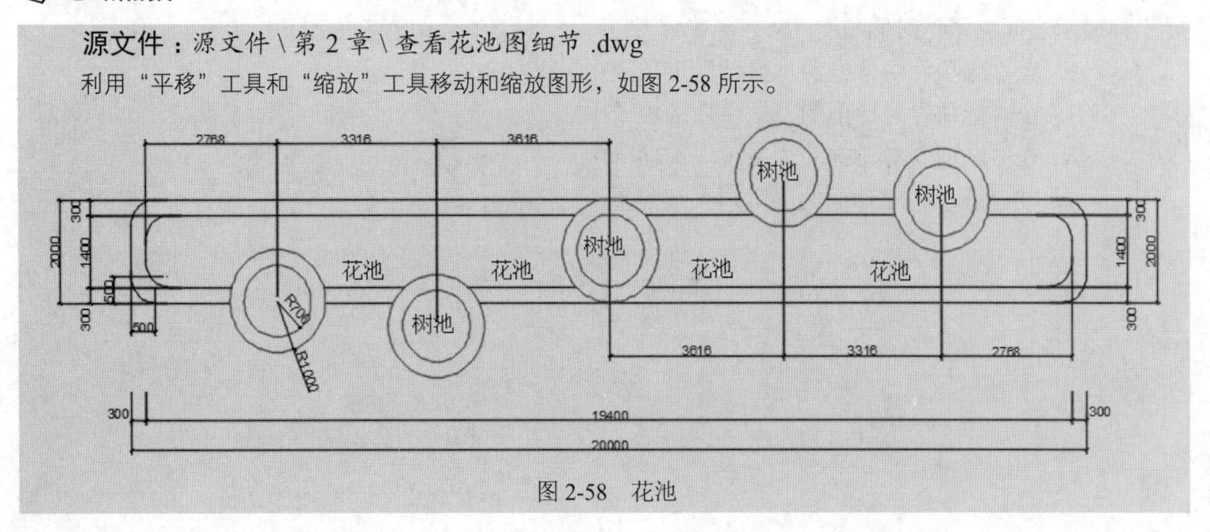

图 2-58　花池

2.5　模拟认证考试

1. 以下不可以拖动的是（　　）。

   A. 命令行　　B. 工具栏　　C. 工具选项板　　D. 菜单

2. 打开和关闭命令行的快捷键是（　　）。

   A. F2　　B. Ctrl+F2　　C. Ctrl+ F9　　D. Ctrl+ 9

3. CAD 文件有多种输出格式，下列的格式输出不正确的是（　　）。

   A. .dwfx　　B. .wmf　　C. .bmp　　D. .dgx

4. 在 AutoCAD 中，若光标悬停在命令或控件上时，首先显示的提示是（　　）。

   A. 下拉菜单　　B. 文本输入框

   C. 基本工具提示　　D. 补充工具提示

5. 在“全屏显示”状态下，以下（　　）部分不显示在绘图界面中。

   A. 标题栏　　B. 命令窗口　　C. 状态栏　　D. 功能区

6. 坐标 (@100,80) 表示（　　）。

   A. 表示该点距原点 X 方向的位移为 100，Y 方向的位移为 80

   B. 表示该点相对原点的距离为 100，该点与前一点连线与 X 轴的夹角为 80°

   C. 表示该点相对前一点 X 方向的位移为 100，Y 方向的位移为 80

   D. 表示该点相对前一点的距离为 100，该点与前一点连线与 X 轴的夹角为 80°

7. 要恢复用 U 命令放弃的操作，应该用（　　）命令。

   A. redo（重做）　　B. redrawall（重画）

   C. regen（重生成）　　D. regenall（全部重生成）

8. 若图面已有一点 A(2,2)，要得到另一点 B(4,4)，以下坐标输入不正确的是（　　）。

   A. @4,4　　B. @2,2　　C. 4,4　　D. @2<45

9．在 AutoCAD 中，应（　　）设置光标悬停在命令或控件上时，显示基本工具提示与显示扩展工具提示之间的延迟时间。

A．在“选项”对话框的“显示”选项卡中

B．在“选项”对话框的“文件”选项卡中

C．在“选项”对话框的“系统”选项卡中

D．在“选项”对话框的“用户系统配置”选项卡中

第 3 章　基本绘图设置

内容简介

本章将介绍关于二维绘图的参数设置知识。通过本书的学习，读者了解图层、基本绘图参数的设置并熟练掌握，进而应用到图形绘制过程中。

内容要点

- 基本绘图参数
- 图层
- 综合演练：设置样板图绘图环境
- 模拟认证考试

案例效果

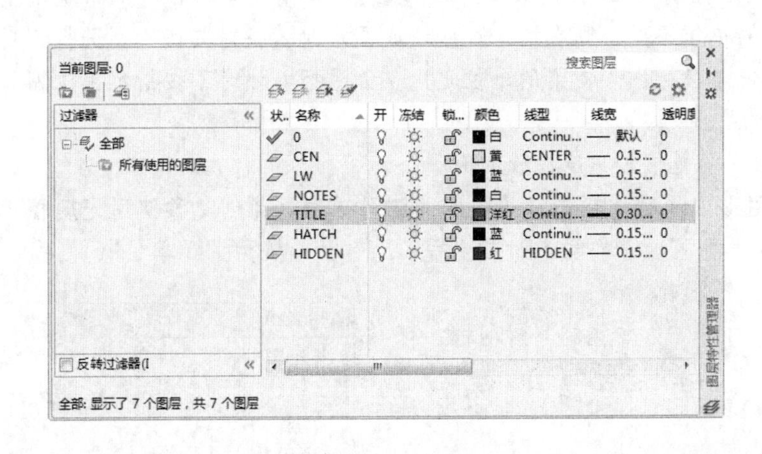

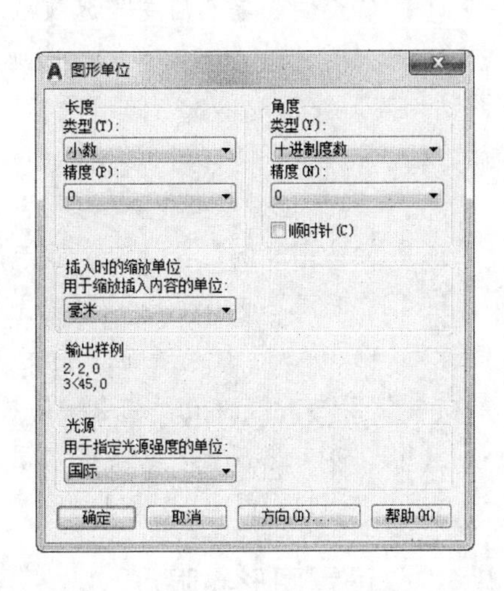

3.1　基本绘图参数

绘制一幅图形时，需要设置一些基本参数，如图形单位、图幅界限等。下面进行简要介绍。

3.1.1　设置图形单位

在 AutoCAD 中，对于任何图形而言，总有其大小、精度和所采用的单位。屏幕上显示的仅为屏幕单位，但屏幕单位应该对应一个真实的单位；不同的单位其显示格式也不同。

【执行方式】

- 命令行：DDUNITS（或 UNITS；快捷命令：UN）。

扫一扫，看视频

- 菜单栏：选择菜单栏中的“格式”→“单位”命令。

轻松动手学——设置图形单位

源文件：源文件 \ 第 3 章 \ 设置图形单位 .dwg

【操作步骤】

（1）在命令行中输入快捷命令“UN”，打开“图形单位”对话框，如图 3-1 所示。

（2）在长度“类型”下拉列表框中选择“小数”，在“精度”下拉列表框中选择 0.0000。

（3）在角度“类型”下拉列表框中选择“十进制度数”，在“精度”下拉列表框中选择 0。

（4）其他采用默认设置，单击“确定”按钮，完成图形单位的设置。

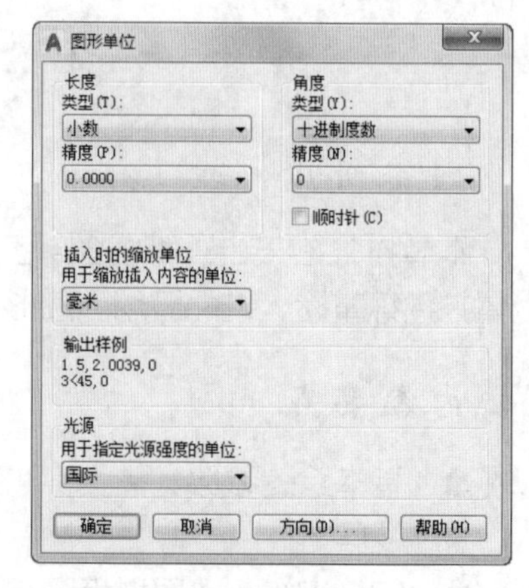

图 3-1 “图形单位”对话框

【选项说明】

（1）“长度”与“角度”选项组：指定测量的长度与角度的当前单位及精度。

（2）“插入时的缩放单位”选项组：控制插入到当前图形中的块或图形的测量单位。如果块或图形创建时使用的单位与该选项指定的单位不同，则在插入这些块或图形时，将对其按比例进行缩放。插入比例是原块或图形使用的单位与目标图形使用的单位之比。如果插入块时不按指定单位缩放，则在其下拉列表框中选择“无单位”选项。

（3）“输出样例”选项组：显示用当前单位和角度设置的例子。

（4）“光源”选项组：控制当前图形中光度控制光源的强度的测量单位。为创建和使用光度控制光源，必须从下拉列表框中指定非“常规”的单位。如果“插入比例”设置为“无单位”，则将显示警告信息，通知用户渲染输出可能不正确。

（5）“方向”按钮：单击该按钮，打开“方向控制”对话框，可进行方向控制设置，如图 3-2 所示。

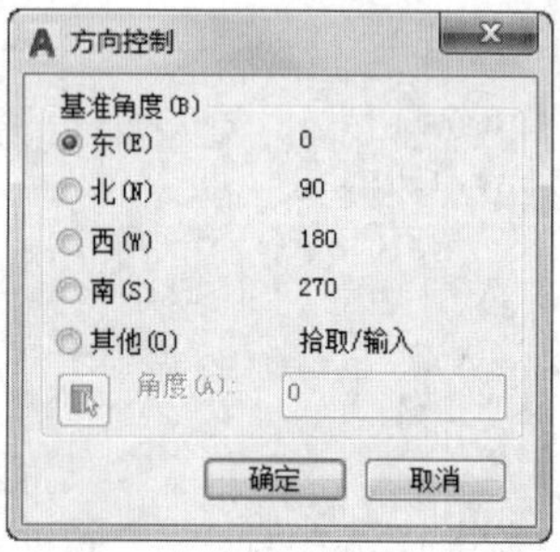

图 3-2 “方向控制”对话框

3.1.2 设置图形界限

图形界限用于标明用户的工作区域和图纸的边界，为了便于用户准确地绘制和输出图形，避免绘制的图形超出某个范围，AutoCAD 提供了图形界限功能。

【执行方式】

- 命令行：LIMITS。
- 菜单栏：选择菜单栏中的“格式”→“图形界限”命令。

扫一扫，看视频

轻松动手学——设置 A4 图形界限

源文件：源文件 \ 第 3 章 \ 设置 A4 图形界限 .dwg

【操作步骤】

在命令行中输入 LIMITS，设置图形界限为 297×210。命令行提示与操作如下：

```
命令：LIMITS↙
重新设置模型空间界限：
指定左下角点或 [开(ON)/关(OFF)] <0.0000,0.0000>:（输入图形边界左下角的坐标后按Enter键）
指定右上角点 <13.0000,90000>:297,210（输入图形边界右上角的坐标后按 Enter 键）
```

【选项说明】

（1）开 (ON)：使图形界限有效。系统在图形界限以外拾取的点将视为无效。

（2）关 (OFF)：使图形界限无效。用户可以在图形界限以外拾取点或实体。

（3）动态输入角点坐标：可以直接在绘图区的动态文本框中输入角点坐标，输入了横坐标值后，按“,”键，接着输入纵坐标值，如图 3-3 所示；也可以在光标位置直接单击，确定角点位置。

图 3-3 动态输入

技巧

在命令行中输入坐标时，应检查此时的输入法是否是英文输入状态。如果是中文输入状态，如输入“150，20”，则由于逗号“，”是全角，系统会认定该坐标输入无效。这时，只需将输入法改为英文重新输入即可。

动手练一练——设置绘图环境

在绘制图形之前，先设置绘图环境。

思路点拨

源文件：源文件\第 3 章\设置绘图环境 .dwg

（1）设置图形单位。

（2）设置 A3 图形界限。

3.2 图 层

图层的概念类似投影片，将不同属性的对象分别放置在不同的投影片（图层）上。例如，将图形的主要线段、中心线、尺寸标注等分别绘制在不同的图层上，每个图层可设定不同的线型、线条颜色，然后把不同的图层堆栈在一起成为一张完整的视图。这样可使视图层次分明，方便图形对象的编辑与管理。一个完整的图形就是由它所包含的所有图层上的对象叠加在一起构成的，如图 3-4 所示。

墙壁

电器

家具

全部图层

图 3-4 图层效果

3.2.1 图层的设置

在用图层功能绘图之前，首先要对图层的各项特性进行设置，包括建立和命名图层、设置当前图层、设置图层的颜色和线型、图层是否关闭、图层是否冻结、图层是否锁定以及删除图层等。

1. 利用“图层特性管理器”选项板设置图层

AutoCAD 2018 提供了详细、直观的“图层特性管理器”选项板，用户可以通过对该选项板中的各选项及其二级选项进行设置，方便、快捷地实现创建新图层、设置图层颜色及线型的各种操作。

【执行方式】

- 命令行：LAYER。
- 菜单栏：选择菜单栏中的“格式”→“图层”命令。
- 工具栏：单击“图层”工具栏中的“图层特性管理器”按钮。
- 功能区：单击“默认”选项卡“图层”面板中的“图层特性”按钮或单击“视图”选项卡“选项板”面板中的“图层特性”按钮。

【操作步骤】

执行上述操作后，打开如图 3-5 所示的“图层特性管理器”选项板。

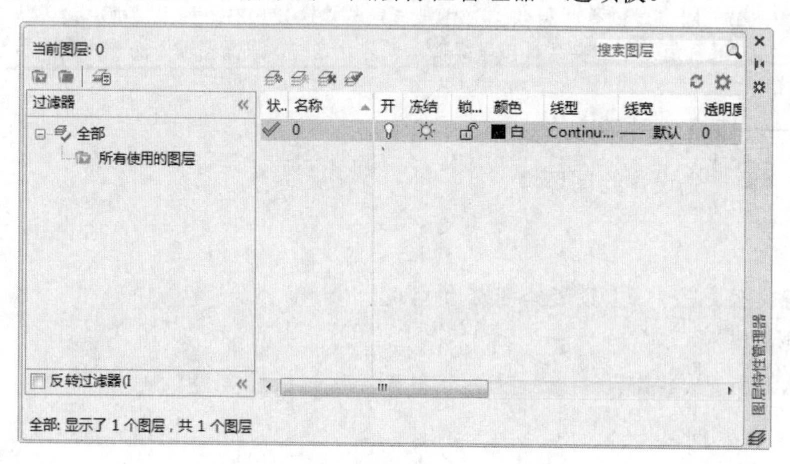

图 3-5 “图层特性管理器”选项板

【选项说明】

（1）“新建特性过滤器”按钮：单击该按钮，打开“图层过滤器特性”对话框，从中可以基于一个或多个图层特性创建图层过滤器，如图 3-6 所示。

（2）“新建组过滤器”按钮：单击该按钮，可以创建一个“组过滤器”，其中包含用户选定并添加到该过滤器的图层。

（3）“图层状态管理器”按钮：单击该按钮，打开“图层状态管理器”对话框（如图 3-7 所示），从中可以将图层的当前特性设置保存到命名图层状态中，以后可以再恢复这些设置。

（4）“新建图层”按钮：单击该按钮，图层列表中出现一个新的图层，名为“图层 1”。用户可使用此名称，也可改名。要想同时创建多个图层，可选中一个图层名后，输入多个名称，各名称之间以逗号分隔。图层的名称可以包含字母、数字、空格和特殊符号，AutoCAD 2018 支持长达 222 个字符的图层名称。新的图层继承了创建新图层时所选中的已有图层的所有特性（颜色、线型、开 / 关状态等）；如果新建图层时没有图层被选中，则新图层具有默认的设置。

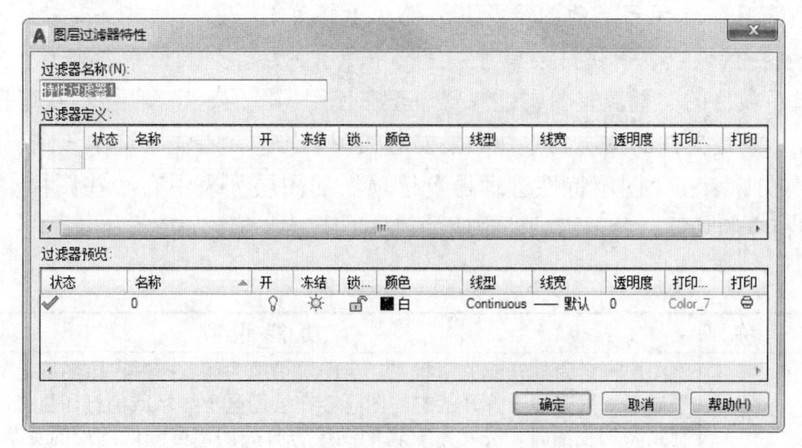

图 3-6 “图层过滤器特性”对话框

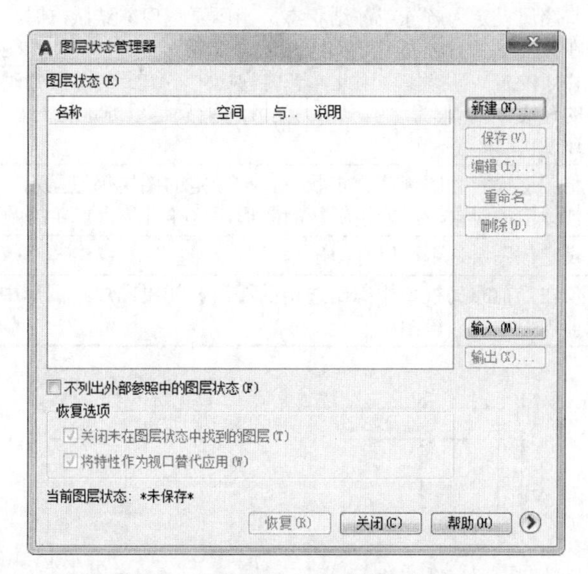

图 3-7 “图层状态管理器”对话框

（5）“在所有视口中都被冻结的新图层视口”按钮：单击该按钮，将创建新图层，然后在所有现有布局视口中将其冻结。可以在“模型”空间或“布局”空间上访问此按钮。

（6）“删除图层”按钮：在图层列表中选中某一图层，然后单击该按钮，则把该图层删除。

（7）“置为当前”按钮：在图层列表中选中某一图层，然后单击该按钮，则把该图层设置为当前图层，并在“当前图层”处显示其名称。当前图层的名称存储在系统变量 CLAYER 中。另外，双击图层名也可把其设置为当前图层。

（8）“搜索图层”文本框：输入字符时，按名称快速过滤图层列表。关闭图层特性管理器时并不保存此过滤器。

（9）状态行：显示当前过滤器的名称、列表视图中显示的图层数和图形中的图层数。

（10）“反转过滤器”复选框：选中该复选框，显示所有不满足选定图层特性过滤器中条件的图层。

（11）图层列表区：显示已有的图层及其特性。要修改某一图层的某一特性，单击它所对应的图标即可。右击空白区域或利用快捷菜单可快速选中所有图层。列表区中各列的含义如下。

① 状态：指示项目的类型，有图层过滤器、正在使用的图层、空图层或当前图层 4 种。

② 名称：显示满足条件的图层名称。如果要对某图层修改，首先要选中该图层的名称。

③ 状态转换图标：在“图层特性管理器”选项板的图层列表中有一些图标，单击这些图标，可以打开或关闭相应的功能。各图标功能说明如表 3-1 所示。

表 3-1 图标功能

图示	名称	功能说明
💡 / 💡	打开 / 关闭	将图层设定为打开或关闭状态。当图层呈现关闭状态时，该图层上的所有对象将隐藏不显示；只有处于打开状态的图层会在绘图区上显示或由打印机打印出来。因此，绘制复杂的视图时，先将不编辑的图层暂时关闭，可降低图形的复杂性。如图 3-8（a）和图 3-8（b）所示分别为尺寸标注图层打开和关闭时的情形
☼ / ❄	解冻 / 冻结	将图层设定为解冻或冻结状态。当图层呈现冻结状态时，该图层上的对象均不会显示在绘图区中，不能由打印机打出，也不会执行重生（REGEN）、缩放（ZOOM）、平移（PAN）等操作。因此，若将视图中不编辑的图层暂时冻结，可加快执行绘图编辑的速度。而 💡 / 💡（打开 / 关闭）功能只是单纯地将对象隐藏，因此并不会加快执行速度
🔓 / 🔒	解锁 / 锁定	将图层设定为解锁或锁定状态。被锁定的图层仍然显示在绘图区，但不能编辑、修改被锁定的对象，只能绘制新的图形，这样可防止重要的图形被修改
🖨 / 🖨	打印 / 不打印	设定该图层是否可以打印出来
▣ / ▣	视口冻结 / 视口解冻	仅在当前布局视口中冻结选定的图层。如果图层在图形中已冻结或关闭，则无法在当前视口中解冻该图层

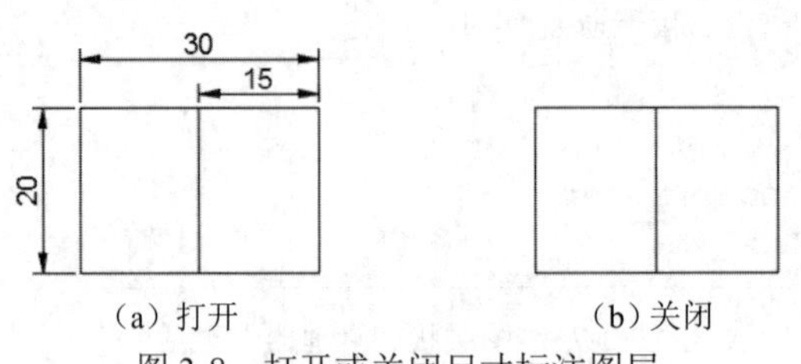

（a）打开　（b）关闭

图 3-8 打开或关闭尺寸标注图层

④ 颜色：显示和改变图层的颜色。如果要改变某一图层的颜色，单击其对应的颜色图标，打开如图 3-9 所示的“选择颜色”对话框，用户可从中选择需要的颜色。

⑤ 线型：显示和修改图层的线型。如果要修改某一图层的线型，单击该图层的“线型”，打开“选择线型”对话框（如图 3-10 所示），其中列出了当前可用的线型，从中选择即可。

⑥ 线宽：显示和修改图层的线宽。如果要修改某一图层的线宽，单击该图层的“线宽”列，打开“线宽”对话框，如图 3-11 所示。其中“线宽”列表框中列出了当前可用的线宽值，用户可从中选择需要的线宽；“旧的”选项显示之前赋予图层的线宽，当创建一个新图层时，采用默认线

宽（其值为 0.01in，即 0.22mm），默认线宽的值由系统变量 LWDEFAULT 设置；“新的”选项显示了赋予图层的新线宽。

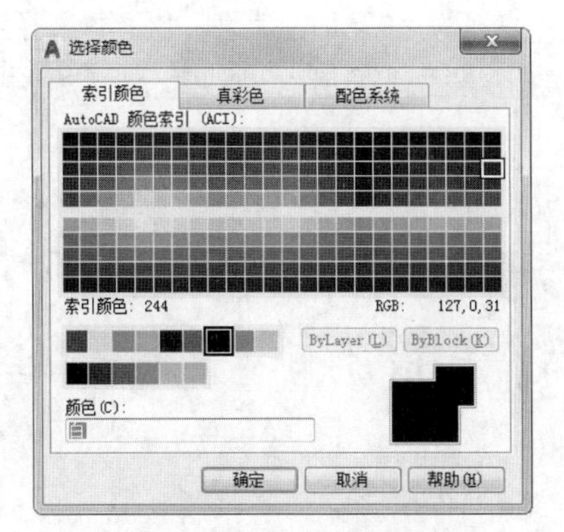

（a）索引颜色

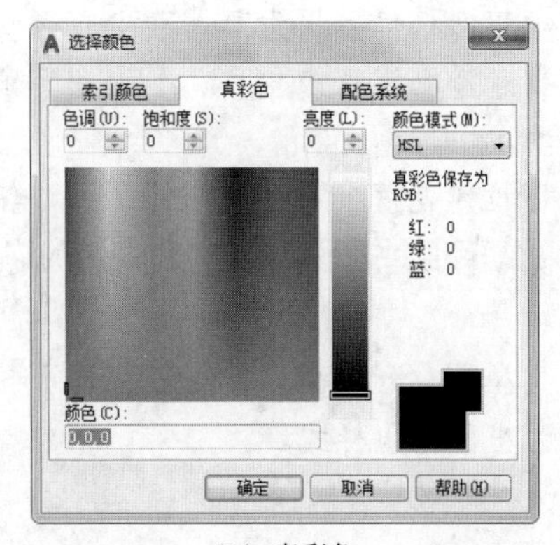

（b）真彩色

图 3-9 “选择颜色”对话框

图 3-10 “选择线型”对话框

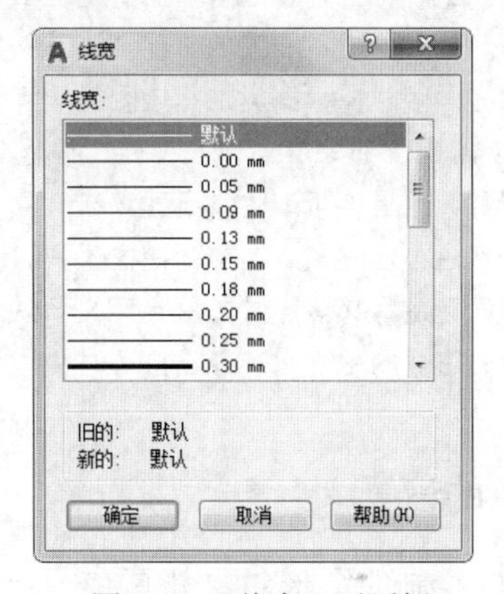

图 3-11 “线宽”对话框

⑦ 打印样式：打印图形时各项属性的设置。

✍ 技巧

合理利用图层，可以事半功倍。在开始绘制图形时，可预先设置一些基本图层，每个图层锁定自己的专门用途，这样只需绘制一份图形文件，就可以组合出许多需要的图纸，需要修改时也可针对各个图层进行。

2. 利用“特征”面板设置图层

AutoCAD 2018 提供了一个“特性”面板，如图 3-12 所示。单击下拉按钮，展开该面板可以快速查看和改变所选对象的图层、颜色、线型和线宽等特性。在绘图区中选择任何对象，都将在该面板中自动显示它所在的图层、颜色、线型等属性。

图 3-12 “特性”面板

“特性”面板各部分的功能介绍如下。

（1）颜色下拉列表框：单击右侧的下拉按钮，用户可从打开的下拉列表框中选择一种颜色，使之成为当前颜色。如果选择“更多颜色”选项，在弹出的“选择颜色”对话框中可以选择其他颜色。修改当前颜色后，不论在哪个图层上绘图都采用这种颜色，但对各个图层的颜色设置没有影响。

（2）线型下拉列表框：单击右侧的下拉按钮，用户可从打开的下拉列表框中选择一种线型，使之成为当前线型。修改当前线型后，不论在哪个图层上绘图都采用这种线型，但对各个图层的线型设置没有影响。

（3）线宽下拉列表框：单击右侧的下拉按钮，用户可从打开的下拉列表框中选择一种线宽，使之成为当前线宽。修改当前线宽后，不论在哪个图层上绘图都采用这种线宽，但对各个图层的线宽设置没有影响。

（4）打印类型下拉列表框：单击右侧的下拉按钮，用户可从打开的下拉列表框中选择一种打印样式，使之成为当前打印样式。

☞ 教你一招

图层的设置有哪些原则？

（1）在够用的基础上越少越好。不管是什么专业、什么阶段的图纸，图纸上的所有图元都可以按照一定的规律来组织整理。比如，建筑专业的平面图，就按照柱、墙、轴线、尺寸标注、一般汉字、门窗墙线、家具等来定义图层，然后在画图时，根据类别把该图元放到相应的图层中去。

（2）0 层的使用。很多人喜欢在 0 层上画图，因为 0 层是默认层。白色是 0 层的默认色，因此有时看上去屏幕上白花花一片，这是不可取的。不建议在 0 层上随意绘图，而是建议用来定义块。定义块时，先将所有图元均设置为 0 层，然后再定义块。这样，在插入块时，插入时是哪个层，块就是哪个层。

（3）图层颜色的定义。图层的颜色定义要注意两点：一是不同的图层一般要用不同的颜色；二是颜色的选择应该根据打印时线宽的粗细来选择。打印时，线型设置越宽的图层，颜色就应该越亮。

3.2.2 颜色的设置

AutoCAD 绘制的图形对象都具有一定的颜色。为了更清晰地表达绘制的图形，可把同一类型的图形对象用相同的颜色绘制，而使不同类型的对象具有不同的颜色，以示区分，这样就需要适当地对颜色进行设置。AutoCAD 允许用户设置图层颜色，为新建的图形对象设置当前颜色，还可以改变已有图形对象的颜色。

【执行方式】

- 命令行：COLOR（快捷命令：COL）。
- 菜单栏：选择菜单栏中的“格式”→“颜色”命令。
- 功能区：在“默认”选项卡中展开“特性”面板，打开颜色下拉列表框中，从中选择“更多颜色”选项，如图 3-13 所示。

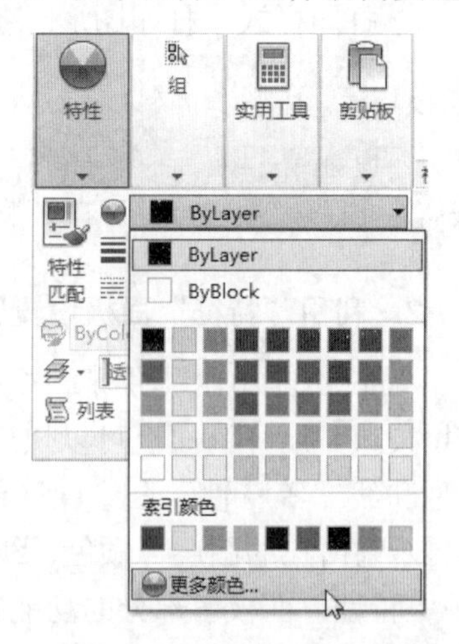

图 3-13　颜色下拉列表框

【操作步骤】

执行上述操作后，系统打开如图 3-9 所示的“选择颜色”对话框。

【选项说明】

1. “索引颜色”选项卡

选择此选项卡，可以在系统所提供的256种颜色索引表中选择所需要的颜色，如图3-9（a）所示。

（1）“颜色索引”列表框：依次列出了256种索引色，可从中选择所需要的颜色。

（2）“颜色”文本框：所选择的颜色代号值显示在“颜色”文本框中，也可以直接在该文本框中输入自己设定的代号值来选择颜色。

（3）ByLayer和ByBlock按钮：单击这两个按钮，颜色分别按图层和图块设置。这两个按钮只有在设定了图层颜色和图块颜色后才可以使用。

2. “真彩色”选项卡

选择此选项卡，可以选择需要的任意颜色，如图3-9（b）所示。可以拖动调色板中的颜色指示光标和亮度滑块选择颜色及其亮度。也可以通过“色调”“饱和度”和“亮度”的微调钮来选择需要的颜色。所选颜色的红、绿、蓝值显示在下面的“颜色”文本框中，也可直接在该文本框中输入自己设定的红、绿、蓝值来选择颜色。

在此选项卡中还有一个“颜色模式”下拉列表框，默认为HSL模式，即图3-9（b）所示的模式。RGB模式也是一种的常用颜色模式，如图3-14所示。

3. “配色系统”选项卡

选择此选项卡，可以从标准配色系统（如Pantone）中选择预定义的颜色，如图3-15所示。在“配色系统”下拉列表框中选择需要的系统，然后拖动右边的滑块来选择具体的颜色。所选颜色编号显示在下面的“颜色”文本框中，也可直接在该文本框中输入代号值来选择颜色。

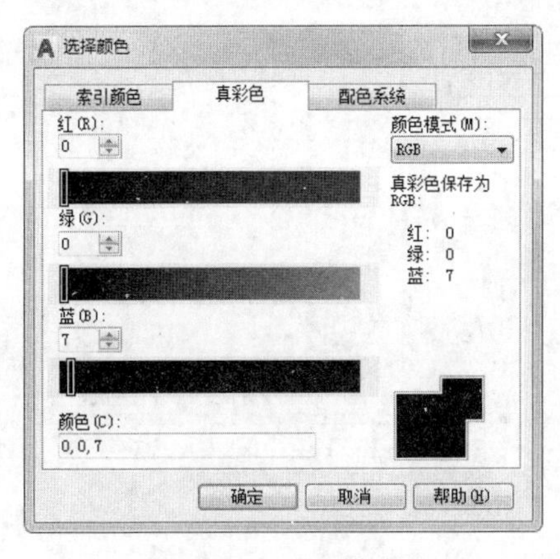

图3-14　RGB模式

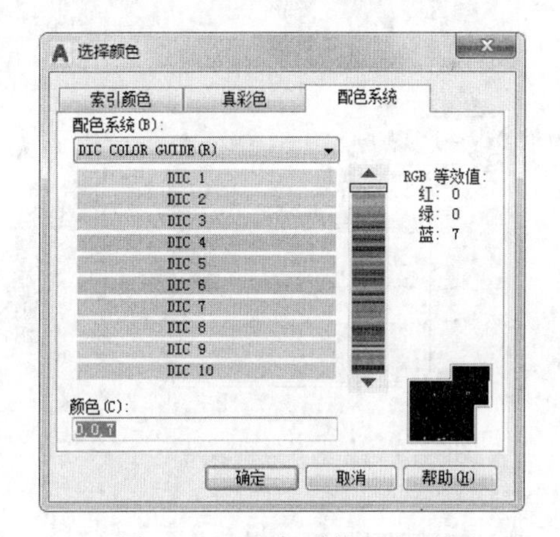

图3-15　“配色系统”选项卡

3.2.3　线型的设置

在国家标准中对图样中使用的各种图线名称、线型、线宽以及在图样中的应用做了规定。其中常用的图线有4种，即粗实线、细实线、虚线、细点划线。图线分为粗、细两种，粗线的宽度b应按图样的大小和图形的复杂程度，在 0.2 ～ 2mm 之间选择，细线的宽度约为 b/2。

1. 在“图层特性管理器”选项板中设置线型

单击“默认”选项卡“图层”面板中的“图层特性”按钮，打开“图层特性管理器”选项板，如图 3-5 所示。在图层列表的“线型”列下单击线型名，系统打开“选择线型”对话框，如图 3-10 所示。该对话框中各选项的含义如下。

（1）“已加载的线型”列表框：列出了当前绘图中已加载的线型，可供用户选用。在线型名称的右侧，显示了线型的外观和说明。

（2）“加载”按钮：单击该按钮，打开“加载或重载线型”对话框，用户可通过此对话框加载线型并把它添加到“线型”列中。但要注意，加载的线型必须在线型库（LIN）文件中定义过。标准线型都保存在 acad.lin 文件中。

2. 直接设置线型

【执行方式】

- 命令行：LINETYPE。
- 功能区：在“默认”选项卡中展开“特性”面板，打开“线型”下拉列表框，从中选择“其他”选项，如图 3-16 所示。

【操作步骤】

执行上述操作后，打开“线型管理器”对话框，用户可从中设置线型，如图 3-17 所示。

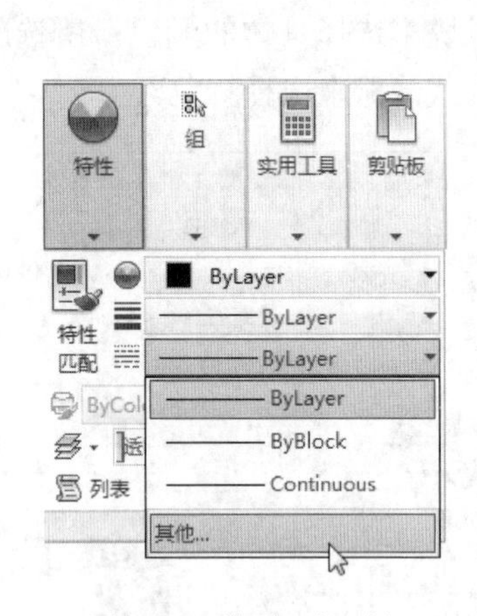

图 3-16　线型下拉列表

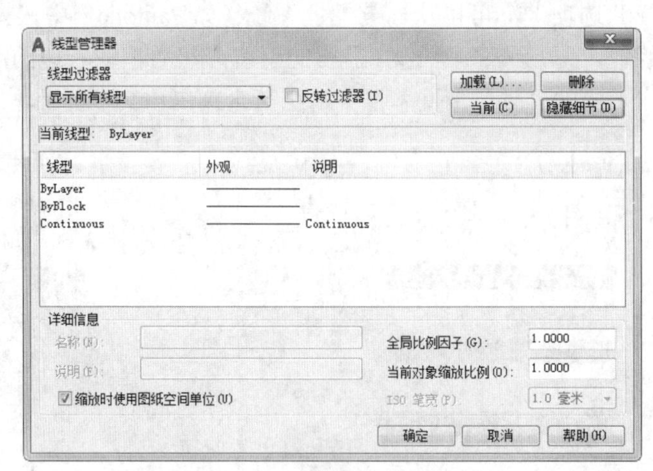

图 3-17　“线型管理器”对话框

3.2.4　线宽的设置

1. 在“图层特性管理器”中设置线型

打开“图层特性管理器”选项板，如图 3-15 所示。在图层列表的“线宽”列下单击线宽，在弹出的“线宽”对话框中，列出了 AutoCAD 设定的线宽，从中选取即可。

2. 直接设置线宽

【执行方式】

- 命令行：LINEWEIGHT。
- 菜单栏：选择菜单栏中的“格式”→“线宽”命令。
- 功能区：在“默认”选项卡展开“特性”面板，打开“线宽”下拉列表框，从中选择“线宽设置”选项，如图 3-18 所示。

【操作步骤】

执行上述操作后，打开“线宽”对话框。该对话框与前面讲述的相关知识相同，不再赘述。

图 3-18 线宽下拉列表框

☞ 教你一招

有时设置了线宽，但在图形中显示不出效果来，为什么？出现这种情况一般有以下两种原因。

（1）没有打开状态上的“线宽”按钮。

（2）线宽设置的宽度不够。AutoCAD 只能显示出 0.30mm 以上线宽的宽度，如果宽度低于 0.30mm，就无法显示出线宽的效果。

动手练一练——设置绘制花朵的图层

思路点拨

源文件：源文件 \ 第 3 章 \ 设置绘制花朵的图层 .dwg

设置“花瓣”“绿叶”和“花蕊”图层，参数如下。

（1）“花蕊”图层，颜色为洋红，其余属性默认。

（2）“绿叶”图层，颜色为绿色，其余属性默认。

（3）“花瓣”图层，颜色为粉色，线宽为 0.30mm，其余属性都为默认。

3.3 综合演练：设置样板图绘图环境

扫一扫，看视频

源文件：源文件 \ 第 3 章 \ 设置样板图绘图环境 .dwg

新建图形文件，设置图形单位与图形界限，最后将设置好的文件保存成“.dwt”格式的样板图文件。绘制过程中要用到“新建”“单位”“图形界限”和“保存”等命令。

【操作步骤】

（1）新建文件。单击快速访问工具栏中的“新建”按钮，新建文件。

（2）设置单位。选择菜单栏中的“格式”→“单位”命令，打开“图形单位”对话框，如图 3-19 所示。设置“长度”的“类型”为“小数”，“精度”为 0；“角度”的“类型”为“十进制度

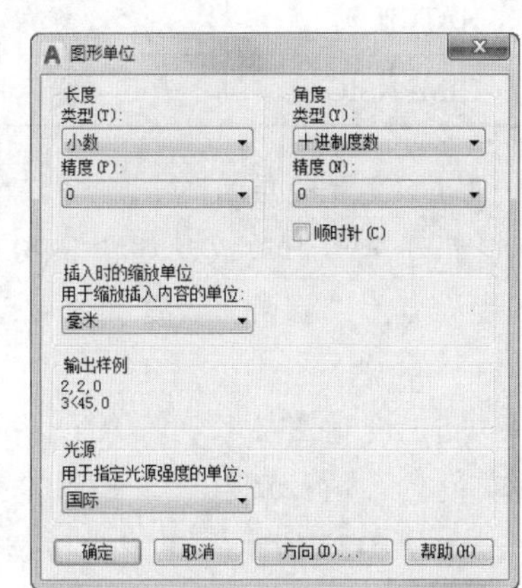

图 3-19 “图形单位”对话框

数”，“精度”为 0，系统默认逆时针方向为正；“用于缩放插入内容的单位”设置为“毫米”。

（3）设置图形边界。国标对图纸的幅面大小有严格规定，如表 3-2 所示。

表 3-2　图幅国家标准

幅面代号	A0	A1	A2	A3	A4
宽×长(mm×mm)	841×1189	594×841	420×594	297×420	210×297

在这里，不妨按国标 A3 图纸幅面设置图形边界。A3 图纸的幅面为 297mm×420mm。

选择菜单栏中的“格式”→“图形界限”命令，设置图幅。命令行提示与操作如下：

```
命令：LIMITS
重新设置模型空间界限：
指定左下角点或 [开(ON)/关(OFF)] <0.0000,0.0000>:0,0
指定右上角点 <420.0000,297.0000>: 420,297
```

本实例准备设置一个样板图，图层设置如表 3-3 所示。

表 3-3　图层设置

图层名	颜色	线型	线宽	用途
0	7（白色）	Continuous	b	图框线
CEN	2（黄色）	CENTER	1/2b	中心线
HIDDEN	1（红色）	HIDDEN	1/2b	隐藏线
BORDER	5（蓝色）	Continuous	b	可见轮廓线
TITLE	6（洋红）	Continuous	b	标题栏零件名
T－NOTES	4（青色）	Continuous	1/2b	标题栏注释
NOTES	7（白色）	Continuous	1/2b	一般注释
LW	5（蓝色）	Continuous	1/2b	细实线
HATCH	5（蓝色）	Continuous	1/2b	填充剖面线
DIMENSION	3（绿色）	Continuous	1/2b	尺寸标注

（4）设置的层名称。单击“默认”选项卡“图层”面板中的“图层特性”按钮，打开“图层特性管理器”选项板，如图 3-20 所示。在该选项板中单击“新建”按钮，在图层列表中出现一个默认名为“图层 1”的新图层，如图 3-21 所示。单击该图层名，将图层名改为 CEN，如图 3-22 所示。

（5）设置图层颜色。为了区分不同图层上的图线，增加图形不同部分的对比性，可以为不同的图层设置不同的颜色。单击刚建立的 CEN 图层“颜色”列下的色块，系统打开“选择颜色”对话框，如图 3-23 所示。在该对话框中选择黄色，单击“确定”按钮。在“图层特性管理器”选项板中可以发现 CEN 图层的颜色变成了黄色，如图 3-24 所示。

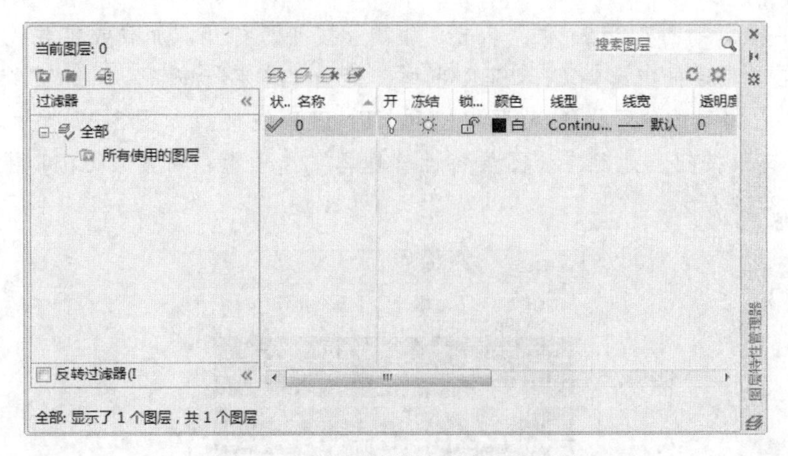

图 3-20 “图层特性管理器”选项板

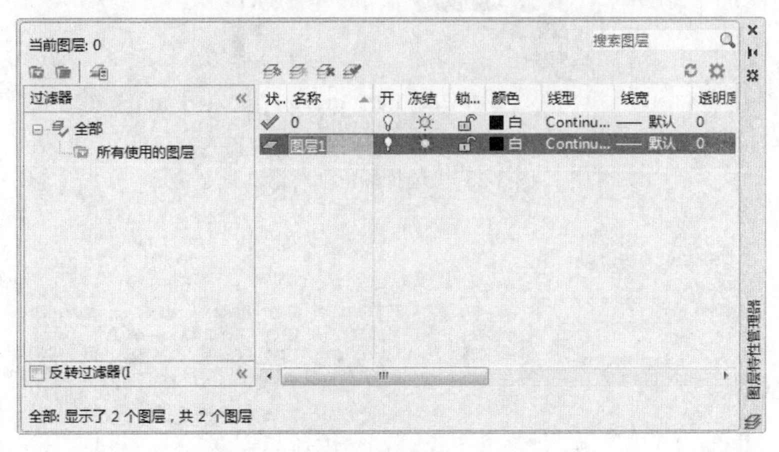

图 3-21 新建图层

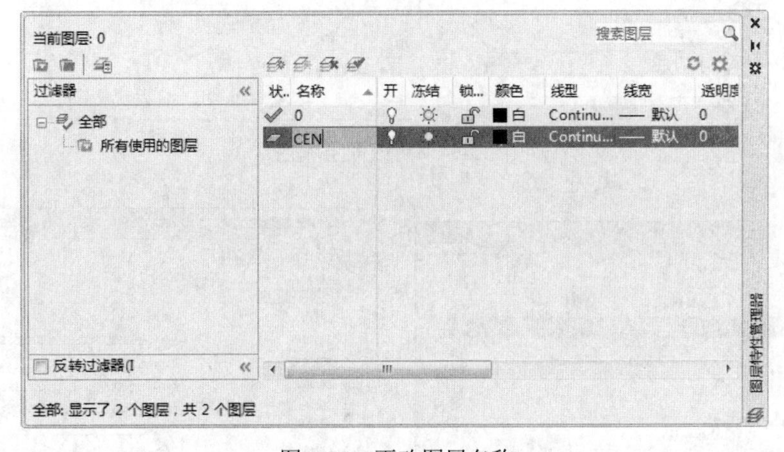

图 3-22 更改图层名称

（6）设置线型。在常用的工程图纸中，通常要用到不同的线型，这是因为不同的线型表示不同的含义。在上述“图层特性管理器”选项板中单击CEN图层“线型”列下的线型，系统打开

“选择线型”对话框，如图 3-25 所示。单击“加载”按钮，打开“加载或重载线型”对话框，如图 3-26 所示。在该对话框中选择 CENTER 线型，单击“确定”按钮。系统回到“选择线型”对话框，这时在“已加载的线型”列表框中出现 CENTER 线型，如图 3-27 所示。选择 CENTER 线型，单击“确定”按钮。此时在“图层特性管理器”选项板中可发现 CEN 图层的线型变成了 CENTER，如图 3-28 所示。

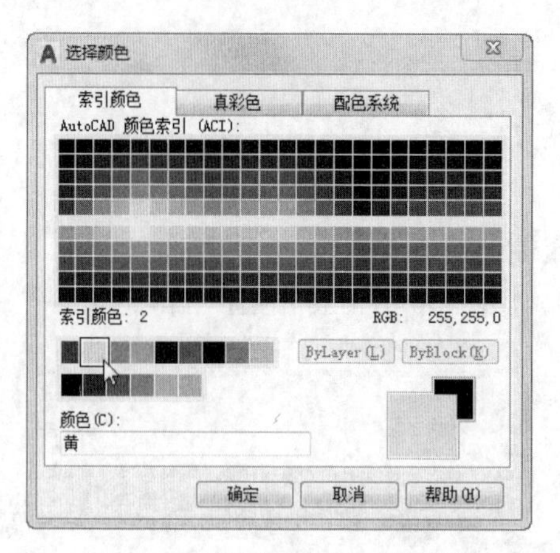

图 3-23 “选择颜色”对话框

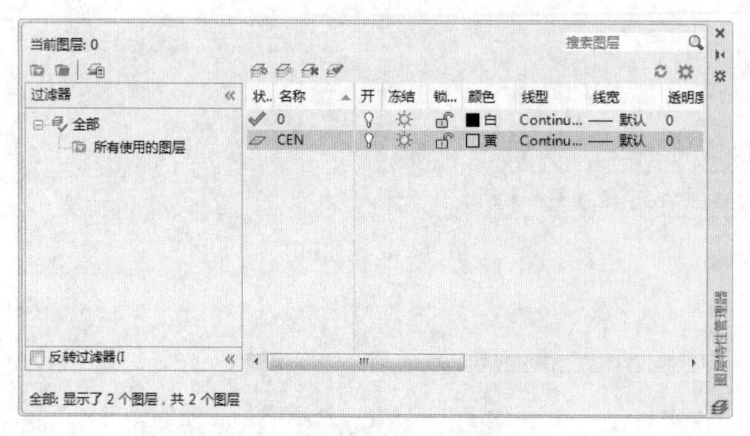

图 3-24 更改图层颜色

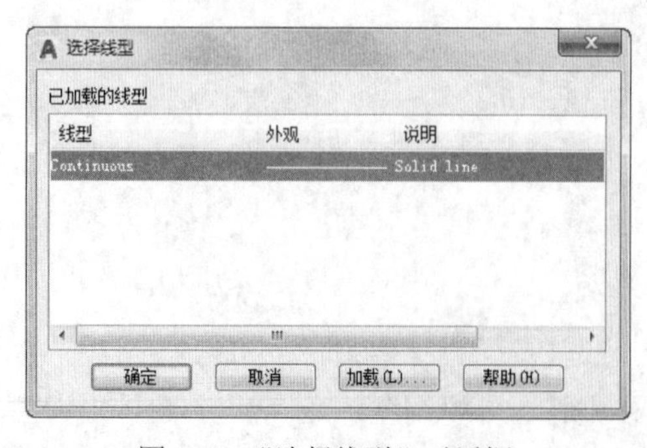

图 3-25 “选择线型”对话框

图 3-26 “加载或重载线型”对话框

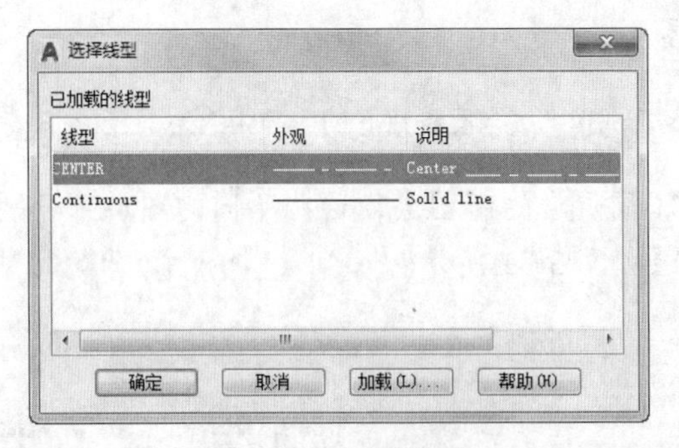

图 3-27　加载线型

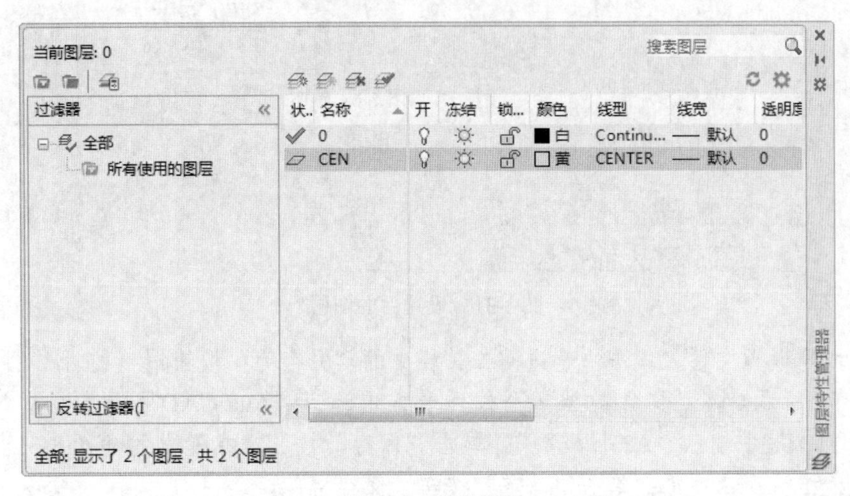

图 3-28　更改线型

（7）设置线宽。在工程图中，不同的线宽表示不同的含义，因此也要对不同图层的线宽进行设置。在上述“图层特性管理器”选项板中单击 CEN 图层“线宽”列下的线宽，系统打开“线宽”对话框，如图 3-29 所示。在该对话框中选择适当的线宽，单击“确定”按钮。此时在“图层特性管理器”选项板中可发现 CEN 图层的线宽变成了 0.15mm，如图 3-30 所示。

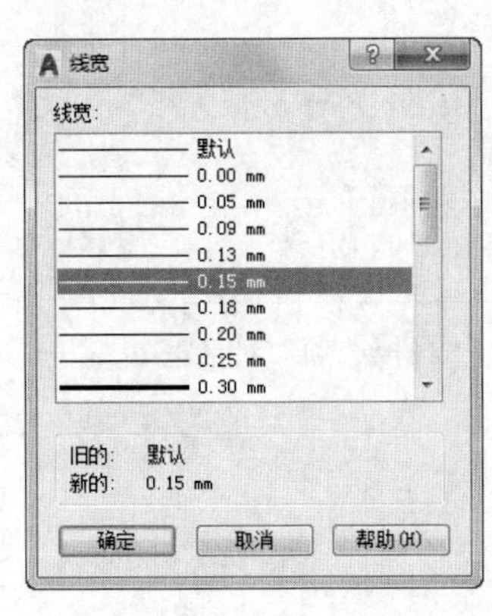

图 3-29 “线宽”对话框

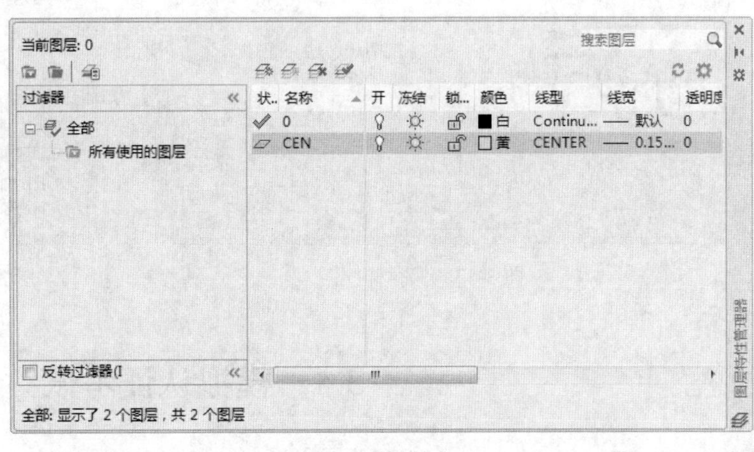

图 3-30　更改线宽

✍ 技巧

应尽量按照新国标相关规定，保持细线与粗线之间的比例大约为 1:2。

（8）用同样的方法建立不同层名的新图层，这些不同的图层可分别存放不同的图线或图形的不同部分。最后完成设置的图层如图 3-31 所示。

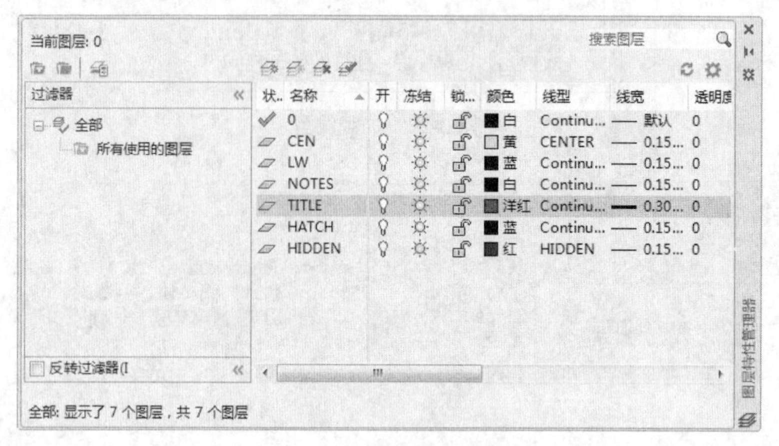

图 3-31 设置后的图层

（9）保存成样板图文件。单击快速访问工具栏中的“另存为”按钮，打开“图形另存为”对话框，如图 3-32 所示。在“文件类型”下拉列表框中选择“AutoCAD 图形样板（*.dwt）”选项，在“文件名”文本框中输入“A3 样板图”，单击“保存”按钮。在弹出的如图 3-33 所示“样板选项”对话框中，接受默认设置，单击“确定”按钮，保存文件。

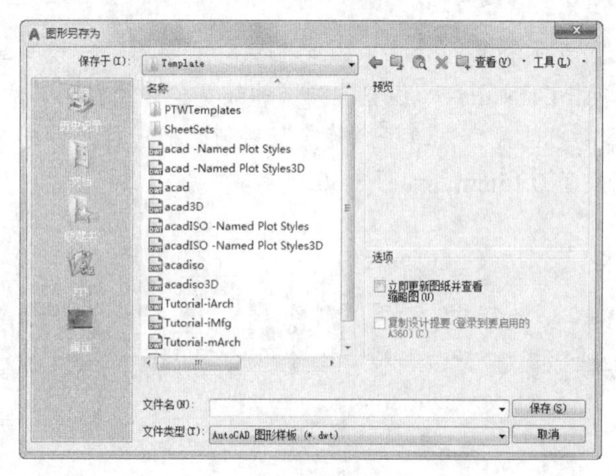

图 3-32 保存样板图

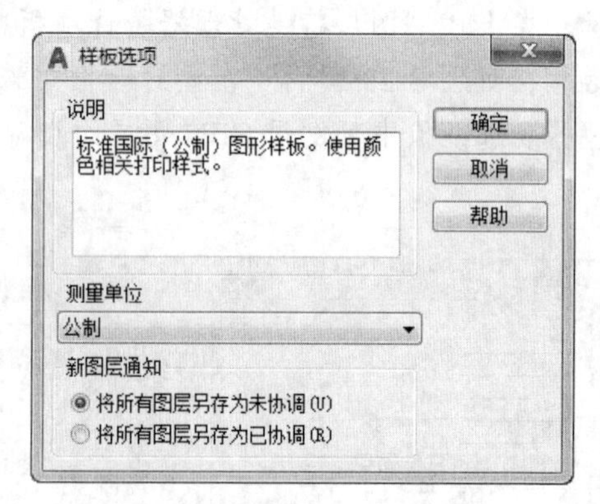

图 3-33 “样板选项”对话框

3.4 模拟认证考试

1．要使图元的颜色始终与图层的颜色一致，应将该图元的颜色设置为（　　）。

A．ByLayer　　B．ByBlock　　C．COLOR　　D．RED

2．当前图形有五个图层：0、A1、A2、A3、A4，如果 A3 图层为当前图层，并且 0、A1、A2、A3、A4 都处于打开状态且没有被冻结，下面说法正确的是（　　）。

A．除了 0 层其他层都可以冻结

B．除了 A3 层外其他层都可以冻结

C．可以同时冻结 5 个层

D．一次只能冻结一个层

3．如果某图层的对象不能被编辑，但能在屏幕上可见，且能捕捉该对象的特殊点和标注尺寸，该图层状态为（　　）。

A．冻结　　B．锁定　　C．隐藏　　D．块

4．对某图层进行锁定后，则（　　）。

A．图层中的对象不可编辑，但可添加对象

B．图层中的对象不可编辑，也不可添加对象

C．图层中的对象可编辑，也可添加对象

D．图层中的对象可编辑，但不可添加对象

5．不能通过“图层过滤器特性”对话框过滤的特性是（　　）。

A．图层名、颜色、线型、线宽和打印样式

B．打开还是关闭图层

C．锁定还是解锁图层

D．图层是 ByLayer 还是 ByBlock

6．用（　　）命令可以设置图形界限。

A．SCALE　　B．EXTEND

C．LIMITS　　D．LAYER

7．在日常工作中贯彻办公和绘图标准时，下列（　　）方式最为有效。

A．应用典型的图形文件

B．应用模板文件

C．重复利用已有的二维绘图文件

D．在“启动”对话框中选取公制

8．绘制图形时，需要一种前面没有用到过的线型，请给出解决步骤。

第 4 章　简单二维绘图命令

内容简介

本章学习简单二维绘图的基本知识，将读者带入绘图知识的殿堂。

内容要点

- 直线类命令
- 圆类命令
- 点类命令
- 平面图形
- 综合演练：绘制公园长椅
- 模拟认证考试

案例效果

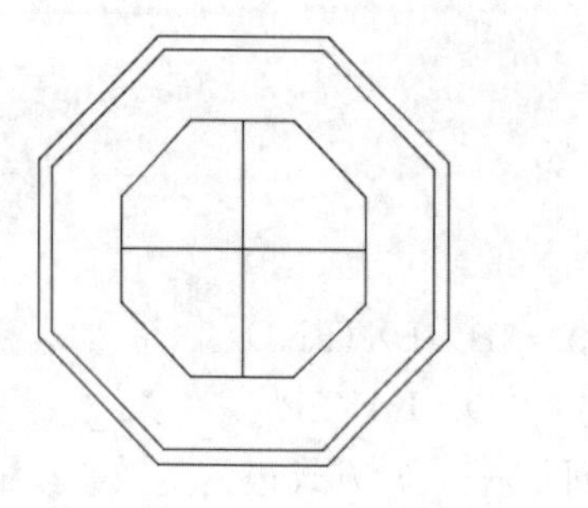
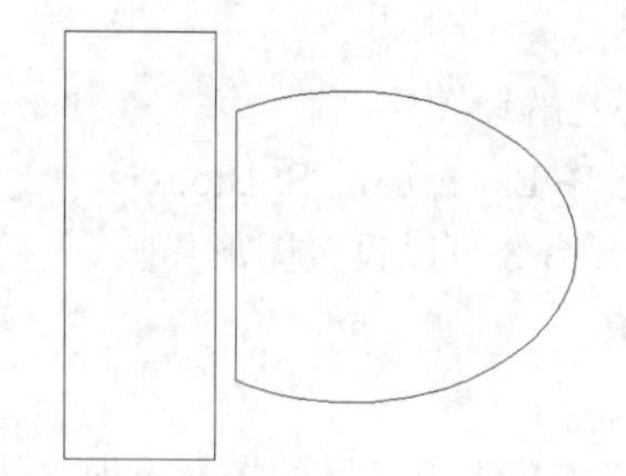

4.1　直线类命令

直线类命令包括“直线”“射线”和“构造线”，这几个命令是 AutoCAD 中最简单的绘图命令。

4.1.1　直线

无论多么复杂的图形都是由点、直线、圆弧等按不同的粗细、间隔、颜色组合而成的。其中直线是 AutoCAD 绘图中最简单、最基本的一种图形单元，连续的直线可以组成折线，直线与圆弧的组合又可以组成多段线。直线在机械制图中常用于表达物体棱边或平面的投影，在建筑制图中则常用于建筑平面投影。

【执行方式】

- 命令行：LINE（快捷命令：L）。
- 菜单栏：选择菜单栏中的“绘图”→“直线”命令。

➘ 工具栏：单击“绘图”工具栏中的“直线”按钮 。
➘ 功能区：单击“默认”选项卡“绘图”面板中的“直线”按钮 。

扫一扫，看视频

轻松动手学——公园方桌

源文件：源文件 \ 第 4 章 \ 公园方桌 .dwg

利用“直线”命令绘制如图 4-1 所示的公园方桌。

【操作步骤】

（1）单击“默认”选项卡“绘图”面板中的“直线”按钮 ，绘制连续线段。命令行提示与操作如下：

```
命令：_line
指定第一个点：0,0↙
指定下一点或 [ 放弃 (U)]：@1200,0↙
指定下一点或 [ 放弃 (U)]：@0,1200↙
指定下一点或 [ 闭合 (C)/ 放弃 (U)]：@-1200,0↙
指定下一点或 [ 闭合 (C)/ 放弃 (U)]：c↙
```

绘制的图形如图 4-2 所示。

（2）单击“默认”选项卡“绘图”面板中的“直线”按钮 ，命令行提示与操作如下：

```
命令：_line
指定第一个点：20,20↙
指定下一点或 [ 放弃 (U)]：@1160,0↙
指定下一点或 [ 放弃 (U)]：@0,1160↙
指定下一点或 [ 闭合 (C)/ 放弃 (U)]：@-1160,0↙
指定下一点或 [ 闭合 (C)/ 放弃 (U)]：c↙
```

至此，一个简易的方桌绘制完成，如图 4-3 所示。

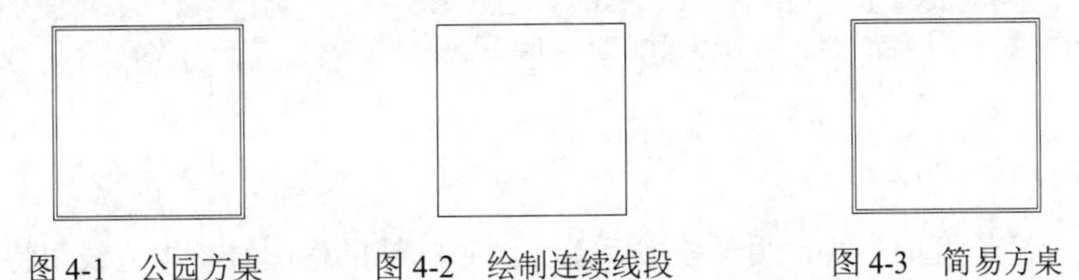

图 4-1　公园方桌　　图 4-2　绘制连续线段　　图 4-3　简易方桌

注意

一般每个命令有 4 种执行方式，这里只给出了命令行执行方式，其他 3 种执行方式的操作方法与命令行执行方式相同。

教你一招

动态输入与命令行输入的区别：

（1）在动态输入框中输入坐标与命令行有所不同，如果之前没有定位任何一个点，输入的坐标是绝对坐标；当定位下一个点时默认输入的就是相对坐标，无需在坐标值前加“@”符号。

（2）如果想在动态输入框中输入绝对坐标，反而需要先输入一个“#”号。例如，输入“#20,30”就相当于在命令行直接输入“20,30”，输入“#20<45”就相当于在命令行输入“20<45”。

需要注意的是，由于 AutoCAD 可以通过鼠标确定方向，直接输入距离后按 Enter 键就可以确定下一点坐标。如果在输入了“#20”后就按 Enter 键，这和输入“20”后就直接按 Enter 键没有任何区别，只是将点定位到沿光标方向距离上一点 20 的位置。

【选项说明】

① 若采用按 Enter 键响应“指定第一个点”提示，系统会把上次绘制图线的终点作为本次图线的起始点。若上次操作为绘制圆弧，按 Enter 键响应后绘出通过圆弧终点并与该圆弧相切的直线段，该线段的长度为光标在绘图区指定的一点与切点之间线段的距离。

② 在“指定下一点”提示下，用户可以指定多个端点，从而绘出多条直线段。但是，每一段直线都是一个独立的对象，可以进行单独的编辑操作。

③ 绘制两条以上直线段后，若采用输入选项“C”响应“指定下一点”提示，系统会自动连接起始点和最后一个端点，从而绘出封闭的图形。

④ 若采用输入选项“U”响应提示，则删除最近一次绘制的直线段。

⑤ 若设置正交方式（单击状态栏中的“正交模式”按钮），只能绘制水平线段或垂直线段。

⑥ 若设置动态数据输入方式（单击状态栏中的“动态输入”按钮），则可以动态输入坐标或长度值，效果与非动态数据输入方式类似，如图 4-4 所示。除了特别需要，以后不再强调，而只按非动态数据输入方式输入相关数据。

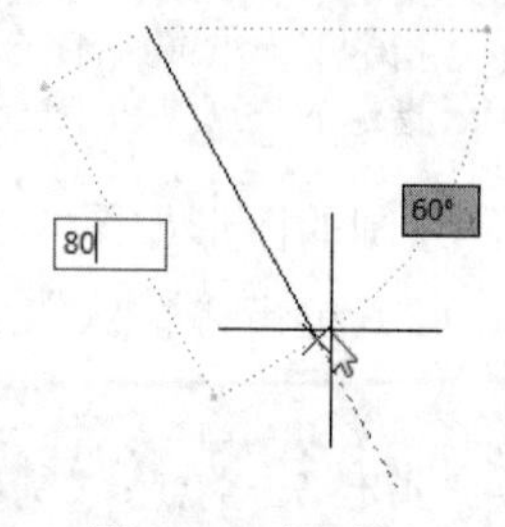

图 4-4　动态输入

✍ 技巧

（1）由直线组成的图形，每条线段都是独立的对象，可对每条直线段进行单独编辑。

（2）在结束“直线”命令后，再次执行“直线”命令，根据命令行提示，直接按 Enter 键，则以上次最后绘制的线段或圆弧的终点作为当前线段的起点。

（3）在命令行中输入三维点的坐标，可以绘制三维直线段。

4.1.2　构造线

构造线就是无穷长度的直线，用于模拟手工作图中的辅助作图线。构造线用特殊的线型显示，在图形输出时可不输出。应用构造线作为辅助线绘制三视图是构造线的主要用途。构造线的应用，应保证三视图之间“主、俯视图长对正，主、左视图高平齐，俯、左视图宽相等”的对应关系。图 4-5 所示为应用构造线作为辅助线绘制三视图的示例，其中细线为构造线，粗线为三视图轮廓线。

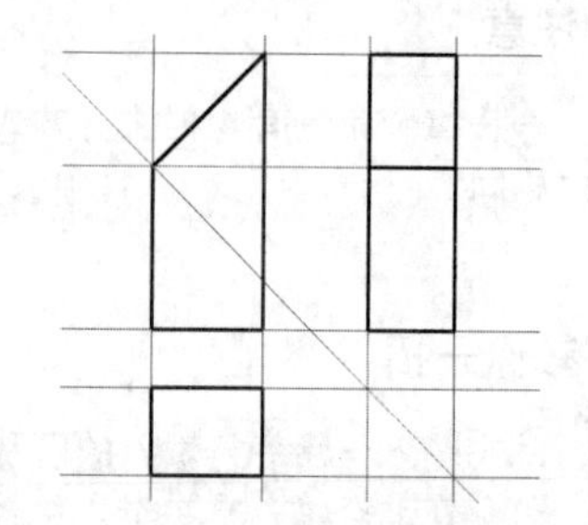

图 4-5　构造线辅助绘制三视图

【执行方式】

- 命令行：XLINE（快捷命令 XL）。
- 菜单栏：选择菜单栏中的“绘图”→“构造线”命令。

- 工具栏：单击“绘图”工具栏中的“构造线”按钮 。
- 功能区：单击“默认”选项卡“绘图”面板中的“构造线”按钮 。

【操作步骤】

```
命令：XLINE↙
指定点或 [ 水平 (H) / 垂直 (V) / 角度 (A) / 二等分 (B) / 偏移 (O)]：(给出根点 1)
指定通过点：(给定通过点 2，绘制一条双向无限长直线)
指定通过点：(继续指定点，继续绘制线，如图 4-6（a）所示，按 Enter 键结束)
```

【选项说明】

（1）指定点：用于绘制通过指定两点的构造线，如图 4-6（a）所示。

（2）水平 (H)：绘制通过指定点的水平构造线，如图 4-6（b）所示。

（3）垂直 (V)：绘制通过指定点的垂直构造线，如图 4-6（c）所示。

（4）角度 (A)：绘制沿指定方向或与指定直线之间的夹角为指定角度的构造线，如图 4-6（d）所示。

（5）二等分 (B)：绘制平分由指定 3 点所确定的角的构造线，如图 4-6（e）所示。

（6）偏移 (O)：绘制与指定直线平行的构造线，如图 4-6（f）所示。

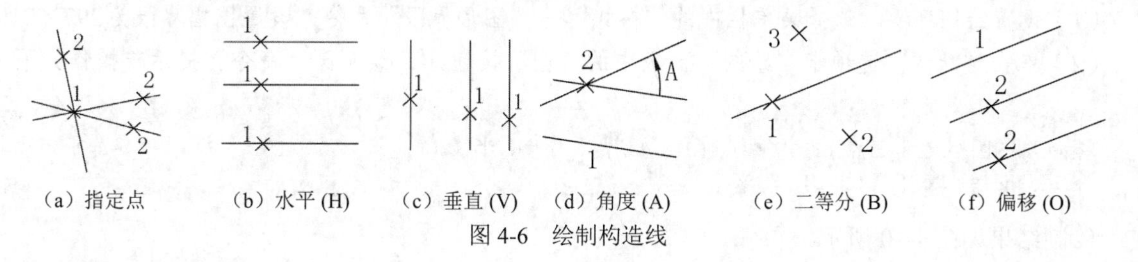

图 4-6　绘制构造线

动手练一练——标高符号

利用“直线”命令绘制如图 4-7 所示的标高符号。

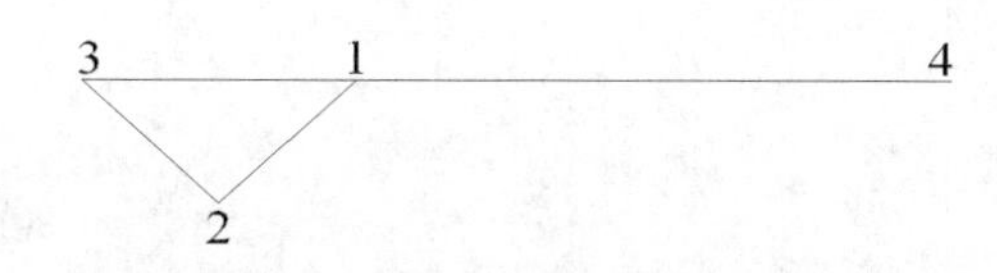

图 4-7　标高符号

思路点拨

源文件：源文件 \ 第 4 章 \ 标高符号 .dwg

为了做到准确无误，要求通过坐标值的输入指定直线的相关点，从而灵活掌握直线的绘制方法。

4.2　圆类命令

圆类命令主要包括“圆”“圆弧”“圆环”“椭圆”及“椭圆弧”等命令，这几个命令是 AutoCAD

中最简单的曲线命令。

4.2.1 圆

圆是最简单的封闭曲线，也是绘制工程图形时经常用到的图形单元。

【执行方式】

- 命令行：CIRCLE（快捷命令：C）。
- 菜单栏：选择菜单栏中的“绘图”→“圆”命令。
- 工具栏：单击“绘图”工具栏中的“圆”按钮⊙。
- 功能区：在“默认”选项卡的“绘图”面板中打开“圆”下拉菜单，从中选择一种创建圆的方式，如图 4-8 所示。

扫一扫，看视频

轻松动手学——公园圆桌

源文件：源文件 \ 第 4 章 \ 公园圆桌 .dwg

绘制的公园圆桌如图 4-9 所示。

【操作步骤】

（1）设置绘图环境。选择菜单栏中的“格式”→“图形界限”命令，设置图幅界限为297×210。

（2）单击“默认”选项卡“绘图”面板中的“圆”按钮⊙，绘制圆。命令行提示与操作如下：

```
命令: CIRCLE
指定圆的圆心或 [三点(3P)/两点(2P)/切点、切点、半径(T)]:  100,100
指定圆的半径或 [直径(D)]: 50
```

绘制结果如图 4-10 所示。

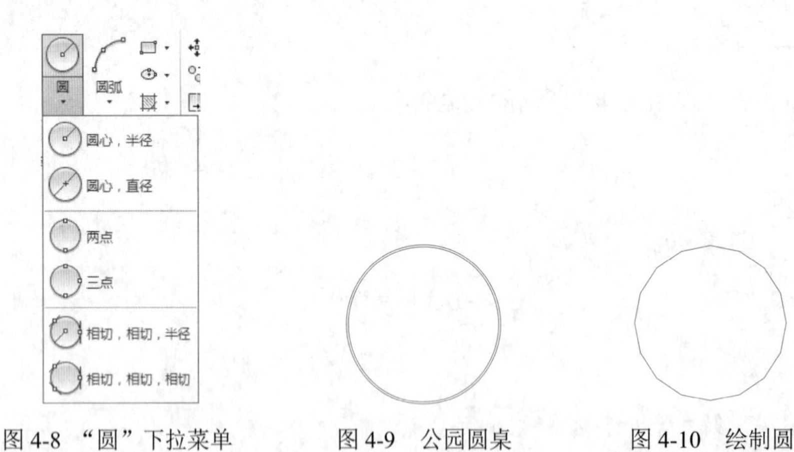

图 4-8 “圆”下拉菜单　　图 4-9 公园圆桌　　图 4-10 绘制圆

（3）重复“圆”命令，以（100,100）为圆心，绘制半径为 40 的圆。结果如图 4-9 所示。

技巧

有时图形经过缩放（ZOOM）后，绘制的圆边显示为棱边，图形变得很粗糙。此时在命令行中输入“RE”命令，重新生成模型，即可使圆边光滑。也可以在“选项”对话框的“显示”选项卡中调整“圆弧和圆的平滑度”。

（3）单击快速访问工具栏中的“保存”按钮，保存图形。命令行提示如下：

```
命令：SAVEAS（将绘制完成的图形以“园桌 .dwg”为文件名保存在指定的路径中）
```

【选项说明】

① 切点、切点、半径 (T)：通过先指定两个相切对象，再给出半径的方法绘制圆。如图 4-11 所示给出了以“切点、切点、半径”方式绘制圆的各种情形（加粗的圆为最后绘制的圆）。

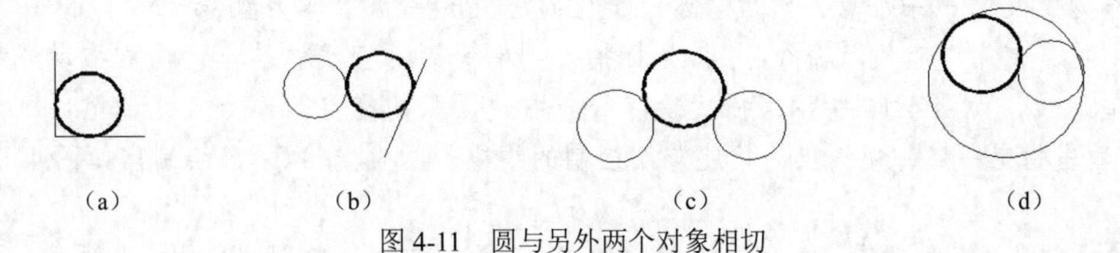

图 4-11　圆与另外两个对象相切

② 选择菜单栏中的“绘图”→“圆”命令，其子菜单中比命令行多了一种“相切、相切、相切”的绘制方法，如图 4-12 所示。

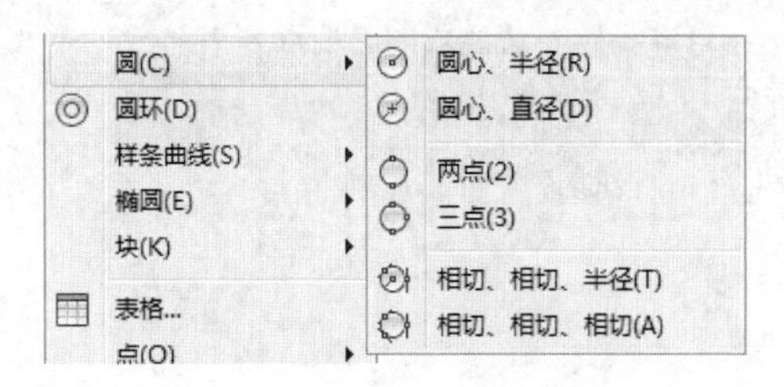

图 4-12 “圆”子菜单

4.2.2　圆弧

圆弧是圆的一部分。在工程造型中，圆弧的使用比圆更普遍。通常强调的“流线形”造型或圆润的造型实际上就是圆弧造型。

【执行方式】

- 命令行：ARC（快捷命令：A）。
- 菜单栏：选择菜单栏中的“绘图”→“圆弧”命令。
- 工具栏：单击“绘图”工具栏中的“圆弧”按钮。
- 功能区：在“默认”选项卡的“绘图”面板中打开“圆弧”下拉菜单，从中选择一种创建圆弧的方式，图 4-13 所示。

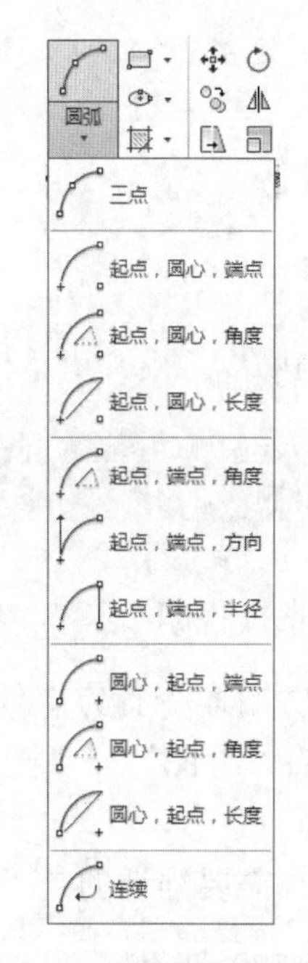

图 4-13 “圆弧”下拉菜单

轻松动手学——圆凳

源文件：源文件 \ 第 4 章 \ 圆凳 .dwg

本实例利用“圆”命令绘制座板，再利用“直线”与“圆弧”命令绘制出靠背，如图 4-14 所示。

扫一扫，看视频

【操作步骤】

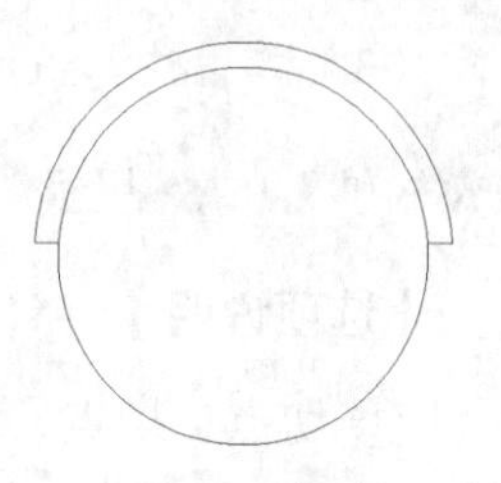
图 4-14　圆凳

（1）单击“默认”选项卡“绘图”面板中的“圆”按钮⊙，绘制一个适当大小的圆，如图 4-15 所示。

（2）单击状态栏上的“二维对象捕捉”按钮和“对象捕捉追踪”按钮以及“正交模式”按钮，使之处于打开状态。单击“默认”选项卡“绘图”面板中的“直线”按钮╱，“用光标在刚才绘制的圆弧上左上方捕捉一点”作为直线的第一个点，然后“水平向左适当指定一点”作为直线的下一点；重复使用“直线”命令，“将光标捕捉到刚绘制的直线右端点，向右拖动光标，拉出一条水平追踪线，如图 4-16 所示，捕捉追踪线与右边圆弧的交点”作为直线的第一个点，然后“水平向右适当指定一点，使线段的长度与刚绘制的线段长度大概相等”，绘制出如图 4-17 所示的两条直线。

（3）单击“默认”选项卡“绘图”面板中的“圆弧”按钮，绘制圆凳的靠背造型。命令行提示与操作如下：

```
命令： _arc
指定圆弧的起点或 [ 圆心 (C)]：（指定右边线段的右端点）
指定圆弧的第二个点或 [ 圆心 (C)/ 端点 (E)]： e
指定圆弧的端点：（指定左边线段的左端点）
指定圆弧的中心点 ( 按住 Ctrl 键以切换方向 ) 或 [ 角度 (A)/ 方向 (D)/ 半径 (R)]：（捕捉圆心）
```

绘制结果如图 4-18 所示。

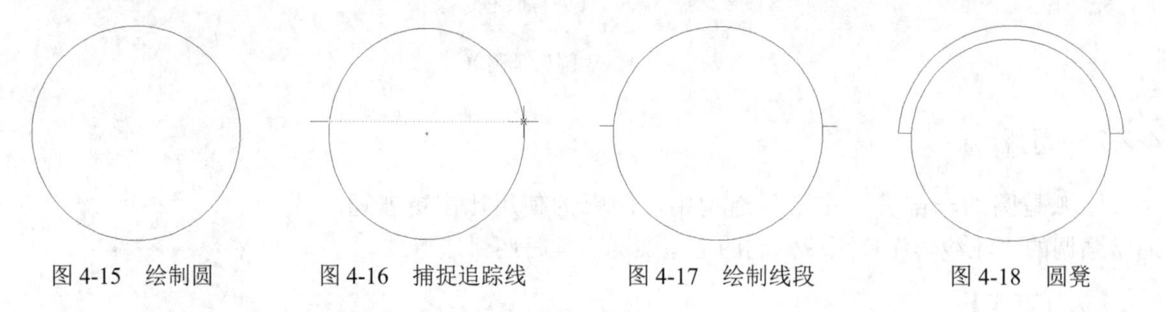
图 4-15　绘制圆　　图 4-16　捕捉追踪线　　图 4-17　绘制线段　　图 4-18　圆凳

技巧

绘制圆弧时，注意圆弧的曲率是遵循逆时针方向的，所以在指定圆弧两个端点和半径模式时，需要注意端点的指定顺序，否则有可能导致圆弧的凹凸形状与预期相反。

【选项说明】

① 用命令行方式绘制圆弧时，可以根据系统提示选择不同的选项，其具体功能与利用菜单栏中的“绘图”→“圆弧”子菜单中提供的 11 种方式相似。这 11 种方式绘制的圆弧如图 4-19 所示。

② 需要强调的是“连续”方式，其绘制的圆弧与上一段圆弧相切。如果连续绘制圆弧段，只需提供端点即可。

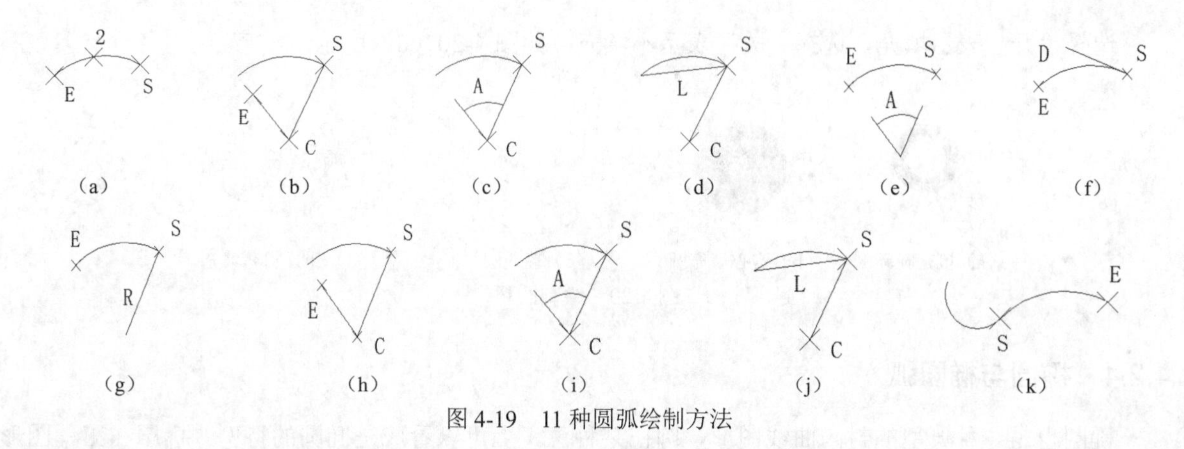

图 4-19　11 种圆弧绘制方法

☞ 教你一招

绘制圆弧时，应注意什么?

绘制圆弧时，注意指定合适的端点或圆心，指定端点的时针方向也就是绘制圆弧的方向。比如，要绘制下半圆弧，则起始端点应在左侧，终止端点应在右侧，此时端点的时针方向为逆时针，则得到相应的逆时针圆弧。

4.2.3　圆环

圆环可以看作是两个同心圆，利用“圆环”命令可快速完成同心圆的绘制。

【执行方式】

- 命令行：DONUT（快捷命令：DO）。
- 菜单栏：选择菜单栏中的“绘图”→“圆环”命令。
- 功能区：单击“默认”选项卡“绘图”面板中的“圆环”按钮◎。

【操作步骤】

```
命令：DONUT↙
指定圆环的内径<0.5000>:（指定圆环内径）
指定圆环的外径 <1.0000>:（指定圆环外径）
指定圆环的中心点或 <退出>:（指定圆环的中心点）
指定圆环的中心点或 <退出>:（继续指定圆环的中心点，则继续绘制相同内外径的圆环。用 Enter 键、空格键或单击鼠标右键结束命令）
```

【选项说明】

（1）指定不等的内外径，则画出填充圆环，如图 4-20（a）所示。

（2）若指定内径为零，则画出实心填充圆，如图 4-20（b）所示。

（3）若指定内外径相等，则画出普通圆，如图 4-20（c）所示。

（4）用 FILL 命令可以控制圆环是否填充。命令行提示与操作如下：

```
命令： FILL↙
输入模式 [开(ON)/关(OFF)] <开>:
```

选择“开”表示填充，选择“关”表示不填充，如图4-20（d）所示。

（a）填充圆环

（b）实心填充圆

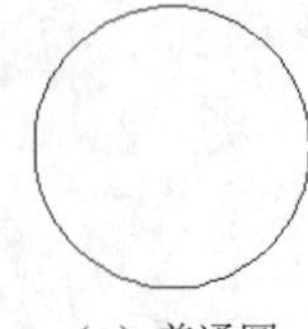

（c）普通圆

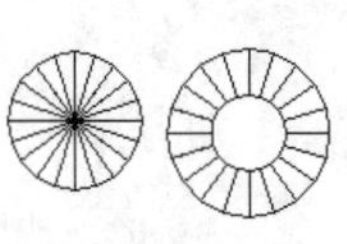

（d）开关圆环填充

图4-20 绘制圆环

4.2.4 椭圆与椭圆弧

椭圆也是一种典型的封闭曲线图形，圆在某种意义上可以看成是椭圆的特例。椭圆在工程图形中的应用不多，只在某些特殊造型，如室内设计单元中的浴盆、桌子等造型或机械造型中的杆状结构的截面形状等图形中才会出现。

【执行方式】

- 命令行：ELLIPSE（快捷命令：EL）。
- 菜单栏：选择菜单栏中的“绘图”→“椭圆”→“圆弧”命令。
- 工具栏：单击“绘图”工具栏中的“椭圆”按钮或“椭圆弧”按钮。
- 功能区：在“默认”选项卡的“绘图”面板中打开“椭圆”下拉菜单，从中选择创建椭圆（或椭圆弧）的方式，如图4-21所示。

扫一扫，看视频

轻松动手学——马桶

源文件：源文件\第4章\马桶.dwg

首先利用“椭圆弧”命令绘制马桶外沿，然后利用“直线”命令绘制马桶后沿和水箱，如图4-22所示。

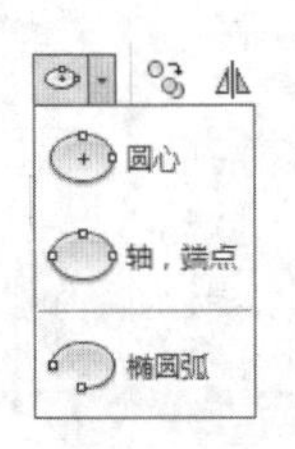

图4-21 “椭圆”下拉菜单

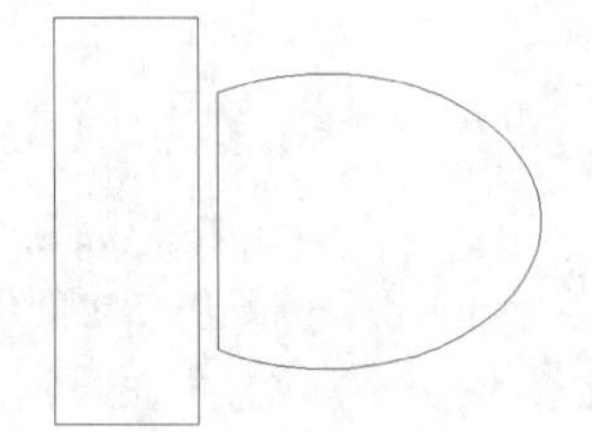

图4-22 绘制马桶

【操作步骤】

（1）单击“默认”选项卡“绘图”面板中的“椭圆弧”按钮，绘制马桶外沿。命令行提示与操作如下：

```
命令：_ellipse
指定椭圆的轴端点或 [圆弧(A)/中心点(C)]:_a
指定椭圆弧的轴端点或 [中心点(C)]: C
指定椭圆弧的中心点：
```

```
指定轴的端点：<正交 开：(适当指定一点)
指定另一条半轴长度或 [旋转(R)]:
指定起点角度或 [参数(P)]: 45
指定端点角度或 [参数(P)/夹角(I)]:
```

绘制结果如图 4-23 所示。

（2）单击“默认”选项卡“绘图”面板中的“直线”按钮，连接椭圆弧两个端点，绘制马桶后沿，结果如图 4-24 所示。

（3）单击“默认”选项卡“绘图”面板中的“直线”按钮，取适当的尺寸，在左边绘制一个矩形框作为水箱。最终结果如图 4-22 所示。

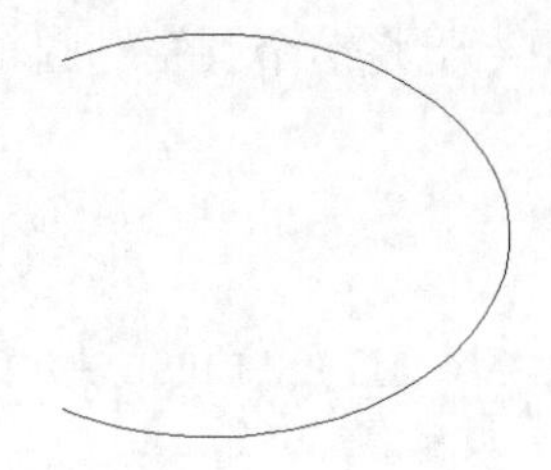

图 4-23　绘制马桶外沿

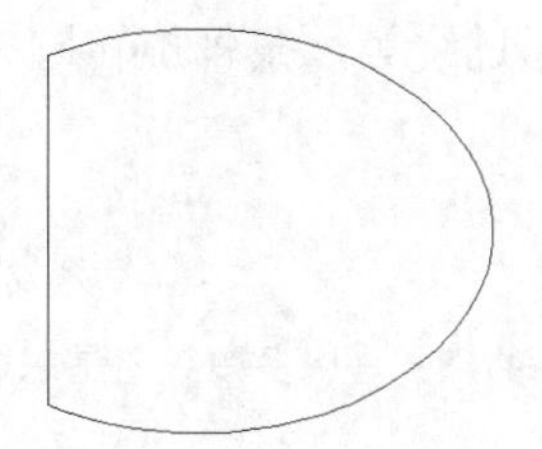

图 4-24　绘制马桶后沿

技巧

指定起点角度和端点角度的点时不要将两个点的顺序颠倒，因为系统默认的旋转方向是逆时针，如果指反了，得出的结果可能和预期的相反。

【选项说明】

（1）指定椭圆弧的轴端点：根据两个端点定义椭圆的第一条轴，第一条轴的角度确定了整个椭圆的角度。第一条轴既可定义椭圆的长轴，也可定义其短轴。椭圆按图 4-25（a）中显示的顺序绘制。

（2）圆弧(A)：用于创建一段椭圆弧，与单击“默认”选项卡“绘图”面板中的“椭圆弧”按钮功能相同。其中第一条轴的角度确定了椭圆弧的角度。第一条轴既可定义椭圆弧长轴，也可定义其短轴。选择该选项，命令行提示与操作如下：

```
指定椭圆弧的轴端点或 [中心点(C)]:(指定端点或输入“C”)
指定轴的另一个端点：(指定另一端点)
指定另一条半轴长度或 [旋转(R)]:(指定另一条半轴长度或输入“R”)
指定起点角度或 [参数(P)]:(指定起始角度或输入“P”)
指定端点角度或 [参数(P)/夹角(I)]:
```

其中各选项含义如下：

① 起点角度：指定椭圆弧端点的两种方式之一，光标与椭圆中心点连线的夹角为椭圆端点位置的角度，如图 4-25（b）所示。

② 参数(P)：指定椭圆弧端点的另一种方式，该方式同样是指定椭圆弧端点的角度，但通过以下矢量参数方程式创建椭圆弧。

$$p(u)=c+a\times\cos(u)+b\times\sin(u)$$

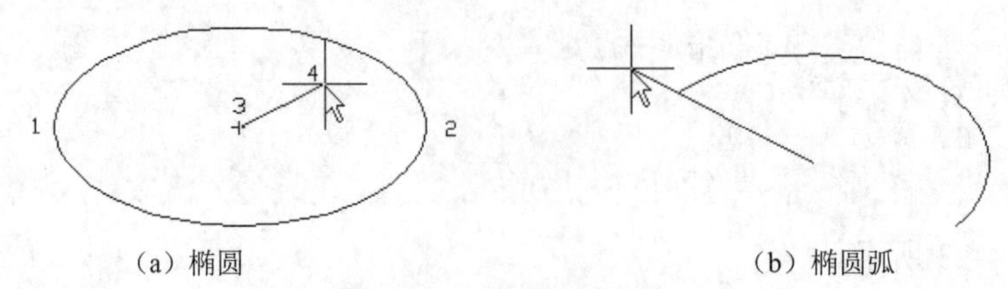

（a）椭圆　　（b）椭圆弧

图 4-25　椭圆和椭圆弧

其中，c 是椭圆的中心点，a 和 b 分别是椭圆的长轴和短轴，u 为光标与椭圆中心点连线的夹角。

③ 夹角 (I)：定义从起点角度开始的包含角度。

④ 中心点 (C)：通过指定的中心点创建椭圆。

⑤ 旋转 (R)：通过绕第一条轴旋转圆来创建椭圆。相当于将一个圆绕椭圆轴翻转一个角度后的投影视图。

技巧

“椭圆”命令生成的椭圆是以多段线还是以椭圆为实体，是由系统变量 PELLIPSE 决定的。

动手练一练——*五瓣梅*

绘制如图 4-26 所示的五瓣梅。

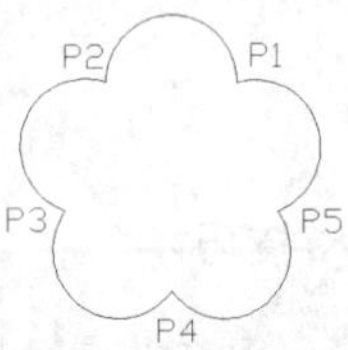

P2 P1 P3 P5 P4

图 4-26　五瓣梅

思路点拨

源文件：源文件 \ 第 4 章 \ 五瓣梅 .dwg

利用圆弧的各种绘制方法来完成五瓣梅的绘制，以灵活掌握圆弧的绘制方法。

4.3 点类命令

点在 AutoCAD 中有多种表示方式，用户可以根据需要进行设置，也可以设置等分点和测量点。

4.3.1 点

通常认为，点是最简单的图形单元。在工程图形中，点通常用来标定某个特殊的坐标位置，或者作为某个绘制步骤的起点和基础。为了使点更显眼，AutoCAD 为点设置了多种样式，用户可以根据需要来选择。

【执行方式】

- 命令行：POINT（快捷命令：PO）。
- 菜单栏：选择菜单栏中的“绘图”→“点”命令。
- 工具栏：单击“绘图”工具栏中的“点”按钮 ▫。
- 功能区：单击“默认”选项卡“绘图”面板中的“多点”按钮 ▫。

【操作步骤】

```
命令：_point
```

```
当前点模式： PDMODE=0 PDSIZE=0.0000
指定点：(指定点所在的位置)
```

【选项说明】

(1) 通过菜单方法操作时(见图 4-27),“单点”命令表示只输入一个点,“多点”命令表示可输入多个点。

(2) 可以单击状态栏中的“对象捕捉”按钮 ,设置点捕捉模式,帮助用户选择点。

(3) 点在图形中的表示样式共有 20 种。可通过 DDPTYPE 命令或选择菜单栏中的“格式”→“点样式”命令,通过打开的“点样式”对话框来设置,如图 4-28 所示。

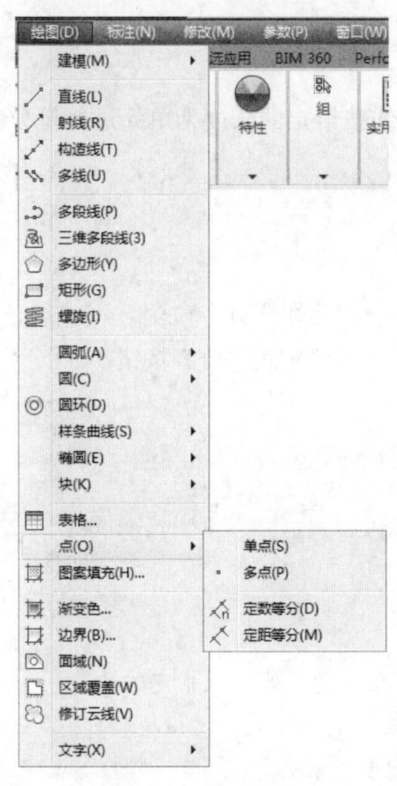

图 4-27 “点”子菜单

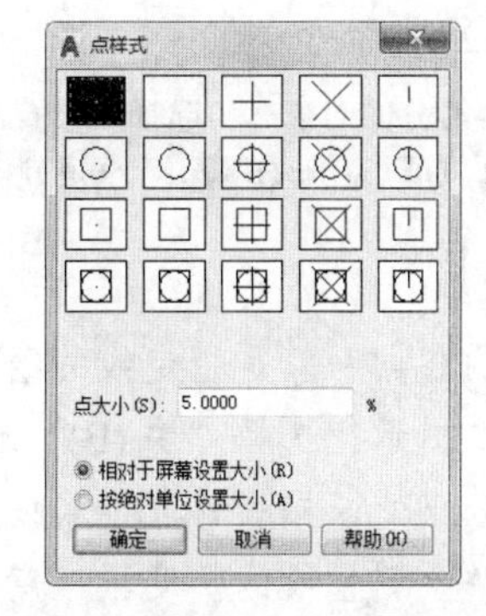

图 4-28 “点样式”对话框

4.3.2 定数等分

有时需要把某个线段或曲线按一定的份数进行等分。这一点在手工绘图中很难实现,但在 AutoCAD 中,可以通过相关命令轻松完成。

【执行方式】

- 命令行:DIVIDE(快捷命令:DIV)。
- 菜单栏:选择菜单栏中的“绘图”→“点”→“定数等分”命令。
- 功能区:单击“默认”选项卡“绘图”面板中的“定数等分”按钮 。

【操作步骤】

```
命令：DIVIDE ↙
选择要定数等分的对象：(选取最下边的直线)
输入线段数目或 [块(B)]：↙
```

【选项说明】

（1）等分数目范围为 2 ~ 32767。

（2）在等分点处，按当前点样式设置画出等分点。

（3）在第二提示行选择“块(B)”选项时，表示在等分点处插入指定的块（块知识的具体讲解见后面章节）。

4.3.3 定距等分

与定数等分类似，定距等分是把某个线段或曲线按给定的长度为单元进行等分。在 AutoCAD 中可以通过相关命令来完成。

【执行方式】

- 命令行：MEASURE（快捷命令：ME）。
- 菜单栏：选择菜单栏中的“绘图”→“点”→“定距等分”命令。
- 功能区：单击“默认”选项卡“绘图”面板中的“定距等分”按钮。

【操作步骤】

```
命令：MEASURE ↙
选择要定距等分的对象：(选择要设置测量点的实体)
指定线段长度或 [块(B)]：(指定分段长度)
```

【选项说明】

（1）设置的起点一般是指定线的绘制起点。

（2）在第二提示行选择“块(B)”选项时，表示在测量点处插入指定的块。

（3）在等分点处，按当前点样式设置绘制测量点。

（4）最后一个测量段的长度不一定等于指定分段长度。

☞ 教你一招

定距等分和定数等分有什么区别?

定数等分是将某个线段按段数平均分段，定距等分是将某个线段按距离分段。例如，一条 112mm 的直线，用定数等分命令时，如果该线段被平均分成 10 段，每一个线段的长度都是相等的，长度就是原来的 1/10。而用定距等分时，如果设置定距等分的距离为 10，那么从端点开始，每 10mm 为一段，前 11 段段长都为 10，那么最后一段的长度并不是 10，因为 112/10 是有小数点，并不是整数，所以等距等分的线段并不是所有的线段都相等。

动手练一练——园桥阶梯

绘制如图 4-29 所示的园桥阶梯。

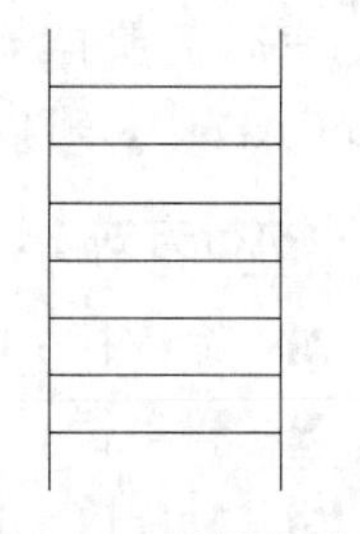

图 4-29 园桥阶梯

思路点拨

源文件：源文件 \ 第 4 章 \ 园桥阶梯 .dwg
通过园桥阶梯的绘制，熟练掌握“定数等分”命令的运用。

4.4　平面图形

简单的平面图形命令包括“矩形”和“多边形”命令。

4.4.1　矩形

矩形是最简单的封闭直线图形，在机械制图中常用来表达平行投影平面的面，在建筑制图中常用来表达墙体平面。

【执行方式】

- 命令行：RECTANG（快捷命令：REC）。
- 菜单栏：选择菜单栏中的“绘图”→“矩形”命令。
- 工具栏：单击“绘图”工具栏中的“矩形”按钮▭。
- 功能区：单击“默认”选项卡“绘图”面板中的“矩形”按钮▭。

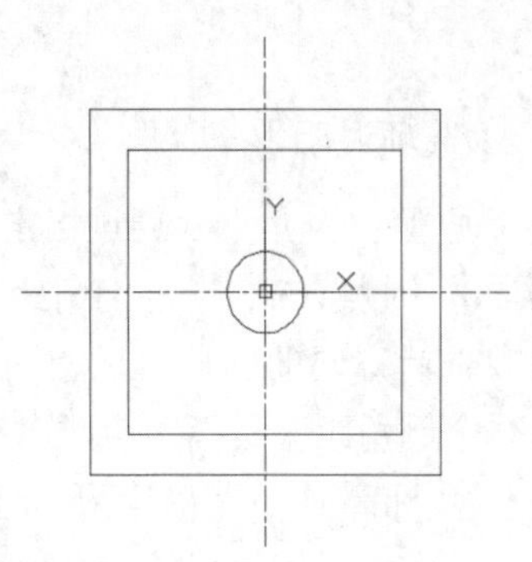

图 4-30　亭基础平面

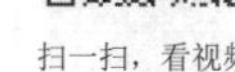
扫一扫，看视频

轻松动手学——亭基础平面

源文件：源文件 \ 第 4 章 \ 亭基础平面 .dwg
利用“矩形”命令绘制如图 4-30 所示的亭基础平面。

【操作步骤】

（1）单击“默认”选项卡“绘图”面板中的“直线”按钮╱，绘制两条长为 1250 的相交直线作为辅助线，并且交点在圆心处，结果如图 4-31 所示。

（2）单击“默认”选项卡“绘图”面板中的“圆”按钮⊙，以辅助线的交点为圆心，绘制半径为 100 的圆，如图 4-32 所示。

（3）单击“默认”选项卡“绘图”面板中的“矩形”按钮▭，绘制 700×700 的正方形。命令行提示与操作如下：

```
命令：_rectang
指定第一个角点或 [倒角(C)/标高(E)/圆角(F)/厚度(T)/宽度(W)]:-350,350
指定另一个角点或 [面积(A)/尺寸(D)/旋转(R)]: @700,700
```

结果如图 4-33 所示。

（4）同理，单击“默认”选项卡“绘图”面板中的“矩形”按钮▭，绘制 900×900 的正方形，结果如图 4-30 所示。

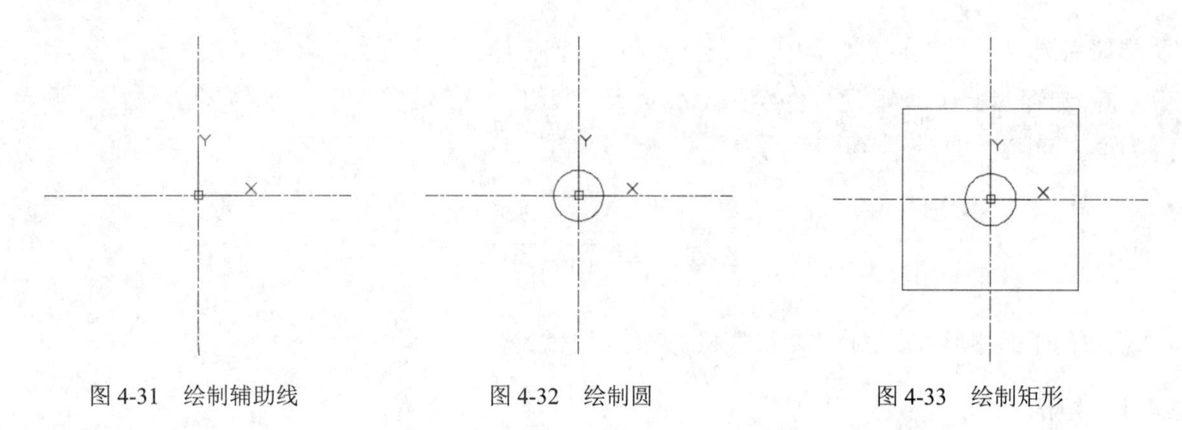

图 4-31　绘制辅助线　　图 4-32　绘制圆　　图 4-33　绘制矩形

✍ 技巧

这里的正方形可以用“多边形”命令来绘制，第二个正方形也可以在第一个正方形的基础上利用“偏移”命令来绘制。

【选项说明】

① 第一个角点：通过指定两个角点确定矩形，如图 4-34（a）所示。

② 倒角 (C)：指定倒角距离，绘制带倒角的矩形，如图 4-34（b）所示。每一个角点的逆时针和顺时针方向的倒角可以相同，也可以不同，其中第一个倒角距离是指角点逆时针方向倒角距离，第二个倒角距离是指角点顺时针方向倒角距离。

③ 标高 (E)：指定矩形标高（Z 坐标），即把矩形放置在标高为 Z 并与 XOY 坐标面平行的平面上，并作为后续矩形的标高值。

④ 圆角 (F)：指定圆角半径，绘制带圆角的矩形，如图 4-34（c）所示。

⑤ 厚度 (T)：主要用在三维中，输入厚度后画出的矩形是立体的，如图 4-34（d）所示。

⑥ 宽度 (W)：指定线宽，如图 4-34（e）所示。

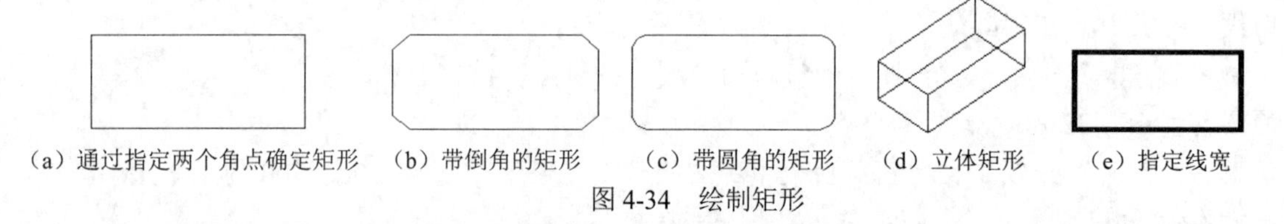

（a）通过指定两个角点确定矩形　（b）带倒角的矩形　（c）带圆角的矩形　（d）立体矩形　（e）指定线宽

图 4-34　绘制矩形

⑦ 面积 (A)：指定面积和长或宽创建矩形。选择该选项，命令行提示与操作如下：

```
输入以当前单位计算的矩形面积 <20.0000>:（输入面积值）
计算矩形标注时依据 [ 长度 (L) / 宽度 (W)] < 长度 >:（按 Enter 键或输入“W”）
输入矩形长度 <4.0000>:（指定长度或宽度）
```

指定长度或宽度后，系统自动计算另一个维度，绘制出矩形。如果矩形被倒角或圆角，则长度或面积计算中也会考虑此设置，如图 4-35 所示。

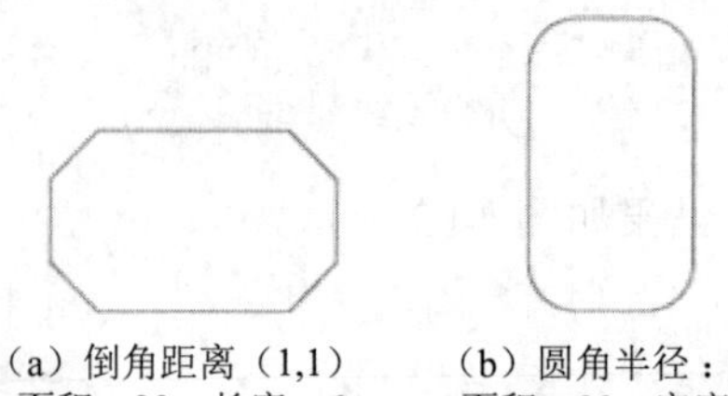

（a）倒角距离（1,1）　面积：20　长度：6　（b）圆角半径：1.0　面积：20　宽度：6

图 4-35　利用“面积”绘制矩形

⑧ 尺寸 (D)：使用长和宽创建矩形，第二个指定点将矩形定位在与第一角点相关的四个位置之一。

⑨ 旋转 (R)：使所绘制的矩形旋转一定角度。选择该选项，命令行提示与操作如下：

```
指定旋转角度或 [拾取点 (P)] <45>:（指定角度）
指定另一个角点或 [面积 (A)/ 尺寸 (D)/ 旋转 (R)]:（指定另一个角点或选择
其他选项）
```

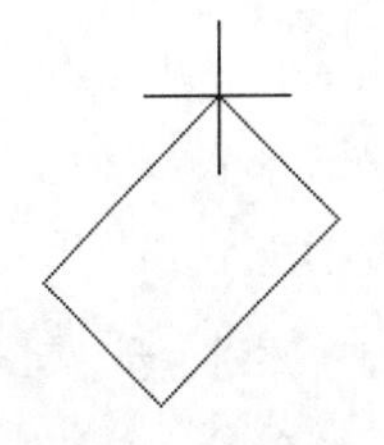

图 4-36　旋转矩形

指定旋转角度后，系统按指定角度创建矩形，如图 4-36 所示。

4.4.2　多边形

正多边形是相对复杂的一种平面图形，人类曾经为准确地找到手工绘制正多边形的方法而长期求索。伟大数学家高斯为发现正十七边形的绘制方法而引以为毕生的荣誉，以致他的墓碑被设计成正十七边形。现在利用 AutoCAD 可以轻松地绘制任意边的正多边形。

【执行方式】

- 命令行：POLYGON（快捷命令：POL）。
- 菜单栏：选择菜单栏中的“绘图”→“多边形”命令。
- 工具栏：单击“绘图”工具栏中的“多边形”按钮⬠。
- 功能区：单击“默认”选项卡“绘图”面板中的“多边形”按钮⬠。

轻松动手学——护栏装饰

绘制如图 4-37 所示的护栏装饰。

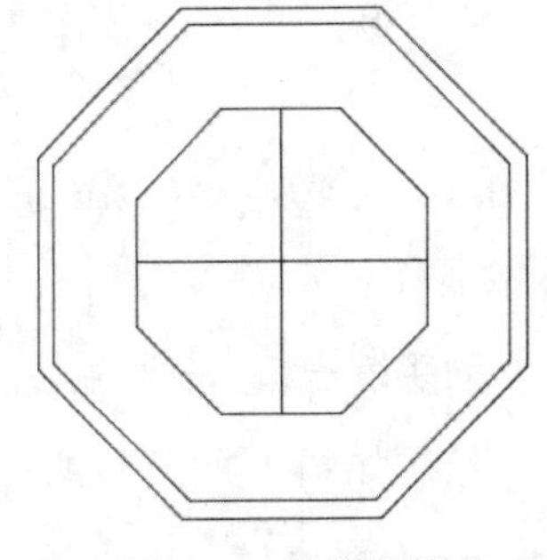

图 4-37　护栏装饰

扫一扫，看视频

【操作步骤】

（1）单击“默认”选项卡“绘图”面板中的“多边形”按钮⬠，绘制外轮廓线。命令行提示与操作如下：

```
命令：polygon↙
输入侧面数 <4>: 8↙
指定正多边形的中心点或 [边 (E)]: 0,0↙
输入选项 [内接于圆 (I)/ 外切于圆 (C)] <I>: c↙
指定圆的半径：160↙
```

结果如图 4-38 所示。

（2）同理，单击“默认”选项卡“绘图”面板中的“多边形”按钮⬠，以 (0,0) 为中心点，分别绘制外切圆半径为 150 和 100 的八边形，如图 4-39 所示。

（3）单击“默认”选项卡“绘图”面板中的“直线”按钮╱，在小八边形内绘制两条交叉的直线，结果如图 4-37 所示。

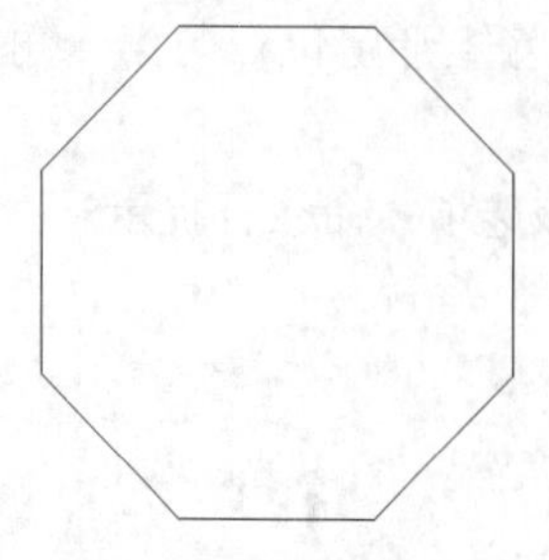

图 4-38　绘制轮廓线图

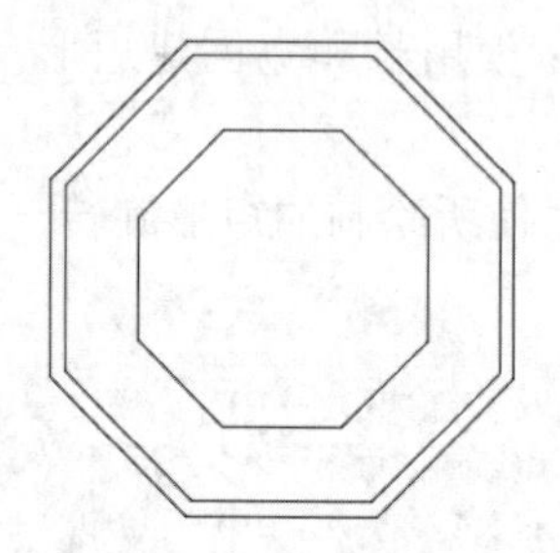

图 4-39　绘制八边形

【选项说明】

① 边 (E)：选择该选项，则只要指定多边形的一条边，系统就会按逆时针方向创建该正多边形，如图 4-40（a）所示。

② 内接于圆 (I)：选择该选项，绘制的多边形内接于圆，如图 4-40（b）所示。

③ 外切于圆 (C)：选择该选项，绘制的多边形外切于圆，如图 4-40（c）所示。

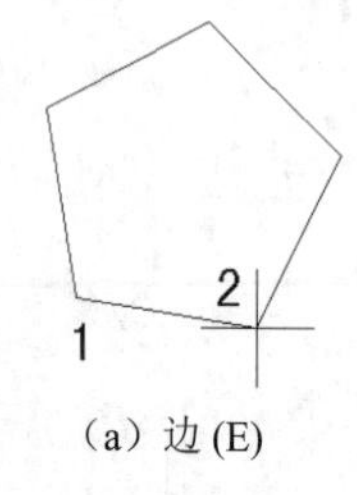

（a）边 (E)

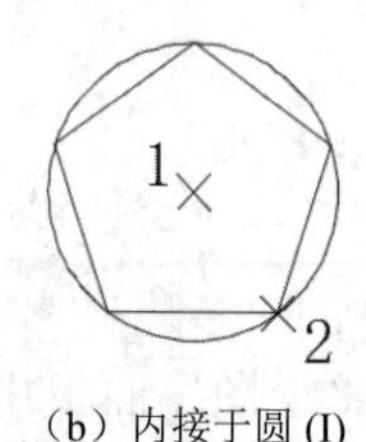

（b）内接于圆 (I)

（c）外切于圆 (C)

图 4-40　绘制多边形

动手练一练——绘制石雕摆饰

绘制如图 4-41 所示的石雕摆饰。

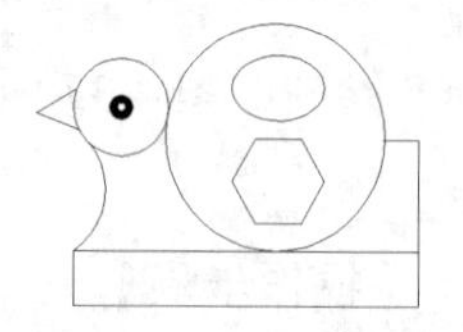

图 4-41　石雕摆饰

思路点拨

源文件：源文件 \ 第 4 章 \ 石雕摆饰 .dwg

本练习图形涉及各种命令，可使读者灵活掌握本章各种图形的绘制方法。

扫一扫，看视频

4.5　综合演练：绘制公园长椅

源文件：源文件 \ 第 4 章 \ 公园长椅 .dwg

本例绘制的公园长椅如图 4-42 所示。

【操作步骤】

（1）单击“默认”选项卡“绘图”面板中的“矩形”按钮，绘制长宽分别为 495×76 和 57×362 的两个矩形。命令行提示与操作如下：

```
命令： _rectang
指定第一个角点或 [ 倒角 (C) / 标高 (E) / 圆角 (F) / 厚度 (T) / 宽度 (W)]:0,76
```

```
指定另一个角点或 [面积(A)/尺寸(D)/旋转(R)]:@495,76
命令:↙
指定第一个角点或 [倒角(C)/标高(E)/圆角(F)/厚度(T)/宽度(W)]:19,438
指定另一个角点或 [面积(A)/尺寸(D)/旋转(R)]:@57,362
```

结果如图4-43所示。

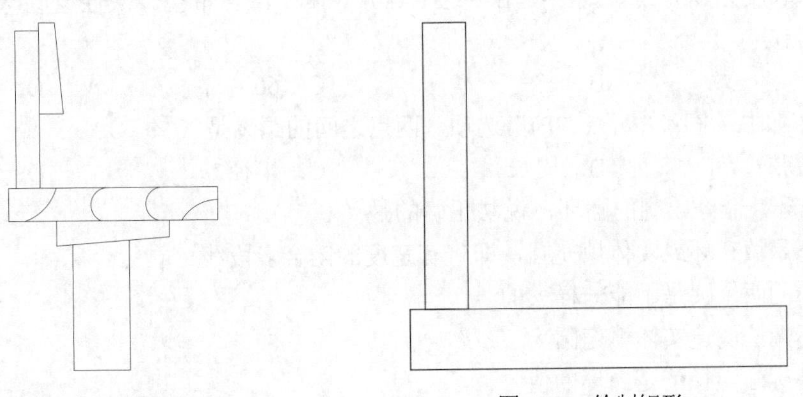

图4-42　公园长椅　　　　图4-43　绘制矩形

（2）单击“默认”选项卡“绘图”面板中的“直线”按钮，细化椅背。命令行提示与操作如下：

```
命令: _line
指定第一个点: 76,438
指定下一点或 [放弃(U)]: 76,457
指定下一点或 [放弃(U)]: 114,457
指定下一点或 [闭合(C)/放弃(U)]: 133,247
指定下一点或 [闭合(C)/放弃(U)]:76,247
指定下一点或 [放弃(U)]: ↙
```

结果如图4-44所示。

（3）同理，单击“默认”选项卡“绘图”面板中的“直线”按钮，绘制底柱。结果如图4-45所示。

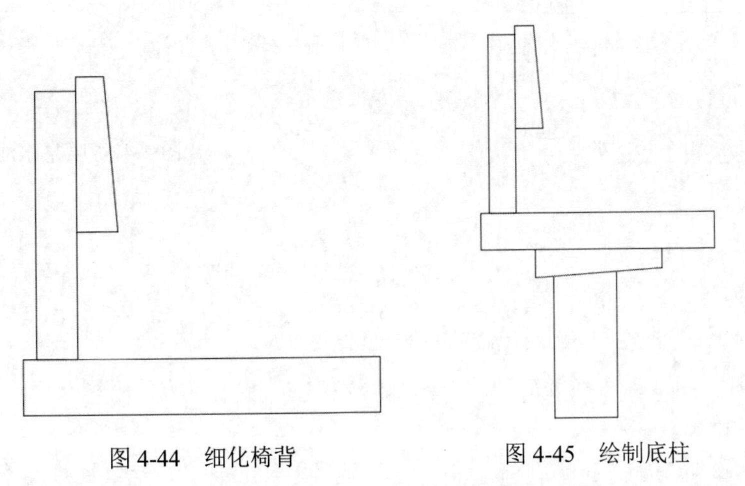

图4-44　细化椅背　　　　图4-45　绘制底柱

（4）单击“默认”选项卡“绘图”面板中的“圆弧”按钮，细化椅座，结果如图 4-42 所示。

4.6 模拟认证考试

1．已知一长度为 500 的直线，使用“定距等分”命令，若希望一次性绘制 7 个点对象，输入的线段长度不能是（　　）。

A．60　　B．63　　C．66　　D．69

2．在绘制圆时，采用“两点 (2P)”选项，两点之间的距离是（　　）。

A．最短弦长　　B．周长　　C．半径　　D．直径

3．用“圆环”命令绘制的圆环，说法正确的是（　　）。

A．圆环是填充环或实体填充圆，即带有宽度的闭合多段线

B．圆环的两个圆是不能一样大的

C．圆环无法创建实体填充圆

D．圆环标注半径值是内环的值

4．按（　　）键可切换所要绘制的圆弧方向。

A．Shift　　B．Ctrl　　C．F1　　D．Alt

5．以同一点作为正五边形的中心，圆的半径为 50，分别用 I 和 C 方式画的正五边形的间距为（　　）。

A．15.32　　B．9.55　　C．7.43　　D．12.76

6．重复使用刚执行的命令，按（　　）键。

A．Ctrl　　B．Alt　　C．Enter　　D．Shift

7．绘制如图 4-46 所示的水池灯。

8．绘制如图 4-47 所示的喷泉水池。

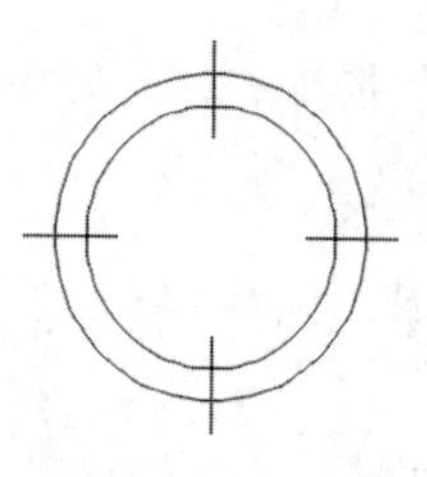

图 4-46　水池灯

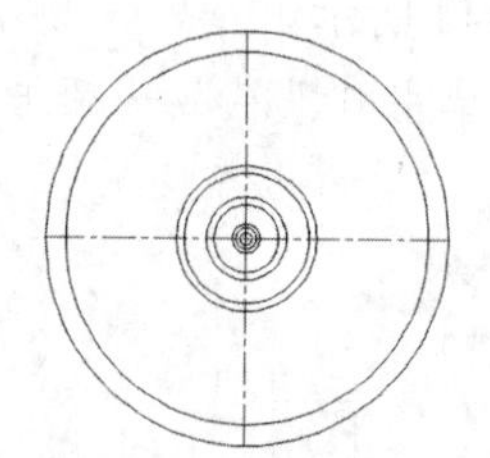

图 4-47　喷泉水池

第 5 章　精确绘制图形

内容简介

本章将介绍精确绘图的相关知识。通过本章的学习，读者应了解正交、栅格、对象捕捉、自动追踪、参数化设计等工具的妙用并熟练掌握，进而应用到图形绘制过程中。

内容要点

- 精确定位工具
- 对象捕捉
- 自动追踪
- 动态输入
- 模拟认证考试

案例效果

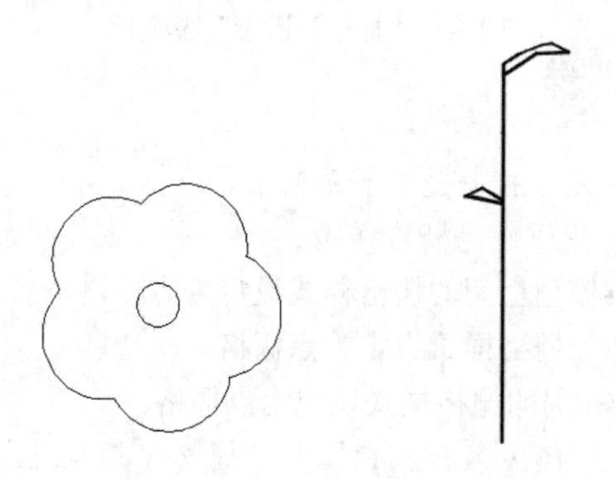

5.1　精确定位工具

精确定位工具是指能够快速准确地定位某些特殊点（如端点、中点、圆心等）和特殊位置（如水平位置、垂直位置）的工具。

5.1.1　栅格显示

用户可以应用栅格显示工具使绘图区显示网格，类似于传统的坐标纸。本节介绍控制栅格显示及设置栅格参数的方法。

【执行方式】

- 菜单栏：选择菜单栏中的“工具”→“绘图设置”命令。

➘ 状态栏：单击状态栏中的“栅格”按钮 ▦（仅限于打开与关闭）。

➘ 快捷键：F7（仅限于打开与关闭）。

【操作步骤】

选择菜单栏中的“工具”→“绘图设置”命令，系统打开“草图设置”对话框，选择“捕捉和栅格”选项卡，如图 5-1 所示。

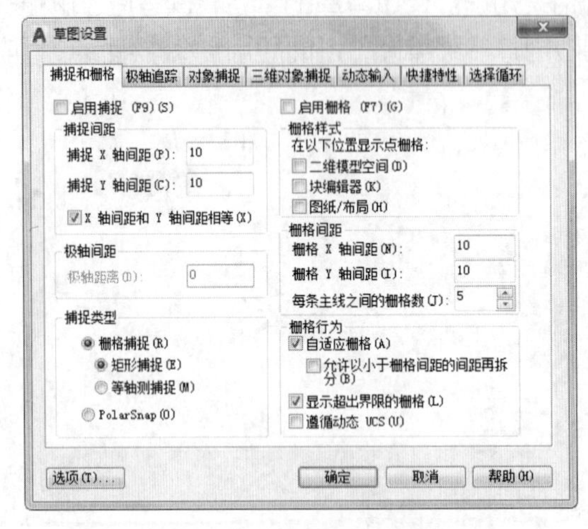

图 5-1 “捕捉和栅格”选项卡

【选项说明】

（1）“启用栅格”复选框：用于控制是否显示栅格。

（2）“栅格样式”选项组：用于设定栅格样式。

① 二维模型空间：将二维模型空间的栅格样式设定为点栅格。

② 块编辑器：将块编辑器的栅格样式设定为点栅格。

③ 图纸 / 布局：将图纸和布局的栅格样式设定为点栅格。

（3）“栅格间距”选项组：“栅格 X 轴间距”和“栅格 Y 轴间距”文本框用于设置栅格在水平与垂直方向的间距。如果“栅格 X 轴间距”和“栅格 Y 轴间距”设置为 0，则 AutoCAD 系统会自动将捕捉的栅格间距应用于栅格，且其原点和角度总是与捕捉栅格的原点和角度相同。另外，还可以通过 GRID 命令在命令行设置栅格间距。

（4）“栅格行为”选项组

① 自适应栅格：缩小时，限制栅格密度。如果选中“允许以小于栅格间距的间距再拆分”复选框，则在放大时，生成更多间距更小的栅格线。

② 显示超出界限的栅格：显示超出图形界限指定的栅格。

③ 遵循动态 UCS：更改栅格平面以跟随动态 UCS 的 XY 平面。

✍ 技巧

在“栅格间距”选项组的“栅格 X 轴间距”和“栅格 Y 轴间距”文本框中输入数值时，若在“栅格 X 轴间距”文本框中输入一个数值后按 Enter 键，系统将自动传送该值给“栅格 Y 轴间距”，这样可减少工作量。

5.1.2　捕捉模式

为了准确地在绘图区捕捉点，AutoCAD 提供了捕捉工具。利用该工具，可以在绘图区生成一个隐含的栅格（捕捉栅格）。这个栅格能够捕捉光标，约束光标只能落在栅格的某一个节点上。这样一来，用户便能高精确地捕捉和选择这个点。本节主要介绍捕捉栅格的参数设置方法。

【执行方式】

- 菜单栏：选择菜单栏中的“工具”→“绘图设置”命令。
- 状态栏：单击状态栏中的“捕捉模式”按钮（仅限于打开与关闭）。
- 快捷键：F9（仅限于打开与关闭）。

【操作步骤】

选择菜单栏中的“工具”→“绘图设置”命令，打开“草图设置”对话框，选择“捕捉和栅格”选项卡，如图 5-1 所示。

【选项说明】

（1）“启用捕捉”复选框：控制捕捉功能的开关，与按 F9 键或单击状态栏上的“捕捉模式”按钮功能相同。

（2）“捕捉间距”选项组：设置捕捉参数，其中，“捕捉 *X* 轴间距”与“捕捉 *Y* 轴间距”文本框用于确定捕捉栅格点在水平和垂直两个方向上的间距。

（3）“极轴间距”选项组：该选项组只有在选择 PolarSnap 捕捉类型时才可用。可在“极轴距离”文本框中输入距离值，也可以在命令行中输入“SNAP”命令，设置捕捉的有关参数。

（4）“捕捉类型”选项组：确定捕捉类型和样式。AutoCAD 提供了两种捕捉栅格的方式：“栅格捕捉”和“PolarSnap（极轴捕捉）”。

① 栅格捕捉：是指按正交位置捕捉位置点。“栅格捕捉”又分为“矩形捕捉”和“等轴测捕捉”两种方式。在“矩形捕捉”方式下捕捉，栅格以标准的矩形显示；在“等轴测捕捉”方式下捕捉，栅格和光标十字线不再互相垂直，而是呈绘制等轴测图时的特定角度，在绘制等轴测图时使用这种方式十分方便。

② PolarSnap：可以根据设置的任意极轴角捕捉位置点。

5.1.3　正交模式

在 AutoCAD 绘图过程中，经常需要绘制水平直线和垂直直线，但是用光标控制选择线段的端点时很难保证两个点严格沿水平或垂直方向。为此 AutoCAD 提供了正交功能。当启用正交模式时，画线或移动对象时只能沿水平方向或垂直方向移动光标，也只能绘制平行于坐标轴的正交线段。

【执行方式】

- 命令行：ORTHO。
- 状态栏：单击状态栏中的“正交模式”按钮。
- 快捷键：F8。

【操作步骤】

```
命令：ORTHO ↙
输入模式 [开(ON)/关(OFF)] <开>:（设置开或关）
```

✍ 技巧

"正交"模式必须依托于其他绘图工具，才能显示其功能效果。

5.2 对象捕捉

在利用 AutoCAD 在绘图时经常要用到一些特殊点，如圆心、切点、线段或圆弧的端点、中点等。如果只利用光标在图形上选择，要准确地找到这些点是十分困难的。为此 AutoCAD 提供了一些识别这些点的工具，通过这些工具即可容易地构造新几何体，精确地绘制图形，其结果比传统手工绘图更精确且更容易维护。在 AutoCAD 中，这种功能称为对象捕捉功能。

5.2.1 对象捕捉设置

在 AutoCAD 中绘图之前，可以根据需要事先开启一些对象的捕捉模式，绘图时系统就能自动捕捉这些特殊点，从而加快绘图速度，提高绘图质量。

【执行方式】

- 命令行：DDOSNAP。
- 菜单栏：选择菜单栏中的"工具"→"绘图设置"命令。
- 工具栏：单击"对象捕捉"工具栏中的"对象捕捉设置"按钮。
- 状态栏：单击状态栏中的"二维对象捕捉"按钮（仅限于打开与关闭）。
- 快捷键：F3（仅限于打开与关闭）。
- 快捷菜单：按 Shift 键的同时右击，在弹出的快捷菜单中选择"对象捕捉设置"命令。

扫一扫，看视频

轻松动手学——花瓣

源文件：源文件\第 5 章\花瓣.dwg

绘制如图 5-2 所示的花瓣。

图 5-2 花瓣

【操作步骤】

（1）选择菜单栏中的"工具"→"绘图设置"命令，在"草图设置"对话框中选择"对象捕捉"选项卡，如图 5-3 所示。单击"全部选择"按钮，选择所有的对象捕捉模式，确认后退出。

（2）单击"默认"选项卡"绘图"面板中的"圆"按钮，绘制花蕊，如图 5-4 所示。

（3）单击"默认"选项卡"绘图"面板中的"多边形"按钮；再单击状态栏中的"二维对象捕捉"按钮，使其处于按下状态，打开对象捕捉功能；捕捉圆心，绘制内接于圆的正五边形。绘制结果如图 5-5 所示。

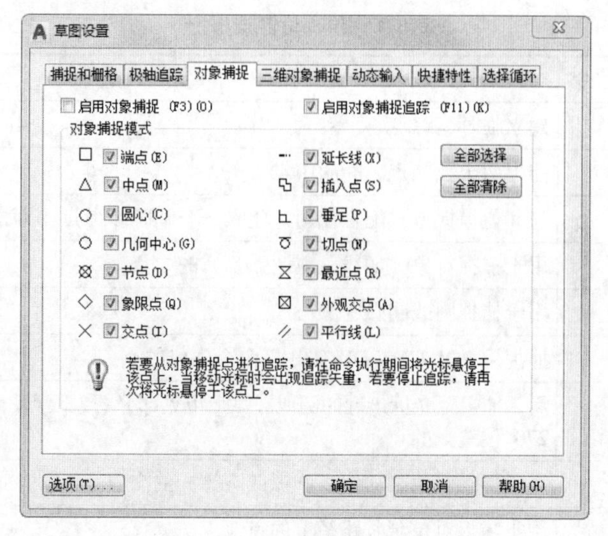

图5-3 “草图设置”对话框

（4）单击“默认”选项卡“绘图”面板中的“圆弧”按钮，捕捉最上斜边的中点为起点，最上顶点为第二点，左上斜边中点为端点绘制花朵，绘制结果如图5-6所示。用同样的方法绘制另外4段圆弧。

图5-4 捕捉圆心

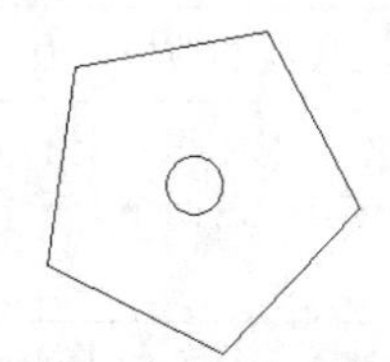

图5-5 绘制正五边形

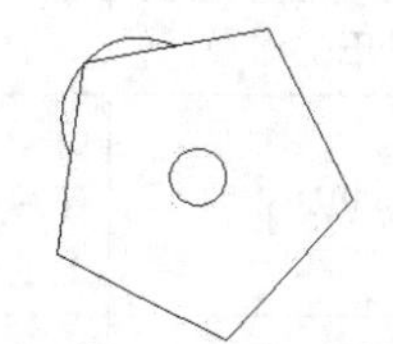

图5-6 绘制一段圆弧

（5）最后删除正五边形，结果如图5-2所示。

【选项说明】

①“启用对象捕捉”复选框：选中该复选框，在“对象捕捉模式”选项组中，被选中的捕捉模式处于激活状态。

②“启用对象捕捉追踪”复选框：用于打开或关闭自动追踪功能。

③“对象捕捉模式”选项组：该选项组中列出各种捕捉模式的复选框，被选中的复选框处于激活状态。单击“全部清除”按钮，所有模式均被清除。单击“全部选择”按钮，所有模式均被选中。

④“选项”按钮：单击该按钮，在弹出的“选项”对话框中选择“草图”选项卡，从中可对各种捕捉模式进行设置。

5.2.2 特殊位置点捕捉

在绘制AutoCAD图形时，有时需要指定一些特殊位置的点，如圆心、端点、中点、平行线上的点等，可以通过对象捕捉功能来捕捉这些点，如表5-1所示。

表 5-1　特殊位置点捕捉

捕 捉 模 式	快 捷 命 令	功　能
临时追踪点	TT	建立临时追踪点
两点之间的中点	M2P	捕捉两个独立点之间的中点
捕捉自	FRO	与其他捕捉方式配合使用，建立一个临时参考点作为指出后继点的基点
中点	MID	用于捕捉对象（如线段或圆弧等）的中点
圆心	CEN	用于捕捉圆或圆弧的圆心
节点	NOD	捕捉用 POINT 或 DIVIDE 等命令生成的点
象限点	QUA	用于捕捉距光标最近的圆或圆弧上可见部分的象限点，即圆周上 0°、90°、180°、270°位置上的点
交点	INT	用于捕捉对象（如线、圆弧或圆等）的交点
延长线	EXT	用于捕捉对象延长路径上的点
插入点	INS	用于捕捉块、形、文字、属性或属性定义等对象的插入点
垂足	PER	在线段、圆、圆弧或其延长线上捕捉一个点，与最后生成的点形成连线，与该线段、圆或圆弧正交
切点	TAN	最后生成的一个点到选中的圆或圆弧上引切线，切线与圆或圆弧的交点
最近点	NEA	用于捕捉离拾取点最近的线段、圆、圆弧等对象上的点
外观交点	APP	用于捕捉两个对象在视图平面上的交点。若两个对象没有直接相交，则系统自动计算其延长后的交点；若两个对象在空间上为异面直线，则系统计算其投影方向上的交点
平行线	PAR	用于捕捉与指定对象平行方向上的点
无	NON	关闭对象捕捉模式
对象捕捉设置	OSNAP	设置对象捕捉

AutoCAD 提供了命令行、工具栏和右键快捷菜单 3 种执行特殊点对象捕捉的方法。

在使用特殊位置点捕捉快捷命令前，必须先选择绘制对象的命令或工具，再在命令行中输入其快捷命令。

动手练一练——绘制路灯杆

绘制如图 5-7 所示的路灯杆。

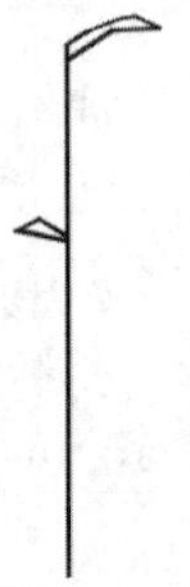

图 5-7　路灯杆

思路点拨

（1）设置对象捕捉选项。
（2）利用“多段线”命令绘制电灯杆。
（3）利用“直线”命令绘制辅助线。
（4）利用“多段线”命令捕捉顶点绘制灯罩。
（5）按 Delete 键删除辅助线。

5.3 自动追踪

自动追踪是指按指定角度或与其他对象建立指定关系绘制对象。利用自动追踪功能，可以对齐路径，有助于以精确的位置和角度创建对象。自动追踪包括“极轴追踪”和“对象捕捉追踪”两种追踪选项。“极轴追踪”是指按指定的极轴角或极轴角的倍数对齐要指定点的路径；“对象捕捉追踪”是指以捕捉到的特殊位置点为基点，按指定的极轴角或极轴角的倍数对齐要指定点的路径。

5.3.1 对象捕捉追踪

“对象捕捉追踪”必须配合“对象捕捉”功能一起使用，即使状态栏中的“二维对象捕捉”按钮和“对象捕捉追踪”按钮均处于打开状态。

【执行方式】

- 命令行：DDOSNAP。
- 菜单栏：选择菜单栏中的“工具”→“绘图设置”命令。
- 工具栏：单击“对象捕捉”工具栏中的“对象捕捉设置”按钮。
- 状态栏：单击状态栏中的“二维对象捕捉”按钮和“对象捕捉追踪”按钮或单击“极轴追踪”右侧的下拉按钮，在弹出的下拉菜单中选择“正在追踪设置”命令，如图 5-8 所示。
- 快捷键：F11。

✓ 90, 180, 270, 360...
45, 90, 135, 180...
30, 60, 90, 120...
23, 45, 68, 90...
18, 36, 54, 72...
15, 30, 45, 60...
10, 20, 30, 40...
5, 10, 15, 20...
正在追踪设置...

图 5-8　下拉菜单

【操作步骤】

执行上述操作或者在“二维对象捕捉”按钮或“对象捕捉追踪”按钮上右击，在弹出的快捷菜单中选择“设置”命令，打开“草图设置”对话框，然后选择“对象捕捉”选项卡，选中“启用对象捕捉追踪”复选框，即完成对象捕捉追踪设置。

5.3.2 极轴追踪

“极轴追踪”必须配合“对象捕捉”功能一起使用，即使状态栏中的“极轴追踪”按钮和“二维对象捕捉”按钮均处于打开状态。

【执行方式】

- 命令行：DDOSNAP。
- 菜单栏：选择菜单栏中的“工具”→“绘图设置”命令。
- 工具栏：单击“对象捕捉”工具栏中的“对象捕捉设置”按钮。
- 状态栏：单击状态栏中的“二维对象捕捉”按钮和“极轴追踪”按钮。
- 快捷键：F10。

5.4 动态输入

动态输入功能可实现在绘图平面直接动态输入绘制对象的各种参数，使绘图变得直观、简捷。

【执行方式】

- 命令行：DSETTINGS。
- 菜单栏：选择菜单栏中的“工具”→“绘图设置”命令。
- 工具栏：单击“对象捕捉”工具栏中的“对象捕捉设置”按钮 。
- 状态栏：单击状态栏中的“动态输入”按钮（只限于打开与关闭）。
- 快捷键：F12（只限于打开与关闭）。

【操作步骤】

执行上述操作或者在“动态输入”按钮上右击，在弹出的快捷菜单中选择“动态输入设置”命令，打开“草图设置”对话框选择“动态输入”选项卡，如图 5-9 所示。

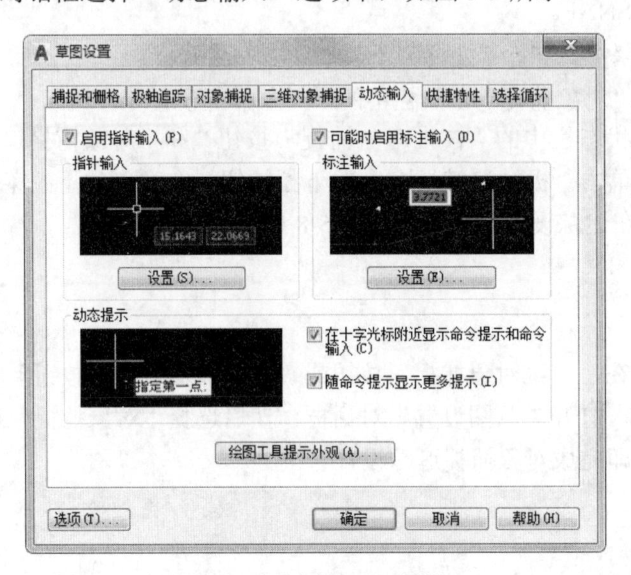

图 5-9 “动态输入”选项卡

5.5 模拟认证考试

1．对“极轴”追踪角度进行设置，把增量角设为 30°，把附加角设为 10°，采用极轴追踪时，不会显示极轴对齐的是（　　）。

A．10　　B．30　　C．40　　D．60

2．当捕捉设定的间距与栅格所设定的间距不同时，（　　）。

A．捕捉仍然只按栅格进行

B．捕捉时按照捕捉间距进行

C．捕捉既按栅格，又按捕捉间距进行

D．无法设置

3．执行对象捕捉时，如果在一个指定的位置上包含多个对象符合捕捉条件，则按（　　）键可以在不同对象间切换。

A．Ctrl　　B．Tab　　C．Alt　　D．Shift

4．绘制如图 5-10 所示的盥洗盆。

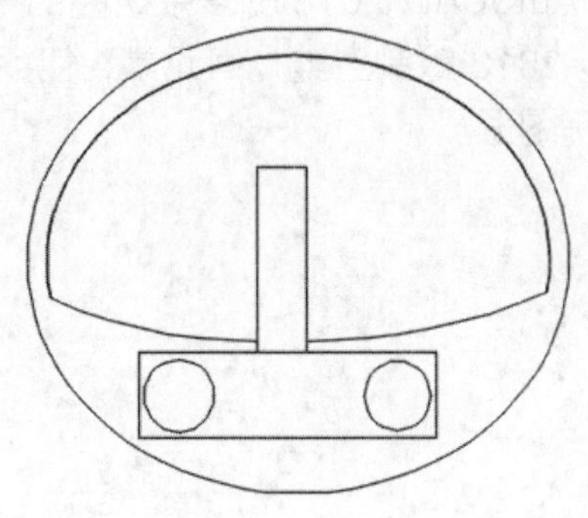

图 5-10　盥洗盆

第 6 章　复杂二维绘图命令

内容简介

本章将循序渐进地介绍有关 AutoCAD 2018 的复杂绘图命令和编辑命令。通过本章的学习，读者可以熟练掌握使用 AutoCAD 2018 绘制二维几何元素，包括多段线、样条曲线及多线等的方法，同时利用相应的编辑命令修正图形。

内容要点

- 样条曲线
- 多线段
- 多线
- 图案填充
- 模拟认证考试

案例效果

6.1　样条曲线

AutoCAD 中有一种特殊类型的样条曲线，即非一致有理 B 样条（NURBS）曲线。NURBS 曲线在控制点之间产生一条光滑的样条曲线，如图 6-1 所示。

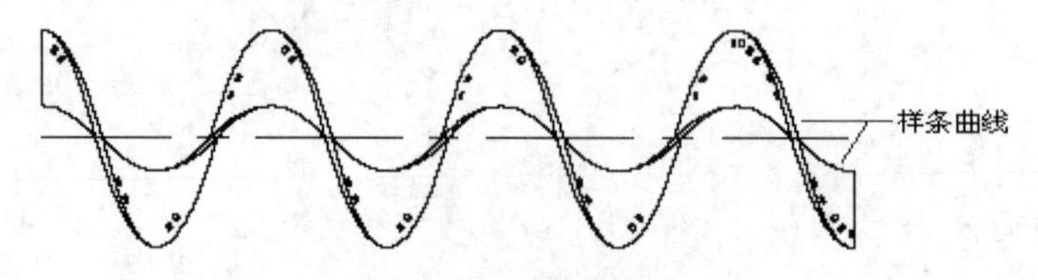

图 6-1　样条曲线

6.1.1 绘制样条曲线

样条曲线可用于创建形状不规则的曲线，例如，为地理信息系统（GIS）应用或汽车设计绘制轮廓线。

【执行方式】

- 命令行：SPLINE。
- 菜单栏：选择菜单栏中的“绘图”→“样条曲线”命令。
- 工具栏：单击“绘图”工具栏中的“样条曲线”按钮。
- 功能区：单击“默认”选项卡“绘图”面板中的“样条曲线拟合”按钮或“样条曲线控制点”按钮。

轻松动手学——艺术花瓶

扫一扫，看视频

源文件：源文件 \ 第 6 章 \ 艺术花瓶 .dwg

绘制的装饰瓶如图 6-2 所示。

【操作步骤】

（1）单击“默认”选项卡“绘图”面板中的“矩形”按钮，绘制 139×514 的矩形作为装饰瓶的瓶子外轮廓。

（2）单击“默认”选项卡“绘图”面板中的“直线”按钮，绘制瓶子上的装饰线，如图 6-3 所示。

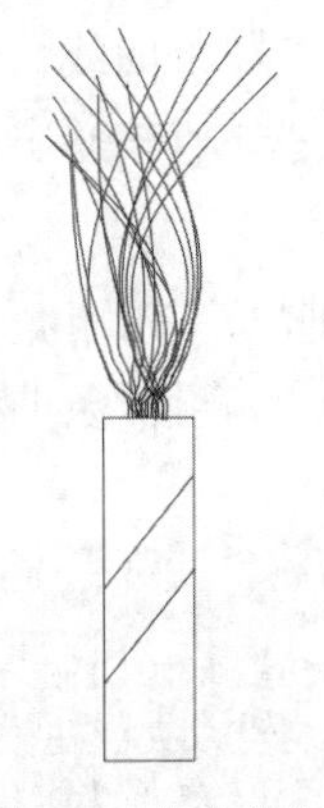

图 6-2 艺术花瓶

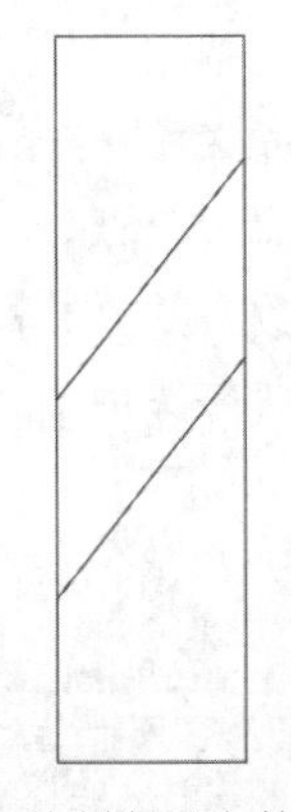

图 6-3 绘制瓶子上的装饰线

（3）单击“默认”选项卡“绘图”面板中的“样条曲线拟合”按钮，绘制装饰瓶中的植物。命令行提示与操作如下：

```
命令： _SPLINE
当前设置： 方式 = 拟合    节点 = 弦
指定第一个点或 [ 方式 (M) / 节点 (K) / 对象 (O)]： _M
输入样条曲线创建方式 [ 拟合 (F) / 控制点 (CV)] < 拟合 >： _FIT
当前设置： 方式 = 拟合    节点 = 弦
指定第一个点或 [ 方式 (M) / 节点 (K) / 对象 (O)]：在瓶口适当位置指定第一点
```

输入下一个点或 [起点切向 (T) / 公差 (L)]：指定第二点
输入下一个点或 [端点相切 (T) / 公差 (L) / 放弃 (U)]：指定第三点
输入下一个点或 [端点相切 (T) / 公差 (L) / 放弃 (U) / 闭合 (C)]：指定第四点
输入下一个点或 [端点相切 (T) / 公差 (L) / 放弃 (U) / 闭合 (C)]：依次指定其他点

采用相同的方法，绘制装饰瓶中的所有植物，结果如图 6-2 所示。

【选项说明】

（1）指定第一个点：指定样条曲线的第一个点，或者第一个拟合点或者第一个控制点。

（2）方式 (M)：控制使用拟合点还是使用控制点来创建样条曲线。

① 拟合 (F)：通过指定样条曲线必须经过的拟合点来创建 3 阶 B 样条曲线。

② 控制点 (CV)：通过指定控制点来创建样条曲线。使用此方法创建 1 阶（线性）、2 阶（二次）、3 阶（三次）直到最高为 10 阶的样条曲线。通过移动控制点调整样条曲线的形状。

（3）节点 (K)：用来确定样条曲线中连续拟合点之间的零部件曲线如何过渡。

（4）对象 (O)：将二维或三维的二次或三次样条曲线的拟合多段线转换为等价的样条曲线，然后（根据 DelOBJ 系统变量的设置）删除该拟合多段线。

6.1.2 编辑样条曲线

修改样条曲线的参数或将样条曲线拟合多段线转换为样条曲线。

【执行方式】

- 命令行：SPLINEDIT。
- 菜单栏：选择菜单栏中的“修改”→“对象”→“样条曲线”命令。
- 快捷菜单：选中要编辑的样条曲线，在绘图区右击，在弹出的快捷菜单中选择“样条曲线”子菜单中的相应命令进行编辑。
- 工具栏：单击“修改 II”工具栏中的“编辑样条曲线”按钮。
- 功能区：单击“默认”选项卡“修改”面板中的“编辑样条曲线”按钮。

【操作步骤】

命令：SPLINEDIT↙
选择样条曲线：（选择要编辑的样条曲线。若选择的样条曲线是用 SPLINE 命令创建的，其近似点以夹点的颜色显示出来；若选择的样条曲线是用 PLINE 命令创建的，其控制点以夹点的颜色显示出来）
输入选项 [闭合 (C) / 合并 (J) / 拟合数据 (F) / 编辑顶点 (E) / 转换为多段线 (P) / 反转 (R) / 放弃 (U) / 退出 (X)] <退出>：

【选项说明】

（1）闭合 (C)：决定样条曲线是开放的还是闭合的。开放的样条曲线有两个端点，而闭合的样条曲线则形成一个环。

（2）合并 (J)：将选定的样条曲线与其他样条曲线、直线、多段线和圆弧在重合端点处合并，形成一个较大的样条曲线。

（3）拟合数据 (F)：编辑近似数据。选择该选项后，创建该样条曲线时指定的各点将以小方格的形式显示出来。

（4）转换为多段线 (P)：将样条曲线转换为多段线。精度值决定结果多段线与源样条曲线拟合的精确程度。有效值为 0 ~ 99 之间的任意整数。

（5）反转 (R)：反转样条曲线的方向。该项操作主要用于应用程序。

技巧

选中已画好的样条曲线，该样条曲线上会显示若干夹点。绘制时单击几个点就有几个夹点，用鼠标单击某个夹点并拖动夹点可以改变曲线形状。可以更改“拟合公差”数值来改变曲线通过点的精确程度，数值为 0 时精确度最高。

动手练一练——碧桃花瓣

绘制如图 6-4 所示的碧桃花瓣。

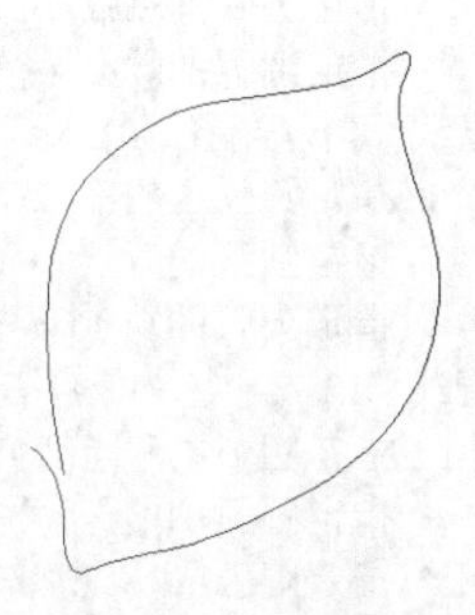

图 6-4　碧桃花瓣

思路点拨

利用“样条曲线”命令绘制碧桃花瓣，以灵活掌握样条曲线的绘制方法。

6.2 多 段 线

多段线是作为单个对象创建的相互连接的线段组合图形。该组合线段作为一个整体，可以由直线段、圆弧段或两者的组合线段组成，并且可以是任意开放或封闭的图形。

6.2.1 绘制多段线

多段线由直线段或圆弧连接组成，作为单一对象使用。可以绘制直线箭头和弧形箭头。

【执行方式】

- 命令行：PLINE（快捷命令：PL）。
- 菜单栏：选择菜单栏中的“绘图”→“多段线”命令。
- 工具栏：单击“绘图”工具栏中的“多段线”按钮。
- 功能区：单击“默认”选项卡“绘图”面板中的“多段线”按钮。

扫一扫，看视频

轻松动手学——紫荆花瓣

源文件：源文件 \ 第 6 章 \ 紫荆花瓣 .dwg

利用“多段线”命令绘制如图 6-5 所示的紫荆花瓣。

图 6-5　紫荆花瓣

【操作步骤】

（1）单击“默认”选项卡“绘图”面板中的“多段线”按钮，绘制花瓣外框。命令行提示与操作如下：

```
命令： _pline
指定起点：(指定一点)
当前线宽为 0.0000
```

```
指定下一个点或 [圆弧(A)/半宽(H)/长度(L)/放弃(U)/宽度(W)]: A↙
指定圆弧的端点(按住 Ctrl 键以切换方向)或[角度(A)/圆心(CE)/闭合(CL)/方向(D)/半宽(H)/直线(L)/半径(R)/第二个点(S)/放弃(U)/宽度(W)]:S↙
指定圆弧上的第二个点:(指定第二个点)
指定圆弧的端点:(指定端点)
指定圆弧的端点(按住 Ctrl 键以切换方向)或[角度(A)/圆心(CE)/闭合(CL)/方向(D)/半宽(H)/直线(L)/半径(R)/第二个点(S)/放弃(U)/宽度(W)]: S↙
指定圆弧上的第二个点:(指定第二个点)
指定圆弧的端点:(指定端点)
指定圆弧的端点(按住 Ctrl 键以切换方向)或[角度(A)/圆心(CE)/闭合(CL)/方向(D)/半宽(H)/直线(L)/半径(R)/第二个点(S)/放弃(U)/宽度(W)]: D↙
指定圆弧的起点切向:(指定起点切向)
指定圆弧的端点(按住 Ctrl 键以切换方向):(指定端点)
指定圆弧的端点(按住 Ctrl 键以切换方向)或[角度(A)/圆心(CE)/闭合(CL)/方向(D)/半宽(H)/直线(L)/半径(R)/第二个点(S)/放弃(U)/宽度(W)]:(指定端点)
指定圆弧的端点(按住 Ctrl 键以切换方向)或[角度(A)/圆心(CE)/闭合(CL)/方向(D)/半宽(H)/直线(L)/半径(R)/第二个点(S)/放弃(U)/宽度(W)]:(指定端点)
指定圆弧的端点(按住 Ctrl 键以切换方向)或[角度(A)/圆心(CE)/闭合(CL)/方向(D)/半宽(H)/直线(L)/半径(R)/第二个点(S)/放弃(U)/宽度(W)]: ↙
```

（2）单击“默认”选项卡“绘图”面板中的“圆弧”按钮，绘制一段圆弧。绘制结果如图 6-6 所示。

（3）单击“默认”选项卡“绘图”面板中的“多边形”按钮，在花瓣内绘制一个正五边形。

（4）单击“默认”选项卡“绘图”面板中的“直线”按钮，连接五边形的端点，形成一个五角星，如图 6-7 所示。

图 6-6 花瓣外框

图 6-7 绘制五角星

（5）单击“默认”选项卡“修改”面板中的“删除”按钮和“修剪”按钮，将五边形删除并修剪掉多余的直线，最终完成紫荆花瓣的绘制，如图 6-5 所示。

【选项说明】

① 圆弧 (A)：绘制圆弧的方法与“圆弧”命令相似。命令行提示与操作如下：

```
指定圆弧的端点(按住 Ctrl 键以切换方向)或 [角度(A)/圆心(CE)/方向(D)/半宽(H)/直线(L)/半径(R)/第二个点(S)/放弃(U)/宽度(W)]:
```

② 半宽 (H)：指定从宽线段的中心到一条边的宽度。

③ 长度 (L)：按照与上一线段相同的角度方向创建指定长度的线段。如果上一线段是圆弧，将创建与该圆弧段相切的新直线段。

④ 宽度 (W)：指定下一线段的宽度。

⑤ 放弃 (U)：删除最近添加的线段。

☞ 教你一招

定义多段线的半宽和宽度时，注意以下事项。

（1）起点宽度将成为默认的端点宽度。

（2）端点宽度在再次修改宽度之前将作为所有后续线段的统一宽度。

（3）宽线段的起点和端点位于线段的中心。

（4）典型情况下，相邻多段线线段的交点将倒角。但在圆弧段互不相切，有非常尖锐的角或者使用点划线线型的情况下将不倒角。

6.2.2　编辑多段线

编辑多段线可以合并二维多段线、将线条和圆弧转换为二维多段线以及将多段线转换为近似 B 样条曲线的曲线。

【执行方式】

- 命令行：PEDIT（快捷命令：PE）。
- 菜单栏：选择菜单栏中的“修改”→“对象”→“多段线”命令。
- 工具栏：单击“修改 II”工具栏中的“编辑多段线”按钮。
- 快捷菜单：选择要编辑的多线段，在绘图区右击，在弹出的快捷菜单中选择“多段线”→“编辑多段线”命令。
- 功能区：单击“默认”选项卡“修改”面板中的“编辑多段线”按钮。

【操作步骤】

命令：PEDIT

选择多段线或 [多条 (M)]:

输入选项 [闭合 (C)/ 合并 (J)/ 宽度 (W)/ 编辑顶点 (E)/ 拟合 (F)/ 样条曲线 (S)/ 非曲线化 (D)/ 线型生成 (L)/ 反转 (R)/ 放弃 (U)]:j

选择对象：

选择对象：

输入选项 [打开 (O)/ 合并 (J)/ 宽度 (W)/ 编辑顶点 (E)/ 拟合 (F)/ 样条曲线 (S)/ 非曲线化 (D)/ 线型生成 (L)/ 反转 (R)/ 放弃 (U)]:

【选项说明】

“编辑多段线”命令的选项中允许用户进行移动、插入顶点和修改任意两点间的线的线宽等操作，具体含义如下。

（1）合并 (J)：以选中的多段线为主体，合并其他直线段、圆弧或多段线，使其成为一条多段线。能合并的条件是各段线的端点首尾相连，如图 6-8 所示。

（2）宽度 (W)：修改整条多段线的线宽，使其具有同一线宽，如图 6-9 所示。

（3）编辑顶点 (E)：选择该选项后，在多段线起点处出现一个叉号（它是当前顶点的标记），并在命令行出现进行后续操作的提示：

[下一个 (N) / 上一个 (P) / 打断 (B) / 插入 (I) / 移动 (M) / 重生成 (R) / 拉直 (S) / 切向 (T) / 宽度 (W) / 退出 (X)] <N>:

这些选项允许用户进行移动、插入顶点和修改任意两点间的线宽等操作。

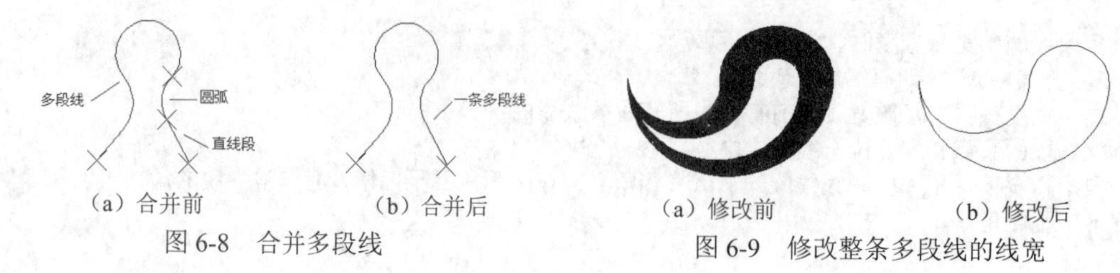

（a）合并前　（b）合并后

图 6-8　合并多段线

（a）修改前　（b）修改后

图 6-9　修改整条多段线的线宽

（4）拟合 (F)：从指定的多段线生成由光滑圆弧连接而成的圆弧拟合曲线，该曲线经过多段线的各顶点，如图 6-10 所示。

（5）样条曲线 (S)：以指定的多段线的各顶点作为控制点生成 B 样条曲线，如图 6-11 所示。

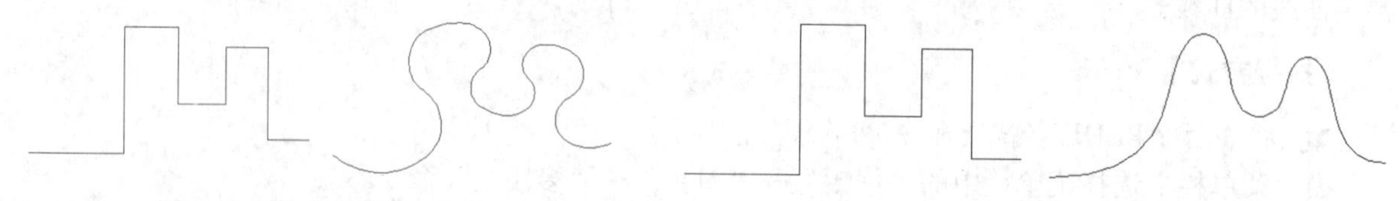

图 6-10　生成圆弧拟合曲线

图 6-11　生成 B 样条曲线

（6）非曲线化 (D)：用直线代替指定的多段线中的圆弧。对于选择“拟合 (F)”选项或“样条曲线 (S)”选项后生成的圆弧拟合曲线或样条曲线，删去其生成曲线时新插入的顶点，则恢复成由直线段组成的多段线，如图 6-12 所示。

（7）线型生成 (L)：当多段线的线型为点划线时，控制多段线的线型生成方式开关。选择此选项，命令行提示与操作如下：

输入多段线线型生成选项 [开 (ON) / 关 (OFF)] <关>:

选择 ON 时，将在每个顶点处允许以短划线开始或结束生成线型；选择 OFF 时，将在每个顶点处允许以长划线开始或结束生成线型。线型生成不能用于包含带变宽的线段的多段线。如图 6-13 所示为控制多段线的线型效果。

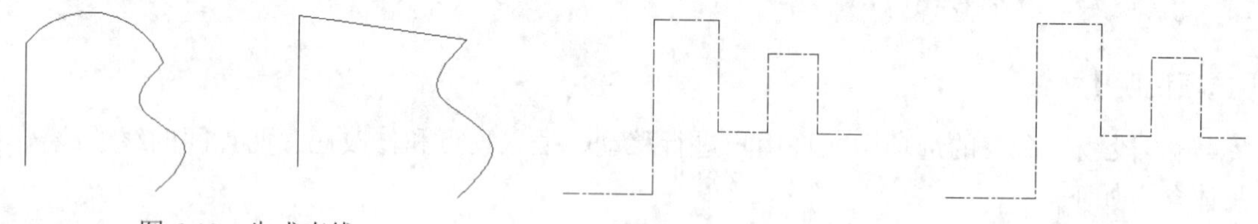

图 6-12　生成直线

图 6-13　控制多段线的线型（线型为点划线时）

☞ **教你一招**

直线、构造线、多段线的区别如下。

- 直线：有起点和端点的线。直线每一段都是分开的，画完以后不是一个整体，在选取时需要一条一条地选取。
- 构造线：没有起点和端点的无限长的线。作为辅助线时和 Photoshop 中的辅助线差不多。

➘ 多段线：由多条线段组成一个整体的线段（可能是闭合的，也可以是非闭合的；可能是同一粗细，也可能是粗细结合的）。若想选中该线段中的一部分，必须先将其分解。同样，多条线段也可以组合成多段线。

注意

多段线是一条完整的线，折弯的地方是一体的，线与线端点相连。另外，多段线可以改变线宽，使端点和尾点的粗细不一；多段线还可以绘制圆弧，这是直线做不到的。对于“偏移”命令，直线和多段线的偏移对象也不相同，直线是偏移单线，多段线是偏移图形。

动手练一练——交通标志

绘制如图6-14所示的交通标志。

图6-14　交通标志

思路点拨

（1）利用“圆环”命令绘制外框和轮胎。
（2）利用“多段线”命令绘制斜线和车身。
（3）利用“矩形”命令绘制货箱。

6.3　多　　线

多线是一种复合线，由连续的直线段复合组成。多线的一个突出优点是能够提高绘图效率，保证图线之间的统一性。多线一般用于电子线路、建筑墙体的绘制等。

6.3.1　定义多线样式

在使用“多线”命令之前，可对多线的数量和每条单线的偏移距离、颜色、线型和背景填充等特性进行设置。

【执行方式】

➘ 命令行：MLSTYLE。
➘ 菜单栏：选择菜单栏中的“格式”→“多线样式”命令。

轻松动手学——定义墙体的样式

源文件：源文件\第6章\定义墙体样式.dwg

绘制如图6-15所示的墙体。

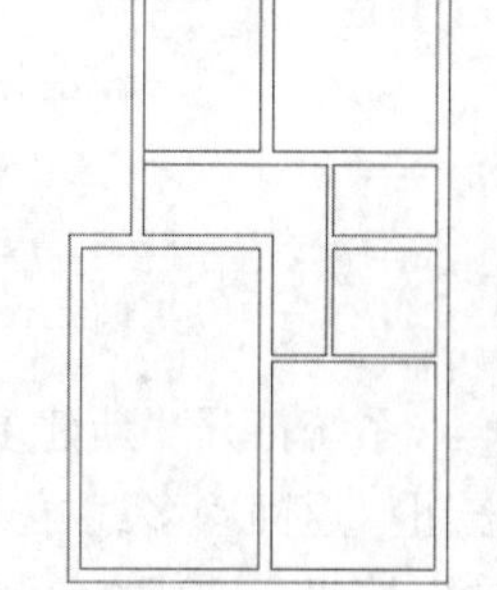

图6-15　墙体

扫一扫，看视频

【操作步骤】

（1）单击“默认”选项卡“绘图”面板中的“构造线”按钮，绘制一条水平构造线和一条竖直构造线，组成十字辅助线，如图6-16所示。继续执行“构造线”命令，进行偏移操作，偏移的距离为1200，选择“刚刚所绘制的竖直构造线”为基准线，向右侧进行偏移操作。采用相同的方法将偏移得到的竖直构造线依次向右偏移2400、1200和2100，绘制的水平构造线如图6-17所示。采用同样的方法绘制水平构造线，依次向下偏移1500、3300、

1500、2100 和 3900，绘制完成的住宅墙体辅助线网格如图 6-18 所示。

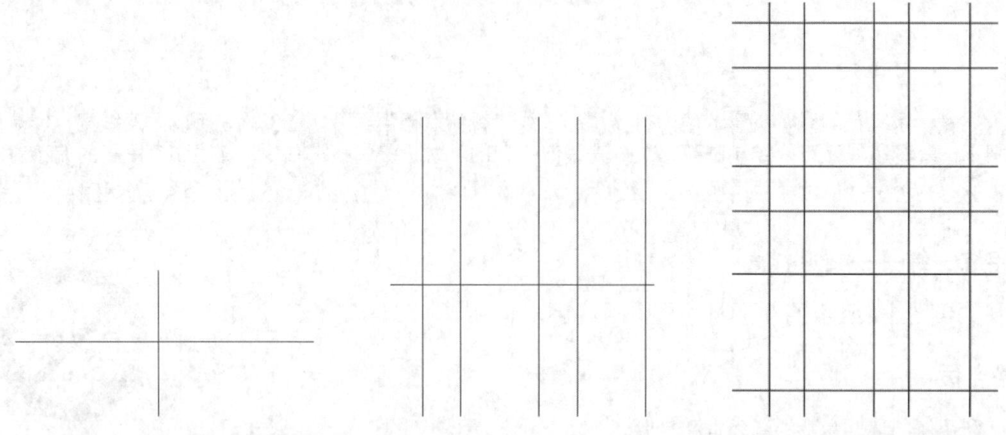

图 6-16　十字辅助线　　图 6-17　绘制竖直构造线　　图 6-18　墙体辅助线网格

（2）定义 240 多线样式。选择菜单栏中的“格式”→“多线样式”命令，系统打开如图 6-19 所示的“多线样式”对话框。单击“新建”按钮，系统打开如图 6-20 所示的“创建新的多线样式”对话框，在“新样式名”文本框中输入“240 墙”，单击“继续”按钮。

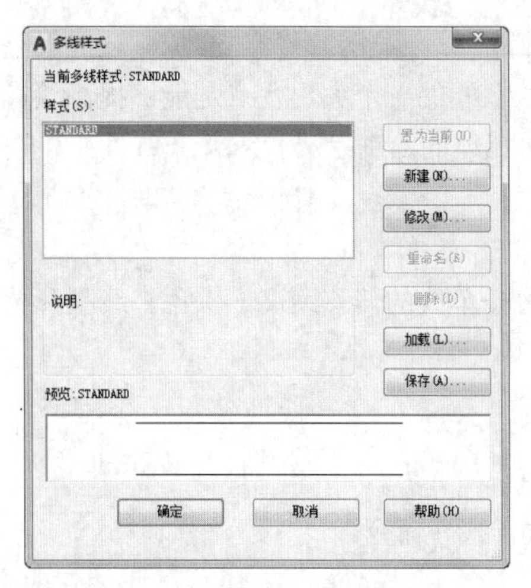

图 6-19　“多线样式”对话框

图 6-20　“创建新的多线样式”对话框

系统打开“新建多线样式: 240 墙”对话框，进行如图 6-21 所示的多线样式设置。单击“确定”按钮，返回“多线样式”对话框，单击“置为当前”按钮，将“240 墙”样式置为当前，单击“确定”按钮，完成 240 墙的设置。

技巧

在建筑平面图中，墙体用双线表示，一般采用轴线定位的方式，以轴线为中心，具有很强的对称关系。因此绘制墙线通常有以下三种方法。

（1）使用“偏移”命令，直接偏移轴线，将轴线向两侧偏移一定距离，得到双线，然后将所得双线转移至墙线图层。

（2）使用“多线”命令直接绘制墙线。

（3）当墙体要求填充成实体颜色时，也可以采用“多段线”命令直接绘制，将线宽设置为墙厚即可。
笔者推荐选用第二种方法，即采用“多线”命令绘制墙线。

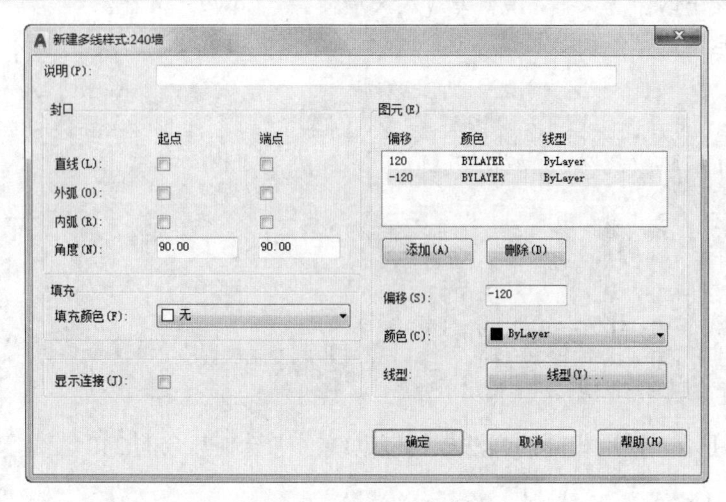

图 6-21　设置多线样式

【选项说明】

“新建多线样式”对话框中的选项说明如下。

①“封口”选项组：可以设置多线起点和端点的特性，包括以直线、外弧和内弧封口及封口线段或圆弧的角度。

②“填充”选项组：在“填充颜色”下拉列表框中选择多线填充的颜色。

③“图元”选项组：可以设置组成多线的元素的特性。单击“添加”按钮，为多线添加元素；单击“删除”按钮，可以删除组成多线的元素。在“偏移”文本框中可以设置选中的元素的位置偏移值。在“颜色”下拉列表框中为选中元素选择颜色。单击“线型”按钮，为选中元素设置线型。

6.3.2　绘制多线

与直线的绘制方法相似，区别是多线由两条线型相同的平行线组成。绘制的每一条多线都是一个完整的整体，不能对其进行偏移、倒角、延伸和修剪等编辑操作，只能用“分解”命令将其分解成多条直线后再编辑。

【执行方式】

- 命令行：MLINE。
- 菜单栏：选择菜单栏中的“绘图”→“多线”命令。

轻松动手学——绘制墙体

调用素材：源文件\第 6 章\定义墙体样式 .dwg

源文件：源文件\第 6 章\绘制墙体 .dwg

绘制如图 6-22 所示的墙体。

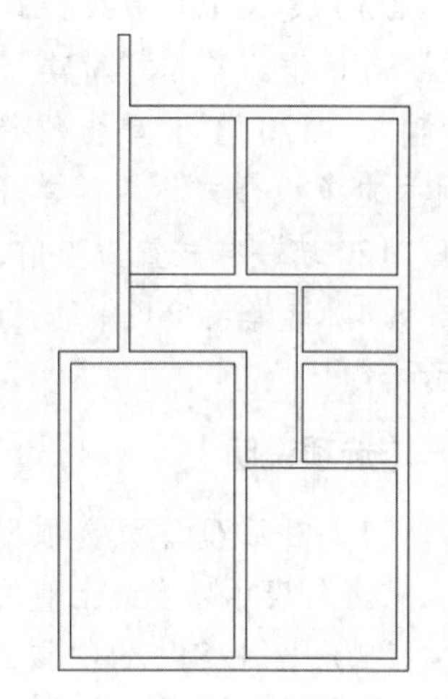

图 6-22　墙体

扫一扫，看视频

【操作步骤】

（1）打开资源包中的“源文件\第 6 章\定义墙体样式 .dwg”文件。

（2）选择菜单栏中的“绘图”→“多线”命令，绘制 240 墙体。命令行提示与操作如下：

```
命令： _mline
当前设置：对正 = 无，比例 = 1.00，样式 = 240 墙
指定起点或 [ 对正 (J)/ 比例 (S)/ 样式 (ST)]:  S
输入多线比例 <1.00>:
当前设置：对正 = 无，比例 = 1.00，样式 = 240 墙
指定起点或 [ 对正 (J)/ 比例 (S)/ 样式 (ST)]:  J
输入对正类型 [ 上 (T)/ 无 (Z)/ 下 (B)] < 无 >:  Z
当前设置：对正 = 无，比例 = 1.00，样式 = 240 墙
指定起点或 [ 对正 (J)/ 比例 (S)/ 样式 (ST)]: 在绘制的辅助线交点上指定一点
指定下一点：在绘制的辅助线交点上指定下一点
```

结果如图 6-23 所示。采用相同的方法根据辅助线网格绘制其余的 240 墙线，绘制结果如图 6-24 所示。

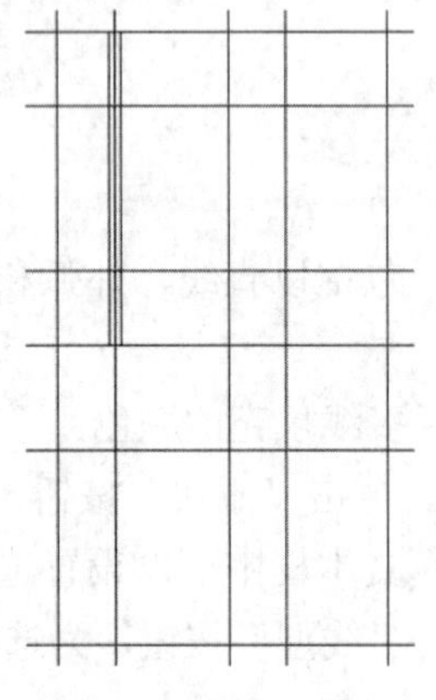

图 6-23　绘制 240 墙线

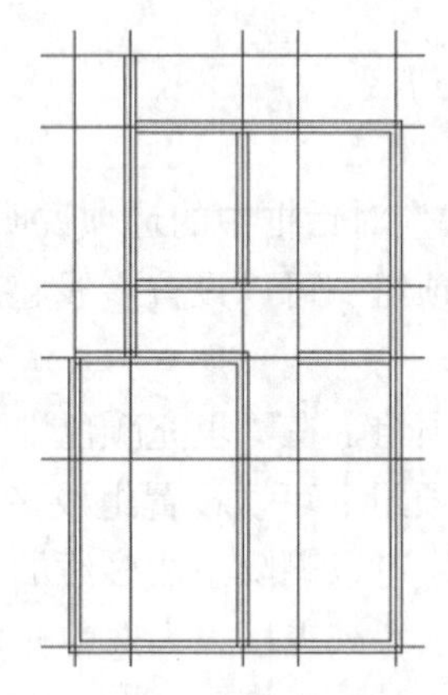

图 6-24　绘制所有的 240 墙线

（3）定义 120 多线样式。选择菜单栏中的“格式”→“多线样式”命令，系统打开“多线样式”对话框。单击“新建”按钮，在打开的“创建新的多线样式”对话框的“新样式名”文本框中输入“120 墙”，单击“继续”按钮。系统打开“新建多线样式 : 120 墙”对话框，进行如图 6-25 所示的多线样式设置。单击“确定”按钮，返回“多线样式”对话框，单击“置为当前”按钮，将“120 墙”样式置为当前，单击“确定”按钮，完成 120 墙的设置。

（4）选择菜单栏中的“绘图”→“多线”命令，根据辅助线网格绘制 120 墙体，结果如图 6-26 所示。

【选项说明】

（1）对正 (J)：该选项用于给定绘制多线的基准。共有“上”“无”和“下”三种对正类型。其中，“上”表示以多线上侧的线为基准，依此类推。

（2）比例 (S)：选择该选项，要求用户设置平行线的间距。输入值为 0 时，平行线重合；值为负时，多线的排列倒置。

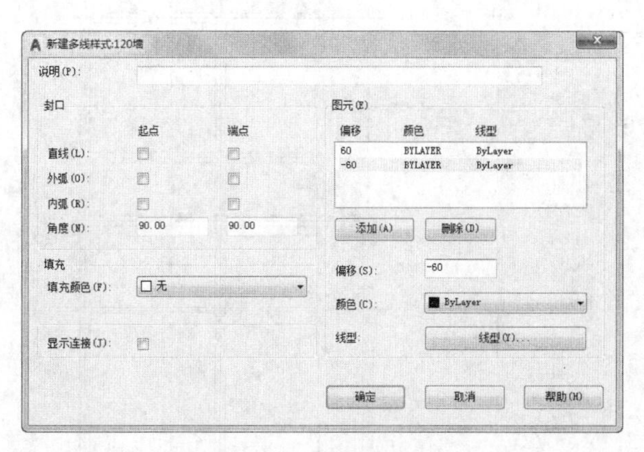

图 6-25　设置多线样式

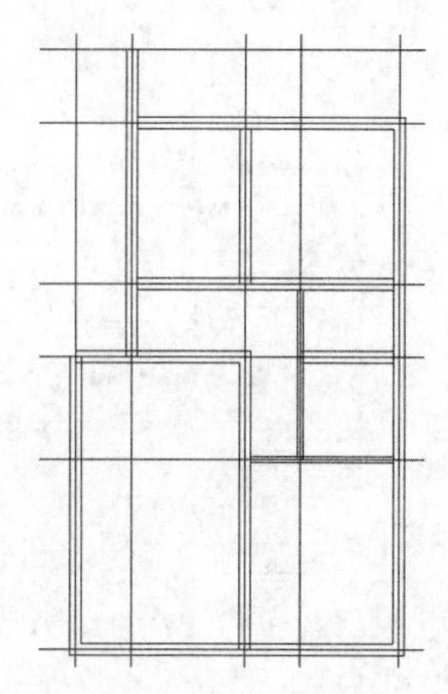

图 6-26　绘制 120 墙体

（3）样式 (ST)：该选项用于设置当前使用的多线样式。

6.3.3　编辑多线

AutoCAD 提供了 4 种类型、12 个多线编辑工具。

【执行方式】

- 命令行：MLEDIT。
- 菜单栏：选择菜单栏中的“修改”→“对象”→“多线”命令。

轻松动手学——编辑墙体

调用素材：源文件 \ 第 6 章 \ 绘制墙体 .dwg

源文件：源文件 \ 第 6 章 \ 墙体 .dwg

绘制如图 6-27 所示的墙体。

扫一扫，看视频

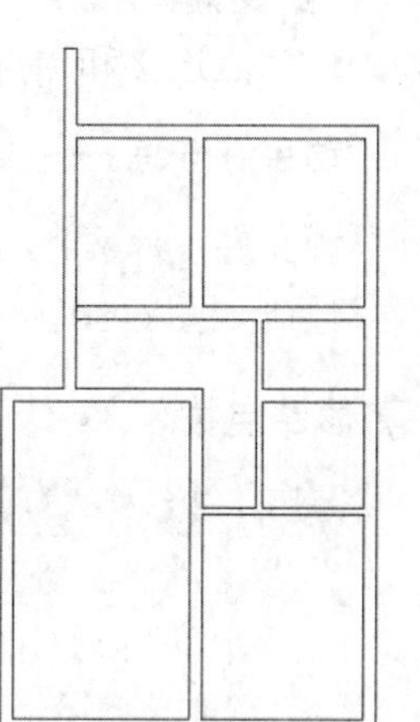

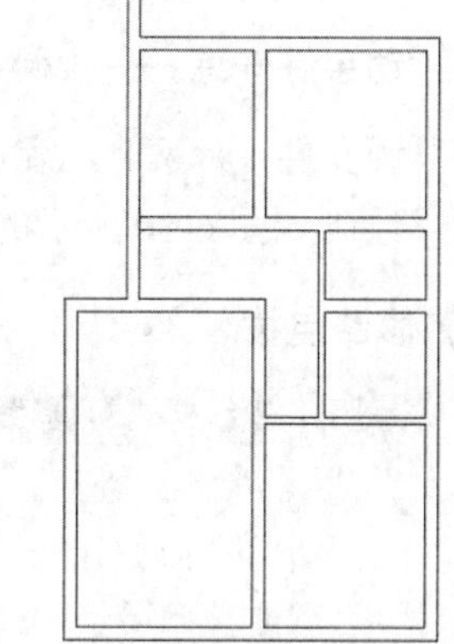

图 6-27　墙体

【操作步骤】

（1）打开资源包中的“源文件 \ 第 6 章 \ 绘制墙体 .dwg”文件。

（2）编辑多线。选择菜单栏中的“修改”→“对象”→“多线”命令，系统打开“多线编辑工具”对话框，如图 6-28 所示。选择“T 形打开”选项，命令行提示与操作如下：

```
命令：_mledit
选择第一条多线：选择多线
选择第二条多线：选择多线
选择第一条多线或 [放弃 (U)]：选择多线
```

（3）采用同样的方法继续进行多线编辑，如图 6-29 所示。

（4）然后在“多线编辑工具”对话框中选择“角点结合”选项，对墙线进行编辑，并删除辅助线。最终结果如图 6-27 所示。

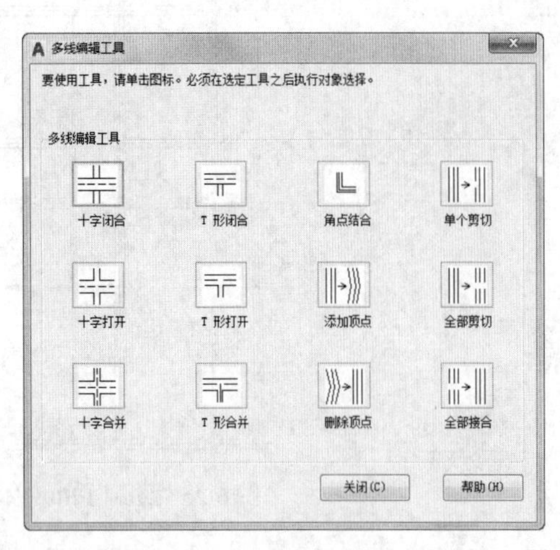

图 6-28 “多线编辑工具”对话框

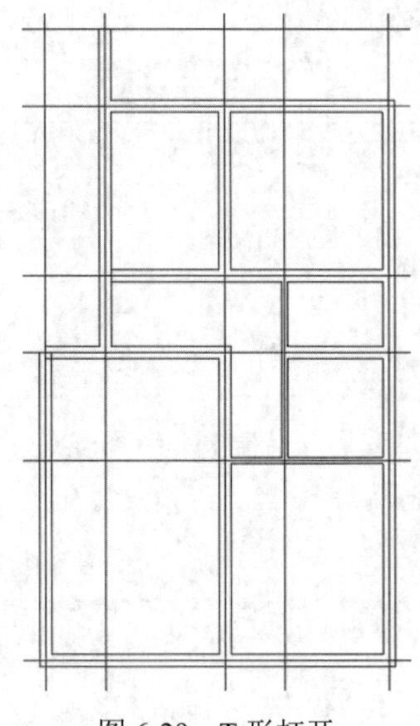

图 6-29 T 形打开

【选项说明】

“多线编辑工具”对话框中，第一列处理十字交叉的多线，第二列处理 T 形相交的多线，第三列处理角点连接和顶点，第四列处理多线的剪切或接合。

动手练一练——绘制道路网

源文件：源文件 \ 第 6 章 \ 道路网 .dwg

绘制如图 6-30 所示的道路网。

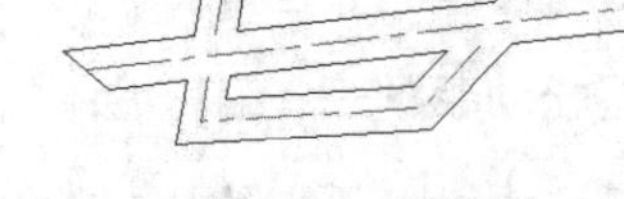

图 6-30 道路网

思路点拨

利用“多线样式”“多线”“多线编辑”命令绘制道路网。

6.4 图案填充

为了标示某一区域的材质或用料，常为其填充一定的图案。图形中的填充图案描述了对象的材料特性，提高了图形的可读性，帮助绘图者实现了表达信息的目的。此外，还可以创建渐变色填充，增强演示图形的效果。

6.4.1 基本概念

1. 图案边界

当进行图案填充时，首先要确定填充图案的边界。定义边界的对象只能是直线、双向射线、单向射线、多义线、样条曲线、圆弧、圆、椭圆、椭圆弧、面域等对象或用这些对象定义的块，而且作为边界的对象在当前图层上必须全部可见。

2. 孤岛

在进行图案填充时，把位于总填充区域内的封闭区称为孤岛，如图 6-31 所示。在使用 BHATCH 命令填充时，系统允许用户以拾取点的方式确定填充边界，即在希望填充的区域内任意拾取一点，系统会自动确定出填充边界，同时也确定该边界内的岛。如果用户以选择对象的方式确定填充边界，则必须确切地选取这些岛，有关知识将在其他节中介绍。

3. 填充方式

在进行图案填充时，需要控制填充的范围，AutoCAD 系统为用户设置以下三种填充方式，以实现对填充范围的控制。

（1）普通方式。如图 6-32（a）所示，该方式从边界开始，从每条填充线或每个填充符号的两端向里填充，遇到内部对象与之相交时，填充线或符号断开，直到遇到下一次相交时再继续填充。采用这种填充方式时，要避免剖面线或符号与内部对象的相交次数为奇数，该方式为系统内部的默认方式。

（2）最外层方式。如图 6-32（b）所示，该方式从边界向里填充，只要在边界内部与对象相交，剖面符号就会断开，而不再继续填充。

（3）忽略方式。如图 6-32（c）所示，该方式忽略边界内的对象，所有内部结构都被剖面符号覆盖。

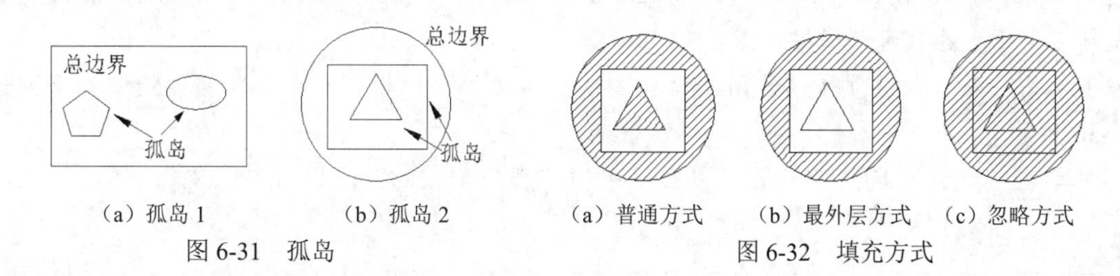

（a）孤岛 1　（b）孤岛 2

图 6-31　孤岛

（a）普通方式　（b）最外层方式　（c）忽略方式

图 6-32　填充方式

6.4.2　图案填充的操作

图案用来区分工程部件或表现组成对象的材质。可以使用预定义的图案填充、当前的线型定义简单的直线图案或者差集更加复杂的填充图案。可在某一封闭区域内填充关联图案，可生成随边界变化的相关的填充，也可以生成不相关的填充。

【执行方式】

- 命令行：BHATCH（快捷命令：H）。
- 菜单栏：选择菜单栏中的“绘图”→“图案填充”命令。
- 工具栏：单击“绘图”工具栏中的“图案填充”按钮。
- 功能区：单击“默认”选项卡“绘图”面板中的“图案填充”按钮。

扫一扫，看视频

轻松动手学——公园地面拼花

源文件：源文件\第 6 章\公园地面拼花 .dwg

绘制的公园地面拼花如图 6-33 所示。首先利用“矩形”命令绘制外轮廓，然后利用“直线”命令绘制内部装饰，最后利用“图案填充”命令对图形进行图案填充。

【操作步骤】

（1）单击“默认”选项卡“绘图”面板中的“矩形”按钮▭，以 (0,1250) 为第一个角点，绘制 1250×1250 的矩形，以 (75,1175) 为第一个角点，绘制 1100×1100 的矩形，以 (500,750) 为第一个角点，绘制 250×250 的矩形，这时，三个矩形的中心相交，如图 6-34 所示。

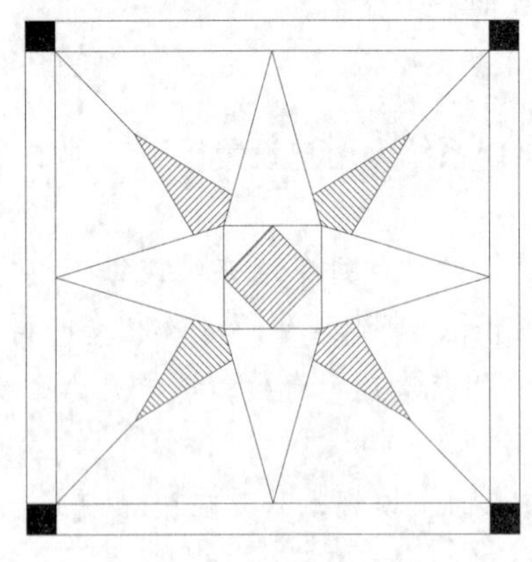

图 6-33　公园地面拼花

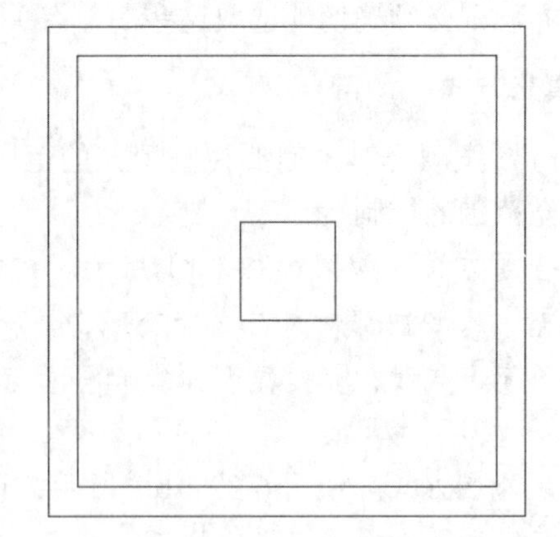

图 6-34　绘制外轮廓

（2）单击“默认”选项卡“绘图”面板中的“直线”按钮╱，以第二个矩形的四个端点为起点，绘制多条垂直的直线，结果如图 6-35 所示。

（3）单击“默认”选项卡“绘图”面板中的“多边形”按钮⬠，在小矩形内绘制一个四边形，如图 6-36 所示。

（4）单击“默认”选项卡“绘图”面板中的“直线”按钮╱，绘制内部装饰，结果如图 6-37 所示。

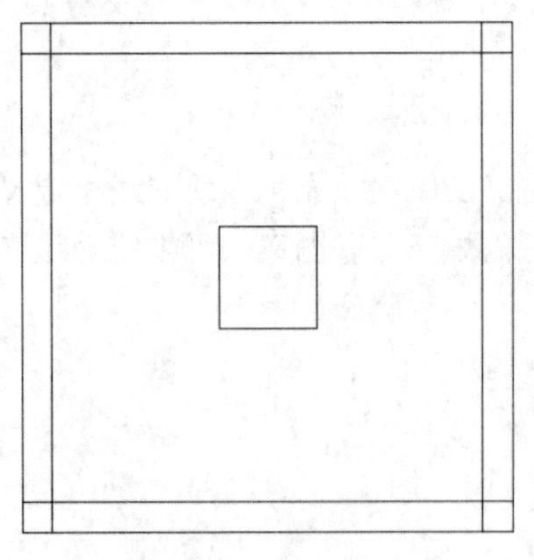

图 6-35　绘制垂线

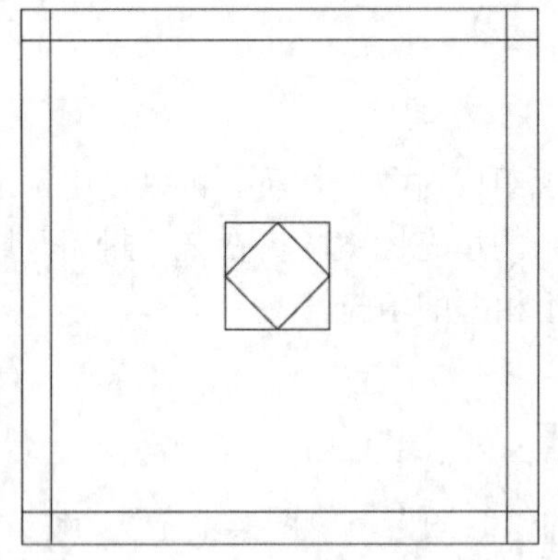

图 6-36　绘制四边形

图 6-37　绘制内部装饰

（5）单击“默认”选项卡“绘图”面板中的“图案填充”按钮▨，打开“图案填充创建”选项卡，选择 AIVSI31 图案，设置角度 0°，比例为 4，如图 6-38 所示。选择如图 6-39 所示的内部区域为填充边界，单击“关闭图案填充创建”按钮，关闭该选项卡。

（6）同理，单击“默认”选项卡“绘图”面板中的“图案填充”按钮▨，选择 SOLID 图案，填充公园地面的四个角点，结果如图 6-33 所示。

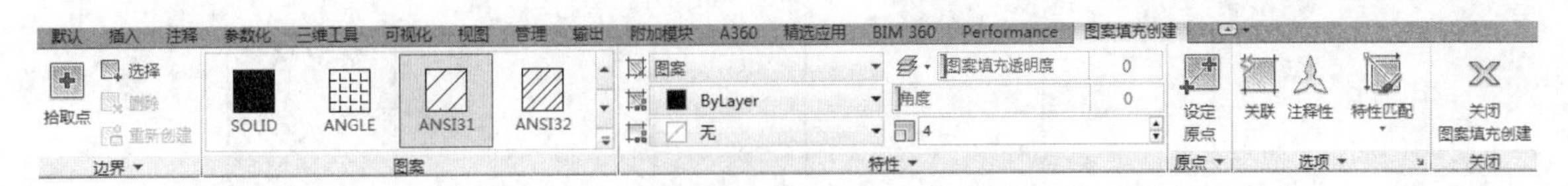

图 6-38 “图案填充创建”选项卡

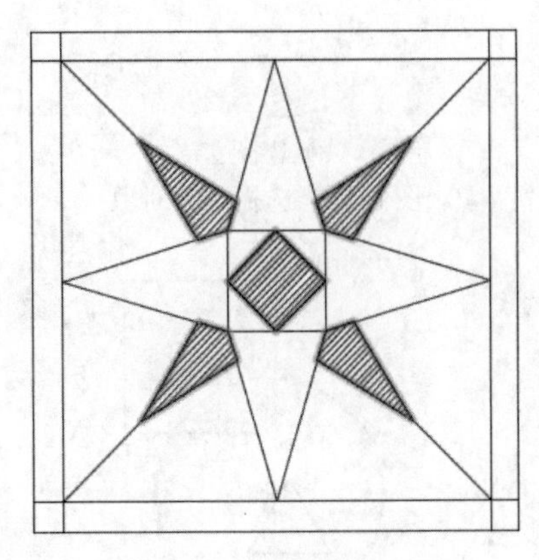

图 6-39　选择填充区域

【选项说明】

1. “边界”面板

（1）拾取点：通过选择由一个或多个对象形成的封闭区域内的点，确定图案填充边界（见图 6-40）。指定内部点时，可以随时在绘图区域中右击以显示包含多个选项的快捷菜单。

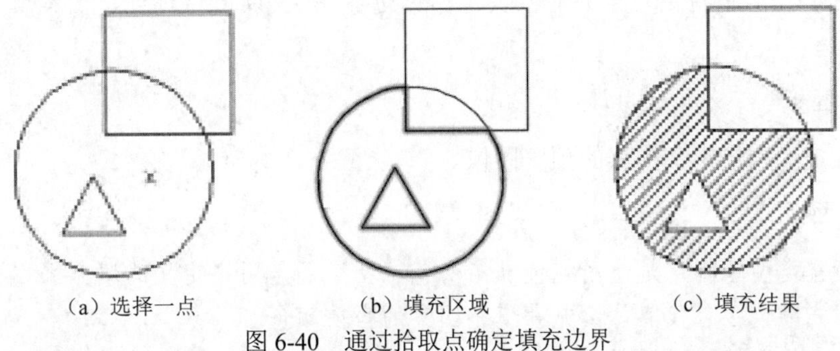

图 6-40　通过拾取点确定填充边界

（2）选择边界对象：指定基于选定对象的图案填充边界。使用该选项时，不会自动检测内部对象，必须选择选定边界内的对象，以按照当前孤岛检测样式填充这些对象，如图 6-41 所示。

（3）删除边界对象：从边界定义中删除之前添加的任何对象，如图 6-42 所示。

（4）重新创建边界：围绕选定的图案填充或填充对象创建多段线或面域，并使其与图案填充对象相关联（可选）。

（5）显示边界对象：选择构成选定关联图案填充对象的边界的对象，使用显示的夹点可修改图案填充边界。

（6）保留边界对象：指定如何处理图案填充边界对象。包括以下几个选项。

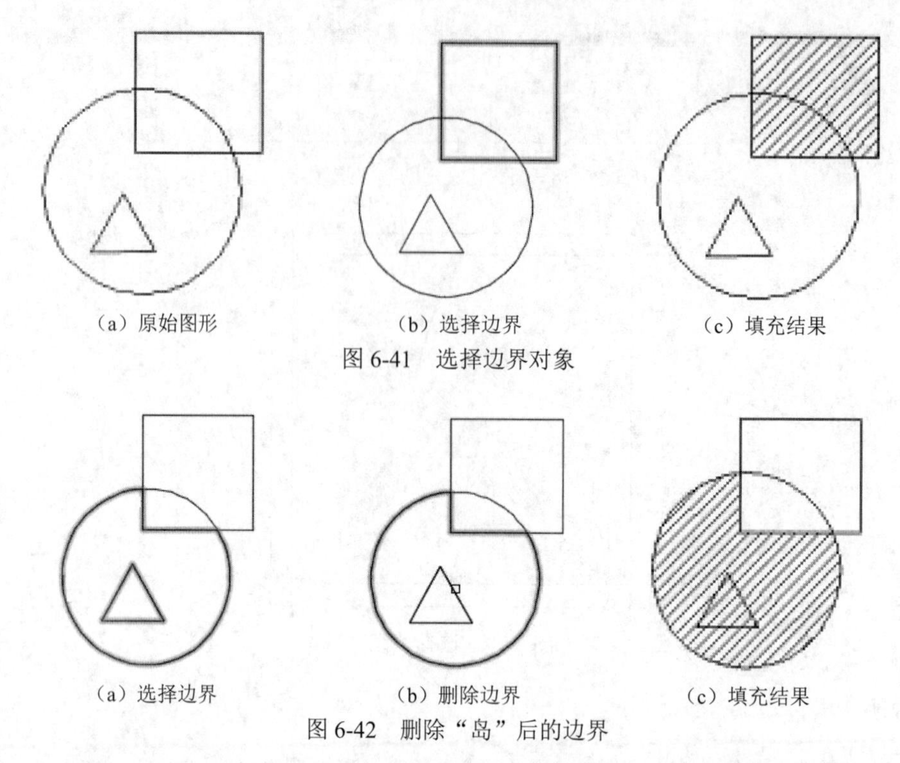

图 6-41　选择边界对象

图 6-42　删除“岛”后的边界

① 不保留边界：（仅在图案填充创建期间可用）不创建独立的图案填充边界对象。

② 保留边界 - 多段线：（仅在图案填充创建期间可用）创建封闭图案填充对象的多段线。

③ 保留边界 - 面域：（仅在图案填充创建期间可用）创建封闭图案填充对象的面域对象。

（7）选择新边界集：指定对象的有限集（称为边界集），以便通过创建图案填充时的拾取点进行计算。

2. “图案”面板

显示所有预定义和自定义图案的预览图像。

3. “特性”面板

（1）图案填充类型：指定是使用纯色、渐变色、图案还是用户定义的填充。

（2）图案填充颜色：替代实体填充和填充图案的当前颜色。

（3）背景色：指定填充图案背景的颜色。

（4）图案填充透明度：设定新图案填充或填充的透明度，替代当前对象的透明度。

（5）图案填充角度：指定图案填充或填充的角度。

（6）填充图案比例：放大或缩小预定义或自定义填充图案。

（7）相对图纸空间：（仅在布局中可用）相对于图纸空间单位缩放填充图案。使用此选项，很容易做到以适合布局的比例显示填充图案。

（8）双向：（仅当“图案填充类型”设定为“用户定义”时可用）将绘制第二组直线，与原始直线成 90° 角，从而构成交叉线。

（9）ISO 笔宽：（仅对于预定义的 ISO 图案可用）基于选定的笔宽缩放 ISO 图案。

4.“原点”面板。

（1）设定原点：直接指定新的图案填充原点。

（2）左下：将图案填充原点设定在图案填充边界矩形范围的左下角。

（3）右下：将图案填充原点设定在图案填充边界矩形范围的右下角。

（4）左上：将图案填充原点设定在图案填充边界矩形范围的左上角。

（5）右上：将图案填充原点设定在图案填充边界矩形范围的右上角。

（6）中心：将图案填充原点设定在图案填充边界矩形范围的中心。

（7）使用当前原点：将图案填充原点设定在 HPORIGIN 系统变量中存储的默认位置。

（8）存储为默认原点：将新图案填充原点的值存储在 HPORIGIN 系统变量中。

5.“选项”面板

（1）关联：指定图案填充或填充为关联图案填充。关联的图案填充或填充在用户修改其边界对象时将会更新。

（2）注释性：指定图案填充为注释性。此特性会自动完成缩放注释过程，从而使注释能够以正确的大小在图纸上打印或显示。

（3）特性匹配。

① 使用当前原点：使用选定图案填充对象（除图案填充原点外）设定图案填充的特性。

② 使用源图案填充的原点：使用选定图案填充对象（包括图案填充原点）设定图案填充的特性。

（4）允许的间隙：设定将对象用作图案填充边界时可以忽略的最大间隙。默认值为 0，此值指定对象必须封闭区域而没有间隙。

（5）创建独立的图案填充：控制当指定了几个单独的闭合边界时，是创建单个图案填充对象，还是创建多个图案填充对象。

（6）孤岛检测。

① 普通孤岛检测：从外部边界向内填充。如果遇到内部孤岛，填充将关闭，直到遇到孤岛中的另一个孤岛。

② 外部孤岛检测：从外部边界向内填充。此选项仅填充指定的区域，不会影响内部孤岛。

③ 忽略孤岛检测：忽略所有内部的对象，填充图案时将通过这些对象。

（7）绘图次序：为图案填充或填充指定绘图次序。选项包括不更改、后置、前置、置于边界之后和置于边界之前。

6.“关闭”面板

关闭“图案填充创建”：退出 BHATCH 并关闭上下文选项卡。也可以按 Enter 键或 Esc 键退出 BHATCH。

6.4.3　渐变色的操作

在绘图过程中，有些图形在填充时需要用到一种或多种颜色，尤其在绘制装潢、美工等图纸时，就要用到渐变色图案填充功能，利用该功能可以对封闭区域进行适当的渐变色填充，从而形成比较好的颜色修饰效果。

【执行方式】

- 命令行：GRADIENT。
- 菜单栏：选择菜单栏中的“绘图”→“渐变色”命令。
- 工具栏：单击“绘图”工具栏中的“渐变色”按钮。
- 功能区：单击“默认”选项卡“绘图”面板中的“渐变色”按钮。

【操作步骤】

执行上述命令后系统打开如图 6-43 所示的“图案填充创建”选项卡，各面板中的按钮含义与图案填充类似，这里不再赘述。

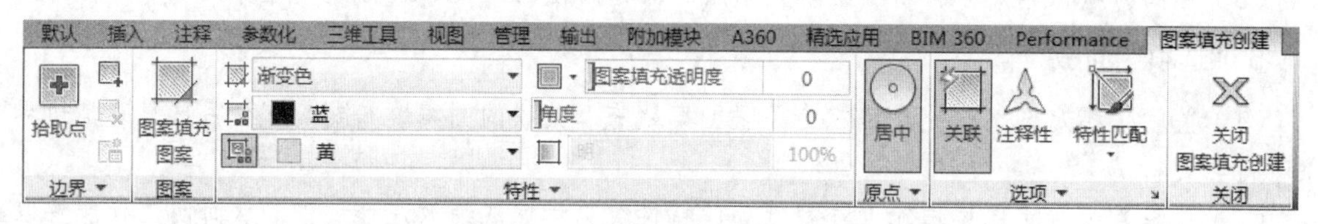

图 6-43 “图案填充创建”选项卡

6.4.4 编辑填充的图案

用于修改现有的图案填充对象，但不能修改边界。

【执行方式】

- 命令行：HATCHEDIT（快捷命令：HE）。
- 菜单栏：选择菜单栏中的“修改”→“对象”→“图案填充”命令。
- 工具栏：单击“修改 II”工具栏中的“编辑图案填充”按钮。
- 功能区：单击“默认”选项卡“修改”面板中的“编辑图案填充”按钮。
- 快捷菜单：选中填充的图案并右击，在弹出的快捷菜单中选择“图案填充编辑”命令。
- 快捷方法：直接选择填充的图案，打开“图案填充编辑器”选项卡，如图 6-44 所示。

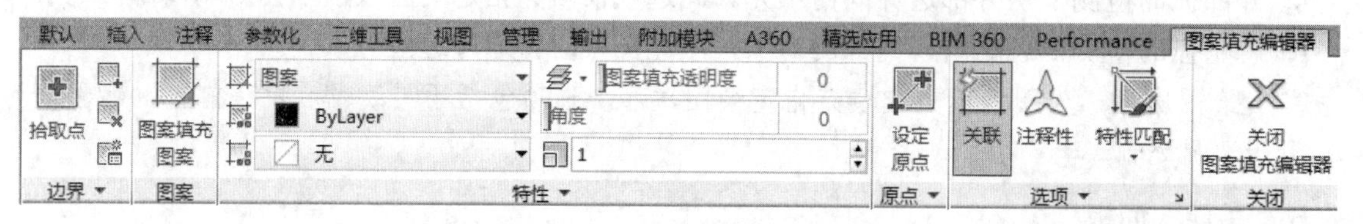

图 6-44 “图案填充编辑器”选项卡

动手练一练——公园一角

绘制如图 6-45 所示的公园一角。

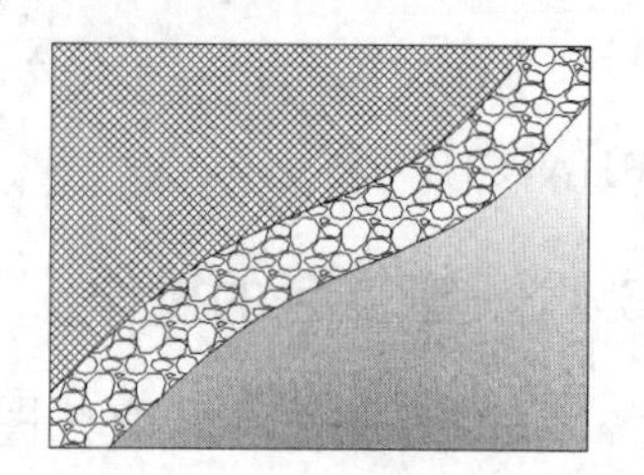

图 6-45 公园一角

思路点拨

（1）用“矩形”和“样条曲线”命令绘制花园外形。
（3）利用“图案填充”命令填充图案。

6.5　模拟认证考试

1．若需要编辑已知多段线，使用“多段线”命令的（　　）选项可以创建宽度不等的对象。

A．样条 (S)　　B．锥形 (T)　　C．宽度 (W)　　D．编辑顶点 (E)

2．执行“样条曲线拟合”命令后，(　　）选项用来输入曲线的偏差值。值越大，曲线越远离指定的点；值越小，曲线离指定的点越近。

A．闭合　　B．端点切向　　C．公差　　D．起点切向

3．无法用多段线直接绘制的是（　　）。

A．直线段　　B．弧线段

C．样条曲线　　D．直线段和弧线段的组合段

4．设置多线样式时，下列不属于多线封口的是（　　）。

A．直线　　B．多段线　　C．内弧　　D．外弧

5．关于样条曲线拟合点说法错误的是（　　）。

A．可以删除样条曲线的拟合点

B．可以添加样条曲线的拟合点

C．可以阵列样条曲线的拟合点

D．可以移动样条曲线的拟合点

6．绘制如图 6-46 所示的图形 1。

7．绘制如图 6-47 所示的图形 2。

8．绘制如图 6-48 所示的图形 3。

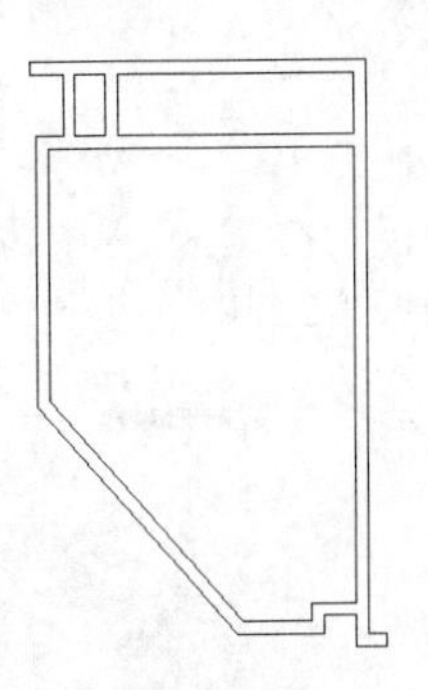

图 6-46　图形 1

图 6-47　图形 2

图 6-48　图形 3

第 7 章　简单编辑命令

内容简介

二维图形的编辑操作配合绘图命令的使用可以进一步完成复杂图形对象的绘制工作，并可使用户合理安排和组织图形，保证绘图准确，减少重复。因此，对编辑命令的熟练掌握和使用有助于提高设计和绘图的效率。

内容要点

- 选择对象
- 复制类命令
- 改变位置类命令
- 综合演练：自然式种植设计平面图
- 模拟认证考试

案例效果

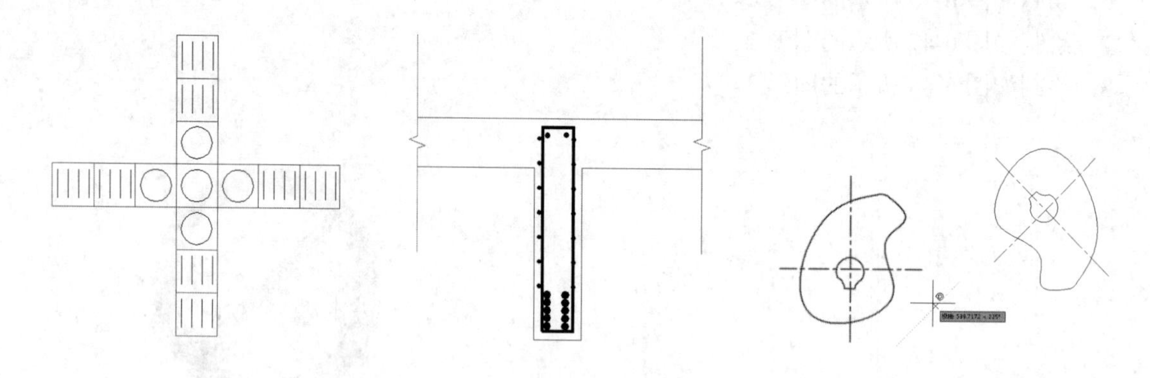

7.1　选择对象

选择对象是进行编辑的前提。AutoCAD 提供了多种对象选择方法，如点取方法、用选择窗口选择对象、用选择线选择对象、用对话框选择对象和用套索选择工具选择对象等。

AutoCAD 2018 提供以下两种编辑图形的途径。

（1）先执行“编辑”命令，然后选择要编辑的对象。

（2）先选择要编辑的对象，然后执行“编辑”命令。

这两种途径的执行效果是相同的，其中选择对象是进行编辑时必不可少的。AutoCAD 2018 可以编辑单个的选择对象，也可以把选择的多个对象组成整体，如选择集和对象组，进行整体编辑与修改。

7.1.1　构造选择集

选择集可以仅由一个图形对象构成，也可以是一个复杂的对象组，如位于某一特定层上具有某种特定颜色的一组对象。选择集的构造可以在调用“编辑”命令之前或之后。

AutoCAD 提供了以下几种方法构造选择集。

- 先选择“编辑”命令，然后选择对象，用 Enter 键结束操作。
- 使用 SELECT 命令。
- 用点取设备选择对象，然后调用“编辑”命令。
- 定义对象组。

无论使用哪种方法，AutoCAD 都将提示用户选择对象，并且光标的形状由十字光标变为拾取框。

下面结合 SELECT 命令说明选择对象的方法。

【操作步骤】

SELECT 命令可以单独使用，也可以在执行其他编辑命令时自动调用。命令行提示与操作如下：

```
命令：SELECT
选择对象：(等待用户以某种方式选择对象作为回答。AutoCAD 2018 提供多种选择方式，可以输入“?”查看)
需要点或窗口 (W) / 上一个 (L) / 窗交 (C) / 框 (BOX) / 全部 (ALL) / 栏选 (F) / 圈围 (WP) / 圈交 (CP) / 编组 (G) / 添加 (A) / 删除 (R) / 多个 (M) / 前一个 (P) / 放弃 (U) / 自动 (AU) / 单个 (SI) / 子对象 (SU) / 对象 (O)
```

【选项说明】

（1）点：该选项表示直接通过点取的方式选择对象。用鼠标或键盘移动拾取框，使其框住要选取的对象，然后单击，就会选中该对象并以高亮度显示。

（2）窗口 (W)：用由两个对角顶点确定的矩形窗口选取位于其范围内部的所有图形，与边界相交的对象不会被选中。在指定对角顶点时应该按照从左向右的顺序选取，如图 7-1 所示。

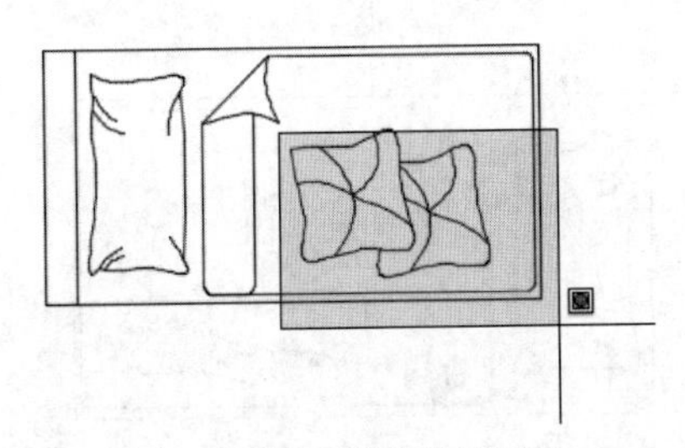

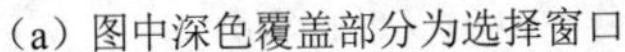

（a）图中深色覆盖部分为选择窗口

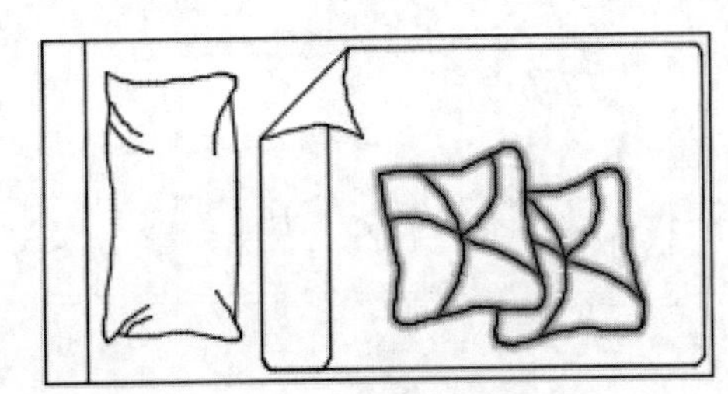

（b）选择后的图形

图 7-1　“窗口”对象选择方式

（3）上一个 (L)：在“选择对象:”提示下输入“L”后，按 Enter 键，系统会自动选取最后绘出的一个对象。

（4）窗交 (C)：与“窗口”方式类似，区别在于它不但选中矩形窗口内部的对象，也选中与矩形窗口边界相交的对象。选择的对象如图 7-2 所示。

（5）框 (BOX)：使用时，系统根据用户在屏幕上给出的两个对角点的位置而自动引用“窗口”

或“窗交”方式。若从左向右指定对角点，则为“窗口”方式；反之，则为“窗交”方式。

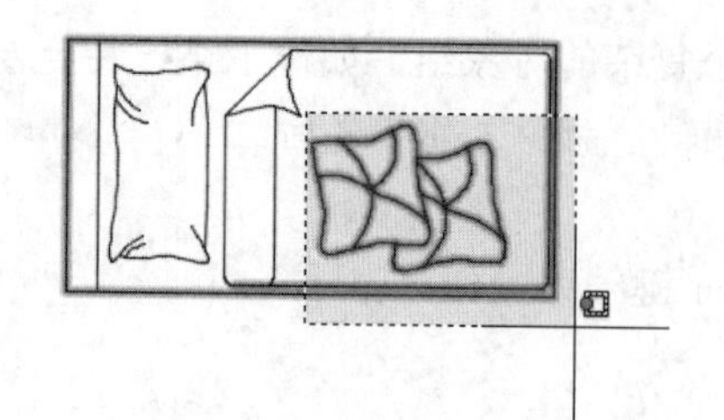

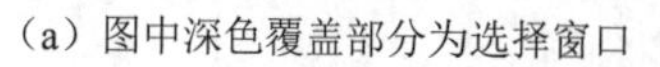

（a）图中深色覆盖部分为选择窗口

（b）选择后的图形

图 7-2 “窗交”对象选择方式

（6）全部 (ALL)：选取图面上的所有对象。

（7）栏选 (F)：用户临时绘制一些直线，这些直线不必构成封闭图形，凡是与这些直线相交的对象均被选中。选择的对象如图 7-3 所示。

（a）图中虚线为选择栏

（b）选择后的图形

图 7-3 “栏选”对象选择方式

（8）圈围 (WP)：使用一个不规则的多边形来选择对象。根据提示，用户顺次输入构成多边形的所有顶点的坐标，最后按 Enter 键结束操作，系统将自动连接第一个顶点到最后一个顶点的各个顶点，形成封闭的多边形。凡是被多边形围住的对象均被选中（不包括边界）。选择的对象如图 7-4 所示。

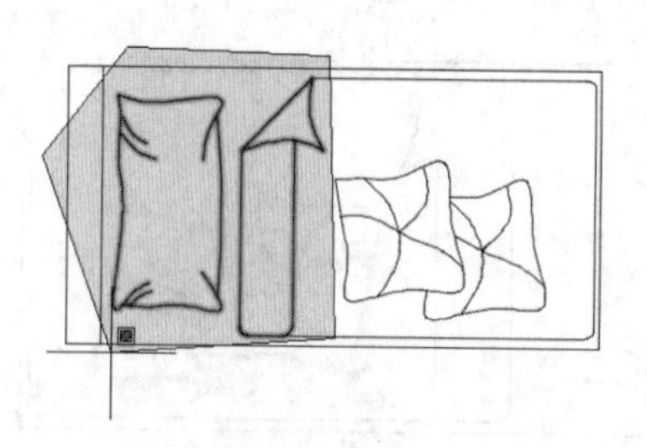

（a）图中深色多边形为选择窗口

（b）选择后的图形

图 7-4 “圈围”对象选择方式

（9）圈交 (CP)：类似于“圈围”方式，在“选择对象：”提示后输入“CP”，后续操作与“圈围”方式相同。区别在于与多边形边界相交的对象也被选中。

（10）编组 (G)：使用预先定义的对象组作为选择集。事先将若干个对象组成对象组，用组名引用。

（11）添加 (A)：添加下一个对象到选择集。也可用于从移走模式（Remove）到选择模式的切换。

（12）删除 (R)：按住 Shift 键选择对象，可以从当前选择集中移走该对象。对象由高亮度显示状态变为正常显示状态。

（13）多个 (M)：指定多个点，不高亮度显示对象。这种方法可以加快在复杂图形上的选择对象过程。若两个对象交叉，两次指定交叉点，则可以同时选中这两个对象。

（14）前一个 (P)：用关键字 P 回应“选择对象：”的提示，则把上次编辑命令中的最后一次构造的选择集或最后一次使用 SELECT（DDSELECT）命令预置的选择集作为当前选择集。这种方法适用于对同一选择集进行多种编辑操作的情况。

（15）放弃 (U)：用于取消加入选择集的对象。

（16）自动 (AU)：选择结果视用户在屏幕上的选择操作而定。如果选中单个对象，则该对象为自动选择的结果；如果选择点落在对象内部或外部的空白处，系统会提示“指定对角点：”，此时，系统会采取一种窗口的选择方式。对象被选中后，变为虚线形式，并以高亮度显示。

（17）单个 (SI)：选择指定的第一个对象或对象集，而不继续提示进行下一步的选择。

（18）子对象 (SU)：使用户可以逐个选择原始形状，这些形状是复合实体的一部分或三维实体上的顶点、边和面。可以选择这些子对象的其中之一，也可以创建多个子对象的选择集。选择集可以包含多种类型的子对象。

（19）对象 (O)：结束选择子对象的功能，使用户可以使用对象选择方法。

✍ **技巧**

若矩形框从左向右定义，即第一个选择的对角点为左侧的对角点，矩形框内部的对象被选中，框外部的对象及与矩形框边界相交的对象不会被选中；若矩形框从右向左定义，矩形框内部的对象及与矩形框边界相交的对象都会被选中。

7.1.2　快速选择

有时用户需要选择具有某些共同属性的对象来构造选择集，如选择具有相同颜色、线型或线宽的对象，可以使用前面介绍的方法选择这些对象；但若要选择的对象数量较多且分布在较复杂的图形中，将会导致很大的工作量。

【执行方式】

- 命令行：QSELECT。
- 菜单栏：选择菜单栏中的“工具”→“快速选择”命令。
- 快捷菜单：在右键快捷菜单中选择“快速选择”命令（见图 7-5）或在“特性”选项板中单击“快速选择”按钮（见图 7-6）。

【操作步骤】

执行上述操作后，系统打开如图 7-7 所示的“快速选择”对话框，利用该对话框可以根据用户指定的过滤标准快速创建选择集。

7.1.3　构造对象组

对象组与选择集并没有本质的区别，当我们把若干个对象定义为选择集并想让它们在以后的操作中始终作为一个整体时，为了简捷，可以给这个选择集命名并保存起来，这个命名了的对象选择集就是对象组，它的名字称为组名。

图 7-5　选择“快速选择”命令

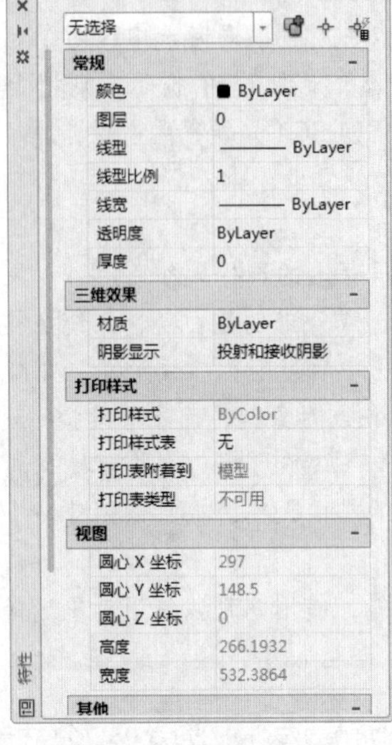

图 7-6　“特性”选项板

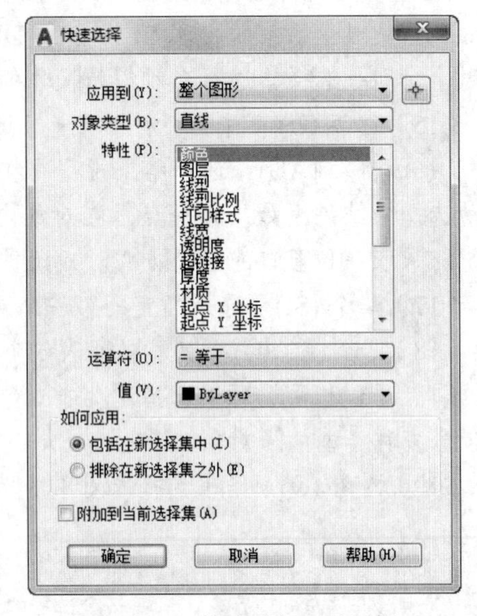

图 7-7　“快速选择”对话框

如果对象组可以被选择（位于锁定层上的对象组不能被选择），则可以通过它的组名引用该对象组，一旦组中任何一个对象被选中，组中的全部对象成员都会被选中。调用方法为在命令行中输入“GROUP”命令。

执行上述命令后，系统打开“对象编组”对话框，从中可以查看或修改存在的对象组的属性，也可以创建新的对象组。

7.2　复制类命令

本节详细介绍 AutoCAD 2018 的复制类命令，利用这些命令可以方便地编辑绘制的图形。

7.2.1　“复制”命令

使用“复制”命令，可以从原对象以指定的角度和方向创建对象副本。CAD 复制默认的是多重复制，也就选定图形并指定基点后，可以通过定位不同的目标点复制出多份。

【执行方式】

- 命令行：COPY。
- 菜单栏：选择菜单栏中的“修改”→“复制”命令。
- 工具栏：单击“修改”工具栏中的“复制”按钮。

- 功能区：单击“默认”选项卡“修改”面板中的“复制”按钮。
- 快捷菜单：选择要复制的对象，在绘图区右击，在弹出的快捷菜单中选择“复制选择”命令。

轻松动手学——十字走向交叉口盲道

源文件：源文件 \ 第 7 章 \ 十字走向交叉口盲道 .dwg

绘制如图 7-8 所示的十字走向交叉口盲道。

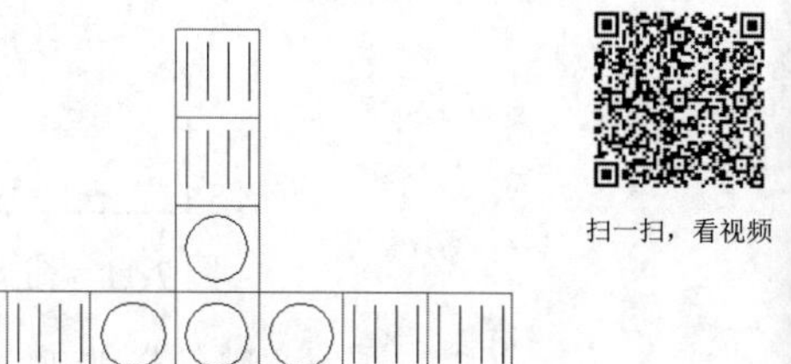

图 7-8　十字走向交叉口盲道

【操作步骤】

1. 绘制盲道交叉口

（1）单击“默认”选项卡“绘图”面板中的“矩形”按钮，绘制 30×30 的矩形。

（2）在状态栏中打开“正交模式”按钮。单击“默认”选项卡“绘图”面板中的“直线”按钮，在矩形宽度方向沿中点向上绘制长为 10 的线段，然后向下绘制长为 10 的线段，如图 7-9 所示。

（3）单击“默认”选项卡“修改”面板中的“复制”按钮，复制刚绘制好的线段。水平向右复制的距离分别为 3.75、11.25、18.75、26.25。命令行提示与操作如下：

```
命令：_copy
选择对象：（选择刚刚绘制好的线段）
当前设置：  复制模式 = 多个
指定基点或 [ 位移 (D) / 模式 (O)] <位移>:（在绘图区任意指定一点作为复制的基点）
指定第二个点或 [ 阵列 (A)] <使用第一个点作为位移>:（方向为水平向右，输入的距离为 3.75）
指定第二个点或 [ 阵列 (A) / 退出 (E) / 放弃 (U)] <退出>:
……
```

（4）按 Delete 键，删除长为 10 的线段。完成的图形如图 7-10 所示。

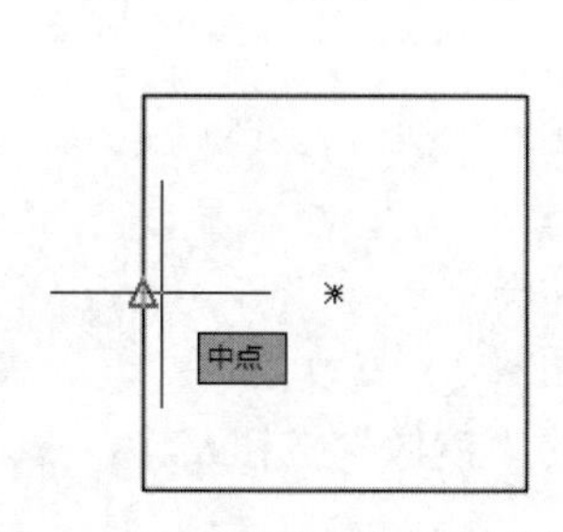

图 7-9　矩形宽度方向绘制直线

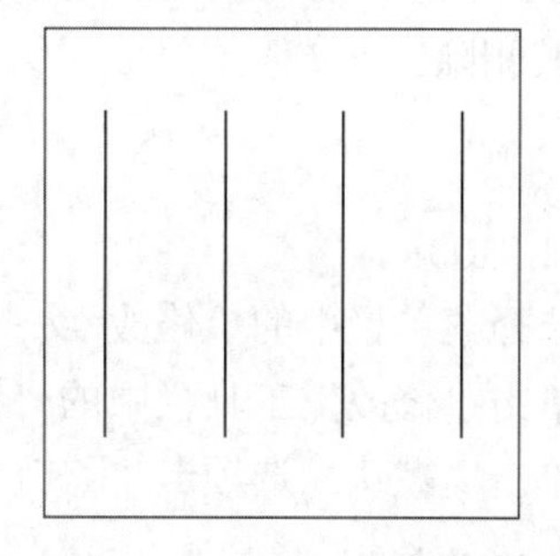

图 7-10　交叉口行进盲道

2. 绘制交叉口提示圆形盲道

（1）复制矩形，在状态栏中打开“对象捕捉”按钮和“对象捕捉追踪”按钮，捕捉矩形的中心，如图 7-11 所示。

（2）单击“默认”选项卡“绘图”面板中的“圆”按钮，绘制半径为 11 的圆，如图 7-12 所示。

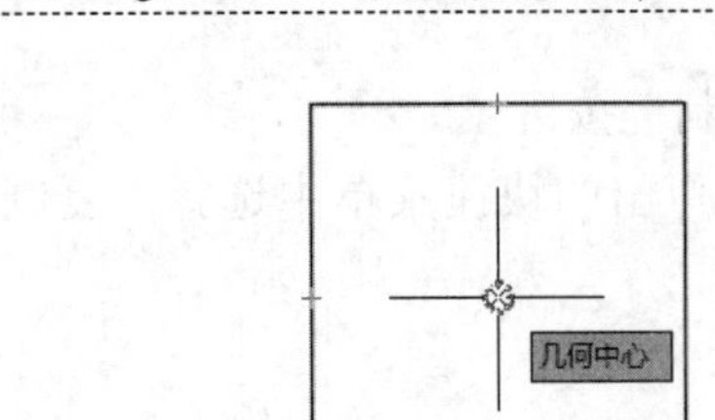

图 7-11　捕捉矩形中点

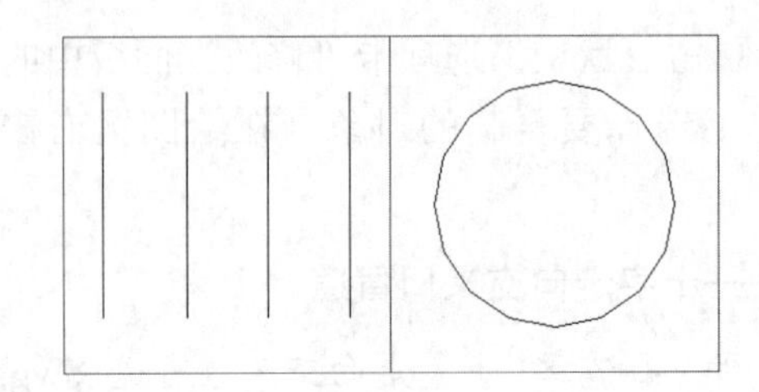

图 7-12　绘制十字走向交叉口

（3）单击“默认”选项卡“修改”面板中的“复制”按钮，复制十字走向交叉口盲道，效果如图 7-8 所示。

【选项说明】

① 指定基点：指定一个坐标点后，AutoCAD 2018 把该点作为复制对象的基点。

指定第二个点后，系统将根据这两点确定的位移矢量把选择的对象复制到第二点处。如果此时直接按 Enter 键，即选择默认的“用第一点作位移”，则第一个点被当作相对于 X、Y、Z 的位移。例如，如果指定基点为 (2,3) 并在下一个提示下按 Enter 键，则该对象从它当前的位置开始，在 X 方向上移动 2 个单位，在 Y 方向上移动 3 个单位。一次复制完成后，可以不断指定新的第二点，从而实现多重复制。

② 位移 (D)：直接输入位移值，表示以选择对象时的拾取点为基准，以拾取点坐标为移动方向，纵横比移动指定位移后所确定的点为基点。例如，选择对象时的拾取点坐标为 (2,3)，输入位移为 5，则表示以 (2,3) 点为基准，沿纵横比为 3:2 的方向移动 5 个单位所确定的点为基点。

③ 模式 (O)：控制是否自动重复该命令。确定复制模式是单个还是多个。

④ 阵列 (A)：指定在线性阵列中排列的副本数量。

7.2.2 “镜像”命令

“镜像”命令用于把选择的对象以一条镜像线为对称轴进行镜像。镜像操作完成后，可以保留原对象，也可以将其删除。

【执行方式】

- 命令行：MIRROR。
- 菜单栏：选择菜单栏中的“修改”→“镜像”命令。
- 工具栏：单击“修改”工具栏中的“镜像”按钮。
- 功能区：单击“默认”选项卡“修改”面板中的“镜像”按钮。

扫一扫，看视频

轻松动手学——道路截面

源文件：源文件 \ 第 7 章 \ 道路截面 .dwg

绘制如图 7-13 所示的道路截面。

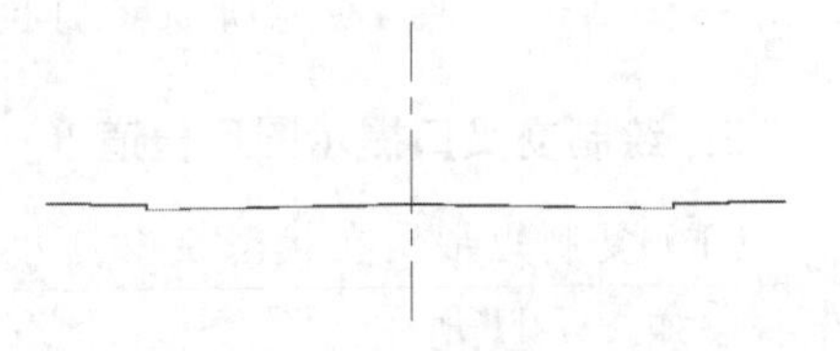

图 7-13　道路截面

【操作步骤】

（1）新建两个图层，设置“路基路面”图层和“道路中线”图层的属性，如图 7-14 所示。

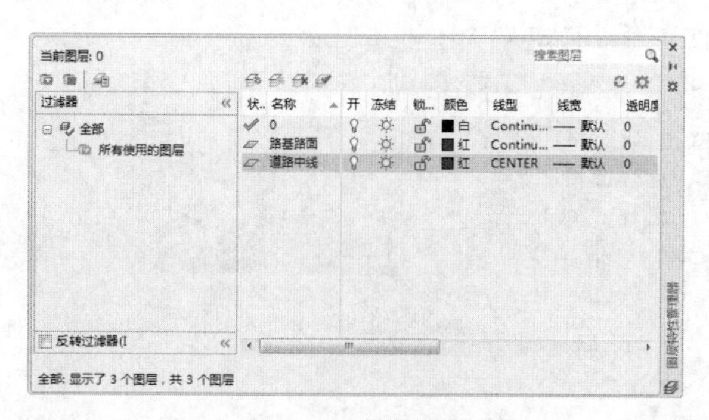

图 7-14　图层设置

（2）把“路基路面”图层设置为当前图层。在状态栏，打开“正交模式”按钮。单击“默认”选项卡“绘图”面板中的“直线”按钮，绘制一条水平长为 21 的线段。

（3）把“道路中线”图层设置为当前图层。右击“二维对象捕捉”按钮，选择“设置”命令，打开“草图设置”对话框，选择需要的对象捕捉模式、操作和设置，如图 7-15 所示。

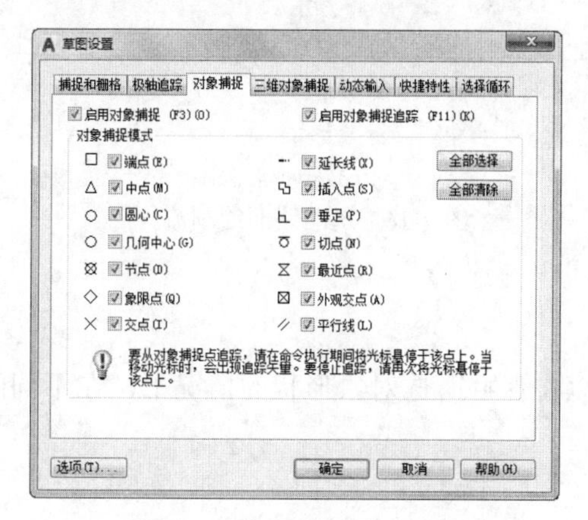

图 7-15　对象捕捉设置

（4）单击“默认”选项卡“绘图”面板中的“直线”按钮，绘制道路中心线。完成的图形如图 7-16（a）所示。

（5）单击“默认”选项卡“修改”面板中的“复制”按钮，复制道路路基路面线，复制的位移为 0.14。

（6）单击“默认”选项卡“绘图”面板中的“直线”按钮，连接 DA 和 AE。完成的图形如图 7-16（b）所示。

（7）单击“默认”选项卡“绘图”面板中的“直线”按钮，指定 E 点为第一点，第二点沿垂直方向向上移动距离 0.09，沿水平方向向右移动距离 4.5，然后进行整理。

（8）按 Delete 键，删除多余的线条，完成的图形如图 7-16（c）所示。

（9）单击“默认”选项卡“绘图”面板中的“多段线”按钮，加粗路面路基。指定 A 点为起点，然后输入“w”来确定多段线的宽度为 0.05，加粗 AE、EF 和 FG。完成的图形如图 7-16（d）所示。

（10）单击“默认”选项卡“修改”面板中的“镜像”按钮，镜像多段线 AEFG，完成的图形如图 7-16 所示。命令行操作与提示如下：

```
命令：_mirror
选择对象：(选择 AEFG 组成的路面路基)
指定镜像线的第一点：(选择 B 点)
指定镜像线的第二点：(选择 C 点)
要删除源对象吗？ [ 是 (Y) / 否 (N)] < 否 >:
```

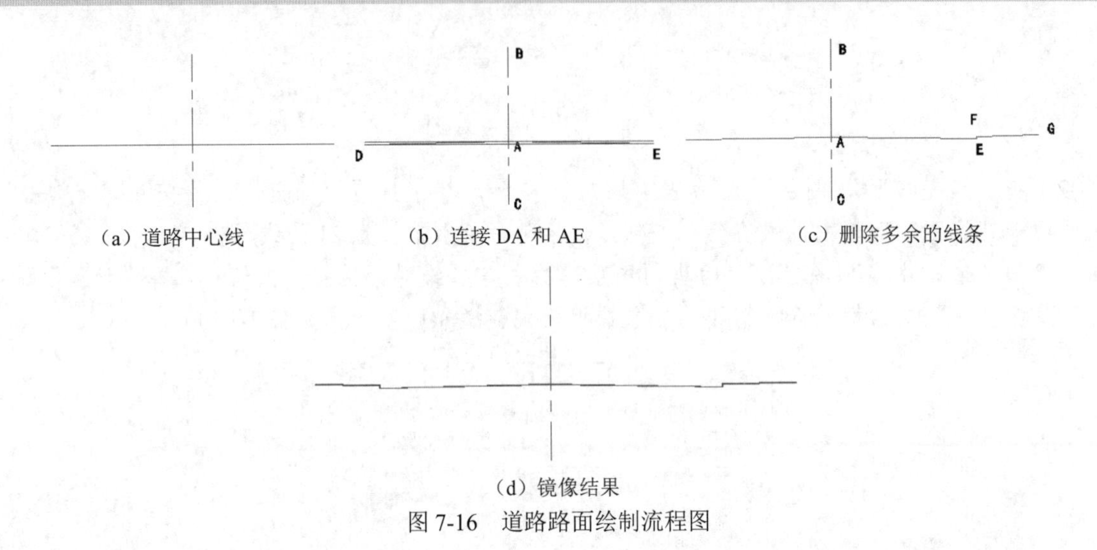

（a）道路中心线　（b）连接 DA 和 AE　（c）删除多余的线条

（d）镜像结果

图 7-16　道路路面绘制流程图

7.2.3 “偏移”命令

利用“偏移”命令，可以在保持所选对象形状的情况下，在不同的位置以不同的尺寸大小新建一个对象。

【执行方式】

- 命令行：OFFSET。
- 菜单栏：选择菜单栏中的“修改”→“偏移”命令。
- 工具栏：单击“修改”工具栏中的“偏移”按钮。
- 功能区：单击“默认”选项卡“修改”面板中的“偏移”按钮。

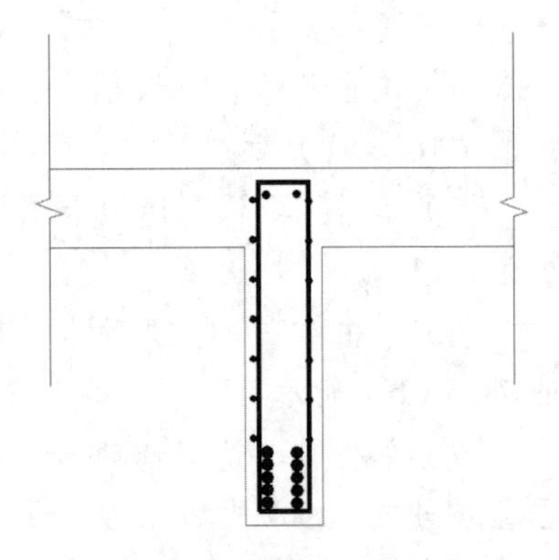

图 7-17　桥梁钢筋剖面

轻松动手学——桥梁钢筋剖面

扫一扫，看视频

源文件：源文件 \ 第 7 章 \ 桥梁钢筋剖面 .dwg

绘制如图 7-17 所示的桥梁钢筋剖面。

【操作步骤】

（1）在状态栏中单击“正交模式”按钮，打开正交模式。单击“默认”选项卡“绘图”面板中的“直线”按钮，在屏幕上任意指定一点，以坐标点 (@-200,0)、(@0,700)、(@-500,0)、

(@0,200)、(@1200,0)、(@0,-200)、(@-500,0)、(@0,-700) 绘制直线，如图 7-18 所示。

（2）绘制折断线。单击“默认”选项卡“绘图”面板中的“直线”按钮，绘制线段；然后单击“默认”选项卡“修改”面板中的“修剪”按钮（在后面章节中将详细讲述），修剪掉多余的线条，完成的图形如图 7-19 所示。

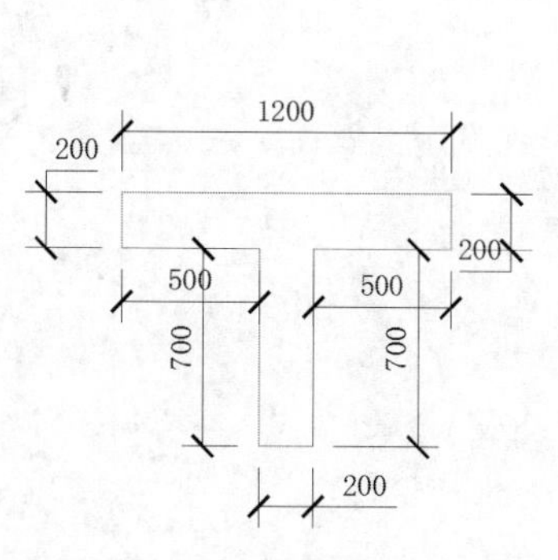

图 7-18　1-1 剖面轮廓线绘制

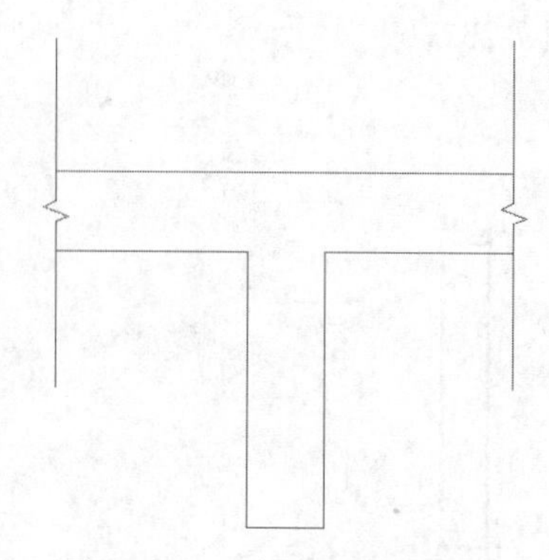

图 7-19　1-1 剖面折断线绘制

（3）绘制钢筋。

① 单击“默认”选项卡“修改”面板中的“偏移”按钮，绘制钢筋定位线。将线段 AB 作为偏移的对象进行偏移，偏移距离设置为 35。命令行操作与提示如下：

```
命令：_offset
当前设置：删除源 = 否　图层 = 源　OFFSETGAPTYPE=0
指定偏移距离或 [ 通过 (T) / 删除 (E) / 图层 (L)] < 通过 >:　35
选择要偏移的对象，或 [ 退出 (E) / 放弃 (U)] < 退出 >:（选择线段 AB）
……
```

重复使用“偏移”命令，将其余三条线段 AC、BD 和 EF 也进行偏移，偏移的距离设置为 20，如图 7-20 所示。

② 在状态栏中单击“对象捕捉”按钮，打开对象捕捉模式。单击“极轴追踪”按钮，打开极轴追踪。

③ 单击“默认”选项卡“绘图”面板中的“多段线”按钮，绘制架立筋。输入“w”，设置线宽为 10。完成的图形如图 7-21 所示。

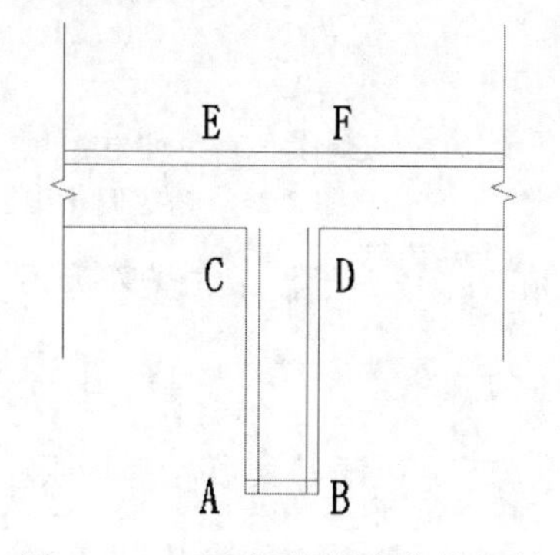

图 7-20　1-1 剖面钢筋定位线绘制

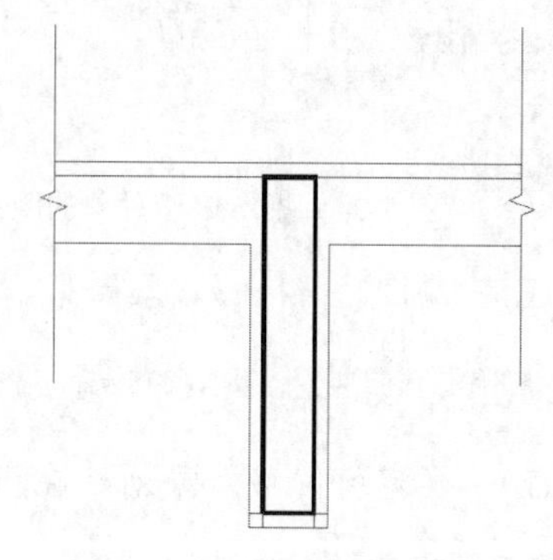

图 7-21　钢筋绘制流程图 1

④ 按 Delete 键，删除钢筋定位直线。完成的图形如图 7-22 所示。

⑤ 单击“默认”选项卡“绘图”面板中的“圆”按钮，绘制两个直径为 14 和 32 的圆，完成的图形如图 7-23（a）所示。

⑥ 单击“默认”选项卡“绘图”面板中的“图案填充”按钮，选择 SOLID 图案进行填充。完成的图形如图 7-23（b）所示。

（a）绘制圆　　（b）图案填充

图 7-22　钢筋绘制流程图 2　　图 7-23　钢筋绘制流程图 3

⑦ 单击“默认”选项卡“修改”面板中的“复制”按钮，复制刚刚填充好的钢筋到相应的位置，完成的图形如图 7-17 所示。

【选项说明】

（1）指定偏移距离：输入一个距离值，或按 Enter 键使用当前的距离值，系统把该距离值作为偏移距离，如图 7-24 所示。

（2）通过 (T)：指定偏移对象的通过点。选择该选项后，命令提示与操作如下：

```
选择要偏移的对象，或 [退出(E)/放弃(U)] <退出>:（选择要偏移的对象，按 Enter 键结束操作）
指定通过点或 [退出(E)/多个(M)/放弃(U)] <退出>:（指定偏移对象的一个通过点）
```

操作完毕，系统根据指定的通过点绘出偏移对象，如图 7-25 所示。

要偏移的对象　指定通过点　执行结果

图 7-24　指定偏移对象的距离　　图 7-25　指定偏移对象的通过点

（3）删除 (E)：偏移后，将源对象删除。选择该选项后，命令行提示与操作如下：

```
要在偏移后删除源对象吗？[是(Y)/否(N)] <否>:
```

（4）图层 (L)：确定将偏移对象创建在当前图层上，还是在源对象所在的图层上。选择该选项后，命令行提示与操作如下：

输入偏移对象的图层选项 [当前 (C) / 源 (S)] <源>:

7.2.4 “阵列”命令

阵列是指多次重复选择对象并把这些副本按矩形或环形排列。把副本按矩形排列称为建立矩形阵列，把副本按环形排列称为建立极轴阵列。建立极轴阵列时，应该控制复制对象的次数和对象是否被旋转；建立矩形阵列时，应该控制行和列的数量以及对象副本之间的距离。

用“阵列”命令可以建立矩形阵列、极轴阵列（环形）和旋转的矩形阵列。

【执行方式】

- 命令行：ARRAY。
- 菜单栏：选择菜单栏中的“修改”→“阵列”命令。
- 工具栏：单击“修改”工具栏中的“矩形阵列”按钮，或单击“修改”工具栏中的“路径阵列”按钮，或单击“修改”工具栏中的“环形阵列”按钮。
- 功能区：单击“默认”选项卡“修改”面板中的“矩形阵列”按钮 /“路径阵列”按钮 /“环形阵列”按钮（见图 7-26）。

轻松动手学——提示盲道

扫一扫，看视频

源文件：源文件 \ 第 7 章 \ 提示盲道 .dwg

绘制的提示盲道如图 7-27 所示。

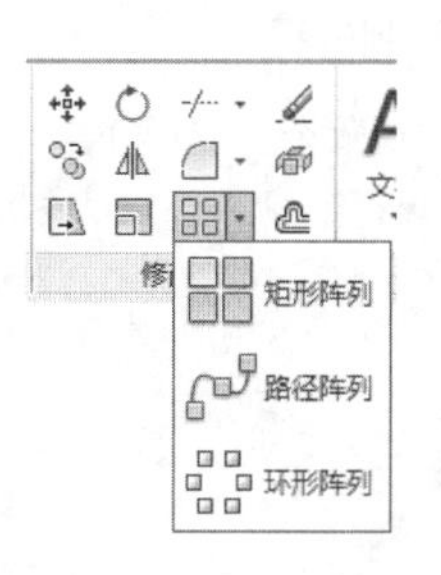

图 7-26 “阵列”下拉列表

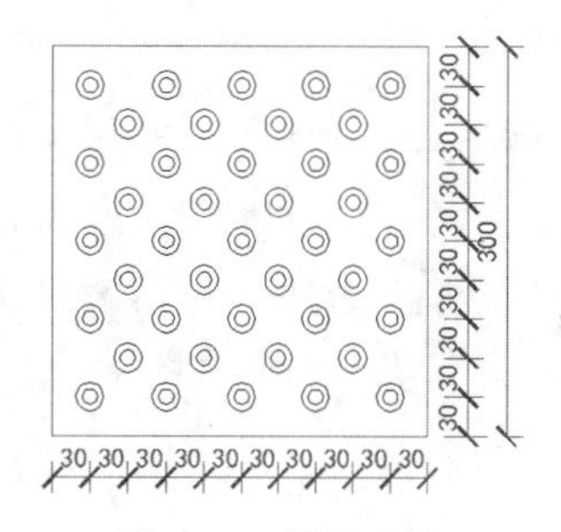

图 7-27 提示盲道

【操作步骤】

（1）单击“默认”选项卡“绘图”面板中的“直线”按钮，绘制两条长为 300 正交的线段。完成的图形如图 7-28（a）所示。

（2）单击“默认”选项卡“修改”面板中的“矩形阵列”按钮，将竖直线段向右阵列 11 列，列数之间的距离为 30。命令行提示与操作如下：

```
命令: _arrayrect
选择对象：(选择竖直线段)
类型 = 矩形  关联 = 是
选择夹点以编辑阵列或 [关联 (AS) / 基点 (B) / 计数 (COU) / 间距 (S) / 列数 (COL) / 行数 (R) / 层数 (L) / 退出 (X)] <退出>: r
输入行数数或 [表达式 (E)] <3>: 1
```

```
指定 行数 之间的距离或 [总计(T)/表达式(E)] <450>: 1
指定 行数 之间的标高增量或 [表达式(E)] <0>:
选择夹点以编辑阵列或 [关联(AS)/基点(B)/计数(COU)/间距(S)/列数(COL)/行数(R)/层数(L)/退出(X)] <退出>: col
输入列数数或 [表达式(E)] <4>: 11
指定 列数 之间的距离或 [总计(T)/表达式(E)] <1>: 30
选择夹点以编辑阵列或 [关联(AS)/基点(B)/计数(COU)/间距(S)/列数(COL)/行数(R)/层数(L)/退出(X)] <退出>:
```

重复“矩形阵列”命令，将水平线段向上阵列 11 列，行数之间的距离为 30，完成方格图形的绘制，如图 7-28（b）所示。

（3）单击“默认”选项卡“绘图”面板中的“圆”按钮，绘制两个同心圆（半径分别为 4 和 11）。完成的图形如图 7-28（c）所示。

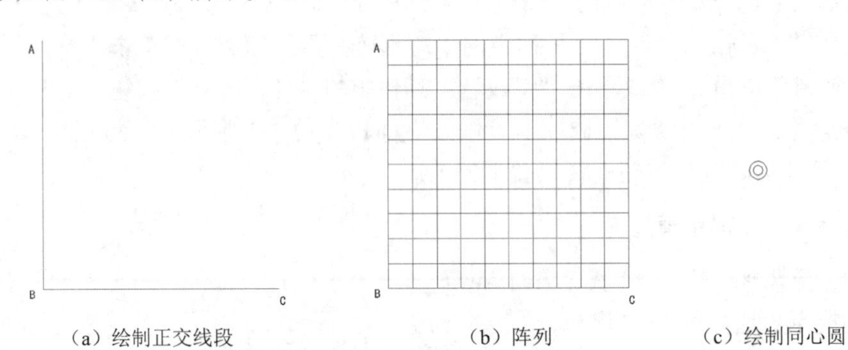

（a）绘制正交线段　（b）阵列　（c）绘制同心圆

图 7-28　提示停步块材网格绘制流程

（4）单击“默认”选项卡“修改”面板中的“复制”按钮，复制同心圆到方格网交点。完成的图形如图 7-29 所示。

（5）按 Delete 键，删除多余线条，然后对该图形进行标注，结果如图 7-27 所示。

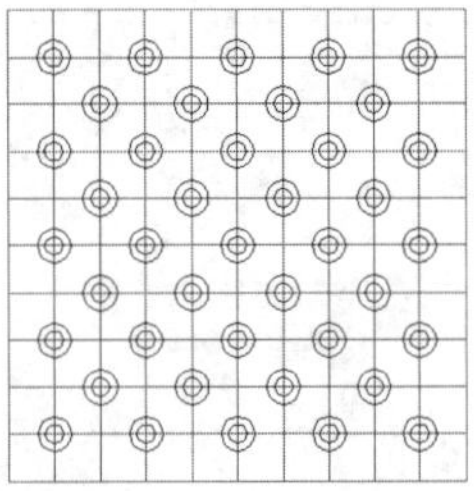

图 7-29　方格网阵列

【选项说明】

（1）矩形 (R)（命令行：ARRAYRECT）：将选定对象的副本分布到行数、列数和层数的任意组合。通过夹点，调整阵列间距、列数、行数和层数；也可以分别选择各选项输入数值。

（2）极轴 (PO)：在绕中心点或旋转轴的环形阵列中均匀分布对象副本。选择该选项后，命令行提示与操作如下：

```
指定阵列的中心点或 [基点(B)/旋转轴(A)]:（选择中心点、基点或旋转轴）
选择夹点以编辑阵列或 [关联(AS)/基点(B)/项目(I)/项目间角度(A)/填充角度(F)/行(ROW)/层(L)/旋转项目(ROT)/退出(X)] <退出>:（通过夹点，调整角度，填充角度；也可以分别选择各选项输入数值）
```

（3）路径 (PA)（命令行：ARRAYPATH）：沿路径或部分路径均匀分布选定对象的副本。选择该选项后，命令行提示与操作如下：

选择路径曲线：（选择一条曲线作为阵列路径）
选择夹点以编辑阵列或 [关联(AS)/方法(M)/基点(B)/切向(T)/项目(I)/行(R)/层(L)/对齐项目(A)/Z方向(Z)/退出(X)]
<退出>：（通过夹点，调整阵列行数和层数；也可以分别选择各选项输入数值）

动手练一练——庭院灯灯头

绘制如图7-30所示的庭院灯灯头。

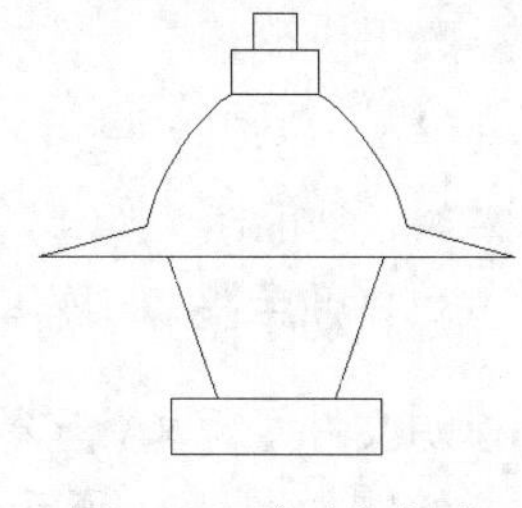

图7-30　庭院灯灯头

思路点拨

（1）利用“直线”命令绘制左侧轮廓。
（2）利用“镜像”命令绘制右侧轮廓。

7.3　改变位置类命令

改变位置类命令的功能是按照指定要求改变当前图形或图形的某部分的位置，主要包括“移动”“旋转”和“缩放”等命令。

7.3.1　“移动”命令

“移动”命令用于对象的重定位，即在指定方向上按指定距离移动对象。对象的位置发生了改变，但方向和大小不改变。

【执行方式】

- 命令行：MOVE。
- 菜单栏：选择菜单栏中的“修改”→“移动”命令。
- 快捷菜单：选择要复制的对象，在绘图区右击，在弹出的快捷菜单中选择“移动”命令。
- 工具栏：单击“修改”工具栏中的“移动”按钮。
- 功能区：单击“默认”选项卡“修改”面板中的“移动”按钮。

【操作步骤】

命令：MOVE
选择对象：（选择对象）

用前面介绍的对象选择方法选择要移动的对象，按Enter键，结束选择。系统继续提示：

指定基点或位移：（指定基点或移至点）
指定基点或 [位移(D)] <位移>：（指定基点或位移）
指定第二个点或 <使用第一个点作为位移>：

命令选项功能与“复制”命令类似。

7.3.2　“旋转”命令

“旋转”命令用于在保持原形状不变的情况下以一定点为中心，旋转一定的角度得到图形。

【执行方式】

- 命令行：ROTATE。
- 菜单栏：选择菜单栏中的“修改”→“旋转”命令。
- 快捷菜单：选择要旋转的对象，在绘图区右击，在弹出的快捷菜单中选择“旋转”命令。
- 工具栏：单击“修改”工具栏中的“旋转”按钮。
- 功能区：单击“默认”选项卡“修改”面板中的“旋转”按钮。

扫一扫，看视频

轻松动手学——枸杞

源文件：源文件\第 7 章\枸杞 .dwg

绘制如图 7-31 所示的枸杞。

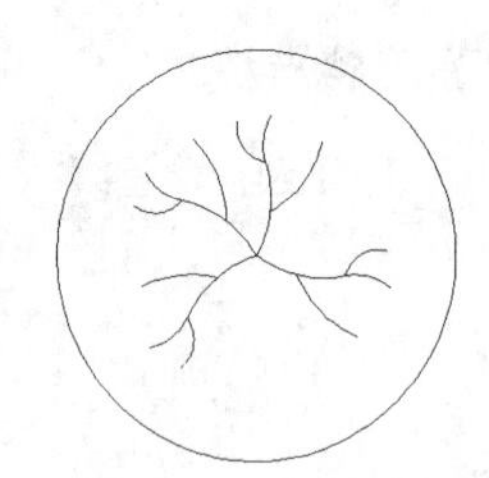

图 7-31 枸杞

【操作步骤】

（1）单击“默认”选项卡“绘图”面板中的“圆”按钮和“样条曲线拟合”按钮，绘制初步图形，其中表示树枝的样条曲线最下面的起点捕捉为圆心，结果如图 7-32 所示。

（2）单击“默认”选项卡“修改”面板中的“旋转”按钮。命令行提示与操作如下：

```
命令：_rotate
UCS 当前的正角方向： ANGDIR=逆时针  ANGBASE=0
选择对象：（选取圆内图形对象）
指定基点：（捕捉圆心为基点）
指定旋转角度，或 [复制(C)/参照(R)] <0>: c↙
指定旋转角度或 [复制(C)/参照(R)] <0>: -90↙
```

（3）利用同样的方法继续进行复制旋转，结果如图 7-33 所示。最终结果如图 7-31 所示。

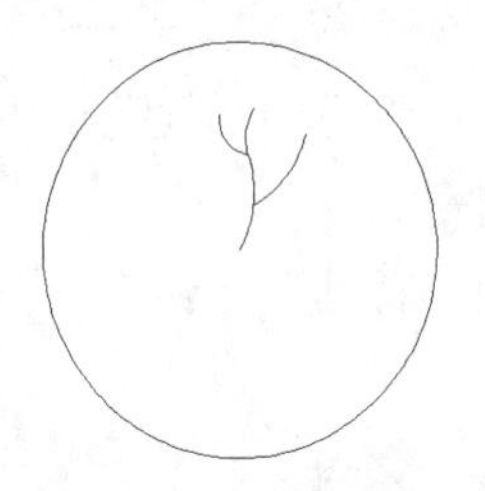

图 7-32 初步图形

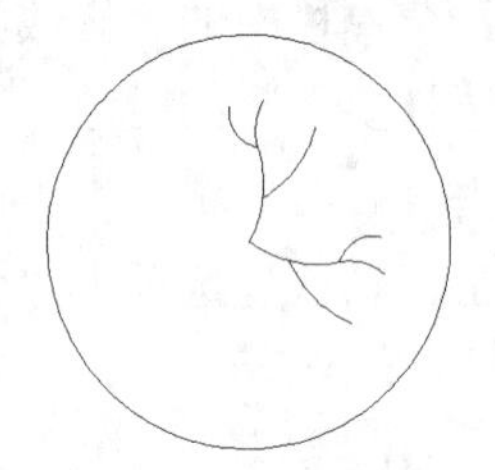

图 7-33 复制旋转

【选项说明】

（1）复制 (C)：选择该选项，旋转对象的同时，保留原对象，如图 7-34 所示。

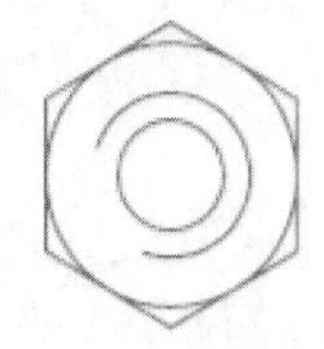

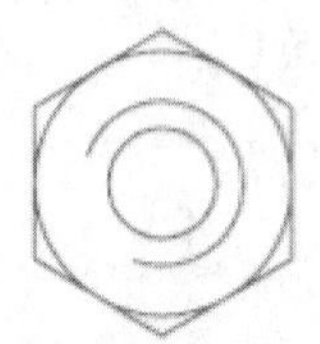

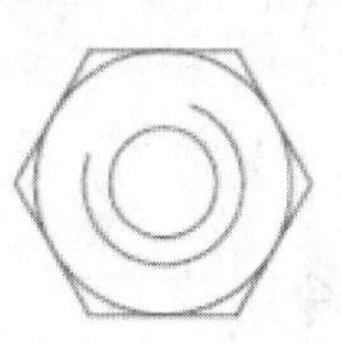

图 7-34 复制旋转

（2）参照 (R)：采用参照方式旋转对象时，命令行提示与操作如下：

```
指定参照角 <0>：（指定要参考的角度，默认值为 0）
指定新角度或 [ 点 (P)] <0>：（输入旋转后的角度值）
```

操作完毕后，对象被旋转至指定的角度位置。

✍ **技巧**

可以用拖动鼠标的方法旋转对象。选择对象并指定基点后，从基点到当前光标位置会出现一条连线，选择的对象会动态地随着该连线与水平方向夹角的变化而旋转，按 Enter 键，确认旋转操作，如图 7-35 所示。

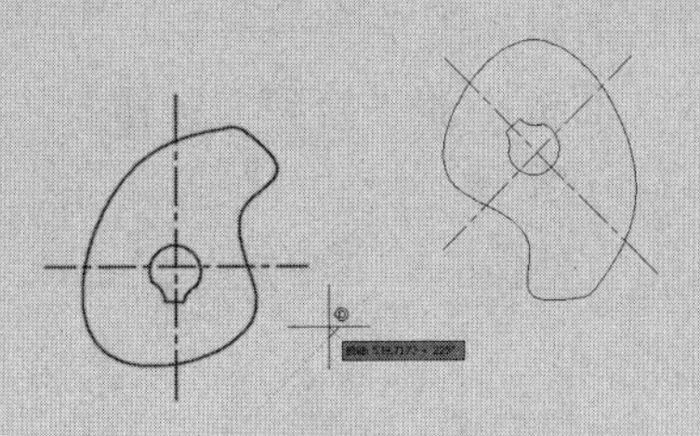

图 7-35　拖动鼠标旋转对象

7.3.3 “缩放”命令

“缩放”命令是将已有图形对象以基点为参照进行等比例缩放，它可以调整对象的大小，使其在一个方向上按照要求增大或缩小一定的比例。

【执行方式】

- 命令行：SCALE。
- 菜单栏：选择菜单栏中的“修改”→“缩放”命令。
- 快捷菜单：选择要缩放的对象，在绘图区右击，在弹出的快捷菜单中选择“缩放”命令。
- 工具栏：单击“修改”工具栏中的“缩放”按钮。
- 功能区：单击“默认”选项卡“修改”面板中的“缩放”按钮。

扫一扫，看视频

轻松动手学——五瓣梅

源文件：源文件 \ 第 7 章 \ 五瓣梅 .dwg

绘制如图 7-36 所示的五瓣梅。

【操作步骤】

（1）绘制花瓣外框。单击“默认”选项卡“绘图”面板中的“圆弧”按钮，绘制花瓣外形，尺寸可适当选取，结果如图 7-37 所示。

（2）绘制五角星。

① 单击“默认”选项卡“绘图”面板中的“多边形”按钮，绘制一个正五边形。

② 单击“默认”选项卡“绘图”面板中的“直线”按钮，分别连接正五边形各顶点，绘制结果如图 7-38 所示。

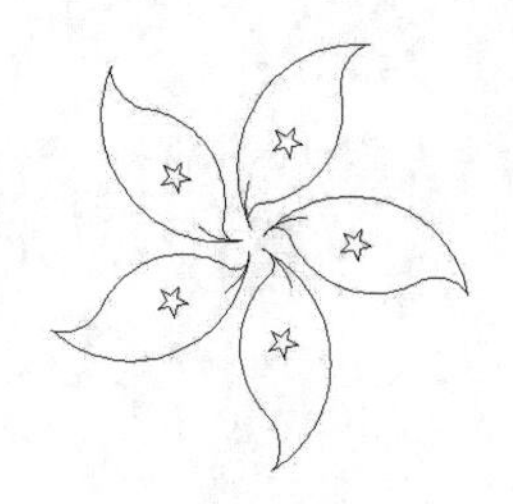

图 7-36　五瓣梅

图 7-37　花瓣外框

图 7-38　绘制五角星

（3）编辑五角星。

① 按 Delete 键，删除正五边形，结果如图 7-39 所示。

② 单击“默认”选项卡“修改”面板中的“修剪”按钮（将在后面章节中详细讲述），将五角星内部线段进行修剪，结果如图 7-40 所示。

（4）单击“默认”选项卡“修改”面板中的“缩放”按钮，缩放五角星。命令行提示与操作如下：

```
命令：SCALE
选择对象：(选择五角星)
指定基点：(适当指定一点)
指定比例因子或 [复制(C)/参照(R)]: 0.5
```

结果如图 7-41 所示。

图 7-39　删除正五边形

图 7-40　修剪五角星

图 7-41　缩放五角星

（5）阵列花瓣。单击“默认”选项卡“修改”面板中的“环形阵列”按钮，将花瓣进行环形阵列，阵列项目数为 5，结果如图 7-36 所示。

【选项说明】

（1）指定比例因子：选择对象并指定基点后，从基点到当前光标位置会出现一条线段，线段的长度即为比例因子。鼠标选择的对象会动态地随着该连线长度的变化而缩放，按 Enter 键，确认缩放操作。

（2）参照 (R)：采用参考方向缩放对象时，，命令行提示与操作如下：

```
指定参照长度 <1>:(指定参考长度值)
指定新的长度或 [点(P)] <1.0000>:(指定新长度值)
```

若新长度值大于参考长度值，则放大对象；否则，缩小对象。操作完毕后，系统以指定的基点按指定的比例因子缩放对象。如果选择“点 (P)”选项，则指定两点来定义新的长度。

（3）复制 (C)：选择该选项时，可以复制缩放对象，即缩放对象时，保留原对象，如图 7-42 所示。

动手练一练——指北针

绘制如图 7-43 所示的指北针。

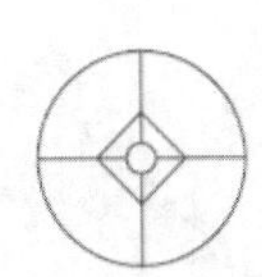

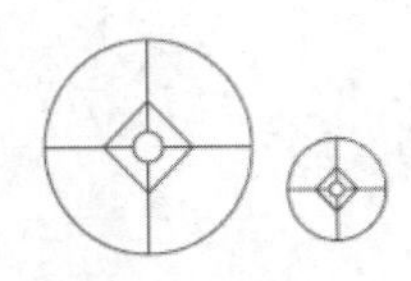

图 7-42　复制缩放

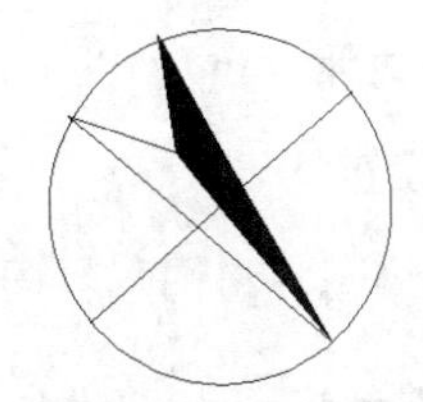

图 7-43　指北针

思路点拨

（1）利用"直线"命令绘制中心线。
（2）利用"圆"命令在中心线的交点处绘制圆。
（3）利用"直线"命令绘制连续线段。
（4）利用"镜像"命令镜像另一侧的图形。
（3）利用"图案填充"命令填充图形。
（4）利用"旋转"命令旋转整个图形。

7.4　综合演练：自然式种植设计平面图

源文件：源文件 \ 第 7 章 \ 自然式种植设计平面图 .dwg

某道路宽 10m，红线控制两侧绿地分别宽 6m。如图 7-44 所示为道路绿地规划区域的一个标准段。

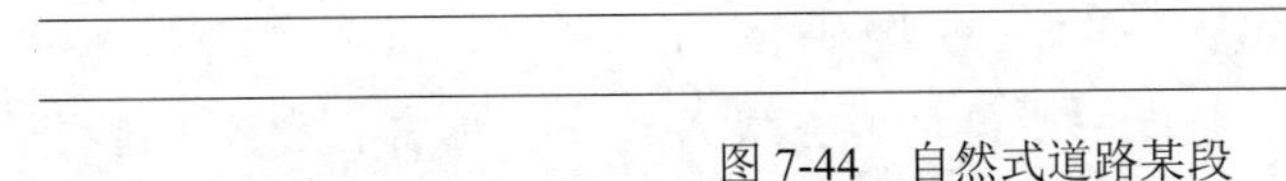

图 7-44　自然式道路某段

绘制的自然式种植设计平面图如图 7-45 所示。

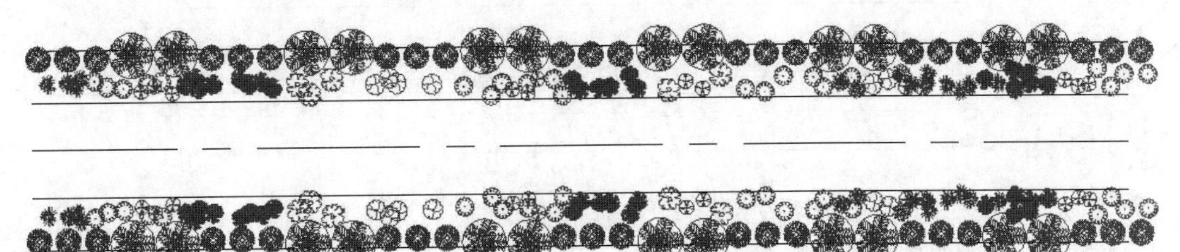

图 7-45　自然式种植设计平面图

7.4.1 必要的设置

进行必要的单位和图形界限的设置。

1. 单位设置

将系统单位设为米（m），以 1:1 的比例绘制。

2. 图形界限设置

以 1:1 的比例绘图，将图形界限设置为 420×297。

7.4.2 道路绿地中乔木的绘制

1. 新建图层

单击“默认”选项卡“图层”面板中的“图层特性”按钮，打开“图层特性管理器”选项板，建立一个新图层，命名为“乔木”，颜色选取 3 号绿色，线型为 Continuous，线宽为默认，并设置为当前图层，如图 7-46 所示。确定后回到绘图状态。

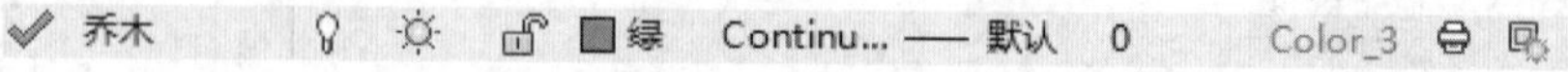

乔木 绿 Continu... —— 默认 0 Color_3

图 7-46 “乔木”图层设置

2. 乔木的配植

（1）单击“默认”选项卡“修改”面板中的“偏移”按钮，将红色控制线向道路内侧进行偏移，偏移距离为 1.0，然后打开资源包附带的植物图例，选择合适的植物图例，复制到图 7-45 所示的地方。调节大小比例后结果如图 7-47 所示。

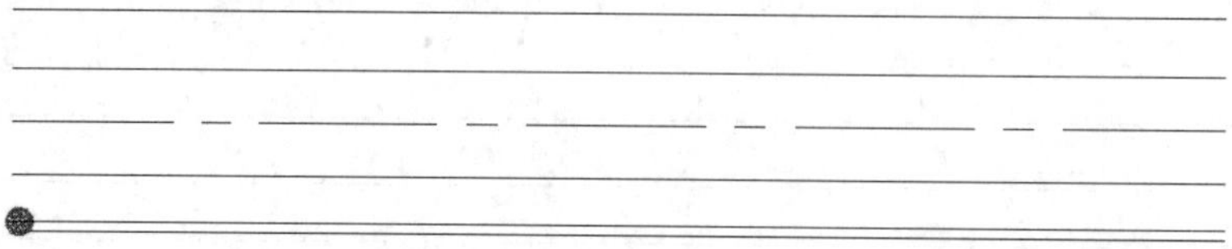

图 7-47 乔木种植

（2）乔木 A 之间的距离为 3.5m。将上一步绘制的乔木 A 选中，单击“默认”选项卡“修改”面板中的“矩形阵列”按钮，设置行数为 1、列数为 3、列偏移为 3.5。结果如图 7-48 所示。

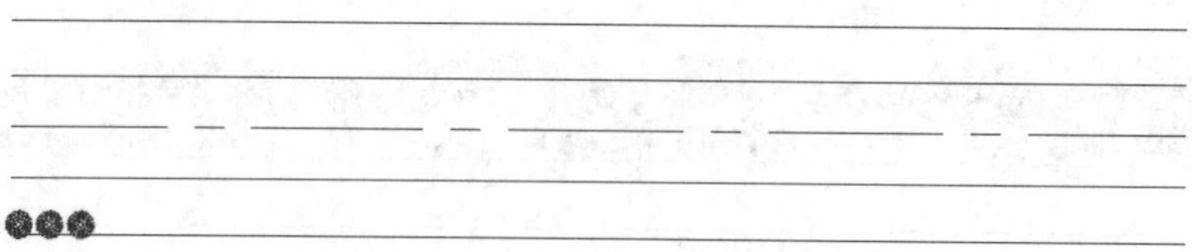

图 7-48 阵列后的效果

（3）将上一步绘制的乔木 A 全部选中，单击“默认”选项卡“修改”面板中的“矩形阵列”按钮，设置行数为 1、列数为 7、列偏移为 20。阵列效果如图 7-49 所示。

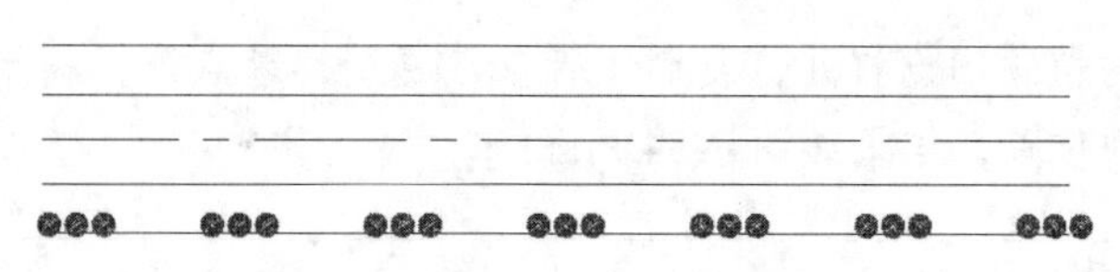

图 7-49　第二次阵列后的效果

3. 乔木 B 的绘制

乔木 B 与乔木 A 之间的距离为 7.0，乔木 B 的间距为 7.0。

（1）单击“默认”选项卡“绘图”面板中的“直线”按钮，以最左端右数第三个乔木 A 的图例的中心点为第一点，水平向右绘制长度为 7.0 的线段，然后竖直向下绘制 0.3，以该线段的端点为乔木 B 的中心位置。打开资源包附带的植物图例，选择合适的植物图例，复制到图 7-45 所示的地方。调节大小比例后结果如图 7-50 所示。

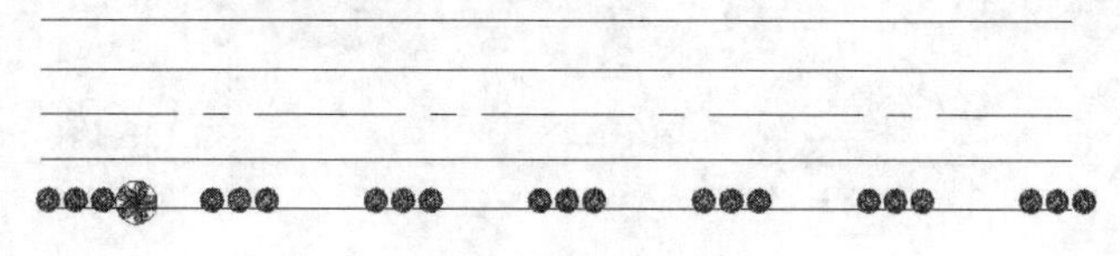

图 7-50　插入乔木 B

（2）单击“默认”选项卡“修改”面板中的“复制”按钮，打开“极轴”和“对象捕捉”，将上一步绘制的乔木 B 选中，沿水平方向向右位移 5，结果如图 7-51 所示。

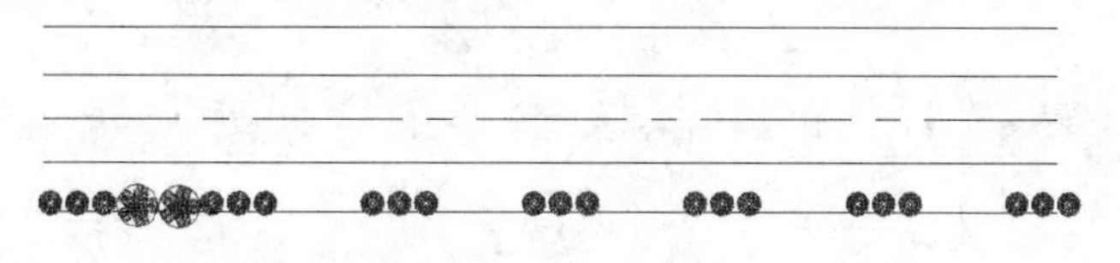

图 7-51　复制乔木 B

（3）将乔木 B 全部选中，单击“默认”选项卡“修改”面板中的“矩形阵列”按钮，行数为 1、列数为 6、列偏移为 20。阵列后的效果如图 7-52 所示。

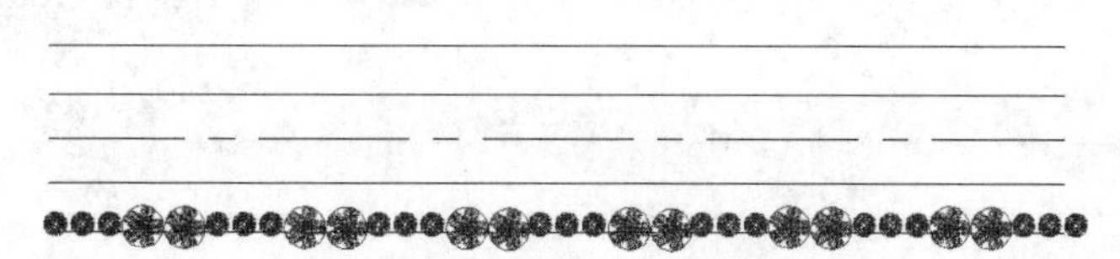

图 7-52　阵列后的效果

7.4.3　灌木的绘制

（1）单击“默认”选项卡“图层”面板中的“图层特性”按钮，弹出“图层特性管理器”选项板。建立一个新图层，命名为“灌木”，颜色选取 3 号绿色，线型为 Continuous，线宽为默认，并设置为当前图层，如图 7-53 所示。确定后回到绘图状态。

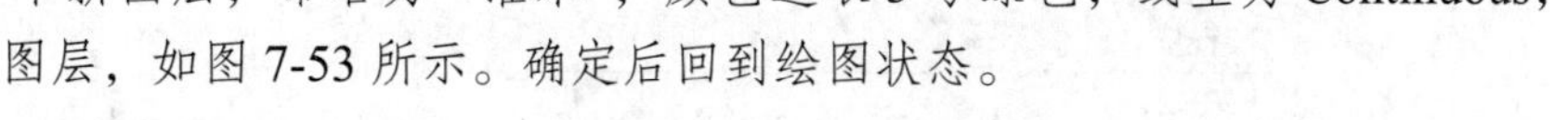

灌木　绿　Continu... —— 默认　0　Color_3

图 7-53　“灌木”图层设置

（2）将资源包附带的植物图例打开，复制（带基点复制，基点选择树干的中心位置）合适的灌木平面图例，置于合适的位置，结果如图 7-54 所示。

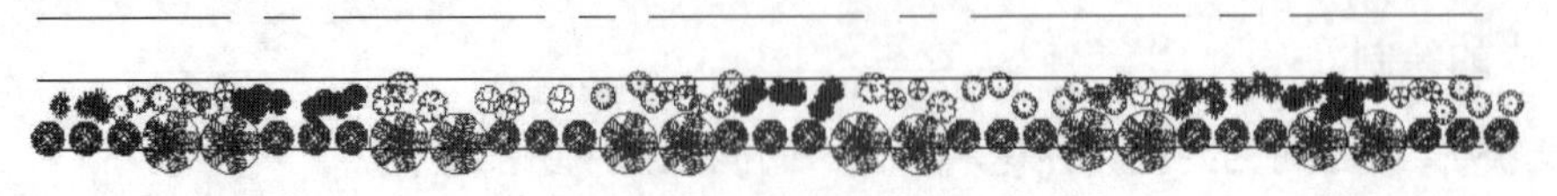

图 7-54　插入合适的灌木

（3）灌木配植详图如图 7-55 ~ 图 7-58 所示。

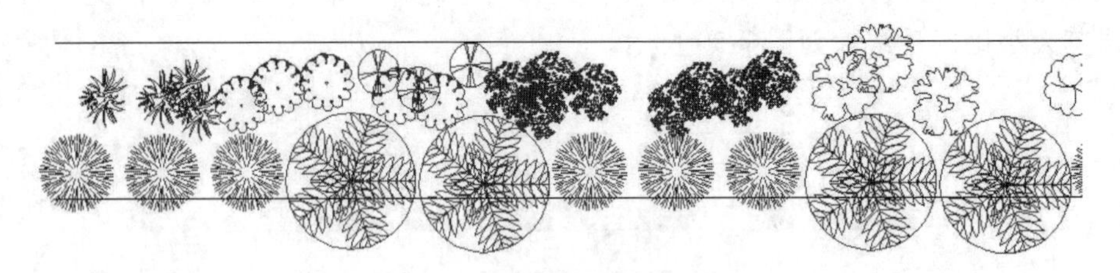

图 7-55　灌木配植详图 1

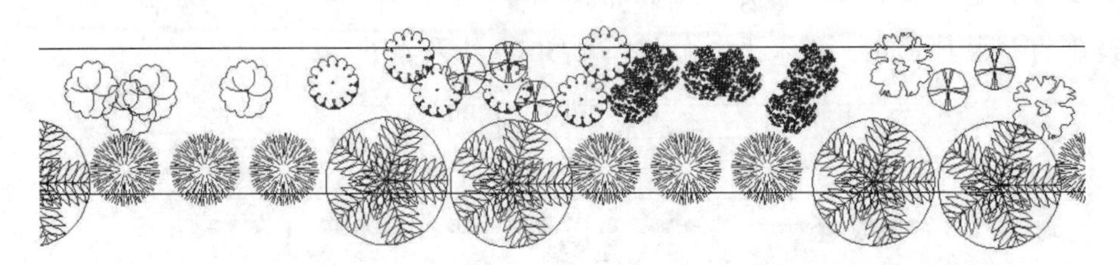

图 7-56　灌木配植详图 2

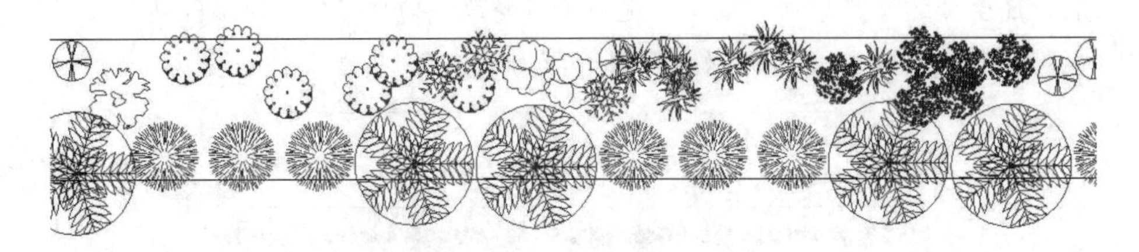

图 7-57　灌木配植详图 3

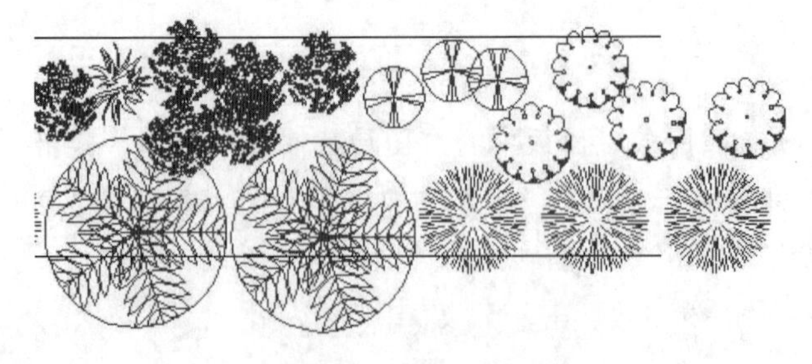

图 7-58　灌木配植详图 4

（4）单击“默认”选项卡“修改”面板中的“镜像”按钮，将道路绿地一侧的种植设计镜像到另一侧，镜像轴为道路的中轴线，结果如图7-59所示。

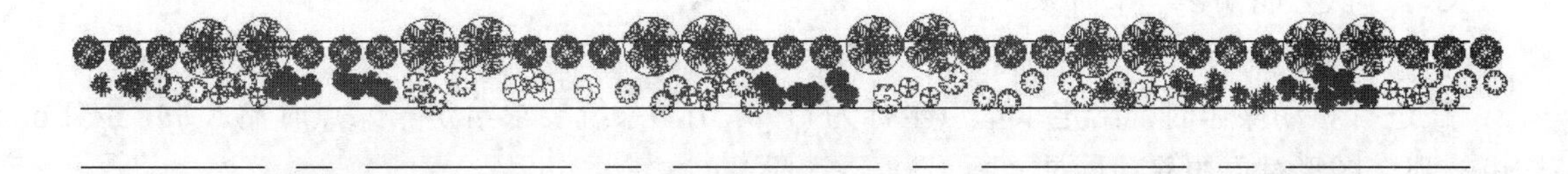

图7-59　种植完毕

7.5　模拟认证考试

1．在选择集中去除对象，按住（　　）键可以进行去除对象选择。

A．Space　　B．Shift　　C．Ctrl　　D．Alt

2．执行“环形阵列”命令，在指定圆心后默认创建（　　）个图形。

A．4　　B．6　　C．8　　D．10

3．将半径为10、圆心为(70,100)的圆矩形阵列。阵列3行2列，行偏移距离-30，列偏移距离50，阵列角度10°，阵列后第2列第3行圆的圆心坐标是（　　）。

A．X = 119.2404，Y = 108.6824　　B．X=124.4498，Y = 79.1382

C．X = 129.6593，Y = 49.5939　　D．X = 80.4189，Y = 40.9115

4．已有一个画好的圆，绘制一组同心圆可以用（　　）命令来实现。

A．STRETCH（伸展）　　B．OFFSET（偏移）

C．EXTEND（延伸）　　D．MOVE（移动）

5．在对图形对象进行复制操作时，指定了基点坐标为(0,0)，系统要求指定第二点时直接按Enter键结束，则复制出的图形所处位置是（　　）。

A．没有复制出新图形　　B．与原图形重合

C．图形基点坐标为(0,0)　　D．系统提示错误

6．在一张复杂图样中，要选择半径小于10的圆，快速方便的选择是（　　）。

A．通过选择过滤

B．执行“快速选择”命令，在对话框中设置对象类型为圆，特性为直径，运算符为小于，输入值为10，单击“确定”按钮

C．执行“快速选择”命令，在对话框中设置对象类型为圆，特性为半径，运算符为小于，输入值为10，单击“确定”按钮

D．执行“快速选择”命令，在对话框中设置对象类型为圆，特性为半径，运算符为等于，输入值为10，单击“确定”按钮

7．使用“偏移”命令时，下列说法正确的是（　　）。

A．偏移值可以小于 0，这是向反向偏移

B．可以框选对象进行一次偏移多个对象

C．一次只能偏移一个对象

D．“偏移”命令执行时不能删除原对象

8．在进行移动操作时，给定了基点坐标为 (190,70)，系统要求给定第二点时输入 @，按 Enter 键结束，那么图形对象的移动量是（　　）。

A．到原点　　B．190,70　　C．-190,-70　　D．0,0

第 8 章　高级编辑命令

内容简介

编辑命令除了第 7 章讲的命令之外还有修剪、延伸、拉伸、拉长、圆角、倒角以及打断等命令，本章将一一介绍这些编辑命令。

内容要点

- 改变图形特性
- 圆角和倒角
- 打断、合并和分解对象
- 对象编辑
- 综合演练：标志牌
- 模拟认证考试

案例效果

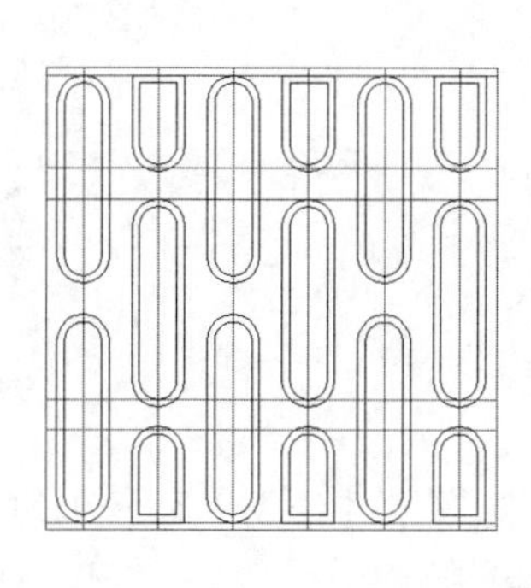
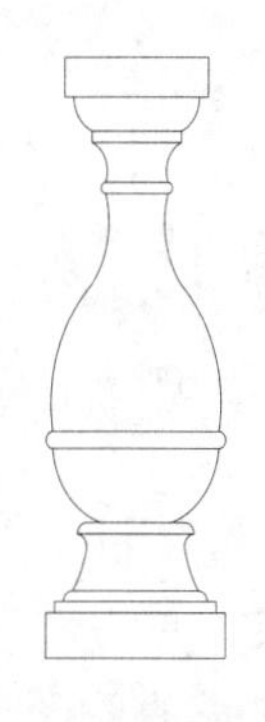

8.1　改变图形特性

此类编辑命令在对指定对象进行编辑后，使编辑对象的几何特性发生改变，包括修剪、延伸、拉长、拉伸等命令。

8.1.1 “修剪”命令

“修剪”命令是将超出边界的多余部分修剪删除掉，与橡皮擦的功能相似，修剪操作可以修改直线、圆、圆弧、多段线、样条曲线、射线和填充图案。

【执行方式】

- 命令行：TRIM。

- 菜单栏：选择菜单栏中的“修改”→“修剪”命令。
- 工具栏：单击“修改”工具栏中的“修剪”按钮 -/--。
- 功能区：单击“默认”选项卡“修改”面板中的“修剪”按钮 -/--。

扫一扫，看视频

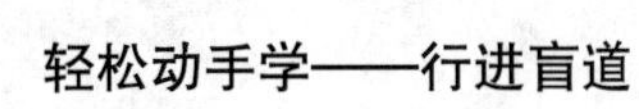

轻松动手学——行进盲道

源文件：源文件\第 8 章\行进盲道 .dwg

绘制如图 8-1 所示的行进盲道。

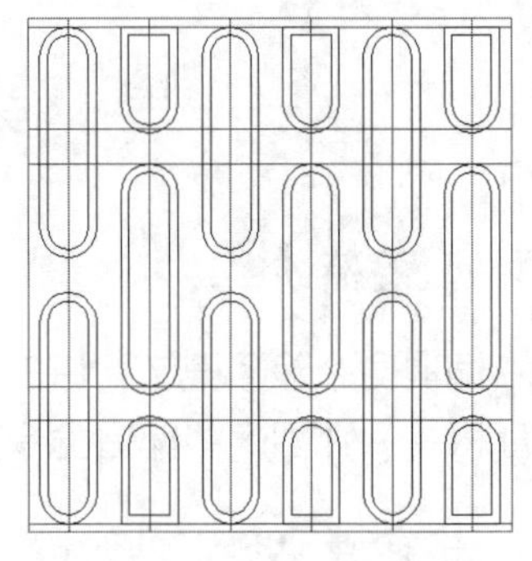

图 8-1　行进盲道

【操作步骤】

1. 新建图层

单击“默认”选项卡“图层”面板中的“图层特性”按钮，在弹出的“图层特性管理器”选项板中新建“盲道”和“材料”图层，设置如图 8-2 所示。

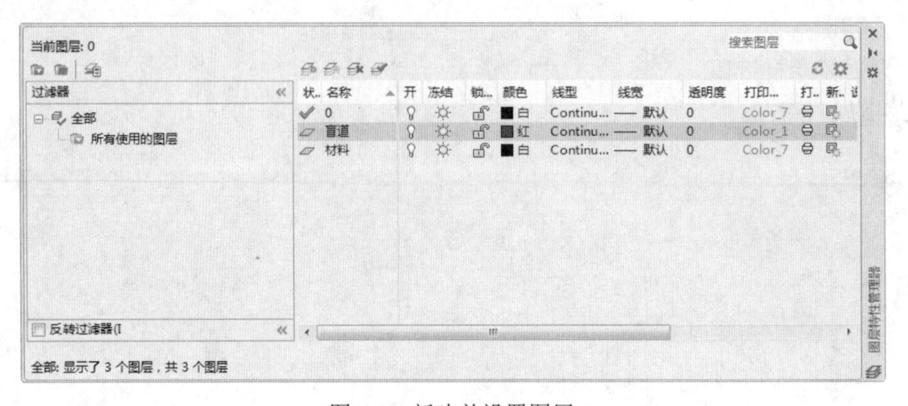

图 8-2　新建并设置图层

2. 行进块材网格

（1）把“盲道”图层设置为当前图层，单击“默认”选项卡“绘图”面板中的“直线”按钮，绘制两条交于端点、长为 300 的线段。完成的图形如图 8-3 所示。

（2）单击“默认”选项卡“修改”面板中的“复制”按钮，复制刚刚绘制好的线段。然后选择 AB，水平向右复制的距离为 25、75、125、175、225、275、300。重复“复制”命令，复制刚刚绘制好的线段。然后选择 BC，垂直向上复制的距离为 5、65、85、215、235、295、300。完成的图形如图 8-4 所示。

3. 绘制行进盲道材料

（1）把“材料”图层设置为当前图层，单击“默认”选项卡“绘图”面板中的“直线”按钮，绘制一条垂直的长为 100 的线段。完成的图形如图 8-5（a）所示。

（2）单击“默认”选项卡“修改”面板中的“复制”按钮，复制刚刚绘制好的线段，水平向右的距离为 35。完成的图形如图 8-5（b）所示。

（3）单击“默认”选项卡“绘图”面板中的“圆”按钮，绘制半径为 17.5 的圆。完成的图形如图 8-5（c）所示。

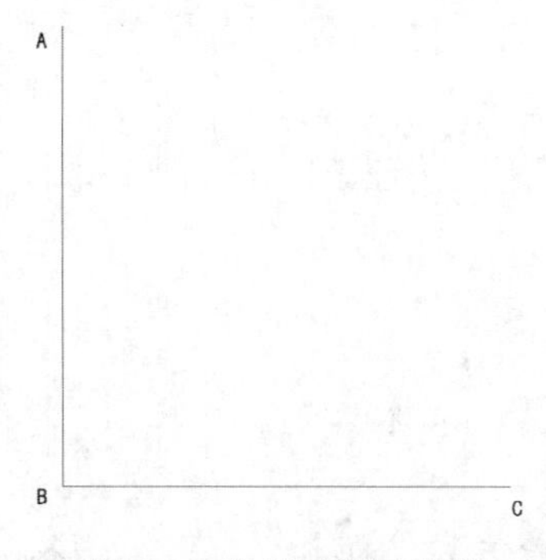

图 8-3　交叉口提示盲道　　　图 8-4　提示行进块材网格绘制流程

（4）单击“默认”选项卡“修改”面板中的“修剪”按钮，剪切掉一半的圆。完成的图形如图 8-5（d）所示。命令行操作与提示如下：

```
命令：_trim
当前设置：投影 =UCS，边 = 无
选择剪切边 ...
选择对象或 < 全部选择 >:
选择要修剪的对象，或按住 Shift 键选择要延伸的对象，或 [ 栏选 (F) / 窗交 (C) / 投影 (P) / 边 (E) /
删除 (R) / 放弃 (U)]：( 选择圆的上半部分 )
```

（5）单击“默认”选项卡“修改”面板中的“镜像”按钮，镜像刚刚剪切过的圆弧。完成的图形如图 8-5（e）所示。

（6）单击“默认”选项卡“修改”面板中的“编辑多段线”按钮，把图 8-5（e）所示的图形转化为多段线。

（7）单击“默认”选项卡“修改”面板中的“偏移”按钮，将刚刚绘制好的多段线向内偏移 5。完成的图形如图 8-5（f）所示。

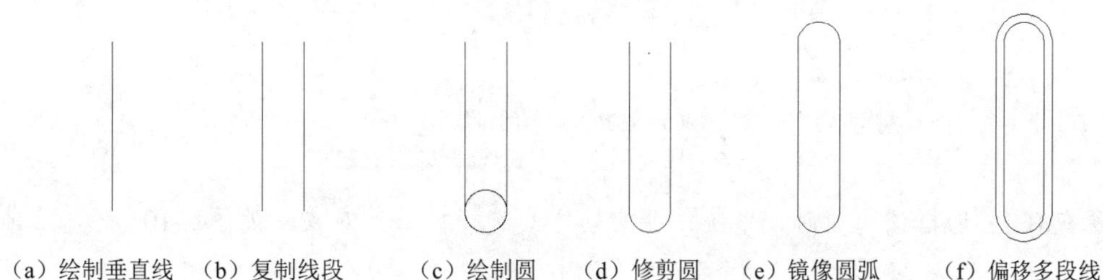

（a）绘制垂直线　（b）复制线段　（c）绘制圆　（d）修剪圆　（e）镜像圆弧　（f）偏移多段线

图 8-5　提示行进块材材料 1 绘制流程

（8）同理，可以完成另一行进材料的绘制。操作流程图如图 8-6 所示。

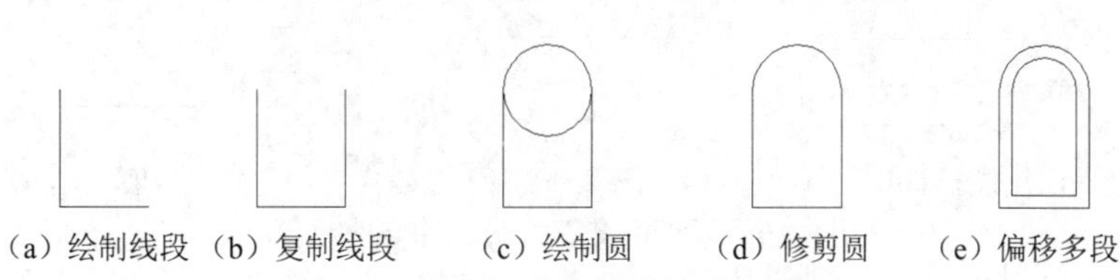

（a）绘制线段　（b）复制线段　（c）绘制圆　（d）修剪圆　（e）偏移多段线

图 8-6　提示行进块材材料 2 绘制流程

4. 完成地面提示行进块材平面图

（1）单击“默认”选项卡“修改”面板中的“复制”按钮，复制上述绘制好的材料。完成的图形如图 8-7 所示。

（2）单击“默认”选项卡“修改”面板中的“镜像”按钮，镜像行进块材。最终结果如图 8-1 所示。

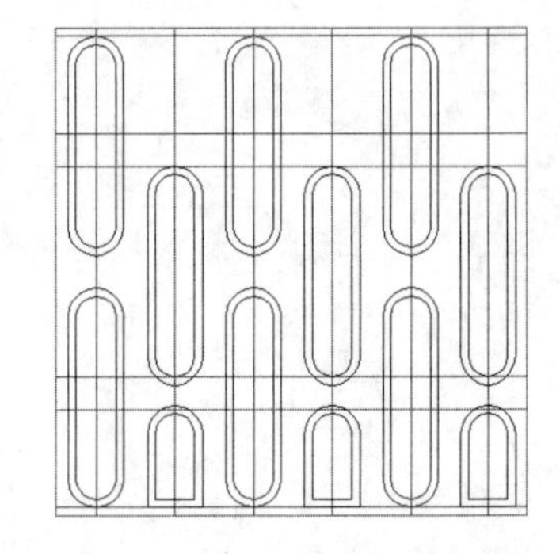
图 8-7　复制后的行进块材图

【选项说明】

（1）按 Shift 键：在选择对象时，如果按住 Shift 键，系统就自动将“修剪”命令转换成“延伸”命令。

（2）边 (E)：选择该选项时，可以选择对象的修剪方式，即延伸和不延伸。

① 延伸 (E)：延伸边界进行修剪。在此方式下，如果剪切边没有与要修剪的对象相交，系统会延伸剪切边直至与要修剪的对象相交，然后修剪，如图 8-8 所示。

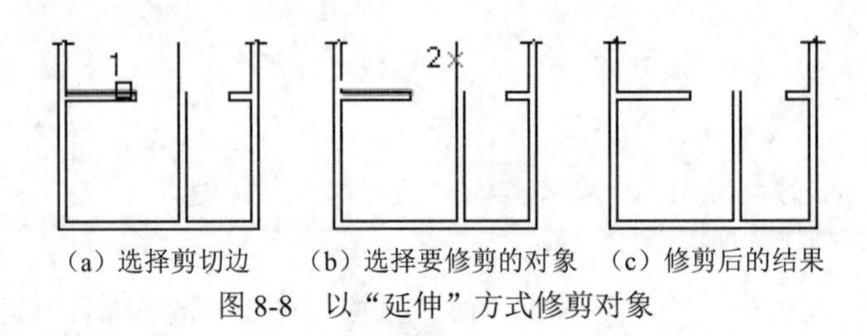

（a）选择剪切边　（b）选择要修剪的对象　（c）修剪后的结果

图 8-8　以“延伸”方式修剪对象

② 不延伸 (N)：不延伸边界修剪对象。只修剪与剪切边相交的对象。

（3）栏选 (F)：选择该选项时，系统以栏选的方式选择被修剪对象，如图 8-9 所示。

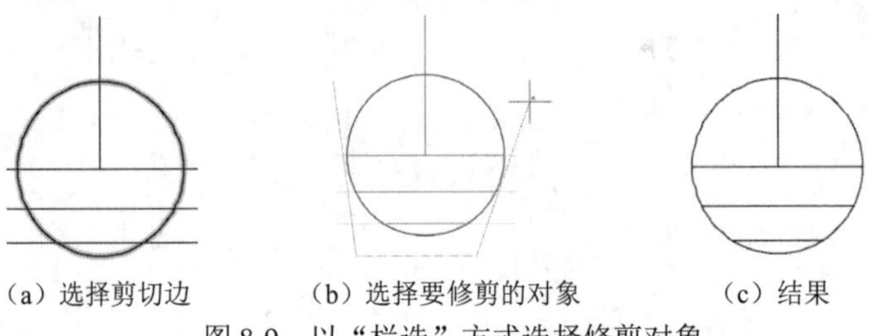
（a）选择剪切边　（b）选择要修剪的对象　（c）结果

图 8-9　以“栏选”方式选择修剪对象

（4）窗交 (C)：选择该选项时，系统以窗交的方式选择被修剪对象，如图 8-10 所示。

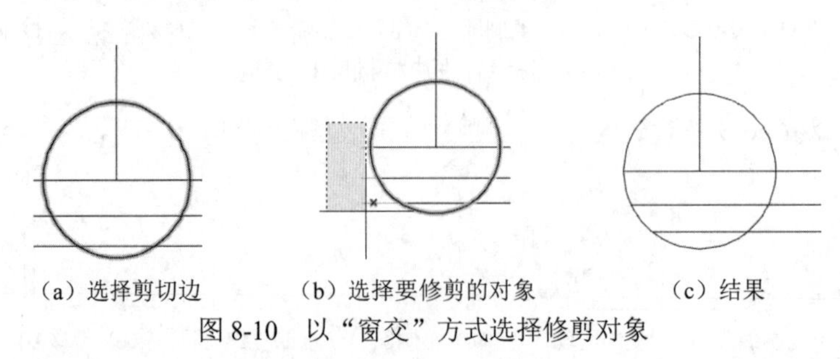
（a）选择剪切边　（b）选择要修剪的对象　（c）结果

图 8-10　以“窗交”方式选择修剪对象

8.1.2 “删除”命令

如果所绘制的图形不符合要求或绘错了，可以使用“删除”命令将其删除。

【执行方式】

- 命令行：ERASE。
- 菜单栏：选择菜单栏中的“修改”→“删除”命令。
- 快捷菜单：选择要删除的对象，在绘图区右击，在弹出的快捷菜单中选择“删除”命令。
- 工具栏：单击“修改”工具栏中的“删除”按钮。
- 功能区：单击“默认”选项卡“修改”面板中的“删除”按钮。

【操作步骤】

可以先选择对象，然后调用“删除”命令；也可以先调用“删除”命令，再选择对象。选择对象时，可以使用前面介绍的各种对象选择的方法。

当选择多个对象时，多个对象都被删除；若选择的对象属于某个对象组，则该对象组的所有对象都被删除。

8.1.3 “延伸”命令

“延伸”命令用于延伸一个对象，直至另一个对象的边界线，如图 8-11 所示。

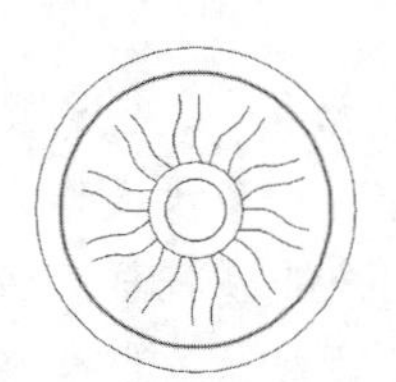

（a）选择边界

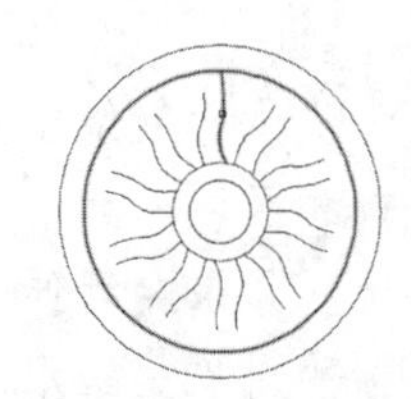

（b）选择要延伸的对象

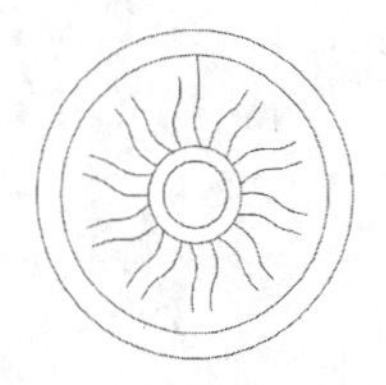

（c）结果

图 8-11　延伸对象

【执行方式】

- 命令行：EXTEND。
- 菜单栏：选择菜单栏中的“修改”→“延伸”命令。
- 工具栏：单击“修改”工具栏中的“延伸”按钮。
- 功能区：单击“默认”选项卡“修改”面板中的“延伸”按钮。

扫一扫，看视频

轻松动手学——窗户

源文件：源文件 \ 第 8 章 \ 窗户 .dwg

绘制如图 8-12 所示的窗户。

【操作步骤】

（1）单击“默认”选项卡“绘图”面板中的“矩形”按钮，绘制角点坐标分别为 (100,100) 和 (300,500) 的矩形作为窗户外轮廓线，结果如图 8-13 所示。

（2）单击“默认”选项卡“绘图”面板中的“直线”按钮，绘制坐标为 (200,100)、(200,200) 的线段分割矩形，结果如图 8-14 所示。

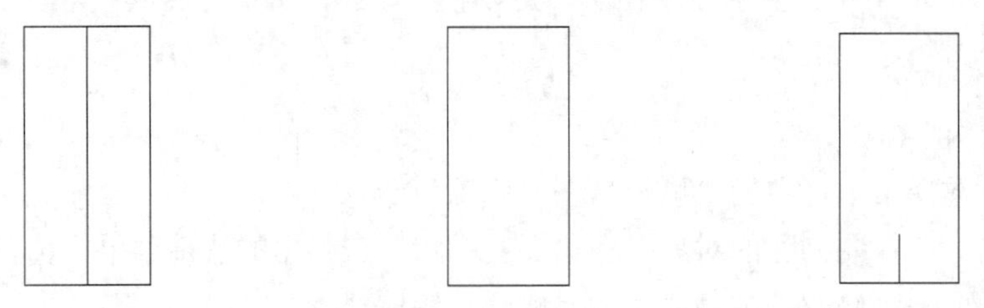

图 8-12　窗户　　图 8-13　绘制矩形　　图 8-14　绘制窗户分割线

（3）单击“默认”选项卡“修改”面板中的“延伸”按钮，将线段延伸至矩形最上面的边。命令行提示与操作如下：

```
命令：_extend↙
当前设置：投影=UCS，边=无
选择边界的边...
选择对象或 <全部选择>:（拾取矩形的最上边）
选择要延伸的对象，或按住 Shift 键选择要修剪的对象，或 [栏选(F)/窗交(C)/投影(P)/边(E)/放弃(U)]:（拾取直线）
```

绘制结果如图 8-12 所示。

【选项说明】

（1）系统规定可以用作边界对象的有直线段、射线、双向无限长线、圆弧、圆、椭圆、二维和三维多段线、样条曲线、文本、浮动的视口和区域。如果选择二维多段线作为边界对象，系统会忽略其宽度而把对象延伸至多段线的中心线上。如果要延伸的对象是适配样条多段线，则延伸后会在多段线的控制框上增加新节点。如果要延伸的对象是锥形的多段线，系统会修正延伸端的宽度，使多段线从起始端平滑地延伸至新的终止端。如果延伸操作导致新终止端的宽度为负值，则取宽度值为 0，如图 8-15 所示。

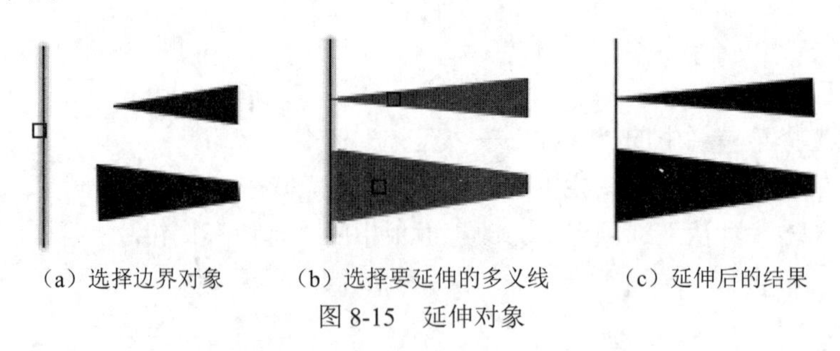

（a）选择边界对象　（b）选择要延伸的多义线　（c）延伸后的结果

图 8-15　延伸对象

（2）选择对象时，如果按住 Shift 键，系统会自动将“延伸”命令转换成“修剪”命令。

8.1.4 “拉伸”命令

“拉伸”命令用于拖拉选择的对象，使对象的形状发生改变。拉伸对象时，应指定拉伸的基点和移置点。利用一些辅助工具，如捕捉、钳夹功能及相对坐标等，可提高拉伸的精度。

【执行方式】

- 命令行：STRETCH。
- 菜单栏：选择菜单栏中的“修改”→“拉伸”命令。
- 工具栏：单击“修改”工具栏中的“拉伸”按钮。
- 功能区：单击“默认”选项卡“修改”面板中的“拉伸”按钮。

【操作步骤】

```
命令： _stretch
以交叉窗口或交叉多边形选择要拉伸的对象 ...
选择对象：（选择要拉伸的对象）
指定基点或 [ 位移 (D)] < 位移 >：（指定拉伸基点）
指定第二个点或 < 使用第一个点作为位移 >：↙
```

✍ 技巧

STRETCH 命令仅移动位于交叉选择内的顶点和端点，不更改那些位于交叉选择外的顶点和端点。部分包含在交叉选择窗口内的对象将被拉伸。

【选项说明】

（1）必须采用“窗交 (C)”方式选择拉伸对象。

（2）拉伸选择对象时，指定第一个点后，若指定第二个点，系统将根据这两点决定矢量拉伸对象。若直接按 Enter 键，系统会把第一个点作为 X 轴和 Y 轴的分量值。

8.1.5 “拉长”命令

“拉长”命令可以更改对象的长度和圆弧的包含角。

【执行方式】

- 命令行：LENGTHEN。
- 菜单栏：选择菜单栏中的“修改”→“拉长”命令。
- 功能区：单击“默认”选项卡“修改”面板中的“拉长”按钮。

轻松动手学——挂钟

源文件：源文件 \ 第 8 章 \ 挂钟 .dwg

绘制如图 8-16 所示的挂钟。

扫一扫，看视频

【操作步骤】

（1）单击“默认”选项卡“绘图”面板中的“圆”按钮，以 (100,100) 为圆心，绘制半径为 20 的圆形作为挂钟的外轮廓线，如图 8-17 所示。

（2）单击“默认”选项卡“绘图”面板中的“直线”按钮，绘制三条线段作为挂钟的指针，如图 8-18 所示。

（3）单击“默认”选项卡“修改”面板中的“拉长”按钮，将秒针拉长至圆的边。命令行提示与操作如下：

```
命令：LENGTHEN↙
选择对象或 [增量(DE)/百分数(P)/全部(T)/动态(DY)]:(选择直线)
当前长度：20.0000
选择对象或 [增量(DE)/百分数(P)/全部(T)/动态(DY)]: de↙
输入长度增量或 [角度(A)] <2.7500>: 2.75↙
```

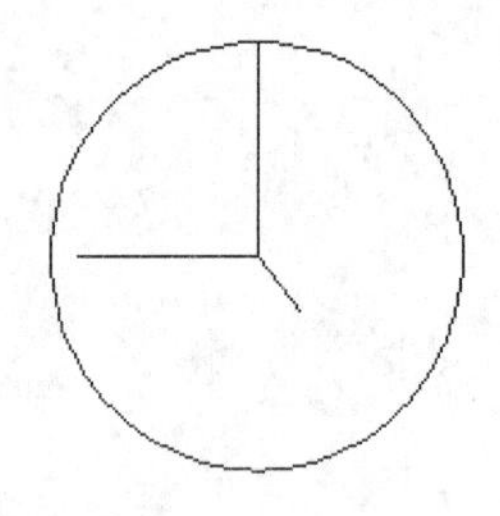
图 8-16　挂钟

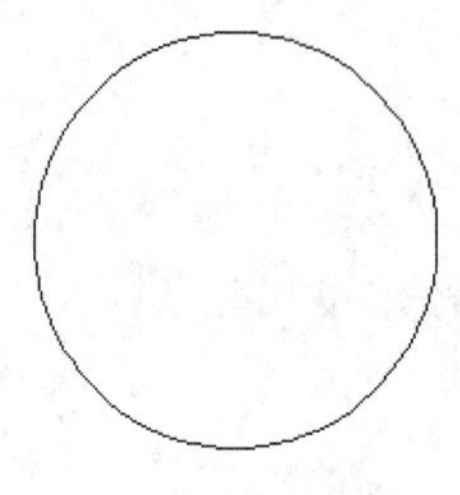
图 8-17　绘制圆形

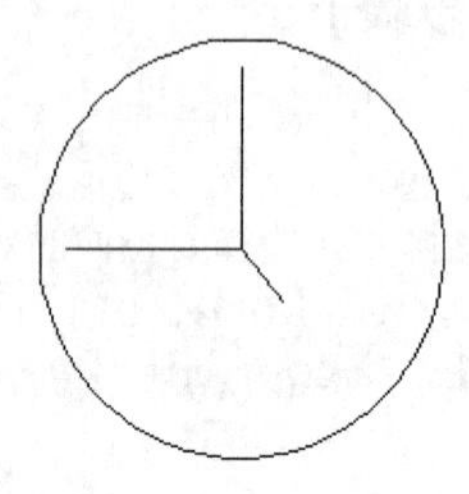
图 8-18　绘制指针

最终效果如图 8-16 所示。

【选项说明】

（1）增量 (DE)：用指定增加量的方法来改变对象的长度或角度。

（2）百分数 (P)：用指定要修改对象的长度占总长度百分比的方法来改变圆弧或直线段的长度。

（3）全部 (T)：用指定新的总长度或总角度值的方法来改变对象的长度或角度。

（4）动态 (DY)：在该模式下，可以使用拖拉鼠标的方法来动态地改变对象的长度或角度。

☞ 教你一招

拉伸和拉长的区别如下：

拉伸和拉长工具都可以改变对象的大小，所不同的是拉伸可以一次框选多个对象，不仅改变对象的大小，同时改变对象的形状；而拉长只改变对象的长度，且不受边界的局限。可以拉长的对象包括直线、弧线和样条曲线等。

动手练一练——常绿针叶乔木

绘制如图 8-19 所示的常绿针叶乔木。

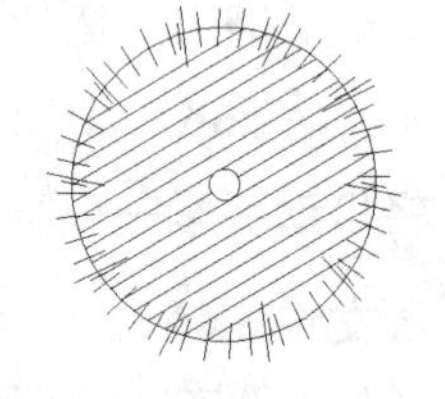
图 8-19　常绿针叶乔木

思路点拨

（1）利用“圆”命令绘制乔木树冠轮廓和树干。
（2）利用“直线”和“环形阵列”命令绘制枝条。
（3）利用“直线”和“偏移”命令绘制斜线。
（4）利用“修剪”命令剪切圆外直线。

8.2　圆角和倒角

在 CAD 绘图的过程中，圆角和倒角是经常用到的。在使用“圆角”和“倒角”命令时，要先设置圆角半径、倒角距离，否则命令执行后，很可能看不到任何效果。

8.2.1 “圆角”命令

圆角是指用指定半径决定的一段平滑的圆弧连接两个对象。系统规定可以用圆角连接一对直线段、非圆弧的多段线段、样条曲线、双向无限长线、射线、圆、圆弧和椭圆。可以在任何时刻圆滑连接非圆弧多段线的每个节点。

【执行方式】

- 命令行：FILLET。
- 菜单栏：选择菜单栏中的“修改”→“圆角”命令。
- 工具栏：单击“修改”工具栏中的“圆角”按钮。
- 功能区：单击“默认”选项卡“修改”面板中的“圆角”按钮。

轻松动手学——石栏杆

源文件：源文件 \ 第 8 章 \ 石栏杆 .dwg

绘制如图 8-20 所示的石栏杆。

扫一扫，看视频

图 8-20　石栏杆

【操作步骤】

1. 绘制底座

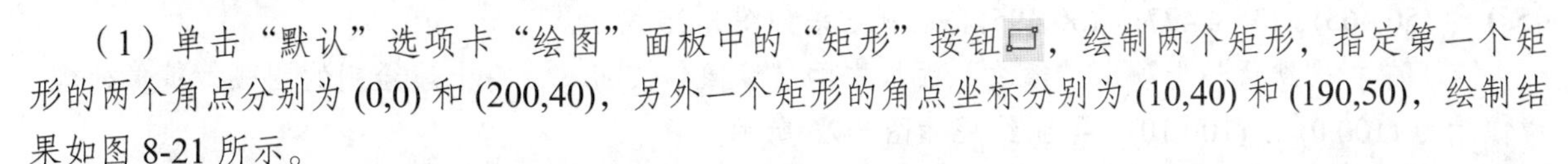

（1）单击“默认”选项卡“绘图”面板中的“矩形”按钮，绘制两个矩形，指定第一个矩形的两个角点分别为 (0,0) 和 (200,40)，另外一个矩形的角点坐标分别为 (10,40) 和 (190,50)，绘制结果如图 8-21 所示。

（2）单击“默认”选项卡“绘图”面板中的“多段线”按钮，指定多段线的起点坐标为 (20,50)，当前线宽设置为 0，在命令行中输入“A”，绘制圆弧，指定圆弧的第二点坐标为 (22.9,57)，指定圆弧的端点坐标为 (30,60)；继续在命令行中输入“L”，绘制直线，指定直线的下一点坐标为 (@140,0)；最后在命令行中输入“A”，绘制圆弧，指定圆弧的第二点坐标为 (177,57)，指定圆弧的端点坐标为 (180,50)。采用相同的方法继续绘制第二条多段线，在命令行中依次输入 (30,60) → A → S → (39,77.2) → (44.9,95.8) → (35,110) → L → (165,110) → A → S → (156.6,105.3) → (155.1,95.8) S → (160.9,77.2) → (170,60)；完成第二条多段线的绘制之后，绘制最后一条多段线，在命令行依次输入 (35,110) → A → S → (37.9,117) → (45,120) → L → (155,120) → A → (165,110)，完成 3 条多段线的绘制，结果如图 8-22 所示。

图 8-21　绘制矩形

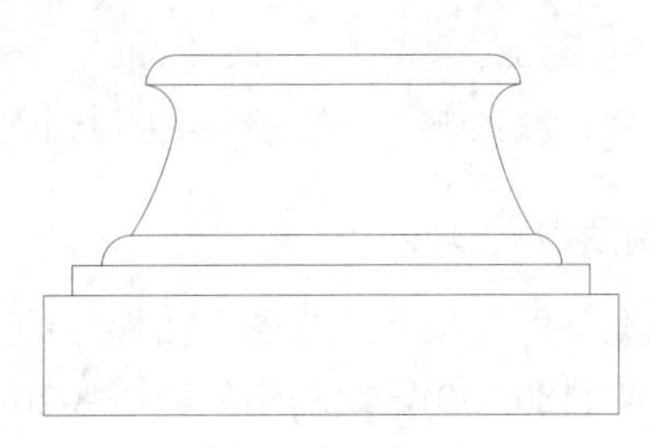

图 8-22　底座

2. 绘制杆身

（1）单击“默认”选项卡“绘图”面板中的“矩形”按钮，绘制三个矩形，指定第一个矩形的两个角点分别为 (0,185) 和 (200,200)，另外两个矩形的角点坐标分别为 (10,40)、(190,50) 和 (50,455)、(150,465)，绘制结果如图 8-23 所示。

（2）单击“默认”选项卡“修改”面板中的“圆角”按钮，将上述绘制的两个矩形进行圆角处理，将上述绘制的下方的矩形圆角半径设为 7.5、中间的圆角半径设为 5，修改结果如图 8-24 所示。命令行操作与提示如下：

```
命令：_fillet
当前设置：模式 = 修剪，半径 = 0.0000
选择第一个对象或 [放弃(U)/多段线(P)/半径(R)/修剪(T)/多个(M)]: R
指定圆角半径 <0.0000>: 7.5
选择第一个对象或 [放弃(U)/多段线(P)/半径(R)/修剪(T)/多个(M)]:（选择下方矩形的上部的水平线）
选择第二个对象，或按住 Shift 键选择对象以应用角点或 [半径(R)]:（选择下方矩形的上部的竖直线）
……
```

（3）单击“默认”选项卡“绘图”面板中的“圆弧”按钮，绘制圆弧，指定圆弧的三点坐标分别为 (60,120)、(23.5,145)、(7.5,185)。采用相同的方法，绘制另外 4 段圆弧，三点坐标分别为 (7.5,200)、(12.6,270.2)、(50,330)，(50,330)、(67.2,368.5)、(65,410)，(65,420)、(64.7,440.3)、(50,455) 和 (50,465)、(35.4,477)、(30,495)。绘制结果如图 8-25 所示。

（4）单击“默认”选项卡“修改”面板中的“镜像”按钮，将上述绘制的圆弧做镜像处理，镜像轴为 (100,0) 与 (100,10)，绘制结果如图 8-26 所示。

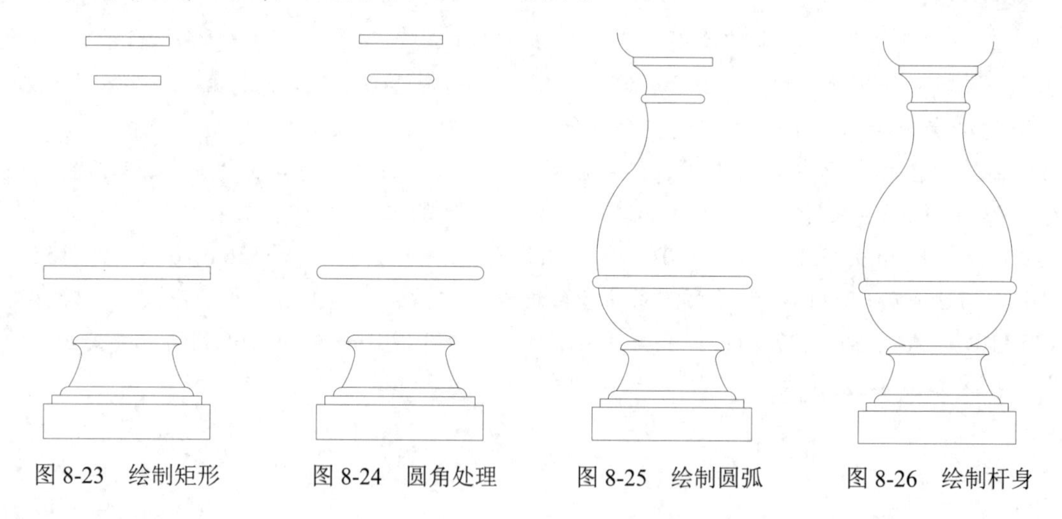

图 8-23　绘制矩形　　图 8-24　圆角处理　　图 8-25　绘制圆弧　　图 8-26　绘制杆身

3. 绘制顶端

单击“默认”选项卡“绘图”面板中的“矩形”按钮，绘制矩形，指定矩形的两个角点分别为 (20,495) 和 (180,530)，绘制结果如图 8-20 所示。

【选项说明】

（1）多段线 (P)：在一条二维多段线的两段直线段的节点处插入圆滑的弧。选择多段线后，系统会根据指定的圆弧的半径把多段线各顶点用圆滑的弧连接起来。

（2）修剪 (T)：决定在圆角连接两条边时，是否修剪这两条边，如图 8-27 所示。

（a）修剪方式　　（b）不修剪方式

图 8-27　圆角连接

（3）多个 (M)：可以同时对多个对象进行圆角编辑，而不必重新启用命令。

（4）按住 Shift 键并选择两条直线，可以快速创建零距离倒角或零半径圆角。

☞ 教你一招

几种情况下的圆角：

（1）当两条线相交或不相连时，利用圆角进行修剪和延伸。

如果将圆角半径设置为 0，则不会创建圆弧，操作对象将被修剪或延伸直到它们相交。当两条线相交或不相连时，使用“圆角”命令可以自动进行修剪和延伸，比使用“修剪”和“延伸”命令更方便。

（2）对平行直线倒圆角。

不仅可以对相交或未连接的线倒圆角，平行的直线、构造线和射线同样可以倒圆角。对平行线进行倒圆角时，系统会忽略原来的圆角设置，自动调整圆角半径，生成一个半圆连接两条直线，绘制键槽或类似零件时比较方便。对于平行线倒圆角时第一个选定对象必须是直线或射线，不能是构造线，因为构造线没有端点，但可以作为圆角的第二个对象。

（3）对多段线加圆角或删除圆角。

如果想对多段线上适合圆角半径的每条线段的顶点处插入相同长度的圆角弧，可在倒圆角时使用“多段线”选项；如果想删除多段线上的圆角和弧线，也可以使用“多段线”选项，只需将圆角设置为 0，“圆角”命令将删除该圆弧线段并延伸直线，直到它们相交。

8.2.2 “倒角”命令

倒角是指用斜线连接两个不平行的线型对象。可以用斜线连接直线段、双向无限长线、射线和多段线。

【执行方式】

- 命令行：CHAMFER。
- 菜单栏：选择菜单栏中的“修改”→“倒角”命令。
- 工具栏：选择“修改”工具栏中的“倒角”按钮。
- 功能区：单击“默认”选项卡“修改”面板中的“倒角”按钮。

扫一扫，看视频

轻松动手学——檐柱细部大样图

源文件：源文件 \ 第 8 章 \ 檐柱细部大样图 .dwg

绘制如图 8-28 所示的檐柱细部大样图。

【操作步骤】

（1）单击“默认”选项卡“绘图”面板中的“直线”按钮，绘制长度大约为 120 的一条竖直和一条水平线段，相对位置大约如图 8-29 所示。

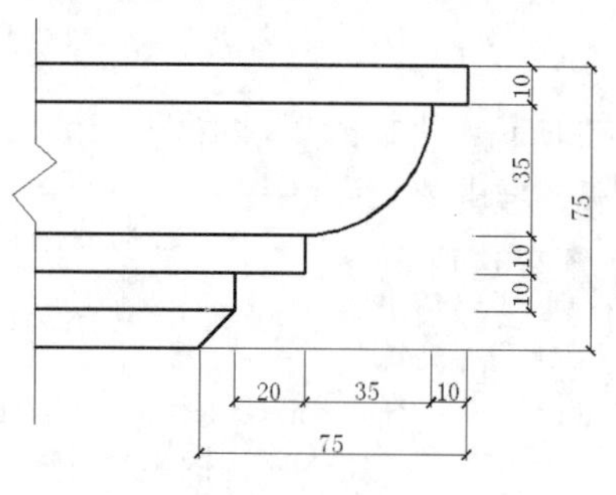

图 8-28　檐柱细部大样图

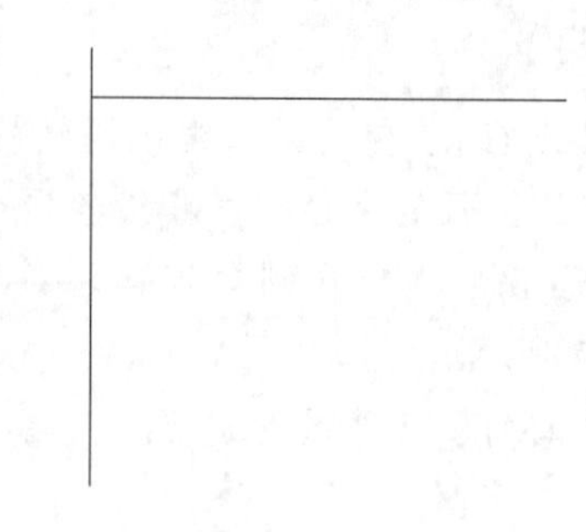

图 8-29　绘制线段

（2）单击“默认”选项卡“修改”面板中的“偏移”按钮，将水平线段分别向下依次偏移 10、35、10、10、10，如图 8-30 所示。

（3）单击“默认”选项卡“绘图”面板中的“直线”按钮，连接偏移线段右端点，如图 8-31 所示。

图 8-30　偏移水平线段

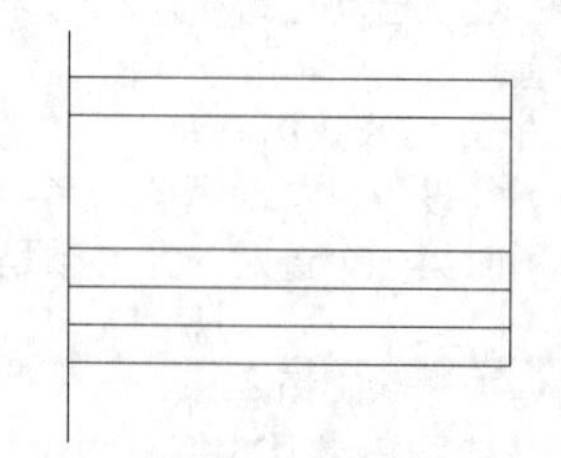

图 8-31　连接右端点

（4）单击“默认”选项卡“修改”面板中的“偏移”按钮，将右边竖直线段分别向左依次偏移 10、35、20，如图 8-32 所示。

（5）单击“默认”选项卡“修改”面板中的“修剪”按钮，将线段进行修剪，如图 8-33 所示。

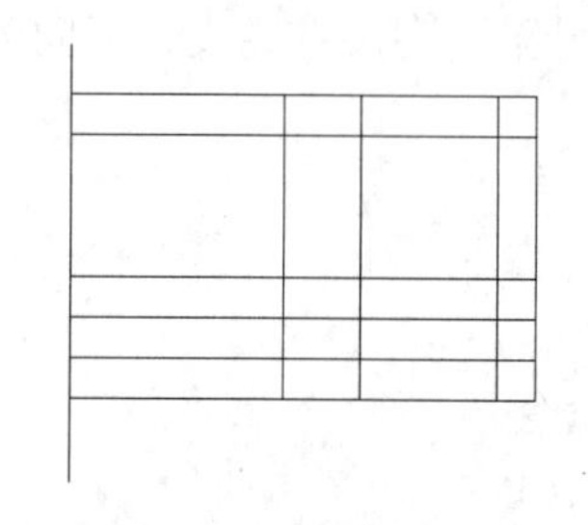

图 8-32　偏移竖直线段

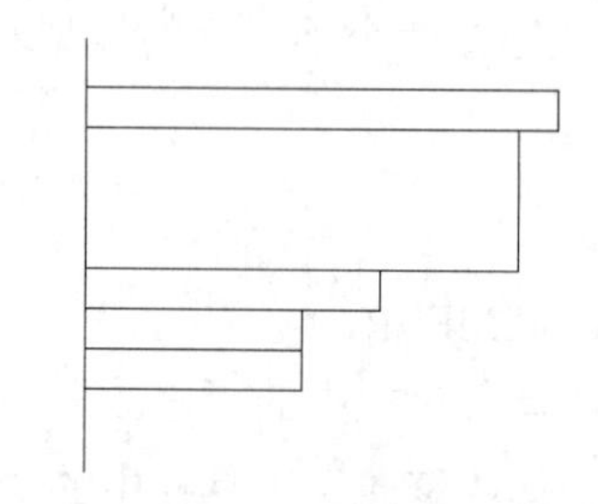

图 8-33　修剪线段

（6）单击“默认”选项卡“修改”面板中的“圆角”按钮，指定圆角半径为 35，将右起第二条竖直线段和上起第三条水平线段进行圆角处理。

（7）单击“默认”选项卡“修改”面板中的“倒角”按钮，命令行提示与操作如下：

```
命令：_chamfer
（“修剪”模式）当前倒角距离 1 = 0.0000，距离 2 = 0.0000
选择第一条直线或 [放弃(U)/多段线(P)/距离(D)/角度(A)/修剪(T)/方式(E)/多个(M)]:d↙
指定第一个倒角距离 <0.0000>: 10↙
指定第二个倒角距离 <10.0000>:↙
```

选择第一条直线或 [放弃 (U)/多段线 (P)/距离 (D)/角度 (A)/修剪 (T)/方式 (E)/多个 (M)]：(选择左起第二条竖直线段)

选择第二条直线或按住 Shift 键选择直线以应用角点或 [距离 (D)/角度 (A)/方法 (M)]：(选择最下边水平线段)

结果如图 8-34 所示。

(8) 单击“默认”选项卡“绘图”面板中的“直线”按钮，在最左边竖直直线上绘制三条折线，如图 8-35 所示。

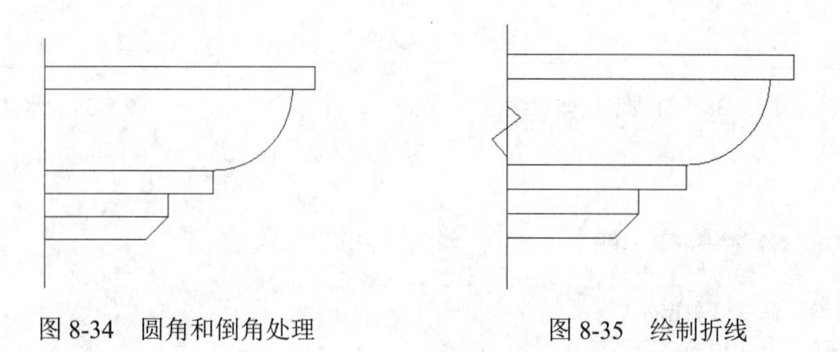

图 8-34　圆角和倒角处理　　图 8-35　绘制折线

(9) 单击“默认”选项卡“修改”面板中的“修剪”按钮，将最左边线段进行修剪，最终结果如图 8-28 所示。

【选项说明】

(1) 距离 (D)：选择倒角的两个斜线距离。斜线距离是指从被连接的对象与斜线的交点到被连接的两对象的可能的交点之间的距离，如图 8-36 所示。这两个斜线距离可以相同也可以不相同，若两者均为 0，则系统不绘制连接的斜线，而是把两个对象延伸至相交，并修剪超出的部分。

(2) 角度 (A)：选择第一条直线的斜线距离和角度。采用这种方法斜线连接对象时，需要输入两个参数：斜线与一个对象的斜线距离和斜线与该对象的夹角，如图 8-37 所示。

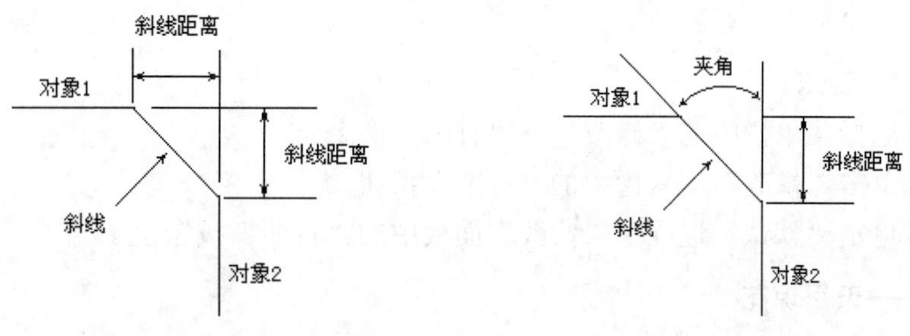

图 8-36　斜线距离　　图 8-37　斜线距离与夹角

(3) 多段线 (P)：对多段线的各个交叉点进行倒角编辑。为了得到最好的连接效果，一般设置斜线是相等的值。系统根据指定的斜线距离把多段线的每个交叉点都进行斜线连接，连接的斜线成为多段线新添加的构成部分，如图 8-38 所示。

(4) 修剪 (T)：与“圆角连接”命令 (FILLET) 相同，该选项决定连接对象后，是否剪切原对象。

(5) 方式 (E)：决定采用“距离”方式还是“角度”方式来倒角。

(6) 多个 (M)：同时对多个对象进行倒角编辑。

动手练一练——水盆

绘制如图 8-39 所示的水盆。

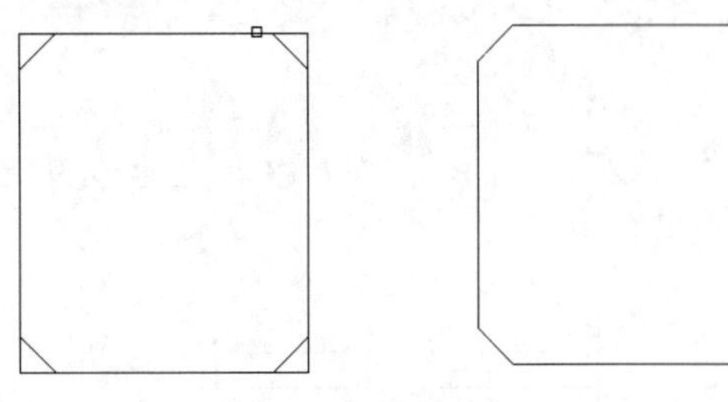

图 8-38　斜线连接多段线

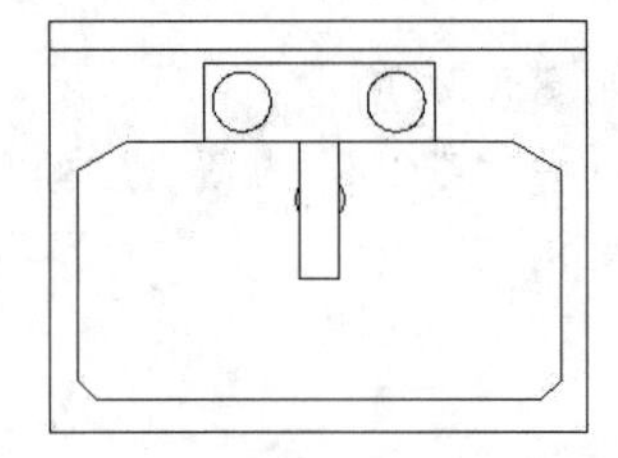

图 8-39　水盆

思路点拨

（1）利用“直线”命令绘制初步轮廓。
（2）利用“圆”和“复制”命令绘制水龙头和出水口。
（3）利用“修剪”命令修剪出水口。
（4）利用“倒角”命令绘制水盆四角。

8.3　打断、合并和分解对象

编辑命令除了前面学到的复制类命令、改变位置类命令、改变图形特性的命令以及圆角和倒角命令之外，还有“打断”“打断于点”“合并”和“分解”命令。

8.3.1　“打断”命令

打断是在两个点之间创建间隔，也就是在打断之处存在间隙。

【执行方式】

- 命令行：BREAK。
- 菜单栏：选择菜单栏中的“修改”→“打断”命令。
- 工具栏：单击“修改”工具栏中的“打断”按钮。
- 功能区：单击“默认”选项卡“修改”面板中的“打断”按钮。

扫一扫，看视频

轻松动手学——天目琼花

源文件：源文件 \ 第 8 章 \ 天目琼花 .dwg

绘制如图 8-40 所示的天目琼花。天目琼花的树态清秀，叶形美丽，花开似雪，果赤如丹。宜在建筑物四周、草坪边缘配植，也可在道路边、假山旁孤植、丛植或片植。

【操作步骤】

（1）单击“默认”选项卡“绘图”面板中的“圆”按钮，绘制 3 个适当大小的圆，相对位置大致如图 8-41 所示。

（2）单击“默认”选项卡“修改”面板中的“打断”按钮，打断上方的两个圆。命令行提示与操作如下：

```
命令：_break
选择对象：↙（选择上面大圆上适当一点）
指定第二个打断点或 [ 第一点 (F)]：↙（选择此圆上适当另一点）
```

用相同的方法修剪上面的小圆，结果如图 8-42 所示。

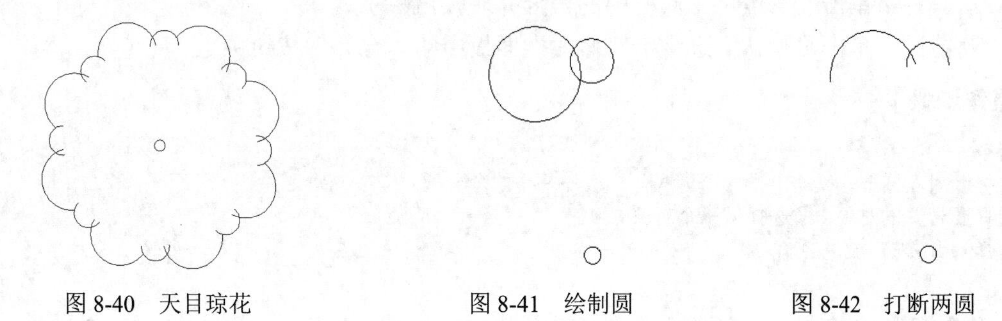

图 8-40　天目琼花　　图 8-41　绘制圆　　图 8-42　打断两圆

✍ 技巧

系统默认打断的方向是逆时针方向，所以在选择打断点的先后顺序时，不要把顺序弄反。

（3）单击“默认”选项卡“修改”面板中的“环形阵列”按钮，捕捉未修剪小圆的圆心为中心点，阵列修剪的圆弧，项目数为 8，最终结果如图 8-40 所示。

【选项说明】

如果选择“第一点 (F)”选项，系统将丢弃前面的第一个选择点，重新提示用户指定两个打断点。

8.3.2 “打断于点”命令

“打断于点”命令用于将对象在某一点处打断，打断之处没有间隙。有效的对象包括直线、圆弧等，但不能是圆、矩形和多边形等封闭的图形。此命令与“打断”命令类似。

【执行方式】

- 命令行：BREAK。
- 工具栏：单击“修改”工具栏中的“打断于点”按钮。
- 功能区：单击“默认”选项卡“修改”面板中的“打断于点”按钮。

【操作步骤】

```
命令：_break
选择对象：（选择要打断的对象）
指定第二个打断点或 [ 第一点 (F)]：_f（系统自动执行“第一点 (F)”选项）
指定第一个打断点：（选择打断点）
指定第二个打断点：@（系统自动忽略此提示）
```

8.3.3 “合并”命令

利用“合并”命令，可以将直线、圆弧、椭圆弧和样条曲线等独立的对象合并为一个对象。

【执行方式】

- 命令行：JOIN。
- 菜单栏：选择菜单栏中的“修改”→“合并”命令。
- 工具栏：单击“修改”工具栏中的“合并”按钮。
- 功能区：单击“默认”选项卡“修改”面板中的“合并”按钮。

【操作步骤】

```
命令： JOIN↙
选择源对象或要一次合并的多个对象：(选择一个对象)
选择要合并的对象：(选择另一个对象)
选择要合并的对象：↙
```

8.3.4 “分解”命令

利用“分解”命令，可以将选择的对象分解。

【执行方式】

- 命令行：EXPLODE。
- 菜单栏：选择菜单栏中的“修改”→“分解”命令。
- 工具栏：单击“修改”工具栏中的“分解”按钮。
- 功能区：单击“默认”选项卡“修改”面板中的“分解”按钮。

【操作步骤】

执行上述命令后，命令行提示与操作如下：

```
命令：EXPLODE
选择对象：(选择要分解的对象)
```

选择一个对象后，该对象会被分解。系统继续提示该信息，允许分解多个对象。

8.4 对象编辑

在对图形进行编辑时，还可以对图形对象本身的某些特性进行编辑，从而方便图形的绘制。

8.4.1 钳夹功能

要使用钳夹（或称夹点）功能编辑对象，必须先打开钳夹功能。

（1）选择菜单栏中的“工具”→“选项”命令，在弹出的“选项”对话框中选择“选择集”选项卡，在“夹点”选项组中选中“显示夹点”复选框。如图8-43所示。在该选项卡中还可以设置代表夹点的小方格的尺寸和颜色。

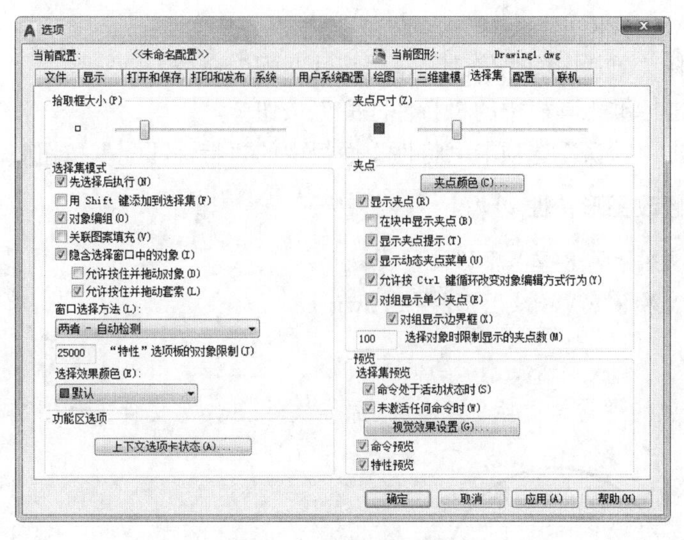

图 8-43 “选择集”选项卡

AutoCAD 在图形对象上定义了一些特殊点，称为夹点。利用夹点可以灵活地控制对象，如图 8-44 所示。

（2）也可以通过 GRIPS 系统变量来控制是否打开夹点功能，1 代表打开，0 代表关闭。

（3）打开夹点功能后，应该在编辑对象之前先选择对象。

夹点表示对象的控制位置。使用夹点编辑对象，要选择一个夹点作为基点，称之为基准夹点。

（4）选择一种编辑操作：镜像、移动、旋转、拉伸和缩放。可以用空格键、Enter 键或快捷键循环选择这些功能，如图 8-45 所示。

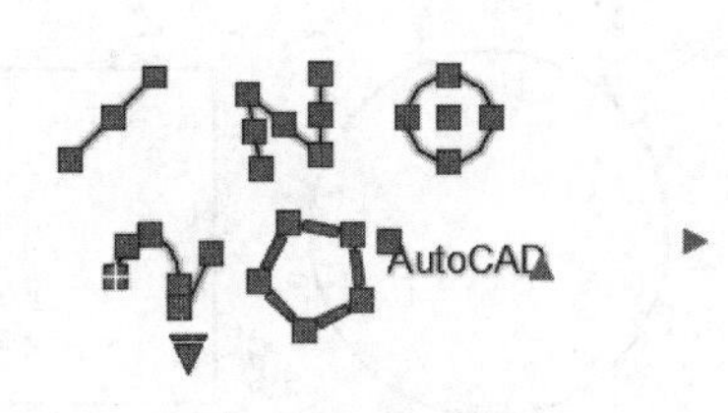

图 8-44　显示夹点

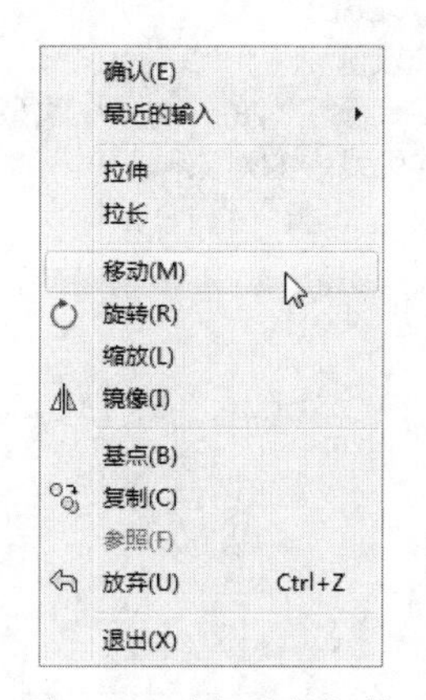

图 8-45　选择编辑操作

8.4.2　特性匹配

利用特性匹配功能可以将目标对象的属性与源对象的属性进行匹配，使目标对象的属性与源对象属性相同。也就是说，利用这一功能可以方便、快捷地修改对象属性，并保持不同对象的属性相同。

【执行方式】

- 命令行：MATCHPROP。
- 菜单栏：选择菜单栏中的“修改”→“特性匹配”命令。
- 工具栏：单击标准工具栏中的“特性匹配”按钮。
- 功能区：单击“默认”选项卡“特性”面板中的“特性匹配”按钮。

扫一扫，看视频

轻松动手学——修改图形特性

调用素材：初始文件 \ 第 8 章 \ 原始文件 .dwg

源文件：源文件 \ 第 8 章 \ 修改图形特性 . dwg

【操作步骤】

（1）打开资源包中的“初始文件 \ 第 8 章 \ 原始文件 .dwg”文件，如图 8-46 所示。

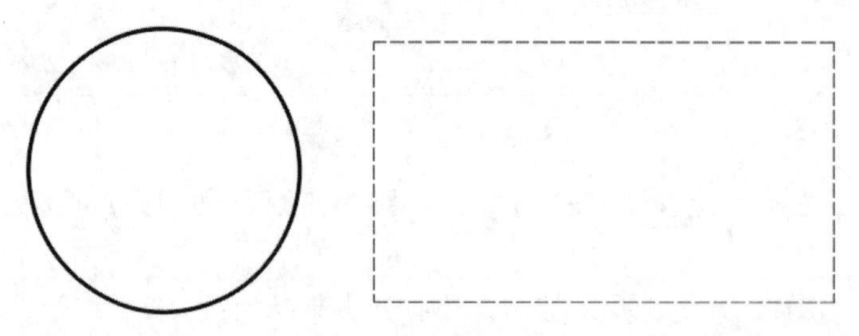

图 8-46　原始文件

（2）单击“默认”选项卡“特性”面板中的“特性匹配”按钮，将矩形的线型修改为粗实线。命令行提示与操作如下：

```
命令：_matchprop
选择源对象：选取圆
当前活动设置： 颜色 图层 线型 线型比例 线宽 透明度 厚度 打印样式 标注 文字 图案填充 多段线 视口 表格材质 多重引线中心对象
选择目标对象或 [设置(S)]：鼠标变成画笔，选取矩形，如图 8-47 所示
```

结果如图 8-48 所示。

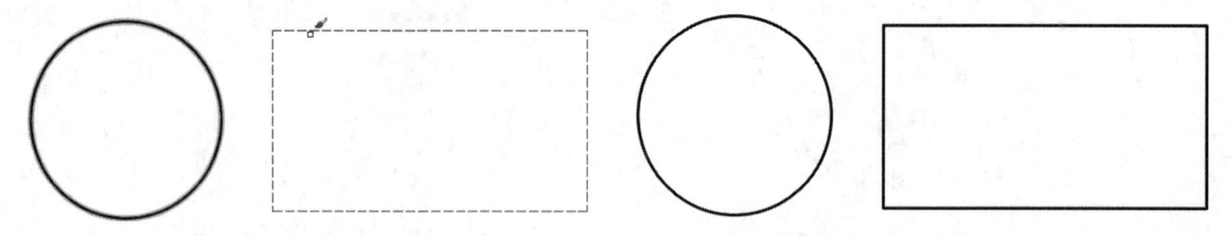

图 8-47　选取目标对象　　图 8-48　完成矩形特性的修改

【选项说明】

（1）目标对象：指定要将源对象的特性复制到其上的对象。

（2）设置：选择此选项，打开如图 8-49 所示的“特性设置”对话框，可以控制要将哪些对象

特性复制到目标对象。默认情况下，选定所有对象特性进行复制。

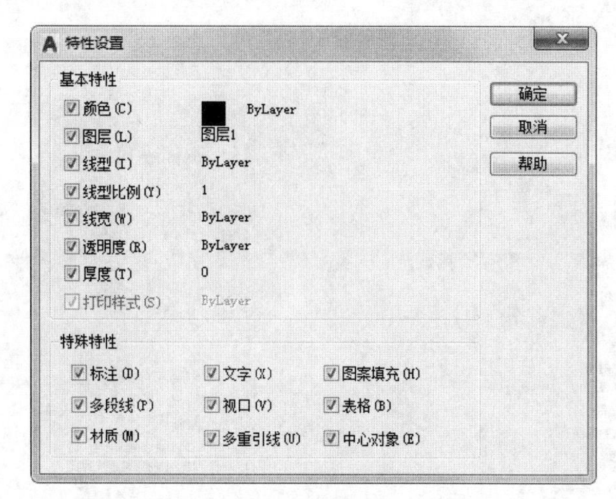

图 8-49 “特性设置”对话框

8.4.3 修改对象属性

【执行方式】

- 命令行：DDMODIFY 或 PROPERTIES。
- 菜单栏：选择菜单栏中的“修改”→“特性”命令或选择菜单栏中的“工具”→“选项板”→“特性”命令。
- 工具栏：单击标准工具栏中的“特性”按钮。
- 快捷键：Ctrl+1。
- 功能区：单击“视图”选项卡“选项板”面板中的“特性”按钮。

【操作步骤】

执行上述操作后，系统打开“特性”选项板，如图 8-50 所示。利用它可以方便地设置或修改对象的各种属性。

不同的对象属性种类和值不同，修改属性值，对象即改变为新的属性。

【选项说明】

（1）（切换 PICKADD 系统变量的值）：单击此按钮，打开或关闭 PICKADD 系统变量。打开 PICKADD 时，每个选定对象都将添加到当前选择集中。

（2）（选择对象）：使用任意选择方法选择所需的对象。

（3）（快速选择）：单击此按钮，打开如图 8-51 所示的“快速选择”对话框，从中可以创建基于过滤条件的选择集。

（4）快捷菜单：在“特性”选项板的标题栏上单击鼠标右键，打开如图 8-52 所示的快捷菜单。

① 移动：选择此命令，显示用于移动选项板的四向箭头光标。

② 大小：选择此命令，显示四向箭头光标，用于拖动选项板的边或角点使其变大或变小。

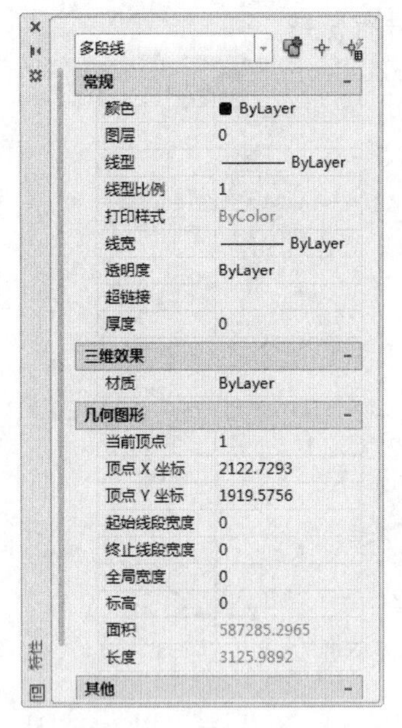

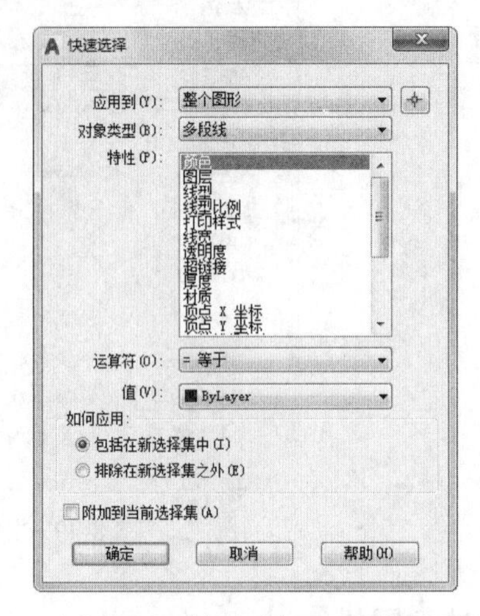

图 8-50 “特性”选项板　　　　图 8-51 “快速选择”对话框

③ 关闭：选择此命令关闭选项板。

④ 允许固定：切换固定或定位选项板。选择此命令，在图形边上的固定区域或拖动窗口时，可以固定该窗口。固定窗口附着到应用程序窗口的边上，并导致重新调整绘图区域的大小。

⑤ 描点居左 / 居右：将选项板附着到位于绘图区域右侧或左侧的定位点选项卡基点。

⑥ 自动隐藏：当光标移动到浮动选项板上时，该选项板将展开；当光标离开该选项板时，它将滚动关闭。

⑦ 透明度：选择此命令，打开如图 8-53 所示的“透明度”对话框，可调整选项板的透明度。

动手练一练——绘制花朵

绘制如图 8-54 所示的花朵。

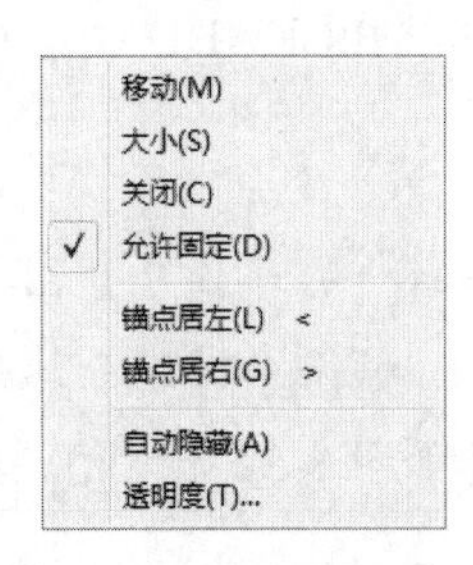

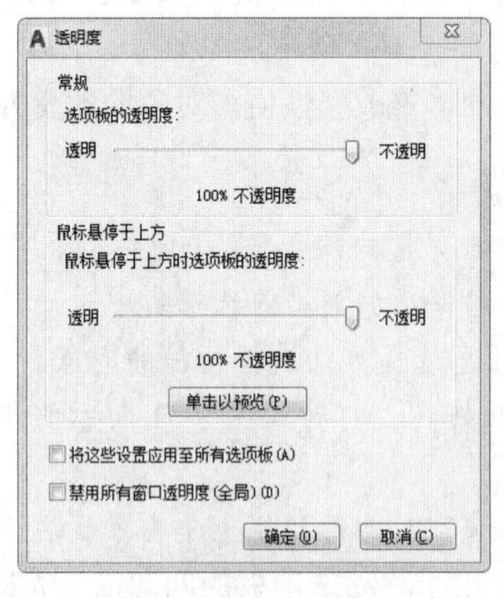

图 8-52 快捷菜单　　　　图 8-53 “透明度”对话框　　　　图 8-54 花朵

思路点拨

（1）利用“圆”命令绘制花蕊。
（2）利用“多边形”和“圆弧”命令绘制花瓣。
（3）利用“多段线”命令绘制枝叶。
（4）修改花瓣和枝叶的颜色。

8.5　综合演练：标志牌

扫一扫，看视频

源文件：源文件 \ 第 8 章 \ 标志牌 .dwg

园林是游人休息娱乐的场所，也是进行文化宣传、开展科普教育的阵地。在各种公园、风景游览胜地设置展览馆、陈列室、纪念馆以及各种类型的宣传廊、画廊，开展多种形式的宣传教育活动，可以收到非常积极的效果。宣传廊、宣传牌亦可结合建筑、游廊园墙等设置，若在人流量大的地段设置，其位置应尽可能避开人流路线，以免互相干扰。本例绘制的标志牌如图 8-55 所示。

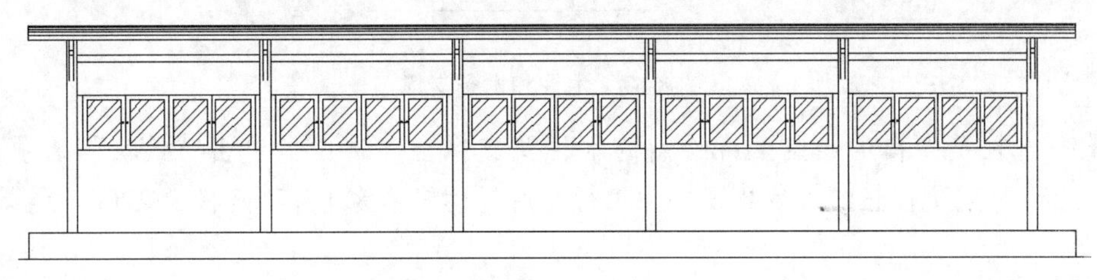

图 8-55　标志牌

【操作步骤】

1. 基础的绘制

（1）单击“默认”选项卡“绘图”面板中的“直线”按钮，绘制一条长度大于 12000 的直线，作为地基线。

（2）单击“默认”选项卡“绘图”面板中的“矩形”按钮，在地基线上绘制 12000×300 的矩形，结果如图 8-56 所示，作为宣传栏的基础。

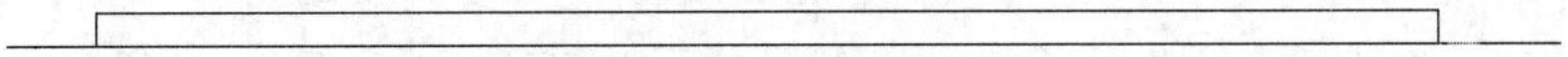

图 8-56　基础的绘制

2. 标志牌主体的绘制

（1）木柱的绘制。首先确定木柱的位置。单击“默认”选项卡“绘图”面板中的“直线”按钮，以矩形基础的左上角点为第一角点，水平向右绘制一条长度为 440 的直线段，作为最左端的木柱的起点。然后竖直向上绘制一条长度为 2150 的直线段，单击“默认”选项卡“修改”面板中的“偏移”按钮，向右侧偏移 120，作为最左端的柱。

（2）木条支撑的绘制。单击“默认”选项卡“绘图”面板中的“直线”按钮，以木柱的左上角的顶点为第一角点，水平向左绘制一条长度为 35 的直线段，作为木条支撑的起点；然后单击

“默认”选项卡“绘图”面板中的“矩形”按钮，在命令行输入 (@50,-450)，作为木支撑的位置。单击“默认”选项卡“修改”面板中的“分解”按钮，将上一步绘制的矩形分解；再单击“默认”选项卡“修改”面板中的“偏移”按钮，将矩形下面的横向的边向上侧进行偏移，偏移距离为 280，然后以偏移后的直线段作为要偏移的对象，偏移距离为 50，作为垂直方向的木支撑，结果如图 8-57 所示。

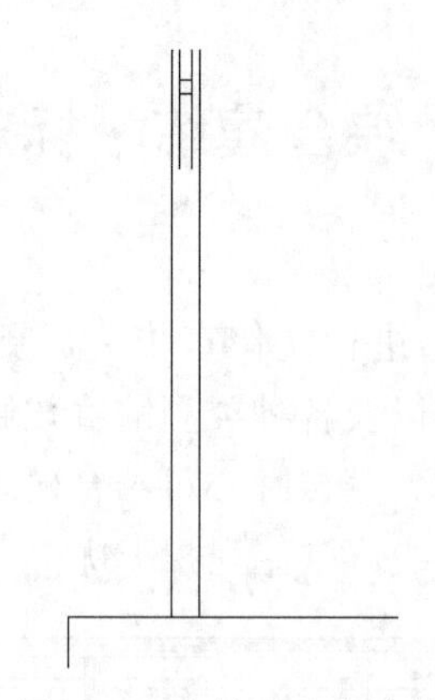

图 8-57　木柱和木条支撑

（3）整个木柱及支撑的绘制。将绘制的木柱及支撑全部选中，单击“默认”选项卡“修改”面板中的“矩形阵列”按钮，参数设置为 1 行 6 列，行偏移为 1，列偏移为 2200。结果如图 8-58 所示。

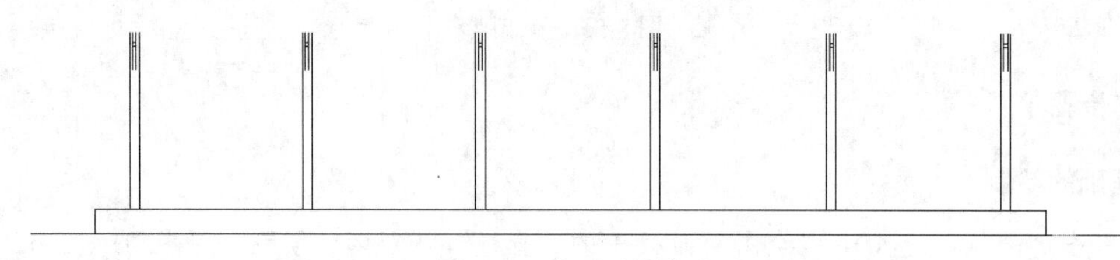

图 8-58　阵列后的效果

（4）木横撑的绘制。单击“默认”选项卡“修改”面板中的“分解”按钮，将绘制的矩形“基础”分解。然后单击“默认”选项卡“修改”面板中的“偏移”按钮，将矩形上面横向的边向上侧进行偏移，偏移距离为 1900，再以偏移后的直线段为要偏移的对象，偏移距离为 80，对多余的线条进行修剪，作为垂直方向的横支撑，结果如图 8-59 所示。

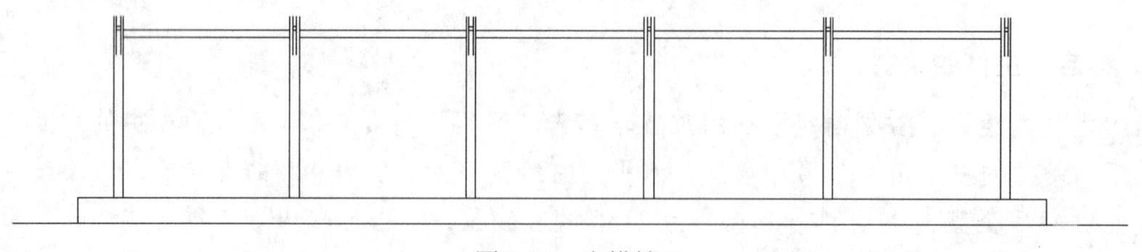

图 8-59　木横撑

（5）阅报窗的绘制。上一步绘制的横支撑分为五段，单击“默认”选项卡“修改”面板中的“偏移”按钮，将最左端的一段横支撑下面的边向下侧进行偏移，作为阅报窗的最上边缘，偏移距离为 380；然后以偏移后的直线段为要偏移的对象，将其向下侧进行偏移，偏移距离为 50，再以偏移后的直线段为要偏移的对象，将其向下侧进行偏移，偏移距离为 500，再以偏移后的直线段为要偏移的对象，将其向下侧进行偏移，偏移距离为 50。最后得到四条直线段作为阅报窗的窗框，结果如图 8-60 所示。

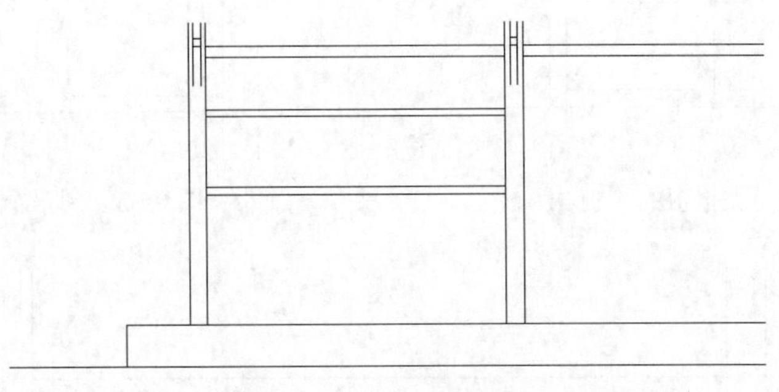

图 8-60　阅报窗的绘制 1

（6）单击“默认”选项卡“绘图”面板中的“直线”按钮，将上一步绘制的最上和最下端的直线的中点相连，然后将该直线段分别向左偏移六次，偏移距离依次为 50、390、50、50、390、50，每次偏移均以偏移后的直线段为要偏移的对象。单击“默认”选项卡“修改”面板中的“修剪”按钮，将上一步绘制的多余直线段进行修剪，结果如图 8-61 所示。

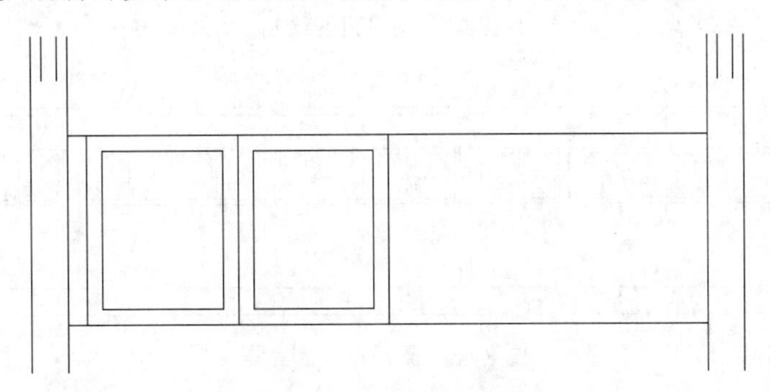

图 8-61　阅报窗的绘制 2

（7）窗栏上圆形拉手的绘制。首先确定圆形拉手的位置，将阅报栏最上端的边向下侧偏移，偏移距离为 300，然后将图 8-62 选中的直线向左和右分别偏移 25，作为辅助线。

（8）拉手的绘制。单击“默认”选项卡“绘图”面板中的“圆”按钮，以偏移后的直线的交点为圆心，绘制半径为 7.5 的圆。删除辅助线，结果如图 8-63 所示。

也可以只绘制一个圆，然后以上面所选中的线为对称轴进行“镜像”，得到下面的两个圆。

（9）然后单击“默认”选项卡“修改”面板中的“镜像”按钮，以图 8-61 中的直线 1 为对称轴，将上一步修剪后的图形镜像，删除多余的线条，结果如图 8-64 所示。

（10）将以上几步绘制的最左端的阅报栏全部选中，单击“默认”选项卡“修改”面板中的“矩形阵列”按钮，参数设置为 1 行 5 列，行偏移为 1，列偏移为 2200。

（11）单击“默认”选项卡“绘图”面板中的“图案填充”按钮，对镜窗内进行填充，填充图案为 ANSI32，角度为 0，比例为 500。结果如图 8-65 所示。

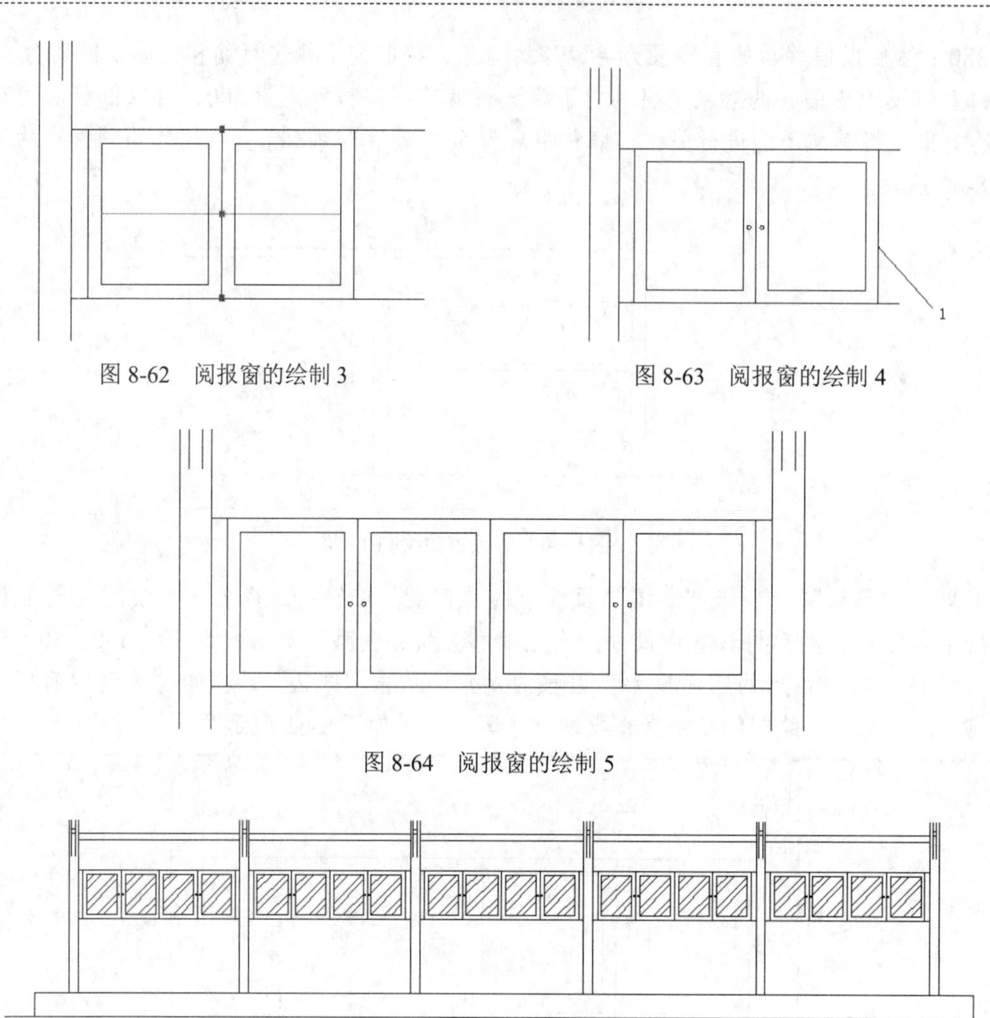

图 8-62　阅报窗的绘制 3

图 8-63　阅报窗的绘制 4

图 8-64　阅报窗的绘制 5

图 8-65　阅报窗绘制完毕

（12）阅报亭顶的绘制。单击“默认”选项卡“修改”面板中的“偏移”按钮，将矩形基础上面的边向上侧进行偏移，偏移的距离依次为 2150、50、37、33、21、9，每次偏移均以偏移后的直线段为要偏移的对象。然后单击“默认”选项卡“绘图”面板中的“直线”按钮，将直线段两端封闭起来，结果如图 8-55 所示。

8.6　模拟认证考试

1．“拉伸”命令能够按指定的方向拉伸图形，此命令只能用（　　）方式选择对象。

A．交叉窗口　　B．窗口　　C．点　　D．ALL

2．要剪切与剪切边延长线相交的圆，则需执行的操作为（　　）。

A．剪切时按住 Shift 键　　B．剪切时按住 Alt 键

C．修改“边”参数为“延伸”　　D．剪切时按住 Ctrl 键

3．关于“分解”命令的描述正确的是（ ）。

A．对象分解后颜色、线型和线宽不会改变

B．图案分解后图案与边界的关联性仍然存在

C．多行文字分解后将变为单行文字

D．构造线分解后可得到两条射线

4．对一个对象圆角之后，有时发现对象被修剪，有时发现对象没有被修剪，究其原因是（ ）。

A．修剪之后应当选择“删除”

B．圆角选项中有 T 选项，可以控制对象是否被修剪

C．应该先进行倒角再修剪

D．用户的误操作

5．在进行打断操作时，系统要求指定第二打断点，这时输入了 @，然后按 Enter 键结束，其结果是（ ）。

A．没有实现打断

B．在第一打断点处将对象一分为二，打断距离为零

C．从第一打断点处将对象另一部分删除

D．系统要求指定第二打断点

6．分别绘制圆角为 20 的矩形和倒角为 20 的矩形，长均为 100，宽均为 80。它们的面积相比较，则（ ）。

A．圆角矩形面积大　　B．倒角矩形面积大

C．一样大　　D．无法判断

7．对两条平行的直线倒圆角（Fillet），圆角半径设置为 20，其结果是（ ）。

A．不能倒圆角　　B．按半径 20 倒圆角

C．系统提示错误　　D．倒出半圆，其直径等于直线间的距离

8．绘制如图 8-66 所示的洗手池。

9．绘制如图 8-67 所示的洗衣机。

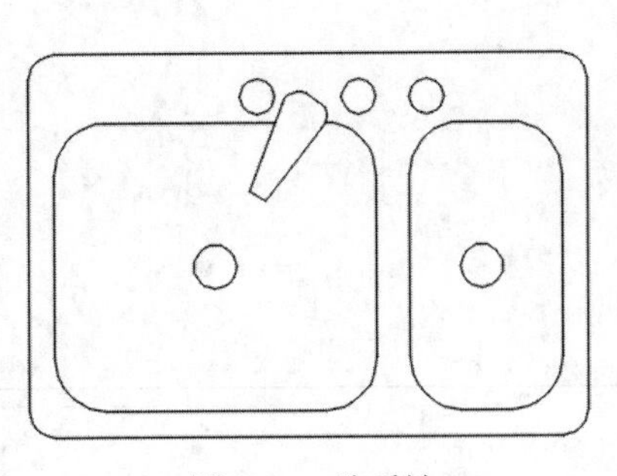

图 8-66　洗手池

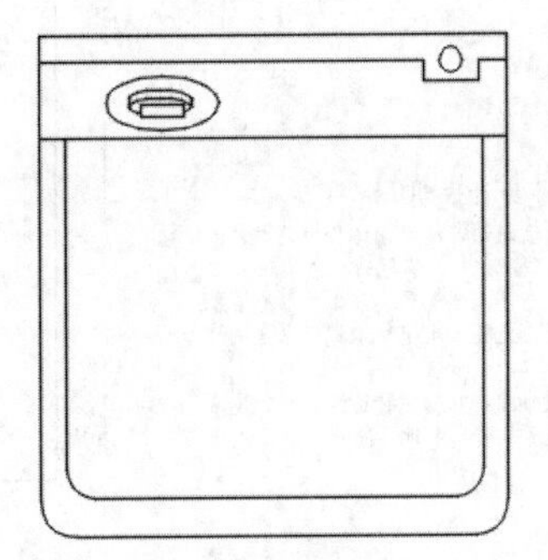

图 8-67　洗衣机

第 9 章　文字与表格

内容简介

文字注释是图形中很重要的一部分内容。进行各种设计时，通常不仅要绘出图形，还要在图形中标注一些文字，如技术要求、注释说明等，对图形对象加以解释。此外，表格在 AutoCAD 图形中也有大量的应用，如明细表、参数表和标题栏等。本章将对此进行详细的介绍。

内容要点

- 文字样式
- 文字标注
- 文字编辑
- 表格
- 综合演练：图签模板
- 模拟认证考试

案例效果

设计说明
1. 铺砖材质上选用与建筑墙体相近的颜色，又用卵石相嵌，既有统一又有区分。入口用大面积洗米石铺地，增添园林气氛。假山、水池喷泉是主要景观焦点，几株水生植物增添了水池的情趣。
2. 在种植设计上，利用植物特性，软化建筑墙角及草坪边界的硬质铺地，防止西晒，美化环境。
工程设计号
出图日期
比例
审定
项目负责人
专业负责人
审核
校对
设计
制图
建设单位
项目名称
图名
版号
图别
图号
人防图号

9.1　文本样式

所有 AutoCAD 图形中的文字都有与其相对应的文字样式。当输入文字对象时，AutoCAD 使用当前设置的文字样式。文字样式是用来控制文字基本形状的一组设置。

【执行方式】

- 命令行：STYLE（快捷命令：ST）或 DDSTYLE。
- 菜单栏：选择菜单栏中的“格式”→“文字样式”命令。
- 工具栏：单击“文字”工具栏中的“文字样式”按钮A。
- 功能区：单击“默认”选项卡“注释”面板中的“文字样式”按钮A。

【操作步骤】

执行上述操作后，系统打开“文字样式”对话框，如图 9-1 所示。

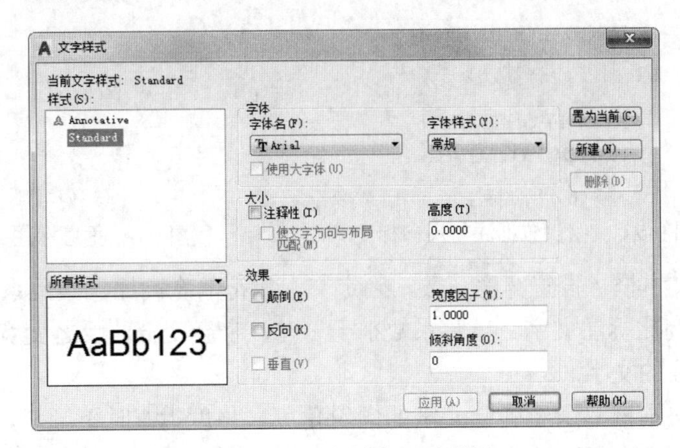

图 9-1 “文字样式”对话框

【选项说明】

（1）“样式”列表框：列出所有已设定的文字样式名或对已有样式名进行相关操作。单击“新建”按钮，系统打开如图 9-2 所示的“新建文字样式”对话框，从中可以为新建的文字样式输入名称。从“样式”列表框中选中要改名的文字样式并单击鼠标右键，在弹出的快捷菜单中选择“重命名”命令（如图 9-3 所示），可以为所选文字样式输入新的名称。

（2）“字体”选项组：用于确定字体样式。文字的字体确定字符的形状。在 AutoCAD 中，除了它固有的 SHX 形状字体文件外，还可以使用 TrueType 字体（如宋体、楷体、Italley 等）。一种字体可以设置不同的效果，从而被多种文字样式使用，如图 9-4 所示就是同一种字体（宋体）的不同样式。

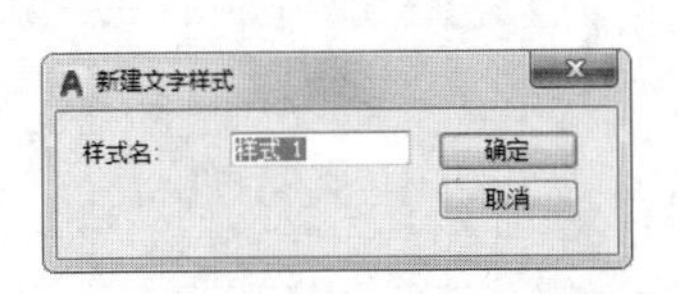

图 9-2 “新建文字样式”对话框

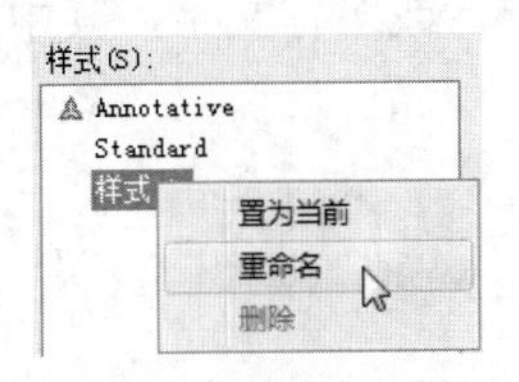

图 9-3 快捷菜单

CAD2018中文版
CAD2018中文版
CAD2018中文版
CAD2018中文版
CAD2018中文版

图 9-4 同一字体的不同样式

（3）“大小”选项组：用于确定文字样式使用的字体的大小。“高度”文本框用来设置创建文字时的固定字高，在用 TEXT 命令输入文字时，AutoCAD 不再提示输入字高参数。如果在此文本框中设置字高为 0，系统会在每一次创建文字时提示输入字高。因此，如果不想固定字高，就可以把“高度”文本框中的数值设置为 0。

（4）“效果”选项组。

①“颠倒”复选框：选中该复选框，表示将文字倒置标注，如图 9-5（a）所示。

②“反向”复选框：确定是否将文字反向标注，如图 9-5（b）所示的标注效果。

③“垂直”复选框：确定文字是水平标注还是垂直标注。选中该复选框时为垂直标注，如图 9-6 所示；否则为水平标注。

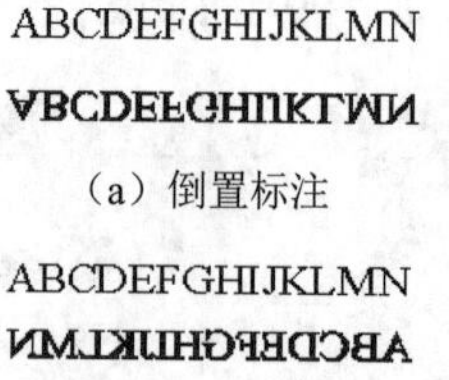

ABCDEFGHIJKLMN

（a）倒置标注

ABCDEFGHIJKLMN

（b）反向标注

图 9-5　文字倒置标注与反向标注

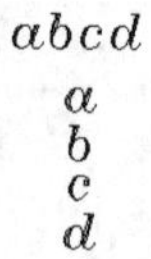

abcd

a
b
c
d

图 9-6　垂直标注文字

④“宽度因子”文本框：设置宽度系数，确定文本字符的宽高比。当此系数为 1 时，表示将按字体文件中定义的宽高比标注文字；当此系数小于 1 时，字会变窄，反之变宽。如图 9-4 所示，是在不同比例系数下标注的文字。

⑤“倾斜角度”文本框：用于确定文字的倾斜角度。角度为 0 时不倾斜，为正值时向右倾斜，为负值时向左倾斜，效果如图 9-4 所示。

（5）“应用”按钮：确认对文字样式的设置。当创建新的文字样式或对现有文字样式的某些特征进行修改后，都需要单击此按钮，系统才会确认所做的改动。

9.2　文字标注

在绘制图形的过程中，文字传递了很多设计信息。它可能是一段很复杂的说明，也可能是一条简短的文字信息。当需要标注的文本不太长时，可以利用 TEXT 命令创建单行文字；当需要标注很长、很复杂的文字信息时，可以利用 MTEXT 命令创建多行文字。

9.2.1　单行文字标注

可以使用“单行文字”命令创建一行或多行文字，其中每行文字都是独立的对象，可对其进行移动、格式设置或其他修改。

【执行方式】

- 命令行：TEXT。
- 菜单栏：选择菜单栏中的“绘图”→“文字”→“单行文字”命令。
- 工具栏：单击“文字”工具栏中的“单行文字”按钮A|。

➘ 功能区：单击“默认”选项卡“注释”面板中的“单行文字”按钮A̲I或单击“注释”选项卡“文字”面板中的“单行文字”按钮A̲I。

【操作步骤】

命令：TEXT↙
当前文字样式：“Standard”　文字高度：　2.3000　注释性：　否　对正：　左
指定文字的起点或　[对正 (J) / 样式 (S)] ：在适当位置单击
指定文字的旋转角度 <0>:

✍ 技巧

用 TEXT 命令创建文本时，在命令行输入的文字将同时显示在绘图区，而且在创建过程中可以随时改变文本的位置，只要移动光标到新的位置并单击，则当前行结束，随后输入的文字在新的文本位置出现。用这种方法可以把多行文本标注到绘图区的不同位置。

【选项说明】

（1）指定文字的起点：在此提示下直接在绘图区选择一点作为输入文字的起始点。执行上述命令后，即可在指定位置输入文字。输入后按 Enter 键，文本另起一行，可继续输入文字。待全部输入完后按两次 Enter 键，退出 TEXT 命令。可见，TEXT 命令也可创建多行文本，只是这种多行文本每一行是一个对象，不能对多行文本同时进行操作。

✍ 技巧

只有当前文字样式中设置的字符高度为 0，在使用 TEXT 命令时，才会出现要求用户确定字符高度的提示。AutoCAD 允许将文本行倾斜排列，如倾斜角度分别是 0°、45° 和 -45° 时的排列效果，如图 9-7 所示。在“指定文字的旋转角度 <0>”提示下，可以输入文本行的倾斜角度或在绘图区拉出一条直线来指定倾斜角度。

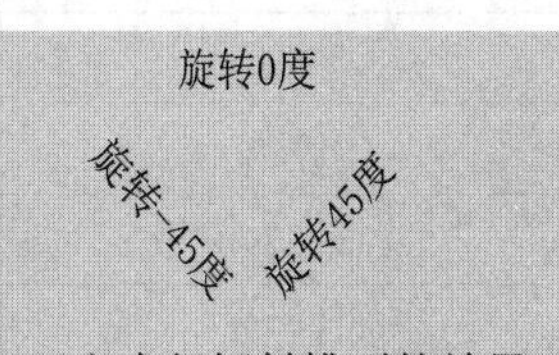

图 9-7　文本行倾斜排列的效果

（2）对正 (J)：在“指定文字的起点或 [对正 (J)/ 样式 (S)]”提示下输入 J，用来确定文本的对齐方式。对齐方式决定文本的哪部分与所选插入点对齐。执行此选项，AutoCAD 提示：

输入选项　[左 (L) / 居中 (C) / 右 (R) / 对齐 (A) / 中间 (M) / 布满 (F) / 左上 (TL) / 中上 (TC) / 右上 (TR) / 左中 (ML) / 正中 (MC) / 右中 (MR) / 左下 (BL) / 中下 (BC) / 右下 (BR)]:

在此提示下选择一个选项作为文本的对齐方式。当文字水平排列时，AutoCAD 为其定义了如图 9-8 所示的顶线、中线、基线和底线。各种对齐方式如图 9-9 所示，图中大写字母对应上述提示中的各命令。

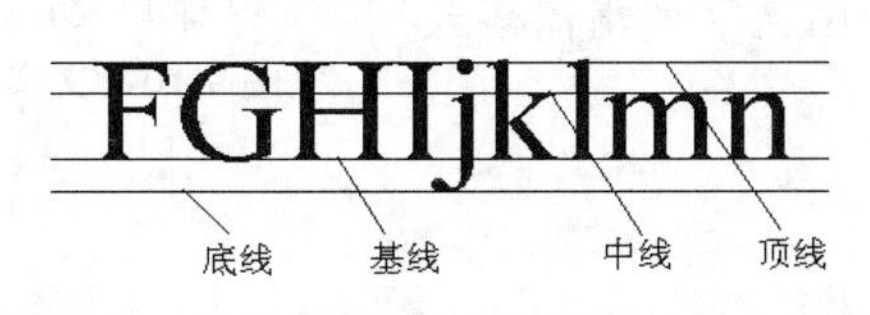

图 9-8　文本行的底线、基线、中线和顶线

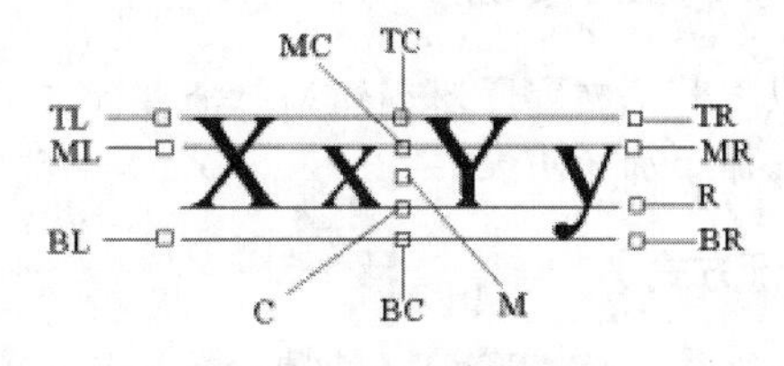

图 9-9　文本的对齐方式

选择“对齐 (A)”选项，要求用户指定文本行基线的起始点与终止点的位置，AutoCAD 提示：

```
指定文字基线的第一个端点：（指定文本行基线的起点位置）
指定文字基线的第二个端点：（指定文本行基线的终点位置）
输入文字：（输入一行文本后按 Enter 键）
输入文字：（继续输入文本或直接按 Enter 键结束命令）
```

输入的文字均匀地分布在指定的两点之间，如果两点间的连线不是水平的，则文本行倾斜放置，倾斜角度由两点间的连线与 X 轴夹角确定；字高、字宽根据两点间的距离、字符的多少以及文字样式中设置的宽度因子自动确定。指定了两点之后，每行输入的字符越多，字宽和字高越小。

其他选项与“对齐”类似，此处不再赘述。

实际绘图时，有时需要标注一些特殊字符，如直径符号、上划线或下划线、温度符号等。由于这些符号不能直接从键盘上输入，AutoCAD 提供了一些控制码，用来实现这些要求。常用的控制码及其功能如表 9-1 所示。

表 9-1　AutoCAD 常用控制码

控　制　码	标注的特殊字符	控　制　码	标注的特殊字符
%%O	上划线	\u+0278	电相位
%%U	下划线	\u+E101	流线
%%D	“度”符号（°）	\u+2261	标识
%%P	正负符号（±）	\u+E102	界碑线
%%C	直径符号（f）	\u+2260	不相等（≠）
%%%	百分号（%）	\u+2126	欧姆（Ω）
\u+2248	约等于（≈）	\u+03A9	欧米伽（Ω）
\u+2220	角度（∠）	\u+214A	低界线
\u+E100	边界线	\u+2082	下标 2
\u+2104	中心线	\u+00B2	上标 2
\u+0394	差值		

其中，%%O（%%U）是上划线（下划线）的开关，第一次出现此符号的开始画上划线（下划线），第二次出现此符号时上划线（下划线）终止。例如，输入“I want to %%U go to Beijing%%U.”，则得到如图 9-10（a）所示的文本行；输入“50%%D+%%C75%%P12”，则得到如图 9-10（b）所示的文本行。

I want to go to Beijing.

（a）控制码应用示例 1

50°+ø75±12

（b）控制码应用示例 2

图 9-10　文本行

9.2.2　多行文字标注

可以将若干文字段落创建为单个多行文字对象，使用文字编辑器格式化文字外观、列和边界。

【执行方式】

➘ 命令行：MTEXT（快捷命令：T 或 MT）。

- 菜单栏：选择菜单栏中的“绘图”→“文字”→“多行文字”命令。
- 工具栏：单击“绘图”工具栏中的“多行文字”按钮A或单击“文字”工具栏中的“多行文字”按钮A。
- 功能区：单击“默认”选项卡“注释”面板中的“多行文字”按钮A或单击“注释”选项卡“文字”面板中的“多行文字”按钮A。

轻松动手学——标注某公园设计说明

源文件：源文件\第9章\某公园设计说明.dwg

标注如图9-11所示的某公园设计说明。

设计说明

1.铺砖材质上选用与建筑墙体相近的颜色，又用卵石相嵌，既有统一又有区分。入口用大面积洗米石铺地，增添园林气氛。假山、水池喷泉是主要景观焦点，几株水生植物增添了水池的情趣。

2.在种植设计上，利用植物特性，软化建筑墙角及草坪边界的硬质铺地，防止西晒，美化环境。

图9-11　某公园设计说明

扫一扫，看视频

【操作步骤】

（1）单击“默认”选项卡“注释”面板中的“文字样式”按钮A，在弹出的“文字样式”对话框中单击“新建”按钮，在弹出的“新建文字样式”对话框的“样式名”文本框中输入“文字”，如图9-12所示。单击“确定”按钮，返回“文字样式”对话框，设置新样式参数。在“字体名”下拉列表框中选择“仿宋”，设置“宽度因子”为1，“高度”为240，其余参数默认，如图9-13所示。单击“置为当前”按钮，将新建文字样式置为当前。

图9-12　新建文字样式

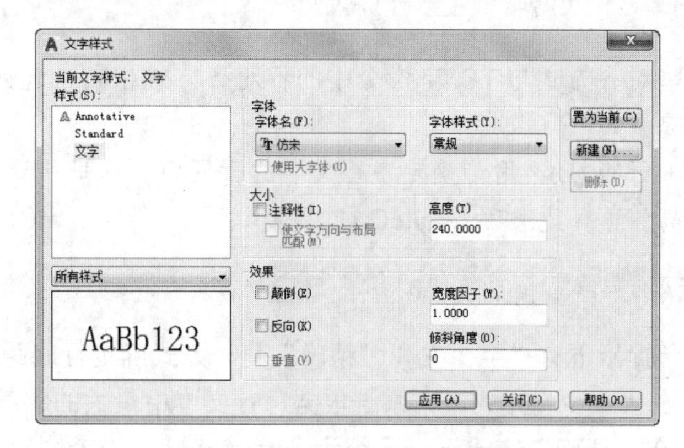

图9-13　“文字样式”对话框

（2）单击“默认”选项卡“注释”面板中的“多行文字”按钮A，在空白处单击，指定第一角点，向右下角拖动出适当距离，单击鼠标左键指定第二点，打开多行文字编辑器和“文字编辑器”选项卡，输入设计说明的内容，如图9-14所示。

（3）选中“设计说明”文字，设置其“高度”为300，结果如图9-11所示。

【选项说明】

1. 命令选项

（1）指定对角点：在绘图区选择两个点作为矩形框的两个角点，AutoCAD以这两个点为对角点构成一个矩形区域，其宽度作为将来要标注的多行文字的宽度，第一个点作为第一行文本顶线的起点。响应后AutoCAD打开“文字编辑器”选项卡和多行文字编辑器，可利用其输入多行文字并对其格式进行设置。关于其中各项的含义及功能，稍后再详细介绍。

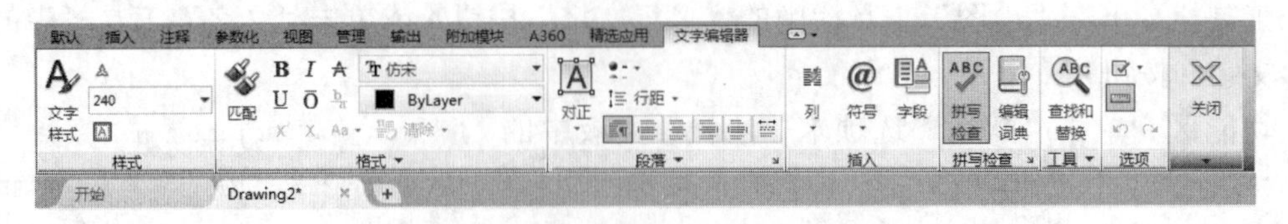

设计说明

1. 铺砖材质上选用与建筑墙体相近的颜色，又用卵石相嵌，既有统一又有区分。入口用大面积洗米石铺地，增添园林气氛。假山、水池喷泉是主要景观焦点，几株水生植物增添了水池的情趣。

2. 在种植设计上，利用植物特性，软化建筑墙角及草坪边界的硬质铺地，防止西晒，美化环境。

图 9-14　输入文字

（2）对正 (J)：用于确定所标注文字的对齐方式。选择该选项，AutoCAD 提示如下。

```
输入对正方式 [左上 (TL)/中上 (TC)/右上 (TR)/左中 (ML)/正中 (MC)/右中 (MR)/左下 (BL)/中下 (BC)/右下 (BR)] <左上 (TL)>:
```

这些对齐方式与 TEXT 命令中的各对齐方式相同。选择一种对齐方式后按 Enter 键，系统回到上一级提示。

（3）行距 (L)：用于确定多行文字的行间距。这里所说的行间距是指相邻两文本行基线之间的垂直距离。选择此选项，AutoCAD 提示如下。

```
输入行距类型 [至少 (A)/精确 (E)] <至少 (A)>:
```

在此提示下有“至少”和“精确”两种方式确定行间距。

① 在“至少”方式下，系统根据每行文本中最大的字符自动调整行间距。

② 在“精确”方式下，系统为多行文字赋予一个固定的行间距，可以直接输入一个确切的间距值，也可以输入“nx”的形式。

其中 n 是一个具体数，表示行间距设置为单行文字高度的 n 倍，而单行文字高度是本行文本字符高度的 1.66 倍。

（4）旋转 (R)：用于确定文本行的倾斜角度。选择该选项，AutoCAD 提示如下。

```
指定旋转角度 <0>:（输入倾斜角度）
```

输入角度值后按 Enter 键，系统返回“指定对角点或 [高度 (H)/ 对正 (J)/ 行距 (L)/ 旋转 (R)/ 样式 (S)/ 宽度 (W)/ 栏 (C)]:”的提示。

（5）样式 (S)：用于确定当前的文字样式。

（6）宽度 (W)：用于指定多行文字的宽度。可在绘图区选择一点，与前面确定的第一个角点组成一个矩形框的宽作为多行文字的宽度；也可以输入一个数值，精确设置多行文字的宽度。

（7）栏(C)：根据栏宽、栏间距宽度和栏高组成矩形框。

2.“文字编辑器”选项卡和多行文字编辑器

“文字编辑器”选项卡用来控制文字的显示特性。可以在输入文字前设置文字的特性，也可以改变已输入的文字特性。要改变已有文字显示特性，首先应选择要修改的文字，选择文字的方式有以下三种。

（1）将光标定位到文本开始处，按住鼠标左键，拖到文本末尾。

（2）双击某个文字，则该文字被选中。

（3）3次单击鼠标左键，则选中全部内容。

下面介绍该选项卡中部分选项的功能。

（1）“文字高度”下拉列表框：用于确定文本的字符高度，可在文本框中输入新的字符高度，也可从此下拉列表框中选择已设定过的高度值。

（2）“粗体”按钮**B**和“斜体”按钮*I*：用于设置加粗或斜体效果，但这两个按钮只对TrueType字体有效，如图9-15所示。

（3）“删除线”按钮A：用于在文字上添加水平删除线，如图9-15所示。

（4）“下划线”按钮U和“上划线”按钮Ō：用于设置或取消文字的上、下划线，如图9-15所示。

从入门到实践
从入门到实践
~~从入门到实践~~
从入门到实践
从入门到实践

图9-15 文本样式

（5）“堆叠”按钮：用于层叠所选的文字，也就是创建分数形式。当文本中某处出现“/”“^”或“#”3种层叠符号之一时，选中需层叠的文字，才可层叠文本，两者缺一不可。此时符号左边的文字作为分子，右边的文字作为分母进行层叠。

AutoCAD提供了以下3种分数形式。

- 如果选中“abcd/efgh”后单击该按钮，则得到如图9-16（a）所示的分数形式。
- 如果选中“abcd^efgh”后单击该按钮，则得到如图9-16（b）所示的形式。此形式多用于标注极限偏差。
- 如果选中“abcd#efgh”后单击该按钮，则创建斜排的分数形式，如图9-16（c）所示。

abcd
efgh

（a）分数形式1

abcd
efgh

（b）分数形式2

abcd/efgh

（c）分数形式3

图9-16 文本层叠

如果选中已经层叠的文本对象后单击该按钮，则恢复到非层叠形式。

（6）“倾斜角度”文本框0/：用于设置文字的倾斜角度。

技巧

倾斜角度与斜体效果是两个不同的概念，前者可以设置任意倾斜角度，后者是在任意倾斜角度的基础上设置斜体效果。如图9-17所示，第一行倾斜角度为0°，非斜体效果；第二行倾斜角度为12°，非斜体效果；第三行倾斜角度为12°，斜体效果。

都市农夫
都市农夫
都市农夫

图9-17 倾斜角度与斜体效果

（7）“符号”按钮@：用于输入各种符号。单击该按钮，在弹出的下拉列表中可以选择所需符号输入到文本中，如图9-18所示。

（8）“字段”按钮：用于插入一些常用或预设字段。单击该按钮，系统打开“字段”对话框，如图 9-19 所示，用户可从中选择字段，插入到标注文本中。

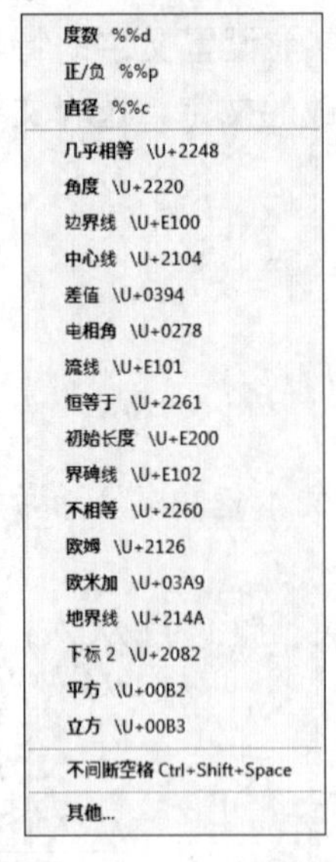

图 9-18　符号下拉列表

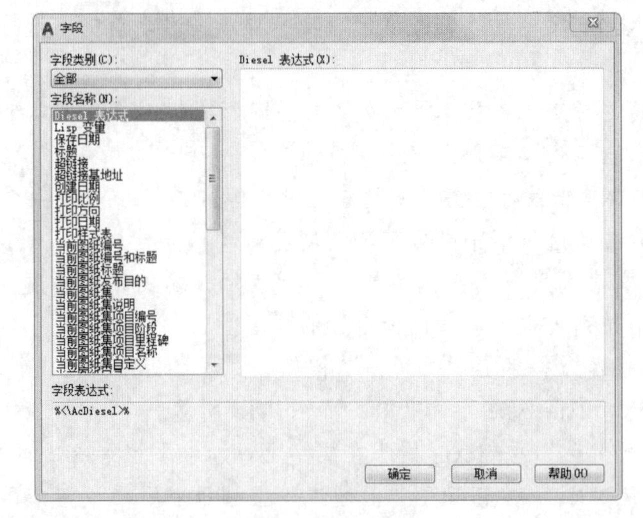

图 9-19　“字段”对话框

（9）“追踪”下拉列表框 a·b：用于增大或减小选定字符之间的空间。1.0 表示设置常规间距，设置大于 1.0 表示增大间距，设置小于 1.0 表示减小间距。

（10）“宽度因子”下拉列表框：用于扩展或收缩选定字符。1.0 代表此字体中字母的常规宽度，可以增大该宽度或减小该宽度。

（11）“上标”按钮 X^2：将选定文字转换为上标，即在输入线的上方设置稍小的文字。

（12）“下标”按钮 X_2：将选定文字转换为下标，即在输入线的下方设置稍小的文字。

（13）“项目符号和编号”下拉列表框：显示用于创建列表的选项，缩进列表以与第一个选定的段落对齐。如果清除复选标记，多行文字对象中的所有列表格式都将被删除，各项将被转换为纯文本。

- 关闭：如果选择该选项，将从应用了列表格式的选定文字中删除字母、数字和项目符号，但不更改缩进状态。
- 以数字标记：将带有句点的数字应用于列表项。
- 以字母标记：将带有句点的字母应用于列表项。如果列表含有的项多于字母表中含有的字母，可以使用双字母继续序列。
- 以项目符号标记：将项目符号应用于列表项。
- 起点：在列表格式中启动新的字母或数字序列。如果选定的项位于列表中间，则选定项下面未选中的项也将成为新列表的一部分。
- 继续：将选定的段落添加到上面最后一个列表，然后继续序列。如果选择了列表项而非段落，选定项下面未选中的项将继续序列。
- 允许自动项目符号和编号：在输入时应用列表格式。以下字符可以用作字母和数字后的标点而不能用作项目符号：句点（.）、逗号（,）、右括号（)）、右尖括号（>）、右方括号（]）和右花括号（}）。

- 允许项目符号和列表：如果选择该选项，列表格式将应用到外观类似列表的多行文字对象中的所有纯文本。

（14）拼写检查：确定输入时拼写检查处于打开还是关闭状态。

（15）编辑词典：显示词典对话框，从中可添加或删除在拼写检查过程中使用的自定义词典。

（16）标尺：在编辑器顶部显示标尺。拖动标尺末尾的箭头可更改文字对象的宽度。列模式处于活动状态时，还会显示高度和列夹点。

（17）输入文字：选择该选项，系统打开“选择文件”对话框，在该对话框中，可以如图 9-20 所示。在该对话框中，可以选择任意 ASCII 或 RTF 格式的文件。输入的文字保留原始字符格式和样式特性，但可以在多行文字编辑器中编辑和格式化输入的文字。选择要输入的文本文件后，可以替换选定的文字或全部文字，或在文字边界内将插入的文字附加到选定的文字中。输入文字的文件必须小于 32KB。

☞ **教你一招**

> 单行文字和多行文字的区别如下：
>
> （1）单行文字中的每行文字都是一个独立的对象，对于不需要多种字体或多行的内容，可以创建单行文字。对于标签来说，单行文字非常方便。
>
> （2）多行文字可以是一组文字，对于较长、较为复杂的内容，可以创建多行或段落文字。多行文字是由任意数目的文本行段落组成的，布满指定的宽度，还可以沿垂直方向无限延伸。多行文字中，无论行数是多少，单个编辑任务中创建的每个段落集将构成单个对象，用户可对其进行移动、旋转、删除、复制、镜像或缩放操作。
>
> 单行文字和多行文字之间的相互转换：对于多行文字，可使用“分解”命令将其分解成单行文字；选中单行文字，然后输入 text2mtext 命令，即可将单行文字转换为多行文字。

动手练一练——绘制内视符号

绘制如图 9-21 所示的内视符号。

图 9-20 “选择文件”对话框

图 9-21 内视符号

思路点拨

（1）利用“圆”“多边形”和“直线”命令绘制内视符号的大体轮廓。
（2）利用“图案填充”命令，填充正四边形和圆之间的区域。
（3）设置文字样式。
（4）利用“多行文字”命令输入文字。

9.3 文字编辑

AutoCAD 2018提供了“文字编辑器”选项卡和多行文字编辑器，通过它们可以方便、直观地设置需要的文本样式，或是对已有样式进行修改。

【执行方式】

- 命令行：TEXTEDIT。
- 菜单栏：选择菜单栏中的“修改”→“对象”→“文字”→“编辑”命令。
- 工具栏：单击“文字”工具栏中的“编辑”按钮。

【操作步骤】

执行上述操作后，命令行提示与操作如下：

```
命令：TEXTEDIT↙
当前设置：编辑模式 = Multiple
选择注释对象或 [放弃(U)/模式(M)]:
```

【选项说明】

（1）选择注释对象：选取要编辑的文字、多行文字或标注对象。

要求选择想要修改的文本，同时光标变为拾取框。用拾取框选择对象时：

① 如果选择的文本是用TEXT命令创建的单行文字，则深显该文本，可对其进行修改。

② 如果选择的文本是用MTEXT命令创建的多行文字，选择对象后将打开“文字编辑器”选项卡和多行文字编辑器，可根据前面的介绍对各项设置或内容进行修改。

（2）放弃(U)：放弃对文字对象的上一次更改。

（3）模式(M)：控制是否自动重复命令。选择此选项，命令行提示与操作如下：

```
输入文本编辑模式选项 [单个(S)/多个(M)] <Multiple>:
```

① 单个(S)：修改选定的文字对象一次，然后结束命令。

② 多个(M)：允许在命令持续时间内编辑多个文字对象。

9.4 表　格

在以前的AutoCAD版本中，要绘制表格必须采用绘制图线或结合偏移、复制等编辑命令来完成，这样的操作过程繁琐而复杂，不利于提高绘图效率。自从AutoCAD 2005新增加了“表格”绘图功能，创建表格就变得非常容易，用户可以直接插入设置好样式的表格。随着版本的不断升级，表格功能也在精益求精、日趋完善。

9.4.1 定义表格样式

与文字样式一样，所有 AutoCAD 图形中的表格都有与其相对应的表格样式。当插入表格对象时，系统使用当前设置的表格样式。表格样式是用来控制表格基本形状和间距的一组设置。模板文件 ACAD.DWT 和 ACADISO.DWT 中定义了名为 Standard 的默认表格样式。

【执行方式】

- 命令行：TABLESTYLE。
- 菜单栏：选择菜单栏中的“格式”→“表格样式”命令。
- 工具栏：单击“样式”工具栏中的“表格样式管理器”按钮。
- 功能区：单击“默认”选项卡“注释”面板中的“表格样式”按钮。

【操作步骤】

执行上述操作后，打开如图 9-22 所示的“表格样式”对话框。

【选项说明】

（1）“新建”按钮：单击该按钮，系统打开“创建新的表格样式”对话框，如图 9-23 所示。输入新的表格样式名后，单击“继续”按钮，系统打开“新建表格样式：Standand 副本”对话框，从中可以定义新的表格样式，如图 9-24 所示。

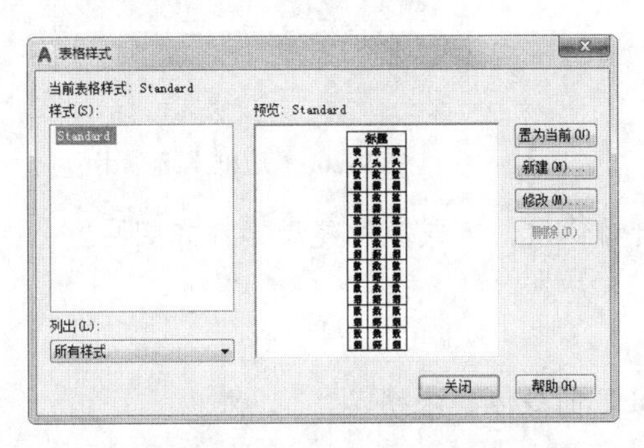

图 9-22 “表格样式”对话框

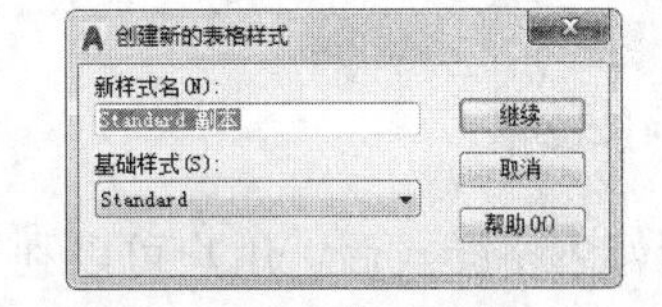

图 9-23 “创建新的表格样式”对话框

“单元样式”下拉列表框中有 3 个重要的选项，即“数据”“表头”和“标题”，分别控制表格中数据、列标题和总标题的有关参数。

①“常规”选项卡：用于控制数据栏与标题栏的上下位置关系。

②“文字”选项卡：用于设置文字属性，选择该选项卡，在“文字样式”下拉列表框中可以选择已定义的文字样式并应用于数据文字，也可以单击右侧的...按钮重新定义文字样式。其中“文字高度”“文字颜色”和“文字角度”各选项设定的相应参数格式可供用户选择，如图 9-25 所示。

③“边框”选项卡：用于设置表格的边框属性下面的边框线按钮控制数据边框线的各种形式，如绘制所有数据边框线、只绘制数据边框外部边框线、只绘制数据边框内部边框线、无边框线、只

绘制底部边框线等。选项卡中的“线宽”“线型”和“颜色”下拉列表框则控制边框线的线宽、线型和颜色；选项卡中的“间距”文本框用于控制单元格边界和内容之间的间距，如图 9-26 所示。

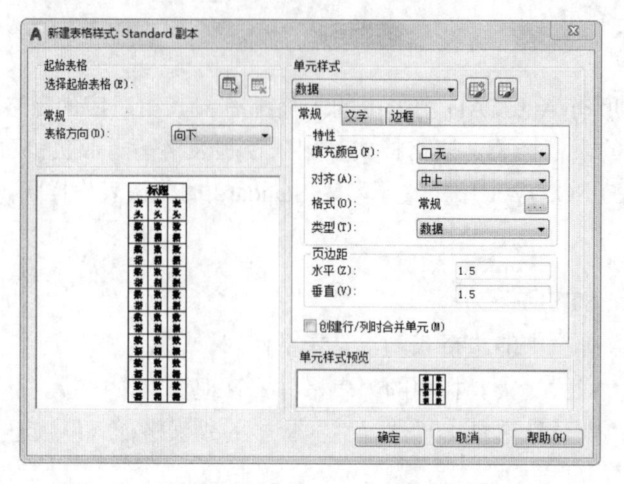

图 9-24 “新建表格样式：Standand 副本”对话框

图 9-25 “文字”选项卡

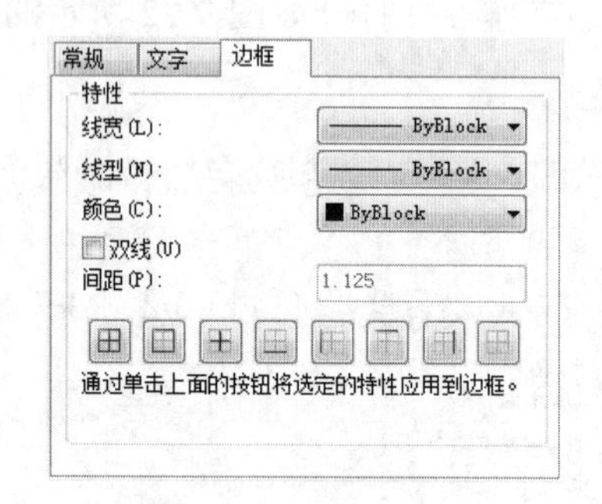

图 9-26 “边框”选项卡

（2）“修改”按钮：用于对当前表格样式进行修改，方式与新建表格样式相同。

9.4.2 创建表格

在设置好表格样式后，用户可以利用 TABLE 命令创建表格。

【执行方式】

- 命令行：TABLE。
- 菜单栏：选择菜单栏中的“绘图”→“表格”命令。
- 工具栏：单击“绘图”工具栏中的“表格”按钮▦。
- 功能区：单击“默认”选项卡“注释”面板中的“表格”按钮▦或单击“注释”选项卡“表格”面板中的“表格”按钮▦。

扫一扫，看视频

轻松动手学——绘制 A2 图框

源文件：源文件 \ 第 9 章 \ 绘制 A2 图框 .dwg

绘制如图 9-27 所示的 A2 图框。

图 9-27 A2 图框

【操作步骤】

1. 设置单位和图形边界

（1）打开 AutoCAD，则系统自动建立新图形文件。

（2）选择菜单栏中的“格式”→“单位”命令，系统打开“图形单位”对话框，如图 9-28 所示。设置“长度”的“类型”为“小数”，“精度”为 0；“角度”的“类型”为“十进制度数”，“精度”为 0，系统默认逆时针方向为正，单击“确定”按钮。

（3）设置图形边界。国标对图纸的幅面大小作了严格规定，在这里，不妨按国标 A3 图纸幅面设置图形边界。A2 图纸的幅面为 594×420，选择菜单栏中的“格式”→“图层界限”命令，指定左上角点为 (0,0)，右上角点为 (594,420)。

2. 设置文本样式

单击“默认”选项卡“注释”面板中的“文字样式”按钮，打开“文字样式”对话框，单击“新建”按钮，创建样式 1，设置“字体名”为“宋体”，“高度”为 300，如图 9-29 所示。

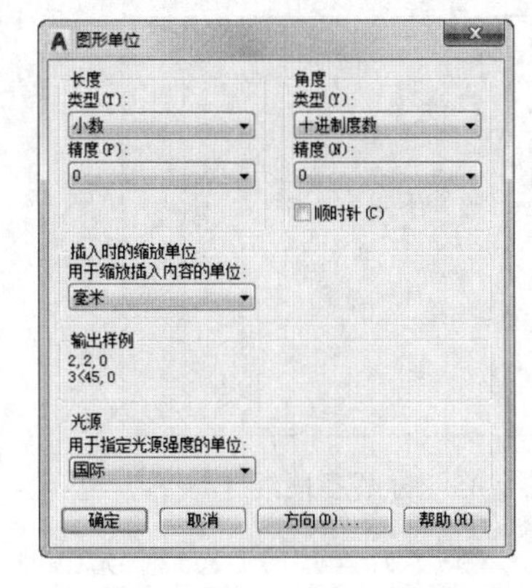

图 9-28 “图形单位”对话框

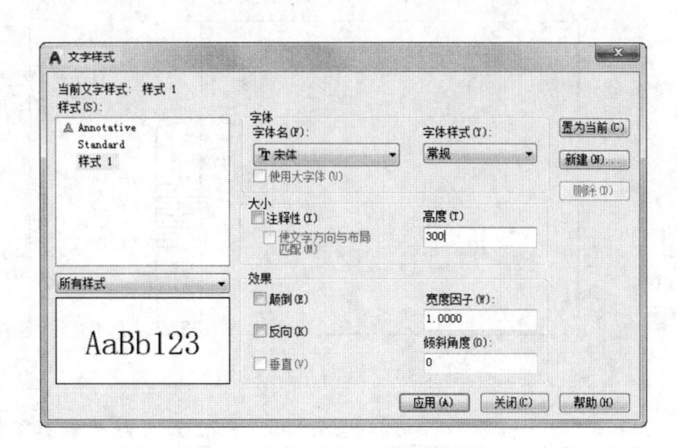

图 9-29 “文字样式”对话框

3. 绘制图框

（1）单击“默认”选项卡“绘图”面板中的“多段线”按钮，将线宽设置为 100，绘制长为 56000 的水平多段线，如图 9-30 所示。

图 9-30　绘制水平多段线

同理，绘制其他 3 条多段线，设置竖直长为 40000，完成 4 条不连续的多段线绘制，如图 9-31 所示。

※ 高手支招

国家标准规定 A2 图纸的幅面大小是 594×420，这里留出了带装订边的图框到图纸边界。

（2）单击“默认”选项卡“修改”面板中的“偏移”按钮，将右侧竖直多段线向左偏移，偏移距离为 6000，如图 9-32 所示。

（3）单击“默认”选项卡“修改”面板中的“偏移”按钮，将上侧水平多段线向下偏移，偏移距离为 9950、10050、800、800、800、800、800、800、800、800、800、800、800、2000、2000、4000、800、800 和 800，如图 9-33 所示。

图 9-31　绘制多段线

图 9-32　偏移竖直直线

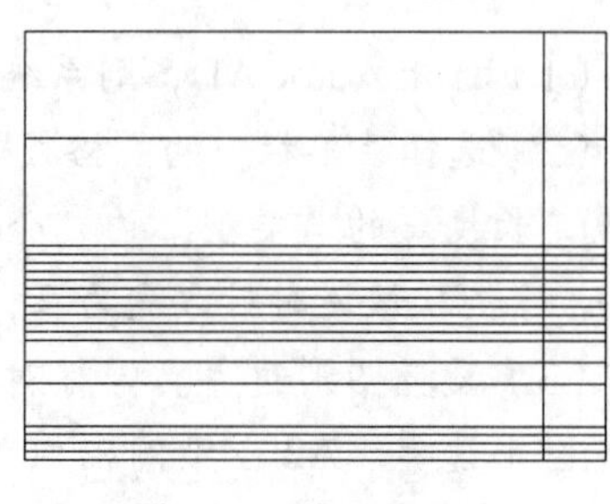

图 9-33　偏移多段线

（4）单击“默认”选项卡“修改”面板中的“修剪”按钮，修剪掉多余的直线，如图 9-34 所示。

（5）单击“默认”选项卡“修改”面板中的“分解”按钮，分解部分多段线，如图 9-35 所示。

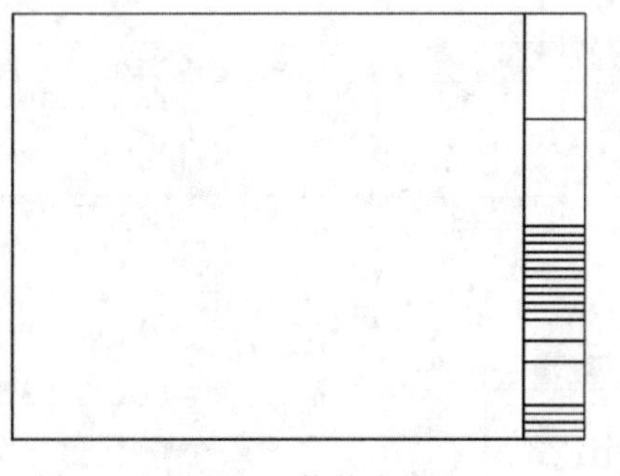

图 9-34　修剪直线

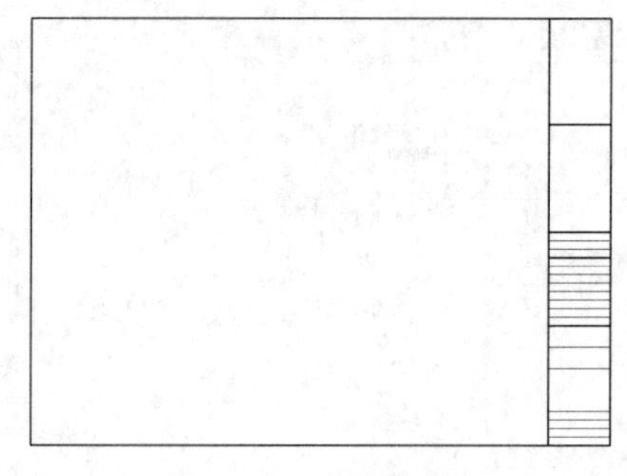

图 9-35　分解多段线

（6）单击“默认”选项卡“绘图”面板中的“直线”按钮，绘制 2 条竖线，如图 9-36 所示。

（7）单击“默认”选项卡“注释”面板中的“多行文字”按钮A，打开“文字编辑器”选项卡和多行文字编辑器，在表格内添加文字，如图 9-37 所示。

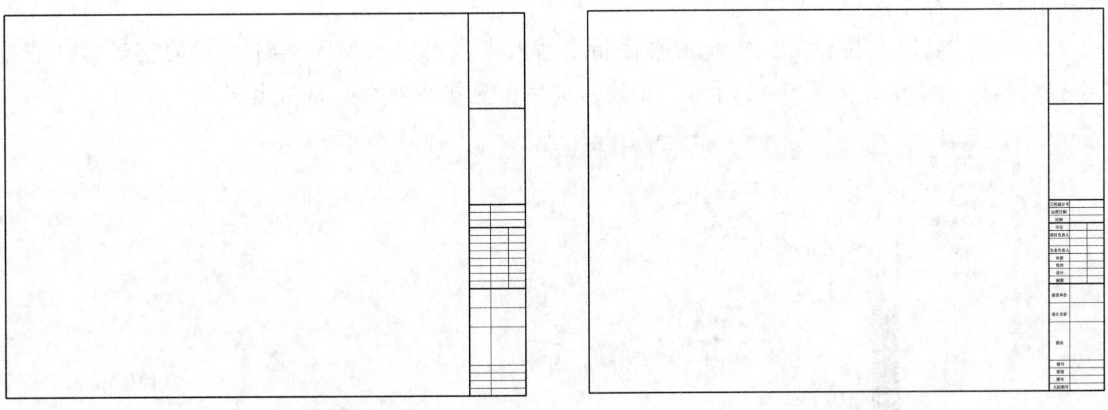

图 9-36　绘制 2 条竖线　　　　图 9-37　添加文字

4. 绘制会签栏

（1）单击“默认”选项卡“注释”面板中的“表格样式”按钮，打开“表格样式”对话框，如图 9-38 所示。

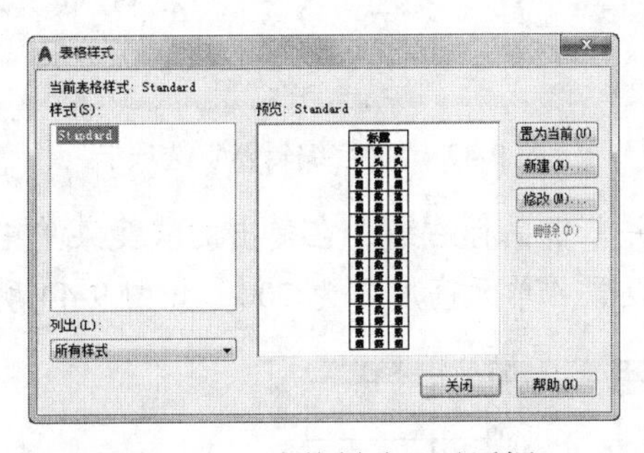

图 9-38　“表格样式”对话框

（2）单击“修改”按钮，系统打开“修改表格样式 : Standard”对话框，设置如图 9-39 所示。

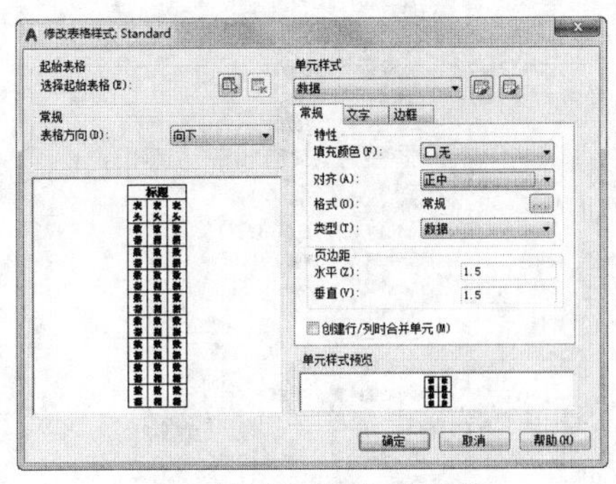

（a）“常规”选项卡的设置

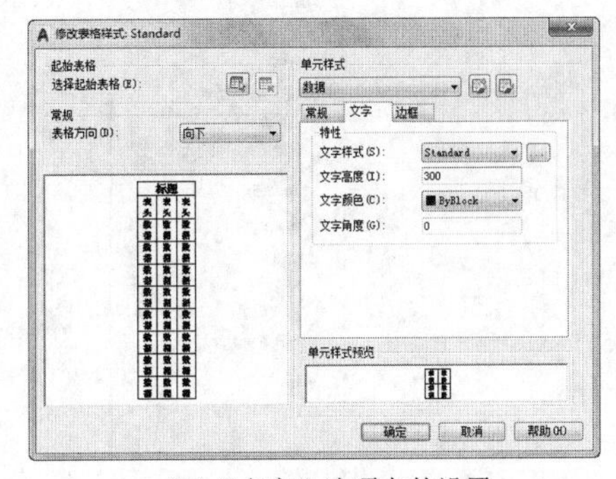

（b）“文字”选项卡的设置

图 9-39　“修改表格样式 : Standard”对话框

（3）单击“默认”选项卡“注释”面板中的“表格”按钮，打开“插入表格”对话框，如

图 9-40 所示。设置插入方式为“指定插入点”，数据行数和列数设置为 4 列 1 行，列宽为 1875，行高为 1 行，在“设置单元样式”选项组中将“第一行单元样式”“第二行单元样式”和“所有其他行单元样式”都设置为“数据”。

（4）单击“确定”按钮后，在绘图平面指定插入点，则插入如图 9-41 所示的空表格，并显示“文字编辑器”选项卡，如图 9-42 所示。不输入文字，直接在空白处单击退出。

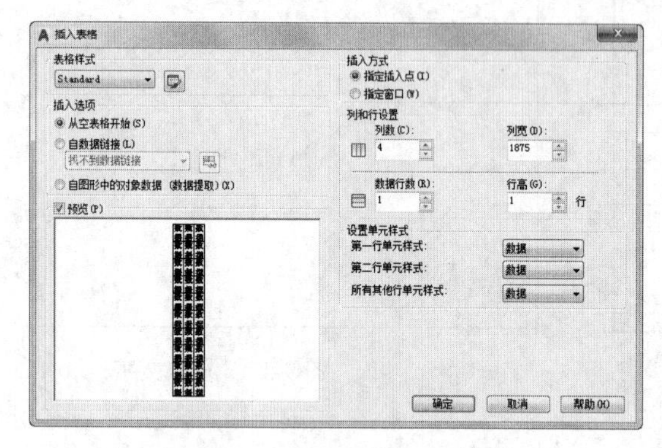

图 9-40 “插入表格”对话框

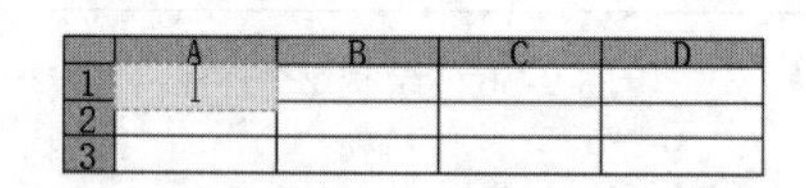

图 9-41 插入表格

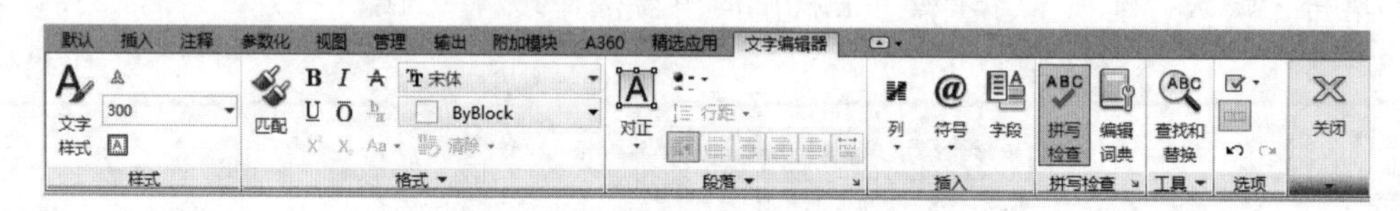

图 9-42 “文字编辑器”选项卡

（5）选中其中一个单元格并单击鼠标右键，在弹出的快捷菜单中选择“特性”命令，如图 9-43 所示。打开“特性”选项板，设置“单元高度”为 700，如图 9-44 所示。

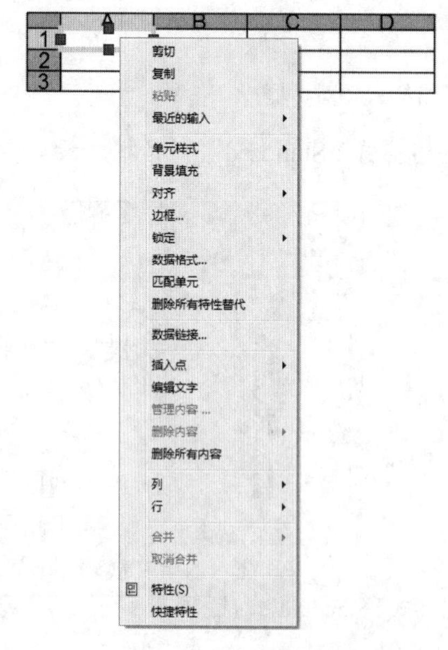

图 9-43 快捷菜单

图 9-44 “特性”选项板

同理，将其他所有单元格的高度均设置为700，结果如图9-45所示。

（6）双击单元格，分别添加文字，结果如图9-46所示。

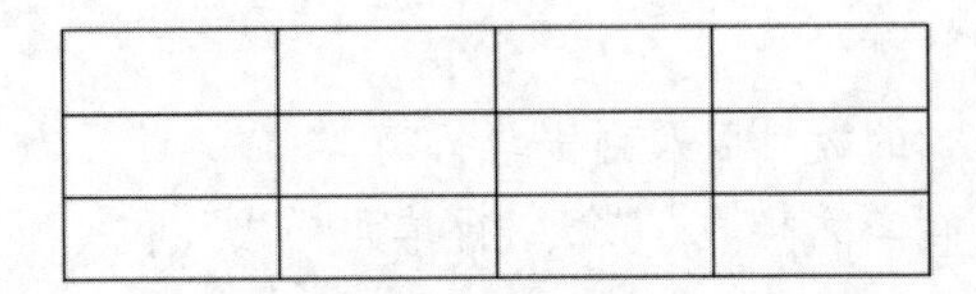

图9-45　修改单元格

建 筑		电 气	
结 构		采暖通风	
给排水		总 图	

图9-46　输入文字

（7）单击“默认”选项卡“修改”面板中的“旋转”按钮，将会签栏旋转90°，将其移动到图框的左上角，如图9-47所示。

图9-47　插入会签栏

（8）单击“默认”选项卡“绘图”面板中的“矩形”按钮，在外侧绘制一个59400×42000的矩形，结果如图9-27所示。

【选项说明】

（1）“表格样式”选项组：可以在“表格样式”下拉列表框中选择一种表格样式，也可以通过单击后面的按钮来新建或修改表格样式。

（2）“插入选项”选项组：指定插入表格的方式。

①“从空表格开始”单选按钮：创建可以手动填充数据的空表格。

②“自数据链接”单选按钮：通过启动“数据链接”管理器来创建表格。

③“自图形中的对象数据”单选按钮：通过启动“数据提取”向导来创建表格。

（3）“插入方式”选项组。

①“指定插入点”单选按钮：指定表格左上角的位置。可以使用定点设备，也可以在命令行中输入坐标值。如果表格样式将表格的方向设置为由下而上读取，则插入点位于表格的左下角。

②“指定窗口”单选按钮：指定表的大小和位置。可以使用定点设备，也可以在命令行中输入坐标值。选中该单选按钮时，行数、列数、列宽和行高取决于窗口的大小以及列和行的设置。

✍ 技巧

在“插入方式”选项组中选中“指定窗口”单选按钮后，“列和行设置”的两个参数中只能指定一个，另外一个由指定窗口的大小自动等分来确定。

（4）“列和行设置”选项组：指定列和数据行的数目以及列宽与行高。

（5）“设置单元样式”选项组：指定“第一行单元样式”“第二行单元样式”和“所有其他行单元样式”分别为标题、表头或者数据样式。

动手练一练——公园设计植物明细表

绘制如图 9-48 所示的公园设计植物明细表。

苗木名称	数量	规格	苗木名称	数量	规格	苗木名称	数量	规格
落叶松	32	10cm	红叶	3	15cm	金叶女贞		20棵/m² 丛植H=500
银杏	44	15cm	法国梧桐	10	20cm	紫叶小檗		20棵/m² 丛植H=500
元宝枫	5	6m(冠径)	油松	4	8cm	草坪		2-3个品种混播
樱花	3	10cm	三角枫	26	10cm			
合欢	8	12cm	睡莲	20				
玉兰	27	15cm						
龙爪槐	30	8cm						

图 9-48　公园设计植物明细表

思路点拨

（1）设置表格样式。
（2）插入空表格，并调整列宽。
（3）重新输入文字和数据。

扫一扫，看视频

9.5　综合演练：图签模板

源文件：源文件 \ 第 9 章 \ 图签模板 .dwg

绘制如图 9-49 所示的图签模板。

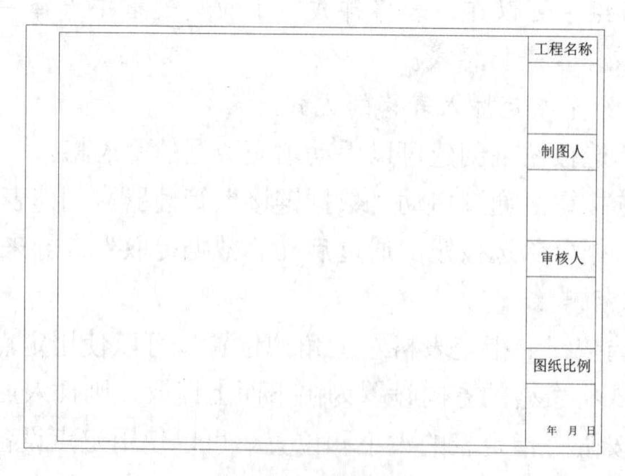

图 9-49　图签模板

【操作步骤】

1. 图层设置

单击“默认”选项卡“图层”面板中的“图层特性”按钮，打开“图层特性管理器”选项板，建立如图 9-50 所示的 6 个图层。

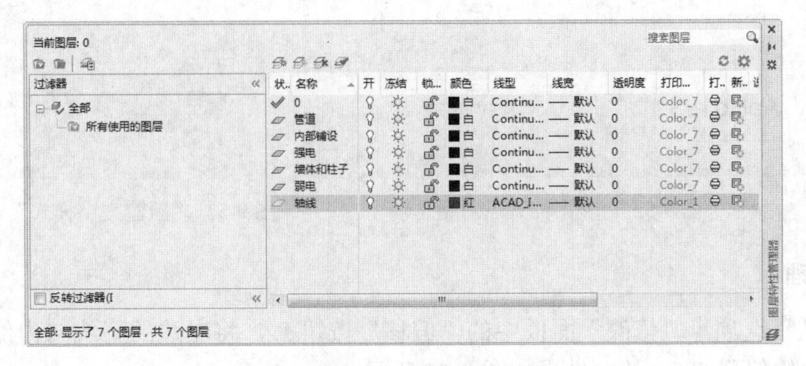

图 9-50　图层设置

2. 设置线型

在“默认”选项卡中展开“特性”面板，打开“线型”下拉列表框，从中选择“其他”选项，打开“线型管理器”对话框，单击“显示细节”按钮，将“全局比例因子”设为 100，如图 9-51 所示。

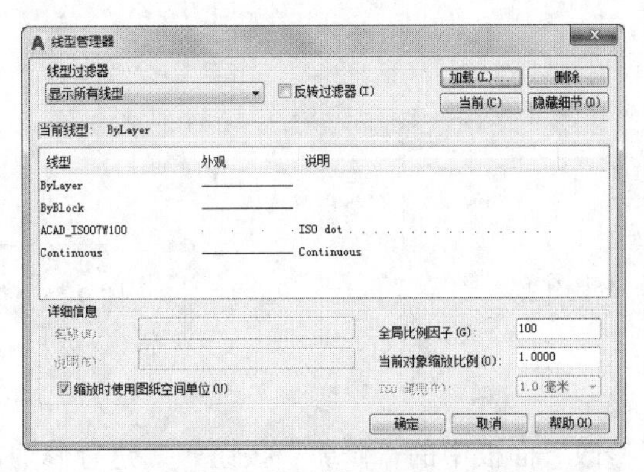

图 9-51　“线型管理器”对话框

3. 设置文字样式

单击“默认”选项卡“注释”面板中的“文字样式”按钮，弹出如图 9-52 所示的“文字样式”对话框。单击“新建”按钮，打开“新建文字样式”对话框，如图 9-53 所示。在“样式名”文本框中输入“文字标注”，单击“确定”按钮。在图 9-52 所示对话框中的“字体名”下拉列表框中选择“仿宋 _GB2312”，设置文字“高度”为 500，依次单击“应用”和“关闭”按钮。

4. 绘制矩形

单击“默认”选项卡“绘图”面板中的“矩形”按钮，绘制的矩形长度为 42000，宽度为 29700，绘制结果如图 9-54 所示。单击“默认”选项卡“修改”面板中的“分解”按钮，将矩形分解成为四条线段。

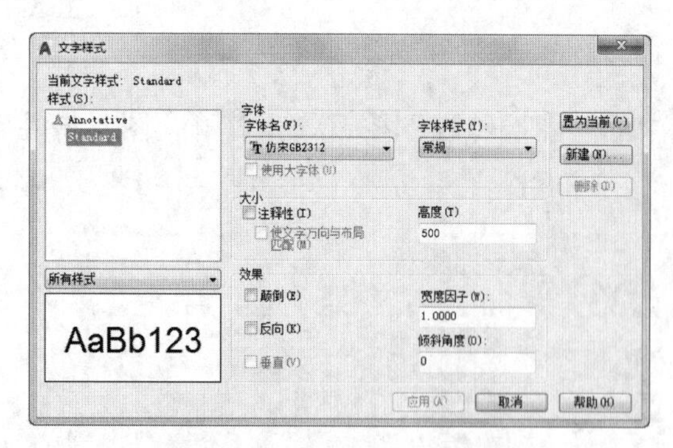

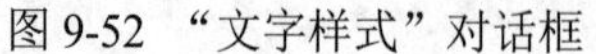

图 9-52 “文字样式”对话框　　图 9-53 “新建文字样式”对话框

5. 偏移处理

单击“默认”选项卡“修改”面板中的“偏移”按钮，将左边的直线向内侧偏移 2500，其他 3 条边也向内侧偏移 500，绘制结果如图 9-55 所示。

图 9-54　绘制矩形

图 9-55　偏移处理

6. 修剪图形

单击“默认”选项卡“修改”面板中的“修剪”按钮，进行修剪，结果如图 9-56 所示。

7. 绘制直线

单击“默认”选项卡“绘图”面板中的“直线”按钮，绘制直线，指定直线两点坐标分别为 (36500,500)(@0,28700)，继续使用直线命令，绘制剩余的 7 条直线，两端点坐标分别为 (36500,4850)(@5000,0)、(36500,7350)(@5000,0)、(36500,12350)(@5000,0)、(36500,14850)(@5000,0)、(36500,19850)(@5000,0)、(36500,22350)(@5000,0)、(36500,27350)(@5000,0)。绘制结果如图 9-57 所示。

8. 输入文字

单击“默认”选项卡“注释”面板中的“多行文字”按钮，打开“文字编辑器”选项卡和多行文字编辑器，如图 9-58 所示。指定文字的高度为 700，为图形添加文字。

图 9-56　修剪后的效果

图 9-57　绘制直线

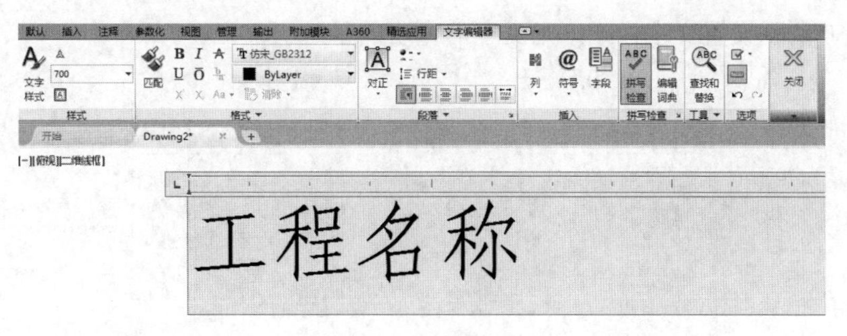

图 9-58　输入文字

重复上述命令，在图签中输入如图 9-59 所示的表头文字。

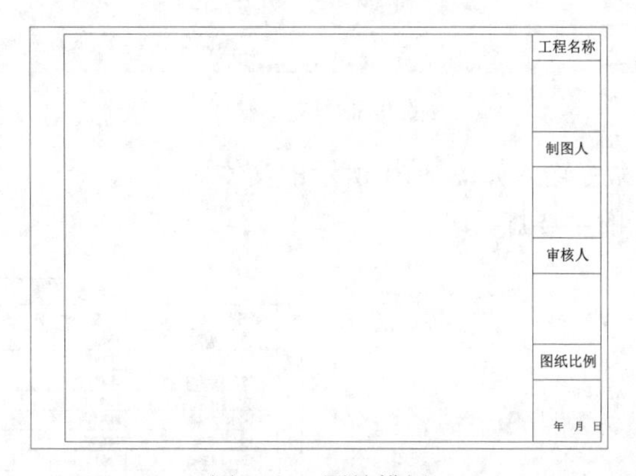

图 9-59　图签模板

9.6　模拟认证考试

1. 在设置文字样式的时候，设置了文字的高度，其效果是（　　）。
   A. 在输入单行文字时，可以改变文字高度
   B. 输入单行文字时，不可以改变文字高度
   C. 在输入多行文字时，不能改变文字高度
   D. 都能改变文字高度

2．使用“多行文本”编辑器时，其中 %%C、%%D、%%P 分别表示（　　）。

A．直径、度数、下划线　　B．直径、度数、正负

C．度数、正负、直径　　D．下划线、直径、度数

3．以下（　　）方式不能创建表格。

A．从空表格开始　　B．自数据链接

C．自图形中的对象数据　　D．自文件中的数据链接

4．在正常输入汉字时却显示“？”，其原因是（　　）。

A．因为文字样式没有设定好　　B．输入错误

C．堆叠字符　　D．字高太高

5．按图 9-60 所示设置文字样式，则文字的宽度因子是（　　）。

A．0　　B．0.5　　C．1　　D．无效值

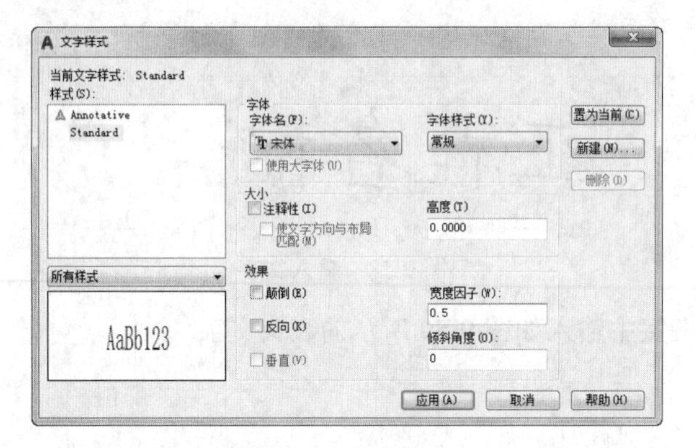

图 9-60　文字样式

6．利用“多行文字”命令输入如图 9-61 所示的文本。

7．绘制如图 9-62 所示的主要灯具表。

施工说明

1.冷水管采用镀锌管，管径均为DN15；热水管采用PPR管，管径均为DN15。
2.管道铺设在墙内（或地坪下）50米处。
3.施工时注意与土建的配合。

图 9-61　施工说明

主要灯具表						
序号	图例	名称	型号规格	单位	数量	备注
1		地埋灯	70WX1	套	120	
2		投光灯	120WX1	套	26	照树投光灯
3		投光灯	150WX1	套	58	照雕塑投光灯
4		路灯	250WX1	套	36	H=12.0m
5		广场灯	250WX1	套	4	H=12.0m
6		庭院灯	1400WX1	套	66	H=4.0m
7		草坪灯	50WX1	套	130	H=1.0m
8		定制台式工艺灯	方钢表面暴色喷漆1600X180X300　节能灯　27WX2	套	32	
9		水中灯	J12V100WX1	套	75	
10						
11						

图 9-62　主要灯具表

第 10 章　尺 寸 标 注

内容简介

尺寸标注是绘图过程中相当重要的一个环节。图形的主要作用是表达物体的形状，而物体各部分的真实大小和各部分之间的确切位置只能通过尺寸标注来表达。因此，若没有正确的尺寸标注，绘制出的图样对于加工制造就没有意义。本章主要介绍 AutoCAD 的尺寸标注功能。

内容要点

- 尺寸样式
- 标注尺寸
- 引线标注
- 编辑尺寸标注
- 综合演练：公园坐凳
- 模拟认证考试

案例效果

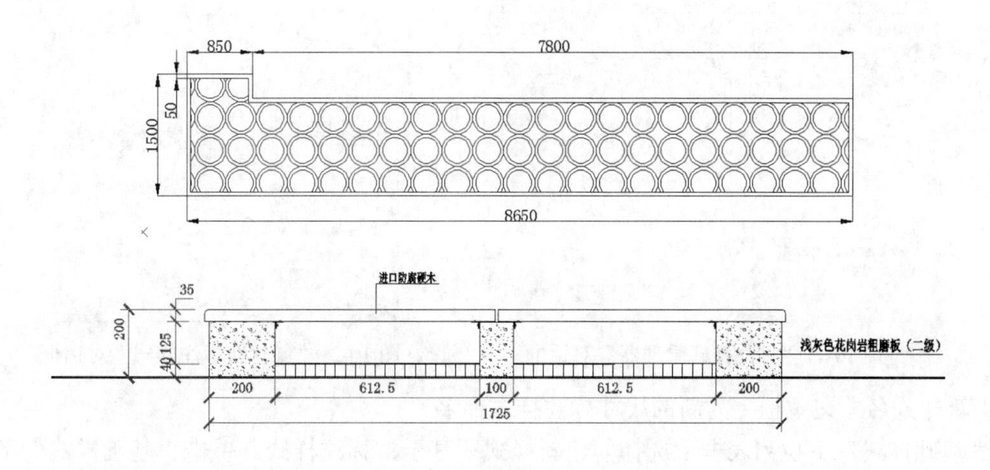

10.1　尺 寸 样 式

组成尺寸标注的尺寸线、尺寸界线、尺寸文本和尺寸箭头可以采用多种形式，尺寸标注以什么形态出现，取决于当前所采用的尺寸标注样式。标注样式决定尺寸标注的形式，包括尺寸线、尺寸界线、尺寸箭头和中心标记的形式、尺寸文本的位置、特性等。在 AutoCAD 2018 中用户可以利用“标注样式管理器”对话框方便地设置需要的尺寸标注样式。

10.1.1 新建或修改尺寸样式

在进行尺寸标注前，先要创建尺寸标注的样式。如果用户不创建尺寸样式而直接进行标注，系统使用默认名称为 Standard 的样式。如果用户认为使用的标注样式某些设置不合适，也可以修改标注样式。

【执行方式】

- 命令行：DIMSTYLE（快捷命令：D）。
- 菜单栏：选择菜单栏中的“格式”→“标注样式”命令或“标注”→“标注样式”命令。
- 工具栏：单击“标注”工具栏中的“标注样式”按钮。
- 功能区：单击“默认”选项卡“注释”面板中的“标注样式”按钮。

【操作步骤】

执行上述操作后，系统打开“标注样式管理器”对话框，如图 10-1 所示。利用该对话框可方便、直观地定制和浏览尺寸标注样式，包括创建新的标注样式、修改已存在的标注样式、设置当前尺寸标注样式、样式重命名以及删除已有的标注样式等。

【选项说明】

（1）“置为当前”按钮：单击该按钮，把在“样式”列表框中选择的样式设置为当前标注样式。

（2）“新建”按钮：创建新的尺寸标注样式。单击该按钮，系统打开“创建新标注样式”对话框，如图 10-2 所示。利用该对话框可创建一个新的尺寸标注样式，其中各项功能说明如下。

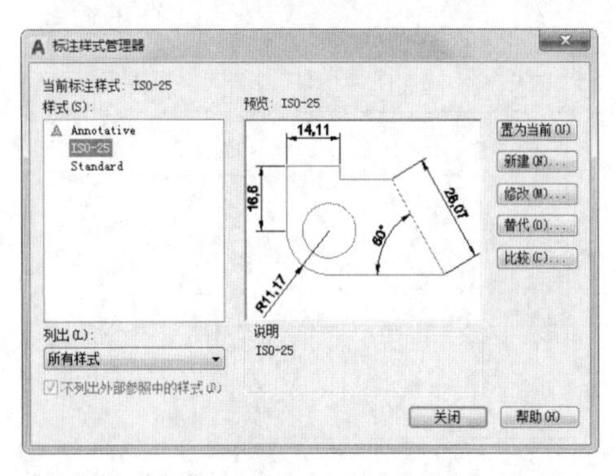

图 10-1 “标注样式管理器”对话框

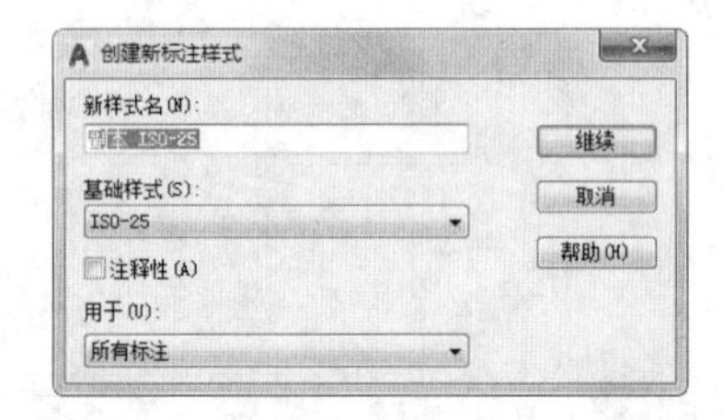

图 10-2 “创建新标注样式”对话框

①“新样式名”文本框：为新的尺寸标注样式命名。

②“基础样式”下拉列表框：选择创建新样式所基于的标注样式。单击“基础样式”下拉列表框，打开已有的样式列表，从中选择一个作为定义新样式的基础，修改其一些特性得到新样式。

③“用于”下拉列表框：指定新样式应用的尺寸类型。单击该下拉列表框，打开尺寸类型列表，如果新建样式应用于所有尺寸，则选择“所有标注”选项；如果新建样式只应用于特定的尺寸标注（如只在标注直径时使用此样式），则选择相应的尺寸类型。

④“继续”按钮：各选项设置好以后，单击该按钮，系统打开“新建标注样式”对话框，如图 10-3 所示。利用该对话框可对新标注样式的各项特性进行设置。该对话框中各部分的含义和功

能将在后文介绍。

（3）“修改”按钮：修改一个已存在的尺寸标注样式。单击该按钮，系统打开“修改标注样式”对话框。该对话框中的各选项与“新建标注样式”对话框中完全相同，可以对已有标注样式进行修改。

（4）“替代”按钮：设置临时覆盖尺寸标注样式。单击该按钮，系统打开“替代当前样式”对话框。该对话框中各选项与“新建标注样式”对话框中完全相同，用户可改变选项的设置，以覆盖原来的设置，但这种修改只对指定的尺寸标注起作用，而不影响当前其他尺寸变量的设置。

（5）“比较”按钮：比较两个尺寸标注样式在参数上的区别，或浏览一个尺寸标注样式的参数设置。单击该按钮，系统打开“比较标注样式”对话框，如图10-4所示。可以把比较结果复制到剪贴板上，然后再粘贴到其他的Windows应用软件中。

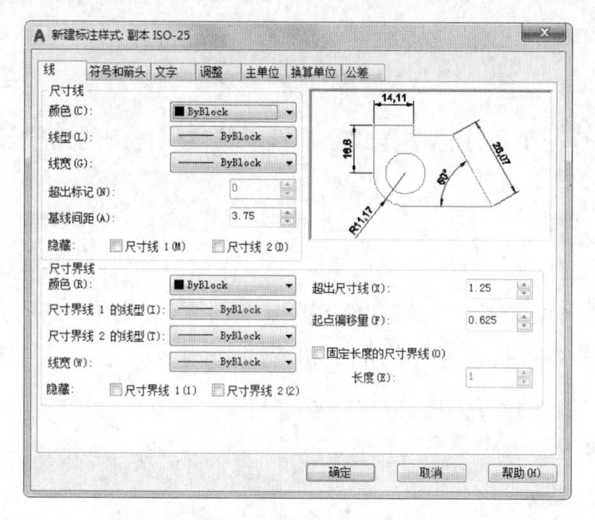

图10-3 “新建标注样式”对话框

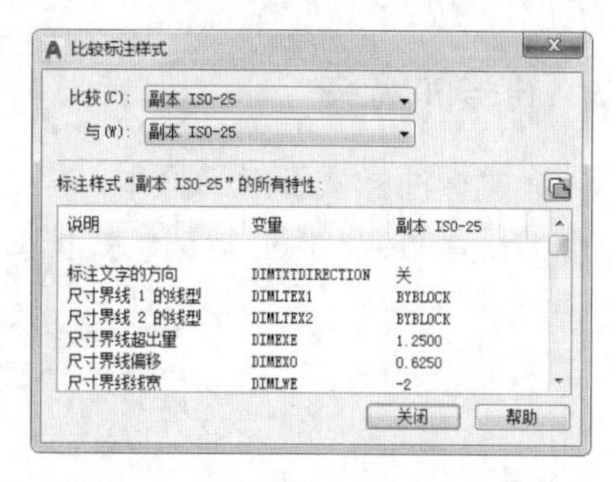

图10-4 “比较标注样式”对话框

10.1.2 线

在“新建标注样式”对话框中，第一个选项卡就是“线”选项卡，如图10-3所示。该选项卡用于设置尺寸线、尺寸界线的形式和特性。

1. “尺寸线”选项组

该选项组用于设置尺寸线的特性，其中各选项的含义如下。

（1）“颜色”（“线型”“线宽”）下拉列表框：用于设置尺寸线的颜色（线型、线宽）。

（2）“超出标记”微调框：当尺寸箭头设置为短斜线、短波浪线等，或尺寸线上无箭头时，可利用此微调框设置尺寸线超出尺寸界线的距离。

（3）“基线间距”微调框：设置以基线方式标注尺寸时，相邻两尺寸线之间的距离。

（4）“隐藏”复选框组：确定是否隐藏尺寸线及相应的箭头。选中“尺寸线1（2）”复选框，表示隐藏第一（二）段尺寸线。

2. “尺寸界线”选项组

该选项组用于确定尺寸界线的形式，其中各选项的含义如下。

（1）“颜色”（“线宽”）下拉列表框：用于设置尺寸界线的颜色（线宽）。

（2）“尺寸界线 1（2）的线型”下拉列表框：用于设置第一条尺寸界线的线型（DIMLTEX1 系统变量）。

（3）“超出尺寸线”微调框：用于确定尺寸界线超出尺寸线的距离。

（4）“起点偏移量”微调框：用于确定尺寸界线的实际起始点相对于指定尺寸界线起始点的偏移量。

（5）“隐藏”复选框组：确定是否隐藏尺寸界线。

（6）“固定长度的尺寸界线”复选框：选中该复选框，系统以固定长度的尺寸界线标注尺寸，可以在其下面的“长度”文本框中输入长度值。

3. 尺寸标注样式显示框

在“新建标注样式”对话框的右上方，有一个尺寸标注样式显示框，其中以样例的形式显示了用户设置的尺寸标注样式。

10.1.3 符号和箭头

在“新建标注样式”对话框中，第二个选项卡是“符号和箭头”选项卡，如图 10-5 所示。该选项卡用于设置箭头、圆心标记、弧长符号和半径折弯标注的形式和特性。

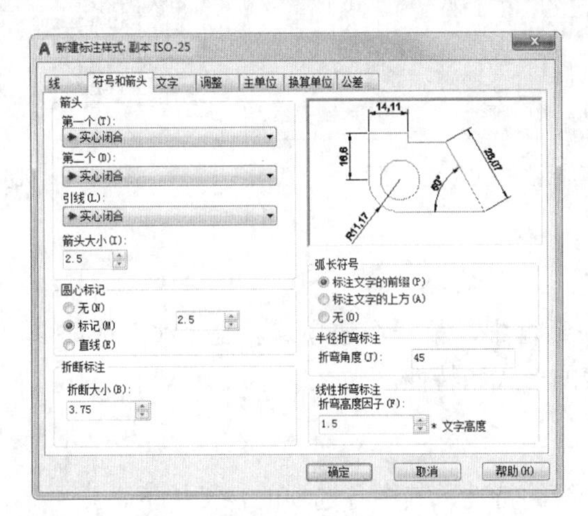

图 10-5 “符号和箭头”选项卡

1. “箭头”选项组

该选项组用于设置尺寸箭头的形式。AutoCAD 提供了多种箭头形状，列在“第一个”和“第二个”下拉列表框中。另外，还允许采用用户自定义的箭头形状。两个尺寸箭头可以采用相同的形式，也可采用不同的形式。

（1）“第一（二）个”下拉列表框：用于设置第一（二）个尺寸箭头的形式。打开此下拉列表框，其中列出了各类箭头的形状即名称。一旦选择了第一个箭头的类型，第二个箭头则自动与其匹配；要想第二个箭头取不同的形状，可在“第二个”下拉列表框中设定。

如果在上述列表框中选择了“用户箭头”选项，则打开如图 10-6 所示的“选择自定义箭头块”对话框，可以事先把自定义的箭头存成一个图块，在该对话框中输入该图块名即可。

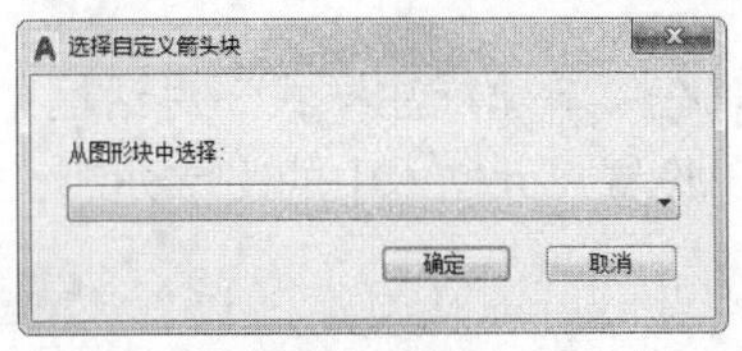

图 10-6 “选择自定义箭头块”对话框

（2）“引线”下拉列表框：确定引线箭头的形式，与“第一个”设置类似。

（3）“箭头大小”微调框：用于设置尺寸箭头的大小。

2. “圆心标记”选项组

该选项组用于设置半径标注、直径标注和中心标注中的中心标记和中心线形式。

（1）“无”单选按钮：选中该单选按钮，既不产生中心标记，也不产生中心线。

（2）“标记”单选按钮：选中该单选按钮，中心标记为一个点记号。

（3）“直线”单选按钮：选中该单选按钮，中心标记采用中心线的形式。

（4）大小微调框：用于设置中心标记和中心线的大小和粗细。

3. “折断标注”选项组

“折断大小”微调框：用于控制折断标注的间距宽度。

4. “弧长符号”选项组

该选项组用于控制弧长标注中圆弧符号的显示。

（1）“标注文字的前缀”单选按钮：选中该单选按钮，将弧长符号放在标注文字的左侧，如图 10-7（a）所示。

（2）“标注文字的上方”单选按钮：选中该单选按钮，将弧长符号放在标注文字的上方，如图 10-7（b）所示。

（3）“无”单选按钮：选中该单选按钮，不显示弧长符号，如图 10-7（c）所示。

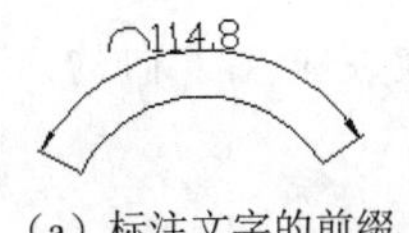

（a）标注文字的前缀

（b）标注文字的上方

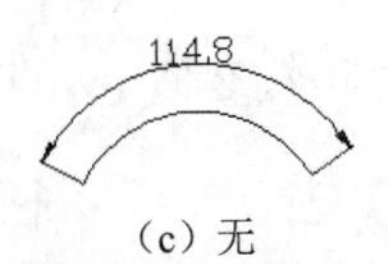

（c）无

图 10-7 弧长符号

5. “半径折弯标注”选项组

该选项组用于控制折弯（Z 字形）半径标注的显示。折弯半径标注通常在中心点位于页面外部时创建。在“折弯角度”文本框中可以输入连接半径标注的尺寸界线和尺寸线的横向直线角度，如图 10-8 所示。

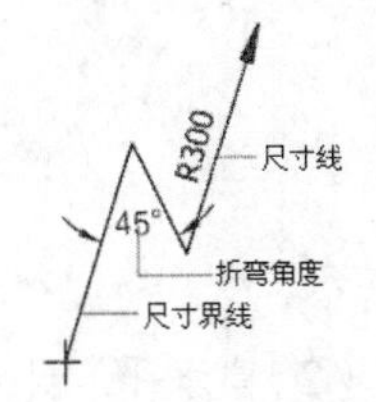

图 10-8 折弯角度

6. “线性折弯标注”选项组

该选项组用于控制折弯线性标注的显示。当标注不能精确表示实际尺寸时，常将折弯线添加到线性标注中。通常，实际尺寸比所需值小。

10.1.4 文字

在“新建标注样式”对话框中，第三个选项卡是“文字”选项卡，如图 10-9 所示。该选项卡用于设置尺寸文本中的文字外观、布置、对齐方式等。

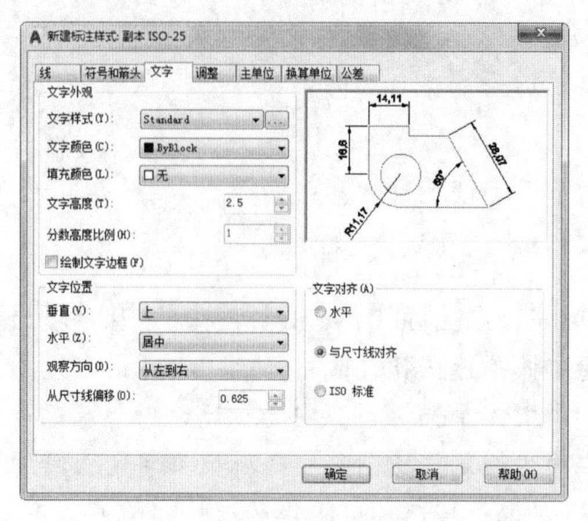

图 10-9 “文字”选项卡

1. “文字外观”选项组

（1）“文字样式”下拉列表框：用于选择当前尺寸文本采用的文字样式。

（2）“文字颜色”下拉列表框：用于设置尺寸文本的颜色。

（3）“填充颜色”下拉列表框：用于设置标注中文字背景的颜色。

（4）“文字高度”微调框：用于设置尺寸文本的字高。如果选用的文字样式中已设置了具体的字高（不是 0），则此处的设置无效；如果文字样式中设置的字高为 0，则以此处设置为准。

（5）“分数高度比例”微调框：用于确定尺寸文本的比例系数。

（6）“绘制文字边框”复选框：选中该复选框，AutoCAD 在尺寸文本的周围加上边框。

2. “文字位置”选项组

（1）“垂直”下拉列表框：用于确定尺寸文本相对于尺寸线在垂直方向的对齐方式，如图 10-10 所示。

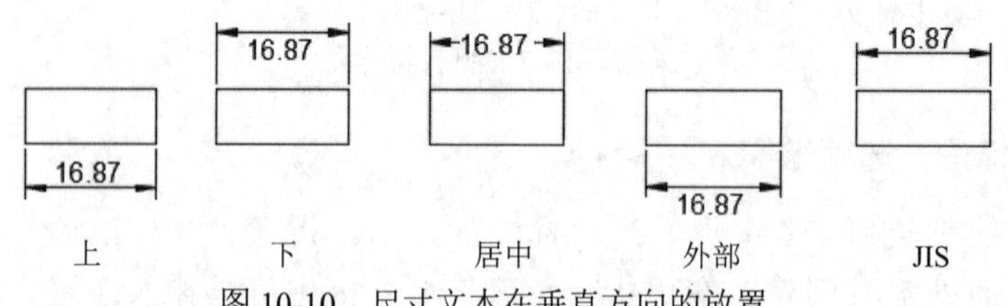

图 10-10 尺寸文本在垂直方向的放置

（2）“水平”下拉列表框：用于确定尺寸文本相对于尺寸线和尺寸界线在水平方向的对齐方式。对齐方式有 5 种：居中、第一条尺寸界线、第二条尺寸界线、第一条尺寸界线上方、第二条尺寸界线上方，如图 10-11 所示。

（3）“观察方向”下拉列表框：用于控制标注文字的观察方向（可用 DIMTXTDIRECTION 系

统变量设置）。

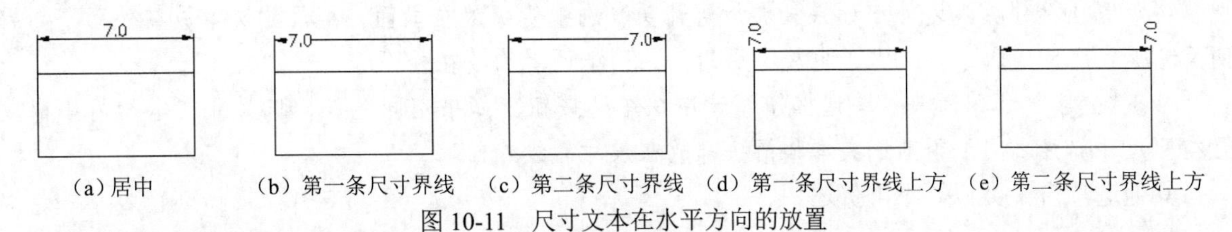

（a）居中 （b）第一条尺寸界线 （c）第二条尺寸界线 （d）第一条尺寸界线上方 （e）第二条尺寸界线上方

图 10-11 尺寸文本在水平方向的放置

（4）“从尺寸线偏移”微调框：当尺寸文本放在断开的尺寸线中间时，该微调框用来设置尺寸文本与尺寸线之间的距离。

3. “文字对齐”选项组

该选项组用于控制尺寸文本的排列方向。

（1）“水平”单选按钮：选中该单选按钮，尺寸文本沿水平方向放置。不论标注什么方向的尺寸，尺寸文本总保持水平。

（2）“与尺寸线对齐”单选按钮：选中该单选按钮，尺寸文本沿尺寸线方向放置。

（3）“ISO 标准”单选按钮：选中该单选按钮，当尺寸文本在尺寸界线之间时，沿尺寸线方向放置；在尺寸界线之外时，沿水平方向放置。

10.1.5 调整

在“新建标注样式”对话框中，第四个选项卡是“调整”选项卡，如图 10-12 所示。该选项卡根据两条尺寸界线之间的空间，设置将尺寸文本、尺寸箭头放置在两尺寸界线内还是外。如果空间允许，AutoCAD 总是把尺寸文本和箭头放置在尺寸界线的里面，如果空间不够，则根据本选项卡的各项设置放置。

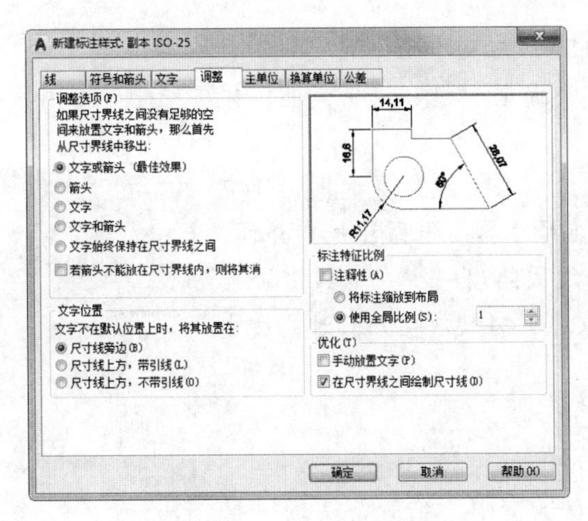

图 10-12 “调整”选项卡

1. “调整选项”选项组

（1）“文字或箭头”单选按钮：选中该单选按钮，如果空间允许，把尺寸文本和箭头都放置在两尺寸界线之间；如果两尺寸界线之间只够放置尺寸文本，则把尺寸文本放置在尺寸界线之间，而把箭头放置在尺寸界线之外；如果只够放置箭头，则把箭头放在里面，把尺寸文本放在外面；如果两尺寸界线之间既放不下文本，也放不下箭头，则把两者均放在外面。

（2）“文字”和“箭头”单选按钮：选中该单选按钮，如果空间允许，把尺寸文本和箭头都放置在两尺寸界线之间；否则把文本和箭头都放在尺寸界线外面。

其他选项含义类似，不再赘述。

2. “文字位置”选项组

该选项组用于设置尺寸文本的位置，如图 10-13 所示。

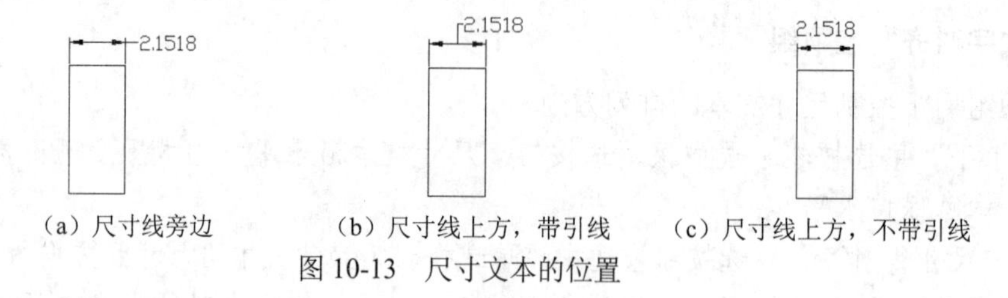

（a）尺寸线旁边　（b）尺寸线上方，带引线　（c）尺寸线上方，不带引线

图 10-13　尺寸文本的位置

3. “标注特征比例”选项组

（1）“将标注缩放到布局”单选按钮：根据当前模型空间视口和图纸空间之间的比例确定比例因子。当在图纸空间而不是模型空间视口中工作时，或当 TILEMODE 被设置为 1 时，将使用默认的比例因子 1:0。

（2）“使用全局比例”单选按钮：确定尺寸的整体比例系数。其后面的“比例值”微调框可以用来选择需要的比例。

4. “优化”选项组

该选项组用于设置附加的尺寸文本布置选项。

（1）“手动放置文字”复选框：选中该复选框，标注尺寸时由用户确定尺寸文本的放置位置，忽略前面的对齐设置。

（2）“在尺寸界线之间绘制尺寸线”复选框：选中该复选框，不管尺寸文本在尺寸界线里面还是在外面，AutoCAD 均在两尺寸界线之间绘出一个尺寸线；否则当尺寸界线内放不下尺寸文本而将其放在外面时，尺寸界线之间无尺寸线。

10.1.6　主单位

在“新建标注样式”对话框中，第五个选项卡是“主单位”选项卡，如图 10-14 所示。该选项卡用来设置尺寸标注的主单位和精度，以及为尺寸文本添加固定的前缀或后缀。

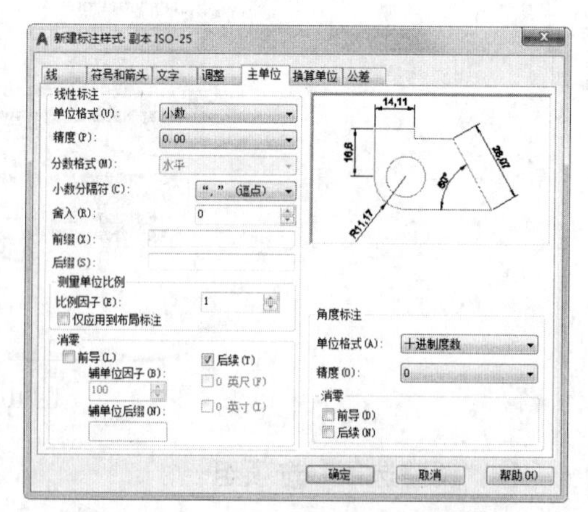

图 10-14　“主单位”选项卡

1. “线性标注”选项组

该选项组用来设置标注长度型尺寸时采用的单位和精度。

（1）“单位格式”下拉列表框：用于确定标注尺寸时使用的单位制（角度型尺寸除外）。在该下拉列表框中提供了“科学”“小数”“工程”“建筑”“分数”和“Windows 桌面”6 种单位制，可根据需要选择。

（2）“精度”下拉列表框：用于确定标注尺寸时的精度，也就是精确到小数点后几位。

✍ 技巧

精度设置一定要和用户的需求吻合，如果设置的精度过低，标注会出现误差。

（3）“分数格式”下拉列表框：用于设置分数的形式，提供了“水平”“对角”和“非堆叠”三种形式供用户选用。

（4）“小数分隔符”下拉列表框：用于确定十进制单位（Decimal）的分隔符，提供了句点（.）逗点（,）和空格 3 种形式。系统默认的小数分隔符是逗点，所以每次标注尺寸时要注意把此处设置为句点。

（5）“舍入”微调框：用于设置除角度之外的尺寸测量圆整规则。在文本框中输入一个值，如果输入“1”，则所有测量值均为整数。

（6）“前缀”文本框：为尺寸标注设置固定前缀。可以输入文本，也可以利用控制符产生特殊字符，这些文本将被加在所有尺寸文本之前。

（7）“后缀”文本框：为尺寸标注设置固定后缀。

2. “测量单位比例”选项组

该选项组用于确定 AutoCAD 自动测量尺寸时的比例因子。其中“比例因子”微调框用来设置除角度之外所有尺寸测量的比例因子。例如，用户确定比例因子为 2，AutoCAD 则把实际测量为 1 的尺寸标注为 2。如果选中“仅应用到布局标注”复选框，则设置的比例因子只适用于布局标注。

3. “消零”选项组

该选项组用于设置是否省略标注尺寸时的 0。

（1）“前导”复选框：选中该复选框，省略尺寸值处于高位的 0。例如，0.50000 标注为 .50000。

（2）“后续”复选框：选中该复选框，省略尺寸值小数点后末尾的 0。例如，8.5000 标注为 8.5，而 30.0000 标注为 30。

（3）“0 英尺（寸）”复选框：选中该复选框，采用“工程”和“建筑”单位制时，如果尺寸值小于 1 尺（寸）时，省略尺（寸）。例如，0'-6 1/2" 标注为 6 1/2"。

（4）“角度标注”选项组：用于设置标注角度时采用的角度单位。

10.1.7　换算单位

在“新建标注样式”对话框中，第六个选项卡是“换算单位”选项卡，如图 10-15 所示。该选项卡用于对替换单位进行设置。

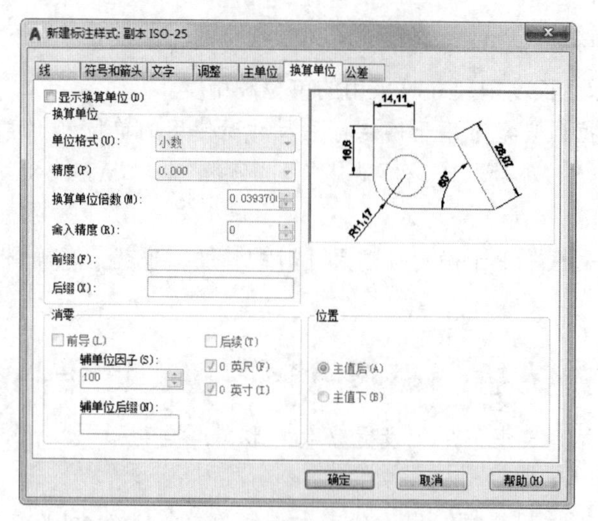

图 10-15 “换算单位”选项卡

1. “显示换算单位”复选框

选中该复选框，则替换单位的尺寸值也同时显示在尺寸文本上。

2. “换算单位”选项组

该选项组用于设置替换单位，其中各选项的含义如下。

（1）“单位格式”下拉列表框：用于选择替换单位采用的单位制。

（2）“精度”下拉列表框：用于设置替换单位的精度。

（3）“换算单位倍数”微调框：用于指定主单位和替换单位的转换因子。

（4）“舍入精度”微调框：用于设定替换单位的圆整规则。

（5）“前缀”文本框：用于设置替换单位文本的固定前缀。

（6）“后缀”文本框：用于设置替换单位文本的固定后缀。

3. “消零”选项组

（1）“辅单位因子”微调框：将辅单位的数量设置为一个单位。它用于在距离小于一个单位时以辅单位为单位计算标注距离。例如，如果后缀为 m 而辅单位后缀以 cm 显示，则输入“100”。

（2）“辅单位后缀”文本框：用于设置标注值辅单位中包含的后缀。可以输入文字或使用控制代码显示特殊符号。例如，输入“cm”可将 .96m 显示为 96cm。

其他选项含义与“主单位”选项卡中“消零”选项组含义类似，不再赘述。

4. “位置”选项组

该选项组用于设置替换单位尺寸标注的位置。

10.1.8 公差

在“新建标注样式”对话框中，第七个选项卡是“公差”选项卡，如图 10-16 所示。该选项卡用于确定标注公差的方式。

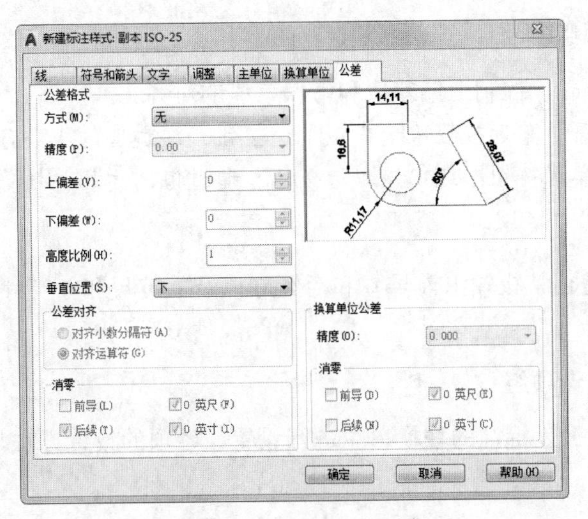

图 10-16 “公差”选项卡

1. “公差格式”选项组

该选项组用于设置公差的标注方式。

（1）“方式”下拉列表框：用于设置公差标注的方式。AutoCAD 提供了 5 种标注公差的方式，分别是“无”“对称”“极限偏差”“极限尺寸”和“基本尺寸”。其中“无”表示不标注公差，其余 4 种标注情况如图 10-17 所示。

（2）“精度”下拉列表框：用于确定公差标注的精度。

✍ 技巧

公差标注的精度设置一定要准确，否则标注出的公差值会出现错误。

（3）“上（下）偏差”微调框：用于设置尺寸的上（下）偏差。

（4）“高度比例”微调框：用于设置公差文本的高度比例，即公差文本的高度与一般尺寸文本的高度之比。

✍ 技巧

国家标准规定，公差文本的高度是一般尺寸文本高度的 0.5 倍。

（5）“垂直位置”下拉列表框：用于控制“对称”和“极限偏差”形式公差标注的文本对齐方式，如图 10-18 所示。

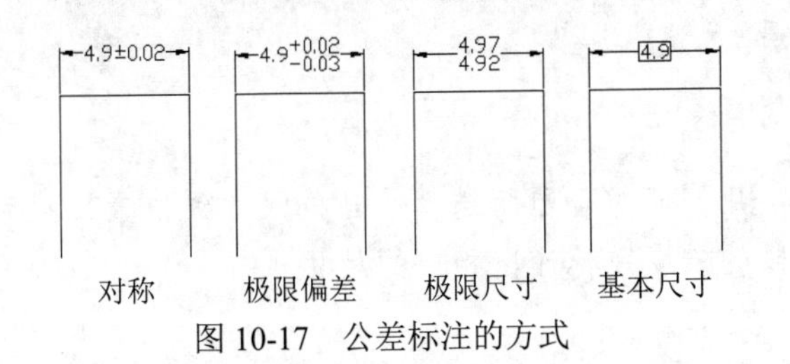

图 10-17　公差标注的方式

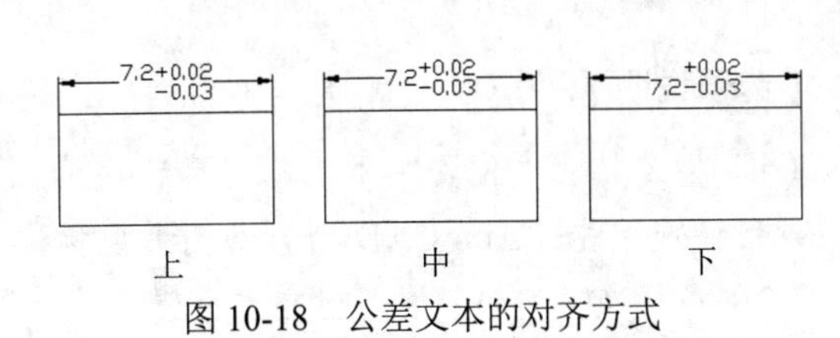

图 10-18　公差文本的对齐方式

2. “公差对齐”选项组

该选项组用于在堆叠时，控制上偏差值和下偏差值的对齐。

（1）“对齐小数分隔符”单选按钮：选中该单选按钮，通过值的小数分隔符堆叠值。

（2）“对齐运算符”单选按钮：选中该单选按钮，通过值的运算符堆叠值。

3. “消零”选项组

该选项组用于控制是否禁止输出前导 0 和后续 0 以及 0 英尺和 0 英寸部分（可用 DIMTZIN 系统变量设置）。

4. “换算单位公差”选项组

该选项组用于对形位公差标注的替换单位进行设置，各项的设置方法与上面相同。

10.2 标注尺寸

正确地进行尺寸标注是设计绘图工作中非常重要的一个环节。AutoCAD 提供了多种方便、快捷的尺寸标注方法，可通过命令行方式实现，也可利用菜单栏或工具栏等方式实现。本节重点介绍如何对各种类型的尺寸进行标注。

10.2.1 线性标注

线性标注用于标注图形对象的线性距离或长度，包括水平标注、垂直标注和旋转标注 3 种类型。

【执行方式】

- 命令行：DIMLINEAR（快捷命令：D+L+I）。
- 菜单栏：选择菜单栏中的“标注”→“线性”命令。
- 工具栏：单击“标注”工具栏中的“线性”按钮。
- 功能区：单击“默认”选项卡“注释”面板中的“线性”按钮。

【操作步骤】

```
命令：_dimlinear↙
指定第一个尺寸界线原点或<选择对象>:
指定第二个尺寸界线原点：
指定尺寸线位置或 [多行文字(M)/文字(T)/角度(A)/水平(H)/垂直(V)/旋转(R)]:（指定尺寸线位置）
```

【选项说明】

（1）指定尺寸线位置：用于确定尺寸线的位置。用户可移动鼠标选择合适的尺寸线位置，然后按 Enter 键或单击，AutoCAD 则自动测量要标注线段的长度并标注出相应的尺寸。

（2）多行文字(M)：用多行文本编辑器确定尺寸文本。

（3）文字 (T)：用于在命令行提示下输入或编辑尺寸文本。选择该选项后，命令行提示与操作如下：

```
输入标注文字 <默认值>:
```

其中的默认值是 AutoCAD 自动测量得到的被标注线段的长度，直接按 Enter 键即可采用此长度值，也可输入其他数值代替默认值。当尺寸文本中包含默认值时，可使用尖括号“< >”表示默认值。

（4）角度 (A)：用于确定尺寸文本的倾斜角度。

（5）水平 (H)：水平标注尺寸，不论标注什么方向的线段，尺寸线总保持水平放置。

（6）垂直 (V)：垂直标注尺寸，不论标注什么方向的线段，尺寸线总保持垂直放置。

（7）旋转 (R)：输入尺寸线旋转的角度值，旋转标注尺寸。

10.2.2　对齐标注

对齐标注指所标注尺寸的尺寸线与两条尺寸界线起始点间的连线平行。

【执行方式】

- 命令行：DIMALIGNED（快捷命令：DAL）。
- 菜单栏：选择菜单栏中的“标注”→“对齐”命令。
- 工具栏：单击“标注”工具栏中的“对齐”按钮。
- 功能区：单击“默认”选项卡“注释”面板中的“对齐”按钮或单击“注释”选项卡“标注”面板中的“对齐”按钮。

【操作步骤】

```
命令：DIMALIGNED↙
指定第一个尺寸界线原点或 <选择对象>:
```

【选项说明】

对齐标注的尺寸线与所标注轮廓线平行，标注起始点到终点之间的距离尺寸。

10.2.3　基线标注

基线标注用于产生一系列基于同一尺寸界线的尺寸标注，适用于长度尺寸、角度和坐标标注。在使用基线标注方式之前，应先标注出一个相关的尺寸作为基线标准。

【执行方式】

- 命令行：DIMBASELINE（快捷命令：DBA）。
- 菜单栏：选择菜单栏中的“标注”→“基线”命令。
- 工具栏：单击“标注”工具栏中的“基线”按钮。
- 功能区：单击“注释”选项卡“标注”面板中的“基线”按钮。

【操作步骤】

```
命令：DIMBASELINE↙
指定第二条尺寸界线原点或 [放弃(U)/选择(S)]<选择>:
```

【选项说明】

（1）指定第二条尺寸界线原点：直接确定另一个尺寸的第二条尺寸界线的起点，系统以上次标注的尺寸为基准标注，标注出相应尺寸。

（2）选择(S)：在上述提示下直接按 Enter 键，命令行提示与操作如下：

```
选择基准标注：(选取作为基准的尺寸标注)
```

✍ 技巧

基线（或平行）和连续（或链）标注是一系列基于线性标注的连续标注，连续标注是首尾相连的多个标注。在创建基线或连续标注之前，必须创建线性、对齐或角度标注。可从当前任务最近创建的标注中以增量方式创建基线标注。

10.2.4 连续标注

连续标注又称尺寸链标注，用于产生一系列连续的尺寸标注，后一个尺寸标注均把前一个标注的第二条尺寸界线作为它的第一条尺寸界线。连续标注适用于长度型尺寸、角度型尺寸和坐标标注。在使用连续标注方式之前，应该先标注出一个相关的尺寸。

【执行方式】

- 命令行：DIMCONTINUE（快捷命令：DCO）。
- 菜单栏：选择菜单栏中的“标注”→“连续”命令。
- 工具栏：单击“标注”工具栏中的“连续”按钮。
- 功能区：单击“注释”选项卡“标注”面板中的“连续”按钮。

扫一扫，看视频

轻松动手学——标注石壁图形

调用素材：原始文件\第 10 章\石壁图形.dwg

源文件：源文件\第 10 章\标注石壁图形.dwg

标注如图 10-19 所示的石壁图形。

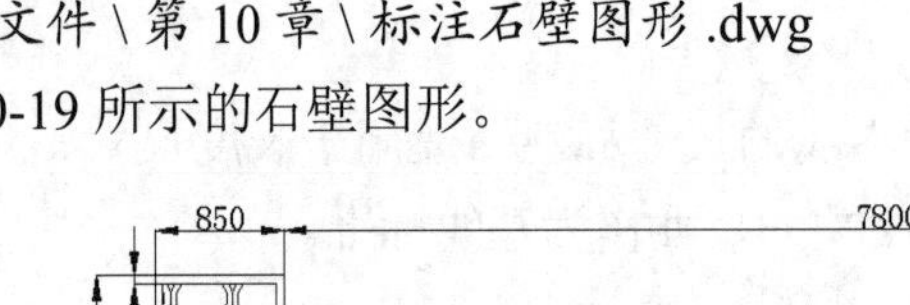

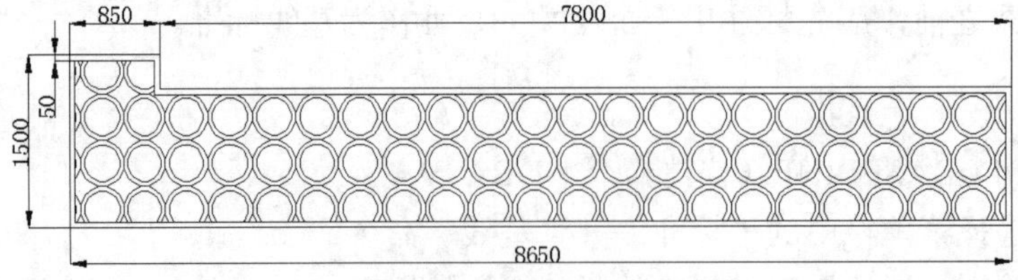

图 10-19　标注石壁图形

【操作步骤】

（1）单击快速访问工具栏中的“打开”按钮，打开随书资源包中的或扫码下载“原始文件\第10章\石壁图形.dwg”文件。

（2）单击“默认”选项卡“注释”面板中的“标注样式”按钮，打开“标注样式管理器”对话框（如图10-20所示），新建“标注”标注样式。在“线”选项卡中设置“超出尺寸线”为50，“起点偏移量”为100，如图10-21所示；在“符号和箭头”选项卡中设置箭头符号为“建筑标记”，“箭头大小”为50，如图10-22所示；在“文字”选项卡中设置“文字高度”为80，如图10-23所示；在“主单位”选项卡中设置“精度”为0，小数分隔符为“句点”，如图10-24所示。

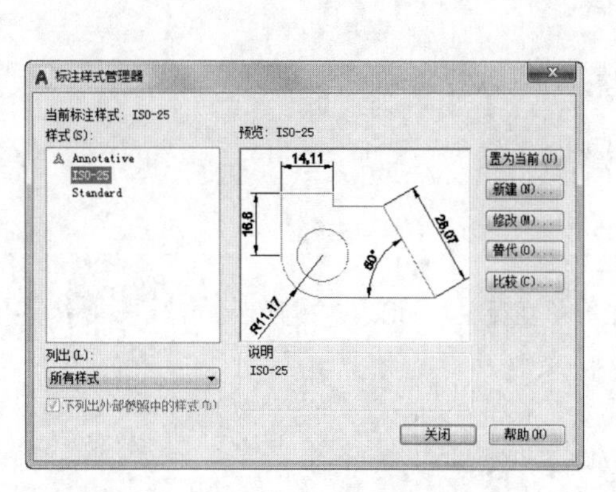

图10-20 “标注样式管理器”对话框

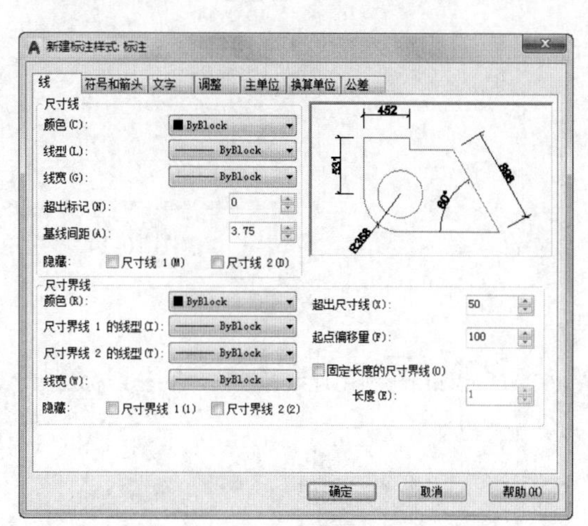

图10-21 “线”选项卡

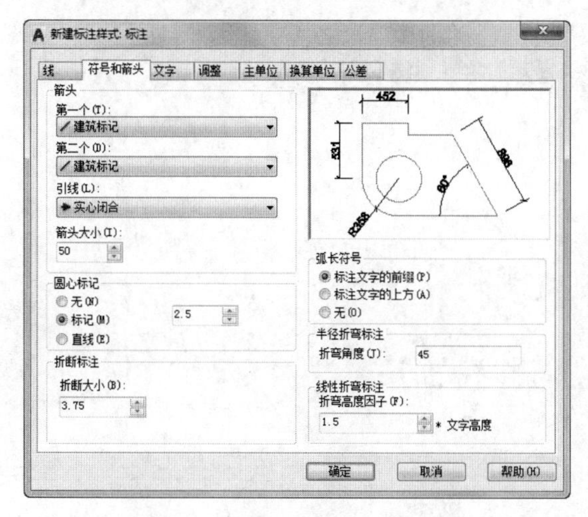

图10-22 “符号和箭头”选项卡

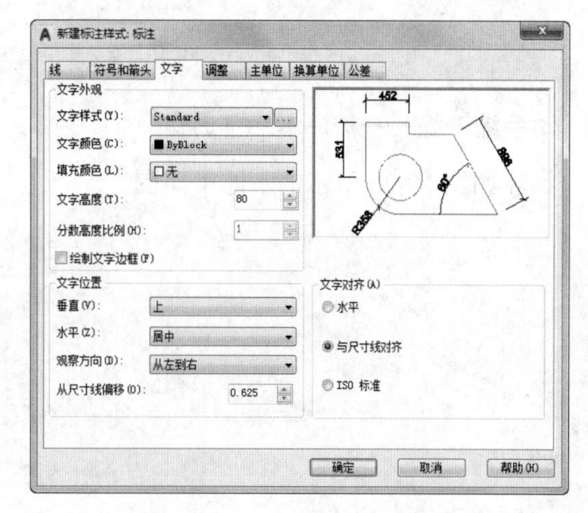

图10-23 “文字”选项卡

（3）单击“默认”选项卡“注释”面板中的“线性”按钮，标注下部水平方向的尺寸和左侧竖直方向上的尺寸，如图10-19所示。

（4）单击“默认”选项卡“注释”面板中的“连续”按钮，标注上部水平方向上的尺寸，如

图 10-19 所示。

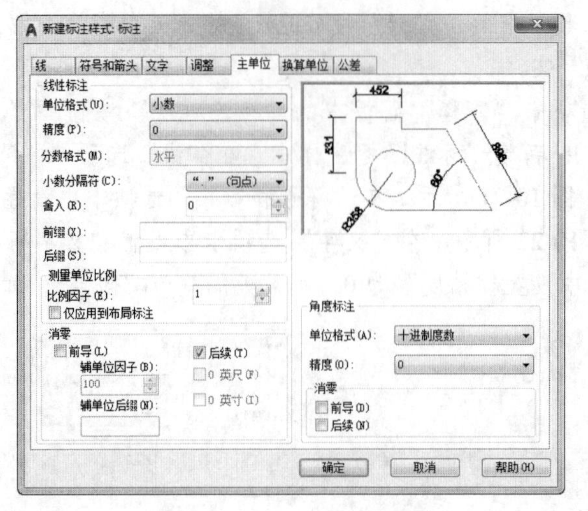

图 10-24 “主单位”选项卡

✍ 技巧

AutoCAD 允许用户利用连续标注方式和基线标注方式进行角度标注，如图 10-25 所示。

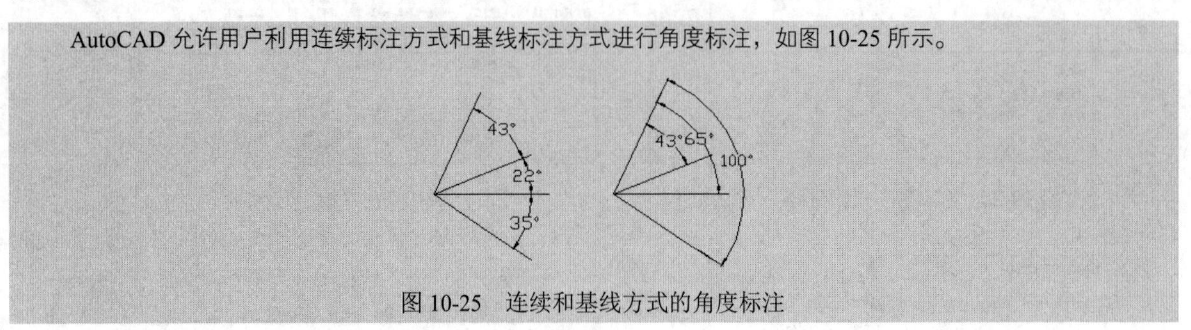

图 10-25　连续和基线方式的角度标注

动手练一练——标注水池平面图

标注如图 10-26 所示的水池平面图。

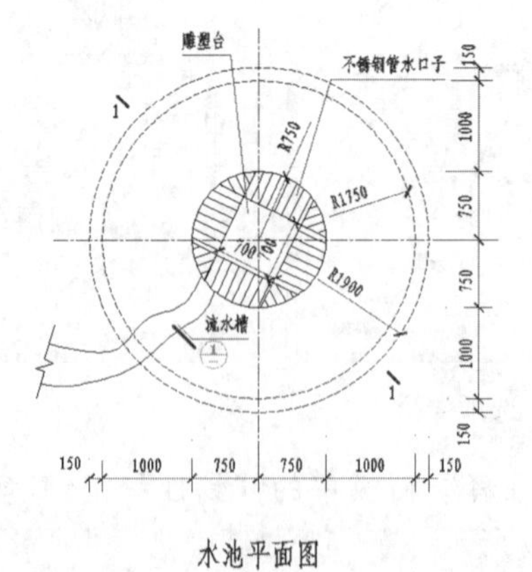

图 10-26　标注水池平面图

思路点拨

（1）设置标注样式。
（2）标注线性尺寸和连续尺寸。
（3）标注文字。

10.3 引线标注

利用 AutoCAD 提供的引线标注功能，不仅可以标注特定的尺寸，如圆角、倒角等，还可以实现在图中添加多行旁注、说明。在引线标注中指引线可以是折线，也可以是曲线；指引线端部可以有箭头，也可以没有箭头。

10.3.1 一般引线标注

LEADER 命令可以创建灵活多样的引线标注形式，可根据需要把指引线设置为折线或曲线，指引线可带箭头，也可不带箭头，注释文本可以是多行文本，也可以是形位公差，还可以从图形其他部位复制，还可以是一个图块。

【执行方式】

命令行：LEADER。

【操作步骤】

```
命令： _LEADER↙
指定引线起点：
指定下一点：
指定下一点或 [注释(A)/格式(F)/放弃(U)]<注释>:
指定下一点或 [注释(A)/格式(F)/放弃(U)]<注释>:
输入注释文字的第一行或<选项>:
输入注释选项 [公差(T)/副本(C)/块(B)/无(N)多行文字(M)]<多行文字>:
```

【选项说明】

（1）指定下一点

直接输入一点，AutoCAD 根据前面的点画出折线作为指引线。

（2）注释 (A)

输入注释文本，为默认项。在上面提示下直接按 Enter 键，AutoCAD 提示：

```
输入注释文字的第一行或 <选项>:
```

① 输入注释文本：在此提示下输入第一行文本后按 Enter 键，可继续输入第二行文本，如此反复执行，直到输入全部注释文本，然后在此提示下直接按 Enter 键，AutoCAD 会在指引线终端标注出所输入的多行文本，并结束 LEADER 命令。

② 直接按 Enter 键：如果在上面的提示下直接按 Enter 键，AutoCAD 提示：

```
输入注释选项 [公差(T)/副本(C)/块(B)/无(N)/多行文字(M)] <多行文字>:
```

选择一个注释选项或直接按 Enter 键选择默认的“多行文字”选项。其中各选项的含义如下。

- 公差 (T)：标注形位公差。
- 副本 (C)：把已由 LEADER 命令创建的注释复制到当前指引线末端。

执行该选项，系统提示与操作如下：

```
选择要复制的对象：
```

在此提示下选取一个已创建的注释文本，则 AutoCAD 把它复制到当前指引线的末端。

- 块 (B)：插入块，把已经定义好的图块插入到指引线的末端。

执行该选项，系统提示与操作如下：

```
输入块名或 [?]:
```

在此提示下输入一个已定义好的图块名，AutoCAD 把该图块插入到指引线的末端。或输入“？”列出当前已有图块，用户可从中选择。

- 无 (N)：不进行注释，没有注释文本。
- 多行文字 (M)：用多行文本编辑器标注注释文本并定制文本格式，为默认选项。

（3）格式 (F)

确定指引线的形式。选择该选项，AutoCAD 提示：

```
输入引线格式选项 [样条曲线 (S)/直线 (ST)/箭头 (A)/无 (N)] <退出>:
选择指引线形式，或直接按 Enter 键回到上一级提示
```

① 样条曲线 (S)：设置指引线为样条曲线。

② 直线 (ST)：设置指引线为折线。

③ 箭头 (A)：在指引线的起始位置画箭头。

④ 无 (N)：在指引线的起始位置不画箭头。

⑤ 退出：该选项为默认选项，选择该选项退出“格式”选项，返回“指定下一点或 [注释 (A)/格式 (F)/放弃 (U)] <注释>:”提示，并且指引线形式按默认方式设置。

10.3.2 快速引线标注

利用 QLEADER 命令可快速生成指引线及注释，而且可以通过命令行优化对话框进行用户自定义，由此可以消除不必要的命令行提示，取得最高的工作效率。

【执行方式】

- 命令行：QLEADER。

【操作步骤】

```
命令 :QLEADER ↙
指定第一个引线点或 [设置 (S)] <设置>:
```

【选项说明】

（1）指定第一个引线点：在上面的提示下确定一点作为指引线的第一点。命令行提示与操作如下：

```
指定下一点：(输入指引线的第二点)
指定下一点：(输入指引线的第三点)
```

提示用户输入的点的数目由“引线设置”对话框确定。输入完指引线的点后 AutoCAD 提示如下。

```
指定文字宽度 <0.0000>：(输入多行文本的宽度)
输入注释文字的第一行 <多行文字 (M)>:
```

此时，有两种命令输入选择，含义如下。

① 输入注释文字的第一行：在命令行输入第一行文本。

② 多行文字 (M)：打开多行文字编辑器，输入编辑多行文字。

直接按 Enter 键，结束 QLEADER 命令，并把多行文本标注在指引线的末端附近。

（2）设置 (S)：直接按 Enter 键或输入“S”，打开“引线设置”对话框，允许对引线标注进行设置。该对话框包含“注释”“引线和箭头”“附着” 3 个选项卡，下面分别介绍。

①“注释”选项卡（见图 10-27）：用于设置引线标注中注释文本的类型、多行文本的格式并确定注释文本是否多次使用。

②“引线和箭头”选项卡（见图 10-28）：用来设置引线标注中指引线和箭头的形式。其中“点数”选项组设置执行 QLEADER 命令时 AutoCAD 提示用户输入点的数目。例如，设置点数为 3，执行 QLEADER 命令时当用户在提示下指定 3 个点后，AutoCAD 自动提示用户输入注释文本。注意设置的点数要比用户希望的指引线的段数多 1。可利用微调框进行设置，如果选中“无限制”复选框，AutoCAD 会一直提示用户输入点直到连续按两次 Enter 键为止。“角度约束”选项组设置第一段和第二段指引线的角度约束。

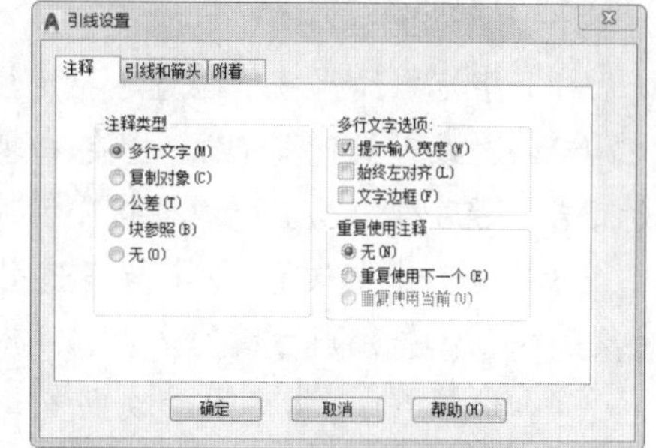

图 10-27 “注释”选项卡

③“附着”选项卡（见图 10-29）：设置注释文本和指引线的相对位置。如果最后一段指引线指向右边，系统自动把注释文本放在右侧；反之放在左侧。利用该选项卡左侧和右侧的单选按钮分别设置位于左侧和右侧的注释文本与最后一段指引线的相对位置，两者可相同也可不相同。

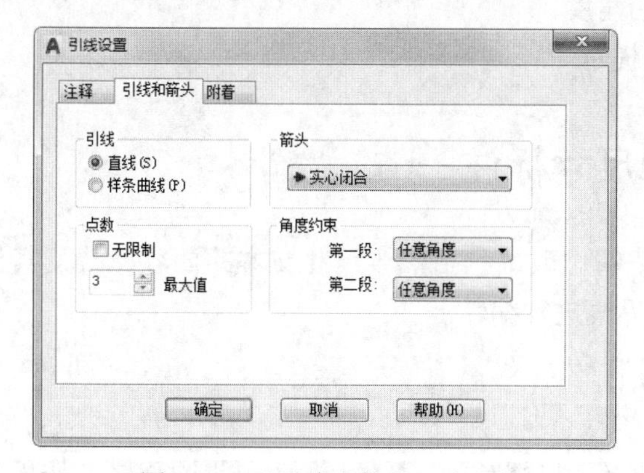

图 10-28 “引线和箭头”选项卡

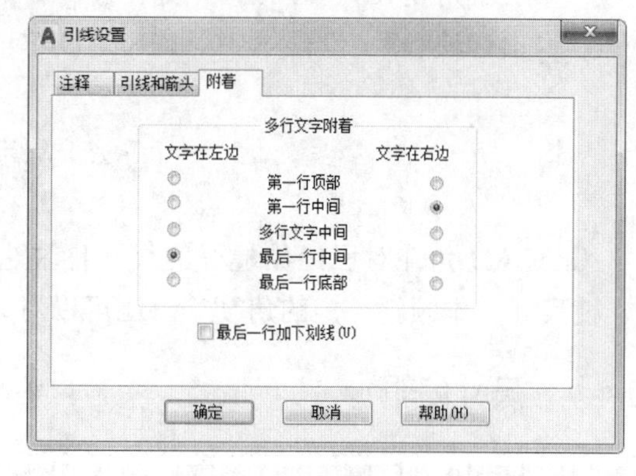

图 10-29 “附着”选项卡

10.3.3 多重引线标注

多重引线可创建为箭头优先、引线基线优先或内容优先。

【执行方式】

- 命令行：MLEADER。
- 菜单栏：选择菜单栏中的“标注”→“多重引线”命令。
- 功能区：单击“注释”选项卡“引线”面板上的“引线”按钮。

【操作步骤】

```
命令：_mleader
指定引线箭头的位置或 [引线基线优先(L)/内容优先(C)/选项(O)] <选项>:
指定引线箭头的位置：
```

【选项说明】

（1）指定引线箭头的位置：指定多重引线对象箭头的位置。

（2）引线基线优先(L)：指定多重引线对象的基线的位置。如果先前绘制的多重引线对象是基线优先，则后续的多重引线也将先创建基线（除非另外指定）。

（3）内容优先(C)：指定与多重引线对象相关联的文字或块的位置。如果先前绘制的多重引线对象是内容优先，则后续的多重引线对象也将先创建内容（除非另外指定）。

（4）选项(O)：指定用于放置多重引线对象的选项。输入 O 选项，命令行提示与操作如下：

```
输入选项 [引线类型(L)/引线基线(A)/内容类型(C)/最大节点数(M)/第一个角度(F)/第二个角度(S)/退出选项(X)] <退出选项>:
```

① 引线类型(L)：指定要使用的引线类型。

② 引线基线(A)：用于确定是否使用基线。

③ 内容类型(C)：指定要使用的内容类型。

④ 最大节点数(M)：指定新引线的最大节点数。

⑤ 第一个角度(F)：约束新引线中的第一个点的角度。

⑥ 第二个角度(S)：约束新引线中的第二个点的角度。

⑦ 退出选项(X)：返回第一个 MLEADER 命令提示。

10.4 编辑尺寸标注

AutoCAD 允许对已经创建好的尺寸标注进行编辑修改，包括修改尺寸文本的内容、改变其位置、使尺寸文本倾斜一定的角度等，还可以对尺寸界线进行编辑。

10.4.1 尺寸编辑

利用 DIMEDIT 命令可以修改已有尺寸标注的文本内容、把尺寸文本倾斜一定的角度，还可以对尺寸界线进行修改，使其旋转一定角度从而标注一段线段在某一方向上的投影尺寸。DIMEDIT

命令可以同时对多个尺寸标注进行编辑。

【执行方式】

- 命令行：DIMEDIT（快捷命令：DED）。
- 菜单栏：选择菜单栏中的“标注”→“对齐文字”→“默认”命令。
- 工具栏：单击“标注”工具栏中的“编辑标注”按钮。

【操作步骤】

```
命令：DIMEDIT↙
输入标注编辑类型 [默认(H)/新建(N)/旋转(R)/倾斜(O)] <默认>:
```

【选项说明】

（1）默认(H)：按尺寸标注样式中设置的默认位置和方向放置尺寸文本，如图10-30（a）所示。选择该选项，命令行提示与操作如下：

```
选择对象：选择要编辑的尺寸标注
```

（2）新建(N)：选择该选项，系统打开“多行文字”编辑器，可利用该编辑器对尺寸文本进行修改。

（3）旋转(R)：改变尺寸文本行的倾斜角度。尺寸文本的中心点不变，使文本沿指定的角度方向倾斜排列，如图10-30（b）所示。若输入角度为0，则按“新建标注样式”对话框“文字”选项卡中设置的默认方向排列。

（4）倾斜(O)：修改长度型尺寸标注的尺寸界线，使其倾斜一定角度，与尺寸线不垂直，如图10-30（c）所示。

10.4.2　尺寸文本编辑

通过DIMTEDIT命令可以改变尺寸文本的位置，使其位于尺寸线上面左端、右端或中间，而且可使文本倾斜一定的角度。

【执行方式】

- 命令行：DIMTEDIT。
- 菜单栏：选择菜单栏中的“标注”→“对齐文字”→（除“默认”命令外其他命令）。
- 工具栏：单击“标注”工具栏中的“编辑标注文字”按钮。

【操作步骤】

```
命令：DIMTEDIT↙
选择标注：(选择一个尺寸标注)
为标注文字指定新位置或 [左对齐(L)/右对齐(R)/居中(C)/默认(H)/角度(A)]:
```

【选项说明】

（1）为标注文字指定新位置：更新尺寸文本的位置。用鼠标把文本拖动到新的位置，这时系统变量 DIMSHO 为 ON。

（2）左（右）对齐：使尺寸文本沿尺寸线左（右）对齐，如图 10-30（d）和图 10-30（e）所示。该选项只对长度型、半径型、直径型尺寸标注起作用。

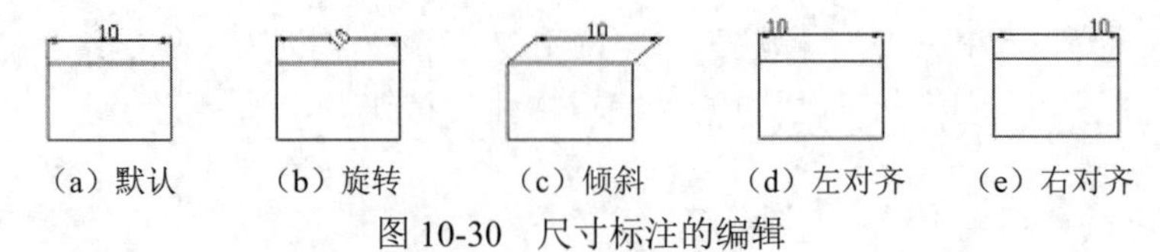

（a）默认　（b）旋转　（c）倾斜　（d）左对齐　（e）右对齐

图 10-30　尺寸标注的编辑

（3）居中 (C)：把尺寸文本放在尺寸线上的中间位置，如图 10-30（a）所示。

（4）默认 (H)：把尺寸文本按默认位置放置。

（5）角度 (A)：改变尺寸文本行的倾斜角度。

扫一扫，看视频

10.5　综合演练：公园坐凳

源文件：源文件 \ 第 10 章 \ 公园坐凳 .dwg

绘制的公园坐凳如图 10-31 所示。

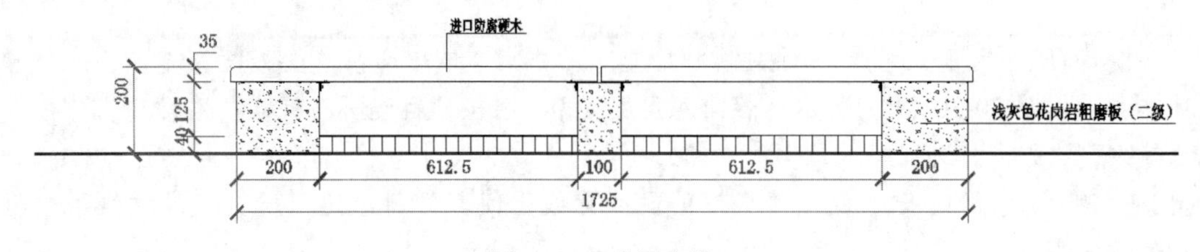

图 10-31　公园坐凳

【操作步骤】

（1）要根据绘制图形决定绘图的比例，建议采用 1:1 的比例绘制。

（2）设置图层。设置以下 4 个图层："标注尺寸""中心线""轮廓线"和"文字"。把这些图层设置成不同的颜色，以便在图纸上表达得更清晰；将"中心线"设置为当前图层。设置好的图层如图 10-32 所示。

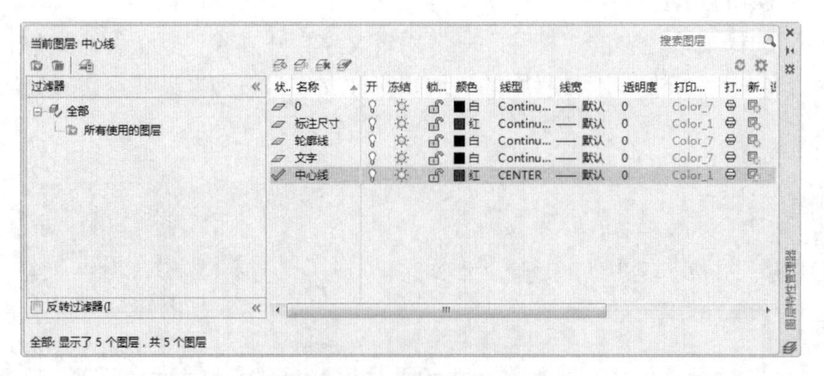

图 10-32　公园坐凳图层设置

（3）标注样式的设置。根据绘图比例设置标注样式，单击“默认”选项卡“注释”面板中的“标注样式”按钮，对标注样式“线”“符号和箭头”“文字”“主单位”进行设置，具体如下。

① 线：超出尺寸线为25，起点偏移量为30；

② 符号和箭头：第一个为建筑标记，箭头大小为30，圆心标记为标记15；

③ 文字：文字高度为30，文字位置为垂直上，从尺寸线偏移为15，文字对齐为ISO标准；

④ 主单位：精度为0.0，比例因子为1。

（4）文字样式的设置。单击“默认”选项卡“注释”面板中的“文字样式”按钮，弹出“文字样式”对话框，选择仿宋字体，宽度因子设置为0.8。

（5）绘制公园坐凳定位线。在新建的图层上绘制轴线，并进行相应的标注。

① 将“中心线”图层设置为当前图层，单击“默认”选项卡“绘图”面板中的“直线”按钮，绘制一条长为2600的水平直线。重复“直线”命令，绘制一条长为200的垂直直线。

② 单击“默认”选项卡“修改”面板中的“复制”按钮，复制刚刚绘制好的水平直线，向上复制的距离分别为40、165、200。重复“复制”命令，复制刚刚绘制好的垂直直线，向右复制的距离分别为200、812.5、912.5、1525、1725。

③ 将“标注尺寸”图层设置为当前图层，单击“默认”选项卡“注释”面板中的“线性”按钮，标注直线尺寸；然后单击“注释”选项卡“标注”面板中的“连续”按钮，进行连续标注。完成的图形和尺寸如图10-33所示。

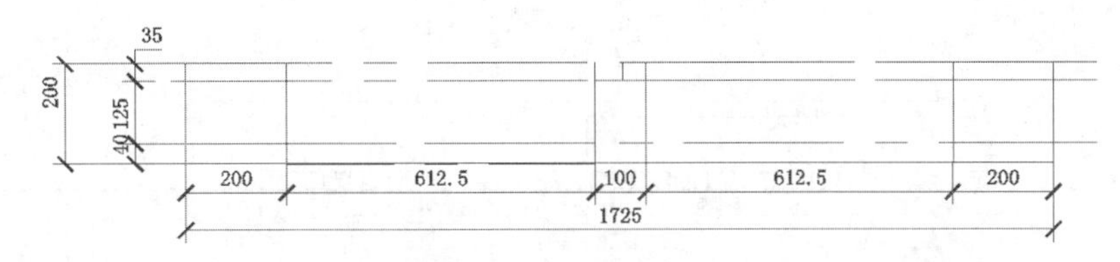

图10-33　公园坐凳定位轴线

（6）绘制公园坐凳立面轮廓线。利用前面所学过的知识，绘制地面线、轮廓线和公园坐凳等。

① 单击“默认”选项卡“绘图”面板中的“多段线”按钮，绘制地面线。输入W来确定多段线的宽度为5。

② 单击“默认”选项卡“绘图”面板中的“矩形”按钮，绘制200×165、200×35和100×165的矩形。

③ 单击“默认”选项卡“绘图”面板中的“直线”按钮，绘制直线如图10-34所示。

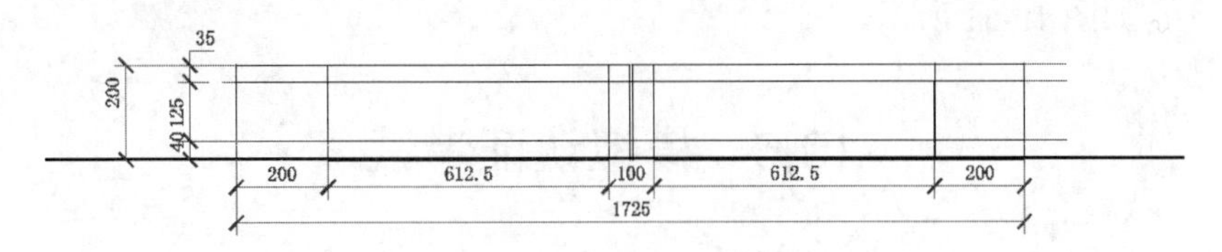

图10-34　绘制地面线及轮廓线

④ 单击“默认”选项卡“修改”面板中的“删除”按钮，删除定位轴线。

⑤ 单击“默认”选项卡“修改”面板中的“分解”按钮，分解矩形。

⑥ 单击“默认”选项卡“修改”面板中的“圆角”按钮，当前工作空间的功能区上未提供倒角坐凳立面边缘，指定圆角半径为12.5。

⑦ 单击“默认”选项卡“绘图”面板中的“直线”按钮，绘制长为40的垂直直线。

⑧ 单击“默认”选项卡“修改”面板中的“矩形阵列”按钮，阵列刚刚绘制好的垂直直线，阵列的行数设置为1，列数设置为21，列间距设置为30，结果如图10-35所示。

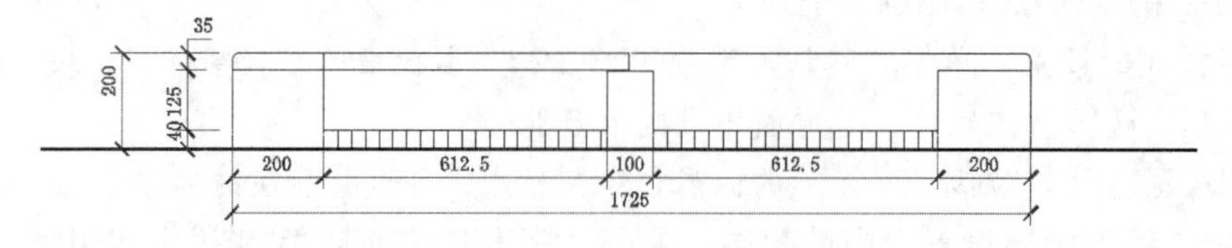

图10-35　公园坐凳阵列

⑨ 单击“默认”选项卡“绘图”面板中的“图案填充”按钮，选择自定义“混凝土3”图例进行填充，设置填充的“比例”和“角度”分别为5和0，填充坐凳基础，结果如图10-36（a）所示。

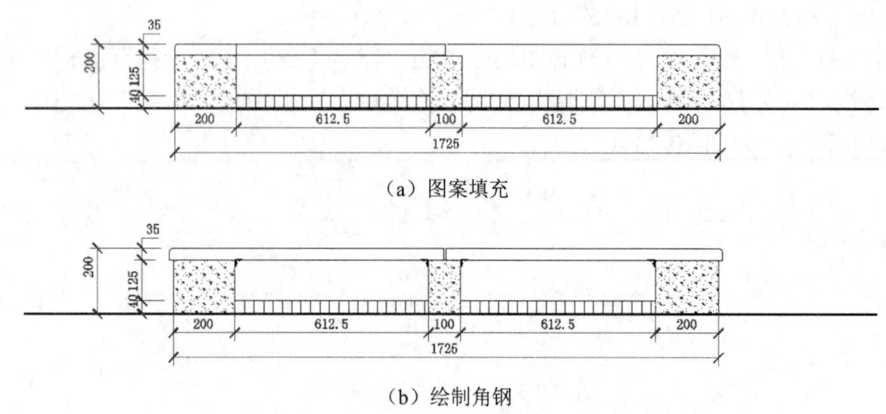

（a）图案填充

（b）绘制角钢

图10-36　公园坐凳立面填充及角钢绘制

⑩ 单击“默认”选项卡“绘图”面板中的“多段线”按钮，绘制地面线。输入W来确定多段线的宽度为5。

⑪ 单击“默认”选项卡“绘图”面板中的“直线”按钮，绘制角钢。重复“直线”命令，连接坐凳，如图10-36（b）所示。

⑫ 将“文字”图层设置为当前图层，单击“默认”选项卡“注释”面板中的“多行文字”按钮A，标注文字，如图10-31所示。

10.6　模拟认证考试

1．如果选择的比例因子为2，则长度为50的直线将被标注为（　　）。

A．100　　B．50

C．25　　D．询问，然后由设计者指定

2．图和已标注的尺寸同时放大2倍，其结果是（　　）。

A．尺寸值是原尺寸的 2 倍　　　　B．尺寸值不变，字高是原尺寸 2 倍

C．尺寸箭头是原尺寸的 2 倍　　　D．原尺寸不变

3．将尺寸标注对象如尺寸线、尺寸界线、箭头和文字作为单一的对象，必须将（　　）变量设置为 ON。

A．DIMON　　B．DIMASZ　　C．DIMASO　　D．DIMEXO

4．不能作为多重引线线型类型的是（　　）。

A．直线　　B．多段线　　C．样条曲线　　D．以上均可以

5．新建一个标注样式，此标注样式的基准标注为（　　）。

A．ISO-25　　　　　　　　B．当前标注样式

C．应用最多的标注样式　　D．命名最靠前的标注样式

第 11 章　辅助绘图工具

内容简介

为了提高系统整体的图形设计效率，并有效地管理整个系统的所有图形设计文件，经过不断地探索和完善，AutoCAD 推出了大量的集成化绘图工具，如设计中心和工具选项板。利用这些集成化绘图工具，用户可以建立自己的个性化图库，也可以利用其他用户提供的资源快速、准确地进行图形设计。本章主要介绍图块、设计中心、工具选项板等相关知识。

内容要点

- 图块
- 图块属性
- 设计中心
- 工具选项板
- 模拟认证考试

案例效果

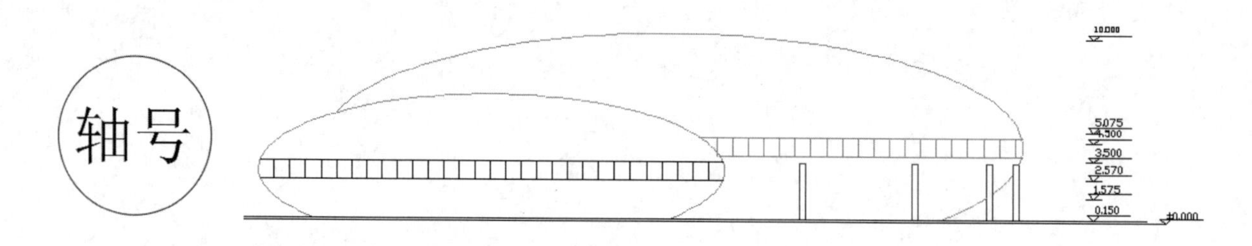

11.1　图　　块

图块又称块，它是由一组图形对象组成的集合，一组对象一旦被定义为图块，它们将成为一个整体，选中图块中任意一个图形对象即可选中构成图块的所有对象。AutoCAD 把一个图块作为一个对象，可进行编辑、修改等操作，用户可根据绘图需要把图块插入到图中指定的位置，在插入时还可以指定不同的缩放比例和旋转角度。如果需要对组成图块的单个图形对象进行修改，还可以利用“分解”命令把图块炸开，分解成若干个对象。图块还可以重新定义，一旦被重新定义，整个图中基于该块的对象都将随之改变。

11.1.1　定义图块

将图形创建一个整体形成块，方便在作图时插入同样的图形，不过这个块只相对于这个图纸，其他图纸不能插入此块。

【执行方式】

- 命令行：BLOCK（快捷命令：B）。
- 菜单栏：选择菜单栏中的“绘图”→“块”→“创建”命令。
- 工具栏：单击“绘图”工具栏中的“创建块”按钮。
- 功能区：单击“默认”选项卡“块”面板中的“创建”按钮或单击“插入”选项卡“块定义”面板中的“创建块”按钮。

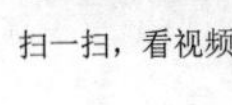

扫一扫，看视频

轻松动手学——创建轴号图块

本例运用二维绘图及文字命令绘制轴号，然后利用“写块”命令将其定义为图块，如图 11-1 所示。

图 11-1　轴号图块

【操作步骤】

1. 绘制轴号

（1）单击“默认”选项卡“绘图”面板中的“圆”按钮，绘制一个直径为 900 的圆。

（2）单击“默认”选项卡“注释”面板中的“多行文字”按钮A，在圆内输入“轴号”字样，字高为 250，结果如图 11-2 所示。

2. 保存图块

单击“默认”选项卡“块”面板中的“创建块”按钮或输入 BLOCK 命令，打开“块定义”对话框，如图 11-3 所示。单击“拾取点”按钮，拾取轴号的圆心为基点；单击“选择对象”按钮，拾取所绘图形为对象；在“名称”文本框中输入图块名称“轴号”，单击“确定”按钮，保存图块。

图 11-2　绘制轴号

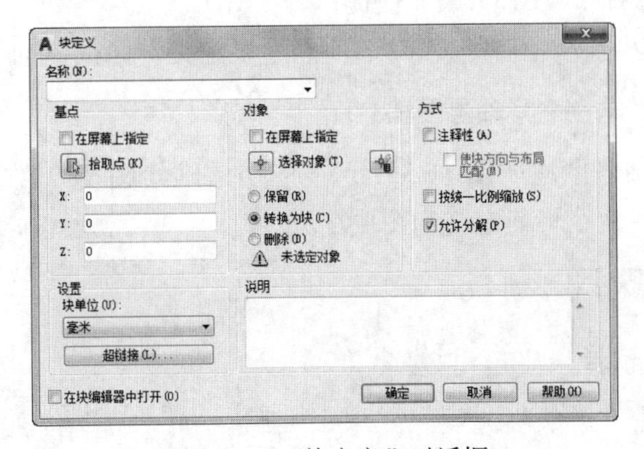

图 11-3　“块定义”对话框

【选项说明】

（1）“基点”选项组：确定图块的基点，默认值是 (0, 0, 0)，也可以在下面的 X、Y、Z 文本框中输入块的基点坐标值。单击“拾取点”按钮，系统临时切换到绘图区，在绘图区中选择一点后，返回“块定义”对话框中，把选择的点作为图块的放置基点。

（2）“对象”选项组：用于选择制作图块的对象，以及设置图块对象的相关属性。如图 11-4 所示，把图 11-4（a）中的正五边形定义为图块，如图 11-4（b）所示为选中“删除”单选按钮的结果，如图 11-4（c）所示为选中“保留”单选按钮的结果。

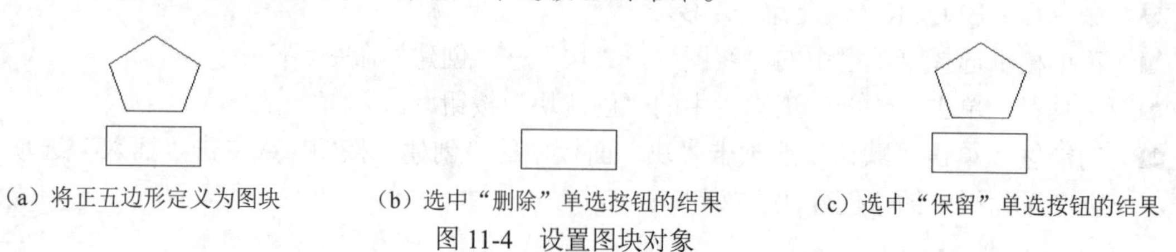

（a）将正五边形定义为图块　（b）选中“删除”单选按钮的结果　（c）选中“保留”单选按钮的结果

图 11-4　设置图块对象

（3）“设置”选项组：指定从 AutoCAD 设计中心拖动图块时用于测量图块的单位，以及缩放、分解和超链接等设置。

（4）“在块编辑器中打开”复选框：选中该复选框，可以在块编辑器中定义动态块，后面将详细介绍。

（5）“方式”选项组：指定块的行为。“注释性”复选框指定在图纸空间中块参照的方向与布局方向匹配；“按统一比例缩放”复选框指定是否阻止块参照不按统一比例缩放；“允许分解”复选框指定块参照是否可以被分解。

11.1.2　图块的保存

利用 BLOCK 命令定义的图块保存在其所属的图形当中，该图块只能在该图形中插入，而不能插入到其他的图形中。但是有些图块在许多图形中要经常用到，这时可以用 WBLOCK 命令把图块以图形文件的形式（后缀为 .dwg）写入磁盘。图形文件可以在任意图形中用 INSERT 命令插入。

【执行方式】

- 命令行：WBLOCK（快捷命令：W）。
- 功能区：单击“插入”选项卡“块定义”面板中的“写块”按钮。

轻松动手学——写轴号图块

扫一扫，看视频

绘制的轴号图块如图 11-5 所示。应用二维绘图及“文字”命令绘制轴号，利用“写块”命令将其定义为图块。

图 11-5　轴号图块

【操作步骤】

1. 绘制轴号

（1）单击“默认”选项卡“绘图”面板中的“圆”按钮，绘制一个直径为 900 的圆。

（2）单击“默认”选项卡“注释”面板中的“多行文字”按钮A，在圆内输入轴号字样，字高为 250，结果如图 11-6 所示。

2. 保存图块

单击“插入”选项卡“块定义”面板中的“写块”按钮或输入“WBLOCK”命令，打开“写块”对话框，如图 11-7 所示。单击“拾取点”按钮，拾取轴号的圆心为基点；单击“选择对象”按钮，拾取所绘图形为对象；输入图块名称“轴号”并指定路径，单击“确定”按钮，保存图块。

【选项说明】

（1）“源”选项组：确定要保存为图形文件的图块或图形对象。选中“块”单选按钮，打开右侧的下拉列表框，从中选择一个图块，将其保存为图形文件；选中“整个图形”单选按钮，则把当前的整个图形保存为图形文件；选中“对象”单选按钮，则把不属于图块的图形对象保存为图形文件。对象的选择通过“对象”选项组来完成。

图 11-6　绘制轴号

图 11-7　“写块”对话框

（2）“基点”选项组：用于选择图形。

（3）“目标”选项组：用于指定图形文件的名称、保存路径和插入单位。

☞ 教你一招

创建图块与写块的区别如下：

创建的图块是内部图块，在一个文件内定义的图块，可以在该文件内部自由作用。内部图块一旦被定义，它就和文件同时被存储和打开。写块是外部图块，将“块”以主文件的形式写入磁盘，其他图形文件也可以使用它。

11.1.3　图块的插入

在 AutoCAD 绘图过程中，可根据需要随时把已经定义好的图块或图形文件插入到当前图形的任意位置，在插入的同时还可以改变图块的大小、旋转一定角度或把图块炸开等。插入图块的方法有多种，本节将逐一进行介绍。

【执行方式】

- 命令行：INSERT（快捷命令：I）。
- 菜单栏：选择菜单栏中的“插入”→“块”命令。
- 工具栏：单击“插入点”工具栏中的“插入块”按钮或“绘图”工具栏中的“插入块”按钮。

➘ 功能区：单击“默认”选项卡“块”面板中的“插入”按钮或单击“插入”选项卡“块”面板中的“插入”按钮。

【操作步骤】

执行上述操作后，打开如图11-8所示的“插入”对话框，单击“浏览”按钮，选取要插入的图块，并设置插入点和插入比例等，单击“确定”按钮，即可将图块插入到图中适当位置。

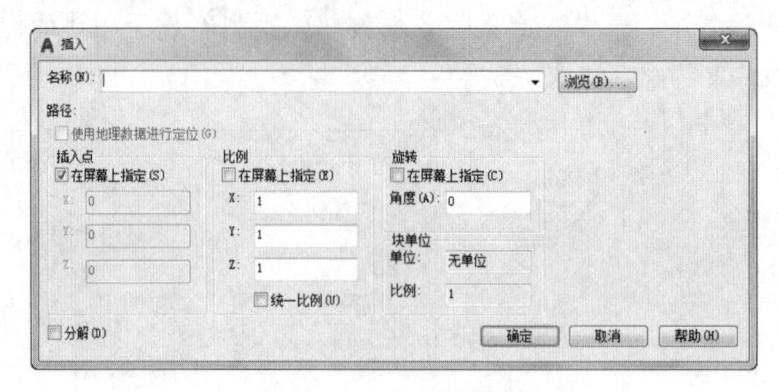

图11-8 “插入”对话框

【选项说明】

（1）“路径”选项：显示图块的保存路径。

（2）“插入点”选项组：指定插入点，插入图块时该点与图块的基点重合。可以在绘图区指定该点，也可以在下面的文本框中输入坐标值。

（3）“比例”选项组：确定插入图块时的缩放比例。图块被插入到当前图形中时，可以任意比例放大或缩小。如图11-9（a）所示是被插入的图块，如图11-9（b）所示为按比例系数1.5插入该图块的结果，如图11-9（c）所示为按比例系数0.5插入该图块的结果。X轴方向和Y轴方向的比例系数也可以取不同的值，插入的图块X轴方向的比例系数为1，Y轴方向的比例系数为1.5，如图11-9（d）所示。另外，比例系数还可以是负值，当为负值时表示插入图块的镜像，其效果如图11-10所示。

（a）插入的图块　（b）按比例系数1.5插入图块　（c）按比例系数0.5插入图块　（d）X轴方向的比例系数为1，Y轴方向的比例系数为1.5

图11-9 取不同比例系数插入图块的效果

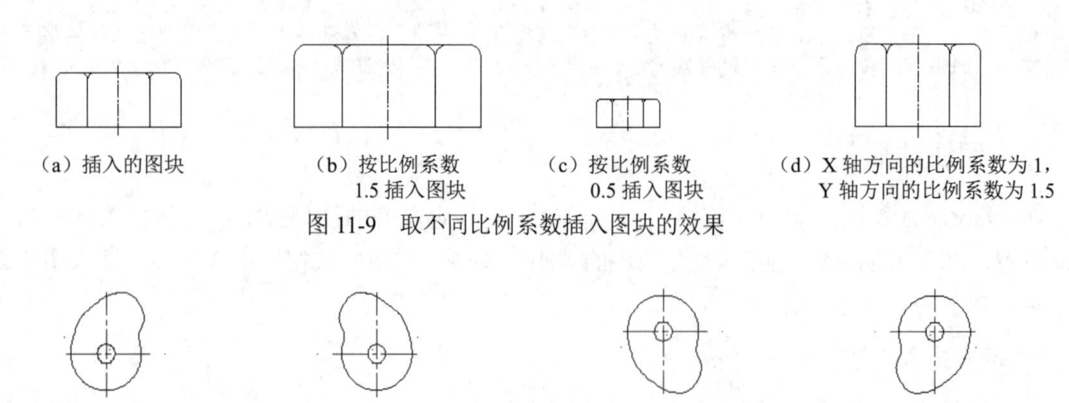

X比例=1，Y比例=1　X比例=-1，Y比例=1　X比例=1，Y比例=-1　X比例=-1，Y比例=-1

图11-10 取比例系数为负值插入图块的效果

（4）“旋转”选项组：指定插入图块时的旋转角度。图块被插入到当前图形中时，可以绕其基点旋转一定的角度，角度可以是正数（表示沿逆时针方向旋转），也可以是负数（表示沿顺时针方向旋转）。例如，将图 11-11（a）所示图块旋转 30° 后插入的效果如图 11-11（b）所示，将其旋转 -30° 后插入的效果如图 11-11（c）所示。

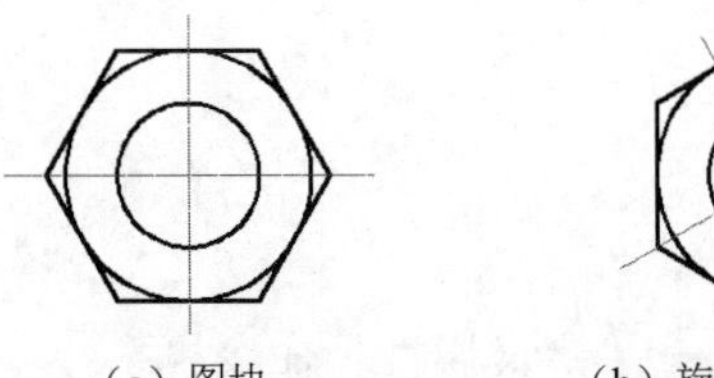

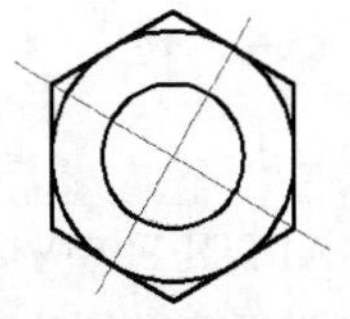

（a）图块　　（b）旋转 30° 后插入　　（c）旋转 -30° 后插入

图 11-11　以不同旋转角度插入图块的效果

如果选中"在屏幕上指定"复选框，系统切换到绘图区，在绘图区选择一点，AutoCAD 自动测量插入点与该点连线和 X 轴正方向之间的夹角，并把它作为块的旋转角。也可以在"角度"文本框中直接输入插入图块时的旋转角度。

（5）"分解"复选框：选中该复选框，则在插入块的同时把其炸开，插入到图形中的组成块对象不再是一个整体，可对每个对象单独进行编辑操作。

动手练一练——标注标高符号

标注如图 11-12 所示的标高符号。

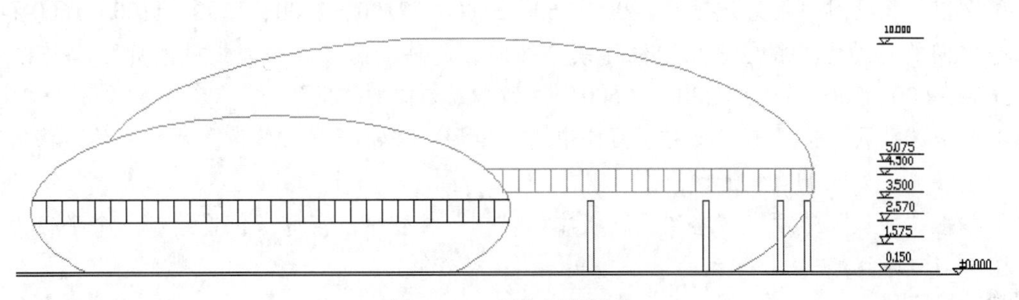

图 11-12　标注标高符号

思路点拨

（1）利用"直线"命令绘制标高符号。
（2）利用"写块"命令创建标高图块。
（3）利用"插入块"命令插入标高图块。
（4）利用"多行文字"命令输入标高数值。

11.2　图块属性

图块除了包含图形对象以外，还可以具有非图形信息。例如把一个椅子的图形定义为图块后，还可把椅子的号码、材料、重量、价格以及说明等文本信息一并加入到图块当中。图块的这些非图形信息称为图块的属性，它是图块的一个组成部分，与图形对象一起构成一个整体。在插入图块时，AutoCAD 把图形对象连同属性一起插入到图形中。

11.2.1 定义图块属性

属性是将数据附着到块上的标签或标记。属性中可能包含的数据包括零件编号、价格、注释和物主的名称等。

【执行方式】

- 命令行：ATTDEF（快捷命令：ATT）。
- 菜单栏：选择菜单栏中的“绘图”→“块”→“定义属性”命令。
- 功能区：单击“默认”选项卡“块”面板中的“定义属性”按钮或单击“插入”选项卡“块定义”面板中的“定义属性”按钮。

轻松动手学——定义轴号图块属性

扫一扫，看视频

【操作步骤】

（1）单击“默认”选项卡“绘图”面板中的“构造线”按钮，绘制一条水平构造线和一条竖直构造线，组成“十”字构造线，如图 11-13 所示。

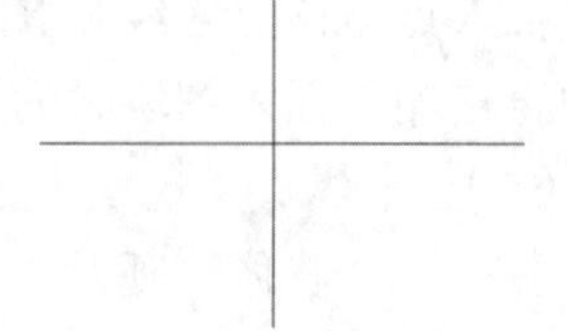
图 11-13　绘制“十”字构造线

（2）单击“默认”选项卡“修改”面板中的“偏移”按钮，将水平构造线连续分别向上偏移，偏移后相邻线段间的距离分别为 1200、3600、1800、2100、1900、1500、1100、1600 和 1200，得到水平方向的辅助线；将竖直构造线连续分别向右偏移，偏移后相邻线段间的距离分别为 900、1300、3600、600、900、3600、3300 和 600，得到竖直方向的辅助线。

（3）单击“默认”选项卡“绘图”面板中的“矩形”按钮和“修改”面板中的“修剪”按钮，将轴线修剪，如图 11-14 所示。

（4）单击“默认”选项卡“绘图”面板中的“圆”按钮，在适当位置绘制一个半径为 900 的圆，如图 11-15 所示。

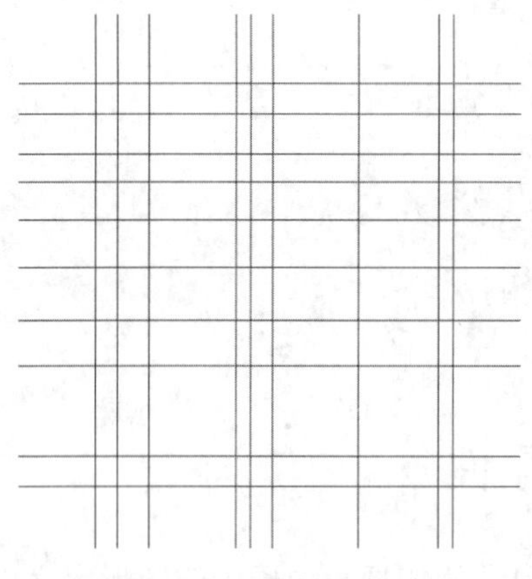
图 11-14　绘制轴线网

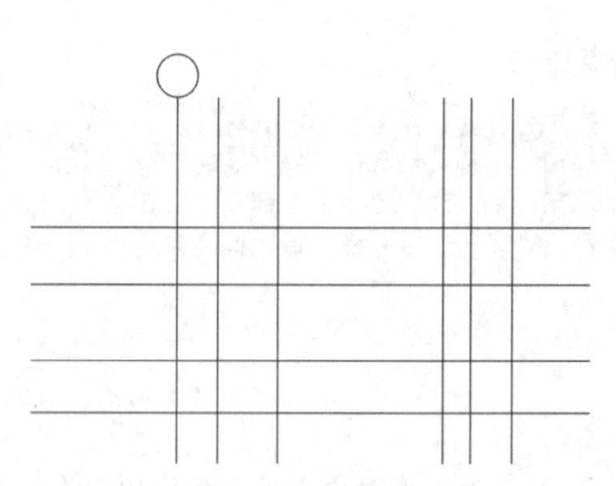
图 11-15　绘制圆

（5）单击“默认”选项卡“块”面板中的“定义属性”按钮，打开“属性定义”对话框，按图 11-16 所示进行相应的设置，单击“确定”按钮，在圆心位置输入一个块的属性值。最终效果如图 11-17 所示。

图 11-16 “属性定义”对话框

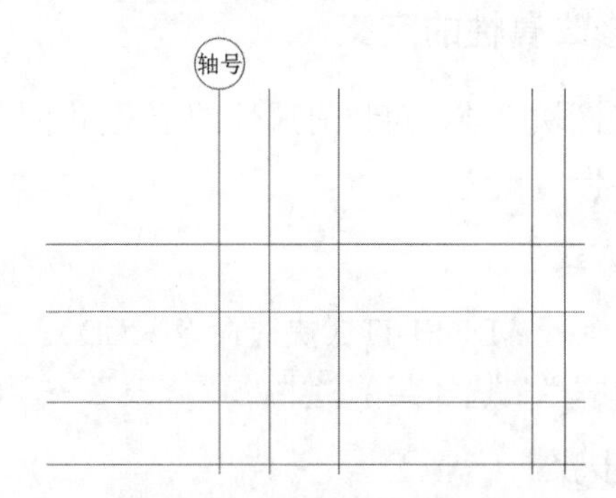

图 11-17 在圆心位置写入属性值

【选项说明】

(1)“模式”选项组：用于确定属性的模式。

①“不可见”复选框：选中该复选框，属性为不可见显示方式，即插入图块并输入属性值后，属性值在图中并不显示出来。

②“固定”复选框：选中该复选框，属性值为常量，即属性值在属性定义时给定，在插入图块时系统不再提示输入属性值。

③“验证”复选框：选中该复选框，当插入图块时，系统重新显示属性值提示用户验证该值是否正确。

④“预设”复选框：选中该复选框，当插入图块时，系统自动把事先设置好的默认值赋予属性，而不再提示输入属性值。

⑤“锁定位置”复选框：锁定块参照中属性的位置。解锁后，属性可以相对于使用夹点编辑块的其他部分移动，并且可以调整多行文字属性的大小。

⑥“多行”复选框：选中该复选框，可以指定属性值包含多行文字，可以指定属性的边界宽度。

(2)“属性”选项组：用于设置属性值。在每个文本框中，AutoCAD 允许输入不超过 256 个字符。

①“标记”文本框：输入属性标签。属性标签可由除空格和感叹号以外的所有字符组成，系统自动把小写字母改为大写字母。

②“提示”文本框：输入属性提示。属性提示是插入图块时系统要求输入属性值的提示，如果不在此文本框中输入文字，则以属性标签作为提示。如果在“模式”选项组中选中“固定”复选框，即设置属性为常量，则不需设置属性提示。

③“默认”文本框：设置默认的属性值。可把使用次数较多的属性值作为默认值，也可不设默认值。

(3)“插入点”选项组：用于确定属性文本的位置。可以在插入时由用户在图形中确定属性文本的位置，也可在 X、Y、Z 文本框中直接输入属性文本的位置坐标。

(4)“文字设置”选项组：用于设置属性文本的对齐方式、文字样式、字高和倾斜角度。

(5)“在上一个属性定义下对齐”复选框：选中该复选框，表示把属性标签直接放在前一个属性的下面，而且该属性继承前一个属性的文字样式、字高和倾斜角度等特性。

11.2.2 修改属性的定义

在定义图块之前，可以对属性的定义加以修改。不仅可以修改属性标签，还可以修改属性提示和属性默认值。

【执行方式】

- 命令行：DDEDIT（快捷命令：ED）。
- 菜单栏：选择菜单栏中的“修改”→“对象”→“文字”→“编辑”命令。

【操作步骤】

执行上述操作后，选择定义的图块，打开“编辑属性定义”对话框，如图 11-18 所示。其中包括“标记”“提示”及“默认值”3 个文本框，可根据需要对各项进行修改。

11.2.3 图块属性编辑

当属性被定义到图块当中，甚至图块被插入到图形中后，用户还可以对图块属性进行编辑。利用 ATTEDIT 命令可以通过对话框对指定图块的属性值进行修改，利用 ATTEDIT 命令不仅可以修改属性值，而且可以对属性的位置、文本等其他设置进行编辑。

【执行方式】

- 命令行：ATTEDIT（快捷命令：ATE）。
- 菜单栏：选择菜单栏中的“修改”→“对象”→“属性”→“单个”命令。
- 工具栏：单击“修改 II”工具栏中的“编辑属性”按钮。
- 功能区：单击“默认”选项卡“块”面板中的“编辑属性”按钮。

扫一扫，看视频

轻松动手学——编辑轴号图块属性并标注

标注如图 11-19 所示的轴号。

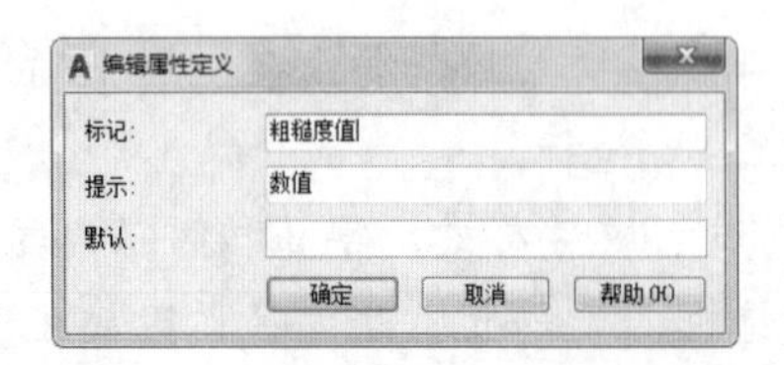

图 11-18 “编辑属性定义”对话框

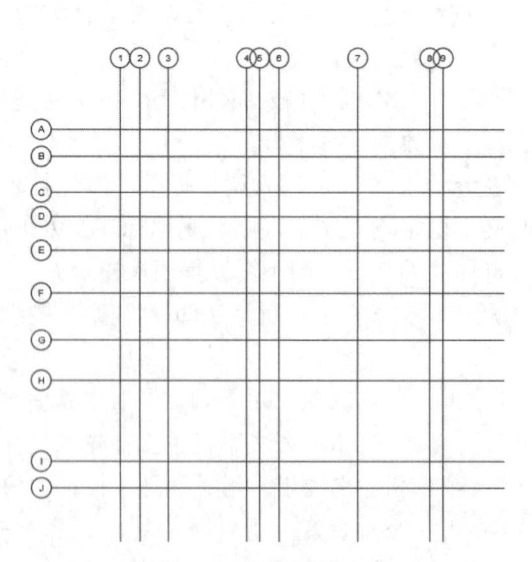

图 11-19 标注轴号

【操作步骤】

（1）单击“默认”选项卡“块”面板中的“创建块”按钮，打开“块定义”对话框，如图 11-20 所示。在“名称”文本框中写入“轴号”，指定圆心为基点；选择整个圆和刚才的“轴号”标记为对象。单击“确定”按钮，打开如图 11-21 所示的“编辑属性”对话框，输入轴号为“1”，单击“确定”按钮，效果如图 11-22 所示。

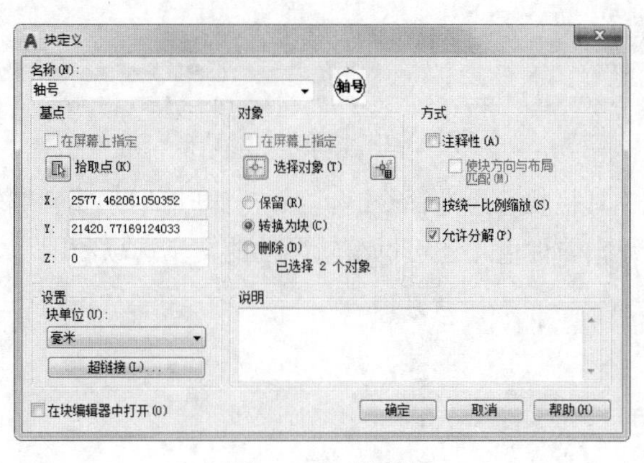

图 11-20　创建块

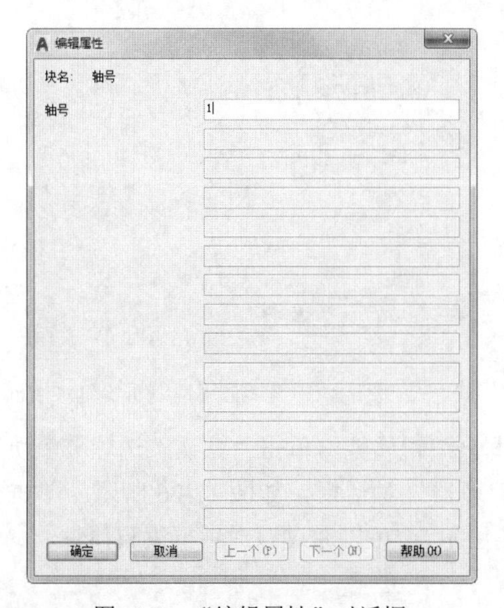

图 11-21　“编辑属性”对话框

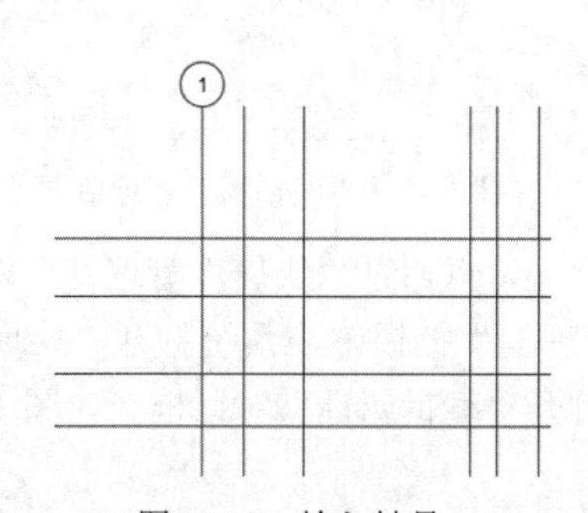

图 11-22　输入轴号

（2）单击“默认”选项卡“块”面板中的“插入块”按钮，打开如图 11-23 所示的“插入”对话框，将轴号图块插入到轴线上。选择该图块，打开“编辑属性”对话框修改图块属性，如图 11-24 所示。

【选项说明】

“编辑属性”对话框中显示出所选图块中包含的前 8 个属性的值，用户可对这些属性值进行修改。如果该图块中还有其他属性，可单击“上一个”按钮和“下一个”按钮对它们进行观察和修改。

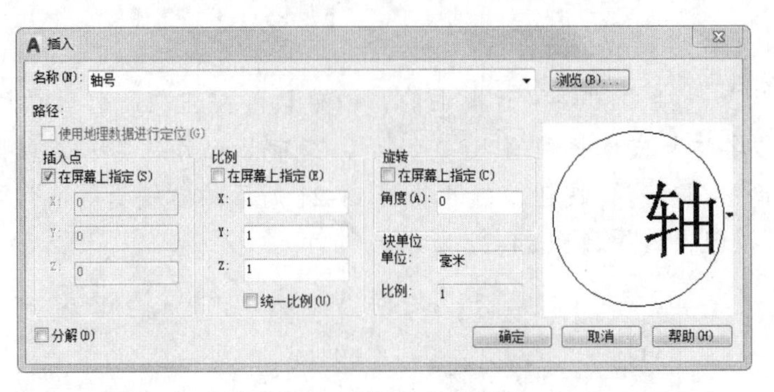

图 11-23 “插入”对话框

当用户通过菜单栏或工具栏执行上述命令时，系统打开“增强属性编辑器”对话框，如图 11-25 所示。该对话框不仅可以编辑属性值，还可以编辑属性的文字选项和图层、线型、颜色等特性。

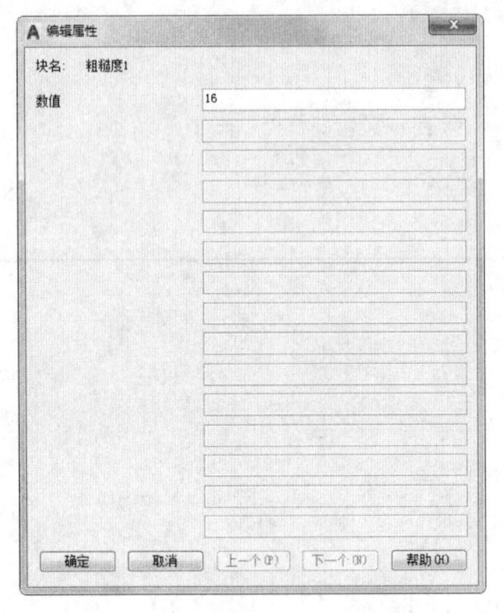

图 11-24 “编辑属性”对话框

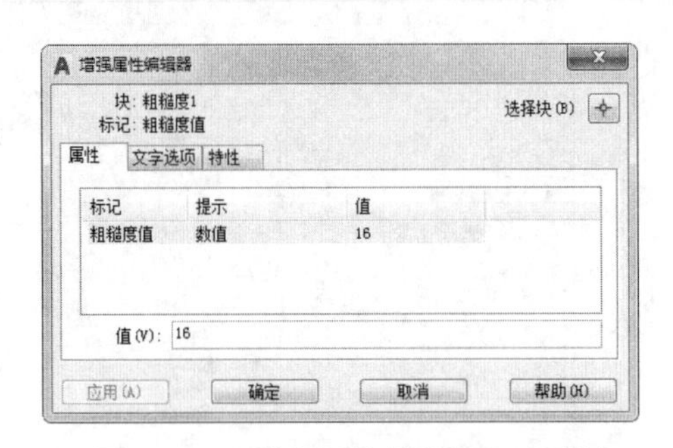

图 11-25 “增强属性编辑器”对话框

另外，还可以通过“块属性管理器”对话框来编辑属性。单击“默认”选项卡“块”面板中的“块属性管理器”按钮，系统打开“块属性管理器”对话框，如图 11-26 所示。单击“编辑”按钮，系统打开“编辑属性”对话框（如图 11-27 所示），可以通过该对话框编辑属性。

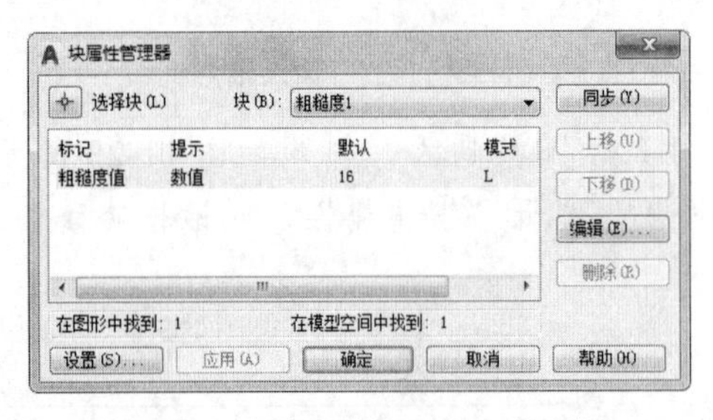

图 11-26 “块属性管理器”对话框

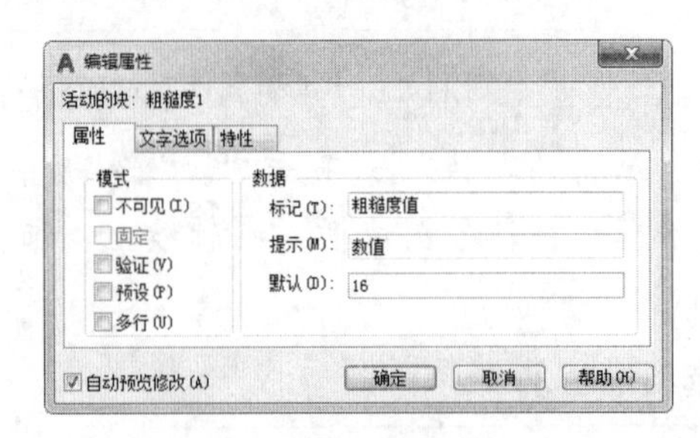

图 11-27 “编辑属性”对话框

动手练一练——标注带属性的标高符号

标注如图 11-28 所示的标高符号。

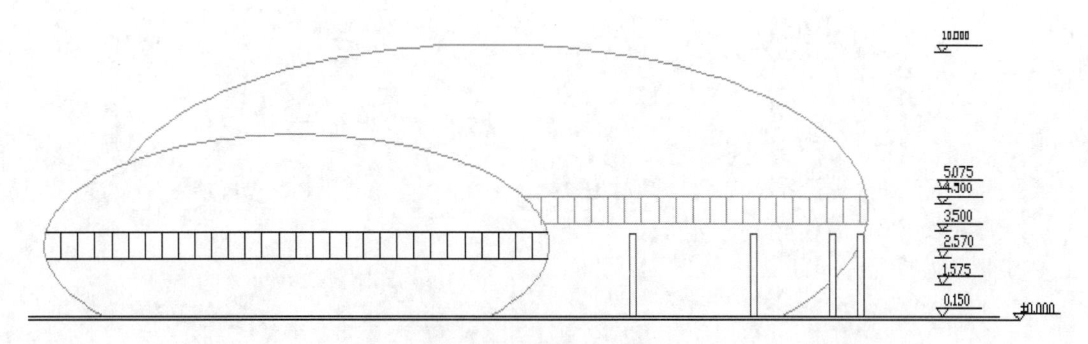

图 11-28　标注带属性的标高符号

思路点拨

（1）利用“直线”命令绘制标高符号。
（2）利用“定义属性”命令和“写块”命令创建标高图块。
（3）利用“插入”→“块”命令插入标高图块并输入属性值。

11.3 设计中心

使用 AutoCAD 设计中心可以很容易地组织设计内容，并把它们拖动到自己的图形中。

【执行方式】

- 命令行：ADCENTER（快捷命令：ADC）。
- 菜单栏：选择菜单栏中的“工具”→“选项板”→“设计中心”命令。
- 工具栏：单击标准工具栏中的“设计中心”按钮。
- 功能区：单击“视图”选项卡“选项板”面板中的“设计中心”按钮。
- 快捷键：Ctrl+2。

【操作步骤】

执行上述操作后，系统打开“设计中心”选项板，如图 11-29 所示。第一次启动设计中心时，默认打开的选项卡为“文件夹”选项卡。右侧的内容显示区采用大图标显示，左侧的资源管理器显示系统的树形结构。在资源管理器中浏览资源的同时，在内容显示区将显示所浏览资源的有关细目或内容内容显示区的 3 分部组成：上部为文件列表框，中间为图形预览窗格，下部为说明文本窗格。

【选项说明】

可以利用鼠标拖动边框的方法来改变 AutoCAD 设计中心资源管理器和内容显示区以及 AutoCAD 绘图区的大小，但内容显示区的最小尺寸应能显示两列大图标。

如果要改变 AutoCAD 设计中心的位置，可以按住鼠标左键拖动，松开鼠标左键后，AutoCAD

设计中心便处于当前位置。此时，仍可用鼠标改变各窗口的大小。也可以通过设计中心边框左上方的“自动隐藏”按钮来自动隐藏设计中心。

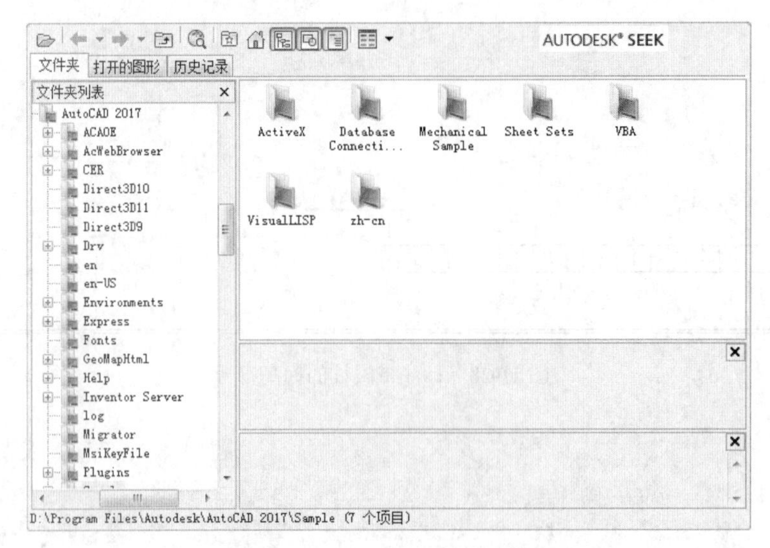

图 11-29　AutoCAD 设计中心的资源管理器和内容显示区

☞ 教你一招

利用设计中心插入图块：

在利用 AutoCAD 绘制图形时，可以将图块插入到图形当中。将一个图块插入到图形中时，块定义就被复制到图形数据库中。在一个图块被插入图形之后，如果原来的图块被修改，则插入到图形中的图块也随之改变。

当其他命令正在执行时，不能插入图块到图形当中。例如，如果在插入块时，在提示行正在执行一个命令，此时光标变成一个带斜线的圆，提示操作无效。另外，一次只能插入一个图块。

AutoCAD 设计中心提供了两种插入图块的方法：“利用鼠标指定比例和旋转角度方式”与“精确指定坐标、比例和旋转角度方式”。

1. 利用鼠标指定比例和旋转角度方式插入图块

系统根据光标拉出的线段长度、角度确定比例与旋转角度，插入图块的步骤如下。

（1）从文件夹列表或查找结果列表中选择要插入的图块，按住鼠标左键，将其拖动到打开的图形中。松开鼠标左键，此时选择的对象被插入到当前打开的图形之中。利用当前设置的捕捉方式，可以将对象插入到存在的任何图形当中。

（2）在绘图区单击指定一点作为插入点，移动鼠标，光标位置点与插入点之间的距离为缩放比例，单击确定比例。采用同样的方法移动鼠标，光标指定位置和插入点的连线与水平线的夹角为旋转角度。被选择的对象便根据光标指定的比例和角度插入到图形当中。

2. 精确指定坐标、比例和旋转角度方式插入图块

利用该方法可以设置插入图块的参数，插入图块的步骤如下。

（1）从文件夹列表或查找结果列表框中选择要插入的对象，拖动对象到打开的图形中。

（2）单击鼠标右键，可以选择快捷菜单中的“比例”“旋转”等命令，如图 11-30 所示。

（3）在相应的命令行提示下输入比例和旋转角度等数值。被选择的对象根据指定的参数插入到图形中。

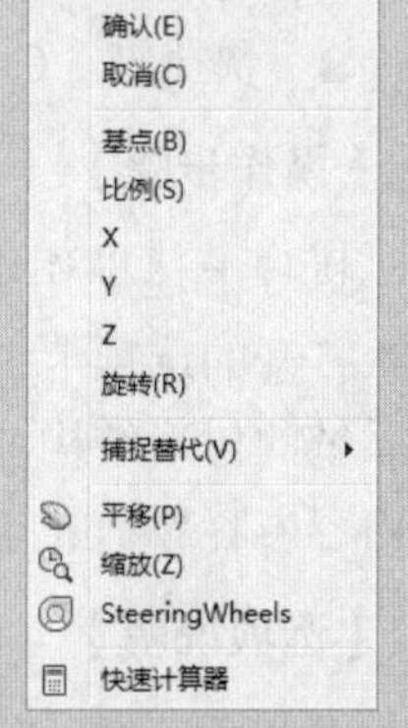

图 11-30　快捷菜单

11.4 工具选项板

工具选项板提供了组织、共享和放置图块及填充图案的有效方法，还包含由第三方开发人员提供的自定义工具。

11.4.1 打开工具选项板

可在工具选项板中整理图块、图案填充和自定义工具。

【执行方式】

- 命令行：TOOLPALETTES（快捷命令：TP）。
- 菜单栏：选择菜单栏中的“工具”→“选项板”→“工具选项板”命令。
- 工具栏：单击标准工具栏中的“工具选项板窗口”按钮。
- 功能区：单击“视图”选项卡“选项板”面板中的“工具选项板”按钮。
- 快捷键：Ctrl+3。

【操作步骤】

执行上述操作后，系统自动打开工具选项板，如图 11-31 所示。

在工具选项板中，系统设置了一些常用图形选项卡，可以利用这些常用图形方便、快捷地绘图。

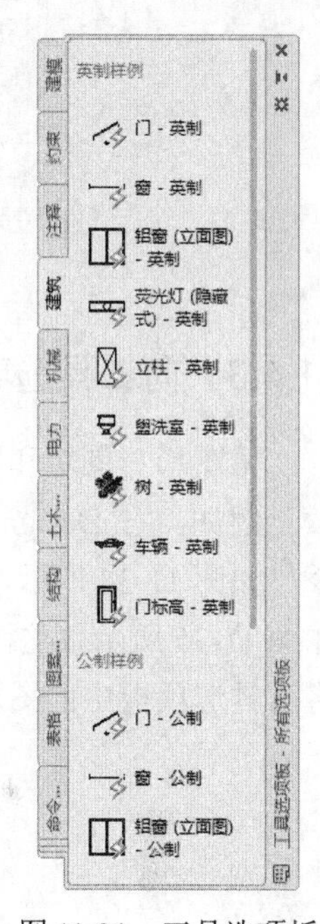

图 11-31　工具选项板

11.4.2 新建工具选项板

用户可以创建新的工具选项板，这样有利于个性化作图，也能够满足特殊作图的需要。

【执行方式】

- 命令行：CUSTOMIZE。
- 菜单栏：选择菜单栏中的“工具”→“自定义”→“工具选项板”命令。
- 快捷菜单：在快捷菜单中选择“自定义”命令。

轻松动手学——新建工具选项板

扫一扫，看视频

【操作步骤】

（1）执行菜单栏命令后，系统打开“自定义”对话框，如图 11-32 所示。在“选项板”列表框中单击鼠标右键，在弹出的快捷菜单中选择“新建选项板”命令。

（2）在“选项板”列表框中出现一个“新建选项板”，可以为其命名。确定后，工具选项板中就增加了一个新的选项卡，如图 11-33 所示。

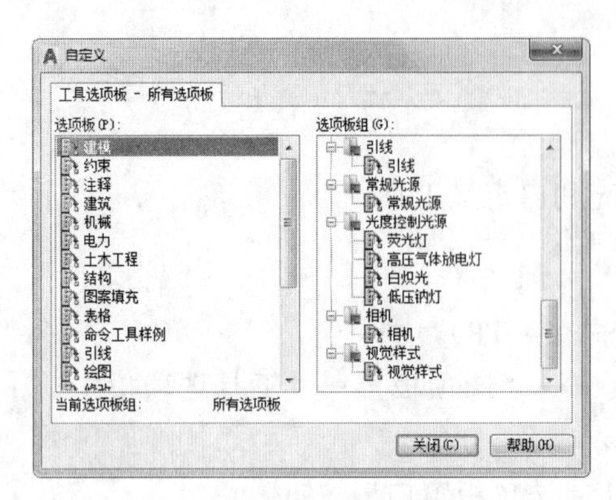

图 11-32 “自定义”对话框

图 11-33 新建选项卡

11.4.3 向工具选项板中添加内容

将图形、图块和图案填充从设计中心拖动到工具选项板中。

例如，在 DesignCenter 文件夹上右击，在弹出的快捷菜单中选择“创建块的工具选项板”命令，如图 11-34 所示。设计中心中存储的图元就出现在工具选项板中新建的 DesignCenter 选项卡中，如图 11-35 所示。这样就可以将设计中心与工具选项板结合起来，建立一个快捷方便的工具选项板。将工具选项板中的图形拖动到另一个图形中时，图形将作为块插入。

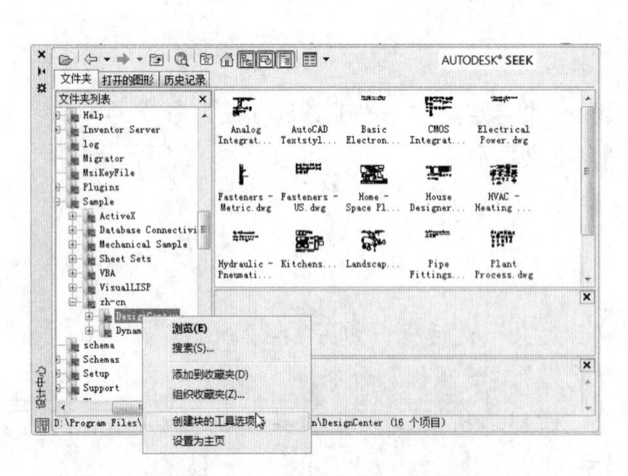

图 11-34 “设计中心”选项板

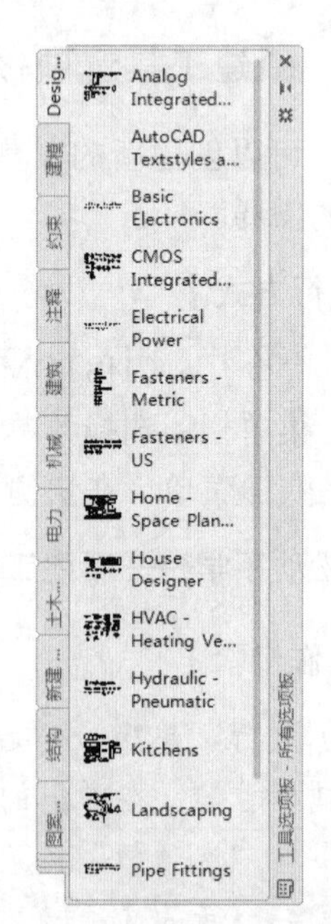

图 11-35 新建的工具选项板

11.5　模拟认证考试

1．下列（　　）方法不能插入创建好的块。

A．从 Windows 资源管理器中将图形文件图标拖放到 AutoCAD 绘图区域插入块

B．从设计中心插入块

C．用“粘贴”命令插入块

D．用“插入”命令插入块

2．将不可见的属性修改为可见的命令是（　　）。

A．eattedit　　B．battman　　C．attedit　　D．ddedit

3．在 AutoCAD 中，下列（　　）项中的两种操作均可以打开设计中心。

A．Ctrl+3，ADC　　B. Ctrl+2，ADC　　C．Ctrl+3，AGC　　D. Ctrl+2，AGC

4．在设计中心中，单击“收藏夹”按钮，则会（　　）。

A．出现搜索界面　　B．定位到 Home 文件夹

C．定位到 DesignCenter 文件夹　　D．定位到 AutoDesk 文件夹

5．属性定义框中“提示”栏的作用是（　　）。

A．提示输入属性值插入点　　B．提示输入新的属性值

C．提示输入属性值所在图层　　D．提示输入新的属性值的字高

6．图形无法通过设计中心更改的是（　　）。

A．大小　　B．名称　　C．位置　　D．外观

7．下列（　　）项不能用块属性管理器进行修改。

A．属性文字如何显示

B．属性的个数

C．属性所在的图层和属性行的颜色、宽度及类型

D．属性的可见性

8．在属性定义框中，（　　）选框不设置，将无法定义块属性。

A．固定　　B．标记　　C．提示　　D．默认

9．用 BLOCK 命令定义的内部图块，说法正确的是（　　）。

A．只能在定义它的图形文件内自由调用

B．只能在另一个图形文件内自由调用

C．既能在定义它的图形文件内自由调用，又能在另一个图形文件内自由调用

D．两者都不能用

10．带属性的块经分解后，属性显示为（　　）。

A．属性值　　B．标记

C．提示　　D．不显示

11．绘制如图 11-36 所示的图形。

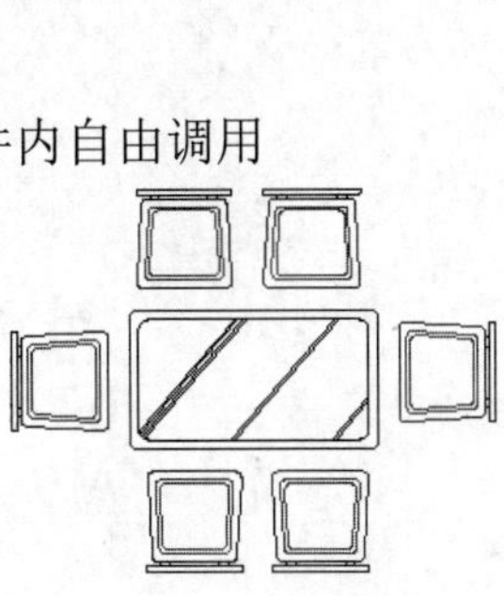

图 11-36　图形

2

典型的园林景观可以分为园林建筑、园林小品、园林水景和园林绿化四大类，它们共同构成了园林景观的基本要素。

第 2 篇　园林景观篇

本篇分别介绍园林建筑、园林小品、园林水景和园林绿化这四大园林景观基本要素的设计等知识。

为进一步加深读者对 AutoCAD 功能的理解，掌握各种园林景观设计工程图的绘制方法，本篇在讲解过程中安排了大量实例。

第 12 章　园 林 建 筑

内容简介

建筑是园林的五大要素之一，且形式多样，既有使用价值，又能与环境组成景致，供人们游览和休憩。本章首先对各种类型的建筑作简单的介绍，然后结合实例进行讲解。

内容要点

- 概述
- 亭

案例效果

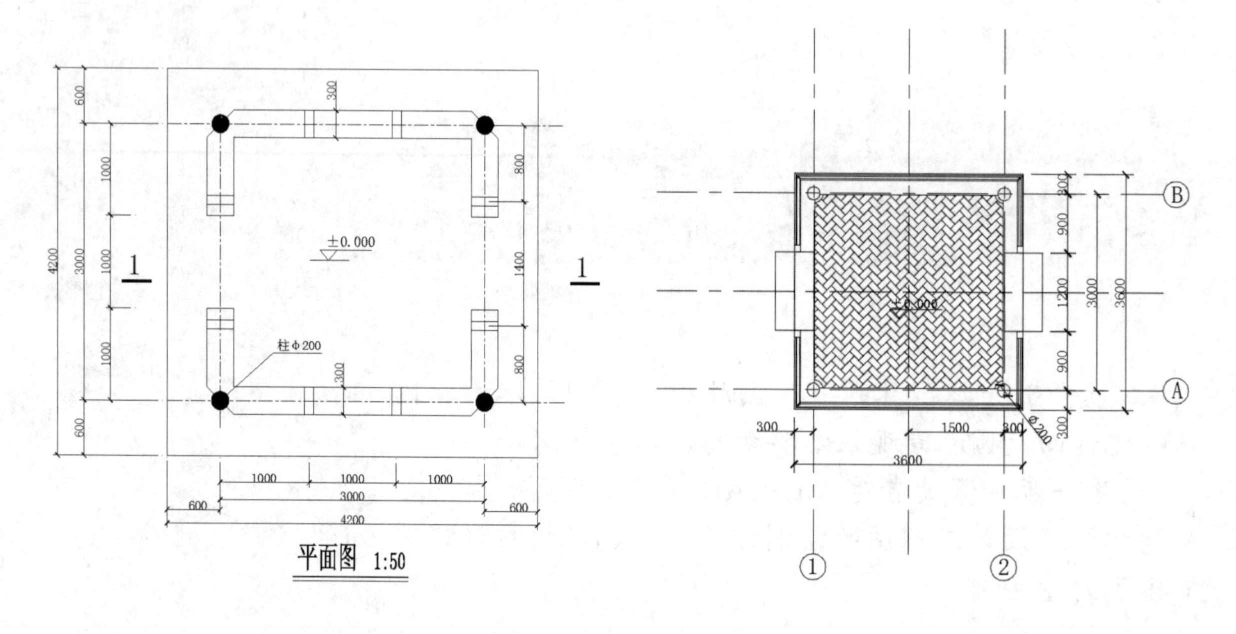

12.1　概　　述

园林建筑是指在园林中与园林造景有直接关系的建筑，它既有使用价值，又能与环境组成景致，供人们游览和休憩，因此园林建筑的设计构造等一定要照顾这些因素，使之达到可居、可游、可观。其设计方法概括起来主要有 6 个方面，即立意、选址、布局、借景、尺度与比例、色彩与质感。另外，根据园林设计的立意、功能要求、造景等需要，必须考虑适当的建筑和建筑组合；同时要考虑建筑的体量、造型、色彩以及与其配合的假山艺术、雕塑艺术、园林植物、水景等诸要素的安排，并要求精心构思，使园林中的建筑起到画龙点睛的作用。

园林建筑常见的有亭、榭、廊、花架、大门、园墙、桥等。

12.1.1 园林建筑的基本特点

作为造园四大要素之一，园林建筑是一种独具特色的建筑，既要满足建筑的使用功能要求，又要满足园林景观的造景要求，并与园林环境密切结合，与自然融为一体的建筑类型。

1. 功能

（1）满足功能要求。

园林是改善、美化人们生活环境的设施，也是供人们休息、游览、文化娱乐的场所，随着园林活动的日益增多，园林建筑类型也日益丰富起来，主要由茶室、餐厅、展览馆、体育场所等，以满足人们的需要。

（2）满足园林景观要求。

① 点景。点景要与自然风景融会结合，园林建筑常成为园林景观的构图中心主体，或易于近观的局部小景或成为主景，控制全园布局。园林建筑在园林景观构图中常有画龙点睛的作用。

② 赏景。赏景作为观赏园内外景物的场所，一栋建筑常成为画面的景点，而一组建筑物与游廊相连成为纵观全景的观赏线。因此，建筑朝向、门窗位置大小要考虑赏景的要求。

③ 引导游览路线。园林建筑常常具有起承转合的作用，当人们的视线触及某处优美的园林建筑时，游览路线就会自然而然地延伸，建筑常成为视线引导的主要目标。人们常说的步移景异就是这个意思。

④ 组织园林空间。园林设计空间组合和布局是重要内容，园林常以一系列空间的变化巧妙安排，给人以艺术享受，以建筑构成的各种形式的庭院及游廊、花墙、圆洞门等恰是组织空间、划分空间的最好手段。

2. 特点

（1）布局：园林建筑布局要因地制宜，巧于因借，建筑规划选址除考虑功能要求外，要善于利用地形，结合自然环境，与自然融为一体。

（2）情景交融：园林建筑应结合情景，抒发情趣，尤其在古典园林建筑中，常与诗画结合，加强感染力，达到情景交融的境界。

（3）空间处理：在园林建筑的空间处理上，尽量避免轴线对称，整形布局力求曲折变化、参差错落，空间布置要灵活通过空间划分，形成大小空间的对比，增加层次感，扩大空间感。

（4）造型：园林建筑在造型上更重视美观的要求，建筑体型、轮廓要有表现力，增加园林画面美，建筑体量、体态都应与园林景观协调统一，造型要表现园林特色、环境特色、地方特色。一般而言，在造型上，体量宜轻盈，形式宜活泼，力求简洁明快，通透有度，达到功能与景观的有机统一。

（5）装修：在细节装饰上，应有精巧的装饰，增加本身的美观，又能用来组织空间画面，如常用的挂落、栏杆、漏窗、花格等。

3. 园林建筑的分类

按使用功能划分为以下几类。

（1）游憩性建筑：有休息、游赏使用功能，具有优美造型，如亭、廊、花架、榭、舫、园桥等。

（2）园林建筑小品：以装饰园林环境为主，注重外观形象的艺术效果，兼有一定的使用功能，如园灯、园椅、展览牌、景墙、栏杆等。

（3）服务性建筑：为游人在旅途中提供生活上服务的设施，如小卖部、茶室、小吃部、餐厅、小型旅馆、厕所等。

（4）文化娱乐设施：如游船码头、游艺室、俱乐部、演出厅、露天剧场、展览厅等。

（5）办公管理用设施：主要有公园大门、办公室、实验室、栽培温室，动物园还应有动物兽室。

12.1.2　园林建筑图绘制

园林建筑的设计程序一般分为初步设计和施工图设计两个阶段，较复杂的工程项目还要进行技术设计。

初步设计主要是提出方案，说明建筑的平面布置、立面造型、结构选型等内容，绘制出建筑初步设计图，送有关部门审批。

技术设计主要是确定建筑的各项具体尺寸和构造做法；进行结构计算，确定承重构件的截面尺寸和配筋情况。

施工图设计主要是根据已批准的初步设计图，绘制出符合施工要求的图纸。园林建筑景观施工图一般包括平面图、施工图、剖面图以及建筑详图等内容。与建筑施工图的绘制基本类似。

1. 初步设计图的绘制

（1）初步设计图的内容：包括基本图样、总平面图、建筑平立剖面图、有关技术和构造说明、主要技术经济指标等。通常要作一幅透视图，表示园林建筑竣工后的外貌。

（2）初步设计图的表达方法：初步设计图尽量画在同一张图纸上，图面布置可以灵活些，表达方法可以多样，例如可以画上阴影和配景，或用色彩渲染，以加强图面效果。

（3）初步设计图的尺寸：初步设计图上要画出比例尺并标注主要设计尺寸，如总体尺寸、主要建筑的外形尺寸、轴线定位尺寸和功能尺寸等。

2. 施工图的绘制

设计图审批后，再按施工要求绘制出完整的建施、结施图样及有关技术资料。绘图步骤如下：

（1）确定绘制图样的数量。根据建筑的外形、平面布置、构造和结构的复杂程度决定绘制哪种图样。在保证能顺利完成施工的前提下，图样的数量应尽量少。

（2）在保证图样能清晰地表达其内容的情况下，根据各类图样的不同要求，选用合适的比例，平、立、剖面图尽量采用同一比例。

（3）进行合理的图面布置。尽量保持各图样的投影关系，或将同类型的、内容关系密切的图样集中绘制。

（4）通常先画建筑施工图，一般按总平面→平面图→立面图→剖面图→建筑详图的顺序进行绘制。再画结构施工图，一般先画基础图、结构平面图，然后分别画出各构件的结构详图。

① 视图包括平、立、剖面图，表达坐椅的外形和各部分的装配关系。

② 尺寸在标有建施的图样中，主要标注与装配有关的尺寸、功能尺寸、总体尺寸。

③ 透视图园林建筑施工图常附一个单体建筑物的透视图，特别是没有设计图的情况下更是如此。透视图应按比例用绘图工具画。

④ 编写施工总说明。施工总说明包括的内容有放样和设计标高、基础防潮层、楼面、楼地面、屋面、楼梯和墙身的材料和做法，室内外粉刷、装修的要求、材料和做法等。

12.2 亭

亭在我国园林中是运用最多的一种建筑形式。无论是在传统的古典园林中，或是在解放后新建的公园及风景游览区，都可以看到各种各样的亭子，或屹立于山冈之上，或依附在建筑之旁，或漂浮在水池之畔。以玲珑美丽、丰富多样的形象与园林中的其他建筑、山水、绿化等相结合，构成一幅幅生动的画图。在造型上，要结合具体地形，自然景观和传统设计要以其特有的娇美轻巧、玲珑剔透形象与周围的建筑、绿化、水景等结合而构成园林一景。

12.2.1 亭的基本特点

亭的构造大致可分为亭顶、亭身、亭基3部分。体量宁小勿大，形制也较细巧，以竹、木、石、砖瓦等地方性传统材料均可修建。现在更多的是用钢筋混凝土或兼以轻钢、铝合金、玻璃钢、镜面玻璃、充气塑料等材料组建而成。

亭四面多开放，空间流动，内外交融，榭廊亦如此。解析了亭也就能举一反三于其他楼阁殿堂。亭榭等体量不大，但在园林造景中作用不小：是室内的室外，而在庭院中则是室外的室内。选择要有分寸，大小要得体，即要有恰到好处的比例与尺度，只注重某一方面都是不允许的。任何作品只有在一定的环境下，它才是艺术、科学。生搬硬套学流行，会失去神韵和灵性，也就谈不上艺术性与科学性。

园亭是指园林绿地中精致细巧的小型建筑物。可分为两类，一类是供人休憩观赏的亭，另一类是具有实用功能的票亭、售货亭等。

1. 园亭的位置选择

建亭位置，要从两方面考虑，一是由内向外好看，二是由外向内也好看。园亭要建在风景好的地方，使入内歇足的人有景可赏，留得住人，同时更要考虑建亭后成为一处园林美景。园亭在这里往往起到画龙点睛的作用。

2. 园亭的设计构思

园亭虽小巧却必须深思才能出类拔萃。具体要求如下：

（1）选择所设计的园亭，是传统或是现代、是中式或是西洋、是自然野趣或是奢华富贵等，这些款式的不同是不难理解的。

（2）同种款式中，平面、立面、装修的大小、形样、繁简也有很大的不同，需要斟酌。例如同样是植物园内的中国古典园亭——牡丹园和槭树园不同。牡丹亭必须重檐起翘，大红柱子；槭树亭白墙灰瓦足矣。这是因它们所在的环境气质不同而异。同样是欧式古典园顶亭，高尔夫球场和私宅庭园的大小有很大不同，这是因它们所在环境的开阔郁闭不同而异。同是自然野趣，水际竹筏嬉鱼和树上杈窝观鸟不同，这是因环境的功能要求不同。

（3）所有的形式、功能、建材是在演变进步之中的，常常是相互交叉的，必须着重于创造。例如，在中国古典园亭的梁架上，以卡普隆阳光板作顶代替传统的瓦，古中有今，洋为我用，可以取得很好的效果。以四片实墙、边框采用中国古典园亭的外轮廓组成虚拟的亭，也是一种创造。

只有深入考虑这些细节，才能标新立异，不落俗套。

3. 园亭的平立面

园亭体量小，平面严谨。自点状伞亭起，三角、正方、长方、六角、八角以至圆形、海棠形、扇形，由简单而复杂，基本上都是规则几何形体，或再加以组合变形。根据这个道理，可构思其他形状，也可以和其他园林建筑（如花架、长廊、水榭）组合成一组建筑。

园亭的平面组成比较单纯，除柱子、坐凳（椅）、栏杆，有时也有一段墙体、桌、碑、井、镜、匾等。

园亭的平面布置，一种是一个出入口，终点式的；还有一种是两个出入口，穿过式的。视亭大小而采用。

4. 园亭的立面

因款式的不同有很大的差异，但有一点是共同的，就是内外空间相互渗透，立面显得开畅通透。园亭的立面，可以分成几种类型，这是决定园亭风格款式的主要因素。如中国古典、西洋古典传统式样，这种类型都有程式可依，困难的是施工十分繁复。中国传统园亭柱子有木和石两种，用真材或砼仿制，但屋盖变化多，如以砼代木，则所费工、料均不合算，效果也不甚理想。而西洋传统式样，现在市面有各种规格的玻璃钢、GRC 柱式、檐口，可在结构外套用。

平顶、斜坡、曲线有各种新式样，要注意园亭平面和组成均甚简洁，观赏功能又强，因此屋面变化可以多一些。如做成折板、弧形、波浪形，或者用新型建材、瓦、板材；或者强调某一部分构件和装修，来丰富园亭外立面。

仿自然野趣的式样，目前用得多的是竹、松木、棕榈等植物外型或木结构，真实石材或仿石结构，用茅草做顶也特别有表现力。

5. 设计要点

有关亭的设计归纳起来应掌握下面几个要点：

（1）必须选择好位置，按照总的规划意图选点。

（2）亭的体量与造型的选择，主要看它所处的周围环境的大小、性质等，因地制宜而定。

（3）亭子的材料及色彩，应力求就地选用地方材料，不单独加工，便利又易于配合自然。

扫一扫，看视频

12.2.2 绘制亭平面图

本节绘制如图 12-1 所示的亭平面图。

源文件：源文件\第 12 章\亭平面图 .dwg

【操作步骤】

1. 绘图前的准备

（1）建立新文件。打开 AutoCAD 2018 应用程序，单击快速访问工具栏中的“新建”按钮，建立新文件，将其文件命名为“亭平面图 .dwg”并保存。

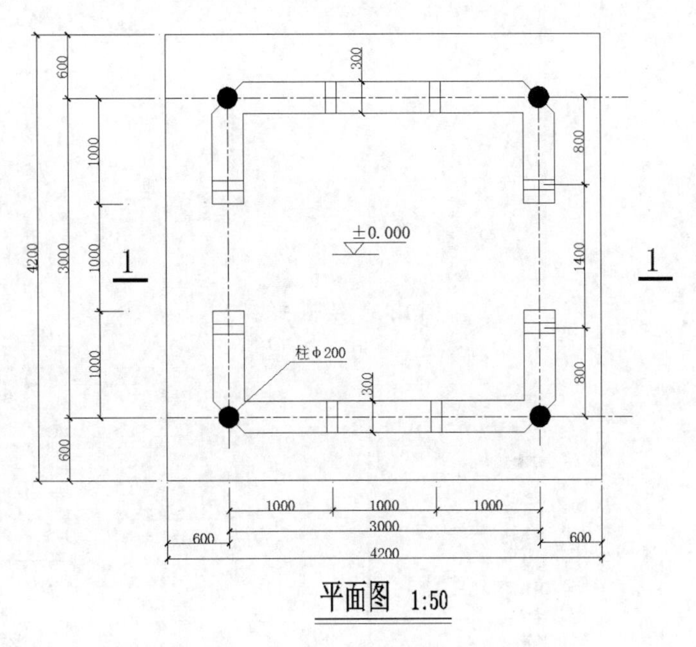

图 12-1　亭平面图

（2）设置图层。单击“默认”选项卡“图层”面板中的“图层特性”按钮，打开“图层特性管理器”选项板，新建“轴线”“亭”“标注”“文字”图层，将“轴线”设置为当前图层，并进行相应的设置，如图 12-2 所示。

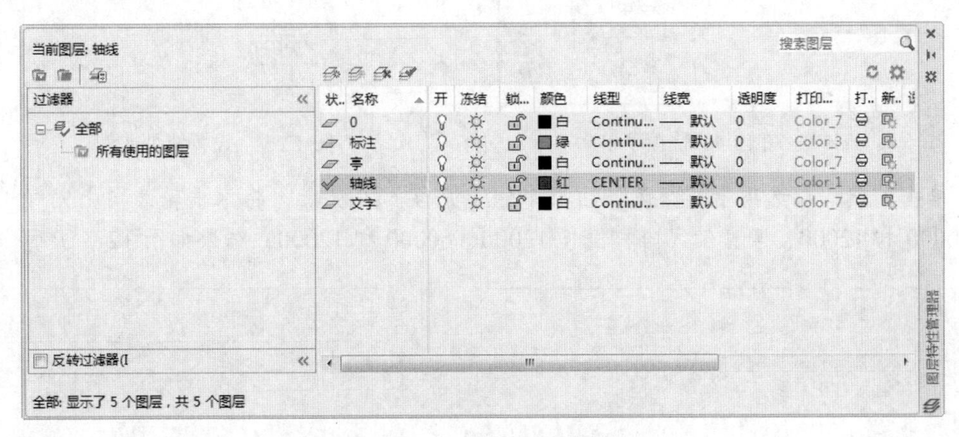

图 12-2　亭平面图图层设置

2. 绘制平面定位轴线

（1）单击“默认”选项卡“绘图”面板中的“直线”按钮，绘制一条长为 89552 的水平轴线和一条长为 65895 的竖直轴线，如图 12-3 所示。

（2）选中上步绘制的水平轴线并单击鼠标右键，弹出快捷菜单，如图 12-4 所示，选择“特性”命令，打开“特性”选项板，如图 12-5 所示，将线型比例设置为 100，得到的轴线如图 12-6 所示。

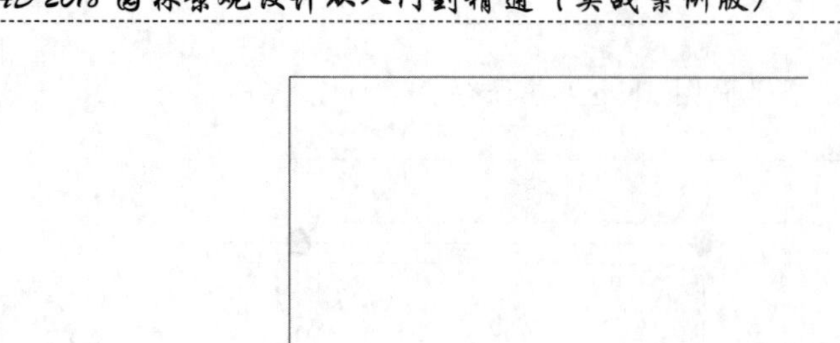

图 12-3　绘制轴线

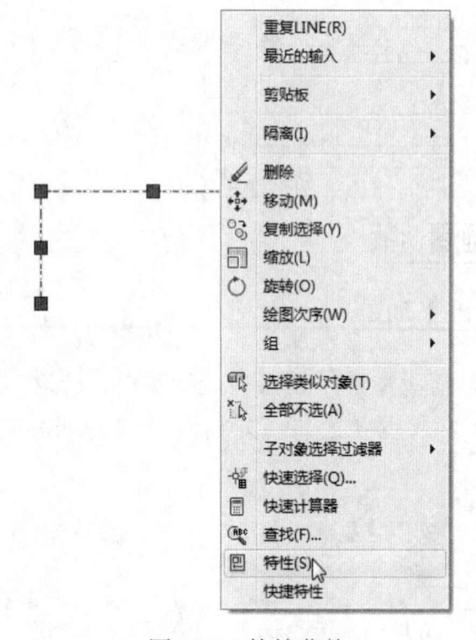

图 12-4　快捷菜单

图 12-5　设置线型比例

（3）单击“默认”选项卡“修改”面板中的“偏移”按钮，将水平轴线向上偏移 12000，向下偏移 60000 和 12000，竖直轴线向右偏移 12000、60000 和 12000，结果如图 12-7 所示。

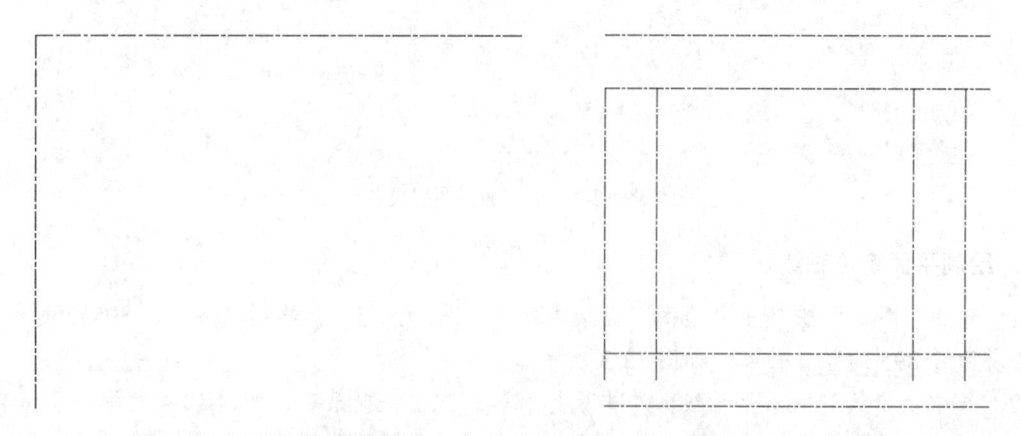

图 12-6　设置线型后的轴线　　　　图 12-7　偏移轴线

3. 柱和矩形的绘制

（1）单击“默认”选项卡“修改”面板中的“倒角”按钮，设置倒角距离为0，对最外侧的轴线进行倒角处理，并将其替换到“亭”图层，完成亭子外轮廓线的绘制，如图12-8所示。

（2）将“亭”图层设置为当前图层，单击“默认”选项卡“绘图”面板中的“圆”按钮，绘制一个半径为2000的圆，如图12-9所示。

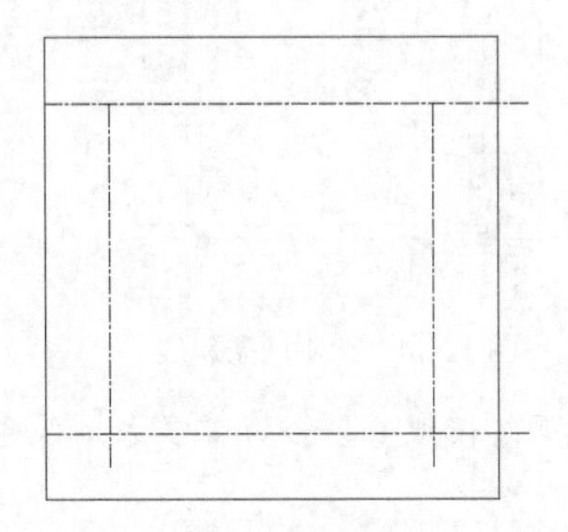

图12-8　绘制倒角

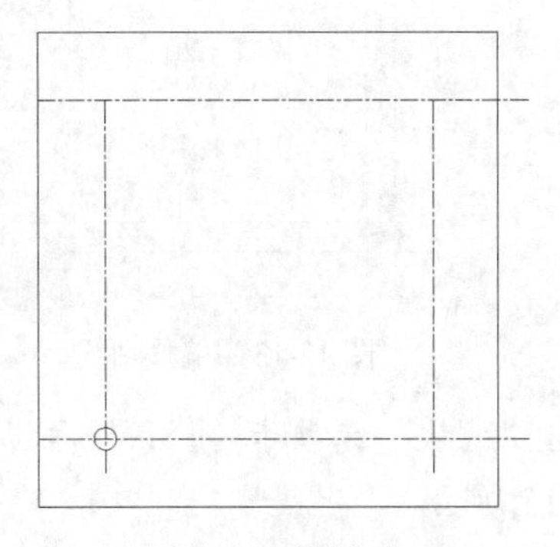

图12-9　绘制圆

（3）单击“默认”选项卡“绘图”面板中的“图案填充”按钮，打开“图案填充创建”选项卡，如图12-10所示，选择SOLID图案，填充圆，结果如图12-11所示。

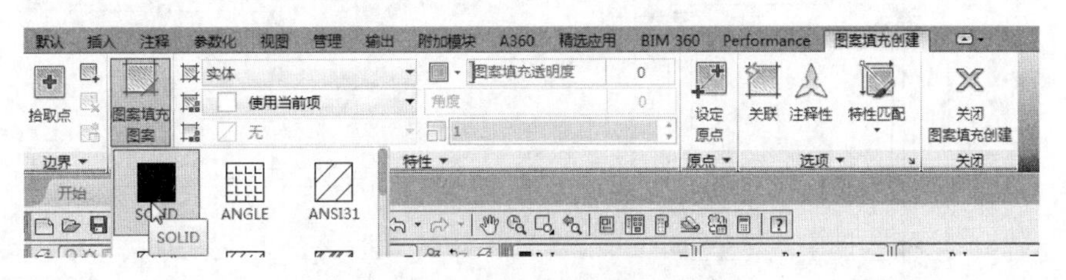

图12-10　“图案填充创建”选项卡

（4）单击“默认”选项卡“修改”面板中的“复制”按钮，将填充圆复制到图中其他位置处，完成柱子的绘制，如图12-12所示。

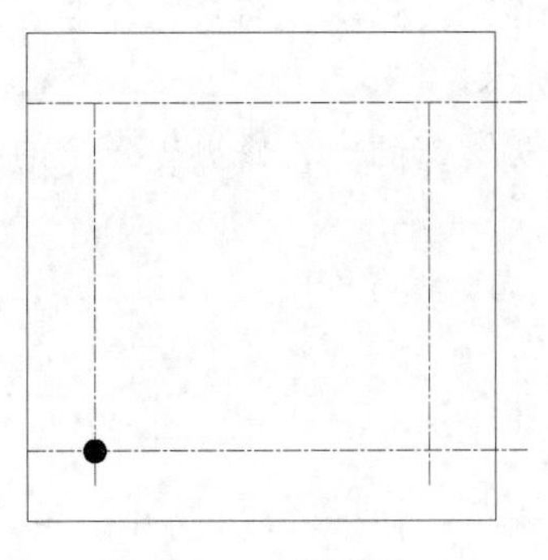

图12-11　填充圆

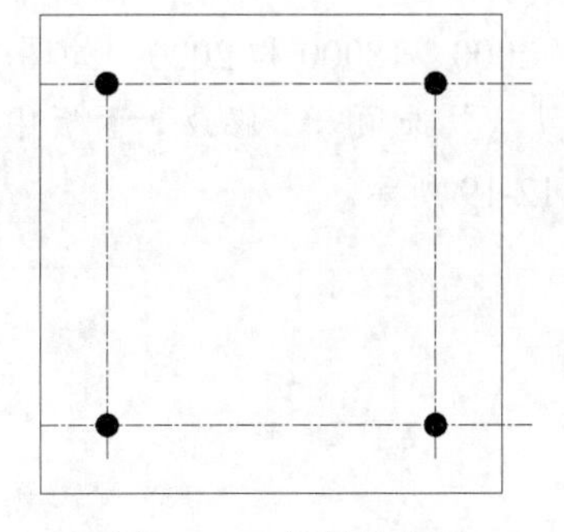

图12-12　复制填充圆

4. 绘制坐凳

（1）单击“默认”选项卡“修改”面板中的“偏移”按钮，将各个轴线分别向两侧偏移

3000，如图 12-13 所示。

（2）单击“默认”选项卡“绘图”面板中的“直线”按钮，在四个角点处绘制四条角度为 45°的斜线，如图 12-14 所示。

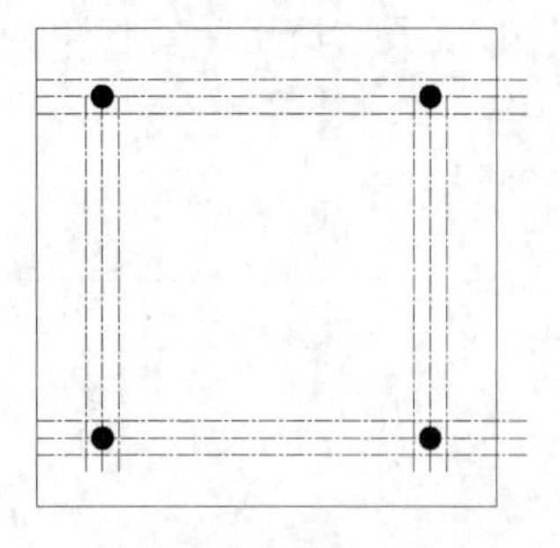

图 12-13 偏移轴线

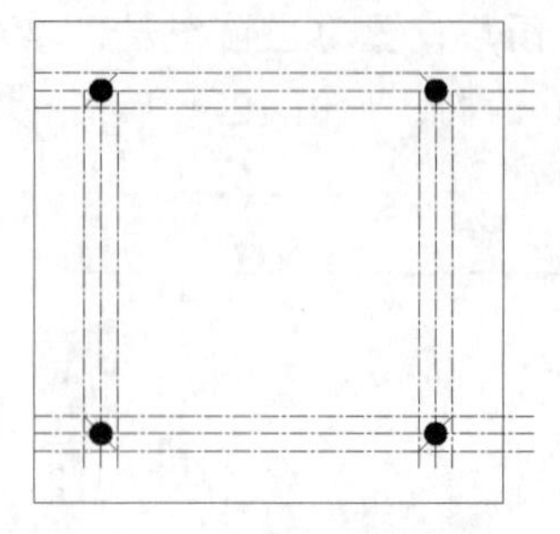

图 12-14 绘制四条斜线

（3）单击“默认”选项卡“修改”面板中的“修剪”按钮，修剪掉多余的线条，并修改线型，如图 12-15 所示。

（4）单击“默认”选项卡“修改”面板中的“偏移”按钮，将最上侧水平线段向下偏移，偏移距离为 27529、2000、2471、20000、2471 和 2000，如图 12-16 所示。

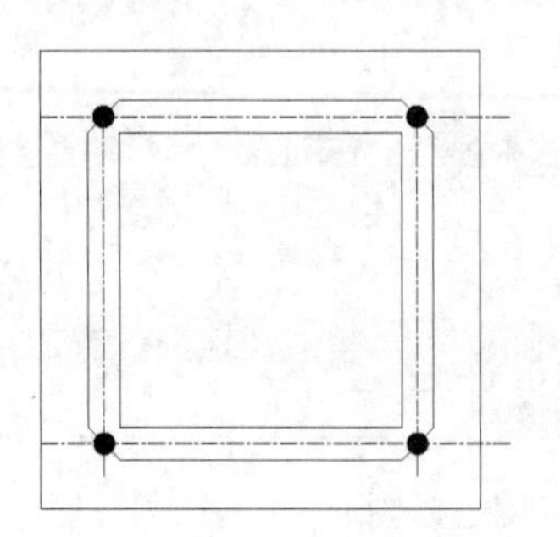

图 12-15 修剪掉多余的线条

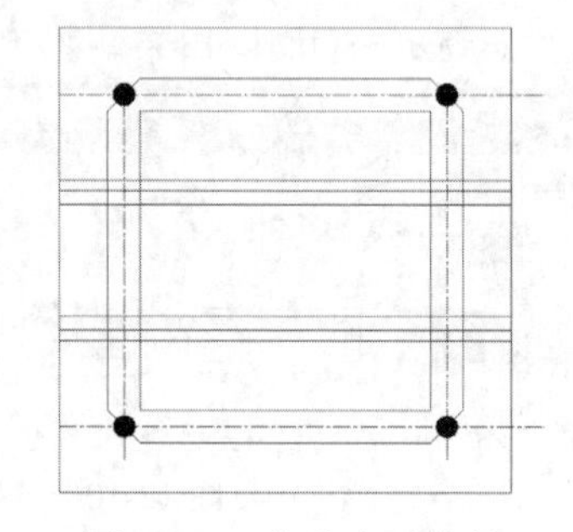

图 12-16 偏移水平线段

（5）单击“默认”选项卡“修改”面板中的“修剪”按钮，修剪掉多余的线条，如图 12-17 所示。

（6）单击“默认”选项卡“修改”面板中的“偏移”按钮，将最左侧竖直线段向右偏移，偏移距离为 30987、2000、18000 和 2000，如图 12-18 所示。

（7）单击“默认”选项卡“修改”面板中的“修剪”按钮，修剪掉多余的线条，最终完成坐凳的绘制，如图 12-19 所示。

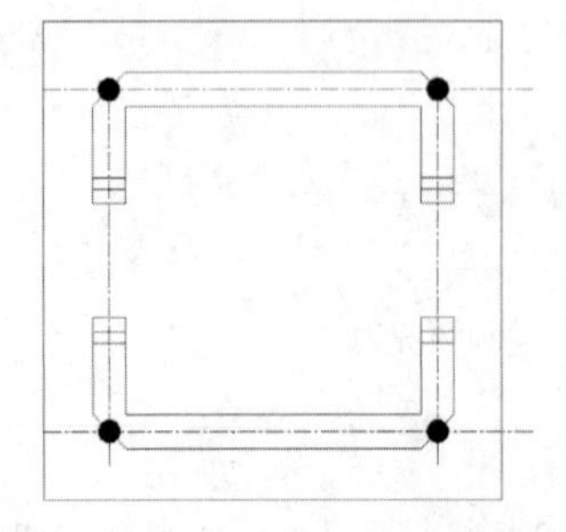

图 12-17 修剪掉多余的线条

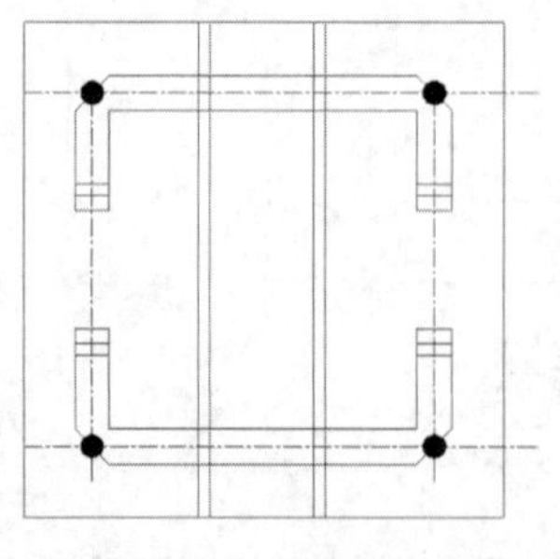

图 12-18 偏移竖直线段

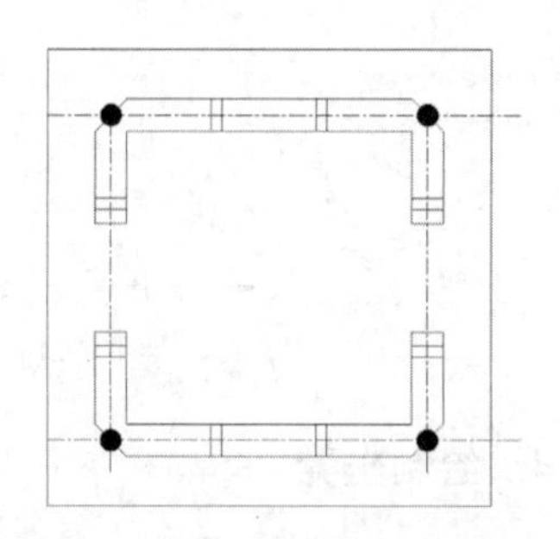

图 12-19 修剪掉多余的线条

5. 标注尺寸和文字

（1）将标注图层设置为当前图层，单击“默认”选项卡“注释”面板中的“标注样式”按钮，打开“标注样式管理器”对话框，如图12-20所示。单击“新建”按钮，在弹出的“创建新标注样式”对话框中输入新建样式名，然后单击“继续”按钮设置新的标注样式。

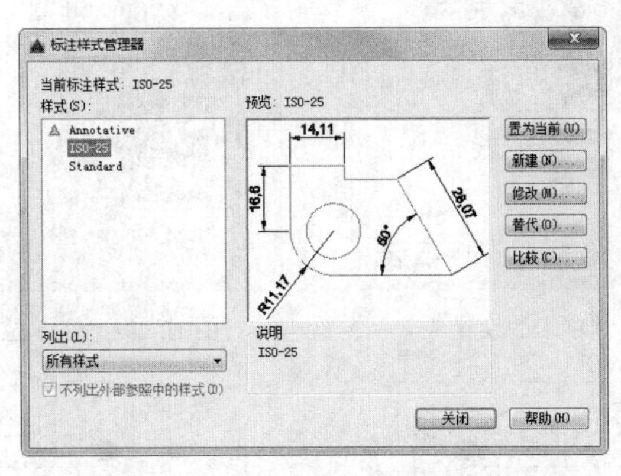

图12-20 “标注样式管理器”对话框

设置新标注样式时，根据绘图比例，对“线”“符号和箭头”“文字”和“主单位”选项卡进行设置，具体如下。

① 线：“超出尺寸线”为1000，“起点偏移量”为1000，如图12-21所示。

② 符号和箭头：“第一个”选择“建筑标记”，“箭头大小”为1000，如图12-22所示。

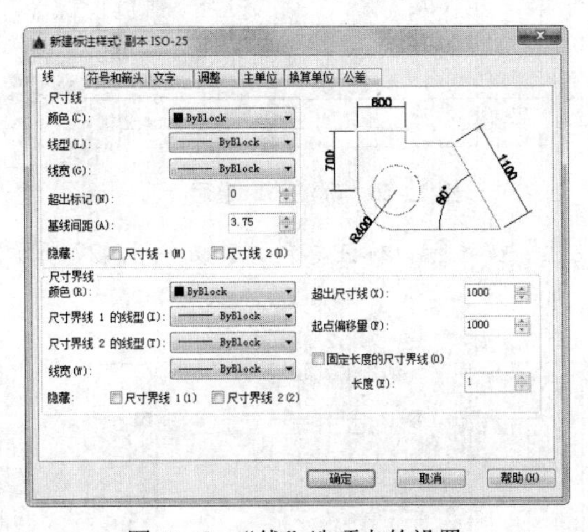

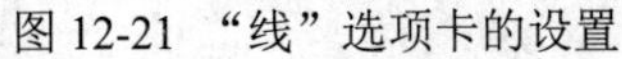
图12-21 “线”选项卡的设置

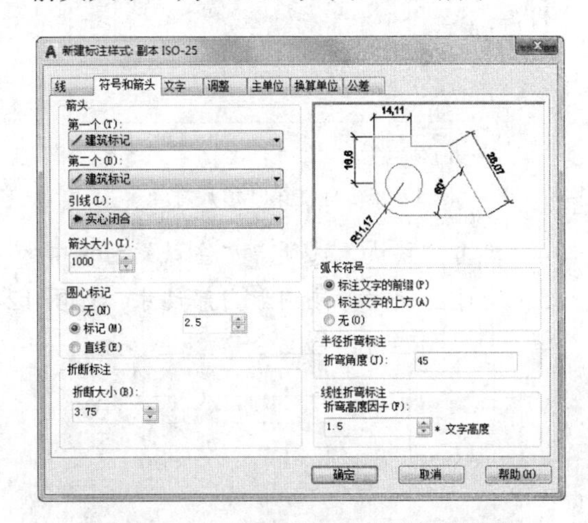

图12-22 “符号和箭头”选项卡设置

③ 文字：“文字高度”为2000，在“文字位置”选项组的“垂直”下拉列表框中选择“上”，“文字对齐”为“与尺寸线对齐”，如图12-23所示。

④ 主单位：“精度”为0，“舍入”为100，“比例因子”为0.05，如图12-24所示。

（2）单击“默认”选项卡“注释”面板中的“线性”按钮和“连续”按钮，标注第一道尺寸，如图12-25所示。

（3）同理，标注第二道尺寸，如图12-26所示。

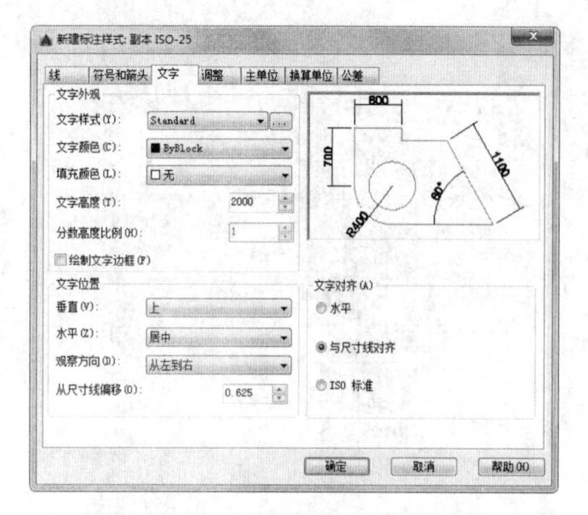

图 12-23 “文字”选项卡的设置

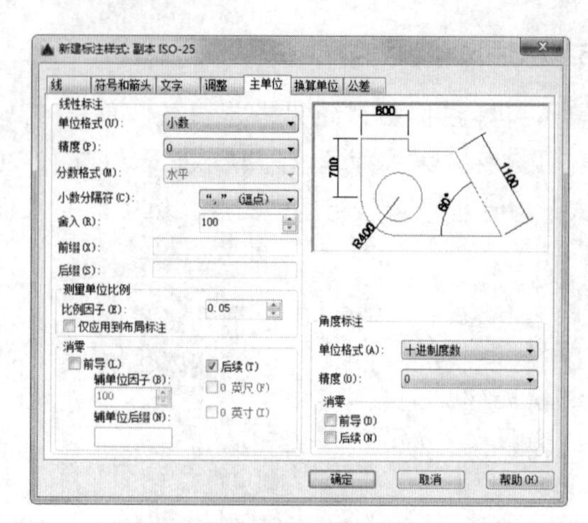

图 12-24 “主单位”选项卡的设置

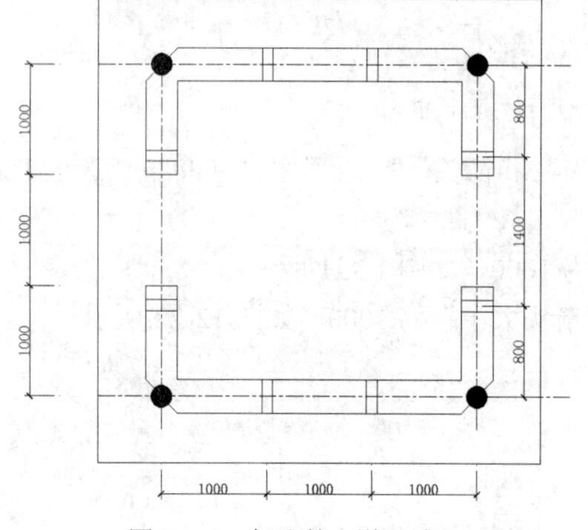

图 12-25 标注第一道尺寸

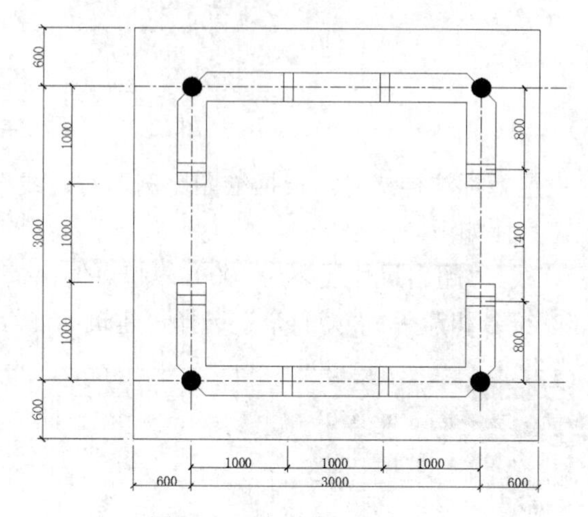

图 12-26 标注第二道尺寸

（4）单击“默认”选项卡“注释”面板中的“线性”按钮，标注总尺寸，如图 12-27 所示。

（5）同理，最后标注图形内部尺寸，如图 12-28 所示。

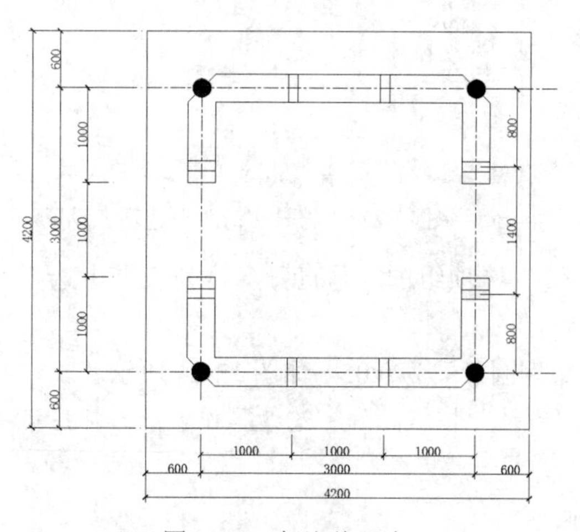

图 12-27 标注总尺寸

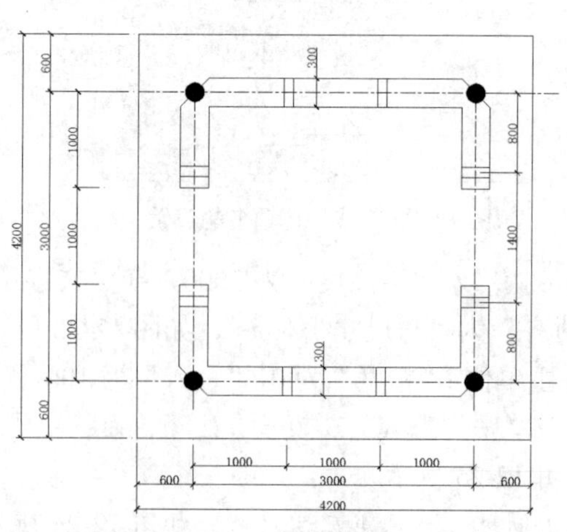

图 12-28 标注内部尺寸

（6）单击“默认”选项卡“绘图”面板中的“直线”按钮，标注标高符号，如图 12-29 所示。

（7）单击“默认”选项卡“注释”面板中的“多行文字”按钮，输入标高数值，如图 12-30 所示。

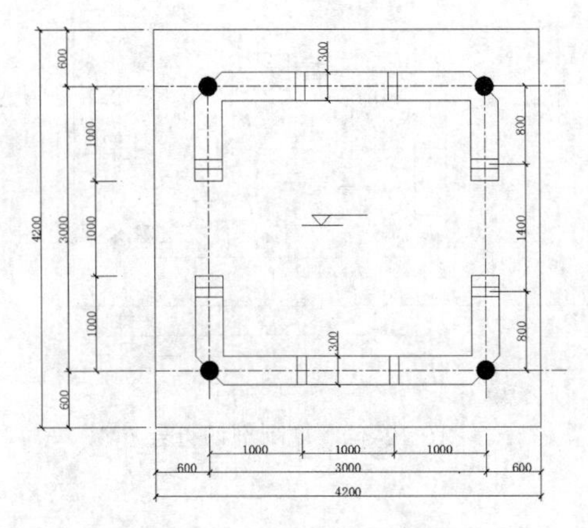

图 12-29　标注标高符号

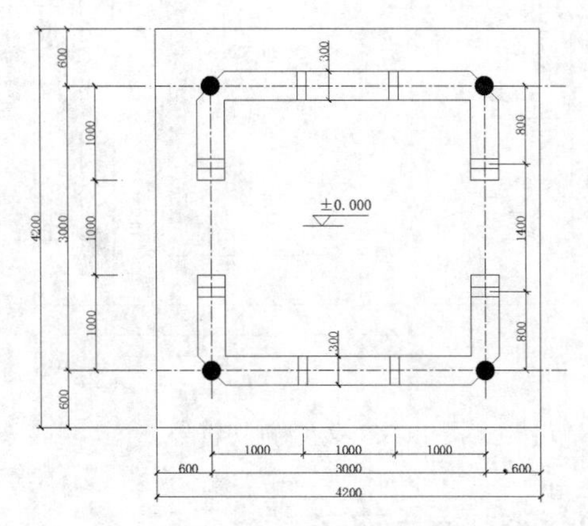

图 12-30　输入标高数值

（8）单击“默认”选项卡“绘图”面板中的“直线”按钮，在图中引出标注线，如图 12-31 所示。

（9）单击“默认”选项卡“注释”面板中的“多行文字”按钮，在标注线上方标注文字，如图 12-32 所示。

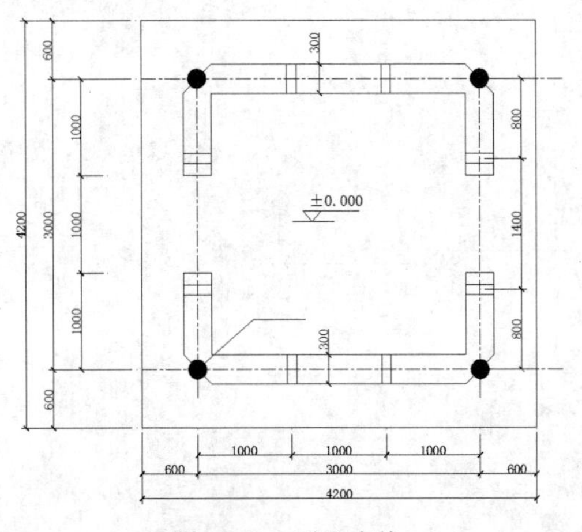

图 12-31　引出直线

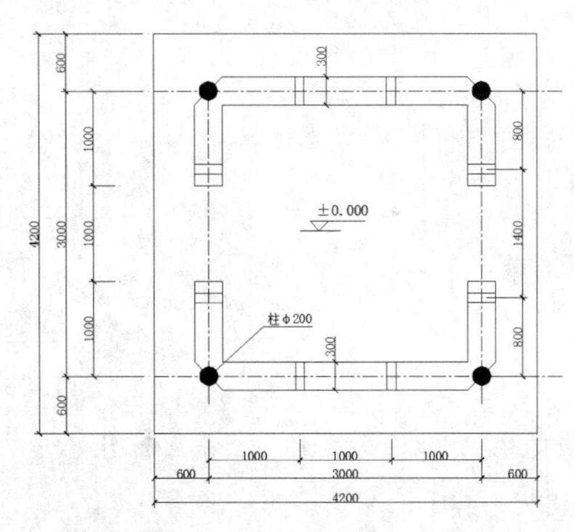

图 12-32　标注文字

（10）单击“默认”选项卡“绘图”面板中的“多段线”按钮和“注释”面板中的“多行文字”按钮，绘制剖切符号，如图 12-33 所示。

（11）单击“默认”选项卡“修改”面板中的“复制”按钮，将剖切符号复制到另外一侧，如图 12-34 所示。

（12）单击“默认”选项卡“绘图”面板中的“直线”按钮、“多段线”按钮和“注释”面板中的“多行文字”按钮，标注图名，结果如图 12-1 所示。

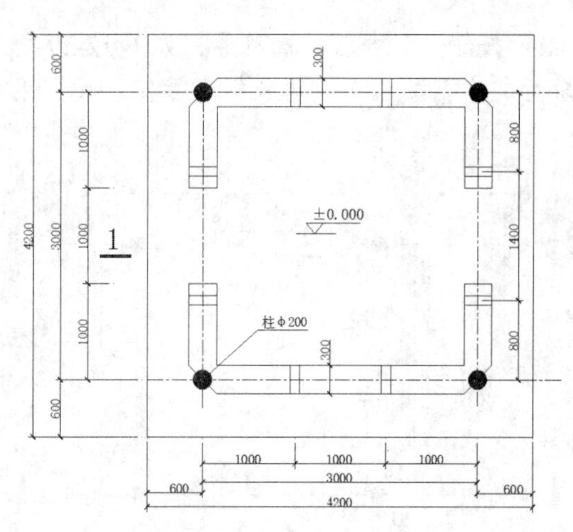

图 12-33　绘制剖切符号

图 12-34　复制剖切符号

扫一扫，看视频

12.2.3　绘制亭立面图

本节绘制如图 12-35 所示的亭立面图。

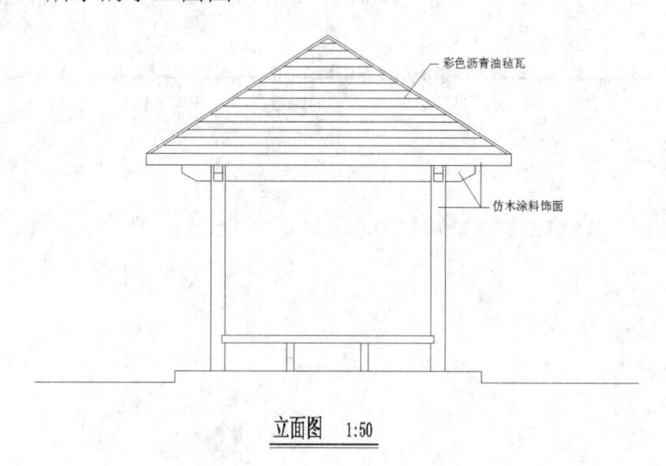

图 12-35　亭立面图

源文件：源文件 \ 第 12 章 \ 亭立面图 .dwg

【操作步骤】

1. 绘制圆柱立面和坐凳

（1）单击“默认”选项卡“绘图”面板中的“直线”按钮，绘制地坪线，如图 12-36 所示。

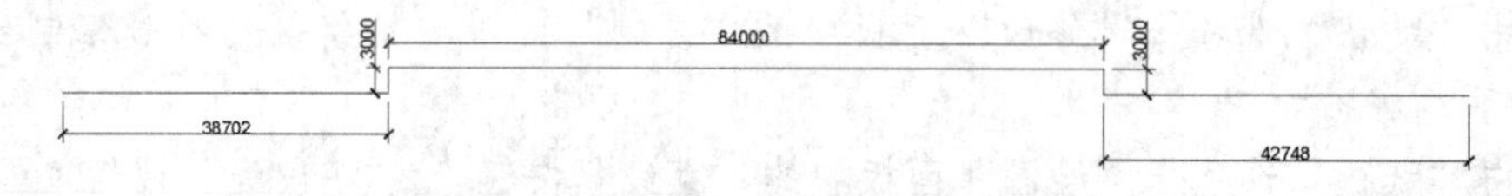

图 12-36　绘制地坪线

（2）单击“默认”选项卡“修改”面板中的“偏移”按钮，将左侧的竖直短线向右偏移为

10000，如图 12-37 所示。

（3）单击“默认”选项卡“绘图”面板中的“直线”按钮╱，以偏移后的短线上端点为起点，绘制一条长为 52000 的竖向线段，如图 12-38 所示。

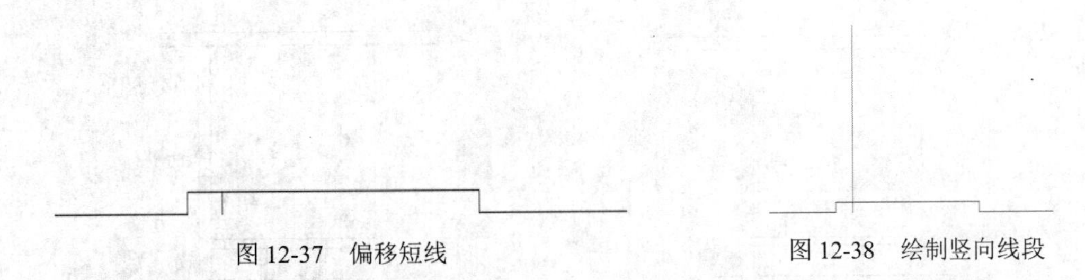

图 12-37　偏移短线　　　　图 12-38　绘制竖向线段

（4）单击“默认”选项卡“修改”面板中的“删除”按钮，将偏移的短线删除，如图 12-39 所示。

（5）单击“默认”选项卡“修改”面板中的“偏移”按钮，将竖直线向右偏移为 3058、942、17000、2000、18000、2000、17000、942 和 3058，如图 12-40 所示。

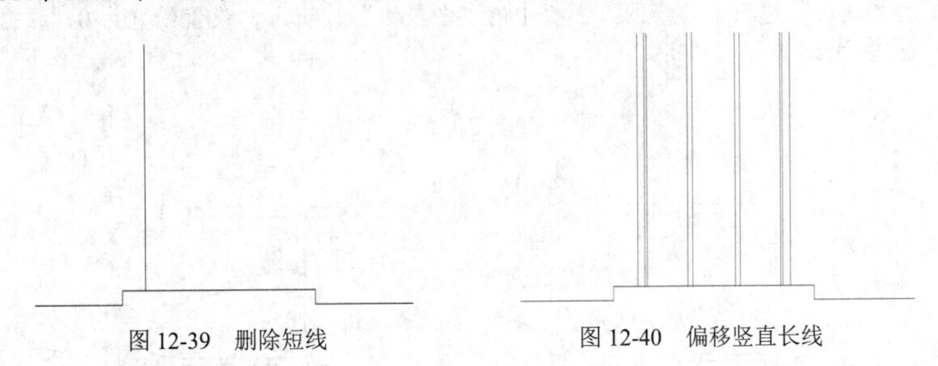

图 12-39　删除短线　　　　图 12-40　偏移竖直长线

（6）同理，继续单击“默认”选项卡“修改”面板中的“偏移”按钮，将最上侧水平线段向上偏移为 7000 和 2000，如图 12-41 所示。

（7）单击“默认”选项卡“修改”面板中的“修剪”按钮，修剪掉多余的线条，如图 12-42 所示。

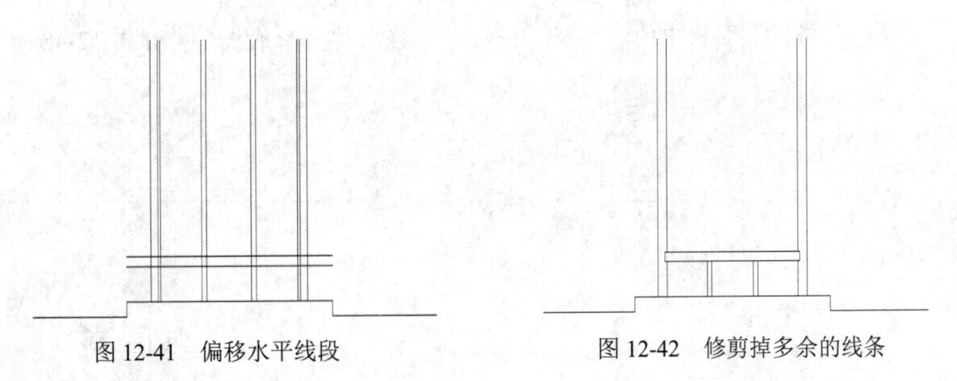

图 12-41　偏移水平线段　　　　图 12-42　修剪掉多余的线条

2. 绘制亭顶轮廓线

（1）单击“默认”选项卡“绘图”面板中的“矩形”按钮，捕捉左侧竖直长线的端点为起点，绘制一个 100000×3000 的矩形，如图 12-43 所示。

（2）单击“默认”选项卡“修改”面板中的“移动”按钮，将矩形向左水平移动 18000，如图 12-44 所示。

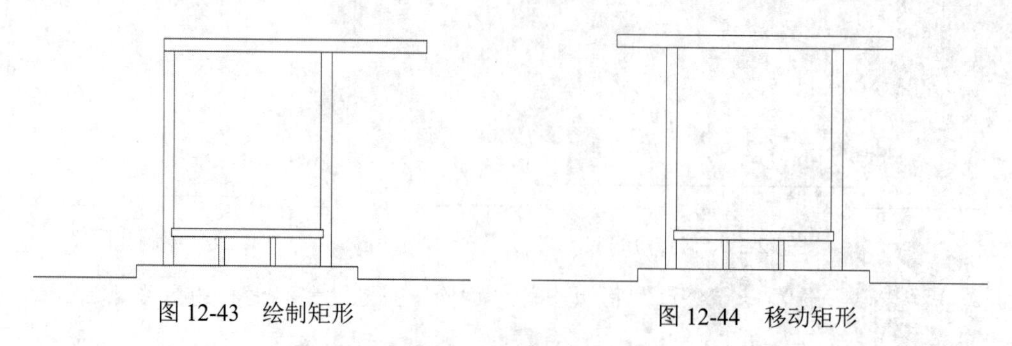

图 12-43　绘制矩形　　图 12-44　移动矩形

（3）单击“默认”选项卡“绘图”面板中的“直线”按钮，捕捉矩形上侧长边中点为起点，竖直向上绘制长为 30000 的线段，作为辅助线，如图 12-45 所示。

（4）单击“默认”选项卡“绘图”面板中的“多段线”按钮，设置线宽为 0，根据辅助线绘制屋脊线，如图 12-46 所示。

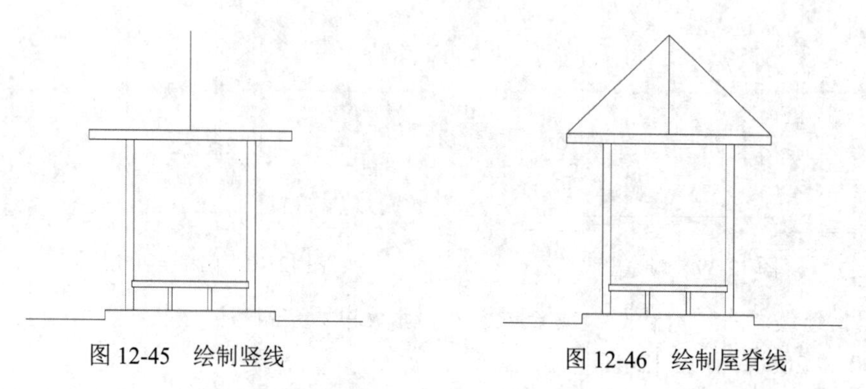

图 12-45　绘制竖线　　图 12-46　绘制屋脊线

（5）单击“默认”选项卡“修改”面板中的“删除”按钮，删除辅助线，如图 12-47 所示。

（6）单击“默认”选项卡“修改”面板中的“偏移”按钮，将屋脊线向内偏移 600；然后单击“默认”选项卡“修改”面板中的“修剪”按钮，修剪掉多余的线条，如图 12-48 所示。

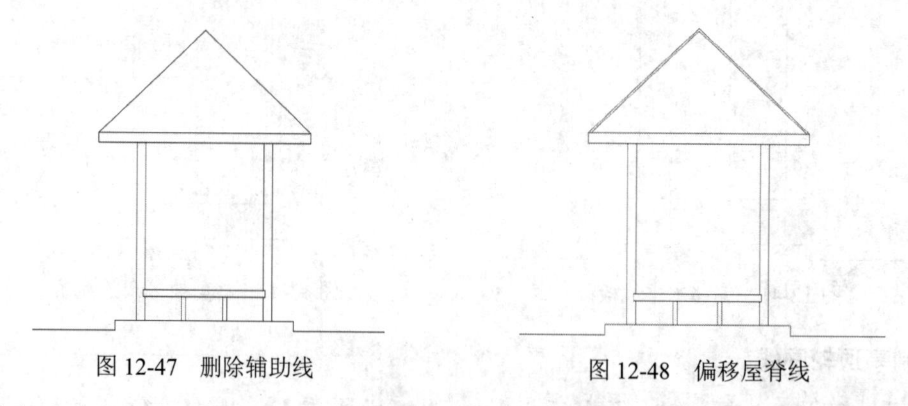

图 12-47　删除辅助线　　图 12-48　偏移屋脊线

（7）单击“默认”选项卡“绘图”面板中的“直线”按钮，细化亭顶，如图 12-49 所示。

3. 屋面和挂落

（1）单击“默认”选项卡“修改”面板中的“分解”按钮，将亭顶处的矩形进行分解。

（2）单击“默认”选项卡“修改”面板中的“偏移”按钮，将分解后的矩形下侧边向下偏移4000，如图12-50所示。

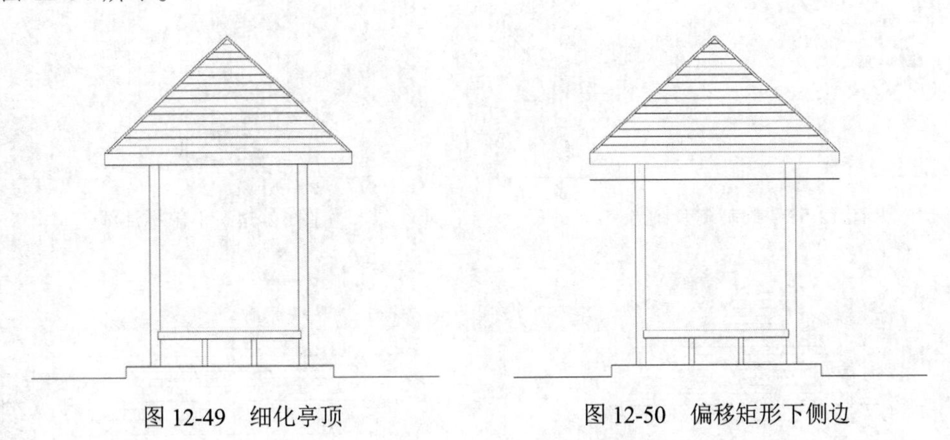

图12-49 细化亭顶　　　图12-50 偏移矩形下侧边

（3）单击“默认”选项卡“修改”面板中的“修剪”按钮，修剪掉多余的线条，如图12-51所示。

（4）单击“默认”选项卡“绘图”面板中的“直线”按钮，绘制挂落，如图12-52所示。

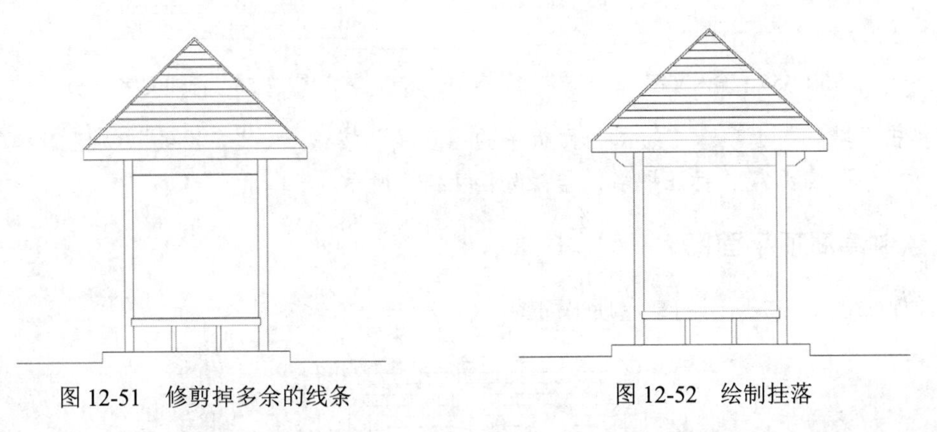

图12-51 修剪掉多余的线条　　　图12-52 绘制挂落

（5）单击“默认”选项卡“绘图”面板中的“直线”按钮和“矩形”按钮，绘制剩余图形，如图12-53所示。

4. 标注文字

（1）单击“默认”选项卡“绘图”面板中的“直线”按钮，在图中引出标注线，如图12-54所示。

（2）单击“默认”选项卡“注释”面板中的“多行文字”按钮A，在标注线右侧输入文字，如图12-55所示。

（3）同理，标注其他位置处的文字说明，也可以利用“复制”命令，将上步输入的文字进行复制，然后双击文字修改文字内容，方便文字格式的统一，结果如图12-56所示。

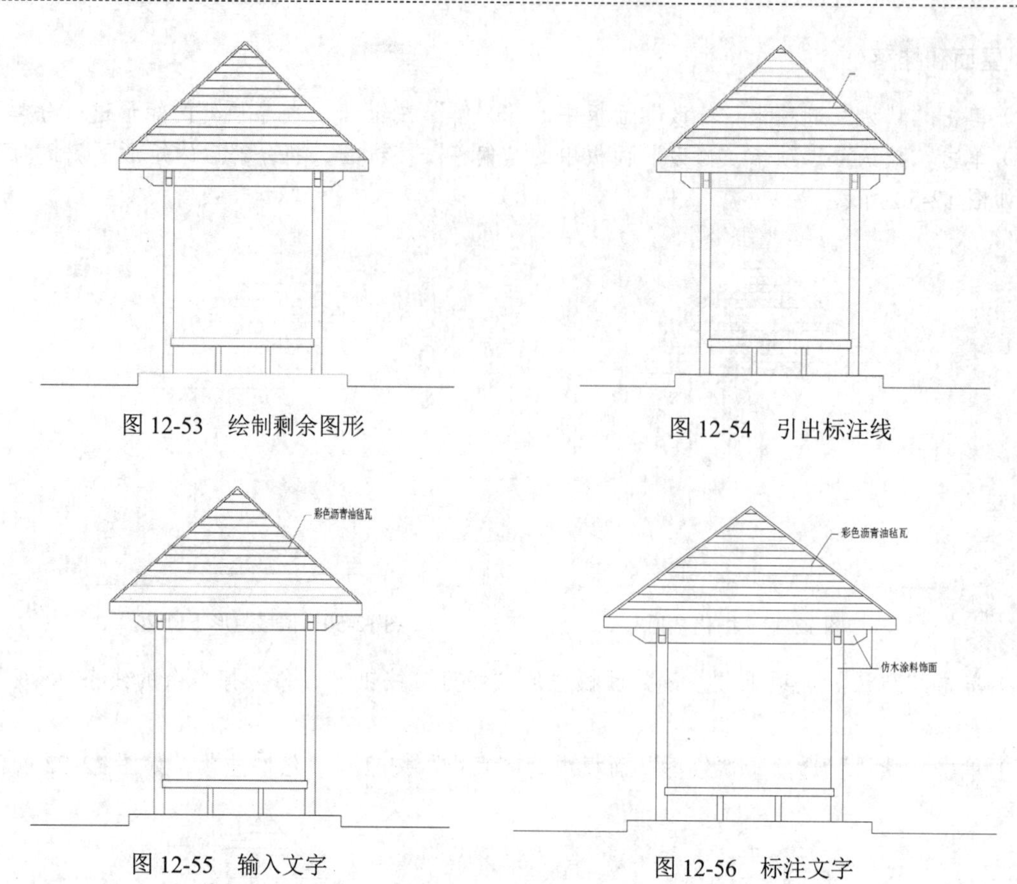

图 12-53　绘制剩余图形　　图 12-54　引出标注线

图 12-55　输入文字　　图 12-56　标注文字

（4）单击“默认”选项卡“绘图”面板中的“直线”按钮、“多段线”按钮和“注释”面板中“多行文字”按钮，标注图名，结果如图 12-35 所示。

扫一扫，看视频

12.2.4　绘制亭屋顶平面图

本节绘制如图 12-57 所示的亭屋顶平面图。

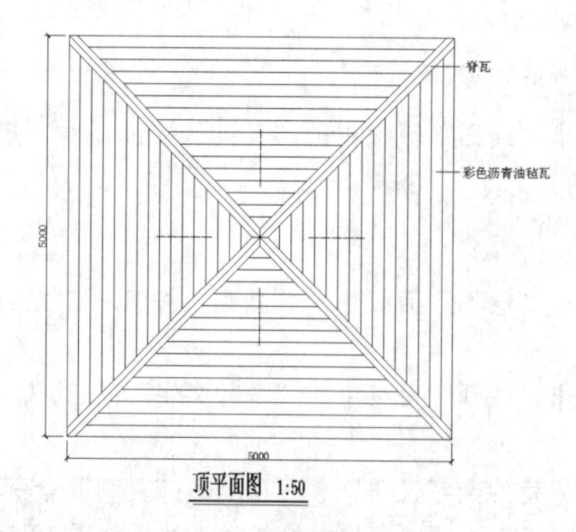

图 12-57　亭屋顶平面图

源文件：源文件\第 12 章\亭屋顶平面图 .dwg

【操作步骤】

（1）单击“默认”选项卡“绘图”面板中的“矩形”按钮，绘制一个 100000×100000 的矩形，如图 12-58 所示。

（2）单击“默认”选项卡“绘图”面板中的“直线”按钮，在矩形内绘制两条相交的斜线，如图 12-59 所示。

图 12-58　绘制矩形

图 12-59　绘制斜线

（3）单击“默认”选项卡“修改”面板中的“偏移”按钮，将两条斜线分别向两侧偏移，偏移距离为 1500，如图 12-60 所示。

（4）单击“默认”选项卡“修改”面板中的“修剪”按钮，修剪掉多余的线条，如图 12-61 所示。

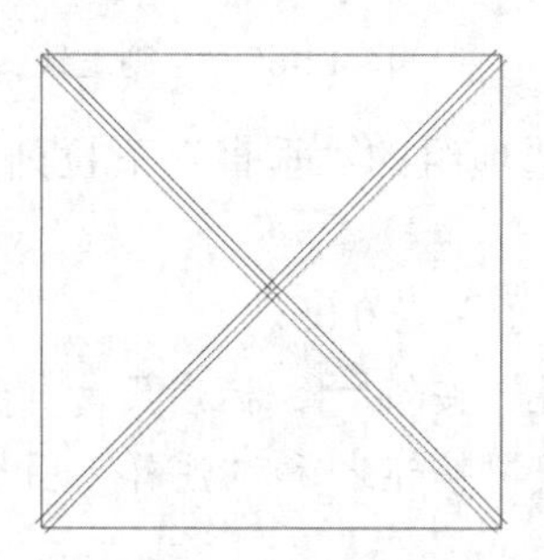

图 12-60　偏移斜线

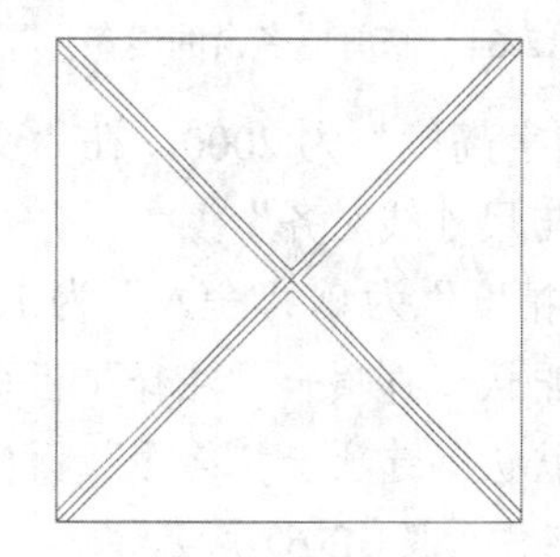

图 12-61　修剪掉多余的线条

（5）单击“默认”选项卡“绘图”面板中的“直线”按钮，在图形的中间位置处，绘制两条互相垂直的线条，如图 12-62 所示。

（6）单击“默认”选项卡“修改”面板中的“偏移”按钮，将矩形向内偏移，偏移距离为 2879、3000、3000、3000、3000、3000、3000、3000、3000、3000、3000、3000、3000、3000 和 3000，如图 12-63 所示。

（7）单击“默认”选项卡“修改”面板中的“修剪”按钮，修剪掉多余的线条，如图 12-64 所示。

（8）单击“默认”选项卡“绘图”面板中的“直线”按钮，绘制四条虚线，如图 12-65 所示。

（9）按照亭平面图中的标注样式进行设置，具体如下。

① 线：“超出尺寸线”为 1000，“起点偏移量”为 1000。

② 符号和箭头：“第一个”选择“建筑标记”，“箭头大小”为 1000。

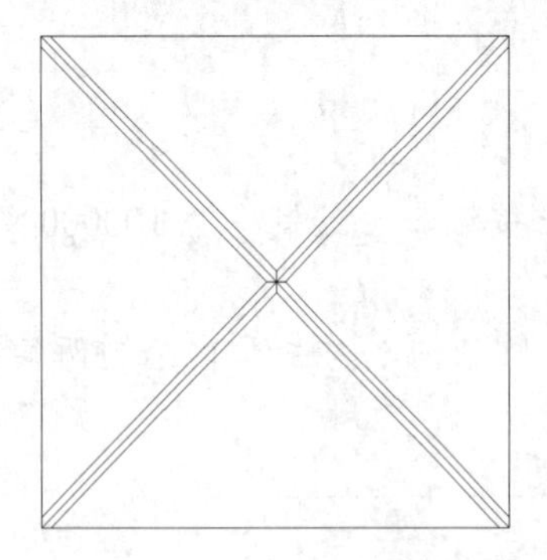

图 12-62　绘制互相垂直的直线

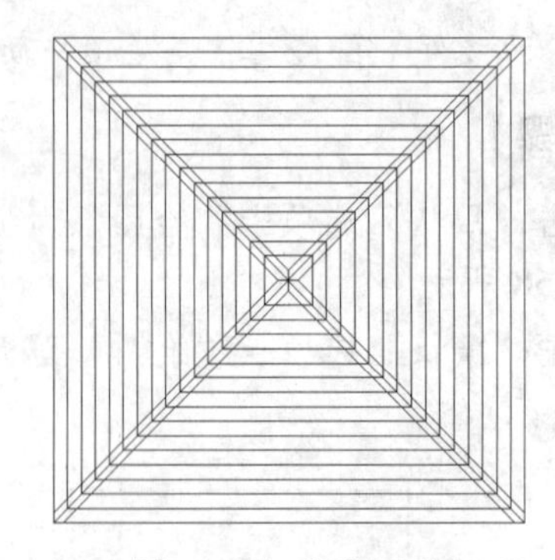

图 12-63　偏移矩形

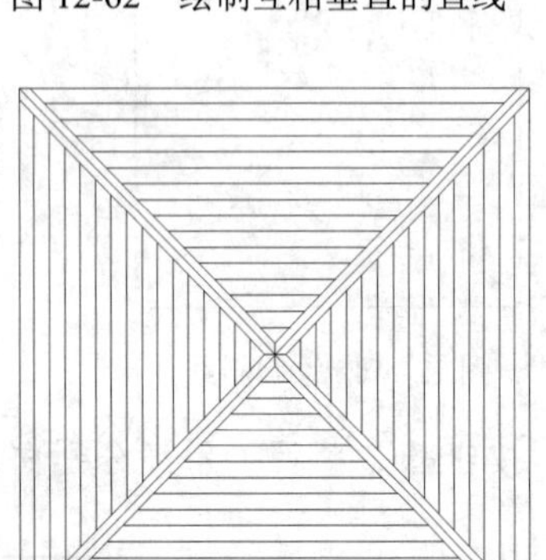

图 12-64　修剪掉多余的线条

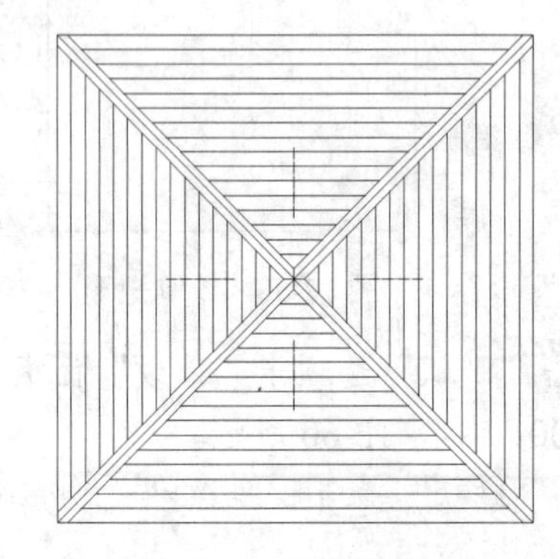

图 12-65　绘制虚线

③ 文字："文字高度"为 2000，在"文字位置"选项组的"垂直"下拉列表框中选择"上"，"文字对齐"为"与尺寸线对齐"。

④ 主单位："精度"为 0，"舍入"为 100，"比例因子"为 0.05。

（10）单击"默认"选项卡"注释"面板中的"线性"按钮，标注尺寸，如图 12-66 所示。

（11）单击"默认"选项卡"绘图"面板中的"直线"按钮和"注释"面板中的"多行文字"按钮，标注文字，如图 12-67 所示。

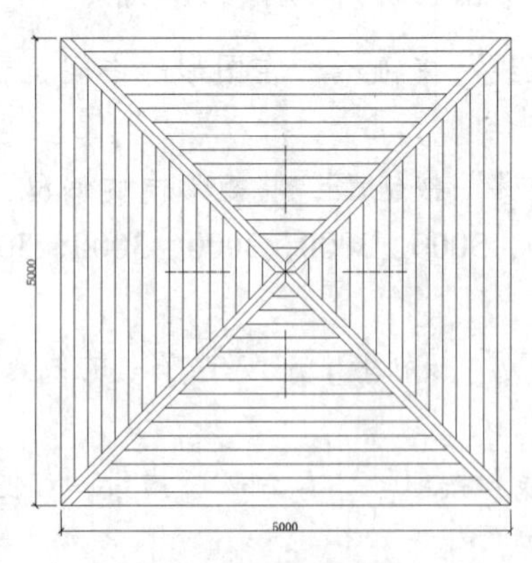

图 12-66　标注尺寸

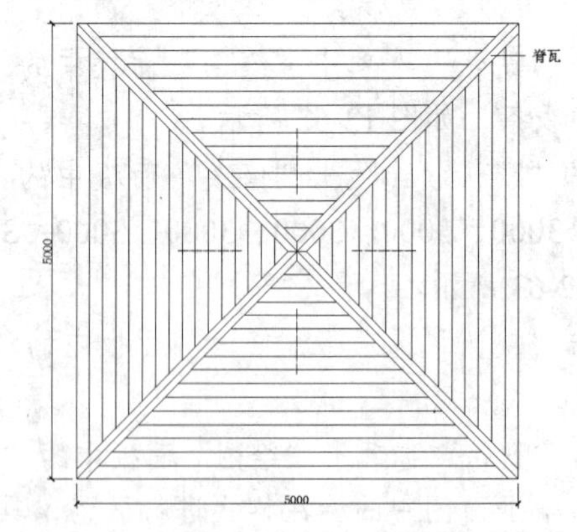

图 12-67　标注文字

（12）单击"默认"选项卡"修改"面板中的"复制"按钮，将上步标注的文字复制到其他位置处，然后双击文字，修改文字内容，完成其他位置处文字的标注说明，以便文字格式的统一，结果如图 12-68 所示。

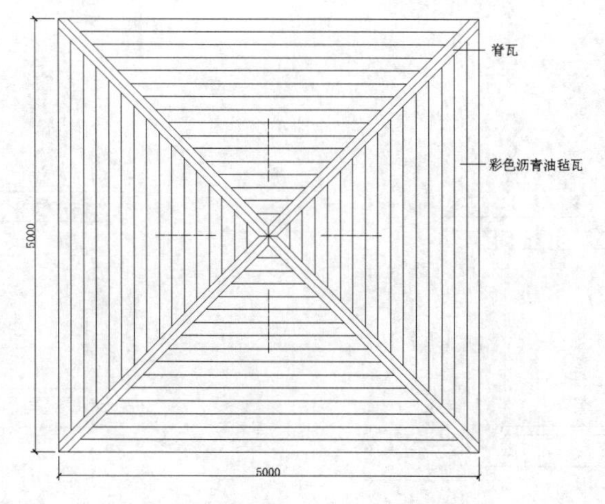

图 12-68　复制文字

（13）单击“默认”选项卡“绘图”面板中的“直线”按钮、“多段线”按钮和“注释”面板中“多行文字”按钮，标注图名，结果如图 12-57 所示。

扫一扫，看视频

12.2.5　绘制 1-1 剖面图

本节绘制如图 12-69 所示的 1-1 剖面图。

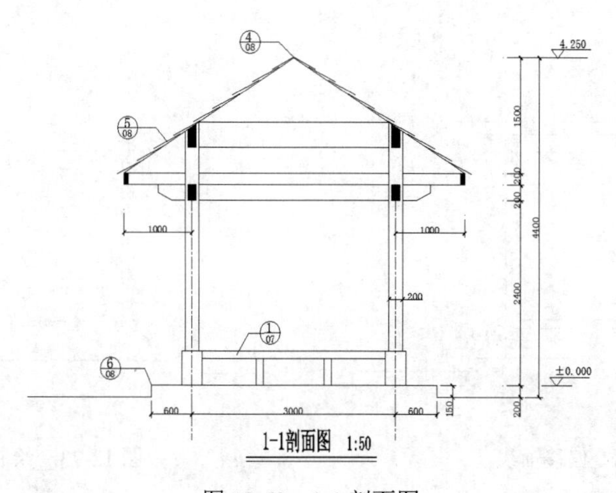

图 12-69　1-1 剖面图

源文件：源文件 \ 第 12 章 \1-1 剖面图 .dwg

【操作步骤】

（1）单击快速访问工具栏中的“打开”按钮，将亭立面图打开，然后将其另存为“1-1 剖面图”。

（2）单击“默认”选项卡“修改”面板中的“删除”按钮和“修剪”按钮，删除多余的图形，并进行整理，如图 12-70 所示。

（3）单击“默认”选项卡“绘图”面板中的“直线”按钮，在图中绘制轴线，如图 12-71 所示。

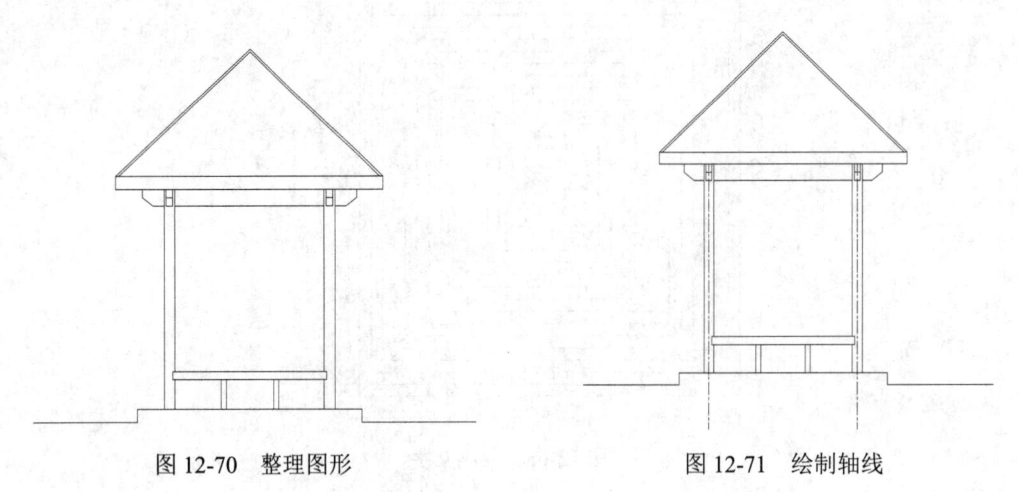

图 12-70　整理图形　　　图 12-71　绘制轴线

（4）单击“默认”选项卡“修改”面板中的“偏移”按钮，将轴线分别向两侧偏移 3000，如图 12-72 所示。

（5）单击“默认”选项卡“修改”面板中的“修剪”按钮和“延伸”按钮，绘制底柱，如图 12-73 所示。

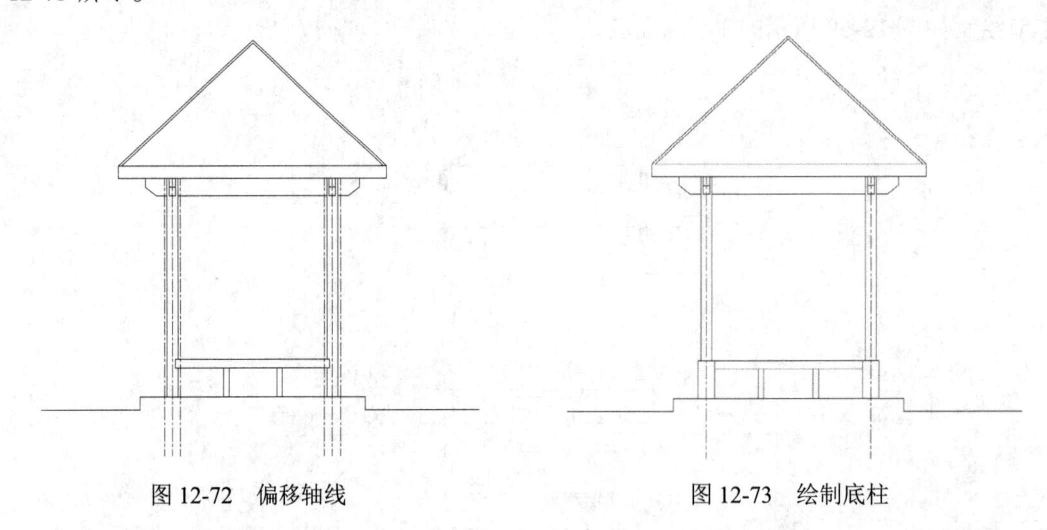

图 12-72　偏移轴线　　　图 12-73　绘制底柱

（6）单击“默认”选项卡“修改”面板中的“延伸”按钮，将柱子延伸到亭顶，如图 12-74 所示。

（7）单击“默认”选项卡“修改”面板中的“修剪”按钮，修剪掉多余的线条，如图 12-75 所示。

（8）单击“默认”选项卡“绘图”面板中的“直线”按钮，以内部斜线端点处为起点，绘制两条较短的线段，然后单击“默认”选项卡“修改”面板中的“删除”按钮，将内部斜线删除，如图 12-76 所示。

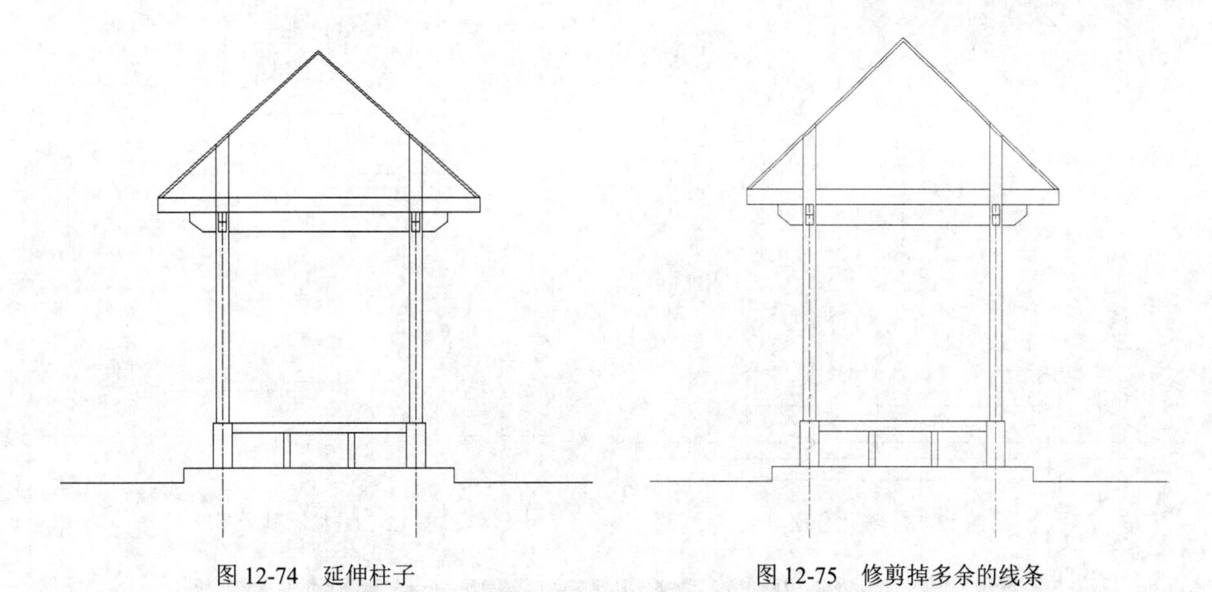

图 12-74 延伸柱子　　图 12-75 修剪掉多余的线条

（9）单击“默认”选项卡“修改”面板中的“偏移”按钮，将最上侧水平线段向上偏移，偏移距离为6600和6600，如图12-77所示。

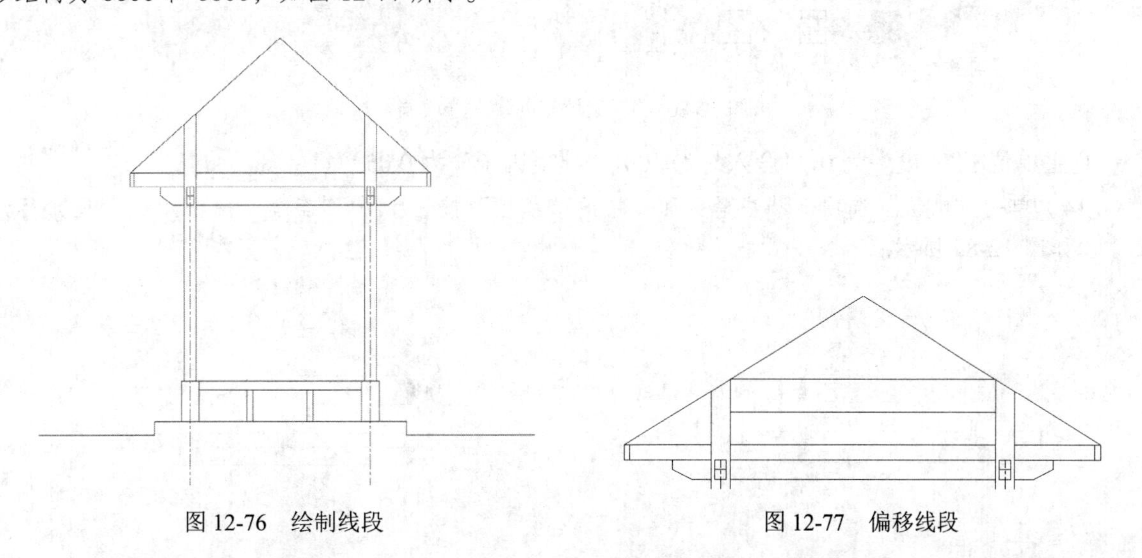

图 12-76 绘制线段　　图 12-77 偏移线段

（10）单击“默认”选项卡“绘图”面板中的“直线”按钮，细化亭顶，如图12-78所示。

（11）单击“默认”选项卡“绘图”面板中的“直线”按钮，绘制剩余图形，如图12-79所示。

（12）单击“默认”选项卡“绘图”面板中的“图案填充”按钮，打开“图案填充创建”选项卡，如图12-80所示，选择SOLID图案，指定将要填充的区域，填充结果如图12-81所示。

（13）按照亭平面图中的标注样式进行设置，具体如下。

① 线：“超出尺寸线”为1000，“起点偏移量”为1000。

② 符号和箭头：“第一个”选择“建筑标记”，“箭头大小”为1000。

③ 文字：“文字高度”为2000，在“文字位置”选项组的“垂直”下拉列表框中选择“上”，“文字对齐”为“与尺寸线对齐”。

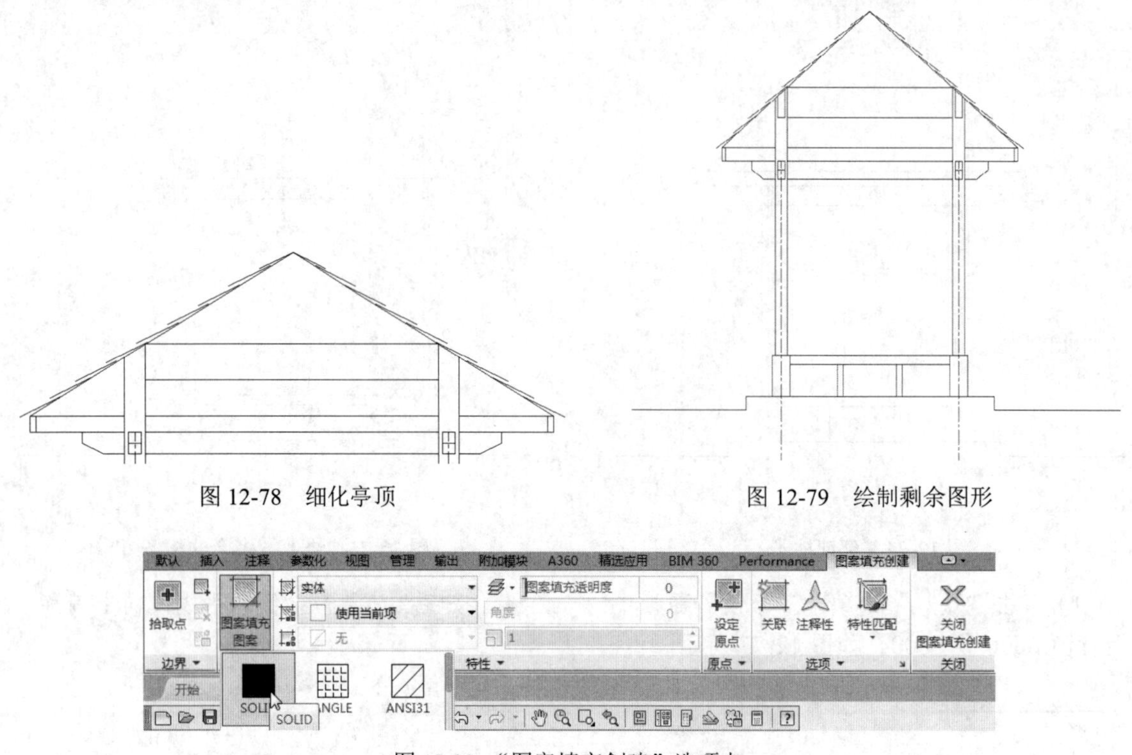

图 12-78　细化亭顶

图 12-79　绘制剩余图形

图 12-80 “图案填充创建”选项卡

④ 主单位：“精度”为 0，“舍入”为 100，“比例因子”为 0.05。

（14）单击“默认”选项卡“注释”面板中的“线性”按钮和“连续”按钮，为图形标注尺寸，如图 12-82 所示。

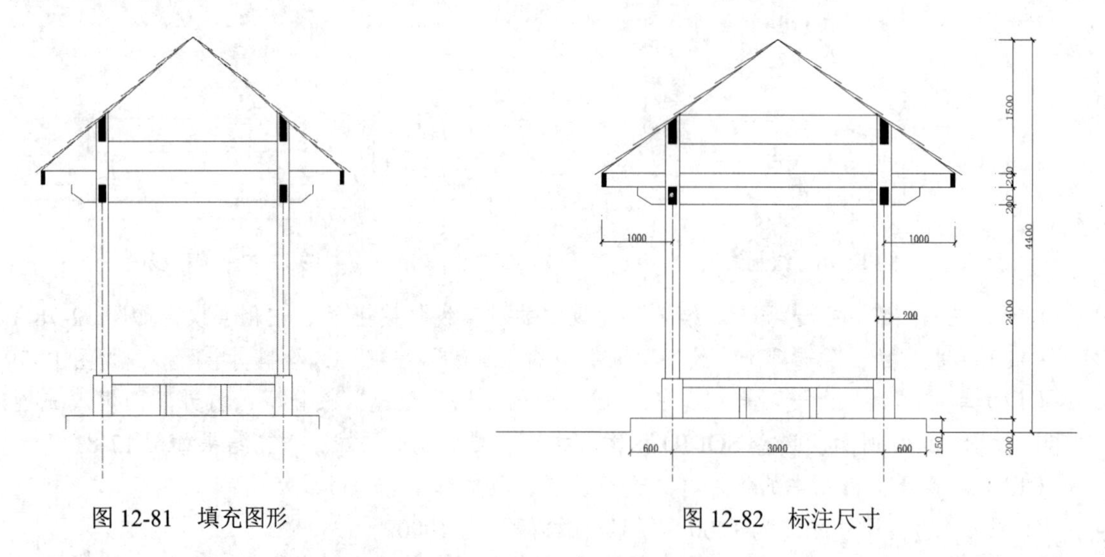

图 12-81　填充图形

图 12-82　标注尺寸

（15）单击“默认”选项卡“绘图”面板中的“直线”按钮，在图中绘制标高符号，如图 12-83 所示。

（16）单击“默认”选项卡“注释”面板中的“多行文字”按钮A，输入标高数值，如图 12-84 所示。

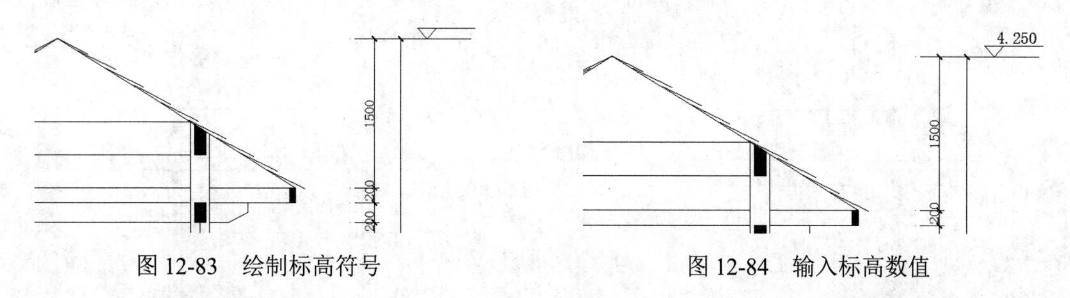

图 12-83　绘制标高符号　　　　图 12-84　输入标高数值

（17）单击“默认”选项卡“修改”面板中的“复制”按钮，将绘制的标高复制到图中其他位置处，然后双击标高数值，修改内容，完成其他位置处标高的绘制，如图 12-85 所示。

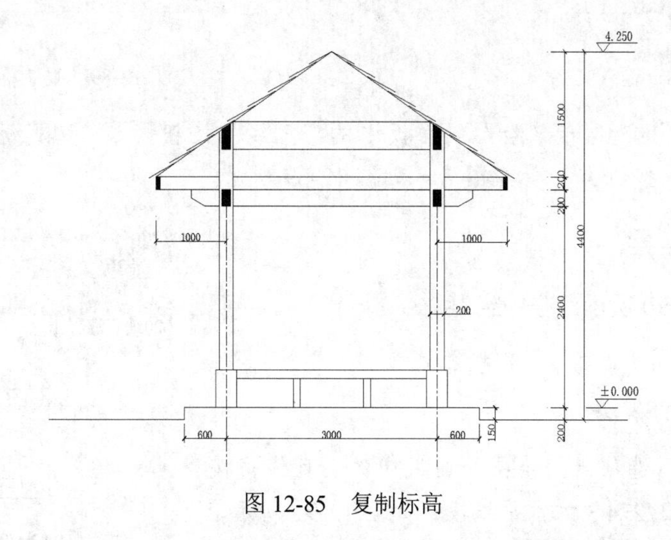

图 12-85　复制标高

（18）单击“默认”选项卡“绘图”面板中的“直线”按钮，在图中引出线段，如图 12-86 所示。

（19）单击“默认”选项卡“绘图”面板中的“圆”按钮，在线段处绘制一个圆，如图 12-87 所示。

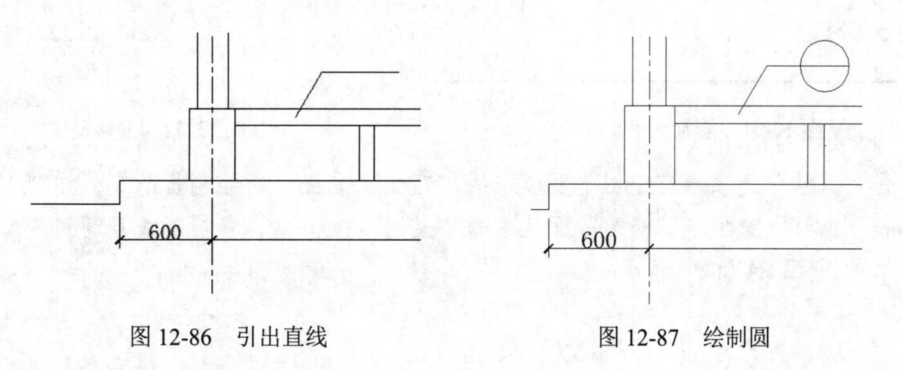

图 12-86　引出直线　　　　图 12-87　绘制圆

（20）单击“默认”选项卡“注释”面板中的“多行文字”按钮，在圆内输入文字，如图 12-88 所示。

（21）单击“默认”选项卡“修改”面板中的“复制”按钮，将标号复制到图中其他位置处，并修改内容，如图 12-89 所示。

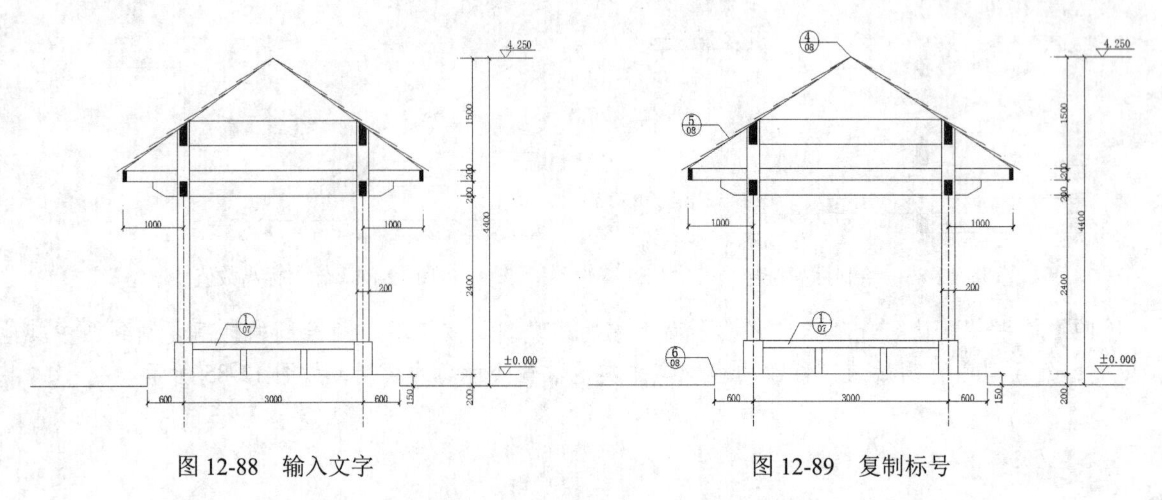

图 12-88　输入文字　　　　图 12-89　复制标号

（22）单击“默认”选项卡“绘图”面板中的“直线”按钮 、“多段线”按钮 和“注释”面板中的“多行文字”按钮 ，标注图名，如图 12-69 所示。

扫一扫，看视频

12.2.6　绘制亭中坐凳

本节绘制如图 12-90 所示的亭中坐凳。

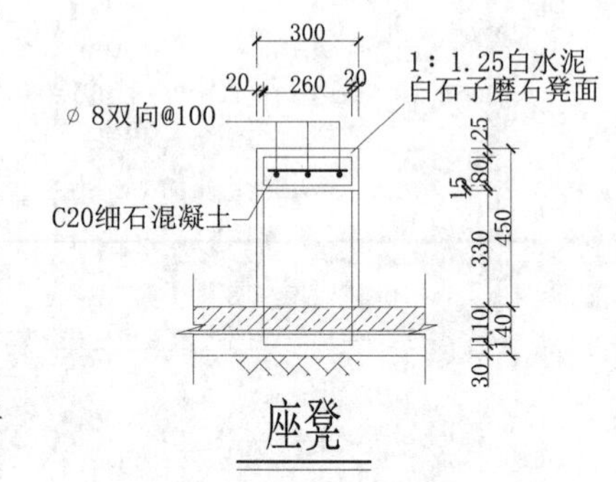

图 12-90　亭中坐凳

源文件：源文件 \ 第 12 章 \ 亭中坐凳 .dwg

【操作步骤】

（1）单击“默认”选项卡“绘图”面板中的“直线”按钮 ，绘制一条长为 27274.3 的水平线段，如图 12-91 所示。

（2）单击“默认”选项卡“修改”面板中的“偏移”按钮 ，将水平线段向上依次偏移为 2400、400 和 2800，如图 12-92 所示。

图 12-91　绘制水平直线　　　　图 12-92　偏移直线

（3）单击“默认”选项卡“绘图”面板中的“直线”按钮 ，绘制折断线，如图 12-93 所示。

（4）单击“默认”选项卡“修改”面板中的“复制”按钮 ，将折断线复制到另外一侧，并整理图形，结果如图 12-94 所示。

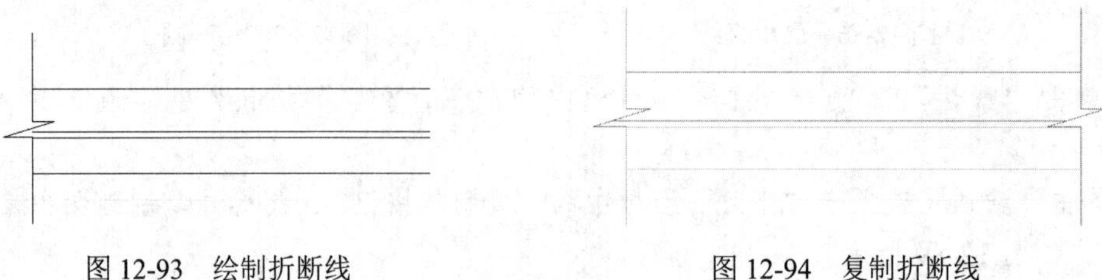

图 12-93　绘制折断线　　　　图 12-94　复制折断线

（5）单击“默认”选项卡“绘图”面板中的“直线”按钮，绘制基础结构图形，如图 12-95 所示。

（6）单击“默认”选项卡“绘图”面板中的“多段线”按钮，绘制钢筋，如图 12-96 所示。

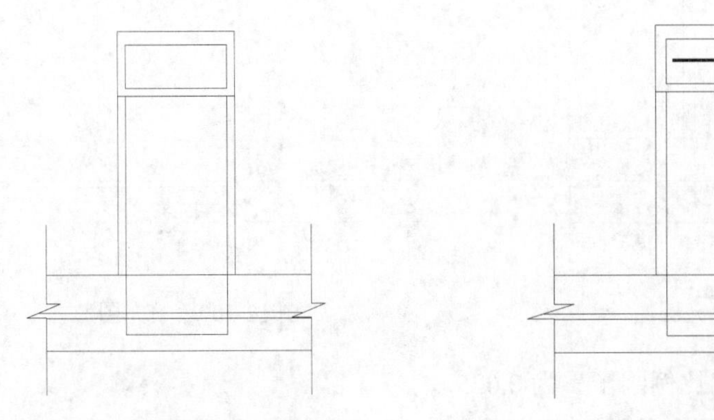

图 12-95 绘制基础结构图形　　图 12-96 绘制钢筋

（7）单击“默认”选项卡“绘图”面板中的“圆”按钮，绘制一个半径为 320 的圆，如图 12-97 所示。

（8）单击“默认”选项卡“绘图”面板中的“图案填充”按钮，填充圆，如图 12-98 所示。

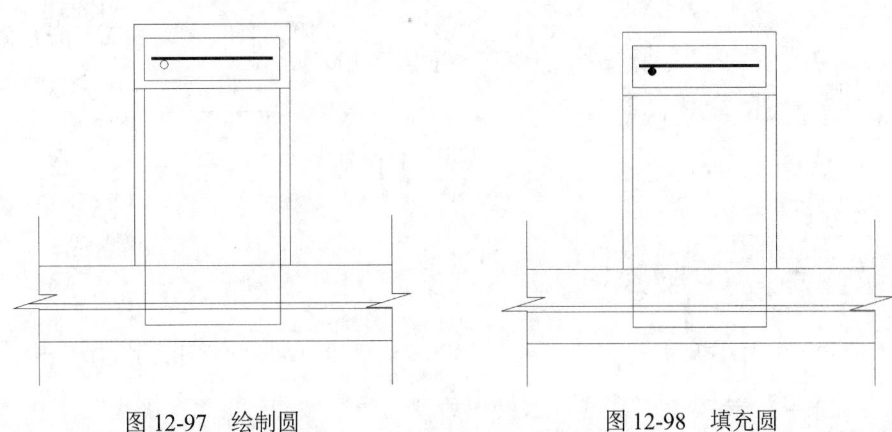

图 12-97 绘制圆　　图 12-98 填充圆

（9）单击“默认”选项卡“修改”面板中的“复制”按钮，将填充圆复制到图中其他位置处，完成配筋的绘制，如图 12-99 所示。

（10）单击“默认”选项卡“绘图”面板中的“图案填充”按钮，打开“图案填充创建”选项卡，选择图案 AR-SAND、ANSI33 和 AR-HBONE，分别设置填充比例，填充图形，结果如图 12-100 所示。

（11）按照亭平面图中的标注样式进行设置，具体如下。

① 线：“超出尺寸线”为 1000，“起点偏移量”为 1000。

② 符号和箭头：“第一个”为“用户箭头”，选择“建筑标记”，“箭头大小”为 1000。

③ 文字：“文字高度”为 2000，在“文字位置”选项组的“垂直”下拉列表框中选择“上”，“文字对齐”为“与尺寸线对齐”。

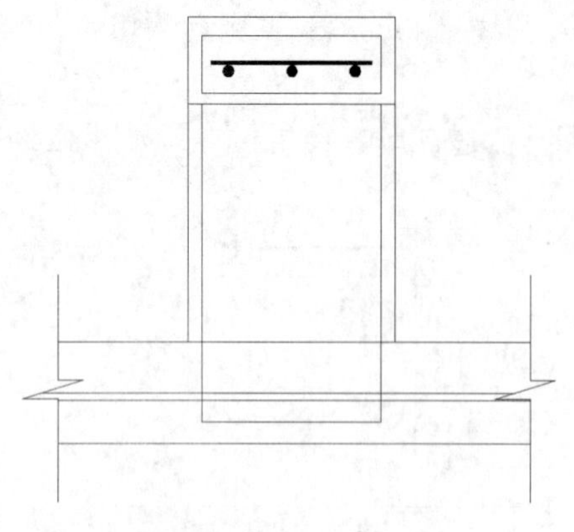

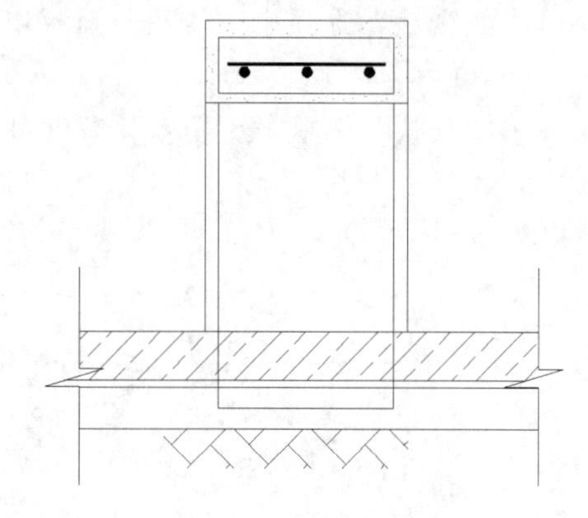

图 12-99　复制填充圆　　　　图 12-100　填充图形

④ 主单位："精度"为 0，"比例因子"为 0.025。

（12）单击"默认"选项卡"注释"面板中的"线性"按钮，标注尺寸，如图 12-101 所示。

（13）单击"默认"选项卡"绘图"面板中的"直线"按钮和"注释"面板中的"多行文字"按钮，标注文字，如图 12-102 所示。

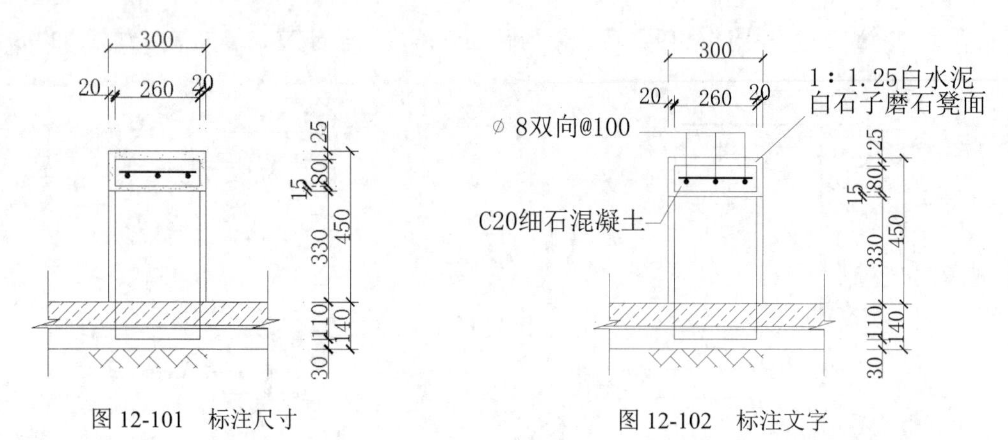

图 12-101　标注尺寸　　　　图 12-102　标注文字

（14）单击"默认"选项卡"绘图"面板中的"直线"按钮、"多段线"按钮和"注释"面板中的"多行文字"按钮，标注图名，如图 12-90 所示。

动手练一练——古典四角亭平面图

绘制如图 12-103 所示的古典四角亭平面图。

思路点拨

（1）创建图层。
（2）建立轴线。
（3）绘制柱础。
（4）绘制台阶。
（7）标注尺寸。
（8）标注文字。
（9）添加标高。

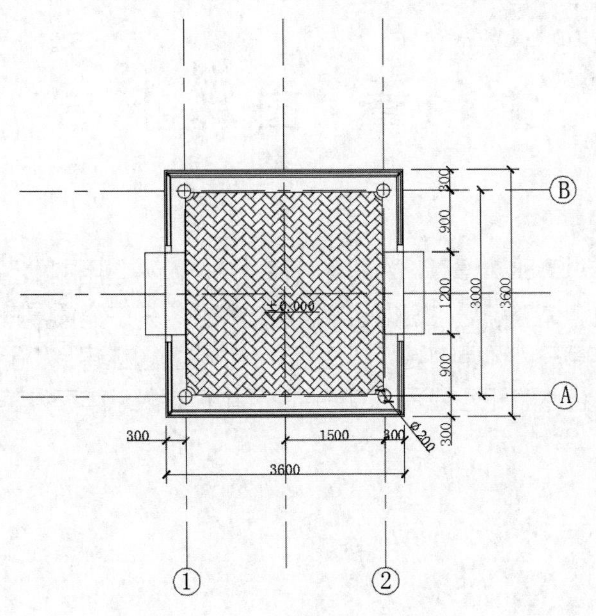

图 12-103　古典四角亭平面图

第 13 章　园林小品

内容简介

园林中供休息、装饰、照明、展示和为园林管理及方便游人之用的小型建筑设施称为园林建筑小品。一般没有内部空间，体量小巧，造型别致，富有特色，并讲究适得其所。这种建筑小品设置在城市街头、广场、绿地等室外环境中便称为城市建筑小品。园林建筑小品在园林中既能美化环境，丰富园趣，为游人提供文化休息和公共活动的方便，又能使游人从中获得美的感受和良好的教益。

内容要点

- 概述
- 花钵坐凳
- 铺装大样图

案例效果

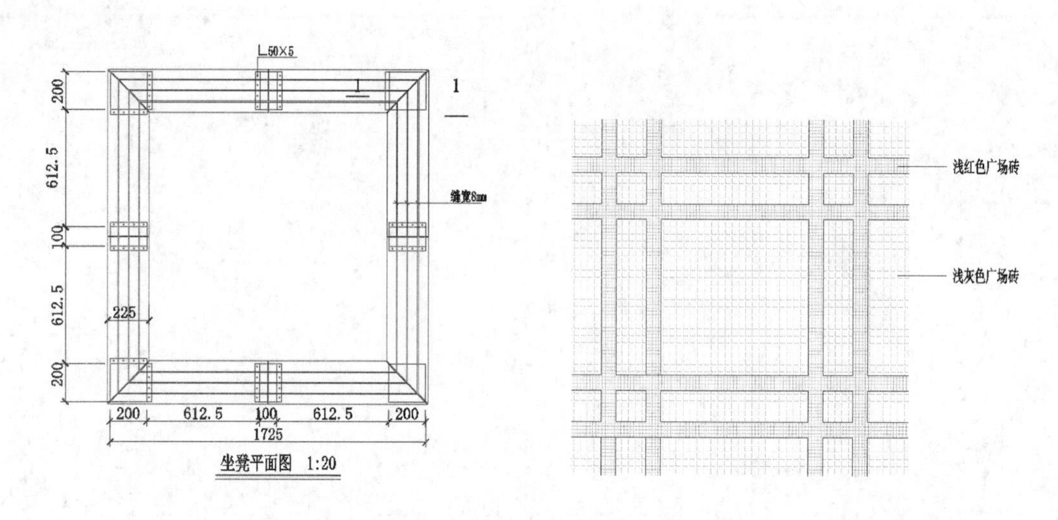

13.1　概　　述

园林小品体量小巧，造型新颖，既有简单的使用功能，又有装饰品的造型艺术特点。因此它既有园林建筑技术的要求，又有造型艺术和空间组合上的美感要求。常见的园林小品有花池、园桌、园凳、标志牌、栏杆、花格、果皮箱等。小品的设计首先要巧于立意、要表达出一定的意境和乐趣才能成为耐人寻味的作品；其次要独具特色，切忌生搬硬套。另外要追求自然，使得“虽有人作、宛自天开”。小品作为园林的陪衬，体量要合宜，不可喧宾夺主。最后，由于园林小品绝大多数均有实用意义，因此除了造型上的美观外，还要符合实用功能及技术上的要求。本章主要介绍了花池、园桌、园凳、标志牌的绘制方法。

13.1.1　园林小品的基本特点

园林小品是园林环境中不可缺少的因素之一，它虽不若园林建筑那样处于举足轻重的地位，但更像是园林中的奇葩，闪烁着异样的光彩。

1. 园林小品的分类

园林建筑小品按其功能分为五类。

（1）供休息的小品：包括各种造型的靠背园椅、凳、桌和遮阳的伞、罩等。常结合环境，用自然块石或用混凝土作成仿石、仿树墩的凳、桌；或利用花坛、花台边缘的矮墙和地下通气孔道来作椅、凳等；围绕大树基部设椅凳，既可休息，又能纳荫。

（2）装饰性小品：各种固定的和可移动的花钵、饰瓶，可以经常更换花卉。装饰性的日晷、香炉、水缸，各种景墙（如九龙壁）、景窗等，在园林中起点缀作用。

（3）照明的小品：园灯的基座、灯柱、灯头、灯具都有很强的装饰作用。

（4）展示性小品：各种布告板、导游图板、指路标牌以及动物园、植物园和文物古建筑的说明牌、阅报栏、图片画廊等，都对游人有宣传、教育的作用。

（5）服务性小品：如为游人服务的饮水泉、洗手池、公用电话亭、时钟塔等；为保护园林设施的栏杆、格子垣、花坛绿地的边缘装饰等；为保持环境卫生的废物箱等。

2. 园林小品主要构成要素

园景规划设计应该包括园墙、门洞（又称墙洞）、空窗（又称月洞）、漏窗（又称漏墙或花墙窗洞）、室外家具、出入口标志等小品设施的设计。同时园林意境的空间构思与创造，往往又具有通过它们作为空间的分隔、穿插、渗透、陪衬来增加景深变化，扩大空间，使方寸之地能小中见大。

（1）墙。园林景墙有分隔空间、组织导游、衬托景物、装饰美化或遮蔽视线的作用，是园林空间构图的一个重要因素。其作用在于加强了建筑线条、质地、阴阳、繁简及色彩上的对比。其式样可分为博古式、栅栏式、组合式和主题式等几类。

（2）装饰隔断。其作用在于加强了建筑线条、质地、阴阳、繁简及色彩上的对比。其式样可分为博古式、栅栏式、组合式和主题式等。

（3）门窗洞口。门洞的形式有曲线型、直线型、混合型，现代园林建筑中还出现一些新的不对称的门洞式样，可以称之为自由型。门洞、门框游人进出繁忙，易受碰挤磨损，需要配置坚硬耐磨的材料，特别位于门槎部位的材料，更应如此；若有车辆出入，其宽度应该考虑车辆的净空要求。

（4）园凳、椅。椅、园凳的首要功能是供游人就坐休息，欣赏周围景物。园椅不仅作为休息、赏景的设施，也作为园林装饰小品，以其优美精巧的造型点缀园林环境，成为园林景色之一。

（5）引水台、烧烤场及路标等。为了满足游人日常之需和野营等特殊需要，在风景区应该设置引水台和烧烤场，以及野餐桌、路标、厕所、废物箱、垃圾桶等。

（6）铺地。园中铺地，其实是一种地面装饰。铺地形式多样，有乱石铺地、冰裂纹，以及各式各样的砖花地等。砖花地形式多样，若做得巧妙，则价廉形美。

也有铺地是用砖、瓦等与卵石混用拼出美丽的图案，这种形式是用立砖为界，中间填卵石；也有的用瓦片，以瓦的曲线做出“双钱”及其他带有曲线的图形。这种地面是园林中的庭院常用的铺地形式。另外，还有利用卵石的不同大小或色泽，拼搭出各种图案。例如，以深色（或较大的）卵石为界线，以浅色（或较小的）卵石填入其间，拼填出鹿、鹤、麒麟等，或拼填出“平升三级”等吉祥如意的图形，当然还有“暗八仙”或其他形象。总之，可以用这些材料铺成各种形象的地面。

用碎的大小不等的青板石，还可以铺出冰裂纹地面。冰裂纹图案除了形式美之外，还有文化上的内涵。文人们喜欢这种形式，它具有“寒窗苦读”或“玉洁冰清”之意，隐喻出坚毅、高尚、纯朴之意。

（7）花色景梯。园林规划中结合造景和功能之需，采用不同一般的花色景梯小品，有的依楼倚山，有的凌空展翅，或悬挑睡眠等造型，既满足交通功能之需，又以其本身姿丽，丰富建筑空间的艺术景观效果。花色楼梯造型新颖多姿，与宾馆庭院环境相融相宜。

（8）栏杆边饰等装饰细部。园林中的栏杆除了起防护作用外，还可用于分隔不同活动内容的空间，划分活动范围以及组织人流，并以栏杆点缀装饰园林环境。

（9）园灯。

园灯中使用的光源及特征如下。

① 汞灯：使用寿命长，是目前园林中最合适的光源之一。

② 金属卤化物灯：发光效率高，显色性好，也适用于照射游人多的地方，但使用范围受限制。

③ 高压钠灯：效率高，多用于节能、照度要求高的场所，如道路、广场、游乐园之中，但不能真实的反映绿色。

④ 荧光灯：由于照明效果好，寿命长，适用于范围较小的庭院，但不适用于广场和低温条件工作。

⑤ 白炽灯：能使红、黄更美丽显目，但寿命短，维修麻烦。

⑥ 水下照明彩灯。

园林中使用的照明器及特征如下。

① 投光器：用在白炽灯，高强度放电处，能增加节日快乐的气氛，能从一个反向照射树木、草坪、纪念碑等。

② 杆头式照明器：布置在院落一例或庭院角隅，适于全面照射铺地路面、树木、草坪，有静谧浪漫的气氛。

③ 低照明器：有固定式、直立移动式和柱式照明器。

植物的照明如下。

① 照明方法：树木照明可用自下而上照射的方法，以消除叶里的黑暗阴影。尤其具有的照度为周围倍数时，被照射的树木就可以得到购景中心感。在一般的绿化环境中，需要的照度为50~100 lx。

② 光源：汞灯、金属卤化物灯都适用于绿化照明，但要看清树或花瓣的颜色，可使用白炽灯。同时应尽可能安排不直接出现的光源，以免产生色的偏差。

③ 照明器：一般使用投光器，调整投光的范围和灯具的高度，以取得预期效果。对于低矮植物多半使用仅产生向下配光的照明器。

灯具选择与设计原则如下。

① 外观舒适并符合使用要求与设计意图。

② 艺术性要强，有助于丰富空间的层次和立体感，形成阴影的大小，明暗要有分寸。

③ 与环境和气氛相协调。用“光”与“影”来衬托自然的美，创造一定的场面气氛，分隔与变化空间。

④ 保证安全。灯具线路开关乃至灯杆设置都要采取安全措施。

⑤ 形美价廉，具有能充分发挥照明功效的构造。

园林照明器具构造如下。

① 灯柱：多为支柱形，构成材料有钢筋混凝土、钢管、竹木及仿竹木，柱截面多为圆形和多边形两种。

② 灯具：有球形、半球形、圆及半圆筒形、角形、纺锤形、圆和角椎形、组合形等。所用材料则有贴、镀金金属铝、钢化玻璃、塑胶、搪瓷、陶瓷、有机玻璃等。

③ 灯泡灯管：普通灯、荧光灯、水银灯、钠灯及其附件。

园林照明标准如下。

① 照度：目前国内尚无统一标准，一般可采用 0.3~1.5 lx，作为照度保证。

② 光悬挂高度：一般取 8.5m 高度。而花坛要求设置低照明度的园路，光源设置高度小于等于 1.0m 为宜。

（10）雕塑小品。园林建筑的雕塑小品主要是指带观赏性的小品雕塑，园林雕塑的取材应与园林建筑环境相协调，要有统一的构思。园林雕塑小品的题材确定后，在建筑环境中应如何配置是一个值得探讨的问题。

（11）游戏设施。游戏设施较为多见的有秋千、滑梯、沙场、爬杆、爬梯、绳具、转盘等。

13.1.2　园林小品的设计原则

园林装饰小品在园林中不仅是实用设施，且可作为点缀风景的景观小品。因此它既有园林建筑技术的要求，又有造型艺术和空间组合上的美感要求。一般在设计和应用时应遵循以下原则。

1. 巧于立意

园林建筑装饰小品作为园林中局部主体景物，具有相对独立的意境，应具有一定的思想内涵，才能产生感染力。如我国园林中常在庭院的白粉墙前置玲珑山石、几竿修竹，粉墙花影恰似一幅花鸟国画，很有感染力。

2. 突出特色

园林建筑装饰小品应突出地方特色、园林特色及单体的工艺特色，使其有独特的格调，切忌生搬硬套，产生雷同。如广州某园草地一侧，花竹之畔，设一水罐形灯具，造型简洁，色彩鲜明，灯具紧靠地面与花卉绿草融成一体，独具环境特色。

3. 融于自然

园林建筑小品要将人工与自然浑成一体，追求自然又精于人工。“虽由人作，宛如天开”则是设计者们的匠心之处。如在老榕树下，塑以树根造型的园凳，似在一片林木中自然形成的断根树桩，可达到以假乱真的效果。

4. 注重体量

园林装饰小品作为园林景观的陪衬，一般在体量上力求与环境相适宜。如在大广场中，设巨型灯具，有明灯高照的效果；而在小林阴曲径旁，只宜设小型园灯，不但体量小，造型更应精致；再如喷泉、花池的体量等，都应根据所处的空间大小确定其相应的体量。

5. 因需设计

园林装饰小品，绝大多数有实用意义，因此除满足美观效果外，还应符合实用功能及技术上的要求。如园林栏杆具有各种使用目的，对于各种园林栏杆的高度也就有不同的要求；又如围墙则应从围护要求来确定其高度及其他技术上的要求。

6. 功能技术要相符

园林小品绝大多数具有实用功能，因此除满足艺术造型美观的要求外，还应符合实用功能及技术的要求。例如园林栏杆的高度，应根据使用目的的不同有所变化。例如园林坐凳，应符合游人休息的尺度要求；又如园墙，应从围护要求来确定其高度及其他技术要求。

7. 地域民族风格浓郁

园林小品应充分考虑地域特征和社会文化特征。园林小品的形式，应与当地自然景观和人文景观相协调，尤其在旅游城市，建设新的园林景观时，更应充分注意这一点。

园林小品设计需考虑的问题是多方面的，不能局限于几条原则，应学会举一反三，融会贯通。园林小品作为园林之点缀，一般在体量上力求精巧，不可喧宾夺主，失去分寸。如园林灯具，在大型集散广场中，可设置巨型灯具，以起到明灯高照的效果；而在小庭院、林荫曲径旁边，则只适合放置小型园灯，不但体量要小，而且造型要更加精致；其他如喷泉、花台的大小，均应根据其所处的空间大小确定其体量。

13.2 花钵坐凳

花钵是一种用来种花当作摆设的器皿，为口大底端小的倒圆台或倒棱台形状，质地多为砂岩、泥、瓷、塑料及木制品。圆椅、圆凳、圆桌是各种园林绿地及城市广场中必备的设施。湖边池畔、花间林下、广场周边、园路两侧、山腰台地处均可设置，供游人就座休息、促膝长谈和观赏风景。如果在一片天然的树林中设置一组蘑菇形的休息园凳，宛如林间树下长出的蘑菇，可把树林环境衬托得野趣盎然；而在草坪边、园路旁、竹丛下适当地布置园椅，也会给人以亲切感，并使大自然富有生机。选择花钵时，还要注意大小，高矮要合适。花钵过大，就像孩子穿大人衣服，影响美观。而且花钵大而植株小，植株吸水能力相对较弱。浇水后，盆土长时间保持湿润，花木呼吸困难，易导致烂根。花钵过小，显得头重脚轻，影响根部发育。圆桌、园凳既可以单独设置，也可成组布置；既可自由分散布置，又可有规则地连续布置。园椅、园凳也可与花坛等其他小品组合，形成一个整体。园椅、园凳的造型要轻巧美观，形式要活泼多样，构造要简单，制作要方便，要结合园林环境，做出具有特色的设计。花钵坐凳不仅能为人提供休息、赏景的处所，若与环境结合得很好，其本身也能成为一景。

13.2.1 绘制花钵坐凳组合平面图

扫一扫，看视频

本节绘制如图 13-1 所示的花钵坐凳组合平面图。

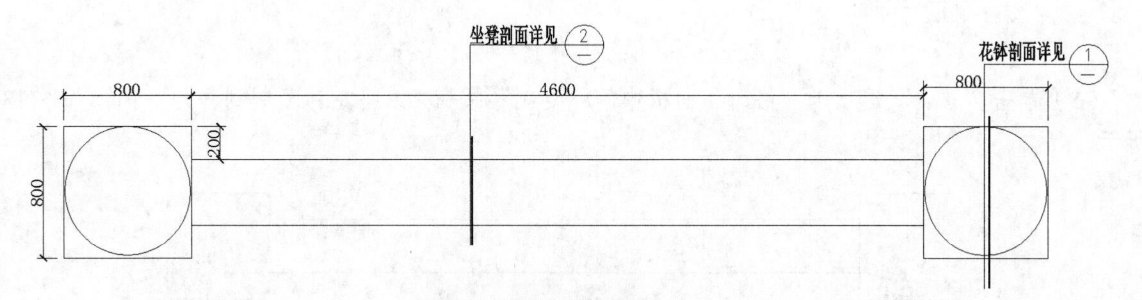

花钵坐凳组合平面图 1:20

图 13-1 花钵坐凳组合平面图

源文件：源文件\第 13 章\花钵坐凳组合平面图.dwg

【操作步骤】

（1）单击“默认”选项卡“绘图”面板中的“矩形”按钮，绘制一个正方形，如图 13-2 所示。

（2）单击“默认”选项卡“绘图”面板中的“圆”按钮，在正方形内绘制一个圆，完成花钵的绘制，如图 13-3 所示。

图 13-2 绘制矩形

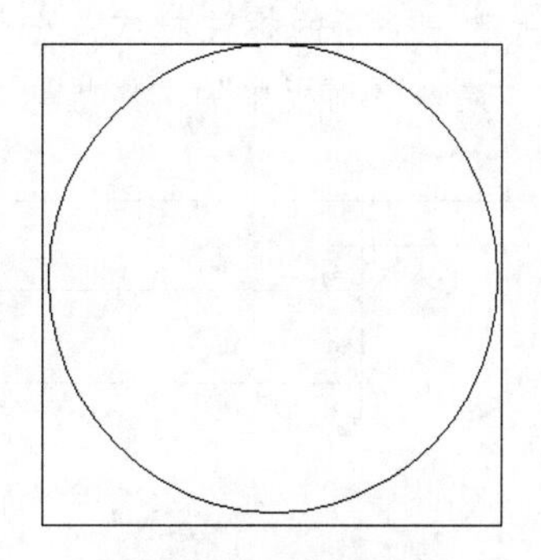

图 13-3 绘制圆形

（3）单击“默认”选项卡“绘图”面板中的“直线”按钮，以矩形右侧直线上一点为起点，向右绘制一条水平直线，如图 13-4 所示。

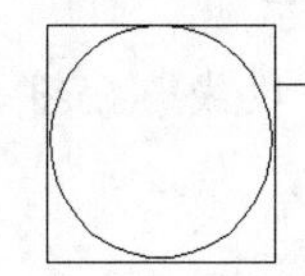

图 13-4 绘制水平直线

（4）单击“默认”选项卡“修改”面板中的“偏移”按钮，将水平直线向下偏移一定的距离，如图 13-5 所示。

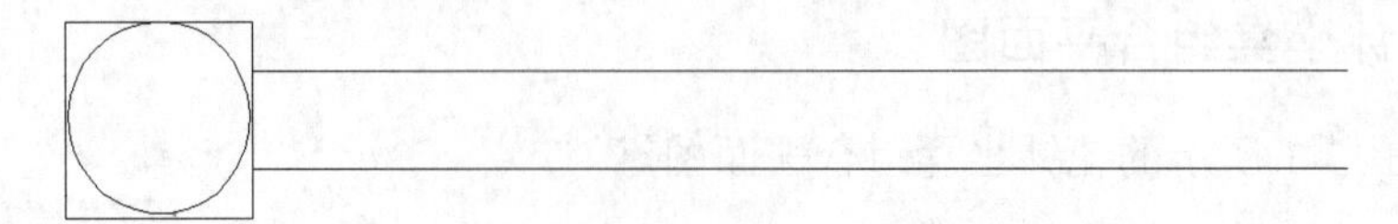

图 13-5　偏移直线

（5）单击“默认”选项卡“修改”面板中的“复制”按钮，将花钵复制到另外一侧，如图 13-6 所示。

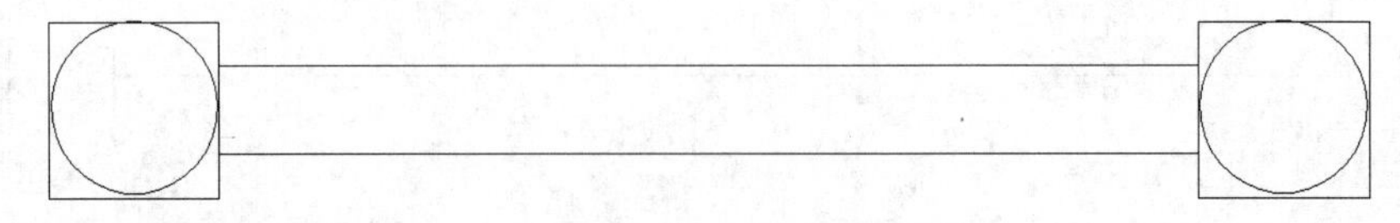

图 13-6　复制花钵

（6）单击“默认”选项卡“绘图”面板中的“多段线”按钮，绘制剖切符号，如图 13-7 所示。

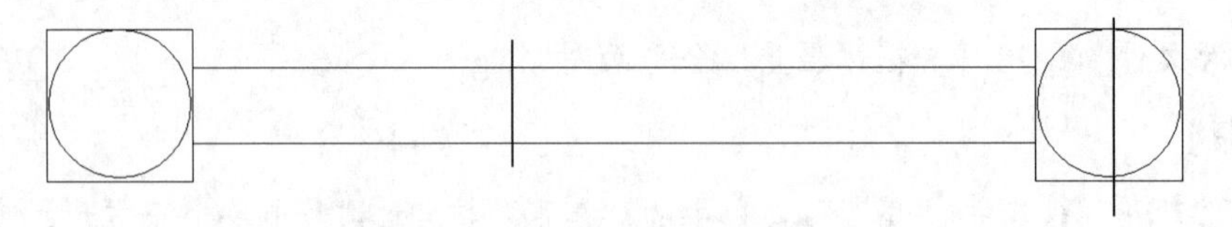

图 13-7　绘制剖切符号

（7）单击“默认”选项卡“注释”面板中的“标注样式”按钮，打开“标注样式管理器”对话框，然后新建一个新的标注样式，分别对线、符号和箭头、文字以及主单位进行设置。单击“默认”选项卡“注释”面板中的“线性”按钮，为图形标注尺寸，如图 13-8 所示。

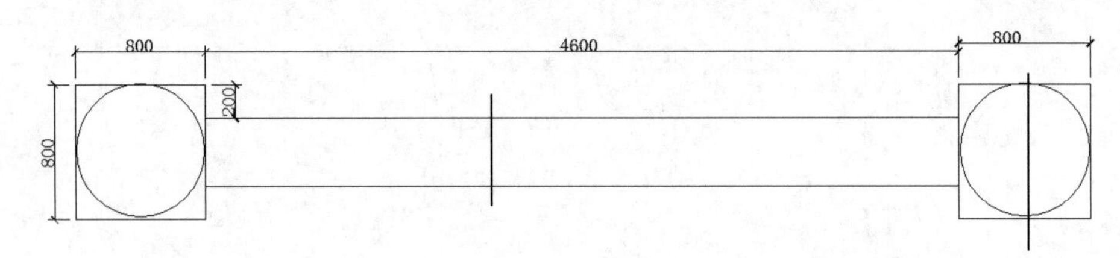

图 13-8　标注尺寸

（8）单击“默认”选项卡“绘图”面板中的“直线”按钮、“圆”按钮和“注释”面板中的“多行文字”按钮，绘制标号，如图 13-9 所示。

（9）单击“默认”选项卡“修改”面板中的“复制”按钮，将标号复制到图中其他位置处，双击文字，修改文字内容，完成其他位置处标号的绘制，如图 13-10 所示。

（10）单击“默认”选项卡“绘图”面板中的“直线”按钮、“多段线”按钮和“注释”面板中的“多行文字”按钮，标注图名，如图 13-1 所示。

扫一扫，看视频

13.2.2　绘制花钵坐凳组合立面图

本节绘制如图 13-11 所示的花钵坐凳组合立面图。

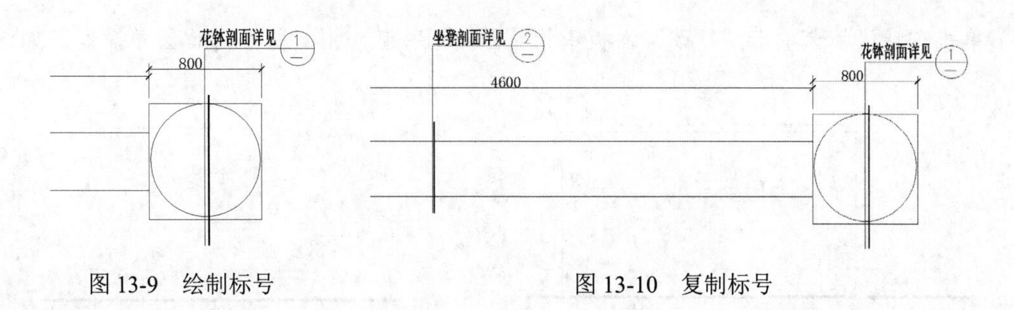

图 13-9 绘制标号　　图 13-10 复制标号

花钵坐凳组合立面图 1:20

图 13-11 花钵坐凳组合立面图

源文件：源文件 \ 第 13 章 \ 花钵坐凳组合立面图 .dwg

【操作步骤】

（1）单击“默认”选项卡“绘图”面板中的“多段线”按钮，绘制地坪线，如图 13-12 所示。

图 13-12 绘制地坪线

（2）单击“默认”选项卡“绘图”面板中的“直线”按钮，以地坪线上任意一点为起点绘制一条竖直线段，如图 13-13 所示。

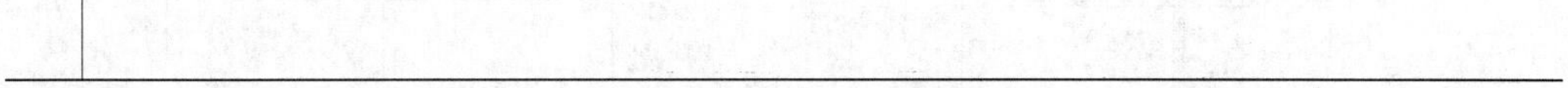

图 13-13 绘制竖直线段

（3）单击“默认”选项卡“修改”面板中的“偏移”按钮，将竖直线段向右偏移，如图 13-14 所示。

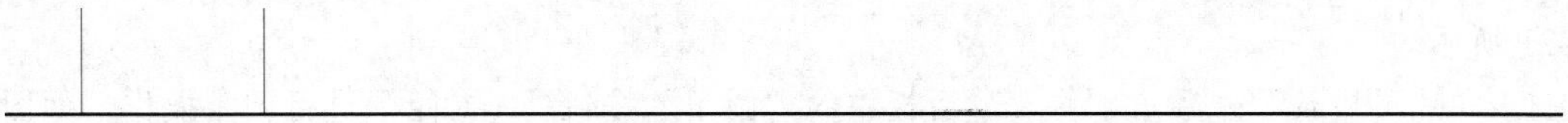

图 13-14 偏移线段

（4）单击“默认”选项卡“绘图”面板中的“矩形”按钮，在线段上方绘制一个矩形，如图 13-15 所示。

（5）单击“默认”选项卡“修改”面板中的“圆角”按钮，对矩形进行圆角操作，如图 13-16 所示。

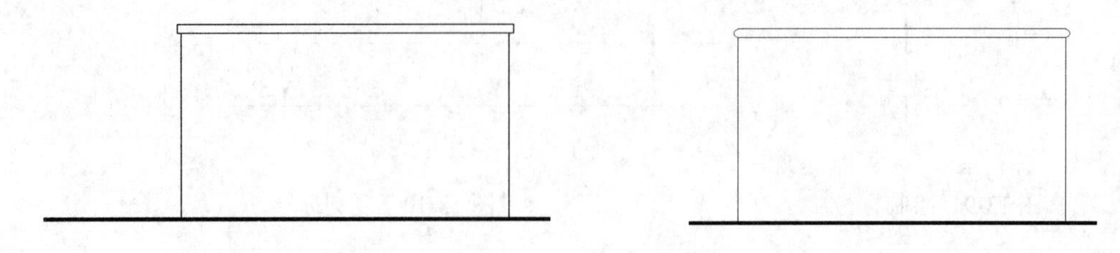

图 13-15　绘制矩形　　　　图 13-16　绘制圆角

（6）单击“默认”选项卡“绘图”面板中的“直线”按钮和“修改”面板中的“偏移”按钮，细化图形，如图 13-17 所示。

（7）单击“默认”选项卡“绘图”面板中的“圆弧”按钮，绘制圆弧，如图 13-18 所示。

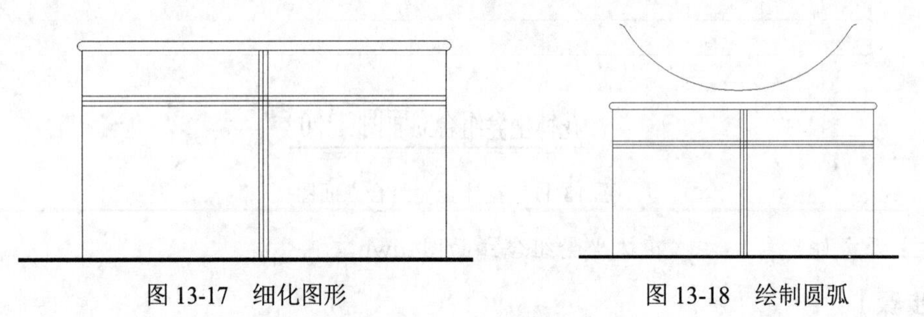

图 13-17　细化图形　　　　图 13-18　绘制圆弧

（8）同理，在上步绘制的圆弧下侧绘制一小段圆弧，如图 13-19 所示。

（9）单击“默认”选项卡“修改”面板中的“镜像”按钮，将小段圆弧镜像到另外一侧，如图 13-20 所示。

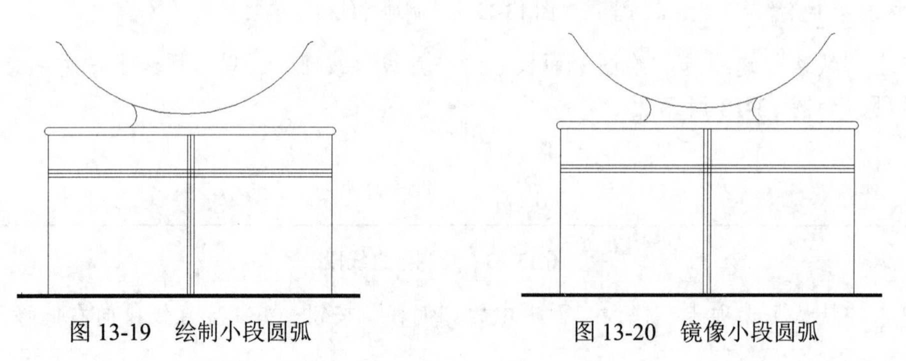

图 13-19　绘制小段圆弧　　　　图 13-20　镜像小段圆弧

（10）单击“默认”选项卡“绘图”面板中的“矩形”按钮，在大段圆弧上侧绘制矩形，如图 13-21 所示。

（11）单击“默认”选项卡“修改”面板中的“圆角”按钮，对矩形进行圆角操作，如图 13-22 所示。

（12）单击“默认”选项卡“绘图”面板中的“多段线”按钮，绘制多条多段线，如图 13-23 所示。

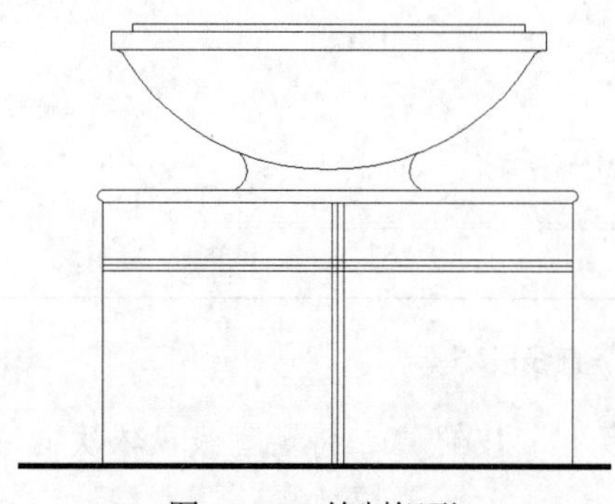
图 13-21　绘制矩形

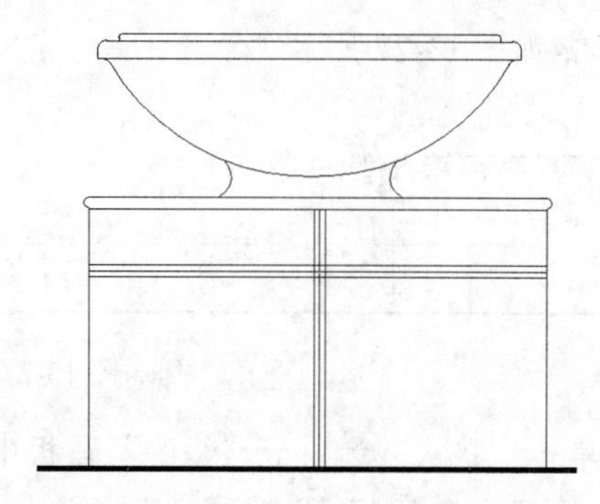
图 13-22　绘制圆角

（13）单击“默认”选项卡“绘图”面板中的“徒手画修订云线”按钮，绘制云线，最终完成花钵的绘制，如图 13-24 所示。

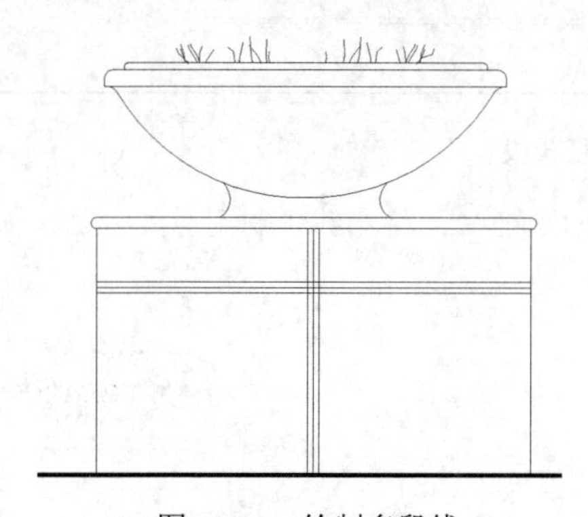
图 13-23　绘制多段线

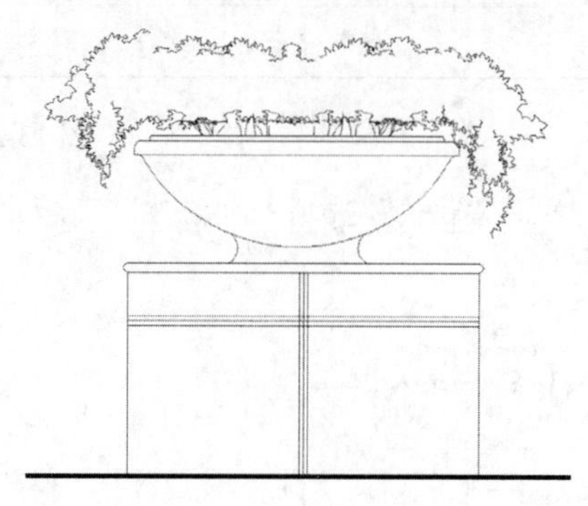
图 13-24　绘制云线

（14）单击“默认”选项卡“绘图”面板中的“直线”按钮，绘制一条水平线段，如图 13-25 所示。

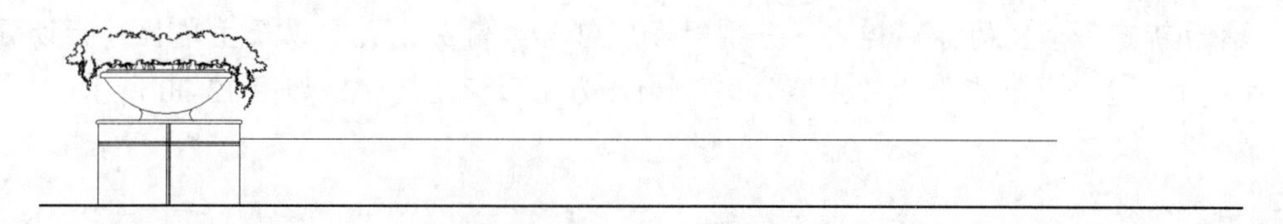
图 13-25　绘制水平线段

（15）单击“默认”选项卡“修改”面板中的“偏移”按钮，将水平线段向下偏移，如图 13-26 所示。

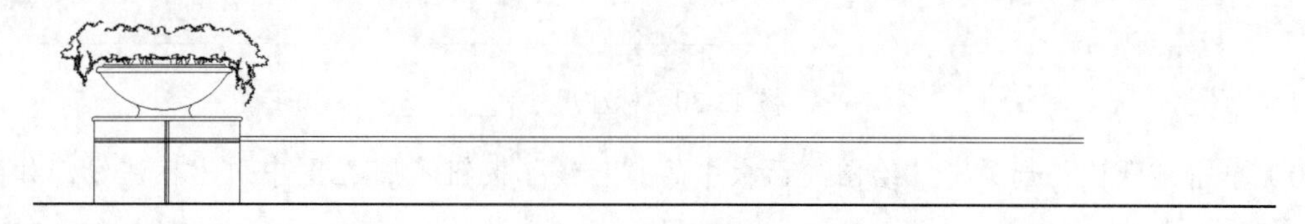
图 13-26　偏移线

（16）单击“默认”选项卡“绘图”面板中的“直线”按钮，在图中合适的位置处，绘制三条竖直线段，如图 13-27 所示。

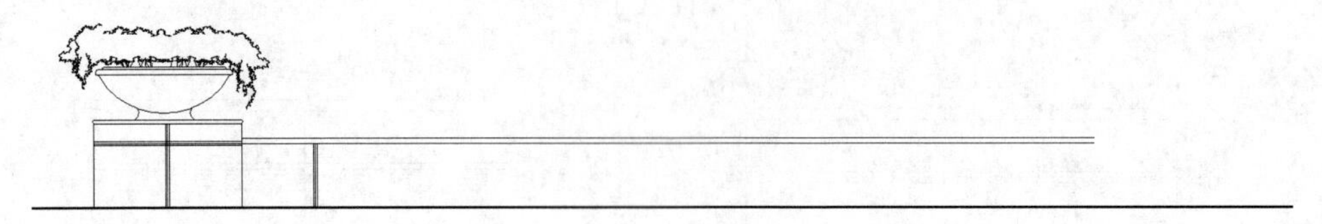

图 13-27　绘制竖直线段

（17）单击“默认”选项卡“修改”面板中的“复制”按钮，将竖直线段依次向右进行复制，完成坐凳的绘制，如图 13-28 所示。

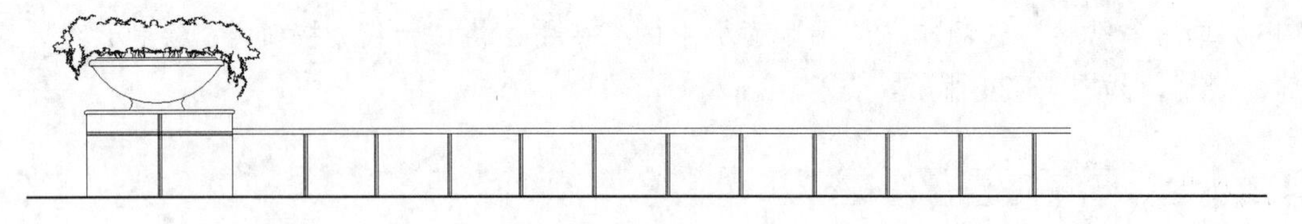

图 13-28　复制竖直线段

（18）单击“默认”选项卡“修改”面板中的“复制”按钮，将花钵复制到另外一侧，如图 13-29 所示。

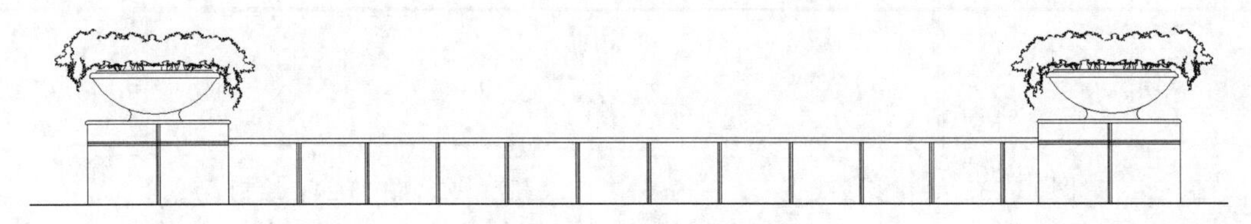

图 13-29　复制花钵

（19）单击“默认”选项卡“注释”面板中的“标注样式”按钮，打开“标注样式管理器”对话框，然后新建一个新的标注样式，分别对线、符号和箭头、文字以及主单位进行设置。单击“默认”选项卡“注释”面板中的“线性”按钮，为图形标注尺寸，如图 13-30 所示。

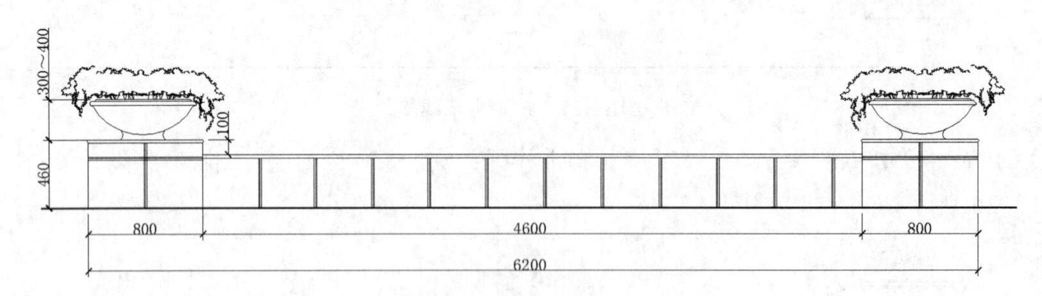

图 13-30　标注尺寸

（20）单击“默认”选项卡“绘图”面板中的“直线”按钮，在图中引出标注线，如图 13-31 所示。

（21）单击“默认”选项卡“注释”面板中的“多行文字”按钮，在标注线左侧输入文字，如图 13-32 所示。

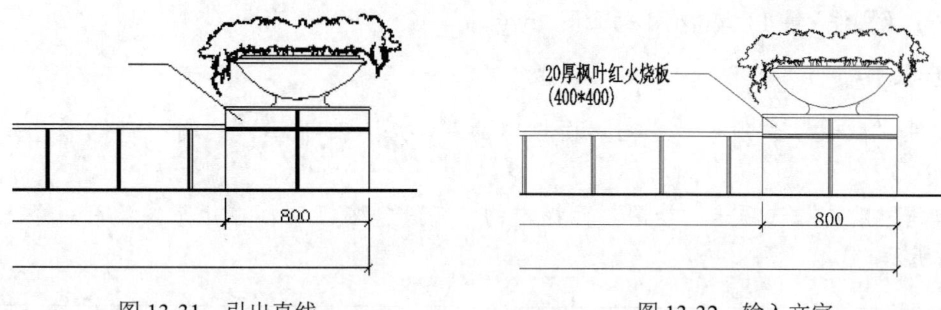

图 13-31　引出直线　　　　图 13-32　输入文字

（22）同理，标注其他位置处的文字，也可以利用复制命令将文字复制，然后双击文字修改文字内容，以便格式的统一，如图 13-33 所示。

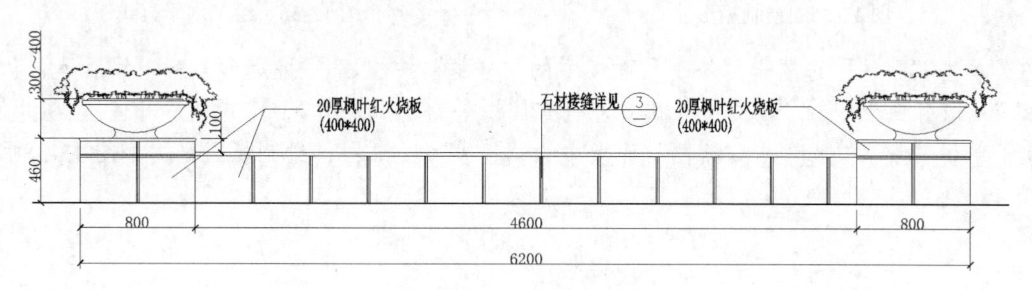

图 13-33　标注文字

（23）单击“默认”选项卡“绘图”面板中的“直线”按钮、“多段线”按钮和“注释”面板中的“多行文字”按钮A，标注图名，如图 13-11 所示。

13.2.3　绘制花钵剖面图

扫一扫，看视频

本节绘制如图 13-34 所示的花钵剖面图。

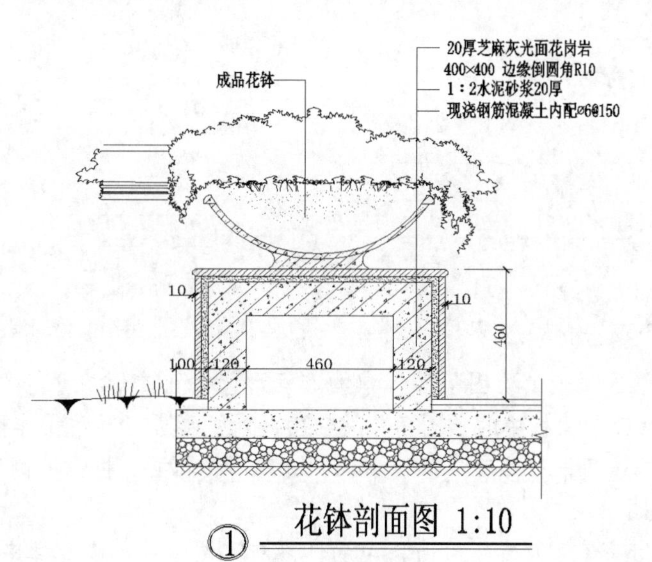

图 13-34　花钵剖面图

源文件：源文件\第 13 章\花钵剖面图 .dwg

【操作步骤】

（1）单击“默认”选项卡“绘图”面板中的“矩形”按钮，绘制一个矩形，如图 13-35 所示。

（2）单击“默认”选项卡“绘图”面板中的“直线”按钮，在矩形内绘制一条水平线段，如图 13-36 所示。

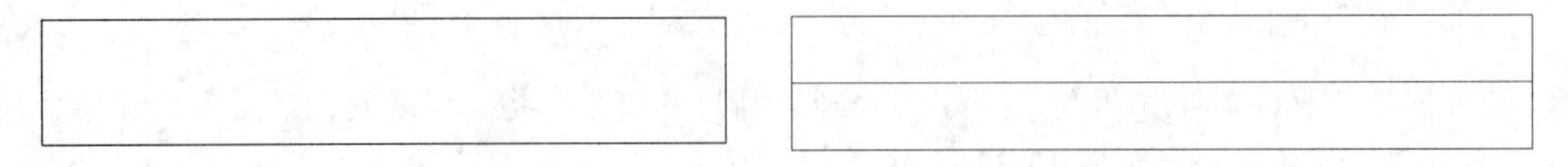

图 13-35　绘制矩形　　图 13-36　绘制水平直线

（3）单击“默认”选项卡“修改”面板中的“分解”按钮，将矩形分解，然后单击“默认”选项卡“修改”面板中的“删除”按钮，将右侧线条删除，如图 13-37 所示。

（4）单击“默认”选项卡“绘图”面板中的“直线”按钮，绘制折断线，如图 13-38 所示。

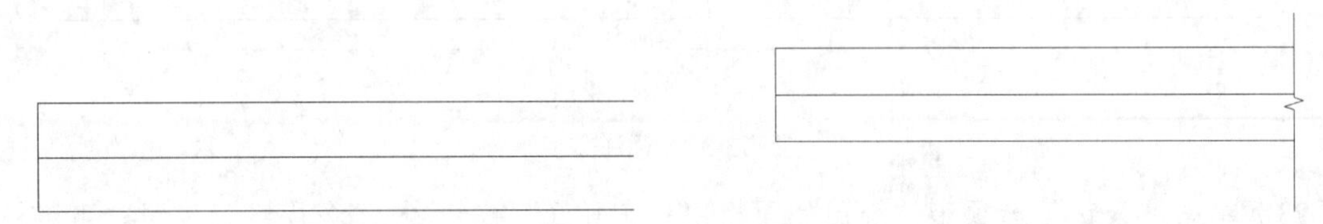

图 13-37　删除直线　　图 13-38　绘制折断线

（5）单击“默认”选项卡“绘图”面板中的“直线”按钮，绘制连续线段，如图 13-39 所示。

（6）单击“默认”选项卡“修改”面板中的“偏移”按钮，将上步绘制的连续线段向外偏移，并进行整理，如图 13-40 所示。

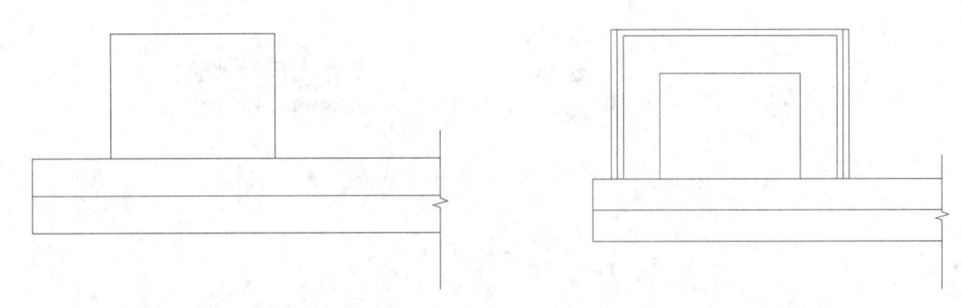

图 13-39　绘制连续线段　　图 13-40　偏移线段

（7）单击“默认”选项卡“绘图”面板中的“矩形”按钮，在图形顶侧绘制矩形，然后单击“默认”选项卡“修改”面板中的“圆角”按钮，对矩形进行圆角操作，如图 13-41 所示。

（8）单击“默认”选项卡“修改”面板中的“偏移”按钮，将最下侧水平线段向上偏移，如图 13-42 所示。

（9）单击“默认”选项卡“修改”面板中的“修剪”按钮，修剪掉多余的线段，如图 13-43 所示。

图 13-41 绘制圆角矩形

图 13-42 偏移线段

（10）单击“默认”选项卡“绘图”面板中的“圆弧”按钮，在图形上侧绘制圆弧，如图 13-44 所示。

图 13-43 修剪掉多余的线条

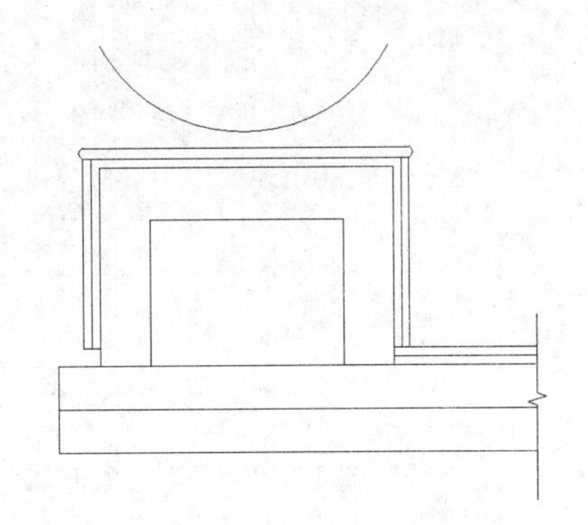

图 13-44 绘制圆弧

（11）单击“默认”选项卡“修改”面板中的“偏移”按钮，将圆弧向上偏移，并整理图形，结果如图 13-45 所示。

（12）单击“默认”选项卡“绘图”面板中的“圆弧”按钮，绘制小段圆弧，如图 13-46 所示。

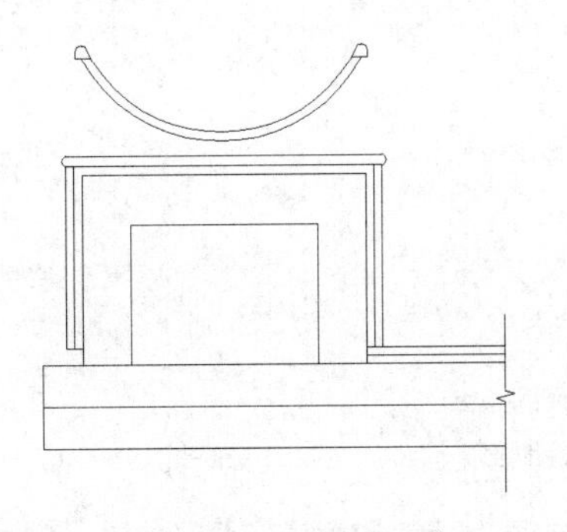

图 13-45 偏移圆弧

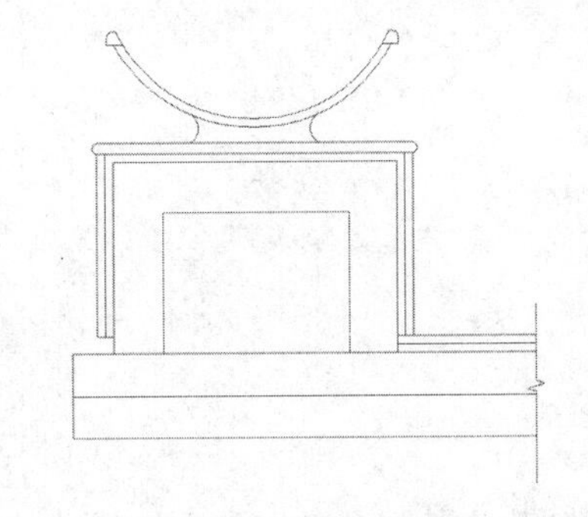

图 13-46 绘制小段圆弧

（13）单击“默认”选项卡“块”面板中的“插入”按钮，弹出如图 13-47 所示的对话框，将花钵装饰插入到图中，结果如图 13-48 所示。

（14）单击“默认”选项卡“绘图”面板中的“样条曲线拟合”按钮，在图中合适的位置处绘制样条曲线，如图 13-49 所示。

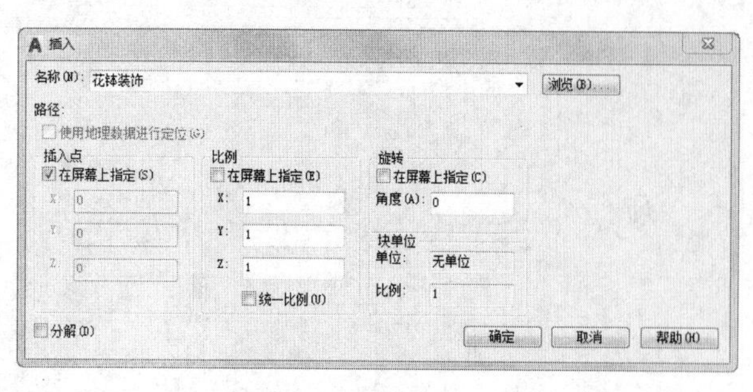

图 13-47 “插入”对话框

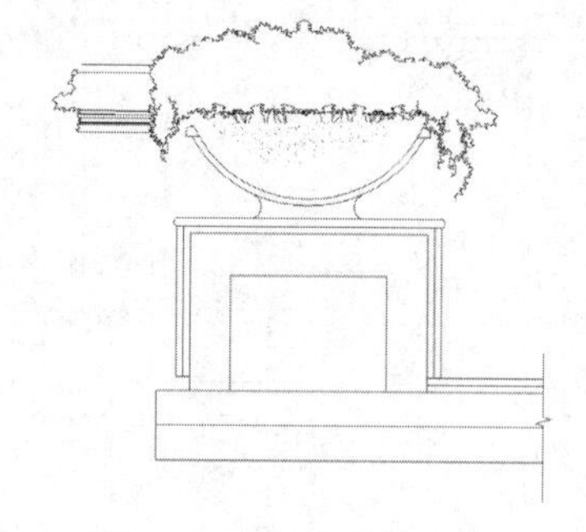

图 13-48 插入花钵装饰

（15）单击“默认”选项卡“绘图”面板中的“圆弧”按钮，在样条曲线下侧绘制圆弧，如图 13-50 所示。

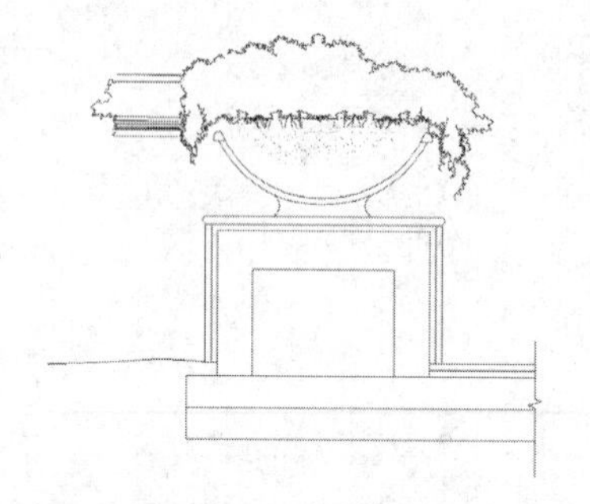

图 13-49 绘制样条曲线

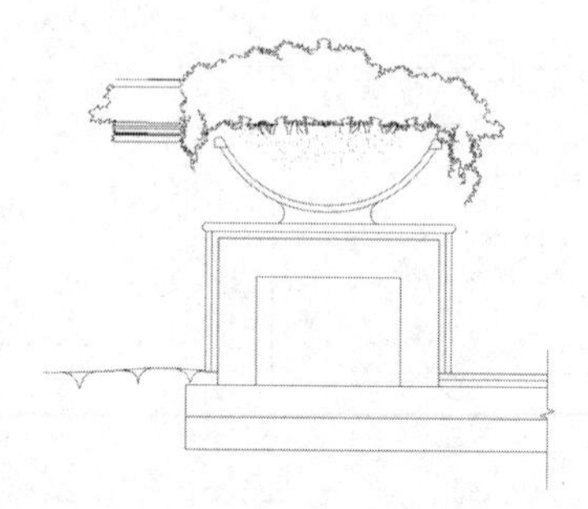

图 13-50 绘制圆弧

（16）单击“默认”选项卡“绘图”面板中的“直线”按钮，在样条曲线上侧绘制线段，如图 13-51 所示。

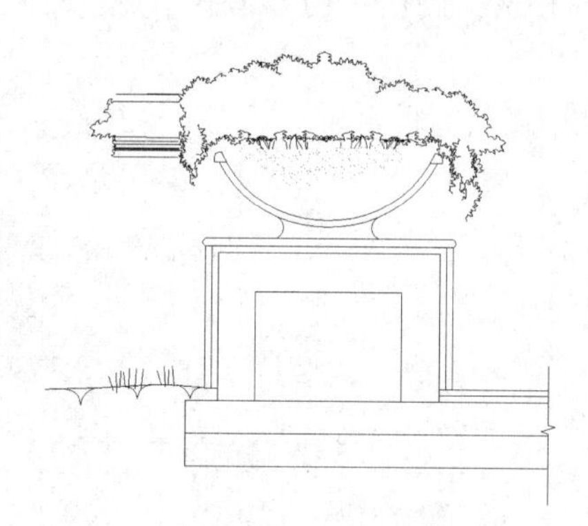

图 13-51 绘制线段

（17）单击“默认”选项卡“绘图”面板中的“图案填充”按钮，打开“图案填充创建”选项卡，选择 ANSI31 图案，如图 13-52 所示，然后设置填充比例，填充图形，结果如图 13-53 所示。

（18）同理，填充剩余图形，结果如图 13-54 所示。

（19）单击“默认”选项卡“注释”面板中的“标注样式”按钮，打开“标注样式管理器”对话框，然后新建一个新的标注样式，分别对线、符号和箭头、文字以及主单位进行设置。单击“默认”选项卡“注释”面板中的“线性”按钮，为图形标注尺寸，如图 13-55 所示。

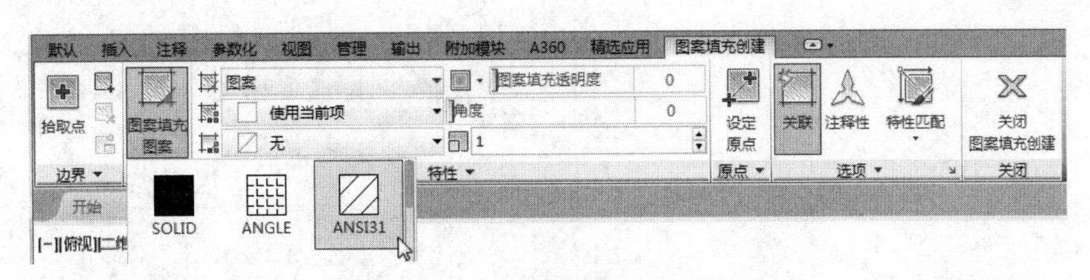

图 13-52 “图案填充创建”选项卡

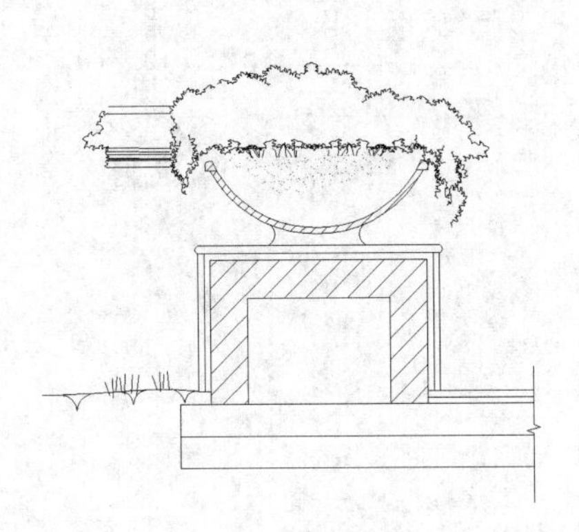

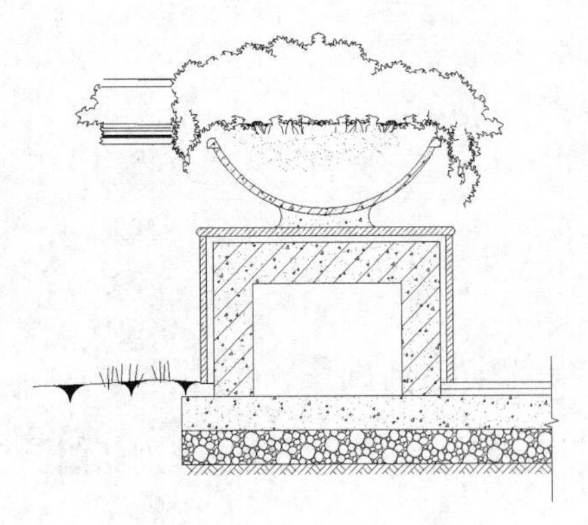

图 13-53 填充图形

图 13-54 填充剩余图形

（20）单击“默认”选项卡“绘图”面板中的“直线”按钮╱，在图中引出标注线，如图 13-56 所示。

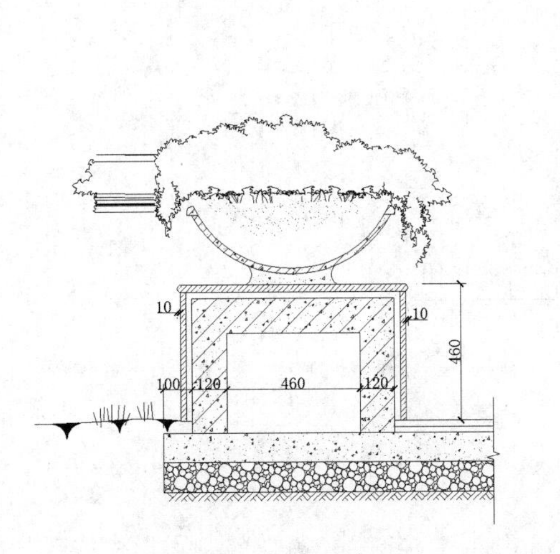

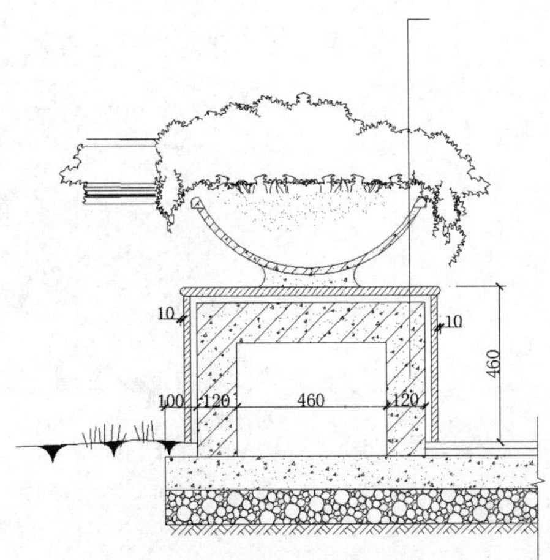

图 13-55 标注尺寸

图 13-56 引出标注线

（21）单击“默认”选项卡“注释”面板中的“多行文字”按钮A，在标注线右侧输入文字，如图 13-57 所示。

（22）单击“默认”选项卡“修改”面板中的“复制”按钮，将直线和文字复制到图中其他位置处，双击文字，修改文字内容，完成其他位置处文字的标注，结果如图 13-58 所示。

（23）单击“默认”选项卡“绘图”面板中的“直线”按钮╱、“圆”按钮、“多段线”按钮和“注释”面板中的“多行文字”按钮A，标注图名，如图 13-34 所示。

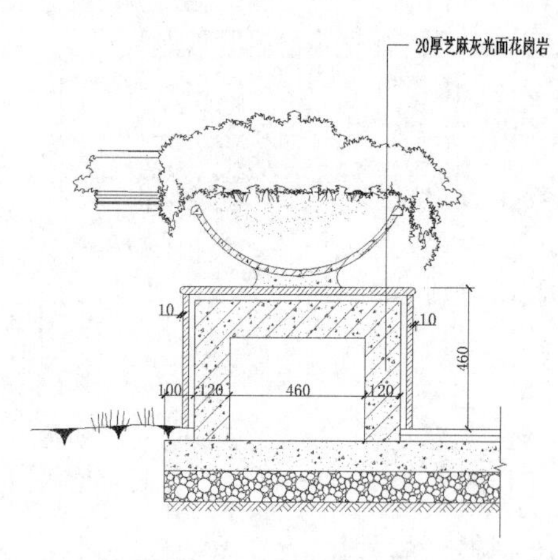

图 13-57　输入文字

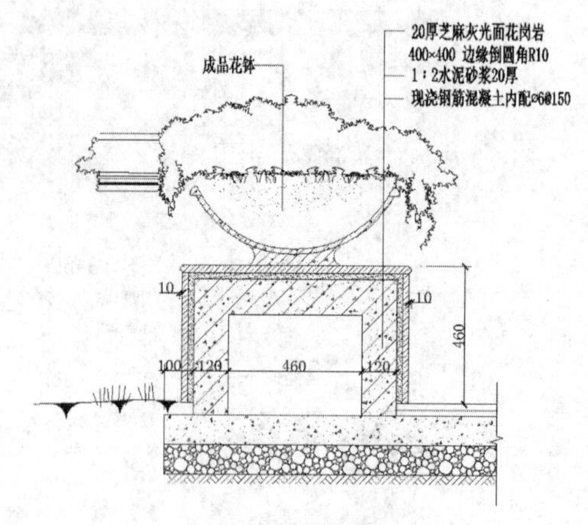

图 13-58　标注文字

扫一扫，看视频

13.2.4　绘制坐凳剖面图

本节绘制如图 13-59 所示的坐凳剖面图。

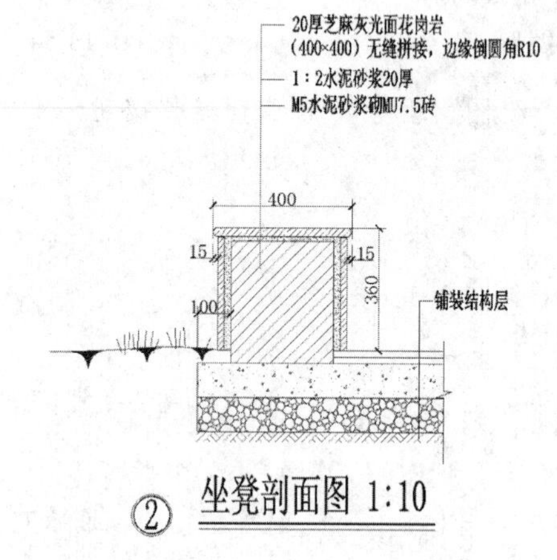

图 13-59　坐凳剖面图

源文件：源文件 \ 第 13 章 \ 坐凳剖面图 .dwg

【操作步骤】

（1）单击“默认”选项卡“修改”面板中的“复制”按钮，将花钵剖面图中的部分图形复制到坐凳剖面图中，然后整理图形，如图 13-60 所示。

（2）单击“默认”选项卡“绘图”面板中的“直线”按钮，绘制连续线段，如图 13-61 所示。

（3）单击“默认”选项卡“修改”面板中的“偏移”按钮，将上步绘制的连续线段进行偏移，然后单击“默认”选项卡“修改”面板中的“修剪”按钮，对偏移的线段进行修剪处理，结果如图 13-62 所示。

（4）单击“默认”选项卡“绘图”面板中的“矩形”按钮，在图中合适的位置处绘制圆角矩形，如图 13-63 所示。

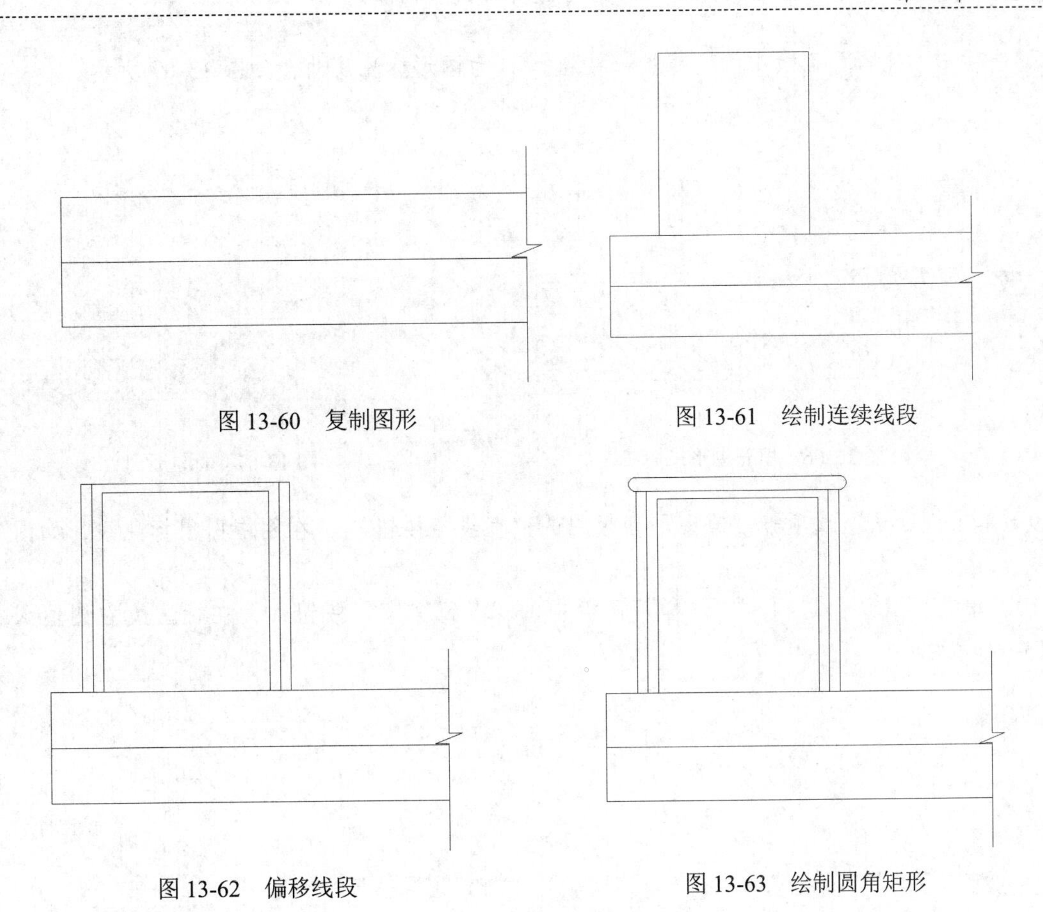

图 13-60　复制图形

图 13-61　绘制连续线段

图 13-62　偏移线段

图 13-63　绘制圆角矩形

（5）单击“默认”选项卡“绘图”面板中的“直线”按钮、“圆弧”按钮和“样条曲线拟合”按钮，绘制左侧图形，如图 13-64 所示。

（6）单击“默认”选项卡“绘图”面板中的“直线”按钮和“修改”面板中的“修剪”按钮，绘制剩余图形，如图 13-65 所示。

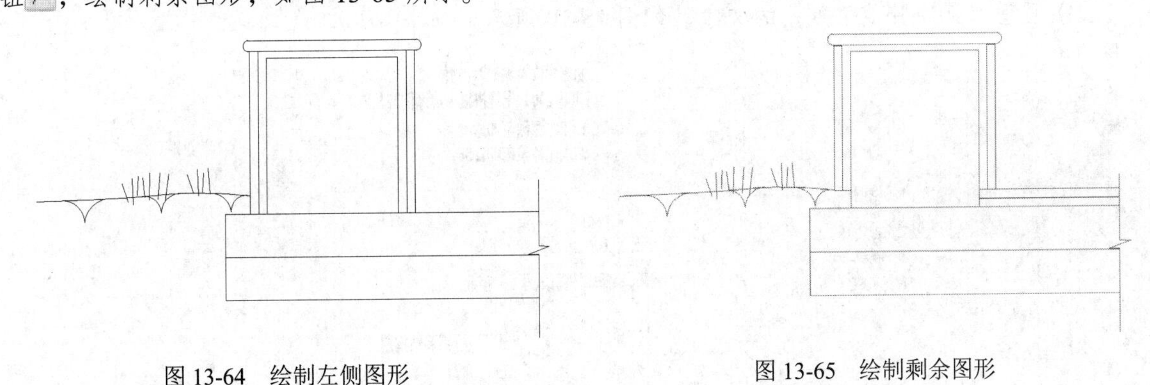

图 13-64　绘制左侧图形

图 13-65　绘制剩余图形

（7）单击“默认”选项卡“绘图”面板中的“图案填充”按钮，填充图形，如图 13-66 所示。

（8）单击“默认”选项卡“注释”面板中的“标注样式”按钮，打开“标注样式管理器”对话框，然后新建一个新的标注样式，分别对线、符号和箭头、文字以及主单位进行设置。单击

“默认”选项卡“注释”面板中的“线性”按钮，为图形标注尺寸，如图 13-67 所示。

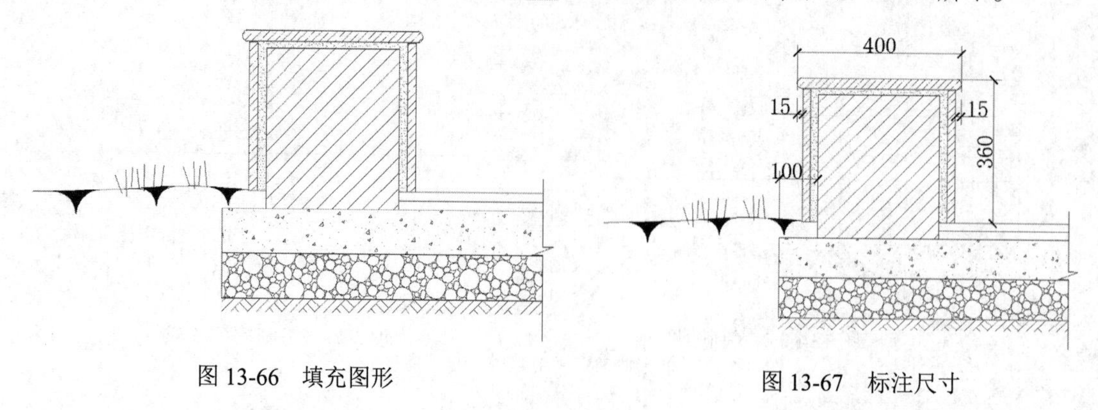

图 13-66　填充图形　　图 13-67　标注尺寸

（9）单击“默认”选项卡“绘图”面板中的“直线”按钮，在图中引出标注线，如图 13-68 所示。

（10）单击“默认”选项卡“注释”面板中的“多行文字”按钮，在标注线右侧输入文字，如图 13-69 所示。

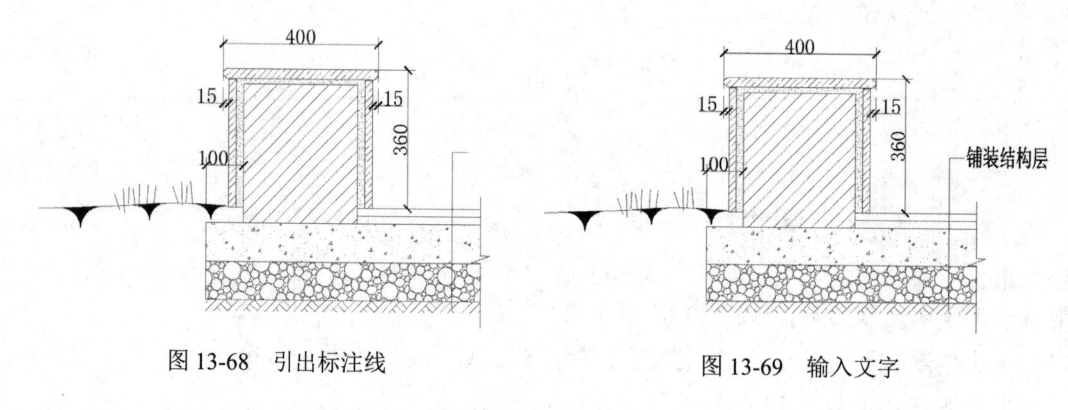

图 13-68　引出标注线　　图 13-69　输入文字

（11）同理，标注其他位置处的文字，如图 13-70 所示。

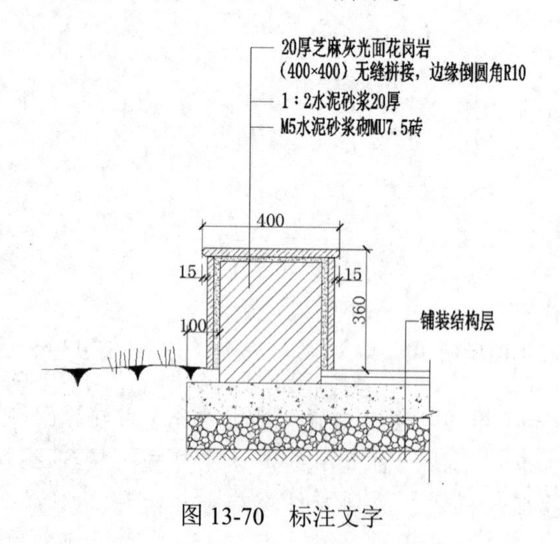

图 13-70　标注文字

（12）单击“默认”选项卡“绘图”面板中的“直线”按钮、“圆”按钮、“多段线”按钮和“注释”面板中的“多行文字”按钮A，标注图名，如图 13-59 所示。

动手练一练——绘制坐凳平面图

绘制如图 13-71 所示的坐凳平面图。

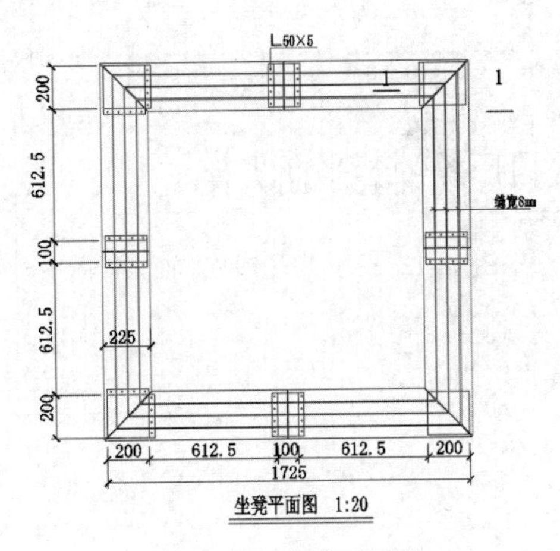

图 13-71　坐凳平面图

思路点拨

（1）绘图前准备以及绘图设置。
（2）绘制坐凳平面图定位线。
（3）绘制坐凳平面图轮廓。
（4）标注尺寸。
（5）标注文字。

13.3　铺装大样图

对地面进行铺装是大型公共场所或园林的一种普遍的做法。好的铺装能给人带来一种美感，也是体现园林或公共场所整体风格必要的环节。

13.3.1　绘制入口广场铺装平面大样图

扫一扫，看视频

本节绘制如图 13-72 所示的入口广场铺装平面大样图。

源文件：源文件\第 13 章\入口广场铺装平面大样图 .dwg

【操作步骤】

（1）单击“默认”选项卡“绘图”面板中的“直线”按钮，绘制一条水平线段，如图 13-73 所示。

（2）单击“默认”选项卡“修改”面板中的“偏移”按钮，将水平线段向下依次偏移，偏移距离分别为 1500、3000 和 1500，如图 13-74 所示。

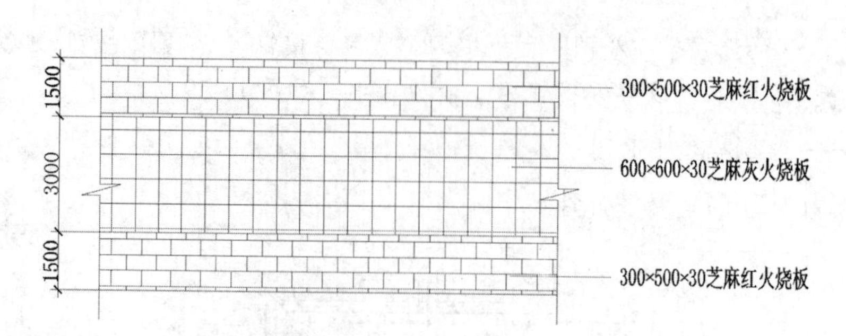

入口广场铺装平面大样

图 13-72　入口广场铺装平面大样图

图 13-73　绘制线段

图 13-74　偏移线段

（3）单击“默认”选项卡“绘图”面板中的“直线”按钮，在图形左侧绘制折断线，如图 13-75 所示。

（4）单击“默认”选项卡“修改”面板中的“复制”按钮，将折断线复制到另外一侧，如图 13-76 所示。

图 13-75　绘制折断线

图 13-76　复制折断线

（5）单击“默认”选项卡“绘图”面板中的“图案填充”按钮，打开“图案填充创建”选项卡，选择 AR-B816 图案，如图 13-77 所示。填充图形，结果如图 13-78 所示。

（6）同理，单击“默认”选项卡“绘图”面板中的“图案填充”按钮，选择 NET 图案，填充图形，如图 13-79 所示。

（7）单击“默认”选项卡“注释”面板中的“标注样式”按钮，打开“标注样式管理器”对话框，如图 13-80 所示，单击“新建”按钮，创建一个新的标注样式，打开“新建标注样式：副本 Standard”对话框，如图 13-81 所示，并分别对线、符号和箭头、文字和主单位进行设置。

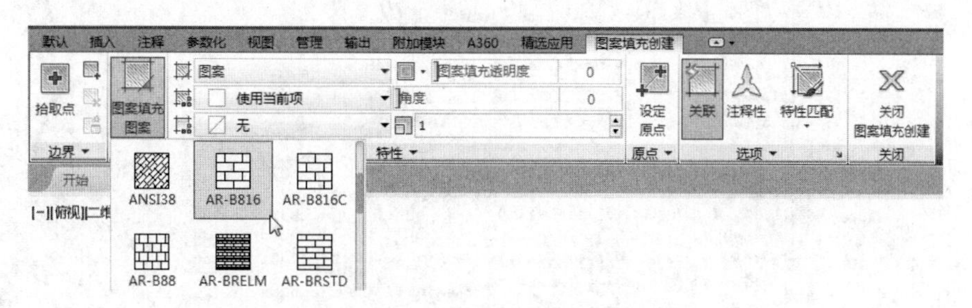

图 13-77 “图案填充创建”选项卡

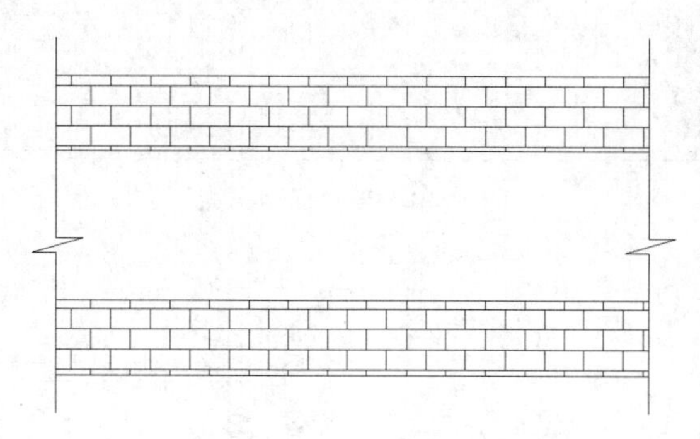

图 13-78　填充图形 1

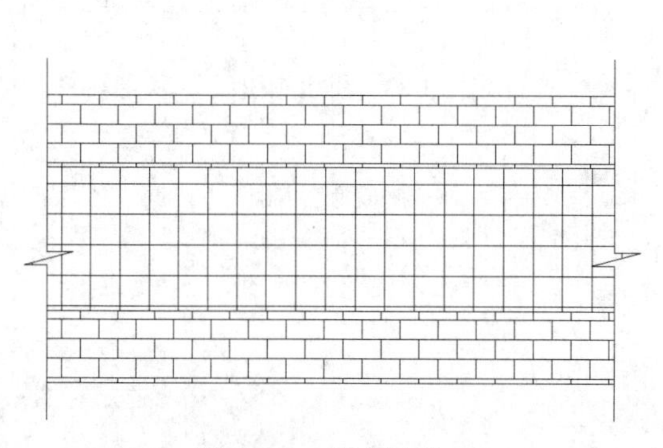

图 13-79　填充图形 2

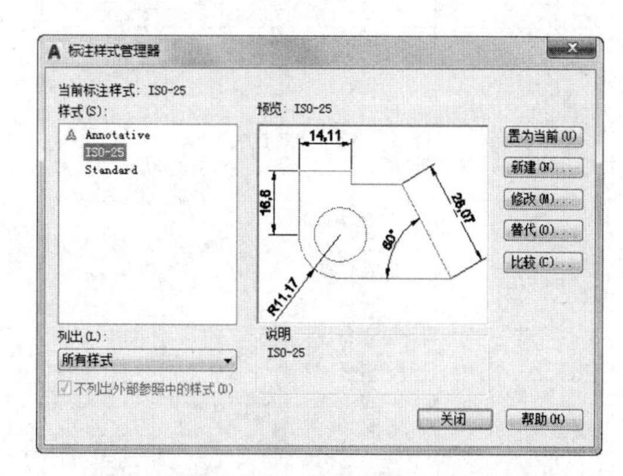

图 13-80 “标注样式管理器”对话框

（8）单击“默认”选项卡“注释”面板中的“线性”按钮和“连续”按钮，为图形标注尺寸，如图 13-82 所示。

（9）单击“默认”选项卡“绘图”面板中的“直线”按钮，在图中引出指引线，如图 13-83 所示。

（10）单击“默认”选项卡“注释”面板中的“多行文字”按钮A，在指引线右侧输入文字，如图 13-84 所示。

（11）单击“默认”选项卡“绘图”面板中的“直线”按钮和“修改”面板中的“复制”按钮，将文字复制到图中其他位置处，然后双击文字，修改文字内容，以便文字格式的统一，最终完成文字的标注，结果如图 13-85 所示。

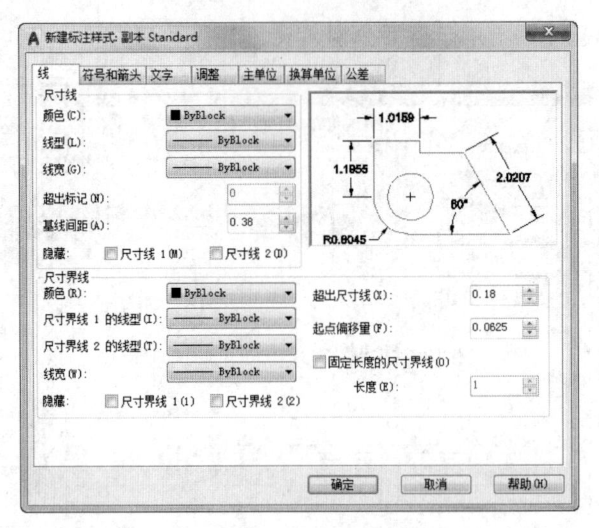

图 13-81　新建标注样式

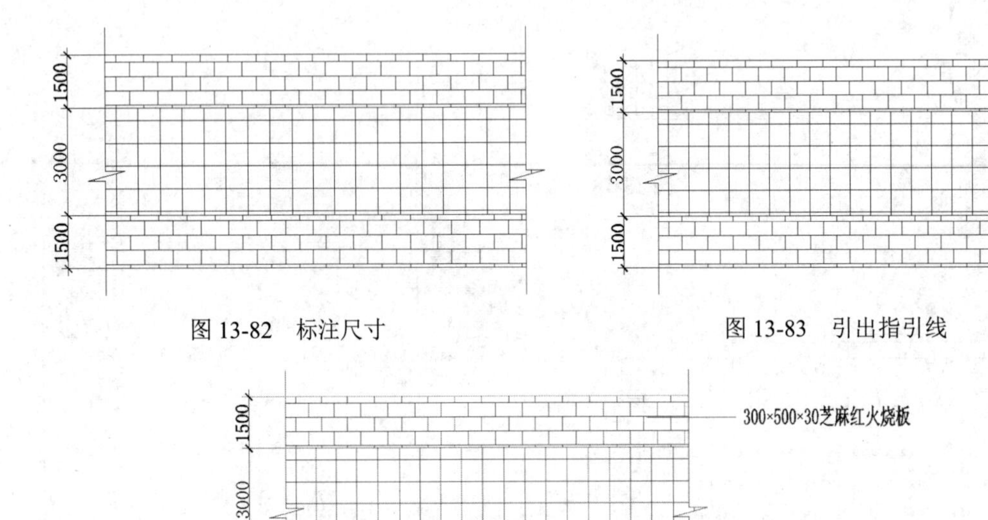

图 13-82　标注尺寸　　　　图 13-83　引出指引线

图 13-84　输入文字

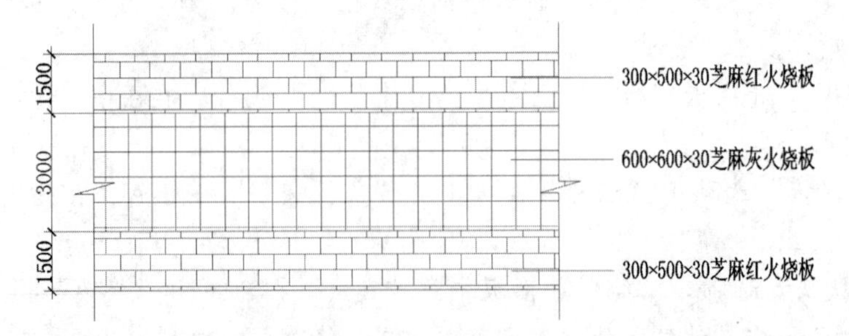

图 13-85　标注文字

（12）单击“默认”选项卡“绘图”面板中的“直线”按钮和“注释”面板中的“多行文字”按钮，标注图名，如图 13-72 所示。

13.3.2　绘制文化墙广场铺装平面大样图

扫一扫，看视频

本节绘制如图 13-86 所示的文化墙广场铺装平面大样图。

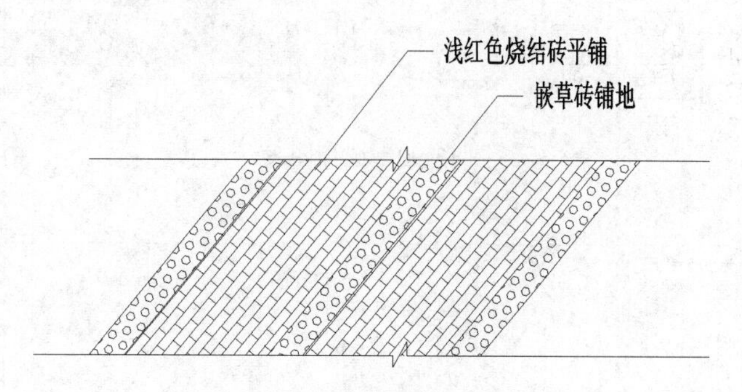

图 13-86　文化墙广场铺装平面大样图

源文件：源文件\第 13 章\文化墙广场铺装平面大样图 .dwg

【操作步骤】

（1）单击“默认”选项卡“绘图”面板中的“直线”按钮，绘制一条斜线，如图 13-87 所示。

（2）单击“默认”选项卡“修改”面板中的“复制”按钮，将斜线向右复制，如图 13-88 所示。

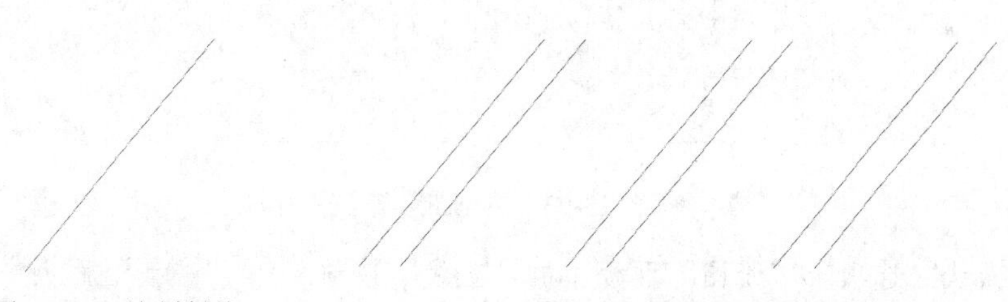

图 13-87　绘制斜线　　图 13-88　复制斜线

（3）单击“默认”选项卡“绘图”面板中的“直线”按钮，绘制折断线，如图 13-89 所示。

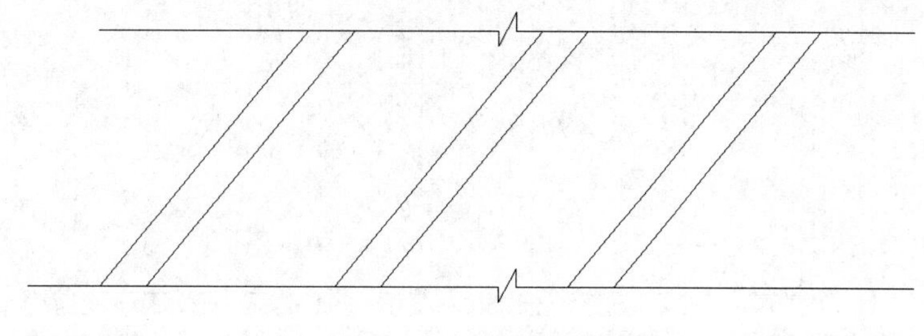

图 13-89　绘制折断线

（4）单击“默认”选项卡“绘图”面板中的“图案填充”按钮，打开“图案填充创建”对话框，选择 HEX 图案，如图 13-90 所示，填充图形，结果如图 13-91 所示。

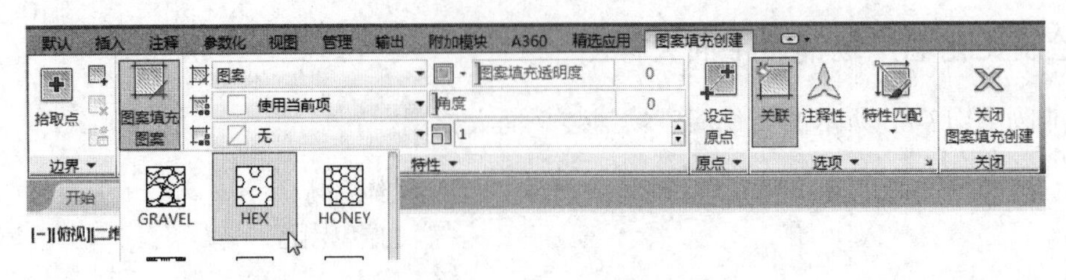

图 13-90　选择图案

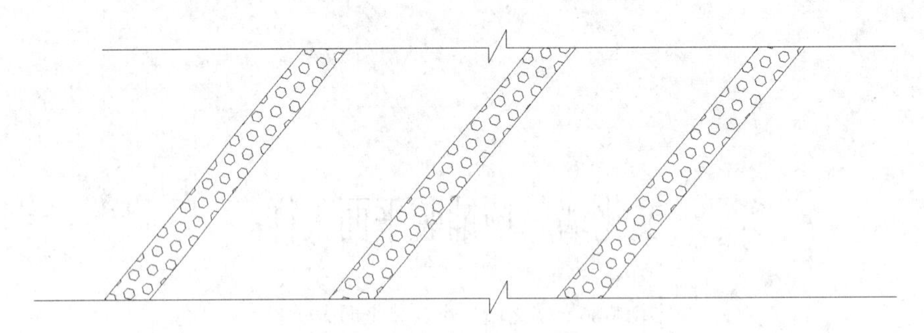

图 13-91　填充图形 1

（5）同理，填充剩余图形，如图 13-92 所示。

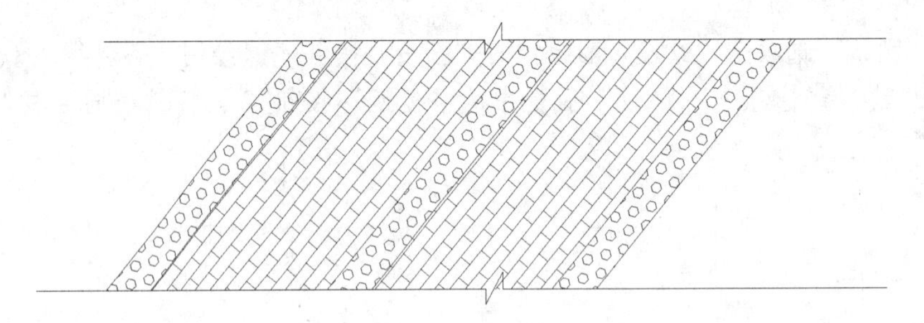

图 13-92　填充图形 2

（6）单击“默认”选项卡“绘图”面板中的“直线”按钮和“注释”面板中的“多行文字”按钮，标注文字说明，如图 13-93 所示。

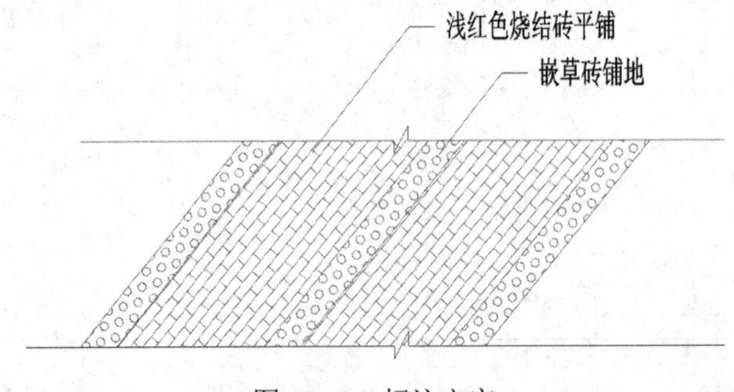

图 13-93　标注文字

（7）同理，单击“默认”选项卡“绘图”面板中的“直线”按钮╱和“注释”面板中的“多行文字”按钮A，标注图名，如图 13-86 所示。

13.3.3　绘制升旗广场铺装平面大样图

扫一扫，看视频

本节绘制如图 13-94 所示的升旗广场铺装平面大样图。

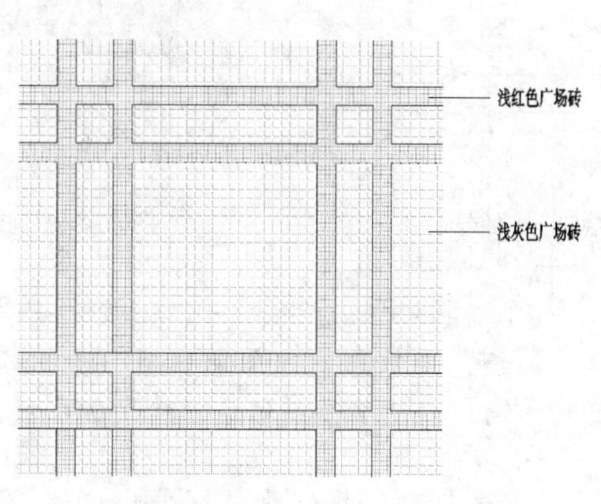

图 13-94　升旗广场铺装平面大样图

源文件：源文件 \ 第 13 章 \ 升旗广场铺装平面大样图 .dwg

【操作步骤】

（1）单击“默认”选项卡“绘图”面板中的“直线”按钮╱，绘制两条水平线段，如图 13-95 所示。

（2）单击“默认”选项卡“修改”面板中的“复制”按钮，将两条水平线段依次向下复制，结果如图 13-96 所示。

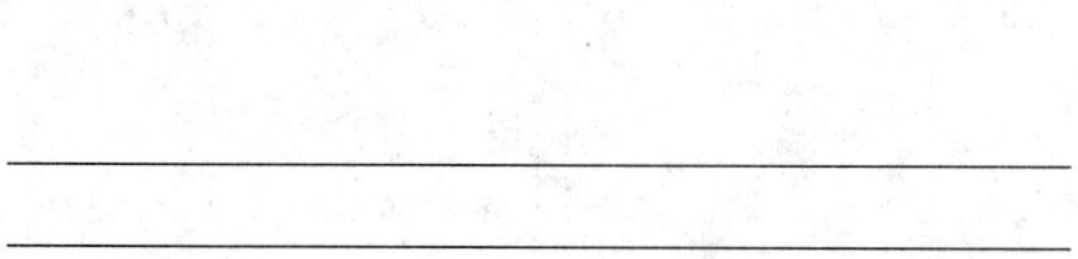

图 13-95　绘制水平线段

图 13-96　复制水平线段

（3）单击“默认”选项卡“绘图”面板中的“直线”按钮╱，绘制两条竖直线段，如图 13-97 所示。

（4）单击“默认”选项卡“修改”面板中的“复制”按钮，将两条竖直线段依次向右复制，结果如图 13-98 所示。

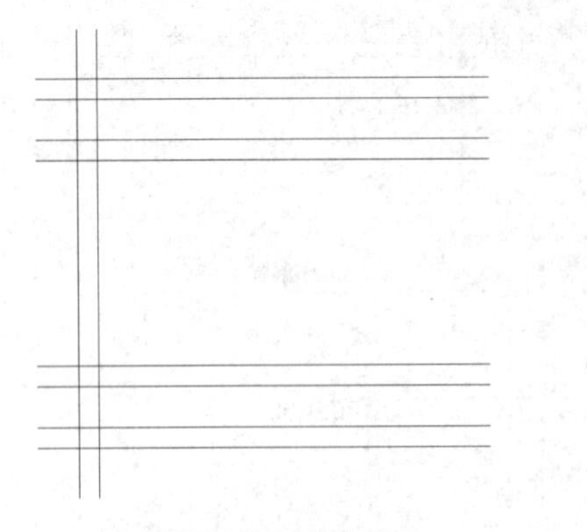

图 13-97　绘制竖直线段

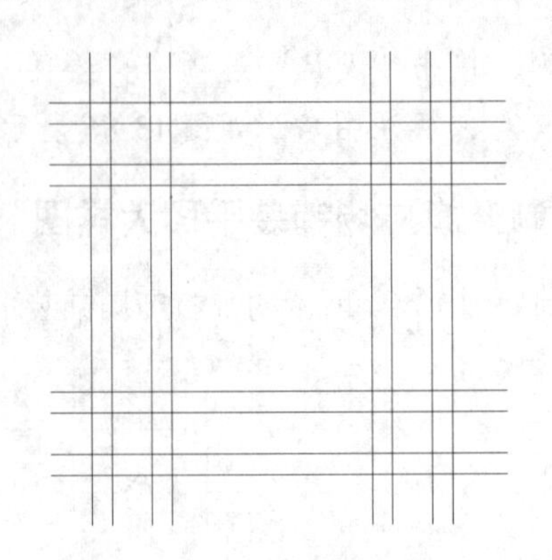

图 13-98　复制竖直线段

（5）单击“默认”选项卡“修改”面板中的“修剪”按钮，修剪掉多余的线条，如图 13-99 所示。

（6）单击“默认”选项卡“绘图”面板中的“图案填充”按钮，填充图形。在填充图形时，首先利用“直线”命令绘制填充界线，以便填充，然后将绘制的界线删除，结果如图 13-100 所示。

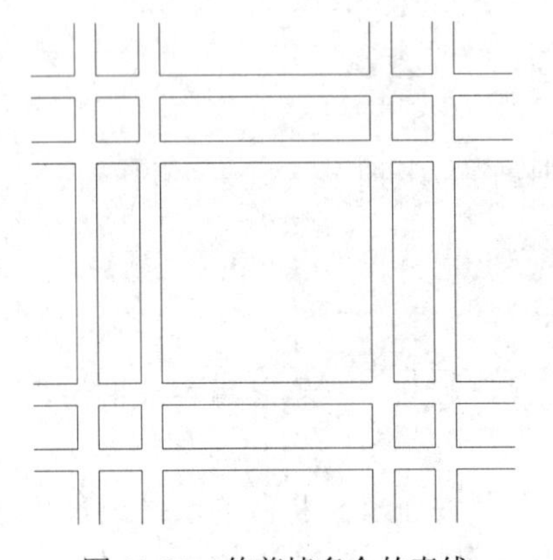

图 13-99　修剪掉多余的直线

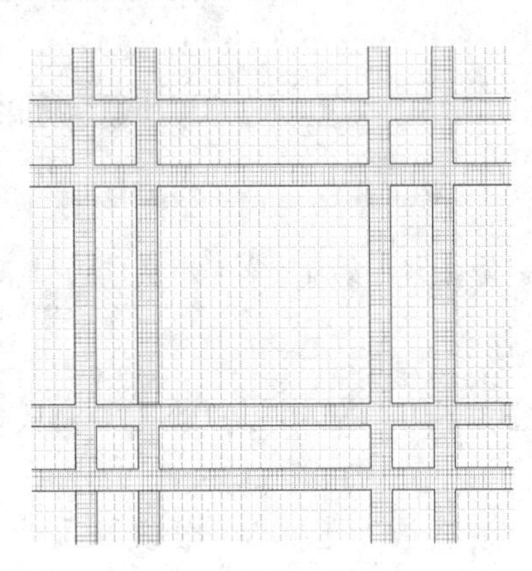

图 13-100　填充图形

（7）单击“默认”选项卡“绘图”面板中的“直线”按钮和“注释”面板中的“多行文字”按钮，标注文字说明，如图 13-101 所示。

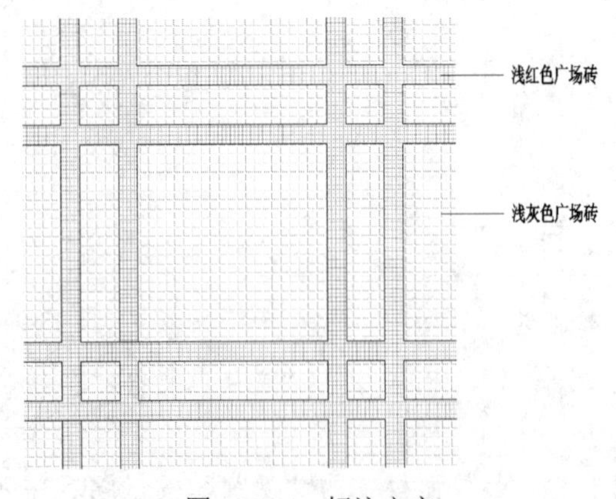

图 13-101　标注文字

（8）同理，标注图名，如图 13-94 所示。

动手练一练——直线段人行道砖铺装

绘制如图 13-102 所示的直线段人行道砖铺装。

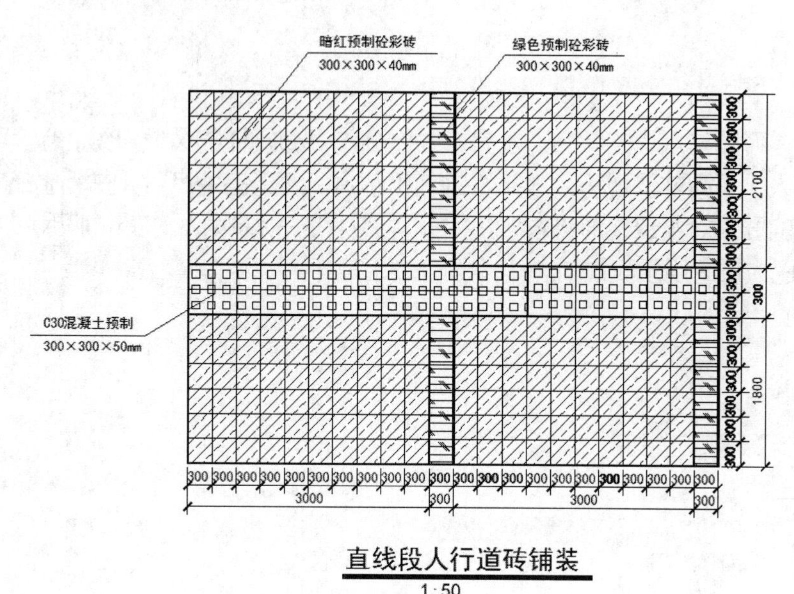

图 13-102　直线段人行道砖铺装

思路点拨

（1）绘图前准备以及绘图设置。
（2）绘制直线段人行道。
（3）填充图形。
（4）标注尺寸。
（5）标注文字。

第 14 章　园林水景

内容简介

本章主要讲述了园林水景的绘制。水景作为园林中一道别样的风景点缀，以其特有的气息与神韵感染着每一个人，是园林景观和给水排水的有机结合。随着房地产等相关行业的发展，人们对居住环境有了更高的要求。水景逐渐成为居住区环境设计的一大亮点，水景的应用技术也得到了快速发展，许多技术已大量应用于实践中。

内容要点

- 概述
- 园林水景工程图的绘制
- 水景墙设计

案例效果

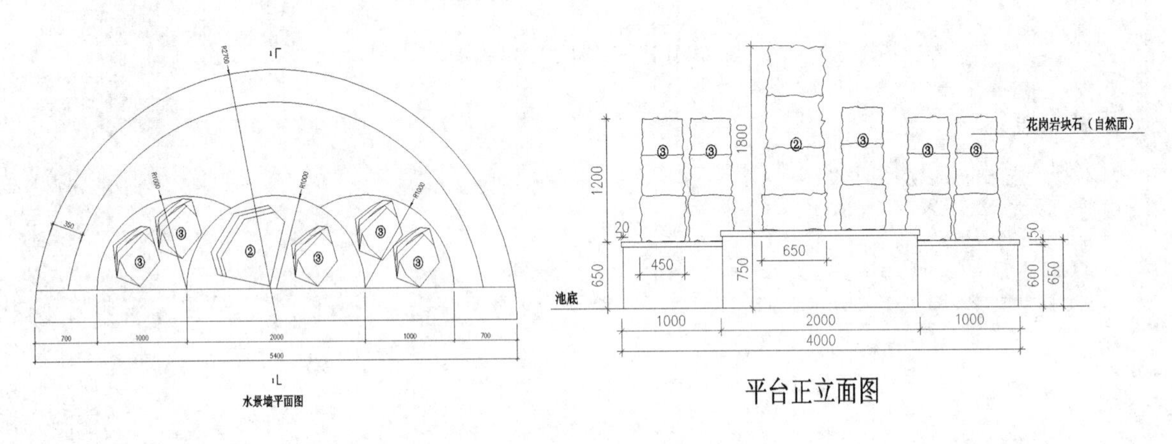

14.1　概　　述

水景作为园林中一道别样的风景点缀，以其特有的气息与神韵感染着每一个人，是园林景观和给水排水的有机结合。随着房地产等相关行业的发展，人们对居住环境有了更高的要求，水景逐渐成为居住区环境设计的一大亮点，水景的应用技术也得到了快速发展，许多技术已大量应用于实践中。

1. 园林水景的作用

园林水景的用途非常广泛，主要归纳为以下 5 个方面。

（1）园林水体景观。如喷泉、瀑布、池塘等都以水体为题材，水成了园林的重要构成要素，也引发了无穷尽的诗情画意。冰灯、冰雕也是水在非常温状况下的一种观赏形式。

（2）改善环境，调节气候，控制噪声。矿泉水具有医疗作用，负离子具有清洁作用，都不可忽视。

（3）提供体育娱乐活动场所。如现在休闲的热点，如游泳、划船、溜冰、船模冲浪、漂流、水上乐园等。

（4）汇集、排泄天然雨水。在园林设计中认真此功能，可以节省不少地下管线的投资，为植物生长创造良好的立地条件；相反，污水倒灌、淹苗，会造成意想不到的损失。

（5）防护、隔离、防灾用水。如护城河、隔离河，以水面作为空间隔离，是最自然、最节约的办法。引申来说，水面创造了园林迂回曲折的线路。隔水相望，可望而不可即。救火、抗旱都离不开水。城市园林水体，可作为救火备用水；郊区园林水体、沟渠，是抗旱天然管网。

2. 园林景观的分类

园林水体的景观形式是丰富多彩的。明袁中郎谓："水突然而趋，忽然而折，天回云昏，顷刻不知其千里，细则为罗谷，旋则为虎眼，注则为天坤，立则为岳玉；矫而为龙，喷而为雾，吸而为风，怒而为霆，疾徐舒蹙，奔跃万状。"下面以水体存在的四种形态来划分水体的景观。

（1）水体因压力而向上喷，形成各种各样的喷泉、涌泉、喷雾……总称"喷水"。

（2）水体因重力而下跌，高程突变，形成各种各样的瀑布、水帘……总称"跌水"。

（3）水体因重力而流动，形成各种各样的溪流、旋涡……总称"流水"。

（4）水面自然，不受重力及压力影响，称"池水"。

自然界不流动的水体，并不是静止的。它因风吹而漪涟、波涛，因降雨而得到补充，因蒸发、渗透而减少、枯干，因各种动植物、微生物的参与而污染、净化，无时不在进行生态的循环。

3. 喷水的类型

人工造就的喷水，有以下七种景观类型。

（1）水池喷水：这是最常见的形式。设计水池，安装喷头、灯光、设备。停喷时是一个静水池。

（2）旱池喷水：喷头等隐于地下，适用于让人参与的地方，如广场、游乐场。停喷时是场中一块微凹地坪，缺点是水质易污染。

（3）浅池喷水：喷头于山石、盆栽之间，可以把喷水的全范围做成一个浅水盆，也可以仅在射流落点之处设几个水钵。美国迪士尼乐园有座间歇喷泉，由A定时喷一串水珠至B，再由B喷一串水珠至C，如此循环跳跃，周而复始。

（4）舞台喷水：影剧院、跳舞厅、游乐场等场所，有时作为舞台前景、背景，有时作为表演场所和活动内容。这里小型的设施，水池往往是活动的。

（5）盆景喷水：家庭、公共场所的摆设，大小不一，往往成套出售。此种以水为主要景观的设施，不限于"喷"的水姿，而易于吸取高科技成果，做出让人意想不到的景观，很有启发意义。

（6）自然喷水：喷头置于自然水体之中。

（7）水幕影像：上海城隍庙的水幕电影，由喷水组成10余米宽、20余米长的扇形水幕，与夜晚天际连成一片，电影放映时，人物驰骋万里，来去无影。

当然，除了这七种类型景观，还有不少奇闻趣观。

4. 水景的类型

水景是园林景观构成的重要组成部分，水的形态不同，则构成的景观也不同。水景一般可分为以下几种类型。

（1）水池。园林中常以天然湖泊作水池，尤其在皇家园林中，此水景有一望千顷、海阔天空之气派，构成了大型园林的宏旷水景。而私家园林或小型园林的水池面积较小，其形状可方、可圆、可直、可曲，常以近观为主，不可过分分隔，故给人的感觉是古朴野趣。

（2）瀑布。瀑布在园林中虽用得不多，但它特点鲜明，即充分利用了高差变化，使水产生动态之势。如把石山叠高，下挖成潭，水自高往下倾泻，击石四溅，飞珠若帘，俨如千尺飞流，震撼人心，令人流连忘返。

（3）溪涧。溪涧的特点是水面狭窄而细长，水因势而流，不受拘束。水口的处理应使水声悦耳动听，使人犹如置身于真山真水之间。

（4）泉源。泉源之水通常是溢满的，一直不停地往外流出。古有天泉、地泉、甘泉之分。泉的地势一般比较低下，常结合山石，光线幽暗，别有一番情趣。

（5）濠濮。濠濮是山水相依的一种景象，其水位较低，水面狭长，往往能产生两山夹岸之感。而护坡置石，植物探水，可造成幽深濠涧的气氛。

（6）渊潭。潭景一般与峭壁相连。水面不大，深浅不一。大自然之潭周围峭壁嶙峋，俯瞰气势险峻，有若万丈深渊。庭园中潭之创作，岸边宜叠石，不宜披土；光线处理宜荫蔽浓郁，不宜阳光灿烂；水位标高宜低下，不宜涨满。水面集中而空间狭隘是渊潭的创作要点。

（7）滩。滩的特点是水浅而与岸高差很小。滩景结合洲、矶、岸等，潇洒自如，极富自然。

（8）水景缸。水景缸是用容器盛水作景。其位置不定，可随意摆放，内可养鱼、种花以用作庭园点景之用。

除上述类型外，随着现代园林艺术的发展，水景的表现手法越来越多，如喷泉造景、叠水造景等，均活跃了园林空间，丰富了园林内涵，美化了园林的景致。

5. 喷水池的设计原则

（1）要尽量考虑向生态方向发展，如空调冷却水的利用、水帘幕降温、渔塘增氧、兼作消防水池、喷雾增加空气湿度和负离子，以及作为水系循环水源等。科学研究证明，水滴分裂有带电现象，水滴由加有高压电的喷嘴中以雾状喷出，可吸附微小烟尘乃至有害气体，会大大提高除尘效率。带电水雾硝烟的技术及装置、向雷云喷射高速水流消除雷害的技术，正在积极研究中。真是“喷流飞电来，奇观有奇用”。

（2）要与其他景观设施结合。喷水等水景工程是一项综合性工程，需要园林、建筑、结构、雕塑、自控、电气、给排水、机械等专业共同参与，才能做到至善至美。

（3）水景是园林绿化景观中的一部分内容，要有雕塑、花坛、亭廊、花架、坐椅、地坪铺装、儿童游戏场、露天舞池等内容的参加配合，才能成景，并做到规模不至过大，而效果淋漓尽致，喷射时好看，停止时也好看。

（4）要有新意，不落窠臼。日本的喷泉是由声音、风向、光线来控制开启的，还有座“急流勇进”，一股股激浪冲向艘艘木舟，激起千堆雪。美国有座喷泉，上喷的水正对着下泻的瀑，水花在空中爆炸，蔚为壮观。

（5）要因地制宜选择合理的喷泉。例如，适于参与、有管理条件的地方采用旱地喷水；而只适于观赏的要采用水池喷泉；园林环境下可考虑采用自然式浅池喷水。

6. 各种喷水款式的选择

现在的喷泉设计，多从造型考虑，喜欢哪个样子就选哪种喷头。实际上现有各种喷头的使用条件有很多不同，具体如下。

（1）声音。有的喷头的水噪声很大，如充气喷头；有的是有造型而无声，很安静的，如喇叭喷头。

（2）风力的干扰。有的喷头受外界风力影响很大，如半圆型喷头，此类喷头形成的水膜很薄，强风下几乎不能成型；有的则没什么影响，如树水状喷头。

（3）水质的影响。有的喷头受水质的影响很大，水质不佳，动辄堵塞，如蒲公英喷头，堵塞局部，破坏整体造型；有的影响很小，如涌泉。

（4）高度和压力。各种喷头都有其合理、高效的喷射高度。例如，要喷得高，可用中空喷头，比用直流喷头好，因为环形水流的中部空气稀薄，四周空气裹紧水柱使之不易分散。而儿童游戏场为安全起见，要选用低压喷头。

（5）水姿的动态。多数喷头是安装后或调整后按固定方向喷射的，如直流喷头。还有一些喷头是动态的，如摇摆和旋转喷头，在机械和水力的作用下，喷射时喷头是移动的。经过特殊设计，有的喷头还可按预定的轨迹前进。同一种喷头，由于设计的不同，可喷射出各种高度，此起彼伏。无级变速可使喷射轨迹呈曲线形状，甚至时断时续，射流呈现出点、滴、串的水姿，如间歇喷头。多数喷头是安装在水面之上的，但是鼓泡（泡沫）喷头是安装在水面之下的，因水面的波动，喷射的水姿会呈现起伏动荡的变化。使用此类喷头，要注意水池会有较大的波浪出现。

（6）射流和水色。多数喷头喷射时水色是透明无色的。鼓泡（泡沫）喷头、充气喷头由于空气和水混合，射流是不透明白色的。而雾状喷头要在阳光照射下才会产生瑰丽的彩虹。水盆景、摆设一类水景，往往把水染色，使之在灯光下，更显烂漫辉煌。

14.2 园林水景工程图的绘制

山石水体是园林的骨架，表达水景工程构筑物（如驳岸、码头、喷水池等）的图样称为水景工程图。在水景工程图中，除表达工程设施的土建部分外，一般还有机电、管道、水文地质等专业内容。此处主要介绍水景工程图的表达方法、一般分类和喷水池工程图。

1. 水景工程图的表达方法

（1）视图的配置。

水景工程图的基本图样仍然是平面图、立面图和剖面图。水景工程构筑物，如基础、驳岸、水闸、水池等许多部分被土层履盖，所以剖面图和断面图应用较多。人站在上游（下游），面向建筑物作投射，所得的视图称为上游（下游）立面图，如图 14-1 所示。

为看图方便，每个视图都应在图形下方标出名称，各视图应尽量按投影关系配置。布置图形时，习惯使水流方向由左向右或自上而下。

（2）其他表示方法。

① 局部放大图。物体的局部结构用较大比例画出的图样称为局部放大图或详图。放大的详图必须标注索引标志和详图标志。

② 展开剖面图。当构筑物的轴线是曲线或折线时，可沿轴线剖开物体并向剖切面投影，然后将所得剖面图展开在一个平面上，这种剖面图称为展开剖面图，在图名后应标注“展开”二字。

③ 分层表示法。当构筑物有几层结构时，在同一视图内可按其结构层次分层绘制。相邻层次用波浪线分界，并用文字在图形下方标注各层名称。

④ 掀土表示法。被土层覆盖的结构，在平面图中不可见。为表示这部分结构，可假想将土层掀开后再画出视图。

⑤ 规定画法。除可采用规定画法和简化画法外，还有以下规定。

- 构筑物中的各种缝线，如沉陷缝、伸缩缝和材料分界线，两边的表面虽然在同一平面内，但画图时一般按轮廓线处理，用一条粗实线表示。
- 水景构筑物配筋图的规定画法与园林建筑图相同。如钢筋网片的布置对称可以只画一半，另一半表达构件外形。对于规格、直径、长度和间距相同的钢筋，可用粗实线画出其中一根来表示，同时用一横穿的细实线表示其余的钢筋。
- 如图形的比例较小，或者某些设备另有专门的图纸来表达，可以在图中相应的部位用图例来表达工程构筑物的位置。常用图例如图 14-2 所示。

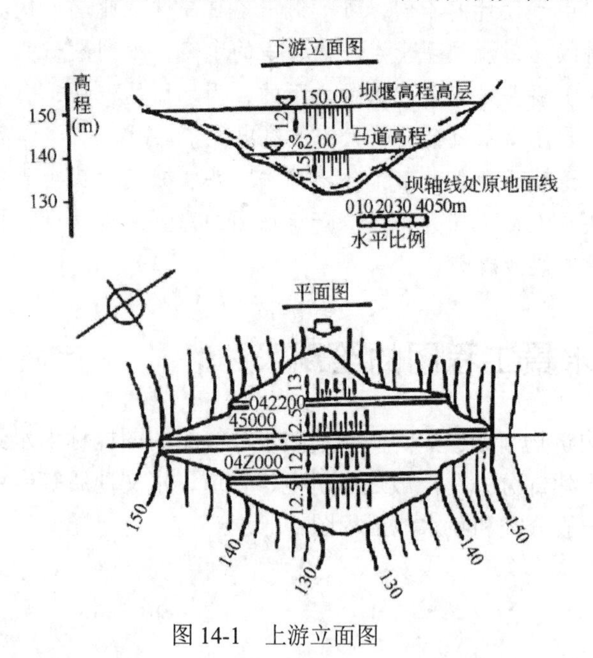

图 14-1　上游立面图

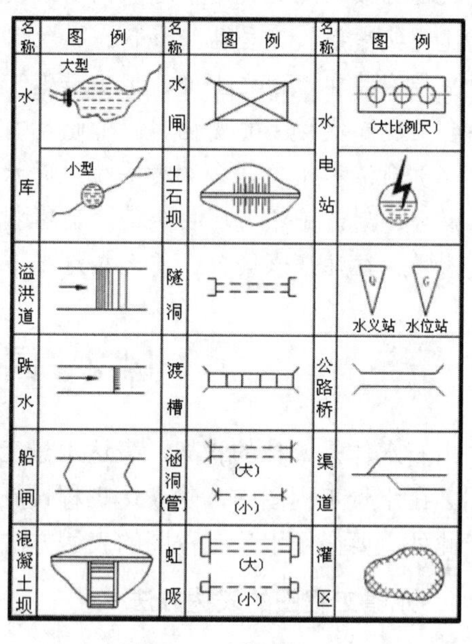

图 14-2　常见图例

2. 水景工程图的尺寸注法

投影制图有关尺寸标注的要求，在注写水景工程图的尺寸时也必须遵守。但水景工程图也有它自己的特点，主要如下。

（1）基准点和基准线。要确定水景工程构筑物在地面的位置，必须先定好基准点和基准线在地面的位置，各构筑物的位置均以基准点进行放样定位。基准点的平面位置是根据测量坐标确定的，两个基准点的连线可以定出基准线的平面位置。基准点的位置用交叉十字线表示，引出标注测量坐标。

（2）常水位、最高水位和最低水位。设计和建造驳岸、码头、水池等构筑物时，应根据当地的水情和一年四季的水位变化来确定驳岸和水池的形式和高度，使得常水位时景观最佳，最高水位时不至于溢出，最低水位时岸壁的景观也可入画。因此在水景工程图上，应标注常水位、最高水位和最低水位的标高，并常将水位作为相对标高的零点，如图 14-3 所示。为便于施工测量，图中除注写各部分的高度尺寸外，还需注出必要的高程。

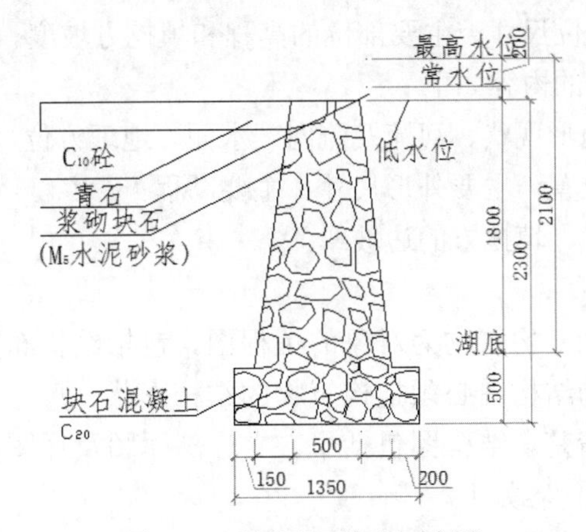

图 14-3　驳岸剖面图尺寸标注

（3）里程桩。对于堤坝、渠道、驳岸、隧洞等较长的水景工程构筑物，沿轴线的长度尺寸通常采用里程桩的标注方法。标注形式为 k+m，k 为公里数，m 为米数。如起点桩号标注成 0+000，起点桩号之后，k、m 为正值；起点桩号之前，k、m 为负值。桩号数字一般沿垂直于轴线的方向注写，且标注在同一侧，如图 14-4 所示。当同一图中几种建筑物均采用“桩号”标注时，可在桩号数字之前加注文字以示区别，如坝 0+021.00、洞 0+018.30 等。

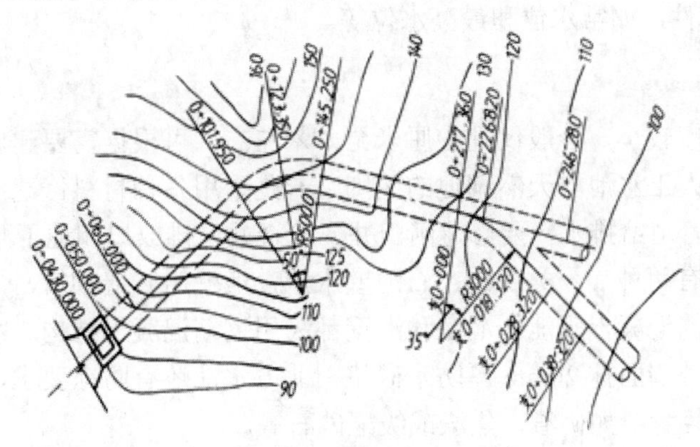

图 14-4　里程桩尺寸标注

3. 水景工程图的内容

开池理水是园林设计的重要内容。园林中的水景工程，一类是利用天然水源（河流、湖泊）和现状地形修建的较大型水面工程，如驳岸、码头、桥梁、引水渠道和水闸等；更多的是在街头、游园内修建的小型水面工程，如喷水池、种植池、盆景池、观鱼池等人工水池。水景工程设计一般也要经过规划、初步设计、技术设计和施工设计几个阶段。每个阶段都要绘制相应的图样。水景工程图主要有总体布置图和构筑物结构图。

（1）总体布置图。

总体布置图主要表示整个水景工程各构筑物在平面和立面的布置情况。总体布置图以平面布置图为主，必要时配置立面图。平面布置图一般画在地形图上；为了使图形主次分明，结构图的次要轮廓线和细部构造均省略不画，或用图例或示意图表示这些构造的位置和作用。图中一般只注写构筑物的外形轮廓尺寸和主要定位尺寸，主要部位的高程和填挖方坡度。总体布置图的绘图比例一般为1:200 ～ 1:500。总体布置图的内容如下：

① 工程设施所在地区的地形现状、河流及流向、水面、地理方位（指北针）等。

② 各工程构筑物的相互位置、主要外形尺寸、主要高程。

③ 工程构筑物与地面交线、填挖方的边坡线。

（2）构筑物结构图。

结构图是以水景工程中某一构筑物为对象的工程图。包括结构布置图、分部和细部构造图以及钢筋混凝土结构图。构筑物结构图必须把构筑物的结构形状、尺寸大小、材料、内部配筋及相邻结构的连接方式等都表达清楚。结构图包括平、立、剖面图及详图和配筋图，绘图比例一般为1:5 ～ 1:100。构筑物结构图的内容如下。

① 表明工程构筑物的结构布置、形状、尺寸和材料。

② 表明构筑物各分部和细部构造、尺寸和材料。

③ 表明钢筋混凝土结构的配筋情况。

④ 工程地质情况及构筑物与地基的连接方式。

⑤ 相邻构筑物之间的连接方式。

⑥ 附属设备的安装位置。

⑦ 构筑物的工作条件，如常水位和最高水位等。

4. 喷水池工程图

喷水池的面积和深度较小，一般仅几十厘米至一米左右，可根据需要建成地面上或地面下或者半地上半地下的形式。人工水池与天然湖池的区别：一是采用各种材料修建池壁和池底，并有较高的防水要求；二是采用管道给排水，要修建闸门井、检查井、排放口和地下泵站等附属设备。

常见的喷水池结构有两种：一类是砖、石池壁水池，池壁用砖墙砌筑，池底采用素混凝土或钢筋混凝土。另一类是钢筋混凝土水池，池底和池壁都采用钢筋混凝土结构。喷水池的防水做法多是在池底上表面和池壁内外墙面抹 20mm 厚防水砂浆。北方水池还有防冻要求，可以在池壁外侧回填时采用排水性能较好的轻骨料如矿渣、焦渣或级配砂石等。

喷水的基本形式有直射形、集射形、放射形、散剔形、混合形等。喷水又可与山石、雕塑、灯光等相互依赖，共同组合形成景观。不同的喷水外形主要取决于喷头的形式，可根据不同的喷水造型设计喷头。

（1）管道的连接方法。

喷水池采用管道给排水，管道是工业产品，有一定的规格和尺寸。在安装时加以连接组成管路，其连接方式将因管道的材料和系统而不同。常用的管道连接方式有以下 4 种。

① 法兰接。在管道两端各焊一个圆形的先到趾在法兰盘中间垫以橡皮，四周钻有成组的小圆孔，在圆孔中用螺栓连接。

② 承插接。管道的一端做成钟形承口，另一端是直管，直管插入承口内，在空隙处填以石棉水泥。

③ 螺纹接。管端加工有处螺纹，用有内螺纹的套管将两根管道连接起来。

④ 焊接略。将两管道对接焊成整体，在园林给排水管路中应用不多。

喷水池给排水管路中，给水管一般采用螺纹连接，排水管大多采用承插连接。

（2）管道平面图。

管道平面图主要是用以显示区域内管道的布置。一般游园的管道综合平面图常用比例为1:200～1:2000。喷水池管道平面图主要能显示清楚该小区范围内的管道即可，通常选用1:50～1:300的比例。管道均用单线绘制，称为单线管道图。但用不同的宽度和不同的线型加以区别。新建的各种给排水管用粗线，原有的给排水管用中粗线，水管用实线，排水管用虚线等。

管道平面图中的房屋、道路、广场、围墙、草地花坛等原有建筑物和构筑物按建筑总平面图的图例用细实线绘制，水池等新建建筑物和构筑物用中粗线绘制。

铸铁管以公称直径“DN”表示，公称直径指管道内径，通常以英吋为单位（1″=25.4mm），也可标注毫米，例如 DN50。混凝土管以内径“d”表示，例如 d150。管道应标注起迄点、转角点、连接点、变坡点的标高。给水管宜注管中心线标高，排水管宜注管内底标高。一般标注绝对标高，如无绝对标高资料，也可注相对标高。给水管是压力管，通常水平敷设，可在说明中注明中心线标高排水管。为简便起见，可在检查井处引出标注，水平线上面注写管道种类及编号，如 W-5，水平线下面注写井底标高；也可在说明中注写管口内底标高和坡度。管道平面图中还应标注闸门井的外形尺寸和定位尺寸，指北针或风向玫瑰图。为便于对照阅读，应附足给水排水专业图例和施工说明。施工说明一般包括设计标高、管径及标高、管道材料和连接方式、检查井和闸门井尺寸、质量要求和验收标准等。

（3）安装详图。

安装详图主要用以表达管道及附属设备安装情况的图样，或称工艺图。安装详图以平面图作为基本视图，然后根据管道布置情况选择合适的剖面图，剖切位置通过管道中心，但管道按不剖绘制。局部构造，如闸门井、泄水口、喷泉等用管道节点图表达。在一般情况下管道安装详图与水池结构图应分别绘制。

一般安装详图的画图比例都比较大，各种管道的位置、直径、长度及连接情况必须表达清楚。在安装详图中，管径大小按比例用双粗实线绘制，称为双线管道图。

为便于阅读和施工备料，应在每个管件旁边，以指引线引出 6mm 小圆圈并加以编号，相同的管配件可编同一号码。在每种管道旁边注明其名称，并画箭头以示其流向。

池体等土建部分另有构筑物结构图详细表达其构造、厚度、钢筋配置等内容。在管道安装工艺图中，一般只画水池的主要轮廓，细部结构可省略不画。池体等土建构筑物的外形轮廓线（非剖切）用细实线绘制，闸门井、池壁等剖面轮廓线用中粗线绘制，并画出材料图例。管道安装详图的尺寸包括构筑尺寸、管径及定位尺寸、主要部位标高。构筑尺寸指水池、闸门井、地下泵站等内部长、宽和深度尺寸，沉淀池、泄水口、出水槽的尺寸等。在每段管道旁边注写管径和代号“DN”等，管道通常以池壁或池角定位。构筑物的主要部位（池顶、池底、泄水口等）及水面、管道中心、地坪应标注标高。

喷头是经机械加工的零部件，与管道用螺纹连接或法兰连接。自行设计的喷头应按机械制图标准画出部件装配图和零件图。

为便于施工备料、预算，应将各种主要设备和管配件汇总列出材料表。表列内容为件号、名称、规格、材料、数量等。

（4）喷水池结构图。

喷水池池体等土建构筑物的布置、结构，形状大小和细部构造用喷水池结构图来表示。喷水池结构图通常包括表达喷水池各组成部分的位置、形状和周围环境的平面布置图，表达喷泉造型的外观立面图，表达结构布置的剖面图和池壁、池底结构详图或配筋图。如图 14-5 所示为某公园喷泉结构图。

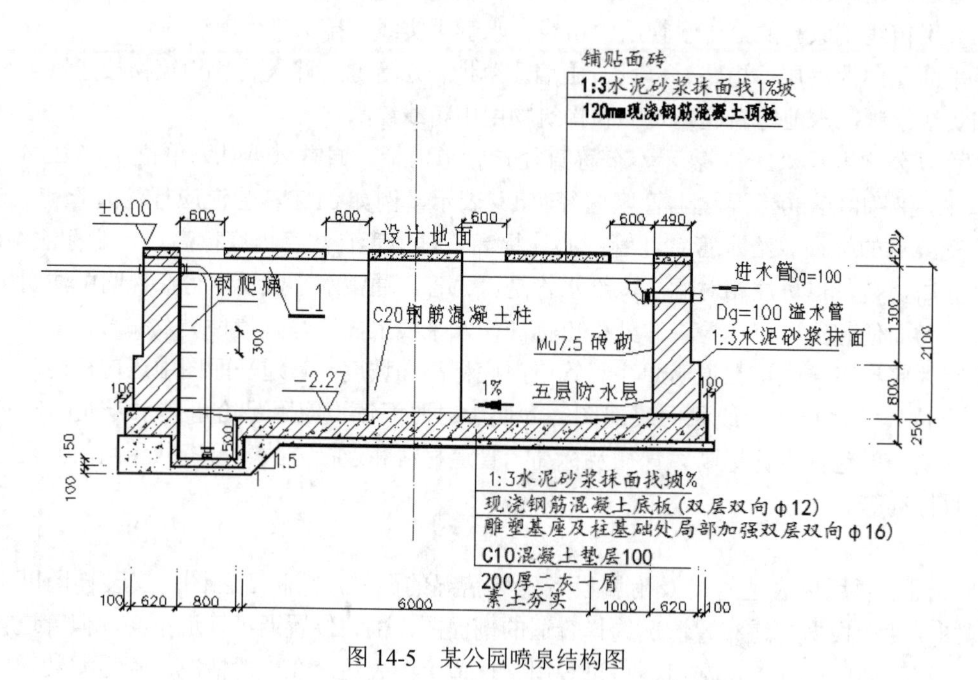

图 14-5　某公园喷泉结构图

14.3　水景墙设计

水景墙是一种现代园林水景设计的常见方式，多用于大型建筑或住宅小区楼前作为装饰建筑使用。

14.3.1 绘制水景墙平面图

扫一扫，看视频

本节绘制如图 14-6 所示的水景墙平面图。

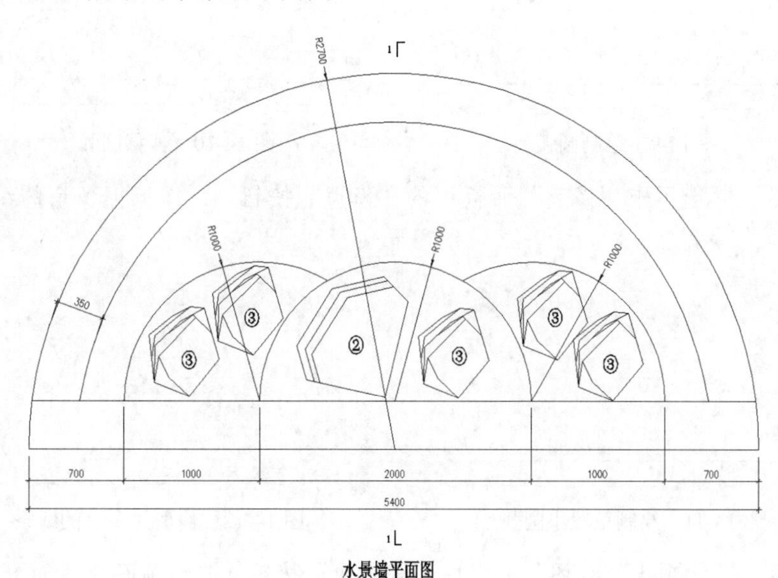

图 14-6 水景墙平面图

源文件：源文件 \ 第 14 章 \ 水景墙平面图 .dwg

【操作步骤】

（1）单击“默认”选项卡“绘图”面板中的“直线”按钮，绘制一条长为 5400 的水平线段，如图 14-7 所示。

图 14-7 绘制水平直线

（2）单击“默认”选项卡“修改”面板中的“偏移”按钮，将水平线段向上偏移 350，如图 14-8 所示。

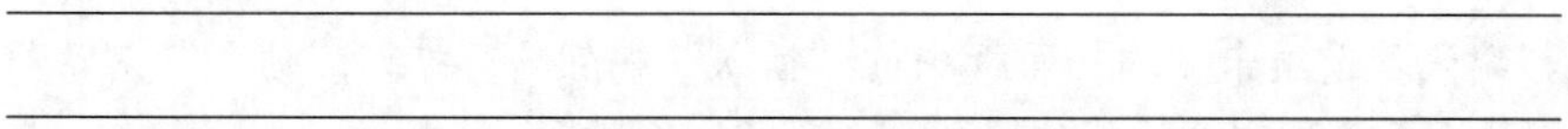

图 14-8 偏移直线

（3）单击“默认”选项卡“绘图”面板中的“圆弧”按钮，以水平线段右端点为起点，左端点为终点，绘制一段圆弧，设置半径为 2700；然后单击“默认”选项卡“修改”面板中的“修剪”按钮，修剪掉多余的线条，如图 14-9 所示。

（4）单击“默认”选项卡“修改”面板中的“偏移”按钮，将圆弧向内偏移 350，然后单击“默认”选项卡“修改”面板中的“修剪”按钮，修剪掉多余的线条，如图 14-10 所示。

（5）同理，单击“默认”选项卡“绘图”面板中的“圆弧”按钮，绘制三段小圆弧，将每段圆弧的半径设置为 1000，如图 14-11 所示。

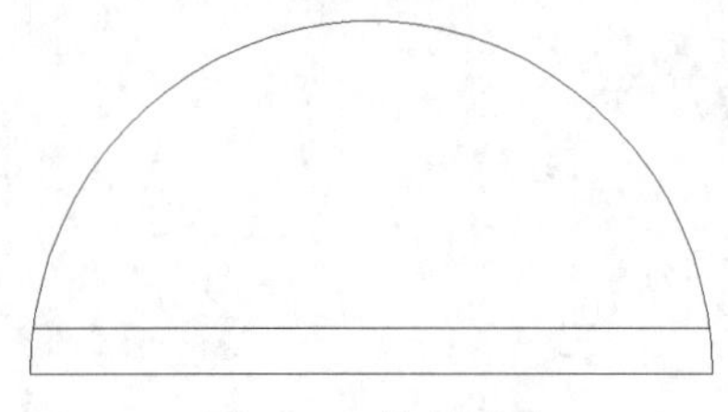

图 14-9　绘制圆弧

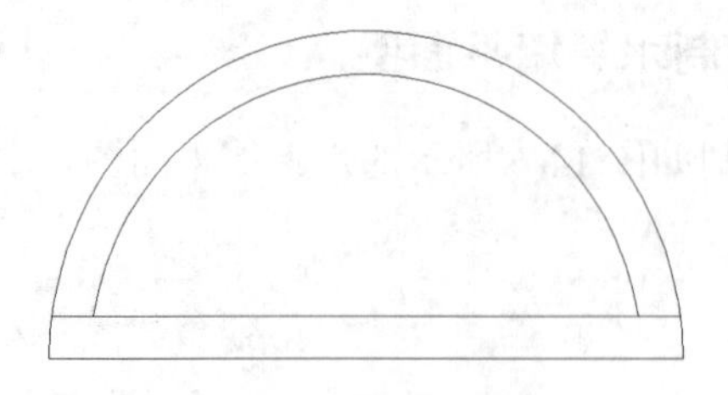

图 14-10　偏移圆弧

（6）单击“默认”选项卡“修改”面板中的“修剪”按钮，修剪掉多余的线条，如图 14-12 所示。

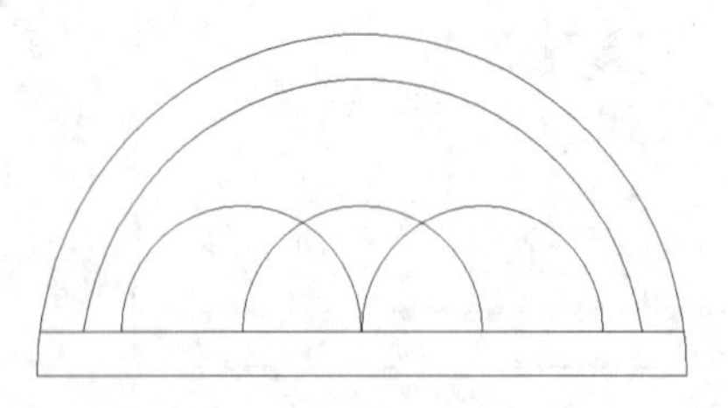

图 14-11　绘制三段小圆弧

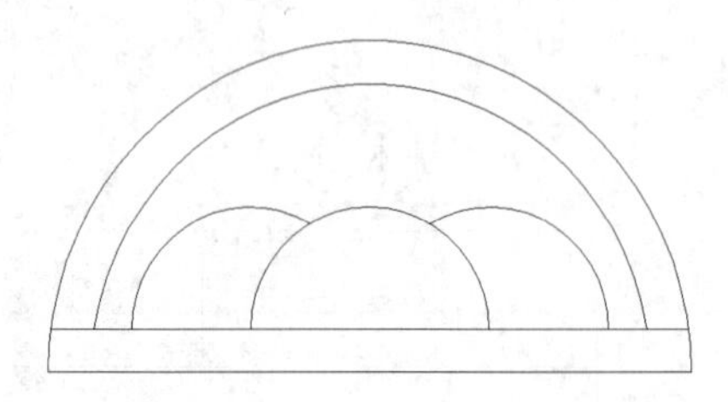

图 14-12　修剪掉多余的线条

（7）单击“默认”选项卡“绘图”面板中的“直线”按钮，绘制石头，如图 14-13 所示。

（8）单击“默认”选项卡“块”面板中的“创建”按钮，打开“块定义”对话框，将石头图形创建为块，如图 14-14 所示。

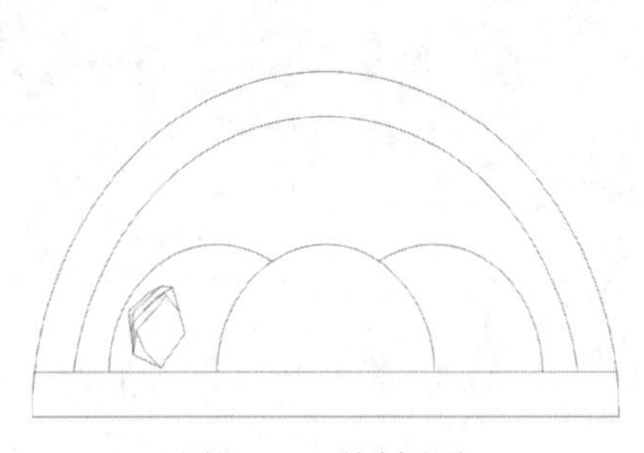

图 14-13　绘制石头

图 14-14　创建块

（9）单击“默认”选项卡“块”面板中的“插入”按钮，打开“插入”对话框，如图 14-15 所示，将石头图块插入到图中合适的位置处，如图 14-16 所示。

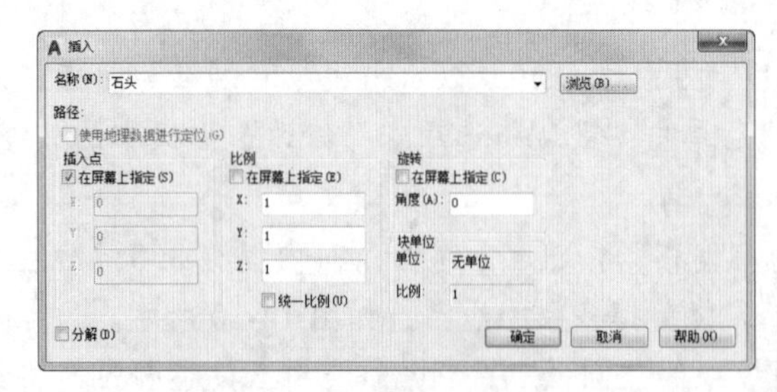

图 14-15　“插入”对话框

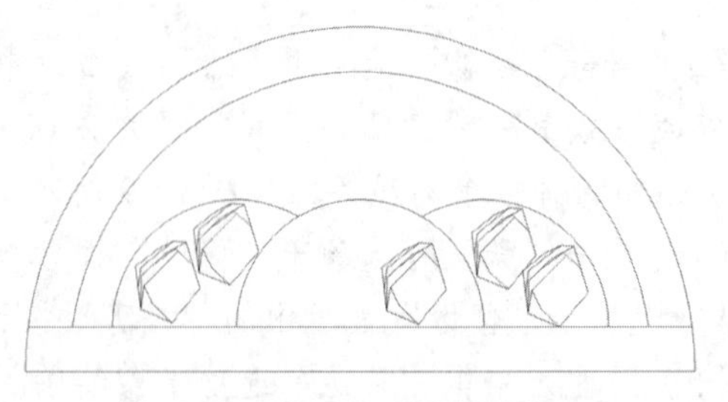

图 14-16　插入石头图块

（10）同理，单击“默认”选项卡“绘图”面板中的“直线”按钮╱，绘制其他位置处的石头图形，如图 14-17 所示。

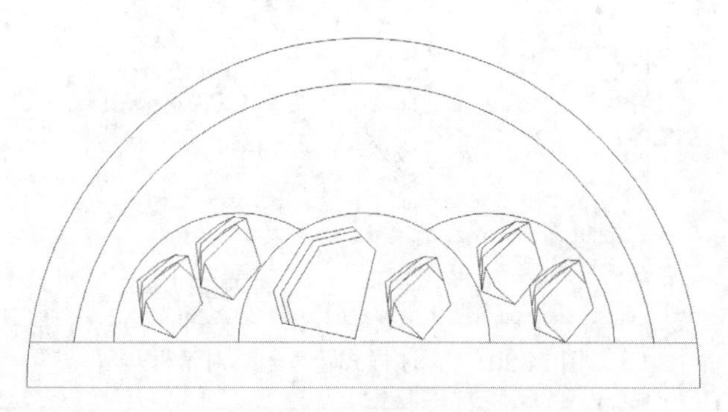

图 14-17 绘制石头

（11）单击“默认”选项卡“注释”面板中的“文字样式”按钮A，打开“文字样式”对话框，设置“字体”为“宋体”，“高度”为 200，如图 14-18 所示。

（12）单击“默认”选项卡“注释”面板中的“多行文字”按钮A，在石头位置处绘制标号，如图 14-19 所示。

图 14-18 “文字样式”对话框

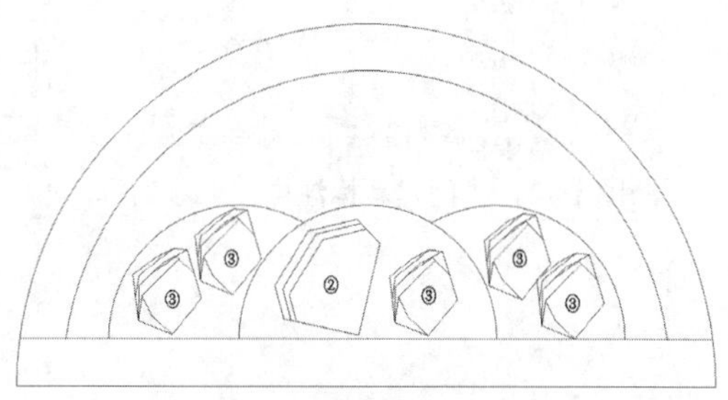

图 14-19 绘制标号

（13）单击“默认”选项卡“注释”面板中的“标注样式”按钮，打开“标注样式管理器”对话框，如图 14-20 所示。单击“新建”按钮，打开“创建新标注样式”对话框，如图 14-21 所示。单击“继续”按钮，打开“新建标注样式：副本 ISO-25”对话框（如图 14-22 所示），分别对各个选项卡进行设置。

（14）单击“默认”选项卡“注释”面板中的“线性”按钮和“连续”按钮，标注第一道尺寸，如图 14-23 所示。

（15）单击“默认”选项卡“注释”面板中的“线性”按钮，为图形标注总尺寸，如图 14-24 所示。

（16）单击“默认”选项卡“注释”面板中的“半径”按钮，为图形标注半径，如图 14-25 所示。

（17）单击“默认”选项卡“绘图”面板中的“多段线”按钮，将起始宽度和终止宽度分别设置为 10，在图中合适的位置处绘制剖切符号，如图 14-26 所示。

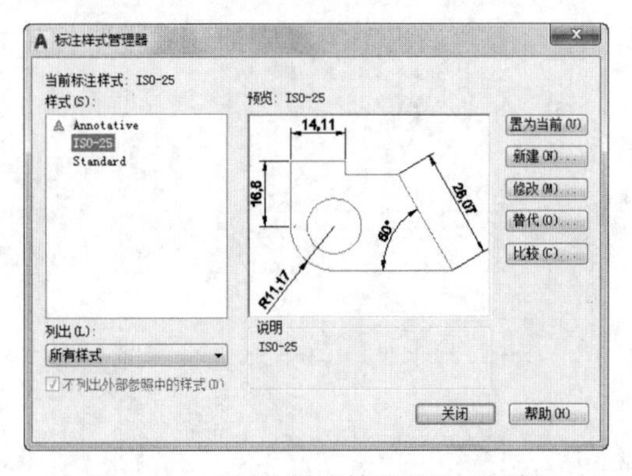

图 14-20 “标注样式管理器”对话框

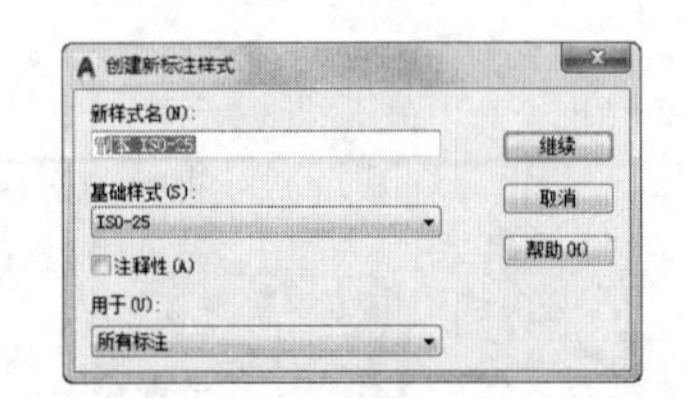

图 14-21 “创建新标注样式”对话框

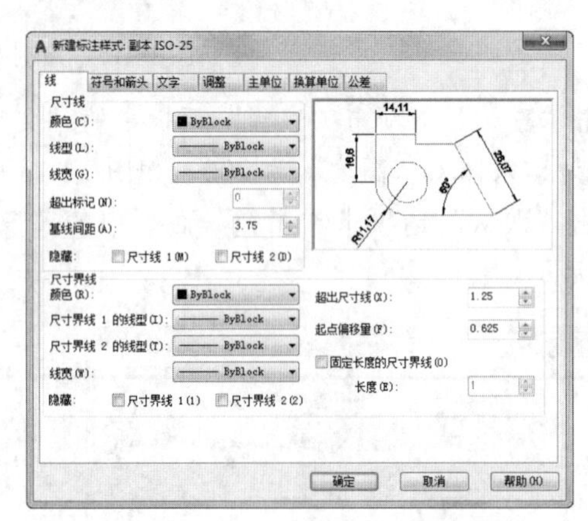

图 14-22 设置标注样式

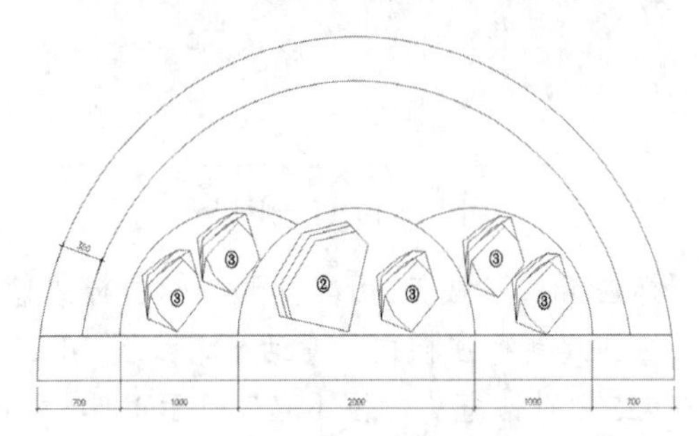

图 14-23 标注第一道尺寸

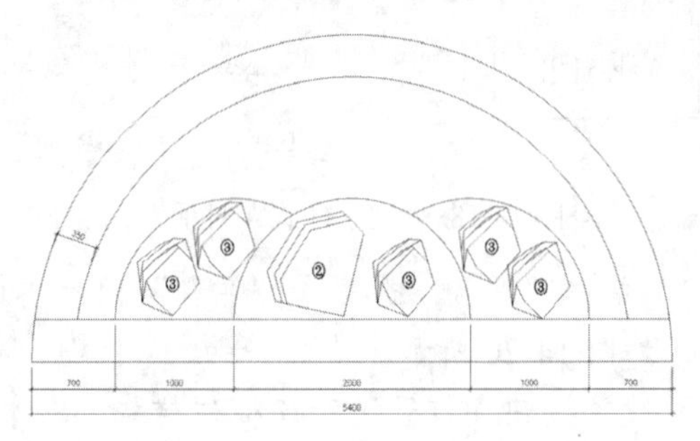

图 14-24 标注总尺寸

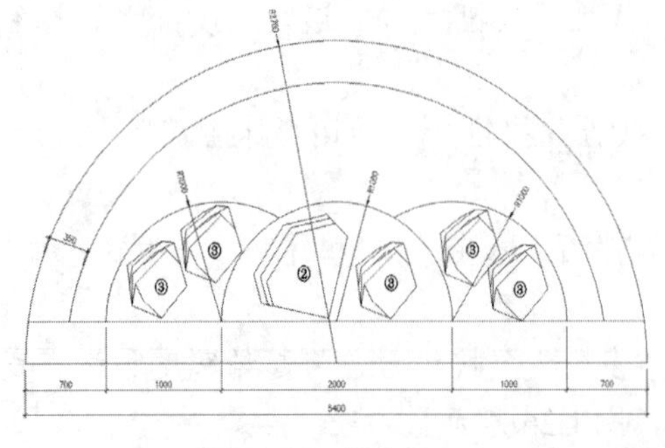

图 14-25 标注半径

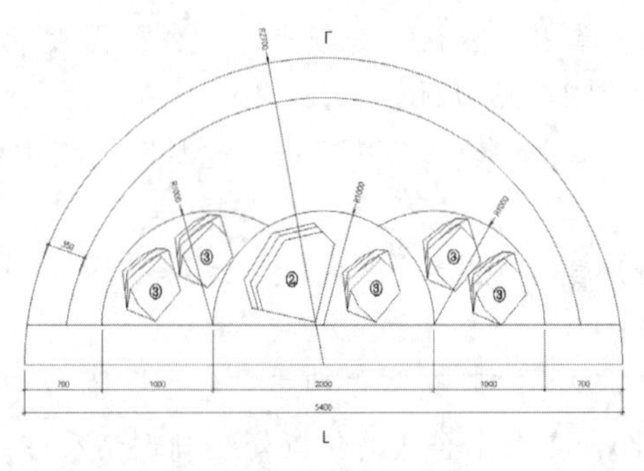

图 14-26 绘制剖切符号

（18）单击“默认”选项卡“注释”面板中的“多行文字”按钮A，绘制剖切数值，如图 14-27 所示。

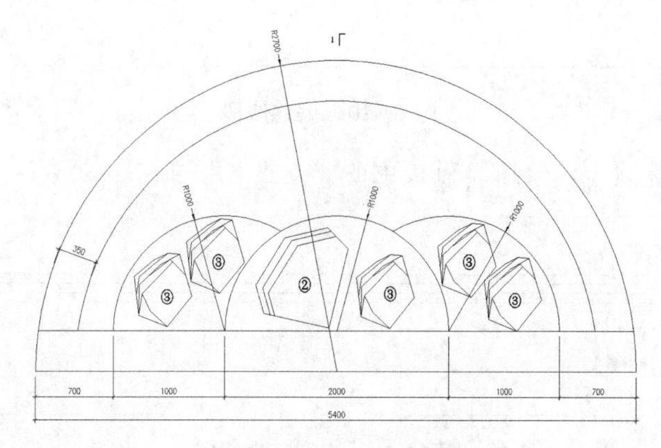

图 14-27　绘制剖切数值

（19）单击“默认”选项卡“注释”面板中的“多行文字”按钮A，标注图名，最终完成水景墙平面图的绘制，如图 14-6 所示。

扫一扫，看视频

14.3.2　绘制平台正立面图

本节绘制如图 14-28 所示的平台正立面图。

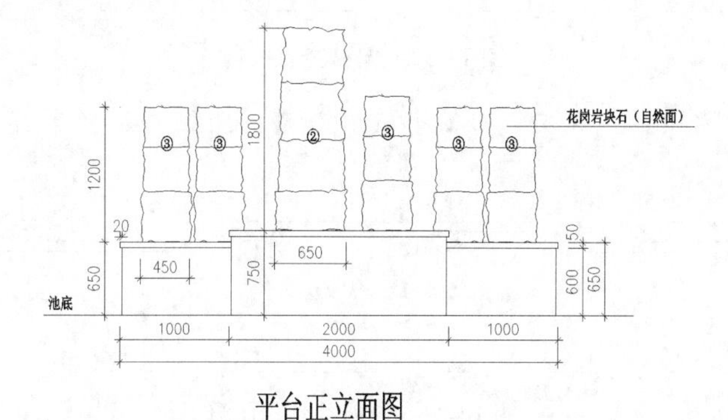

平台正立面图

图 14-28　平台正立面图

源文件：源文件\第 14 章\平台正立面图 .dwg

【操作步骤】

（1）单击“默认”选项卡“绘图”面板中的“直线”按钮，绘制长为 5400 的线段，作为池底，如图 14-29 所示。

图 14-29　绘制线段

（2）单击“默认”选项卡“修改”面板中的“偏移”按钮，将地坪线向上偏移，偏移距离分别为 600、50、50 和 50，如图 14-30 所示。

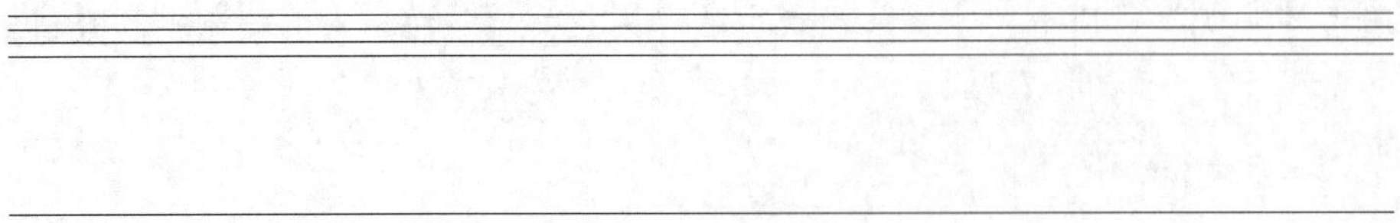

图 14-30　偏移线段

（3）单击“默认”选项卡“绘图”面板中的“直线”按钮，绘制一条竖直线段，如图 14-31 所示。

图 14-31　绘制竖直线段

（4）单击“默认”选项卡“修改”面板中的“偏移”按钮，将竖直线段向右偏移，偏移距离为 1000、2000 和 1000，如图 14-32 所示。

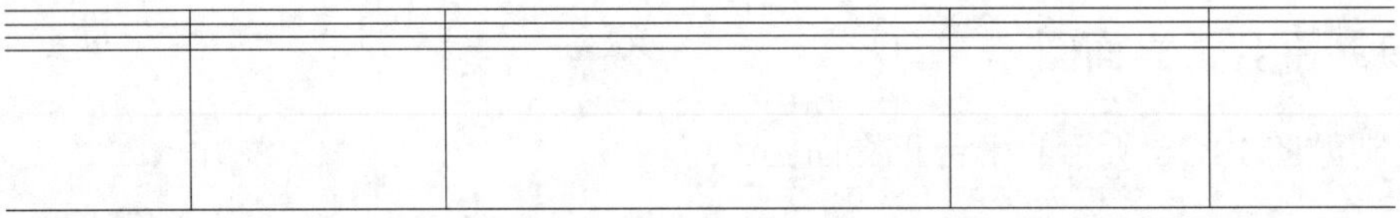

图 14-32　偏移竖直线段

（5）单击“默认”选项卡“修改”面板中的“修剪”按钮，修剪掉多余的线段，并整理图形，如图 14-33 所示。

图 14-33　修剪并整理图形

（6）单击“默认”选项卡“绘图”面板中的“直线”按钮，绘制花岗岩石块，如图 14-34 所示。

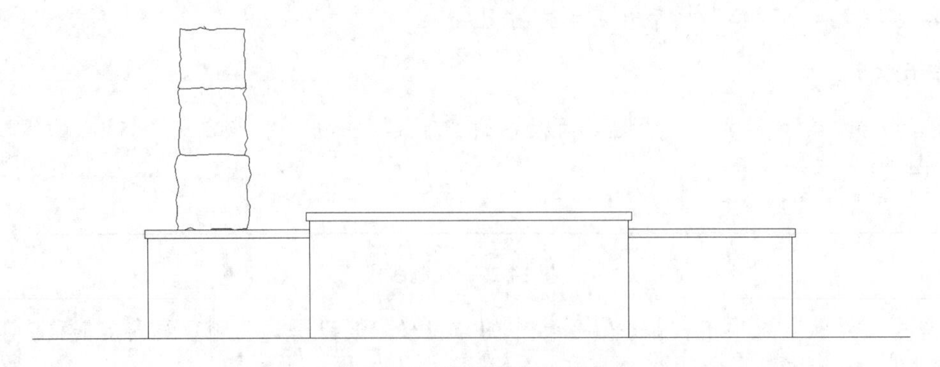

图 14-34　绘制花岗岩石块

（7）单击“默认”选项卡“修改”面板中的“复制”按钮和“修改”面板中的“修剪”按钮，将花岗岩石块复制到图中其他位置处并进行修剪，结果如图 14-35 所示。

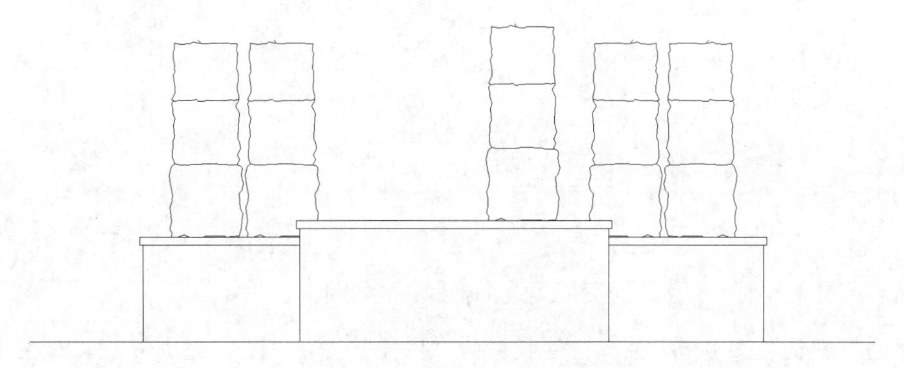

图 14-35　复制花岗岩石块

（8）单击“默认”选项卡“绘图”面板中的“直线”按钮，绘制其他位置处的花岗岩石块，如图 14-36 所示。

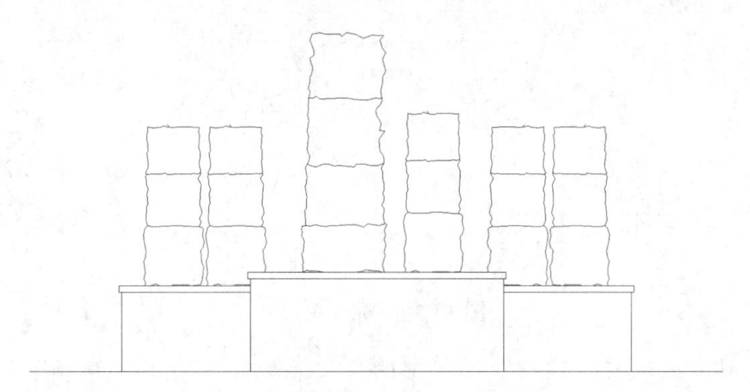

图 14-36　绘制花岗岩石块

（9）单击“默认”选项卡“注释”面板中的“多行文字”按钮，在石块处输入标号，如图 14-37 所示。

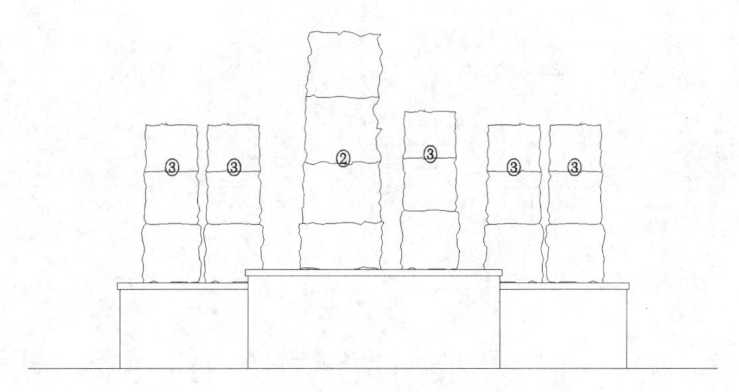

图 14-37　输入标号

（10）单击“默认”选项卡“注释”面板中的“线性”按钮和“连续”按钮，为图形标注第一道尺寸，如图 14-38 所示。

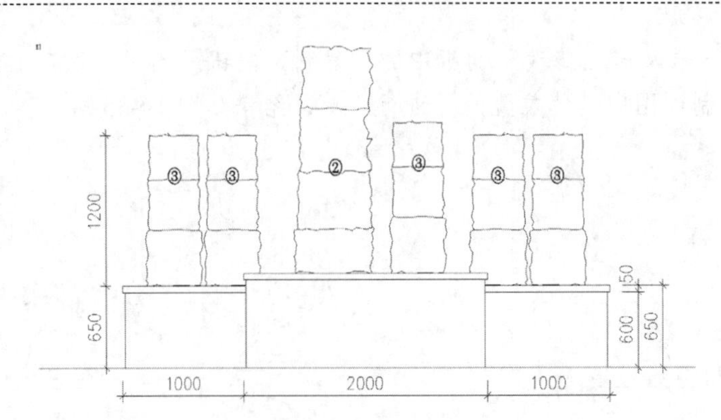

图 14-38　标注第一道尺寸

（11）单击“默认”选项卡“注释”面板中的“线性”按钮，标注总尺寸，如图 14-39 所示。

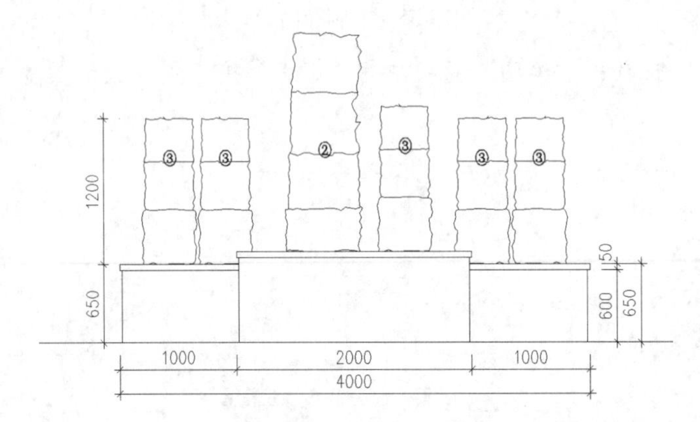

图 14-39　标注总尺寸

（12）单击“默认”选项卡“注释”面板中的“线性”按钮和“连续”按钮，标注细节尺寸，如图 14-40 所示。

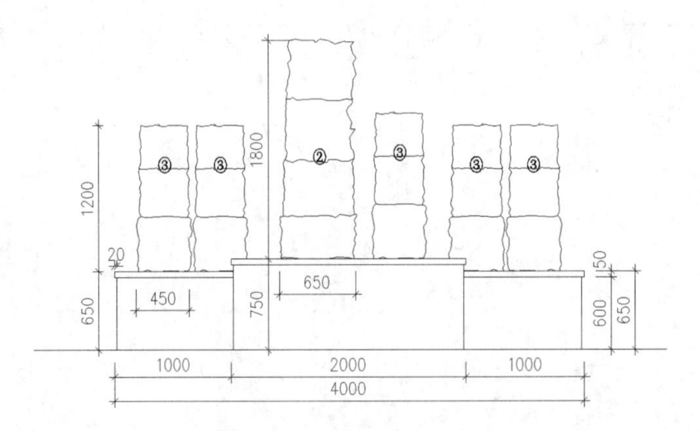

图 14-40　标注细节尺寸

（13）单击“默认”选项卡“绘图”面板中的“直线”按钮和“注释”面板中的“多行文字”按钮 A，标注文字，如图 14-41 所示。

（14）单击“默认”选项卡“注释”面板中的“多行文字”按钮 A，标注图名，如图 14-28 所示。

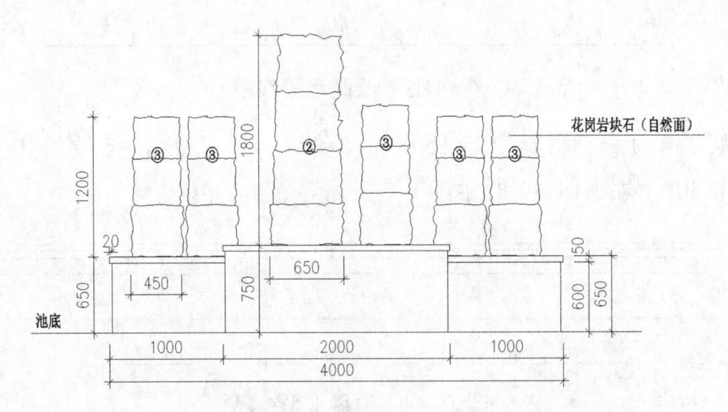

图 14-41　标注文字

14.3.3　绘制 1-1 剖面图

扫一扫，看视频

本节绘制如图 14-42 所示的 1-1 剖面图。

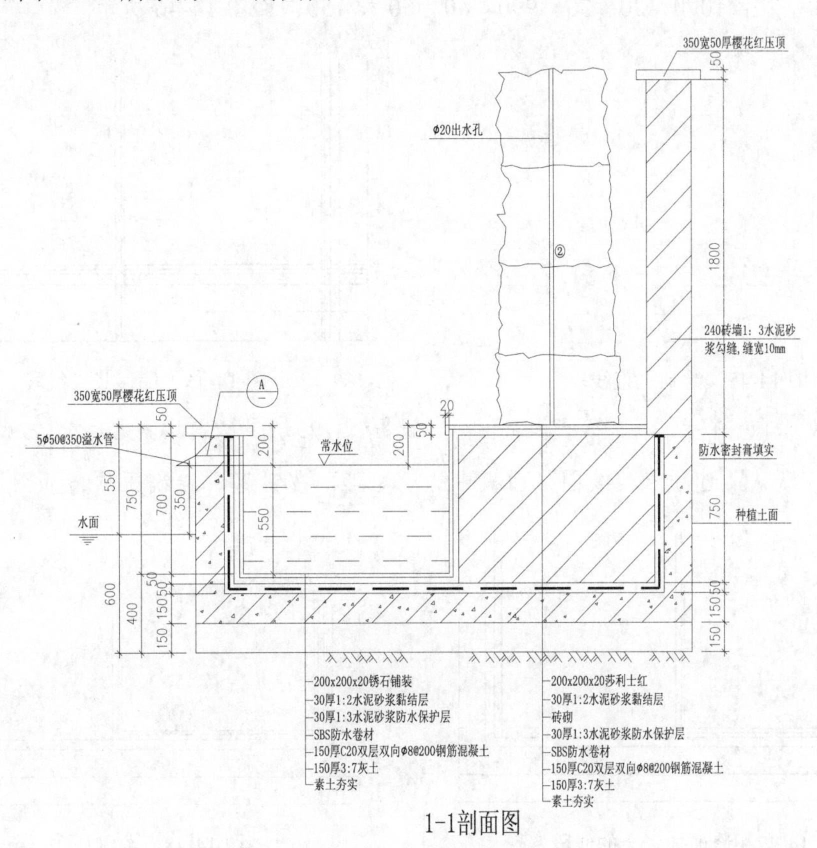

图 14-42　1-1 剖面图

源文件：源文件 \ 第 14 章 \1-1 剖面图 .dwg

【操作步骤】

（1）单击“默认”选项卡“绘图”面板中的“直线”按钮 ，绘制一条水平线段，如图 14-43 所示。

图 14-43　绘制水平线段

（2）单击“默认”选项卡“修改”面板中的“偏移”按钮，将线段向上偏移，偏移距离为 150、150、50、30 和 20，如图 14-44 所示。

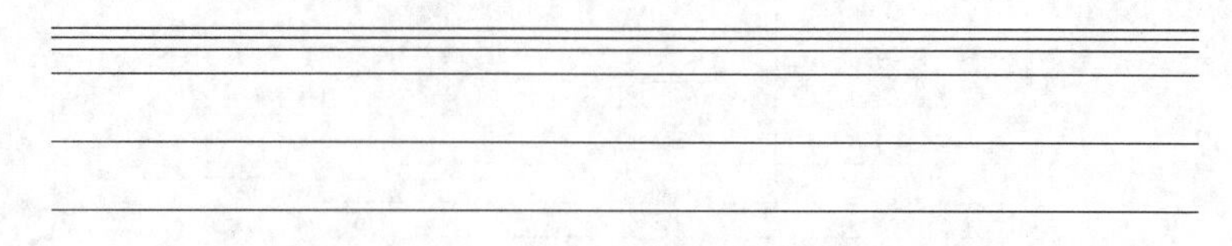

图 14-44　偏移水平线段

（3）单击“默认”选项卡“绘图”面板中的“直线”按钮，在图形左侧绘制一条竖直线段，如图 14-45 所示。

（4）单击“默认”选项卡“修改”面板中的“偏移”按钮，将竖直线段向右偏移，偏移距离为 150、50、30、20、1070、20、30、990、40、50 和 150，如图 14-46 所示。

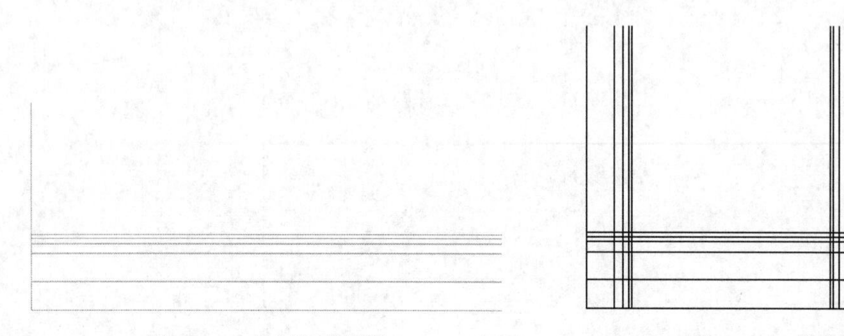

图 14-45　绘制竖直线段 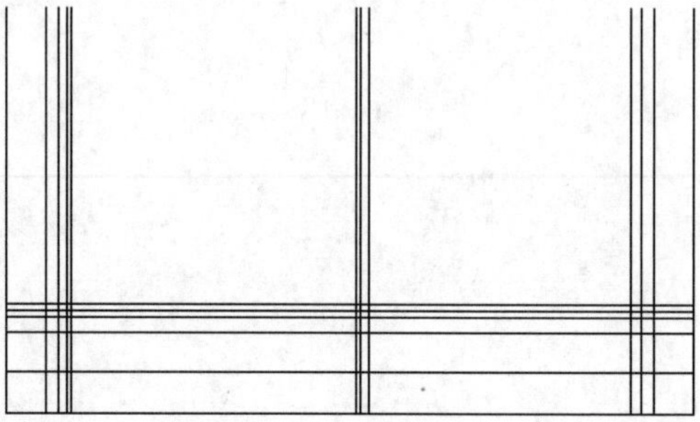　　图 14-46　偏移竖直线段

（5）单击“默认”选项卡“修改”面板中的“修剪”按钮，修剪掉多余的线段，如图 14-47 所示。

（6）单击“默认”选项卡“绘图”面板中的“矩形”按钮，绘制压顶，如图 14-48 所示。

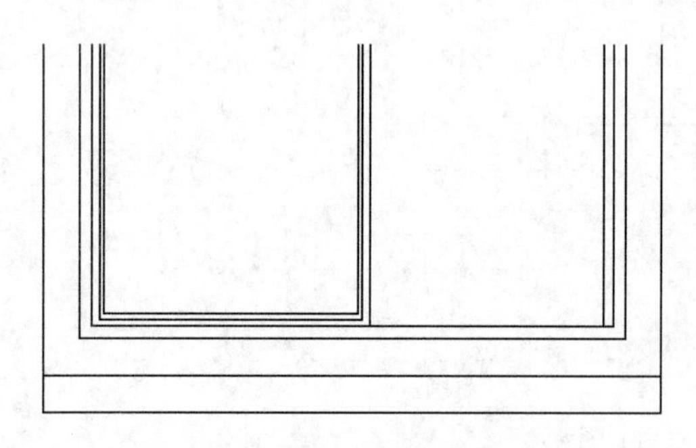

图 14-47　修剪掉多余的线段

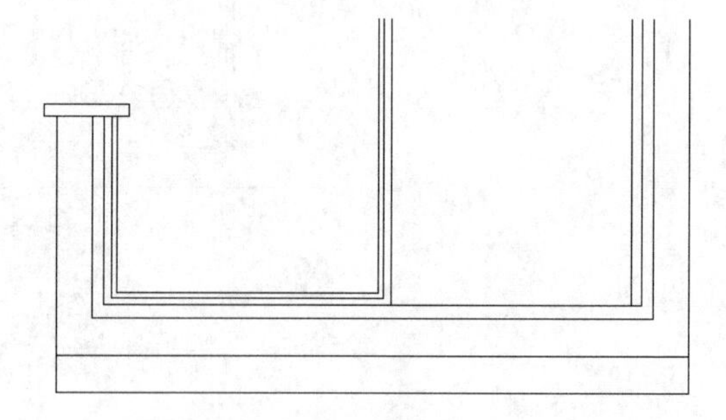

图 14-48　绘制压顶

（7）单击“默认”选项卡“绘图”面板中的“直线”按钮，绘制右侧图形，如图 14-49 所示。

（8）单击“默认”选项卡“绘图”面板中的“矩形”按钮，在右侧图形顶部绘制压顶，如图 14-50 所示。

图 14-49　绘制右侧图形　　　　图 14-50　绘制压顶

（9）单击“默认”选项卡“绘图”面板中的“多段线”按钮，绘制防水密封膏，如图 14-51 所示。

（10）单击“默认”选项卡“绘图”面板中的“直线”按钮，绘制水位，如图 14-52 所示。

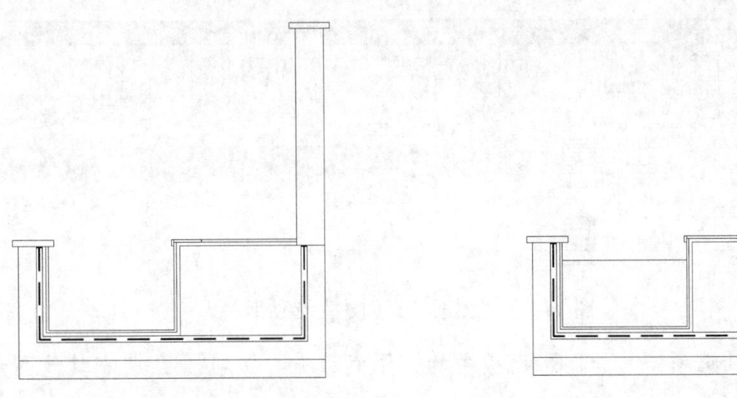

图 14-51　绘制防水密封膏　　　　图 14-52　绘制水位

（11）单击“默认”选项卡“绘图”面板中的“直线”按钮，绘制石块，如图 14-53 所示。

（12）单击“默认”选项卡“绘图”面板中的“直线”按钮，绘制出水孔，如图 14-54 所示。

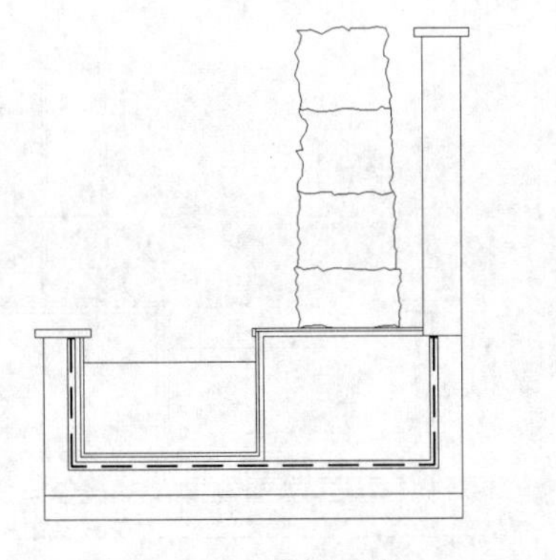

图 14-53　绘制石块

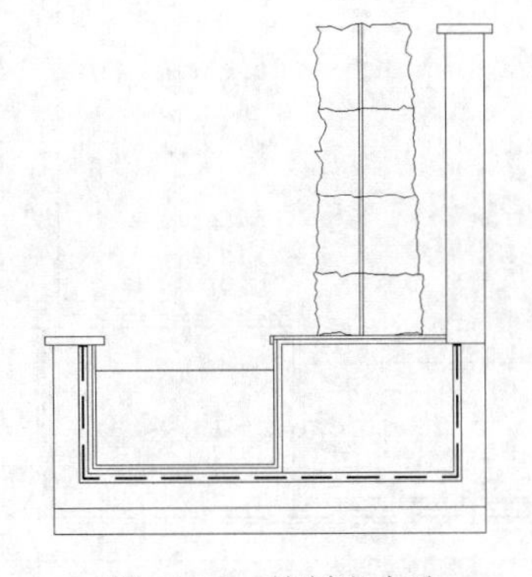

图 14-54　绘制出水孔

（13）单击“默认”选项卡“绘图”面板中的“直线”按钮和“样条曲线拟合”按钮，在图中合适的位置处绘制溢水管，如图 14-55 所示。

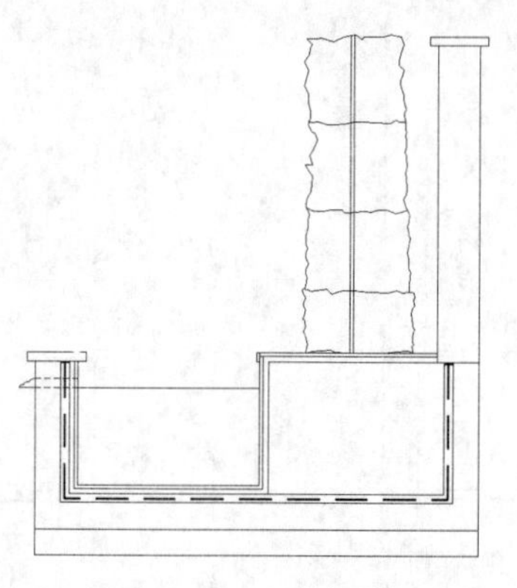

图 14-55　绘制溢水管

（14）单击“默认”选项卡“绘图”面板中的“图案填充”按钮，打开“图案填充创建”选项卡，选择 DASH 图案，如图 14-56 所示，填充水位，如图 14-57 所示。

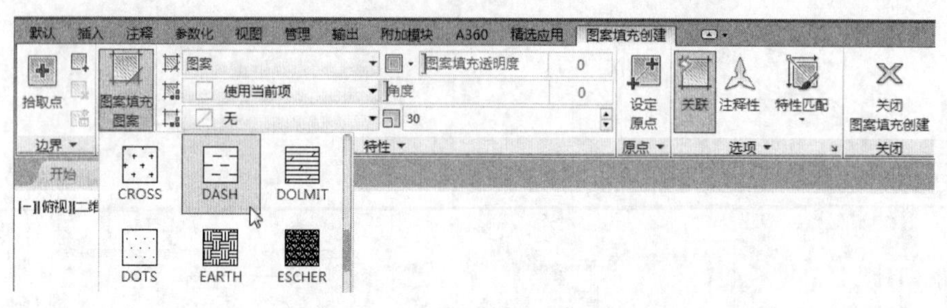

图 14-56　“图案填充创建”选项卡

（15）单击“默认”选项卡“绘图”面板中的“图案填充”按钮，填充其他图形，如图 14-58 所示。

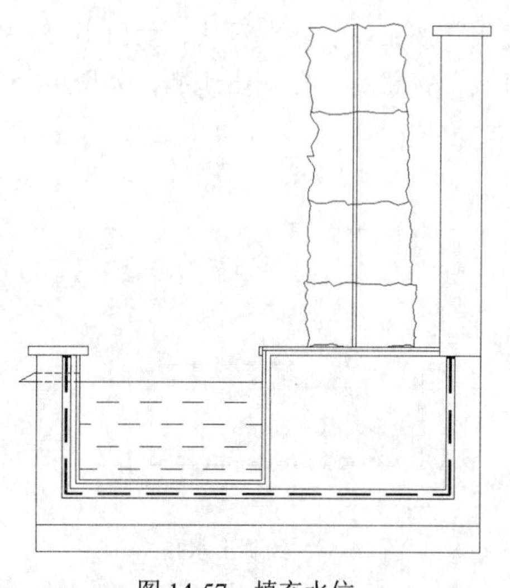

图 14-57　填充水位

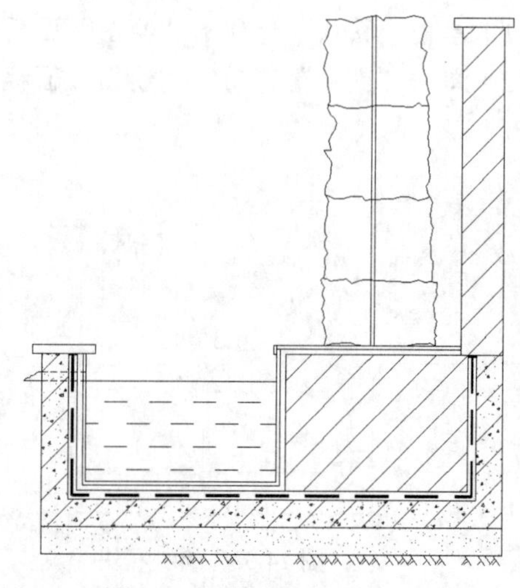

图 14-58　填充其他图形

（16）单击“默认”选项卡“注释”面板中的“线性”按钮和“连续”按钮，为图形标注外部尺寸，如图 14-59 所示。

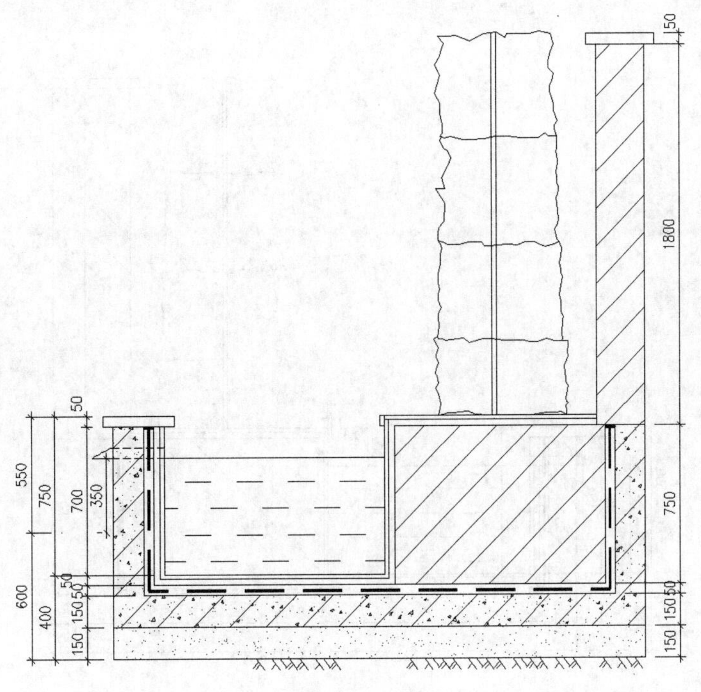

图 14-59　标注外部尺寸

（17）单击“默认”选项卡“注释”面板中的“线性”按钮，标注细节尺寸，如图 14-60 所示。

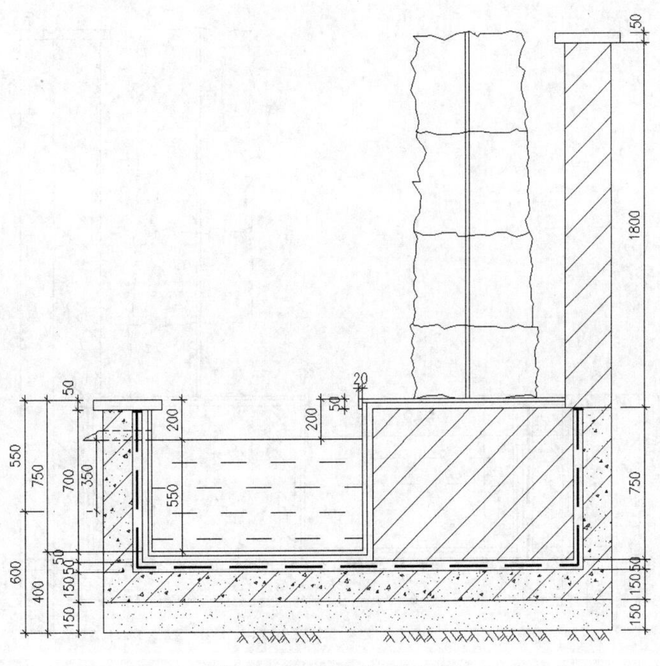

图 14-60　标注细节尺寸

（18）单击“默认”选项卡“绘图”面板中的“直线”按钮，绘制标高符号，如图 14-61 所示。

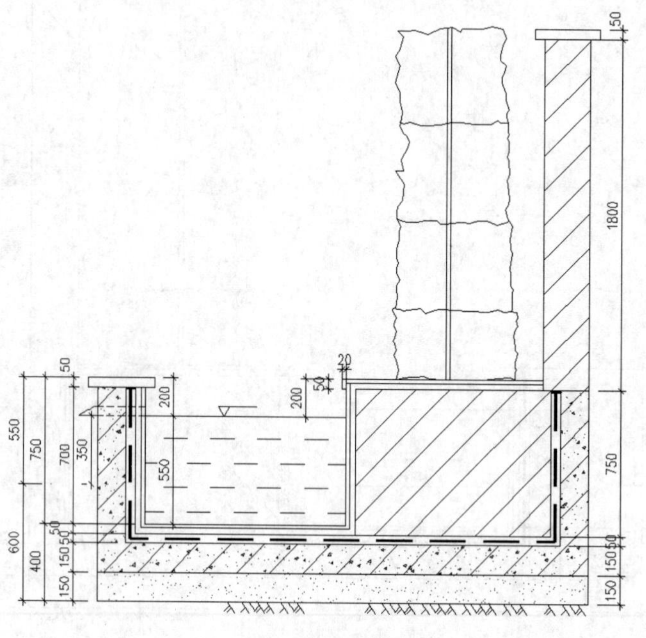

图 14-61　绘制标高符号

（19）单击“默认”选项卡“注释”面板中的“多行文字”按钮A，在标高符号处输入文字，如图 14-62 所示。

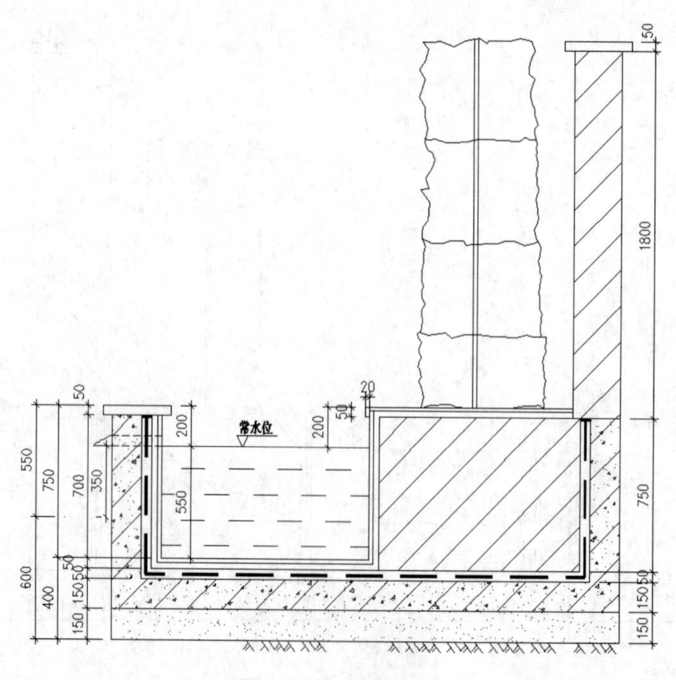

图 14-62　输入文字

（20）单击“默认”选项卡“绘图”面板中的“直线”按钮╱，在图中引出标注线，如图14-63所示。

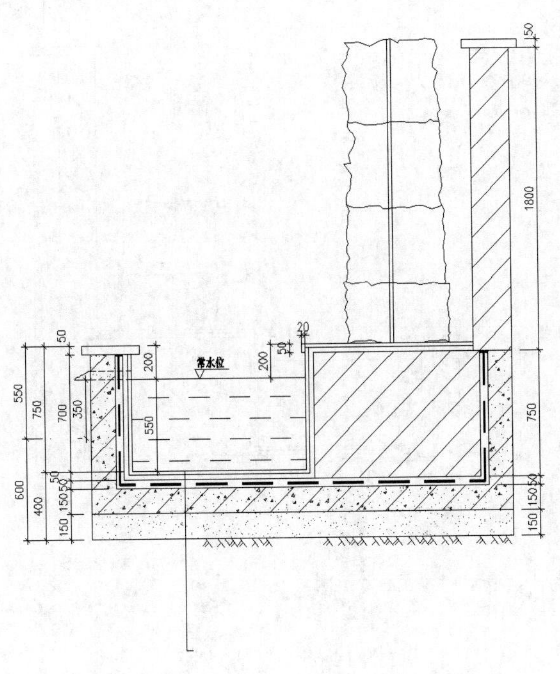

图14-63　引出标注线

（21）单击“默认”选项卡“注释”面板中的“多行文字”按钮A，在标注线右侧输入文字，如图14-64所示。

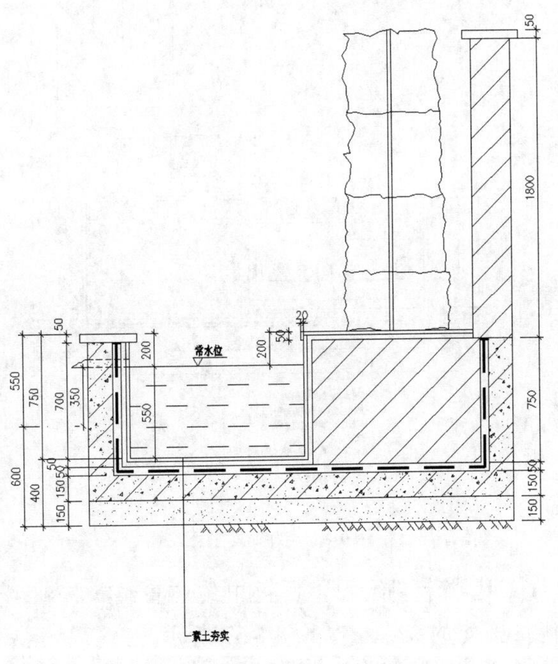

图14-64　输入文字

（22）单击“默认”选项卡“修改”面板中的“复制”按钮，将短线段和文字向上复制，如图 14-65 所示，然后双击文字，修改文字内容，以便文字格式的统一，结果如图 14-66 所示。

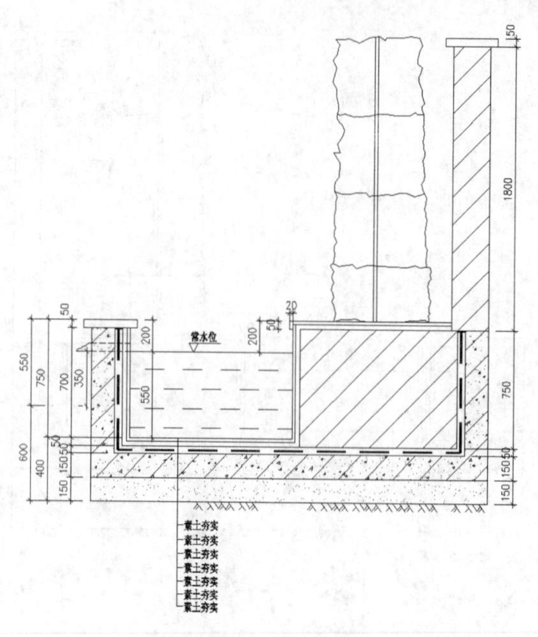

图 14-65　复制文字

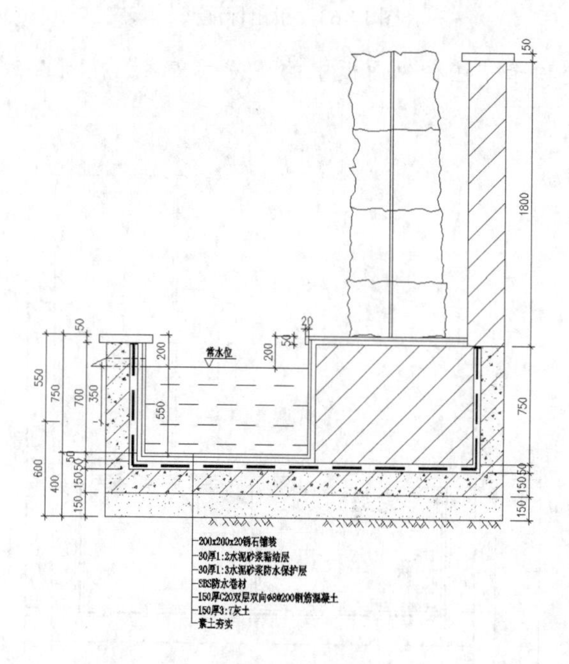

图 14-66　修改文字内容

（23）同理，单击“默认”选项卡“绘图”面板中的“直线”按钮和“注释”面板中的“多行文字”按钮，标注其他位置处的文字，如图 14-67 所示。

（24）单击“默认”选项卡“注释”面板中的“多行文字”按钮，标注图名，如图 14-42 所示。

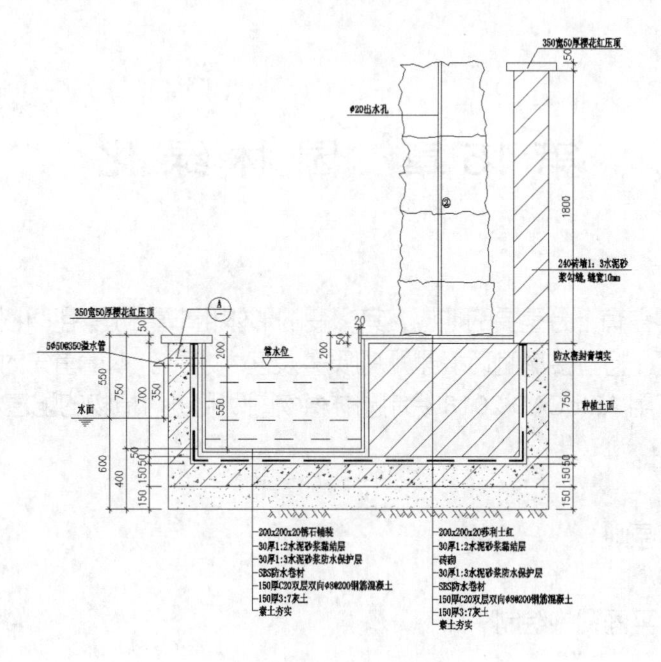

图 14-67　标注文字

动手练一练——石屏景墙设计

绘制如图 14-68 所示的石屏景墙设计。

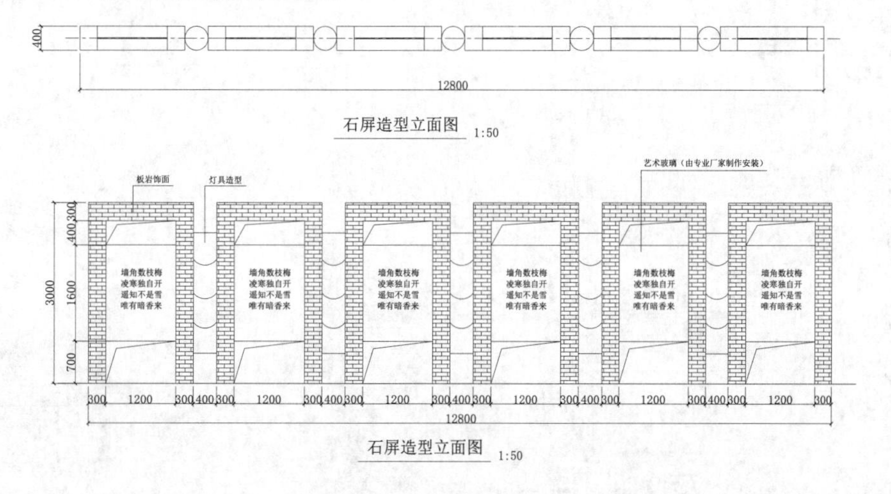

图 14-68　石屏景墙设计

思路点拨

（1）绘制轴线。
（2）绘制石屏景墙平面图。
（3）绘制石屏景墙立面图。
（4）标注尺寸。
（5）标注文字。

第 15 章　园 林 绿 化

内容简介

园林绿化在园林中占有十分重要的地位，其多变的形体和丰富的季相变化使园林风貌充满丰采。植物景观配置成功与否，将直接影响环境景观的质量及艺术水平。本章首先对植物种植设计进行简单的介绍，然后讲解应用 AutoCAD 2018 绘制园林植物图例和进行植物的配植。

内容要点

- 园林植物配置原则
- 道路绿化概述
- 公园种植设计平面图的绘制

案例效果

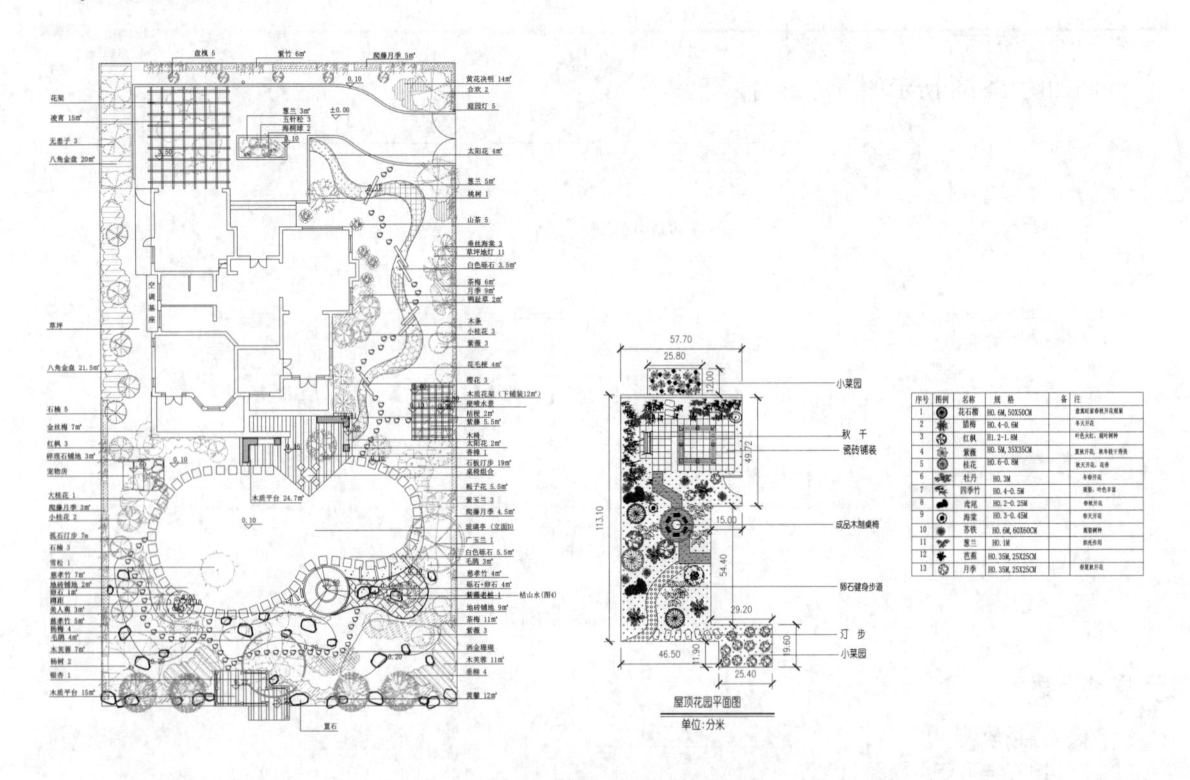

序号	图例	名称	规格	备注
1		花石榴	H0.6M,50X50CM	意寓旺家春秋开花观果
2		腊梅	H0.4-0.6M	冬天开花
3		红枫	H1.2-1.8M	叶色火红，观叶树种
4		紫薇	H0.5M,35X35CM	夏秋开花，秋冬枝干秀美
5		桂花	H0.6-0.8M	秋天开花，花香
6		牡丹	H0.3M	冬春开花
7		四季竹	H0.4-0.5M	观姿，叶色丰富
8		鸢尾	H0.2-0.25M	春秋开花
9		海棠	H0.3-0.45M	春天开花
10		苏铁	H0.6M,60X60CM	观姿树种
11		葱兰	H0.1M	烘托作用
12		芭蕉	H0.35M,25X25CM	
13		月季	H0.35M,25X25CM	春夏秋开花

15.1　园林植物配置原则

城市园林作为城市唯一具有生命的基础设施，在改善生态环境、提高环境质量方面有着不可替代的作用。城市绿化不但要求城市绿起来，而且要美观，因而绿化植物的配置就显得十分重要，既要与环境在生态适应性上统一，又要体现植物个体与群体的形态美、色彩美和意境美，充分利用植物的形体、线条、色彩进行构图，通过植物的季相及生命周期的变化达到预期的景观效果。认识自然、尊重自然、改造自然、保护自然、利用自然、使人与自然和谐相处，这就是植物配置的意义所在。

1. 园林植物配置原则

（1）整体优先原则。

城市园林植物配置要遵循自然规律，利用城市所处的环境、地形地貌特征、自然景观、城市性质等进行科学建设或改建。要高度重视保护自然景观、历史文化景观以及物种的多样性，把握好它们与城市园林的关系，使城市建设与自然和谐共存，在城市建设中可以感受历史，保障历史文脉的延续。充分研究和借鉴城市所处地带的自然植被类型、景观格局和特征特色，在科学合理的基础上，适当增加植物配置的艺术性、趣味性，使之具有人性化和亲近感。

（2）生态优先原则。

在植物材料的选择、树种的搭配、草本花卉的点缀，草坪的衬托以及新平装的选择等必须最大限度地以改善生态环境、提高生态质量为出发点，也应该尽量多地选择和使用乡土树种，创造出稳定的植物群落；充分应用生态位原理和植物他感作用，合理配置植物，只有最适合的才是最好的，才能发挥出最大的生态效益。

（3）可持续发展原则。

以自然环境为出发点，按照生态学原理，在充分了解各植物种类的生物学、生态学特性的基础上，合理布局、科学搭配，使各种植物和谐共存，群落稳定发展，达到调节自然环境与城市环境关系，在城市中实现社会、经济和环境效益的协调发展。

（4）文化原则。

在植物配置中坚持文化原则，可以使城市园林向充满人文内涵的高品位方向发展，使不断演变起伏的城市历史文化脉络在城市园林中得到体现。在城市园林中，把反应某种人文内涵、象征某种精神品格、代表着某个历史时期的植物科学进行合理的配置，形成具有特色的城市园林景观。

2. 配置方法

（1）近自然式配置。

所谓近自然式配置，一方面是指植物材料本身为近自然状态，尽量避免人工重度修剪和造型，另一方面是指在配置中要避免植物种类单一、株行距整齐划一以及苗木规格一致。在配置中，尽可能自然，通过不同物种、密度、不同规格的适应、竞争实现群落的共生与稳定。城市森林在我国还处于起步阶段，森林绿地的近自然配置应该大力提倡。首先要以地带性植被为样板进行模拟，选择合适的建群种；同时要减少对树木个体、群落的过度人工干扰。

（2）融合传统园林中植物配置方法。

充分吸收传统园林植物配置中模拟自然的方法，师法自然，经过艺术加工来提升植物景观的观赏价值，在充分发挥群落生态功能的同时尽量创造社会效益。

3. 树种选择配置

树木是构成森林最基本的要素，科学地选择城市森林树种是保证城市森林发挥多种功能的基础，也直接影响城市森林的经营和管理成本。

（1）发展各种高大的乔木树种。

在我国城市绿化用地十分有限的情况下，要达到以较少的城市绿化建设用地获得较高生态效益的目的，必须发挥乔木树种占有空间大、寿命长、生态效益高的优势。比如德国城市森林树木达到 12 修剪 6 以下的侧枝，林冠下种植栎类、山毛榉等阔叶树种。我国的高大树木物种资源丰富，30 ～ 40 m 的高大乔木树种很多，应该广泛加以利用。在高大乔木树种选择的过程中除了重视一些长寿命的基调树种以外，还要重视一些速生树种的使用，特别是在我国城市森林还比较落后的现实情况下，通过发展速生树种可以尽快形成森林环境。

（2）按照我国城市的气候特点和具体城市绿地的环境选择常绿与阔叶树种。

乔木树种的主要作用之一是为城市居民提供遮荫环境。在我国，大部分地区都有漫长、酷热的夏季，冬季虽然比较冷，但阳光比较充足。因此，我国的城市森林建设在夏季要能够遮荫降温，在冬季要能够透光增温。而现在许多城市的城市森林建设并没有这种考虑，偏爱常绿树种。有些常绿树种引种进来，许多都处在濒死边缘，几乎没有生态效益。一些具有鲜明地方特色的落叶阔叶树种，不仅能够在夏季旺盛生长，发挥降温增湿、净化空气等生态效益，而且在冬季落叶能增加光照，起到增温作用。因此，要根据城市所处地区的气候特点和具体城市绿地的环境需求选择常绿与落叶树种。

4. 选择本地带野生或栽培的建群种

追求城市绿化的个性与特色是城市园林建设的重要目标。地区之间因气候条件、土壤条件的差异造成植物种类上的不同，乡土树种是表现城市园林特色的主要载体之一。使用乡土树种更为可靠、廉价、安全，它能够适应本地区的自然环境条件，抵抗病虫害、环境污染等干扰的能力强，尽快形成相对稳定的森林结构和发挥多种生态功能，有利于减少养护成本。因此，乡土树种和地带性植被应该成为城市园林的主体。建群种是森林植物群落中在群落外貌、土地利用、空间占用、数量等方面占主导地位的树木种类。建群种可以是乡土树种，也可以是在引入地经过长期栽培，已适应引入地自然条件的外来种。建群种无论是在对当地气候条件的适应性、增建群落的稳定性，还是在展现当地森林植物群落外貌特征等方面都有不可替代的作用。

15.2 道路绿化概述

1. 城市道路绿化设计要求

道路是城市最重要的基础设施之一，是人们认识和理解一座城市的媒介，城市道路绿化水平的高低直接影响道路形象，进而影响城市的品位。道路绿化，除了具有一般绿地净化空气、降低噪声、调节小气候等生态功能外，还具有保护路面和行人、引导控制人流、车流、提高行车安全等功能。搞好道路绿化，首要任务是高水平的绿化设计。城市道路绿化设计应符合以下基本要求。

（1）道路绿化应符合行车视线和行车净空要求。

行车视线要求符合安全视距、交叉口视距、停车视距和视距三角形等方面的安全视距。安全视距即最短通视距离：驾驶员在一定距离内，可随时看到前面的道路和在道路上出现的障碍物以及迎面驶来的其他车辆，以便能当机立断，及时采取减速制动措施或绕过障碍物前进。交叉口视距：为保证行车安全，车辆在进入交叉口处前一段距离内，必须能看清相交道路上的行驶情况，以便能顺利驶过交叉口或及时减速停车，避免相撞，这一段距离必须大于或等于停车视距。停车视距：车辆在同一车道上，突然遇到前方障碍物而必须及时刹车时，所需要的安全停车距离。视距三角形：是由两相交道路的停车视距作为直角边长，在交叉口处组成的三角形。为了保证行车安全，在视距三角形范围内和内侧范围内，不得种植高于外侧机动车车道中线处路面标高1m的树木，保证通视。

行车净空则要求道路设计在一定宽度和高度范围内为车辆运行的空间，树木不得进入该空间。

（2）满足树木对立地空间与生长空间的需要。

树木生长需要的地上和地下空间，如果得不到满足，树木就不能正常生长发育，甚至死亡。因此，市政公用设施，如交通管理设施、照明设施、地下管线、地上杆线等，与绿化树木的相应位置必须统一设计，合理安排，使其各得其所，减少矛盾。

道路绿化应以乔木为主，与乔灌、花卉、地被植物相结合，没有裸露土壤，绿化美化，景观层次丰富，最大限度地发挥道路绿化对环境的改善能力。

（3）树种选择要求适地适树。

树种选择要符合本地自然条件，根据栽植地的小气候、地下环境、土壤条件等，选择适宜生长的树种。不适宜绿化的土质，应加以改良。道路绿化采用人工植物群落的配置形式时，要使植物生长分布的相互位置与各自的生态习性相适应。地上部分，植物树冠、花叶分布的空间与光照、空气、温度、湿度要求相一致，各得其所。地下部分，植物根系分布对土壤中营养物质全面吸收没有影响，符合植物间伴生的生态习性。植物配置协调空间层次、树形组合、色彩搭配和季相变化的关系。此外，对辖区内的古树名木要加强保护。古树名木都是适宜本地生长或经长久磨难而生存下来的品种，是城市历史的缩影，十分珍贵。因此，在道路平面、纵断面与横断面设计时，对古树名木必须严加保护，对有价值的其他树木也应注意保护。对衰老的古树名木，还应采取复壮措施。

（4）道路绿化设计要求实行远近期结合。

道路绿化很难在栽植时就充分体现其设计意图，达到完美的境界，往往需要几年、十几年的时间。因此，设计要具备发展观点和长远的眼光，对各种植物树种的形态、大小、色彩等现状和可能发生的变化，要有充分的了解，使其长到鼎盛时期时，达到最佳效果。同时，道路绿化的近期效果也应该重视，尤其是行道树苗木规格不宜过小，速生树木胸径一般不宜小于5cm，慢生树木不宜小于8cm，使其尽快达到其防护功能。

道路绿地还需要配备灌溉设施，道路绿地的坡向、坡度应符合排水要求，并与城市排水系统相结合，防止绿地内积水和水土流失。

（5）道路绿化应符合美学要求。

道路绿化的布局、配置、节奏、色彩变化等都要与道路的空间尺度相协调。同一道路的绿化宜有统一的景观风格，不同道路和绿化形式可有所变化。园林景观路应配置观赏价值高、有地方特色的植物，并与街景结合；主干路应体现城市道路绿化景观风貌；毗邻山、河、湖、海的道路，其绿化应结合自然环境，突出自然景观特色。总之，道路绿化设计要处理好区域景观与整体景观的关系，创造完美的景观。

（6）适应抵抗性和防护能力的需要。

城市道路绿地的立地条件极为复杂，既有地上架空线和地下管线的限制，又有因人流、车流频繁，人踩车压及沿街摊群侵占等人为破坏，还有城市环境污染，再加上行人和摊棚在绿地旁和林荫下，给浇水、打药、修剪等日常养护管理工作带来困难。因此，设计人员要充分认识道路绿化的制约因素，在对树种选择、地形处理、防护设施等方面进行认真考虑，力求绿地自身有较强的抵抗性和防护能力。

2. 城市道路绿化植物的选择

城市道路绿化植物的选择，主要考虑艺术效果和功能效果。

（1）乔木的选择。

乔木在街道绿化中，主要作为行道树，在夏季为行人遮荫、美化街景，因此选择品种时主要从下以几方面着手。

① 株形整齐，观赏价值较高（或花型、叶型、果实奇特，或花色鲜艳，或花期长），最好是叶子秋季变色，冬季可观树形、赏枝干。

② 生命力强健，病虫害少，便于管理，管理费用低，花、果、枝叶无不良气味。

③ 树木发芽早、落叶晚，适合本地区正常生长，晚秋落叶期在短时间内树叶即能落光，便于集中清扫。

④ 行道树树冠整齐，分枝点足够高，主枝伸张、角度与地面不小于 30°，叶片紧密，有浓荫。

⑤ 繁殖容易，移植后易于成活和恢复生长，适宜大树移植。

⑥ 有一定耐污染、抗烟尘的能力。

⑦ 树木寿命较长，生长速度不太缓慢。目前在河北省唐山市应用较多的有雪松、法桐、国槐、合欢、栾树、垂柳、馒头柳、杜仲、白蜡等。

（2）灌木的选择。

灌木多应用于分车带或人行道绿带（车行道的边缘与建筑红线之间的绿化带），可遮挡视线、减弱噪声等，选择时应注意以下几个方面。

① 枝叶丰满、株形完美，花期长，花多而显露，防止过多萌孽枝过长而妨碍交通。

② 植株无刺或少刺，叶色有变，耐修剪，在一定年限内人工修剪可控制它的树形和高矮。

③ 繁殖容易，易于管理，能耐灰尘和路面辐射。应用较多的有大叶黄杨、金叶女贞、紫叶小蘗、月季、紫薇、丁香、紫荆、连翘、榆叶梅等。

（3）地被植物的选择。

目前，北方大多数城市主要选择冷季型草坪作为地被植物，根据气候、温度、湿度、土壤等条件选择适宜的草坪草种是至关重要的；另外多种低矮花灌木均用作地被，如棣棠等。

（4）草本花卉的选择。

一般露地花卉以宿根花卉为主，与乔灌草巧妙搭配，合理配置。一、二年生草本花卉只在重点部位点缀，不宜多用。

（5）道路绿化中行道树种植设计形式。

① 树带式。交通、人流不大的路段，在人行道和车行道之间，留出一条不加铺装的种植带，一般宽不小于1.5m，植一行大乔木和树篱，如宽度适宜，则可分别植两行或多行乔木与树篱；树下铺设草皮，留出铺装过道，以便人流或汽车停站。

② 树池式。在交通量较大，行人多而人行道又窄的路段，设计正方形、长方形或圆形空地，种植花草树木，形成池式绿地。正方形以边长1.5m较合适，长方形长、宽分别以2m、1.5m为宜，圆形树池以直径不小于1.5m为好；行道树的栽植点位于几何形的中心，池边缘高出人行道8～10cm，避免行人践踏，如果树池略低于路面，应加与路面等高的池墙，这样可增加人行道的宽度，又避免践踏，同时还可使雨水渗入池内；池墙可用铸铁或钢筋混凝土做成，设计时应当简单大方。

行道树种植时，应充分考虑株距与定干高度。一般株行距要根据树冠大小决定，有4m、5m、6m、8m不等，若种植干径为5cm以上的树苗，株距应定以6～8m为宜；从车行道边缘至建筑红线之间的绿化地段，统称为人行道绿化带，为了保证车辆在车行道上行驶时，车中人能够看到人行道上的行人和建筑，在人行道绿化带上种植树木，必须保持一定的株距，一般来说，株距不应小于树冠的2倍。

（6）城市干道的植物配置。

城市干道具有实现交通、组织街景、改善小气候的三大功能，并以丰富的景观效果、多样的绿地形式和多变的季相色彩影响着城市景观空间和景观视线。城市干道分为一般城市干道、景观游憩型干道、防护型干道、高速公路、高架道路等类型。各种类型城市干道的绿化设计都应该在遵循生态学原理的基础上，根据美学特征和人的行为游憩学原理进行植物配置，体现各自的特色。植物配置应视地点的不同而有各自的特点。

① 景观游憩型干道的植物配置。景观游憩型干道的植物配置应兼顾其观赏和游憩功能，从人的需求出发，兼顾植物群落的自然性和系统性来设计可供游人参与游赏的道路。有“城市林荫道”之称的肇嘉浜路中间有宽21m的绿化带，种植了大量的香樟、雪松、水杉、女贞等高大乔木，林下配置了各种灌木和花草，同时绿地内设置了游憩步道，其间点缀各种雕塑和园林小品，发挥其观赏和休闲功能。

② 防护型干道的植物配置。道路与街道两侧的高层建筑形成了城市大气下垫面内的狭长低谷，不利于汽车尾气的排放，直接危害两侧的行人和建筑内的居民，对人的危害相当严重。基于隔离防护主导功能的道路绿化主要发挥其隔离有害有毒气体、噪声的功能，兼顾观赏功能。绿化设计选择具有耐污染、抗污染、滞尘、吸收噪声的植物，如雪松、圆柏、桂花、珊瑚树、夹竹桃等，采用由乔木群落向小乔木群落、灌木群落、草坪过渡的形式，达到立体层次感，起到良好的防护作用和景观效果。

③ 高速公路的植物配置。良好的高速公路植物配置可以减轻驾驶员的疲劳，丰富的植物景观也为旅客带来了轻松感。高速公路的绿化由中央隔离带绿化、边坡绿化和互通绿化组成。中央隔离带内一般不成行种植乔木，避免投影到车道上的树影干扰司机的视线，树冠太大的树种也不宜选用。隔离带内可种植修剪整齐、具有丰富视觉韵律感的大色块模纹绿带，绿带中选择的植物品种不宜过多，色彩搭配不宜过艳，重复频率不宜太高，节奏感也不宜太强烈，一般可以根据分隔带宽度每隔30～70m距离重复一段，色块灌木品种选用3～6种，中间可以间植多种形态的开花或常绿

植物使景观富于变化。

边坡绿化的主要目的是固土护坡、防止冲刷，其植物配置应尽量不破坏自然地形地貌和植被，选择根系发达、易于成活、便于管理、兼顾景观效果的树种。

互通绿化位于高速公路的交叉口，最容易成为人们视觉上的焦点，其绿化形式主要有两种：一种是大型的模纹图案，花灌木根据不同的线条造型种植，形成大气简洁的植物景观；另一种是苗圃景观模式，人工植物群落按乔、灌、草的种植形式种植，密度相对较高，在发挥其生态和景观功能的同时，还兼顾了经济功能，为城市绿化发展所需的苗木提供了有力的保障。

④ 园林绿地内道路的植物配置。园林道路是全园的骨架，具有发挥组织游览路线、连接景观区等重要功能。道路植物配置无论从植物品种的选择上还是搭配形式（包括色彩、层次高低、大小、面积比例等）上都要比城市道路配置更加丰富多样，更加自由生动。

园林道路分为主路、次路和小路。主路绿化常常代表绿地的形象和风格，植物配置应该引人入胜，形成与其定位一致的气势和氛围。如在入口的主路上定距种植较大规格的高大乔木，如悬铃木、香樟、杜英、榉树等，其下种植杜鹃、红花木、龙柏等整形灌木，节奏明快、富有韵律，形成壮美的主路景观。次路是园中各区内的主要道路，一般宽 2 ～ 3m；小路则是供游人在宁静的休息区中漫步，一般宽仅 1 ～ 1.5m。绿地的次干道常常蜿蜒曲折，植物配置也应以自然式为宜。沿路在视觉上应有疏有密，有高有低，有遮有敞。形式上有草坪、花丛、灌丛、树丛、孤植树等，游人沿路散步可经过大草坪，也可在林下小憩或穿行在花丛中赏花。竹径通幽是中国传统园林中经常应用的造景手法，竹生长迅速、适应性强、常绿、清秀挺拔，富有文化内涵，至今仍可在现代绿地见到。

⑤ 城市广场绿化植物的配置。由于植物具有生命的设计要素，其生长受到土壤肥力、排水、日照、风力以及温度和湿度等因素的影响，因此设计师在进行设计之前，就必须了解广场相关的环境条件，然后才能确定、选择适合在此条件下生长的植物。

在城市广场等空地上栽植树木，土壤作为树木生长发育的“胎盘”，无疑具有举足轻重的作用。因此土壤的结构，必须满足以下条件：可以让树木长久地茁壮成长；土壤自身不会流失；对环境影响具有抵抗力。

根据形状、习性和特征的不同，城市广场上绿化植物的配置，可以采取一点、两点、线段、团组、面、垂直或自由式等形式。在保持统一性和连续性的同时，显露其丰富性和个性。例如，在不同功能空间的周边，常采用树篱等方式进行隔离，而树篱通常选用大叶黄杨、小叶黄杨、紫叶小檗、绿叶小檗、侧柏等常绿树种；花坛和草坪常配置 30 ～ 90cm 的镶边，起到阻隔、装饰和保持水土的作用。

花坛虽然在各种绿化空间中都可能出现，但由于其布局灵活、占地面积小、装饰性强，因此在广场空间中出现得更加频繁。既有以平面图案和肌理形式表现的花池，也有与台阶等构筑物相结合的花台，还有以种植容器为依托的各种形式。花坛不仅可以独立设置，也可以与喷泉、水池、雕塑、休息座椅等结合。在空间环境中除了起到限定、引导等作用外，还可以由于本身优美的造型或独特的排列、组合方式，而成为视觉焦点。

（7）城市道路绿化的布置形式。

城市道路绿化的布置形式也是多种多样的，其中断面布置形式是规划设计所用的主要模式，常用的城市道路绿化的形式有以下几种。

① 一板二带式。这是道路绿化中最常用的一种形式，即在车行道两侧人行道分隔线上种植行道树。此法操作简单、用地经济、管理方便。但当车行道过宽时行道树的遮荫效果较差，不利于机动车辆与非机动车辆混合行驶时的交通管理。

② 二板三带式。在分隔单向行驶的两条车行道中间绿化，并在道路两侧布置行道树。这种形式适于宽阔道路，绿带数量较大、生态效益较显著，多用于高速公路和入城道路绿化。

③ 三板四带式。利用两条分隔带把车行道分成三块，中间为机动车道，两侧为非机动车道，连同车道两侧的行道树共为四条绿带。此法虽然占地面积较大，但其绿化量大，夏季遮荫效果好，组织交通方便，安全可靠，解决了各种车辆混合互相干扰的矛盾。

④ 四板五带式。利用三条分隔带将车道分为四条而规划为五条绿化带，以便各种车辆上行、下行互不干扰，利于限定车速和交通安全；如果道路面积不宜布置五带，则可用栏杆分隔，以节约用地。

⑤ 其他形式。按道路所处地理位置、环境条件特点，因地制宜地设置绿带，如山坡、水道的绿化设计。

15.3　公园种植设计平面图的绘制

如图 15-1 所示为某公园种植设计平面图，此园位于城近郊区，南北方向长为 45.5m，东西方向长为 26.25m。

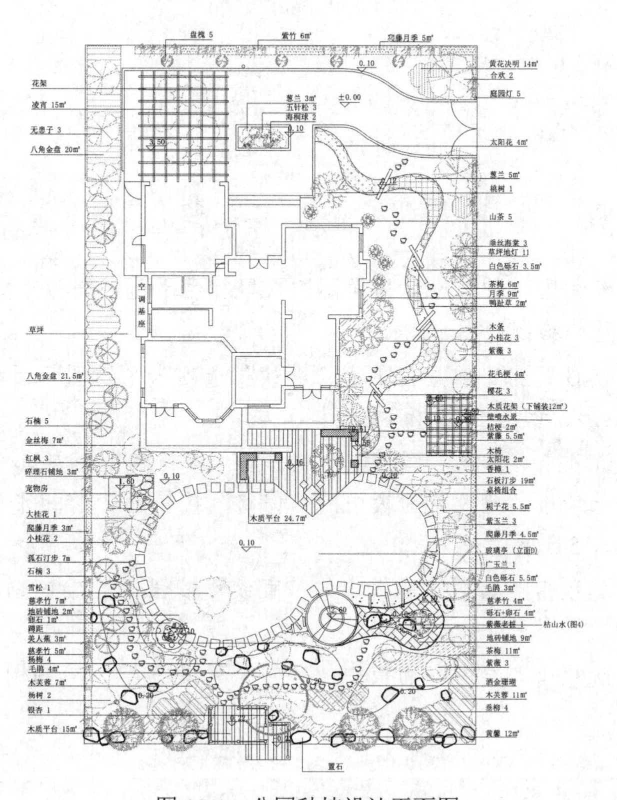

图 15-1　公园种植设计平面图

扫一扫，看视频

扫一扫，看视频

扫一扫，看视频

源文件：源文件\第 15 章\公园总平面和现状图 .dwg

15.3.1 必要的设置

【操作步骤】

（1）单位设置。将系统单位设为毫米（mm）。以 1:1 的比例绘制。选择菜单栏中的“格式”→“单位”命令，弹出“图形单位”对话框，进行如图 15-2 所示的设置，单击“确定”按钮。

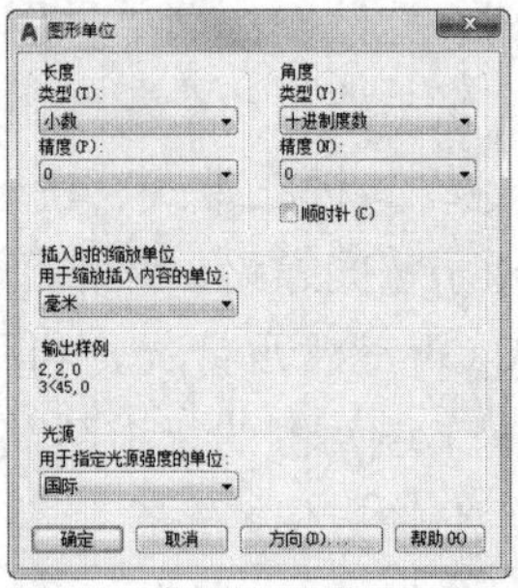

图 15-2 “图形单位”对话框

（2）图形界限设置。AutoCAD 2018 默认的图形界限为 420×297，是 A3 图幅，这里以 1:1 的比例绘图，将图形界限设为 420000×297000。

（3）图层设置。单击“默认”选项卡“图层”面板中的“图层特性”按钮，打开“图层特性管理器”选项板，新建几个图层，如图 15-3 所示。

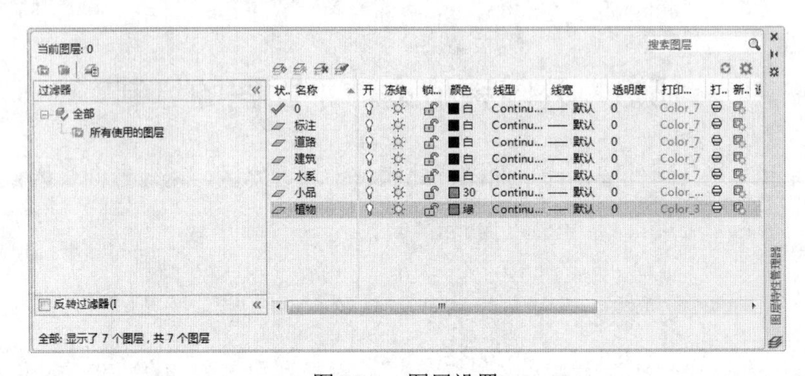

图 15-3 图层设置

15.3.2 入口确定

在“建筑”图层上绘制园林种植设计平面图的入口。由于此公园为小型公园，所以只建立了一个入口，在此入口的位置处绘制门图形。

（1）将“建筑”图层设置为当前层，单击“默认”选项卡“绘图”面板中的“矩形”按钮，绘制 26250×45500 的矩形，如图 15-4 所示。

（2）单击“默认”选项卡“修改”面板中的“分解”按钮，将矩形分解。

（3）单击“默认”选项卡“修改”面板中的“偏移”按钮，将矩形的上侧边向下偏移 3500、150、3500 和 150，如图 15-5 所示。

（4）单击“默认”选项卡“绘图”面板中的“直线”按钮，绘制两条长为 1750 的线段，如图 15-6 所示。

（5）单击“默认”选项卡“绘图”面板中的“圆弧”按钮，绘制圆弧，完成单扇门的绘制。命令行提示与操作如下：

```
命令：_arc
指定圆弧的起点或 [圆心(C)]：c
```

```
指定圆弧的圆心 :(选择两条直线的交点)
指定圆弧的起点 :(选择水平直线的右端点)
指定圆弧的端点 ( 按住 Ctrl 键以切换方向 ) 或 [ 角度 (A) / 弦长 (L)] :(选择水平直线的左端点)
```

结果如图 15-7 所示。

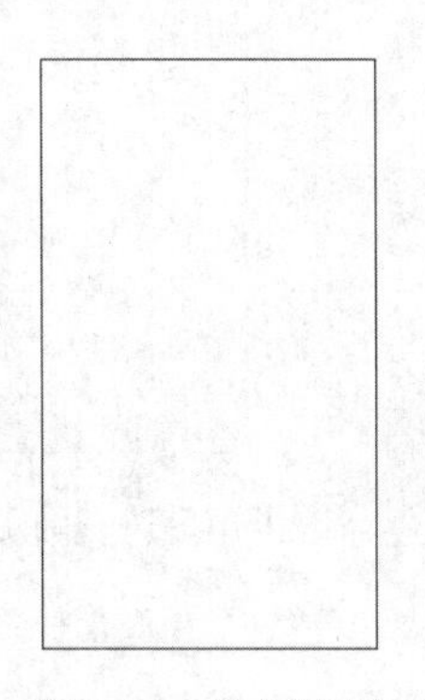

图 15-4 绘制矩形

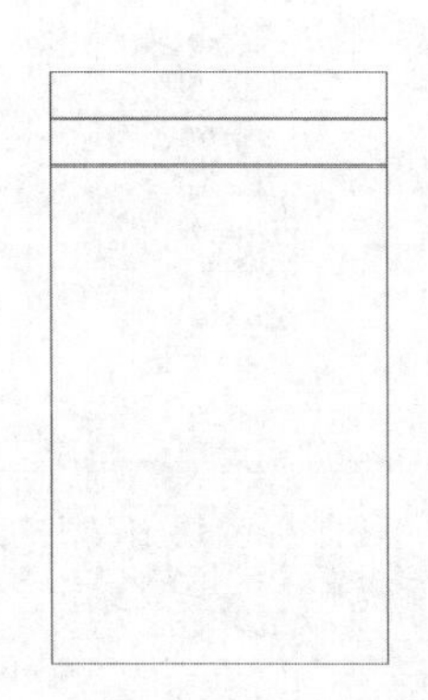

图 15-5 偏移矩形上侧边

(6)单击“默认”选项卡“修改”面板中的“镜像”按钮，将单扇门进行镜像，得到双扇门，如图 15-8 所示。

图 15-6 绘制直线

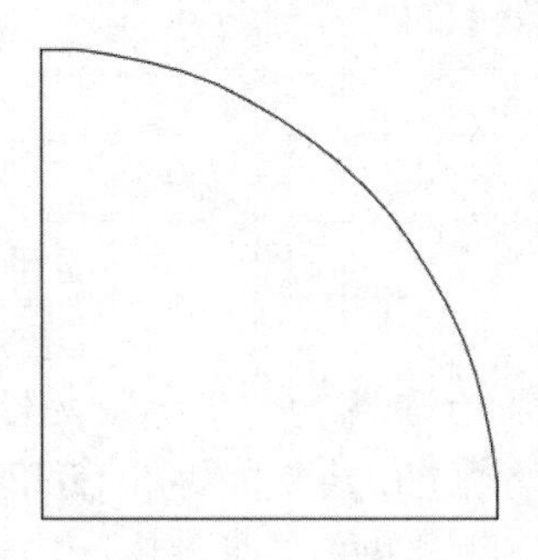

图 15-7 绘制圆弧

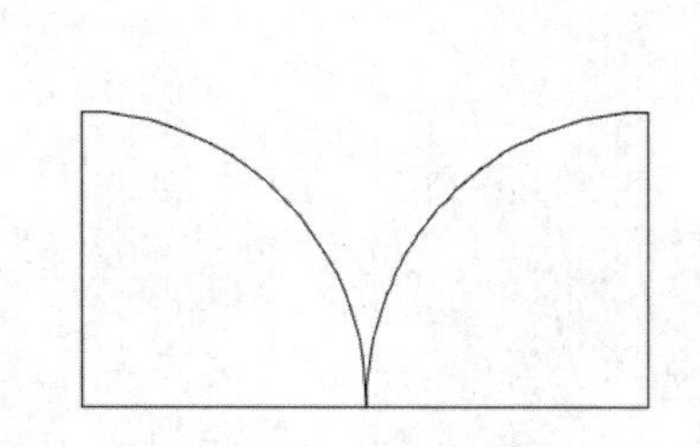

图 15-8 镜像单扇门

(7)单击“默认”选项卡“块”面板中的“创建”按钮，打开“块定义”对话框，将双扇门创建为块，如图 15-9 所示。

(8)单击“默认”选项卡“修改”面板中的“旋转”按钮，将双扇门旋转 90°。

(9)单击“默认”选项卡“修改”面板中的“移动”按钮，将双扇门移动到偏移的线段处，确定“出入口”的位置，如图 15-10 所示。

15.3.3 建筑设计

在“建筑”图层上，利用之前学过的知识进行建筑设计。

(1)将“建筑”图层设置为当前层，单击“默认”选项卡“修改”面板中的“偏移”按钮，将矩形的上边向下偏移 1500、150、3500 和 150，右边向左偏移 3169、5831、1850 和 150，如图 15-11 所示。

(2)单击“默认”选项卡“绘图”面板中的“样条曲线拟合”按钮，根据偏移的线段绘制样条曲线，如图 15-12 所示。

图 15-9 “块定义”对话框

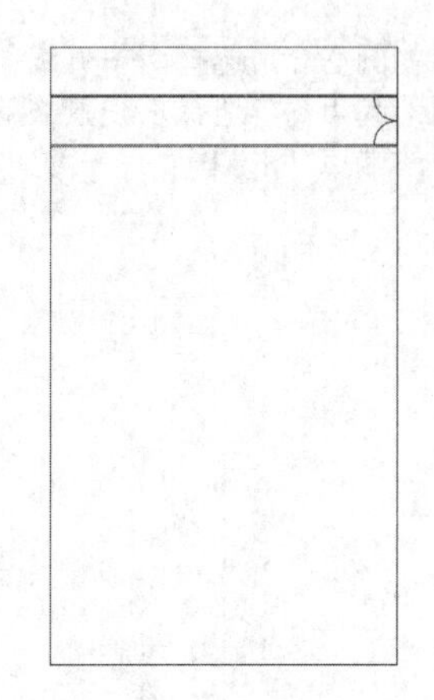

图 15-10 确定“出入口”

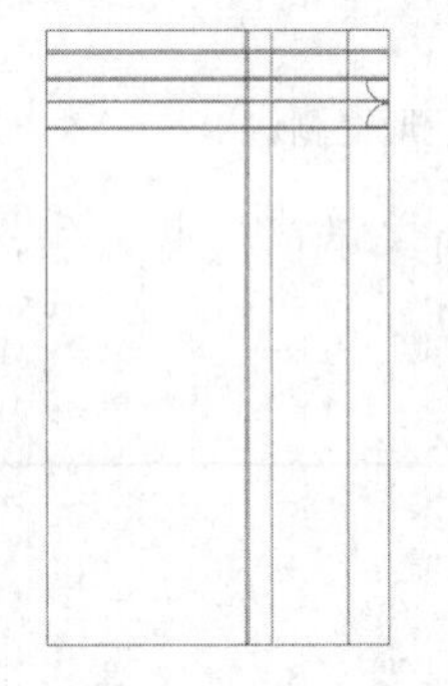

图 15-11 偏移直线

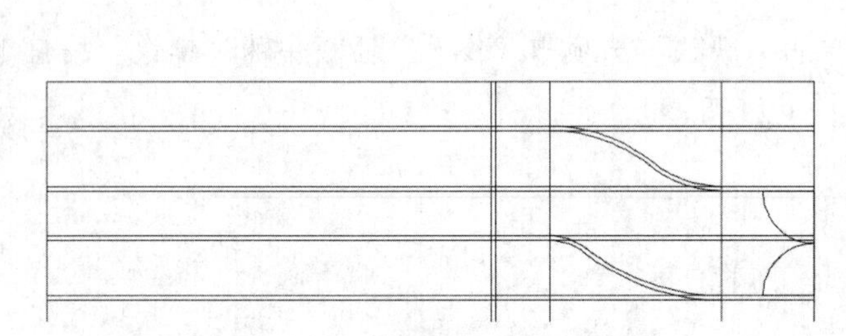

图 15-12 绘制样条曲线

（3）单击“默认”选项卡“修改”面板中的“修剪”按钮和“删除”按钮，修剪图形，并删除掉多余的线段，完成大门入口处通道的绘制，如图 15-13 所示。

（4）单击“默认”选项卡“绘图”面板中的“多段线”按钮，设置宽度为 0，绘制竖直长为 4624.8、水平长为 850 的连续多段线，如图 15-14 所示。

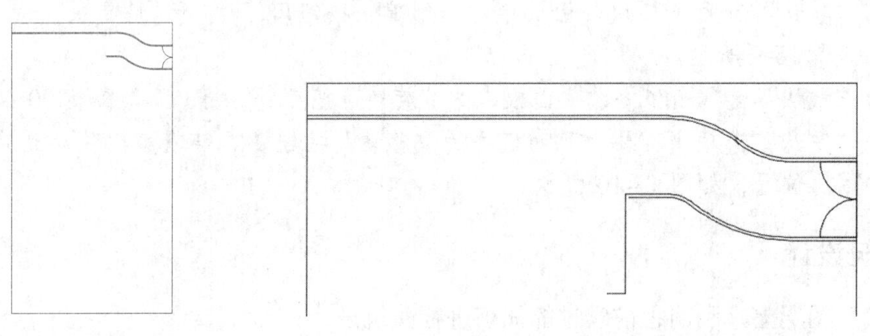

图 15-13 修剪图形

图 15-14 绘制多段线

（5）单击“默认”选项卡“修改”面板中的“偏移”按钮，将多段线向偏移为 150，如图 15-15 所示。

（6）单击“默认”选项卡“修改”面板中的“修剪”按钮，修剪掉多余的线条，如图 15-16 所示。

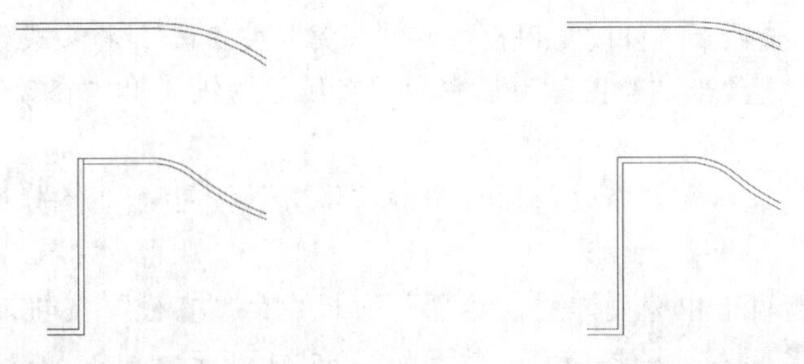

图 15-15　偏移多段线　　　　图 15-16　修剪直线

（7）单击“默认”选项卡“绘图”面板中的“直线”按钮／，绘制长为 1825.2 的竖线，如图 15-17 所示。

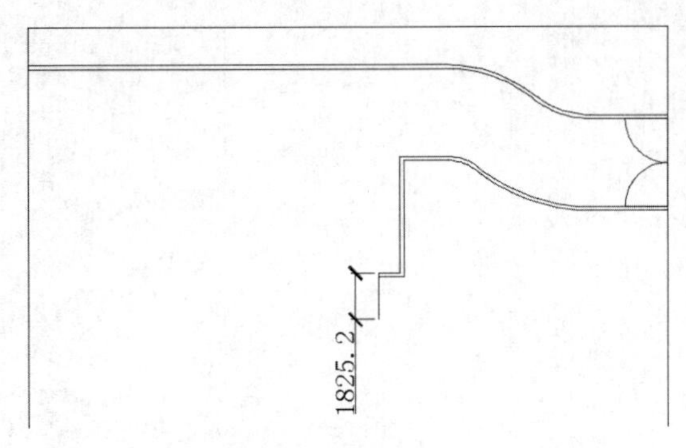

图 15-17　绘制竖线

（8）单击“默认”选项卡“绘图”面板中的“多段线”按钮，捕捉上步绘制的竖线下端点为起点，绘制连续的多段线，结果如图 15-18 所示。

（9）单击“默认”选项卡“修改”面板中的“偏移”按钮，将多段线向内偏移 250，完成外墙线的绘制，结果如图 15-19 所示。

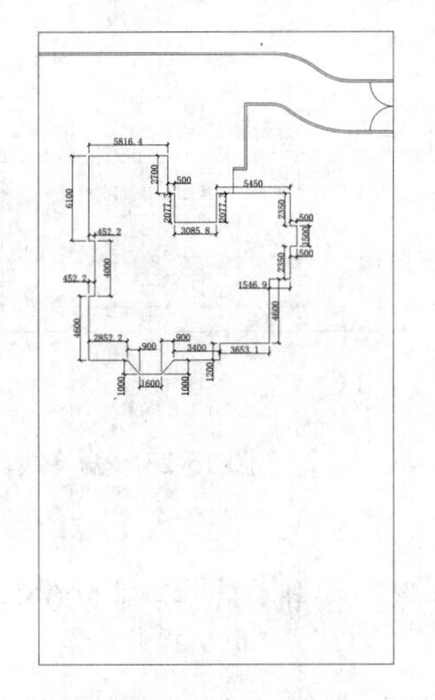

图 15-18　绘制多段线

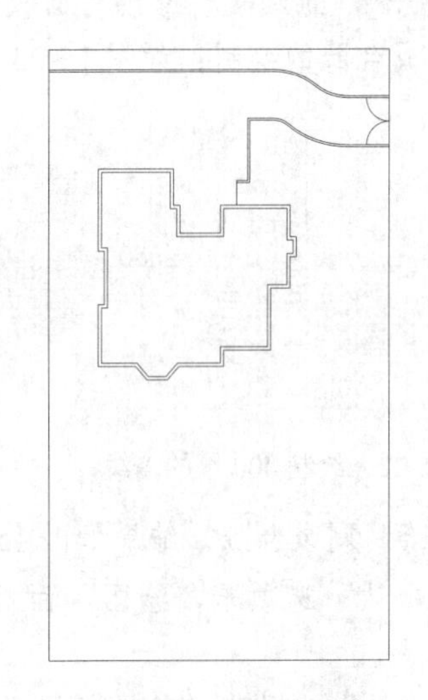

图 15-19　偏移多段线

（10）单击“默认”选项卡“修改”面板中的“分解”按钮，将多段线分解。

（11）单击“默认”选项卡“绘图”面板中的“直线”按钮和“修改”面板中的“偏移”按钮，绘制内部墙线。

（12）单击“默认”选项卡“修改”面板中的“修剪”按钮，修剪掉多余的线段，结果如图 15-20 所示。

（13）在“默认”选项卡中分别单击“绘图”面板中的“直线”按钮和“修改”面板中的“偏移”按钮、“修剪”按钮，绘制门窗，结果如图 15-21 所示。

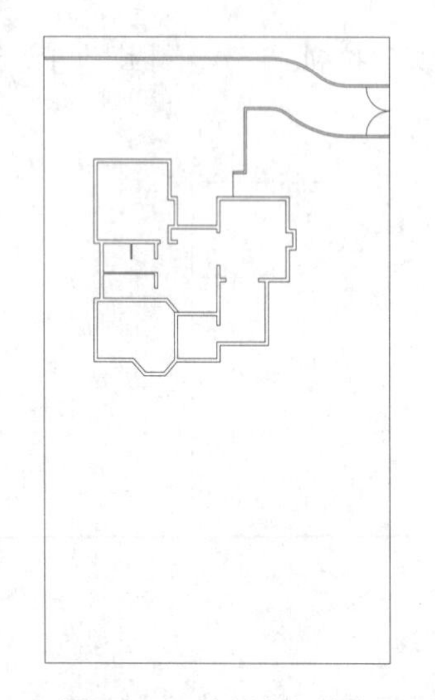

图 15-20　绘制内部墙线

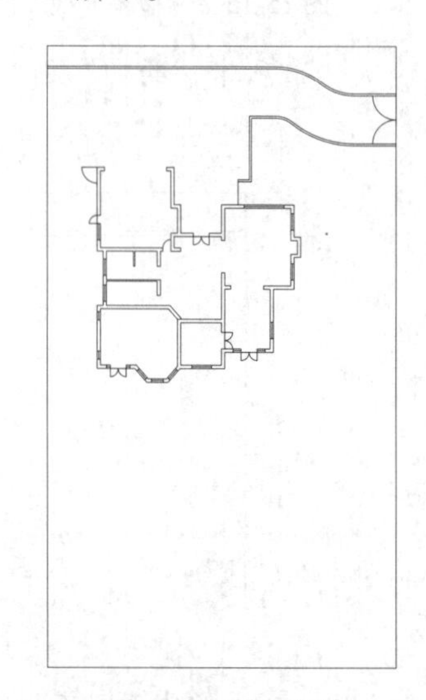

图 15-21　绘制门窗

（14）单击“默认”选项卡“绘图”面板中的“直线”按钮和“修改”面板中的“偏移”按钮、“修剪”按钮，绘制 400 厚的墙线，如图 15-22 所示。

（15）单击“默认”选项卡“修改”面板中的“偏移”按钮，将线段 1 向右偏移 10 次，偏移距离均为 300，完成台阶的绘制，如图 15-23 所示。

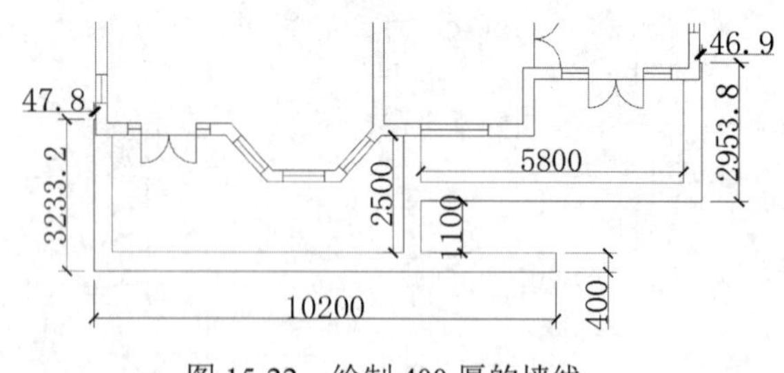

图 15-22　绘制 400 厚的墙线

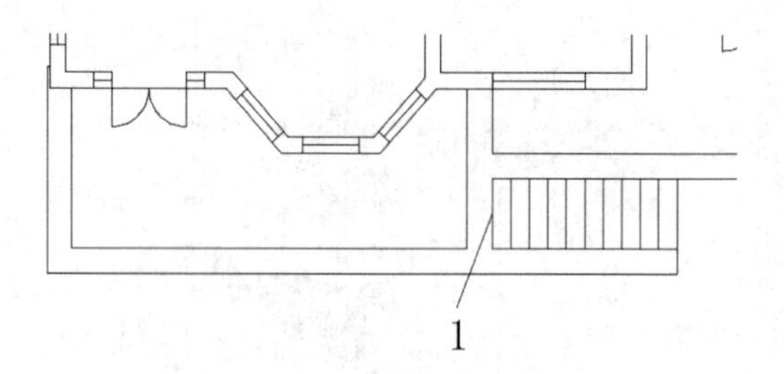

图 15-23　偏移线段 1

（16）同理，绘制剩余台阶，结果如图 15-24 所示。

（17）单击“默认”选项卡“绘图”面板中的“矩形”按钮，绘制 800×4000 的空调基座，如图 15-25 所示。

（18）单击“默认”选项卡“绘图”面板中的“直线”按钮和“修改”面板中的“修剪”按钮，绘制上侧轮廓线，如图 15-26 所示。

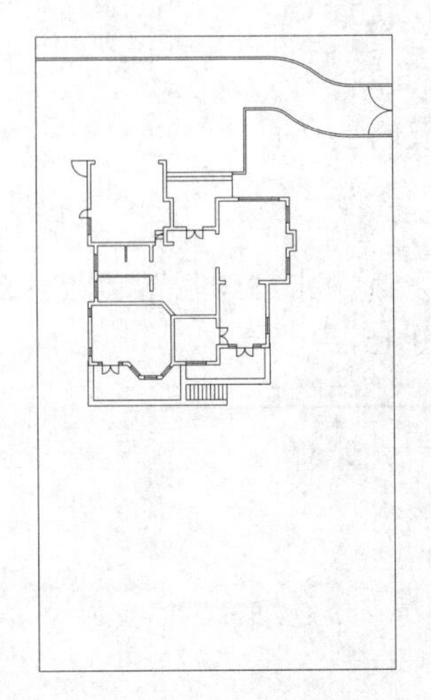

图 15-24 绘制台阶

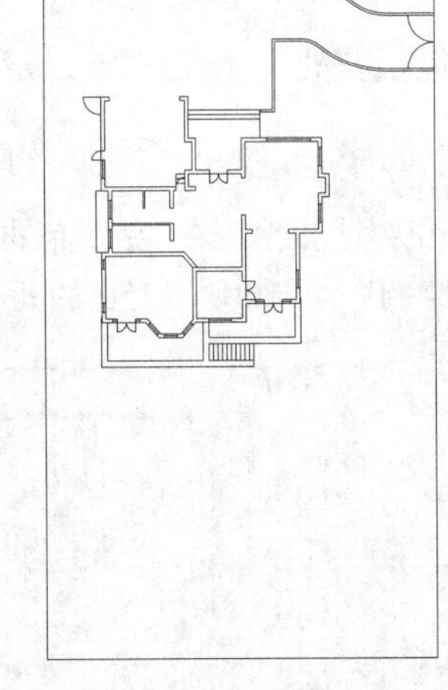

图 15-25 绘制空调基座

（19）单击“默认”选项卡“绘图”面板中的“矩形”按钮，绘制 3685.8×1700 的矩形，如图 15-27 所示。

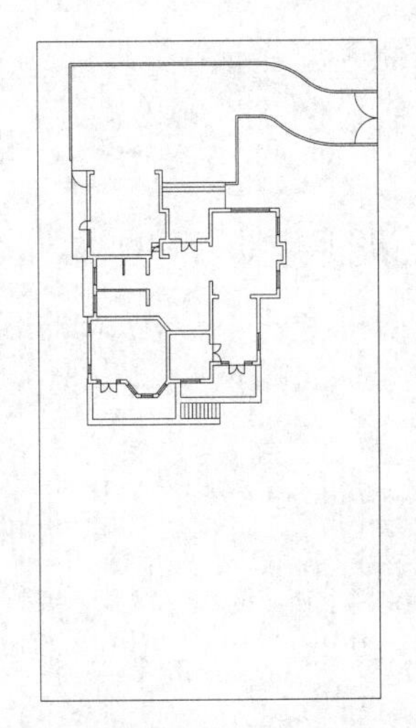

图 15-26 绘制剩余图形

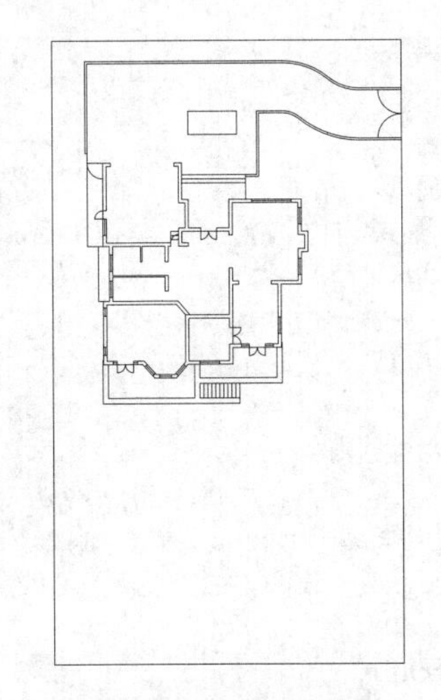

图 15-27 绘制矩形

（20）单击“默认”选项卡“修改”面板中的“偏移”按钮，将矩形向内偏移 150，如图 15-28 所示。

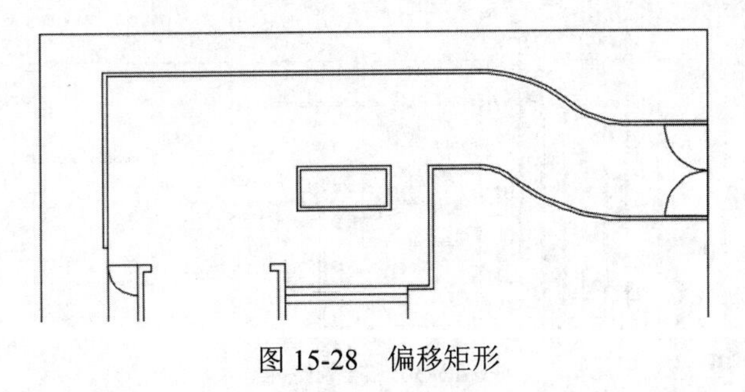

图 15-28 偏移矩形

15.3.4 小品设计

本节的小品设计包括花架、木质平台、宠物房和玻璃亭立面。

1. 绘制花架

（1）将“小品”图层设置为当前层，单击“默认”选项卡“绘图”面板中的“矩形”按钮，在图中合适的位置处绘制一个100×7250的矩形，如图15-29所示。

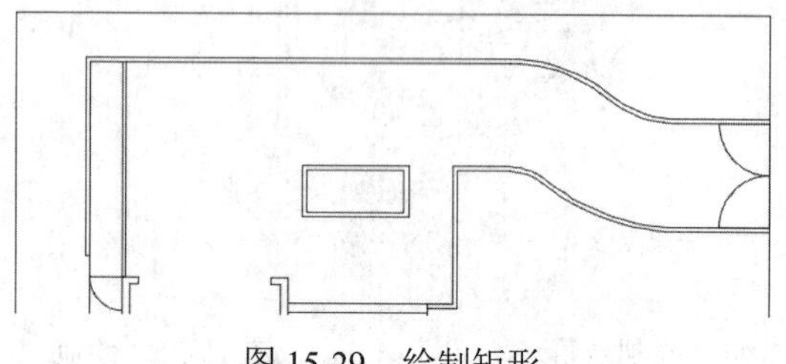

图 15-29 绘制矩形

（2）单击“默认”选项卡“修改”面板中的“矩形阵列”按钮，将矩形进行阵列。命令行提示与操作如下：

```
命令：_arrayrect
选择对象：（选择图 15-29 所示的矩形）
选择对象：↙
类型 = 矩形  关联 = 是
选择夹点以编辑阵列或 [关联(AS)/基点(B)/计数(COU)/间距(S)/列数(COL)/行数(R)/层数(L)/退出(X)] <退出>: as↙
创建关联阵列 [是(Y)/否(N)] <是>: N↙
选择夹点以编辑阵列或 [关联(AS)/基点(B)/计数(COU)/间距(S)/列数(COL)/行数(R)/层数(L)/退出(X)] <退出>: r↙
输入行数数或 [表达式(E)] <3>: 1↙
之间的距离或 [总计(T)/表达式(E)] <10875>:↙
指定 行数 之间的标高增量或 [表达式(E)] <0>:↙
选择夹点以编辑阵列或 [关联(AS)/基点(B)/计数(COU)/间距(S)/列数(COL)/行数(R)/层数(L)/退出(X)] <退出>: col↙
输入列数数或 [表达式(E)] <4>: 8↙
指定 列数 之间的距离或 [总计(T)/表达式(E)] <150>: 800↙
选择夹点以编辑阵列或 [关联(AS)/基点(B)/计数(COU)/间距(S)/列数(COL)/行数(R)/层数(L)/退出(X)] <退出>:↙
```

结果如图15-30所示。

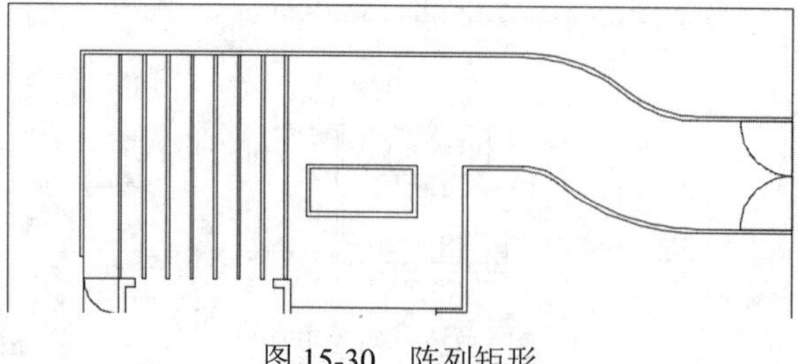

图 15-30 阵列矩形

（3）单击“默认”选项卡“修改”面板中的“偏移”按钮，将线段1向下偏移343.6，线段2向右偏移964.2，得到辅助线，如图15-31所示。

（4）单击“默认”选项卡“绘图”面板中的“矩形”按钮，以上步偏移线段的交点为起点，绘制6000×100的矩形，如图15-32所示。

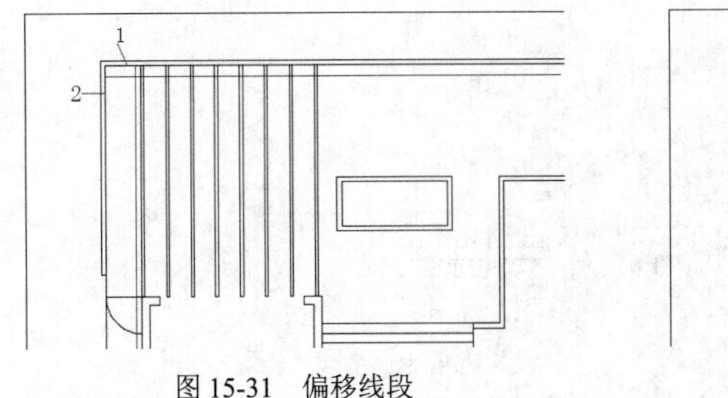

图15-31　偏移线段

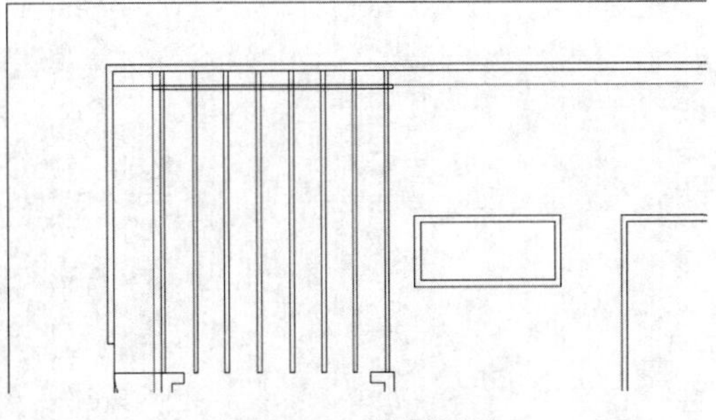

图15-32　绘制矩形

（5）单击“默认”选项卡“修改”面板中的“删除”按钮，删除辅助线，如图15-33所示。

（6）单击“默认”选项卡“修改”面板中的“矩形阵列”按钮，将6000×100的矩形进行阵列，设置行数为9，列数为1，行偏移为-800，完成花架的绘制，如图15-34所示。

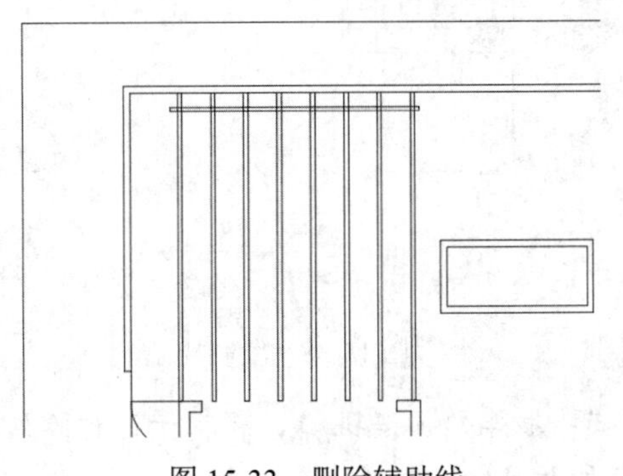

图15-33　删除辅助线

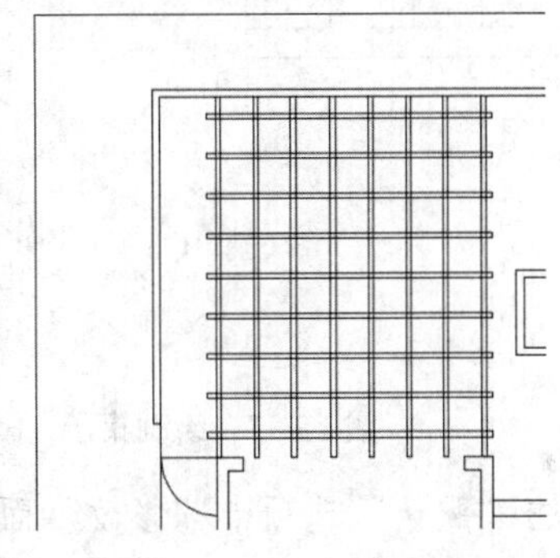

图15-34　阵列矩形

（7）同理，单击“默认”选项卡“绘图”面板中的“矩形”按钮和“修改”面板中的“矩形阵列”按钮，绘制其他位置处的木质花架，如图15-35所示。

2. 绘制木质平台

（1）单击“默认”选项卡“绘图”面板中的“直线”按钮和“圆”按钮，绘制辅助线段和圆。

（2）单击“默认”选项卡“绘图”面板中的“多段线”按钮，绘制连续多段线，完成木质平台的绘制，如图15-36所示。

（3）单击“默认”选项卡“绘图”面板中的“矩形”按钮，在木质平台内绘制一个750×750的矩形；然后单击“默认”选项卡“修改”面板中的“旋转”按钮，将矩形旋转45°，完成桌子的绘制，如图15-37所示。

（4）单击“默认”选项卡“绘图”面板中的“多边形”按钮，绘制边长为400的四边形，完成椅子的绘制，如图 15-38 所示。

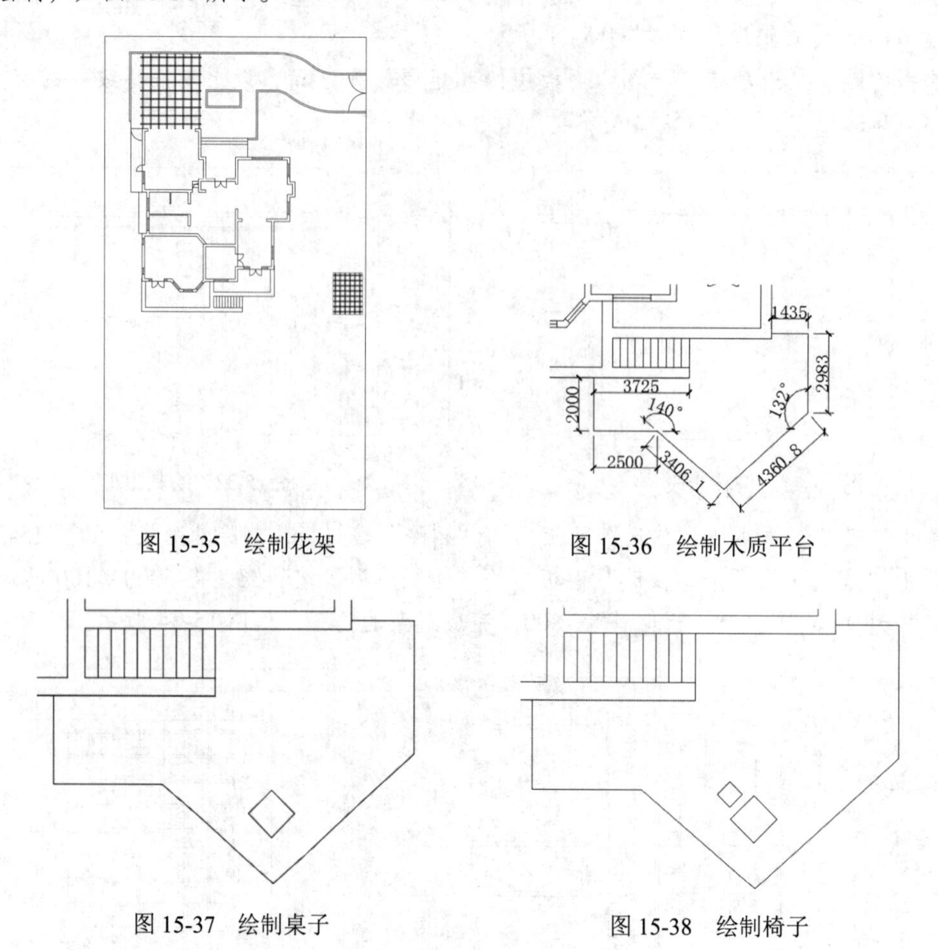

图 15-35　绘制花架　　图 15-36　绘制木质平台

图 15-37　绘制桌子　　图 15-38　绘制椅子

（5）单击“默认”选项卡“修改”面板中的“环形阵列”按钮，将椅子进行阵列，设置阵列数目为 4，完成桌椅组合的绘制，结果如图 15-39 所示。

（6）单击“默认”选项卡“绘图”面板中的“多段线”按钮，绘制花池的外轮廓线，如图 15-40 所示。

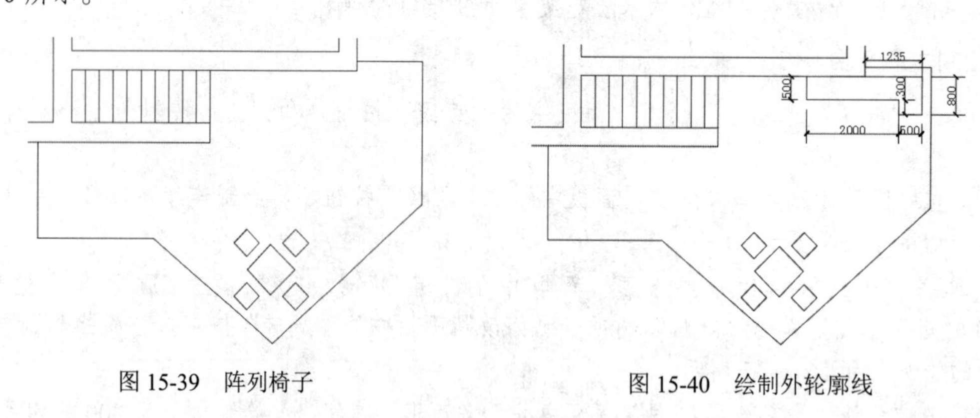

图 15-39　阵列椅子　　图 15-40　绘制外轮廓线

（7）单击“默认”选项卡“修改”面板中的“偏移”按钮，将多段线向内偏移 50，完成花池的绘制，如图 15-41 所示。

（8）单击“默认”选项卡“绘图”面板中的“直线”按钮，在花池的下方绘制一条长为 1200 的竖直线段，如图 15-42 所示。

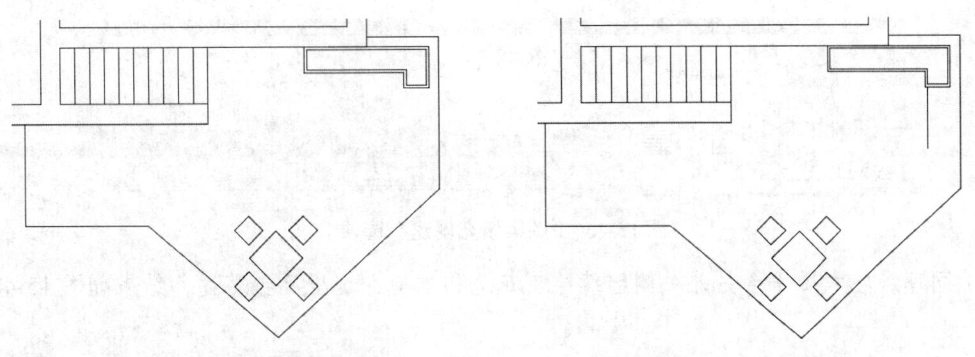

图 15-41　偏移多段线　　　　图 15-42　绘制竖直线段

（9）单击“默认”选项卡“修改”面板中的“偏移”按钮，将竖线向右偏移 400，完成木椅的绘制，如图 15-43 所示。

（10）单击“默认”选项卡“绘图”面板中的“矩形”按钮，绘制一个 500×500 的矩形，如图 15-44 所示。

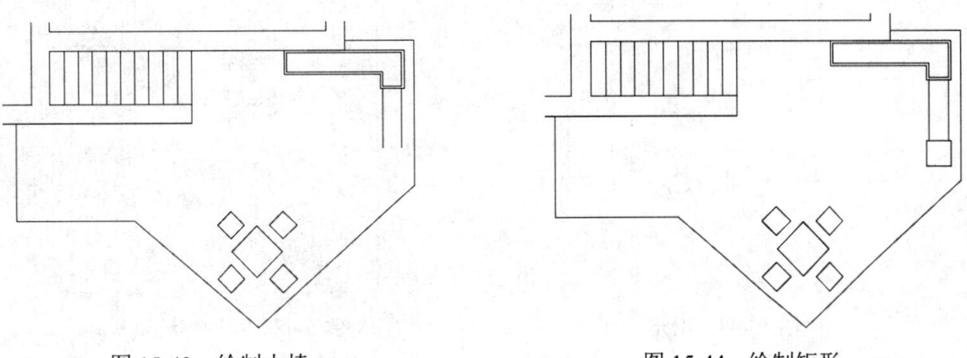

图 15-43　绘制木椅　　　　图 15-44　绘制矩形

（11）单击“默认”选项卡“修改”面板中的“偏移”按钮，将矩形向内偏移 50，完成另一个花池的绘制，如图 15-45 所示。

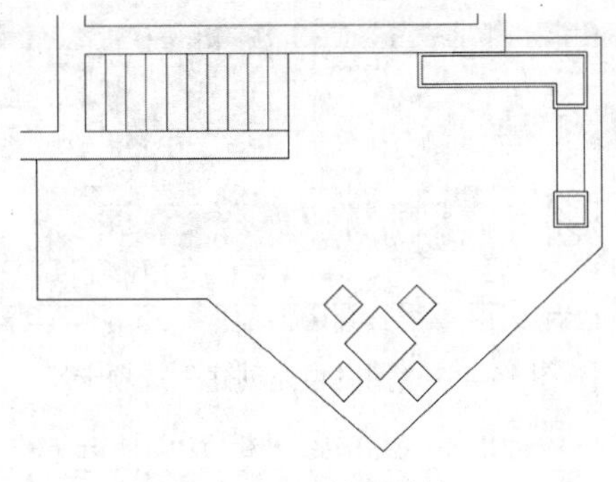

图 15-45　绘制花池

（12）将“植物”图层设置为当前层，单击“默认”选项卡“绘图”面板中的“图案填充”按钮▨，打开“图案填充创建”选项卡，如图 15-46 所示，选择 CROSS 图案，设置“比例”为 10，“角度”为 0°，填充花池，如图 15-47 所示。

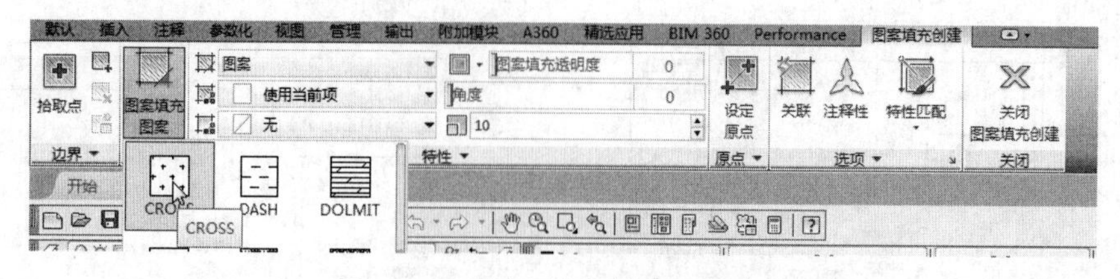

图 15-46 “图案填充创建”选项卡

（13）同理，在木质平台另外一侧继续绘制花池和木椅，这里不再赘述，结果如图 15-48 所示。

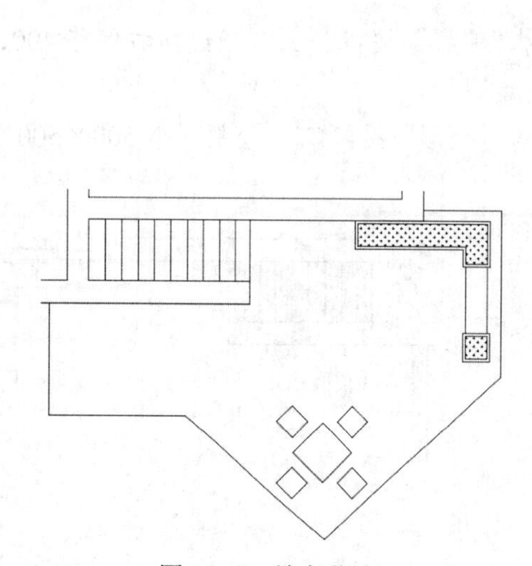

图 15-47 填充花池

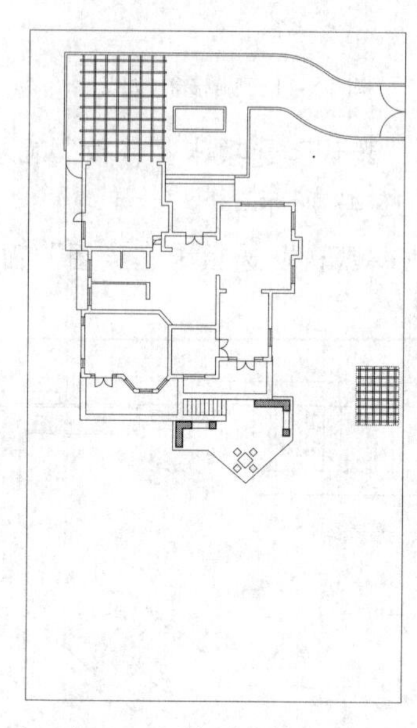

图 15-48 绘制花池和木椅

（14）单击“默认”选项卡“绘图”面板中的“图案填充”按钮▨，打开“图案填充创建”选项卡，如图 15-49 所示，选择 ANSI32 图案，设置“角度”为 45°，“比例”为 60，填充木质平台，结果如图 15-50 所示。

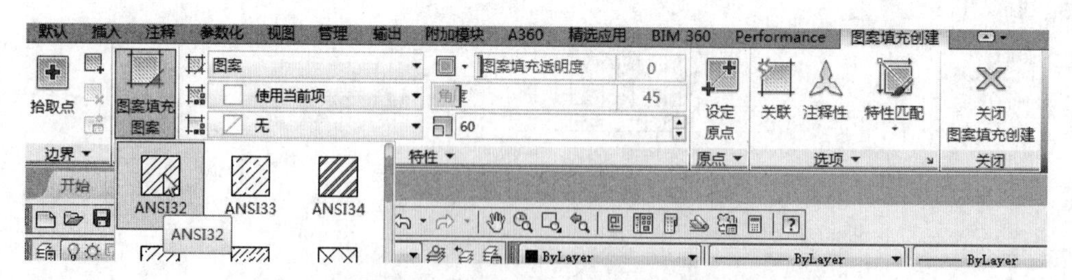

图 15-49 “图案填充创建”选项卡

（15）单击“默认”选项卡“绘图”面板中的“矩形”按钮▭，在最下侧绘制 4000×2500 和 3000×2425 的两个矩形，完成木质平台外轮廓的绘制，如图 15-51 所示。

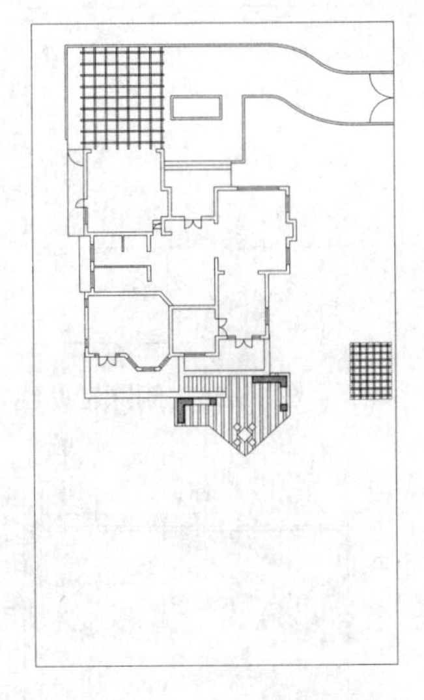

图 15-50　填充木质平台

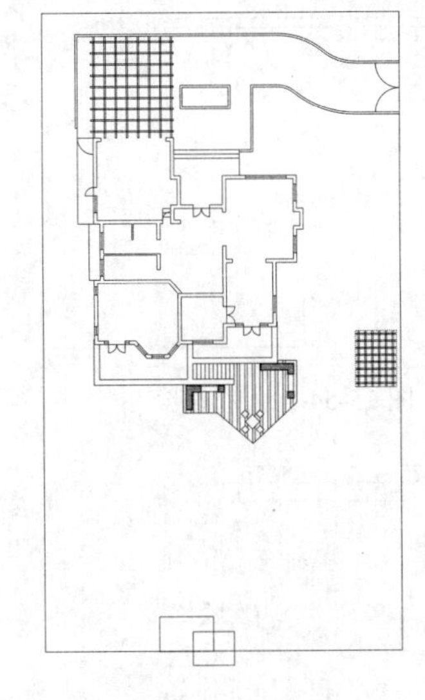

图 15-51　绘制矩形

（16）单击“默认”选项卡“修改”面板中的“修剪”按钮，修剪掉多余的线条，如图 15-52 所示。

（17）单击“默认”选项卡“修改”面板中的“分解”按钮，将木质平台外轮廓分解。

（18）单击“默认”选项卡“修改”面板中的“偏移”按钮，将左侧矩形的上边向下偏移 100、左边向右偏移 100，作为辅助线，如图 15-53 所示。

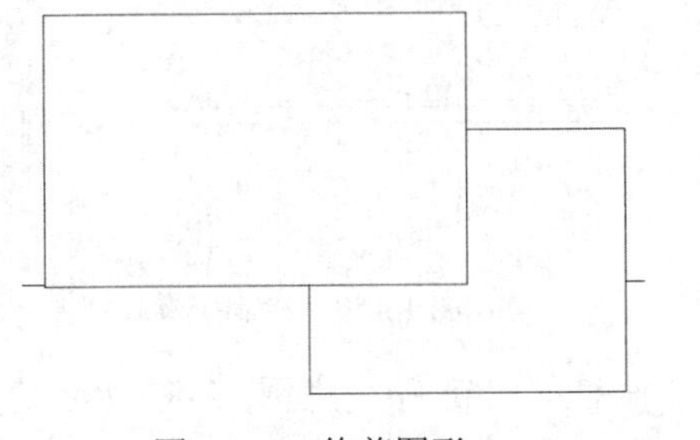

图 15-52　修剪图形

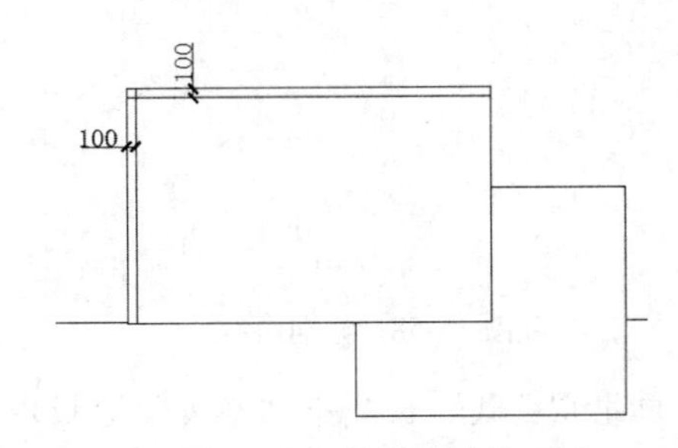

图 15-53　绘制辅助线

（19）单击“默认”选项卡“绘图”面板中的“矩形”按钮，以辅助线的交点为起点，绘制 150×150 的矩形，如图 15-54 所示。

（20）单击“默认”选项卡“修改”面板中的“删除”按钮，将辅助线删除，如图 15-55 所示。

（21）单击“默认”选项卡“修改”面板中的“复制”按钮，根据图 15-56 所示的间距复制矩形。

（22）单击“默认”选项卡“修改”面板中的“偏移”按钮，将线段 1 向下偏移 150、50、2100 和 50，线段 2 向右偏移 150、50、3600 和 50，如图 15-57 所示。

（23）单击“默认”选项卡“修改”面板中的“修剪”按钮，修剪掉多余的线段，完成坐凳的绘制，结果如图 15-58 所示。

（24）同理，绘制另外一个矩形内的坐凳，如图 15-59 所示。

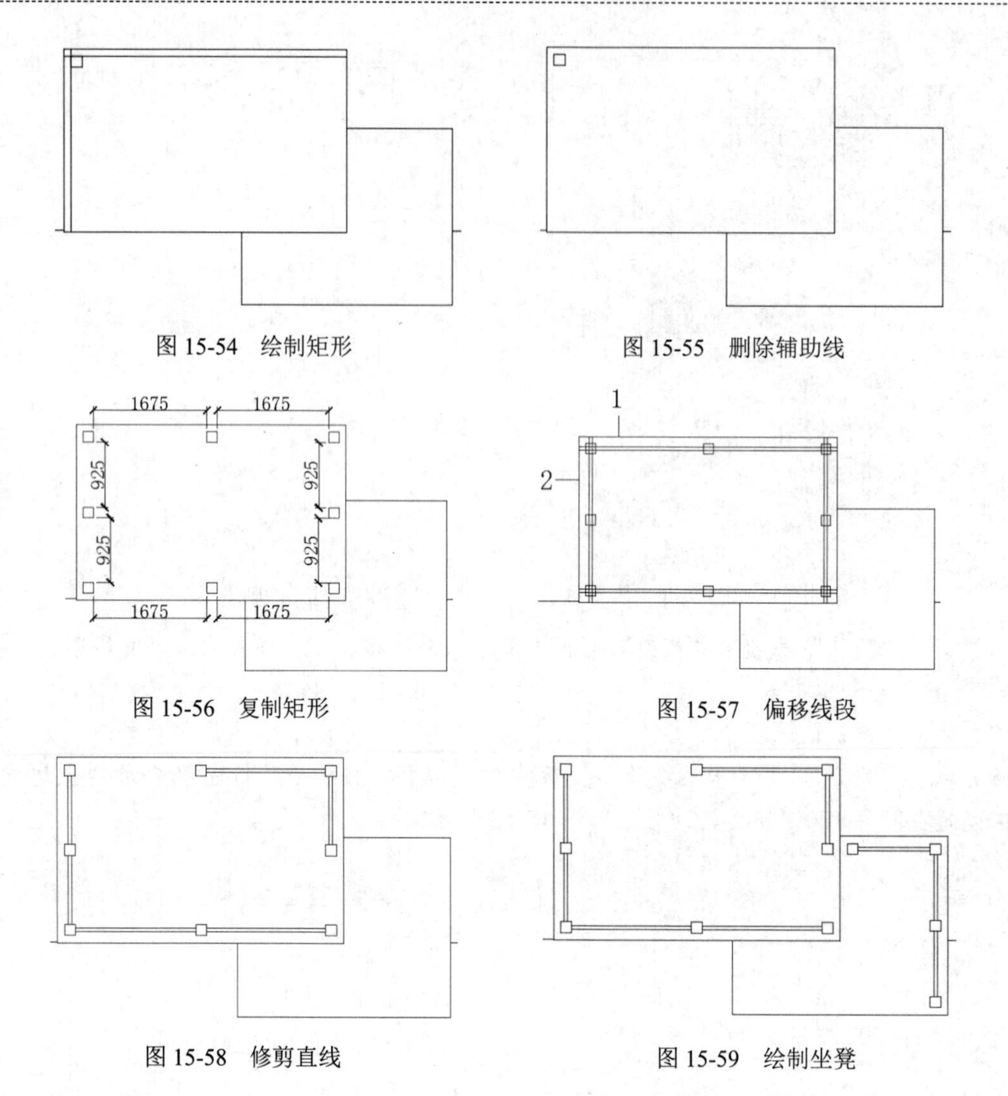

图 15-54　绘制矩形

图 15-55　删除辅助线

图 15-56　复制矩形

图 15-57　偏移线段

图 15-58　修剪直线

图 15-59　绘制坐凳

（25）单击“默认”选项卡“修改”面板中的“偏移”按钮，将图 15-57 所示的线段 1 向下偏移 1375 和 825，线段 2 向右偏移 3400 和 300，如图 15-60 所示。

（26）单击“默认”选项卡“修改”面板中的“修剪”按钮，修剪掉多余的线条，完成踏步的绘制，如图 15-61 所示。

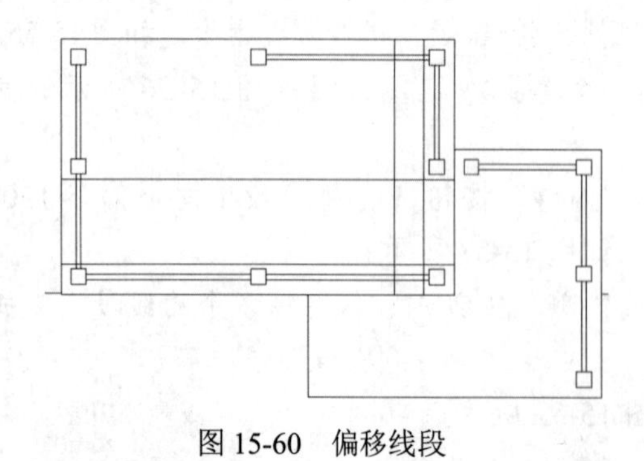

图 15-60　偏移线段

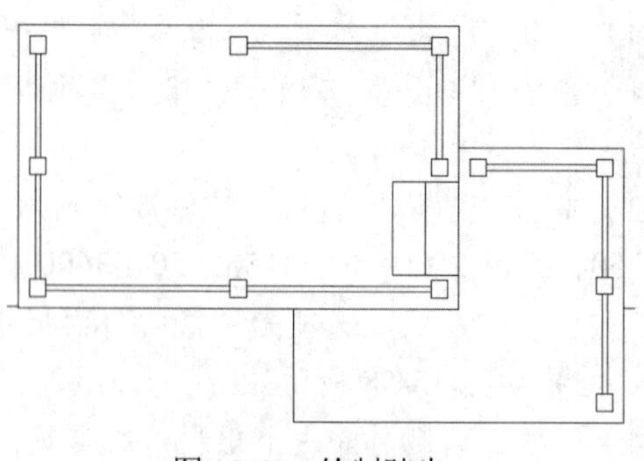

图 15-61　绘制踏步

（27）单击“默认”选项卡“绘图”面板中的“图案填充”按钮，打开“图案填充创建”选项卡，如图15-62所示，选择ANSI32图案，设置“角度”为45°，“比例”为60，填充木质平台，结果如图15-63所示。

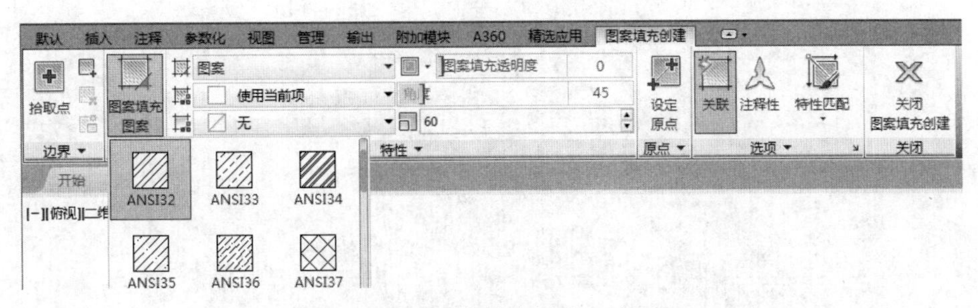

图15-62 “图案填充创建”选项卡

3. 绘制宠物房

（1）单击“默认”选项卡“绘图”面板中的“矩形”按钮，绘制一个1500×2000的矩形，如图15-64所示。

（2）单击“默认”选项卡“绘图”面板中的“直线”按钮，捕捉矩形短边中点，向下绘制一条竖线，完成宠物房的绘制，结果如图15-65所示。

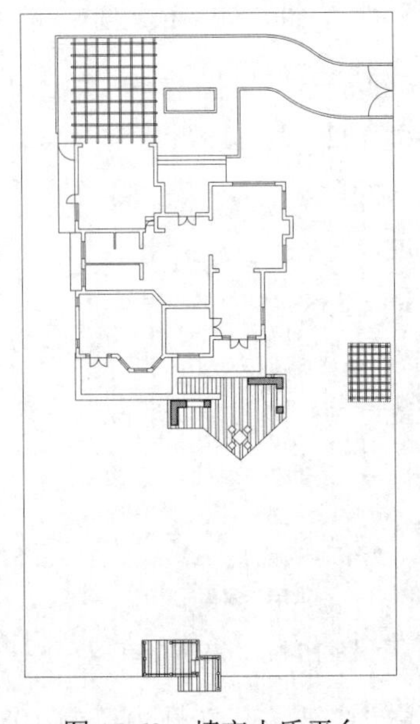

图15-63 填充木质平台

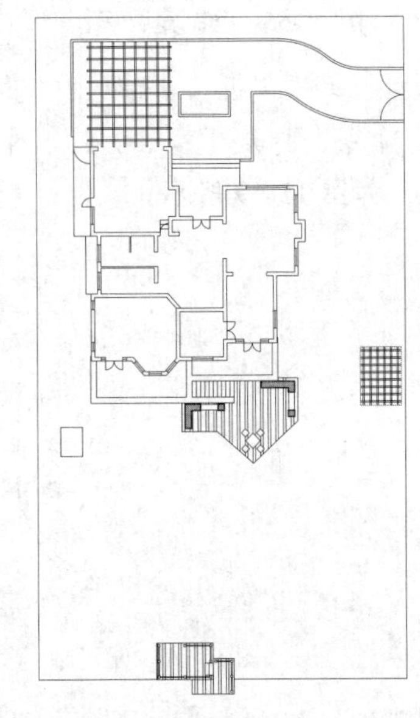

图15-64 绘制矩形

4. 绘制玻璃亭立面

（1）单击“默认”选项卡“绘图”面板中的“圆”按钮，在图中合适的位置处绘制半径为1750的圆，如图15-66所示。

（2）单击“默认”选项卡“修改”面板中的“偏移”按钮，将圆向内偏移100、818.8和100，如图15-67所示。

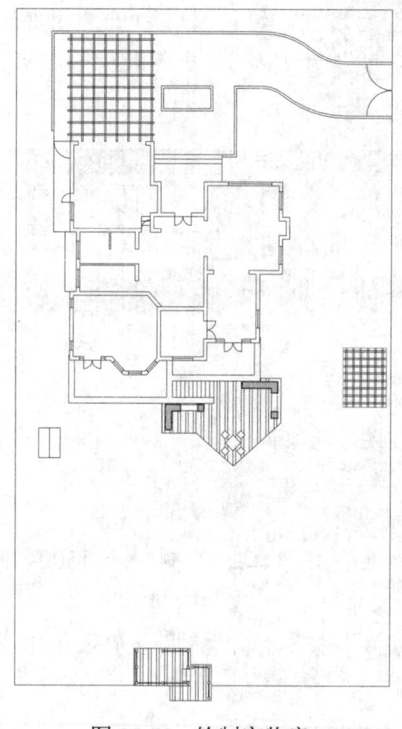

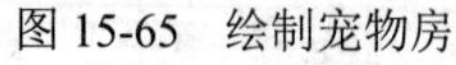

图 15-65　绘制宠物房

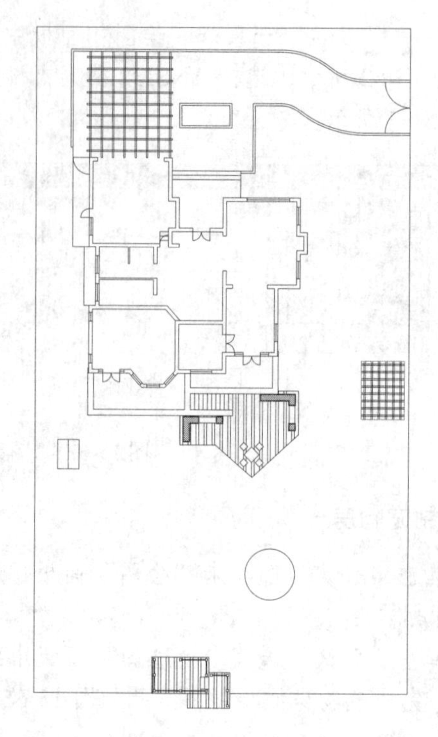

图 15-66　绘制圆

（3）在状态栏上单击“极轴追踪”右侧的小三角按钮，弹出快捷菜单，如图 15-68 所示，选择“正在追踪设置”命令，打开“草图设置”对话框，添加 102° 和 118° 的附加角，并选中“启用极轴追踪”复选框，如图 15-69 所示。

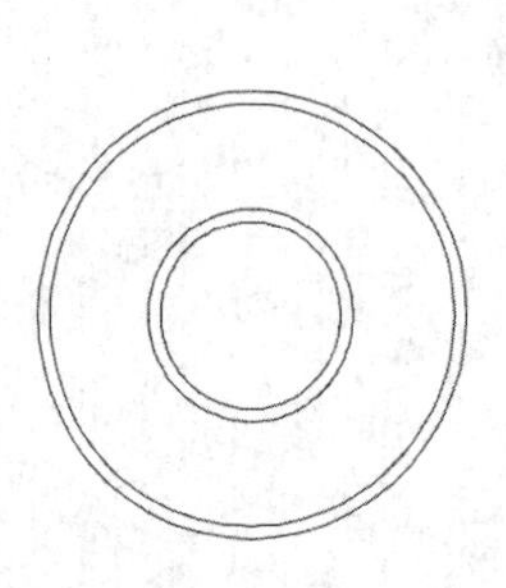

图 15-67　偏移圆

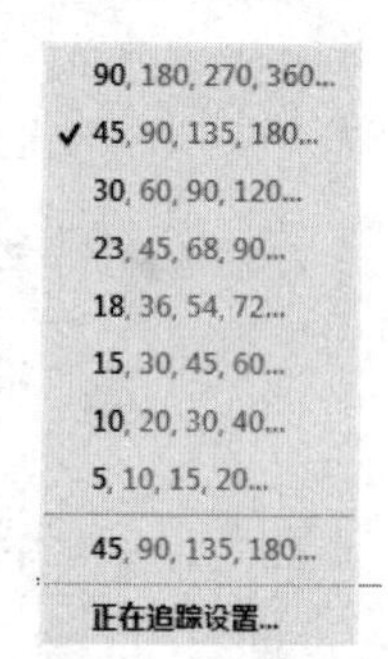

图 15-68　快捷菜单

（4）单击“默认”选项卡“绘图”面板中的“直线”按钮╱，在圆内绘制 102° 和 118° 的两条线段，结果如图 15-70 所示。

（5）单击“默认”选项卡“修改”面板中的“环形阵列”按钮，将两条线段进行阵列，设置数目为 3，完成玻璃亭立面的绘制，结果如图 15-71 所示。

15.3.5　道路系统

利用之前学过的知识绘制道路系统。

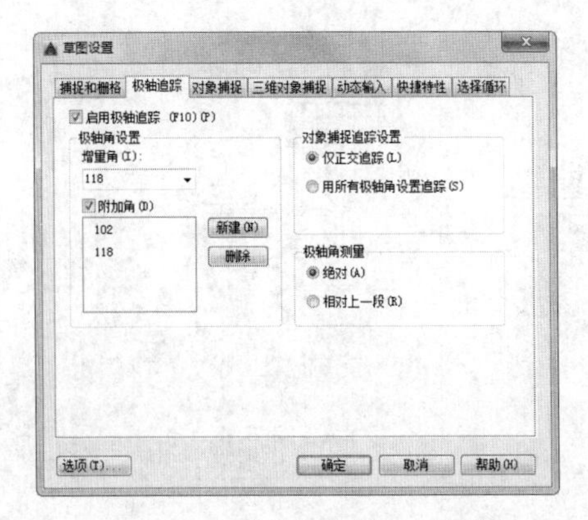

图 15-69 “草图设置”对话框

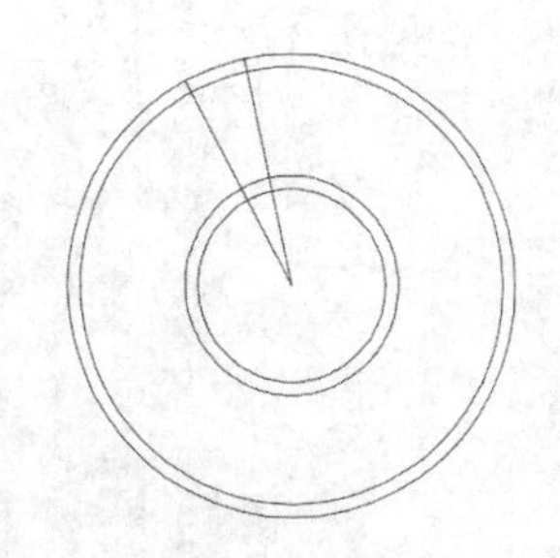

图 15-70 绘制线段

（1）将“道路”图层设置为当前层，单击“默认”选项卡“绘图”面板中的“样条曲线拟合”按钮，绘制两条样条曲线，如图 15-72 所示。

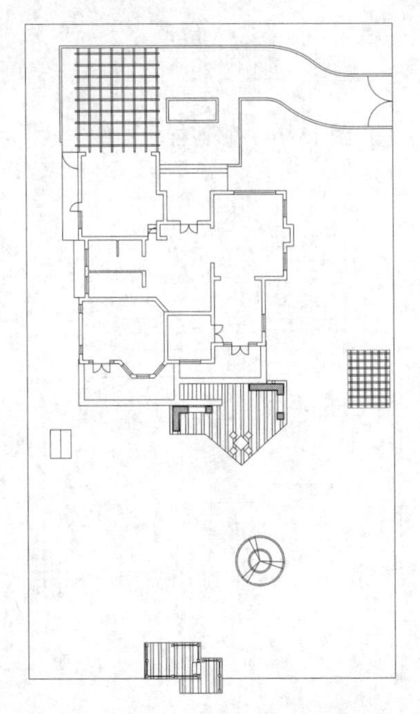

图 15-71 绘制玻璃亭立面

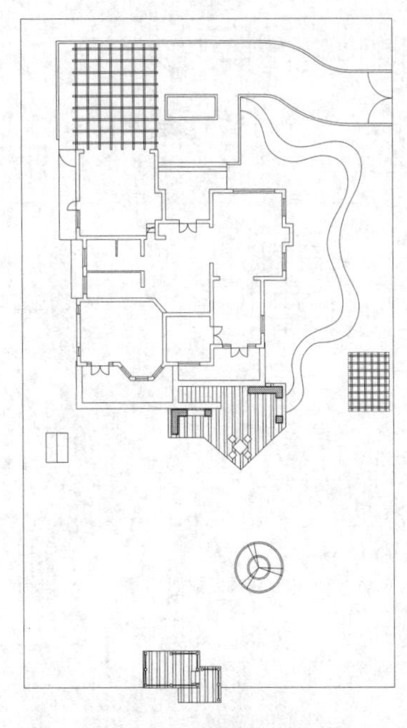

图 15-72 绘制样条曲线

（2）单击“默认”选项卡“绘图”面板中的“矩形”按钮和“修改”面板中的“旋转”按钮，在样条曲线上绘制木条，并旋转到合适的角度，结果如图 15-73 所示。

（3）单击“默认”选项卡“修改”面板中的“修剪”按钮，将木条内的样条曲线修剪掉，结果如图 15-74 所示。

（4）单击“默认”选项卡“块”面板中的“插入”按钮，打开源文件中的“石块”，将其插入道路的两边，如图 15-75 所示。

（5）单击“默认”选项卡“绘图”面板中的“矩形”按钮，在图中合适位置处，绘制一个 600×600 的矩形，如图 15-76 所示。

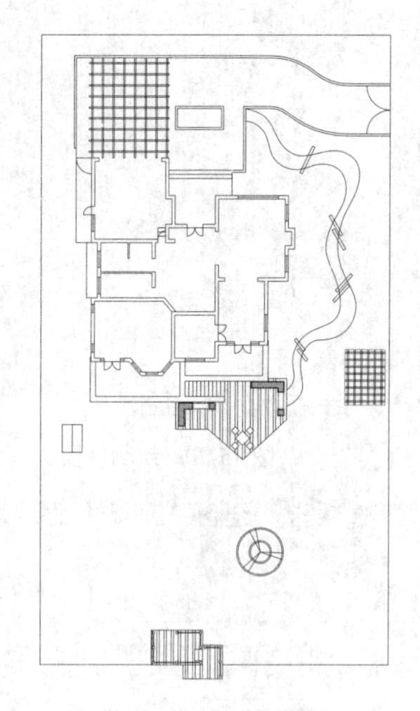

图 15-73　绘制木条

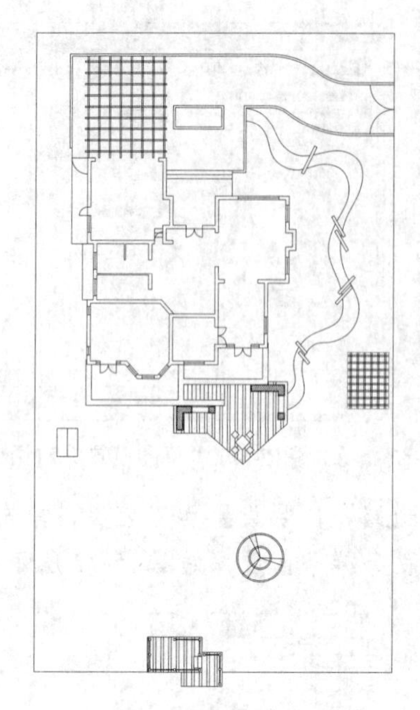

图 15-74　修剪样条曲线

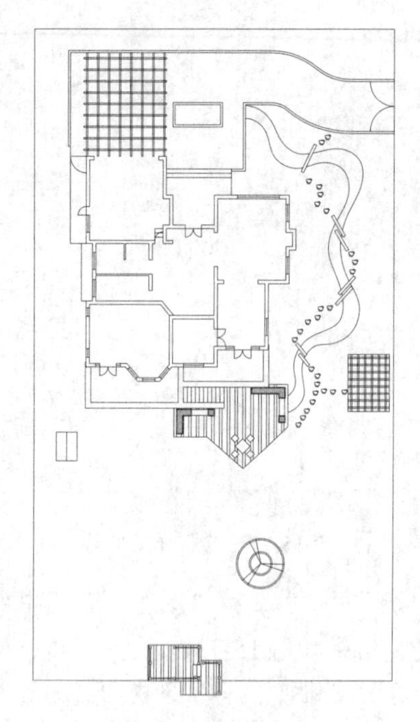

图 15-75　插入石块

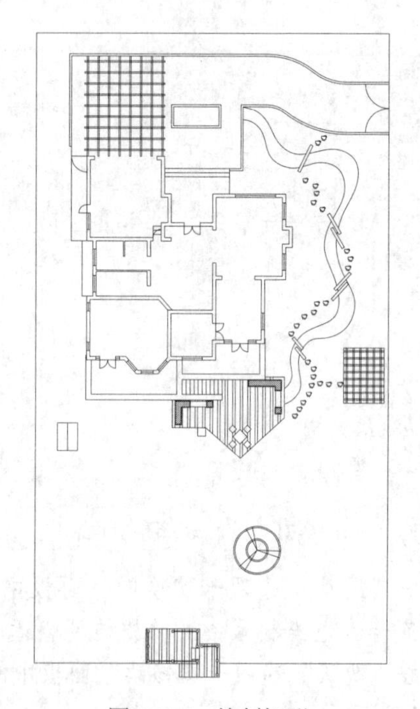

图 15-76　绘制矩形

（6）单击“默认”选项卡“修改”面板中的“复制”按钮和“旋转”按钮，将矩形复制到其他位置处并旋转一定的角度，如图 15-77 所示。

（7）单击“默认”选项卡“绘图”面板中的“圆”按钮，绘制半径为 1000 的圆，如图 15-78 所示。

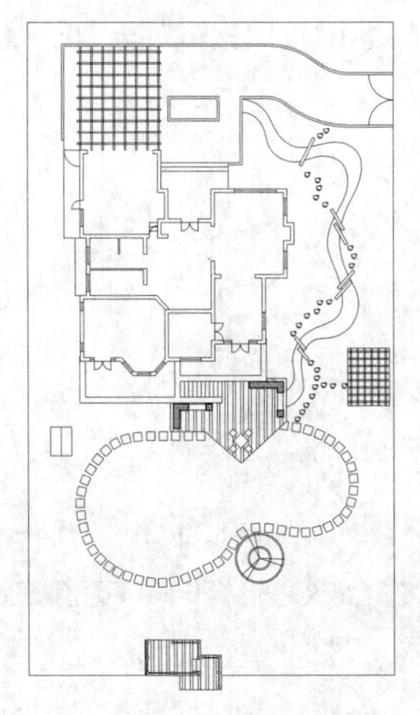

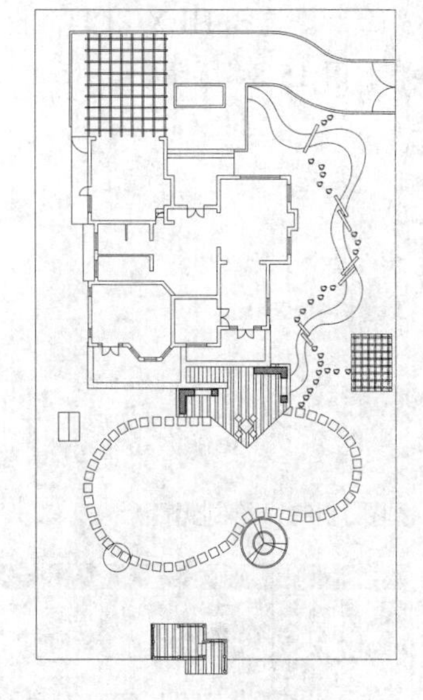

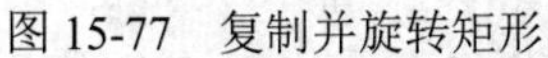

图 15-77 复制并旋转矩形　　图 15-78 绘制圆

（8）单击“默认”选项卡“修改”面板中的“修剪”按钮，修剪圆内多余的线条，如图 15-79 所示。

（9）单击“默认”选项卡“修改”面板中的“偏移”按钮，将圆向内偏移 500，如图 15-80 所示。

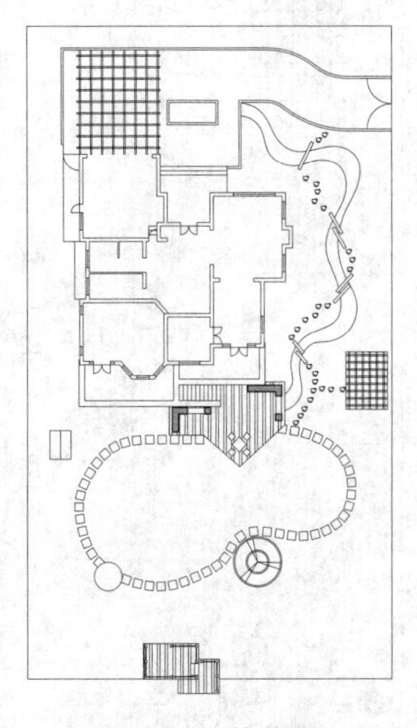

图 15-79 修剪圆

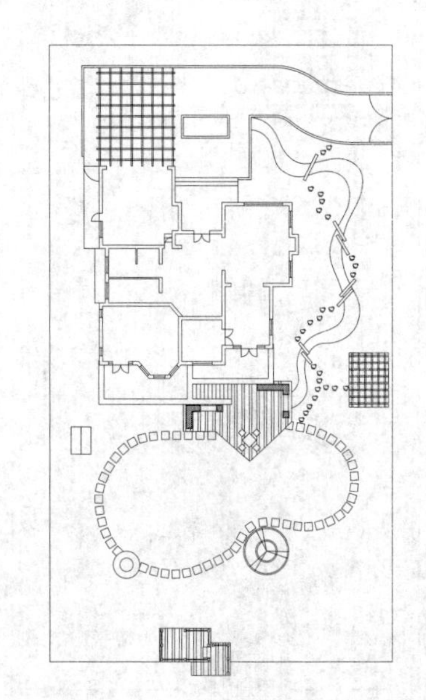

图 15-80 偏移圆

（10）单击“默认”选项卡“绘图”面板中的“直线”按钮和“圆”按钮，绘制蹲距，如图 15-81 所示。

（11）单击“默认”选项卡“绘图”面板中的“椭圆”按钮，绘制卵石，如图 15-82 所示。

（12）单击“默认”选项卡“绘图”面板中的“图案填充”按钮，打开“图案填充创建”选项卡，如图 15-83 所示，选择 HEX 图案，设置“角度”为 0°，“比例”为 60，填充圆，完成地砖铺地的绘制，结果如图 15-84 所示。

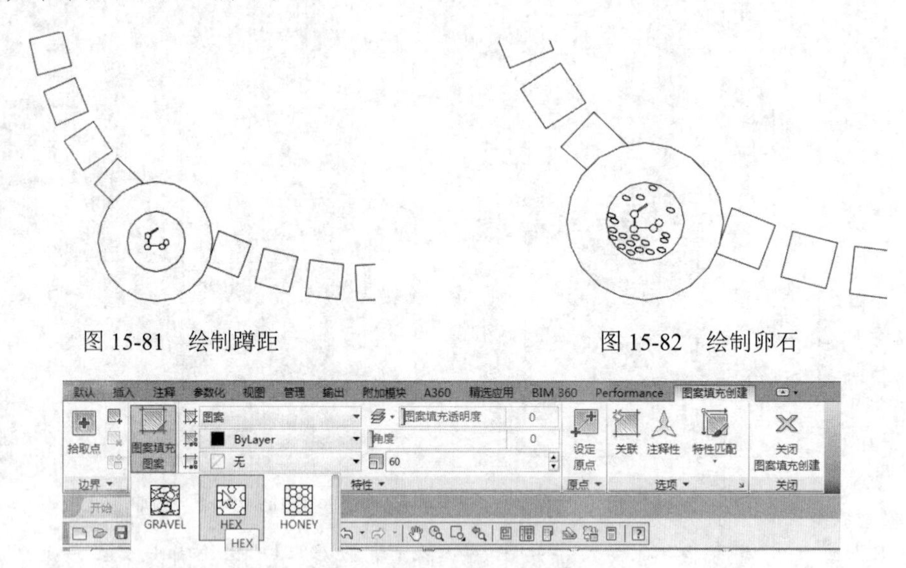

图 15-81　绘制蹲距　　图 15-82　绘制卵石

图 15-83　“图案填充创建”选项卡

（13）同理，绘制其他位置处的道路铺地，这里不再赘述，结果如图 15-85 所示。

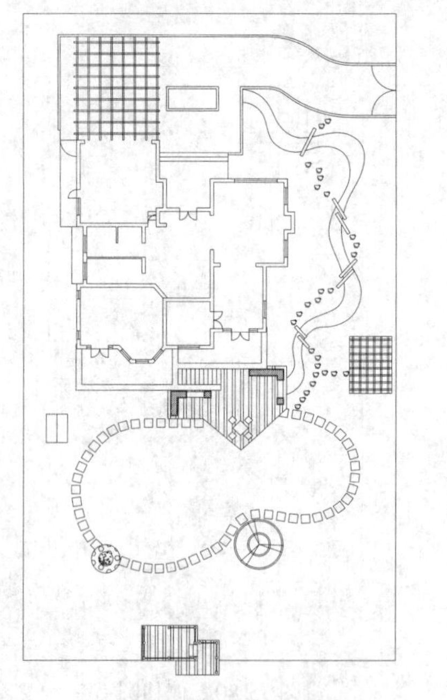

图 15-84　绘制地砖铺地

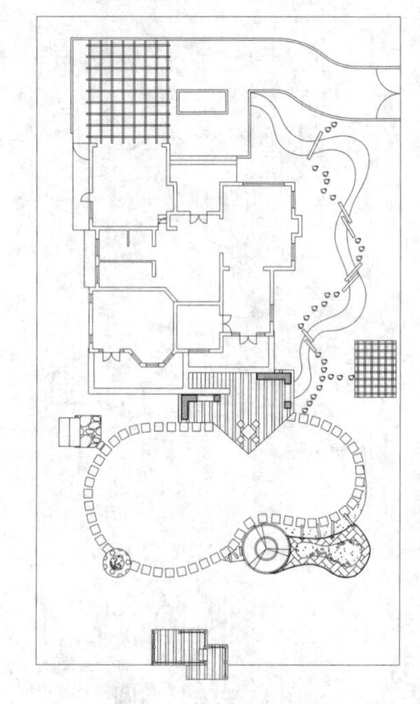

图 15-85　绘制道路铺地

（14）将“水系”图层设置为当前层，单击“默认”选项卡“绘图”面板中的“样条曲线拟合”按钮，绘制水系，如图 15-86 所示。

（15）单击“默认”选项卡“块”面板中的“插入”按钮，打开“插入”对话框，如图 15-87

所示，将图库中所需的石块插入到水系中，结果如图 15-88 所示。

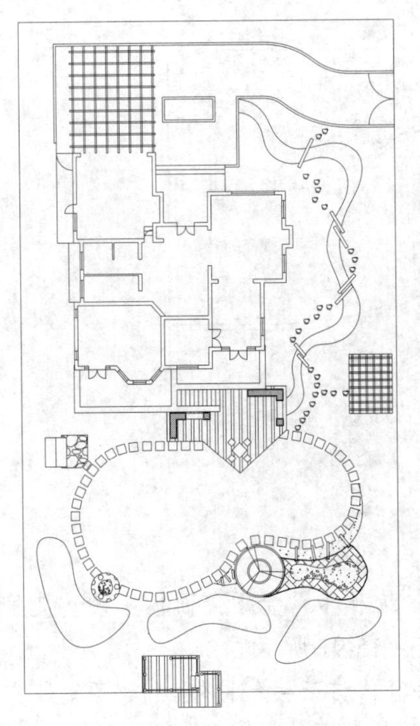

图 15-86 绘制水系

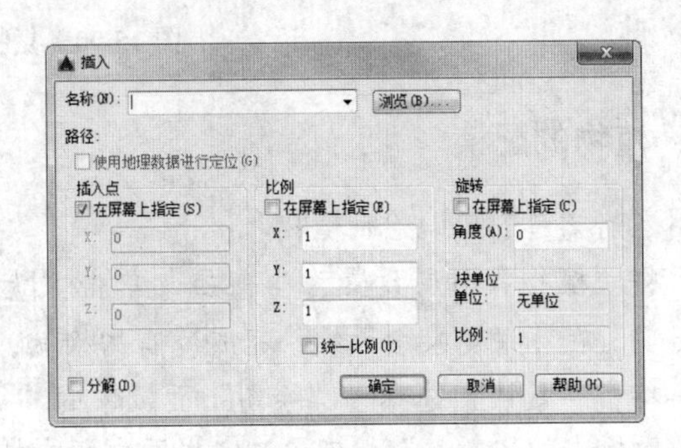

图 15-87 “插入”对话框

（16）单击“默认”选项卡“绘图”面板中的“圆”按钮，补充绘制半径为 100 的圆，完成庭院灯的绘制，如图 15-89 所示。

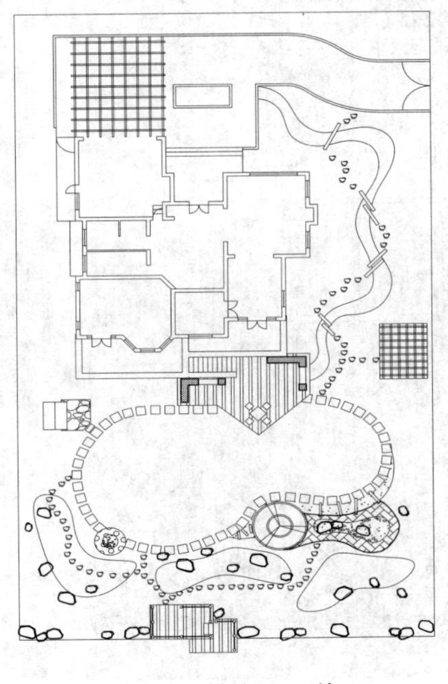

图 15-88 插入石块

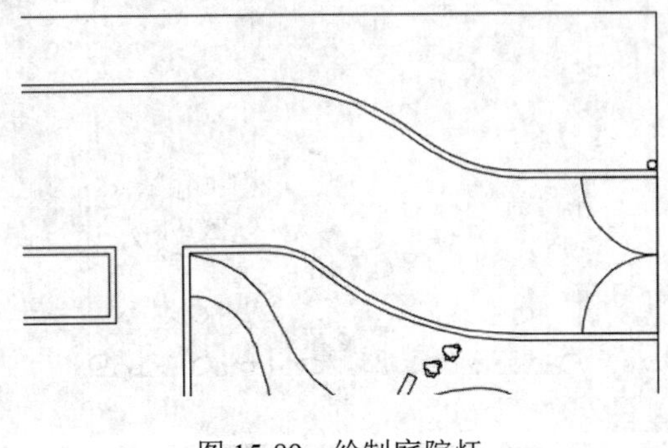

图 15-89 绘制庭院灯

（17）单击“默认”选项卡“修改”面板中的“复制”按钮，在合适位置处复制庭院灯，如图 15-90 所示。

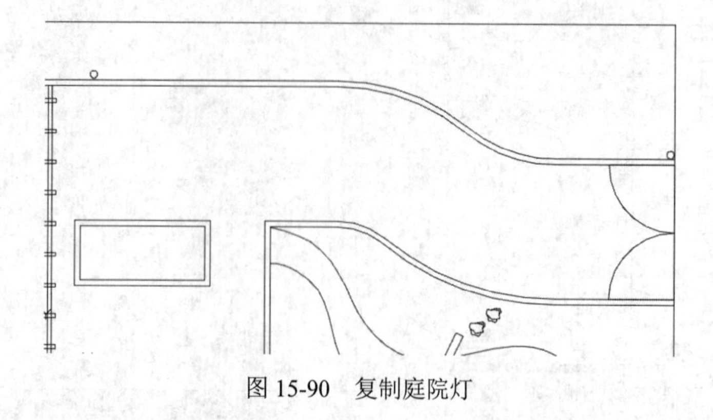

图 15-90 复制庭院灯

15.3.6 植物的配植

利用之前学过的知识绘制植物。

（1）将“植物”图层设置为当前层，单击“默认”选项卡“绘图”面板中的“徒手画修订云线”按钮，在花架处绘制云线，完成凌宵的绘制，如图 15-91 所示。

（2）单击“默认”选项卡“绘图”面板中的“徒手画修订云线”按钮、“图案填充”按钮和“块”面板中的“插入”按钮，完成图中所有植物的绘制，结果如图 15-92 所示。

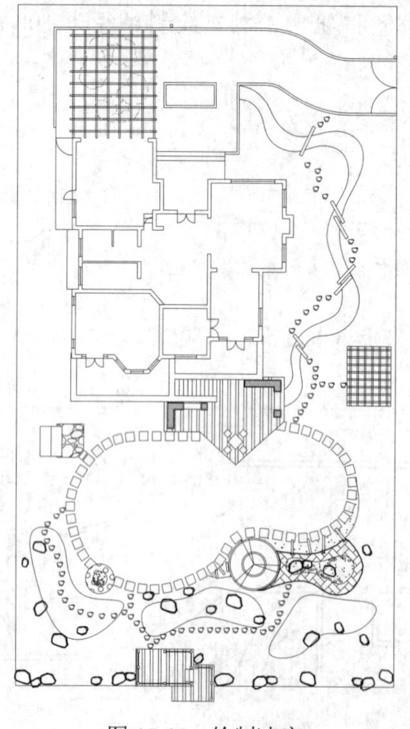

图 15-91 绘制凌宵

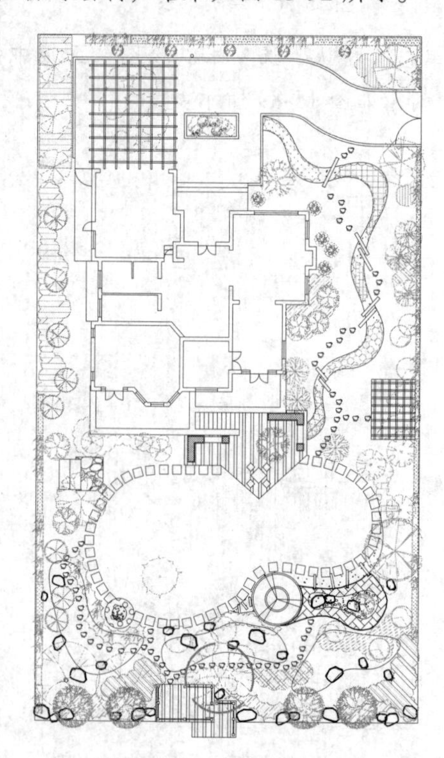

图 15-92 绘制植物

（3）将“标注”图层设置为当前层，单击“默认”选项卡“绘图”面板中的“直线”按钮和“注释”面板中的“多行文字”按钮A，绘制标高符号，如图15-93所示。

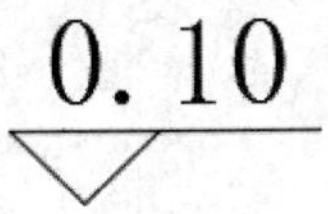

0.10

图15-93　绘制标高符号

（4）单击“默认”选项卡“修改”面板中的“复制”按钮，将标高符号复制到图中其他位置处，然后双击文字，修改对应的文字内容，结果如图15-94所示。

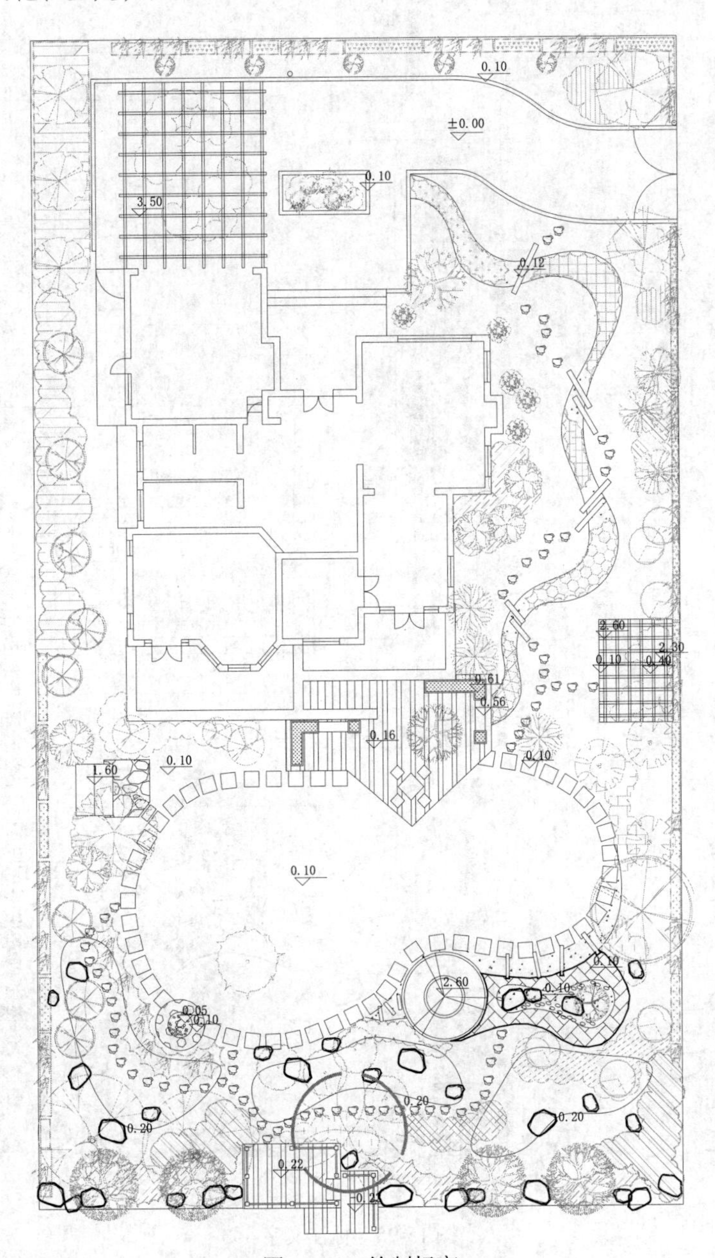

图15-94　绘制标高

（5）单击“默认”选项卡“绘图”面板中的“直线”按钮和“注释”面板中的“多行文字”按钮A，标注文字说明，最终完成公园种植设计平面图的绘制，结果如图15-95所示。

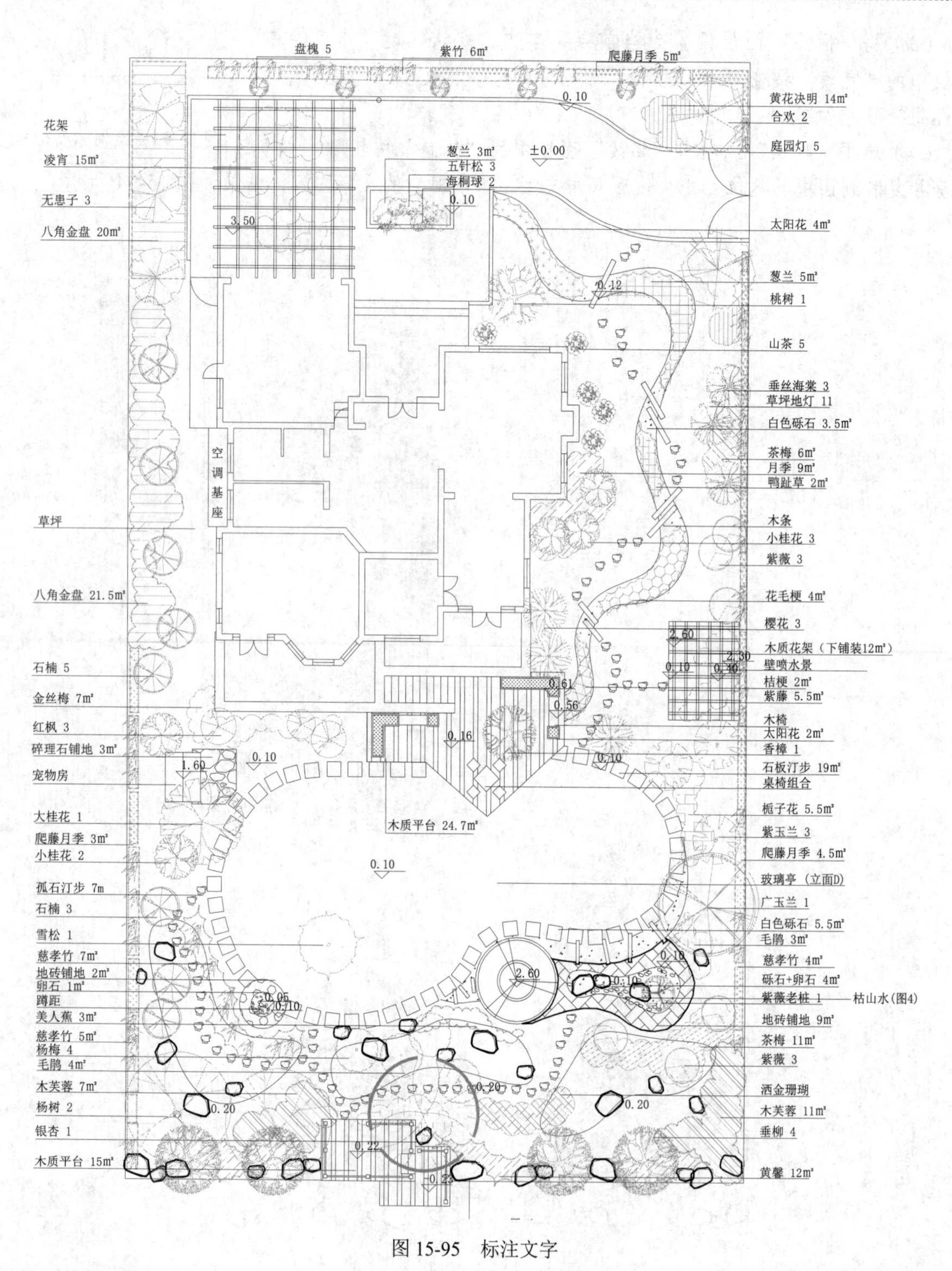

图 15-95　标注文字

动手练一练——屋顶花园平面图

绘制如图 15-96 所示的屋顶花园平面图。

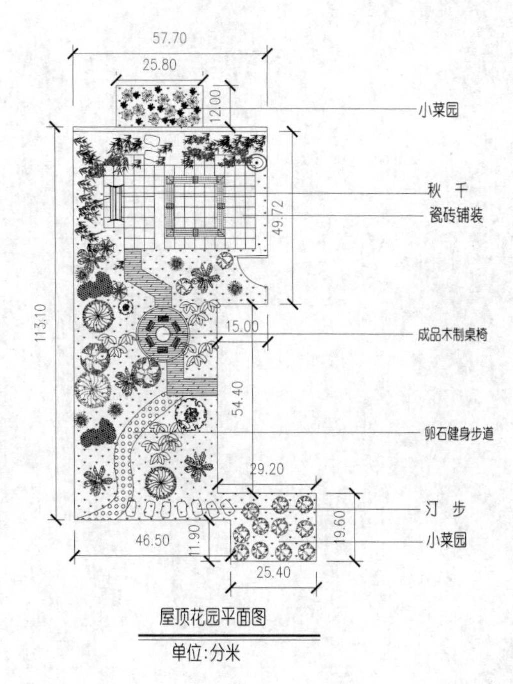

序号	图例	名称	规 格	备 注
1		花石榴	H0.6M,50X50CM	意寓旺家春秋开花观果
2		腊梅	H0.4-0.6M	冬天开花
3		红枫	H1.2-1.8M	叶色火红，观叶树种
4		紫薇	H0.5M,35X35CM	夏秋开花，秋冬枝干秀美
5		桂花	H0.6-0.8M	秋天开花，花香
6		牡丹	H0.3M	冬春开花
7		四季竹	H0.4-0.5M	观姿，叶色丰富
8		鸢尾	H0.2-0.25M	春秋开花
9		海棠	H0.3-0.45M	春天开花
10		苏铁	H0.6M,60X60CM	观姿树种
11		葱兰	H0.1M	烘托作用
12		芭蕉	H0.35M,25X25CM	
13		月季	H0.35M,25X25CM	春夏秋开花

图 15-96　屋顶花园平面图

思路点拨

（1）绘图前的准备与设置。
（2）绘制屋顶轮廓线。
（3）绘制门和水池。
（4）绘制园路和铺装。
（5）绘制园林小品。
（6）填充园路和地被。
（7）复制花卉。
（8）绘制花卉表。

3

现实中的园林景观设计往往体现为一个个具体的工程设计案例。如何融入自己的设计思想，灵活利用各种园林景观单元来完成具体的景观园林设计工程案例，是学习本书的最终目的。

第 3 篇　综合实例篇

本篇围绕植物园园林设计，逐层展开，详细讲述绘制园林景观设计工程图的操作步骤、方法和技巧等，包括植物园总平面图、植物园施工图、蓄水池工程图和灌溉系统工程图等知识。

通过本篇的学习，可以加深读者对 AutoCAD 功能的理解，切实掌握各种园林景观设计工程图的绘制方法。

第 16 章　绘制植物园总平面图

内容简介

植物园的选址要求水源充足，土层深厚，地形有一定的起伏变化。植物园的规划设计力求科学内容与艺术形式的恰当结合，体现出一定的园林特色。

本章将以某游览胜地配套植物园规划设计为例讲解植物园这类典型园林总体规划设计的基本思路和方法。

内容要点

- 某植物园植物表
- 绘制样板图框
- 绘制植物园总平面图

案例效果

植物配置表

编号	图例	植物名称	学名	胸径(mm)	冠幅(mm)	高度(mm)	数量	单位
1		黄槲树	Ficus Lacor	250~500	4000~5000	5000~6000	1	株
2		香樟	Cinnamomu camohora	100~120	3000~3500	5000~6000	8	株
3		垂柳	Salix babylonica	120~150	3000~3500	3500~4000	4	株
4		水杉	Metasequoia	120~150	2000~5000	7000~8000	7	株
5		栾树	Koelreuteria	120~150	3000~4000	4000~8000	25	株
6		棕榈	Trachycarpus	120~150	3000~3600	5000~6000	14	株
7		马蹄莲	Zantedeschia		400~500	500~600	26	丛
8		玉簪	Hosta plantaginea		300~500	200~500	30	丛
9		迎春	Jasminum nudiflorum		1000~1500	500~800	18	丛
10		杜鹃	Rhododendron simsii		300~500	300~600	7	m²
11		红叶小蘗	Berberis thunbergii		300~400	400~600	14	m²
12		四季秋海棠	Begonia semperflorens-hybr		350~400	300~500	18	m²
13		平户杜鹃	Rhododendron mucronatum		500~800	900~1000	23	m²
14		黄金柏	Cupressus Macrocarpa		300~500	300~500	10	m²
15		鸢尾	Iris tectorum		300~500	300~500	5	m²
16		时令花卉			300~500	200~600	3	m²
17		草坪					100	m²

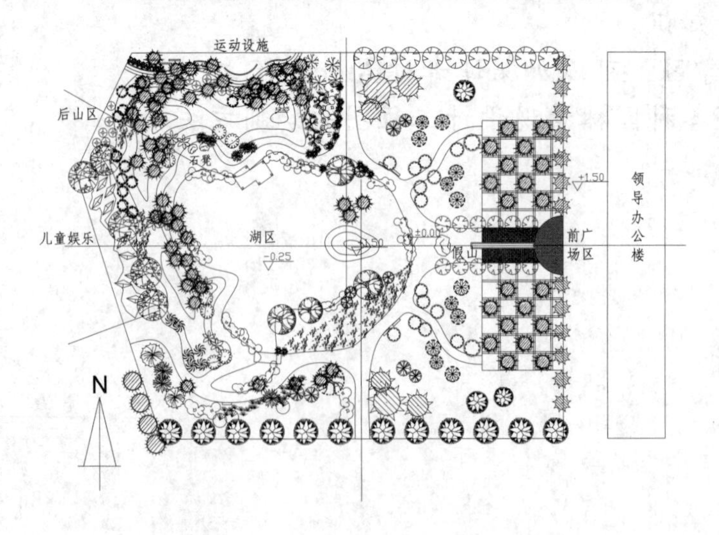

16.1　某植物园植物表

扫一扫，看视频

植物表是一般园林设计都必须具备的基本要素，如图 16-1 所示。本节将讲述制作植物表的基本思路和方法。

编号	名称	拉丁学名	编号	名称	拉丁学名
1	毛肋杜鹃	Rhododendron augustinii	27	秀雅杜鹃	R.concinnum
2	紫花杜鹃	R.amesiae	28	栎叶杜鹃	R.phaeochrysum
3	烈香杜鹃	R.anthopogonoides	29	凝毛(金褐)杜鹃	R.phaeochrysum var.agglutinatum
4	银叶杜鹃	R.argyrophyllum	30	海绵杜鹃	R.pingianum
5	汶川星毛杜鹃	R.asterochnoum	31	多鳞杜鹃	R.polylepis
6	问客杜鹃	R.ambiguum	32	树生杜鹃	R.dendrochairs
7	美容杜鹃	R.calophytum var.calophytum	33	硬叶杜鹃	R.tatsienense
8	尖叶美容杜鹃	R.calophytum var.openshawianum	34	大王杜鹃	R. rex
9	腺果杜鹃	R. davidii	35	大钟杜鹃	R. ririei
10	大白杜鹃	R.decorum	36	淡黄杜鹃	R.flavidum
11	绒毛杜鹃	R.pachytrichum	37	杜鹃	R.simsii
12	头花杜鹃	R.capitatum	38	白碗杜鹃	R.souliei
13	毛喉杜鹃	R.cephalanthum	39	隐蕊杜鹃	R.intricatum
14	陇蜀杜鹃	R.przewalskii	40	芒刺杜鹃	R.strigillosum
15	喇叭杜鹃	R. Discolor	41	红背杜鹃	R.refescens
16	金顶杜鹃	R. faberi	42	长毛杜鹃	R.trichanthum
17	密枝杜鹃	R.fastigiatum	43	皱叶杜鹃	R.wiltonii
18	黄毛杜鹃	R.rufum	44	草原杜鹃	R.telmateium
19	凉山杜鹃	R.huianum	45	三花杜鹃	R.triflorum
20	岷江杜鹃	R. hunnewellianum	46	峨眉光亮杜鹃	R. nitidulum var.omeiense
21	长蕊杜鹃	R.stamineum	47	四川杜鹃	R. sutchuenense
22	麻花杜鹃	R.maculiferum	48	褐毛杜鹃	R.wasonii
23	照山白	R.micranthum	49	光亮杜鹃	R.nitidulurm
24	无柄杜鹃	R.watsonii	50	毛蕊杜鹃	R.websterianum
25	亮叶杜鹃	R.vernicosum	51	千里香杜鹃	R.thymifolium
26	山光杜鹃	R.oreodoxa	○	桦木	Betula spp.

图 16-1　植物表

源文件：源文件 \ 第 16 章 \ 植物表 .dwg

16.1.1　绘制图表

使用功能区中的“矩形”“分解”和“偏移”命令等绘制表格。

【操作步骤】

（1）单击“默认”选项卡“绘图”面板中的“矩形”按钮，在图形空白位置选择一点作为矩形起点，绘制一个 64×61 的矩形，如图 16-2 所示。

（2）单击“默认”选项卡“修改”面板中的“分解”按钮，选择上步绘制的矩形作为分解对象，按 Enter 键确认对其进行分解，使矩形分解为四条独立的线段。

（3）单击“默认”选项卡“修改”面板中的“偏移”按钮，选择分解矩形左侧竖直边为偏移对象将其向右偏移，偏移距离为 3、8、21、3、8，如图 16-3 所示。

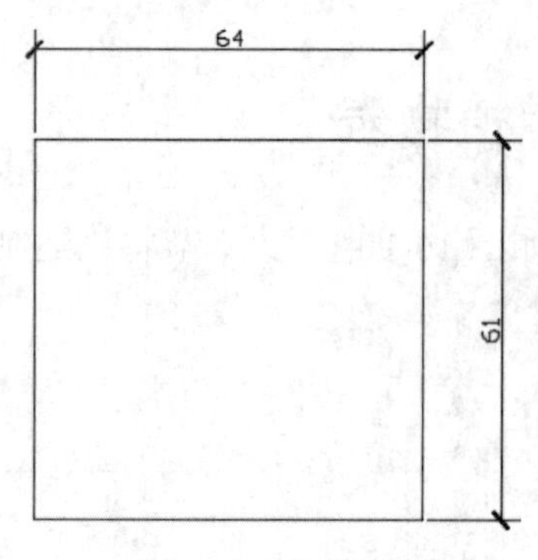

图 16-2　绘制矩形

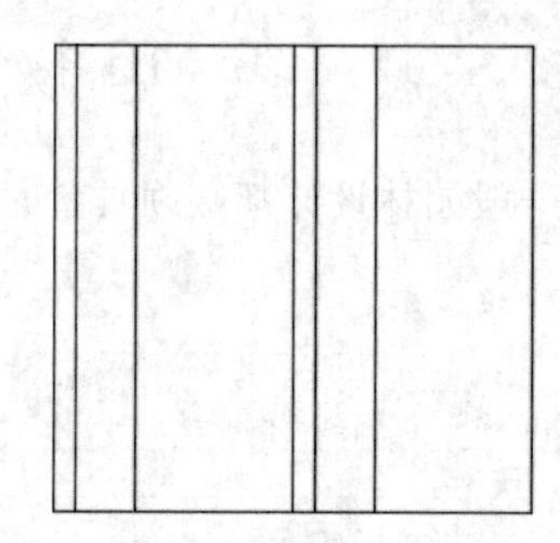

图 16-3　偏移线段

（4）单击“默认”选项卡“修改”面板中的“偏移”按钮，选择分解矩形上部水平线段为偏移对象将其向下进行偏移，偏移距离均为 2.25，如图 16-4 所示。

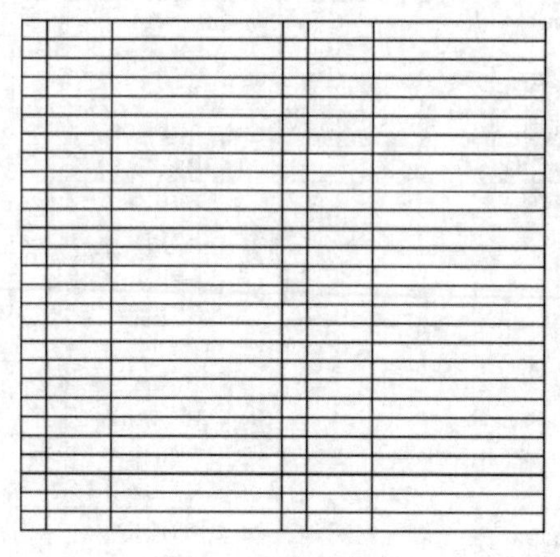

图 16-4　偏移线段

16.1.2　添加文字

利用功能区中的“多行文字”和“圆”等命令，添加图表中的文字。

【操作步骤】

（1）单击“默认”选项卡“注释”面板中的“多行文字”按钮，设置文字字体高度为 0.75，字体为宋体，如图 16-5 所示。

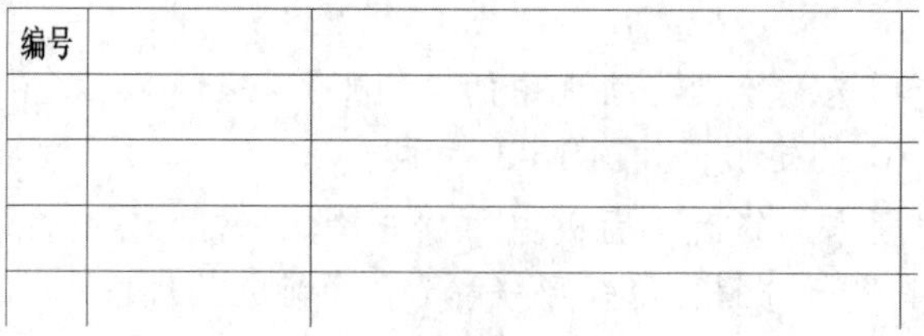

编号		

图 16-5　输入编号

（2）单击“默认”选项卡“绘图”面板中的“圆”按钮，在偏移线段内选择一点作为圆的圆心，绘制一个半径为 0.75 的圆，如图 16-6 所示。

（3）单击“默认”选项卡“注释”面板中的“多行文字”按钮A，在绘制的圆内添加文字，如图 16-7 所示。

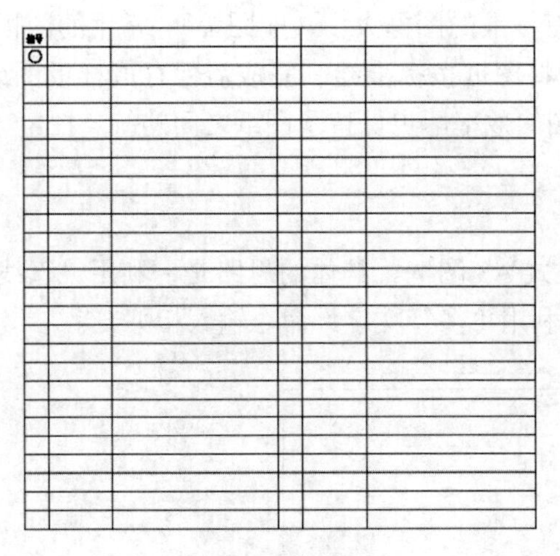

图 16-6 绘制圆

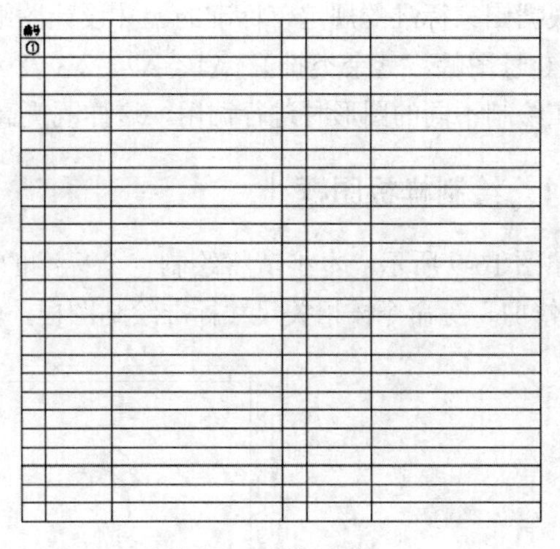

图 16-7 添加文字

（4）利用上述方法完成剩余部分的绘制，如图 16-1 所示。

动手练一练——苗木表的制作

绘制如图 16-8 所示的苗木表。

植物配置表

编号	图例	植物名称	学 名	胸径(mm)	冠幅(mm)	高度(mm)	数量	单位
1		黄槲树	Ficus Lacor	250~500	4000~5000	5000~6000	1	株
2		香樟	Cinnamomu camphora	100~120	3000~3500	5000~6000	8	株
3		垂柳	Salix babylonica	120~150	3000~3500	3500~4000	4	株
4		水杉	Metasequoia	120~150	2000~5000	7000~8000	7	株
5		栾树	Koelreuteria	120~150	3000~4000	4000~8000	25	株
6		棕榈	Trachycarpus	120~150	3000~3600	5000~6000	14	株
7		马蹄莲	Zantedeschia		400~500	500~600	26	丛
8		玉簪	Hosta plantaginea		300~500	200~500	30	丛
9		迎春	Jasminum nudiflorum		1000~1500	500~800	18	丛
10		杜鹃	Rhododendron simsii		300~500	300~600	7	m²
11		红叶小檗	Berberis thunbergii		300~400	400~600	14	m²
12		四季秋海棠	Begonia semperflorens-hybr		350~400	300~500	18	m²
13		平户杜鹃	Rhododendron mucronatum		500~800	900~1000	23	m²
14		黄金柏	Cupressus Macrocarpa		300~500	300~500	10	m²
15		鸢尾	Iris tectorum		300~500	300~500	5	m²
16		时令花卉			300~500	200~600	3	m²
17		草坪					100	m²

图 16-8 苗木表的制作

思路点拨

（1）绘制图表。
（2）绘制植物。
（3）添加文字。

16.2　绘制样板图框

根据国家标准的规定，标准的园林设计图纸都有标准的图框大小（即图幅）。常用的图幅有 A0（也称 0 号图幅，其余类推）、A1、A2、A3 及 A4。将图框按标准绘制完成后保存成样板图或者图块，在绘制不同的图形时进行调用，这样既提高绘图的效率，也保持了图纸之间的统一性。

扫一扫，看视频

16.2.1　绘制样板图框 1

如图 16-9 所示，本小节将绘制一个标准的横放式 A3 图框。具体的思路是：利用“直线”“偏移”“修剪”等命令按相关尺寸标准绘制图框，然后利用“多行文字”命令输入相关文字。

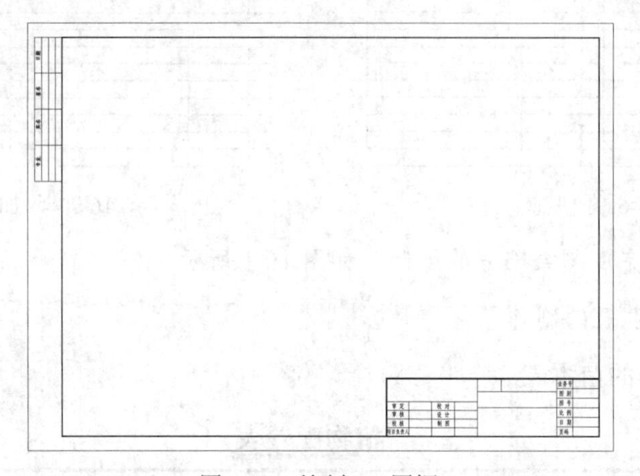

图 16-9　绘制 A3 图框

源文件：源文件 \ 第 16 章 \ 绘制样板图框 1.dwg

【操作步骤】

（1）单击“默认”选项卡“绘图”面板中的“矩形”按钮，在图形空白位置任选一点作为矩形起点，绘制一个 420×297 的矩形，如图 16-10 所示。

（2）单击“默认”选项卡“绘图”面板中的“多段线”按钮，指定起点宽度为 0.5，指定端点宽度为 0.5，在绘制的矩形内绘制连续多段线，如图 16-11 所示。

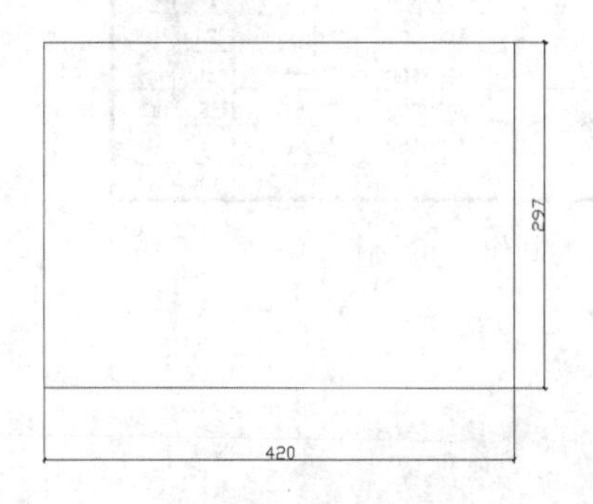

图 16-10　绘制矩形

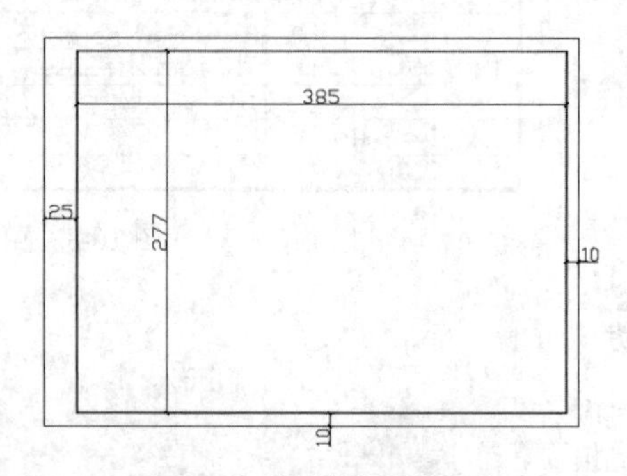

图 16-11　绘制连续多段线

（3）单击“默认”选项卡“绘图”面板中的“矩形”按钮□，在图形空白位置任选一点作为矩形起点，绘制一个100×20的矩形，如图16-12所示。

（4）单击“默认”选项卡“修改”面板中的“分解”按钮，选择绘制矩形为分解对象，按Enter键确认对其进行分解处理，使其变为四条独立的线段。

（5）单击“默认”选项卡“修改”面板中的“偏移”按钮，选择分解线段左侧竖直线段为偏移对象将其向右偏移，偏移距离为25、25、25，如图16-13所示。

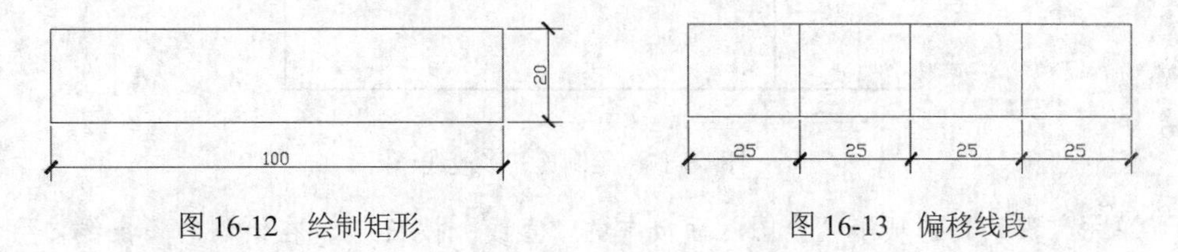

图16-12　绘制矩形

图16-13　偏移线段

（6）单击“默认”选项卡“修改”面板中的“偏移”按钮，选择分解矩形上部水平边为偏移对象将其向下进行偏移，偏移距离为5、5、5、5，如图16-14所示。

（7）单击“默认”选项卡“注释”面板中的“多行文字”按钮A，在偏移线段内添加文字，设置“字高”为3.5，“字体”为“宋体”，如图16-15所示。

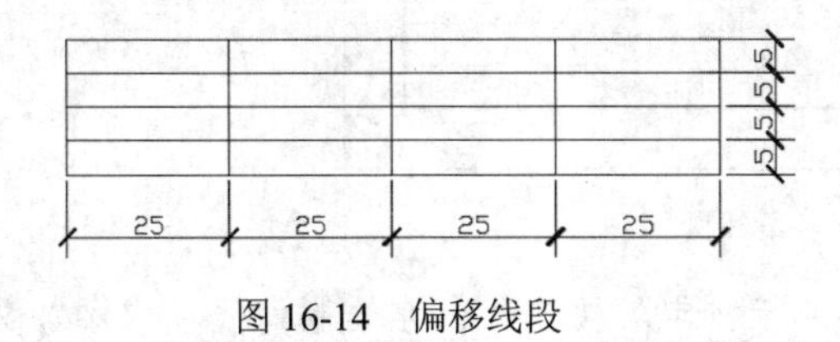

图16-14　偏移线段

专业	实名	签名	日期

图16-15　添加文字

（8）单击“默认”选项卡“修改”面板中的“移动”按钮，选择绘制的会签栏为移动对象，将其移动放置到前面绘制的矩形左上角位置，如图16-16所示。

图16-16　移动会签栏

（9）单击“默认”选项卡“绘图”面板中的“多段线”按钮，指定起点宽度为 0.8，指定端点宽度为 0.8，在绘制内部矩形右下角位置绘制连续多段线，如图 16-17 所示。

图 16-17　绘制连续多段线

（10）单击“默认”选项卡“绘图”面板中的“直线”按钮，在绘制的多段线内绘制多条线段，如图 16-18 所示。

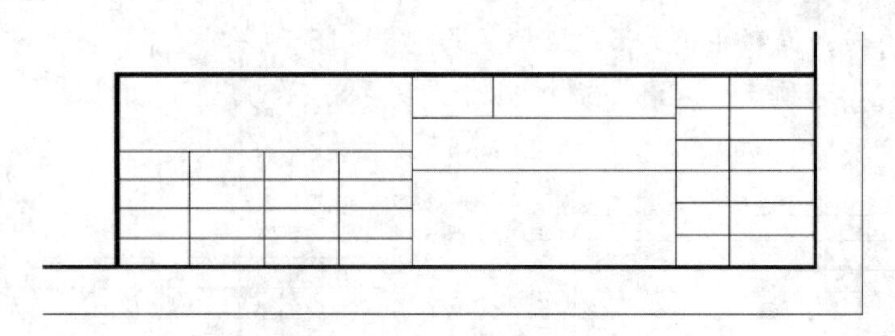

图 16-18　绘制多条线段

（11）单击“默认”选项卡“注释”面板中的“多行文字”按钮，在绘制的线段内添加文字，如图 16-9 所示。

（12）在命令行中输入 WBLOCK 命令，弹出“写块”对话框，如图 16-19 所示。单击对话框上的“拾取点”按钮，选择上步绘制完成图框上左下角点为定义点，单击“选择对象”按钮，选择上步绘制的图框为选择对象，选择保存名和路径将绘制的图框图形定义为块，并为其命名。

图 16-19　“写块”对话框

扫一扫，看视频

16.2.2　绘制样板图图框 2

如图 16-20 所示，本小节将绘制一个标准的竖放式 A2 图框，具体绘制方法与 16.2.1 节类似。

源文件：源文件 \ 第 16 章 \ 绘制样板图框 2.dwg

【操作步骤】

（1）单击“默认”选项卡“绘图”面板中的“矩形”按钮，将线宽设置为 0.3，在图形空白位置选择一点作为矩形起点，绘制一个 480×671 的矩形，如图 16-21 所示。

（2）单击“默认”选项卡“绘图”面板中的“矩形”按钮，将线宽设置为 0，在矩形外部选择一点作为矩形起点，绘制一个 504×712 的矩形，如图 16-22 所示。

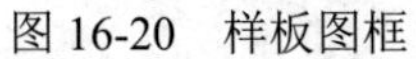

图 16-20　样板图框

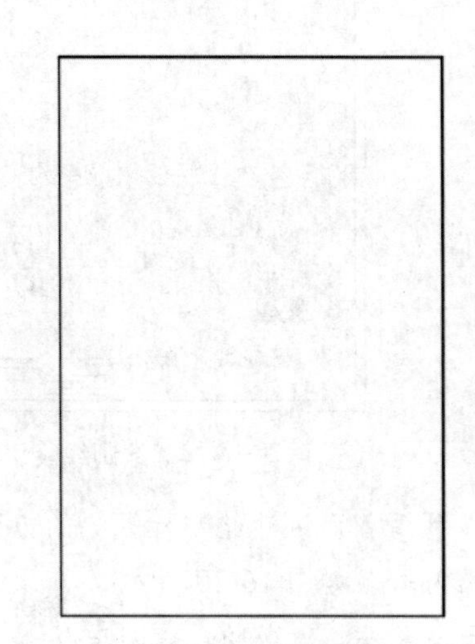

图 16-21　绘制矩形

（3）单击“默认”选项卡“特性”面板上的“线宽”下拉列表，将线宽设置为0.3。

（4）单击“默认”选项卡“绘图”面板中的“矩形”按钮，将线宽设置为0.3，以绘制的初始矩形右下角点为起点，绘制一个182×48的矩形，如图16-23所示。

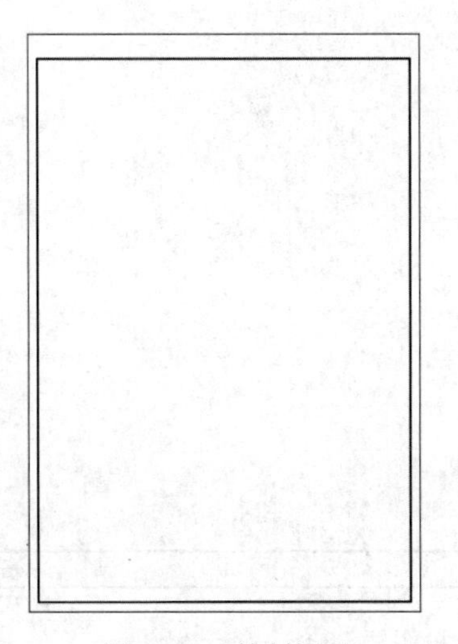

图 16-22　绘制矩形

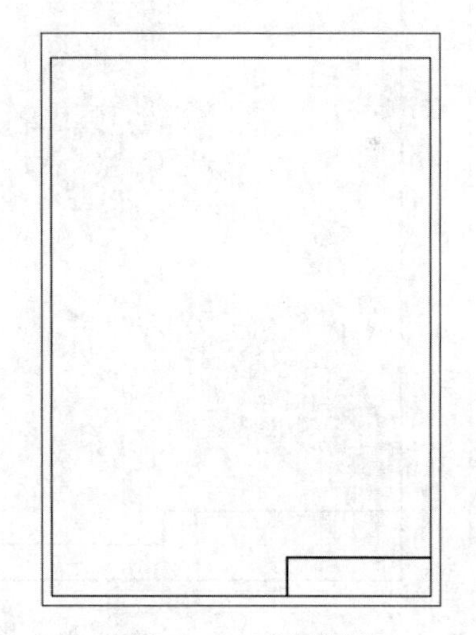

图 16-23　绘制矩形

（5）单击“默认”选项卡“绘图”面板中的“直线”按钮，在绘制矩形内绘制多条线段，如图16-24所示。

（6）单击“默认”选项卡“注释”面板中的“多行文字”按钮，在绘制线段内添加文字说明，如图16-25所示。

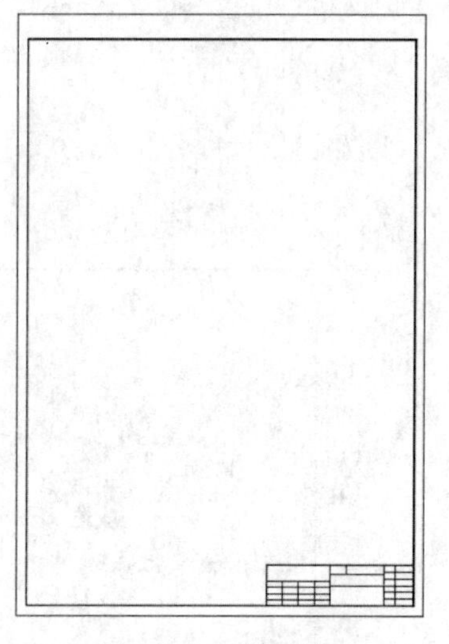

图 16-24　绘制线段

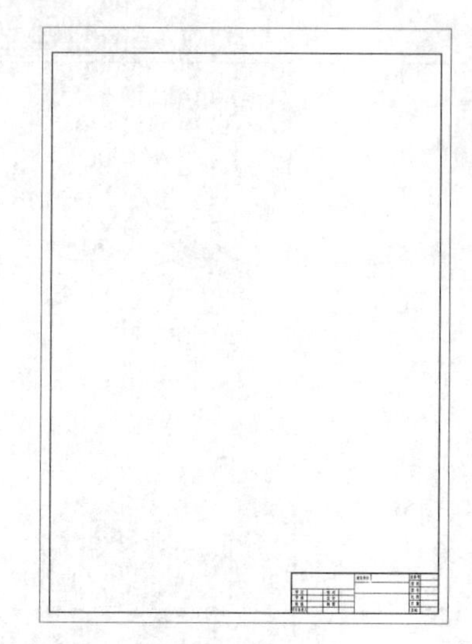

图 16-25　添加文字

（7）利用前面讲述绘制标题栏的方法完成样板图框内标题栏的绘制，最终完成样板图的绘制并将其定义为块，如图 16-20 所示。

动手练一练——绘制样板图框

绘制如图 16-26 所示的样板图框。

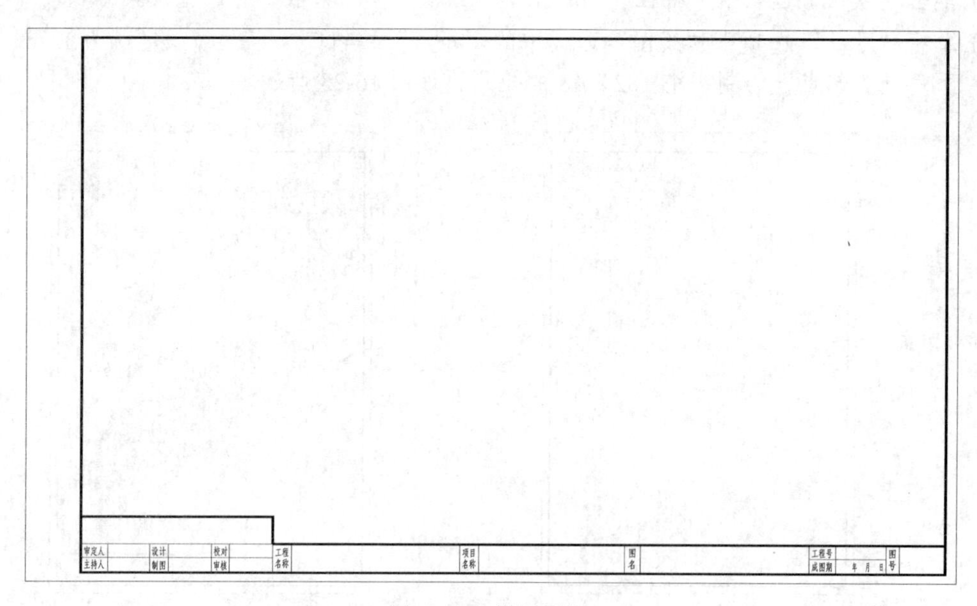

图 16-26　样板图框

思路点拨

（1）绘制外框。
（2）绘制标题栏。
（3）添加文字。

16.3　绘制植物园总平面图

扫一扫，看视频

对大型园林设计而言，总平面图具有至关重要的作用，是园林设计的灵魂和设计思想的集中呈现。如图 16-27 所示为某植物园的总平面图，下面对其设计思路和方法进行讲述。

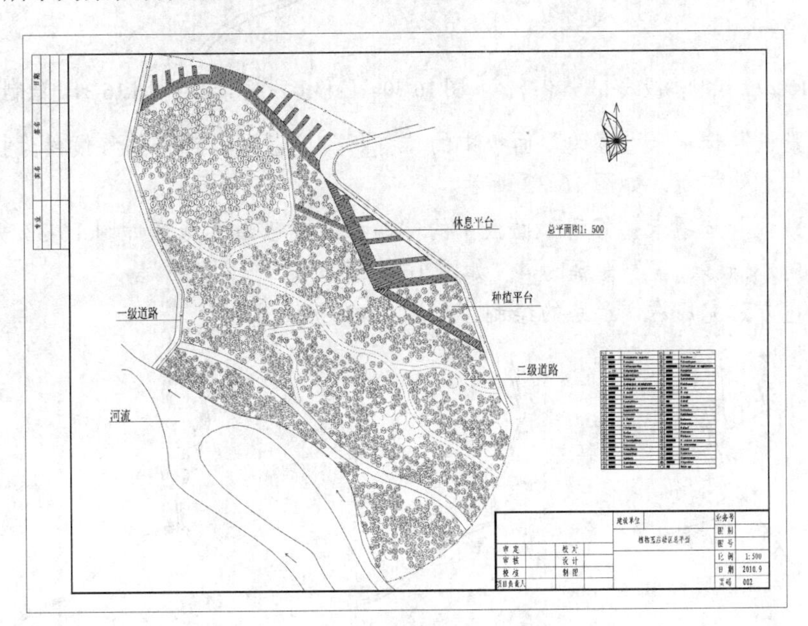

图 16-27　植物园总平面图

源文件：源文件\第 16 章\植物园总平面图 .dwg

16.3.1　绘制道路

建立新图层，在新图层上绘制道路系统。

【操作步骤】

（1）建立一个新图层，命名为“道路”，颜色设置为 170，线型默认，线宽设置为 0.3，并将其置为当前图层，如图 16-28 所示。

✓ 道路　170　Continu...　0.30...　0　Color_...

图 16-28　道路图层

（2）单击“默认”选项卡“绘图”面板中的“多段线”按钮，线宽设置为 0.3，在图形空白位置选择一点作为多段线起点，绘制连续多段线，如图 16-29 所示。

（3）单击“默认”选项卡“修改”面板中的“偏移”按钮，选择绘制的多段线为偏移对象，将其向外偏移，偏移距离为 4，如图 16-30 所示。

（4）单击“默认”选项卡“绘图”面板中的“多段线”按钮，线宽设置为 0.3，在上步偏移多段线上方选取一点为多段线起点绘制连续多段线，如图 16-31 所示。

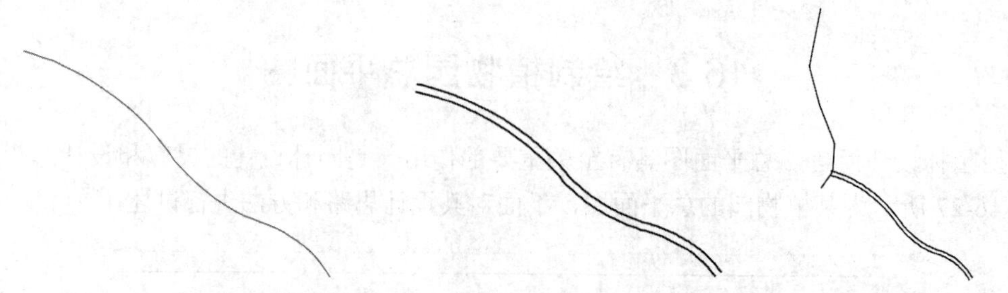

图 16-29　绘制多段线 1　　　图 16-30　偏移多段线 1　　　图 16-31　绘制多段线 2

（5）单击“默认”选项卡“修改”面板中的“打断”按钮，选择偏移线段为打断对象，将其距上步绘制多段线 1 处打断，如图 16-32 所示。

（6）单击“默认”选项卡“修改”面板中的“偏移”按钮，选择如图 16-33 所示的多段线为偏移对象，将其向外偏移，偏移距离为 4，如图 16-33 所示。

（7）利用上述方法完成右侧道路的绘制，如图 16-34 所示。

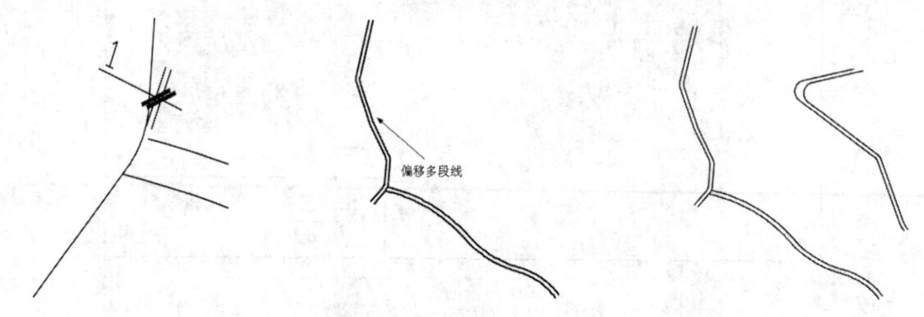

图 16-32　打断多段线　　　图 16-33　偏移多段线 2　　　图 16-34　偏移多段线 3

（8）单击“默认”选项卡“绘图”面板中的“多段线”按钮，指定多段线起点为 0，端点为 0，指定线宽为 0.0，在上步绘制的图形下方选取一点作为多段线起点，绘制连续多段线，如图 16-35 所示。

（9）单击“默认”选项卡“绘图”面板中的“多段线”按钮，指定多段线起点为 0，端点为 0，在上步绘制的图形右侧选取一点作为多段线起点，绘制连续多段线，如图 16-36 所示。

（10）单击“默认”选项卡“绘图”面板中的“多段线”按钮，指定多段线起点为 0，端点为 0，选择如图 16-37 所示的位置为多段线起点，绘制多段线，如图 16-37 所示。

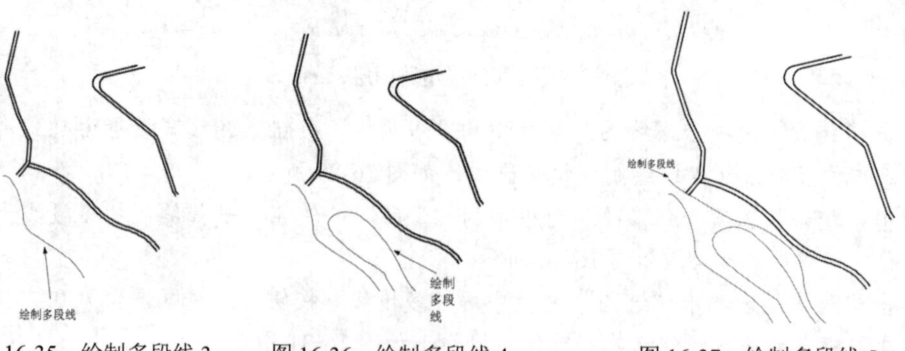

图 16-35　绘制多段线 3　　　图 16-36　绘制多段线 4　　　图 16-37　绘制多段线 5

（11）建立新图层，命名为“二级道路”，颜色设置为30，线型默认、线宽默认，设置如图16-38所示，并将其置为当前图层。

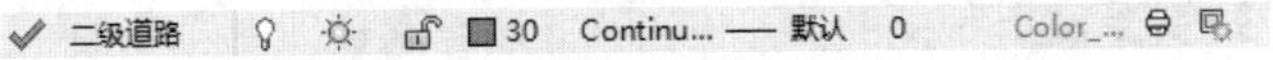

二级道路
30
Continu... —— 默认 0
Color_...

图16-38 “二级道路”图层

（12）单击“默认”选项卡“绘图”面板中的“多段线”按钮，指定起点宽度为0，指定端点宽度为0，在道路之间选择一点作为多段线起点，完成图形中二级道路的绘制，结果如图16-39所示。

二级道路

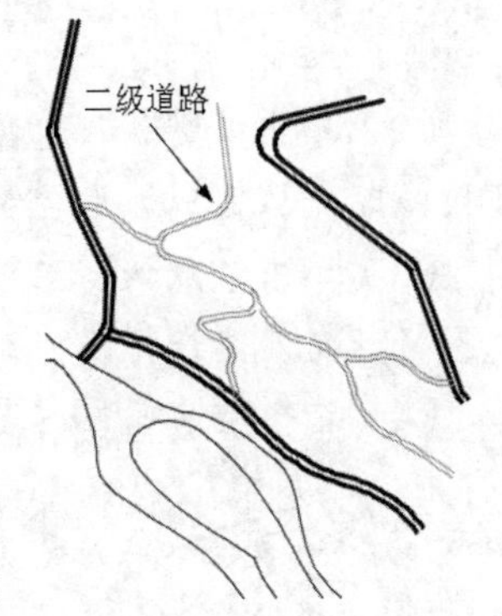

图16-39 二级道路

16.3.2 绘制分区

利用之前学过的知识绘制分区。

【操作步骤】

（1）建立一个新图层，命名为“分区1”，颜色设置为红色，线型默认、线宽默认，并将其置为当前图层，如图16-40所示。

分区1
红
Continu... —— 默认 0
Color_1

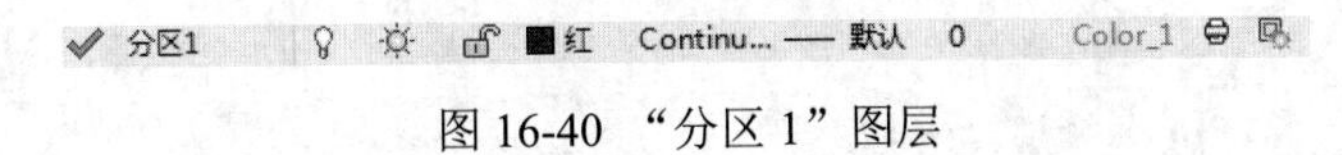

图16-40 “分区1”图层

（2）单击“默认”选项卡“绘图”面板中的“多段线”按钮，指定多段线起点宽度为0，指定端点宽度为0，在图形上选择一点作为多段线起点，绘制连续多段线完成分区1的绘制，如图16-41所示。

（3）单击“默认”选项卡“绘图”面板中的“多段线”按钮，指定多段线起点宽度为0，指定端点宽度为0，在上步绘制的多段线上绘制十字交叉线，并单击“默认”选项卡“绘图”面板中的“多段线”按钮，选择交叉线间的线段为修剪对象对其进行修剪处理，如图16-42所示。

（4）利用上述方法完成剩余相同图形的绘制，如图16-43所示。

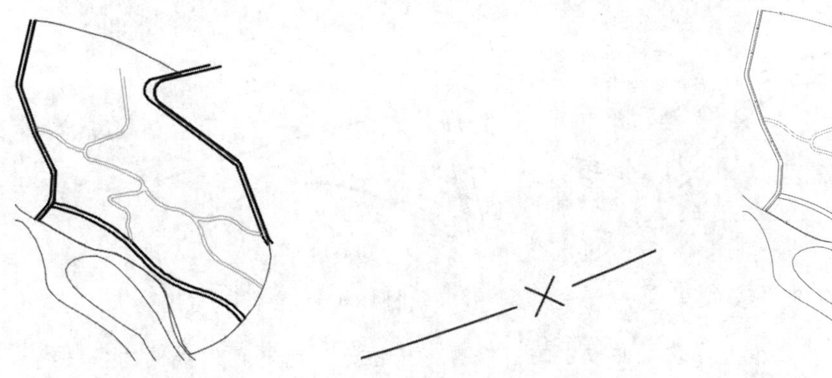

图16-41 绘制多段线

图16-42 修剪线段

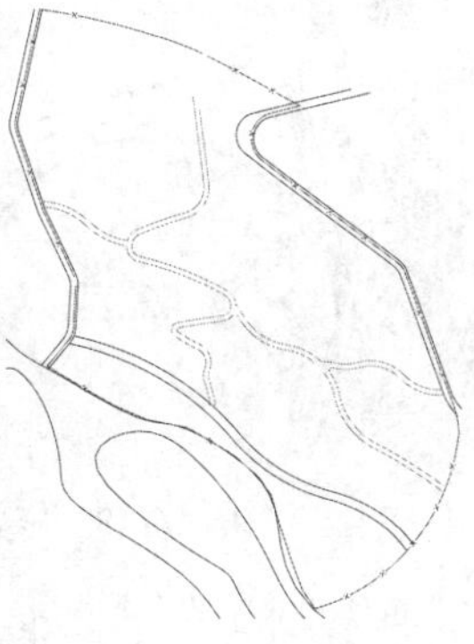

图16-43 绘制分区2

16.3.3 绘制地形

建立新图层，在新图层上绘制地形。

【操作步骤】

（1）建立一个新图层，命名为“地形控制”，颜色设置为240、线型默认线宽默认，设置如图16-44所示，并将其置为当前图层。

地形控制 240 Continu... —— 默认 0 Color_...

图16-44 “地形控制”图层

（2）单击“默认”选项卡“绘图”面板中的“多段线”按钮，在上步图形内部选取一点作为多段线起点，完成地形控制区的绘制，如图16-45所示。

（3）单击“默认”选项卡“修改”面板中的“偏移”按钮，选择上步绘制的多段线作为偏移对象将其向外侧进行偏移，偏移距离为0.5、4，如图16-46所示。

（4）选择上步偏移的多线段为操作对象，将其线宽修改为0，如图16-47所示。

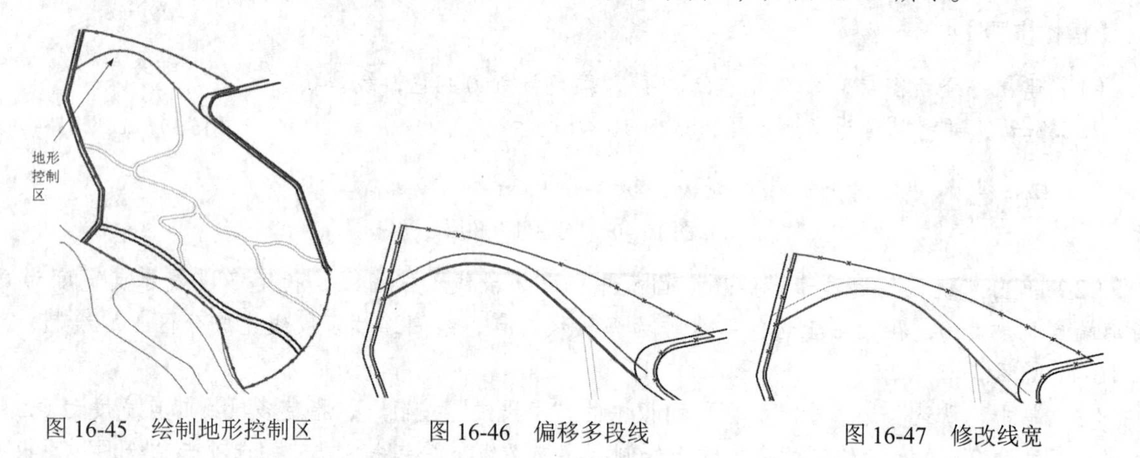

图16-45 绘制地形控制区　图16-46 偏移多段线　图16-47 修改线宽

（5）单击“默认”选项卡“修改”面板中的“修剪”按钮，修剪多余线条，如图16-48所示。

（6）单击“默认”选项卡“绘图”面板中的“直线”按钮，在图形上方选择一点作为直线起点，绘制两条斜向直线，如图16-49所示。

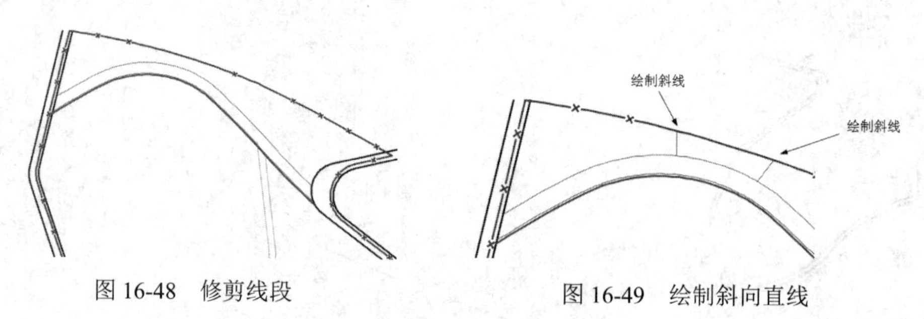

图16-48 修剪线段　图16-49 绘制斜向直线

（7）单击“默认”选项卡“修改”面板中的“修剪”按钮，选择两斜线间的多段线为修剪对象，按Enter键确认对其进行修剪，如图16-50所示。

（8）单击“默认”选项卡“绘图”面板中的“直线”按钮，在图形上方绘制连续线段，如图16-51所示。

（9）重复上述操作，完成相同图形的绘制，如图16-52所示。

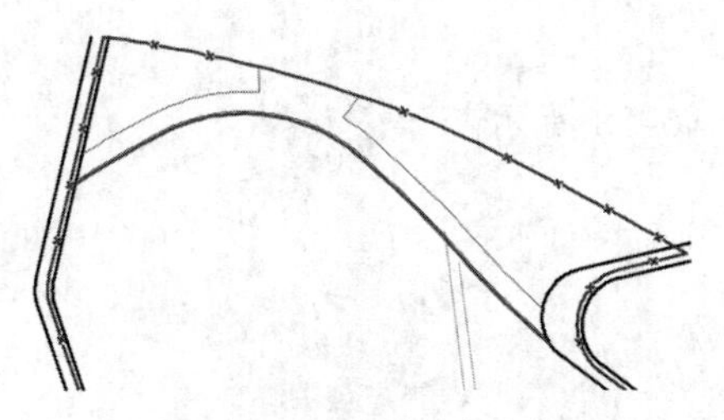

图 16-50　绘制斜向直线

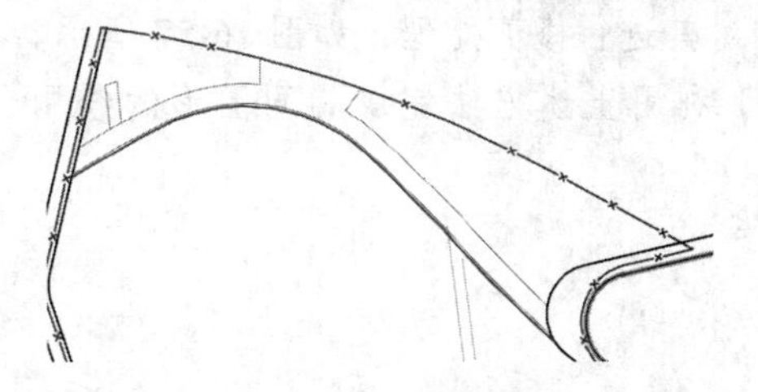

图 16-51　绘制连续线段

（10）单击“默认”选项卡“绘图”面板中的“图案填充”按钮，选择图形部分区域为填充区域，选择图案为 AR-SAND，设置填充比例为 0.04，如图 16-53 所示。

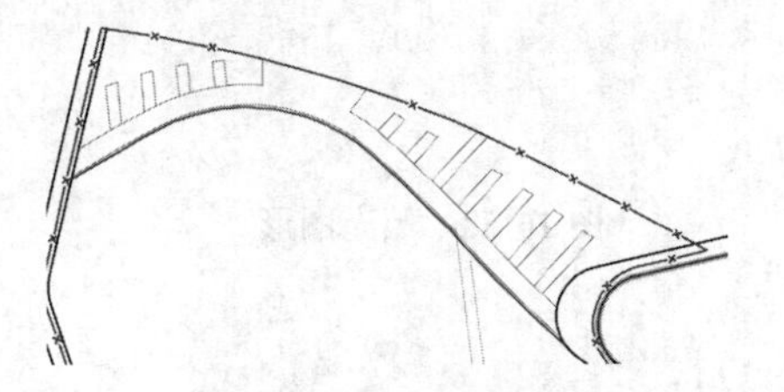

图 16-52　绘制斜向线段

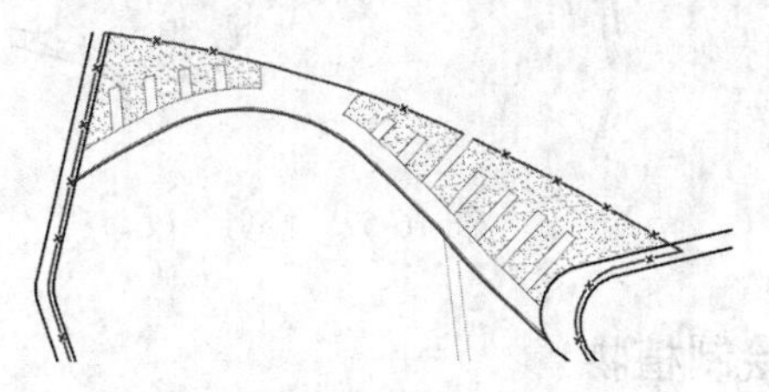

图 16-53　填充图形

（11）单击“默认”选项卡“绘图”面板中的“图案填充”按钮，选择图形部分区域为填充区域，选择图案为 DOLMIT，设置填充比例为 0.1，角度为 75，完成填充，结果如图 16-54 所示。

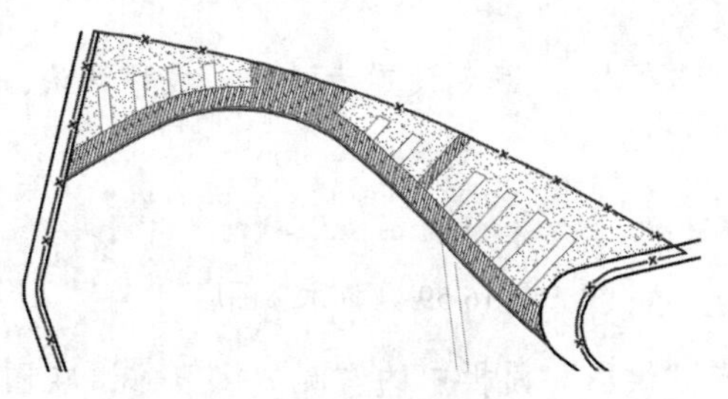

图 16-54　填充图形

（12）单击“默认”选项卡“绘图”面板中的“图案填充”按钮，选择图形部分区域为填充区域，选择图案为 DOLMIT，设置填充比例为 0.1，角度为 15，如图 16-55 所示。

（13）单击“默认”选项卡“绘图”面板中的“图案填充”按钮，选择图形部分区域为填充区域，选择图案为 DOLMIT，设置填充比例为 0.1，角度为 315，如图 16-56 所示。

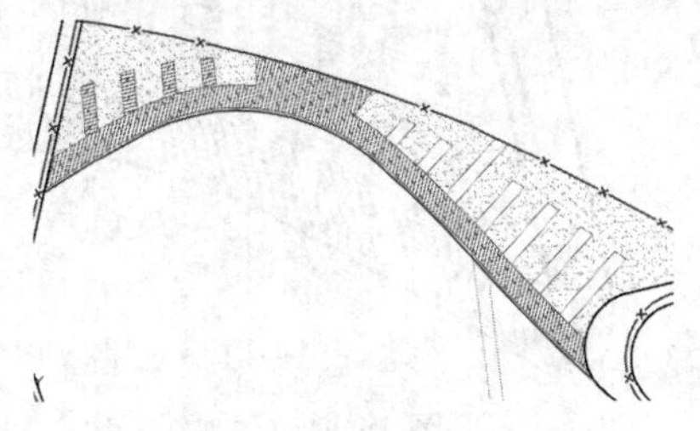

图 16-55　填充图形

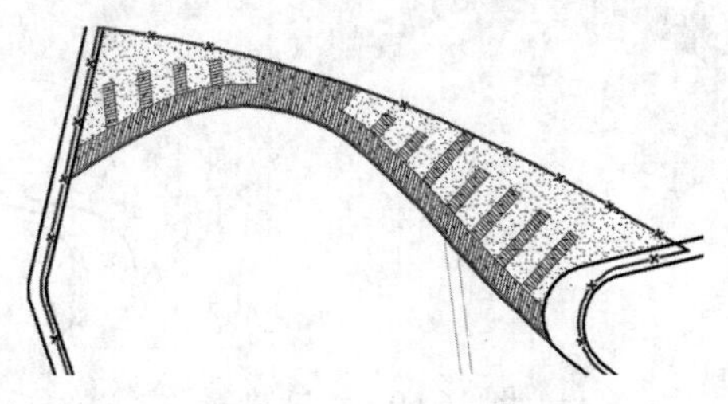

图 16-56　填充图形

（14）单击“默认”选项卡“修改”面板中的“修剪”按钮，选择绘制图形中的多余线段为修剪对象对其进行修剪处理，如图 16-57 所示。

（15）利用上述方法完成相同图形的绘制，如图 16-58 所示。

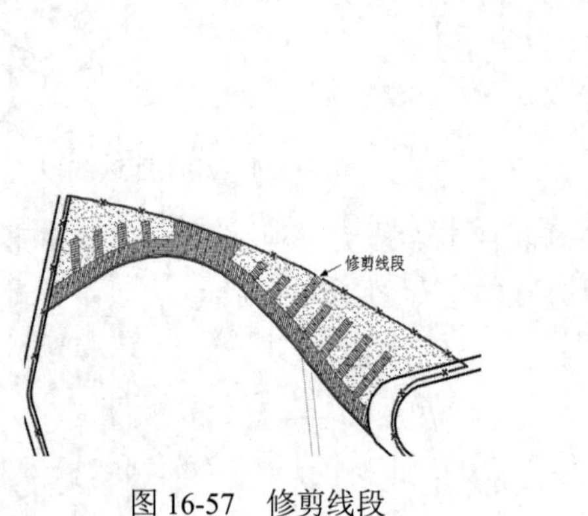

图 16-57　修剪线段　　　　图 16-58　填充图形

16.3.4　绘制植物

植物是园林设计中有生命的题材，在园林中占有十分重要的地位，其多变的形体和丰富的季相变化使园林风貌丰富多彩。

【操作步骤】

（1）建立新图层，命名为“灌木”，颜色设置为洋红，线型默认，线宽默认，如图 16-59 所示，并将其置为当前图层。

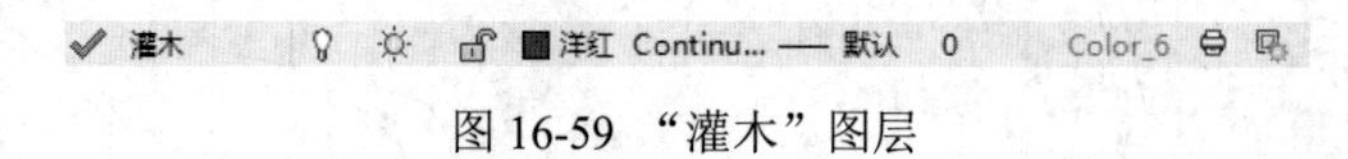

图 16-59 “灌木”图层

（2）单击“默认”选项卡“绘图”面板中的“圆”按钮，在图形内部选择一点作为圆的圆心，绘制半径为 1.5 的圆，如图 16-60 所示。

（3）单击“默认”选项卡“注释”面板中的“多行文字”按钮，设置字体为宋体，字高为 2.5，在绘制的圆内添加文字，如图 16-61 所示。

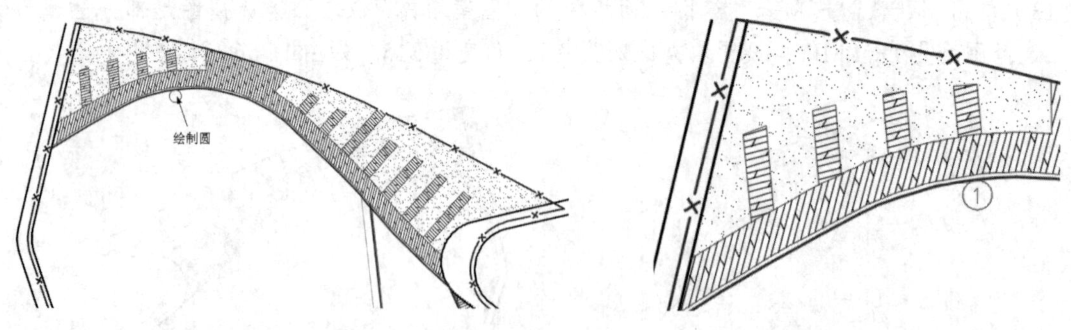

图 16-60　绘制圆　　　　图 16-61　添加文字

（4）单击“默认”选项卡“修改”面板中的“复制”按钮，选择完成添加文字的图形为复制对象对其向下进行复制操作，如图 16-62 所示。

（5）双击复制圆内的文字为修改对象，弹出“多行文字”编辑器，在编辑器内输入新的文字，单击“确定”按钮，如图 16-63 所示。

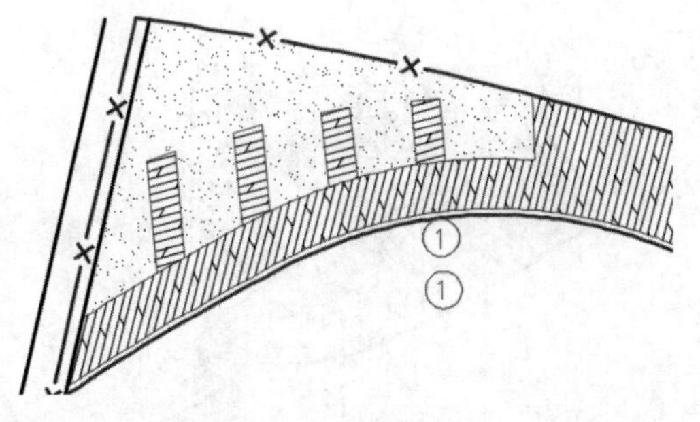

图 16-62　复制图形

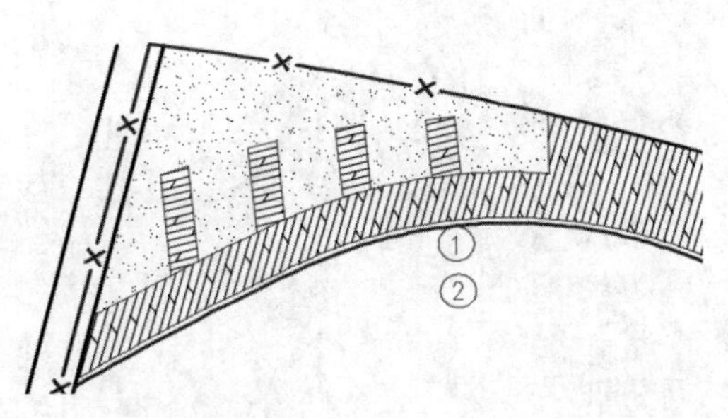

图 16-63　修改文字

（6）利用上述方法完成剩余相同标号的绘制，如图 16-64 所示。

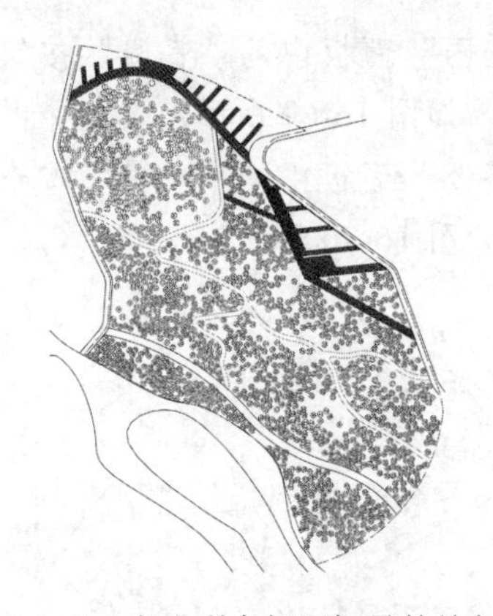

图 16-64　完成剩余相同标号的绘制

（7）建立新图层，命名为“乔木”，颜色设置为绿色，线型默认、线宽默认，设置如图 16-65 所示，并将其置为当前图层。

（8）单击“默认”选项卡“绘图”面板中的“圆”按钮，在图形上绘制一个半径为 3 的圆，如图 16-66 所示。

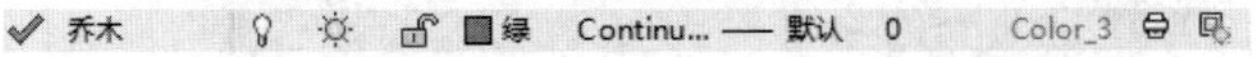

✔ 乔木 绿 Continu... —— 默认 0 Color_3

图 16-65 “乔木”图层

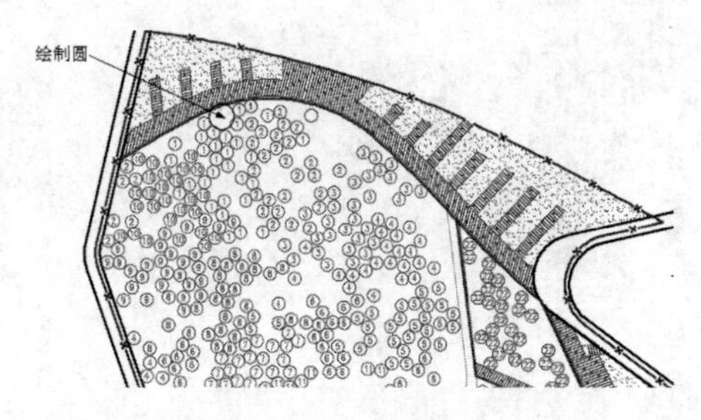

图 16-66　绘制圆

（9）单击“默认”选项卡“修改”面板中的“复制”按钮，选择圆为复制对象对其进行连续复制，如图 16-67 所示。

（10）单击“默认”选项卡“绘图”面板中的“直线”按钮，在图形空白位置任选一点为直线起点，在图形空白位置绘制长度为 8 的斜向直线，如图 16-68 所示。

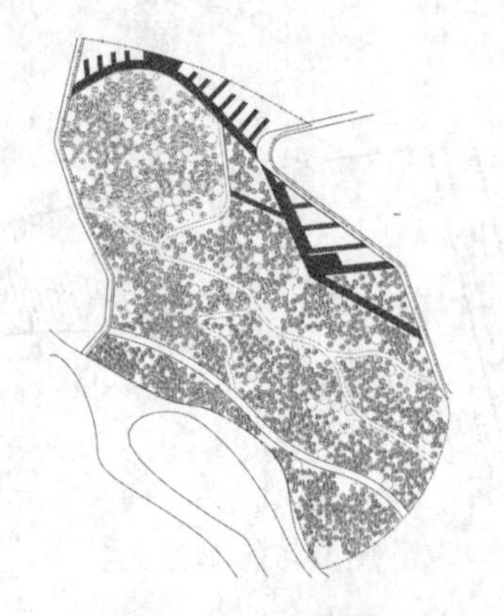

图 16-67　复制图形

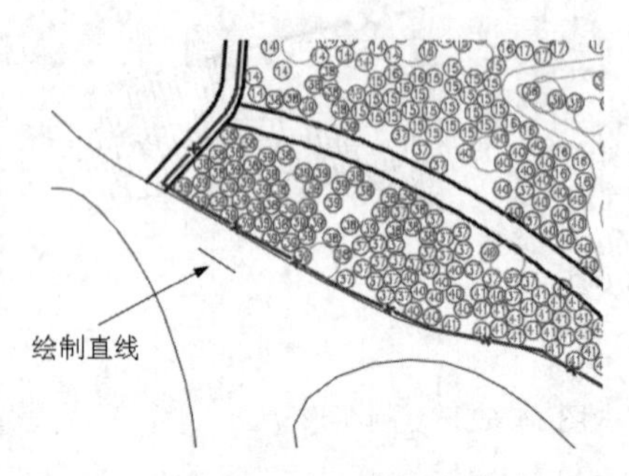

图 16-68　绘制线段

（11）单击“默认”选项卡“绘图”面板中的“直线”按钮，选择斜向线段上端点为线段起点，绘制一条长度为 1 的斜向线段，如图 16-69 所示。

（12）单击“默认”选项卡“修改”面板中的“镜像”按钮，选择上步绘制的长度为 1 的小斜线作为镜像对象对其进行镜像，如图 16-70 所示。

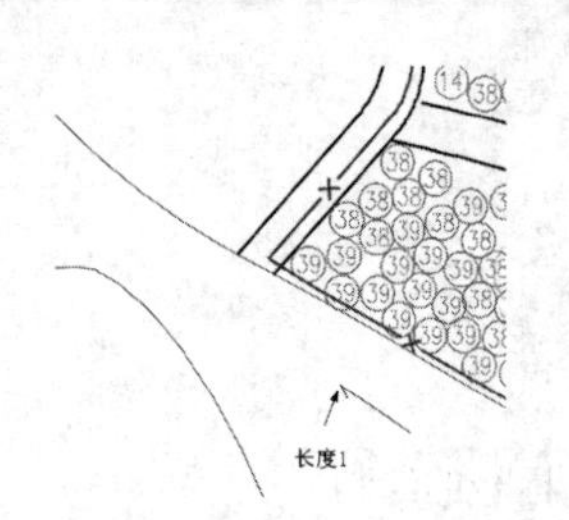

图 16-69　绘制斜向线段

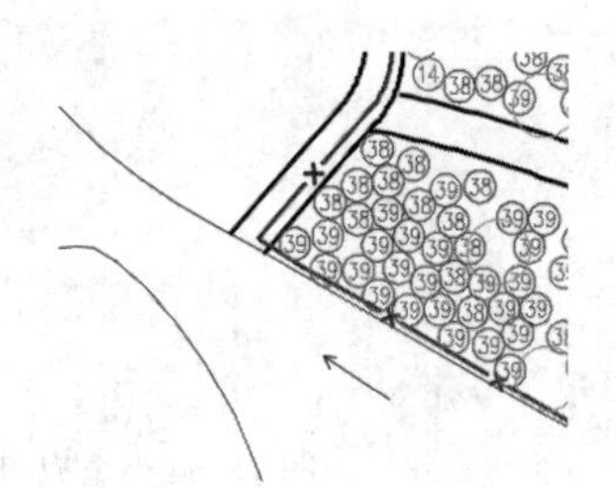

图 16-70　镜像线段

（13）单击“默认”选项卡“修改”面板中的“复制”按钮，选择上步绘制的图形为复制对象，对其进行连续复制，放置到图形中，如图 16-71 所示。

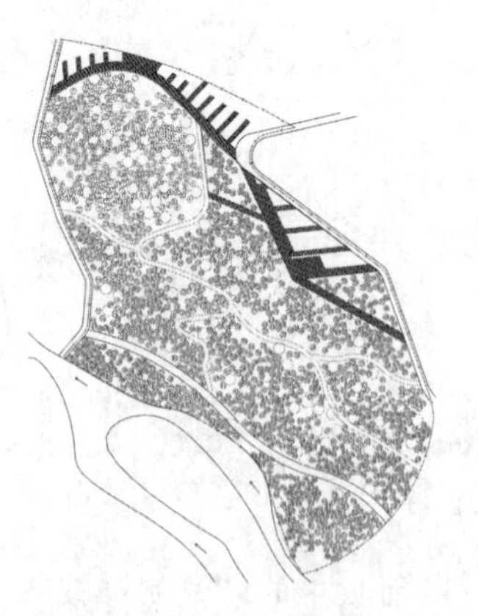

图 16-71　复制图形

16.3.5　绘制建筑指引

本节主要绘制指北针。

【操作步骤】

（1）建立新图层，命名为“指北针”，颜色设置为白色，线型默认、线宽默认，设置如图 16-72 所示，并将其置为当前图层。

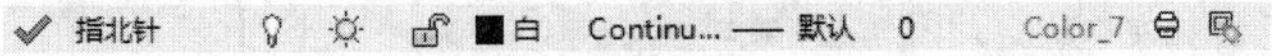

✓ 指北针　白　Continu... —— 默认　0　Color_7

图 16-72　“指北针”图层

（2）单击“默认”选项卡“绘图”面板中的“直线”按钮，在图形右侧选取一点作为线段起点，绘制连续线段，完成指北针外围轮廓线的绘制，如图 16-73 所示。

（3）单击“默认”选项卡“绘图”面板中的“直线”按钮，以连续线段各端点为线段起点绘制多条斜向线段，如图 16-74 所示。

（4）单击“默认”选项卡“绘图”面板中的“直线”按钮，在图形内部选择一点作为起点，绘制连续线段，如图 16-75 所示。

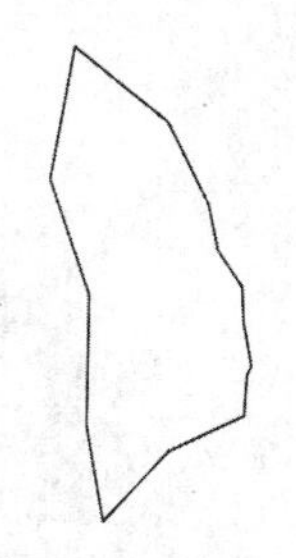

图 16-73　绘制轮廓线

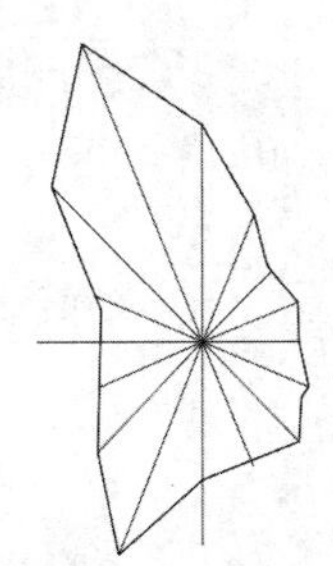

图 16-74　绘制连续线段 1

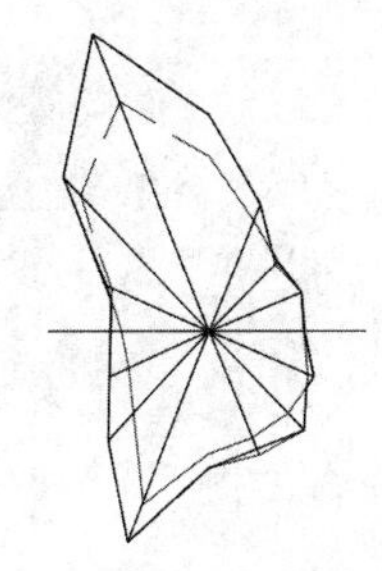

图 16-75　绘制连续线段 2

（5）单击“默认”选项卡“绘图”面板中的“直线”按钮，在指北针内选择一点作为起点，绘制一条竖直线段，如图 16-76 所示。

（6）单击“默认”选项卡“绘图”面板中的“直线”按钮，以竖直线段上端点为起点，向左绘制一条斜向线段，如图 16-77 所示。

（7）单击“默认”选项卡“修改”面板中的“镜像”按钮，选择斜向线段为镜像对象，对其进行竖直镜像，如图 16-78 所示。

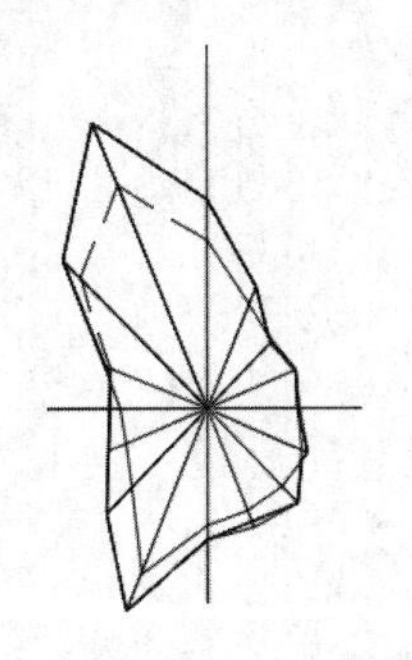

图 16-76　绘制竖直线段

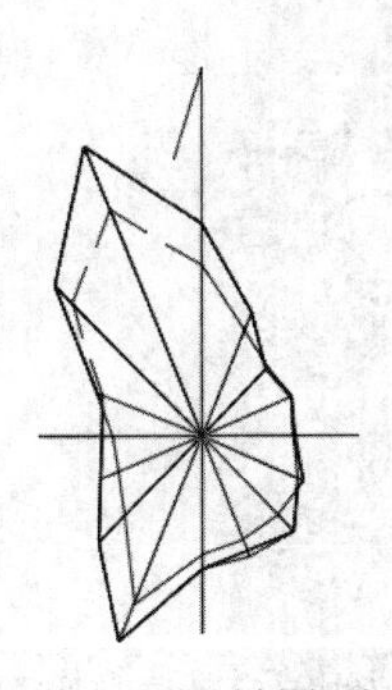

图 16-77　绘制斜向线段

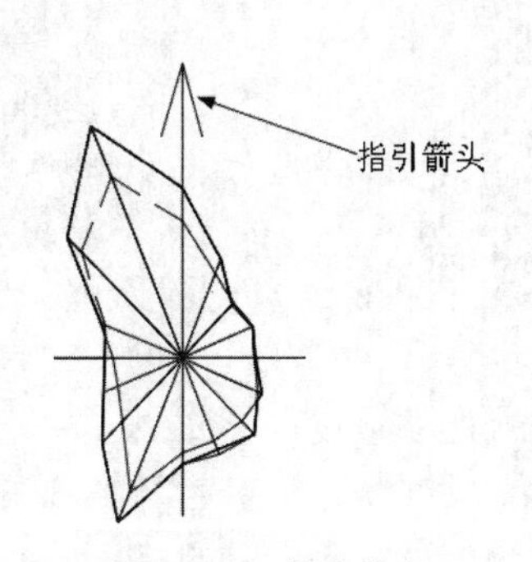

图 16-78　镜像线段

16.3.6　添加文字说明

本节在新图层上添加文字说明。

【操作步骤】

（1）建立新图层，命名为“文字说明”，颜色设置为白色，线型默认、线宽默认，设置如图 16-79 所示，并将其置为当前图层。

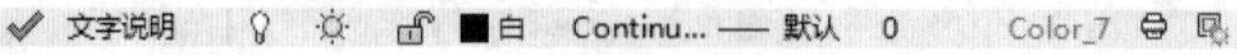

✔ 文字说明　💡 ☼ 🔓 ■白　Continu... —— 默认　0　Color_7

图 16-79 “文字说明”图层

（2）单击“默认”选项卡“绘图”面板中的“直线”按钮╱，在图形内绘制一条标注线，如图 16-80 所示。

（3）单击“默认”选项卡“注释”面板中的“多行文字”按钮A，在标注线上添加文字，如图 16-81 所示。

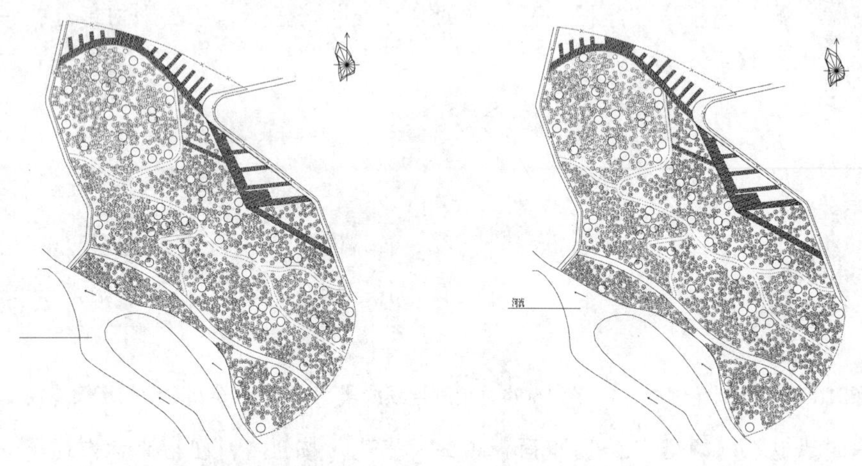

图 16-80　绘制水平直线　　　　图 16-81　添加文字

（4）利用上述方法完成剩余文字的添加，最终完成植物园启动区总平面图的绘制，如图 16-82 所示。

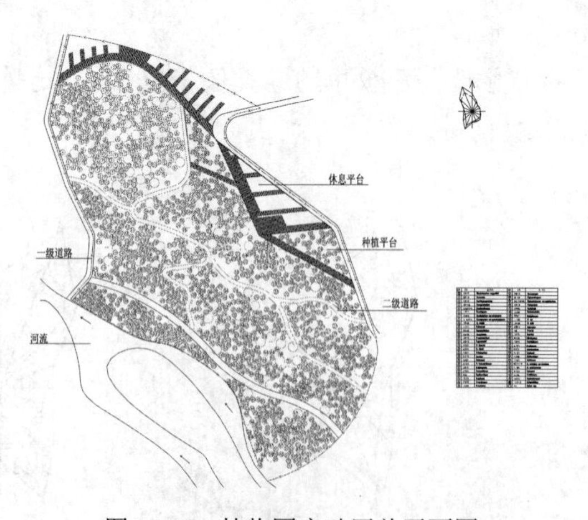

图 16-82　植物园启动区总平面图

16.3.7　插入图框

【操作步骤】

（1）单击“默认”选项卡“块”面板中的“插入”按钮，弹出“插入”对话框，选择前面定义的样板图框作为插入对象，将其插入到图形中，如图 16-83 所示。

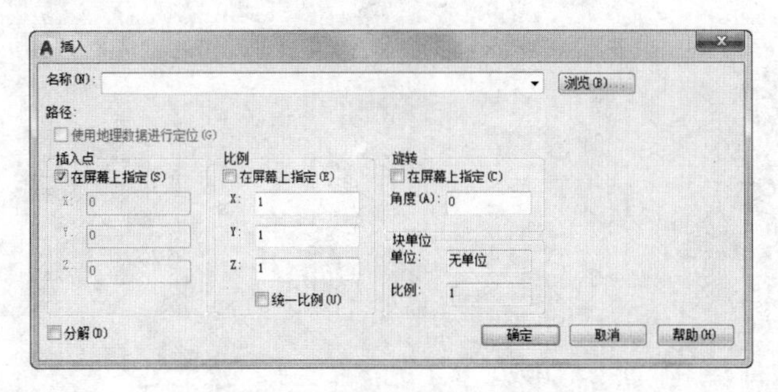

图 16-83　“插入”对话框

（2）单击“默认”选项卡“注释”面板中的“多行文字”按钮A，为图形添加总图名，如图 16-84 所示。

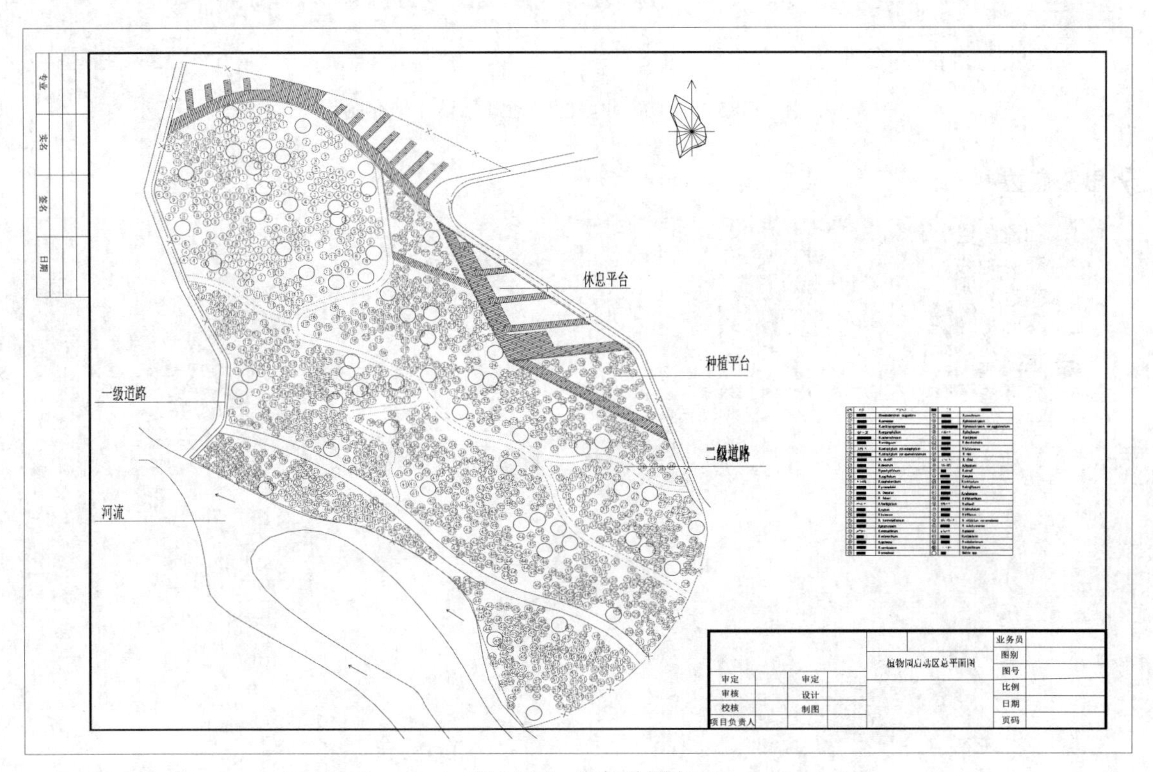

图 16-84　添加总图名

动手练一练——公共事业庭园绿地规划设计平面图

绘制如图 16-85 所示的公共事业庭园绿地规划设计平面图。

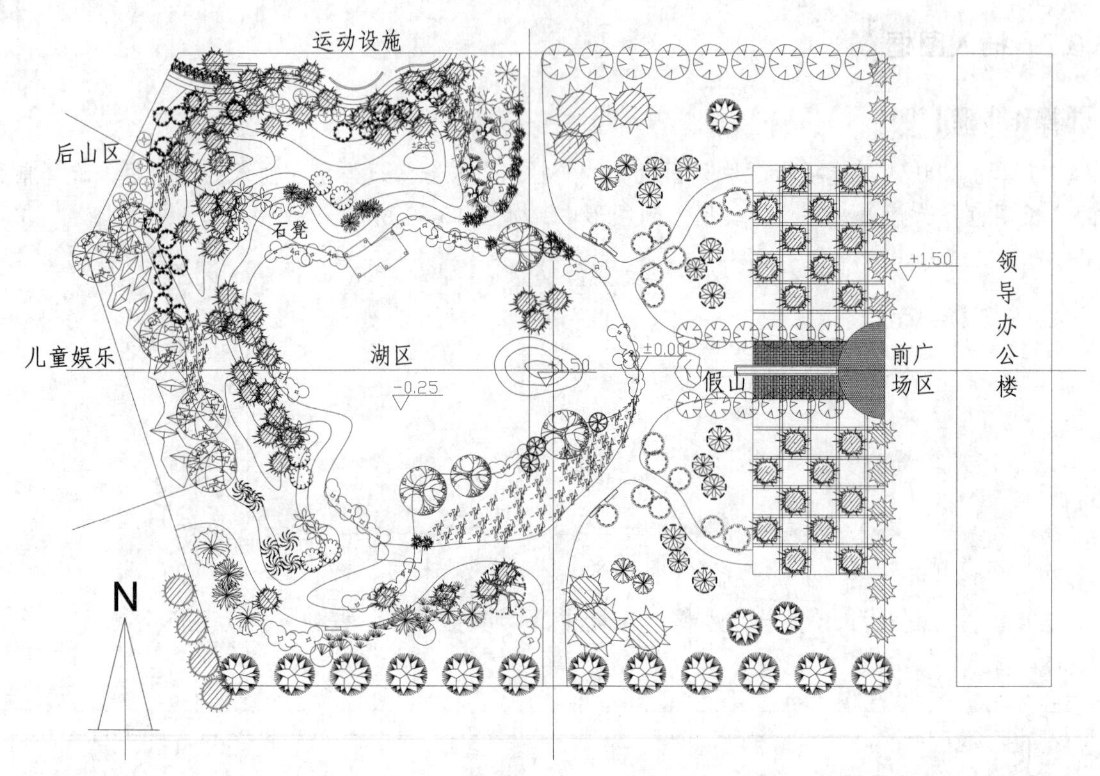

图 16-85　公共事业庭园绿地规划设计平面图

思路点拨

（1）创建图层。
（2）建立轴线。
（3）确定入口。
（4）竖向设计。
（5）道路系统。
（6）景点的分区。
（7）植物配置。
（8）标注文字。

第 17 章　绘制植物园施工图

内容简介

植物园的选址要求水源充足，土层深厚，地形有一定的起伏变化。植物园的规划设计力求科学内容与艺术形式的恰当结合，体现出一定的园林特色。

本章将以某游览胜地配套植物园规划设计为例，讲解植物园这类典型园林总体规划设计的基本思路和方法。

内容要点

- 绘制植物园种植施工图
- 木平台施工详图
- 二级道路大样图
- 绘制一级道路节点图

案例效果

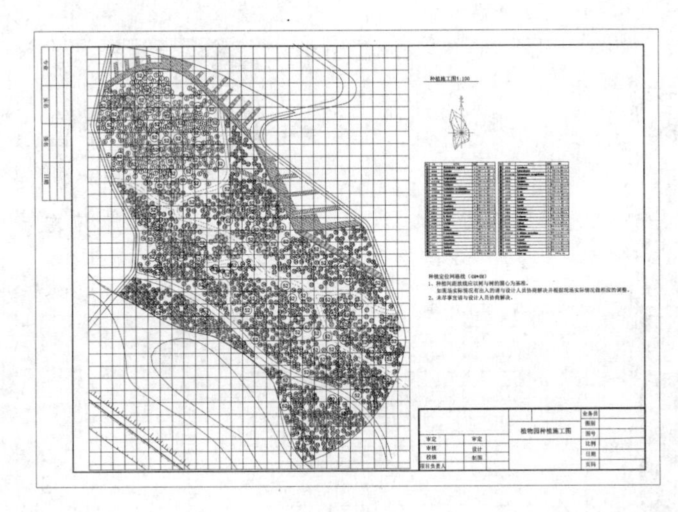

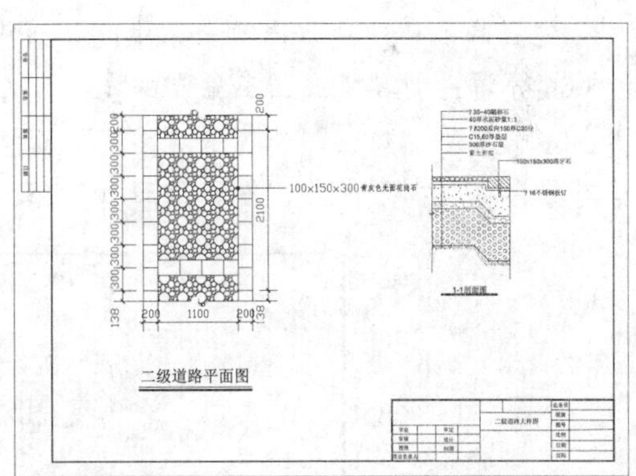

17.1　绘制植物园种植施工图

由于植物园植物种植过于密集，无法在种植施工图上直接绘制出植物图形，只能用代号来代替，所以首先需要绘制一个植物名称编号表，然后把编号插入到施工图中，结果如图 17-1 所示。

源文件：源文件 \ 第 17 章 \ 绘制植物明细表 .dwg

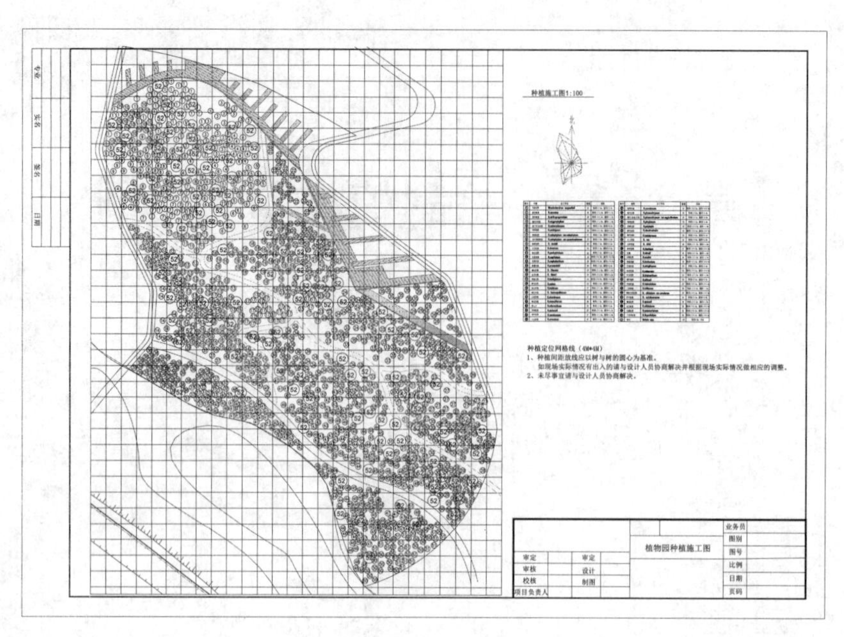

图 17-1　植物园种植施工图

扫一扫，看视频

17.1.1　绘制植物明细表

本节进行植物明细表的绘制。首先绘制表格，然后在表格中添加文字。

【操作步骤】

（1）单击“默认”选项卡“绘图”面板中的“矩形”按钮，在图形空白区域任选一点作为矩形起点，绘制一个47×61的矩形，如图17-2所示。

（2）单击“默认”选项卡“修改”面板中的“分解”按钮，选择矩形为分解对象，按Enter键对其分解，使其变成四条独立的线段。

（3）单击“默认”选项卡“修改”面板中的“偏移”按钮，选择分解矩形的上部水平边为偏移对象，将其向下偏移，偏移距离为2.25，偏移次数为27，结果如图17-3所示。

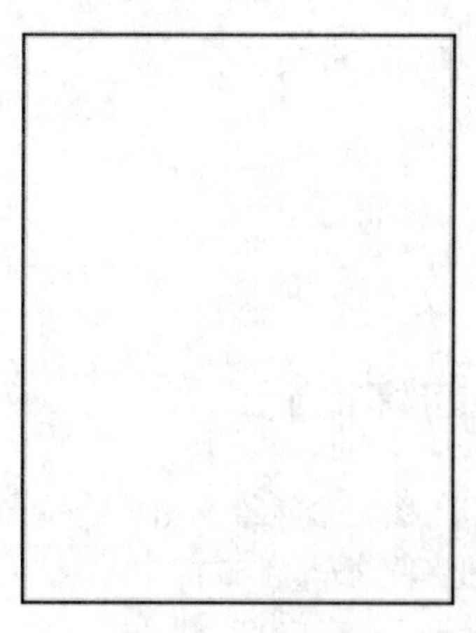

图 17-2　绘制矩形

图 17-3　偏移线段

（4）单击“默认”选项卡“修改”面板中的“偏移”按钮，选择左侧竖直线段为偏移对象，将其向右偏移，偏移距离为3、8.4、21、3，如图17-4所示。

（5）单击“默认”选项卡“注释”面板中的“多行文字”按钮，在偏移线段内添加文字，如图17-5所示。

（6）单击“默认”选项卡“绘图”面板中的“圆”按钮，在偏移线段内选取一点作为圆心，绘制半径为0.75的圆，如图17-6所示。

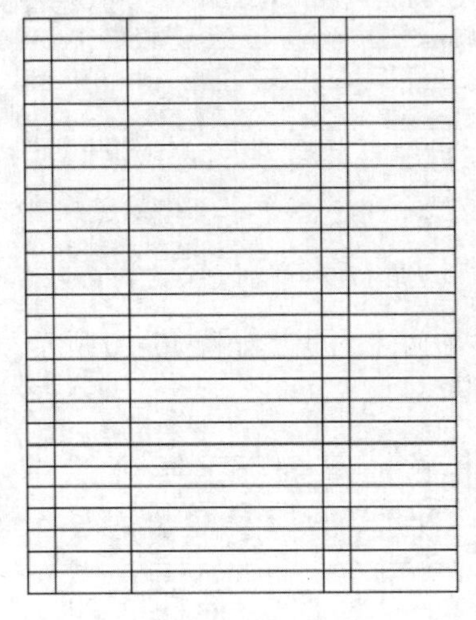

图17-4　偏移线段

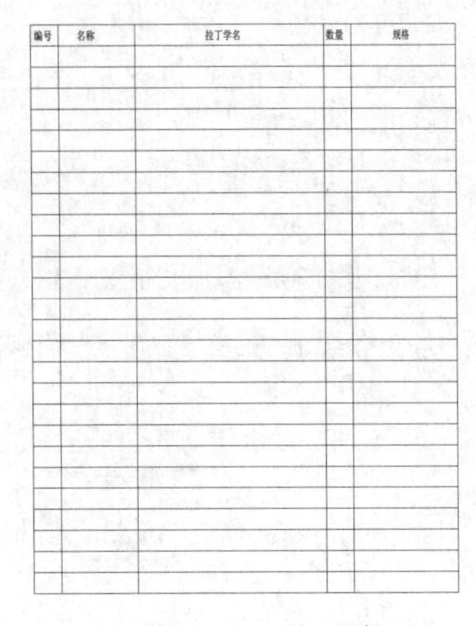

图17-5　添加文字

（7）单击“默认”选项卡“注释”面板中的“多行文字”按钮，在圆内添加文字，如图17-7所示。

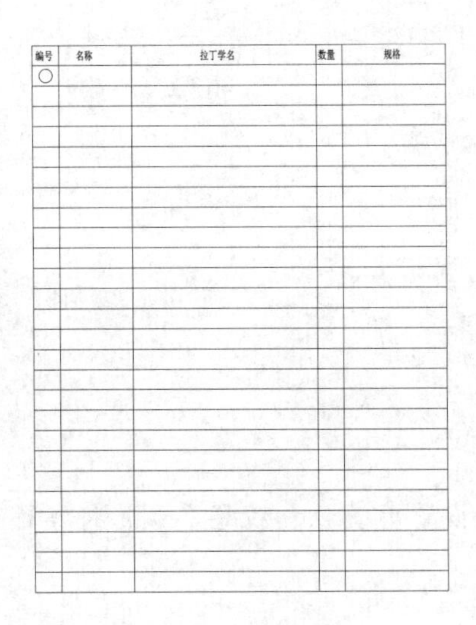

图17-6　绘制圆

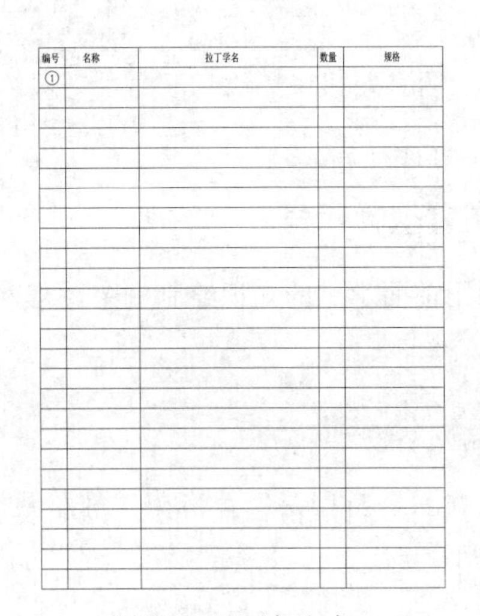

图17-7　添加文字

（8）单击“默认”选项卡“修改”面板中的“复制”按钮，选择完成的编号图形为复制对象对其进行连续复制，并双击圆内文字进行修改，如图17-8所示。

利用上述方法完成表格内剩余文字的添加，如图17-9所示。

编号	名称	拉丁学名	数量	规格
①				
②				
③				
④				
⑤				
⑥				
⑦				
⑧				
⑨				
⑩				
⑪				
⑫				
⑬				
⑭				
⑮				
⑯				
⑰				
⑱				
⑲				
⑳				
㉑				
㉒				
㉓				
㉔				
㉕				
㉖				

图 17-8　添加文字

编号	名称	拉丁学名	数量	规格
①	毛肋杜鹃	Rhododendron augustinii	31	株高2.5-3m，蓬径2-2.5m
②	紫花杜鹃	R.amesiae	26	株高1.2-1.5m，蓬径1-1.2m
③	烈香杜鹃	R.anthopogonoides	30	株高1.2-1.5m，蓬径1-1.2m
④	银叶杜鹃	R.argyrophyllum	28	株高1.2-1.5m，蓬径1-1.2m
⑤	汶川星毛杜鹃	R.asterochnoum	30	株高2.5-3m，蓬径2-2.5m
⑥	问客杜鹃	R.ambiguum	30	株高1.2-1.5m，蓬径1-1.2m
⑦	美容杜鹃	R.calophytum var.calophytum	27	株高2.5-3m，蓬径2-2.5m
⑧	尖叶美容杜鹃	R.calophytum var.openshawianum	29	株高2.5-3m，蓬径2-2.5m
⑨	腺果杜鹃	R. davidii	28	株高2.5-3m，蓬径2-2.5m
⑩	大白杜鹃	R.decorum	23	株高2.5-3m，蓬径2-2.5m
⑪	绒毛杜鹃	R.pachytrichum	30	株高2.5-3m，蓬径2-2.5m
⑫	头花杜鹃	R.capitatum	30	株高0.3-0.5m，蓬径0.3-0.5m
⑬	毛喉杜鹃	R.cephalanthum	30	株高0.3-0.5m，蓬径0.3-0.5m
⑭	陇蜀杜鹃	R.przewalskii	30	株高2.5-3m，蓬径2-2.5m
⑮	喇叭杜鹃	R. Discolor	28	株高1.2-1.5m，蓬径1-1.2m
⑯	金顶杜鹃	R. faberi	30	株高1.2-1.5m，蓬径1-1.2m
⑰	密枝杜鹃	R.fastigiatum	34	株高0.3-0.5m，蓬径0.3-0.5m
⑱	黄毛杜鹃	R.rufum	23	株高2.5-3m，蓬径2-2.5m
⑲	凉山杜鹃	R.huianum	27	株高1.2-1.5m，蓬径1-1.2m
⑳	岷江杜鹃	R. hunnewellianum	30	株高2.5-3m，蓬径2-2.5m
㉑	长蕊杜鹃	R.stamineum	27	株高2.5-3m，蓬径2-2.5m
㉒	麻花杜鹃	R.maculiferum	30	株高2.5-3m，蓬径2-2.5m
㉓	照山白	R.micranthum	24	株高2.5-3m，蓬径2-2.5m
㉔	无柄杜鹃	R.watsonii	27	株高1.2-1.5m，蓬径1-1.2m
㉕	亮叶杜鹃	R.vernicosum	27	株高1.2-1.5m，蓬径1-1.2m
㉖	山光杜鹃	R.oreodoxa	28	株高2.5-3m，蓬径2-2.5m

图 17-9　添加剩余文字

（9）剩余的表格绘制方法与以上步骤相同，不再详细阐述，结果如图 17-10 所示。

编号	名称	拉丁学名	数量	规格
①	毛肋杜鹃	Rhododendron augustinii	31	株高2.5-3m，蓬径2-2.5m
①	紫花杜鹃	R.amesiae	26	株高1.2-1.5m，蓬径1-1.2m
③	烈香杜鹃	R.anthopogonoides	30	株高1.2-1.5m，蓬径1-1.2m
④	银叶杜鹃	R.argyrophyllum	28	株高1.2-1.5m，蓬径1-1.2m
⑤	汶川星毛杜鹃	R.asterochnoum	30	株高2.5-3m，蓬径2-2.5m
⑥	问客杜鹃	R.ambiguum	30	株高1.2-1.5m，蓬径1-1.2m
⑦	美容杜鹃	R.calophytum var.calophytum	27	株高2.5-3m，蓬径2-2.5m
⑧	尖叶美容杜鹃	R.calophytum var.openshawianum	29	株高2.5-3m，蓬径2-2.5m
⑨	腺果杜鹃	R. davidii	28	株高2.5-3m，蓬径2-2.5m
⑩	大白杜鹃	R.decorum	23	株高2.5-3m，蓬径2-2.5m
⑪	绒毛杜鹃	R.pachytrichum	30	株高2.5-3m，蓬径2-2.5m
⑫	头花杜鹃	R.capitatum	30	株高0.3-0.5m，蓬径0.3-0.5m
⑬	毛喉杜鹃	R.cephalanthum	30	株高0.3-0.5m，蓬径0.3-0.5m
⑭	陇蜀杜鹃	R.przewalskii	30	株高2.5-3m，蓬径2-2.5m
⑮	喇叭杜鹃	R. Discolor	28	株高1.2-1.5m，蓬径1-1.2m
⑯	金顶杜鹃	R. faberi	30	株高1.2-1.5m，蓬径1-1.2m
⑰	密枝杜鹃	R.fastigiatum	34	株高0.3-0.5m，蓬径0.3-0.5m
⑱	黄毛杜鹃	R.rufum	23	株高2.5-3m，蓬径2-2.5m
⑲	凉山杜鹃	R.huianum	27	株高1.2-1.5m，蓬径1-1.2m
⑳	岷江杜鹃	R. hunnewellianum	30	株高2.5-3m，蓬径2-2.5m
㉑	长蕊杜鹃	R.stamineum	27	株高2.5-3m，蓬径2-2.5m
㉒	麻花杜鹃	R.maculiferum	30	株高2.5-3m，蓬径2-2.5m
㉓	照山白	R.micranthum	24	株高2.5-3m，蓬径2-2.5m
㉔	无柄杜鹃	R.watsonii	27	株高1.2-1.5m，蓬径1-1.2m
㉕	亮叶杜鹃	R.vernicosum	27	株高1.2-1.5m，蓬径1-1.2m
㉖	山光杜鹃	R.oreodoxa	28	株高2.5-3m，蓬径2-2.5m

编号	名称	拉丁学名	数量	规格
㉗	秀雅杜鹃	R.concinnum	35	株高0.3-0.5m，蓬径0.3-0.5m
㉘	栎叶杜鹃	R.phaeochrysum	30	株高2.5-3m，蓬径2-2.5m
㉙	凝毛(金褐)杜鹃	R.phaeochrysum var.agglutinatum	30	株高2.5-3m，蓬径2-2.5m
㉚	海绵杜鹃	R.pingianum	30	株高2.5-3m，蓬径2-2.5m
㉛	多鳞杜鹃	R.polylepis	30	株高1.2-1.5m，蓬径1-1.2m
㉜	树生杜鹃	R.dendrochairs	30	株高0.3-0.5m，蓬径0.3-0.5m
㉝	硬叶杜鹃	R.tatsienense	26	株高2.5-3m，蓬径2-2.5m
㉞	大王杜鹃	R. rex	26	株高2.5-3m，蓬径2-2.5m
㉟	大钟杜鹃	R. ririei	30	株高1.2-1.5m，蓬径1-1.2m
㊱	淡黄杜鹃	R.flavidum	27	株高0.3-0.5m，蓬径0.3-0.5m
㊲	杜鹃	R.simsii	30	株高1.2-1.5m，蓬径1-1.2m
㊳	白碗杜鹃	R.souliei	30	株高1.2-1.5m，蓬径1-1.2m
㊴	隐蕊杜鹃	R.intricatum	30	株高0.3-0.5m，蓬径0.3-0.5m
㊵	芒刺杜鹃	R.strigillosum	30	株高2.5-3m，蓬径2-2.5m
㊶	红背杜鹃	R.refescens	30	株高0.3-0.5m，蓬径0.3-0.5m
㊷	长毛杜鹃	R.trichanthum	30	株高1.2-1.5m，蓬径1-1.2m
㊸	皱叶杜鹃	R.wiltonii	30	株高2.5-3m，蓬径2-2.5m
㊹	草原杜鹃	R.telmateium	28	株高0.3-0.5m，蓬径0.3-0.5m
㊺	三花杜鹃	R.triflorum	30	株高1.2-1.5m，蓬径1-1.2m
㊻	峨眉光亮杜鹃	R. nitidulum var.omeiense	30	株高0.3-0.5m，蓬径0.3-0.5m
㊼	四川杜鹃	R. sutchuenense	24	株高2.5-3m，蓬径2-2.5m
㊽	褐毛杜鹃	R.wasonii	28	株高1.2-1.5m，蓬径1-1.2m
㊾	光亮杜鹃	R.nitidulurm	29	株高0.3-0.5m，蓬径0.3-0.5m
㊿	毛蕊杜鹃	R.websterianum	32	株高0.3-0.5m，蓬径0.3-0.5m
51	千里香杜鹃	R.thymifolium	34	株高0.3-0.5m，蓬径0.3-0.5m
52	桦木	Betula spp.	125	株高6-8m，全冠

图 17-10　植物表格

扫一扫，看视频

17.1.2　布置植物代号

本节利用前面学过的知识绘制剩余图形。

【操作步骤】

1. 绘制网格线

（1）建立一个新图层，命名为“网格线”，颜色设置为黄色，线型默认，将其置为当前图层，如图 17-11 所示。

✔ 网格线　Continu... —— 默认　0　Color_2

图 17-11　“网格线”图层

（2）单击“默认”选项卡“绘图”面板中的“矩形”按钮，在图形空白位置任选一点作为矩形起点，绘制一个 216×276 的矩形，如图 17-12 所示。

（3）单击“默认”选项卡“修改”面板中的“分解”按钮，选择矩形为分解对象，按 Enter 键确认对其分解，使其变成四条独立的线段。

（4）单击“默认”选项卡“修改”面板中的“偏移”按钮，选择左侧竖直线段为偏移对象将其向右偏移，偏移距离为 8，偏移次数为 27，如图 17-13 所示。

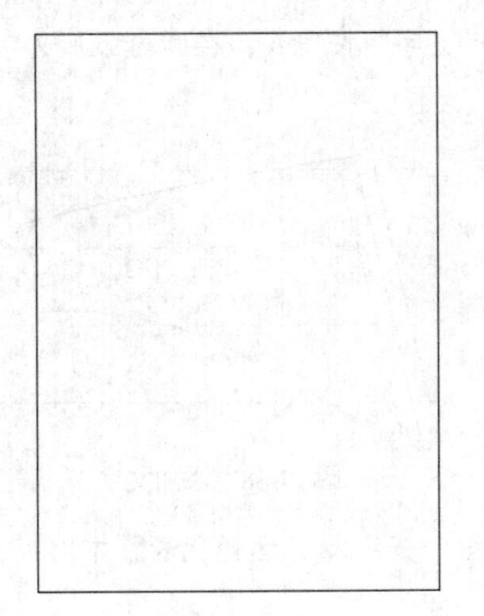

图 17-12 绘制矩形

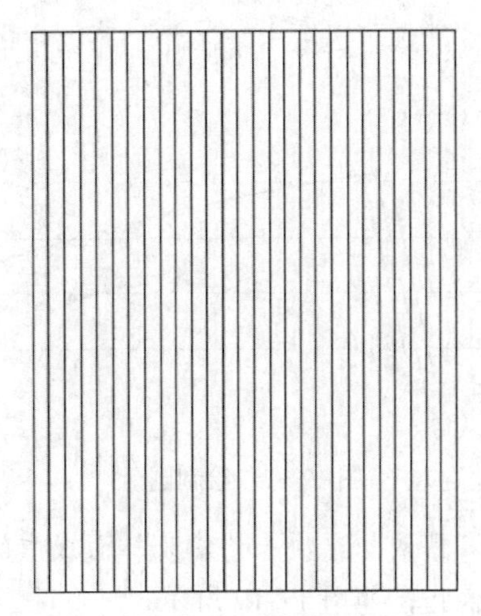

图 17-13 偏移线段

（5）单击“默认”选项卡“修改”面板中的“偏移”按钮，选择矩形上部水平线段为偏移对象，将其向下偏移，偏移距离为 8，偏移次数为 32，如图 17-14 所示。

（6）利用绘制植物园总平面图的方法，完成植物园种植施工图外部图形的绘制，如图 17-15 所示。

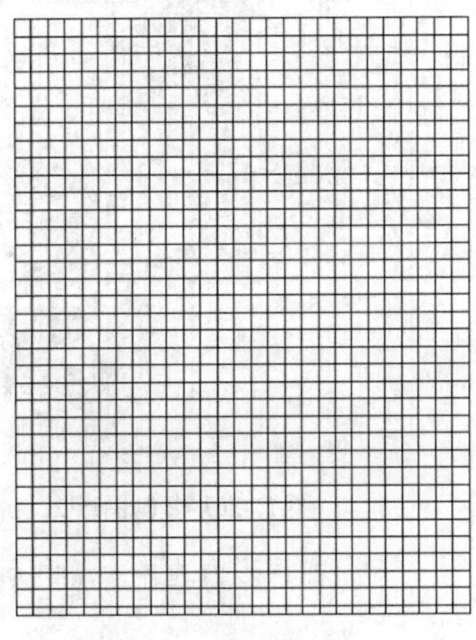

图 17-14 偏移线段

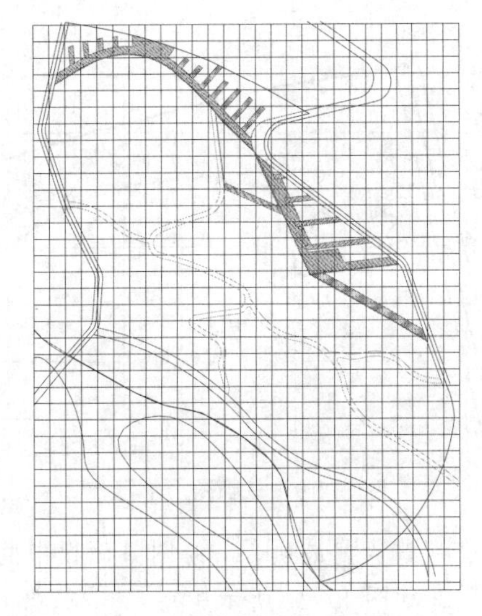

图 17-15 绘制外部图形

2. 绘制灌木

（1）建立一个新图层，命名为“灌木”，颜色设置为洋红，线型为默认，线宽为默认，将其置为当前图层，如图 17-16 所示。

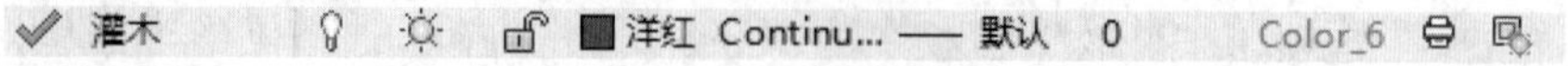

✓ 灌木 洋红 Continu... —— 默认 0 Color_6

图 17-16 “灌木”图层

（2）单击“默认”选项卡“绘图”面板中的“圆”按钮，在适当位置选择一点作为圆的圆心，绘制一个半径为 1.5 的圆，如图 17-17 所示。

（3）单击“默认”选项卡“注释”面板中的“多行文字”按钮，在圆内添加文字，如图 17-18 所示。

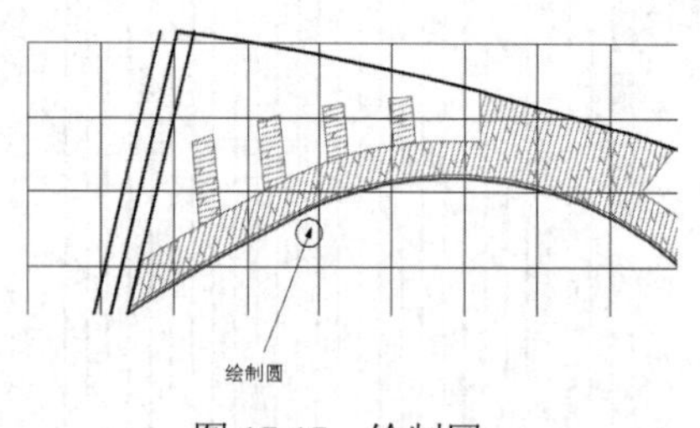

图 17-17 绘制圆

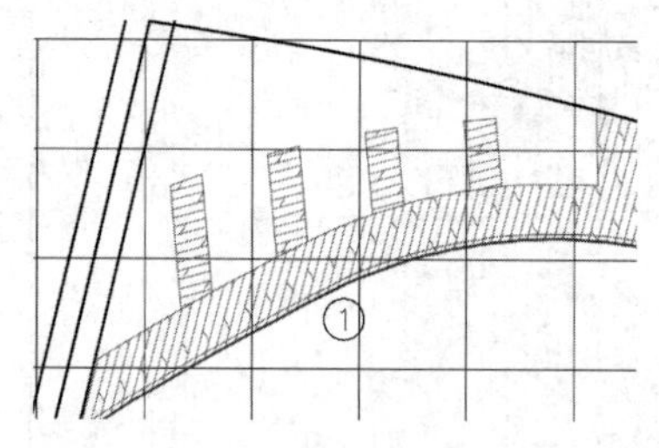

图 17-18 添加文字

（4）单击“默认”选项卡“修改”面板中的“复制”按钮，选择代表灌木的标号为复制对象对其进行复制操作，如图 17-19 所示。

（5）利用上述方法完成其他灌木的绘制，如图 17-20 所示。

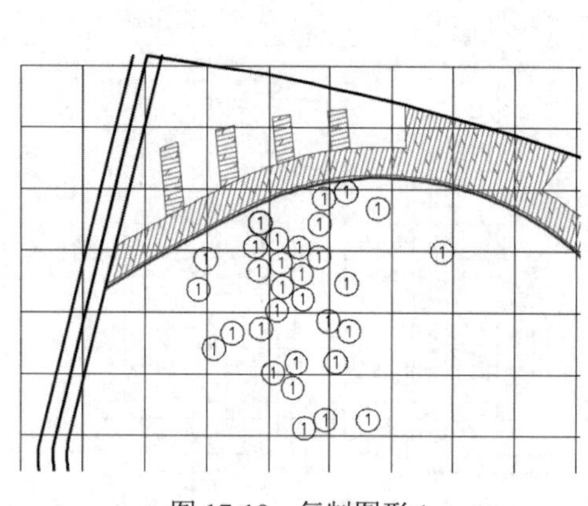

图 17-19 复制图形 1

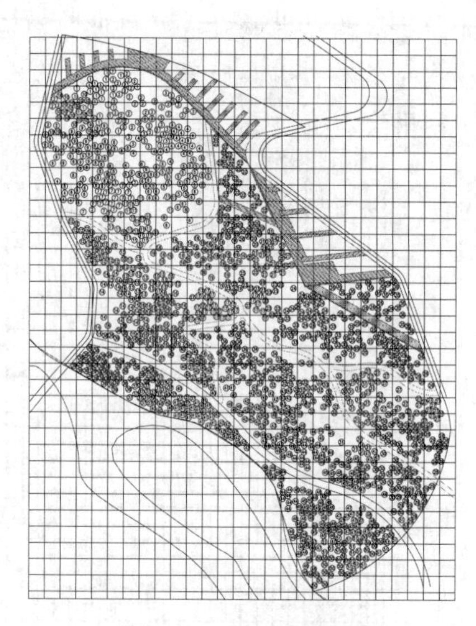

图 17-20 复制图形 2

（6）单击“默认”选项卡“绘图”面板中的“圆”按钮，在图形内选择一点作为圆心，绘制半径为 3 的圆，如图 17-21 所示。

（7）单击“默认”选项卡“注释”面板中的“多行文字”按钮，在圆内添加文字，如图 17-22 所示。

（8）单击“默认”选项卡“修改”面板中的“复制”按钮，选择标号图形为复制对象对其进行复制操作，如图 17-23 所示。

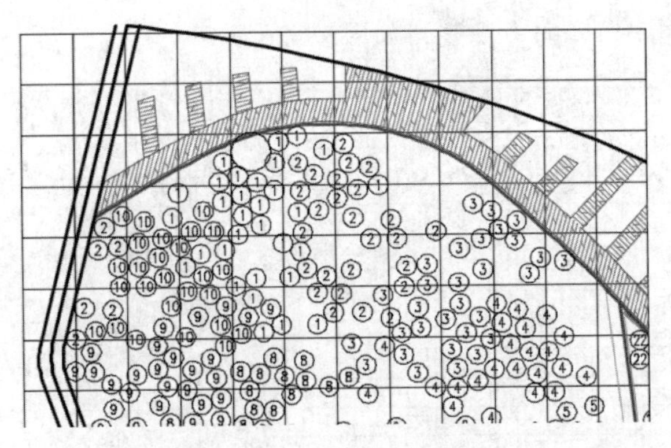

图 17-21　绘制圆

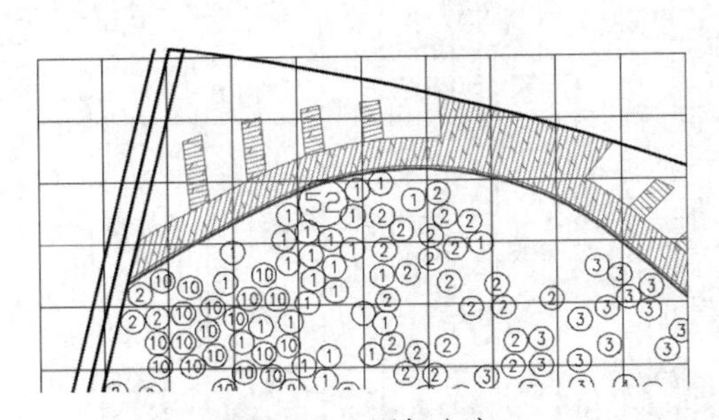

图 17-22　添加文字

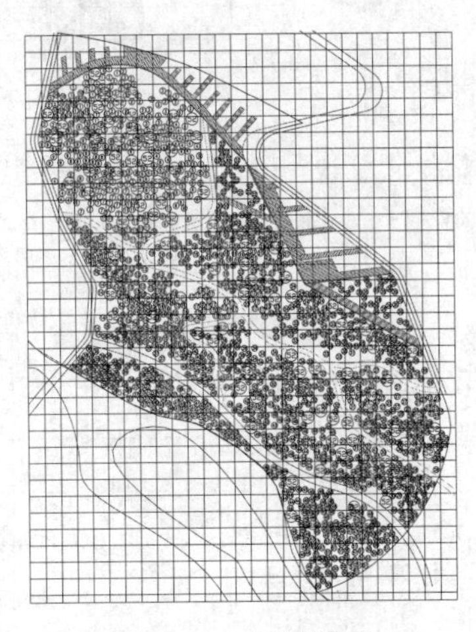

图 17-23　复制图形

（9）单击“默认”选项卡“绘图”面板中的“直线”按钮，在图形左下角绘制一条斜向线段，如图 17-24 所示。

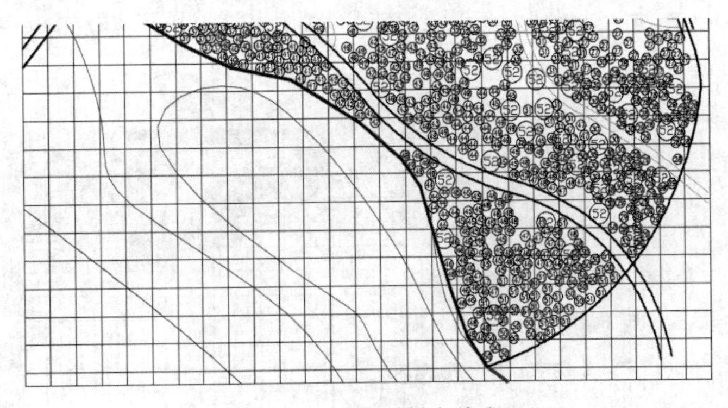

图 17-24　绘制斜向线段

（10）单击“默认”选项卡“绘图”面板中的“直线”按钮，在斜向线段上绘制多条垂直线段，如图 17-25 所示。

（11）单击“默认”选项卡“绘图”面板中的“多段线”按钮，指定起点宽度为 0.2，端点宽度为 0.2，在线段下方绘制一条斜向多段线，如图 17-26 所示。

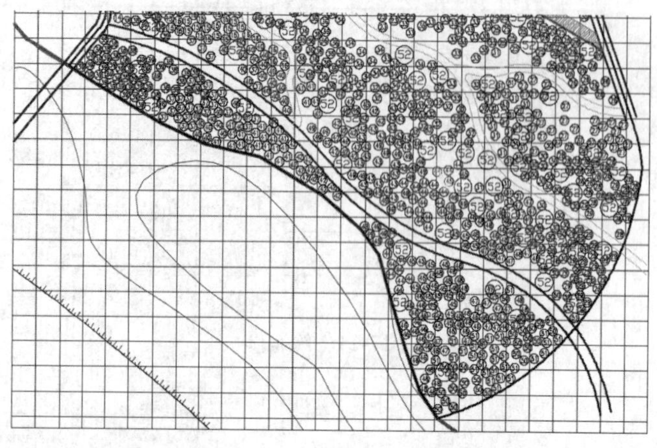

图 17-25　绘制多条垂直线段

（12）单击“默认”选项卡“绘图”面板中的“直线”按钮 和“圆”按钮，在上步绘制线段下方绘制线段和小圆，如图 17-27 所示。

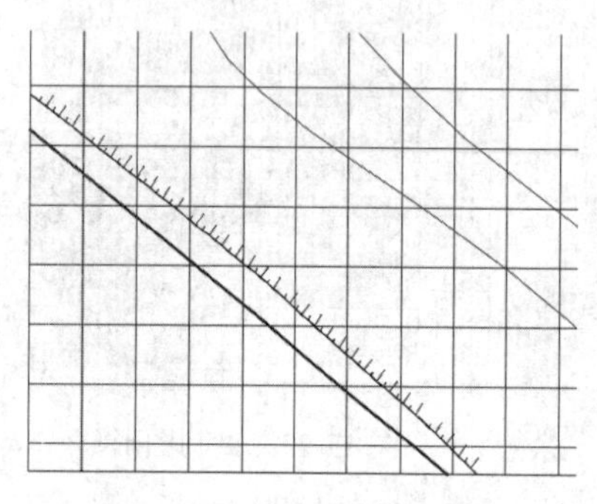

图 17-26　绘制斜向多段线

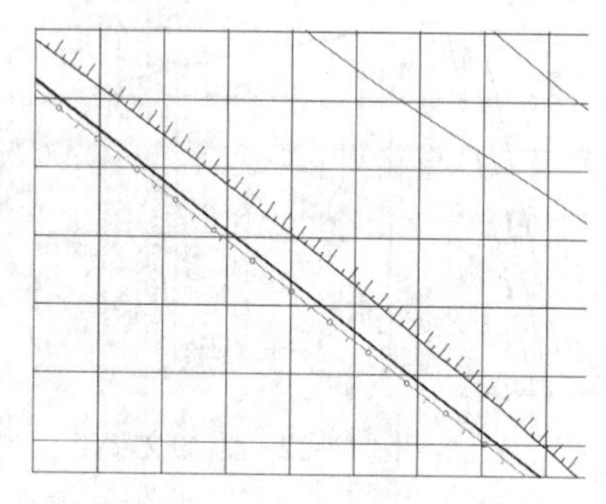

图 17-27　绘制线段和小圆

（13）利用上述方法完成剩余图形的绘制，如图 17-28 所示。

（14）单击“默认”选项卡“绘图”面板中的“直线”按钮，在图形适当位置绘制指引箭头，如图 17-29 所示。

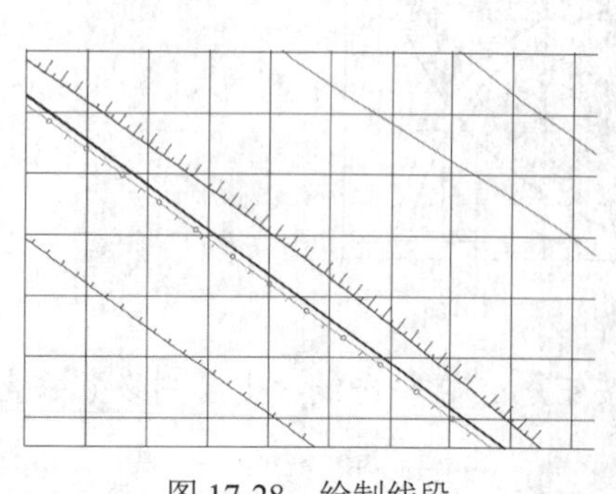

图 17-28　绘制线段

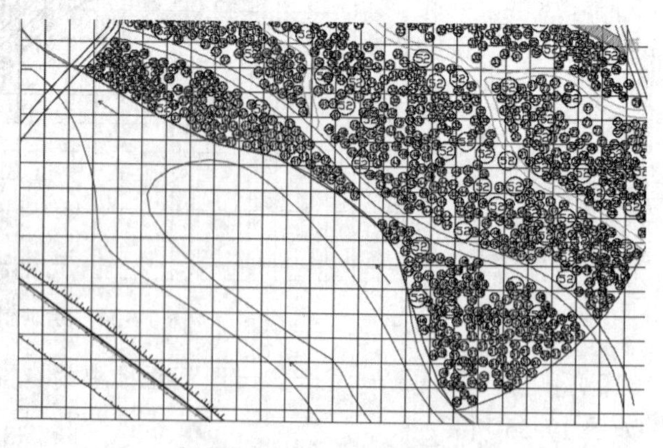

图 17-29　绘制指引箭头

3. 完善图形

（1）将前面章节绘制的指北针定义为块，单击“默认”选项卡“块”面板中的“插入”按钮，选择前面绘制的指北针图形为插入对象，将其放置到图形适当位置，如图 17-30 所示。

（2）单击“默认”选项卡“绘图”面板中的“直线”按钮，在指北针的位置上方选择一点作为线段起点，绘制一条水平线段，如图 17-31 所示。

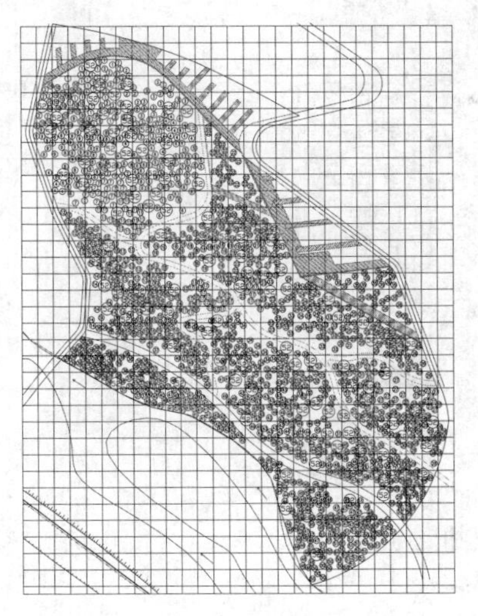

图 17-30　插入指北针

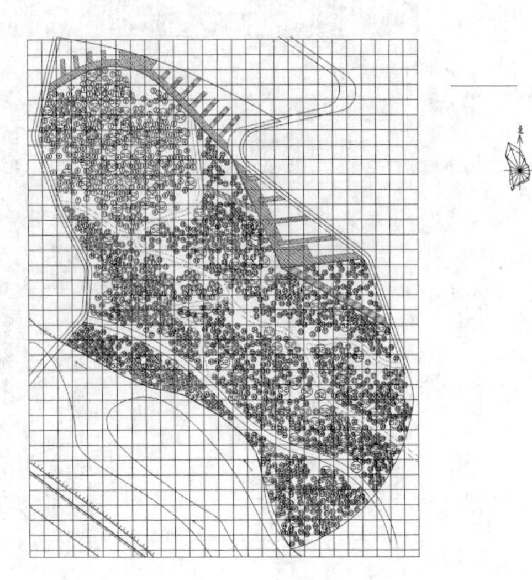

图 17-31　绘制水平线段

（3）单击“默认”选项卡“注释”面板中的“多行文字”按钮，在水平线段上添加文字，如图 17-32 所示。

（4）单击“默认”选项卡“修改”面板中的“移动”按钮，选择前面绘制完成的植物表为移动对象，将其移动并放置到图形右侧，如图 17-33 所示。

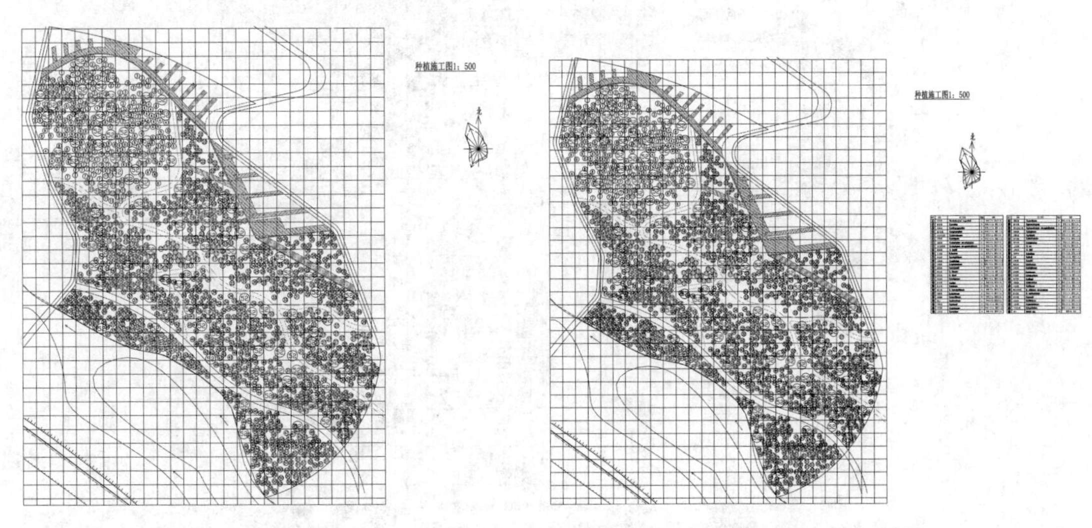

图 17-32　添加文字　　　　图 17-33　添加图形

（5）单击“默认”选项卡“注释”面板中的“多行文字”按钮，为图形添加总图文字说明，如图 17-34 所示。

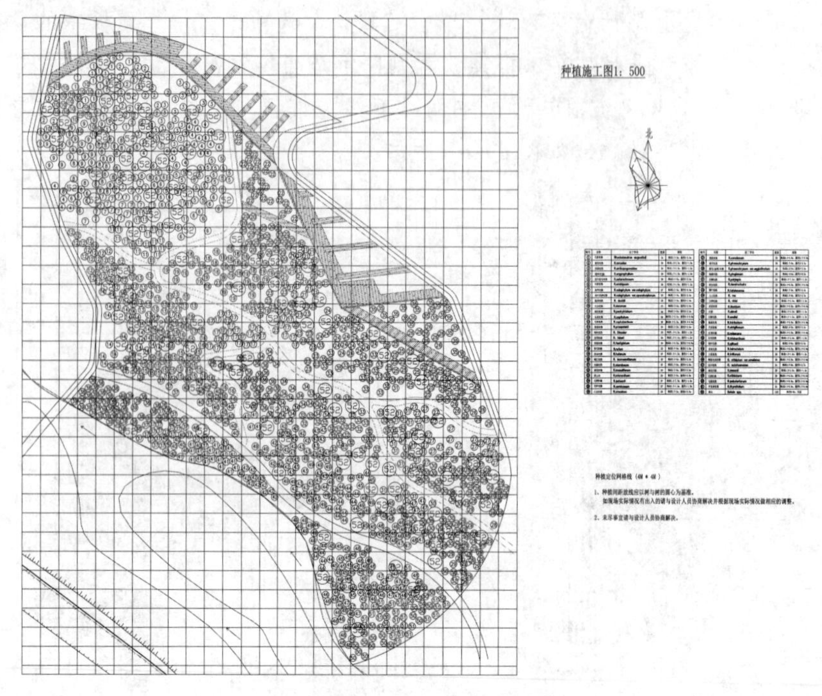

图 17-34　添加文字说明

动手练一练——绘制某校园种植施工图

绘制如图 17-35 所示的某校园种植施工图。

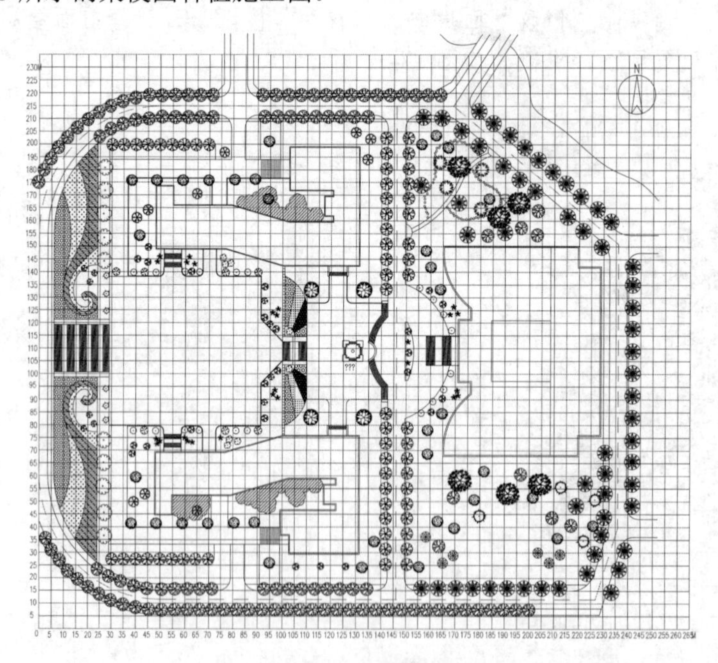

图 17-35　某校园种植施工图

思路点拨

（1）绘制图形。
（2）绘制网格线。
（3）布置植物。
（4）标注文字。

17.2　木平台施工详图

木平台施工详图如图 17-36 所示。

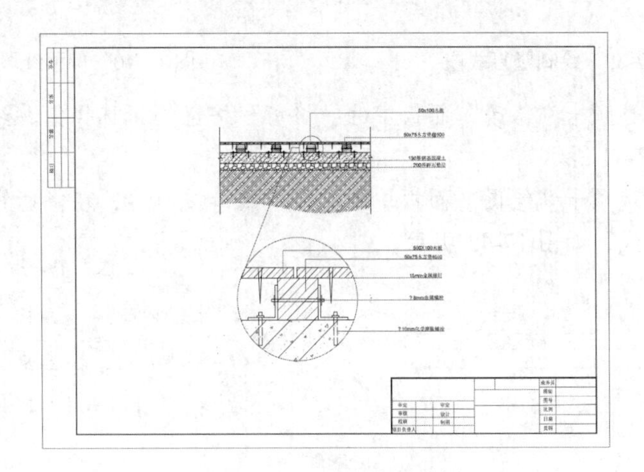

扫一扫，看视频

图 17-36　木平台施工详图

源文件：源文件\第 17 章\木平台施工详图 .dwg

【操作步骤】

1. 绘制木平台施工详图轮廓

（1）单击“默认”选项卡“绘图”面板中的“直线”按钮，在图形空白位置任选一点作为起点，水平向右绘制一条长度为 2220 的水平线段，如图 17-37 所示。

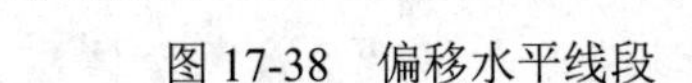

图 17-37　绘制水平线段

（2）单击“默认”选项卡“修改”面板中的“偏移”按钮，选择水平线段为偏移对象，将其向下偏移，偏移距离为 30、120、150、100，如图 17-38 所示。

图 17-38　偏移水平线段

（3）单击“默认”选项卡“绘图”面板中的“直线”按钮，在图形左侧绘制一条长度为

1241 的竖直线段，如图 17-39 所示。

（4）单击“默认”选项卡“修改”面板中的“偏移”按钮，选择左侧竖直线段为偏移对象，将其向右偏移，偏移距离为 80、10、200、10、200、10、200、10、200、10、200、10、200、10、200、10、200、10、200、10，200、10、30，如图 17-40 所示。

图 17-39　绘制竖直线段　　　　图 17-40　偏移线段

（5）单击“默认”选项卡“修改”面板中的“修剪”按钮，选择偏移线段为修剪对象，对其进行修剪处理，如图 17-41 所示。

（6）单击“默认”选项卡“绘图”面板中的“多段线”按钮，在修剪线段上选择一点作为多段线起点绘制连续多段线，如图 17-42 所示。

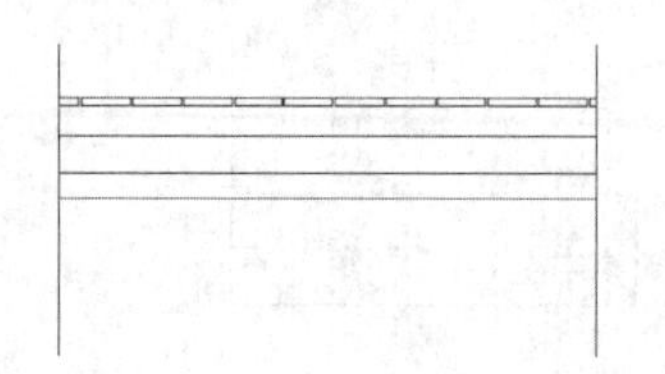

图 17-41　修剪线段

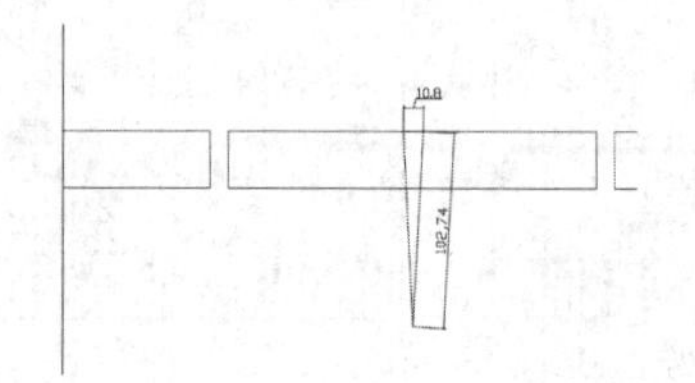

图 17-42　绘制连续多段线

（7）单击“默认”选项卡“修改”面板中的“复制”按钮，选择连续多段线的底部交点为复制基点将其向右复制，复制间距为 210，复制 9 次，如图 17-43 所示。

（8）单击“默认”选项卡“修改”面板中的“偏移”按钮，选择左侧竖直线段为偏移对象将其向右进行偏移，偏移距离为 252、120，如图 17-44 所示。

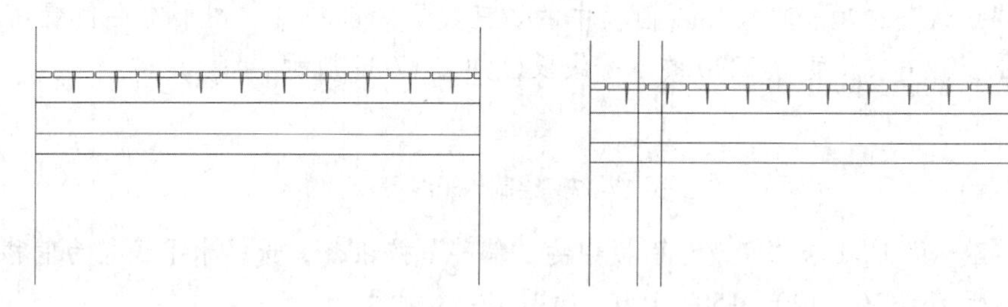

图 17-43　复制图形　　　　图 17-44　偏移线段

（9）单击“默认”选项卡“修改”面板中的“修剪”按钮，选择偏移线段为修剪对象，按 Enter 键确认对其进行修剪处理，如图 17-45 所示。

（10）单击“默认”选项卡“修改”面板中的“偏移”按钮，在修剪图形左侧竖直线段为偏移对象将其向左偏移，偏移距离为 7.5、80，如图 17-46 所示。

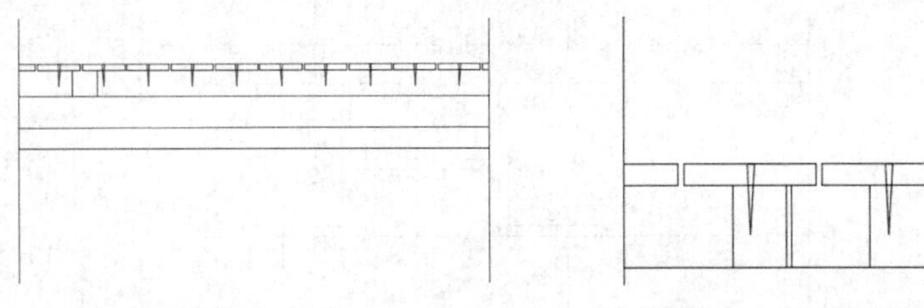

图 17-45　修剪线段　　　　图 17-46　偏移线段

（11）单击“默认”选项卡“修改”面板中的“偏移”按钮，选择底部水平线段为偏移对象，将其向上偏移，偏移距离为 257.5、92.5，如图 17-47 所示。

（12）单击“默认”选项卡“修改”面板中的“修剪”按钮，选择偏移线段为修剪对象，按 Enter 键确认对其进行修剪处理，如图 17-48 所示。

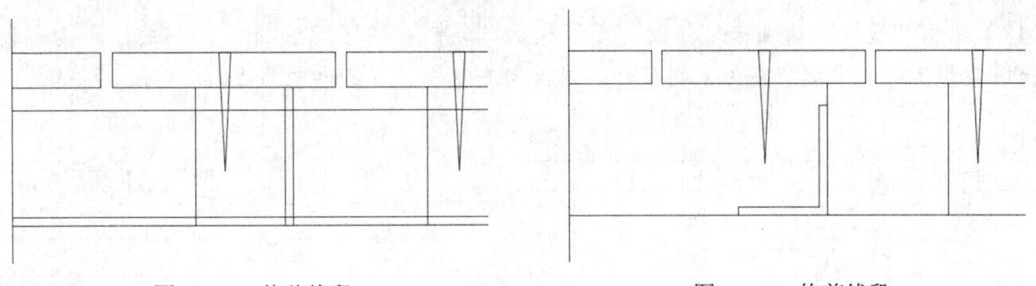

图 17-47　偏移线段　　　　图 17-48　修剪线段

（13）单击“默认”选项卡“绘图”面板中的“矩形”按钮，在修剪线段内绘制多个矩形，如图 17-49 所示。

（14）单击“默认”选项卡“修改”面板中的“镜像”按钮，选择左侧绘制的图形为镜像对象，对其进行竖直镜像，如图 17-50 所示。

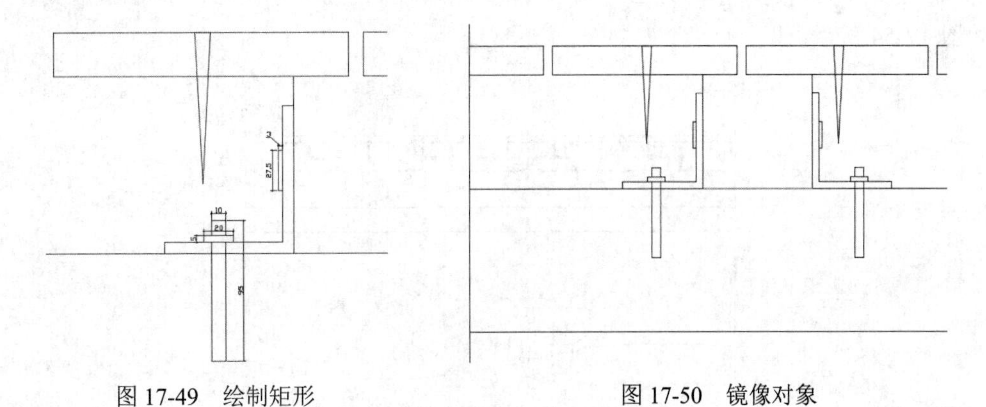

图 17-49　绘制矩形　　　　图 17-50　镜像对象

（15）单击“默认”选项卡“绘图”面板中的“矩形”按钮，在镜像图形中间位置绘制一个 156×7.5 的矩形，如图 17-51 所示。

（16）单击“默认”选项卡“修改”面板中的“分解”按钮，选择矩形为分解对象，按 Enter 键确认对其进行分解，使其变成四条独立的线段。

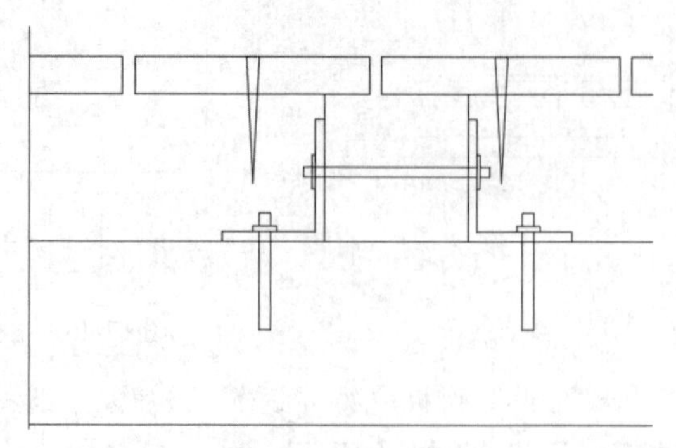

图 17-51　绘制矩形

（17）选择分解矩形的上下两水平边为操作对象，将其线型修改为 ACAD_ISO02W100，如图 17-52 所示。

（18）单击“默认”选项卡“修改”面板中的“复制”按钮，选择绘制的图形为复制对象，选择分解矩形上部水平边中点为复制基点，将其向右复制，复制间距为 520，如图 17-53 所示。

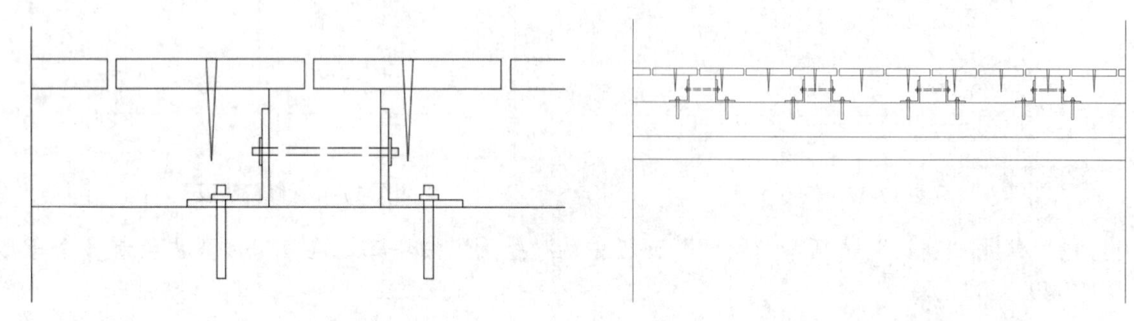

图 17-52　修改线型　　图 17-53　复制图形

（19）单击“默认”选项卡“绘图”面板中的“样条曲线拟合”按钮，在图形底部绘制样条曲线，如图 17-54 所示。

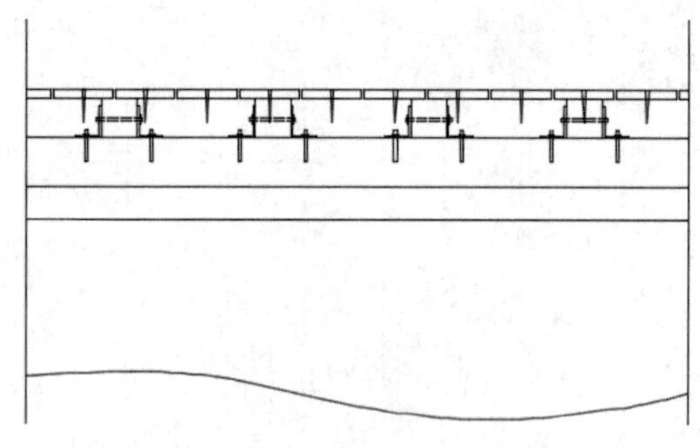

图 17-54　样条曲线拟合

（20）单击“默认”选项卡“绘图”面板中的“直线”按钮，在左侧竖直线段上绘制连续线段，如图 17-55 所示。

（21）单击“默认”选项卡“修改”面板中的“修剪”按钮，选择绘制的连续线段为修剪对象，对其进行修剪处理，如图 17-56 所示。

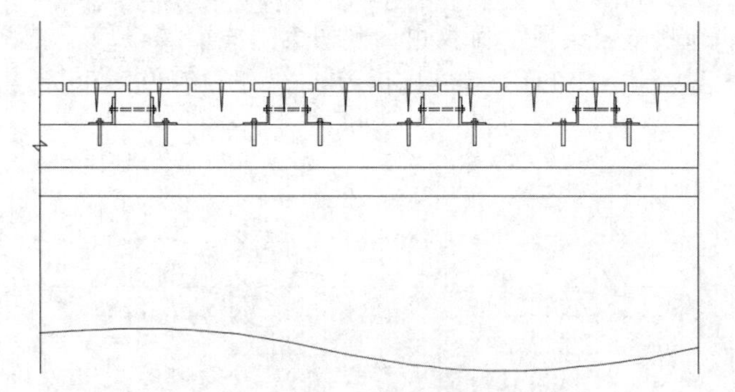

图 17-55　绘制连续线段

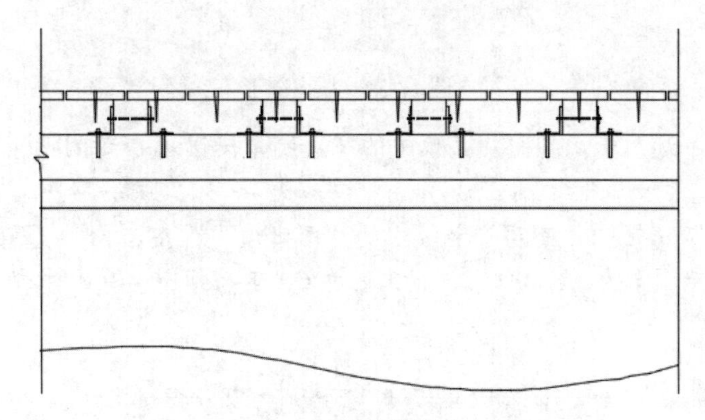

图 17-56　修剪线段

（22）利用上述方法完成右侧相同图形的绘制，如图 17-57 所示。

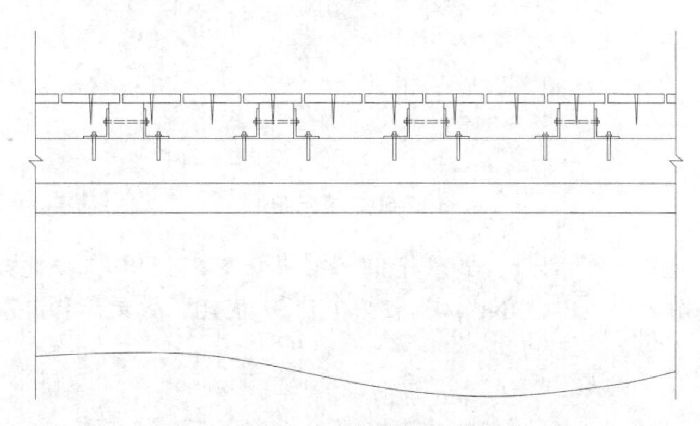

图 17-57　绘制相同图形

2. 填充图形

（1）建立新图层，命名为“填充”，颜色设置为 165，线型默认，线宽设为 0.13，设置如图 17-58 所示，并将其置为当前图层。

填充　165　Continu...　—— 0.13...　0　Color_...

图 17-58　“填充”图层

（2）单击“默认”选项卡“绘图”面板中的“图案填充”按钮，选择上面绘制完成的图形为填充区域，设置填充图案为 ANSI31，填充比例为 4，如图 17-59 所示。

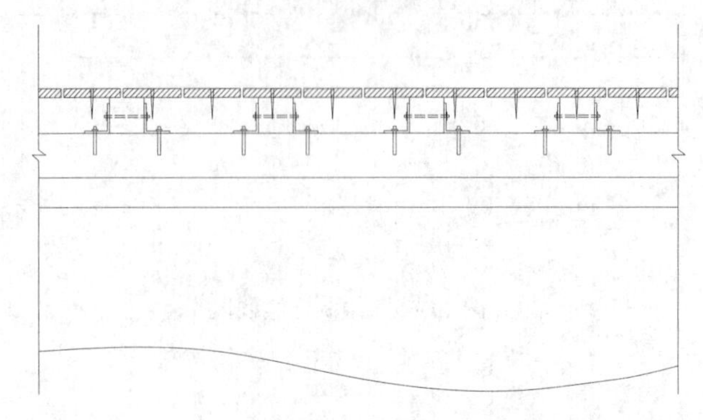

图 17-59　填充图形

（3）单击“默认”选项卡“绘图”面板中的“直线”按钮，封闭填充区域缺口，如图 17-60 所示。

（4）单击“默认”选项卡“绘图”面板中的“图案填充”按钮，选择上步绘制完成的图形为填充区域，设置填充图案为 ANSI31，填充比例为 6，效果如图 17-60 所示。

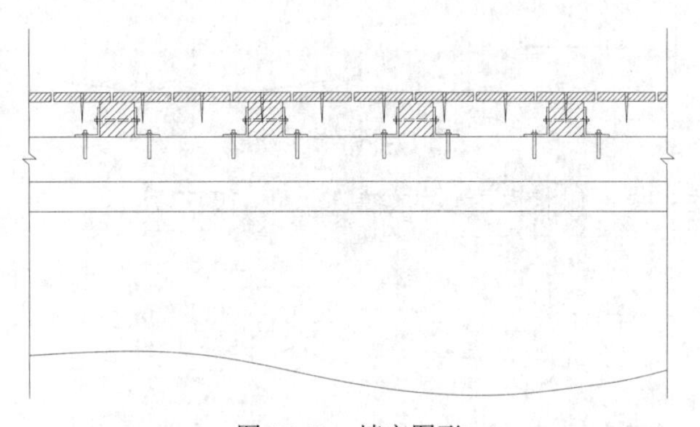

图 17-60　填充图形

（5）单击“默认”选项卡“绘图”面板中的“图案填充”按钮，选择上步绘制完成的图形为填充区域，设置填充图案为 AR-CONC，设置填充比例为 10，效果如图 17-61 所示。

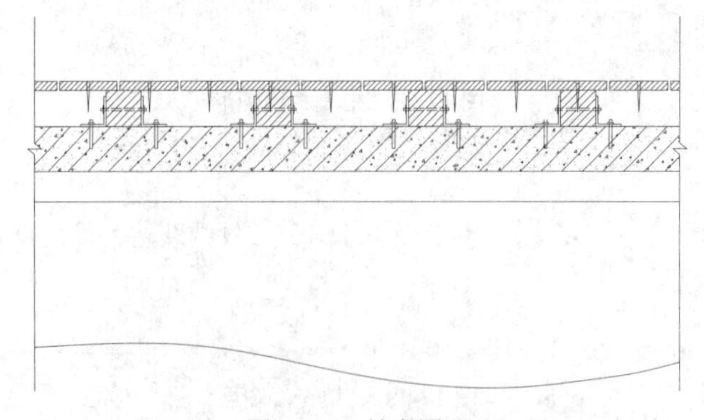

图 17-61　填充图形

（6）单击“默认”选项卡“绘图”面板中的“图案填充”按钮，选择上步绘制完成的图形为填充区域，设置填充图案为GRAVEL，设置填充比例为5，如图17-62所示。

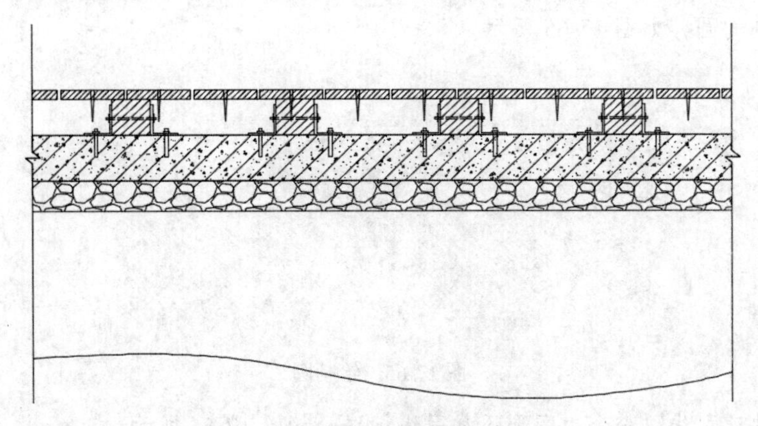

图17-62　填充图形

（7）单击“默认”选项卡“绘图”面板中的“直线”按钮，在图形底部位置绘制素土夯实图案，如图17-63所示。

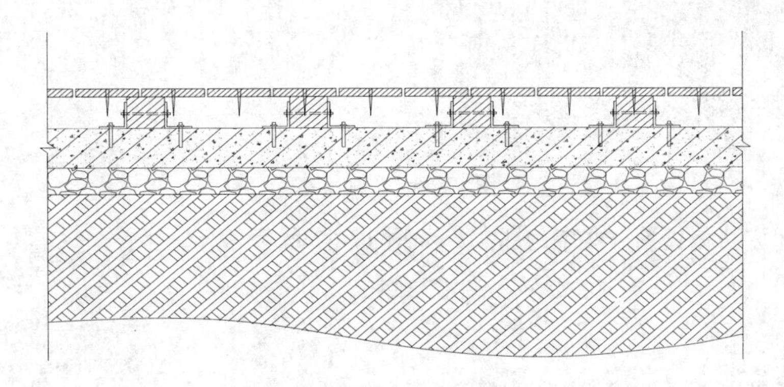

图17-63　填充图形

（8）单击“默认”选项卡“修改”面板中的“删除”按钮，删除底部样条曲线，如图17-64所示。

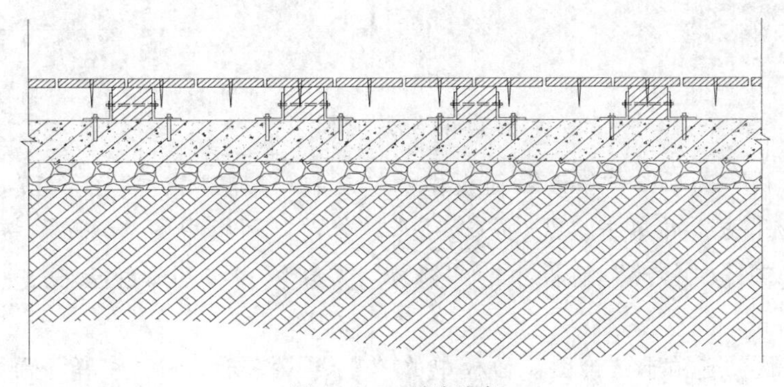

图17-64　删除线条

3. 标注图形

（1）单击“默认”选项卡“绘图”面板中的“圆”按钮，在图形上方选择一点作为圆心，绘制一个半径为 169 的圆，如图 17-65 所示。

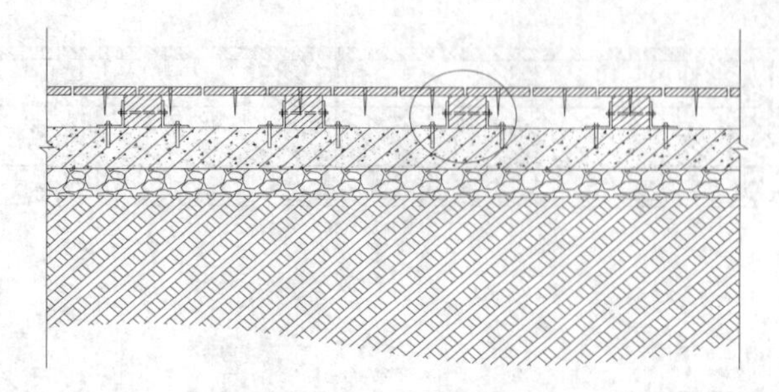

图 17-65　绘制圆

（2）利用“快速引线”命令为图形添加引线标注，如图 17-66 所示。

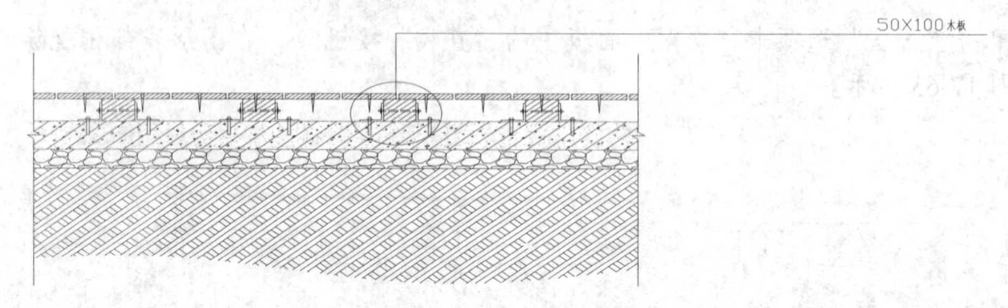

图 17-66　添加文字

（3）利用上述方法完成剩余文字的添加，如图 17-67 所示。

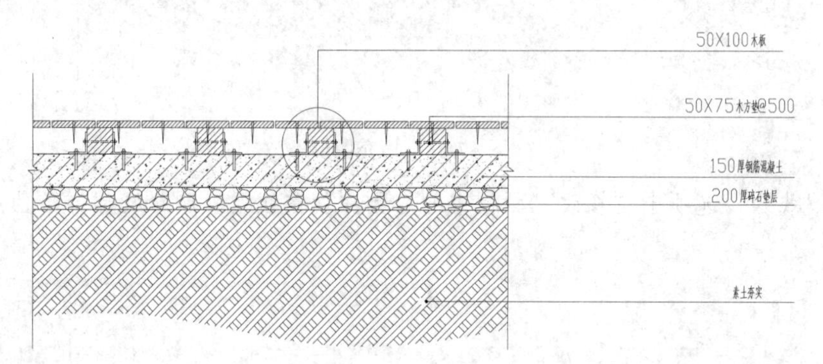

图 17-67　添加剩余文字

（4）单击“默认”选项卡“修改”面板中的“复制”按钮，将图形 17-67 中圆圈圈住的部分图线复制到图形下方，并单击“默认”选项卡“修改”面板中的“修剪”按钮，进行修剪；再单击“默认”选项卡“修改”面板中的“缩放”按钮，将图形放大 5 倍，形成局部放大图，如图 17-68 所示。

（5）单击“默认”选项卡“绘图”面板中的“直线”按钮和“注释”面板中的“多行文字”命令对放大图进行标注，如图 17-69 所示。

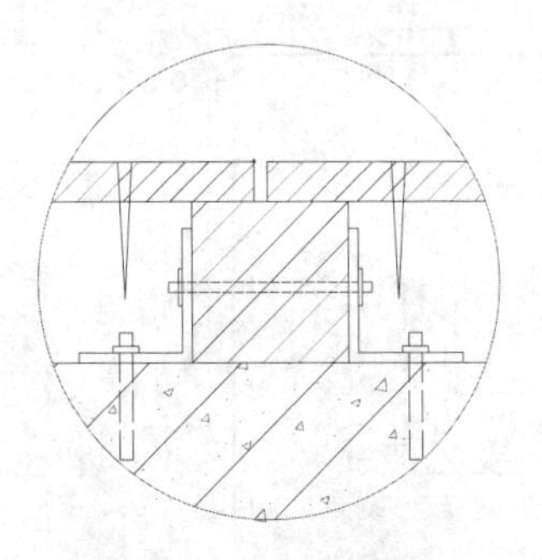

图 17-68 局部放大图

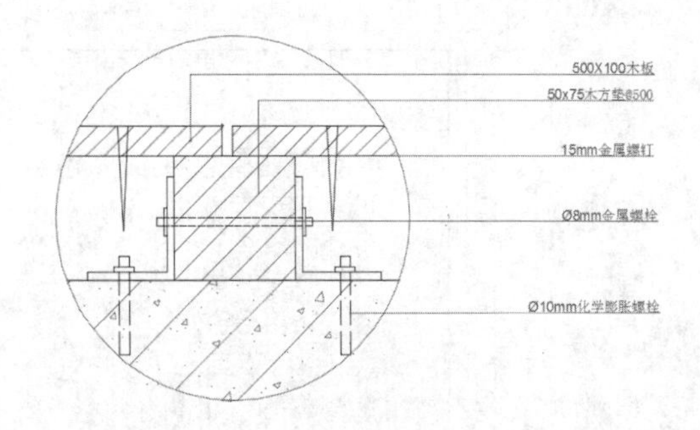

图 17-69 标注局部放大图

（6）单击“默认”选项卡“绘图”面板中的“直线”按钮，绘制局部放大图指引线，插入图框，最后完成的木平台施工详图如图 17-36 所示。

动手练一练——木平台剖面图

绘制如图 17-70 所示的木平台剖面图。

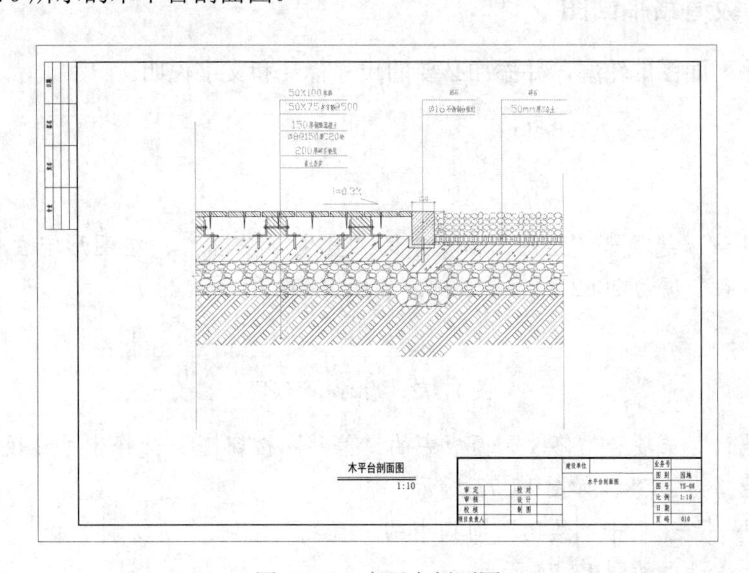

图 17-70 木平台剖面图

思路点拨

（1）绘制木平台剖面轮廓。
（2）填充图形。
（3）标注文字。

17.3 二级道路大样图

道路是园林必不可少的组成部分，如图 17-71 所示为二级道路大样图。

源文件：源文件\第 17 章\二级道路大样图 .dwg

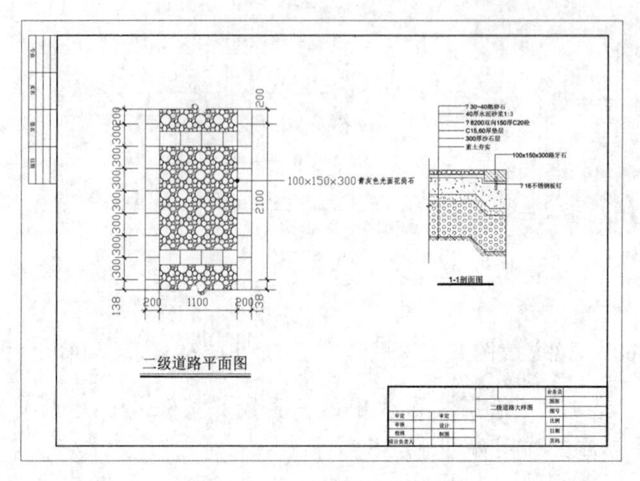

图 17-71　二级道路大样图

扫一扫，看视频

17.3.1　绘制二级道路平面图

绘制二级道路平面图的轮廓，并添加必要的尺寸标注和文字说明。

【操作步骤】

1. 绘制轮廓

（1）单击“默认”选项卡“绘图”面板中的“直线”按钮，在图形空白位置任选一点作为线段起点，绘制一条长度为 2062 的水平线段，如图 17-72 所示。

图 17-72　绘制水平线段

（2）单击“默认”选项卡“修改”面板中的“偏移”按钮，选择水平线段为偏移对象，将其向下偏移，偏移距离为 2438，如图 17-73 所示。

（3）单击“默认”选项卡“绘图”面板中的“直线”按钮，以水平线上一点作为线段起点，向下绘制一条竖直线段，如图 17-74 所示。

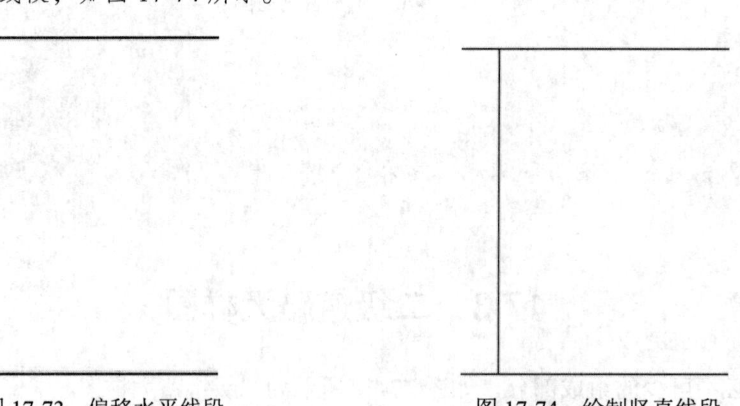

图 17-73　偏移水平线段　　　图 17-74　绘制竖直线段

2. 绘制细部轮廓

（1）单击“默认”选项卡“修改”面板中的“偏移”按钮，选择竖直线段为偏移对象，将其向右偏移，偏移距离为200、300、300、300、200、200，如图17-75所示。

（2）单击“默认”选项卡“修改”面板中的“偏移”按钮，选择水平线段为偏移对象，将其向下偏移，偏移距离为200、100、200、300、300、300、300、200、100、100、200，如图17-76所示。

（3）单击“默认”选项卡“修改”面板中的“修剪”按钮，选择偏移线段为修剪对象，对其进行修剪处理，如图17-77所示。

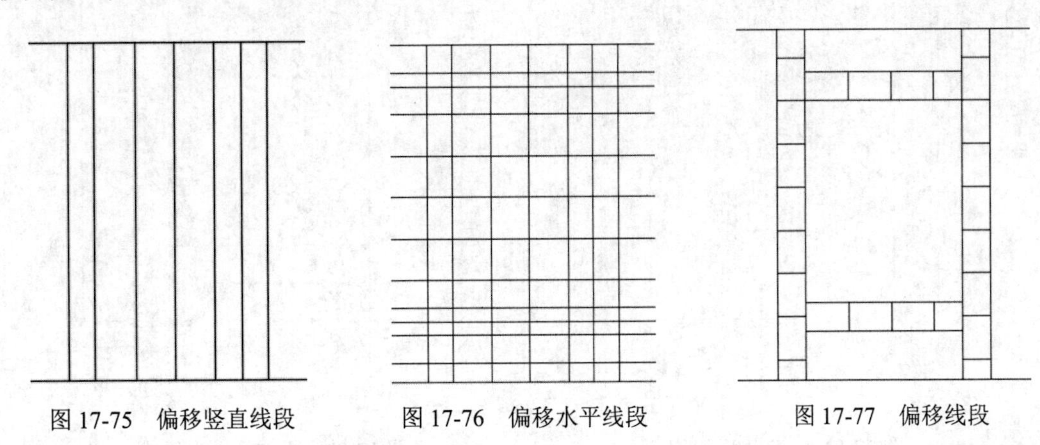

图17-75 偏移竖直线段　　图17-76 偏移水平线段　　图17-77 偏移线段

（4）单击“默认”选项卡“绘图”面板中的“圆弧”按钮，绘制两段适当半径的圆弧，如图17-78所示。

（5）单击“默认”选项卡“修改”面板中的“复制”按钮，选择圆弧图形为复制对象，将其向下端进行复制，如图17-79所示。

（6）单击“默认”选项卡“修改”面板中的“修剪”按钮，选择圆弧内线段为修剪对象，对其进行修剪处理，如图17-80所示。

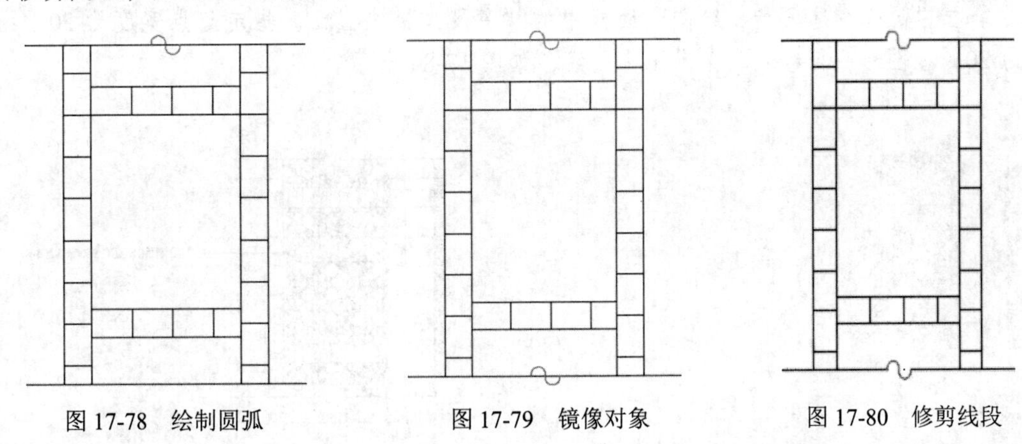

图17-78 绘制圆弧　　图17-79 镜像对象　　图17-80 修剪线段

（7）单击“默认”选项卡“绘图”面板中的“多段线”按钮和“修改”面板中的“复制”按钮，绘制卵石砌体，如图17-81所示。

3. 添加标注

单击“默认”选项卡“注释”面板中的“线性”按钮，为图形添加尺寸标注，如图 17-82 所示。

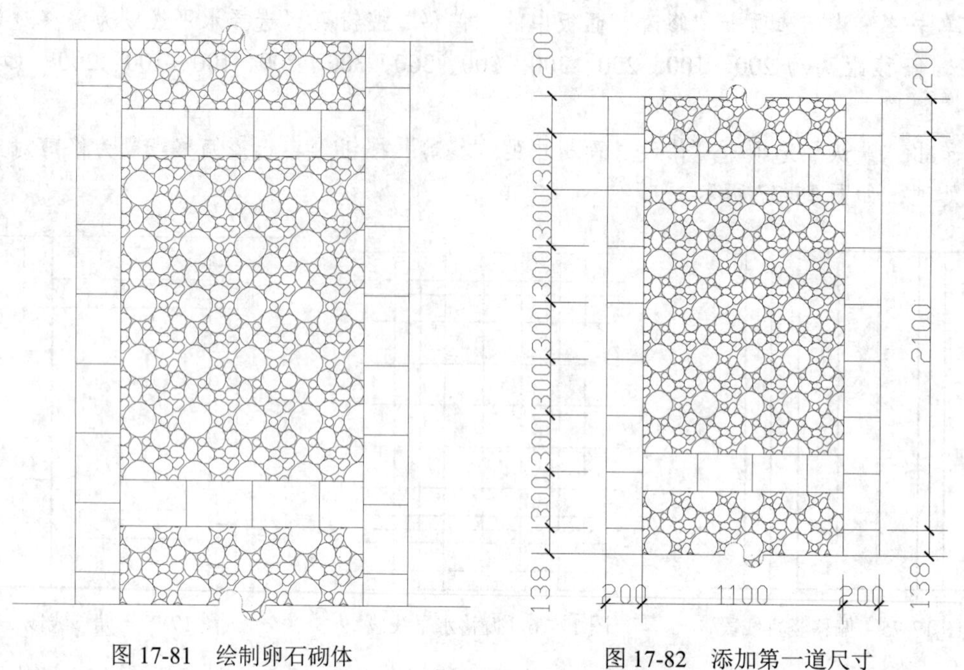

图 17-81　绘制卵石砌体　　　　图 17-82　添加第一道尺寸

4. 添加引线标注

在命令行中输入 QLEADER 命令，为图形添加引线标注说明，字体为 txt，字体高度为 100，如图 17-83 所示。

5. 添加总图文字说明

（1）单击“默认”选项卡“绘图”面板中的“多段线”按钮，指定起点宽度为 20，指定端点宽度为 20，在图形底部绘制一条水平多段线，如图 17-84 所示。

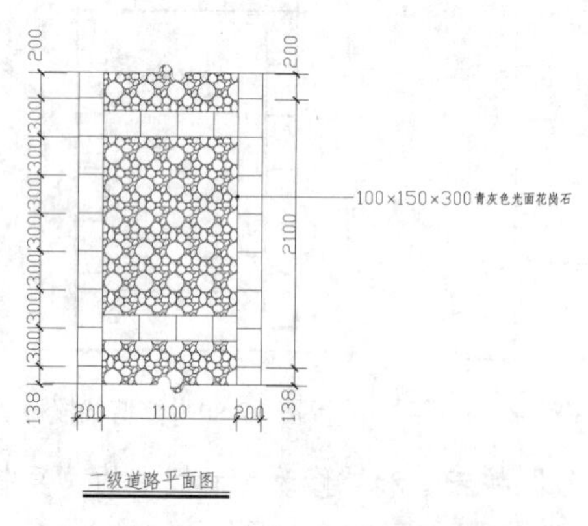

图 17-83　添加引线标注说明

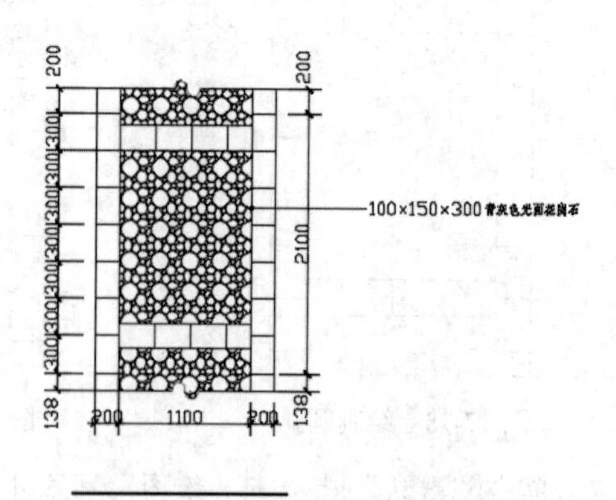

图 17-84　绘制水平多段线

（2）单击“默认”选项卡“绘图”面板中的“多段线”按钮，指定起点宽度为 0，端点起点宽度为 0，在图形底部绘制一条适当的水平多段线，如图 17-85 所示。

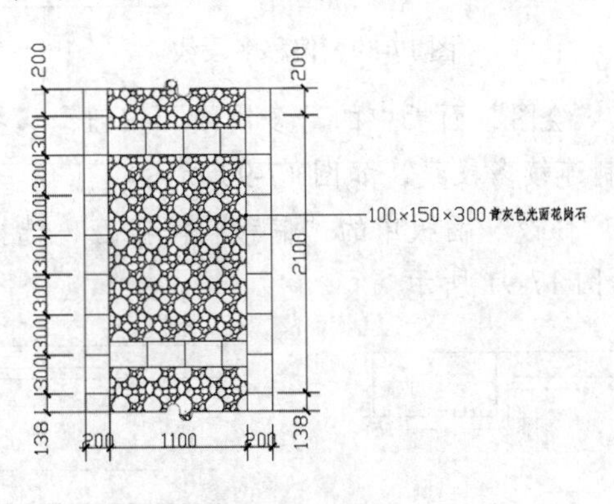

图 17-85　绘制水平多段线

（3）单击“默认”选项卡“注释”面板中的“多行文字”按钮A，字体为黑体，字体高度为 150，在多段线上方添加文字，如图 17-71 所示。

17.3.2　绘制二级道路 1-1 剖面图

扫一扫，看视频

下面要绘制的是二级道路 1-1 剖面图，主要绘制剖面图的轮廓，并在轮廓图上进行必要的尺寸标注和文字说明。

【操作步骤】

1. 绘制剖面轮廓

（1）单击“默认”选项卡“绘图”面板中的“直线”按钮，在图形空白位置任选一点作为线段起点，绘制一条长度为 708 的水平线段，如图 17-86 所示。

图 17-86　绘制水平线段

（2）单击“默认”选项卡“绘图”面板中的“矩形”按钮，在水平线段下方绘制一个 200×100 的矩形，如图 17-87 所示。

（3）单击“默认”选项卡“绘图”面板中的“多段线”按钮，指定起点宽度为 0，指定端点宽度为 0，在图形下方绘制连续多段线，如图 17-88 所示。

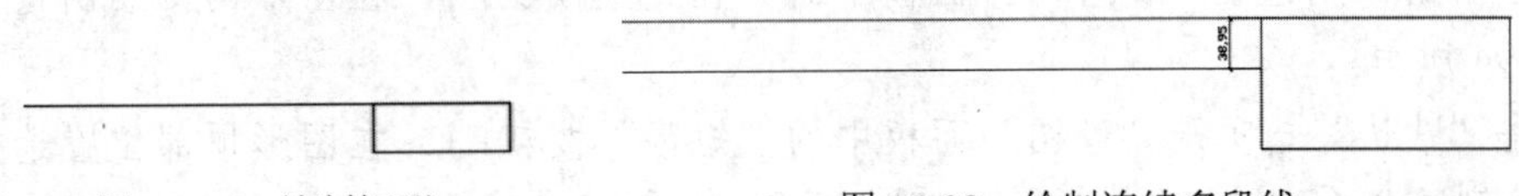

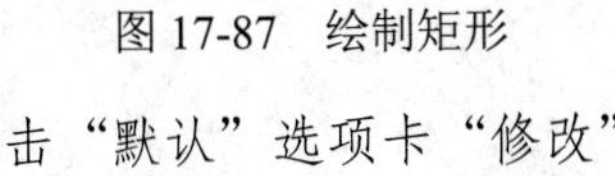

图 17-87　绘制矩形 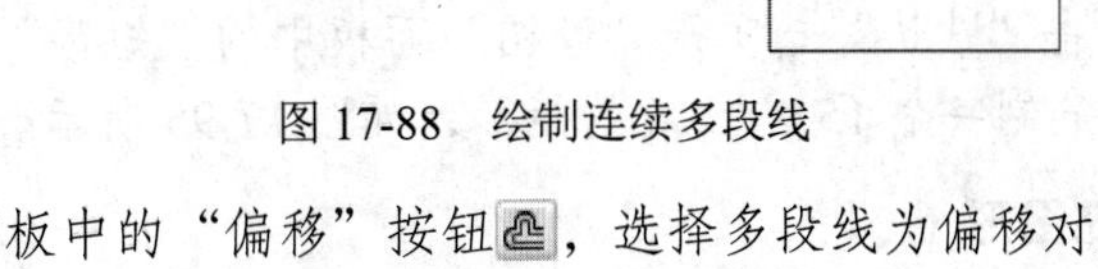　　图 17-88　绘制连续多段线

（4）单击“默认”选项卡“修改”面板中的“偏移”按钮，选择多段线为偏移对象，将其向下偏移，偏移距离为 20，如图 17-89 所示。

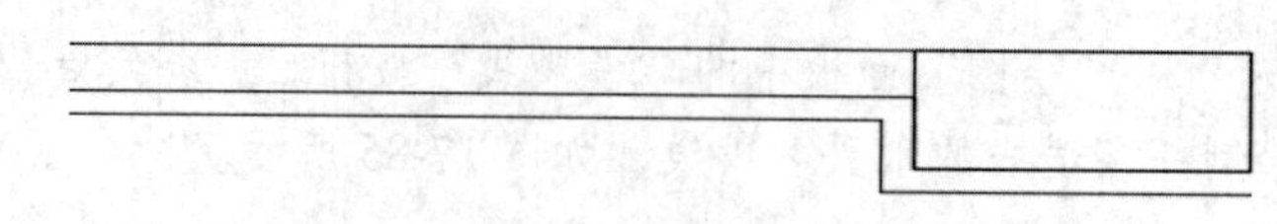

图 17-89　偏移多段线

（5）单击“默认”选项卡“绘图”面板中的“多段线”按钮，指定起点宽度为 0，指定端点宽度为 0，在偏移线段下方绘制连续多段线，如图 17-90 所示。

（6）单击“默认”选项卡“修改”面板中的“偏移”按钮，选择连续多段线为偏移对象将其向下偏移，偏移距离为 60，如图 17-91 所示。

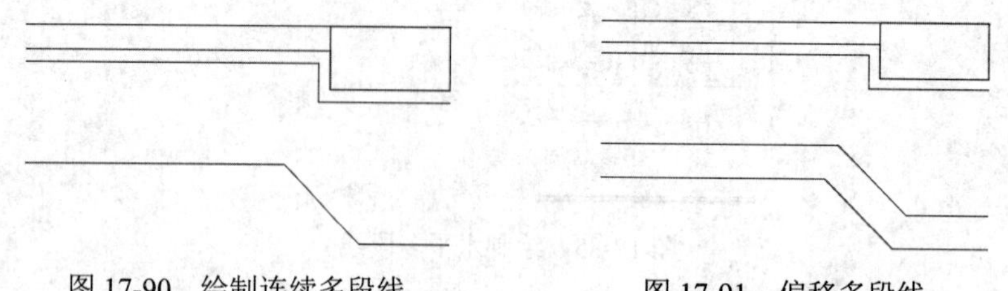

图 17-90　绘制连续多段线　　　　图 17-91　偏移多段线

（7）单击“默认”选项卡“绘图”面板中的“多段线”按钮，指定起点宽度为 0，指定端点宽度为 0，在偏移线段下方绘制连续多段线，如图 17-92 所示。

（8）单击“默认”选项卡“修改”面板中的“偏移”按钮，选择多段线为偏移对象，将其向下偏移，偏移距离为 41，如图 17-93 所示。

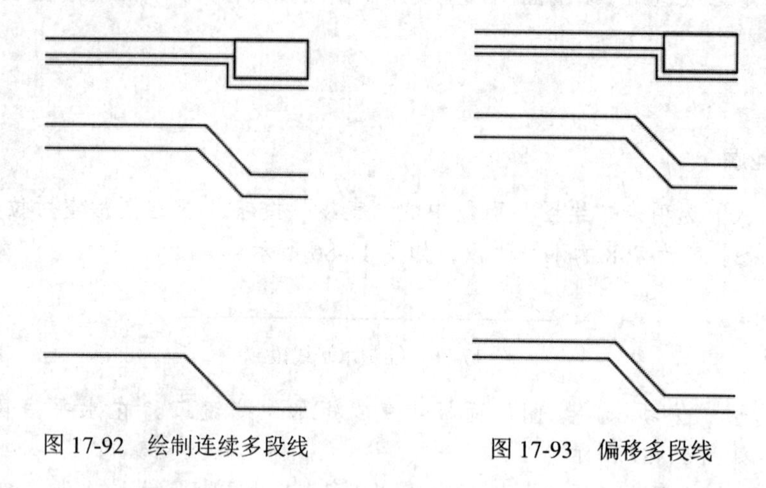

图 17-92　绘制连续多段线　　　　图 17-93　偏移多段线

2. 细部操作

（1）单击“默认”选项卡“绘图”面板中的“直线”按钮，在图形两侧绘制适当长度的线段，如图 17-94 所示。

（2）单击“默认”选项卡“绘图”面板中的“矩形”按钮，在图形顶部位置选择一点作为矩形起点，绘制一个 15.9×116 的矩形，如图 17-95 所示。

3. 填充图形

（1）单击“默认”选项卡“绘图”面板中的“图案填充”按钮，选择 ANSI35 图案，设置角度为 270°，比例为 7，填充结果如图 17-96 所示。

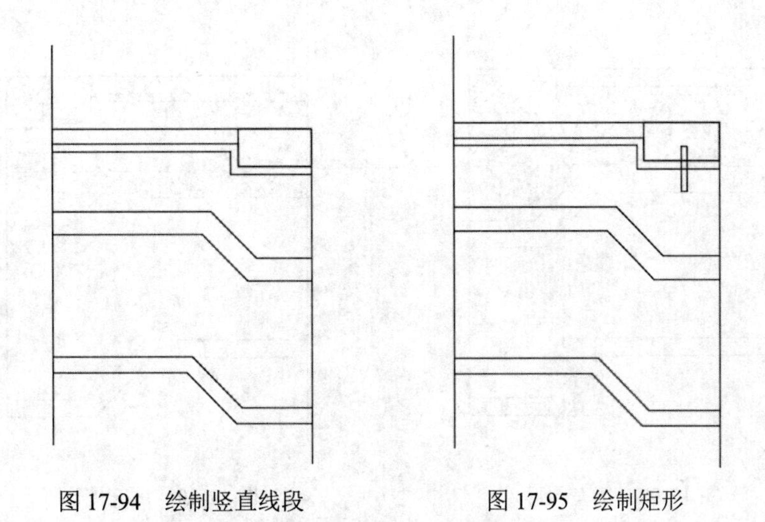

图 17-94 绘制竖直线段　　图 17-95 绘制矩形

（2）单击“默认”选项卡“绘图”面板中的“图案填充”按钮，选择 AR-SAND 图案，设置角度为 0°，比例为 0.3，填充结果如图 17-97 所示。

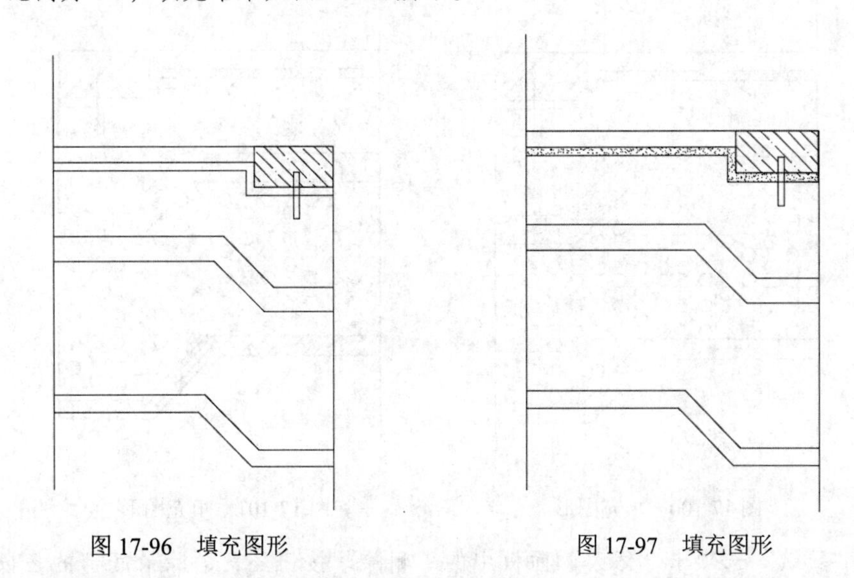

图 17-96 填充图形　　图 17-97 填充图形

（3）单击“默认”选项卡“绘图”面板中的“图案填充”按钮，选择 AR-CONC 图案，设置角度为 0°，比例为 0.3，填充结果如图 17-98 所示。

（4）单击“默认”选项卡“绘图”面板中的“图案填充”按钮，选择 AR-CONC 图案，设置角度为 0°，比例为 0.2，填充结果如图 17-99 所示。

（5）单击“默认”选项卡“绘图”面板中的“图案填充”按钮，选择 HEX 图案，设置角度为 0°，比例为 5，填充结果如图 17-100 所示。

（6）单击“默认”选项卡“绘图”面板中的“图案填充”按钮，选择 EARTH 图案，设置角度为 0°，比例为 5，填充结果如图 17-101 所示。

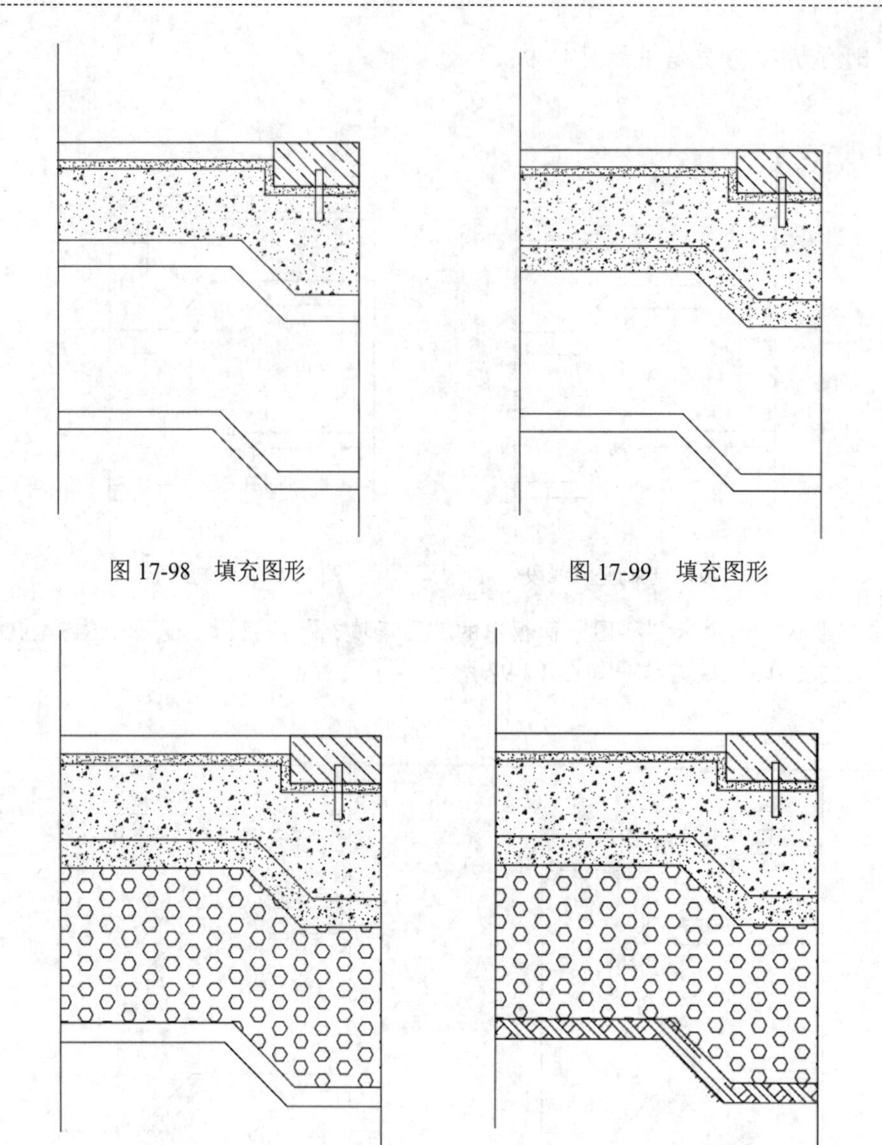

图 17-98　填充图形　　图 17-99　填充图形

图 17-100　填充图形　　图 17-101　填充图形

（7）单击“默认”选项卡“修改”面板中的“删除”按钮，删除最底部的多段辅助线，如图 17-102 所示。

（8）单击“默认”选项卡“绘图”面板中的“多段线”按钮，指定起点宽度 0，指定端点宽度 0，在左侧竖直线段上绘制连续多段线，如图 17-103 所示。

4. 添加引线说明

（1）在命令行中输入 qleader 命令，为图形添加引线文字说明，如图 17-104 所示。

（2）单击“默认”选项卡“绘图”面板中的“直线”按钮，在图形下方绘制一条水平线段，如图 17-105 所示。

（3）单击“默认”选项卡“绘图”面板中的“多段线”按钮，指定多段线起点为 1，端点为

1，在水平线段底部绘制连续多段线，如图 17-106 所示。

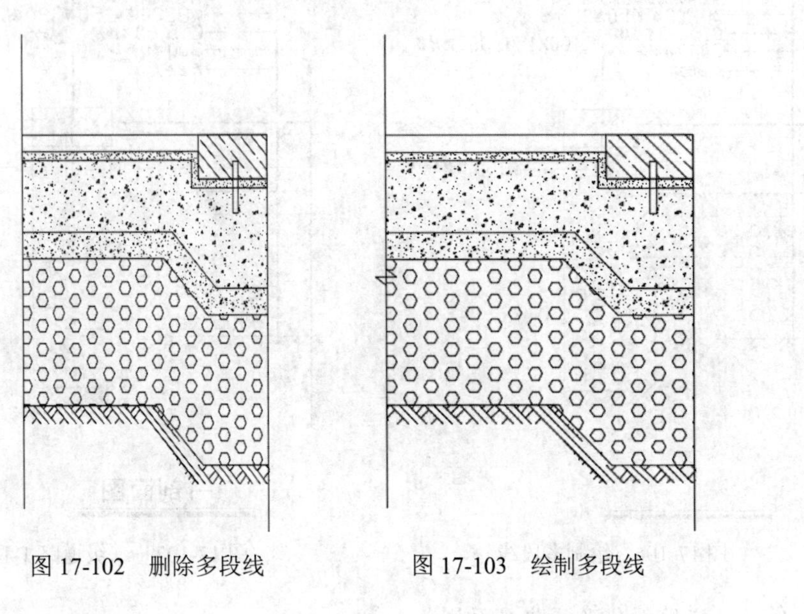

图 17-102　删除多段线　　　　图 17-103　绘制多段线

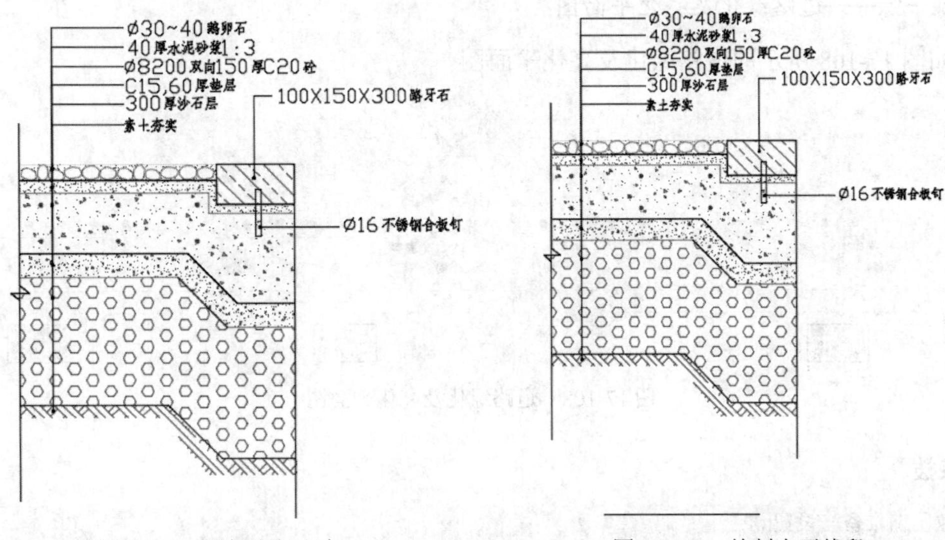

图 17-104　添加多行文字　　　　图 17-105　绘制水平线段

（4）单击“默认”选项卡“注释”面板中的“多行文字”按钮A，在多段线上方添加文字，并利用“缩放”命令将绘制完成的图形放大 15 倍，如图 17-107 所示。

17.3.3　插入图框

扫一扫，看视频

【操作步骤】

单击“默认”选项卡“块”面板中的“插入”按钮，选择“源文件 / 图块 /A3 图框”为插入对象，将其插入到图形适当位置，并填写标题栏，最后完成的二级道路大样图的绘制如图 17-71 所示。

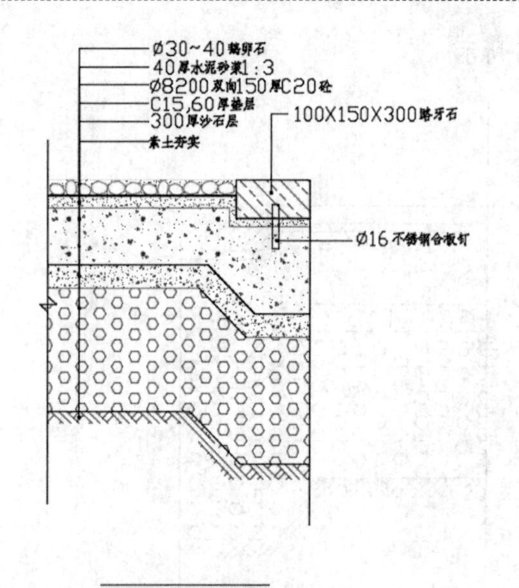

图 17-106　绘制多段线

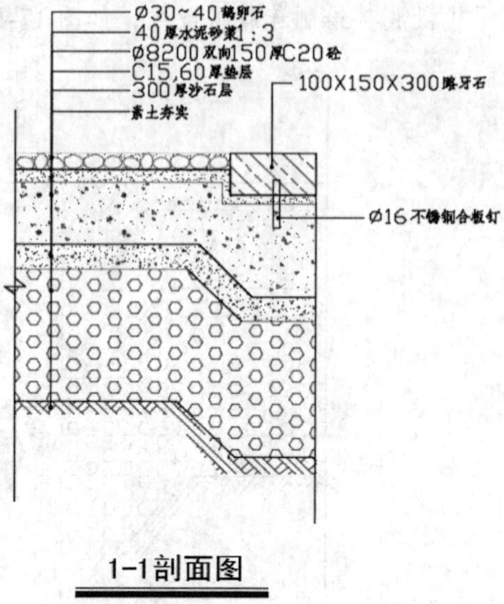

Ø30~40鹅卵石
40厚水泥砂浆1:3
Ø8200双向150厚C20砼
C15,60厚垫层
300厚沙石层
素土夯实
100X150X300路牙石
Ø16不锈钢合板钉

1-1剖面图

图 17-107　二级道路 1-1 剖面图

动手练一练——道路绿化及亮化平面图

绘制如图 17-108 所示的道路绿化及亮化平面图。

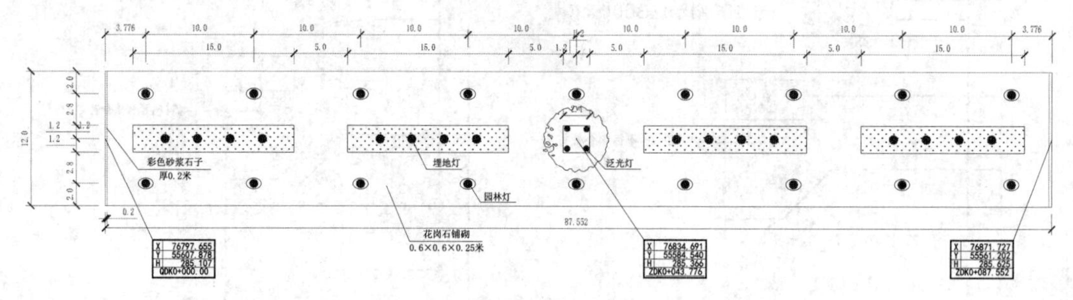

图 17-108　道路绿化及亮化平面图

思路点拨

（1）绘图前准备与设置。
（2）绘制道路轮廓线以及定位轴线。
（3）绘制园林灯。
（4）绘制绿化带。
（5）绘制泛光灯以及调用香樟图例。
（6）标注尺寸。
（7）标注文字。

17.4　绘制一级道路节点图

节点图可以辅助其他图形来表达对象的细节，如图 17-109 所示为一级道路节点图。

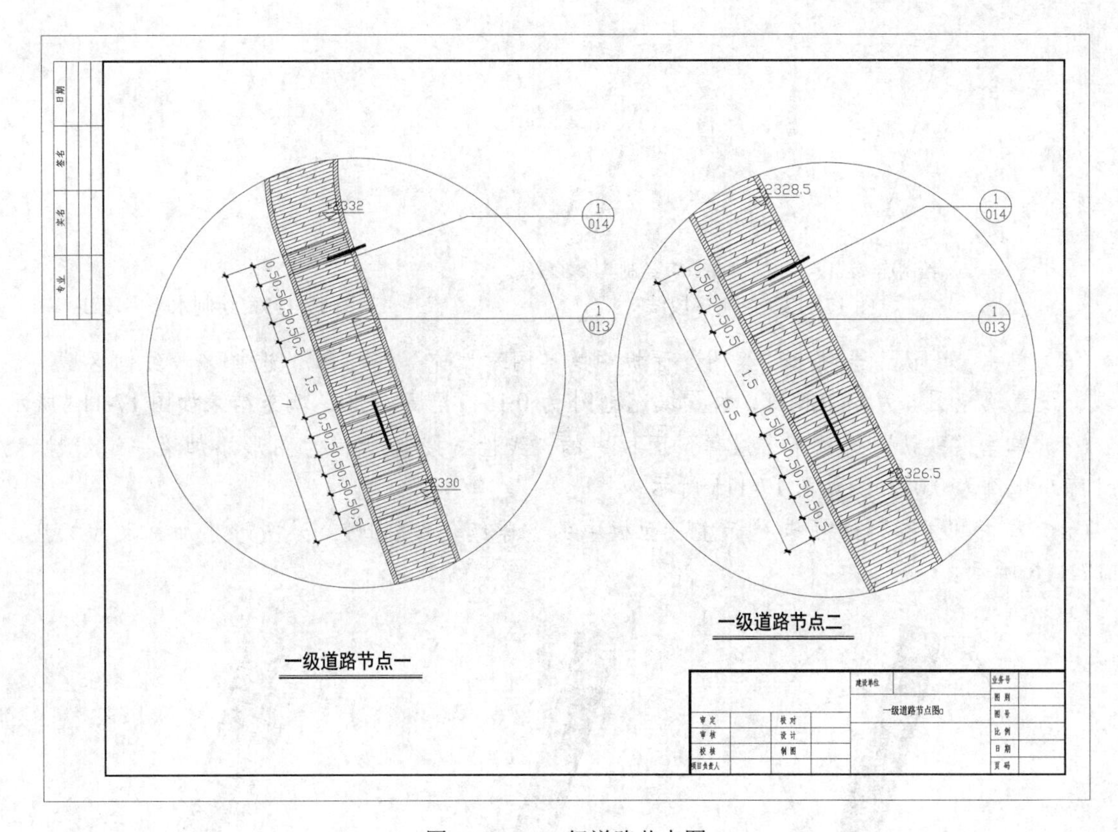

图 17-109　一级道路节点图

源文件：源文件 \ 第 17 章 \ 一级道路节点图 .dwg

扫一扫，看视频

17.4.1　绘制一级道路节点一

【操作步骤】

（1）单击“默认”选项卡“绘图”面板中的“圆”按钮，在图形空白位置任选一点作为圆心，绘制半径为 83 的圆，如图 17-110 所示。

图 17-110　绘制圆

（2）建立新图层，命名为“道路”，颜色设置为 170，线型为默认，线宽为默认，并将其置为当前图层，如图 17-111 所示。

图 17-111 “道路”图层

（3）单击“默认”选项卡“绘图”面板中的“多段线”按钮，将线宽设为 1，在圆内选择一点为起点，绘制连续线段，如图 17-112（a）所示。

（4）利用上述方法完成相同多段线的绘制，如图 17-112（b）所示。

（5）单击“默认”选项卡“绘图”面板中的“多段线”按钮，在上步所绘线段上选择一点为多段线起点，绘制多条水平多段线，如图 17-113 所示。

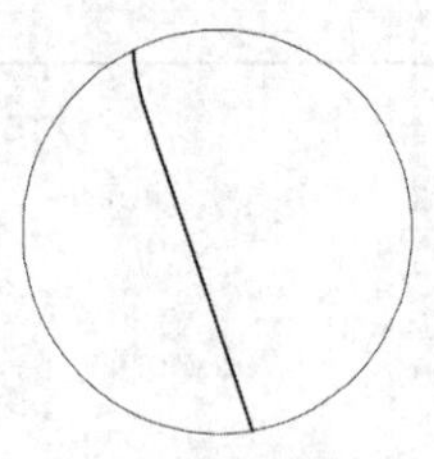

（a）绘制连续线段

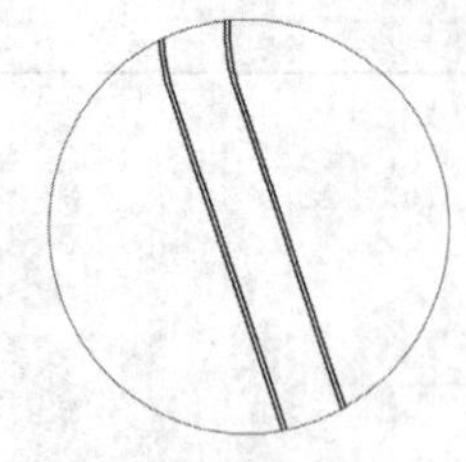

（b）绘制其余多段线

图 17-112　绘制多段线

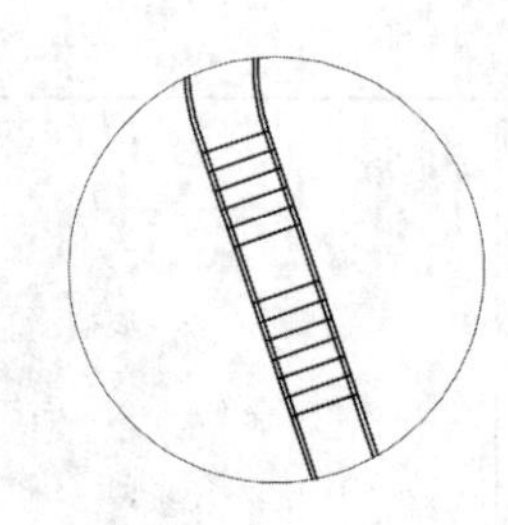

图 17-113　绘制水平多段线

（6）单击“默认”选项卡“绘图”面板中的“图案填充”按钮，选择多段线间区域为填充区域，设置填充图案为 DOLMIT，设置填充比例为 0.15，角度为 20，填充结果如图 17-114 所示。

（7）单击“默认”选项卡“注释”面板中的“线性”按钮，为图形添加第一道线性标注，尺寸缩小比例为 0.0625，如图 17-115 所示。

（8）单击“注释”选项卡“标注”面板中的“连续”按钮，为图形添加总尺寸标注，如图 17-116 所示。

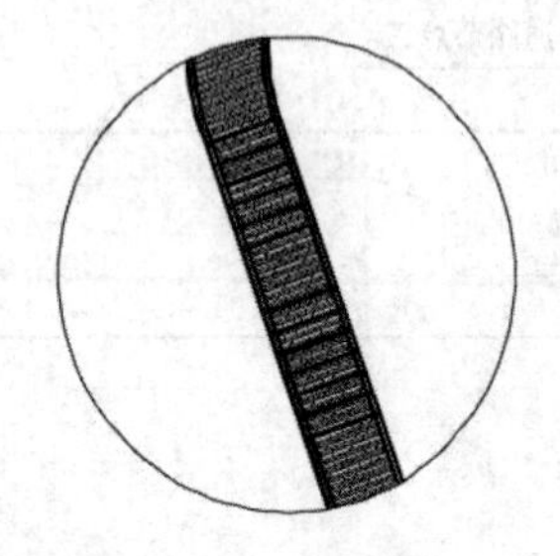

图 17-114　图案填充

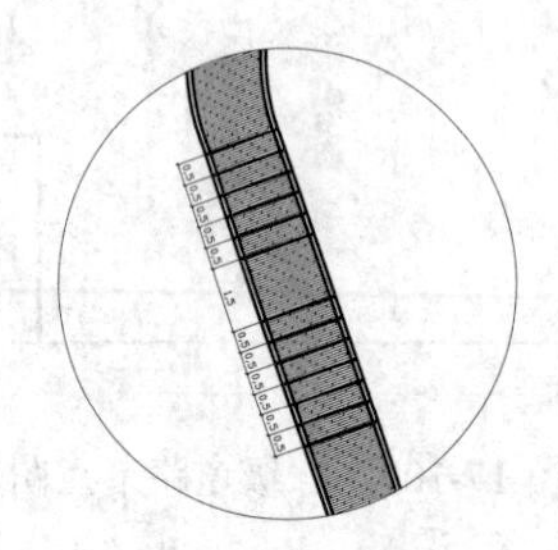

图 17-115　添加尺寸标注

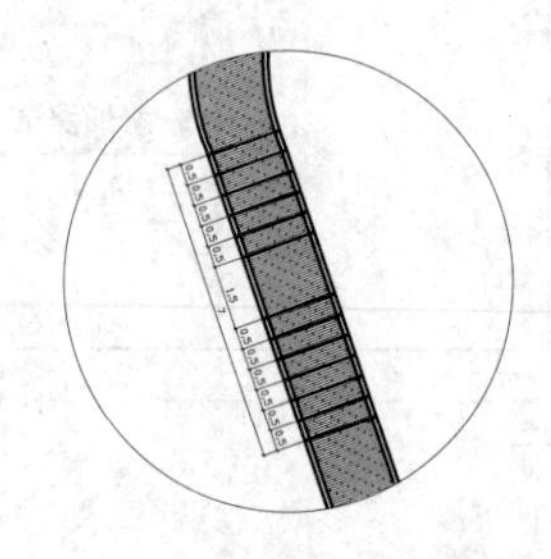

图 17-116　添加总尺寸标注

（9）单击“默认”选项卡“绘图”面板中的“直线”按钮，在图形空白位置任选一点作为线段起点，绘制一条长度为 16 的水平线段，如图 17-117 所示。

（10）单击“默认”选项卡“绘图”面板中的“直线”按钮，以水平线段左侧端点作为直线起点，绘制一条斜向线段，如图 17-118 所示。

图 17-117　绘制水平线段

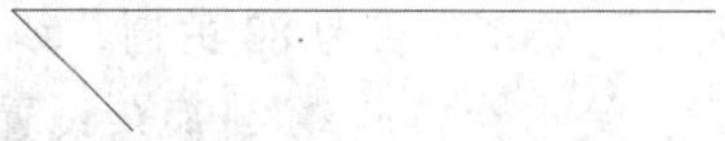

图 17-118　绘制斜向线段

（11）单击“默认”选项卡“修改”面板中的“镜像”按钮，选择斜向线段为镜像对象，对其进行竖直镜像，如图 17-119 所示。

（12）单击“默认”选项卡“注释”面板中的“多行文字”按钮，在标高上添加文字，完成标高的绘制，如图 17-120 所示。

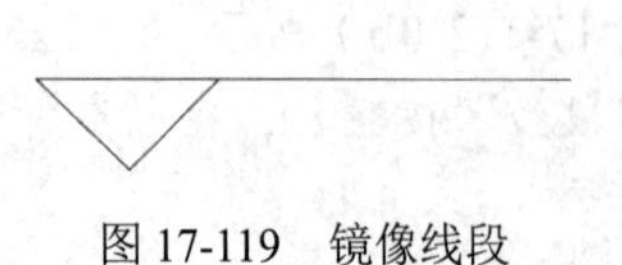

图 17-119　镜像线段

图 17-120　添加文字

（13）单击“默认”选项卡“修改”面板中的“复制”按钮，选择标高图形为复制对象将其放置到合适的位置，并修改标高数值，如图 17-121 所示。

（14）单击“默认”选项卡“绘图”面板中的“多段线”按钮，指定起点宽度为 1，端点宽度为 1，在图形适当位置绘制长度为 16 的水平线段，如图 17-122 所示。

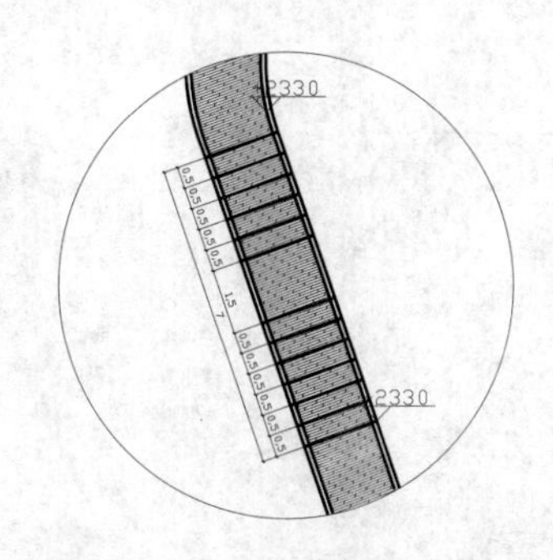

图 17-121　修改标高数值

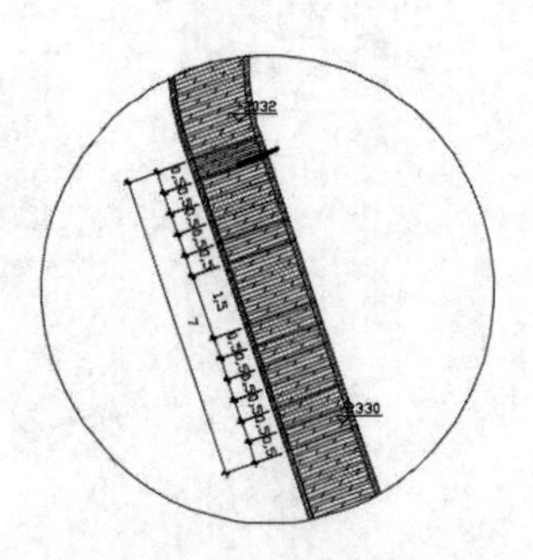

图 17-122　绘制水平线段

（15）单击“默认”选项卡“绘图”面板中的“直线”按钮，在多段线下方绘制连续多段线，如图 17-123 所示。

（16）单击“默认”选项卡“绘图”面板中的“直线”按钮，在线段上选择一点作为圆心，绘制半径为 6 的圆，如图 17-124 所示。

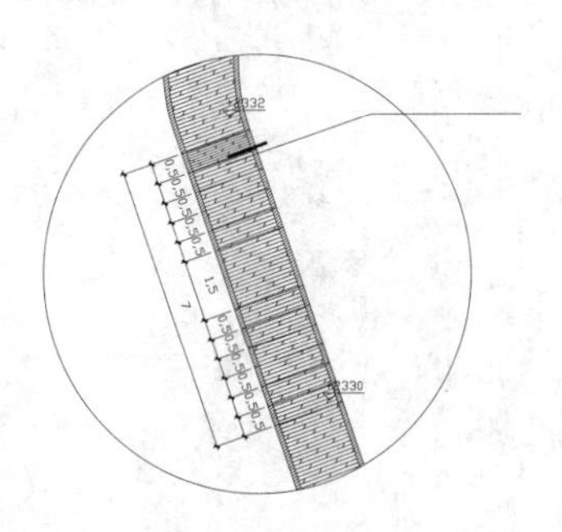

图 17-123　绘制连续多段线

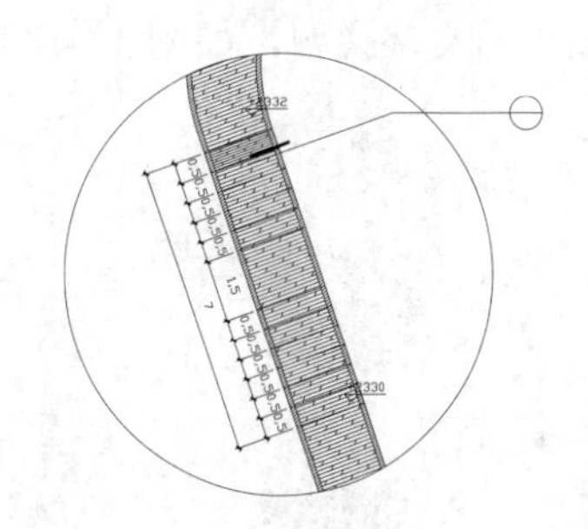

图 17-124　绘制圆

（17）单击“默认”选项卡“注释”面板中的“多行文字”按钮，在圆内添加文字，如图 17-125 所示。

（18）利用上述方法完成相同图形的绘制，如图 17-126 所示。

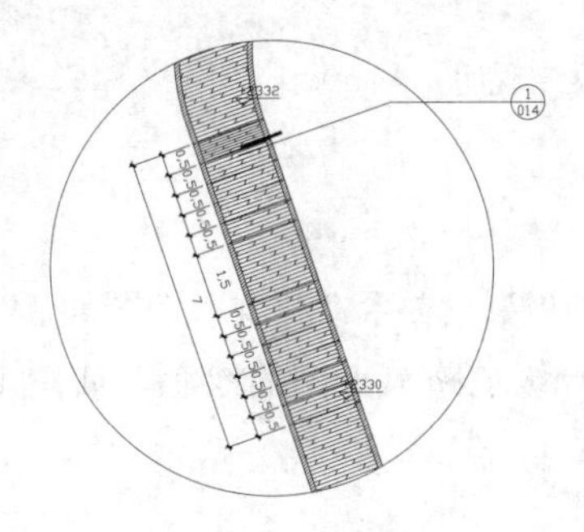

图 17-125　绘制圆

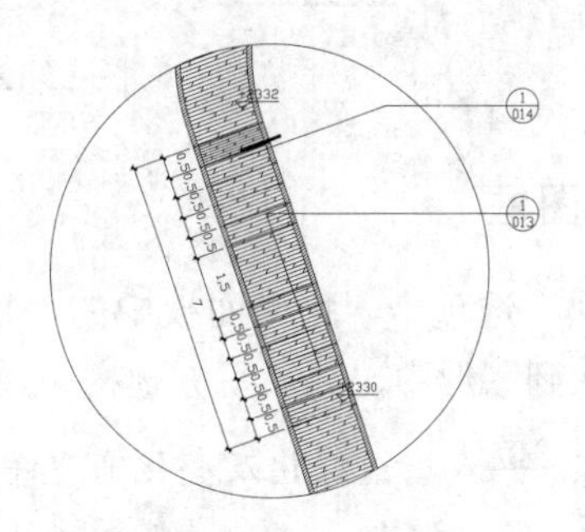

图 17-126　绘制相同图形

扫一扫，看视频

17.4.2 绘制一级道路节点二

【操作步骤】

利用上述方法完成植物园一级道路节点二的绘制，如图 17-127 所示。

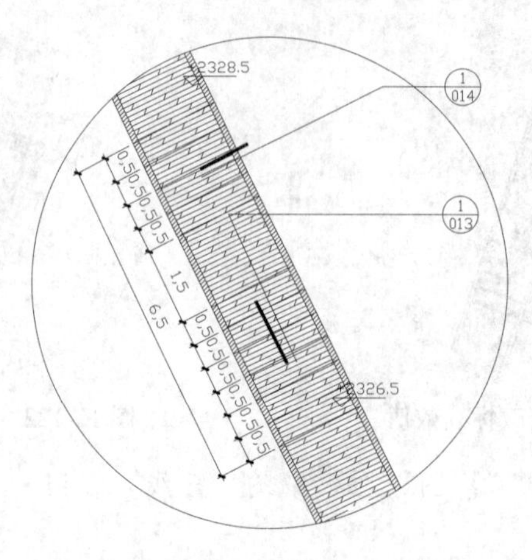

图 17-127 绘制节点二

单击“默认”选项卡“绘图”面板中的“直线”按钮和“注释”面板中的“多行文字”按钮A，为图形添加总图文字说明，如图 17-128 所示。

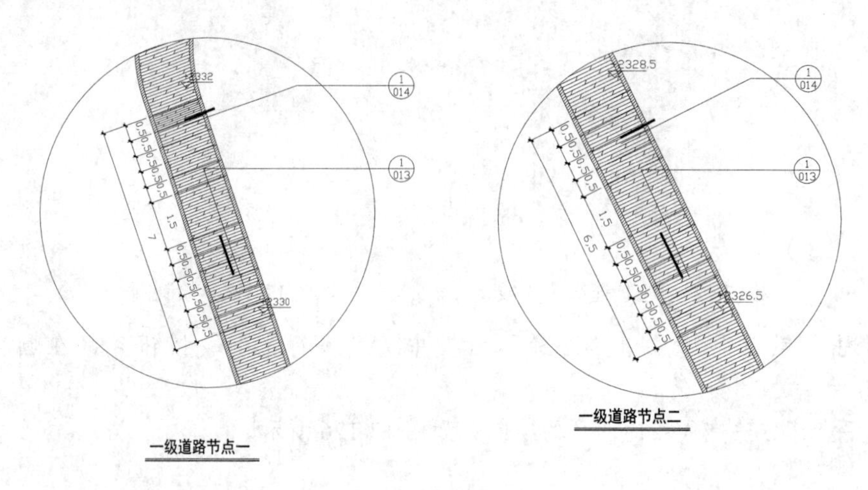

图 17-128 添加文字说明

扫一扫，看视频

17.4.3 插入图框

单击“默认”选项卡“块”面板中的“插入”按钮，选择“源文件 / 图块 /A3”图框为插入对象，将其插入到图形中，并填写标题栏，最终完成一级道路节点图的绘制，如图 17-109 所示。

动手练一练——人行道绿化及亮化布置平面图

绘制如图 17-129 所示的人行道绿化及亮化布置平面图。

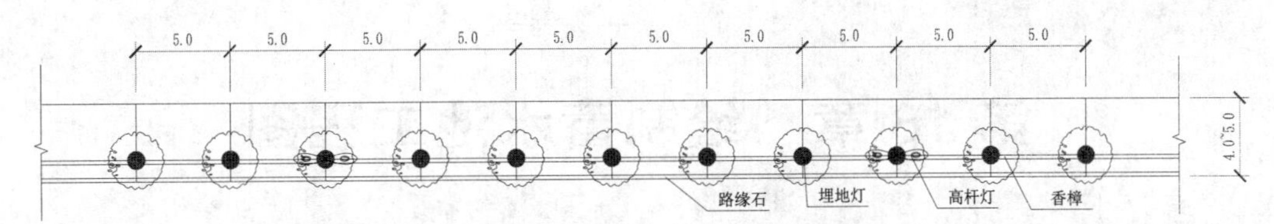

图 17-129 人行道绿化及亮化布置平面图

思路点拨

（1）绘制定位线。
（2）绘制香樟和埋地灯。
（3）绘制高杆灯。
（4）标注尺寸。
（5）标注文字。

第 18 章　绘制蓄水池工程图

内容简介

植物离不开水。如果靠天然降水，显然无法保证园中所有植物的用水需求。因此，所有的植物园都必须建有蓄水池，以供灌溉需要。

本章将以某游览胜地配套植物园蓄水池工程图设计为例，讲解植物园蓄水池设计的基本思路和方法。

内容要点

- 蓄水池平面图
- 蓄水池剖视图
- 检修孔、防水套管详图

案例效果

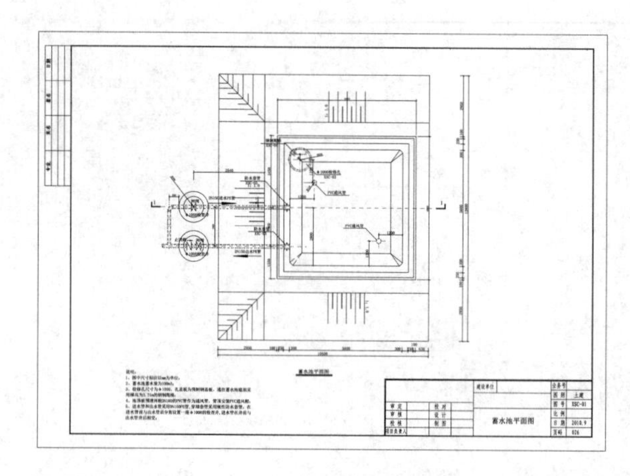

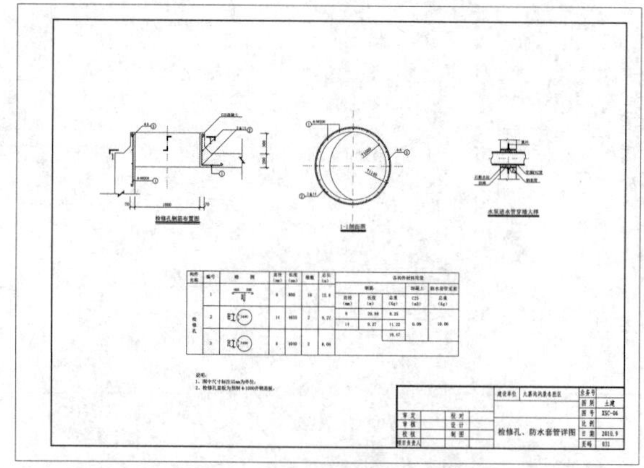

18.1 蓄水池平面图

本节介绍蓄水池平面图的绘制方法和过程。基本思路是先绘制结构线和轴线，然后绘制细节结构，最后添加文字说明，结果如图 18-1 所示。

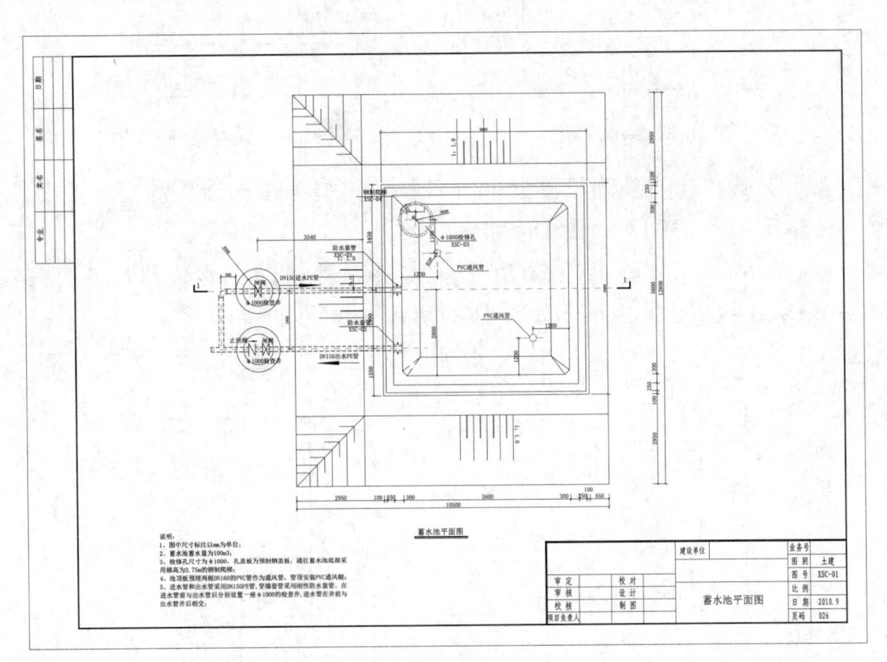

图 18-1 蓄水池平面图

源文件：源文件 \ 第 18 章 \ 蓄水池平面图 .dwg

扫一扫，看视频

18.1.1 绘制结构线

【操作步骤】

（1）建立一个新图层，命名为“结构线”，颜色设置为白色，线型保持默认，线宽设置为 0.25，并将其置为当前图层，如图 18-2 所示。

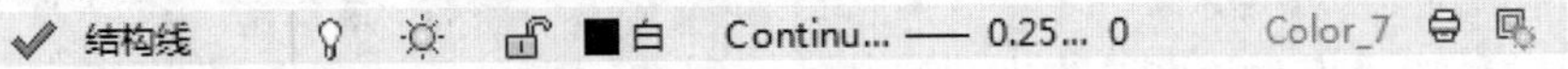

结构线 ■白 Continu... —— 0.25... 0 Color_7

图 18-2 “结构线”图层

（2）单击“默认”选项卡“绘图”面板中的“矩形”按钮，在图形空白位置选择一点作为矩形起点，绘制一个 10500×12800 的矩形，如图 18-3 所示。

（3）单击“默认”选项卡“修改”面板中的“分解”按钮，选择矩形为分解对象，按 Enter 键确认对其分解，使其分解为四条独立的线段。

（4）单击“默认”选项卡“修改”面板中的“偏移”按钮，选择矩形上部水平边为偏移对象将其向下偏移，偏移距离为 2300、8200，如图 18-4 所示。

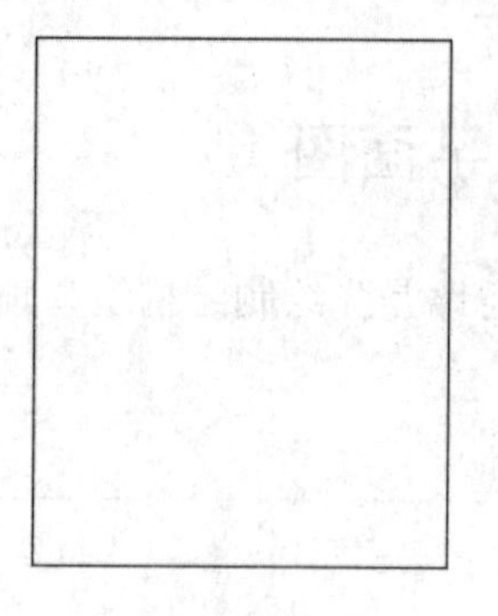

图 18-3　绘制矩形

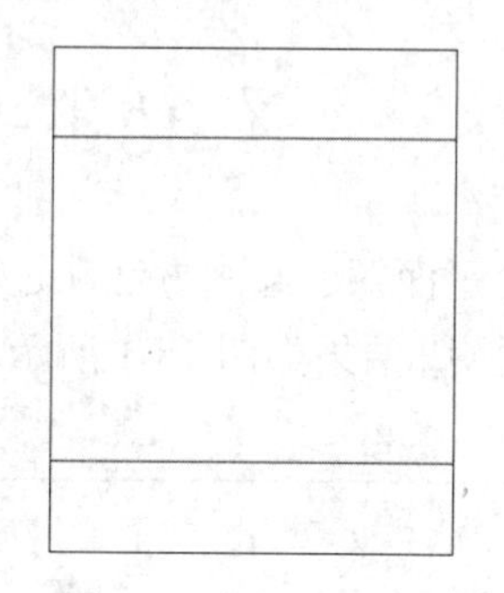

图 18-4　偏移水平线段

（5）单击“默认”选项卡“修改”面板中的“偏移”按钮，选择左侧竖直线段为偏移对象，将其向右偏移，偏移距离为 2300，如图 18-5 所示。

（6）单击“默认”选项卡“绘图”面板中的“矩形”按钮，在偏移线段内选择一点作为矩形起点，绘制一个 6900×6900 的矩形，如图 18-6 所示。

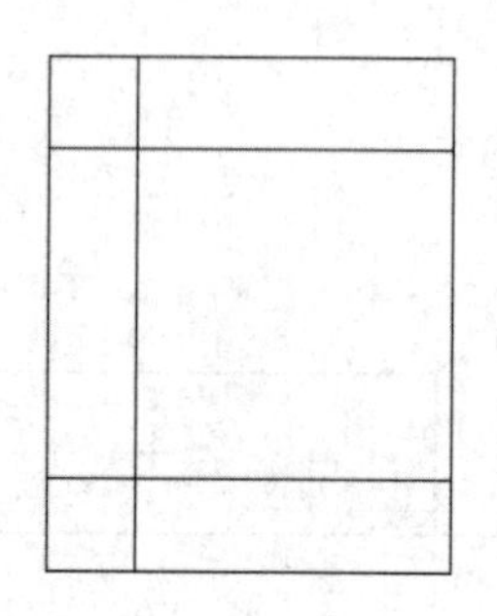

图 18-5　偏移竖直线段

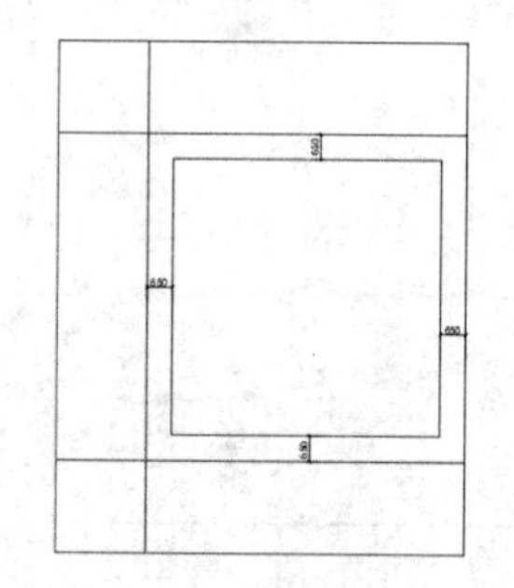

图 18-6　绘制矩形

（7）单击“默认”选项卡“修改”面板中的“偏移”按钮，选择矩形为偏移对象，将其向内偏移，偏移距离为 100、250、300、600，如图 18-7 所示。

（8）单击“默认”选项卡“修改”面板中的“偏移”按钮，选择左侧竖直线段为偏移对象，将其向右偏移，偏移距离为 700、500、500，如图 18-8 所示。

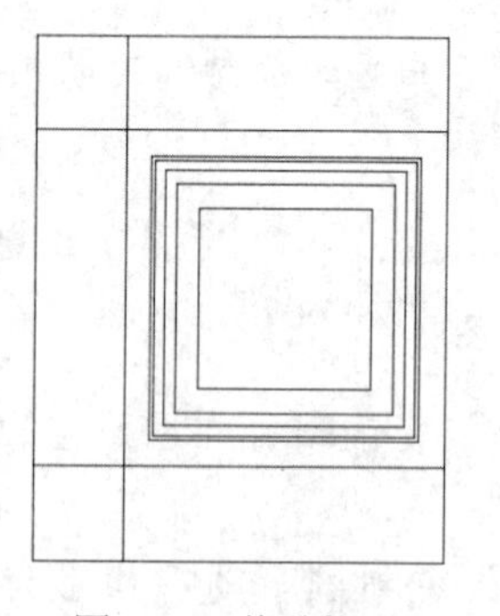

图 18-7　偏移矩形

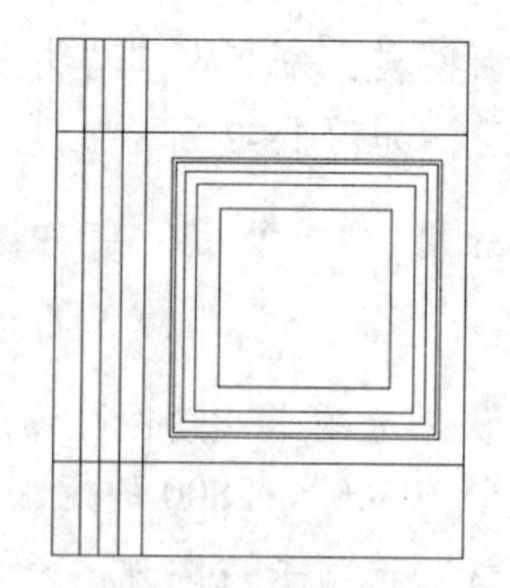

图 18-8　偏移线段

（9）单击“默认”选项卡“修改”面板中的“偏移”按钮，选择水平线段为偏移对象，将其向下偏移，偏移距离为 700、500、500、9400、500、500、250，如图 18-9 所示。

（10）单击“默认”选项卡“修改”面板中的“修剪”按钮，选择偏移线段为修剪对象，对其进行修剪处理，如图 18-10 所示。

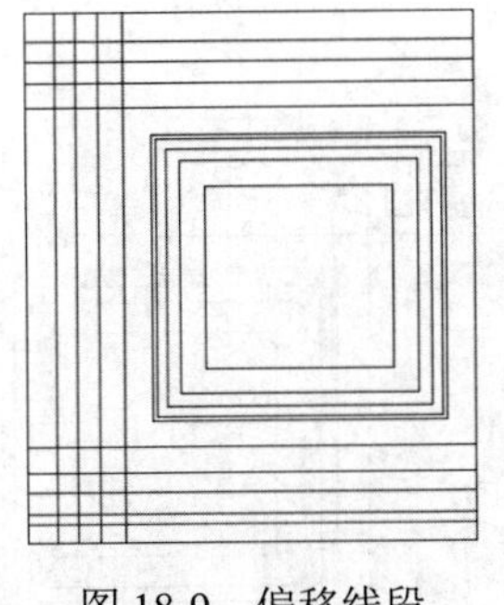

图 18-9　偏移线段

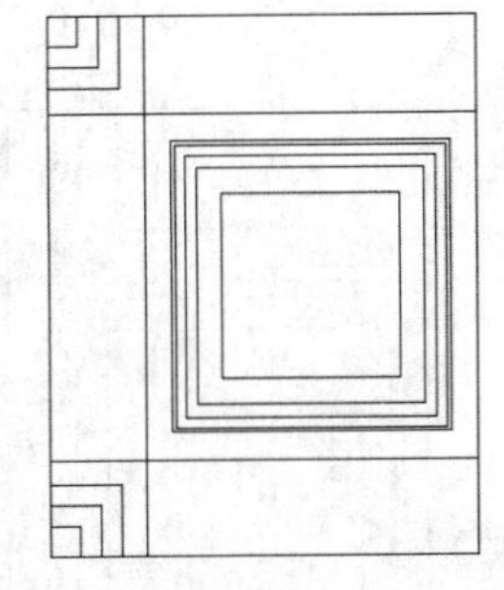

图 18-10　修剪线段

（11）单击“默认”选项卡“绘图”面板中的“直线”按钮，在偏移线段内绘制两条斜向线段，如图 18-11 所示。

（12）单击“默认”选项卡“绘图”面板中的“直线”按钮，设置其线宽为 0.3，绘制连续线段，如图 18-12 所示。

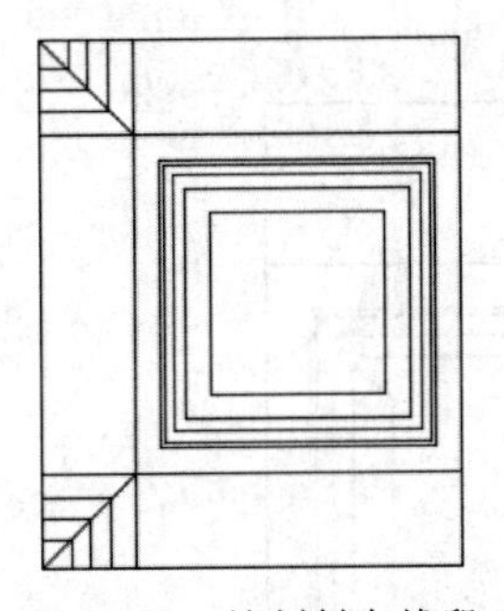

图 18-11　绘制斜向线段

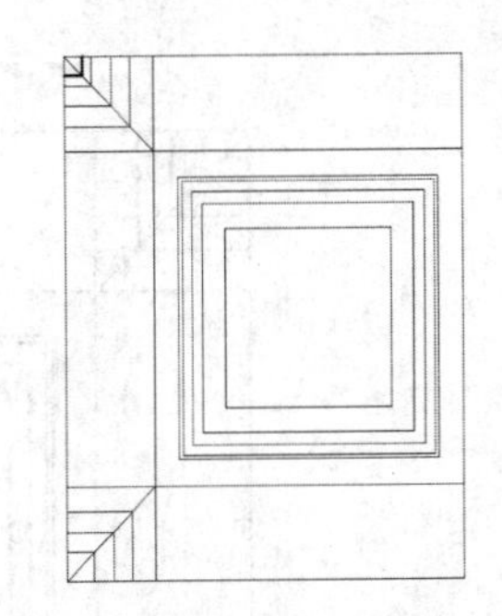

图 18-12　绘制连续多段线

（13）单击“默认”选项卡“修改”面板中的“复制”按钮，选择多段线为复制对象，将其斜向复制，如图 18-13 所示。

（14）单击“默认”选项卡“修改”面板中的“镜像”按钮，选择图形为镜像对象，对其进行水平镜像，如图 18-14 所示。

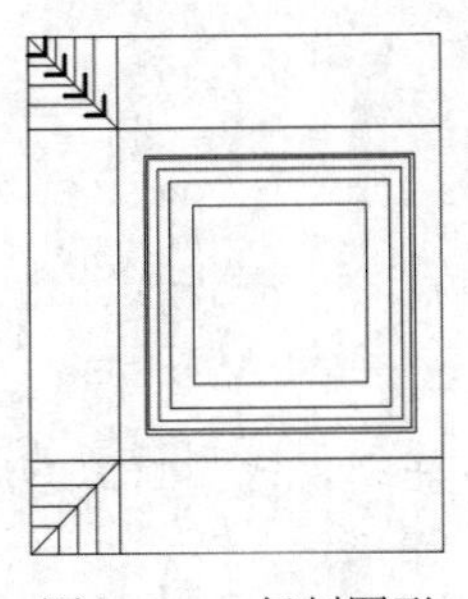

图 18-13　复制图形

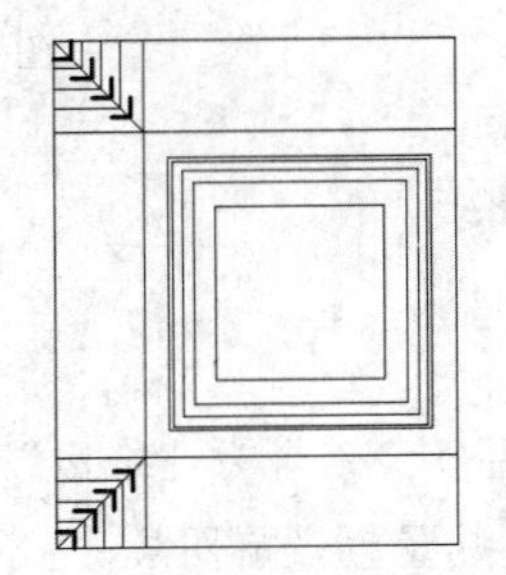

图 18-14　镜像图形

（15）单击“默认”选项卡“修改”面板中的“倒角”按钮，选择第四个矩形为倒角对象，设置其倒角距离为 150，如图 18-15 所示。

（16）单击“默认”选项卡“绘图”面板中的“直线”按钮╱，在图形适当位置绘制矩形间的连接线，如图 18-16 所示。

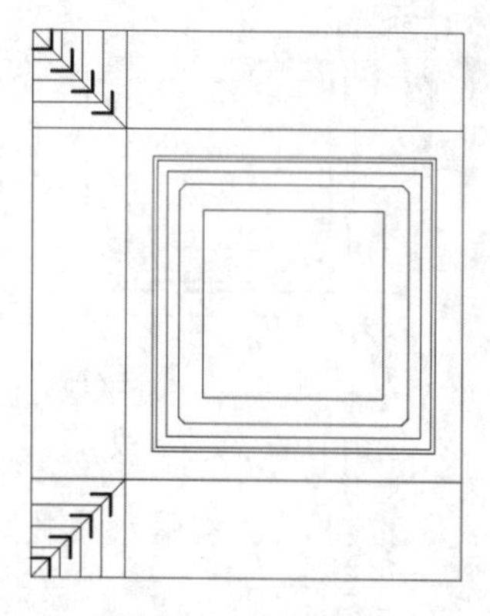

图 18-15　倒角图形

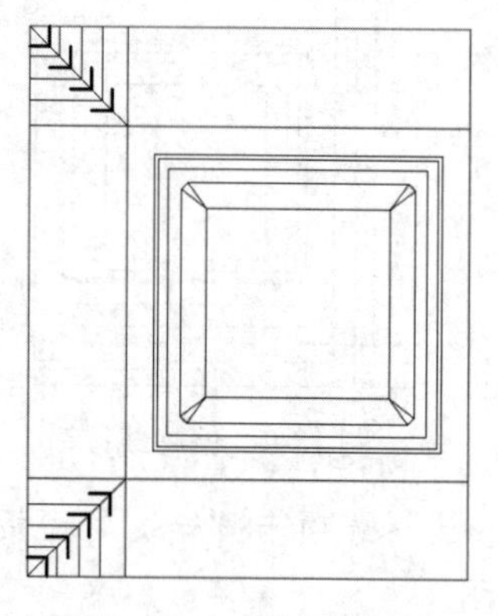

图 18-16　绘制连接线

（17）选择左侧绘制的斜向线段为操作对象，将其线型修改为 DASHDOT2，结果如图 18-17 所示。

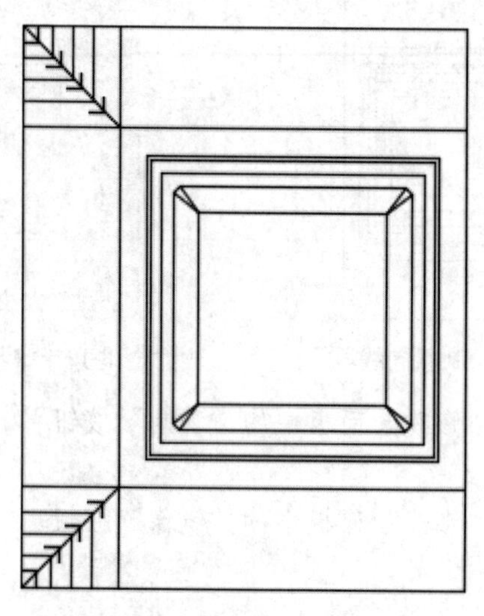

图 18-17　修改线型

扫一扫，看视频

18.1.2　绘制补充轴线

【操作步骤】

（1）建立一个新图层，命名为“轴线”，颜色设置为洋红，线型设置为 DASHD，线宽为默认，如图 18-18 所示，并将其置为当前图层。

✓ 轴线　洋红 DASHED —— 默认 0　Color_6

图 18-18　“轴线”图层

（2）单击“默认”选项卡“绘图”面板中的“直线”按钮╱，在上步图形内分别绘制长度为1187的水平线段及1150的竖直线段，如图18-19所示。

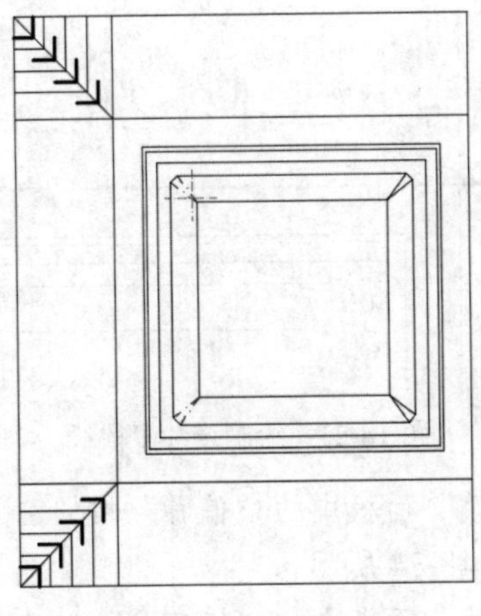

图 18-19　绘制线段

18.1.3　绘制钢筋

扫一扫，看视频

【操作步骤】

（1）建立新图层，命名为“钢筋”，颜色设置为红色，线型设置为默认、，线宽设置为默认，设置如图18-20所示，并将其置为当前图层。

✔ 钢筋　　　红　Continu... —— 默认　0　　Color_1

图 18-20　“钢筋”图层

（2）单击“默认”选项卡“绘图”面板中的“圆”按钮，以两条交叉线相交点作为圆的圆心，绘制半径为500的圆，如图18-21所示。

（3）单击“默认”选项卡“修改”面板中的“偏移”按钮，选择圆为偏移对象，将其向外偏移，偏移距离为70，如图18-22所示。

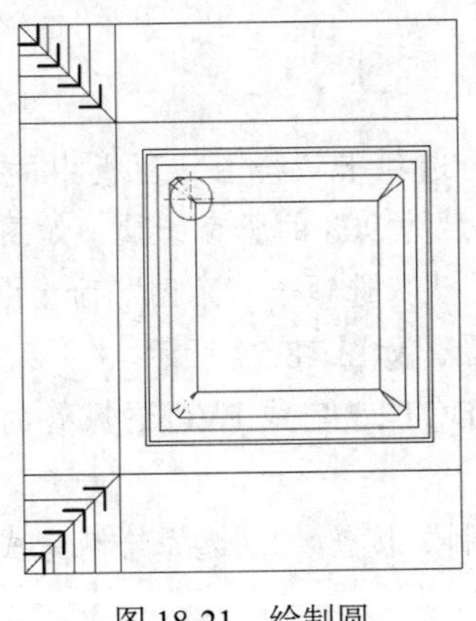

图 18-21　绘制圆

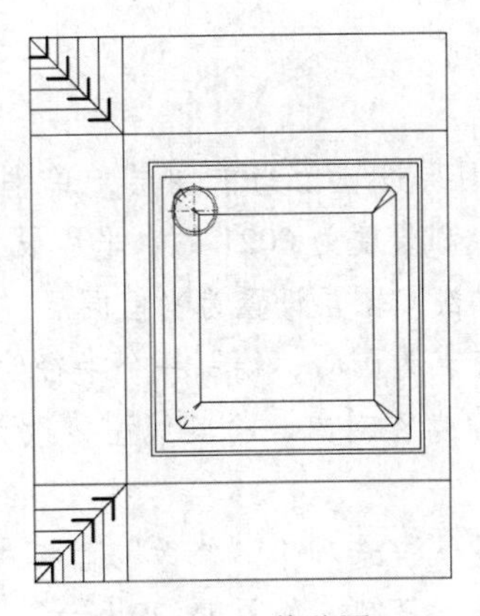

图 18-22　偏移圆

（4）单击“默认”选项卡“绘图”面板中的“多段线”按钮，指定起点宽度为 2，指定端点宽度为 2，绘制连续多段线，如图 18-23 所示。

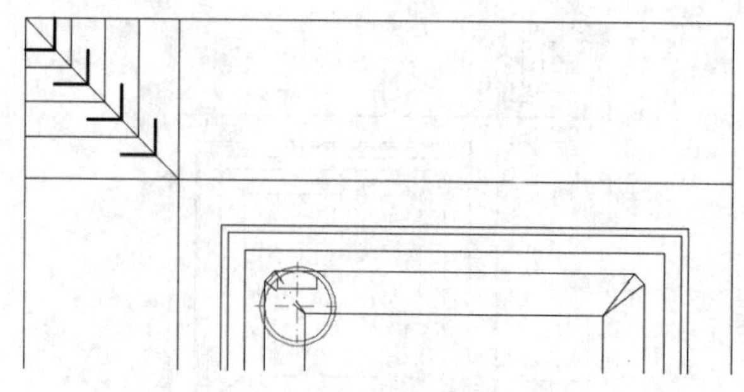

图 18-23　绘制连续多段线

（5）单击“默认”选项卡“修改”面板中的“偏移”按钮，选择连续多段线为偏移对象，将其向外偏移，偏移距离为 10，如图 18-24 所示。

（6）单击“默认”选项卡“修改”面板中的“修剪”按钮，选择偏移线段为修剪对象对其进行修剪处理，如图 18-25 所示。

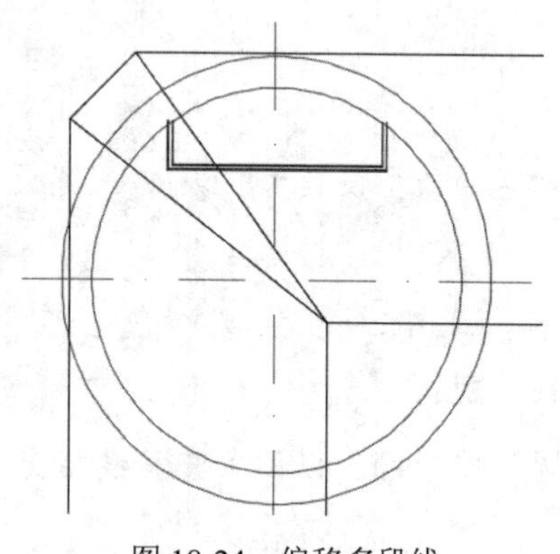

图 18-24　偏移多段线

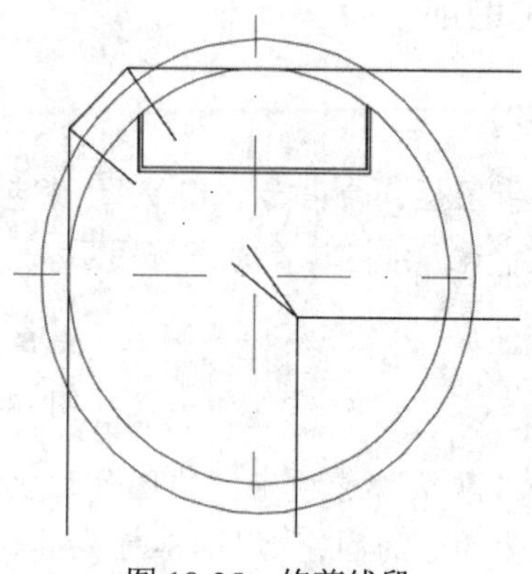

图 18-25　修剪线段

扫一扫，看视频

18.1.4　绘制检修口

【操作步骤】

（1）将轴线图层设置为当前图层，单击“默认”选项卡“绘图”面板中的“直线”按钮，在图形内部右侧绘制长度为 1021 的水平线段，以及长度为 908 的竖直线段，如图 18-26 所示。

（2）将“结构线”图层设置为当前图层，单击“默认”选项卡“绘图”面板中的“圆”按钮，选择十字交叉线交点为圆心，绘制一个半径为 120 的圆，如图 18-27 所示。

（3）选择圆为操作对象，将其线型修改为 DASHDOT2，完成 PVC 通风管的绘制，如图 18-28 所示。

（4）单击“默认”选项卡“修改”面板中的“复制”按钮，选择绘制完成的 PVC 通风管为复制对象，对其进行复制，如图 18-29 所示。

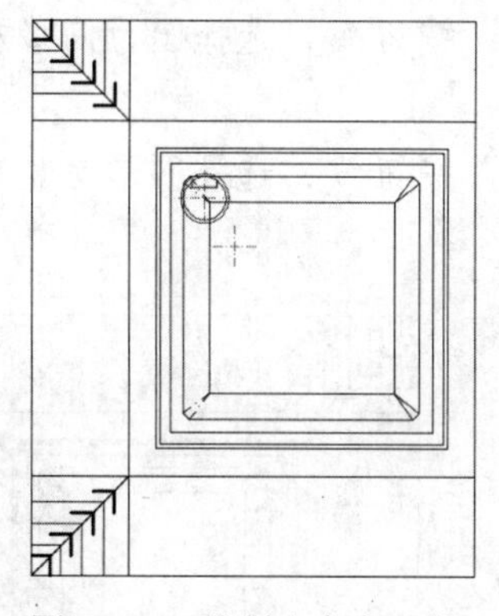

图 18-26　绘制十字交叉线

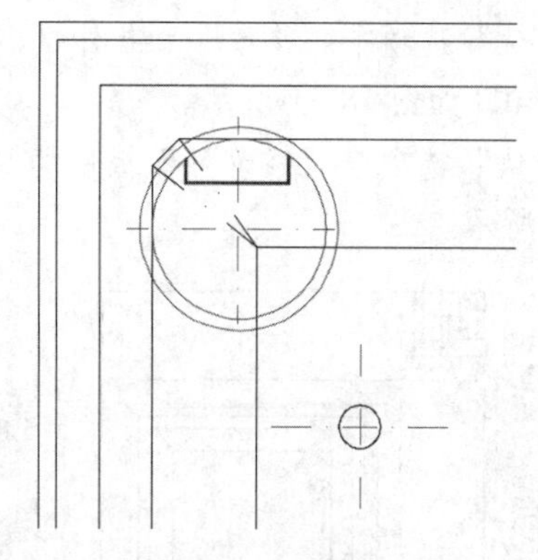

图 18-27　绘制圆

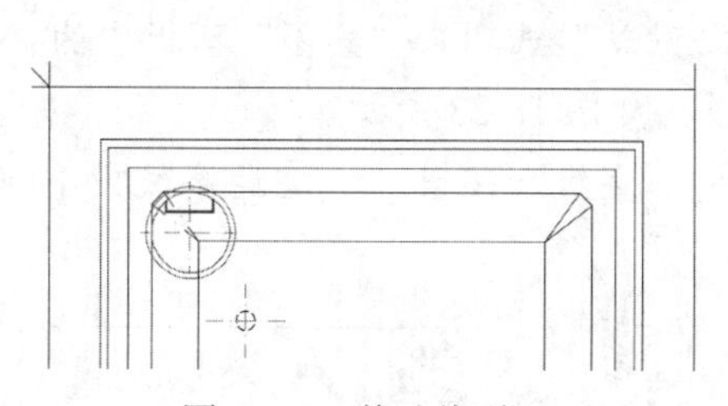

图 18-28　修改线型

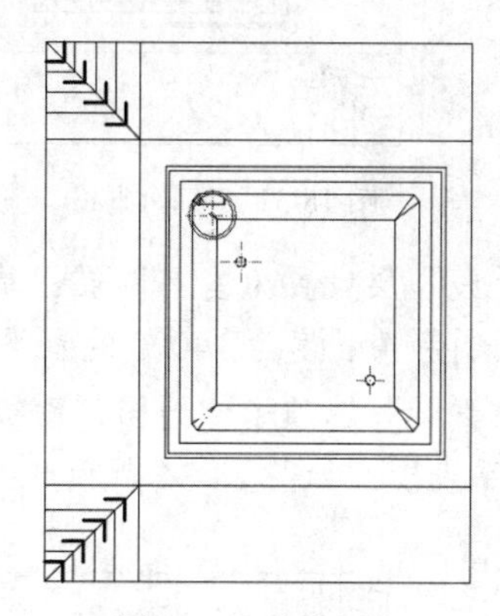

图 18-29　复制图形

18.1.5　绘制检查井及管道

扫一扫，看视频

【操作步骤】

（1）单击“默认”选项卡“绘图”面板中的“圆”按钮，以图形 18-29 的左侧一点作为圆心绘制一个半径为 500 的圆，如图 18-30 所示。

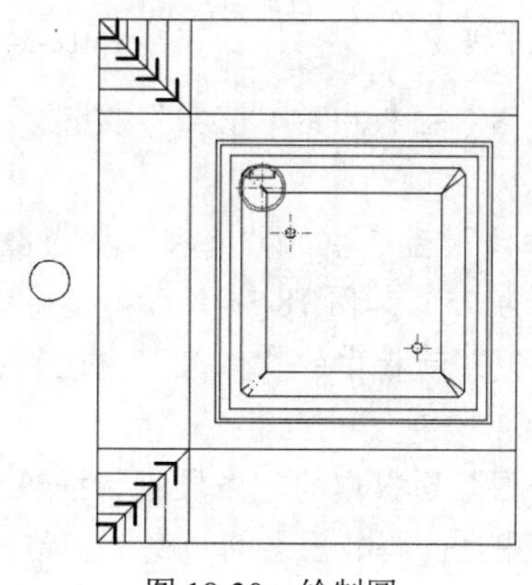

图 18-30　绘制圆

（2）单击“默认”选项卡“修改”面板中的“偏移”按钮，选择圆为偏移对象，将其向外偏移，偏移距离为 240，如图 18-31 所示。

（3）单击“默认”选项卡“修改”面板中的“复制”按钮，选择图形为复制对象，将其向下复制，如图 18-32 所示。

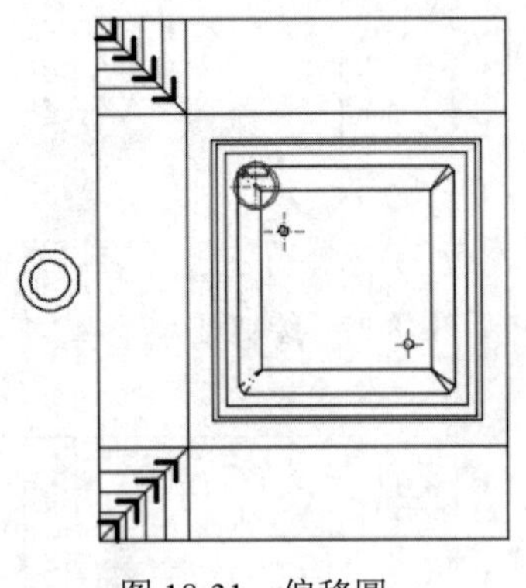

图 18-31　偏移圆

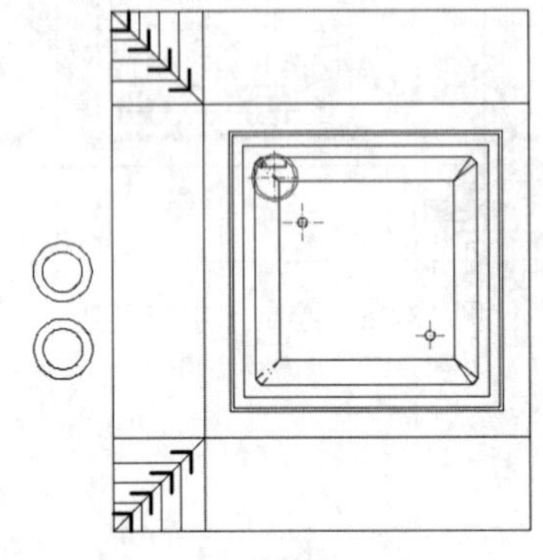

图 18-32　复制图形

（4）将“轴线”层设置为当前图层，单击“默认”选项卡“绘图”面板中的“直线”按钮，在图形位置处绘制一条长度为 14000 的水平线段，如图 18-33 所示。

（5）单击“默认”选项卡“绘图”面板中的“直线”按钮，在距离线段 1900 处绘制一条长度为 7260 的水平线段，如图 18-34 所示。

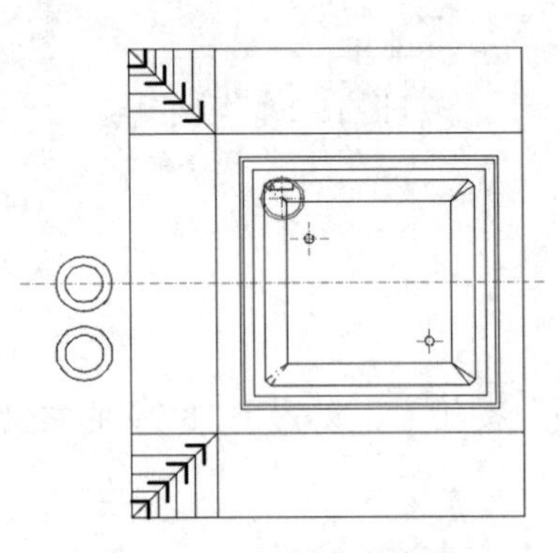

图 18-33　绘制水平线段

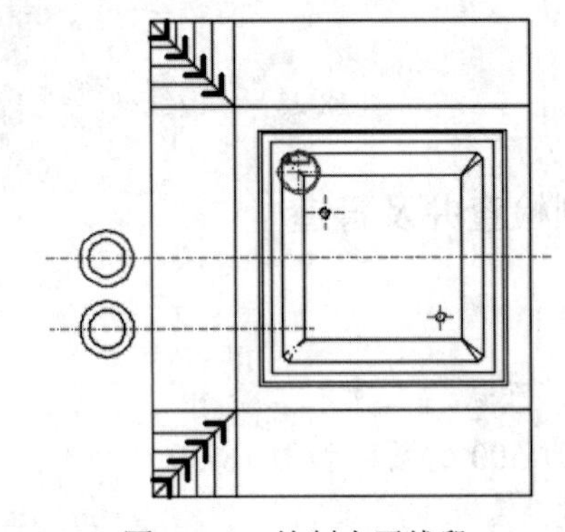

图 18-34　绘制水平线段

（6）单击“默认”选项卡“绘图”面板中的“直线”按钮，在两线段间绘制一条竖直线段，如图 18-35 所示。

（7）单击“默认”选项卡“修改”面板中的“偏移”按钮，选择前面绘制的线段为偏移对象，分别将其向外偏移，偏移距离为 75，如图 18-36 所示。

（8）单击“默认”选项卡“修改”面板中的“修剪”按钮，选择偏移线段为修剪对象，对其进行修剪处理，如图 18-37 所示。

（9）单击“默认”选项卡“绘图”面板中的“多段线”按钮，指定起点宽度为 12.5，指定端点宽度为 12.5，沿偏移线段绘制多段线，将其图层切换到“钢筋”层，并将线型修改为 DASHED2，线型比例设置为 20，删除定位线，如图 18-38 所示。

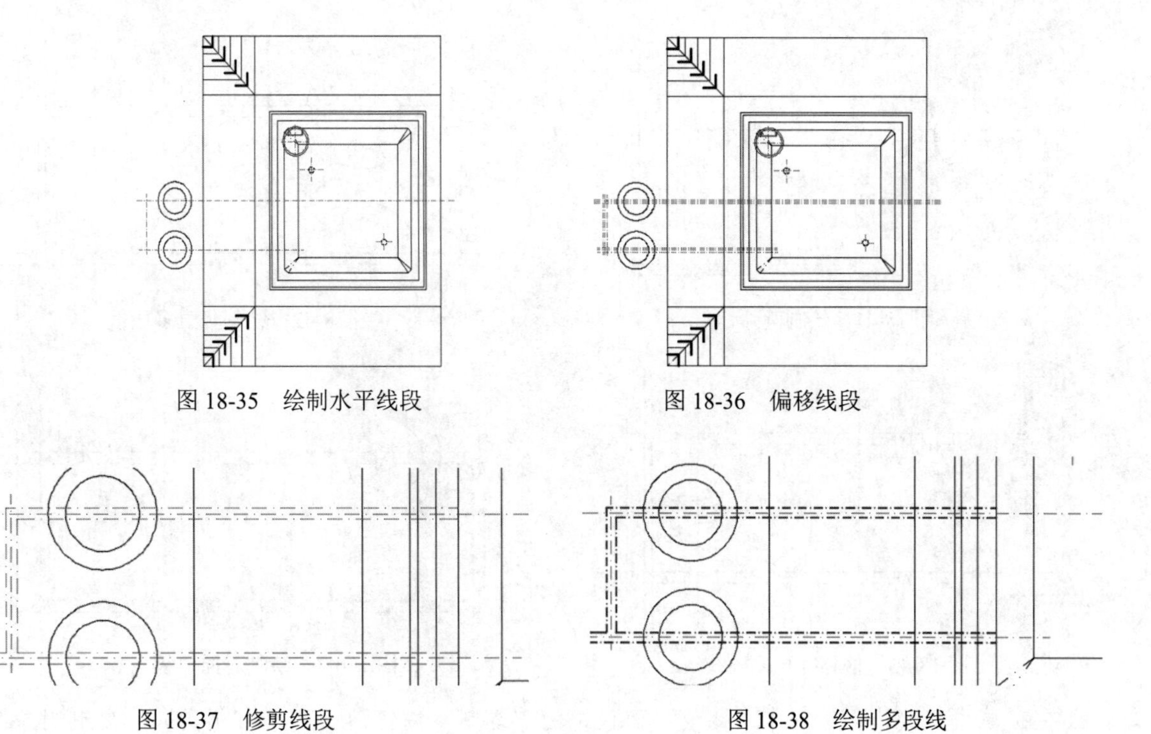

图 18-35　绘制水平线段　　　图 18-36　偏移线段

图 18-37　修剪线段　　　图 18-38　绘制多段线

（10）单击“默认”选项卡“修改”面板中的“圆角”按钮，选择外侧水平多段线及竖直多段线为操作对象，对其进行圆角处理，圆角外径为 275、内径为 125，如图 18-39 所示。

（11）单击“默认”选项卡“绘图”面板中的“多段线”按钮，指定起点宽度为 12.5，指定端点宽度为 12.5，在图形内绘制一条竖直多段线和一条水平多段线，如图 18-40 所示。

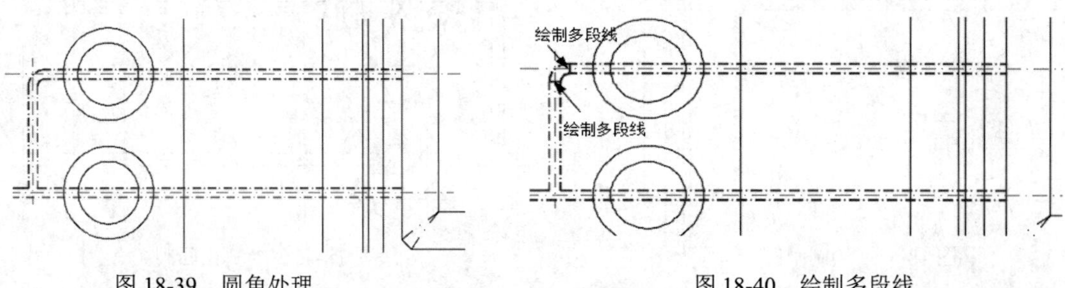

图 18-39　圆角处理　　　图 18-40　绘制多段线

（12）单击“绘图”工具栏中的“多段线”按钮，指定起点宽度为 12.5，指定端点宽度为 12.5，在图形内绘制一段圆弧，如图 18-41 所示。

（13）单击“默认”选项卡“绘图”面板中的“多段线”按钮，指定起点宽度为 12.5，指定端点宽度为 12.5，在检查井内部绘制长度为 400 的竖直多段线，如图 18-42 所示。

（14）单击“默认”选项卡“修改”面板中的“偏移”按钮，选择竖直线段为偏移对象，将其向右偏移，偏移距离为 215，如图 18-43 所示。

（15）单击“默认”选项卡“绘图”面板中的“多段线”按钮，在两偏移线段间绘制对角线，如图 18-44 所示。

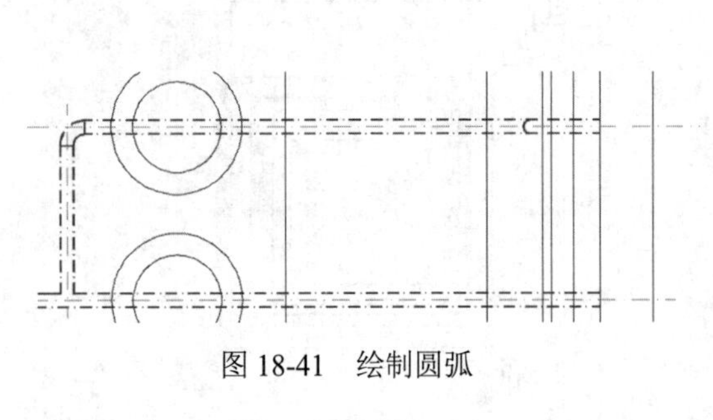

图 18-41　绘制圆弧

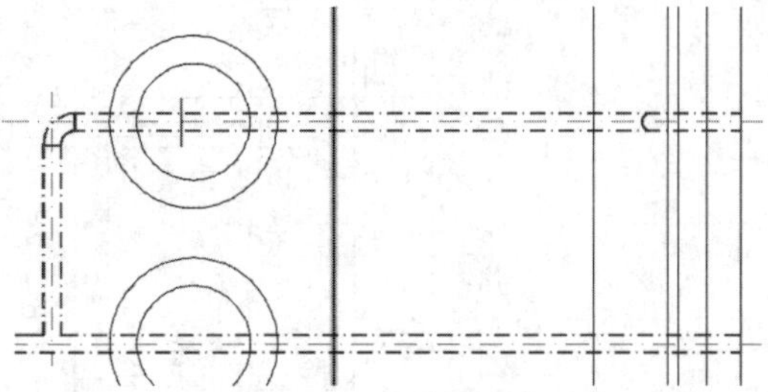

图 18-42　绘制竖直多段线

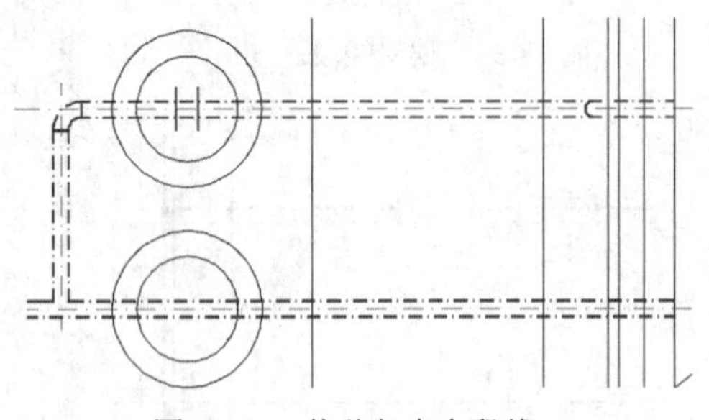

图 18-43　偏移竖直多段线

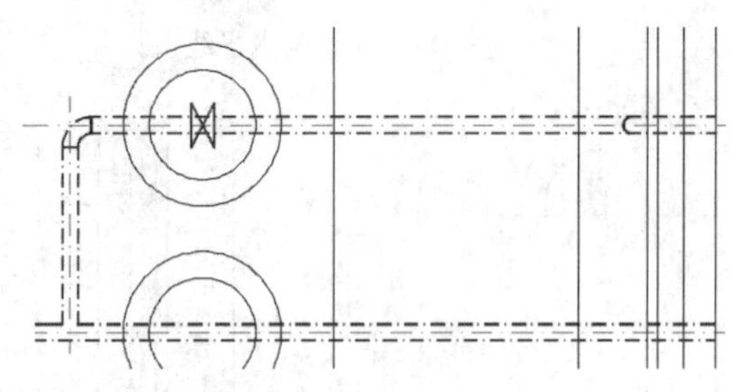

图 18-44　绘制对面角线

（16）单击“默认”选项卡“修改”面板中的“复制”按钮，选择“闸阀”为复制对象，将其复制到合适位置，如图 18-45 所示。

（17）止回阀的绘制方法与闸阀的绘制方法相同，不再详细阐述，如图 18-46 所示。

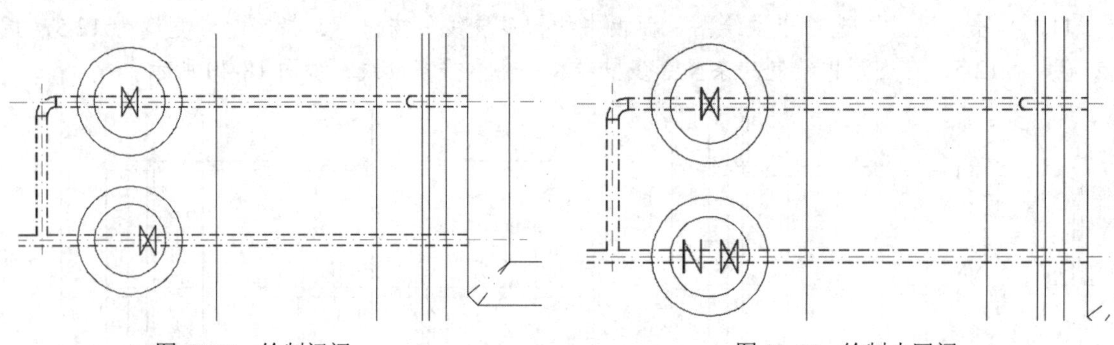

图 18-45　绘制闸阀

图 18-46　绘制止回阀

（18）单击“默认”选项卡“修改”面板中的“修剪”按钮，选择闸阀与止回阀间的线段为修剪对象，对其进行修剪，如图 18-47 所示。

（19）单击“默认”选项卡“绘图”面板中的“圆弧”按钮，在图形左侧端口处绘制多段圆弧，如图 18-48 所示。

（20）将“结构线”图层置为当前图层。单击“默认”选项卡“绘图”面板中的“多段线”按钮，指定起点宽度为 37.5，指定端点宽度为 37.5，在图形左侧绘制连续线段，如图 18-49 所示。

（21）单击“默认”选项卡“修改”面板中的“镜像”按钮，选择图形为镜像对象，对其进行竖直镜像，如图 18-50 所示。

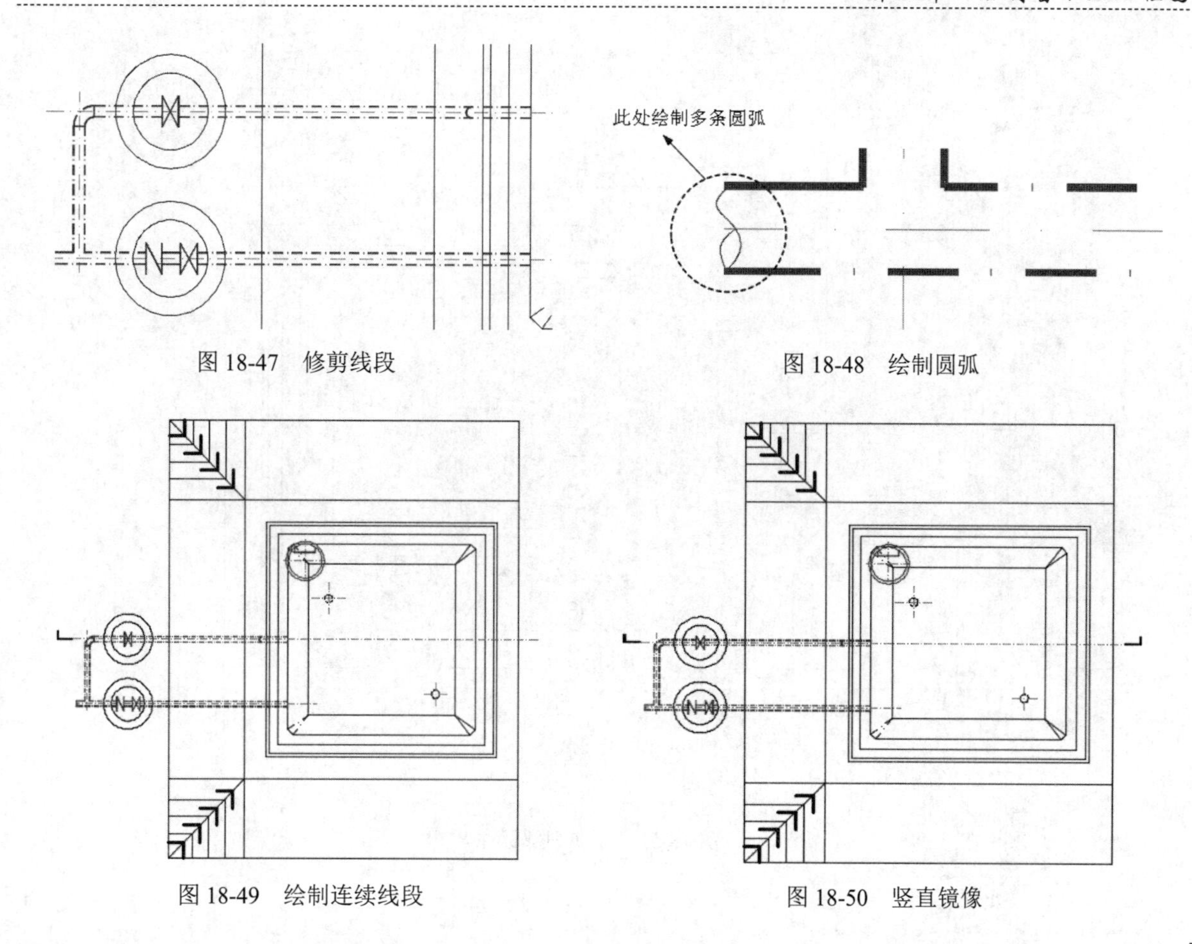

图 18-47 修剪线段

图 18-48 绘制圆弧

图 18-49 绘制连续线段

图 18-50 竖直镜像

18.1.6 标注检查井及管道

扫一扫，看视频

【操作步骤】

（1）建立一个新图层，命名为“标注”，颜色设置为绿色，线型为默认，线宽为默认，如图 18-51 所示，并将其置为当前图层。

✔ 标注 ▢绿 Continu... —— 默认 0 Color_3

图 18-51 “标注”图层

（2）单击“默认”选项卡“注释”面板中的“线性”按钮，为图形添加细部标注，如图 18-52 所示。

（3）单击“默认”选项卡“注释”面板中的“线性”按钮及“连续”按钮，为图形添加第一道尺寸标注，如图 18-53 所示。

（4）单击“默认”选项卡“注释”面板中的“线性”按钮，为图形添加总尺寸标注，如图 18-54 所示。

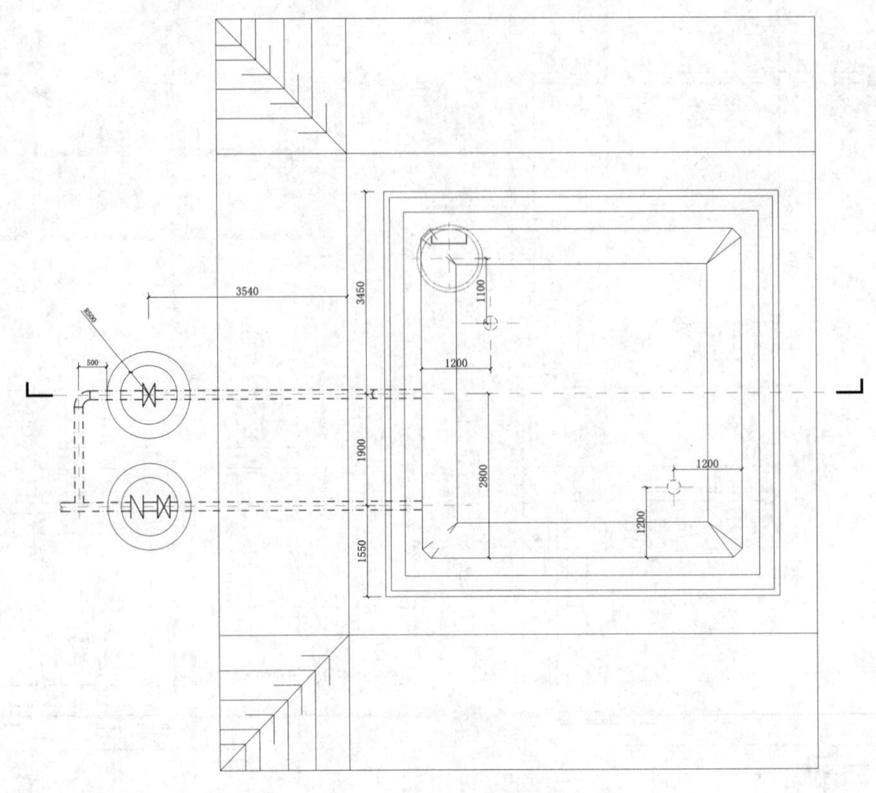

图 18-52　添加细部标注

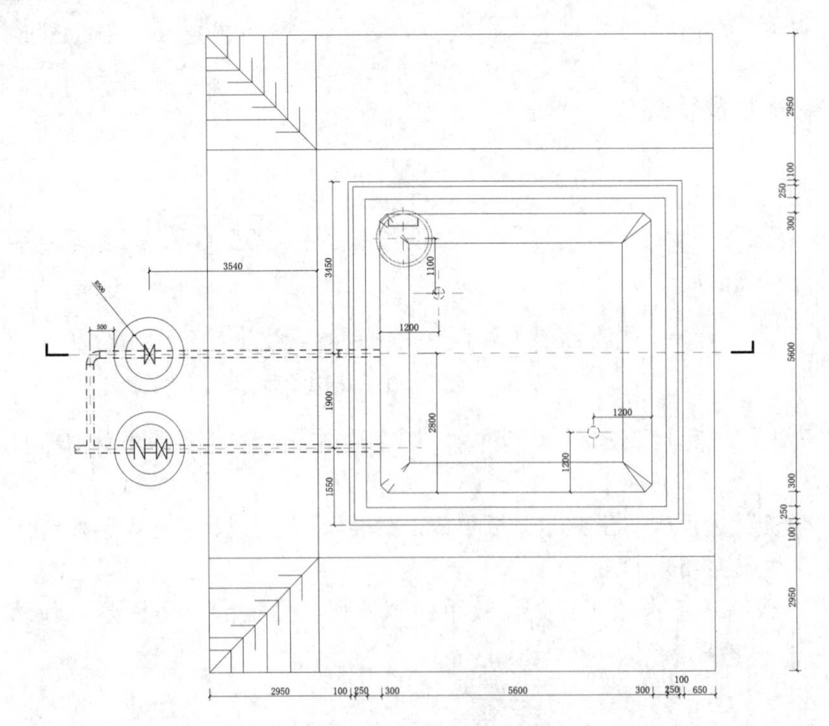

图 18-53　添加第一道尺寸标注

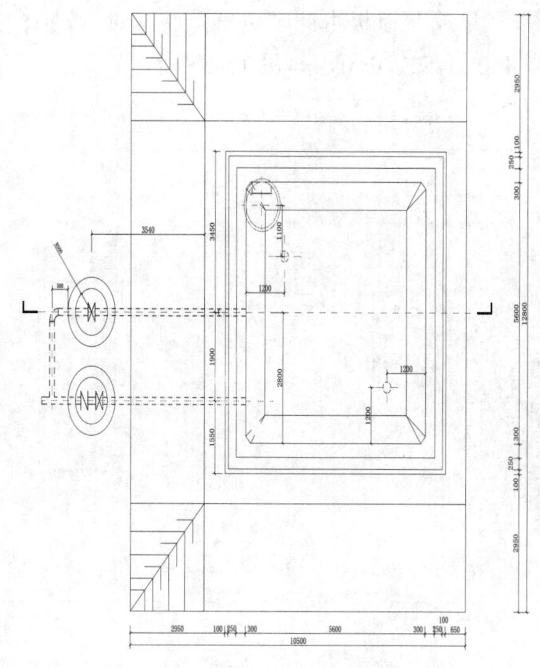

图 18-54 添加总尺寸标注

18.1.7 添加文字说明

扫一扫，看视频

【操作步骤】

（1）单击“默认”选项卡“绘图”面板中的“直线”按钮╱，在图形适当位置绘制一条长度为 1487 的竖直线段，如图 18-55 所示。

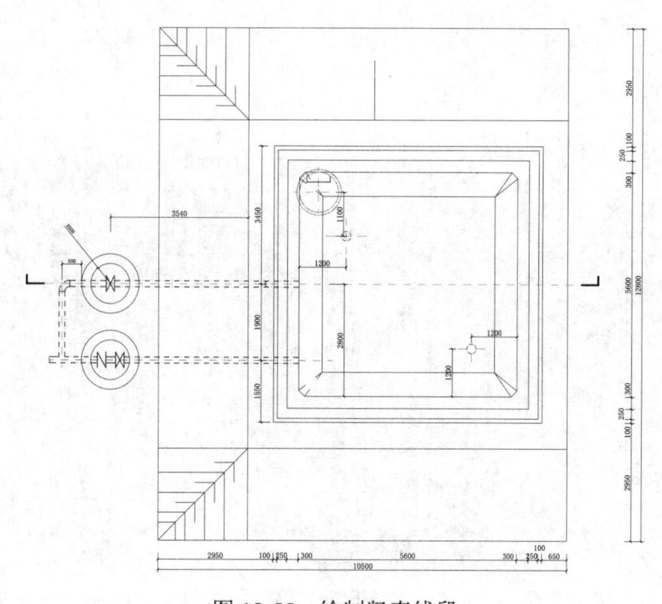

图 18-55 绘制竖直线段

（2）单击“默认”选项卡“修改”面板中的“偏移”按钮，选择竖直线段为偏移对象，将其向右偏移，偏移距离为 450、450、450、450，如图 18-56 所示。

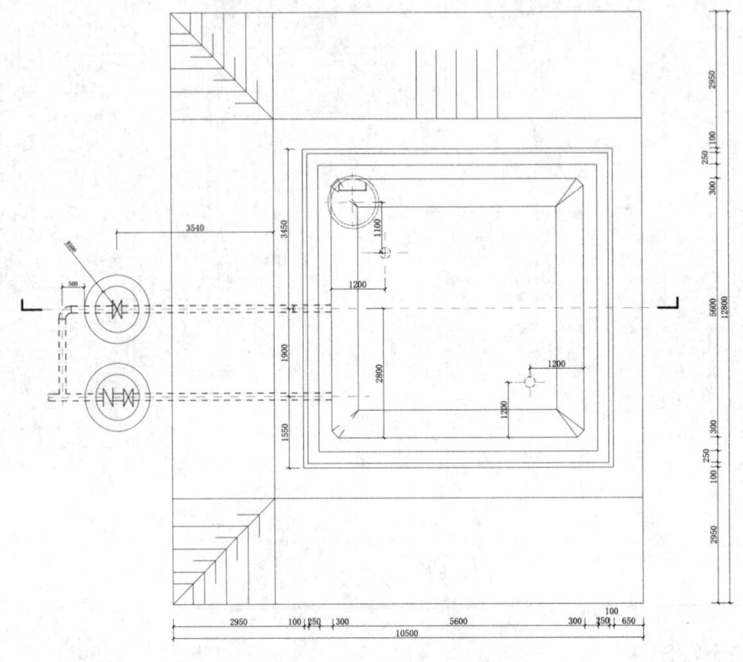

图 18-56　偏移竖直线段

（3）单击“默认”选项卡“绘图”面板中的“多段线”按钮，指定起点宽度为 15，指定端点宽度为 15，在偏移线段间绘制长度为 764 的竖直多段线，如图 18-57 所示。

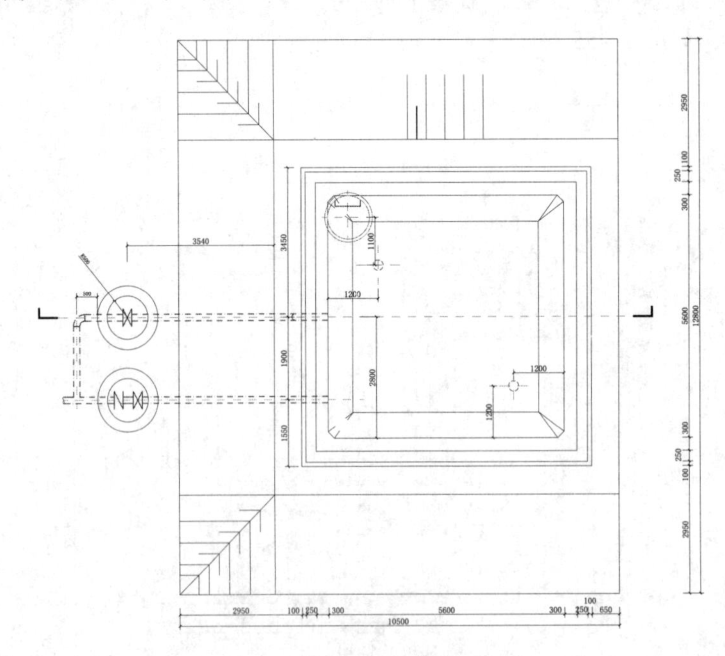

图 18-57　绘制竖直多段线

（4）单击“默认”选项卡“修改”面板中的“偏移”按钮，选择多段线为偏移对象，将其向右偏移，偏移距离为450、450、450、450，如图18-58所示。

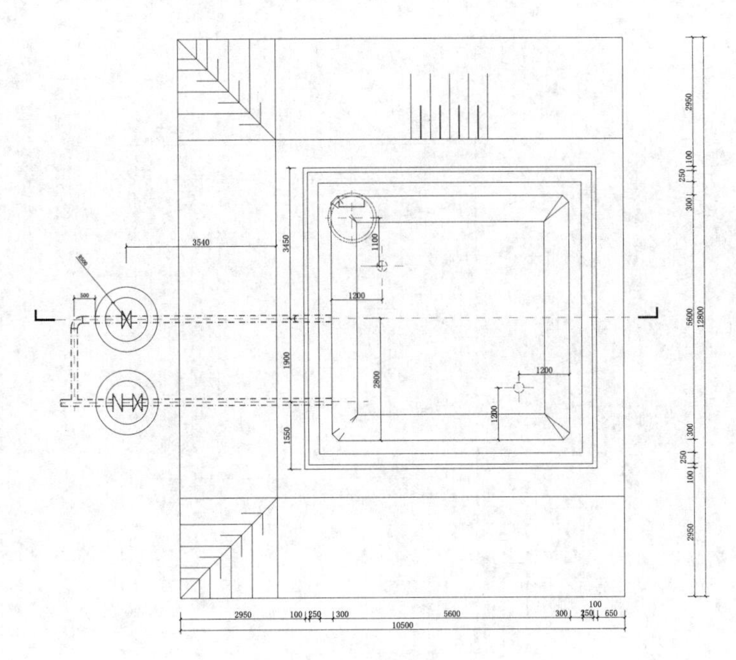

图18-58　偏移多段线

（5）单击“默认”选项卡“绘图”面板中的“直线”按钮，在图形适当位置绘制连续线段，如图18-59所示。

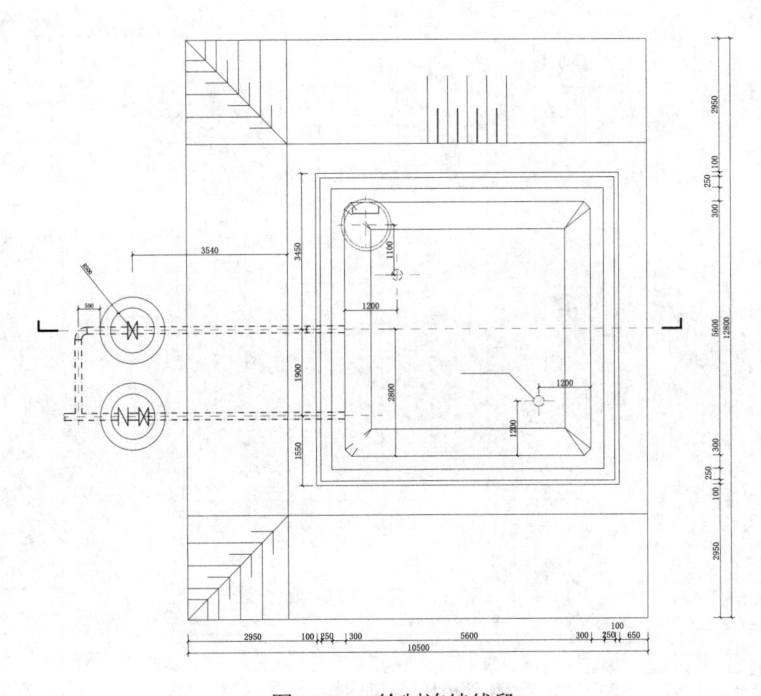

图18-59　绘制连续线段

（6）单击“默认”选项卡“注释”面板中的“多行文字”按钮A，在连续线段上添加文字，如图 18-60 所示。

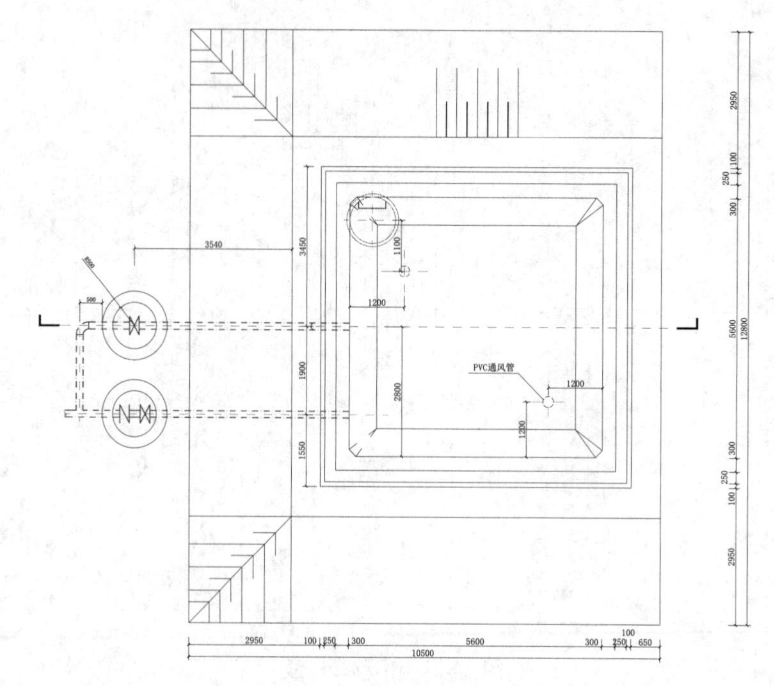

图 18-60　添加文字

（7）利用上述方法完成剩余文字的添加，如图 18-61 所示。

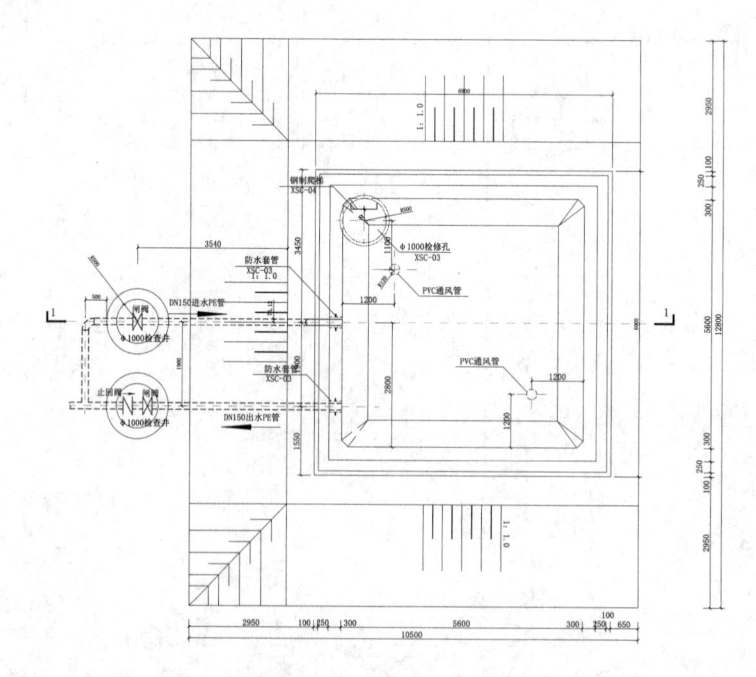

图 18-61　添加剩余文字

（8）单击“默认”选项卡“绘图”面板中的“多段线”按钮，指定起点宽度为15，指定端点宽度为15，在图形底部绘制一条长度为1790的水平多段线，如图18-62所示。

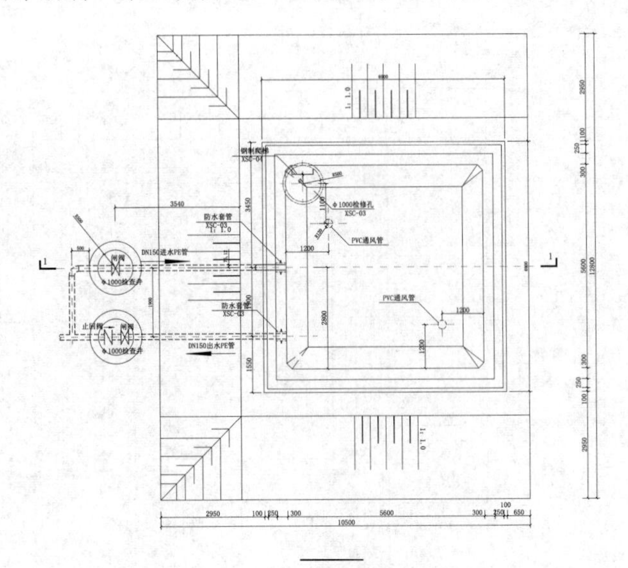

图18-62　绘制水平多段线

（9）单击“默认”选项卡“绘图”面板中的“直线”按钮，在多段线下方绘制相同长度的水平线段，如图18-63所示。

图18-63　绘制水平线段

（10）单击“默认”选项卡“注释”面板中的“多行文字”按钮A，在线段上添加总图文字说明，如图18-64所示。

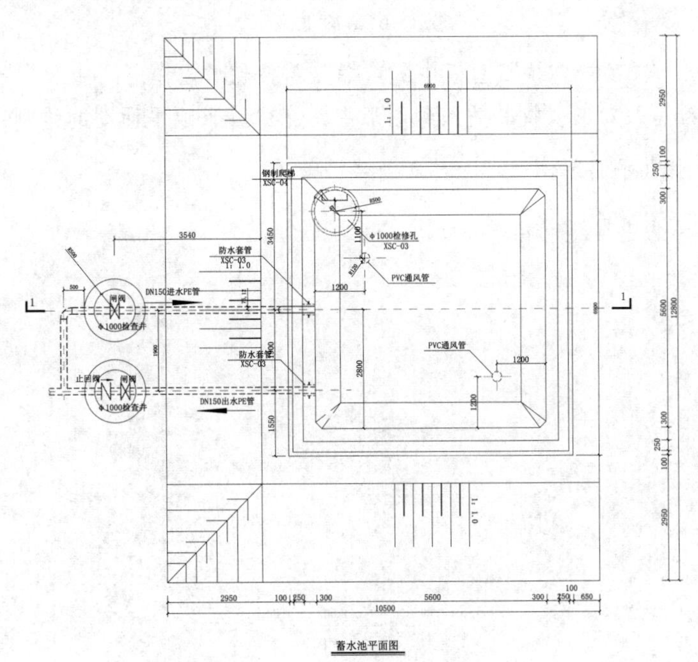

图18-64　添加总图文字说明

（11）单击“默认”选项卡“注释”面板中的“多行文字”按钮A，在图形底部添加说明文字，如图 18-65 所示。

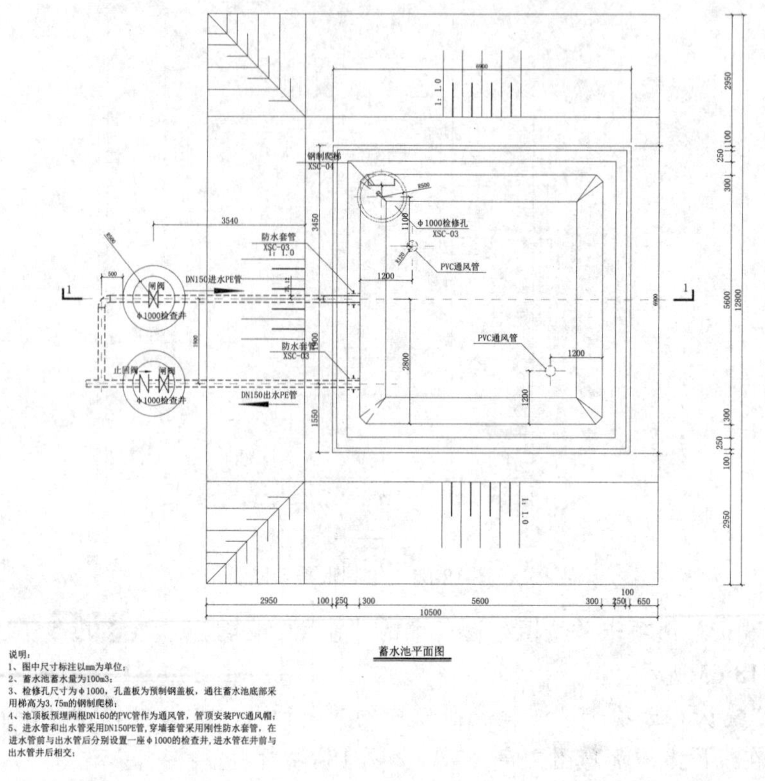

图 18-65　添加文字

（12）单击“默认”选项卡“块”面板中的“插入”按钮，弹出“插入”对话框，单击“浏览”按钮，选择 A3 图框为插入对象，将其插入到图形中，完成蓄水池平面图的绘制，如图 18-1 所示。

动手练一练——水池平面图

绘制如图 18-66 所示的水池平面图。

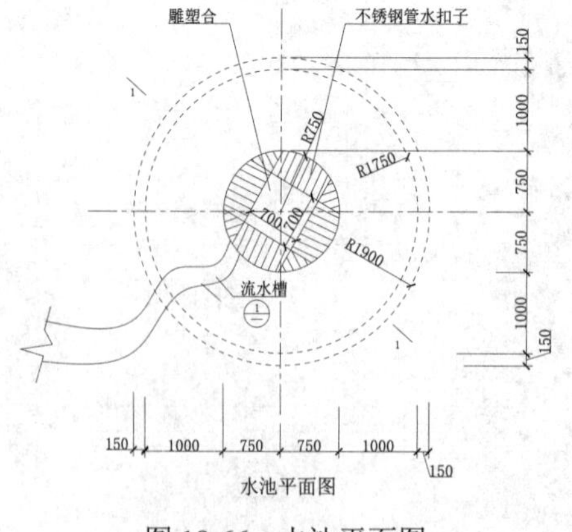

图 18-66　水池平面图

思路点拨

（1）绘图前准备与设置。
（2）绘制定位轴线。
（3）绘制溪水。
（4）绘制轮廓。
（5）绘制流水槽。
（6）标注尺寸。
（7）标注文字。

18.2　蓄水池剖视图

本节介绍蓄水池剖视图的绘制方法和过程，结果如图 18-67 所示。

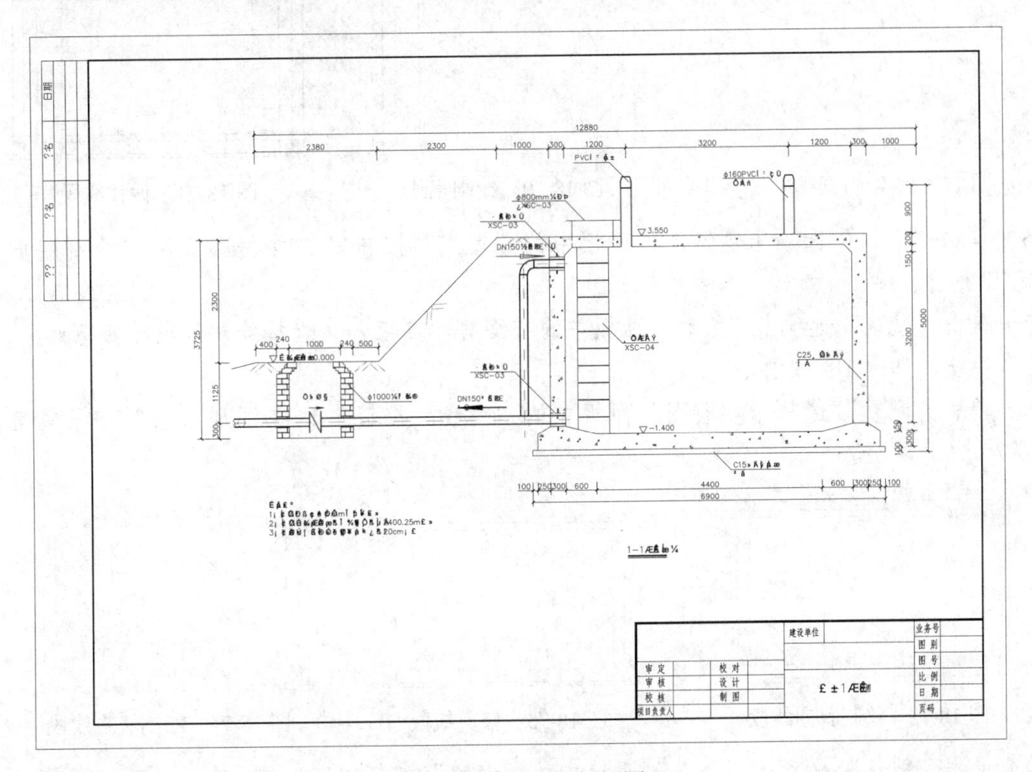

图 18-67　蓄水池剖视图

源文件：源文件 \ 第 18 章 \ 蓄水池剖面图 .dwg

扫一扫，看视频

18.2.1　绘制外部结构

【操作步骤】

（1）单击“默认”选项卡“绘图”面板中的“直线”按钮和“矩形”按钮，在图形空白位置选择一点作为矩形起点，绘制一个 6900×100 的矩形，如图 18-68 所示。

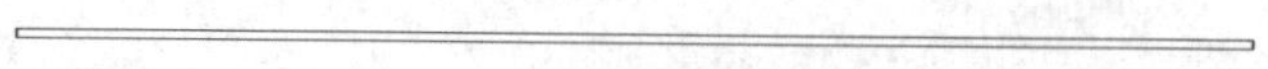

图 18-68　绘制矩形

（2）单击“默认”选项卡“绘图”面板中的“直线”按钮╱，以上步绘制矩形右上端点为直线起点，向上绘制一条长度为 4000 的竖直直线，如图 18-69 所示。

（3）单击“默认”选项卡“绘图”面板中的“直线”按钮╱，选择竖直线段为偏移对象，将其向左偏移，偏移距离为 250、300、600、4400、600、300、250，如图 18-70 所示。

（4）单击“默认”选项卡“修改”面板中的“分解”按钮，选择底部矩形为分解对象，按 Enter 键确认对其进行分解，使其分解为独立线段。

（5）单击“默认”选项卡“修改”面板中的“偏移”按钮，选择分解矩形顶部水平边为偏移对象将其向上进行偏移，偏移距离为 300、150、3200、150、200，如图 18-71 所示。

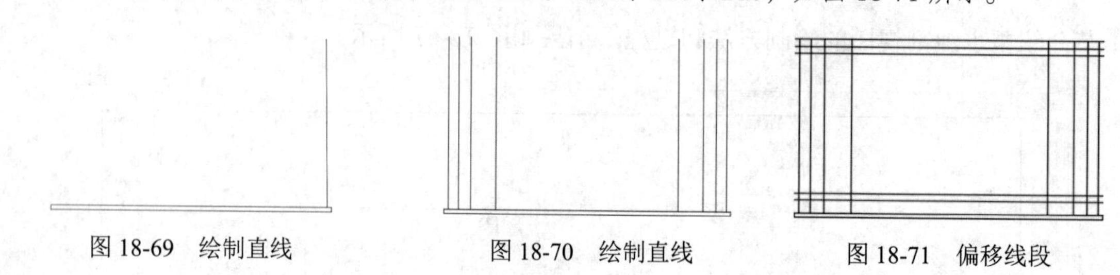

图 18-69　绘制直线　　图 18-70　绘制直线　　图 18-71　偏移线段

（6）单击“默认”选项卡“绘图”面板中的“直线”按钮╱，在偏移线段内绘制斜向线段，如图 18-72 所示。

（7）单击“默认”选项卡“修改”面板中的“修剪”按钮，选择绘制线段为修剪对象，对其进行修剪处理，如图 18-73 所示。

（8）单击“默认”选项卡“绘图”面板中的“直线”按钮╱，在图形内绘制一条竖直线段，如图 18-74 所示。

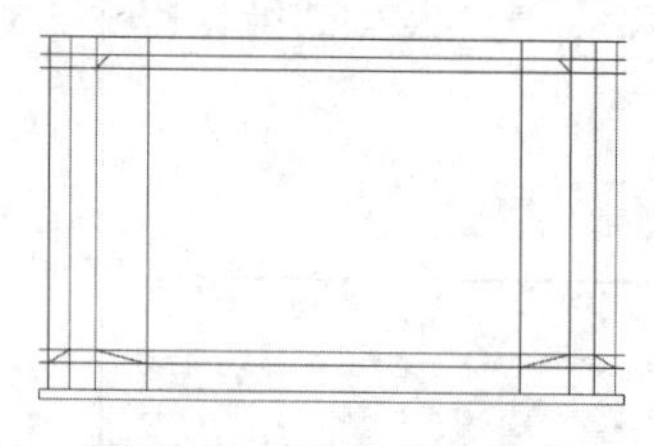

图 18-72　绘制斜向线段

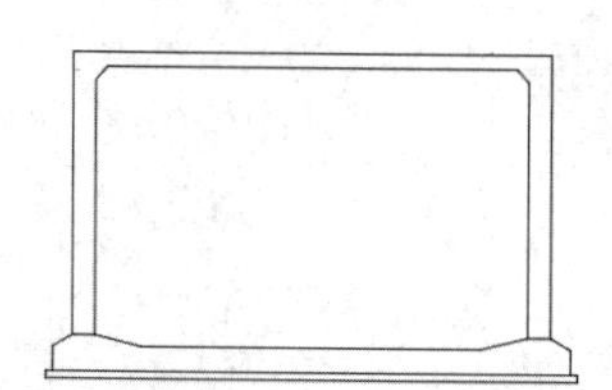

图 18-73　修剪线段

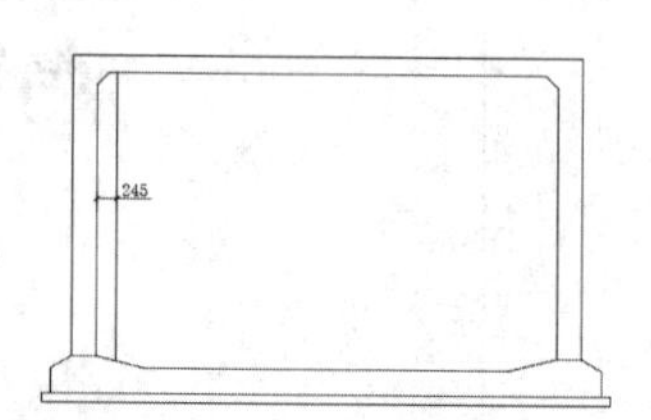

图 18-74　绘制竖直线段

（9）单击“默认”选项卡“修改”面板中的“偏移”按钮，选择绘制的竖直线段为偏移对象，将其向右偏移，偏移距离为 610，如图 18-75 所示。

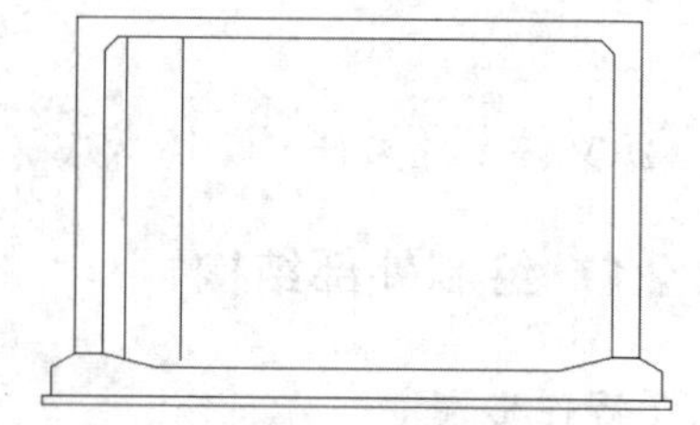

图 18-75　偏移竖直线段

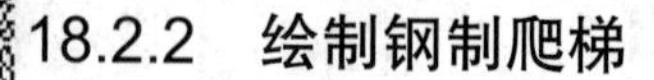

18.2.2　绘制钢制爬梯

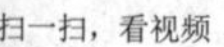

扫一扫，看视频

【操作步骤】

（1）单击“默认”选项卡“绘图”面板中的“多段线”按钮，指定起点宽度为 15，端点宽度为 15，在偏移线段左侧竖直线段上选择一点作为多段线起点，水平向右绘制长度为 610 的水平多段线，如图 18-76 所示。

（2）单击“默认”选项卡“修改”面板中的“偏移”按钮，选择多段线为偏移对象将其向下进行偏移，偏移距离为 320，偏移 9 次，如图 18-77 所示。

（3）单击“默认”选项卡“修改”面板中的“延伸”按钮，选择偏移后的右侧竖直线段为延伸对象将其向下进行延伸，与边相交，如图 18-78 所示。

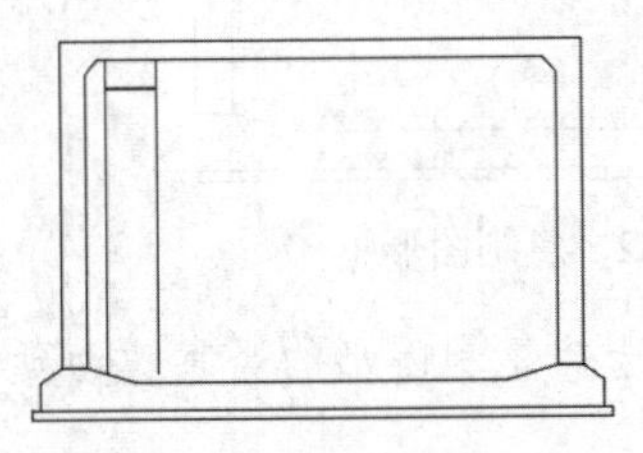

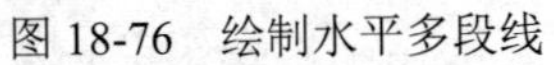
图 18-76　绘制水平多段线

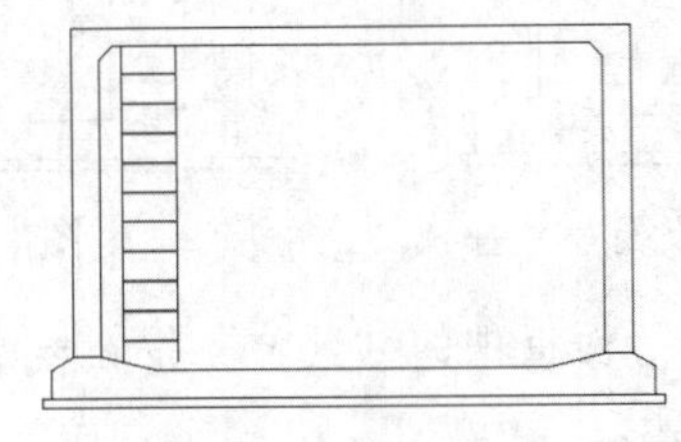
图 18-77　偏移多段线

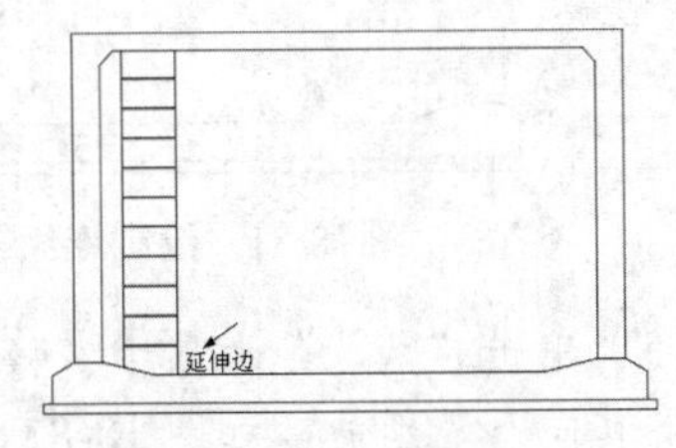

图 18-78　延伸竖直边

18.2.3　绘制预埋通风管

扫一扫，看视频

【操作步骤】

1. 绘制上部图形

（1）单击“默认”选项卡“绘图”面板中的“直线”按钮，在图形顶部位置绘制一条长度为 1760 的竖直线段。利用前面讲述的方法修改线型，如图 18-79 所示。

（2）单击“默认”选项卡“绘图”面板中的“多段线”按钮，指定起点宽度为 12.5，端点宽度为 12.5，在竖直轴线两侧分别绘制长度为 900 的竖直线段，如图 18-80 所示。

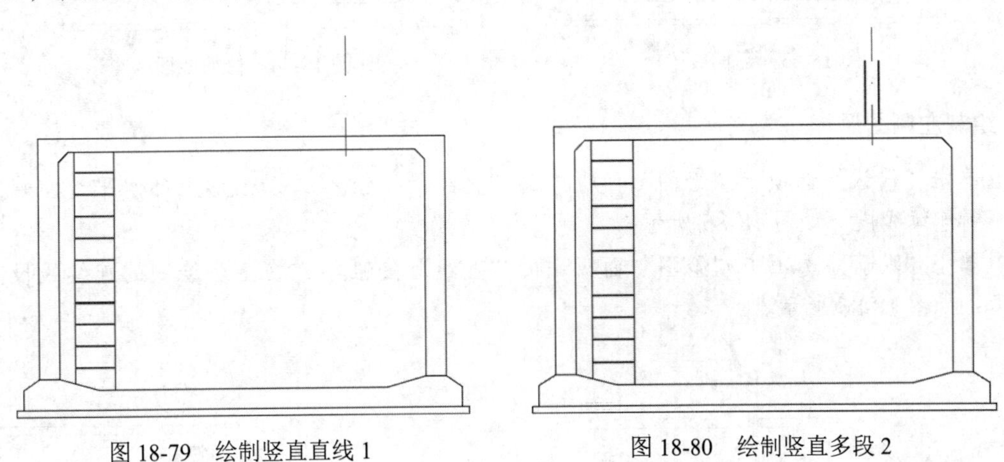
图 18-79　绘制竖直直线 1　　图 18-80　绘制竖直多段 2

（3）单击“默认”选项卡“绘图”面板中的“多段线”按钮，在多段线上方绘制连续多段线，如图 18-81 所示。

（4）单击“默认”选项卡“绘图”面板中的“多段线”按钮，选择图形为复制对象，选择上部水平边中点为复制基点，将其向左复制，复制距离为 3200，如图 18-82 所示。

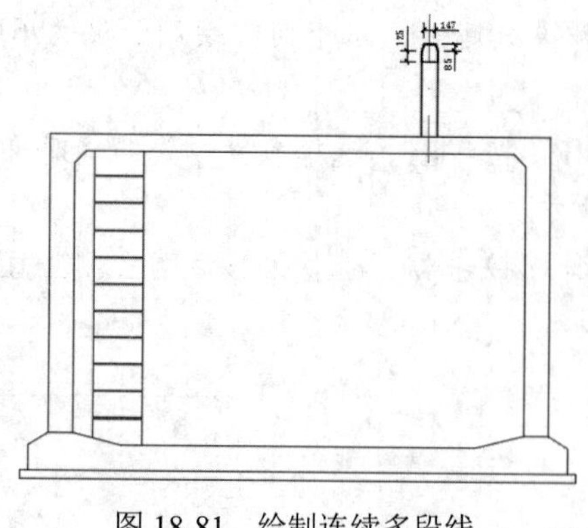

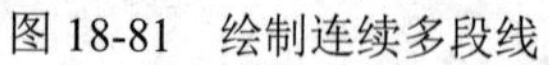

图 18-81　绘制连续多段线

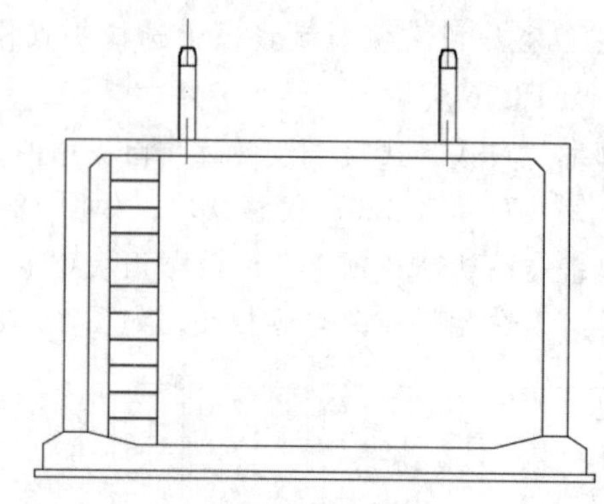

图 18-82　复制图形

（5）单击“默认”选项卡“修改”面板中的“延伸”按钮，选择复制图形的竖直边为延伸对象，将其向下端延伸，如图 18-83 所示。

（6）单击“默认”选项卡“修改”面板中的“修剪”按钮，选择两图形间的线段为修剪对象对其进行修剪处理，如图 18-84 所示。

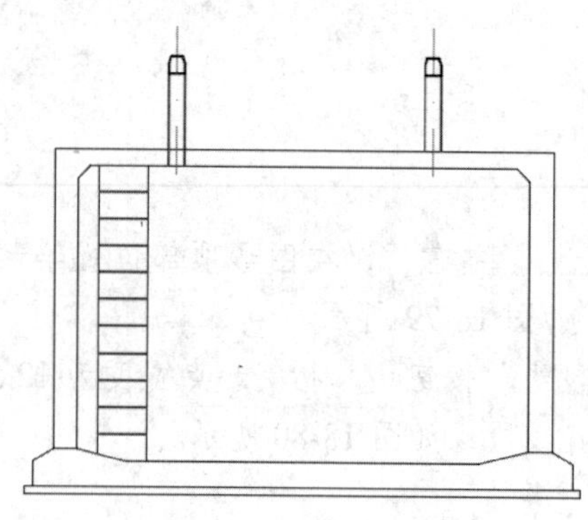

图 18-83　延伸线段

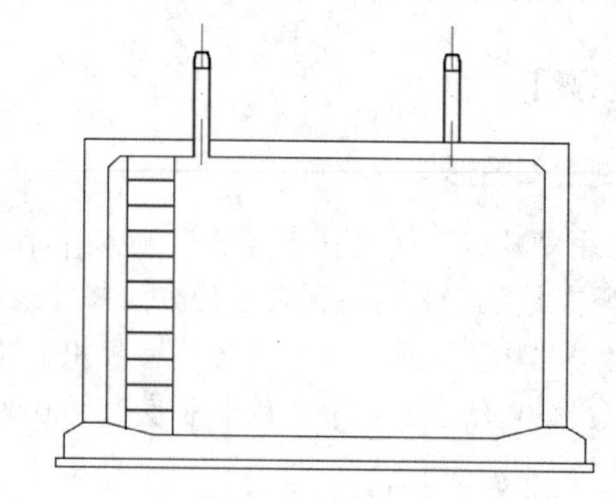

图 18-84　修剪线段

2. 绘制左侧图形

（1）单击“默认”选项卡“绘图”面板中的“直线”按钮，以图形上部水平边左端点为线段起点绘制连续线段，如图 18-85 所示。

（2）单击“默认”选项卡“绘图”面板中的“直线”按钮，在上步绘制的连续线段上绘制斜向线段，如图 18-86 所示。

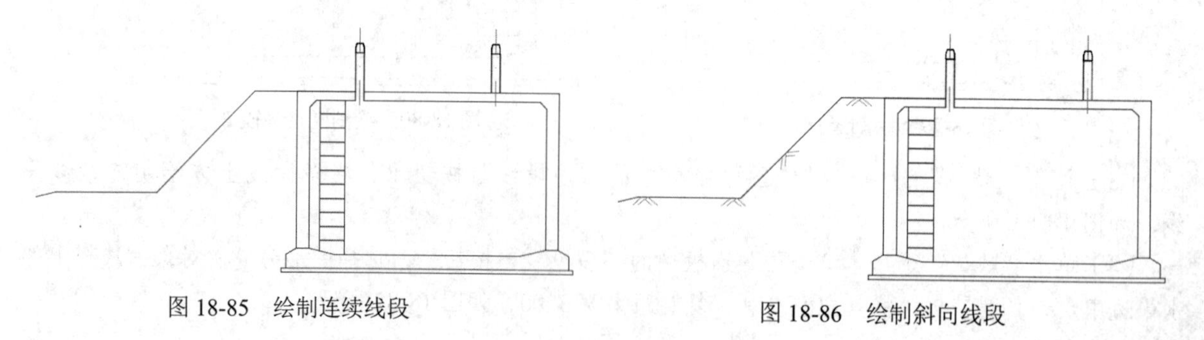

图 18-85　绘制连续线段

图 18-86　绘制斜向线段

（3）单击“默认”选项卡“绘图”面板中的“直线”按钮，在上步图形左侧位置绘制 2 条水平线段和 1 条竖直线段，作为轴线，如图 18-87 所示。

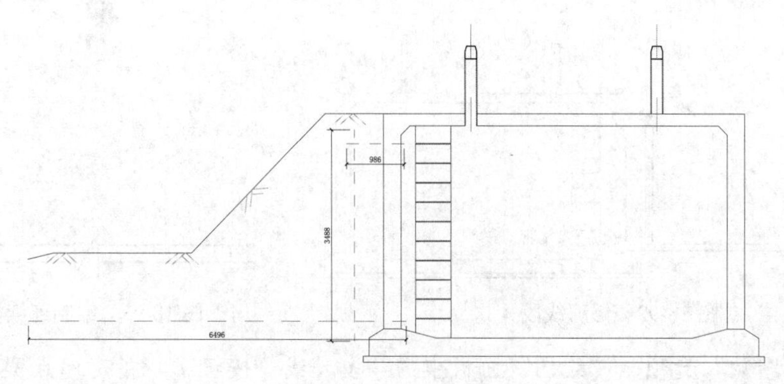

图 18-87　绘制轴线

（4）单击“默认”选项卡“绘图”面板中的“多段线”按钮，指定起点宽度为 12.5，端点宽度为 12.5，在距离上步绘制图形左右两侧 75 处绘制多段线，如图 18-88 所示。

（5）单击“默认”选项卡“修改”面板中的“圆角”按钮，选择上步绘制的两线段为圆角对象，圆角半径为 275、125，如图 18-89 所示。

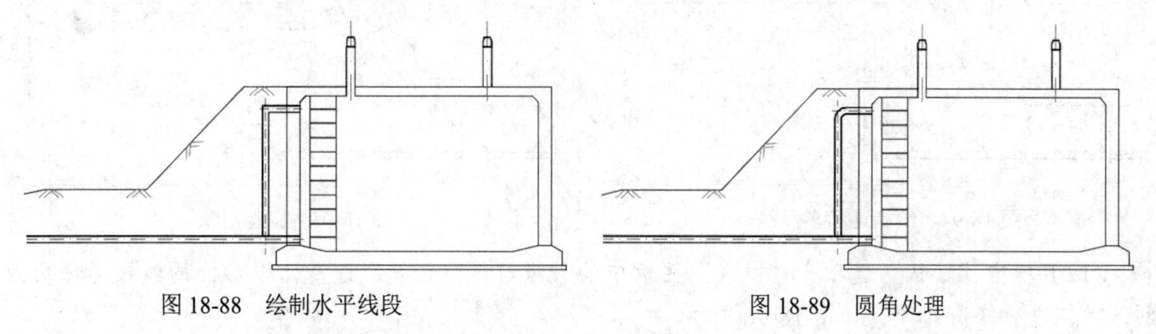

图 18-88　绘制水平线段　　图 18-89　圆角处理

（6）单击“默认”选项卡“绘图”面板中的“多段线”按钮，指定起点宽度为 12.5，端点宽度为 12.5，在上步圆角处理后的图形内部绘制一条水平多段线和一条竖直多段线，如图 18-90 所示。

（7）单击“默认”选项卡“绘图”面板中的“多段线”按钮，指定起点宽度为 12.5，端点宽度为 12.5，在如图 18-91 所示的位置绘制连续多段线。

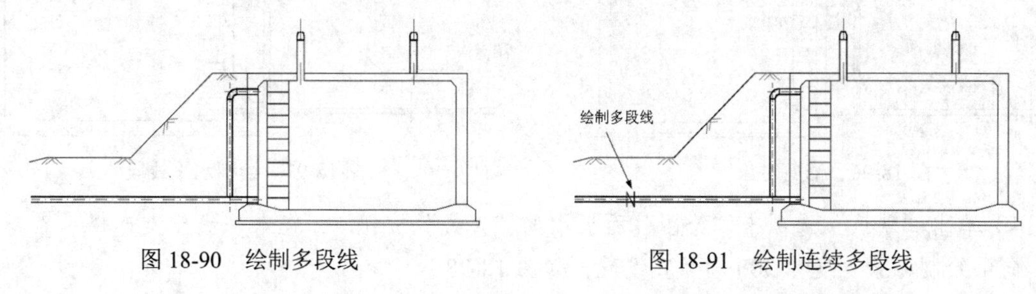

图 18-90　绘制多段线　　图 18-91　绘制连续多段线

（8）单击“默认”选项卡“修改”面板中的“修剪”按钮，选择连续多段线间的线段为修剪对象，按 Enter 键确认对其进行修剪处理，如图 18-92 所示。

（9）将“结构线”图层设置为当前图层，单击“默认”选项卡“绘图”面板中的“多段线”按钮，指定起点宽度为 0，端点宽度为 0，在图形左侧绘制连续多段线，如图 18-93 所示。

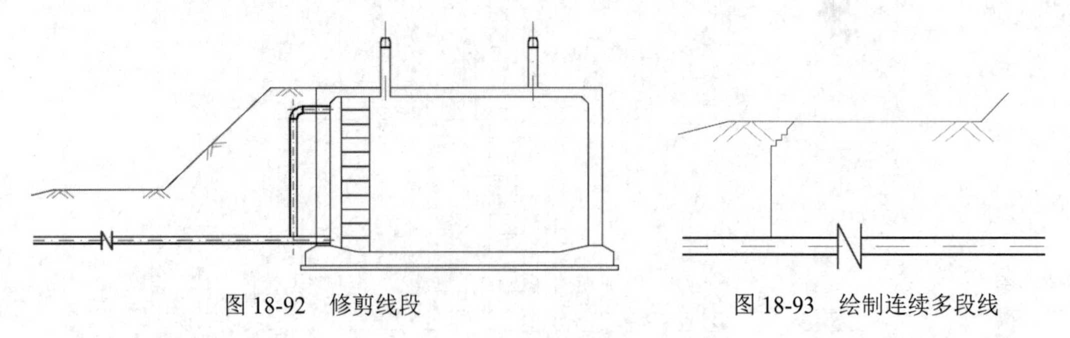

图 18-92　修剪线段　　　图 18-93　绘制连续多段线

（10）单击“默认”选项卡“绘图”面板中的“多段线”按钮，指定起点宽度为 0，端点宽度为 0，在连续多段线右侧绘制连续多段线，如图 18-94 所示。

（11）单击“默认”选项卡“修改”面板中的“镜像”按钮，选择连续多段线为镜像对象，对其进行竖直镜像，如图 18-95 所示。

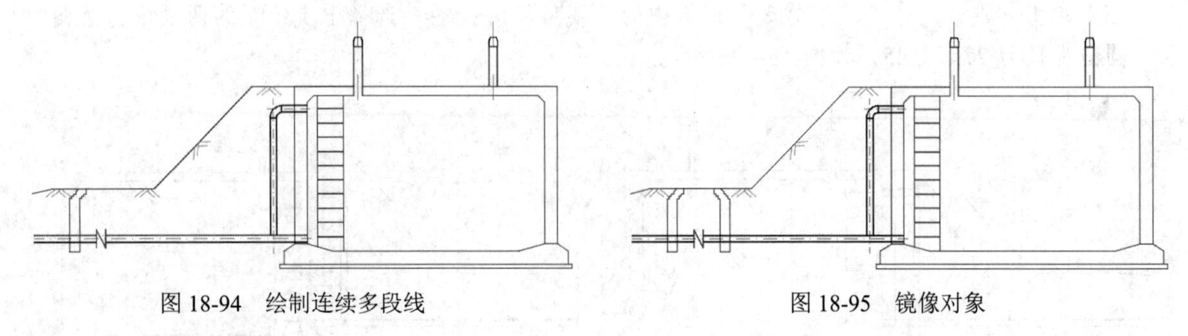

图 18-94　绘制连续多段线　　　图 18-95　镜像对象

（12）单击“默认”选项卡“修改”面板中的“修剪”按钮，选择两图形间的线段为修剪对象，对其进行修剪处理，如图 18-96 所示。

（13）单击“默认”选项卡“绘图”面板中的“直线”按钮，在通风帽左侧适当位置作为线段起点向右绘制一条长度为 1070 的水平线段，如图 18-97 所示。

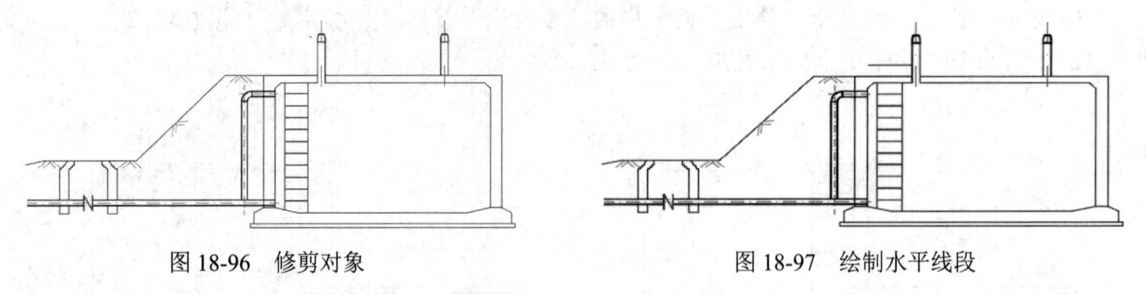

图 18-96　修剪对象　　　图 18-97　绘制水平线段

（14）单击“默认”选项卡“绘图”面板中的“直线”按钮，在水平线段上选择一点为线段起点，向下绘制一条长度为 300 的竖直线段，如图 18-98 所示。

（15）单击“默认”选项卡“修改”面板中的“偏移”按钮，选择竖直线段为偏移对象，将其向右偏移，偏移距离为 800，如图 18-99 所示。

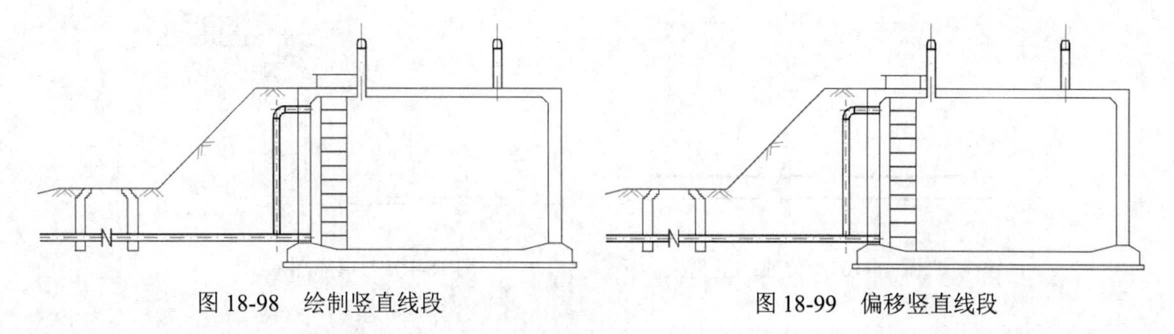

图 18-98　绘制竖直线段　　　　图 18-99　偏移竖直线段

（16）单击“默认”选项卡“绘图”面板中的“直线”按钮，以两竖直线段下端点为线段的起点分别向下绘制长度为 200 的线段，如图 18-100 所示。

（17）选择两竖直线段为操作对象，将其线型更改为 DASHED2，结果如图 18-101 所示。

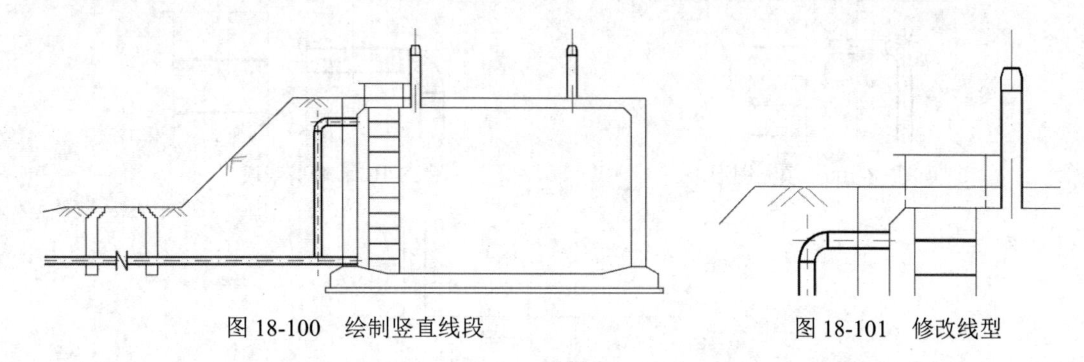

图 18-100　绘制竖直线段　　　　图 18-101　修改线型

（18）单击“默认”选项卡“绘图”面板中的“圆弧”按钮，在出水 PE 管端口处绘制连续圆弧，如图 18-102 所示。

（19）单击“默认”选项卡“绘图”面板中的“圆”按钮，在封口圆弧右侧绘制半径为 75 的圆，如图 18-103 所示。

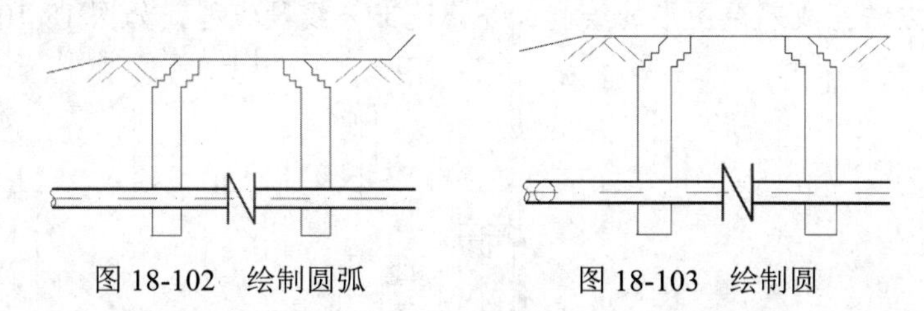

图 18-102　绘制圆弧　　　　图 18-103　绘制圆

（20）选择圆为操作对象，将其线型修改为 DASHED2，如图 18-104 所示。

（21）单击“默认”选项卡“绘图”面板中的“图案填充”按钮，设置填充图案为 ARB816C，设置填充比例为 0.5，选择前面绘制的检查井为填充区域，如图 18-105 所示。

（22）单击“默认”选项卡“修改”面板中的“偏移”按钮，选择如图 18-106 所示的水平轴线为偏移对象分别向上、向下偏移，偏移距离均为 125。

（23）单击“默认”选项卡“修改”面板中的“修剪”按钮，选择上步偏移的线段为修剪对象，按 Enter 键确认对其进行修剪，如图 18-107 所示。

（24）选择上步修剪的线段为操作对象，将其图层修改为“结构线”图层，如图 18-108 所示。

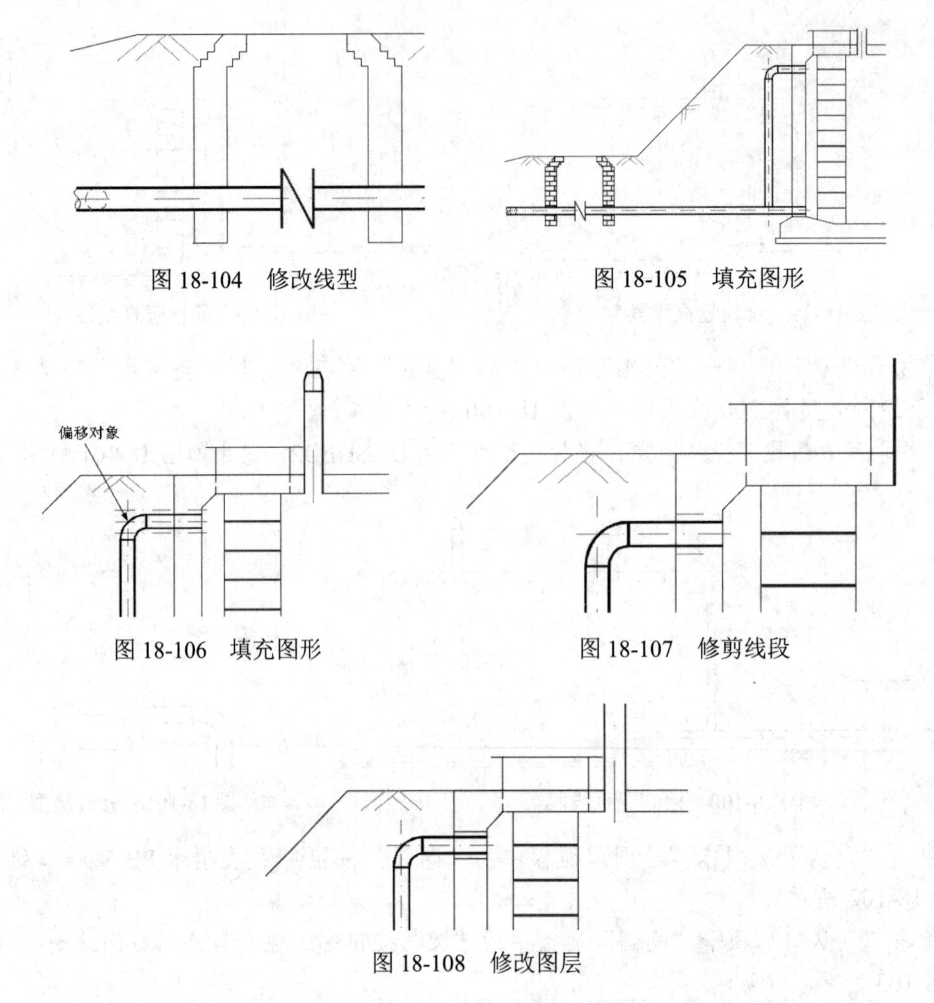

图 18-104　修改线型

图 18-105　填充图形

图 18-106　填充图形

图 18-107　修剪线段

图 18-108　修改图层

（25）利用上述方法完成剩余图形的绘制，并修改部分线段线型，如图 18-109 所示。

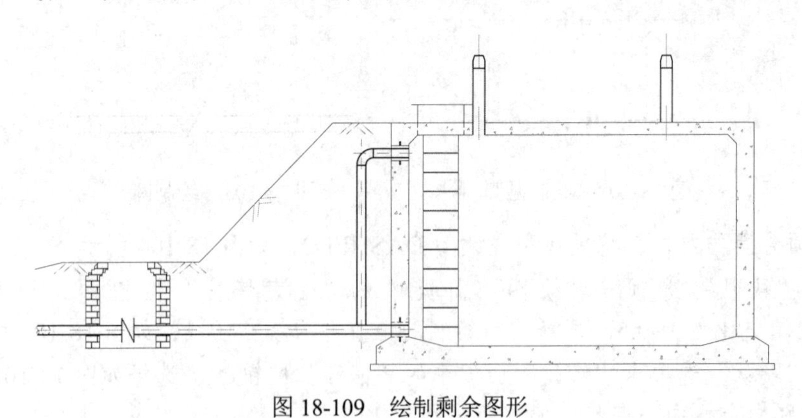

图 18-109　绘制剩余图形

3. 标注尺寸

（1）单击“默认”选项卡“注释”面板中的“线性”按钮和“连续”按钮，为绘制完成的蓄水池 1-1 剖面图添加细部尺寸标注，如图 18-110 所示。

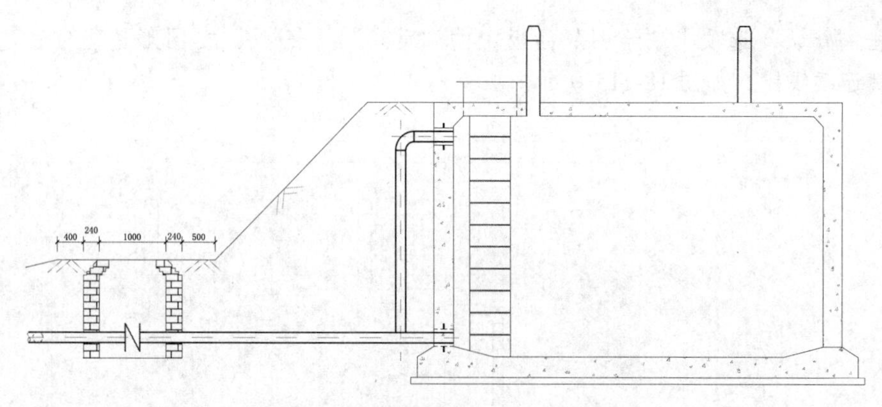

图 18-110　添加第一道尺寸标注

（2）单击“默认”选项卡“注释”面板中的“线性”按钮⊢⊣，为图形添加第一道尺寸标注，如图 18-111 所示。

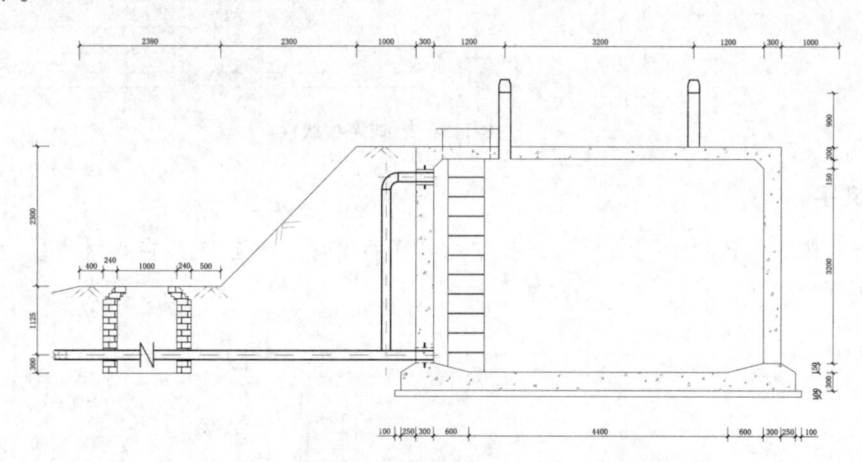

图 18-111　添加第一道尺寸标注

（3）单击“默认”选项卡“注释”面板中的“线性”按钮⊢⊣，为图形添加总尺寸标注，如图 18-112 所示。

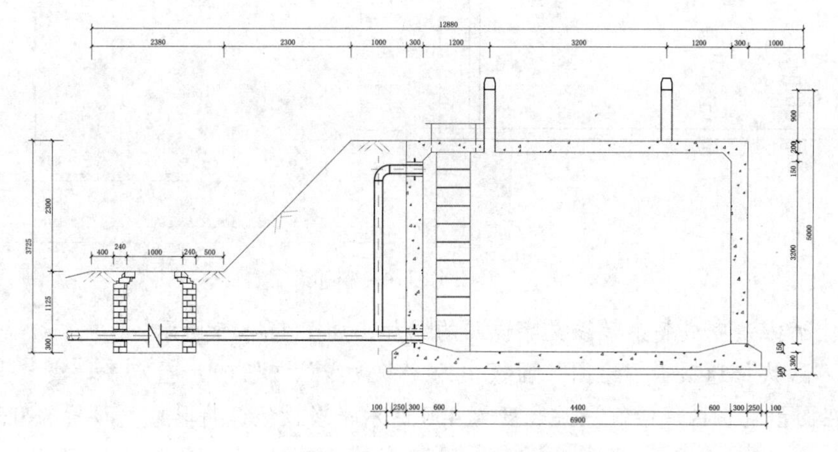

图 18-112　添加总尺寸标注

（4）单击“默认”选项卡“绘图”面板中的“直线”按钮，在图形适当位置选择一点为线段起点，绘制连续线段，如图 18-113 所示。

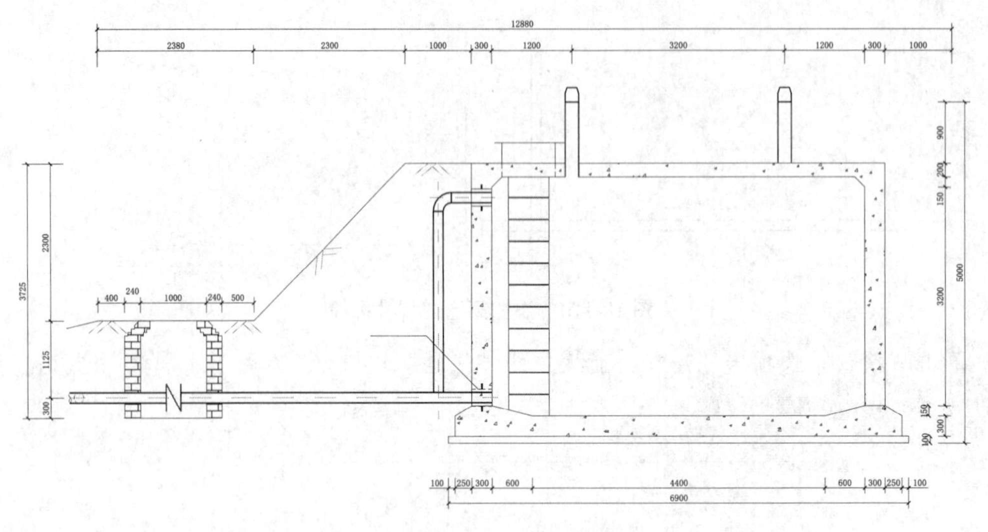

图 18-113　绘制连续线段

4. 标注文字

（1）单击“默认”选项卡“注释”面板中的“多行文字”按钮A，在连续线段上方添加文字，如图 18-114 所示。

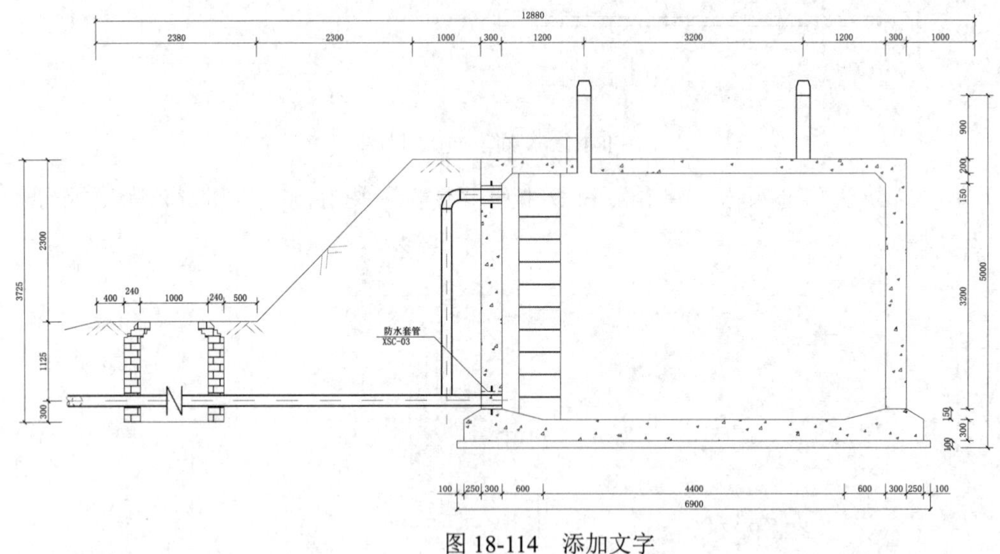

图 18-114　添加文字

（2）利用上述方法完成剩余带线文字说明的添加，如图 18-115 所示。

（3）单击“默认”选项卡“绘图”面板中的“多段线”按钮，指定多段线起点宽度为 0，端点宽度为 0，在图形空白区域绘制一条长度为 450 的水平多段线，将其线宽设置为 0.3，如图 18-116 所示。

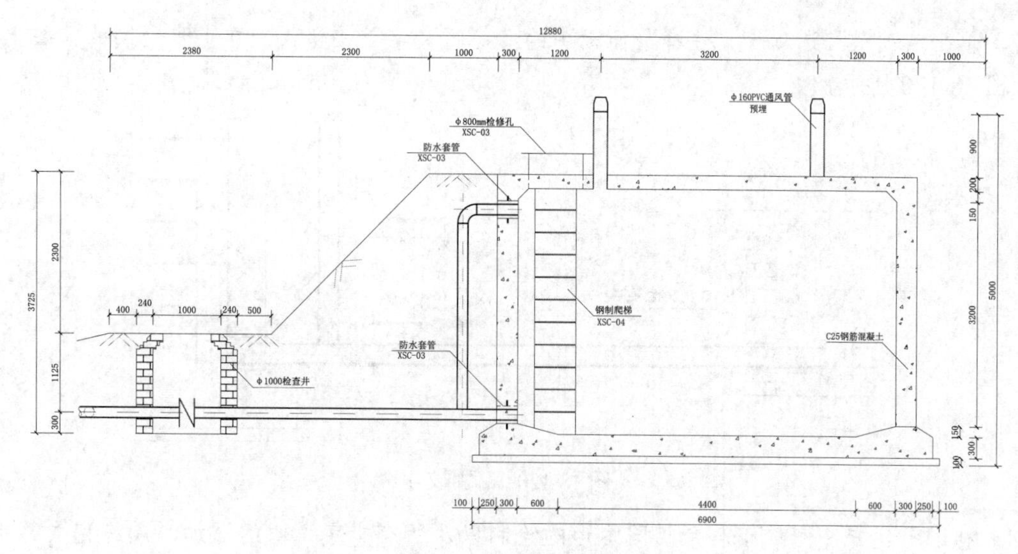

图 18-115　添加文字

（4）单击“默认”选项卡“绘图”面板中的“多段线”按钮，指定起点宽度为 0，端点宽度为 0，以上步绘制的水平多段线左端点为起点，绘制连续多段线，如图 18-117 所示。

图 18-116　绘制水平多段线

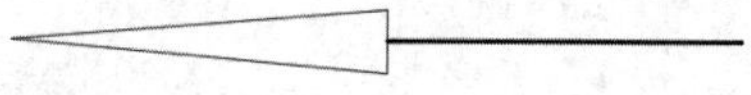

图 18-117　绘制连续多段线

（5）单击“默认”选项卡“绘图”面板中的“图案填充”按钮，选择上步绘制的连续多段线内部为填充区域，设置填充图案为 SOLID，完成填充，如图 18-118 所示。

图 18-118　图案填充

（6）单击“默认”选项卡“修改”面板中的“移动”按钮，选择上步绘制的箭头图形为移动对象将其移动到合适的位置，如图 18-119 所示。

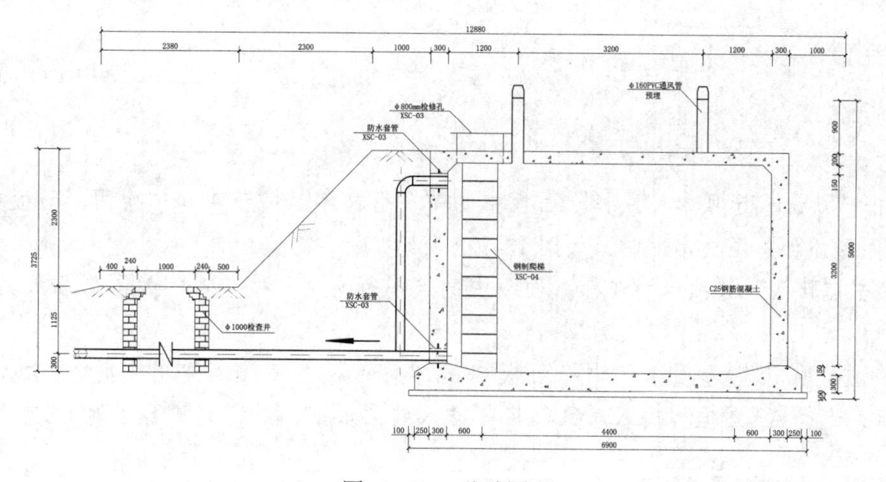

图 18-119　移动图形

（7）单击“默认”选项卡“注释”面板中的“多行文字”按钮A，在上步绘制的箭头上添加文字，如图 18-120 所示。

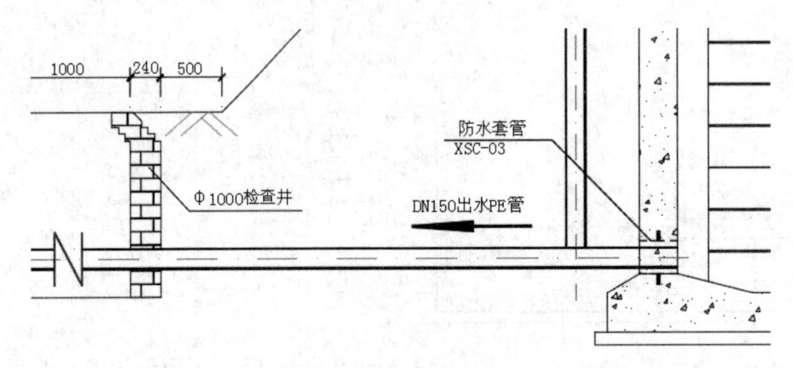

图 18-120　添加文字

（8）利用上述方法完成相剩余相同图形的绘制以及所有文字说明的添加，最终完成蓄水池 1-1 剖面图的绘制，如图 18-121 所示。

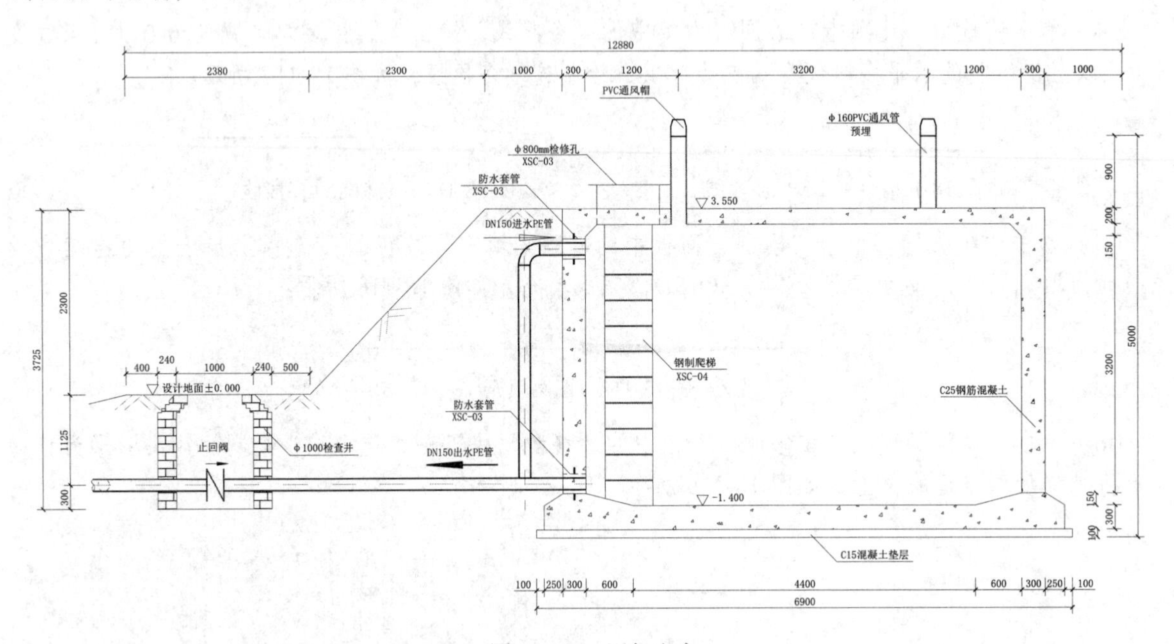

图 18-121　添加文字

（9）单击“默认”选项卡“注释”面板中的“多行文字”按钮A和“绘图”面板中的“直线”按钮，为图形添加总图文字说明，如图 18-122 所示。

（10）单击“默认”选项卡“注释”面板中的“多行文字”按钮A，为图形添加文字说明，如图 18-123 所示。

（11）单击“默认”选项卡“块”面板中的“插入”按钮，弹出“插入”对话框，单击“浏览”按钮，选择 A3 图框为插入对象，将其插入到图形中，最终完成蓄水池 1-1 剖面图的绘制，如图 18-67 所示。

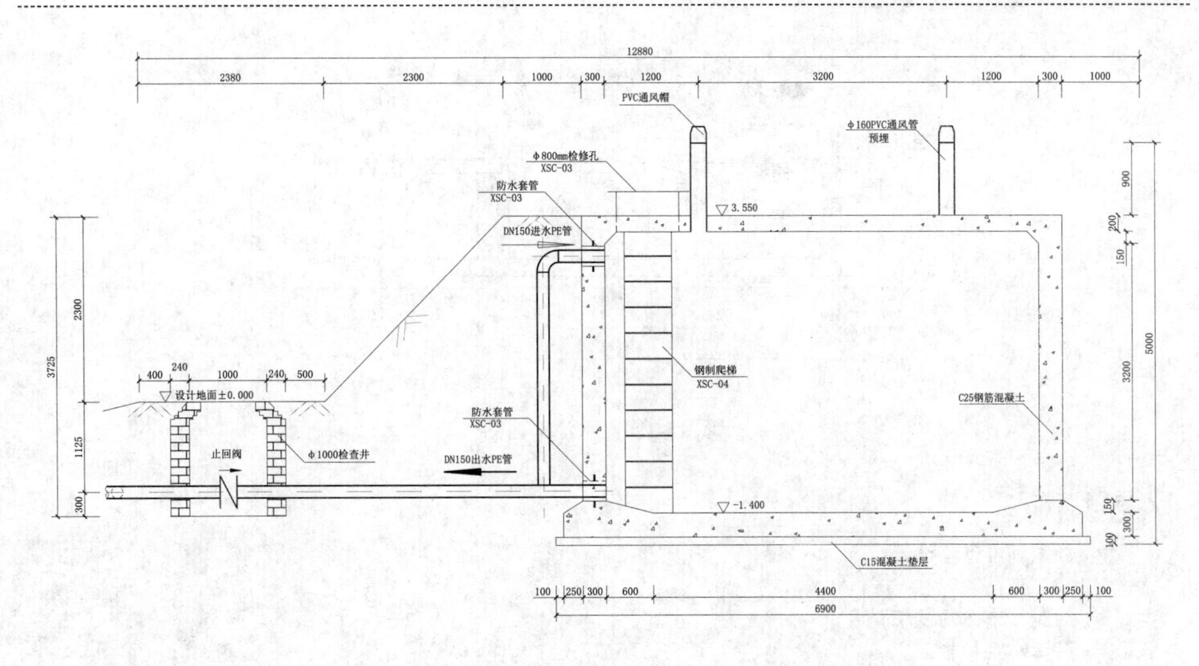

图 18-122　添加总图文字说明

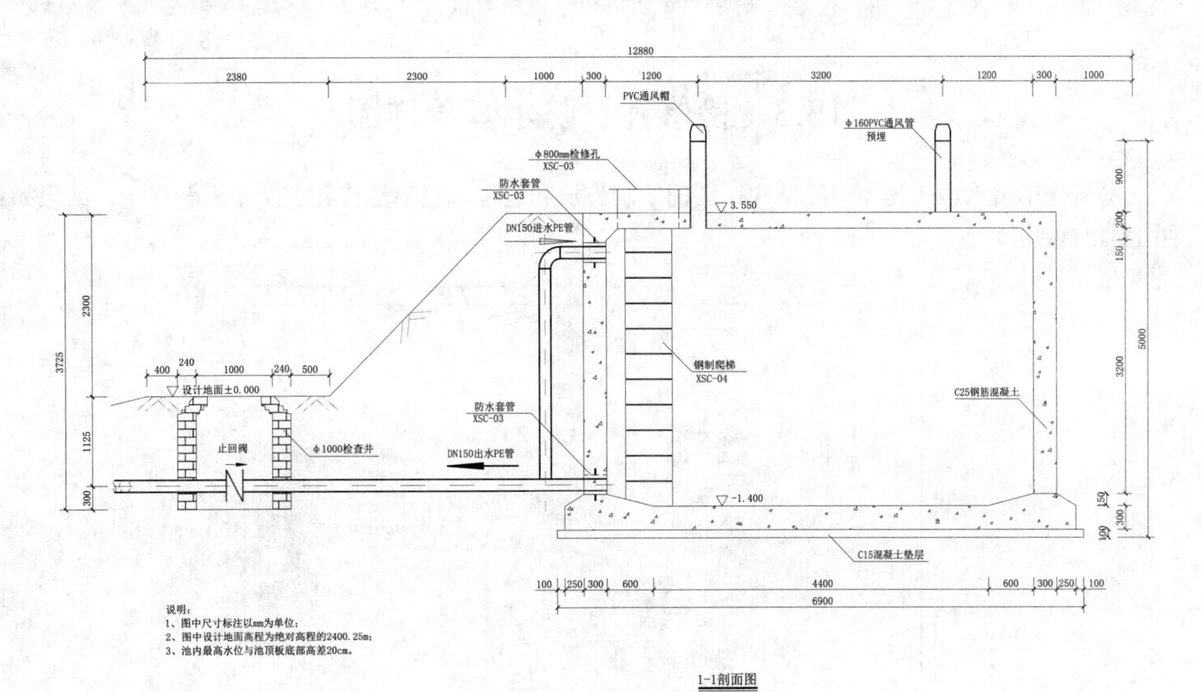

图 18-123　添加多行文字

动手练一练——水池剖面图

绘制如图 18-124 所示的水池剖面图。

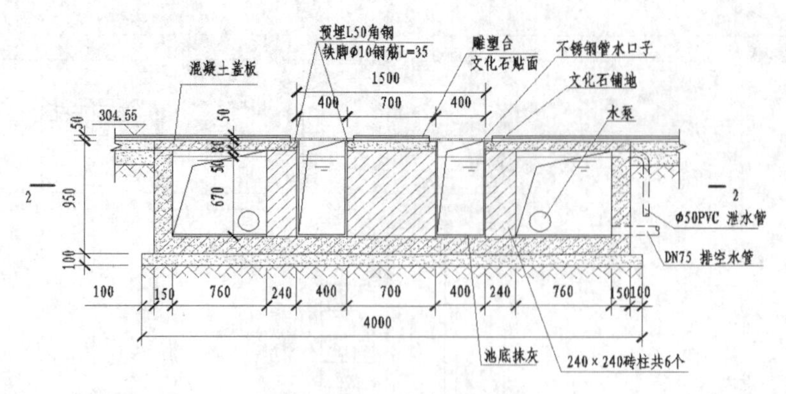

图 18-124 水池剖面图

思路点拨

（1）绘图前准备与设置。
（2）绘制剖面轮廓。
（3）绘制栈道、角铁和路沿。
（4）绘制水池和水管。
（5）填充图案。
（6）标注尺寸。
（7）标注文字。

18.3 检修孔、防水套管详图

本节介绍蓄水池工程图中的结构详图的绘制方法和过程，包括检修孔和防水套管详图，结果如图 18-125 所示。

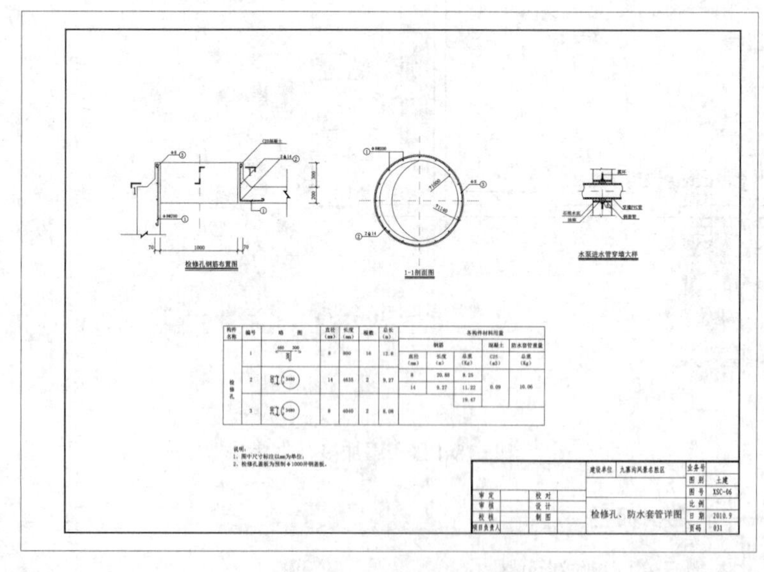

图 18-125 检修孔、防水套管详图

源文件：源文件\第 18 章\绘制检修孔钢筋布置图 .dwg

扫一扫，看视频

18.3.1　检修孔钢筋布置图

【操作步骤】

1. 绘制轮廓线

（1）将“轴线”图层设置为当前图层，单击“默认”选项卡“绘图”面板中的“直线”按钮，在图形空白位置任选一点为起点，竖直向下绘制长度为 1827 的竖直线段，如图 18-126 所示。

（2）将“结构线”图层设置为当前图层，单击“默认”选项卡“绘图”面板中的“直线”按钮，在上步绘制的中心线右侧选择一点作为线段起点，水平向右绘制一条长度为 2280 的水平线段，如图 18-127 所示。

图 18-126　绘制竖直线段　　图 18-127　绘制水平线段

（3）单击“默认”选项卡“绘图”面板中的“直线”按钮，选择上步绘制的水平线段左端点为起点，绘制连续线段，如图 18-128 所示。

（4）单击“默认”选项卡“修改”面板中的“偏移”按钮，选择第（2）步绘制的水平线段为偏移对象将其向下进行偏移，偏移距离为 1000，如图 18-129 所示。

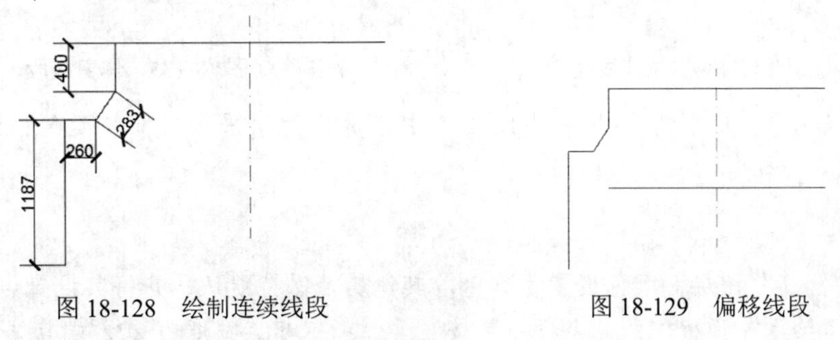

图 18-128　绘制连续线段　　图 18-129　偏移线段

（5）单击“默认”选项卡“修改”面板中的“偏移”按钮，选择左侧竖直线段为偏移对象，将其向右偏移，偏移距离为 600，如图 18-130 所示。

（6）单击“默认”选项卡“修改”面板中的“延伸”按钮，选择上步偏移的竖直线段为延伸对象，将其向上延伸，如图 18-131 所示。

（7）单击“默认”选项卡“修改”面板中的“修剪”按钮，选择延伸线段为修剪对象对其进行修剪处理，如图 18-132 所示。

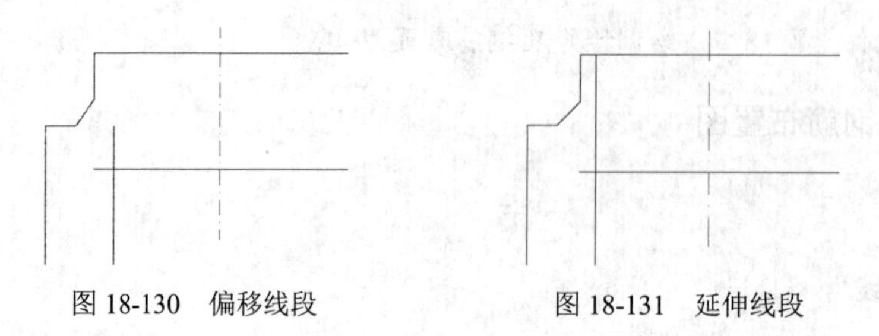

图 18-130　偏移线段　　　　图 18-131　延伸线段

（8）单击“默认”选项卡“修改”面板中的“镜像”按钮，选择图形左半部分为镜像对象，对其进行竖直镜像，如图 18-133 所示。

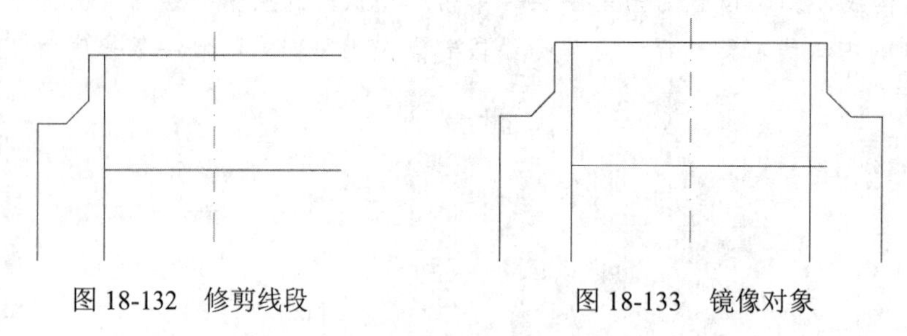

图 18-132　修剪线段　　　　图 18-133　镜像对象

（9）单击如图 18-134 所示的水平线段，出现夹点将其向右拉伸 1135。

（10）单击“默认”选项卡“修改”面板中的“修剪”按钮，选择线段为修剪对象对其进行修剪处理，如图 18-135 所示。

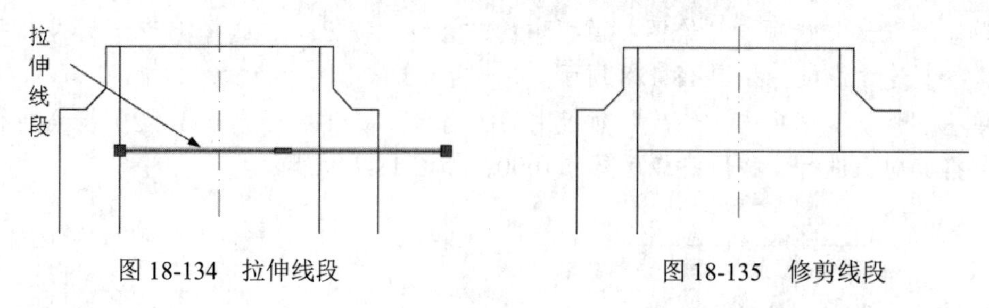

图 18-134　拉伸线段　　　　图 18-135　修剪线段

（11）利用第（9）步中的方法将图 18-135 中修剪后的水平线段向右延伸，结果如图 18-136 所示。

2. 绘制钢筋

（1）新建“钢筋”图层，颜色设置为红色，其他属性保持默认，并将其设置为当前图层。单击“默认”选项卡“绘图”面板中的“多段线”按钮，指定起点宽度为 20，端点宽度为 20，在图形左侧位置绘制钢筋，如图 18-137 所示。

（2）单击“默认”选项卡“绘图”面板中的“圆”按钮，在多段线一侧绘制半径为 15 的圆，如图 18-138 所示。

（3）单击“默认”选项卡“绘图”面板中的“图案填充”按钮，选择圆为填充区域，设置填充图案为 SOLID，如图 18-139 所示。

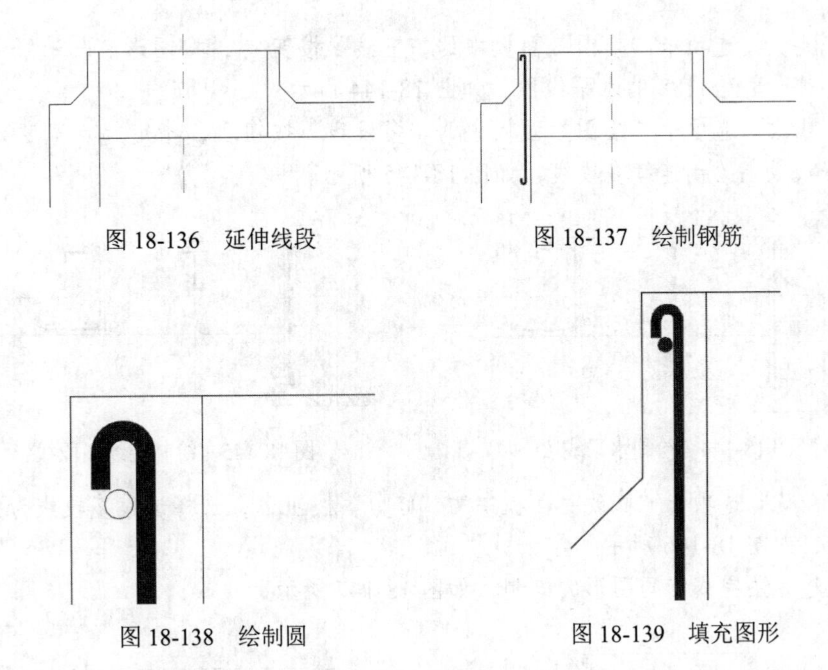

图 18-136　延伸线段　　图 18-137　绘制钢筋

图 18-138　绘制圆　　图 18-139　填充图形

（4）单击“默认”选项卡“修改”面板中的“复制”按钮，选择填充后的圆为复制对象，对其执行复制操作，选择填充圆圆心作为复制基点，设置复制距离为 400，如图 18-140 所示。

（5）利用上述方法完成剩余钢筋的绘制，如图 18-141 所示。

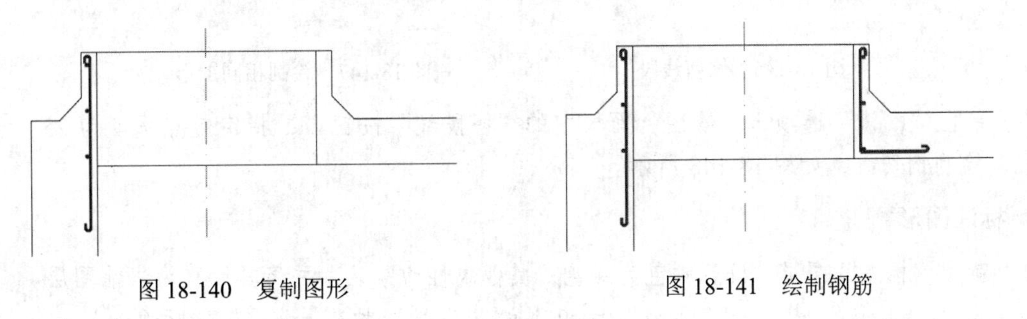

图 18-140　复制图形　　图 18-141　绘制钢筋

3. 绘制剖切符号

（1）将“结构线”图层置为当前图层，单击“默认”选项卡“绘图”面板中的“多段线”按钮，指定起点宽度为 25，端点宽度为 25，绘制连续多段线，如图 18-142 所示。

（2）利用上述方法完成剩余相同图形的绘制，如图 18-143 所示。

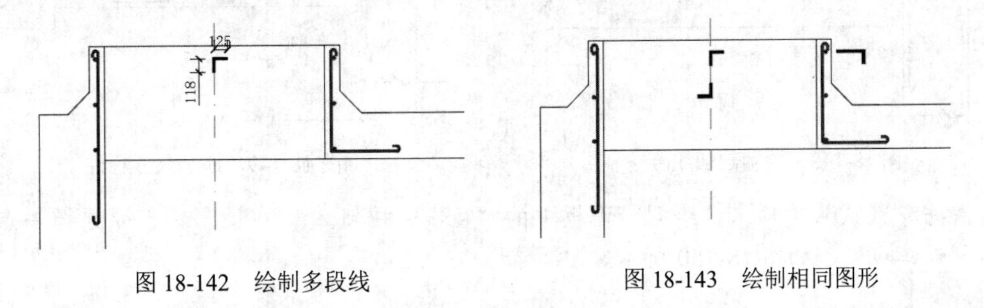

图 18-142　绘制多段线　　图 18-143　绘制相同图形

（3）单击“默认”选项卡“绘图”面板中的“直线”按钮，在图形底部选择一点作为线段起点水平向右绘制长度为 1188 的水平线段，如图 18-144 所示。

（4）单击“默认”选项卡“绘图”面板中的“多段线”按钮，指定起点宽度为 20，端点宽度为 20，在水平线段上绘制连续多段线，如图 18-145 所示。

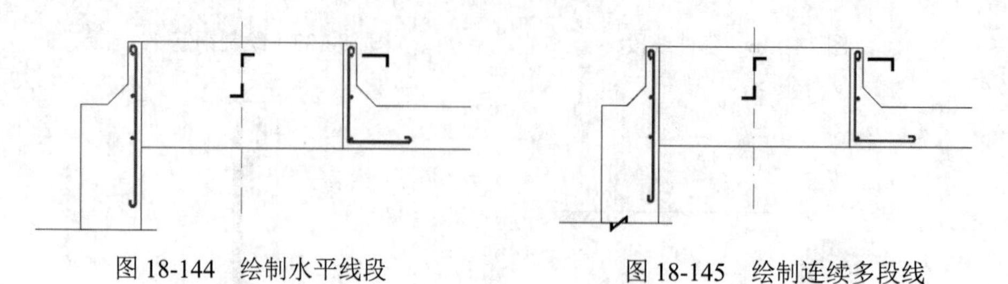

图 18-144　绘制水平线段　　图 18-145　绘制连续多段线

（5）单击“默认”选项卡“修改”面板中的“修剪”按钮，选择连续多段线为修剪对象，对其进行修剪处理，如图 18-146 所示。

（6）利用上述方法完成相同图形的绘制，如图 18-147 所示。

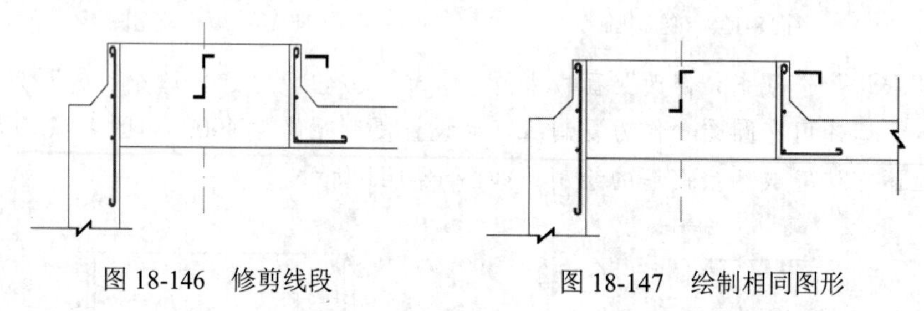

图 18-146　修剪线段　　图 18-147　绘制相同图形

（7）单击“默认”选项卡“绘图”面板中的“多段线”按钮，指定起点宽度为 25、端点宽度为 25，绘制剖切线，如图 18-148 所示。

4. 标注图形

（1）新建“标注”图层，设置颜色为绿色，其他属性为默认，并将其设置为当前图层。

（2）单击“默认”选项卡“注释”面板中的“线性”按钮，为图形添加尺寸标注，如图 18-149 所示。

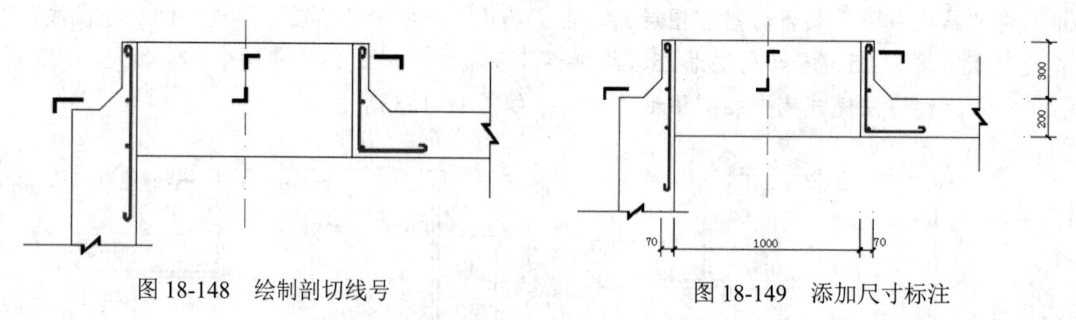

图 18-148　绘制剖切线号　　图 18-149　添加尺寸标注

（3）单击“默认”选项卡“绘图”面板中的“直线”按钮，在图形钢筋处选择一点作为线段起点绘制连续线段，如图 18-150 所示。

（4）单击"默认"选项卡"注释"面板中的"多行文字"按钮A，在连续线段上添加文字，如图 18-151 所示。

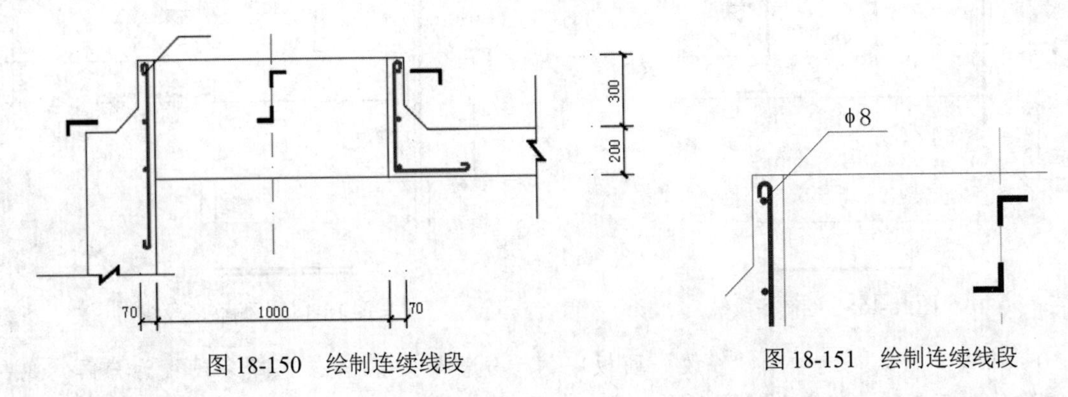

图 18-150　绘制连续线段　　图 18-151　绘制连续线段

（5）单击"默认"选项卡"绘图"面板中的"圆"按钮，在连续线段上部水平线段右端点处选择一点作为圆的圆心，绘制半径为 80 的圆，如图 18-152 所示。

（6）单击"默认"选项卡"注释"面板中的"多行文字"按钮A，在圆内添加文字，如图 18-153 所示。

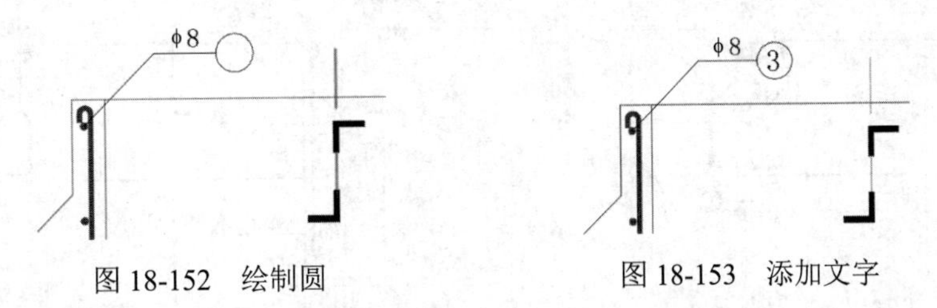

图 18-152　绘制圆　　图 18-153　添加文字

（7）利用 QLEADER（快速引线标注）命令完成剩余文字说明的添加，如图 18-154 所示。

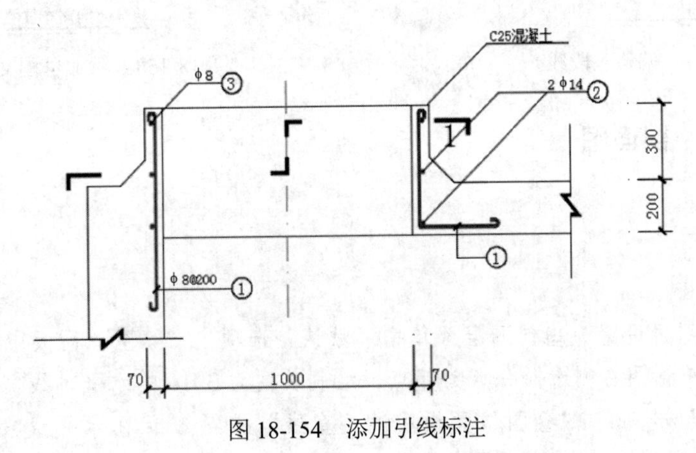

图 18-154　添加引线标注

（8）单击"默认"选项卡"绘图"面板中的"多段线"按钮，指定起点宽度为 20，端点宽度为 20，在图形底部绘制长度为 1370 的水平多段线，如图 18-155 所示。

（9）单击"默认"选项卡"修改"面板中的"偏移"按钮，选择水平多段线为偏移对象，将其向下偏移，偏移距离为 50，如图 18-156 所示。

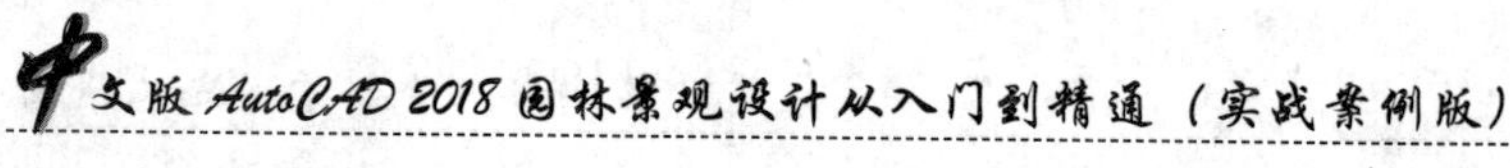

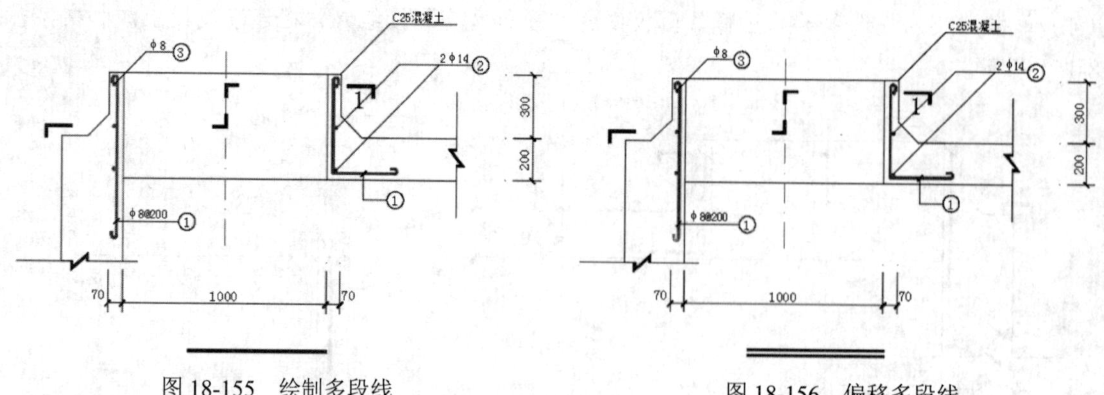

图 18-155　绘制多段线　　　　图 18-156　偏移多段线

（10）单击“默认”选项卡“修改”面板中的“分解”按钮，选择多段线为分解对象，按Enter键确认对其分解，如图18-157所示。

（11）单击“默认”选项卡“注释”面板中的“多行文字”按钮A，在多段线上添加总图文字说明，如图18-158所示。

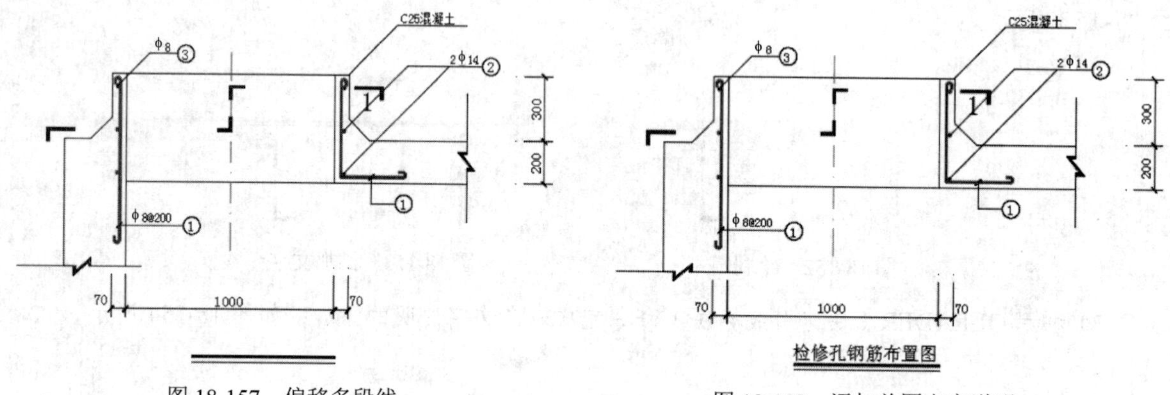

图 18-157　偏移多段线　　　　图 18-158　添加总图文字说明

扫一扫，看视频

18.3.2　检修孔1-1剖面图

【操作步骤】

1. 绘制轴线

（1）将“轴线”图层设置为当前图层，单击“默认”选项卡“绘图”面板中的“直线”按钮，在绘制的检修孔钢筋布置图右侧选择一点为起点，绘制长度为3016的水平轴线，如图18-159所示。

（2）单击“默认”选项卡“绘图”面板中的“直线”按钮，在水平线段中点上方选择一条为起点，竖直向下绘制长度为3231的竖直线段，如图18-160所示。

2. 绘制剖面图

（1）将“结构线”图层设置为当前图层，单击“默认”选项卡“绘图”面板中的“圆”按钮，以十字交叉线交点为圆心，绘制半径为1000的圆，如图18-161所示。

图 18-159 水平轴线　　图 18-160 绘制竖直线段

（2）单击“默认”选项卡“修改”面板中的“偏移”按钮，选择圆为偏移对象，将其向外偏移，偏移距离为 109、31，如图 18-162 所示。

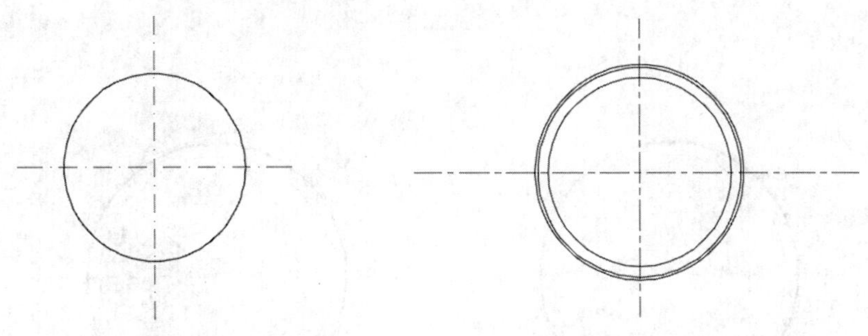

图 18-161 绘制半径为 1000 的圆　　图 18-162 偏移圆

（3）单击“默认”选项卡“绘图”面板中的“多段线”按钮，指定起点宽度为 20，端点宽度为 20，绕偏移后的第二个圆绘制多段线，如图 18-163 所示。

（4）单击“默认”选项卡“绘图”面板中的“圆弧”按钮，在偏移圆内绘制一段圆弧，如图 18-164 所示。

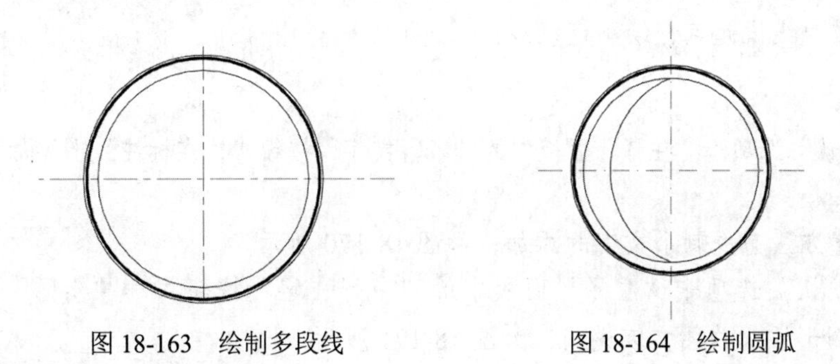

图 18-163 绘制多段线　　图 18-164 绘制圆弧

（5）单击“默认”选项卡“绘图”面板中的“圆”按钮，在图形内部绘制一个半径为 15 的圆，如图 18-165 所示。

（6）单击“默认”选项卡“绘图”面板中的“图案填充”按钮，选择圆为填充区域，设置图案为 SOLID，对其进行填充，如图 18-166 所示。

（7）单击“默认”选项卡“修改”面板中的“环形阵列”按钮，选择填充的圆为环形阵列对象，选择同心圆圆心为阵列基点，设置项目数为 16，效果如图 18-167 所示。

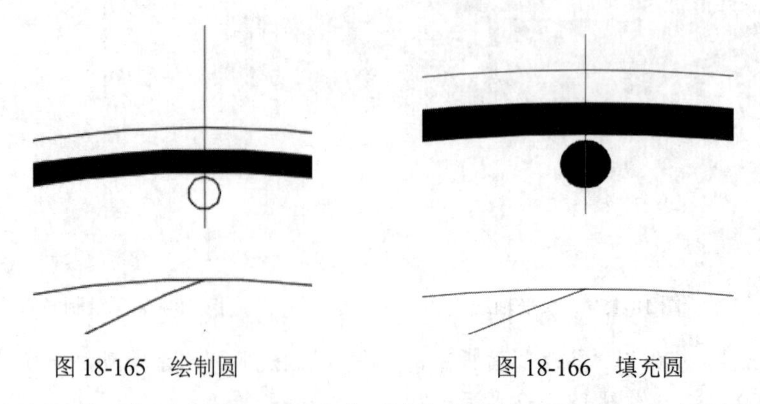

图 18-165　绘制圆　　　　图 18-166　填充圆

（8）单击“默认”选项卡“注释”面板中的“半径”按钮，为绘制完成的图形添加标注，如图 18-168 所示。

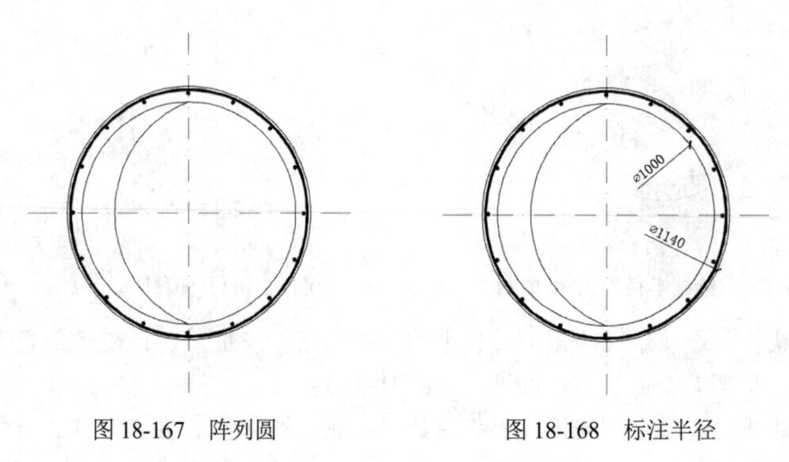

图 18-167　阵列圆　　　　图 18-168　标注半径

（9）单击“默认”选项卡“绘图”面板中的“直线”按钮和“多段线”按钮，在上步绘制图形上选择一点作为线段起点，绘制连续线段。

3. 标注图形

（1）单击“默认”选项卡“注释”面板中的“多行文字”按钮A，在标注线上添加文字，如图 18-169 所示。

（2）利用上述方法完成剩余文字的添加，如图 18-170 所示。

（3）单击“默认”选项卡“注释”面板中的“多行文字”按钮A和“绘图”面板中的“多段线”按钮，为图形添加总图文字说明，如图 18-171 所示。

扫一扫，看视频

18.3.3　水泵进水管穿墙大样

【操作步骤】

1. 绘制大样图

（1）将“轴线”图层设置为当前图层，利用“直线”命令绘制轴线，如图 18-172 所示。

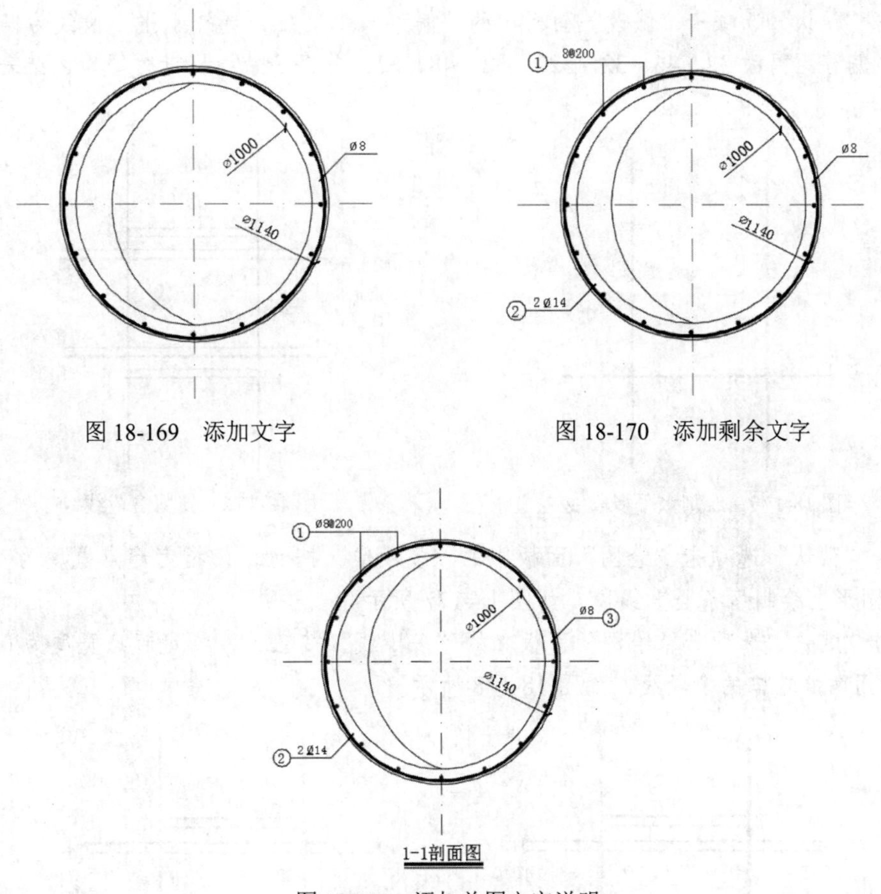

图 18-169 添加文字

图 18-170 添加剩余文字

图 18-171 添加总图文字说明

（2）将“结构线”图层设置为当前图层。单击“默认”选项卡“绘图”面板中的“多段线”按钮，指定起点宽度为 4.8，端点宽度为 4.8，在图形适当位置选择一点作为多段线起点，绘制长度为 1146 的竖直多段线，如图 18-173 所示。

（3）单击“默认”选项卡“修改”面板中的“偏移”按钮，选择竖直多段线为偏移对象，将其向右偏移，偏移距离为 480，如图 18-174 所示。

图 18-172 绘制中心线 图 18-173 绘制竖直多段线 图 18-174 偏移多段线

（4）单击“默认”选项卡“绘图”面板中的“多段线”按钮，指定起点宽度为 4.8，端点宽度为 4.8，在多段线上绘制一条长度为 976 的水平多段线，如图 18-175 所示。

（5）单击“默认”选项卡“修改”面板中的“偏移”按钮，选择水平多段线为偏移对象，将其向上偏移，偏移距离为 32、46、32、320、32、48、32，并将多余线段进行修剪，结果如图 18-176 所示。

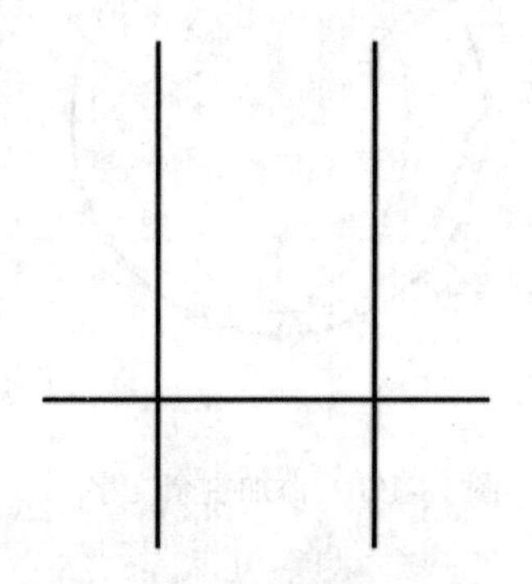

图 18-175　绘制水平多段线

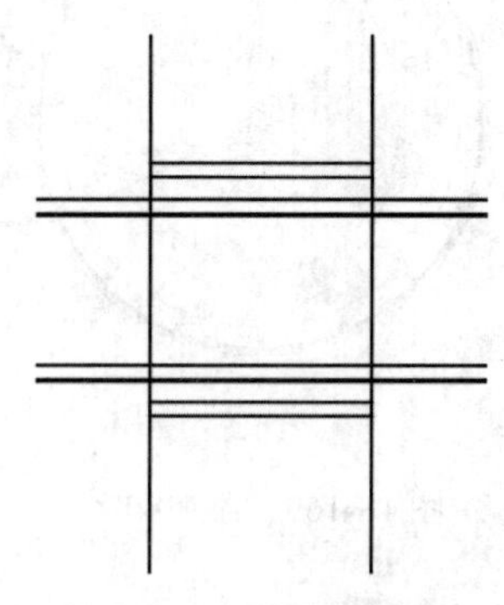

图 18-176　修剪多段线

（6）单击“默认”选项卡“绘图”面板中的“多段线”按钮，指定起点宽度为 4.8，端点宽度为 4.8，在图形上绘制多条竖直线段，如图 18-177 所示。

（7）单击“默认”选项卡“绘图”面板中的“多段线”按钮，指定起点宽度为 0，端点宽度为 0，绘制封闭两端端口的多段线，如图 18-178 所示。

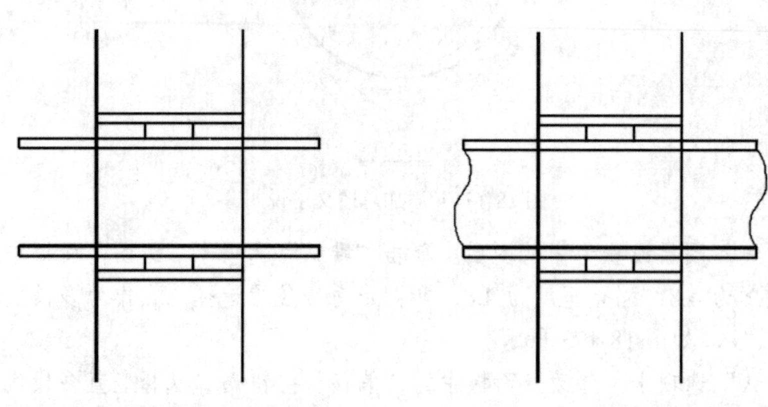

图 18-177　绘制多条竖直多段线　　图 18-178　绘制多段线

（8）单击“默认”选项卡“绘图”面板中的“多段线”按钮，指定起点宽度为 4.8，端点宽度为 4.8，在图形适当位置绘制连续多段线，如图 18-179 所示。

（9）单击“默认”选项卡“绘图”面板中的“多段线”按钮，指定起点宽度为 4.8，端点宽度为 4.8，在图形左侧绘制多段线，如图 18-180 所示。

（10）单击“默认”选项卡“绘图”面板中的“镜像”按钮，选择上步所绘多段线为镜像对象，将其向右进行竖直镜像，如图 18-181 所示。

（11）单击“默认”选项卡“修改”面板中的“镜像”按钮，选择上步所绘图形为镜像对象，对其进行水平镜像，如图 18-182 所示。

（12）单击“默认”选项卡“修改”面板中的“修剪”按钮，选择图形间的线段为修剪对象，对其进行修剪处理，如图 18-183 所示。

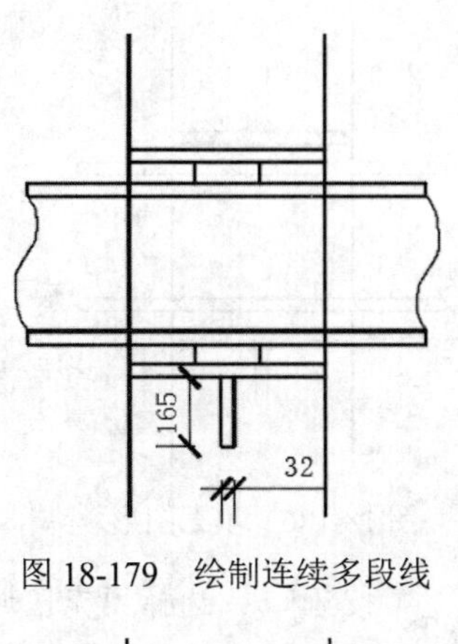

图 18-179　绘制连续多段线

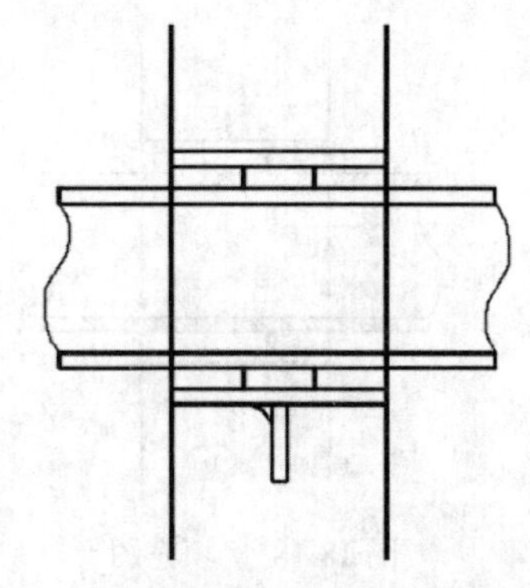
图 18-180　绘制连续多段线

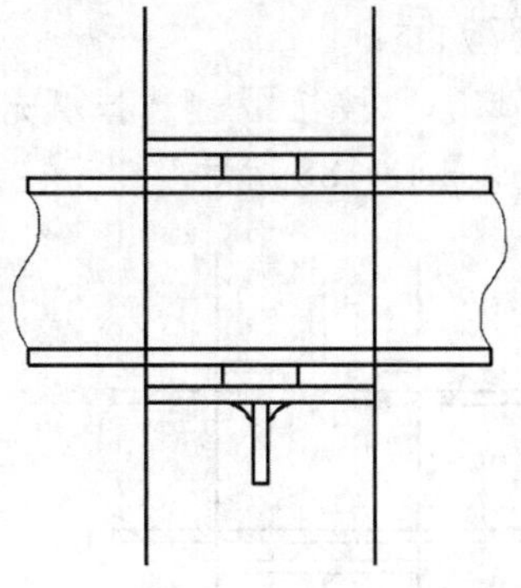
图 18-181　镜像图形

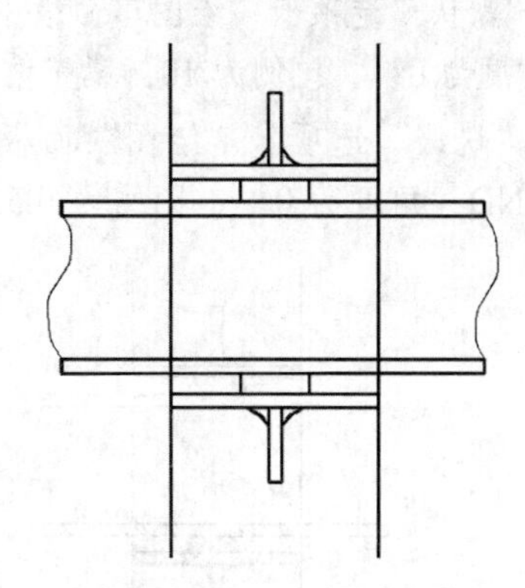
图 18-182　镜像图形

2. 填充图形

（1）单击“默认”选项卡“绘图”面板中的“图案填充”按钮▨，选择填充区域，选择填充图案为 ANSI31、角度为 270°、比例为 5，填充结果如图 18-184 所示。

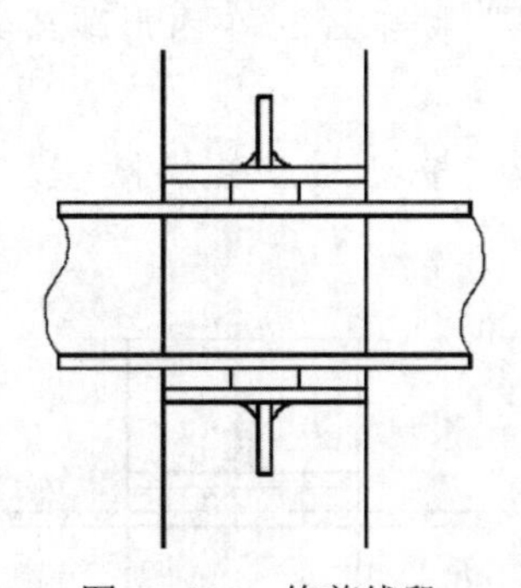
图 18-183　修剪线段

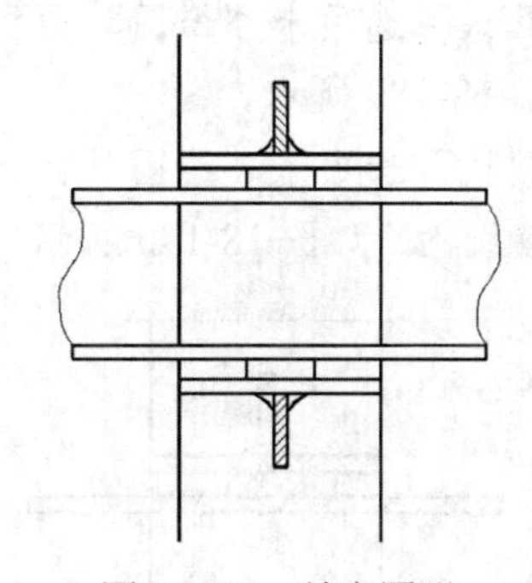
图 18-184　填充图形

（2）单击“默认”选项卡“绘图”面板中的“图案填充”按钮▨，选择填充区域，选择填充图案为 ANSI32、角度为 45°、比例为 5，填充结果如图 18-185 所示。

（3）单击“默认”选项卡“绘图”面板中的“图案填充”按钮▨，选择填充区域，选择填充图案为 ANSI31、角度为 0°、比例为 0.5，填充结果如图 18-186 所示。

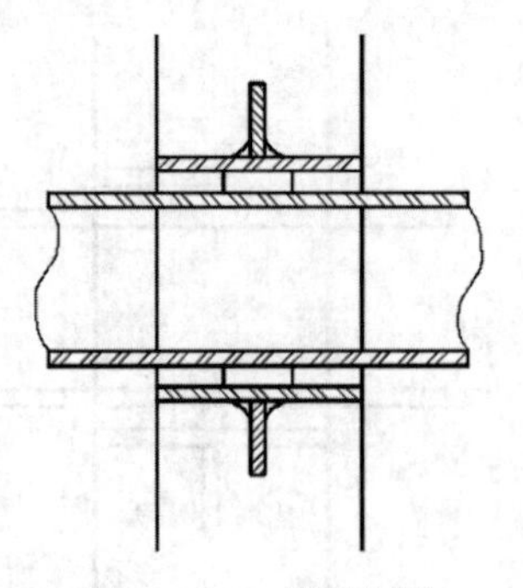

图 18-185　填充图形

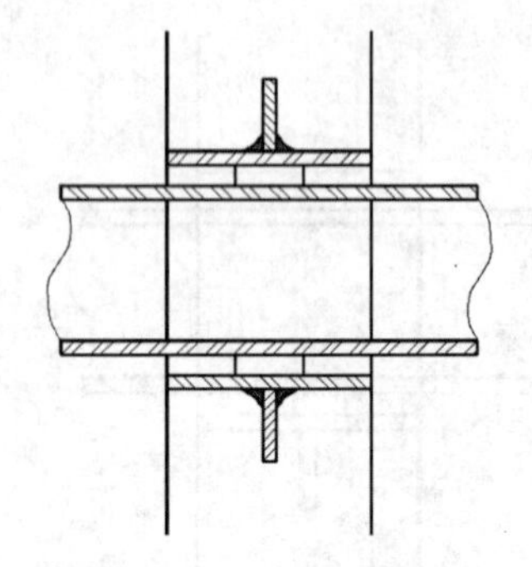

图 18-186　填充图形

（4）单击“默认”选项卡“绘图”面板中的“图案填充”按钮，选择填充区域，选择填充图案为 AR-SI37、角度为 0°、比例为 10，填充结果如图 18-187 所示。

（5）单击“默认”选项卡“绘图”面板中的“图案填充”按钮，选择填充区域，选择填充图案为 AR-SAND、角度为 0°、比例为 0.5，填充结果如图 18-188 所示。

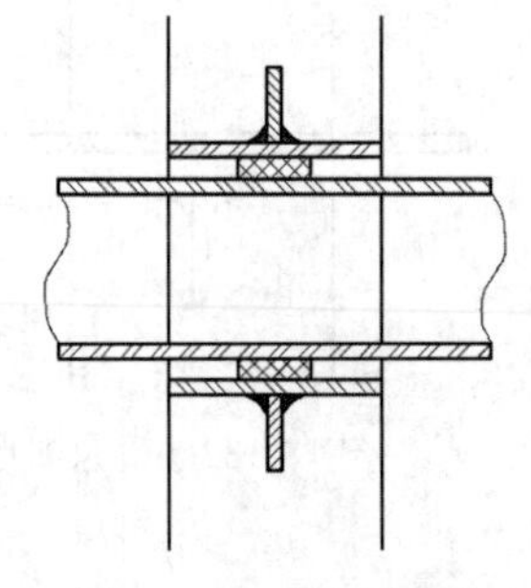

图 18-187　填充图形

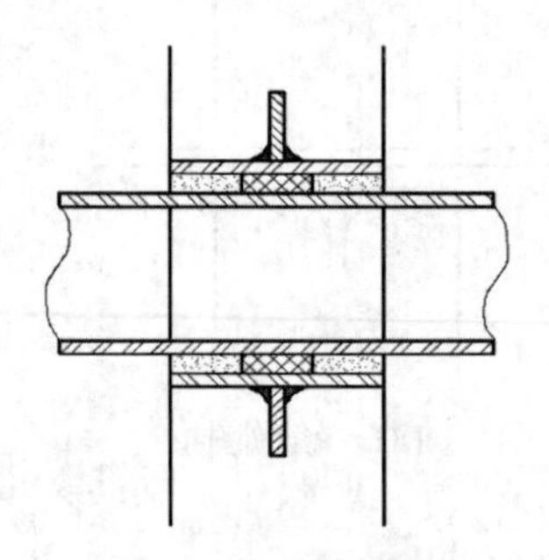

图 18-188　填充图形

3. 细化图形

（1）单击“默认”选项卡“绘图”面板中的“直线”按钮，在图形顶部绘制一段适当长度的水平线段，如图 18-189 所示。

（2）单击“默认”选项卡“绘图”面板中的“直线”按钮，在水平线段上选择一点作为线段起点，绘制连续线段，如图 18-190 所示。

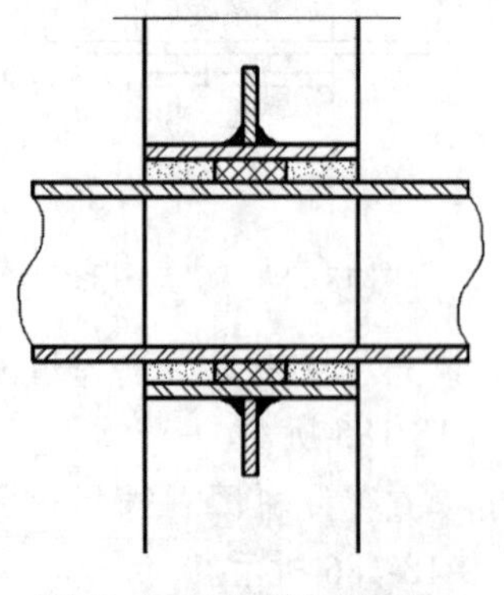

图 18-189　绘制水平线段

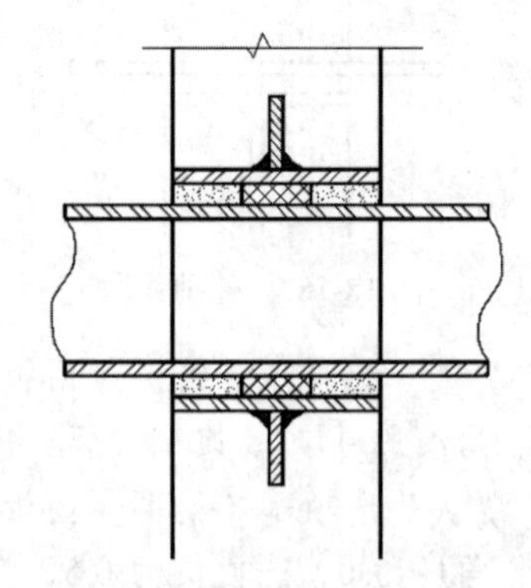

图 18-190　绘制连续线段

（3）单击“默认”选项卡“修改”面板中的“修剪”按钮，选择连续线段间的线段为修剪对象对其进行修剪处理，如图 18-191 所示。

（4）利用上述方法完成相同图形的绘制，如图 18-192 所示。

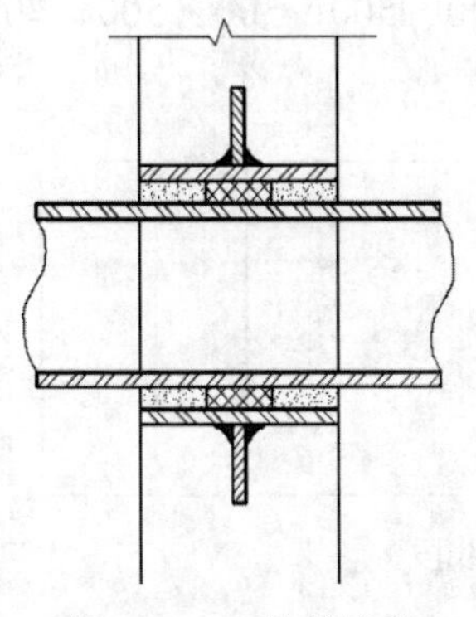

图 18-191 修剪线段

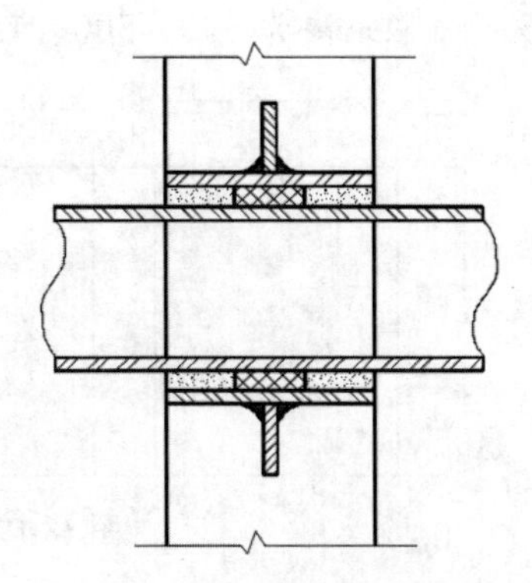

图 18-192 绘制相同图形

4. 添加文字和说明

（1）单击“默认”选项卡“绘图”面板中的“直线”按钮和“注释”面板中的“多行文字”按钮，为图形添加剩余的文字说明，如图 18-193 所示。

（2）将“轴线”图层打开，单击“默认”选项卡“绘图”面板中的“多段线”按钮和“注释”面板中的“多行文字”按钮，为图形添加总图文字说明。最终完成水泵进水管穿墙大样图的绘制，如图 18-194 所示。

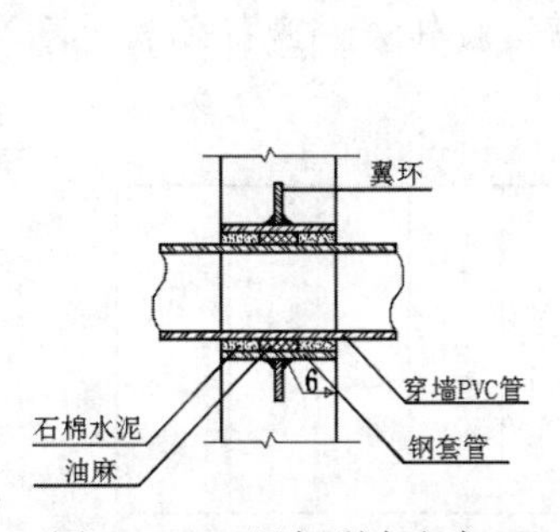

图 18-193 添加剩余文字

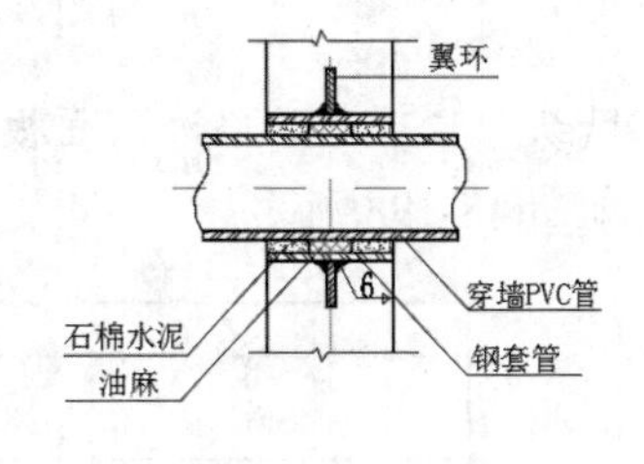

图 18-194 绘制大样图

（3）单击“默认”选项卡“绘图”面板中的“矩形”按钮，在图形下方绘制一个 8244×2445 的矩形，如图 18-195 所示。

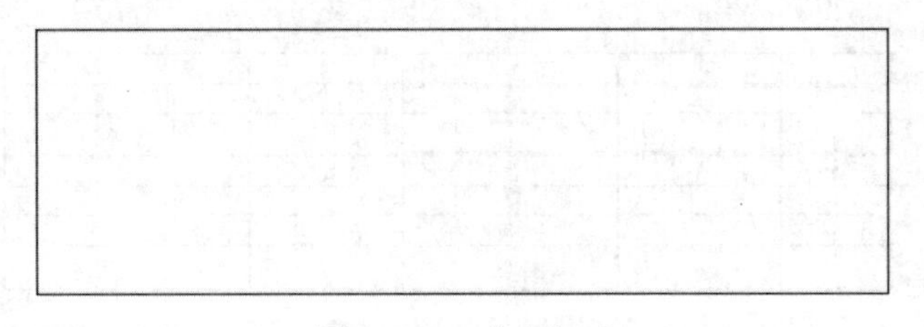

图 18-195 绘制矩形

（4）单击“默认”选项卡“修改”面板中的“分解”按钮，选择矩形为分解对象，按 Enter 键确认对其进行分解，使其变成独立的线段。

（5）单击“默认”选项卡“修改”面板中的“偏移”按钮，选择左侧竖直线段为偏移对象，将其向右偏移，偏移距离为 500、500、1510、500、500、500、500、709、709、709、694，如图 18-196 所示。

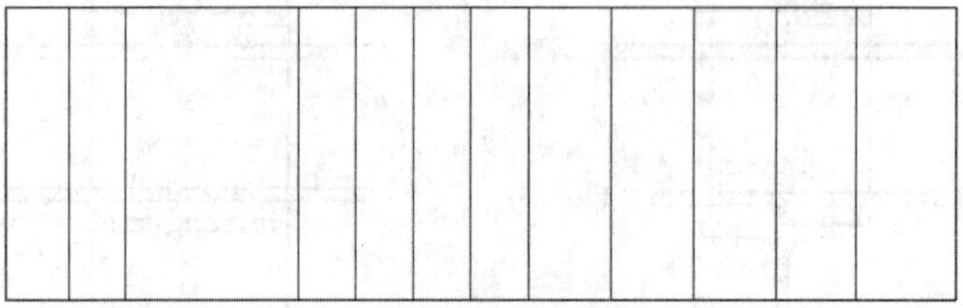

图 18-196　偏移线段

（6）单击“默认”选项卡“修改”面板中的“偏移”按钮，选择分解矩形上部水平边为偏移对象，将其向下偏移，偏移距离为 354、660、660，如图 18-197 所示。

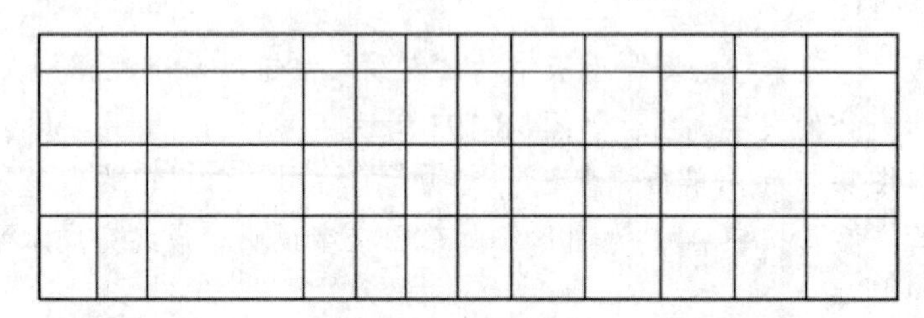

图 18-197　偏移线段

（7）单击“默认”选项卡“修改”面板中的“修剪”按钮，选择偏移对象为修剪对象，对其进行修剪处理，如图 18-198 所示。

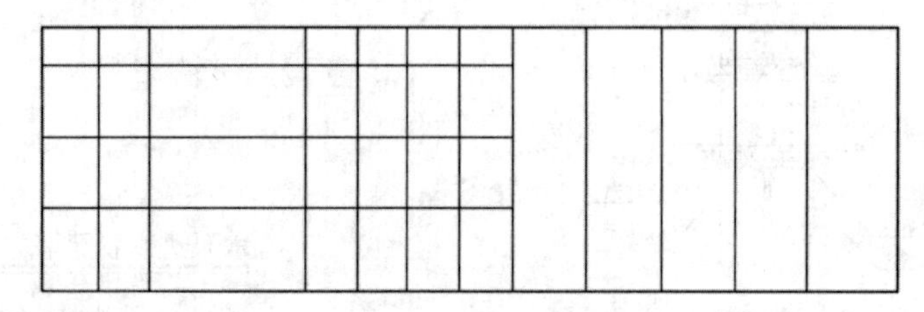

图 18-198　修剪线段

（8）单击“默认”选项卡“修改”面板中的“偏移”按钮，选择水平直线为偏移对象，将其向下偏移，偏移距离为 310、310、440、311、311、311，如图 18-199 所示。

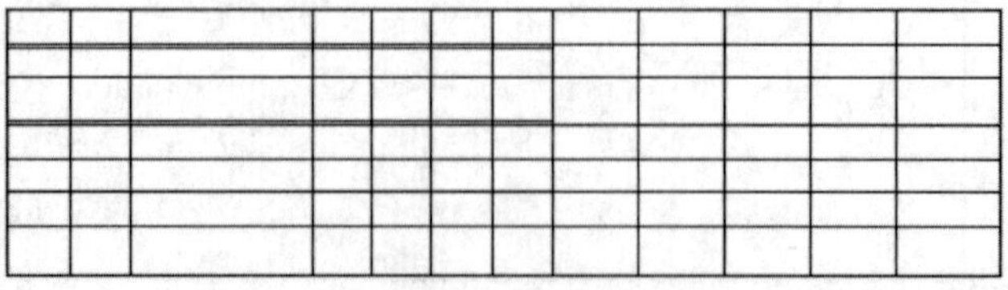

图 18-199　偏移线段

（9）单击“默认”选项卡“修改”面板中的“修剪”按钮，选择偏移线段为修剪对象对其进行修剪处理，如图 18-200 所示。

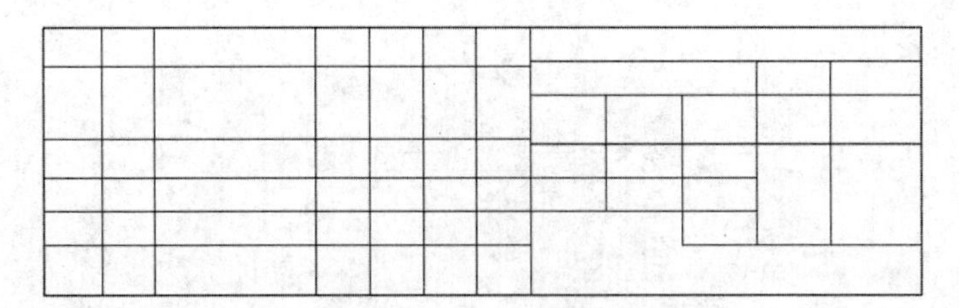

图 18-200　修剪线段

（10）单击“默认”选项卡“注释”面板中的“多行文字”按钮A，在图形内添加文字，如图 18-201 所示。

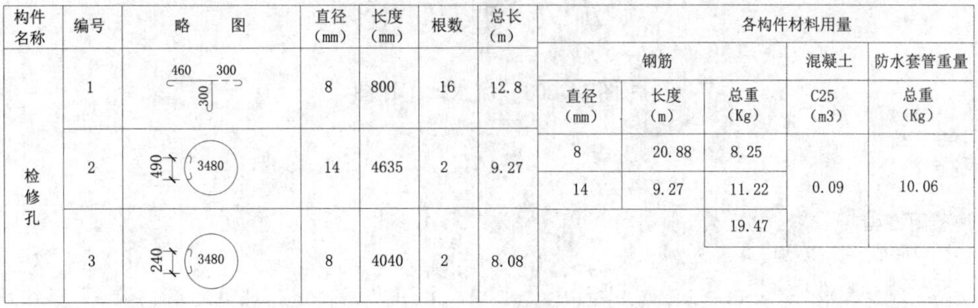

构件名称	编号	略图	直径（mm）	长度（mm）	根数	总长（m）	各构件材料用量				
							钢筋			混凝土	防水套管重量
							直径（mm）	长度（m）	总重（Kg）	C25（m3）	总重（Kg）
检修孔	1	460 300 300	8	800	16	12.8	8	20.88	8.25	0.09	10.06
	2	490 3480	14	4635	2	9.27	14	9.27	11.22		
	3	240 3480	8	4040	2	8.08			19.47		

图 18-201　添加文字

（11）单击“默认”选项卡“注释”面板中的“多行文字”按钮A，在图形底部添加总图文字说明，如图 18-202 所示。

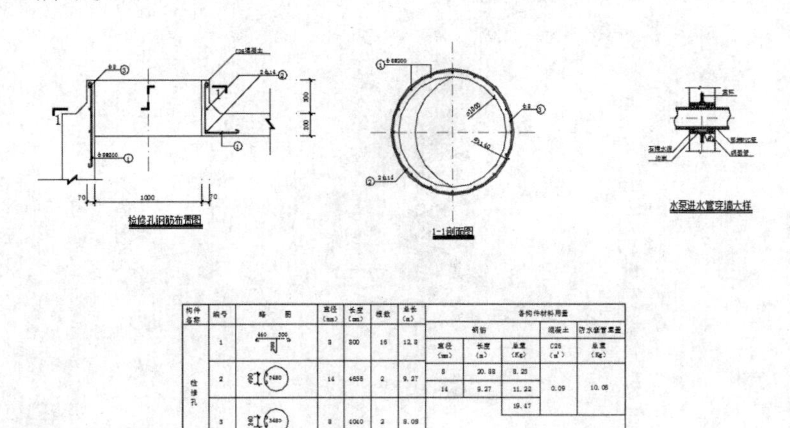

图 18-202　添加总图文字说明

（12）单击“默认”选项卡“块”面板中的“插入”按钮，选择前面保存的A3 图框为插入对象将其插入到图形中，如图 18-125 所示。

动手练一练——流水槽①详图

绘制如图 18-203 所示的流水槽①详图。

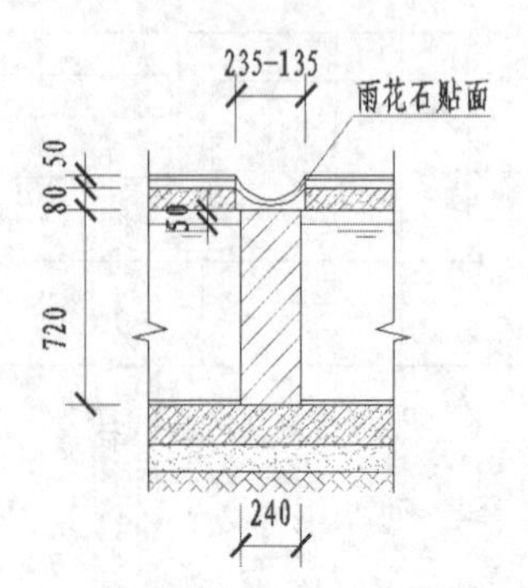

流水槽①详图

图 18-203　流水槽①详图

思路点拨

（1）绘图前准备与设置。
（2）绘制详图轮廓。
（3）填充基础和喷池。
（4）标注尺寸。
（5）标注文字。

第 19 章　绘制灌溉系统工程图

内容简介

植物园灌溉系统除了上一章讲到的蓄水池外，还包括离心泵房、管路、检查井和镇墩等。

本章将以某游览胜地配套植物园灌溉系统工程图设计为例，讲解植物园灌溉系统工程图设计的基本思路和方法。

内容要点

- 离心泵房平面图
- 检查井、镇墩详图

案例效果

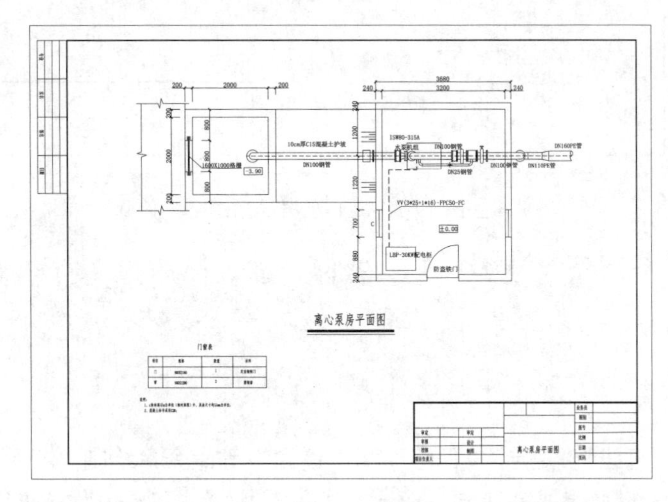

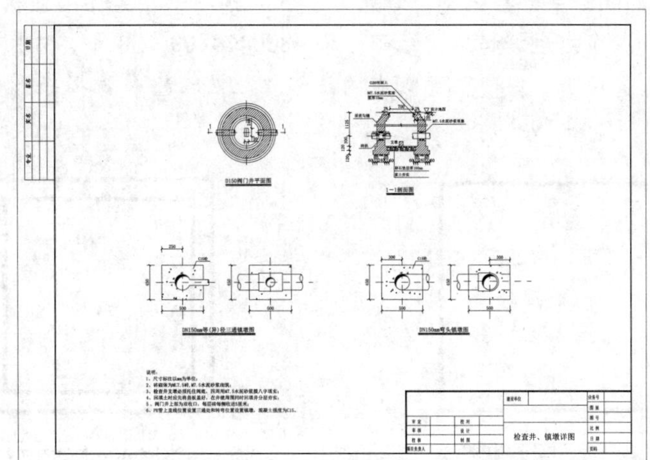

19.1 离心泵房平面图

离心泵相当于灌溉系统的心脏，为灌溉系统提供动力，图 19-1 为离心泵房平面图。本节将介绍离心泵房平面图设计的基本方法和过程。

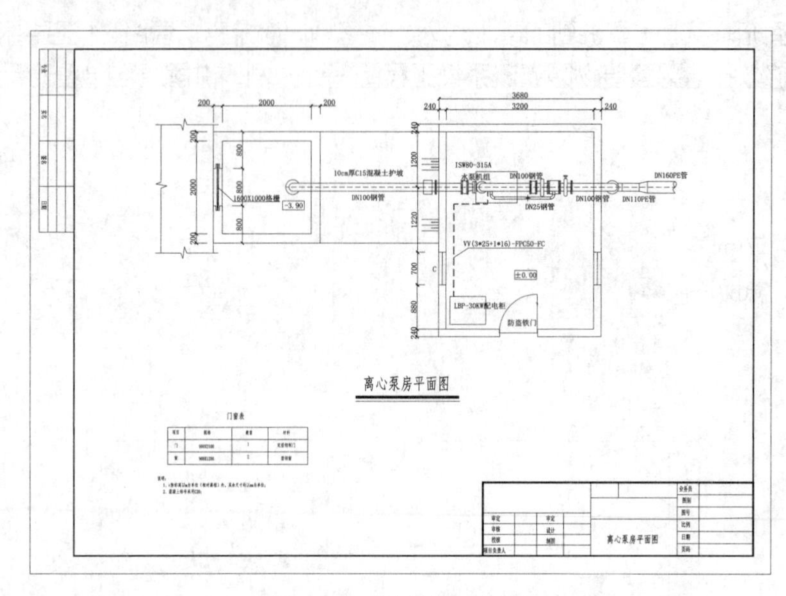

图 19-1　离心泵房平面图

源文件：源文件 \ 第 19 章 \ 绘制离心泵房 .dwg

扫一扫，看视频

19.1.1 离心泵房

【操作步骤】

利用功能区中的“直线”“矩形”“偏移”和“镜像”等命令，绘制离心泵房。

（1）将线宽设置为 0.4，并开启线宽。单击“默认”选项卡“绘图”面板中的“矩形”按钮，在图形空白位置任选一点作为矩形起点，绘制一个 4800×4800 的矩形，如图 19-2 所示。

（2）单击“默认”选项卡“修改”面板中的“偏移”按钮，选择矩形为偏移对象，将其向内偏移，偏移距离为 400，如图 19-3 所示。

图 19-2　绘制矩形

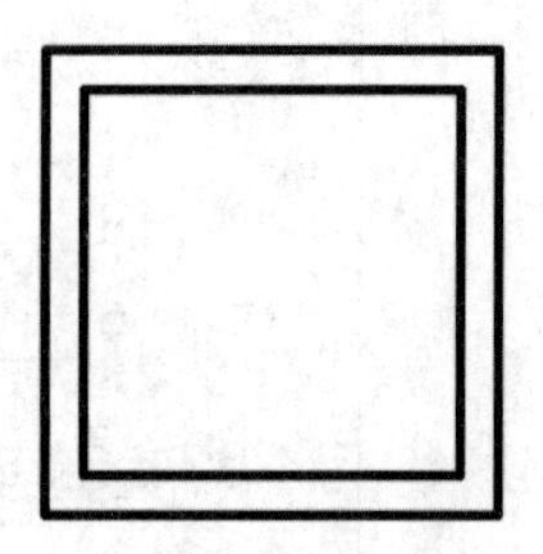

图 19-3　偏移矩形

（3）单击“默认”选项卡“绘图”面板中的“直线”按钮，在矩形左侧竖直边上绘制连续直线，如图19-4所示。

（4）单击“默认”选项卡“修改”面板中的“镜像”按钮，选择连续线段为镜像对象，对其进行水平镜像，如图19-5所示。

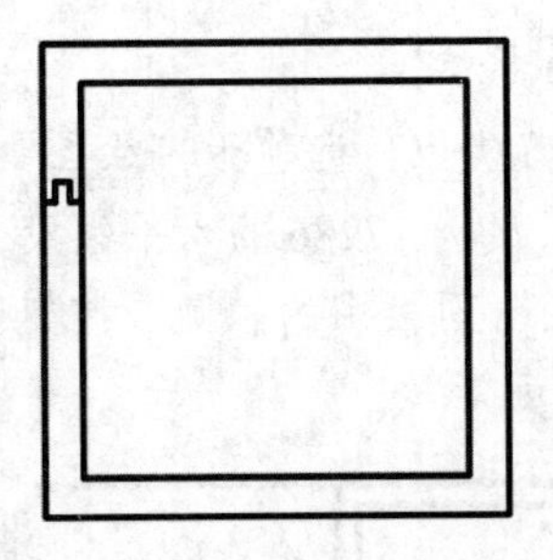

图19-4　绘制连续直线

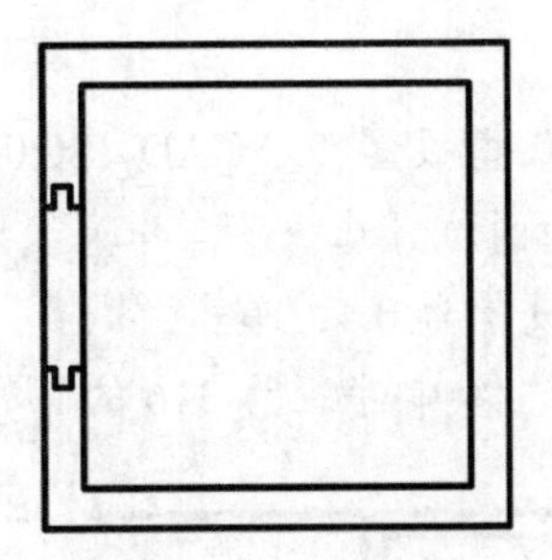

图19-5　镜像图形

（5）单击“默认”选项卡“修改”面板中的“修剪”按钮，选择图形间的线段为修剪对象对其进行修剪，如图19-6所示。

（6）单击“默认”选项卡“绘图”面板中的“直线”按钮，以如图19-7所示的点为线段起点垂直向下绘制一条垂直线段，线段线宽为0。

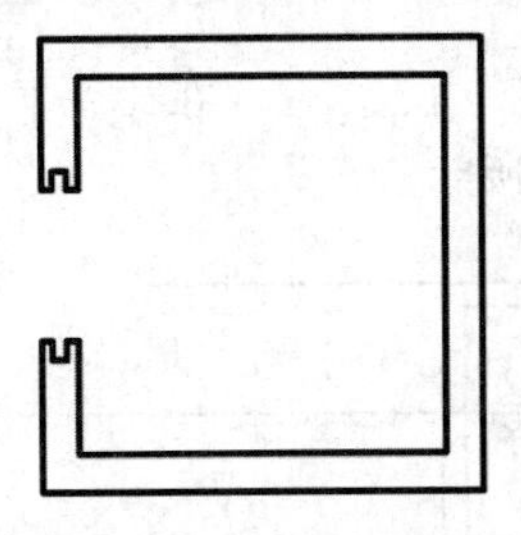

图19-6　修剪线段

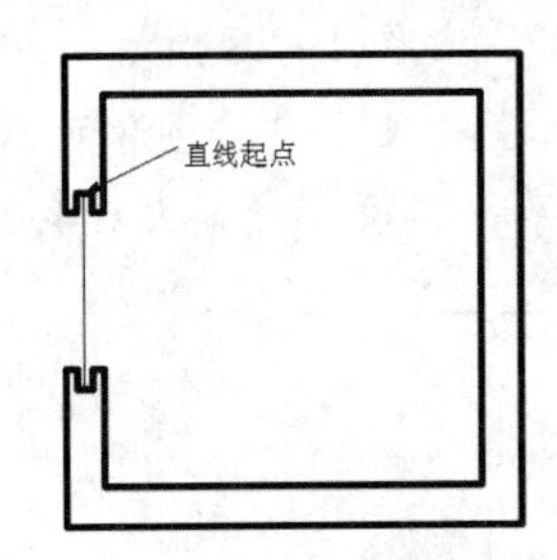

图19-7　绘制直线

（7）单击“默认”选项卡“修改”面板中的“偏移”按钮，选择竖直线段为偏移对象，分别向线段左右两侧偏移，偏移距离为32、165，如图19-8所示。

（8）将线宽设置为0.4，单击“默认”选项卡“绘图”面板中的“直线”按钮，以矩形外部水平边右端点为线段起点，水平向右绘制长度为5287的线段，如图19-9所示。

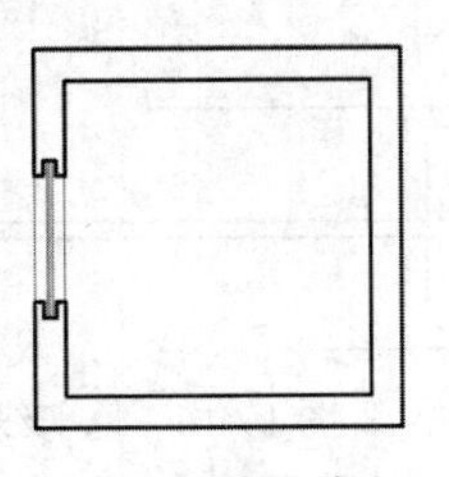

图19-8　偏移线段

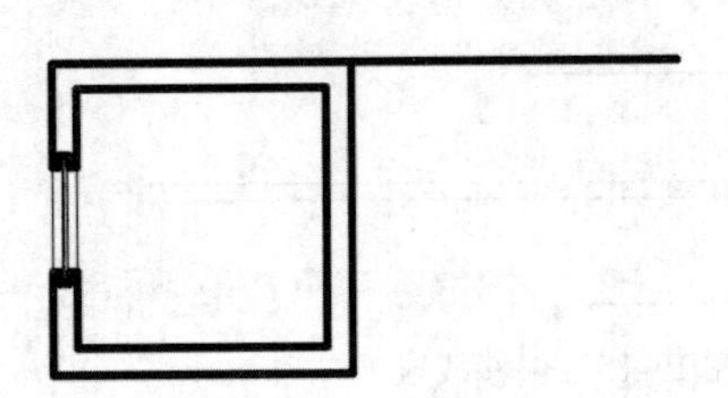

图19-9　绘制水平线段

（9）单击“默认”选项卡“修改”面板中的“偏移”按钮，选择水平线段为偏移对象将其向下进行偏移，偏移距离为4800，如图19-10所示。

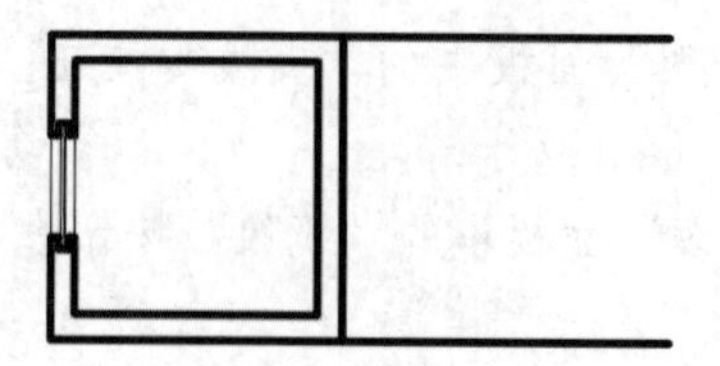

图 19-10　偏移水平线段

（10）将线段线型设置为 ACAD_ISO04W100，单击“默认”选项卡“绘图”面板中的“直线”按钮，在图形中间位置选择一点作为线段起点，绘制长度为 17286 的水平线段，如图 19-11 所示。

（11）将线宽设置为 0.4，单击“默认”选项卡“绘图”面板中的“圆”按钮，在线段上选择一点作为圆的圆心，绘制半径为 316 的圆，如图 19-12 所示。

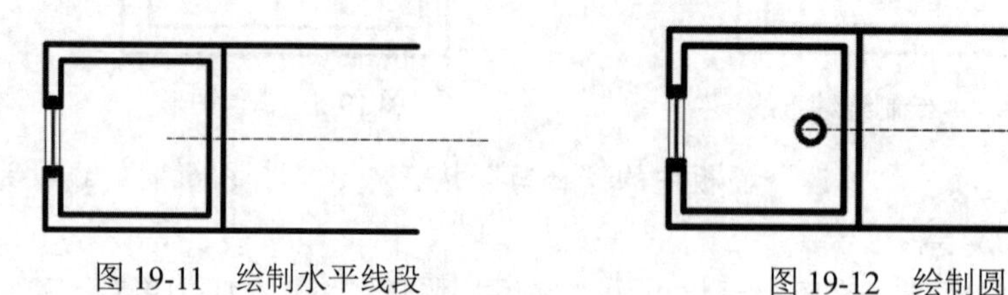

图 19-11　绘制水平线段　　　图 19-12　绘制圆

（12）单击“默认”选项卡“修改”面板中的“偏移”按钮，选择圆为偏移对象，将其向内偏移，偏移距离为 147，如图 19-13 所示。

（13）单击“默认”选项卡“绘图”面板中的“直线”按钮，在距离第（11）步线段 169 处绘制长度为 15381 的水平线段，线宽为 0.4，如图 19-14 所示。

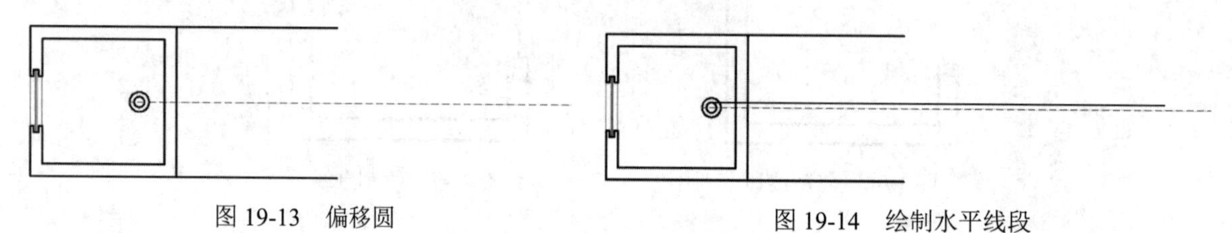

图 19-13　偏移圆　　　图 19-14　绘制水平线段

（14）单击“默认”选项卡“修改”面板中的“偏移”按钮，选择水平线段为偏移对象，将其向下偏移，偏移距离为 338，如图 19-15 所示。

（15）单击“默认”选项卡“修改”面板中的“修剪”按钮，选择偏移线段间的图形为修剪对象，对其进行修剪处理，如图 19-16 所示。

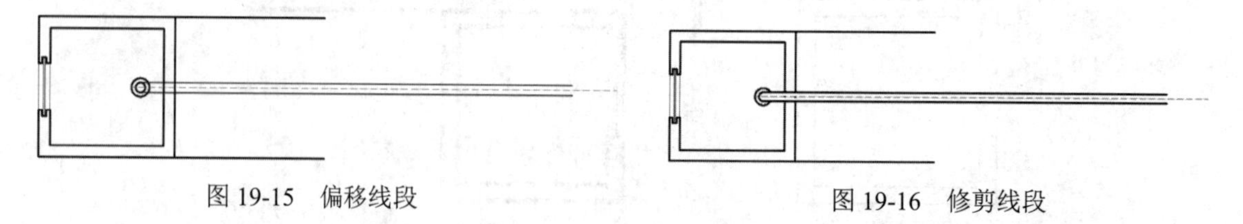

图 19-15　偏移线段　　　图 19-16　修剪线段

（16）单击“绘图”工具栏中的“直线”按钮，在偏移线段上绘制连续线段，如图 19-17 所示。

（17）单击“修改”工具栏中的“镜像”按钮，选择连续线段为镜像对象，对其进行水平镜像，如图 19-18 所示。

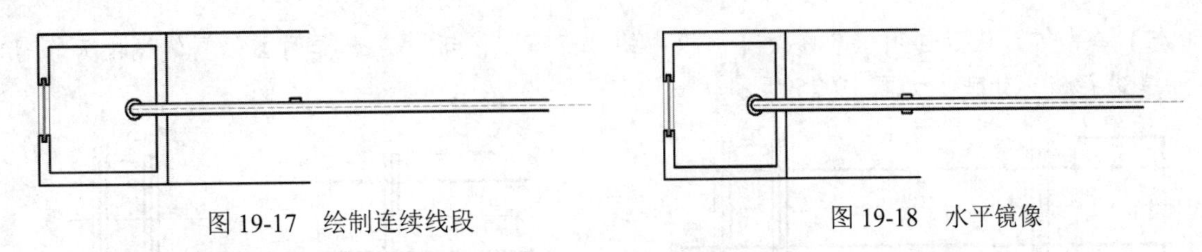

图 19-17 绘制连续线段　　　　图 19-18 水平镜像

（18）单击“默认”选项卡“绘图”面板中的“直线”按钮，在两镜像线段间绘制两条竖直线段，如图 19-19 所示。

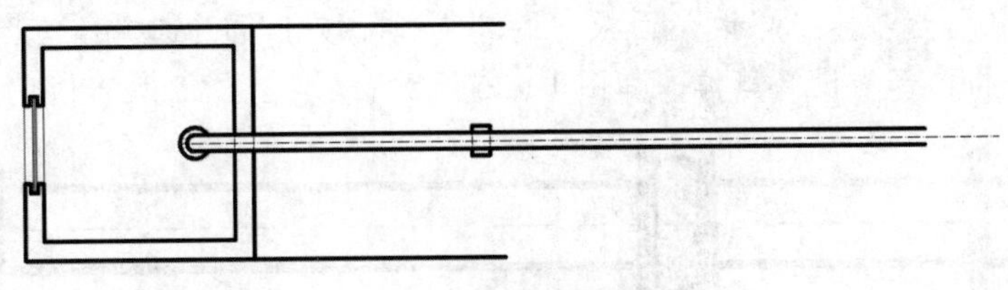

图 19-19 绘制线段

（19）单击“默认”选项卡“绘图”面板中的“矩形”按钮，在线段上绘制一个 68×595 的矩形，如图 19-20 所示。

（20）单击“默认”选项卡“修改”面板中的“分解”按钮，选择矩形为分解对象，按 Enter 键确认进行分解，使其变为独立线段。

（21）单击“默认”选项卡“修改”面板中的“偏移”按钮，选择左侧竖直线段为偏移对象，将其向右偏移，偏移距离为 34，如图 19-21 所示。

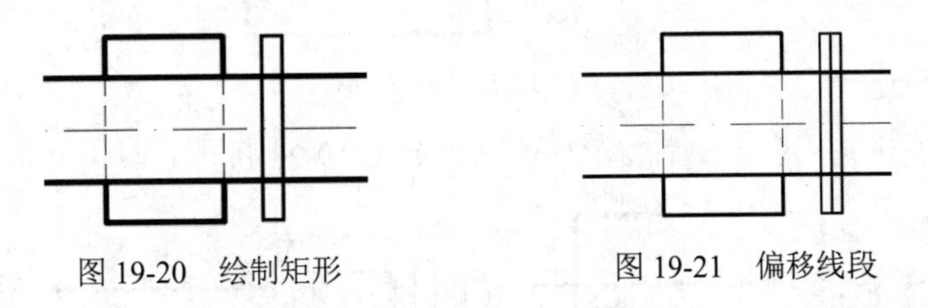

图 19-20 绘制矩形　　　　图 19-21 偏移线段

（22）单击“默认”选项卡“修改”面板中的“复制”按钮，选择图形为复制对象，对其执行复制操作，选择偏移线段上的端点为复制基点将其向右进行复制，复制距离为 1172、254，如图 19-22 所示。

（23）单击“默认”选项卡“绘图”面板中的“圆弧”按钮，在两图形间绘制一段适当半径的圆弧，如图 19-23 所示。

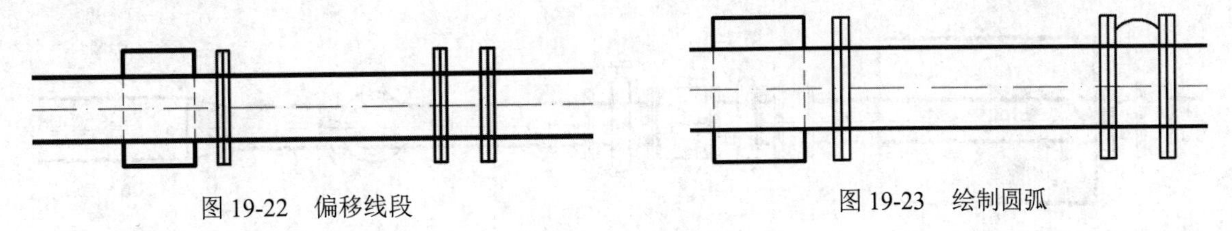

图 19-22 偏移线段　　　　图 19-23 绘制圆弧

（24）单击“默认”选项卡“修改”面板中的“镜像”按钮，选择圆弧为镜像对象，对其进行水平镜像，如图 19-24 所示。

（25）单击“默认”选项卡“修改”面板中的“修剪”按钮，选择两圆弧间的线段为修剪对象，对其进行修剪处理，如图19-25所示。

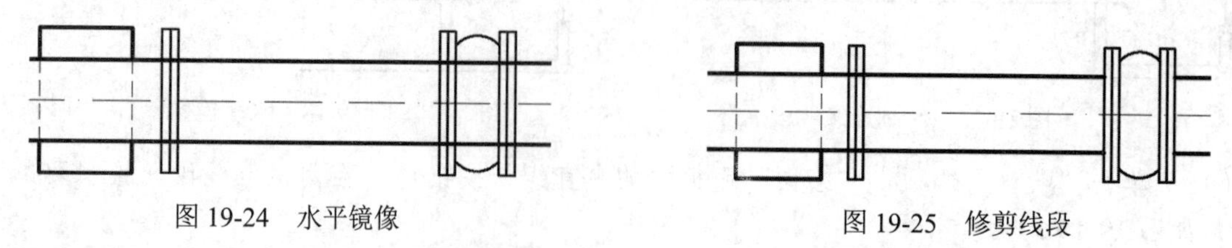

图19-24　水平镜像　　　图19-25　修剪线段

（26）单击“默认”选项卡“修改”面板中的“复制”按钮，选择已有图形为复制对象，对其进行复制操作，并将内部线段修剪掉，如图19-26所示。

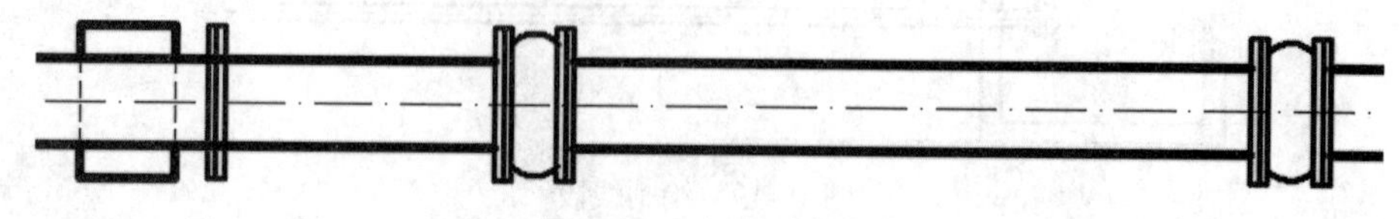

图19-26　复制并修剪

（27）单击“默认”选项卡“绘图”面板中的“矩形”按钮，在图形中绘制一个1822×1343的矩形，如图19-27所示。

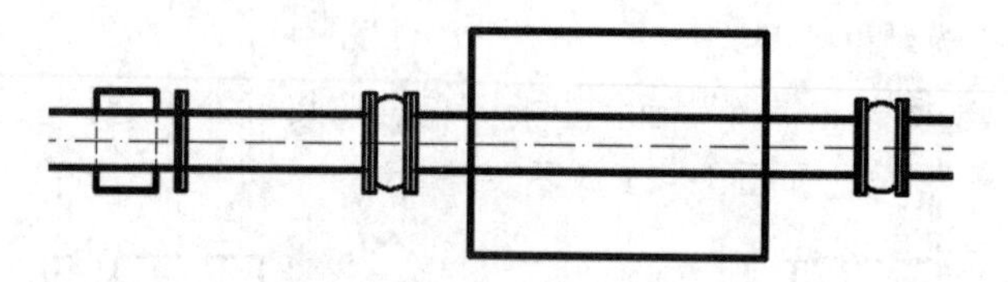

图19-27　绘制矩形

（28）利用上述方法完成剩余相同图形的绘制，如图19-28所示。

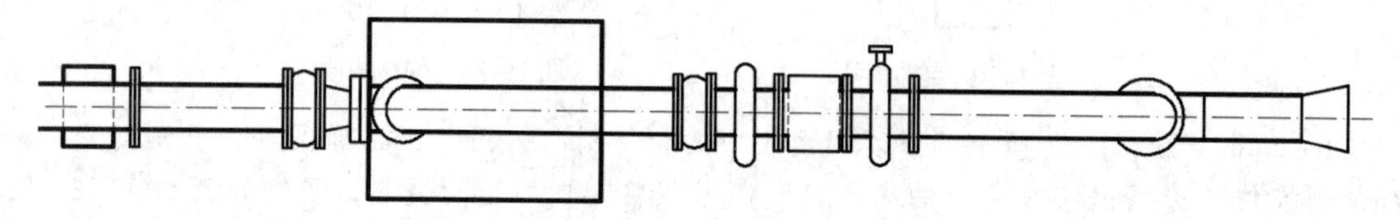

图19-28　绘制剩余图形

（29）单击“默认”选项卡“绘图”面板中的“直线”按钮，以如图19-29所示的点为线段起点，水平向右绘制两条长度为1229的水平线段。

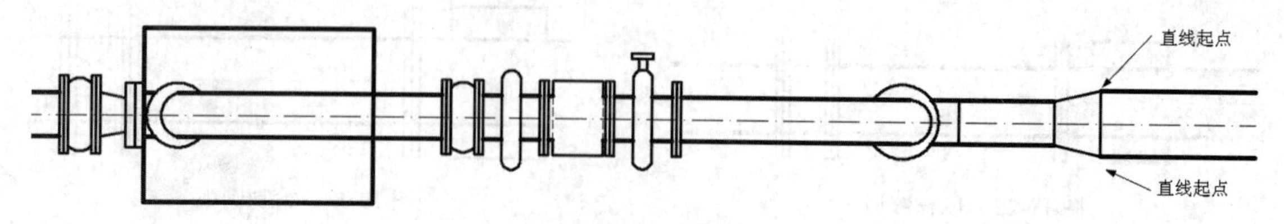

图19-29　绘制线段

（30）单击“默认”选项卡“绘图”面板中的“矩形”按钮，在图形上方选择一点作为矩形起点，绘制一个7198×9161的矩形，如图19-30所示。

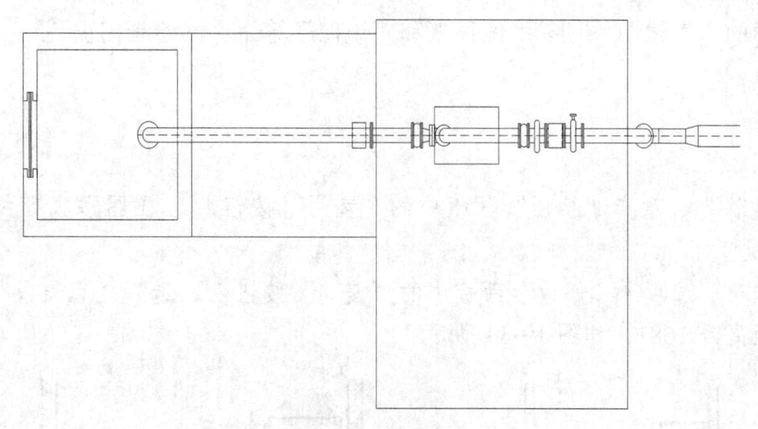

图19-30　绘制矩形

（31）单击“默认”选项卡“修改”面板中的“偏移”按钮，选择矩形为偏移对象，将其向内偏移，偏移距离为327，如图19-31所示。

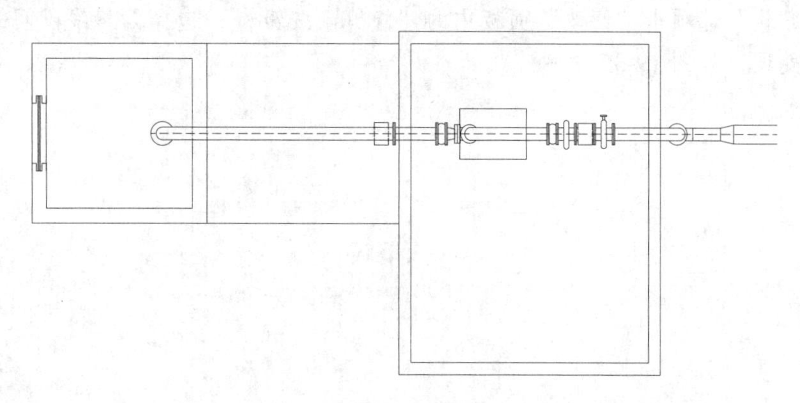

图19-31　偏移矩形

（32）单击“绘图”工具栏中的“矩形”按钮，在偏移矩形内绘制一个1600×1200的矩形，如图19-32所示。

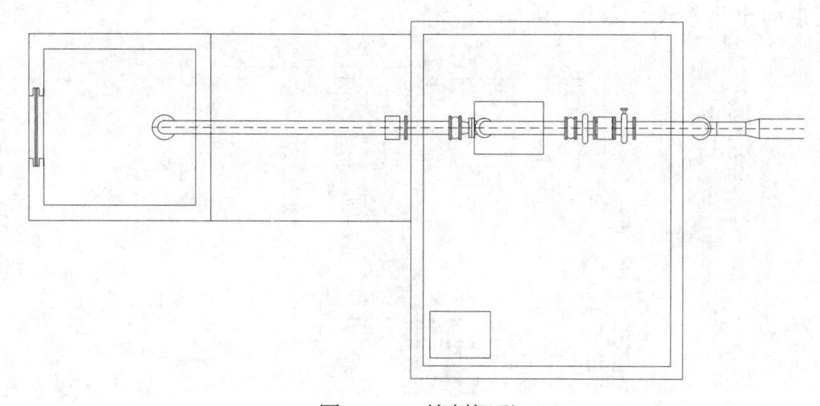

图19-32　绘制矩形

扫一扫，看视频

19.1.2 绘制门窗和管身

利用功能区中的“直线”“矩形”“偏移”和“镜像”等命令，绘制门窗。

【操作步骤】

1. 绘制门窗

（1）单击“默认”选项卡“绘图”面板中的“直线”按钮，在图形底部位置绘制一条竖直线段，如图 19-33 所示。

（2）单击“默认”选项卡“修改”面板中的“偏移”按钮，选择竖直线段为偏移对象，将其向右偏移，偏移距离为 1681，如图 19-34 所示。

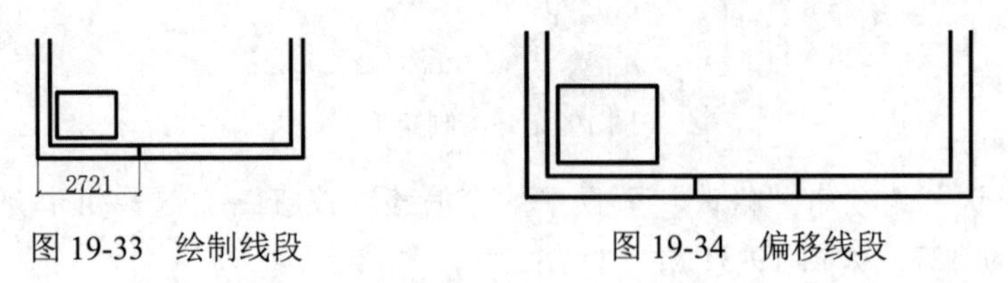

图 19-33　绘制线段　　　　图 19-34　偏移线段

（3）单击“默认”选项卡“修改”面板中的“修剪”按钮，选择偏移线段间的线段为修剪对象对其进行修剪处理，如图 19-35 所示。

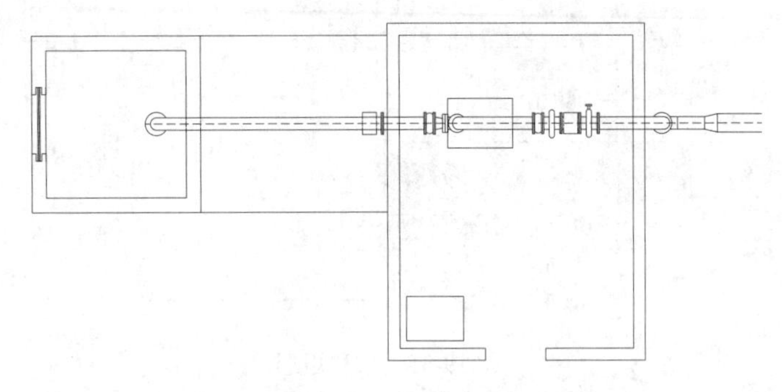

图 19-35　修剪线段

（4）单击“默认”选项卡“绘图”面板中的“直线”按钮，在图形上选择一点作为线段起点，绘制适当长度的水平线段，如图 19-36 所示。

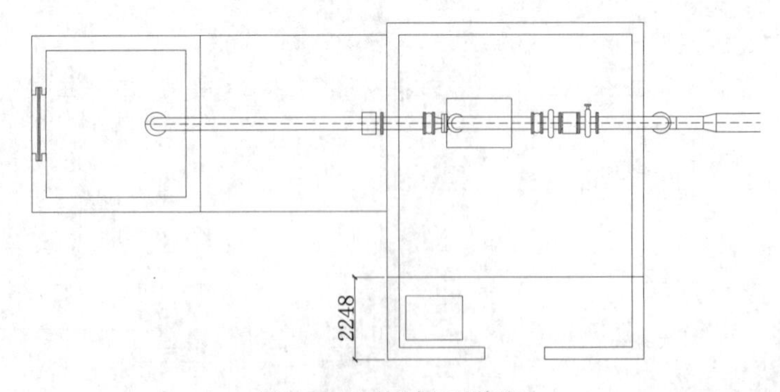

图 19-36　绘制水平线段

（5）单击“默认”选项卡“修改”面板中的“偏移”按钮，选择水平线段为偏移对象，将其向上偏移，偏移距离为1400，如图19-37所示。

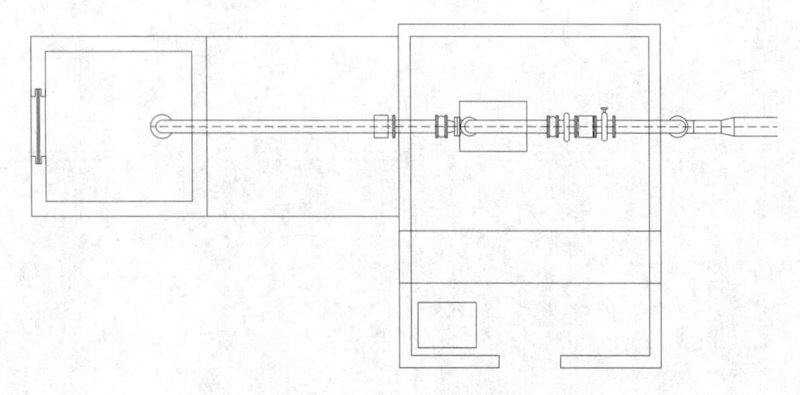

图19-37 偏移线段

（6）单击“默认”选项卡“修改”面板中的“偏移”按钮，选择偏移线段间的线段为修剪对象，对其进行修剪处理，如图19-38所示。

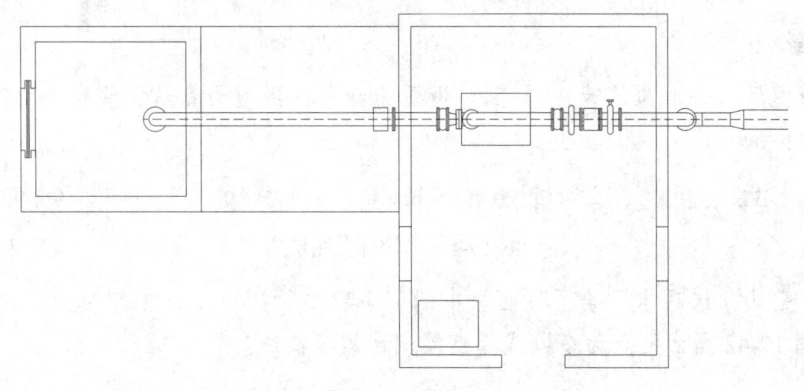

图19-38 修剪处理

（7）单击“默认”选项卡“绘图”面板中的“直线”按钮，在水平线段中点为线段起点，分别向下绘制垂直线段，如图19-39所示。

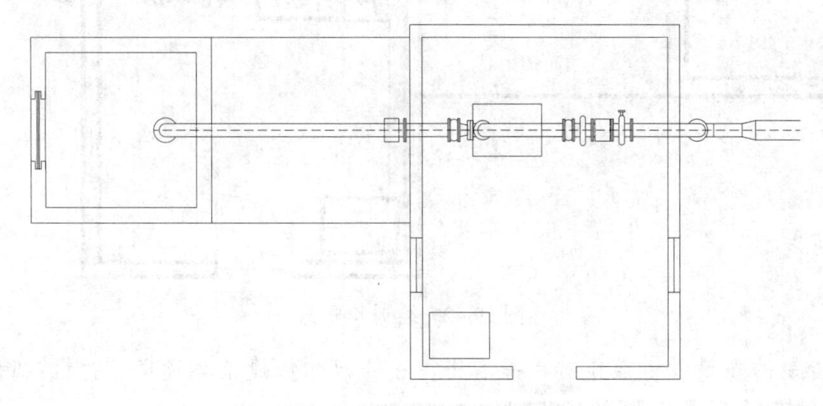

图19-39 绘制垂直线段

（8）单击“默认”选项卡“绘图”面板中的“直线”按钮╱和“圆弧”按钮，在门洞处完成门图形的绘制，如图19-40所示。

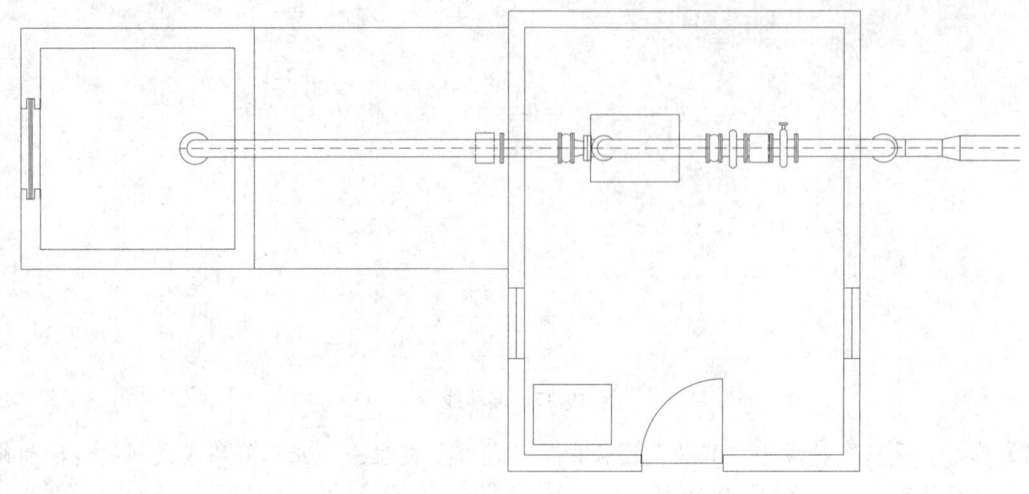

图19-40　绘制门

2. 绘制管身

（1）建立新图层，命名为“管身”，颜色设置为红色，线型为默认，线宽为0.25，并将其置为当前，如图19-41所示。

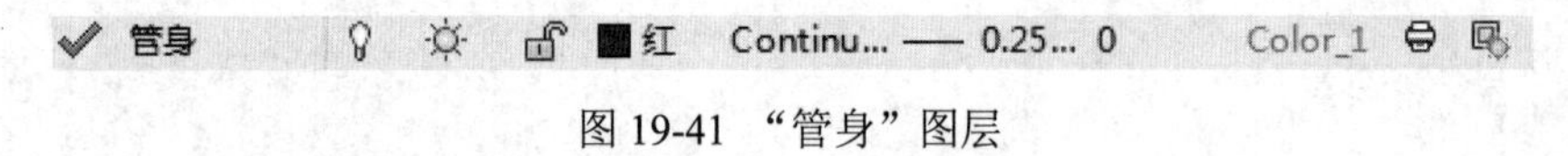

图19-41　“管身”图层

（2）单击“默认”选项卡“绘图”面板中的“多段线”按钮，指定起点宽度为30，端点宽度为30，以如图19-42所示的点为多段线起点绘制连续多段线。

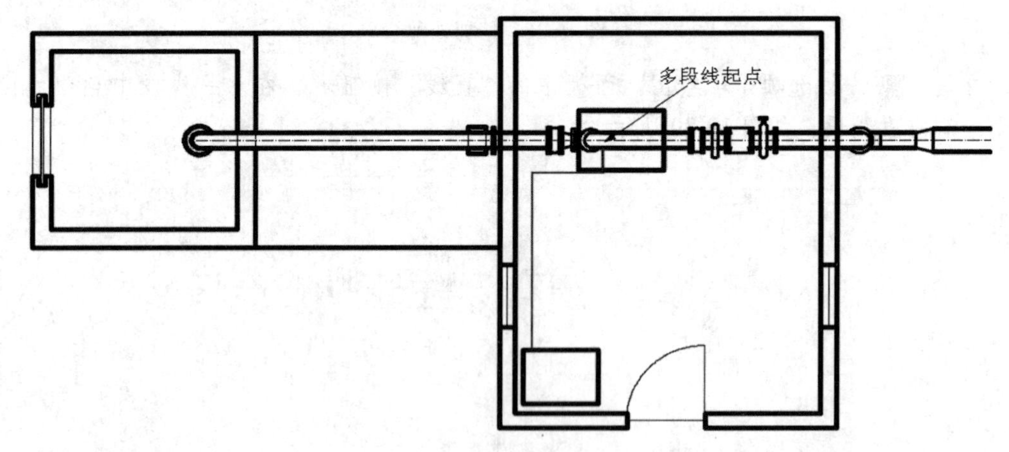

图19-42　绘制多段线

（3）选择绘制的多段线为操作对象并右击，在弹出的快捷菜单选择“特性”选项，弹出“特性”选项板，对其进行设置，如图19-43所示。图形效果如图19-44所示。

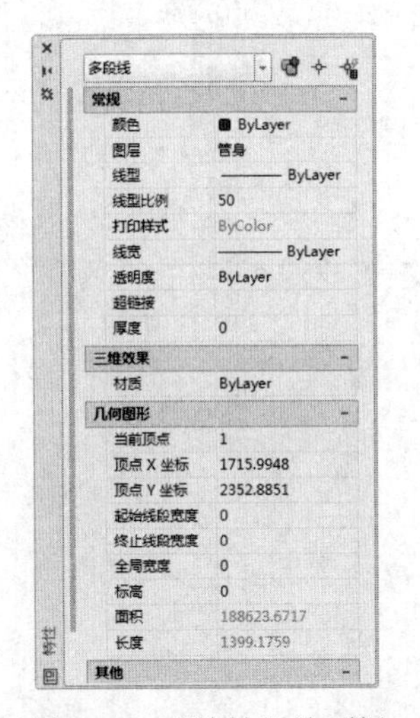

图 19-43 “特性”选项板

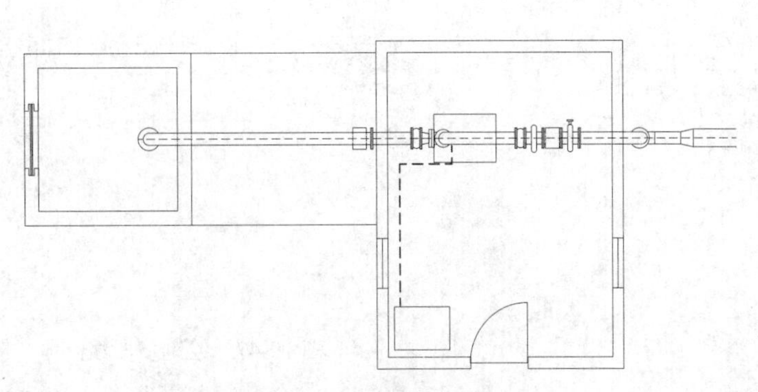

图 19-44 修改线型后的效果

（4）单击“默认”选项卡“绘图”面板中的“直线”按钮，在如图 19-45 所示的位置绘制一条长度为 754 的水平线段。

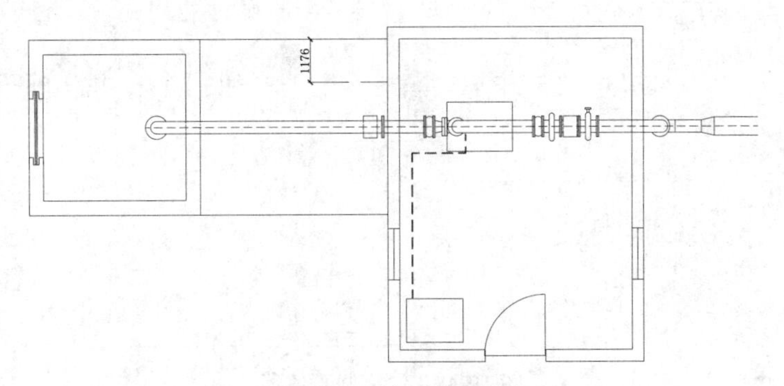

图 19-45 绘制水平线段

（5）单击“默认”选项卡“修改”面板中的“偏移”按钮，选择水平线段为偏移对象，将其向下偏移，偏移距离为 243、243、2120、243、243，如图 19-46 所示。

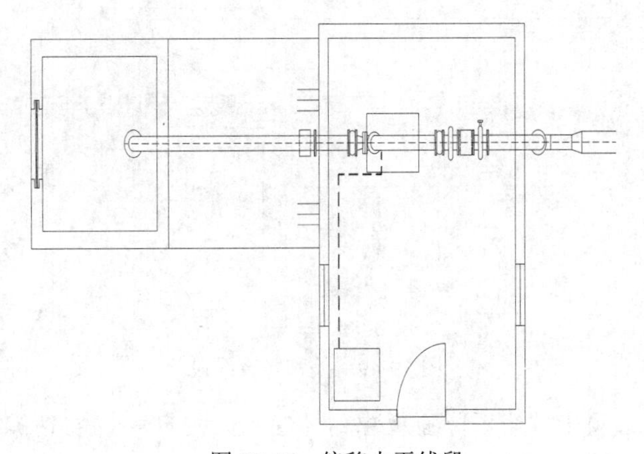

图 19-46 偏移水平线段

（6）利用上述方法完成线段间多段线的绘制，如图 19-47 所示。

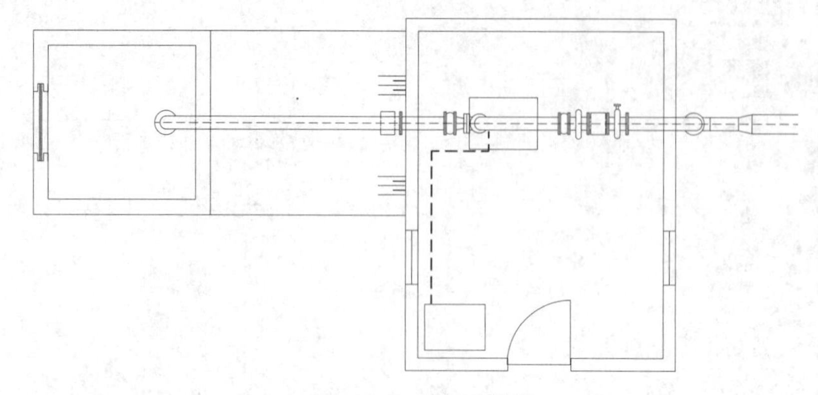

图 19-47　绘制多段线

（7）单击“默认”选项卡“绘图”面板中的“直线”按钮，在图形左侧位置选择一点为线段起点，竖直向下绘制长度为 5524 的竖直线段，如图 19-48 所示。

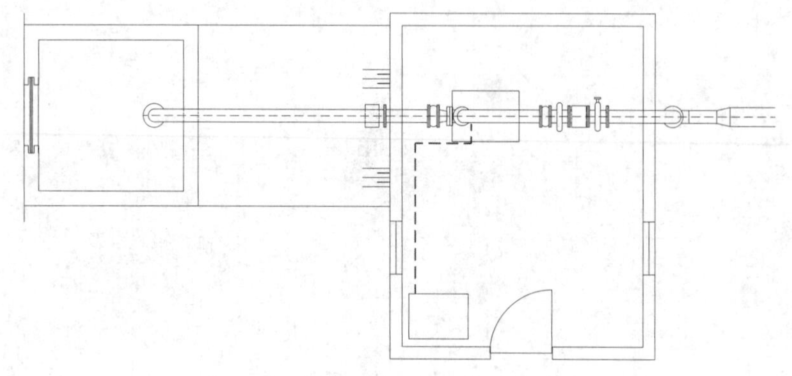

图 19-48　绘制竖直线段

（8）单击“默认”选项卡“修改”面板中的“偏移”按钮，选择竖直线段直线为偏移对象，将其向左偏移，偏移距离为 2316，如图 19-49 所示。

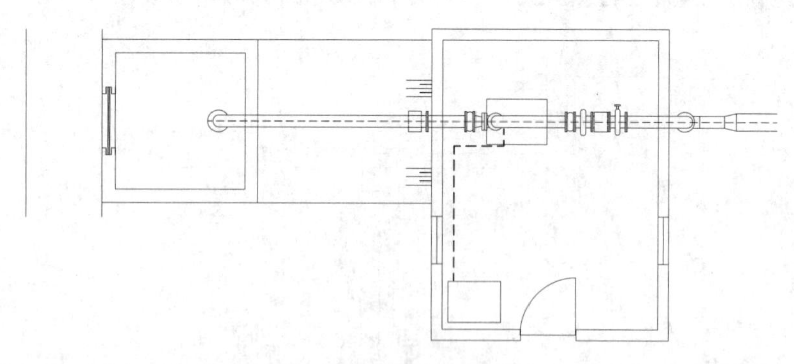

图 19-49　偏移竖直线段

（9）单击“默认”选项卡“绘图”面板中的“直线”按钮，在两偏移线段的上端和下端分别绘制长度为 2785 的水平线段，如图 19-50 所示。

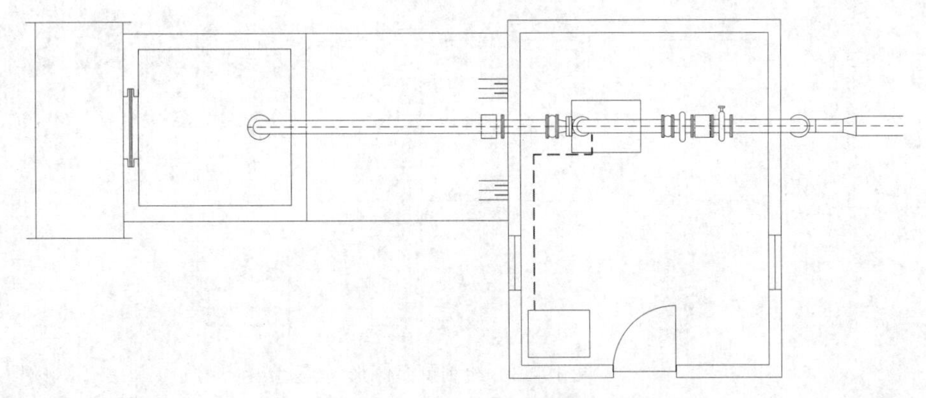

图 19-50　绘制水平线段

（10）单击“默认”选项卡“绘图”面板中的“直线”按钮，在两条水平线段上绘制连续线段，如图 19-51 所示。

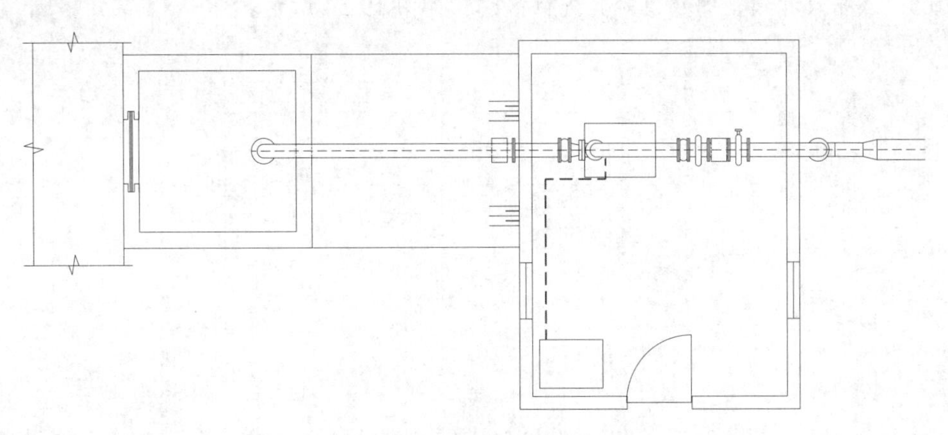

图 19-51　绘制连续线段

（11）单击“默认”选项卡“修改”面板中的“修剪”按钮，选择连续线段间的多余线段为修剪对象，对其进行修剪处理，如图 19-52 所示。

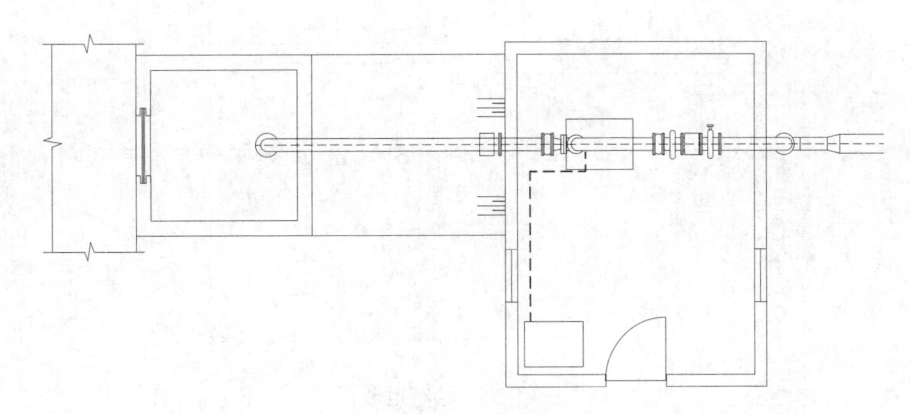

图 19-52　修剪多余线段

（12）利用上述方法完成剩余图形的绘制，如图 19-53 所示。

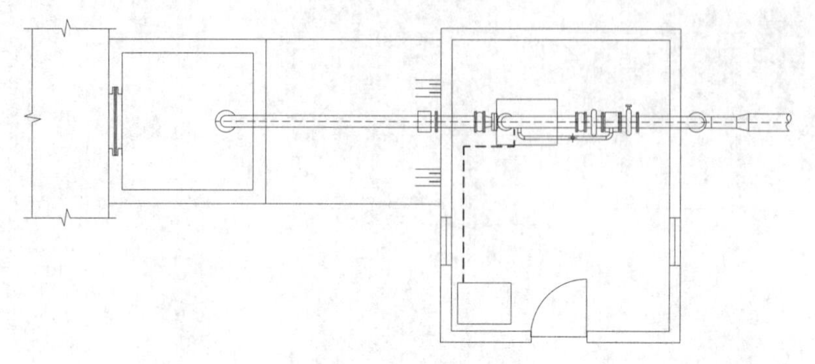

图 19-53　绘制剩余图形

3. 标注图形

（1）单击“默认”选项卡“注释”面板中的“线性”按钮，为图形添加标注，标注图形比例设置为 0.5，双击尺寸线上的数值对其进行修改，如图 19-54 所示。

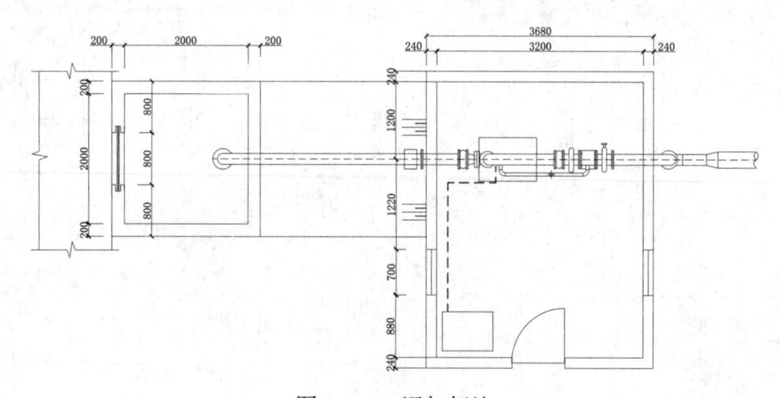

图 19-54　添加标注

（2）单击“默认”选项卡“绘图”面板中的“矩形”按钮，在图形内绘制一个 969×384 的矩形，如图 19-55 所示。

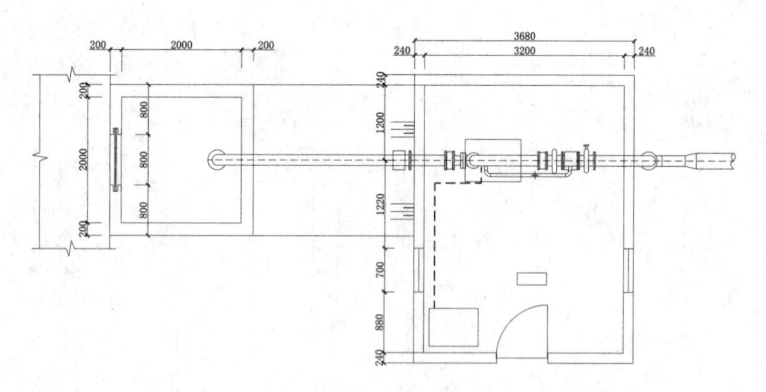

图 19-55　绘制矩形

（3）单击“默认”选项卡“注释”面板中的“多行文字”按钮A，在矩形内添加文字，如图 19-56 所示。

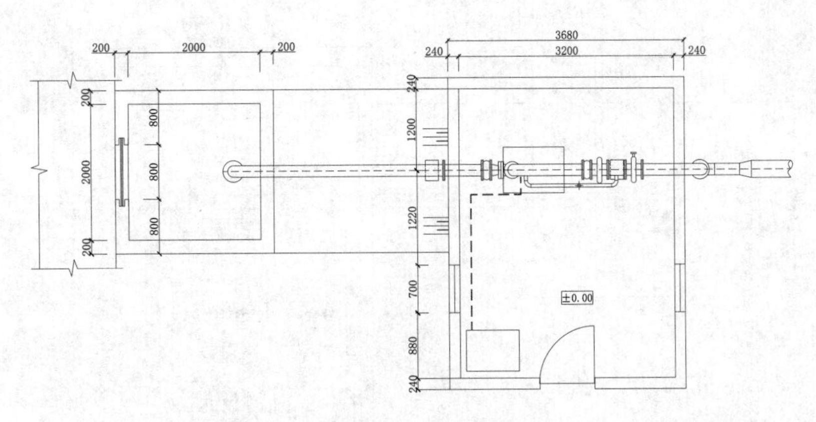

图 19-56 添加文字

（4）单击“默认”选项卡“绘图”面板中的“直线”按钮，在如图 19-57 所示的位置绘制连续线段。

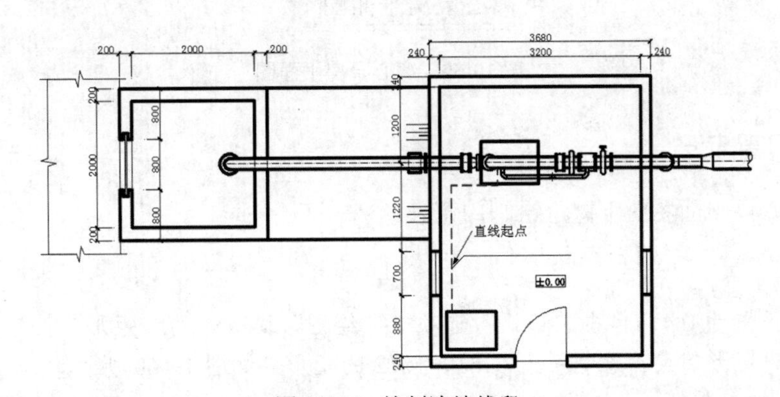

图 19-57 绘制连续线段

（5）单击“默认”选项卡“注释”面板中的“多行文字”按钮A，在连续线段上添加文字，如图 19-58 所示。

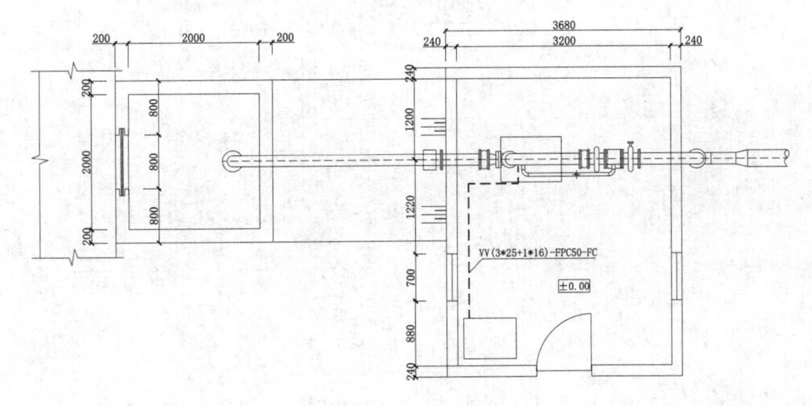

图 19-58 添加文字

（6）利用上述方法添加图形中剩余文字说明，最终完成离心泵房平面图的绘制，如图 19-59 所示。

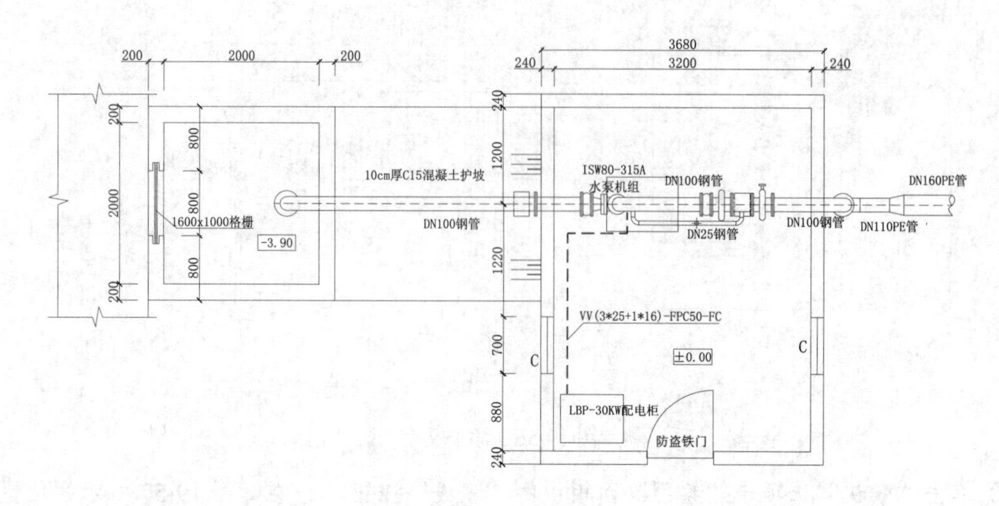

离心泵房平面图

图 19-59　离心泵房平面图

扫一扫，看视频

19.1.3　绘制门窗表

在绘制的离心泵平面图的下方，绘制门窗表。

【操作步骤】

（1）将线宽设置为 0.4，单击“默认”选项卡“绘图”面板中的“矩形”按钮□，在图形适当位置选择一点作为矩形起点，绘制一个 6261×1612 的矩形，如图 19-60 所示。

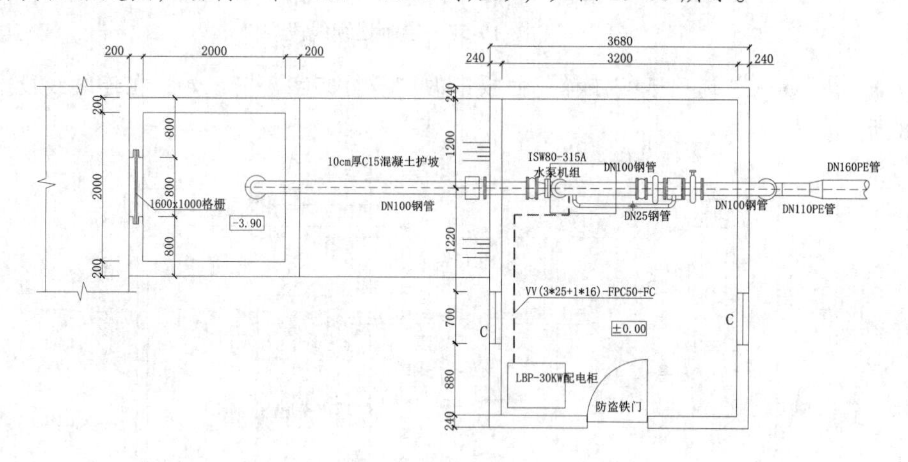

离心泵房平面图

图 19-60　绘制矩形

（2）单击“默认”选项卡“修改”面板中的“分解”按钮，选择矩形为分解对象，按 Enter 键确认对其进行分解，使其变成独立线段。

（3）单击“默认”选项卡“修改”面板中的“偏移”按钮，选择分解矩形上部水平边为偏移对象，将其向下偏移，偏移距离为 537、537，如图 19-61 所示。

（4）单击“默认”选项卡“修改”面板中的“偏移”按钮，选择左侧竖直线段为偏移对象，将其向右偏移，偏移距离为 760、2078、1650，如图 19-62 所示。

图 19-61　向下偏移线段

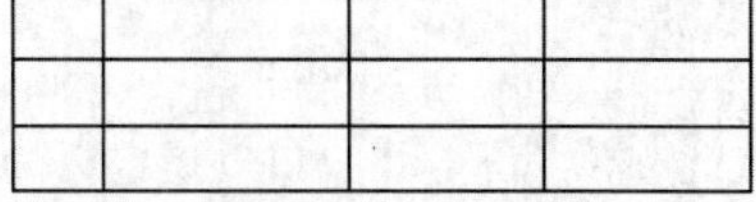

图 19-62　向右偏移线段

（5）单击“默认”选项卡“注释”面板中的“多行文字”按钮A，在偏移线段内添加文字，如图 19-63 所示。

门窗表

项目	规格	数量	材料
门	900×2100	1	定型钢制门
窗	900×1200	2	塑钢窗

图 19-63　添加文字

（6）单击“默认”选项卡“注释”面板中的“多行文字”按钮A，为图形添加说明文字，如图 19-64 所示。

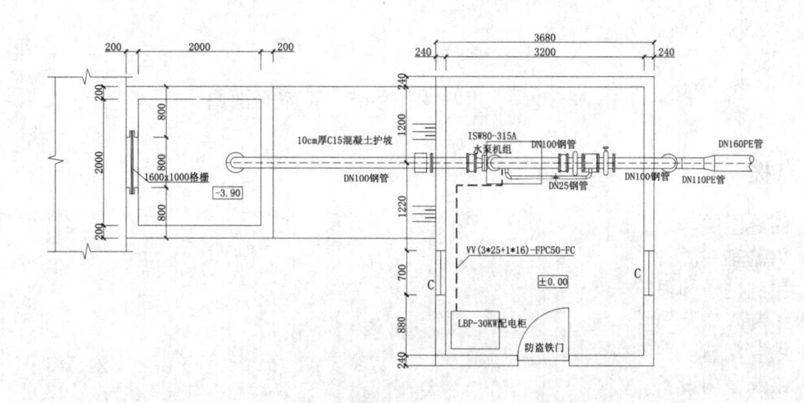

项目	规格	数量	材料
门	900×2100	1	定型钢制门
窗	900×1200	2	塑钢窗

说明：

1、除标高以m为单位（相对高程）外，其余尺寸均以mm为单位；

2、混凝土标号采用C20；

图 19-64　添加说明文字

（7）单击“默认”选项卡“块”面板中的“插入”按钮，选择“源文件 / 图块 /A3”图框，将其放置到图形位置，并添加图题，如图 19-1 所示。

动手练一练——茶室平面图

绘制如图 19-65 所示的茶室平面图。

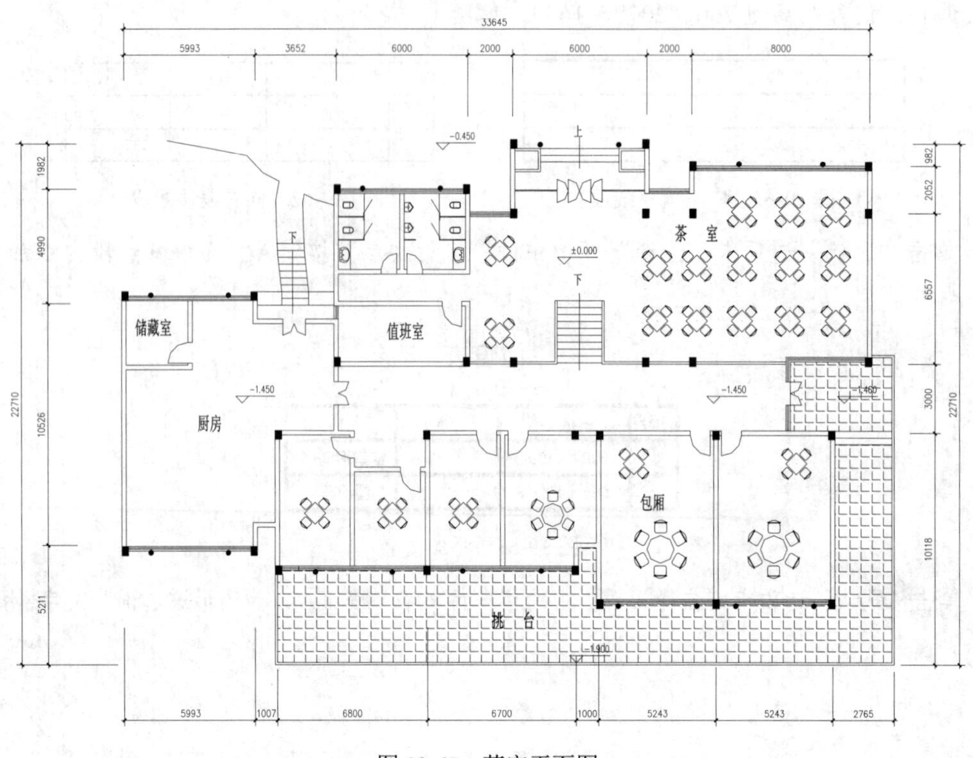

图 19-65　茶室平面图

思路点拨

（1）创建图层。
（2）绘制轴线。
（3）绘制柱子和墙体。
（4）绘制入口及隔挡。
（5）绘制门窗。
（6）绘制室内设备。
（7）标注尺寸。
（8）标注文字。

19.2　检查井、镇墩详图

检查井和镇墩是灌溉系统的具体节点，如图 19-66 所示为检查井、镇墩详图。

源文件：源文件 \ 第 19 章 \ 检查井、镇墩详图 .dwg

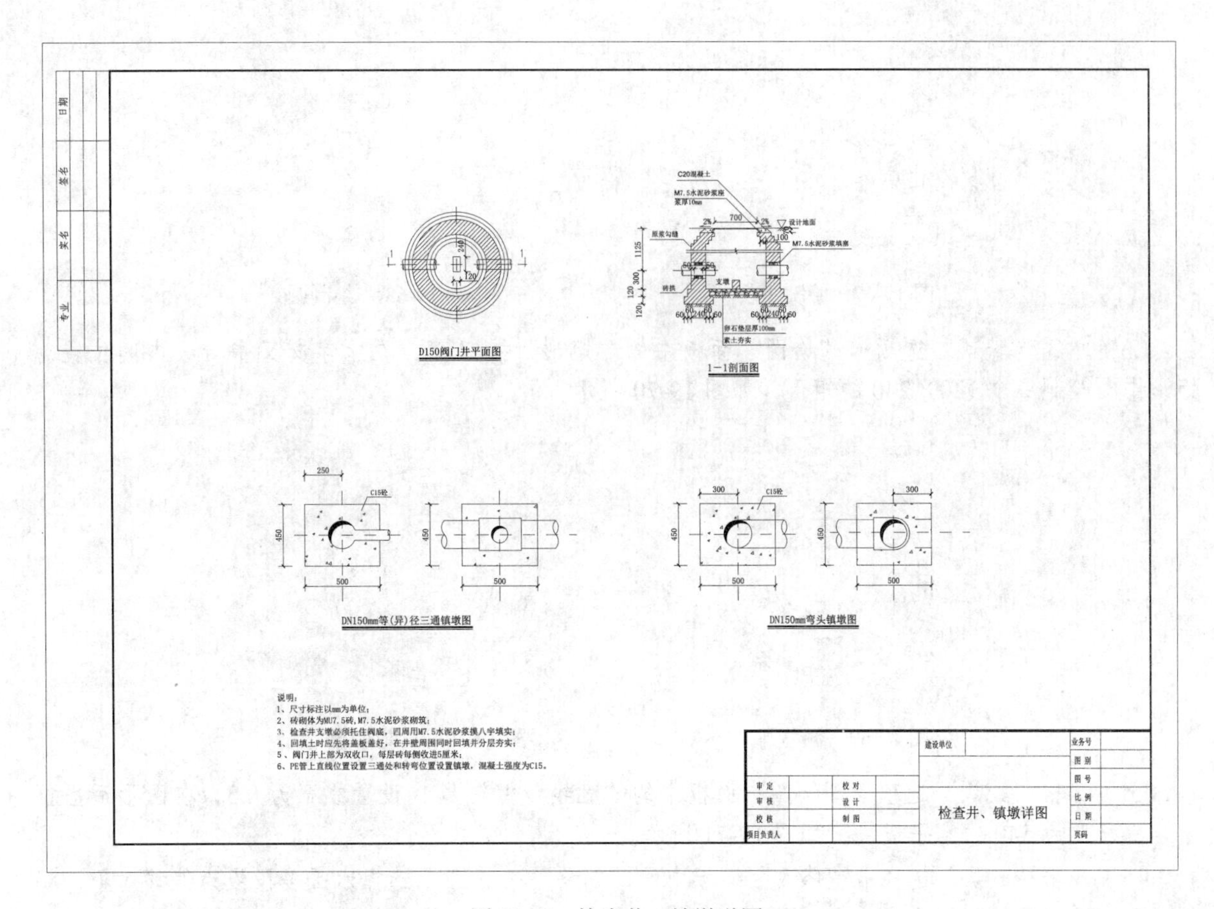

图 19-66　检查井、镇墩详图

19.2.1　绘制阀门井平面图

扫一扫，看视频

对于阀门井平面图，首先绘制轴线，然后绘制阀门井平面图，最后进行尺寸标注和文字说明。

【操作步骤】

1. 绘制轴线

（1）新建“轴线”图层，设置图层颜色为洋红，线型为 DASHDOT，并将其置为当前图层。

（2）单击“默认”选项卡“绘图”面板中的“直线”按钮╱，在图形空白位置任选一点作为线段起点，绘制长度为 1862 的水平线段和竖直线段，如图 19-67 所示。

2. 绘制阀门井平面图

（1）新建“结构线”图层，属性保持默认并将其设置当前图层。单击“默认”选项卡“绘图”面板中的“圆”按钮，以十字交叉线为圆的圆心，绘制半径为 380 的圆，如图 19-68 所示。

（2）单击“默认”选项卡“修改”面板中的“偏移”按钮，选择圆为偏移对象，将其向外偏移，偏移距离为 60、60、240、60、60，如图 19-69 所示。

图 19-67　绘制线段　　　　图 19-68　绘制圆

（3）单击“默认”选项卡“绘图”面板中的“矩形”按钮，在十字交叉中心线中间位置为矩形中心绘制一个 120×240 的矩形，如图 19-70 所示。

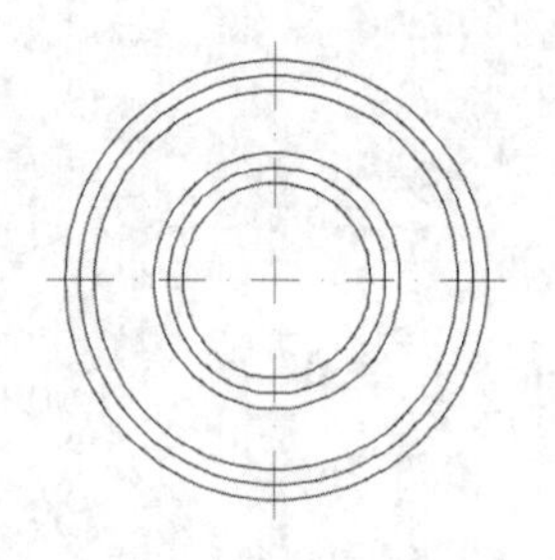

图 19-69　偏移圆

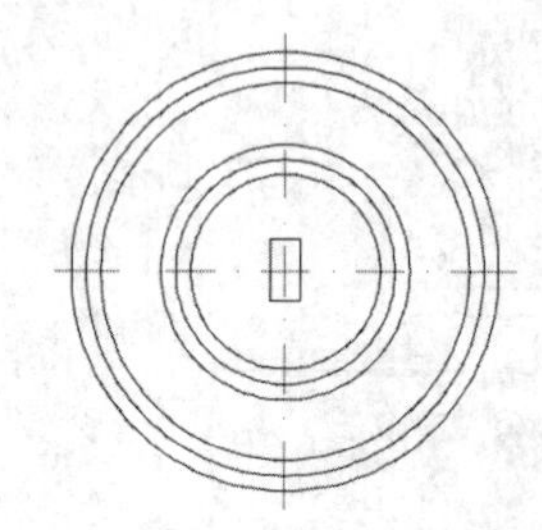

图 19-70　绘制矩形

（4）单击“默认”选项卡“绘图”面板中的“直线”按钮，设置线宽为 0.5，在图形适当位置绘制长度为 540 的水平线段，如图 19-71 所示。

（5）单击“默认”选项卡“修改”面板中的“偏移”按钮，选择水平多段线为偏移对象，将其向下偏移，偏移距离为 160，如图 19-72 所示。

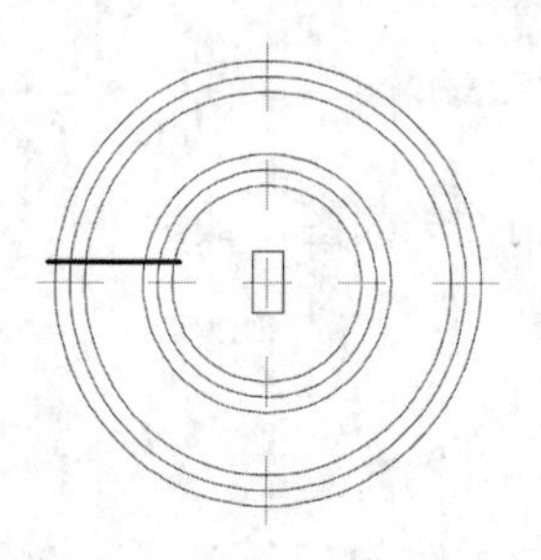

图 19-71　绘制线段

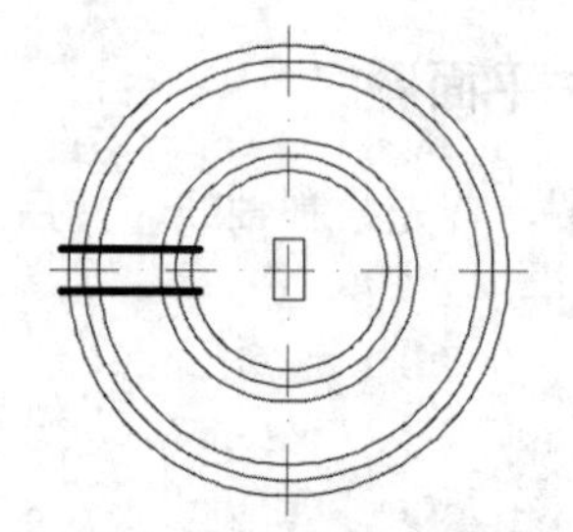

图 19-72　偏移线段

（6）单击“默认”选项卡“绘图”面板中的“圆弧”按钮，在两水平线段左右两侧绘制多段圆弧，如图 19-73 所示。

（7）单击“默认”选项卡“修改”面板中的“镜像”按钮，选择左侧绘制对象为镜像对象，对其进行竖直镜像，如图 19-74 所示。

（8）单击“默认”选项卡“绘图”面板中的“直线”按钮，设置线宽为 0.5，在图形左侧位置绘制一条竖直线段和一条水平线段，如图 19-75 所示。

（9）单击“默认”选项卡“修改”面板中的“镜像”按钮，选择左侧线段为镜像对象将其向右进行竖直镜像，如图 19-76 所示。

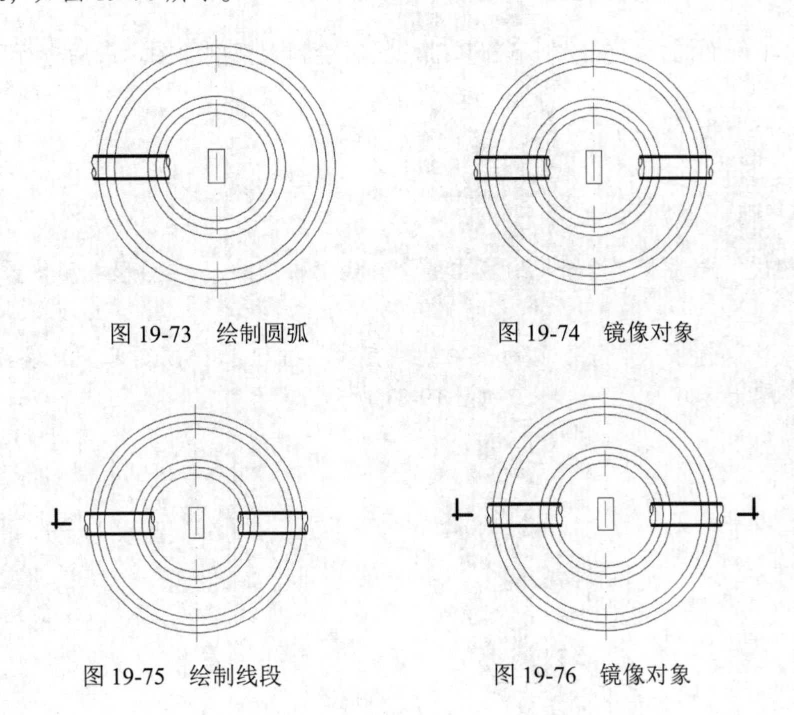

图 19-73　绘制圆弧　　图 19-74　镜像对象

图 19-75　绘制线段　　图 19-76　镜像对象

3. 标注图形

（1）建立新图层，命名为“标注”，颜色设置为绿色，线型默认，线宽默认，设置如图 19-77 所示，并将其置为当前图层。

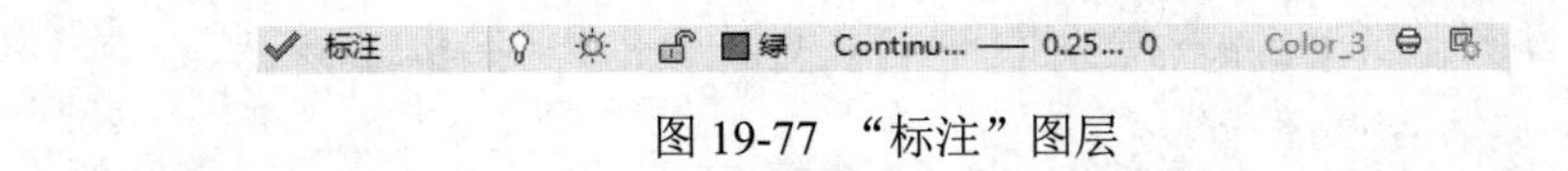

图 19-77 “标注”图层

（2）单击“默认”选项卡“注释”面板中的“线性”按钮，为图形添加尺寸标注，如图 19-78 所示。

（3）单击“默认”选项卡“绘图”面板中的“图案填充”按钮和“注释”面板中的“多行文字”按钮A，为图形添加总图文字说明，如图 19-79 所示。

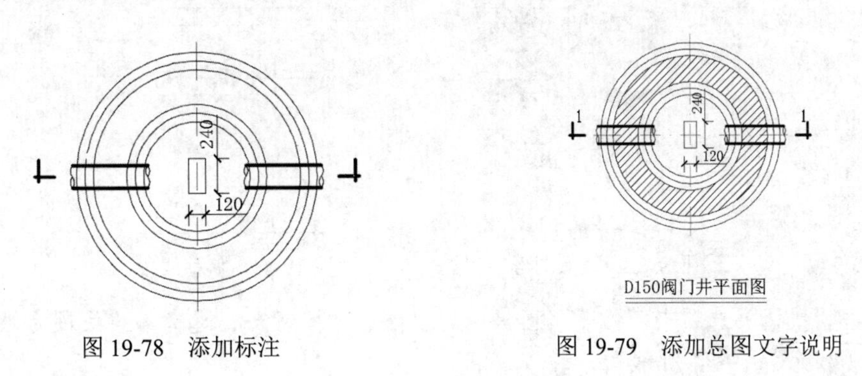

图 19-78　添加标注　　图 19-79　添加总图文字说明

19.2.2 绘制阀门井1-1剖面图

扫一扫，看视频

对于阀门井1-1剖面图，首先绘制下部基础，然后绘制上部剖面图，最后进行尺寸标注和文字说明。

【操作步骤】

1. 绘制下部基础

（1）单击“默认”选项卡“绘图”面板中的“直线”按钮，在图形右侧位置绘制连续线段，如图19-80所示。

（2）单击“默认”选项卡“绘图”面板中的“直线”按钮，以底部竖直线段下端点为线段起点，向右绘制长度为480的水平线段，如图19-81所示。

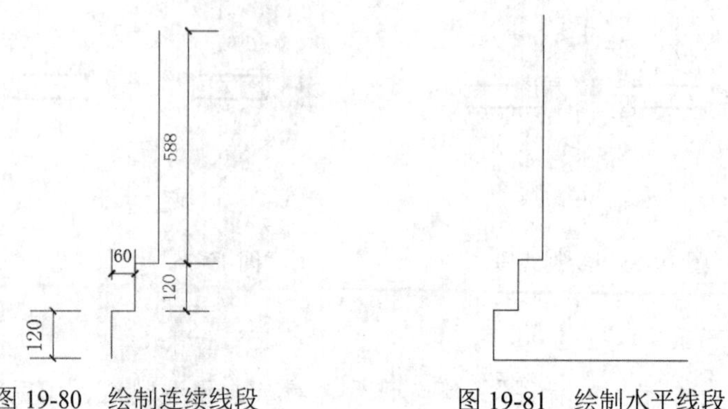

图19-80 绘制连续线段　　图19-81 绘制水平线段

（3）单击“默认”选项卡“修改”面板中的“镜像”按钮，选择左侧连续线段为镜像对象，以绘制水平线段中点为竖直镜像线起点，对其进行竖直镜像，如图19-82所示。

2. 绘制上部剖面图

（1）单击“默认”选项卡“修改”面板中的“偏移”按钮，选择底部水平线段为偏移对象，将其向上偏移，偏移距离为410、50、160、50，如图19-83所示。

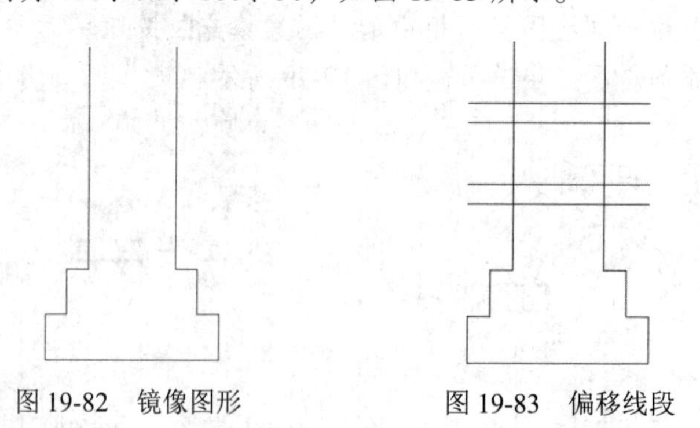

图19-82 镜像图形　　图19-83 偏移线段

（2）单击“默认”选项卡“修改”面板中的“修剪”按钮，选择偏移线段为修剪对象，对其进行修剪处理，如图19-84所示。

（3）利用前面讲述的方法在偏移线段间绘制图形，如图19-85所示。

（4）单击“默认”选项卡“绘图”面板中的“直线”按钮╱，在偏移线段内绘制两条竖直线段，如图 19-86 所示。

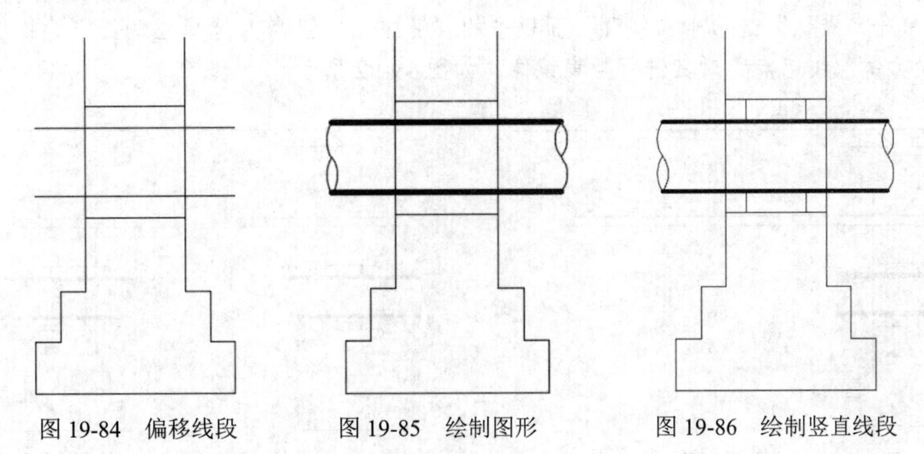

图 19-84 偏移线段　　图 19-85 绘制图形　　图 19-86 绘制竖直线段

（5）单击“默认”选项卡“绘图”面板中的“直线”按钮╱，在图形顶部绘制一条长度为1606 的水平线段，如图 19-87 所示。

（6）单击“默认”选项卡“修改”面板中的“偏移”按钮，选择水平线段为偏移对象，将其向上偏移，偏移距离为 36，如图 19-88 所示。

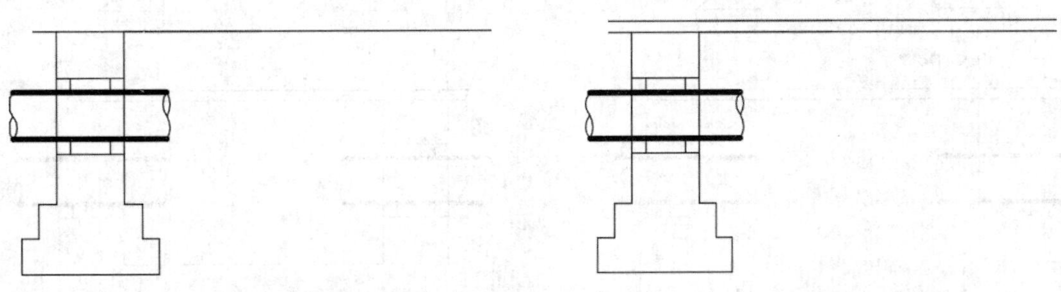

图 19-87 绘制水平线段　　图 19-88 偏移水平线段

（7）单击“默认”选项卡“绘图”面板中的“直线”按钮╱，在偏移水平线段上选择一点作为线段起点绘制连续线段，如图 19-89 所示。

（8）单击“默认”选项卡“绘图”面板中的“直线”按钮╱，以绘制水平直线线段左端点为线段起点，绘制一条长度为 114 的斜向线段，如图 19-90 所示。

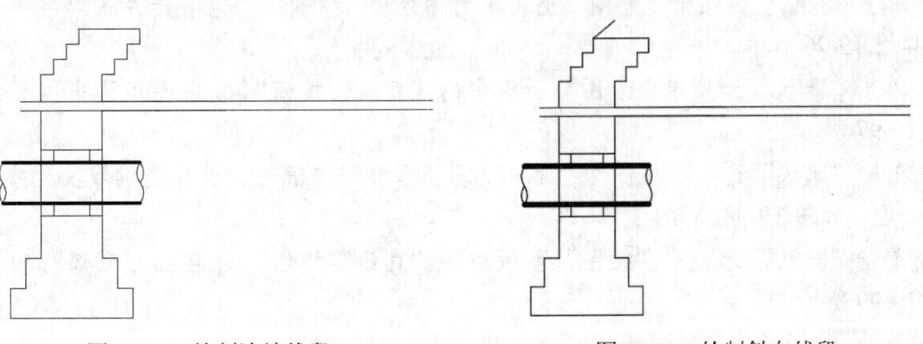

图 19-89 绘制连续线段　　图 19-90 绘制斜向线段

（9）单击“默认”选项卡“绘图”面板中的“直线”按钮，完成左侧剩余部分图形的绘制，如图 19-91 所示。

（10）单击“默认”选项卡“修改”面板中的“镜像”按钮，选择左侧图形为镜像对象，中间水平线段为镜像线起点，对其进行竖直镜像，如图 19-92 所示。

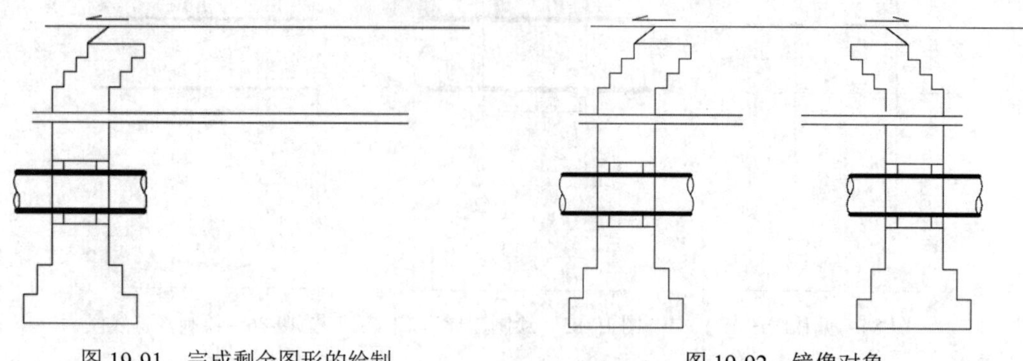

图 19-91　完成剩余图形的绘制　　图 19-92　镜像对象

（11）单击“默认”选项卡“绘图”面板中的“直线”按钮，在两图形间绘制一条水平线段，如图 19-94 所示。

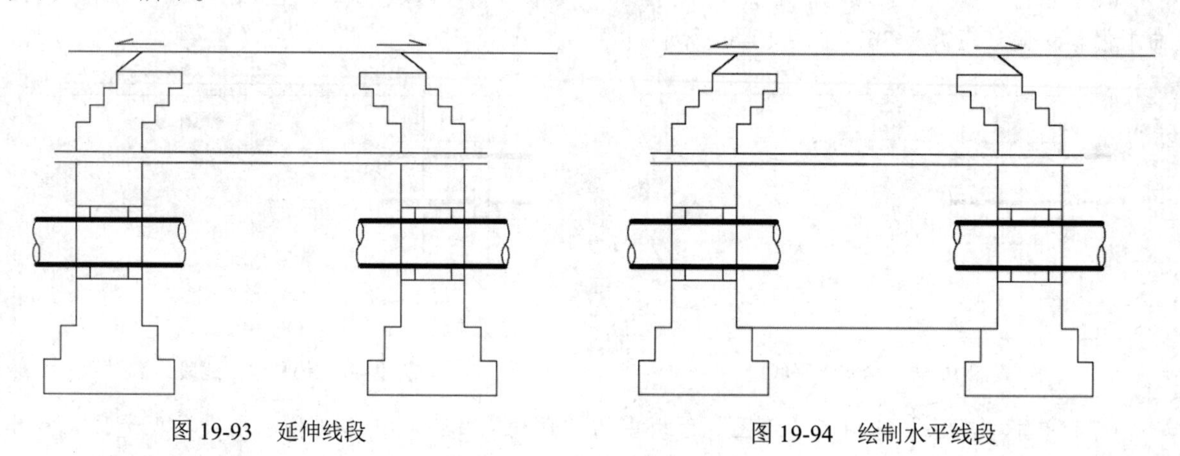

图 19-93　延伸线段　　图 19-94　绘制水平线段

（12）单击“默认”选项卡“修改”面板中的“偏移”按钮，选择水平线段为偏移对象，将其向下偏移，偏移距离为 100，如图 19-95 所示。

（13）单击“默认”选项卡“绘图”面板中的“矩形”按钮，在图形中间绘制一个 120×142 的矩形，如图 19-96 所示。

（14）单击“默认”选项卡“绘图”面板中的“直线”按钮，在图形适当位置绘制连续线段，如图 19-97 所示。

（15）单击“默认”选项卡“修改”面板中的“修剪”按钮，选择连续线段为修剪对象对其进行修剪处理，如图 19-98 所示。

（16）单击“默认”选项卡“绘图”面板中的“直线”按钮，在图形底部绘制多条斜向线段，如图 19-99 所示。

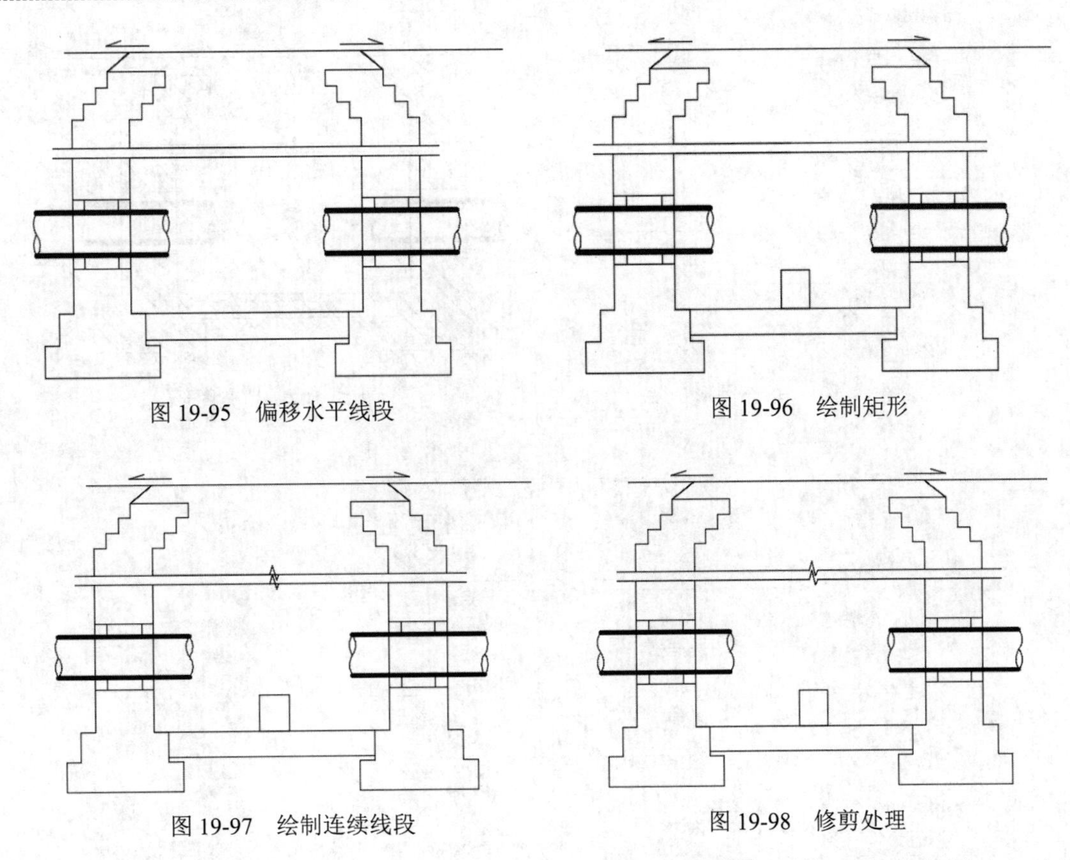

图 19-95　偏移水平线段

图 19-96　绘制矩形

图 19-97　绘制连续线段

图 19-98　修剪处理

（17）单击“默认”选项卡“修改”面板中的“复制”按钮，选择线段为复制对象对其进行连续复制，如图 19-100 所示。

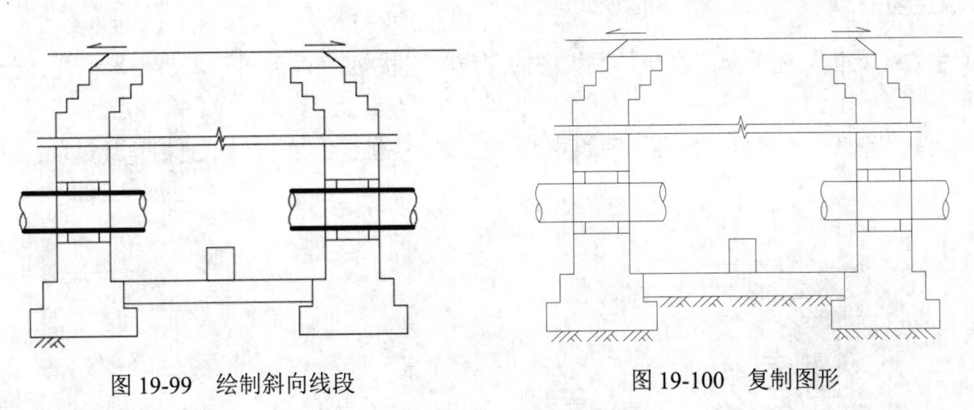

图 19-99　绘制斜向线段

图 19-100　复制图形

（18）单击“默认”选项卡“绘图”面板中的“图案填充”按钮，选择图形为填充区域，设置填充图案为 ANSI31，填充比例为 15，如图 19-101 所示。

（19）单击“默认”选项卡“绘图”面板中的“图案填充”按钮，选择填充区域，设置填充图案为 GRAVEL，设置比例为 8，如图 19-102 所示。

（20）利用上述方法完成剖面图剩余图形的绘制，如图 19-103 所示。

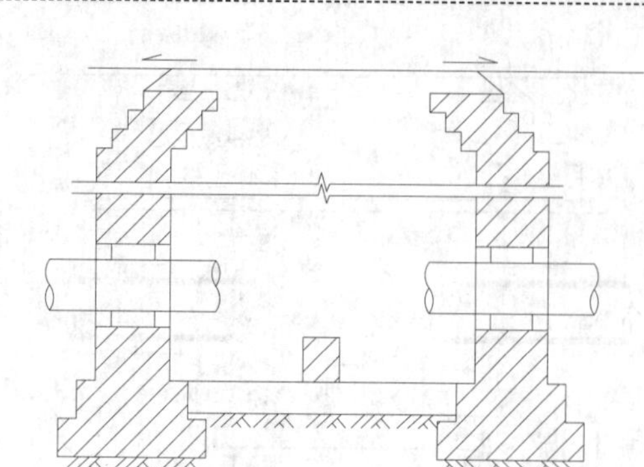

图 19-101　填充图形

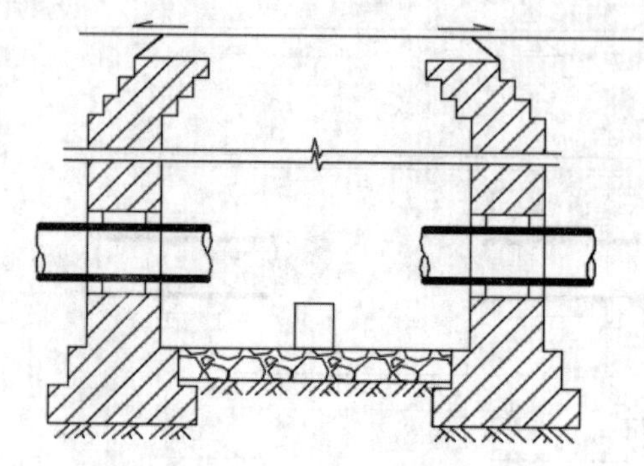

图 19-102　填充图形

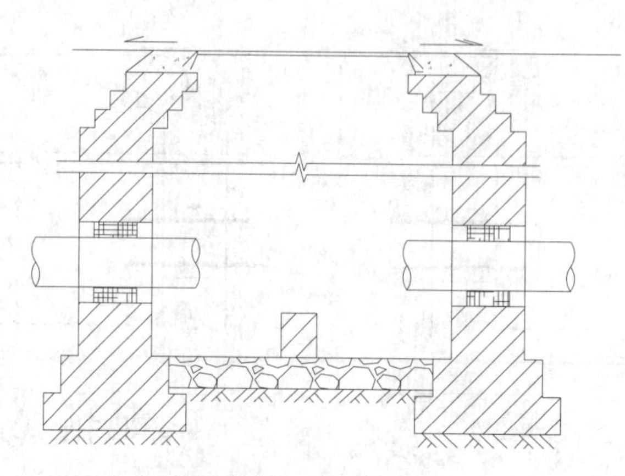

图 19-103　绘制剩余图形

3. 标注图形

（1）单击“默认”选项卡“注释”面板中的“线性”按钮，为图形添加线性标注，如图 19-104 所示。

（2）单击“默认”选项卡“绘图”面板中的“直线”按钮，在图形上绘制连续线段，如图 19-105 所示。

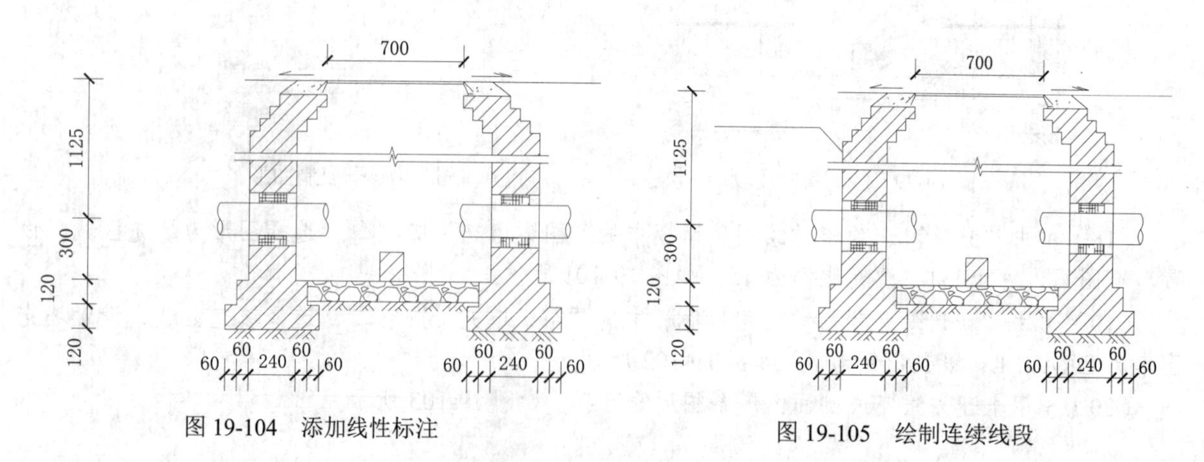

图 19-104　添加线性标注　　图 19-105　绘制连续线段

（3）单击“默认”选项卡“注释”面板中的“多行文字”按钮A，在连续线段上添加文字，如图 19-106 所示。

（4）利用上述方法完成剩余图形的绘制，如图 19-107 所示。

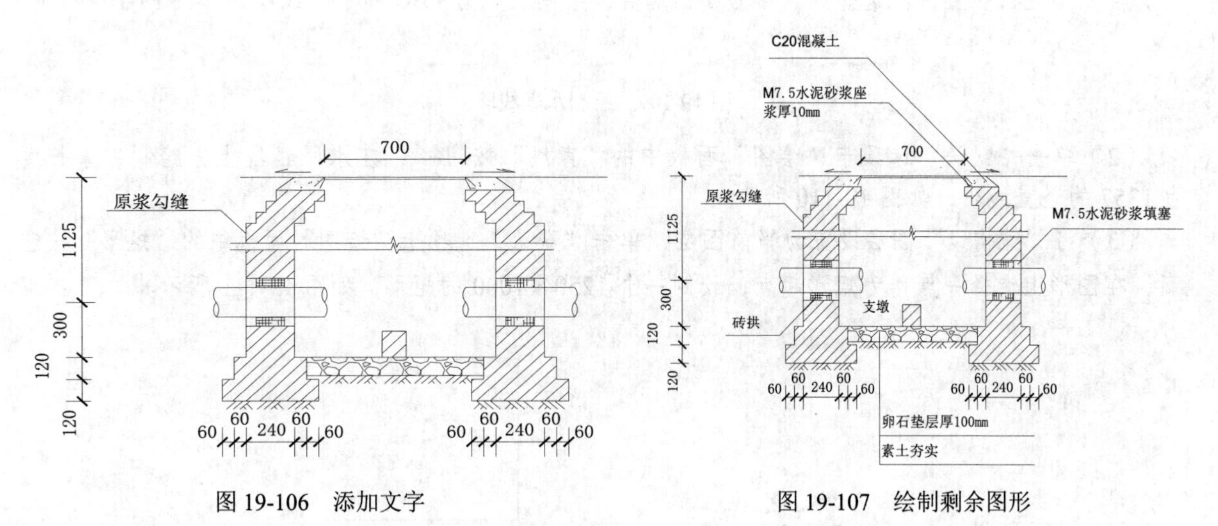

图 19-106　添加文字　　　　图 19-107　绘制剩余图形

（5）单击“默认”选项卡“绘图”面板中的“多段线”按钮和“注释”面板中的“多行文字”按钮A，为图形添加总图文字说明，如图 19-108 所示。

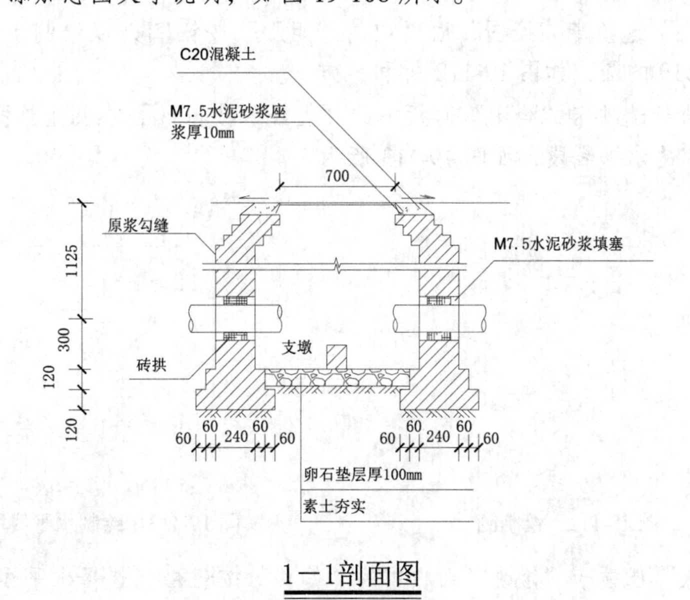

图 19-108　添加总图文字说明

19.2.3　DN150mm 等（异）径三通镇墩图

扫一扫，看视频

对于 DN150mm 等（异）径三通镇墩图，首先绘制轴线，然后进行 DN150mm 等（异）径三通镇墩图的绘制，最后进行尺寸标注和文字说明。

【操作步骤】

（1）将“轴线”图层设置为当前图层，单击“默认”选项卡“绘图”面板中的“直线”按钮╱，在图形空白位置区域选择一点作为线段起点，绘制长度为1769的水平线段，如图19-109所示。

图19-109　绘制水平线段

（2）单击“默认”选项卡“绘图”面板中的“直线”按钮╱，在水平线段上方绘制一条长度为1357的竖直线段，如图19-110所示。

（3）将“结构线”图层设置为当前图层，单击“默认”选项卡“绘图”面板中的“矩形”按钮□，在图形上选择一点作为矩形起点，绘制一个1250×1000的矩形，如图19-111所示。

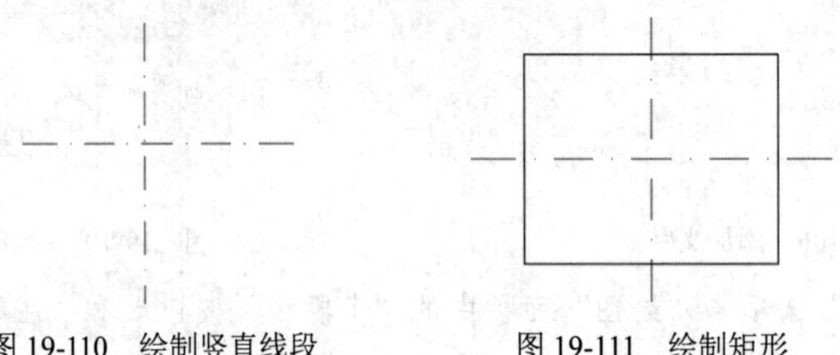

图19-110　绘制竖直线段　　图19-111　绘制矩形

（4）单击“默认”选项卡“绘图”面板中的“矩形”按钮□，以绘制十字交叉线交点为圆的圆心，绘制半径为230的圆，如图19-112所示。

（5）单击“默认”选项卡“绘图”面板中的“直线”按钮╱，在圆上选择一点作为线段起点，向右绘制长度为563的水平线段，如图19-113所示。

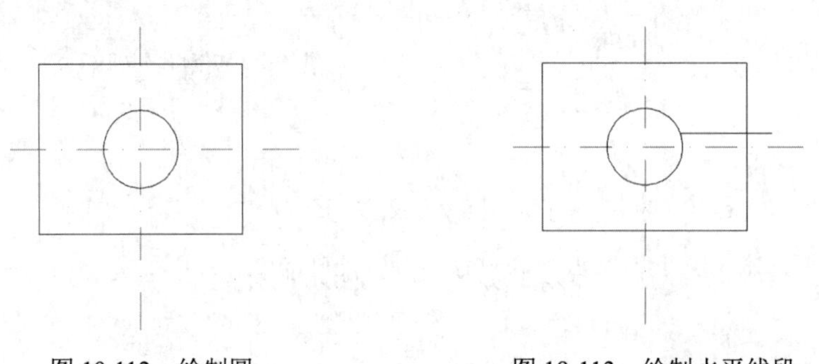

图19-112　绘制圆　　图19-113　绘制水平线段

（6）单击“默认”选项卡“修改”面板中的“偏移”按钮，选择水平线段为偏移对象，将其向下偏移，偏移距离为166，如图19-114所示。

（7）单击“默认”选项卡“修改”面板中的“修剪”按钮，选择两偏移线段间的圆线段为修剪对象，对其修剪处理，如图19-115所示。

（8）单击“默认”选项卡“绘图”面板中的“圆弧”按钮，在圆内绘制一段适当半径的圆弧，如图19-116所示。

（9）单击“默认”选项卡“绘图”面板中的“圆弧”按钮，在两线段间绘制两段圆弧，如图 19-117 所示。

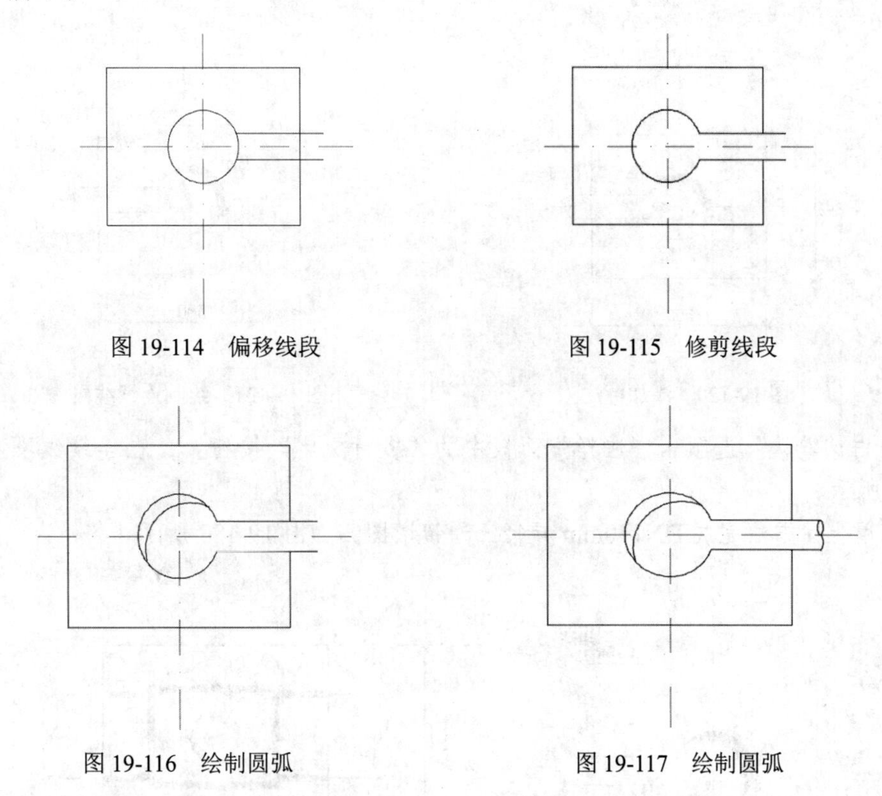

图 19-114　偏移线段　　图 19-115　修剪线段

图 19-116　绘制圆弧　　图 19-117　绘制圆弧

（10）单击“默认”选项卡“绘图”面板中的“图案填充”按钮，选择矩形为填充区域，设置填充图案为 AR-CONC，填充比例为 2，对图形完成填充，如图 19-118 所示。

（11）单击“默认”选项卡“绘图”面板中的“图案填充”按钮，选择圆弧内部为填充区域，设置填充图案为 SOLID，填充比例为 1，如图 19-119 所示。

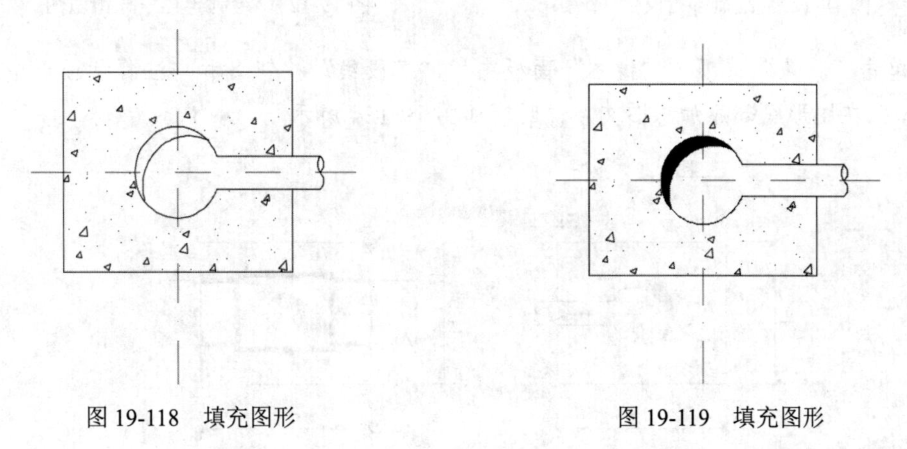

图 19-118　填充图形　　图 19-119　填充图形

（12）单击“默认”选项卡“注释”面板中的“线性”按钮，为图形添加尺寸标注，如图 19-120 所示。

（13）单击“默认”选项卡“绘图”面板中的“直线”按钮，在图形适当位置处绘制连续线段，如图 19-121 所示。

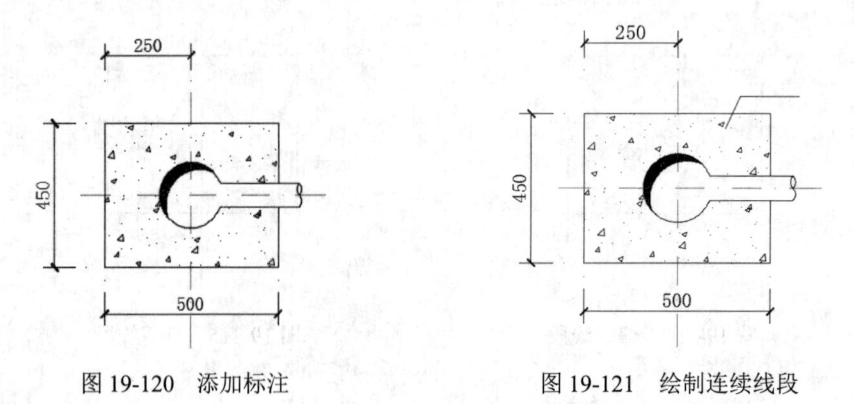

图 19-120　添加标注　　　　图 19-121　绘制连续线段

（14）单击“默认”选项卡“注释”面板中的“多行文字”按钮A，在连续线段上添加文字，如图 19-122 所示。

（15）利用上述方法完成 DN150mm 异径三通镇墩图，如图 19-123 所示。

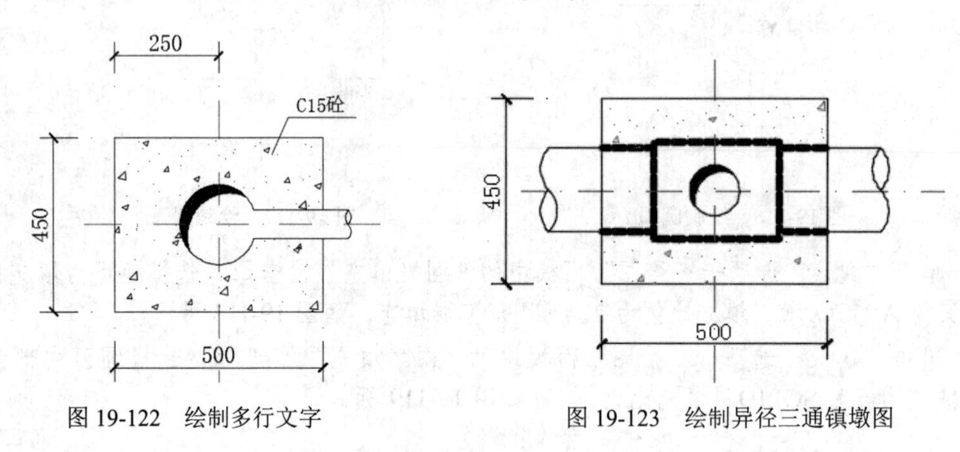

图 19-122　绘制多行文字　　　　图 19-123　绘制异径三通镇墩图

（16）单击“默认”选项卡“绘图”面板中的“多段线”按钮⌒和“注释”面板中的“多行文字”按钮A，在图形底部添加总图文字说明，如图 19-124 所示。

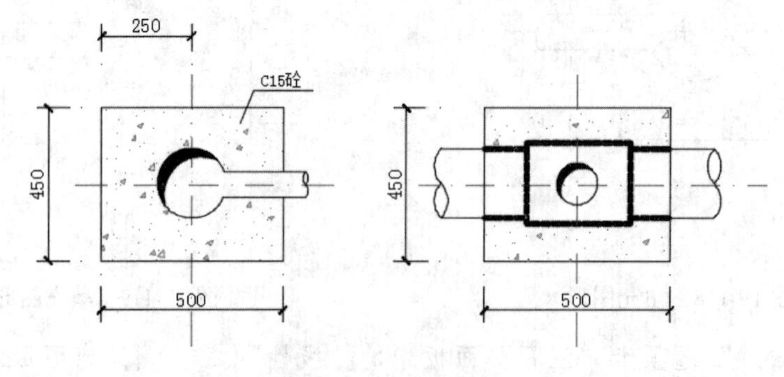

DN150mm等(异)径三通镇墩图

图 19-124　添加总图文字说明

19.2.4　DN150mm 弯头镇墩图

利用前面讲述的方法 DN150mm 弯头镇墩图，如图 19-125 所示。

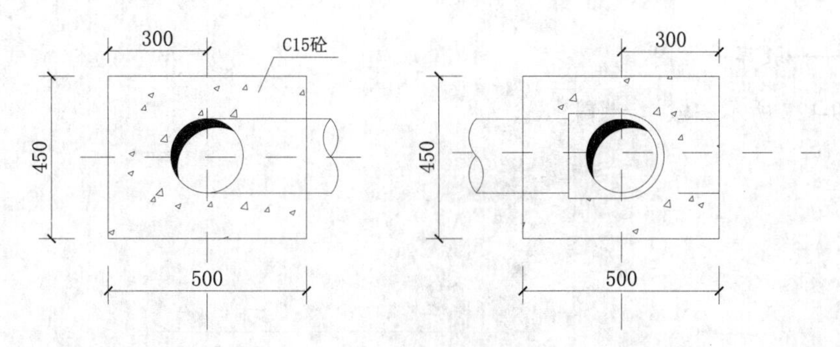

图 19-125　DN150mm 弯头镇墩图

19.2.5　添加文字说明

扫一扫，看视频

绘制完成图形之后，最后添加总图的文字说明。

【操作步骤】

（1）单击“默认”选项卡“注释”面板中的“多行文字”按钮A，为图形添加文字说明，如图 19-126 所示。

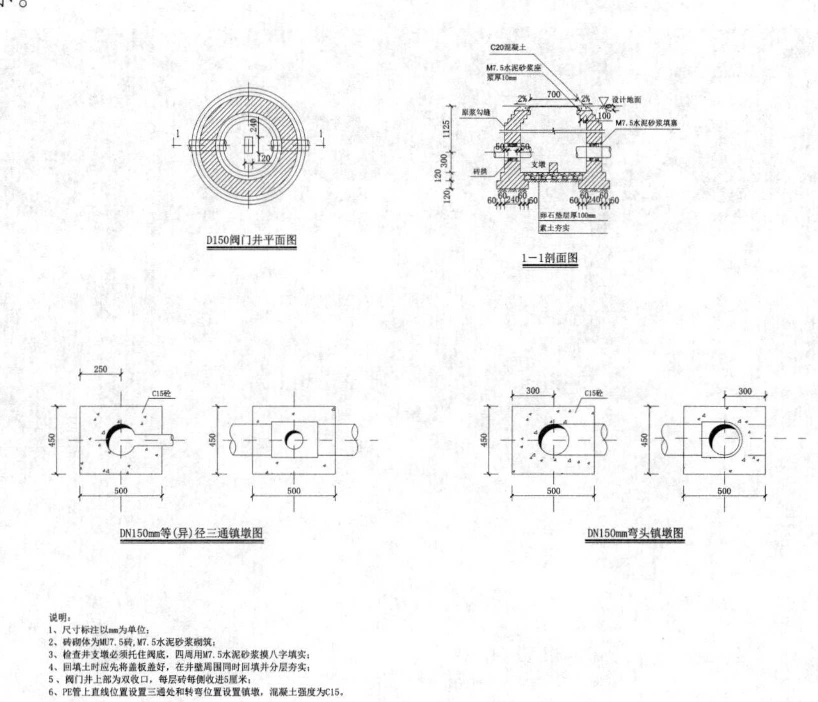

图 19-126　添加文字说明

（2）单击“默认”选项卡“块”面板中的“插入”按钮，选择前面绘制的A3图框为插入对象，将其放置到图形并在图框内添加图纸名称，最终完成检查井、镇墩详图的绘制，如图19-66所示。

动手练一练——驳岸一详图

绘制如图19-127所示的驳岸一详图。

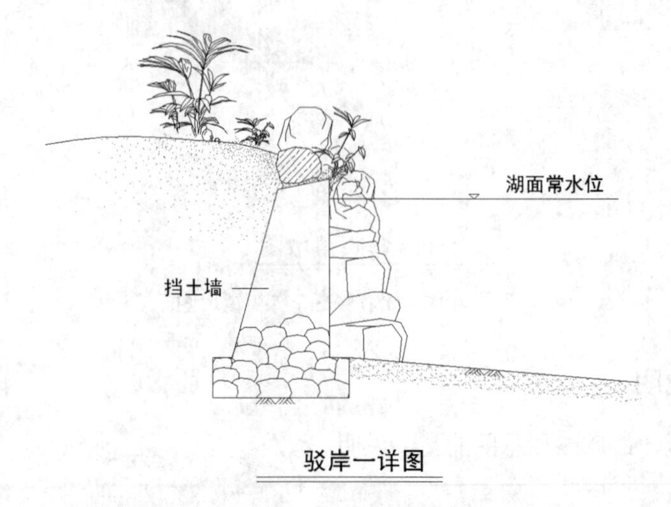

图19-127　驳岸一详图

思路点拨

（1）绘制轮廓线。
（2）绘制石头。
（3）插入块石。
（4）插入植物。
（5）绘制湖面常水位线。
（6）标注文字。